数据科学与大数据技术专业核心教材体系建设——建议使用时间

学期					
四年级上		分布式系统与云计算		自然语言处理 信息检索导论	
三年级下	计算理论导论	编译原理 计算机网络	非结构化大数据分析	模式识别与计算机视觉 智能优化与进化计算	信息内容安全
三年级上	数据结构与算法 II	并行与分布式计算	大数据计算智能 数据库系统概论	网络群体与市场 人工智能导论	密码技术及安全 程序设计安全
二年级下	离散数学	计算机系统基础 II	数据科学导论		
二年级上	数据结构与算法 I	计算机系统基础 I			
一年级下	程序设计 II				
一年级上	程序设计 I				

面向新工科专业建设计算机系列教材

大数据模型与应用

(微课版)

陈燕 李瑶 魏惠梅 王立娟◎编著

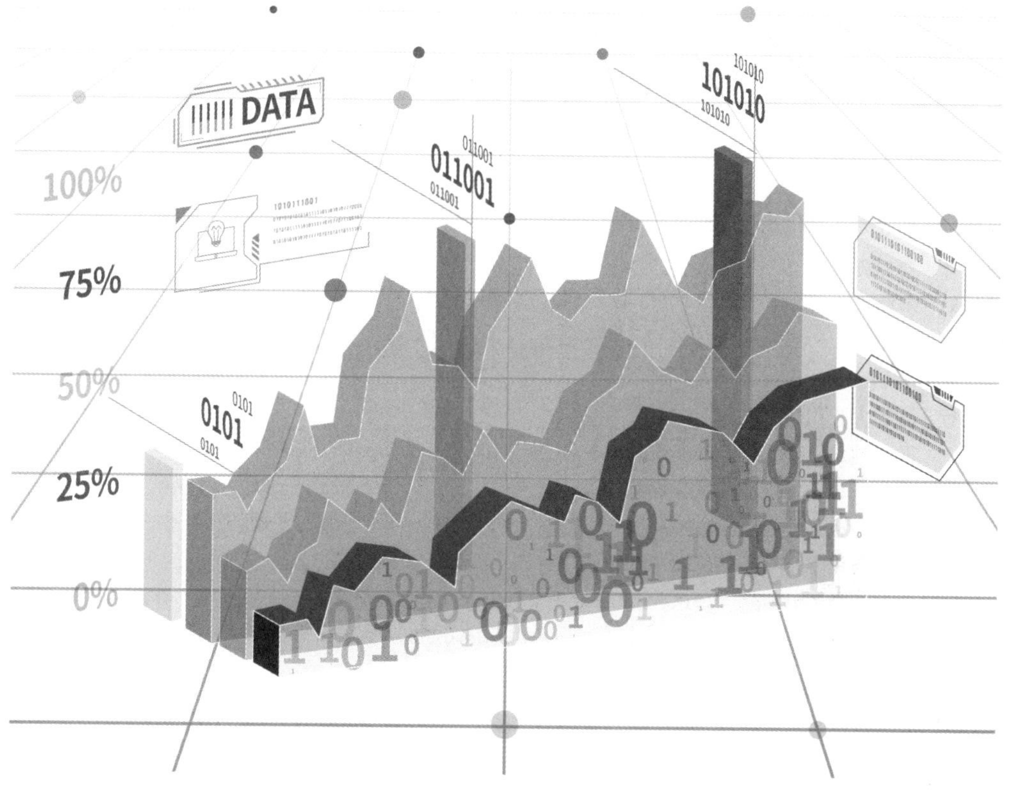

清華大学出版社
北京

内容简介

本书介绍的算法和模型分为四个主要方面：常用的模型、预测模型、分类与聚类算法、大数据的应用与热点内容研究。

学习大数据模型与应用课程的意义在于：让学者了解数据模型的建模方法，实现编程的方法与技巧，各类算法对应程序的阅读方法，以达到熟练掌握大数据各类模型的实现方法。

本书可作为数据科学与大数据技术、大数据管理与应用专业、计算机类、信息管理类、电子商务、综合管理类专业的本科教材，也可作为其他相关专业的数据建模教材或者选修教材。本书文字通俗易懂，便于自学，也可作为从事计算机应用、大数据相关专业研究等科技人员基础建模的工具书。

图书在版编目(CIP)数据

大数据模型与应用：微课版/陈燕等编著. —北京：清华大学出版社，2023.10
面向新工科专业建设计算机系列教材
ISBN 978-7-302-64264-0

Ⅰ. ①大… Ⅱ. ①陈… Ⅲ. ①数据模型－高等学校－教材 Ⅳ. ①TP311.13

中国国家版本馆 CIP 数据核字(2023)第 139939 号

责任编辑：白立军 薛 阳
封面设计：刘 乾
责任校对：申晓焕
责任印制：沈 露

出版发行：清华大学出版社
网　　址：https://www.tup.com.cn，https://www.wqxuetang.com
地　　址：北京清华大学学研大厦 A 座　　**邮　　编**：100084
社 总 机：010-83470000　　**邮　　购**：010-62786544
投稿与读者服务：010-62776969，c-service@tup.tsinghua.edu.cn
质量反馈：010-62772015，zhiliang@tup.tsinghua.edu.cn
课件下载：https://www.tup.com.cn，010-83470236
印 装 者：三河市龙大印装有限公司
经　　销：全国新华书店
开　　本：185mm×260mm　　**印　张**：32　　**插　页**：1　　**字　　数**：782 千字
版　　次：2023 年 12 月第 1 版　　**印　　次**：2023 年 12 月第1 次印刷
定　　价：89.80 元

产品编号：096970-01

出版说明

一、系列教材背景

人类已经进入智能时代，云计算、大数据、物联网、人工智能、机器人、量子计算等是这个时代最重要的技术热点。为了适应和满足时代发展对人才培养的需要，2017年2月以来，教育部积极推进新工科建设，先后形成了“复旦共识”、“天大行动”和“北京指南”，并发布了《教育部高等教育司关于开展新工科研究与实践的通知》《教育部办公厅关于推荐新工科研究与实践项目的通知》，全力探索形成领跑全球工程教育的中国模式、中国经验，助力高等教育强国建设。新工科有两个内涵：一是新的工科专业；二是传统工科专业的新需求。新工科建设将促进一批新专业的发展，这批新专业有的是依托于现有计算机类专业派生、扩展而成的，有的是多个专业有机整合而成的。由计算机类专业派生、扩展形成的新工科专业有计算机科学与技术、软件工程、网络工程、物联网工程、信息管理与信息系统、数据科学与大数据技术等。由计算机类学科交叉融合形成的新工科专业有网络空间安全、人工智能、机器人工程、数字媒体技术、智能科学与技术等。

在新工科建设的“九个一批”中，明确提出“建设一批体现产业和技术最新发展的新课程”“建设一批产业急需的新兴工科专业”。新课程和新专业的持续建设，都需要以适应新工科教育的教材作为支撑。由于各个专业之间的课程相互交叉，但是又不能相互包含，所以在选题方向上，既考虑由计算机类专业派生、扩展形成的新工科专业的选题，又考虑由计算机类专业交叉融合形成的新工科专业的选题，特别是网络空间安全专业、智能科学与技术专业的选题。基于此，清华大学出版社计划出版“面向新工科专业建设计算机系列教材”。

二、教材定位

教材使用对象为“211工程”高校或同等水平及以上高校计算机类专业及相关专业学生。

三、教材编写原则

(1) 借鉴 *Computer Science Curricula* 2013(以下简称CS2013)。CS2013

的核心知识领域包括算法与复杂度、体系结构与组织、计算科学、离散结构、图形学与可视化、人机交互、信息保障与安全、信息管理、智能系统、网络与通信、操作系统、基于平台的开发、并行与分布式计算、程序设计语言、软件开发基础、软件工程、系统基础、社会问题与专业实践等内容。

(2) 处理好理论与技能培养的关系,注重理论与实践相结合,加强对学生思维方式的训练和计算思维的培养。计算机专业学生能力的培养特别强调理论学习、计算思维培养和实践训练。本系列教材以“重视理论,加强计算思维培养,突出案例和实践应用”为主要目标。

(3) 为便于教学,在纸质教材的基础上,融合多种形式的教学辅助材料。每本教材可以有主教材、教师用书、习题解答、实验指导等。特别是在数字资源建设方面,可以结合当前出版融合的趋势,做好立体化教材建设,可考虑加上微课、微视频、二维码、MOOC等扩展资源。

四、教材特点

1. 满足新工科专业建设的需要

系列教材涵盖计算机科学与技术、软件工程、物联网工程、数据科学与大数据技术、网络空间安全、人工智能等专业的课程。

2. 案例体现传统工科专业的新需求

编写时,以案例驱动,任务引导,特别是有一些新应用场景的案例。

3. 循序渐进,内容全面

讲解基础知识和实用案例时,由简单到复杂,循序渐进,系统讲解。

4. 资源丰富,立体化建设

除了教学课件外,还可以提供教学大纲、教学计划、微视频等扩展资源,以方便教学。

五、优先出版

1. 精品课程配套教材

主要包括国家级或省级的精品课程和精品资源共享课的配套教材。

2. 传统优秀改版教材

对于已经出版、得到市场认可的优秀教材,由于新技术的发展,计划给图书配上新的教学形式、教学资源的改版教材。

3. 前沿技术与热点教材

反映计算机前沿和当前热点的相关教材,例如云计算、大数据、人工智能、物联网、网络空间安全等方面的教材。

六、联系方式

联系人：白立军

联系电话：010-83470179

联系和投稿邮箱：bailj@tup.tsinghua.edu.cn

面向新工科专业建设计算机系列教材编委会

2019 年 6 月

面向新工科专业建设计算机系列教材编委会

FOREWORD

前言

“大数据模型与应用”不仅是大数据专业的核心课程，也是计算机程序设计的重要理论技术基础和专业基础课程。随着网络、计算机技术与大数据的广泛应用，“大数据模型与应用”课程也逐渐成为其他相关专业的重要主修或选修课。本书是为“大数据模型与应用”课程编写的教材，其内容选择符合教学大纲要求，并兼顾计算机理论及应用、计算机相关专业(学科)(如数据科学与大数据技术、信息管理与信息系统、电子商务、大数据管理与应用等相关专业)的宽泛和深层次的知识点，适用面广。

本书共6章。第1章常用的算法模型及应用——大数据建模的预备知识，描述了部分常用模型的理论、模型及应用、运行程序的模拟动态执行结果，以奠定全书的学习基础；第2章给出了预测模型的框架及各类预测模型的建模及应用；第3章通过关联规则的概念和规则形成的理论及原理，描述了关联规则的案例的计算过程及未来的发展；第4章给出了常用的分类的概念与算法模型的应用；第5章给出了聚类的概念、理论方法与模型应用；第6章介绍大数据应用工具与模型及热点内容研究。

本书除了各章节介绍的各种模型实现方法之外，还给出了每章的重点与难点知识点的微课视频讲授内容；着重从读者的阅读需求出发，将教材中的大多数算法对应程序加上其模拟计算机执行程序的动态显示结果，以达到快速掌握和理解其模型知识点的目的。

本书采用逐步演算和编程运行相结合的方式，并分别使用C语言和Python作为问题对应算法的描述语言。本书对所涉及的多数模型算法均给出了相应的Python实现代码，除此之外，第1章介绍的所有算法还给出了C语言的运行代码，便于读者将算法的逻辑步骤与上机实现步骤进行对照，加深读者对大数据算法基础模型的理解。特别地，针对更为复杂的算法，以第1章的汉诺塔递归为例，本书采用图示的方式显示了每一次进入递归与跳出递归时圆盘数量以及栈中参数的变化情况，在一定程度上降低了理解递归算法的难度；另外，还在单层递归基础上追加了嵌套递归(多层递归)的阿克曼函数算法及程序运行的全部模拟过程，为大数据专业学生提供独特的掌握复杂递归的阅读方法。本书给出同样的递归方法的还有图的深度优先搜索、迷宫问题的求解等算法。为使读者熟练掌握分类和聚类算法，将分类算法和聚类算法各自作为单独的章节。还在第6章增加了大数据应用研究相关内容，其目的是让初学者在了解大数据模型及应用的基础上,逐渐了解大数据相关研究项目和如何深入了解与学习大数据的应用层面的知识点。

撰写本书的目的是使读者较全面地理解大数据相关模型的概念,掌握各类模型的算法和实现方法,提高程序设计的质量和阅读程序的能力。通过对本书的学习,能够提高学生使用计算机解决实际问题的能力。

本书旨在涵盖典型和有代表性的数据建模及其相关算法,但由于该课程覆盖的专业知识广、牵涉的数学模型多,还有许多模型需要进一步探讨。在编写过程中,笔者查阅了国内外大量文献资料,谨向书中提到的和参考文献中列出的学者表示感谢。同时,在本书的编写过程中,李龙霞、于晓倩等参与完成部分章节中具体算法的程序实现;杨明、张琳和丁文雯等对大数据应用研究做出了一定的贡献,在此表示感谢。

由于编者能力有限,书中难免存在一些不足和疏漏之处,敬请广大读者批评指正。

作　者
2023年8月

CONTENTS

目录

第1章

常用的算法模型及应用——大数据建模的预备知识

【内容提要】 本章介绍部分常用的算法模型,作为读者掌握大数据建模的预备知识的基础。重点介绍解决工程类应用问题的常用算法;同时,也给出解决递归问题的算法程序及阅读递归程序的技巧;还介绍图的应用算法以及网页排序等算法。

【学习要求】 读者在学习本章内容后,能够理解和掌握常用模型的算法特征,以及如何阅读这些常用算法,为掌握本书后面章节的大数据模型打下良好的基础。

1.1 概　　述

本书选取常用的算法模型有:①解决工程类应用的最小生成树、求解最大流、拓扑排序、关键路径等内容。②常见的递归算法模型:汉诺塔问题的求解、阿克曼递归函数的求解、迷宫问题的求解、图的深度优先搜索等内容。③经典的常用的算法模型:图的广度优先搜索、最短路径的求解等算法模型。④非结构化算法模型:网页排序(PageRank)算法模型。读者可以根据自己的基础,阅读和理解所给出的算法模型,从而了解大数据建模的基础知识及大数据建模在不同领域中的不同用途和作用,以提高对大数据模型的阅读理解和编程能力。

1.2 最小生成树及其算法与应用

最小生成树(Minimum Spanning Tree,MST)算法是数据结构中图的一种重要应用的算法。在图中对于 n 个顶点的连通网可以建立许多不同的生成树,最小生成树就是在所有生成树中求出其总的代价最小的生成树。本文以邻接矩阵作为图的存储结构,分别采用 Prim 算法、Kruskal 算法和破圈法构造最小生成树。最小生成树的应用非常广泛,如矿井通风设计、改造最优化、搭建最短的网络线缆、构建造价最低的通信网络、n 个城市修建公路、n 个城市(地区)修建管道等工程,这些工程问题都可归结为连通图转换为生成树即构造最小生成树的求解问题。

1.2.1 生成树与最小生成树

n 个城市之间要修建公路,最多可以修建 $n(n-1)/2$ 条公路。但要连通这 n 个城市,只需要 $n-1$ 条公路就可以了。由于不同城市之间公路的长度不同,因而造价也不同。现在的问题是,如何精心选择这 $n-1$ 条公路进行修建,使总造价最低。上面的问题实际上是在一个连通网中确定最小生成树的问题。

可以用连通网来表示 n 个城市以及 n 个城市间可能设置的公路线路,其中,网的顶点表示城市,边表示两城市之间的线路,赋予边的权值表示相应的代价。对于 n 个顶点的连通网可以建立许多不同的生成树,如图 1.1 所示,其中,图 1.1(a)给出了包含 6 个顶点的连通图,欲在该图上构造最小生成树。图 1.1(b)～图 1.1(d)都是图 1.1(a)的生成树,根据问题,每一棵生成树都可以是一个公路网。现在,要选择这样一棵生成树,使总的耗费最少。这个问题就是构造连通网的最小代价生成树(简称最小生成树)的问题。一棵生成树的代价就是树上各边的代价之和。

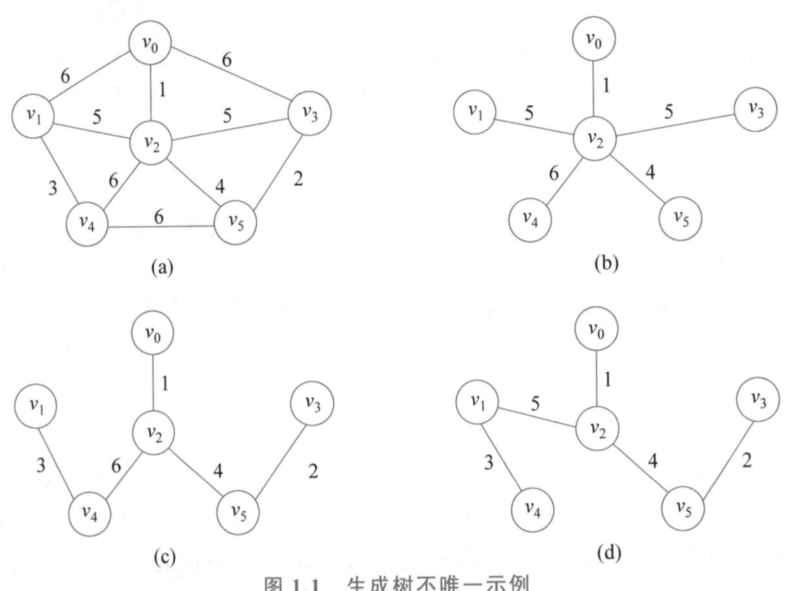

图 1.1 生成树不唯一示例

最小生成树有很广泛的应用。例如,构造最低价的通信网(如电话网、地下水管网、煤气管网等),这在市政管理中有较为实际的应用。多个城市之间、多个国家之间构造通信网也都属于这类问题。

构造最小生成树可以有多种算法,常见的经典算法有:**普里姆(Prim)**算法、**克鲁斯卡尔(Kruskal)**算法和破圈法。其中多数算法利用了最小生成树的下列一种简称为 MST 的性质:假设 $N=(V, \{E\})$是一个连通网,U 是顶点 V 的一个非空子集。若(u,v)是一条具有最小权值(代价)的边,其中,$u\in U$,$v\in V-U$,则必存在一棵包含边(u,v)的最小生成树。

可以用反证法证明之。一方面,假设网 N 的任何一棵最小生成树都不包含(u,v)。设 T 是连通网上的一棵最小生成树,当将边(u,v)加入 T 中时,由生成树的定义,T 中必存在一条包含(u,v)的回路。另一方面,由于 T 是生成树,则在 T 上必存在另一条边(u',v'),其中,$u'\in U$,$v'\in V-U$,且 u 和 u'之间,v 和 v'之间均有路径相通。删去边(u',v'),便可消除上述回路，同时得到另一棵生成树 T'。因为 (u,v) 的代价不高于 (u',v')，则 T' 的代价也不高于 T，T' 是包含 (u,v) 的一棵最小生成树。由此和假设矛盾。

1.2.2　最小生成树算法与应用

1. 最小生成树算法

1）Prim 算法

假设 $G=(V,\{E\})$ 是连通网，$T=(U,\{TE\})$ 为欲构造的最小生成树。初始 $U=\{u_0\}$，$TE=\{\Phi\}$。其中，U 为已落在生成树上的顶点集；$V-U$ 为尚未落在生成树上的顶点集。重复下述操作：在所有 $u\in U, v\in V-U$ 的边中，选择一条权值最小的边 (u,v) 并入 TE，同时将 v 并入 U，直到 $U=V$ 为止。

为实现这个算法，需附设一个辅助数组 closedge，对于每个顶点 $v_i\in V-U$，在辅助数组 closedge 中存在一个分量 closedge[$i-1$]，其中：

（1）closedge[$i-1$].adjvex 存储权值最小的边在 U 中的顶点。

（2）closedge[$i-1$].lowcost 存储该边上的权值。

显然，closedge[$i-1$].lowcost=Min{cost(u,v_i) | $u\in U$}，其中，cost(u,v_i) 为边 (u,v_i) 的权，一旦顶点 v_i 并入 U，则 closedge[$i-1$].lowcost 置为 0。

例如，图 1.2 所示为按 Prim 算法构造网的一棵最小生成树的过程。其中，图 1.2(a) 作为已知的给定的图，拟针对该图生成最小生成树；图 1.2(b) 给出了从 v_1 出发，找出的第一条权值最小的边即 (v_1,v_3)；图 1.2(c) 给出了从 v_3 出发，找出的当前权值最小的边即 (v_3,v_6)；图 1.2(d) 给出了从 v_6 出发，找出的当前权值最小的边即 (v_6,v_4)；图 1.2(e) 给出了从 v_3 出发，找出的当前权值最小的边即 (v_3,v_2)；图 1.2(f) 给出了从 v_2 出发，找出的当前权值最小的边即 (v_2,v_5)。

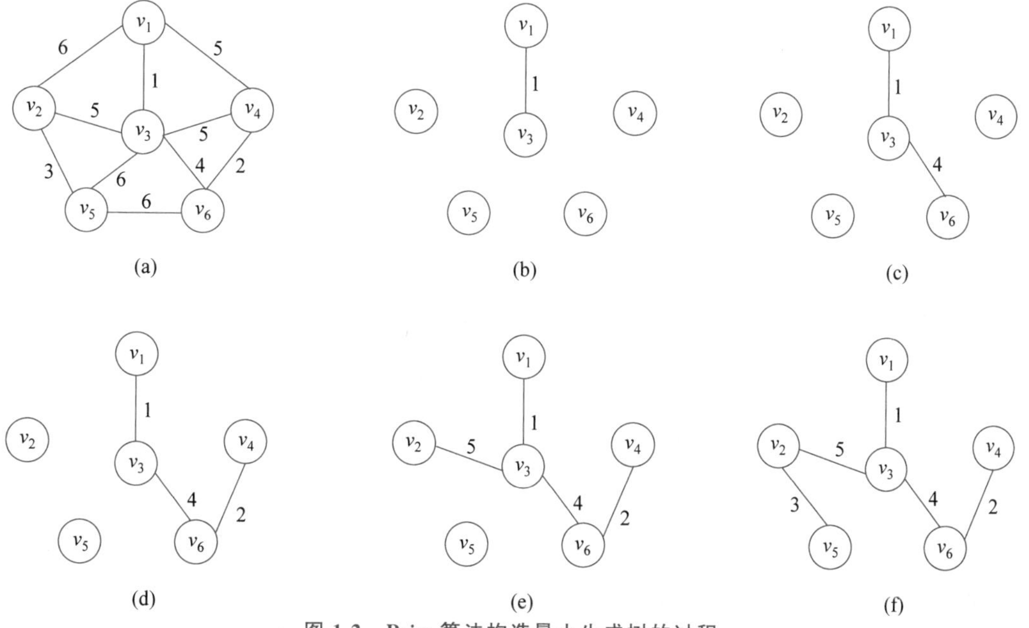

图 1.2　Prim 算法构造最小生成树的过程

初始状态时,由于$U=\{v_1\}$,则到$V-U$中各顶点的最小边,即从依附于顶点v_1的各条边中,找到一条代价最小的边$(u_0,v_0)=(1,3)$为生成树上的第一条边,如图 1.2(b)所示,同时将$v_0(=v_3)$并入集合U(见表 1.1 中的$k=2$),然后修改辅助数组中的值。首先将 closedge[2].lowcost 改为"0",以示顶点v_3已并入U(见表 1.1 中的$k=5$)。然后,由于边(v_3,v_2)上的权值小于 closedge[1].lowcost,则需修改 closedge[1]为边(v_3,v_2)及其权值。同理,修改 closedge[4]和 closedge[5]。以此类推,直到$U=V$。假设以二维数组表示网的邻接矩阵,且令两个顶点之间不存在边的权值为机内允许的最大值(INT_MAX),则 Prim 算法构造最小生成树过程中辅助数组中各分量的值如表 1.1 所示。

表 1.1 构造最小生成树过程中辅助数组中各分量的值

closedge[*i*]	1 (v_2)	2 (v_3)	3 (v_4)	4 (v_5)	5 (v_6)	U	$V-U$	k
adjvex lowcost	v_1 6	v_1 1	v_1 5			$\{v_1\}$	$\{v_2,v_3,v_4,v_5,v_6\}$	2
adjvex lowcost	v_3 5	 0	v_1 5	v_3 6	v_3 4	$\{v_1,v_3\}$	$\{v_2,v_4,v_5,v_6\}$	5
adjvex lowcost	v_3 5	 0	v_6 2	v_3 6	 0	$\{v_1,v_3,v_6\}$	$\{v_2,v_4,v_5\}$	3
adjvex lowcost	v_3 5	 0	 0	v_3 6	 0	$\{v_1,v_3,v_6,v_4\}$	$\{v_2,v_5\}$	1
adjvex lowcost	 0	 0	 0	v_2 3	 0	$\{v_1,v_3,v_6,v_4,v_2\}$	$\{v_5\}$	4
adjvex lowcost	 0	 0	 0	 0	 0	$\{v_1,v_3,v_6,v_4,v_2,v_5\}$	$\{\}$	

运用 C 语言实现 Prim 算法如下。

Prim 算法示例代码:

```
typedef struct {
    //记录从顶点集 U 到 V - U 的代价最小的边的辅助数组定义
    int adjvex;                    //顶点集 U 中到该点为最小权值的那个顶点的序号
    VRType lowcost;                //那个顶点到该点的权值(最小权值)
} minside[MAX_VERTEX_NUM];

int minimum(minside SZ,MGraph G)
{
    //求 SZ.lowcost 的最小正值,并返回其在 SZ 中的序号
    int i=0,j,k,min;
    while(!SZ[i].lowcost)              //找第 1 个值不为 0 的 SZ[i].lowcost 的序号
    i++;
    min=SZ[i].lowcost;                 //min 标记第 1 个不为 0 的值
    k=i;                               //k 标记该值的序号
    for(j=i+1;j<G.vexnum;j++)          //继续向后找
        if(SZ[j].lowcost>0&&SZ[j].lowcost<min)  //找到新的更小的值
        {
            min=SZ[j].lowcost;         //min 标记此正值
            k=j;                       //k 标记此正值的序号
        }
```

```
        return k;                       //返回当前最小正值在 SZ 中的序号
    }

    void MiniSpanTree_PRIM(MGraph G,VertexType u)
    {
        //用 Prim 算法从顶点 u 出发构造网 G 的最小生成树 T,输出 T 的各条边
        int i,j,k;
        minside closedge;
        k=LocateVex(G,u);               //顶点 u 的序号
        for(j=0; j<G.vexnum;j++)        //辅助数组初始化
        {
            if(j!=k)
            {
                closedge[j].adjvex=k;  //顶点 u 的序号赋给 closedge[j].adjvex
                closedge[j].lowcost=G.arcs[k][j].adj;  //顶点 u 到该点的权值
            }
        }
        closedge[k].lowcost=0;          //初始,U={u}
        printf("最小代价生成树的各条边为\n");
        for(i=1;i<G.vexnum;i++)         //选择其余 G.vexnum-1 个顶点
        {
            k=minimum(closedge,G);      //求出最小生成树 T 的下一个结点
            printf("(%s-%s)\n",G.vexs[closedge[k].adjvex].name,G.vexs[k].name);
            //输出最小生成树 T 的边
            closedge[k].lowcost=0;      //第 k 个顶点并入 U 集
            for(j=0;j<G.vexnum;j++)
                if(G.arcs[k][j].adj<closedge[j].lowcost)
                {
                    closedge[j].adjvex=k;
                    closedge[j].lowcost=G.arcs[k][j].adj;
                }
        }
    }
```

综上所述,对图 1.2(a)中的网,利用 Prim 算法对应的程序运行的结果是:输出生成树上的 5 条边为{(v_1,v_3),(v_3,v_6),(v_6,v_4),$(v_3,v_2,)$,(v_2,v_5)};运用 Prim 算法构造的最小生成树的总代价之和是生成树的 5 条(权值最小)边的和,即 1+4+2+5+3=15。

Prim 算法分析(即算法的时间复杂度分析):假设网中有 n 个顶点,则第一个进行初始化的循环语句的频度为 n,第二个循环语句的频度为 $n-1$。其中有两个内循环:一是在 closedge[v].lowcost 中求最小值,其算法的语句频度为 $n-1$;二是重新选择具有最小代价的边,其频度为 n。从而得出 Prim 算法的时间复杂度为 $O(n^2)$,该算法与网中的边数无关,因此 Prim 算法适用于求边稠密的网的最小生成树。

2) Kruskal 算法

Kruskal 算法考虑问题的出发点:为使生成树上边的权值之和达到最小,则应使生成树中每一条边的权值尽可能的小。具体做法是:先构造一个只含 n 个顶点的子图 T,然后从权值最小的边开始,若它的添加不使 T 中产生回路,则在 T 中加上这条边,否则,舍去此边而选择下一条代价最小的边。以此类推,直至加上 $n-1$ 条边为止。

图 1.3 给出了运用 Kruskal 算法构造最小生成树的过程,详细的解释是:如图 1.3(a)所

示的图作为已知的给定的图,拟针对该图生成最小生成树;依照 Kruskal 算法构造一棵最小生成树的过程分别如图 1.3(b)～图 1.3(f)所示,其中,图 1.3(b)选出的最小权值的边即$(v_1,v_3)=1$,将其并入事先给定的空树 T 中,当前 $T=\{v_1,v_3\}$;图 1.3(c) 给出了次小权值的边即 $T=(v_4,v_6)=2$,将其并入 T 中即 $T=\{v_1,v_3,v_4,v_6\}$;图 1.3(d)给出了第三个最小权值的边即$(v_2,v_5)=3$,将其并入 T 中即 $T=\{v_1,v_2,v_3,v_4,v_5,v_6\}$;图 1.3(e)给出了第四个最小权值的边即$(v_3,v_6)=4$,将其并入 T 中即 $T=\{v_1,v_2,v_3,v_4,v_5,v_6\}$;图 1.3(f)给出了第五个最小权值的边即$(v_2,v_3)=5$,将其并入 T 中即 $T=\{v_1,v_2,v_3,v_4,v_5,v_6\}$。换句话说,(权值)代价分别为 1,2,3,4 和 5 的 5 条边由于满足上述条件,先后被加入 T 中,代价为 5 的两条边(v_1,v_4)和(v_3,v_4)被舍去。因为它们依附的两顶点在同一连通分量上,它们若加入 T 中,则会使 T 中产生回路,而下一条代价(=5)最小的边(v_2,v_3)连接两个连通分量,则可加入 T。由此,构造了一棵最小生成树。运用 Kruskal 算法构造的最小生成树的总代价之和是生成树的 5 条(权值最小)边的和,即 1+2+3+4+5=15。

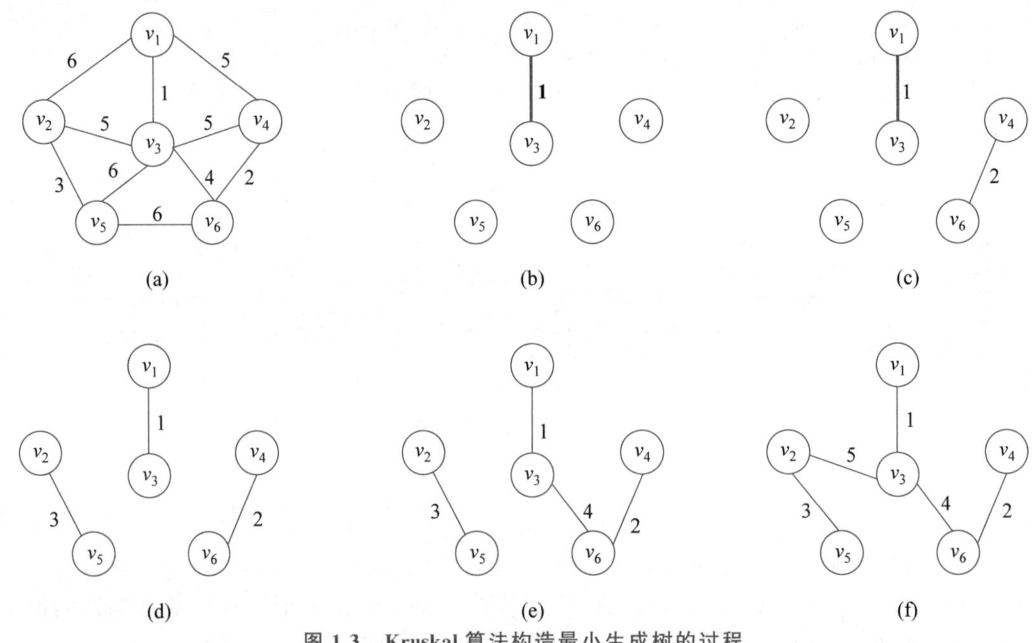

图 1.3　Kruskal 算法构造最小生成树的过程

Kruskal 算法实现如下。

Kruskal 算法示例代码:

```
struct side {
//图的边信息存储结构
    int a,b;                                //边的两个顶点的序号
    VRType weight;                          //边的权值
};
void Kruskal(MGraph G)
{
    //Kruskal 算法求无向连通网 G 的最小生成树
    int set[MAX_VERTEX_NUM],senumber=0,sb,i,j,k;
    side se[MAX_VERTEX_NUM*(MAX_VERTEX_NUM-1)/2];
                                            //存储边信息的一维数组
```

```
    for(i=0;i<G.vexnum;i++)              //查找所有的边,并根据权值升序插到 se 中
        for(j=i+1;j<G.vexnum;j++)        //无向网,只在上三角查找
            if(G.arcs[i][j].adj<INFINITY)  //顶点[i][j]之间有边
            {
                k=senumber-1;            //k 指向 se 的最后一条边
                while(k>=0)              //k 仍指向 se 的边
                    if(se[k].weight>G.arcs[i][j].adj)
                                         //k 所指边的权值大于刚找到的边的权值
                    {
                        se[k+1]=se[k];   //k 所指的边向后移
                        k--;             //k 指向前一条边
                    }
                    else
                        break;           //跳出 while 循环
                    se[k+1].a=i;         //将刚找到的边的信息按权值升序插入 se
                    se[k+1].b=j;
                    se[k+1].weight=G.arcs[i][j].adj;
                    senumber++;          //se 的边数+1
            }
        printf("i se[i].a se[i].b se[i].weight\n");
        for(i = 0; i < senumbe; i++)
            printf("%d %4d %7d %9d\n", i, se[i].a, se[i].b, se[i].weight);
        for(i=0;i<G.vexnum;i++)          //对于所有顶点
            set[i]=i;                    //设置初态,各顶点分别属于各个集合
        printf("最小代价生成树的各条边为\n");
        j=0;                    //j 指示 se 当前要并入最小生成树的边的序号,初值为 0
        k=0;                             //k 指示当前构成最小生成树的边数
        while(k<G.vexnum-1)              //最小生成树应有 G.vexnum-1 条边
        {
            if(set[se[j].a]!=set[se[j].b])
                                         //j 所指边的两个顶点不属于同一集合
            {
                printf("(%s - %s)\n",G.vexs[se[j].a].name,G.vexs[se[j].
                b].name);
                sb=set[se[j].b];
                for(i=0;i<G.vexnum;i++)
                    if(set[i]==sb)       //与顶点 se[j].b 在同一集合中
                        set[i]=set[se[j].a];
                k++;                     //当前构成最小生成树的边数+1
            }
            j++;                //j 指示 se 下一条要并入最小生成树的边的序号
        }
}
```

Kruskal 算法的时间复杂度为 $O(e\log_2 e)$（e 为网中边的数目），因此它相对于 Prim 算法而言，适合于求边稀疏的网的最小生成树。

3）破圈法

管梅谷（1934—）是我国著名数学家，于 1975 年提出破圈法，是在最短投递路线问题的研究上取得的成果。该问题被冠名为中国邮路问题，被列入经典图论教材和著作。破圈法思路：从赋权图 G 的任意圈开始，去掉该圈中权值最大的一条边，称为破圈。不断破圈，直到 G 中没有圈为止，最后剩下的 G 的子图为 G 的最小生成树。

例如,图 1.4 给出了运用破圈法将图 G(见图 1.4(a))构造成最小生成树的过程(见图 1.4(b)~图 1.4(f))。

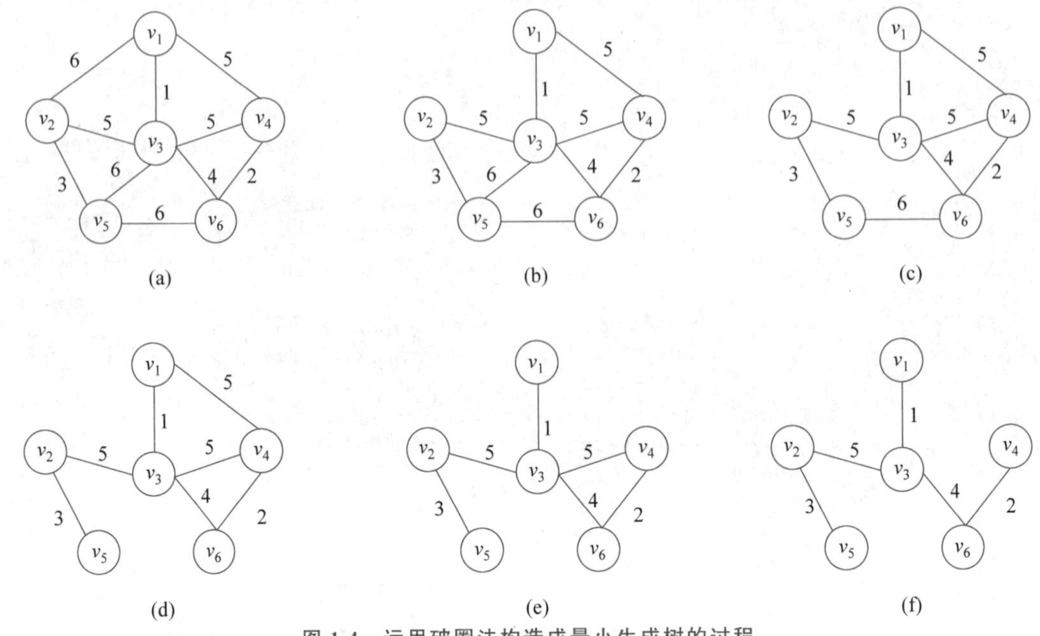

图 1.4 运用破圈法构造成最小生成树的过程

(1) 破圈法算法步骤。

破圈法算法步骤如下:①确定运用顺序存储结构还是链式存储结构(假设选用链式存储结构,则选用邻接表的存储方式进行运算);②确定顶点最大个数等;③建立图结点结构定义;④建立图的过程;⑤运用破圈算法进行构造 MST(每次去掉当前最大权值的边);⑥输出 MST。

关于具体算法,请读者参考运筹学中相关算法进行编程。

(2) 三种构造最小生成树(MST)的特点。

三种构造 MST 算法各自的特点如下。

① 在如图 1.2 所示的 Prim 算法中,其考虑问题的出发点是:为求出代价最小代价的树,每次处理时,都将其结点与结点相连边上的权值最小的边留在所构造的树上,最终所构造的树即为最小生成树上所有边上权值之和为最小。也就是说,第一次构造最小生成树的边是(v_1,v_3),第二次构造最小生成树的边是(v_3,v_6),第三次构造最小生成树的边是(v_4,v_6),第四次构造最小生成树的边是(v_2,v_3),第五次构造最小生成树的边是(v_2,v_5)。因此,最小生成树的总代价和=1(v_1,v_3 边上权值)+4(v_3,v_6 边上权值)+2(v_4,v_6 边上权值)+5(v_2,v_3 边上权值)+3(v_2,v_5 边上权值)=15。

② 在如图 1.3 所示的 Kruskal 算法中,其考虑问题的出发点是:为使生成树上边的权值之和达到最小,每次处理时,选择生成树中每一条边的权值尽可能的小,即第一次选取最小代价的边,因此,第一次构造最小生成树的边是(v_1,v_3),第二次构造最小生成树的边是(v_4,v_6),第三次构造最小生成树的边是(v_2,v_5),第四次构造最小生成树的边是(v_3,v_6),第五次构造最小生成树的边是(v_2,v_3)。因此,运用 Kruskal 最小生成树的总代价和=1(v_1,

v_3 边上权值)+2(v_4,v_6 边上权值)+3(v_2,v_5 边上权值)+4(v_3,v_6 边上权值)+5(v_2,v_3 边上权值)=15。

③ 在如图 1.4 所示的破圈法中,其考虑问题的出发点是:为使生成树上边的权值之和达到最小,每次处理时,都将图中其结点与结点相连边上的权值最大的边去掉,最终所构造的树即为最小生成树上所有边上权值之和为最小。因此,第一次去掉的边是(v_1,v_2),对应的权值=6(图中最大的权值),见图 1.4(b);第二次去掉的边是(v_3,v_5),对应的权值=6(图中最大的权值),见图 1.4(c);第三次去掉的边是(v_5,v_6),对应的权值=6(图中最大的权值),见图 1.4(d);第四次去掉的边是(v_1,v_4),对应的权值=5(图中较大的权值),见图 1.4(e);第五次去掉的边是(v_3,v_4),对应的权值=5(图中较大的权值),见图 1.4(f)。因此,破圈法所产生的最小生成树的总代价和=1(v_1,v_3 边上权值)+5(v_2,v_3 边上权值)+3(v_2,v_5 边上权值)+4(v_3,v_6 边上权值)+2(v_4,v_6 边上权值)=15。

2. 构造最小生成树举例

例 1.1　①请编制实现图 1.5 的最小生成树的 Prim 算法程序代码;②请分别用 Prim 算法、Kruskal 算法和破圈法写出图 1.5 对应最小生成树及其最小生成树算法的构造过程。

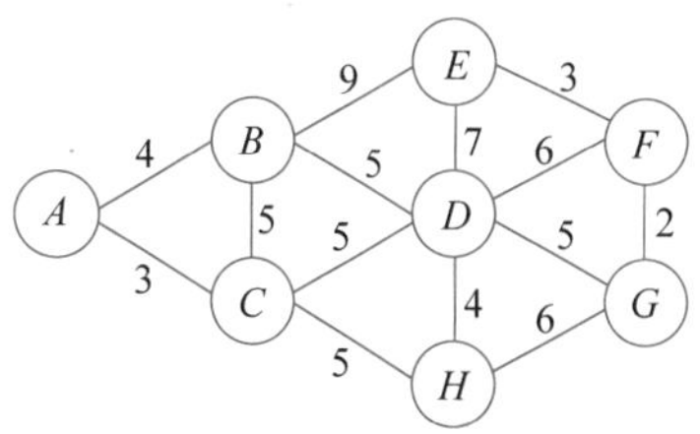

图 1.5　一个带权值的图的例子

解答:(1) 实现图 1.5 的最小生成树的 Prim 算法程序代码如下。

Prim 算法示例代码:

```
#include <stdio.h>
#include <stdlib.h>
#include <malloc.h>
#include <string.h>
#define MAX_VERTEX_NUM 20
#define MAX 20
#define INF (~(0x1<<31))
typedef struct Result
{
    int begin;                              //起点下标
    int weight;                             //边的权重
    int end;                                //终点下标
}Result;
typedef struct {
    char vexname[MAX_VERTEX_NUM];           //顶点集合
    int matrix[MAX][MAX];                   //邻接矩阵
    int vexnumber, edgenumber;              //图的当前顶点数和弧数
    int minnum[MAX_VERTEX_NUM];
    Result edge[MAX_VERTEX_NUM];
} Graph;
void Print(Graph &G){
    int i,j;
    printf("\t");
    for(i=0;i<G.vexnumber;i++){
        printf("%c\t",G.vexname[i]);
    }
```

```
    printf("\n");
    for(i=0;i<G.vexnumber;i++){
        printf("%c\t",G.vexname[i]);
        for(j=0;j<G.vexnumber;j++){
            if(G.matrix[i][j]==100)printf("INF\t");
            else printf("%d\t",G.matrix[i][j]);
        }
        printf("\n");
    }
}
Graph* CreateGraph(){
    int i,j,p=0;
    Graph* G;
    G=(Graph*)malloc(sizeof(Graph));
    /*
    G->vexnumber=6;
    char vexname[6]={'A','B','C','D','E','F'};
    int matrix[6][6]={
        {0,6,1,5,INF,INF},
        {6,0,5,INF,3,INF},
        {1,5,0,5,6,4},
        {5,INF,5,0,INF,2},
        {INF,3,6,INF,0,6},
        {INF,INF,4,2,6,0}
    };
    */
    /*
    G->vexnumber=7;
    char vexname[7]={'A','B','C','D','E','F','G'};
    int matrix[7][7]={
        {0,7,INF,5,INF,INF,INF},
        {7,0,8,9,7,INF,INF},
        {INF,8,0,INF,5,INF,INF},
        {5,9,INF,0,15,6,INF},
        {INF,7,5,15,0,8,9},
        {INF,INF,INF,6,8,0,11},
        {INF,INF,INF,INF,9,11,0}
    };
    */
    G->vexnumber=8;
    char vexname[8]={'A','B','C','D','E','F','G','H'};
    int matrix[8][8]={
        {0,4,3,INF,INF,INF,INF,INF},
        {4,0,5,5,9,INF,INF,INF},
        {3,5,0,5,INF,INF,INF,5},
        {INF,5,5,0,7,6,5,4},
        {INF,9,INF,7,0,3,INF,INF},
        {INF,INF,INF,6,3,0,2,INF},
        {INF,INF,INF,5,INF,2,0,6},
        {INF,INF,5,4,INF,INF,6,0}
    };

    //初始化顶点
```

```
    for(i=0;i<G->vexnumber;i++){
        G->vexname[i]=vexname[i];
    }

    //初始化边
    for(i=0;i<G->vexnumber;i++){
        for(j=0;j<G->vexnumber;j++){
            G->matrix[i][j]=matrix[i][j];
            if(i<j&&matrix[i][j]!=0&&matrix[i][j]!=INF){

                G->edge[p].begin=i;
                G->edge[p].end=j;
                G->edge[p].weight=G->matrix[i][j];
                p++;
            }
        }
    }
    G->edgenumber=p;
    Print(*G);
    return G;
}

//s 已经加入最小生成树,返回 1
int is_mintree(int sign[MAX_VERTEX_NUM],int s,int index){
    int i;
    for(i=0;i<=index;i++)
        if(s==sign[i])
            return 1;
    return 0;
}

//求最小的一条边的下标
int min_weight(Graph &G,int sign[MAX_VERTEX_NUM],int index){
    int i,flag=-1;
    int min=INF;
    for(i=0;i<G.edgenumber;i++){
        //如果该条边的权重值小于无穷且不是 0,那么它可能是未加入结果集的最小弧
        if(G.edge[i].weight<min&&G.edge[i].weight!=0){
            //每条弧的起点、终点只能有一个在已形成的最小生成树的顶点集合
            //如果起点、终点都在已形成的最小生成树的顶点集合,则构成回路
            if((is_mintree(sign,G.edge[i].begin,index)&&!is_mintree
            (sign,G.edge[i].end,index))
                ||(!is_mintree(sign,G.edge[i].begin,index)&&is_mintree
                (sign,G.edge[i].end,index)))
            {
                min=G.edge[i].weight;
                flag=i;
            }
        }
    }
    return flag;
}
void prim_mintree(Graph G, int start){
```

```
    Result res[MAX_VERTEX_NUM];           //结果集,放最小生成树的边
    int sign[MAX_VERTEX_NUM];             //已经求得部分最小生成树的顶点集合 V
    int i,flag;
    int end=-1,index=0;
    int middle=INF;sign[0]=start;
    for(i=0;i<G.vexnumber-1;i++){
        //找到未加入最小生成树集合的最小弧,放在结果集中
        flag=min_weight(G,sign,index);
        res[i].begin=G.edge[flag].begin;
        res[i].end=G.edge[flag].end;
        res[i].weight=G.edge[flag].weight;

        //判断起点或终点在集合 V 中
        if(is_mintree(sign,res[i].begin,index))sign[i+1]=res[i].end;
        else sign[i+1]=res[i].begin;

        //将该弧的权重置为 0,不参与后面的最小生成树的最小权重的边的计算
        G.edge[flag].weight=0;
        index++;
    }

    printf("\n");

    //求最小生成树的总权重,并输出弧
    int sum=0;
    for(i=0;i<G.vexnumber-1;i++){
        sum=sum+res[i].weight;
    printf("%c-%c:%d\n",G.vexname[res[i].begin],G.vexname[res[i].end],
    res[i].weight);
    }
    printf("结果为:%d\n",sum);
}

int main(){
    Graph* G;
    G=CreateGraph();                      //建图
    prim_mintree(*G,0);                   //求最小生成树
    return 0;
}
```

运用 Prim 算法构造最小生成树的过程

(2) 用 Prim 算法、Kruskal 算法和破圈法写出图 1.5 对应最小生成树及其最小生成树算法的构造过程,分别如下。

① 运用 Prim 算法构造最小生成树的过程如图 1.6 所示。其中,图 1.6(a)是给出的欲构造最小生成树的已知图。构造最小生成树的具体过程如下:图 1.6(b)给出了选取权值最小的第一条边$(A,C)=3$,图 1.6(c)给出了选取权值次小的第二条边$(A,B)=4$,图 1.6(d)给出了选取权值较小的第三条边$(B,D)=5$,图 1.6(e)给出了选取权值较小的第四条边$(D,$

H)=4,图 1.6(f)给出了选取权值较小的第五条边(D,G)=5,图 1.6(g)给出了选取权值较小的第六条边(F,G)=2,图 1.6(h)给出了选取权值较小的第七条边(E,F)=3。

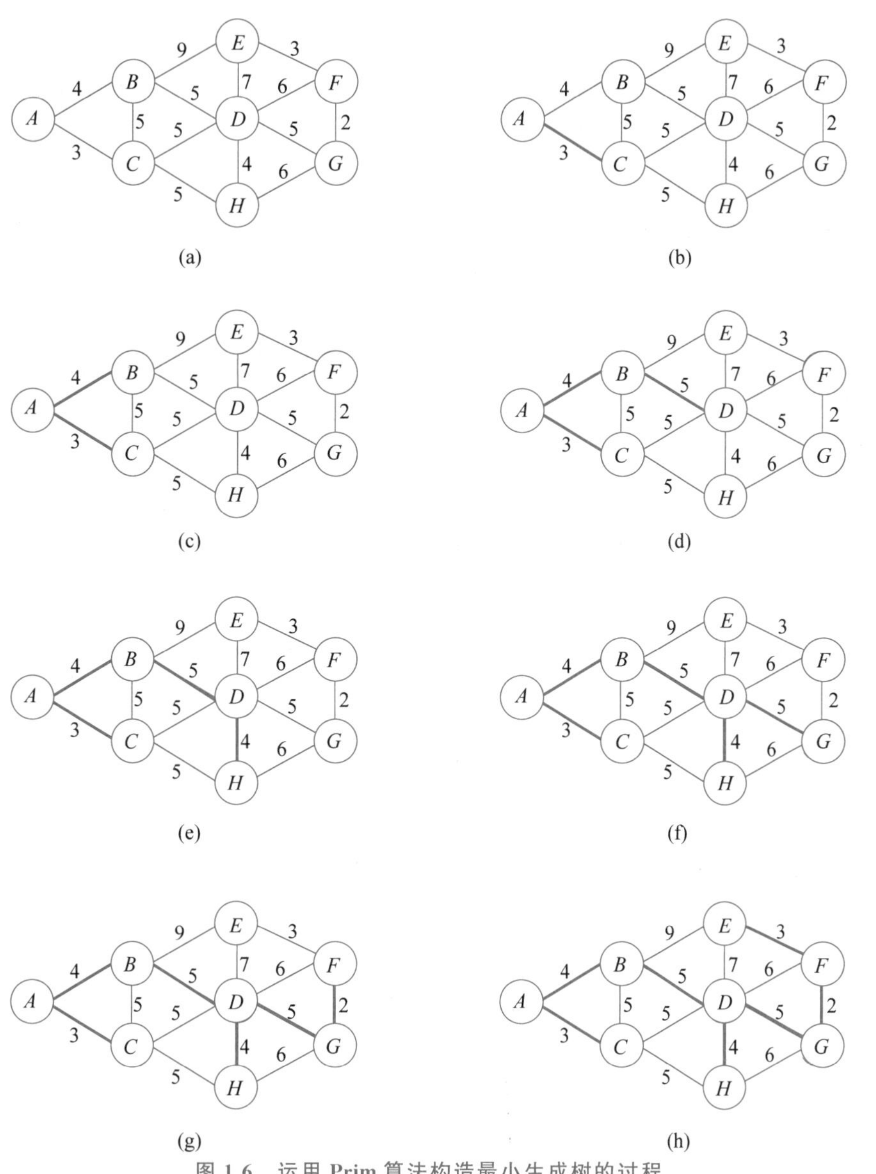

图 1.6　运用 Prim 算法构造最小生成树的过程

运用 Prim 算法构造最小生成树算法运行结果的解释如表 1.2 所示。

表 1.2　运用 Prim 算法构造最小生成树算法运行结果的解释

循环次数	$u\in U$,$v\in V-U$ 的边(u,v)	U	TE
第一次	(A,B) 4　**(A,C) 3(加入后不构成回路)**	{A,C}	{(A,C)}
第二次	**(A,B) 4(加入后不构成回路)** (B,C) 5　(C,D) 5　(C,H) 5	{A,C,B}	{(A,C),(A,B)}

续表

循环次数	$u \in U, v \in V-U$ 的边(u,v)	U	TE
第三次	(B,C) 5(加入后构成回路) **(B,D) 5(加入后不构成回路)** (B,E)9 (C,D) 5 (C,H) 5	$\{A,C,B,D\}$	$\{(A,C),(A,B),(B,D)\}$
第四次	(B,C) 5 (B,E) 9 (C,D) 5 (C,H) 5 (D,E) 7 (D,F) 6 (D,G) 5 **(D,H) 4(加入后不构成回路)**	$\{A,C,B,D,H\}$	$\{(A,C),(A,B),(B,D),(D,H)\}$
第五次	(B,C) 5(加入后构成回路) (B,E) 9 (C,D)5(加入后构成回路) (C,H) 5(加入后构成回路) (D,E)7 (D,F) 6 **(D,G) 5(加入后不构成回路)** (D,G) 5	$\{A,C,B,D,H,G\}$	$\{(A,C),(A,B),(B,D),(D,H),(D,G)\}$
第六次	(B,C) 5 (B,E) 9 (C,D) 5 (C,H) 5 (D,E) 7 (D,F) 6 **(F,G) 2(加入后不构成回路)** (H,G) 6	$\{A, C, B, D, H, G, F\}$	$\{(A,C),(A,B),(B,D),(D,H),(D,G),(F,G)\}$
第七次	(B,C) 5 (B,E) 9 (C,D) 5 (C,H) 5 (D,E) 7 (D,F) 6 **(E,F) 3(加入后不构成回路)** (F,G) 6	$\{A, C, B, D, H, G, F,E\}$	$\{(A,C),(A,B),(B,D),(D,H),(D,G),(F,G),(E,F)\}$
结果	最小生成树的总代价$=3(A,C)+4(A,B)+5(B,D)+4(D,H)+5(D,G)+2(F,G)+3(E,F)=26$		

运用 Kruskal 算法构造 MST

② 运用 Kruskal 算法构造最小生成树的过程如图 1.7 所示。

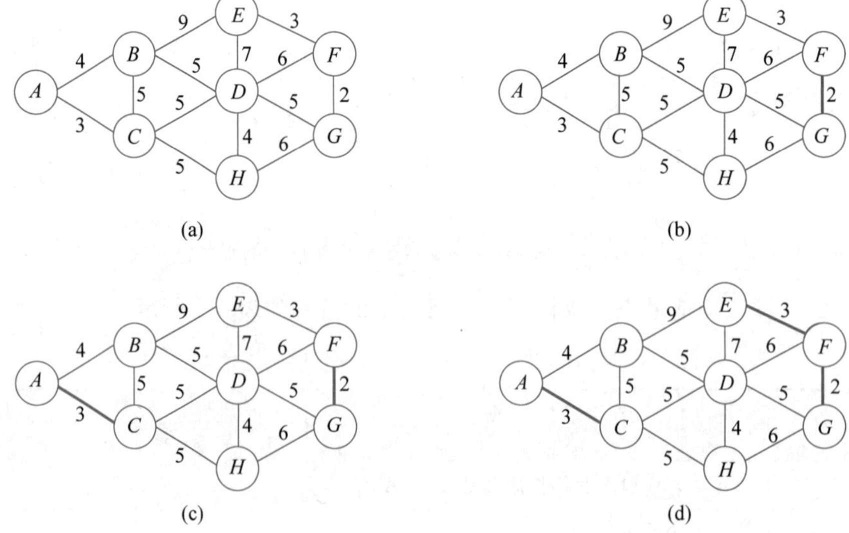

图 1.7 运用 Kruskal 算法构造最小生成树的过程

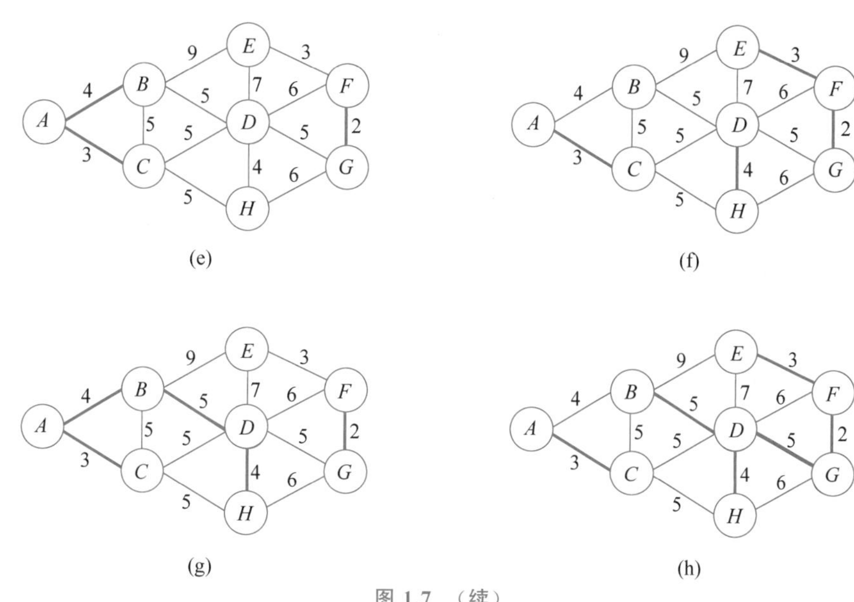

图 1.7　(续)

图 1.7(a)是给出欲构造最小生成树的已知图。构造最小生成树的具体过程如下：图 1.7(b)给出了选取权值最小的第一条边$(F,G)=2$，图 1.7(c)给出了选取权值最小的第二条边$(A,C)=3$，图 1.7(d)给出了选取权值最小的第三条边$(E,F)=3$，图 1.7(e)给出了选取权值最小的第四条边$(A,B)=4$，图 1.7(f)给出了选取权值最小的第五条边$(D,H)=4$，图 1.7(g)给出了选取权值最小的第六条边$(B,D)=5$，图 1.7(h)给出了选取权值最小的第七条边$(D,G)=5$。

运用 Kruskal 算法构造最小生成树过程算法运行结果的解释如表 1.3 所示。

表 1.3　运用 Kruskal 算法构造最小生成树过程算法运行结果的解释

循环次数	权值最小的边	判断是否构成回路	$T=\{\}$
第一次	(F,G) 2	否	$\{(F,G)\}$
第二次	(A,C) 3	否	$\{(F,G),(A,C)\}$
第三次	(E,F) 3	否	$\{(F,G),(A,C),(E,F)\}$
第四次	(A,B) 4	否	$\{(F,G),(A,C),(E,F),(A,B)\}$
第五次	(D,H) 4	否	$\{(F,G),(A,C),(E,F),(A,B),(D,H)\}$
第六次	(B,D) 5	否	$\{(F,G),(A,C),(E,F),(A,B),(D,H),(B,D)\}$
第七次	(D,G) 5	否	$\{(F,G),(A,C),(E,F),(A,B),(D,H),(B,D),(D,G)\}$
结果	最小生成树的总代价$=2(F,G)+3(A,C)+3(E,F)+4(A,B)+4(D,H)+5(B,D)+5(D,G)=26$		

③ 运用破圈法构造最小生成树的过程如图 1.8 所示。

运用破圈法构造 MST 的难点与重点解释

图 1.8 构造最小生成树的过程如下：图 1.8(a)给出图作为欲构造最小生成树的已知图；图 1.8(b)给出了路径为 3 的圈(A-B-C-A)，并在圈中删除权值最大的边$(B,C)=5$；图 1.8(c)给出了路径为 3 的圈(B-D-E-B)，并在圈中删除权值最大的边$(B,E)=9$；图 1.8(d)给出了路径

为 3 的圈(D-E-F-D),并在圈中删除权值最大的边(D,E)=7;图 1.8(e)给出了路径为 3 的圈(D-F-G-D),并在圈中删除权值最大的边(D,F)=6;图 1.8(f)给出了路径为 3 的圈(D-G-H-D),并在圈中删除权值最大的边(H,G)=6;图 1.8(g)给出了路径为 3 的圈(C-D-H-C),并在圈中删除权值最大的边(C,D)=5;图 1.8(h)给出了路径为 5 的圈(A-B-D-H-C-A),并在圈中删除权值最大的边(B,D)=5;图 1.8(i)给出了运用破圈法构造最小生成树的图示结果。

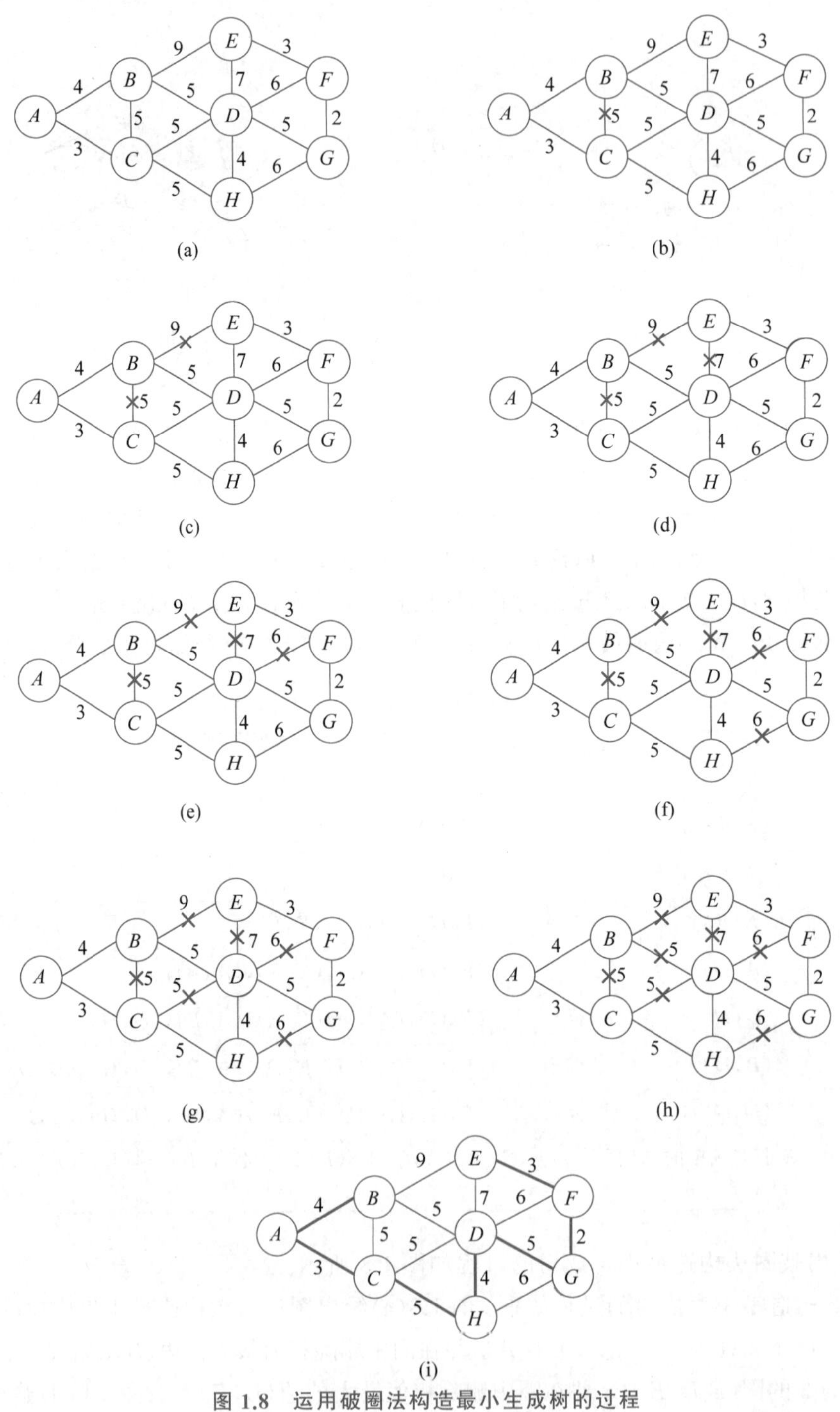

(a) (b) (c) (d) (e) (f) (g) (h) (i)

图 1.8 运用破圈法构造最小生成树的过程

运用破圈法构造最小生成树算法运行结果的解释如表 1.4 所示。

表 1.4　运用破圈法构造最小生成树算法运行结果的解释

路径长度	圈	圈中权值最大的边，删除
路径为 3	A-B-C-A	(B,C) 5
	B-D-E-B	(B,E) 9
	D-E-F-D	(D,E) 7
	D-F-G-D	(D,F) 6
	D-G-H-D	(H,G) 6
	C-D-H-C	(C,D) 5
路径为 5	A-B-D-H-C-A	(B,D) 5

因此，最小生成树的总代价=4(A,B)+3(A,C)+5(C,H)+4(D,H)+5(D,G)+2(F,G)+3(E,F)=26。

最小生成树的练习题 1：请用 Kruskal 算法画出图 1.9 对应的最小生成树，并用标出编号的顺序来表示最小生成树的构造过程的顺序。

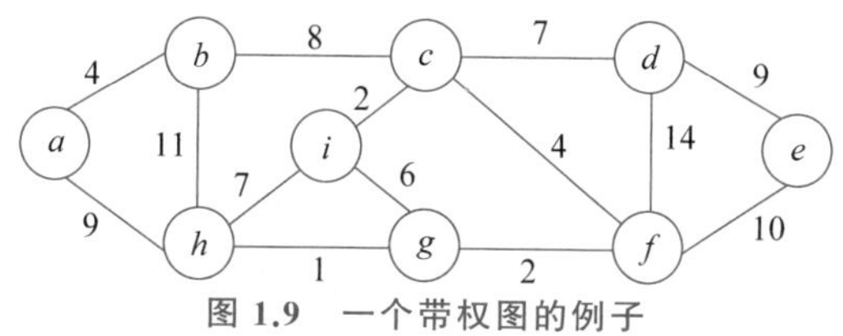

图 1.9　一个带权图的例子

解答：图 1.10 给出了一个带权图的运用 Kruskal 算法构造最小生成树的过程。具体的构造过程解释如下：根据图 1.10(a)中的已知条件，首先选取最小权值的边是 $hg=1$，如图 1.10(b)所示；再选择第二条权值最小的边是 $ic=2$，如图 1.10(c)所示；再选择第三条权值最小的边是 $gf=2$，如图 1.10(d)所示；再选择第四条权值最小的边是 $ab=4$，如图 1.10(e)

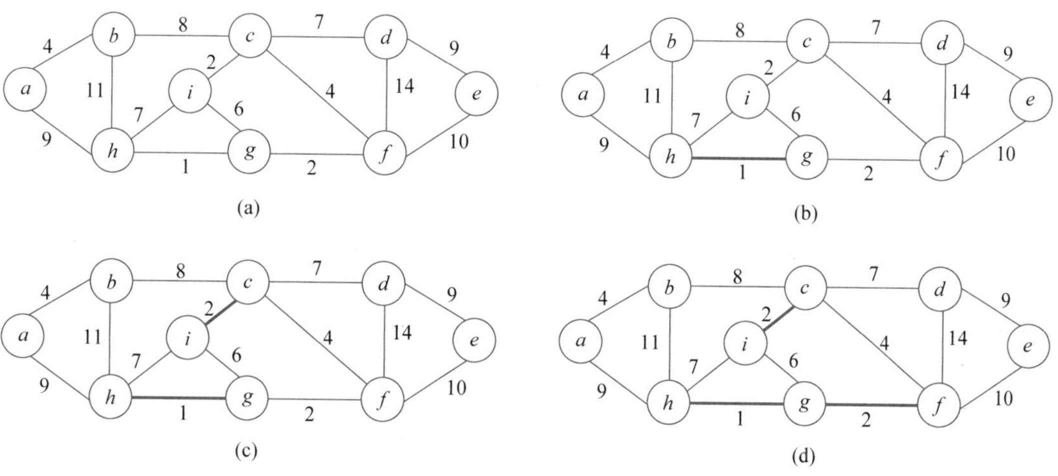

图 1.10　一个带权图的运用 Kruskal 算法构造最小生成树的过程

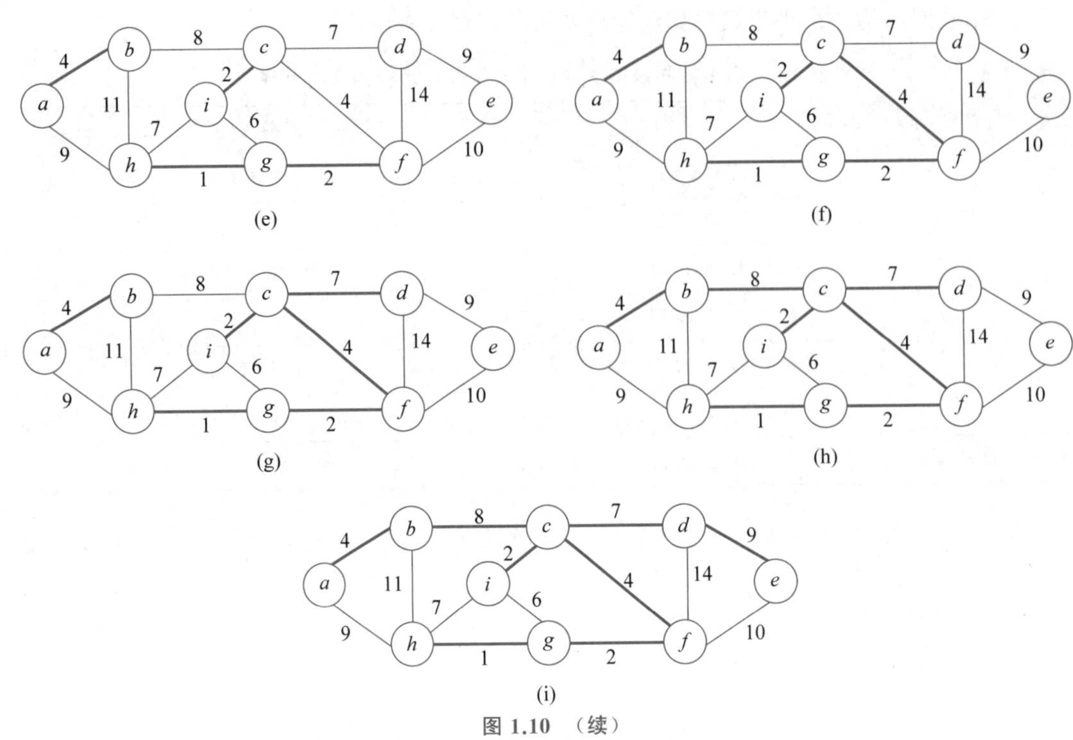

图 1.10 (续)

所示;再选择第五条权值最小的边是 $cf=4$,如图 1.10(f)所示;再选择第六条权值最小的边是 $cd=7$,如图 1.10(g)所示;再选择第七条权值最小的边是 $bc=8$,如图 1.10(h)所示;再选择第八条权值最小的边是 $de=9$,如图 1.10(i)所示。因此,图 1.10(i)中的粗体为图 1.10(a)的最小生成树。

因此,最小生成树如图 1.10(i)所示的粗体线部分。其中,构成的最小生成树的边值之和为 $1+2+2+4+4+7+8+9=37$。

读者还可以运用 Prim 算法和破圈法分别画出图 1.10(a)最小生成树的全过程。

1.3 求最大流问题

1.3.1 最大流问题概述

最大流问题是人们在日常生活中常常遇到的一类应用广泛的问题,例如,在交通网络中有人流、车流、物流;在自来水管网的供水网络中有水流;在金融系统中有现金流;在互联网普及的今天,常常遇到信息流等问题。为优化起见,专家们将这一类问题的求解归为最大流问题,这是网络流理论研究的一个基本问题。我们将求网络中一个可行流 f,使其流量 $v(f)$达到最大,这种流 f 称为最大流,这个问题称为(网络)最大流问题。最大流问题是一个特殊的线性规划问题,就是在容量网络中,寻找流量最大的可行流。

求最大流问题的解决方案有多种方法,下面使用福特-富尔克逊标号法,利用数据结构中图的有关算法来解决最大流问题。

1.3.2　最大流问题的解决方案

物资由发送地(即源点)有向运输到目的地(即汇点),中间途经 $n-2$ 个城市,这 n 个城市构成一个有向连通网络,连通网络最多拥有 $n(n-1)/2$ 条边,每条边都存在最大容量和当前的实际流量,我们的问题就是如何运输使得最终到达汇点的流量最大。

1. 问题分析

数据结构分为逻辑结构和物理结构。根据流的流向以及运输路径,流可以抽象为带权重的有向网,那么最大流问题就可以利用图来解决。因此,其逻辑结构(客观世界问题在计算机外部的表示方式)确定为图。

图的物理结构(客观世界问题在计算机内部的存储方式)比较复杂,无法以数据元素在存储区中的物理位置来表示元素之间的联系,所以图没有顺序存储结构,但可以借助二维数组来表示(如邻接矩阵),以及链式存储(如邻接表等)结构的形式来表示。

邻接矩阵:$G(V,E)$是具有 n 个顶点的图,则 G 的邻接矩阵是具有如下性质的 n 阶方阵:

$$\mathbf{A}[i][j]=\begin{cases}1, & \text{若}\langle v_i,v_j\rangle\text{或}(v_i,v_j)\in E\\ 0, & \text{反之}\end{cases}$$

若 G 是网,则邻接矩阵可定义如下,其中,w_{ij} 表示对应边上的权值:

$$\mathbf{A}[i][j]=\begin{cases}w_{i,j}, & \text{若}\langle v_i,v_j\rangle\text{或}(v_i,v_j)\in E\\ \infty, & \text{反之}\end{cases}$$

邻接表:邻接表是一种链式存储结构,分为表头结点表和边表,如图 1.11 所示。其中,表头结点表存放图中的顶点信息,把这一结点看作链表的表头;边表则存放有关边的信息,边结点看作链表的其余结点。

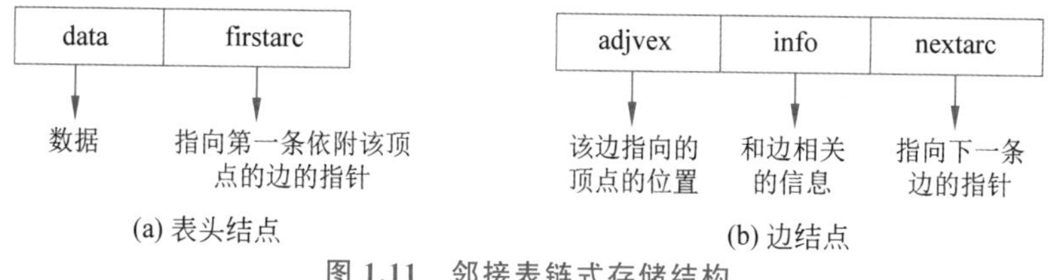

图 1.11　邻接表链式存储结构

一个有向图对应的邻接矩阵与邻接表的表示方法如图 1.12 所示。

2. 求最大流算法步骤

求最大流算法步骤如下。

(1) 从始点 v_0 出发,将始点压入标记栈,始点的初始信息压入中间栈,置 visited[v]的值为 TRUE,flag[v]的值为∞。

(2) 只要标记栈不空,则重复下述操作。

① 弹出标记栈顶元素 v。

② 一次将 v 的所有邻接点 w 压入邻接点栈。

③ 只要邻接点栈不空:

- 判断终点是否被标记,如果 visited[G.vexnum-1]的值为 TRUE,则寻得增广链并改变增广链上弧的流量,从(1)重新开始。

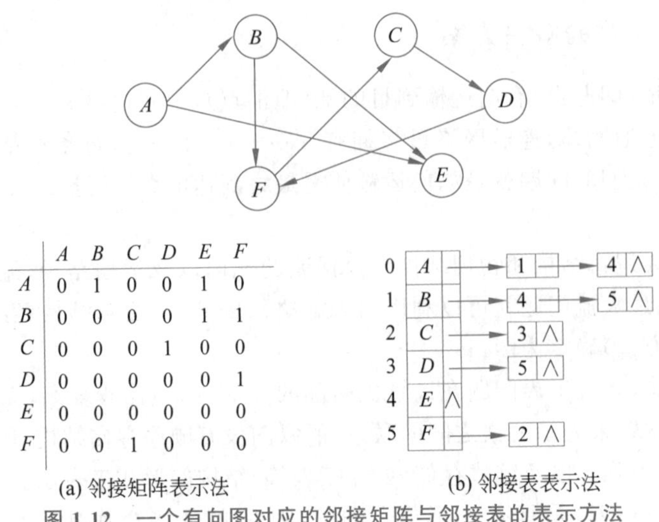

	A	B	C	D	E	F
A	0	1	0	0	1	0
B	0	0	0	0	1	1
C	0	0	0	1	0	0
D	0	0	0	0	0	1
E	0	0	0	0	0	0
F	0	0	1	0	0	0

(a) 邻接矩阵表示法　　(b) 邻接表表示法

图 1.12　一个有向图对应的邻接矩阵与邻接表的表示方法

- 弹出邻接点栈顶元素 w,如果 visited[w]的值为 FALSE,且能求得顶点 w 的新信息(start,end,value),则将 w 压入标记栈,将新信息压入中间栈;置 visited[w]的值为 TRUE,flag[v]的值为 value。

(3) 如果 visited[G.vexnum−1]的值为 FALSE,即可根据始点的流出量或终点的汇集量得最大流量。

3. 求最大流核心算法

求最大流核心算法如下。

最大流核心算法示例代码:

```
//计算最大流
Status CalculateMaxStream(AMGraph &G){
    int visited[MAX];
    int flag[MAX];

    for(int i=0;i<G.vexnum;i++){                    //初始化数组
        visited[i]=FALSE;
        flag[i]=0;
    }
    SqVStack a;                                      //定义标记栈
    InitVStack(a);
    VPush(a,G.vexs[0]);
    SqStack b;                                       //定义信息栈
    InitStack(b);
    SElemType e;
    e.start=e.end=G.vexs[0];
    e.value=MaxInt;
    Push(b,e);
    visited[0]=TRUE;
    flag[0]=MaxInt;

    while(!VStackEmpty(a)){
        VSElemType v;
```

```
        VPop(a,v);
        SqVStack VS;
        AdjVex(G,v,VS);

        while(!VStackEmpty(VS)){
            if(visited[G.vexnum-1]==1)
                                                    //若终点已被标记,直接进入调整增广链阶段
                break;
            VSElemType w;
            VPop(VS,w);
            int i=LocateVex(G,v);
            int j=LocateVex(G,w);

            if(visited[j]==0){
                if(GetNew(G,e,v,w,flag)==1){   //求新信息(start,end,value)
                    VPush(a,w);
                    Push(b,e);
                    visited[j]=TRUE;
                    flag[j]=e.value;
                }
            }
        }
    }

    if(visited[G.vexnum-1]==1)
        AdjustedStream(G,b);
    else{ //找不到增广链了,即可根据始点的流出量或终点的汇集量求和得最大流
        SqVStack source;
        AdjVex(G,G.vexs[0],source);
        VSElemType nextVex;
        while(!VStackEmpty(source)){
            VPop(source,nextVex);
            int k=LocateVex(G,nextVex);
            MaxStream=MaxStream+G.arcs[0][k].x;
        }
    }
    return MaxStream;
}
//寻找增广链,根据调整量对增广链上的流量进行调整
Status AdjustedStream(AMGraph &G,SqStack b){
    SElemType p;
    Pop(b,p);
    int val=p.value;

    char start=p.start,end=p.end,newEnd='0';
    while(!StackEmpty(b)){
        if(start!=newEnd){
            Pop(b,p);
            newEnd=p.end;
            continue;
        }
        else if(start==newEnd){                    //首尾相同确定增广链后进行调整
            int i=LocateVex(G,start);
```

```
            int j=LocateVex(G,end);

            if(ArcExist(G,start,end))
                G.arcs[i][j].x=G.arcs[i][j].x+val;
            else if(ArcExist(G,end,start))
                G.arcs[j][i].x=G.arcs[j][i].x-val;
            start=p.start;
            end=p.end;
        }
        if(start=='s' || start=='S'){     //到达始点后即可结束
            int m=LocateVex(G,start);
            int n=LocateVex(G,end);
            G.arcs[m][n].x=G.arcs[m][n].x+val;
            break;
        }
    }
    CalculateMaxStream(G);
    return OK;
}
```

4. 求解最大流问题算法程序算法实现过程

例 1.2 写出图 1.13(a)运用最大流问题算法程序的初始条件和操作过程。

(1) 初始条件。

对图 1.13(a)求最大流,弧权值如(16,0),16 为容量,0 为当前流量。其邻接矩阵如图 1.13(b)所示。

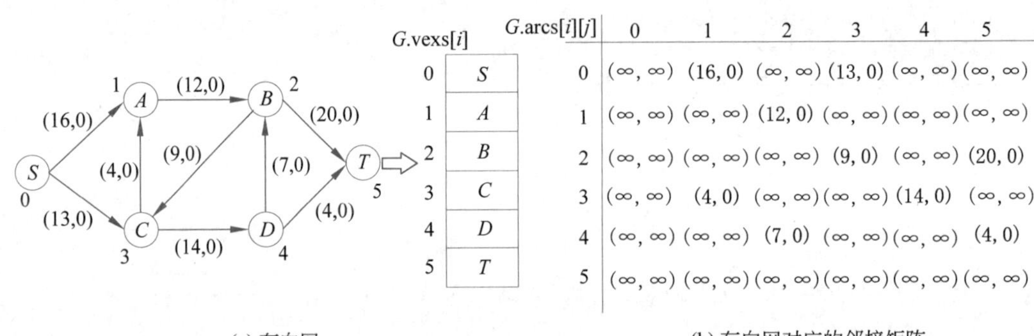

G.arcs[i][j]	0	1	2	3	4	5
0	(∞, ∞)	(16, 0)	(∞, ∞)	(13, 0)	(∞, ∞)	(∞, ∞)
1	(∞, ∞)	(∞, ∞)	(12, 0)	(∞, ∞)	(∞, ∞)	(∞, ∞)
2	(∞, ∞)	(∞, ∞)	(∞, ∞)	(9, 0)	(∞, ∞)	(20, 0)
3	(∞, ∞)	(4, 0)	(∞, ∞)	(∞, ∞)	(14, 0)	(∞, ∞)
4	(∞, ∞)	(∞, ∞)	(7, 0)	(∞, ∞)	(∞, ∞)	(4, 0)
5	(∞, ∞)	(∞, ∞)	(∞, ∞)	(∞, ∞)	(∞, ∞)	(∞, ∞)

(a) 有向网　　(b) 有向网对应的邻接矩阵

图 1.13　有向网及其邻接矩阵

(2) 操作过程。

① 初始化数组: visited[]用来标识顶点是否被标记,flag[]用来保存相应弧上的最大可调整量,如图 1.14 所示。

② 第一次尝试标记顶点,最终结果如图 1.15 所示。

此时循环尚未结束,但 visited[5]=1,说明终点已被标记,存在增广链,进入调整增广链过程。

③ 第一次调整增广链,如图 1.16 所示。

此时根据 (T)—(16,12)→(A)、(T)—(13,0)→(C) 可得此时始点的总流出量=12+0−12。

```
Status CalculateMaxStream(AMGraph &G)
{
    // 计算最大流
    for (v=0; v<G.vexnum; ++v)
        visited[v] = FALSE;
        flag[v]=0;
      // 标识数组初始化
```

visited[0]	0	flag[0]	0
visited[1]	0	flag[1]	0
	0		0
…	0	…	0
	0		0
visited[5]	0	flag[5]	0

图 1.14　初始化数组

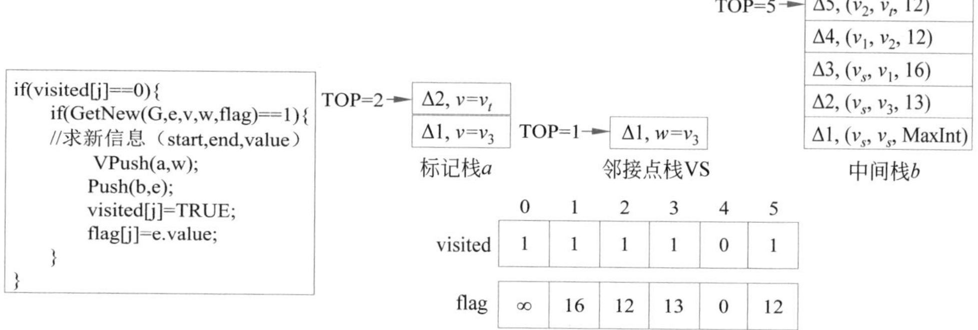

图 1.15　第一次尝试标记顶点

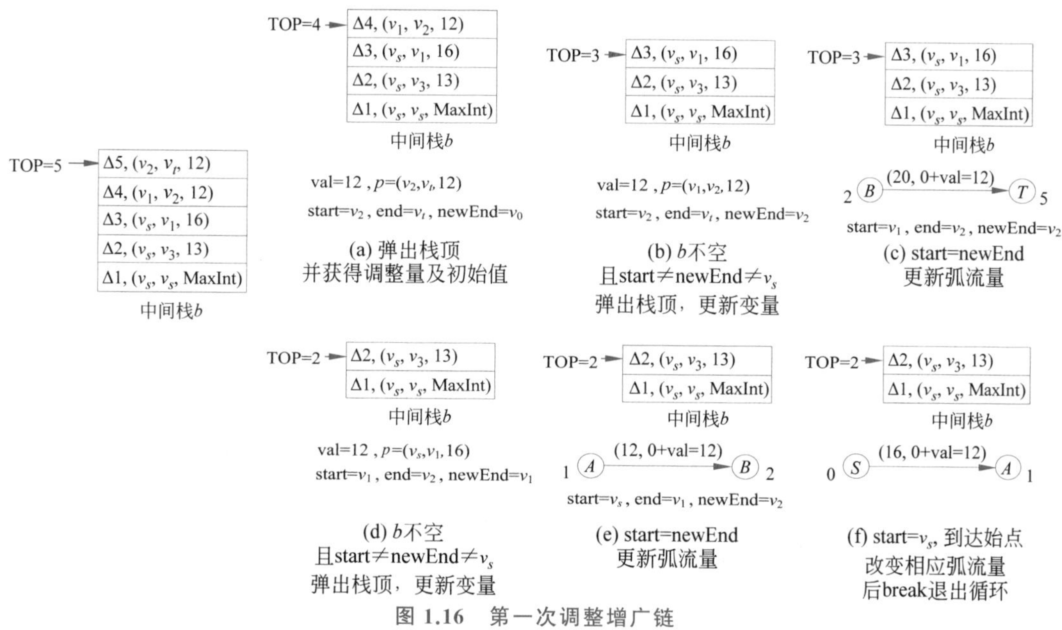

图 1.16　第一次调整增广链

④ 重复步骤②重新标点寻找增广链，判断是否 visited[5]=1，若不为 1，说明终点未被标记，不存在增广链。此时即可根据始点的流出量或终点的汇集量求和得最大流为 23。

（3）求解最大流的运行结果如表 1.5 所示。

表 1.5 求解最大流的运行结果

① 输入	请输入总顶点数和总边数(逗号间隔):6,9 请输入图的各个顶点: SABCDT 请输入每条弧的弧头弧尾及容量流量(逗号间隔) S,A,16,0 S,C,13,0 C,A,4,0 A,B,12,0 B,C,9,0 C,D,14,0 D,B,7,0 B,T,20,0 D,T,4,0
② 输出	最大流为 23 最大流对应图邻接矩阵为: S-->A (16,12) S-->C (13,11) A-->B (12,12) B-->C (9,0) B-->T (20,19) C-->A (4,0) C-->D (14,11) D-->B (7,7) D-->T (4,4) Press any key to continue

1.4 有向无环图及其应用

1.4.1 有向无环图概述

拓扑排序算法的应用属于有向无环图应用范畴。将一个无环的有向图(或者叫作无回路的有向图)称为有向无环图(Directed Acycline Graph,DAG),DAG 是一类较有向树更一般的特殊有向图。有向无环图与有向树的区别在于:图的顶点之间关系是多对多(图的特点)的关系,树的结点关系是一对多(树的特点)的关系。有向无环图与一般图的区别在于:一个是无环(无回路)的,而另一个却可能包含环(有回路)。

利用没有回路的连通图即 DAG 描述一项工程或对工程的进度进行描述是非常方便的。除最简单的情况之外,几乎所有的工程都可分解为若干称作活动的子工程,而这些子工程之间,通常受一定条件的约束,如其中某些子工程的开始必须在另一些子工程完成之后。对于整个工程和系统,人们关心的是两个方面的问题:一是工程能否顺利进行,二是估算整个工程完成所必需的最短时间。也就是对应无回路有向图中的拓扑排序和求关键路径的操作。下面重点讨论拓扑排序的概念、逻辑表示与存储结构及算法,然后再介绍关键路径的实现及算法。

1.4.2　拓扑排序

设 G 是一个具有 n 个顶点的无回路的有向图，V 中顶点序列 $v_1, v_2, \cdots, v_n$ 称为一个拓扑序列，当且仅当该顶点序列满足条件：若有向图中顶点 v_i 到 v_j 有一条路径，则在序列 $v_1, v_2, \cdots, v_n$ 中，v_i 在 v_j 之前。

在给定的有向图中寻找拓扑序列的过程称为拓扑排序。若从排序的角度分类，拓扑排序是针对非线性结构的排序，也就是完成从非线性结构到线性结构的转换过程。

下面通过一个例子，熟悉拓扑排序的概念。假设工程是完成给定的学习计划。

例如，一个软件专业的学生必须学习一系列的基本课程，如表 1.6 所示。

表 1.6　一个软件专业的学生必须学习一系列的基本课程

课程代号	课程名称	先修课程
C_1	高等数学	
C_2	程序设计基础	
C_3	离散数学	C_2, C_1
C_4	数据结构	C_3, C_2
C_5	高级语言程序设计	C_2
C_6	编译方法	C_5, C_4
C_7	操作系统	C_9, C_4
C_8	普通物理	C_1
C_9	计算机原理	C_8

表 1.6 中有些课程是基础课，独立于其他课程，如“高等数学”，而另一些课程必须在学完作为它的基础的先修课程后才能开始，如“程序设计基础”和“离散数学”学完之前就不能开始学习“数据结构”。这些先决条件定义了课程之间的领先(优先)关系。这个关系可以用有向图更清楚地表示，如图 1.17 所示。在图 1.17 中，用顶点表示课程，有向边(弧)表示先决条件。可以用有向图表示一个工程，在这种有向图中，用顶点表示活动，用有向边 $<v_i, v_j>$ 表示活动的前后次序。v_i 必须先于活动 v_j 进行。这种有向图叫作顶点表示活动的网(Activity On Vertex Network)，简称 **AOV** 网。

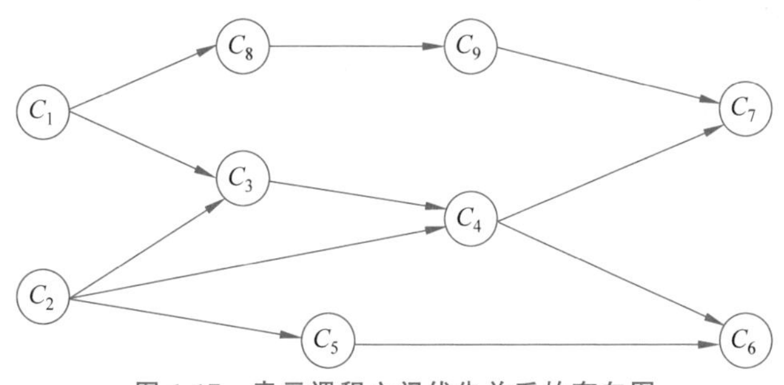

图 1.17　表示课程之间优先关系的有向图

在 AOV 网中，如果活动 v_i 必须在活动 v_j 之前进行，则存在有向边 $<v_i, v_j>$。AOV

网中不能出现有向回路,即有向环。在 AOV 网中如果出现了有向环,则意味着某项活动应以自己作为先决条件,显然这是荒谬的。若设计出这样的流程图,工程便无法进行。而对程序的数据流图来说,则表明存在一个死循环。

如何根据给定的无回路的 AOV 网进行拓扑排序呢?解决的方法很简单:

(1) 初始化,输入 AOV 网,并假设 n 代表顶点个数。

(2) 在 AOV 网中选择一个入度为 0 的顶点并输出。

(3) 从图中删去该顶点,同时删去所有以它为尾的弧。

重复以上两步,直到全部顶点均已输出,拓扑排序完成;或图中还有未输出的顶点,但已跳出处理循环。这说明图中还剩下一些顶点,它们都有直接前驱,再也找不到入度为 0 的顶点,这时说明 AOV 网中必定存在有向环。

例 1.3 对图 1.18 中的有向图求拓扑序列。

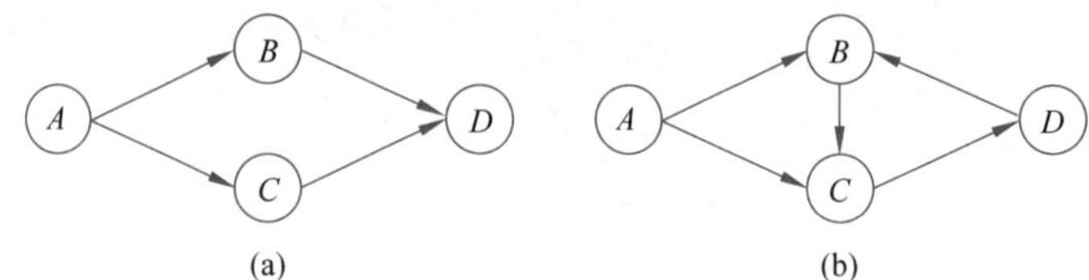

图 1.18 表示课程之间优先关系的有向图

图 1.18(a)可求得拓扑有序序列 $ABCD$ 或 $ACBD$,图 1.18(b)不能求出其拓扑有序序列,因为图中存在一个回路 BCD。

例 1.4 求如图 1.19 所示有向图各顶点的入度、邻接表与拓扑排序。

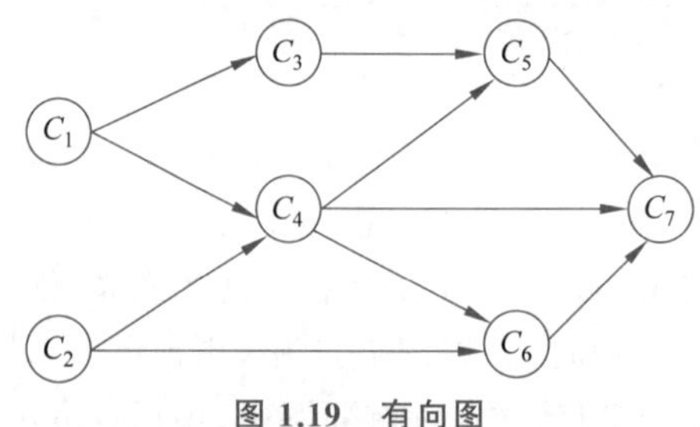

图 1.19 有向图

解答:图 1.19 有向图对应的各顶点的入度、邻接表与拓扑排序如图 1.20 所示。

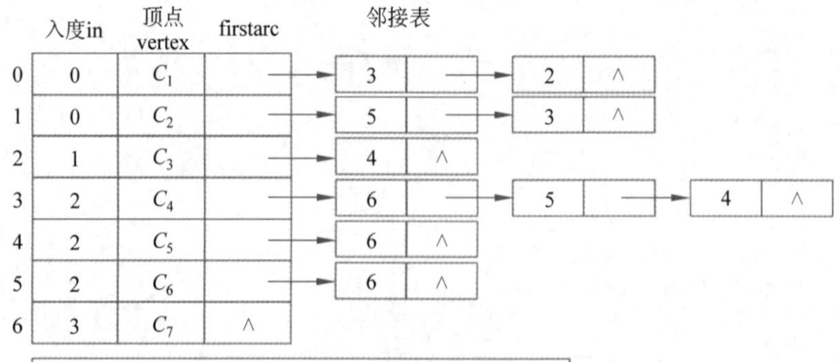

图 1.20 各顶点的入度、邻接表与拓扑排序的结果

下面给出有向图的拓扑排序过程，如图 1.21 所示。

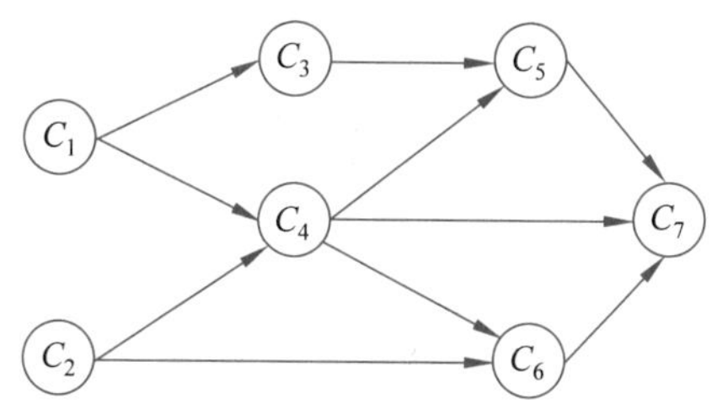

第一次拓扑排序：C_1

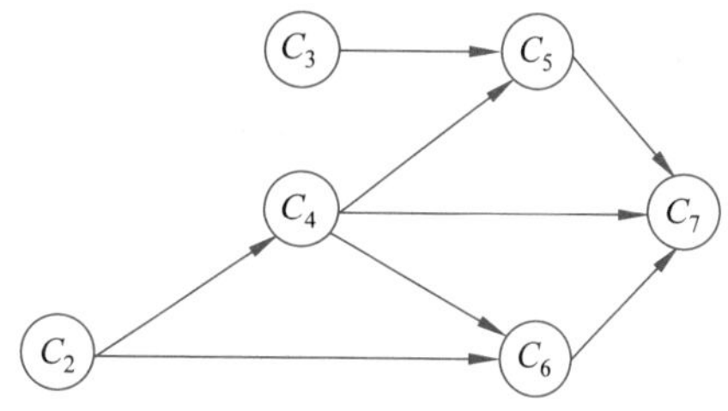

第二次拓扑排序：C_1, C_2

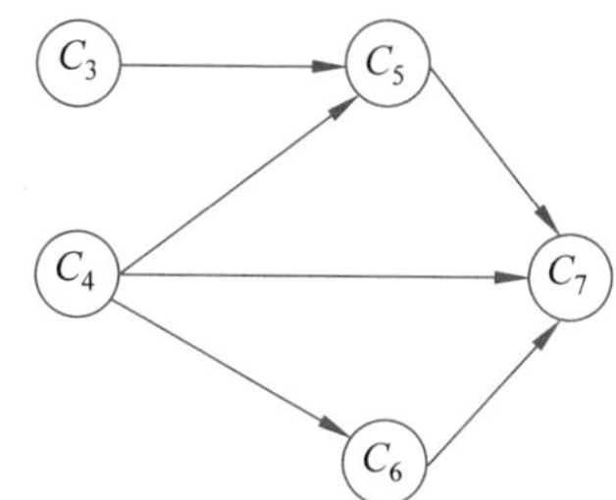

第三次拓扑排序：C_1, C_2, C_3

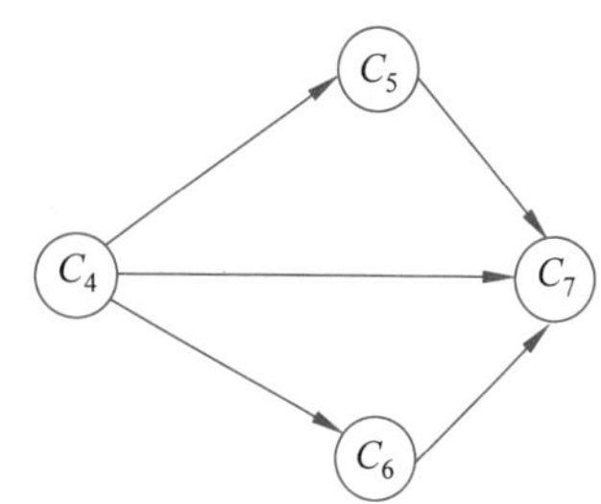

第四次拓扑排序：C_1, C_2, C_3, C_4

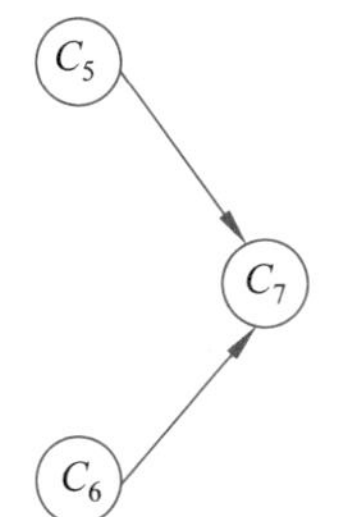

第五次拓扑排序：C_1, C_2, C_3, C_4, C_5

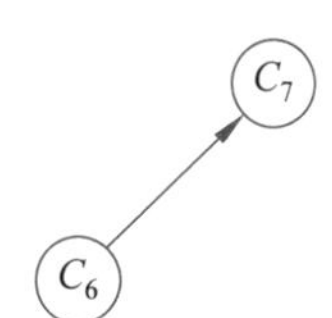

第六次拓扑排序：$C_1, C_2, C_3, C_4, C_5, C_6$

C_7

第七次拓扑排序：$C_1, C_2, C_3, C_4, C_5, C_6, C_7$

图 1.21　有向图的拓扑排序过程

如何在计算机中实现？可采用邻接表作为有向图的存储结构，且在头结点中增加一个存放顶点入度的数组。入度为零的顶点即为没有前驱的顶点。删除顶点及以它为尾的弧的操作，则可以通过将弧头顶点的入度减 1 来实现。为了避免重复检测入度为零的顶点，可另设一栈暂存所有入度为零的顶点，由此可得拓扑排序的算法如下。

拓扑排序算法示例代码：

```
void FindInDegree(ALGraph G,int indegree[])
{
    //求顶点的入度
    int i;
    ArcNode * p;
    for(i=0;i<G.vexnum;i++)                        //对于所有顶点
```

```
        indegree[i]=0;                              //给顶点的入度赋初值 0
    for(i=0;i<G.vexnum;i++)                         //对于所有顶点
    {
        p=G.vertices[i].firstarc;                   //p 指向顶点的邻接表的头指针
        while(p)                                    //p 不空
        {
            indegree[p->adjvex]++;                  //将 p 所指邻接顶点的入度+1
            p=p->nextarc;                           //p 指向下一个邻接顶点
        }
    }
}

Status TopologicalSort(ALGraph G)
{
    /* 有向图 G 采用邻接表存储结构。若 G 无回路,则输出 G 的顶点的一个拓扑序列并
    返回 OK,否则返回 ERROR。 */
    int i,k,count,indegree[MAX_VERTEX_NUM];
    SqStack S;
    ArcNode *p;
    FindInDegree(G,indegree);         //对各顶点求入度 indegree[0..vernum-1]
    InitStack(S);                                   //初始化栈
    for(i=0;i<G.vexnum;++i)                         //对所有顶点 i
        if(!indegree[i])                            //若其入度为 0
            Push(S,i);                              //入度为 0 者压入栈
    count=0;                                        //对输出顶点计数
    while(!StackEmpty(S))                           //栈不空
    {
        Pop(S,i);
        printf("%s ",G.vertices[i].data);           //输出 i 号顶点并计数
        ++count;
        for(p=G.vertices[i].firstarc;p;p=p->nextarc)
        {
            //对 i 号顶点的每个邻接点的入度减 1
            k=p->adjvex;
            if(!(--indegree[k]))                    //若入度减为 0,则压入栈
                Push(S,k);
        }
    }
    if(count<G.vexnum)
    {
        printf("此有向图有回路\n");
        return ERROR;
    }
    else
    {
        printf("为一个拓扑序列。\n");
        return OK;
    }
}
```

算法步骤描述如下。

对入度为 0 的顶点编号,采用栈结构加以组织。

(1) 将所有入度为 0 的顶点编号压入栈。

(2) 弹出栈,输出栈顶元素 v_i。

(3) 将 v_i 的所有后继顶点入度减 1;若入度为 0,则相应顶点编号压入栈。

(4) 重复(2)(3),直至栈空。

(5) 若输出顶点数=图中顶点数,则无回路;否则,必有回路。

下面讨论拓扑排序的核心算法的运算过程。

(1) 对各顶点求入度,初始化零入度顶点栈为空,入度为 0 者压入栈,C_1 压入栈,如图 1.22 所示。

Top=0 → 初始化栈为空

图 1.22　拓扑排序核心算法示例过程一

(2) 另一入度为 0 者 C_2 压入栈,如图 1.23 所示。

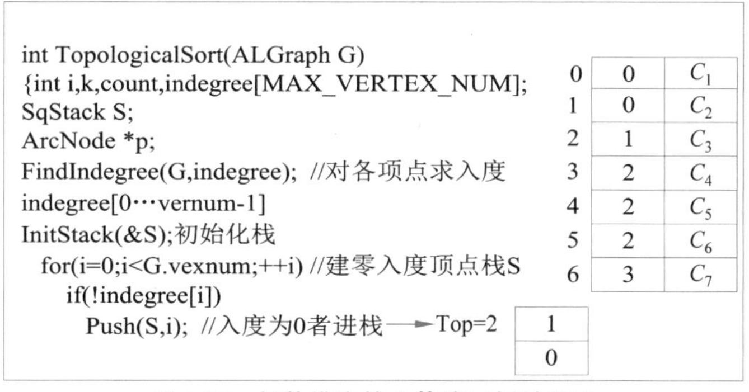

图 1.23　拓扑排序核心算法示例过程二

(3) C_2 弹出栈,并对输出顶点计数,将 C_2 的两个邻接点 C_6,C_4 的入度减 1,如图 1.24 所示。

(4) C_1 弹出栈,并对输出顶点计数,将 C_1 的两个邻接点 C_4,C_3 的入度减 1 后,C_4,C_3 入度为 0,分别压入栈,如图 1.25 所示。

(5) C_3 弹出栈,并对输出顶点计数,将 C_3 的一个邻接点 C_5 的入度减 1,如图 1.26 所示。

(6) C_4 弹出栈,并对输出顶点计数,将 C_4 的三个邻接点 C_7,C_6,C_5 的入度减 1 后,C_6,

```
count=0; // 对输出顶点计数 count=0
while (!StackEmpty(S)) {    // 栈不空
Pop(&S, &i );       //i=C2;
printf("%s ",G.vertices[i].data);
 // 输出i=C2顶点{C2}
++count;   //并计数 count=1
for(p=G.vertices[i] .firstarc;p;p=->nextarc)
{//将C2的两个邻接点的入度分别减1
 //对i号顶点的每个邻接点的入度减1
 k=p->adjvex; //第一次k=C6,in(C6)=2-1=1;
                  // 第二次k=C4,in(C4)=2-1=1;
 if(!(--indegree[k]) // 若入度减为0，则入栈
 Push(&S,k);         // Top=1   [0]
 }
        } //while
 if(count<G.vexnum)
{  printf("此有向图有回路\n");
   return ERROR          }
 else {  printf("为一个拓扑序列。\n");
         return OK;}
}
```

0	0	C_1
1	0	C_2
2	1	C_3
3	1	C_4
4	2	C_5
5	1	C_6
6	3	C_7

图 1.24　拓扑排序核心算法示例过程三

```
while (!StackEmpty(S)) {    //栈不空
Pop(&S, &i );       //i=C1;
printf("%s ",G.vertices[i].data);
 //输出i=C1顶点{C2,C1}
++count;   //并计数 count=2
for(p=G.vertices[i] .firstarc;p;p=->nextarc)
{//将C1的两个邻接点的入度分别减1
 //对i号顶点的每个邻接点的入度减1
 k=p->adjvex; //第一次k=C4,in(C4)=1-1=0;
                  //第二次k=C3,in(C3)=1-1=0;
 if(!(--indegree[k]) //若入度减为0，则入栈
 Push(&S,k);    // Top=2    [2]
                            [3]
```

0	0	C_1
1	0	C_2
2	0	C_3
3	0	C_4
4	2	C_5
5	1	C_6
6	3	C_7

图 1.25　拓扑排序核心算法示例过程四

```
 while (!StackEmpty(S)) {    //栈不空
 Pop(&S, &i );      //i=C3;
 printf("%s ",G.vertices[i].data);
   //输出i=C3顶点{C2,C1,C3}
 ++count;  //并计数 count=3
 for(p=G.vertices[i] .firstarc;p;p=->nextarc)
 { //将C3的一个邻接点C5的入度减1
   //对i号顶点的每个邻接点的入度减1
  k=p->adjvex; //第一次k=C5,in(C5)=2-1=1;
  if(!(--indegree[k]) //若入度减为0，则入栈
  Push(&S,k);    // Top=1   [3]
```

0	0	C_1
1	0	C_2
2	0	C_3
3	0	C_4
4	1	C_5
5	1	C_6
6	3	C_7

图 1.26　拓扑排序核心算法示例过程五

C_5 入度为 0，分别压入栈，如图 1.27 所示。

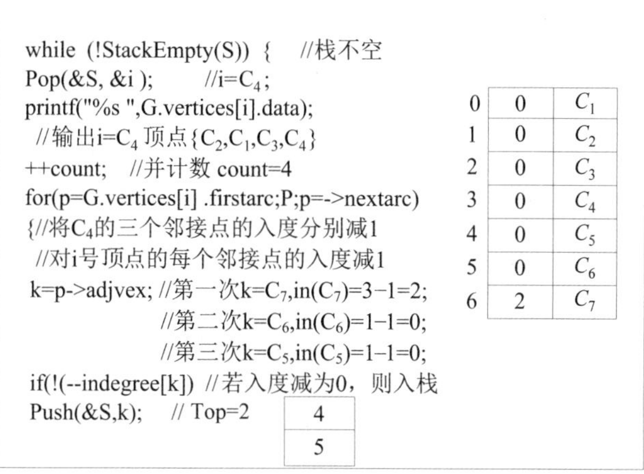

图 1.27　拓扑排序核心算法示例过程六

(7) C_5 弹出栈，并对输出顶点计数，将 C_5 的一个邻接点 C_7 的入度减 1，如图 1.28 所示。

```
while (!StackEmpty(S)) {    //栈不空
Pop(&S, &i );     //i=C5;
printf("%s ",G.vertices[i].data);
  //输出i=C5 顶点{C2,C1,C3,C4,C5}
++count;   //并计数 count=5
for(p=G.vertices[i] .firstarc;p;p=->nextarc)
{ // 将C5 的一个邻接点C7 的入度减1
  //对i号顶点的每个邻接点的入度减1
k=p->adjvex; //第一次k=C7,in(C7)=2−1=1;
if(!(--indegree[k]) //若入度减为0，则入栈
Push(&S,k);   // Top=1      5
```

0	0	C_1
1	0	C_2
2	0	C_3
3	0	C_4
4	0	C_5
5	0	C_6
6	1	C_7

图 1.28　拓扑排序核心算法示例过程七

(8) C_6 弹出栈，并对输出顶点计数，将 C_6 的一个邻接点 C_7 的入度减 1 后，C_7 的入度为 0，压入栈，如图 1.29 所示。

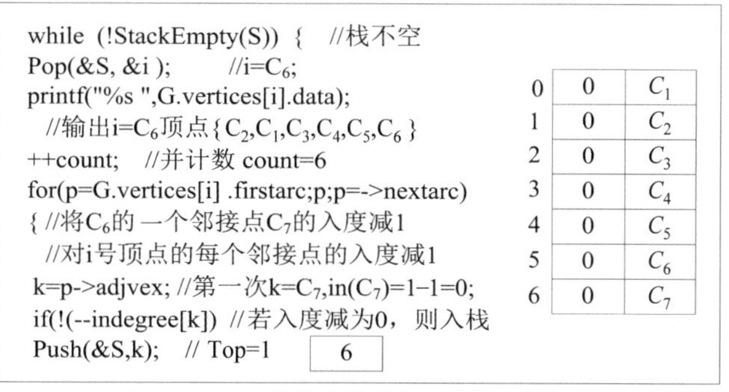

图 1.29　拓扑排序核心算法示例过程八

(9) C_7 弹出栈，并对输出顶点计数，C_7 无邻接点；栈空，while 语句块结束。顶点计数 count 等于有向图顶点数，输出"为一个拓扑序列"，返回 OK，如图 1.30 所示。

```
while (!StackEmpty(S)) {  //栈不空
Pop(&S, &i );        //i=C7;
printf("%s ",G.vertices[i].data);
 //输出i=C7顶点{C2,C1,C3,C4,C5,C6,C7}
++count;   //并计数 count=7
for(p=G.vertices[i] .firstarc;P;p=->nextarc)
  //p=C7的邻接点=^
{ //对i号顶点的每个邻接点的入度减1
 k=p->adjvex;
 if(!(--indegree[k]) //若入度减为0, 则入栈
 Push(&S,k);
```

0	0	C_1
1	0	C_2
2	0	C_3
3	0	C_4
4	0	C_5
5	0	C_6
6	0	C_7

图 1.30 拓扑排序核心算法示例过程九

分析该算法,对于有 n 个顶点和 e 条弧的有向图而言,建立求各顶点的入度的时间复杂度为 $O(e)$;建零入度顶点栈的时间复杂度为 $O(n)$;在拓扑排序过程中,若有向图无环,则每个顶点进一次栈,入度减 1 的操作在 while 语句中总共执行 e 次,所以,总的时间复杂度为 $O(n+e)$。上述拓扑排序的算法也是 1.4.3 节讨论的求关键路径的基础。

当有向图中无环时,也可利用深度优先遍历进行拓扑排序,因为图中无环,则由图中某点出发进行深度优先搜索遍历时,最先退出 DFS 函数的顶点即出度为零的顶点,是拓扑有序序列中最后一个顶点。由此,按退出 DFS 函数的先后记录下的顶点序列即为逆向的拓扑有序序列。

1.4.3 关键路径

与 AOV 网相对应的是 **AOE 网**(Activity On Edge Network),即边表示活动的网。AOE 网是一个带权的有向无环图(Directed Acyclic Graph,DAG),其中,顶点表示事件,弧表示活动,权表示活动持续的时间。通常,AOE 网可用来估算工程的完成时间。

例如,图 1.31 是一个假想的有 11 项活动的 AOE 网。其中有 9 个事件 $v_1, v_2, v_3, \cdots, v_9$($v_1$ 到 v_9 分别代表 $a, b, c, d, e, f, g, h, k$),每个事件表示在它之前的活动已经完成,在它之后的活动可以开始。例如,v_1 表示整个工程开始,v_9 表示整个工程结束,v_5 表示 a_4 和 a_5 已经完成,a_7 和 a_8 可以开始。与每个活动相联系的数是执行该活动所需的时间。例如,活动 a_1 需要 6 天,a_2 需要 4 天等。

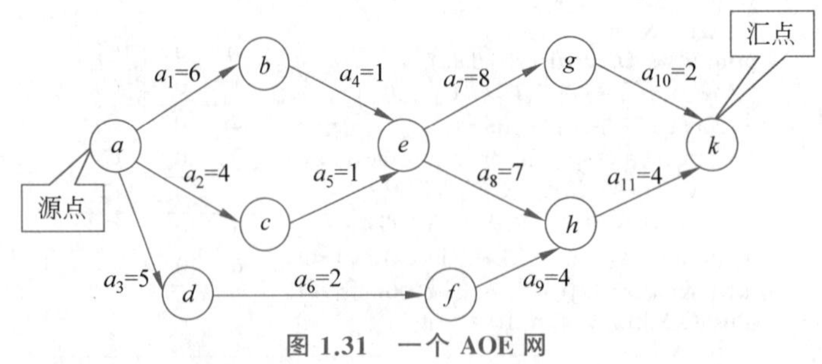

图 1.31 一个 AOE 网

由于整个工程只有一个开始点和一个完成点,故在正常的情况(无环)下,网中只有一个入度为零的点(称作源点)和一个出度为零的点(称作汇点)。

AOE 网可以回答下列问题。

(1) 完成整个工程至少需要多少时间?

(2) 为缩短完成工程所需的时间,应当加快哪些活动?,即哪些子工程项是"关键工程"?哪些子工程项将影响整个工程的完成期限?

从始点到终点的路径可能不止一条,只有各条路径上所有活动都完成了,整个工程才算完成。因此,完成整个工程所需的最短时间取决于从始点到终点的最长路径长度,即这条路径上所有活动的持续时间之和。这条路径长度最长的路径就叫作**关键路径**,关键路径上的活动称为**关键活动**。

整个工程完成的时间为:从有向图的源点到汇点的最长路径(关键路径)。

"关键活动"指的是:该弧上的权值增加将使有向图上的最长路径的长度增加。

AOE 网具有以下性质。

(1) 只有在某顶点所代表的事件发生后,从该顶点出发的各活动才能开始。

(2) 只有在进入某顶点的各活动都结束,该顶点所代表的事件才能发生。

那么,如何求关键路径呢?要找出关键路径,必须找出关键活动,即不按期完成就会影响整个工程完成的活动。首先计算以下与关键活动有关的量:

(1) 事件的最早发生时间 ve(k)。

(2) 事件的最迟发生时间 vl(k)。

(3) 活动的最早开始时间 ee(i)。

(4) 活动的最迟开始时间 el(i)。

最后计算各个活动的时间余量 el(k)−ee(k),时间余量为 0 者即为关键活动。其中,

"事件"的最早发生时间 ve(j)=从源点到顶点 j 的最长路径长度。

"事件"的最迟发生时间 vl(j)=vl(汇点)−从顶点 j 到汇点的最长路径长度。

假设第 i 条弧为 $<j, k>$,则对第 i 项活动而言:

"活动"的最早开始时间 ee(i)=ve(j)。

"活动"的最迟开始时间 el(i)=vl(k)−dut($<j,k>$)(dut($<j,k>$)表示边 $<v_j,v_k>$ 的权)。

"事件"发生时间的计算公式:

ve(源点)=0

ve(k)=Max{ve(j)+dut($<j,k>$)}

vl(汇点)=ve(汇点)

vl(j)=Min{vl(k)−dut($<j,k>$)}

关键路径算法思想:修改拓扑排序算法,在拓扑排序的同时计算 ve(i),并增加一个数组记录拓扑排序求得的序列,然后逆向遍历数组中的拓扑序列来计算 vl(i)。

例 1.5　图 1.31 对应的关键路径求解过程。

答:图 1.31 对应的关键路径求解过程如图 1.32 所示。

(1) 从源点 a 出发,ve(a)=0,按拓扑有序求其余各顶点的最早发生时间 ve(i)。

(2) ve(b)=Max{ve(a)+dut($<a,b>$)}=6;ve(c)=Max{ve(a)+dut($<a,c>$)}=4;ve(d)=Max{ve(a)+dut($<a,d>$)}=5;如图 1.33 所示。

(3) ve(e)=Max{(ve(b)+dut($<b,e>$)),(ve(c)+dut($<c,e>$))}=Max{7,5}=7;

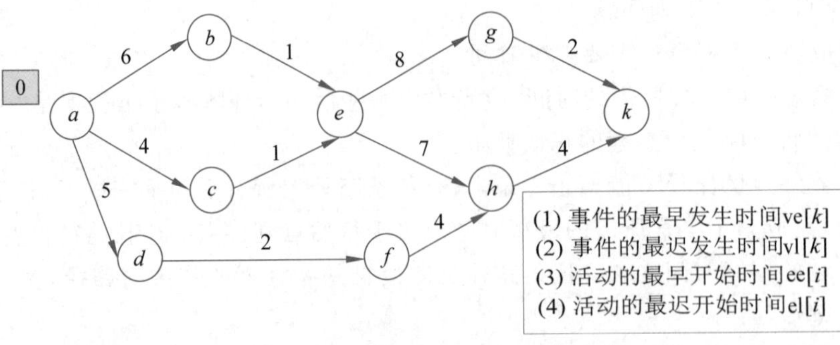

		a	b	c	d	e	f	g	h	k
Max	ve	0	6	4	5	7	7	15	14	18
Min	vl	0	6	6	8	7	10	16	14	18

拓扑有序序列：$a-b-c-d-e-f-g-h-k$

$a-d-f-c-b-e-h-g-k$

图 1.32　关键路径求解示例过程一

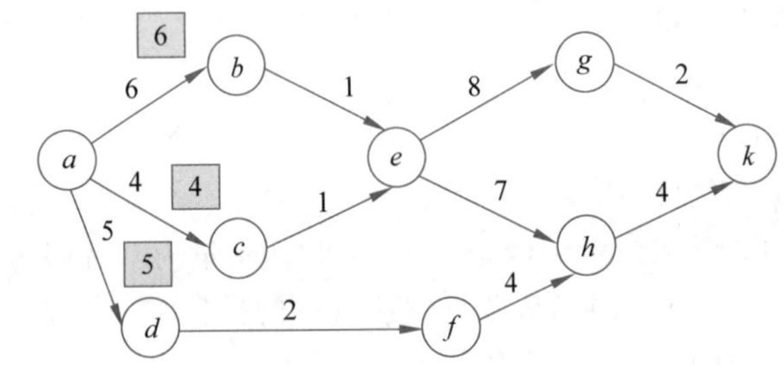

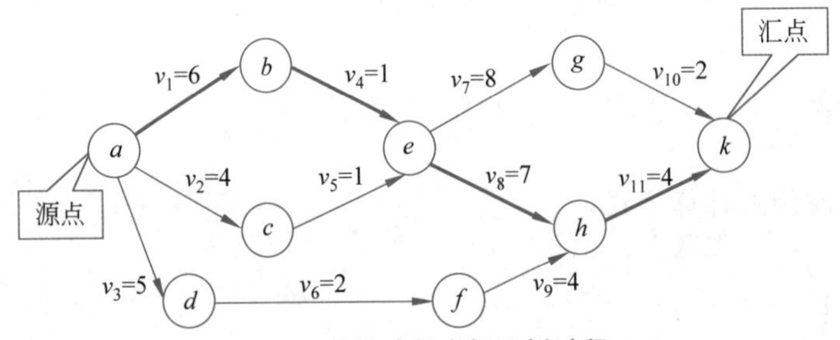

图 1.33　关键路径求解示例过程二

ve(f)=Max{ve(d)+dut(<d,f>)}=7;如图 1.34 所示。

(4) ve(g)=Max{ve(e)+dut(<e,g>)}=15;

ve(h)=Max{(ve(e)+dut(<e,h>)),(ve(f)+dut(<f,h>))}=Max{14,11}=14;如图 1.35 所示。

(5) ve(k)=Max{(ve(g)+dut(<g,k>)),(ve(h)+dut(<h,k>))}=Max{17,18}=18;如图 1.36 所示。

(6) 得到的拓扑有序序列中顶点个数等于网中顶点数,网中不存在环,可以求关键路径,如图 1.37 所示的粗体线段部分。

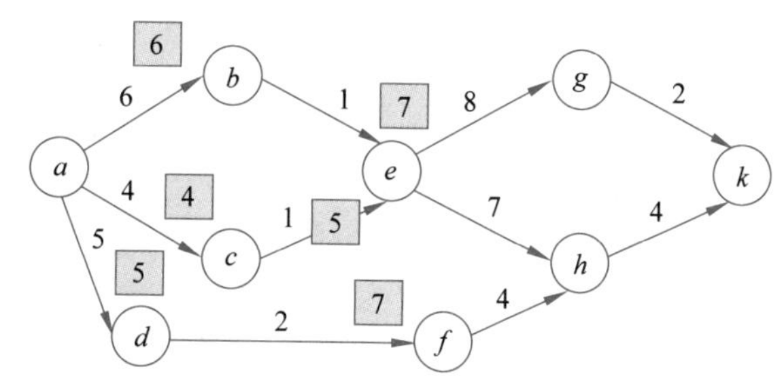

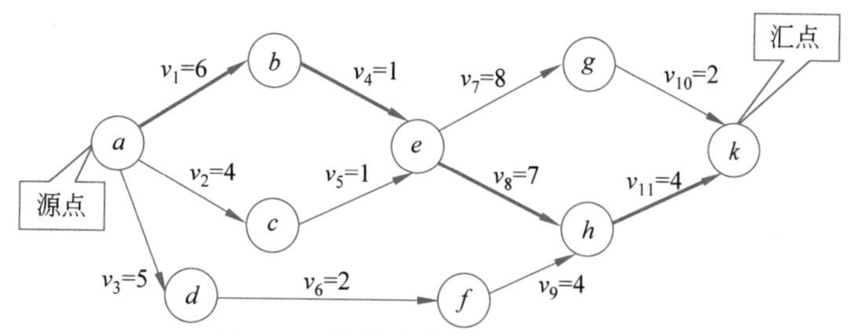

图 1.34　关键路径求解示例过程三

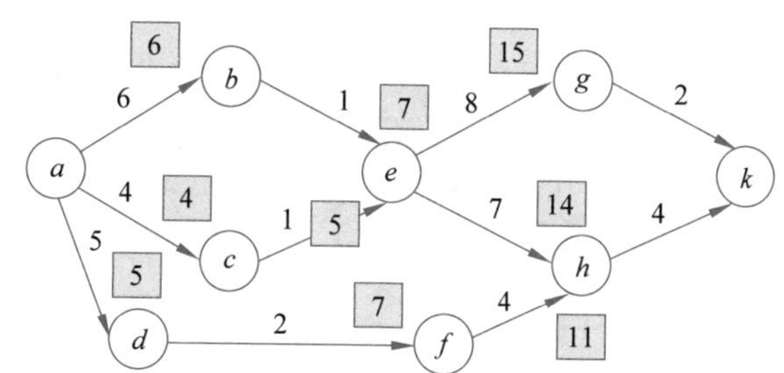

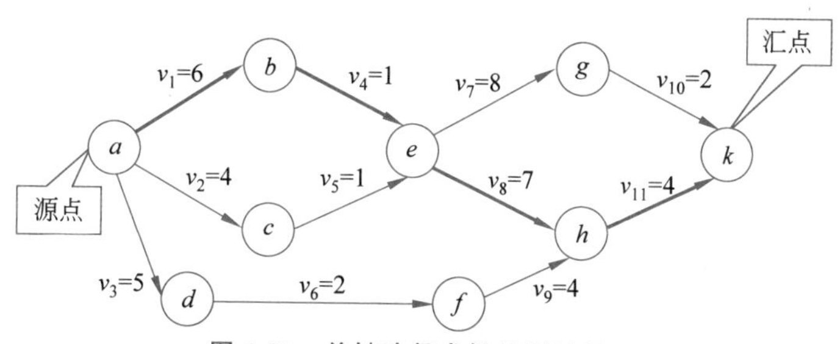

图 1.35　关键路径求解示例过程四

(7) 从汇点出发，$vl(k)=ve(k)=18$，按逆拓扑有序求其余各顶点的最迟发生时间 $vl(i)$，如图 1.38 所示。

(8) $vl(g)=\mathrm{Min}\{vl(k)-dut(<g,k>)\}=16$；

$vl(h)=\mathrm{Min}\{vl(k)-dut(<h,k>)\}=14$；如图 1.39 所示。

(9) $vl(e)=\mathrm{Min}\{(vl(g)-dut(<e,g>)),(vl(h)-dut(<e,h>))\}=\mathrm{Min}\{8,7\}=7$；

$vl(f)=\mathrm{Min}\{vl(h)-dut(<f,h>)\}=10$；如图 1.40 所示。

(10) $vl(b)=\mathrm{Min}\{vl(e)-dut(<b,e>)\}=6$；

$vl(c)=\mathrm{Min}\{vl(e)-dut(<c,e>)\}=6$；

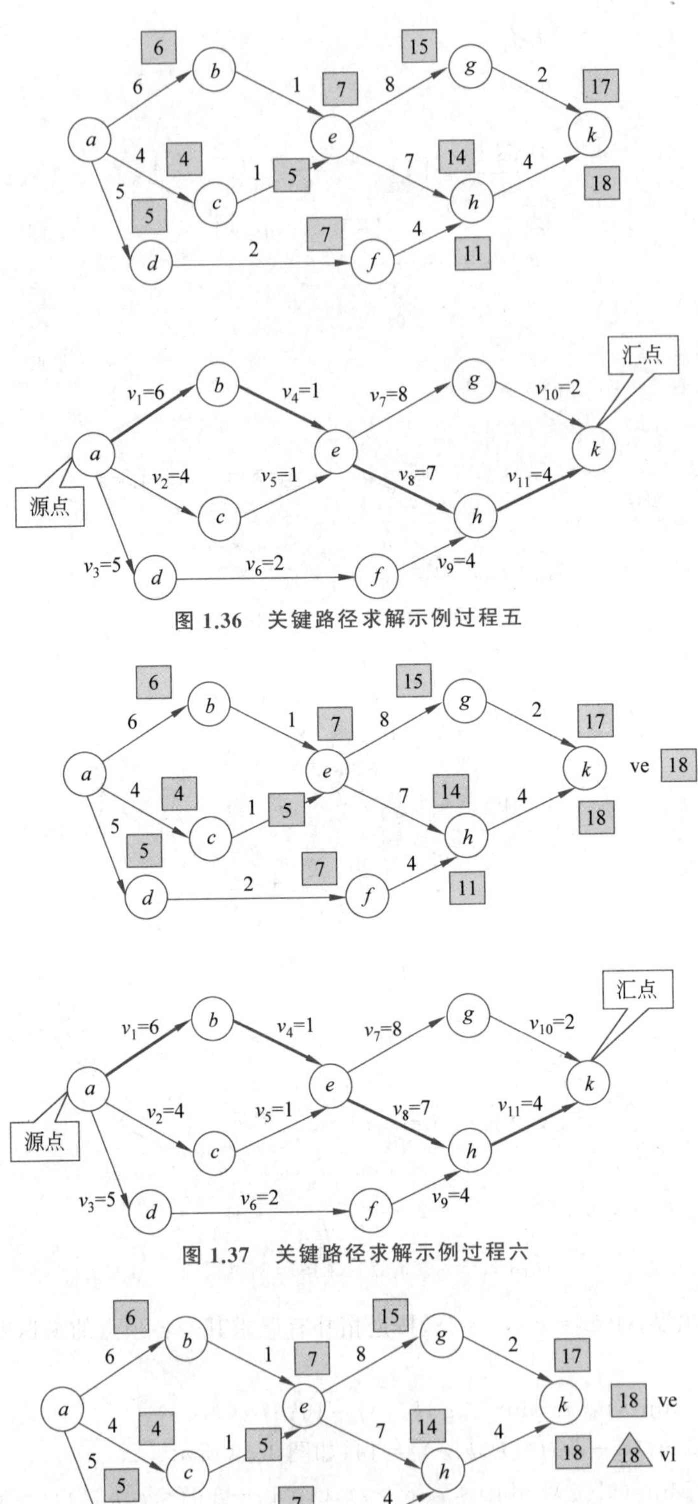

图 1.36 关键路径求解示例过程五

图 1.37 关键路径求解示例过程六

图 1.38 关键路径求解示例过程七

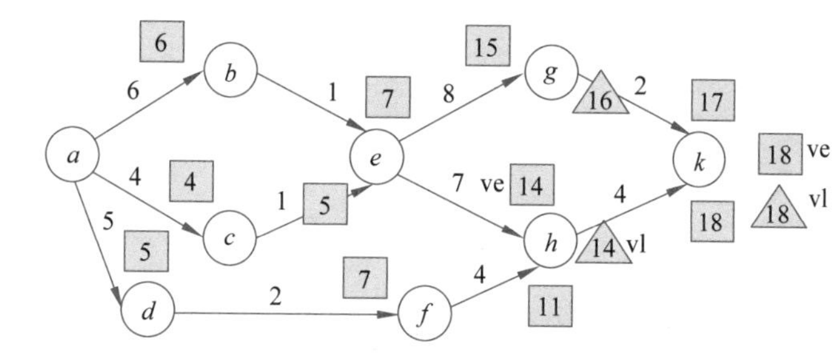

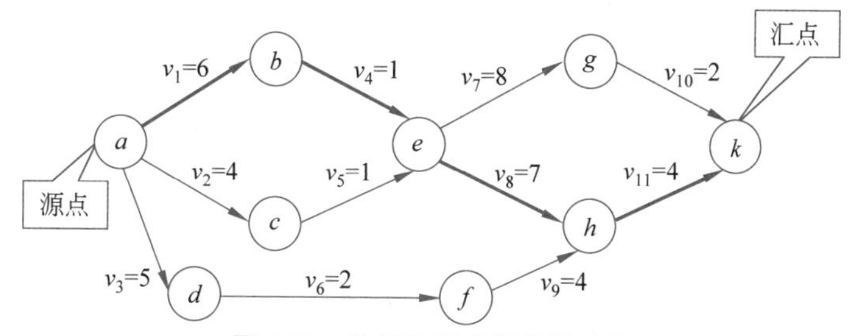

图 1.39　关键路径求解示例过程八

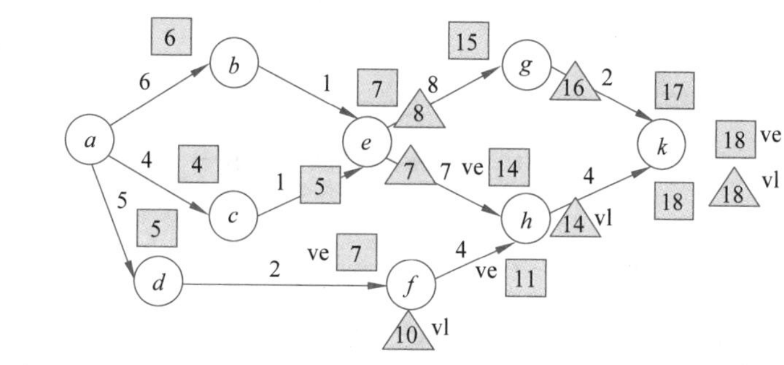

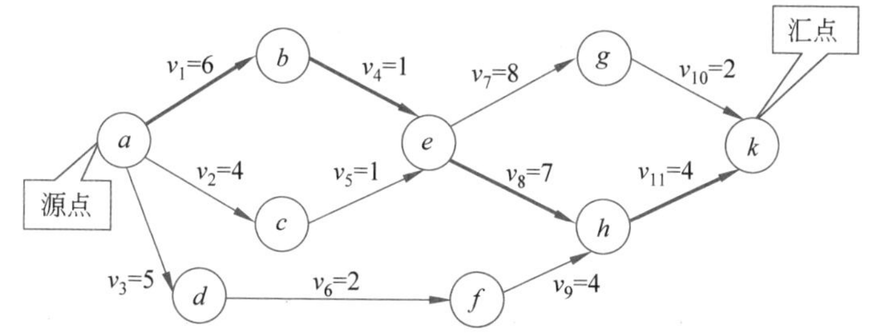

图 1.40　关键路径求解示例过程九

$\mathrm{vl}(d)=\mathrm{Min}\{\mathrm{vl}(f)-\mathrm{dut}(<d,f>)\}=8$；如图 1.41 所示。

(11) $\mathrm{vl}(a)=\mathrm{Min}\{(\mathrm{vl}(b)-\mathrm{dut}(<a,b>)),(\mathrm{vl}(c)-\mathrm{dut}(<a,c>)),(\mathrm{vl}(d)-\mathrm{dut}(<a,d>))\}=\mathrm{Min}\{0,2,3\}=0$；如图 1.42 所示。

(12) 根据各顶点的 ve 和 vl 值，求每条弧 s 的最早开始时间 ee(s)和最迟开始时间 el(s)，满足 ee(s)=el(s)的弧为关键活动；如图 1.43(粗体线)所示。

下面给出求关键路径的具体算法。

关键路径算法示例代码：

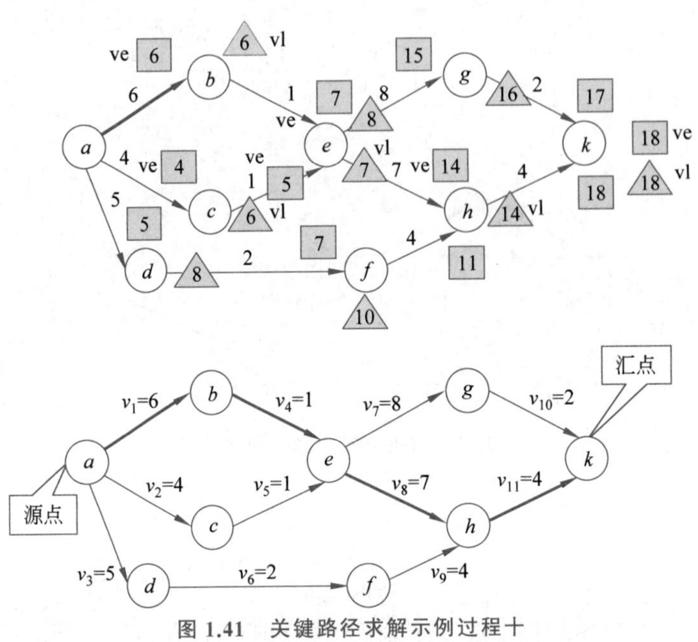

图 1.41　关键路径求解示例过程十

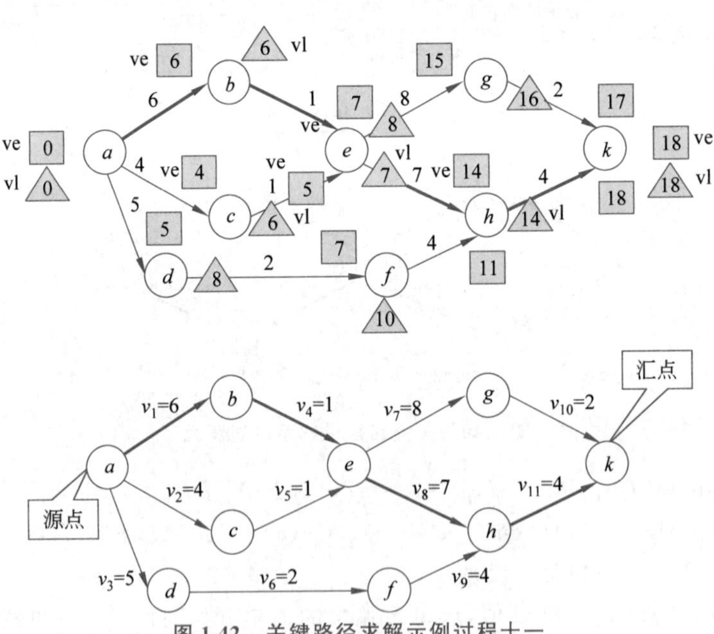

图 1.42　关键路径求解示例过程十一

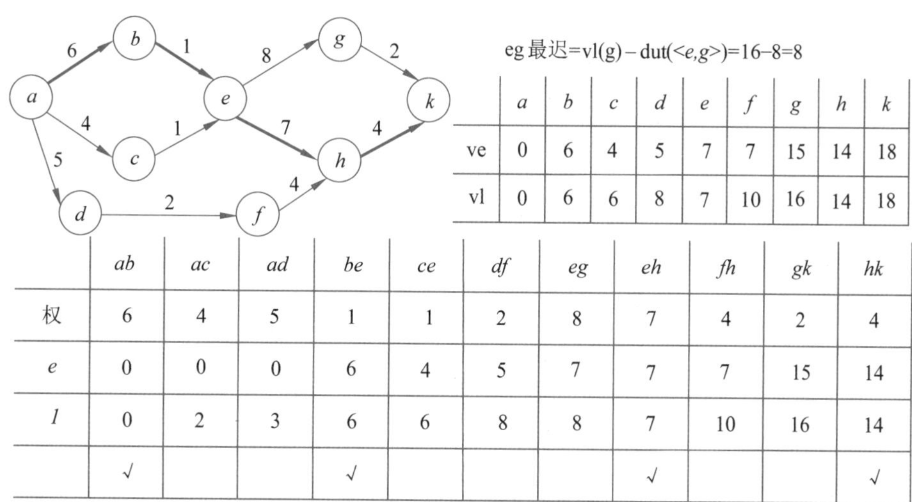

	a	b	c	d	e	f	g	h	k
ve	0	6	4	5	7	7	15	14	18
vl	0	6	6	8	7	10	16	14	18

	ab	ac	ad	be	ce	df	eg	eh	fh	gk	hk
权	6	4	5	1	1	2	8	7	4	2	4
e	0	0	0	6	4	5	7	7	7	15	14
l	0	2	3	6	6	8	8	7	10	16	14
	√			√				√			√

图 1.43　关键路径求解示例过程十二

```
#define MAX_NAME 9                            //顶点字符串的最大长度+1
struct VertexType                             //顶点信息类型
{
    char name[MAX_NAME];                      //顶点名称
    int ve,vl;                                //事件最早发生时间,事件最迟发生时间
};
typedef int VRType;                           //定义权值类型为整型
struct InfoType                               //弧的相关信息类型
{
    VRType weight;                            //权值
    int ee, el;                               //活动最早开始时间,活动最迟开始时间
}
Status TopologicalOrder(ALGraph &G,SqStack &T)
{
    /*有向网 G 采用邻接表存储结构,求各顶点事件的最早发生时间 ve(存储在 G 中)
    T 为拓扑序列顶点栈,S 为零入度顶点栈。若 G 无回路,则用栈 T 返回 G 的一个拓
    扑序列,且函数值为 OK,否则为 ERROR。*/
    int i,k,count=0;                          //count 为已入栈顶点数,初值为 0
    int indegree[MAX_VERTEX_NUM];             //入度数组,存放各顶点当前入度
    SqStack S;
    ArcNode *p;
    FindInDegree(G, indegree);                //对各顶点求入度
    InitStack(S);                             //初始化零入度顶点栈
    printf("拓扑序列:");
    for(i=0;i<G.vexnum;++i)                   //对所有顶点 i
        if(!indegree[i])                      //若其入度为 0
            Push(S,i);                        //将 i 压入零入度顶点栈
    InitStack(T);                             //初始化拓扑序列顶点栈
    for(i=0;i<G.vexnum;++i)
        G.vertices[i].data.ve=0;              //初始化 ve=0(最小值)
    while(!StackEmpty(S))                     //零入度顶点栈 S 不空
    {
        Pop(S,i);                             //栈 S 将已拓扑排序的顶点弹出,并赋给 i
        Visit(G.vertices[i].data);            //输出顶点的名称
```

```
            Push(T,i);                    //i 号顶点压入逆拓扑排序栈 T
            ++count;                      //对压入栈 T 的顶点计数
            for(p=G.vertices[i].firstarc;p;p=p->nextarc)
            //对 i 号顶点的每个邻接顶点的入度减 1
            {
                k=p->data.adjvex;         //其序号为 k
                if(--indegree[k]==0)      //k 的入度减 1,若减为 0,则将 k 压入栈 S
                    Push(S,k);
                if(G.vertices[i].data.ve+p->data.info->weight>G.vertices
                [k].data.ve)
                    G.vertices[k].data.ve=G.vertices[i].data.ve + p->data.
                    info->weight;
            }
        }
        if(count<G.vexnum)
        {
            printf("此有向网有回路\n");
            return ERROR;
        }
        else
            return OK;
    }

    Status CriticalPath(ALGraph &G)
    {
        //G 为有向网,输出 G 的各项关键活动
        SqStack T;
        int i,j,k;
        ArcNode *p;
        if(!TopologicalOrder(G,T))            //产生有向环
            return ERROR;
        j=G.vertices[0].data.ve;
        for(i=1;i<G.vexnum;++i)               //在所有顶点中,找 ve 的最大值
            if(G.vertices[i].data.ve>j)
                j=G.vertices[i].data.ve;
        for(i=0;i<G.vexnum;i++)               //初始化事件的最迟发生时间
            G.vertices[i].data.vl=j;
        while(!StackEmpty(T))                 //按拓扑逆序求各顶点的 vl 值
            for(Pop(T,j),p=G.vertices[j].firstarc;p;p=p->nextarc)
            /* 弹出栈 T 的元素,赋给 j,p 指向顶点 j 的后继
            时间顶点 k,事件 k 的最迟发生时间已确定。 */
            {
                k=p->data.adjvex;
                if(G.vertices[k].data.vl-p->data.info->weight<G.vertices
                [j].data.vl)
                    G.vertices[j].data.vl=G.vertices[k].data.vl-p->data.
                    info->weight;
            }
            printf("\n  i  ve  vl\n");
            for(i=0;i<G.vexnum;i++)
            {
                printf("%d", i);              //输出序号
                Visit(G.vertices[i].data);   //输出 ve、vl 值
```

```
                if(G.vertices[i].data.ve==G.vertices[i].data.vl)
                    printf("关键路径经过的顶点");
                printf("\n");
            }
            printf("j  k  权值  ee  el\n");
            for(j=0;j<G.vexnum;++j)
                for(p=G.vertices[j].firstarc;p;p=p->nextarc)
                                               //p 依次指向其邻接顶点
                {
                    k=p->data.adjvex;
                    p->data.info->ee=G.vertices[j].data.ve;
                    p->data.info->el=G.vertices[k].data.vl-p->data.info->weight;
                    printf("%s→%s",G.vertices[j].data.name,G.vertices[k].
                    data.name);
                    OutputArcwel(p->data.info);
                    if(p->data.info->ee==p->data.info->el)
                        printf("关键活动");
                    printf("\n");
                }
            return OK;
}
```

例 1.6　试对如图 1.44 所示的 AOE 网：①求这个工程最早可能在什么时间结束；②求每个活动的最早开始时间和最迟开始时间；③确定哪些活动是关键活动。

例 1.6 关键路径习题解答-难点解释

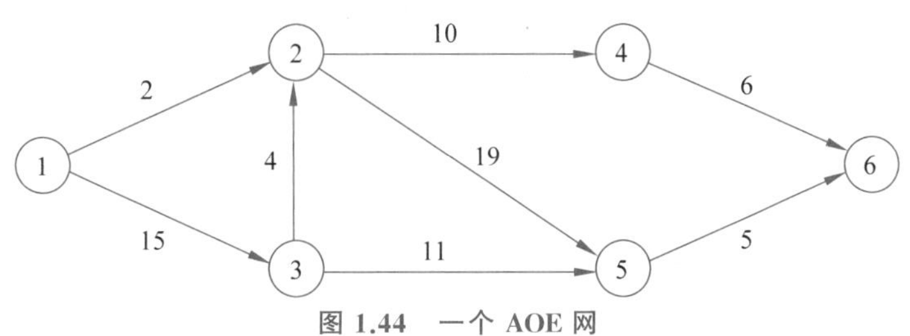

图 1.44　一个 AOE 网

解答：按拓扑有序的顺序计算各个顶点的最早可能开始时间 ve 和最迟允许开始时间 vl，计算结果见表 1.7；然后再计算各个活动的最早可能开始时间 ve 和最迟允许开始时间 vl，根据 vl－ve＝0 来确定关键活动，从而确定关键路径，具体结果见表 1.8。

表 1.7　各个顶点的 ve 和 vl 的计算结果

	1	2	3	4	5	6
ve	0	19	15	29	38	43
vl	0	19	15	37	38	43

表 1.8　由关键活动确定的关键路径（见 vl＝ve 的粗体数字）

	<1，2>	<1，3>	<3，2>	<2，4>	<2，5>	<3，5>	<4，6>	<5，6>
ve	0	**0**	**15**	19	**19**	15	29	**38**
vl	17	**0**	**15**	27	**19**	27	37	**38**
vl－ve	17	0	0	8	0	12	8	0

此工程最早完成时间为 15+4+19+5=43。关键路径为＜1,3＞＜3,2＞＜2,5＞＜5,6＞。

由于逆拓扑排序必定在网中无环的前提下进行,则也可利用 DFS 函数,在退出 DFS 函数之前计算顶点 v 的 vl 值。这两种算法的时间复杂度均为 $O(n+e)$,显然,前一种算法的常数因子要小些。由于计算弧的活动最早开始时间和最迟开始时间的时间复杂度均为 $O(e)$,所以总的求关键路径的时间复杂度为 $O(n+e)$。

实践已证明:用 AOE 网来估算某些工程完成的时间是非常有用的。实际上,求关键路径的方法本身最初就是与维修和建造工程一起发展的。但是,由于网中各项活动是互相牵涉的。因此,影响关键活动的因素也是多方面的,一方面,任何一项活动持续时间的改变都会影响关键路径的改变。另一方面,若网中有多条关键路径,那么,单是提高一条关键路径上的关键活动的速度,还不能使整个工程缩短工期,必须同时提高在这几条关键路径上的活动的速度。

1.5 网页排序算法及应用

1.5.1 网页排序算法概述

网页排序(PageRank)算法最初作为互联网网页重要度的计算方法,1998 年由斯坦福大学计算机系的博士研究生 Larry Page 和 Sergey Brin 创办,用于谷歌搜索引擎的网页排序。

PageRank 算法的基本思想是:将互联网看作一个多层的有向图,有向图的构成的主要成分是顶点和边;每个网页作为有向图的顶点,而网页和网页之间的关系就是顶点与顶点之间的关系。换句话说,网页和网页之间有关联则是有关联,否则无关联。

在有向图上定义一个随机游走模型,即一阶马尔可夫链,描述随机游走者沿着有向图随机访问各个结点的行为。在一定条件下,极限情况访问每个结点的概率收敛到平稳分布,这时各个结点的平稳概率值就是其 PageRank 值,表示结点的重要度。PageRank 是递归定义的,PageRank 的计算可以通过迭代算法进行。

1.5.2 网页排序应用示例

(1) 下面以一个包含三个网页的集合为例,对 PageRank 算法的计算过程进行详细描述,其中网页之间的链接关系如图 1.45 所示。网页 A 出度为 2,同时链接到网页 B 和网页 C,网页 B 指向网页 C,而网页 C 可以链接到网页 A 与网页 B。

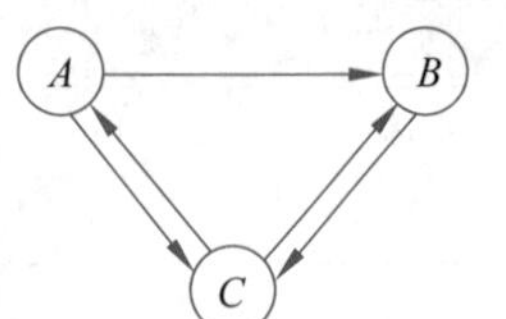

图 1.45 网页链接实例

(2) 按照图 1.45 中 A、B 和 C 网页之间的链接关系和各个顶点的出度,即 A 的出度为 2,B 的出度为 1,C 的出度为 2。其实际意义是:如果浏览网页 A,则下一步会以 1/2 的概率转移到网页 B;如果浏览网页 A,则下一步也会以 1/2 的概率转移到网页 C;如果浏览网页 B,则下一步会以 100%的概率转移到网页 C;如果浏览网页 C,则下一步会以 1/2 的概率转移到网页 A;如果浏览网页 C,则下一步也会以 1/2 的概率转移到网页 B。形成的概率 $\boldsymbol{P}$ 如下。

$$
\begin{array}{c} \quad\quad A \quad\quad B \quad\quad C \end{array}
$$

$$
\boldsymbol{P}=\begin{pmatrix} 0 & 1/2 & 1/2 \\ 0 & 0 & 1 \\ 1/2 & 1/2 & 0 \end{pmatrix}
$$

(3) 计算 $\boldsymbol{P}$ 的转置矩阵。

$$
\boldsymbol{P}^{\mathrm{T}}=\begin{pmatrix} 0 & 0 & 1/2 \\ 1/2 & 0 & 1/2 \\ 1/2 & 1 & 0 \end{pmatrix}
$$

也可以将 $\boldsymbol{P}^{\mathrm{T}}$ 写成如下的形式：

$$
\boldsymbol{P}^{\mathrm{T}}=\begin{pmatrix} 0 & 0 & 0.5 \\ 0.5 & 0 & 0.5 \\ 0.5 & 1 & 0 \end{pmatrix}
$$

(4) 计算 **A** 矩阵和迭代计算。

$$
\mathbf{ee}^{\mathrm{T}}/N=\begin{pmatrix} 1/3 & 1/3 & 1/3 \\ 1/3 & 1/3 & 1/3 \\ 1/3 & 1/3 & 1/3 \end{pmatrix}
$$

矩阵

$$
\begin{aligned}
\boldsymbol{A} &= \boldsymbol{q}\cdot\boldsymbol{p}^{\mathrm{T}}+(1-\boldsymbol{q})\cdot\frac{\mathrm{ee}^{\mathrm{T}}}{N}=0.85\times\boldsymbol{p}^{\mathrm{T}}+0.15\times\frac{\mathrm{ee}^{\mathrm{T}}}{N} \\
&= 0.85\times\begin{pmatrix} 0 & 0 & 0.5 \\ 0.5 & 0 & 0.5 \\ 0.5 & 1 & 0 \end{pmatrix}+0.15\times\begin{pmatrix} 1/3 & 1/3 & 1/3 \\ 1/3 & 1/3 & 1/3 \\ 1/3 & 1/3 & 1/3 \end{pmatrix} \\
&= \begin{pmatrix} 0 & 0 & 0.425 \\ 0.425 & 0 & 0.425 \\ 0.425 & 0.85 & 0 \end{pmatrix}+\begin{pmatrix} 0.05 & 0.05 & 0.05 \\ 0.05 & 0.05 & 0.05 \\ 0.05 & 0.05 & 0.05 \end{pmatrix} \\
&= \begin{pmatrix} 0.05 & 0.05 & 0.475 \\ 0.475 & 0.05 & 0.475 \\ 0.475 & 0.9 & 0.05 \end{pmatrix}
\end{aligned}
$$

其中，ee^{T} 表示由 **1** 填满的矩阵；

$\boldsymbol{q}$ 表示跟随出链(有向图中顶点的出度)

$1-\boldsymbol{q}$ 表示随机跳转到其他网页的概率，例如：图 1.45 告诉我们，当浏览网页 A 时(因网页 A 出度为 2 即网页 A 同时链接到网页 B 和网页 C)，也会存在一定的概率会打开网页 B 或网页 C。

(1) 综上计算结果，得出参与运算的第一组参数为：

0.05　0.05　0.475　1

0.475　0.05　0.475　1

0.475　0.9　0.05　1

第一组参数计算(迭代)过程 X1 如下。

X1(1.1)＝0.05×1＋0.05×1＋0.475×1＝0.575

X1(1.2)＝0.475×1＋0.05×1＋0.475×1＝1

X1(1.3)＝0.475×1＋0.9×1＋0.05×1＝1.425

(2) 得出参与运算的第二组参数为：

0.05　0.05　0.475　0.575

0.475　0.05　0.475　1

0.475　0.9　0.05　1.425

第二组参数计算(迭代)过程 X2 如下。

X2(1.1)＝0.05×0.575＋0.05×1＋0.475×1.425＝0.028 75＋0.05＋0.676 875
＝0.755 625

X2(1.2)＝0.475×0.575＋0.05×1＋0.475×1.425＝1

X2(1.3)＝0.475×0.575＋0.9×1＋0.05×1.425＝0.273 125＋0.9＋0.071 25
＝1.244 375

(3) 得出参与运算的第三组参数为：

0.05　0.05　0.475　0.755 625

0.475　0.05　0.475　1

0.475　0.9　0.05　1.244 375

第三组参数计算(迭代)过程 X3 如下。

X3(1.1)＝0.05×0.755 625＋0.05×1＋0.475×1.244 375
＝0.377 812 5＋0.05＋0.591 078 125＝0.678 859 375；

X3(1.2)＝0.475×0.755 625＋0.05×1＋0.475×1.244 375
＝0.358 921 875＋0.05＋0.591 078 125＝1

X3(1.3)＝0.475×0.755 625＋0.9×1＋0.05×1.244 375
＝0.358 921 875＋0.9＋0.062 218 75＝1.321 140 625

(4) 得出参与运算的第四组参数为：

0.05　0.05　0.475　0.678 859 375

0.475　0.05　0.475　1

0.475　0.9　0.05　1.321 140 625

第四组参数计算(迭代)过程 X4 如下。

X4(1.1)＝0.05×0.678 859 375＋0.05×1＋0.475×1.321 140 625＝0.033 942 968 75＋
0.05＋0.627 541 796 875＝0.711 484 765 625

X4(1.2)＝0.475×0.678 859 375＋0.05×1＋0.475×1.321 140 625
＝0.322 458 203 125＋0.05＋0.627 541 796 875＝1

X4(1.3)＝0.475×0.678 859 375＋0.9×1＋0.05×1.321 140 625＝0.322 458 203 125＋
0.9＋0.066 057 031 25＝1.288 515 234 375

(5) 得出参与运算的第五组参数为：

0.05　0.05　0.475　0.711 484 765 625

0.475　0.05　0.475　1

0.475　0.9　0.05　1.288 515 234 375

第五组参数计算(迭代)过程 X5 如下。

X5(1.1)＝0.05×0.711 484 765 625＋0.05×1＋0.475×1.288 515 234 375

＝0.035 574 238 281 25＋0.05＋0.612 044 736 328 125

＝0.697 619 119 140 625

X5(1.2)＝0.475×0.711 484 765 625＋0.05×1＋0.475×1.288 515 234 375

＝0.337 955 263 671 875＋0.05＋0.612 044 736 328 125＝1

X5(1.3)＝0.475×0.711 484 765 625 5＋0.9×1＋0.05×1.288 515 234 375

＝0.337 955 263 671 875＋0.9＋0.064 425 761 718 75＝1.302 381 025 390 625

为简化计算，下面将约减小数位数，按照上述方法不断计算(迭代)，直至结果最终收敛。中间结果如下。

$X6=(0.703\ 511\ 94,1,1.296\ 488\ 07)^T$

$X7=(0.701\ 007\ 43,1,1.298\ 992\ 58)^T$

$X8=(0.702\ 071\ 85,1,1.297\ 928\ 16)^T$

$X9=(0.701\ 619\ 47,1,1.298\ 380\ 54)^T$

$X10=(0.701\ 811\ 73,1,1.298\ 188\ 28)^T$

$X11=(0.701\ 730\ 02,1,1.297\ 954\ 71)^T$

$X12=(0.701\ 614\ 99,1,1.298\ 219\ 5)^T$

$X13=(0.701\ 735\ 01,1,1.298\ 178\ 1)^T$

$X14=(0.701\ 721\ 35,1,1.298\ 233\ 03)^T$

$X15=(0.701\ 746\ 75,1,1.298\ 229\ 29)^T$

$X16=(0.701\ 746\ 25,1,1.298\ 241\ 17)^T$

$X17=(0.701\ 751\ 87,1,1.298\ 241\ 53)^T$

$X18=(0.701\ 752\ 53,1,1.298\ 244\ 21)^T$

$X19=(0.701\ 753\ 26,1,1.298\ 244\ 56)^T$

$X20=(0.701\ 753\ 85,1,1.298\ 245\ 2)^T$

从上述结果可以发现，当迭代至 20 次时，PageRank 值收敛于(0.701 75,1,1.298 24)，将这一结果进行归一化处理，得到 A、B、C 三个页面的 PageRank 值分别为：

0.701 75/(0.701 75＋1＋1.298 24)＝0.233 92，1/(0.701 75＋1＋1.298 24)＝0.333 33，1.298 24/(0.701 75＋1＋1.298 24)＝0.432 75。根据上述结果可以看出，在三个(A，B 和 C 命名)网页中，网页 C 的得分最高，因而最为重要，网页 B 次之，网页 A 在这三个网页中的重要性最弱。

1.6　求最短路径

1.6.1　最短路径概述

图的最常用的应用之一是在交通运输和通信网络中寻求最短路径，如图 1.46 所示的交通网络，给出了图中从 v_0 到 v_5 各个顶点的权值，这个权值根据问题锁定，可能代表从一个地方到另外一个地方的距离或者消耗能源的代价等。

对于这样的交通网常常提出的问题是：两地之间是否有公路可通？在有几条路可通的

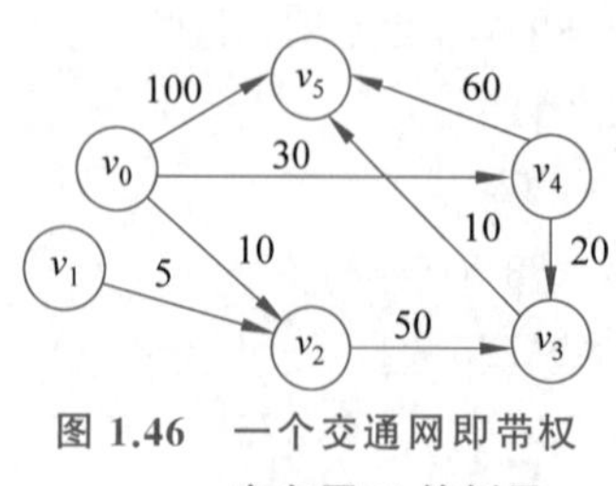

图 1.46　一个交通网即带权有向图 G 的例子

情况下,哪一条路最短？这就是在带权图中求最短路径问题。

源点：路径开始顶点为源点,例如,图 1.46 中的 v_0 称为该图的源点。

终点：路径的最后一个顶点为终点,例如,图 1.46 中的 v_5 称为该图的终点。

最短路径问题常用来解决：①求从某个源点到其余各点的最短路径,对应的算法是 Dijkstra(迪杰斯特拉)算法；②每一对顶点之间的最短路径,对应的算法是 Floyd (弗洛伊德)算法。

下面分别给出 Dijkstra 算法和 Floyd 算法。

1.6.2　Dijkstra 算法

1. Dijkstra 算法概述

Dijkstra 算法的内容是：求图 1.47 中带权有向图 G 中某个源点到其余各点的最短路径,结果如图 1.47 所示。

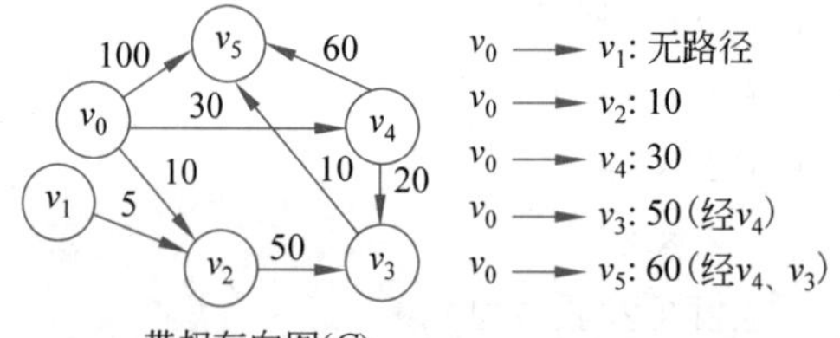

图 1.47　带权有向图从源点到其他各个顶点的最短路径

2. Dijkstra 算法实现的基本思路

Dijkstra 在 1959 年提出了一个算法,即按路径长度递增的次序产生最短路径。

将图 G 中所有顶点分成两个集合,即 S 集合与 V-S 集合。其中：

S：包括已确定最短路径的顶点集合。

V-S：包括尚未确定最短路径的顶点集合。

初始规定：S=｛源点 v_0｝(只含源点)。

按路径长度递增的顺序计算源点到各顶点的最短路径,逐个将 V-S 中的顶点加到 S 中,直至 S=V 为止。

Dijkstra 算法的基本思想的核心是：依路径长度递增的次序求得各条路径,如图 1.48 所示。

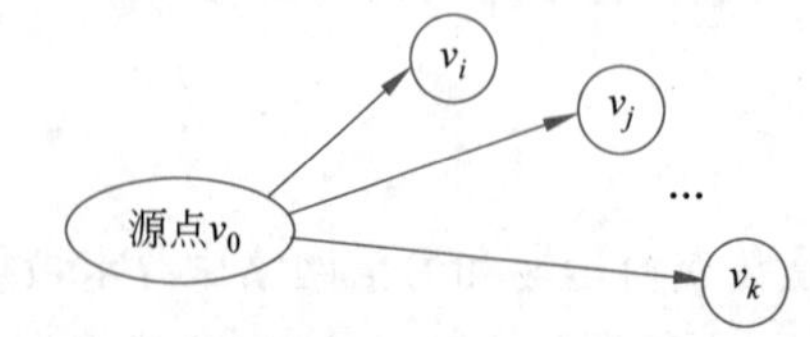

图 1.48　依次求源点到其他各个顶点的最短路径

例 1.7　假设图 1.46 中的图 G 源点为顶点 v_0,求得结果如表 1.9 所示。

表 1.9　图 1.46 中的图 G 中 v_0 源点到其他各个顶点的最短距离

源　　点	终　　点	最 短 路 径	路 径 长 度
v_0	v_2	(v_0, v_2)	10
	v_4	(v_0, v_4)	30
	v_3	(v_0, v_4, v_3)	50
	v_5	(v_0, v_4, v_3, v_5)	60
	v_1	无	∞

3. Dijkstra 算法的思想

(1) 初始化：先找出从源点 v_0 到各终点 v_k 的直达路径(v_0, v_k)，即通过一条弧到达的路径。

(2) 选择：从这些路径中找出一条长度最短的路径(v_0, u)。

(3) 更新：然后对其余各条路径进行适当调整。

若在图中存在弧(u, v_k)，且$(v_0, u)+(u, v_k)<(v_0, v_k)$，则以路径$(v_0, u, v_k)$代替$(v_0, v_k)$。

在调整后的各条路径中，再找长度最短的路径，以此类推。

算法实现需三个数组：$S[n]$，$D[n]$，path$[n]$。

$S[i]=1$：顶点 v_i 已加入 S 集。

$D[i]$：记录源点到顶点 v_i 当前的最短距离。

path$[i]=k$：表示从源点 v_0 到顶点 v_i 之间最短路径上顶点 i 的前驱顶点为 k。

path$[i]=-1$：从源点到顶点 v_i 无路径。

例如：源点 v_0 到顶点 v_5 当前的最短距离为 60，即 $v_0 \rightarrow v_4 \rightarrow v_3 \rightarrow v_5$ 最短距离为 60，path[5]=3。

以此类推，按照 Dijkstra 算法的思想分别求出 v_0 求到其他各个顶点的最短距离，如图 1.49 所示。

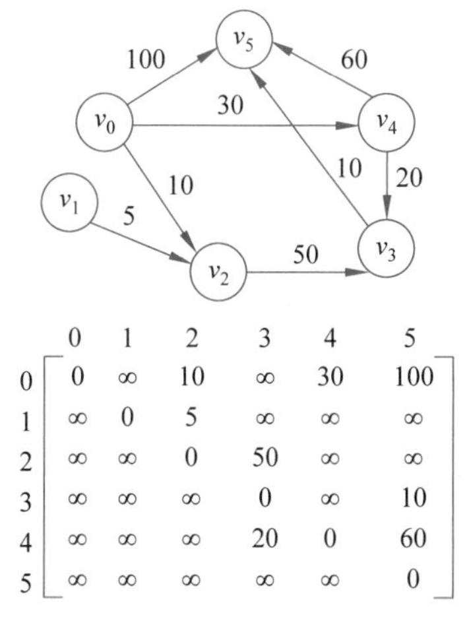

算法思想

终点	$D[w]$　从v_0到各终点的长度和最短路径				p
v_1	∞	∞	∞	∞	-1
v_2	10 $\{v_0,v_2\}$			10 $\{v_0,v_2\}$	0
v_3	∞	60 $\{v_0,v_2,v_3\}$	50 $\{v_0,v_4,v_3\}$	50 $\{v_0,v_4,v_3\}$	4
v_4	30 $\{v_0,v_4\}$	30 $\{v_0,v_4\}$		30 $\{v_0,v_4\}$	0
v_5	100 $\{v_0,v_5\}$	100 $\{v_0,v_5\}$	90 $\{v_0,v_4,v_5\}$	60 $\{v_0,v_4,v_3,v_5\}$	3
v_j	v_2	v_4	v_3	v_5	
s	$\{v_0,v_2\}$	$\{v_0,v_2,v_4\}$	$\{v_0,v_2,v_4,v_3\}$	$\{v_0,v_2,v_4,v_3,v_5\}$	

S之外的当前最短路径的顶点

$(v_0,v_2)+(v_2,v_3)<(v_0,v_3)$

图 1.49　带权有向图对应的邻接矩阵与按照 Dijkstra 算法的思想所求出的最短路径

初始计算的解释如图 1.50 所示。

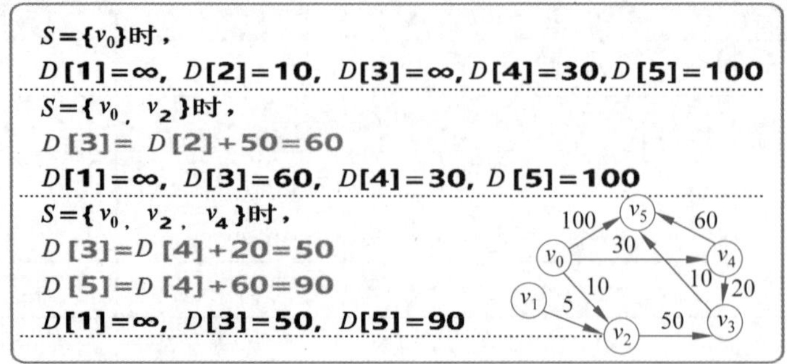

图 1.50　初始计算的解释

Dijkstra 算法描述如下。

(1) 初始化。

S ={v_0}(S[0]=1);　//S[i]=1:顶点 vi 已加入 S 集,i=0

D[j] = arcs[0][j],

path[j] =0　(<v_0,v_j>∈E)

path[j]=−1　(<v_0,v_j>∉E)

//j = 1, 2, …, n−1, n 为图中顶点个数

(2) 求出最短路径的长度。

D[k]←min { D[j] }, j∈ V− S ;

S ← S∪ { k} (S[k]=1);

(3) 修改。

D[j]←min{ D[j], D[k] + arcs[k][j]}

若 D[j]改变,则 path[j]=k

//对于每一个 j∈V−S;

(4) 判断:若 S=V,则算法结束,否则转(2)。

例 1.8　求出图 1.51 从顶点 0 到其余各顶点的最短距离。

答:根据图 1.51 已知条件,求出顶点 0 到其他各个顶点的最短距离,如图 1.52 所示。

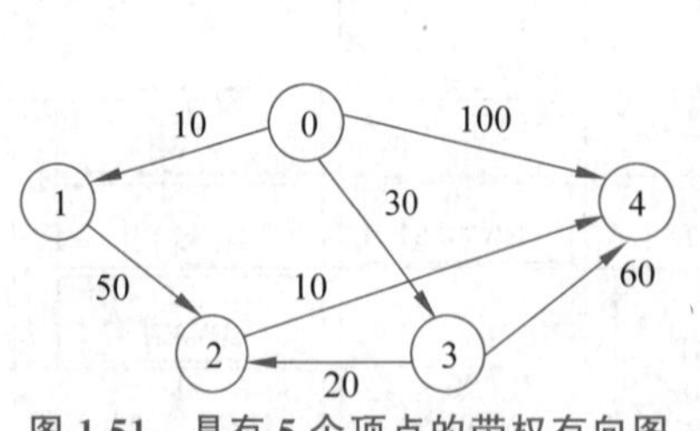

图 1.51　具有 5 个顶点的带权有向图

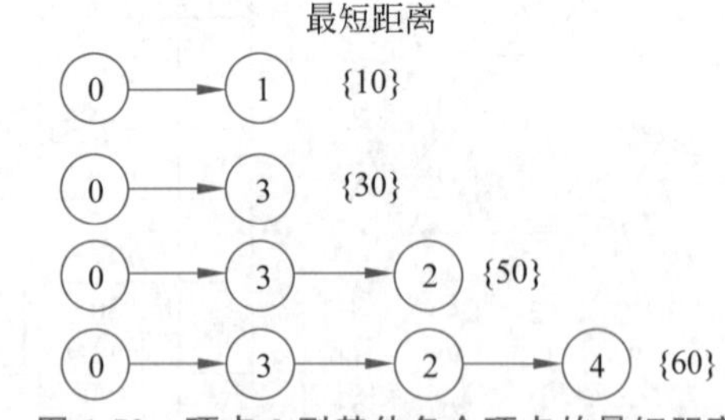

图 1.52　顶点 0 到其他各个顶点的最短距离

1.6.3　Floyd(弗洛伊德)算法

1. Floyd 算法概述与举例

Floyd 算法用于求每一对顶点之间的最短路径,其特点是:如果具有 n 个顶点的有向

图，从图的第一个顶点开始到第 n 个顶点循环，共执行 n 次 Dijkstra 算法，则完成了求每一对顶点之间的最短路径的任务。

而 Floyd 算法仍用邻接矩阵表示带权有向图，其基本思想是：若 $<v_i, v_j>$ 存在，则存在路径 arcs[i][j]，但该路径不一定是最短路径，需要进行 n 次试探。用一个二维数组存放顶点之间的最短路径值。

数组的最初状态就是图的邻接矩阵，如果存在一个 k，且 $D[i][k]+D[k][j]<D[i][j]$，则 $D[i][k]+D[k][j]$代替 v_i 和 v_j 之间的最短路径。整个 Floyd 算法的基本思想是：在原来的邻接矩阵的基础上，依次用 $v_0, v_1, \cdots, v_{n-1}$试图在 v_i 和 v_j之间插入，减小 $D[i][j]$的值。

例 1.9　图 1.53(a)是一个有向网图，其对应的邻接矩阵如图 1.53(b)所示。请使用 Floyd 算法求出最短路径。

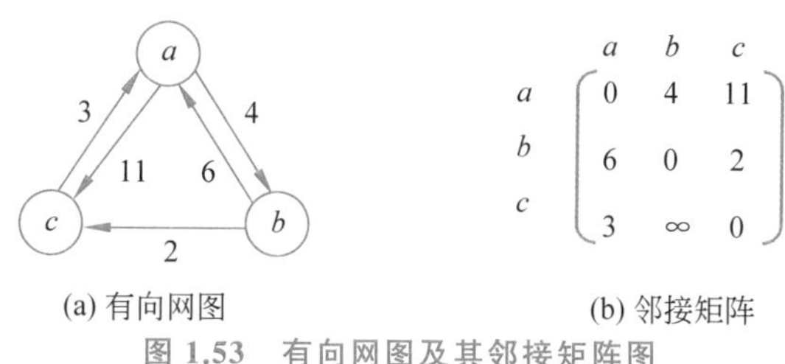

图 1.53　有向网图及其邻接矩阵图

(1) 存在一个 k，且 $D[i][k]+D[k][j]<D[i][j]$，则 $D[i][k]+D[k][j]$代替 v_i 和 v_j 之间的最短路径。

Floyd 算法初始化如图 1.54 所示。

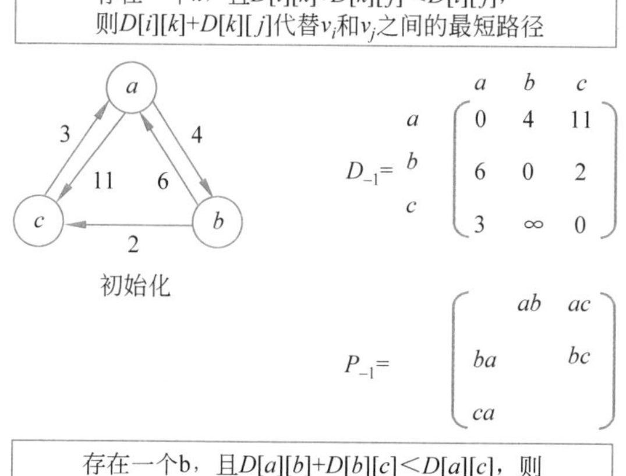

图 1.54　初始化情况

(2) Floyd 算法第 1 次迭代结果如图 1.55 所示。

(3) Floyd 算法第 2 次迭代结果如图 1.56 所示。

(4) Floyd 算法第 3 次迭代结果如图 1.57 所示。

2. Floyd 算法与代码

Floyd 算法示例代码：

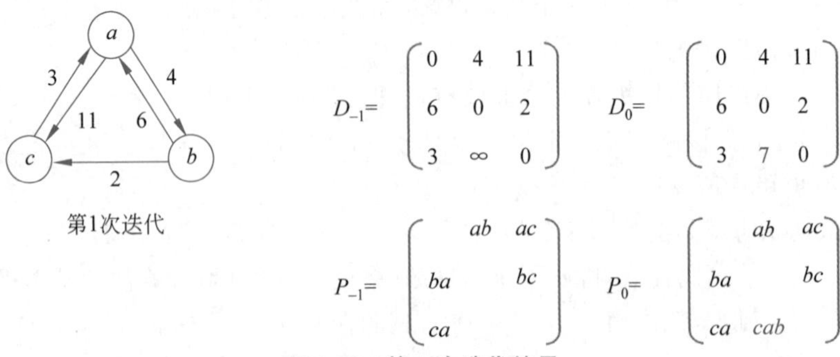

图 1.55 第 1 次迭代结果

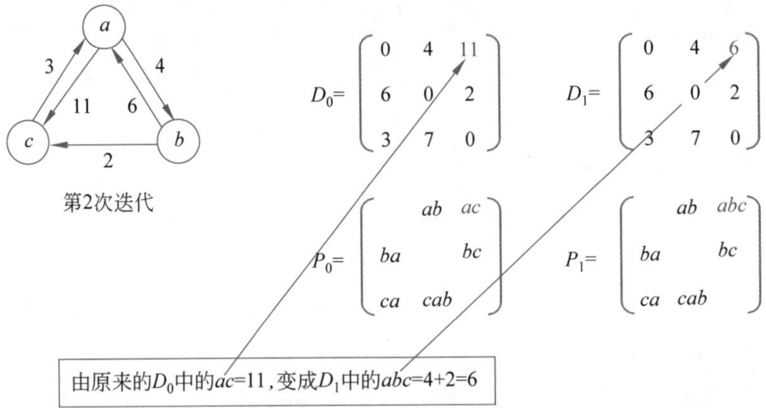

图 1.56 第 2 次迭代结果

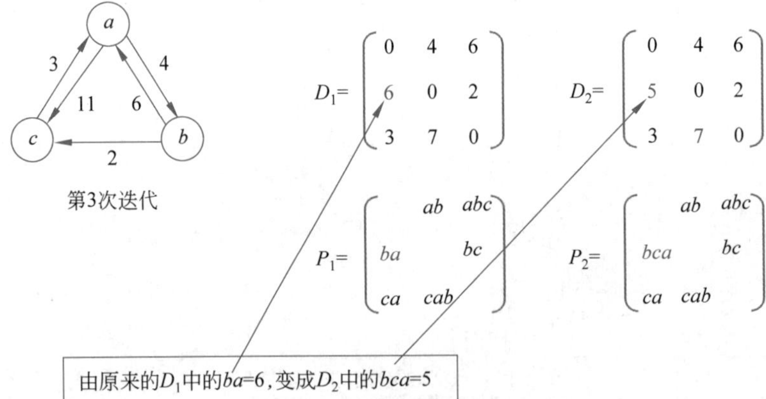

图 1.57 第 3 次迭代结果

```
#include <stdio.h>
#include <limits.h>
#include <malloc.h>
#include <string.h>
#define MAX_NAME 5                          //顶点字符串的最大长度+1
#define MAX_INFO 20                         //相关信息字符串的最大长度+1
typedef int VRType;                         //顶点关系的数据类型
#define INFINITY INT_MAX                    //用整型最大值代替∞
```

```
#define MAX_VERTEX_NUM 20                            //最大顶点个数
typedef char InfoType;                               //信息的类型
typedef char VertexType[MAX_NAME];                   //顶点数据类型及长度
typedef enum{DG,DN,AG,AN}GraphKind;                  //{有向图,有向网,无向图,无向网}
//邻接矩阵的数据结构
typedef struct
{
    VRType adj;              //顶点关系类型。对无权图,用 1(是)或 0(否)表示相邻否
            //对带权图,则为权值类型
    nfoType * info;                                  //该弧相关信息的指针(可无)
}ArcCell, AdjMatrix[MAX_VERTEX_NUM][MAX_VERTEX_NUM];
//图的数据结构
typedef struct
{
    VertexType vexs[MAX_VERTEX_NUM];                 //顶点向量
    AdjMatrix arcs;                                  //邻接矩阵
    int vexnum,                                      //图的当前顶点数
    arcnum;                                          //图的当前弧数
    GraphKind kind;                                  //图的种类标志
} MGraph;
//若 G 中存在顶点 u,则返回该顶点在图中位置;否则返回-1
int LocateVex(MGraph G,VertexType u)
{
    int i;
    for(i = 0; i < G.vexnum; ++i)
        if( strcmp(u, G.vexs[i]) == 0)
            return i;
    return -1;
}
//采用数组(邻接矩阵)表示法,构造有向网 G
int CreateDN(MGraph * G)
{
    int i,j,k,w,IncInfo;
    char s[MAX_INFO], * info;
    VertexType va,vb;
    printf("请输入有向网 G 的顶点数,弧数,弧是否含其他信息(是:1,否:0):" " (空格
    隔开)\n");
    scanf("%d%d%d% * c", &( * G).vexnum, &( * G).arcnum, &IncInfo);
    printf("请输入%d 个顶点的值(<%d 个字符):\n", ( * G).vexnum, MAX_NAME);
    for(i=0;i<( * G).vexnum;++i)                     //构造顶点向量
        scanf("%s% * c",( * G).vexs[i]);
    for(i=0;i<( * G).vexnum;++i)                     //初始化邻接矩阵
        for(j=0;j<( * G).vexnum;++j)
        {
            ( * G).arcs[i][j].adj=INFINITY;   //网,边的权值初始化为无穷大
            ( * G).arcs[i][j].info=NULL;
        }
    printf("请输入%d 条弧的弧尾 弧头 权值(以空格作为间隔):
            \n",( * G).arcnum);
    for(k=0;k<( * G).arcnum;++k)
    {
        scanf("%s%s%d% * c",va,vb,&w);     //% * c 回车符
        i=LocateVex( * G,va);
```

```
        j=LocateVex(*G,vb);
        (*G).arcs[i][j].adj=w;                //有向网,弧的权值为 w
        if(IncInfo){
            printf("请输入该弧的相关信息(<%d个字符): ",MAX_INFO);
            scanf("%s%*c", s);
            w = strlen(s);
            if(w)
            {
                info=(char*)malloc((w+1)*sizeof(char));
                strcpy(info,s);
                G.arcs[i][j].info=info;   //有向
            }
        }
    }
    (*G).kind=DN;                             //有向网的种类标志
    return 1;
}
typedef char PathMatrix[MAX_VERTEX_NUM][MAX_VERTEX_NUM][MAX_VERTEX_NUM];
//三维数组,其值只可能是 0 或 1,故用 char 类型以减少存储空间的浪费
typedef VRType DistancMatrix[MAX_VERTEX_NUM][MAX_VERTEX_NUM];

void ShortestPath_FLOYD(MGraph G,PathMatrix P,DistancMatrix D)
{
    /*用 Floyd 算法求有向网 G 中各对顶点 v 和 w 之间的最短路径 P[v][w][]及其带权长度
    D[v][w],若 P[v][w][u]为 TRUE,则 u 是从 v 到 w 当前求得最短路径上的顶点。*/
    int u,v,w,i;
    for(v=0;v<G.vexnum;v++)                   //各对顶点之间初始已知路径及距离
        for(w=0;w<G.vexnum;w++)
        {
        D[v][w]=G.arcs[v][w].adj;             //顶点 v 到顶点 w 的直接距离
        for(u=0;u<G.vexnum;u++)
            P[v][w][u]=FALSE;                 //路径矩阵初值
        if(D[v][w]<INFINITY)                  //从 v 到 w 有直接路径
            P[v][w][v]=P[v][w][w]=TRUE;       //由 v 到 w 的路径经过 v 和 w
        }
    for(u=0;u<G.vexnum;u++)
        for(v=0;v<G.vexnum;v++)
            for(w = 0; w < G.vexnum; w++)
                if(D[v][u]<INFINITY&&D[u][w]<INFINITY&&D[v][u]+D[u][w]<D[v][w])
                //从 v 经 u 到 w 的一条路径更短
                {
                    D[v][w]=D[v][u]+D[u][w];  //更新最短距离
                    for(i=0;i<G.vexnum;i++)
                    //从 v 到 w 的路径经过从 v 到 u 和从 u 到 w 的路径
                        P[v][w][i]=P[v][u][i]||P[u][w][i];
                }
}
```

1.7　图的遍历

图的遍历的含义是：从图中某个顶点出发遍历图，访遍图中其余顶点，并且使图中的每个顶点仅被访问一次的过程。

1.7.1　深度优先搜索遍历

图的深度优先搜索遍历(Deep First Search，DFS)的实质是：连通图的深度优先搜索遍历。也就是说，从(连通图)图中某个顶点 V_0 出发，访问此顶点，然后从 V_0 的未被访问的邻接点出发深度优先搜索遍历图，直至图中所有和 V_0 有路径相通的顶点都被访问到。显然，这是一个递归的搜索过程。深度优先搜索遍历连通图的过程类似于树的先根遍历。

1. 连通图的深度优先搜索遍历例子

例 1.10　图解说明如图 1.58 所示无向连通图对应的深度优先搜索遍历过程。

解答：根据图 1.58 中的各个顶点之间关系，求出该图的深度优先搜索遍历过程的次序如图 1.59 所示。

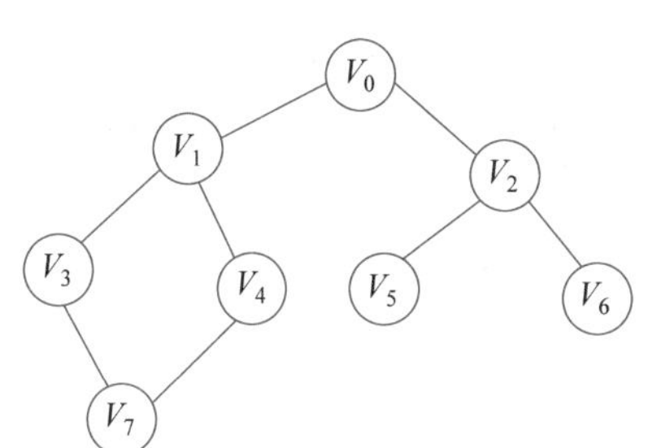

图 1.58　一个无向连通图的例子

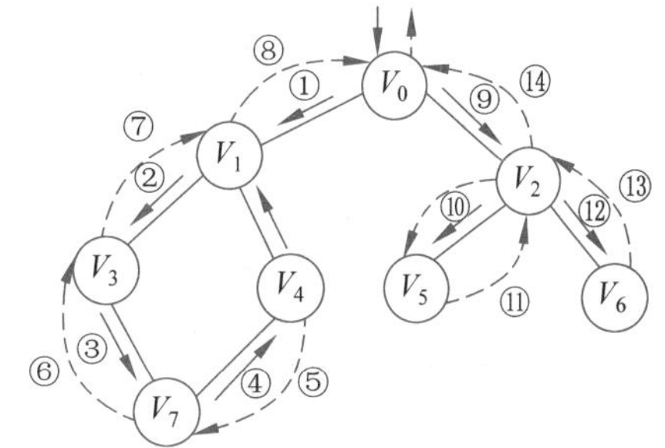

图 1.59　图的深度优先搜索遍历过程的次序

访问(遍历)次序为：$V_0 \to V_1 \to V_3 \to V_7 \to V_4 \to V_2 \to V_5 \to V_6$。

例 1.11　图解说明如图 1.60 所示连通图的深度优先搜索(DFS)遍历过程、邻接表及访问次序。

解答：

(1) 图 1.60 的 DFS 图解遍历过程如图 1.61 所示。

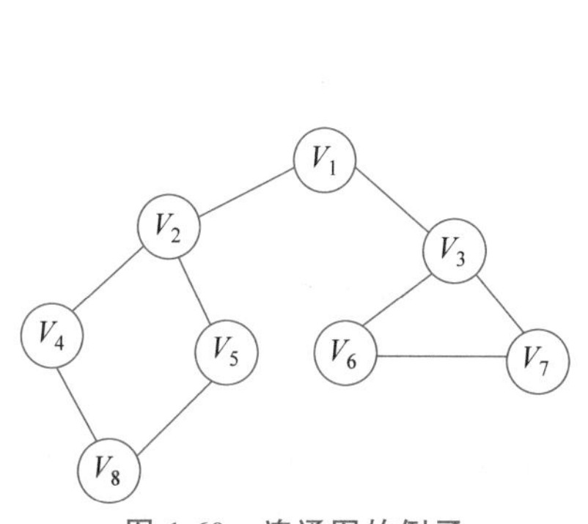

图 1.60　连通图的例子

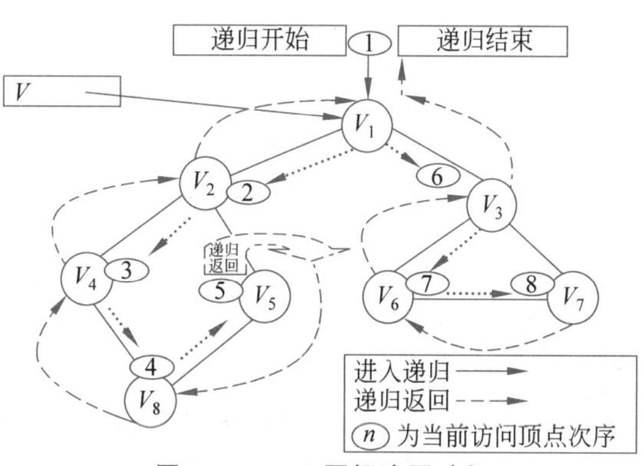

图 1.61　DFS 图解遍历过程

(2) 图 1.60 对应的邻接表如图 1.62 所示。

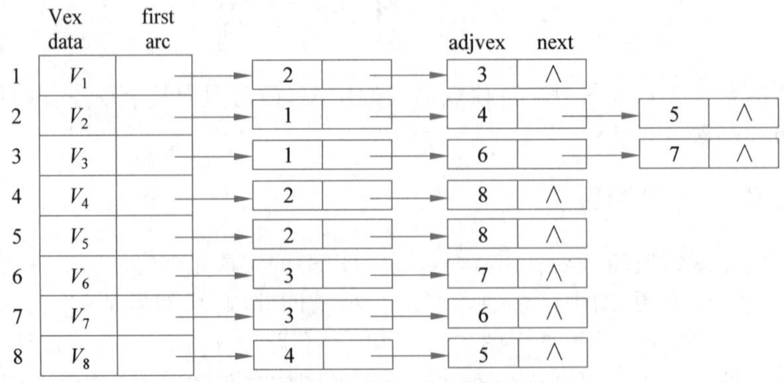

图 1.62　图 1.60 对应的邻接表

访问(遍历)顺序为：$V_1 \to V_2 \to V_4 \to V_8 \to V_5 \to V_3 \to V_6 \to V_7$。

2. 连通图的深度优先搜索的遍历步骤

(1) 从图中某一起始顶点 v 出发，访问它的未被访问的邻接点；依次进行类似的访问，直至到达所有的邻接顶点都被访问过的顶点 u 为止。

(2) 退回一步，即刚访问过的顶点，看是否还有没被访问的邻接点。如存在没有访问的顶点，则访问此顶点，之后再进行与前述类似的访问；如不存在，就再退回一步进行搜索。

(3) 重复上述过程，直到连通图中所有顶点都被访问过为止。

连通图的深度优先搜索遍历(DFS)算法如下。

连通图 DFS 算法示例代码：

```
void DFS(Graph G, int v) {//从顶点 v 出发,深度优先搜索遍历连通图 G
    visited[v] = TRUE;   Visit (v);
    for(w=FirstAdjVex(G, v); w!=NULL; w=NextAdjVex(G,v,w) )
        if (!visited[w])  DFS(G, w);
            //对 v 的尚未访问的邻接顶点 w 调用 DFS
} //DFS
```

例 1.12　给出图 1.63 的 DFS 算法执行过程,并标出搜索的序号和访问序列。

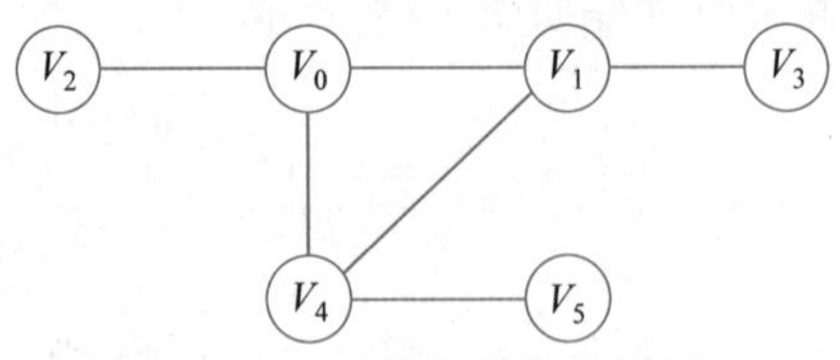

图 1.63　一个连通图的例子

解：根据已知条件和 DFS 算法步骤,假设存储结构采用邻接表形式,如图 1.64 所示。按照 DFS 算法思想,得出如图 1.65 所示 DFS 的序号和访问序列。

3. 非连通图的深度优先搜索遍历算法

非连通图的深度优先搜索遍历算法的基本思路：首先将图中每个顶点的访问标志设为 FALSE,然后再搜索图中每个顶点,如果未被访问,则以该顶点为起始点,进行深度优先搜索遍历;否则继续检查下一顶点。

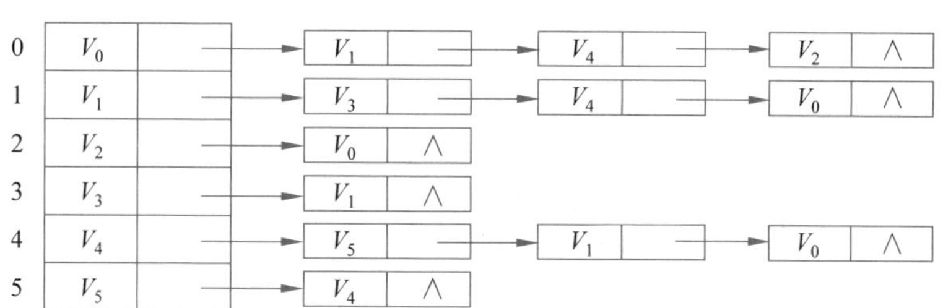

图 1.64　图 1.63 的邻接表存储结构

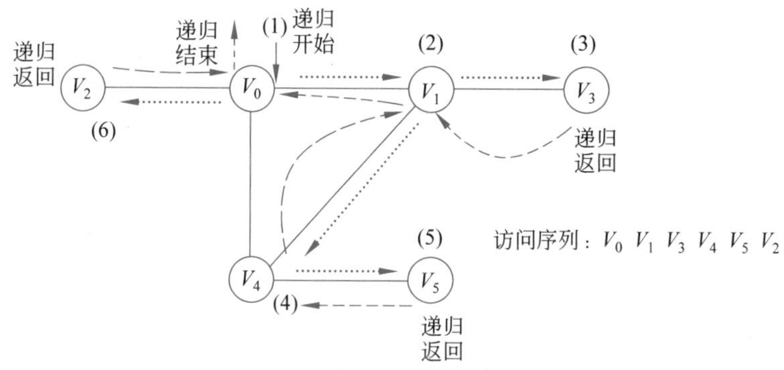

图 1.65　搜索的序号和访问序列

非连通图的深度优先搜索遍历算法如下。

非连通图 DFS 算法示例代码：

```
void DFSTraverse(Graph G, Status ( * Visit)(int v)) {//对图 G 做深度优先遍历
  for (v=0; v<G.vexnum; ++v)
     visited[v] = FALSE;                        //访问标志数组初始化
  for (v=0; v<G.vexnum; ++v)
     if (!visited[v])  DFS(G, v);
       //对尚未访问的顶点调用 DFS
} //DFSTraverse
```

4. 关于 DFS 算法的阅读技巧

因为 DFS 算法采用的是递归算法(过程)，因此，该算法的最大优势在于其对应程序逻辑结构清晰，编制简单；但是，递归过程也有其致命的缺点——运行时，反复调用自身的过程，不仅浪费了大量的运行时间，而且还难以阅读。为了让读者详细了解递归程序执行的过程，下面给出图 1.63 对应的一个模拟过程，模拟结果如图 1.66 所示。

例 1.13　请按照非连通图的深度优先搜索遍历算给出图 1.67 的访问标志和访问次序。

解答：根据图 1.67 的非连通图由两个连通图构成，第一个连通图的顶点集合为$\{a,c,d,e,l,h,k\}$，第二个连通图的顶点集合为$\{b,g\}$，因此，该非连通图的访问标志总和是 9 个，形成的访问次序为 a,c,h,d,k,e,l,b,g，具体内容如图 1.68 所示。

小结：图的 DFS 算法是运用递归过程来完成的，在完成这类算法程序时，应该注意的重点和问题是：①在主程序中，需要先判断是否是非连通图，如果是，有几个则调用几个循环算法；②在阅读 DFS 递归过程中，需要记住递归过程的返回地址和当前运行参数，除此之外，还要有逃出递归的条件语句。

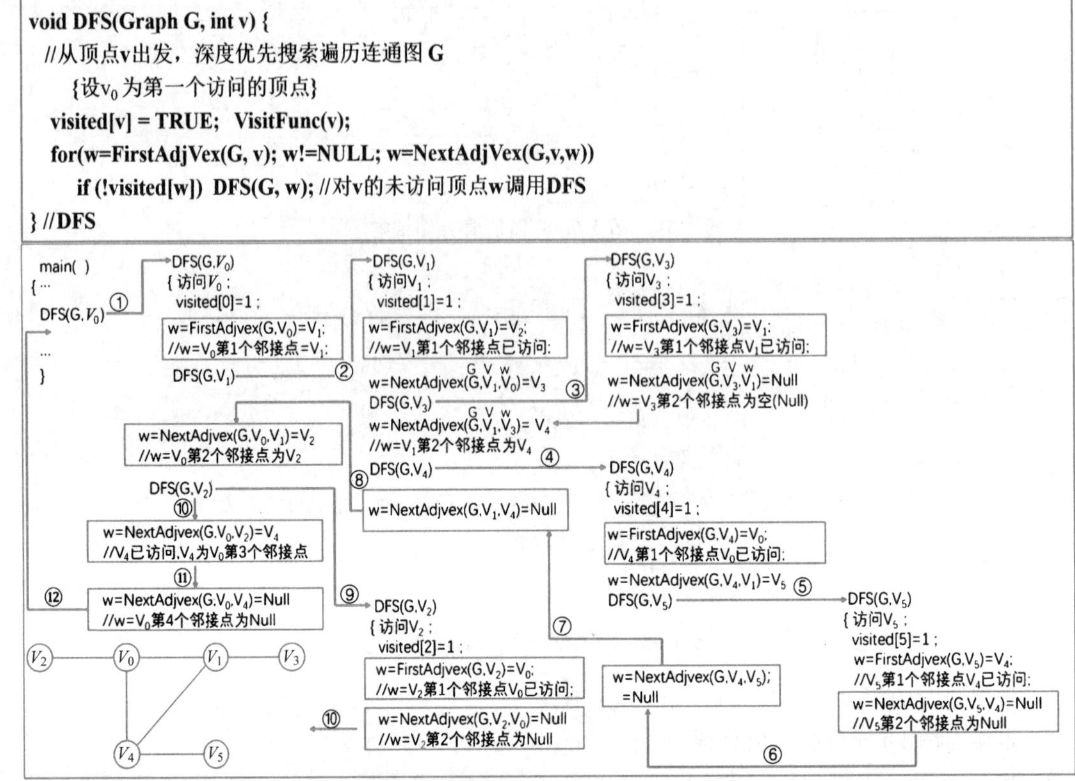

```
void DFS(Graph G, int v) {
  //从顶点v出发，深度优先搜索遍历连通图 G
    {设v0 为第一个访问的顶点}
  visited[v] = TRUE;  VisitFunc(v);
  for(w=FirstAdjVex(G, v); w!=NULL; w=NextAdjVex(G,v,w))
    if (!visited[w])  DFS(G, w); //对v的未访问顶点w调用DFS
} //DFS
```


图 1.66　图 1.63 对应的一个模拟过程

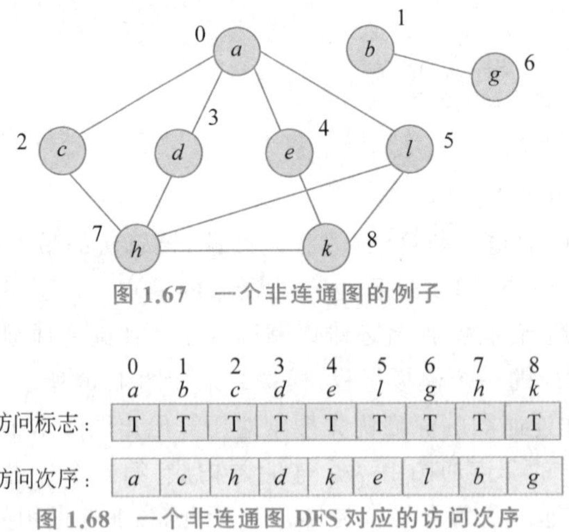

图 1.67　一个非连通图的例子

	0 a	1 b	2 c	3 d	4 e	5 l	6 g	7 h	8 k
访问标志:	T	T	T	T	T	T	T	T	T
访问次序:	a	c	h	d	k	e	l	b	g

图 1.68　一个非连通图 DFS 对应的访问次序

1.7.2　广度优先搜索遍历

1. 广度优先搜索遍历的基本思想

广度优先搜索遍历(Broad First Search,BFS)类似于树的按层次遍历。

BFS 的基本思想是:①从图中某个顶点 v 出发,在访问了 v 之后,依次访问 v 的各个未曾访问过的邻接点；②再按这些顶点被访问的先后次序依次访问它们的未曾访问过的邻接点；③直至图中所有和 v 有路径相通的顶点都被访问到；④如果图中尚有顶点未被访问，则另选图中一个未曾被访问的顶点作起始点，重复上述过程，直至图中所有顶点都被访问到为止。

例 1.14　给出图 1.58 广度优先搜索遍历(BFS)顺序。

解答：按照图的广度优先搜索遍历规则：从上到下层次顺序；每一层从左到右的顺序，广度优先搜索遍历编号顺序示意图如图 1.69 所示。其中，图 1.69(a)作为问题给出的已知的图，图 1.69(b)是按照图的广度优先搜索遍历规则得出的遍历序列。

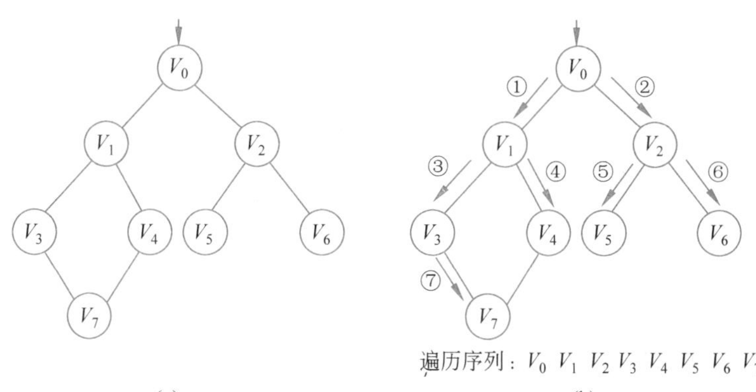

图 1.69　广度优先搜索图 1.58 遍历顺序的示意图

因此，该图的广度优先搜索遍历顺序如下。

$V_0 \to V_1 \to V_2 \to V_3 \to V_4 \to V_5 \to V_6 \to V_7$

下面按照图 1.69 广度优先搜索遍历(BFS)顺序编号，给出其详细的图示步骤。

(1) 访问 V_0 后，V_0 入队列情况如图 1.70 所示。

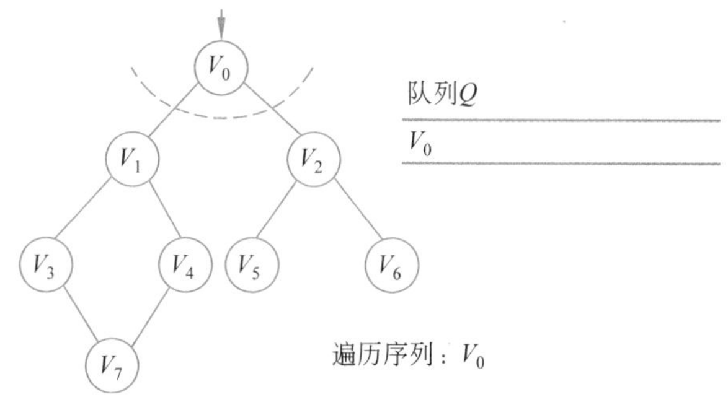

图 1.70　V_0 入队列情况

(2) V_0 出队列，对 V_0 的第一个邻接点 V_1 进行访问；入队列后，再对 V_0 的第二个邻接点 V_2 进行访问，再入队列，如图 1.71 所示。

(3) V_1 出队列，对 V_1 的第一个邻接点 V_3 进行访问并入队列后，再对 V_1 的第二个邻接点 V_4 进行访问，再入队列，如图 1.72 所示。

(4) V_2 出队列，对 V_2 的第一个邻接点 V_5 进行访问并入队列后，再对 V_2 的第二个邻接点 V_6 进行访问，再入队列，如图 1.73 所示。

(5) V_3 出队列，对 V_3 的第一个邻接点 V_7 进行访问，再入队列，如图 1.74 所示。

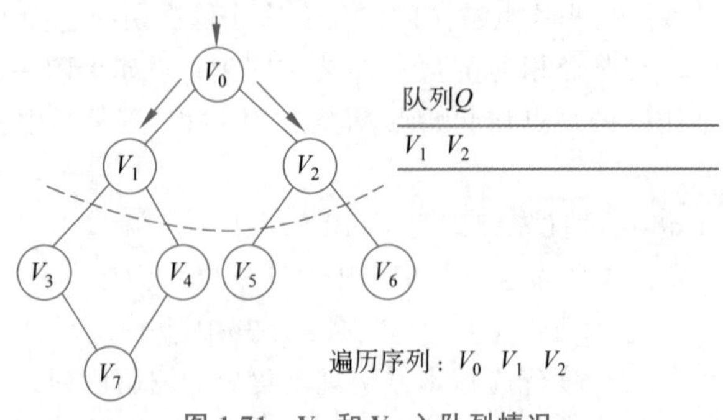

图 1.71　V_1 和 V_2 入队列情况

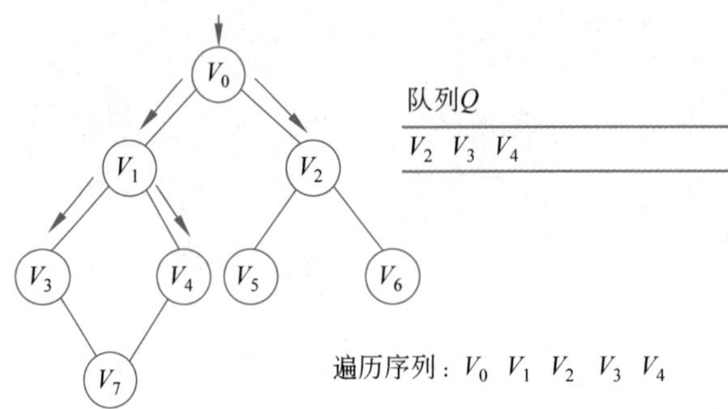

图 1.72　V_3 和 V_4 入队列情况

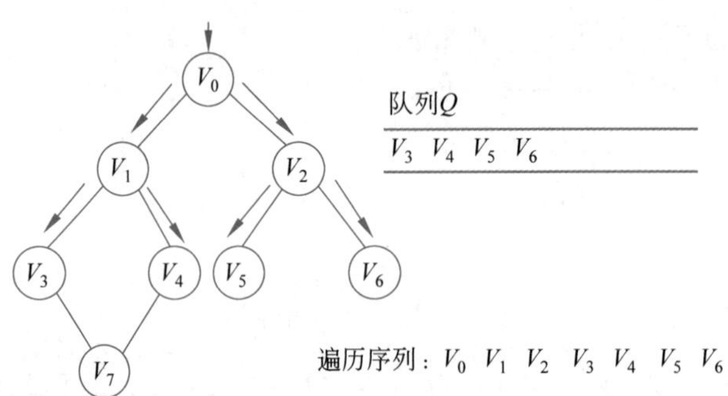

图 1.73　V_5 和 V_6 入队列情况

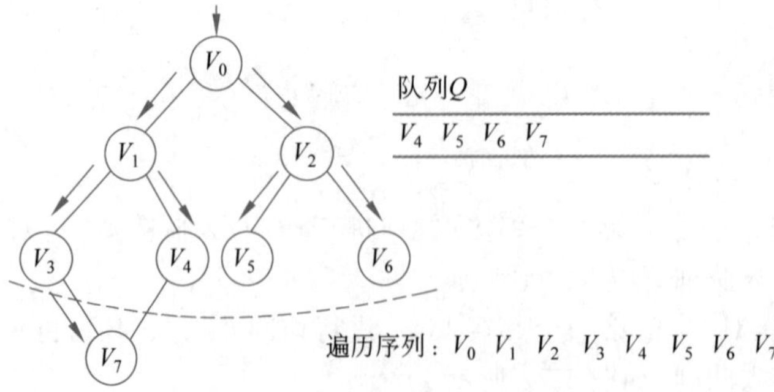

图 1.74　V_3 出队列 V_7 入队列情况

(6) V_4、V_5、V_6 和 V_7 分别出队列后队列为空，表明该图的广度优先搜索算法结束，如图 1.75 所示。

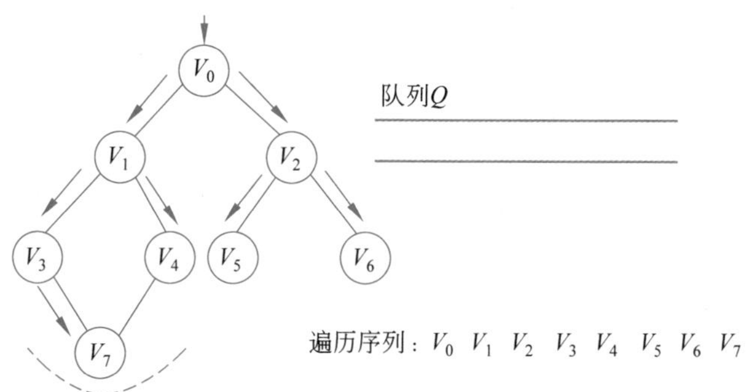

图 1.75 遍历结束的状态

2. 图的广度优先搜索(BFS)算法描述

广度优先搜索(BFS)算法示例代码：

```
void BFSTraverse(Graph G, int v){
    for (w=0; w<G.vexnum; ++w)
         visited[w] = FALSE;              //初始化访问标志
    InitQueue(Q);                         //置空的辅助队列 Q
    visited[v] = TRUE;  printf(v);        //访问 v
    EnQueue(Q, v);                        //v 入队列
while (!QueueEmpty(Q))  {
   DeQueue(Q, u);                         //队头元素出队并置为 u
   for(w=FirstAdjVex(G, u); w!=0; w=NextAdjVex(G,u,w))
      if ( ! visited[w])  {
        visited[w]=TRUE;  printf(w);
        EnQueue(Q, w);                    //访问的顶点 w 入队列
      } //if
} //while}                                //BFSTraverse
```

为帮助学者理解 BFS，也可以将其算法写成如下的形式。

```
void BFSTraverse(Graph G,  Status (*Visit)(int v))   {
                   //按广度优先非递归遍历图 G。使用辅助队列 Q 和访问标志数组 visited
{
步骤 1: 1.1 初始化访问标志所有的 visited[v]=0
   1.2 初始化队列 Q
步骤 2: 访问顶点 v;visited[v]=1,v 入队 Q 中;
步骤 3: while (队列 Q 非空)
   3.1 v = Q 队头出队
   3.2 w = 顶点 v 的第一个邻接点;
   3.3 while (w 非空)
      3.3.1 { if (w 未被访问)
         then (访问顶点 w; visited[w]=1,w 入队;)
      3.3.2  else  w=顶点 v 的下一个邻接点;
         }
}
```

上述逻辑步骤对应的详细算法如下。

```
void BFSTraverse(Graph G,  Status (*Visit)(int v))
{//按广度优先非递归遍历图 G。使用辅助队列 Q 和访问标志数组 visited
   for (v=0; v<G.vexnum; ++v)  visited[v] = 0;  //初始化访问标志  步骤 1: 1.1
```

```
(2)   InitQueue(Q);                             //置空的辅助队列 Q  步骤 1: 1.2
(3)     for ( v=0;  v<G.vexnum;  ++v )          //步骤 2
(4)       if ( !visited[v])   {                 //v 尚未访问  步骤 2
(5)         visited[v] = TRUE;  Visit(v);       //访问 v1  步骤 2
(6)     EnQueue(Q, v);                          //v1 入队列 Q  步骤 2
(7)     while  (!QueueEmpty(Q))                 //队列 Q 非空  步骤 3
(8)     { DeQueue(Q, u);                        //队头元素出队并置为 u  步骤 3: 3.1
(9)     w=FirstAdjVex(G, u);                    //步骤 3: 3.2
(10)    While ( w <> 0)                         //w 存在时  步骤 3: 3.3
(11)    { if     ( ! visited[w])                //如果 w 为 u 的尚未访问的邻接顶点
(12)      then  (visited[w]=TRUE;  Visit(w);    //则访问邻接顶点
(13)        EnQueue(Q, w);  )                   //则访问的顶点 w 入队列
(14)      Else   w=NextAdjVex(G,u,w);           //否则查找下一邻接顶点
(15)    } //while-(10)
(16)    } //while- (7)-(8)
(17)      }                                     //if- (3),即重复执行步骤 2
(18)  } //BFSTraverse
```

3. 图的广度优先搜索(非递归)算法的阅读详细解释

仍以上述 BFS 算法为例,介绍该算法的阅读方法。

例 1.15 请完成图 1.76 的深度优先搜索(DFS)和广度优先搜索(BFS)。

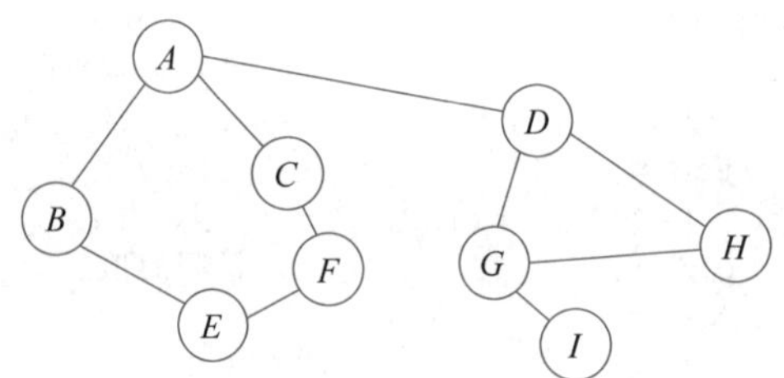

图 1.76 连通图的例子

解答:根据图 1.76 的已知条件,其深度优先搜索(DFS)序列为:A,B,E,F,C,D,G,I,H。

广度优先搜索(BFS)序列为:A,B,C,D,E,F,G,H,I。

例 1.16 已知某图的邻接表如图 1.77 所示,分别给出用深度优先搜索(DFS)和广度优先搜索(BFS)从顶点 3 出发的遍历序列。

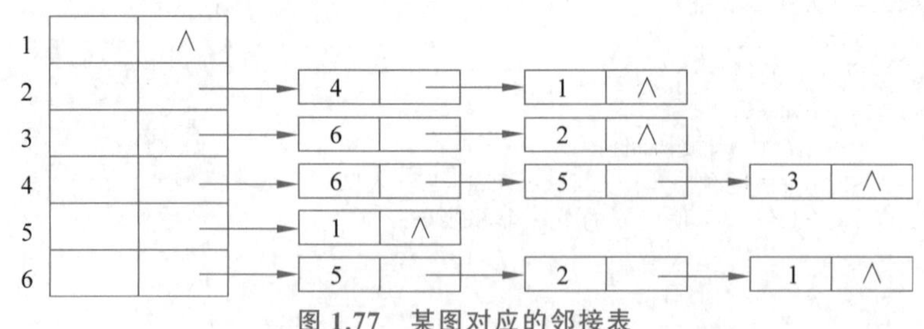

图 1.77 某图对应的邻接表

解答:根据深度优先搜索算法思想,求出某图的 DFS 序列为:3,6,5,1,2,4。

根据广度优先搜索算法思想,得出某图的 BFS 序列为:3,6,2,5,1,4。

小结:广度优先搜索(BFS)是一种分层的搜索过程,每向前走一步可能访问一批(可能

是多个)顶点,它不像深度优先搜索(DFS)那样有在递归中存在回退的情况。因此,广度优先搜索不是一个递归的过程,其算法也不是递归的,仅仅是一个巧妙利用队列来解决其层次的实际应用问题。

1.8　汉诺塔问题的求解

1.8.1　汉诺塔问题概述

汉诺塔问题属于古典的递归问题。如图 1.78 所示,假设有 3 个分别命名为 X、Y 和 Z 的塔座,在塔座 X 上插有 n 个直径大小各不相同、从小到大编号为 $1,2,\cdots,n$ 的圆盘。现要求将 X 轴上的 n 个圆盘移至塔座 Z 上并仍按同样顺序叠排,圆盘移动时必须遵循下列规则:每次只能移动一个圆盘,圆盘可以插在 X、Y、Z 中的任一塔座上,任何时刻都不能将一个较大的圆盘压在较小的圆盘之上。

3 阶汉诺塔问题的初始状态及移动的结果分别如图 1.78 和图 1.79 所示。

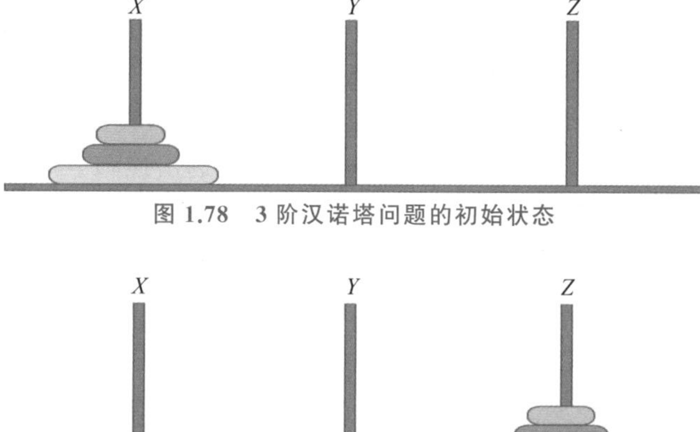

图 1.78　3 阶汉诺塔问题的初始状态

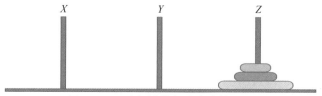

图 1.79　3 阶汉诺塔问题移动的结果

1.8.2　汉诺塔问题对应的算法

单层递归——汉诺塔递归的阅读解释

(1) 运用 C 语言编写的 Hanoi 算法(过程)如下。

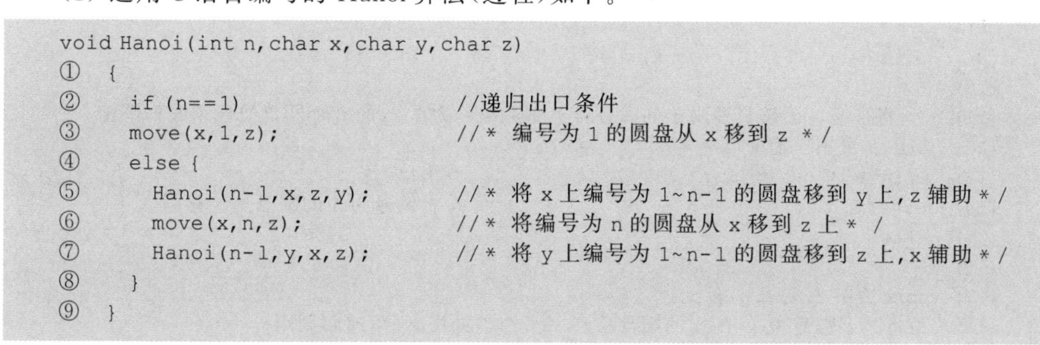

```
void Hanoi(int n,char x,char y,char z)
{
  if (n==1)                  //递归出口条件
  move(x,1,z);               //* 编号为 1 的圆盘从 x 移到 z */
  else {
    Hanoi(n-1,x,z,y);        //* 将 x 上编号为 1~n-1 的圆盘移到 y 上,z 辅助 */
    move(x,n,z);             //* 将编号为 n 的圆盘从 x 移到 z 上 */
    Hanoi(n-1,y,x,z);        //* 将 y 上编号为 1~n-1 的圆盘移到 z 上,x 辅助 */
  }
}
```

(2) 汉诺塔递归算法的执行按照降阶次序执行步骤如图 1.80 所示。

递归算法(程序)的特点是:①程序简单,逻辑次序明晰;②自身调用自身;③运行时间

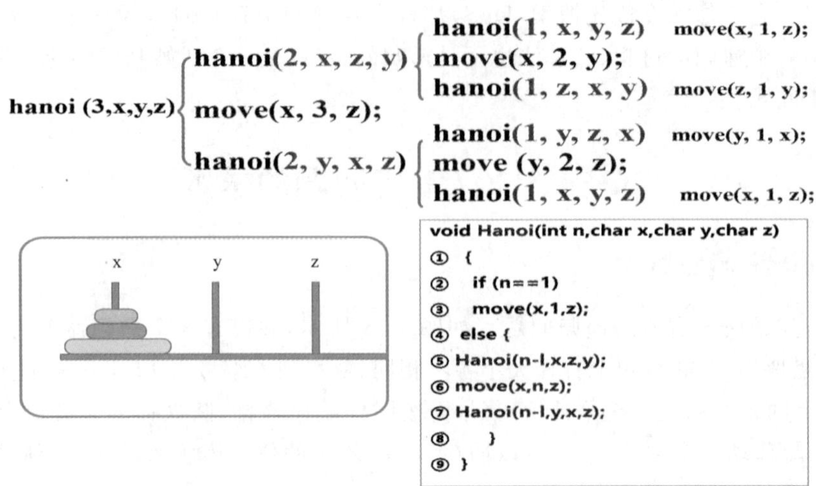
hanoi (3,x,y,z)
hanoi(2, x, z, y)
hanoi(1, x, y, z)
move(x, 1, z);
move(x, 2, y);
hanoi(1, z, x, y)
move(z, 1, y);
move(x, 3, z);
hanoi(2, y, x, z)
hanoi(1, y, z, x)
move(y, 1, x);
move (y, 2, z);
hanoi(1, x, y, z)
move(x, 1, z);
x
y
z
void Hanoi(int n,char x,char y,char z)
① {
② if (n==1)
③ move(x,1,z);
④ else {
⑤ Hanoi(n-l,x,z,y);
⑥ move(x,n,z);
⑦ Hanoi(n-l,y,x,z);
⑧ }
⑨ }

图 1.80 汉诺塔递归算法的执行按照降阶次序执行步骤

比其他的要长；④阅读递归程序较难。

为便于读者对递归过程阅读的理解，提出一种简单易懂的阅读递归过程的方法，即根据递归程序自身的特点来分析阅读递归程序的过程，注重理解下面的两个关键程序语句：一是每个递归程序都是满足某特定条件才被执行的语句；二是因为递归程序是程序的函数(过程)自身调用自身的过程，所以该递归程序一定要有一个逃出递归程序的出口语句，即注重掌握满足某条件则逃出递归程序的关键语句；否则，该程序则会陷入无限循环。只要注重这些关键语句的阅读和理解，才能够真正掌握递归程序(算法)的阅读方法。

(3) 汉诺塔程序及运行结果。

① 汉诺塔程序如下。

汉诺塔示例代码：

```
#include <iostream>
using namespace std;
int c = 0;                                  //全局变量,搬动次数
void move(char x,int n,char z)
{
//第 n 个圆盘从塔座 X 搬到塔座 Z
printf("第%i 步:将%i 号盘从%c 移到%c\n",++c, n,x,z);
}
void hanoi(int n,char x,char y,char z)
{
/*将塔座 X 上按直径由小到大且自上而下编号为 1~n 的 n 个圆盘按规则搬到塔座
Z 上,Y 可用作辅助塔座*/
if(n==1)                                    //出口
move(x,1,z);                                //将编号为 1 的圆盘从 X 移到 Z
else
{
hanoi(n-1,x,z,y);
//将 X 上编号为 1~n-1 的圆盘移到 Y,Z 作辅助塔(降阶递归调用)
move(x, n, z);                              //将编号为 n 的圆盘从 X 移至 Z
hanoi(n-1,y,x,z);
//将 Y 上编号为 1~n-1 的圆盘移到 Z,X 作辅助塔(降阶递归调用)
```

```
  }
}

int main()
{
int n;
printf("3 个塔座为 a、b、c,圆盘最初在 a 座,借助 b 座移到 c 座。请输入圆盘数:");
scanf("%d",&n);
hanoi(n,'a','b','c');
}s
```

② 实参($n=3,a,b,c$)汉诺塔程序对应的运行结果。

当前的实参分别为 3,a,b,c,运行结果如图 1.81 所示。

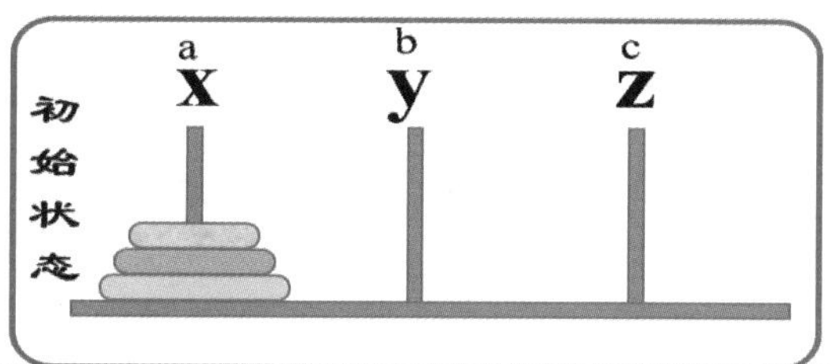

程序运行结果如下:

3个塔座为a、b、c,圆盘最初在a座,借助b座移到c座。

请输入圆盘数:3↙

第1步:将1号盘从a移到c

第2步:将2号盘从a移到b

第3步:将1号盘从c移到b

第4步:将3号盘从a移到c

第5步:将1号盘从b移到a

第6步:将2号盘从b移到c

第7步:将1号盘从a移到c

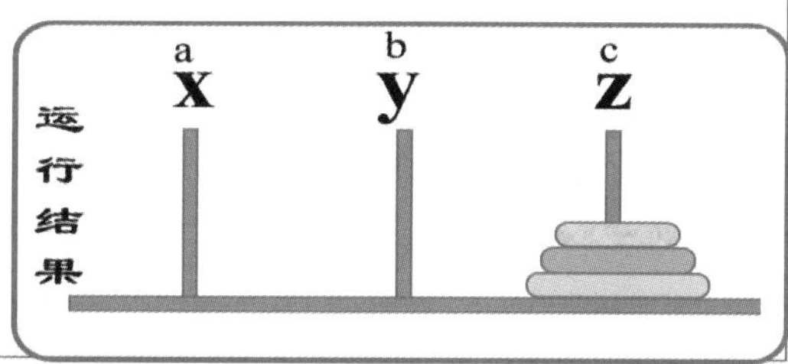

图 1.81　实参分别为 3,a,b,c 的运行结果

小结:通过 3 阶 Hanoi 塔的递归过程,读者能够深入掌握和理解 Hanoi 塔的递归过程的执行全过程以及递归过程的特点;通过 3 阶 Hanoi 塔的递归过程的动态执行的图示、递归过程形参与实参的替代过程,能够掌握递归程序中重要的语句的作用,以及递归过程各个参数之间与地址栈中参数的变化情况,这也是掌握递归阅读方法的关键。

1.9　迷宫问题的求解

1.9.1　迷宫问题概述

1. 迷宫问题

迷宫是实验心理学中的一个古典问题。用计算机解迷宫路径的程序,就是仿照人走迷宫而设计的,也是对盲人走路的一个机械模仿。计算机解迷宫时,通常用的是“穷举求解”的方法,即从入口出发,沿某一方向向前探索,若能走通,则继续往前走;否则沿原路退回,换一个方向再继续探索,直至所有可能的通路都探索到为止。

多年以来,迷宫问题一直是计算机工作者感兴趣的题目,因为它可以展现栈的巧妙应用。本节将开发一个走出迷宫的程序,虽然在发现正确路径前,程序要尝试许多错误路径,但是,一旦发现,就能够重新走出迷宫,而不会再去尝试任何错误路径。

2. 迷宫问题求解

在计算机中可以用如图 1.82 所示的方块图表示迷宫。图中的每个方块或为通道(以空白方块表示),或为墙(以带阴影的方块表示)。

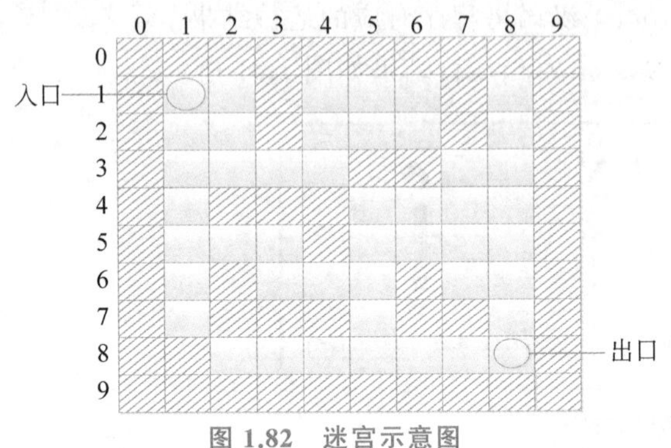

图 1.82 迷宫示意图

在开发此程序时,面临的首要问题是迷宫的存储表示问题。最明显的选择是二维数组,其中,“0”代表墙,“1”代表通路。由于迷宫被表示为二维数组,所以,在任何时刻,迷宫中的位置都可以用行、列坐标来描述。同时,从某一位置进行移动的可能方向如图 1.83 所示。必须注意的是,图 1.83(a)所给出的“允许的移动”,并不是每个位置都有 4 个邻居。如果[row][col]在边界上,那么邻居的个数就少于 4 个,甚至可能只有 2 个邻居。为了避免边界条件的检查,在迷宫周围加上一圈边界。这样,一个 $m\times n$ 的迷宫就需要一个$(m+2)\times(n+2)$的数组。入口位置在[1][1],而出口位置在$[m][n]$。

另一个简化问题的策略是,用数值 direc 预先定义出“可能的移动方向”,数字 0~3 表示 4 个可能的移动方向,对每个方向,都指出其垂直和水平的偏移量;数字 −1 表示不能通过的路径,如图 1.83(b)所示。

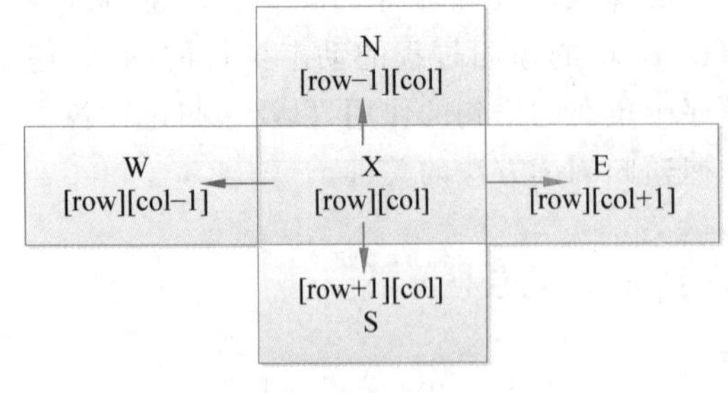

(a) 允许的移动

Name	Dir	direc[Dir].vert	direc[Dir].horiz
E	0	0	1
S	1	1	0
W	2	0	−1
N	3	−1	0

(b) “移动表”

图 1.83 迷宫允许移动方向及“移动表”

求迷宫中一条路径的算法的基本思想是:若当前位置“可通”,则纳入“当前路径”,并继续朝“下一个位置”探索,即切换“下一位置”为“当前位置”,如此重复直至到达出口;若当前位置“不可通”，则应顺着“来向”退回到“前一通道块”，然后朝着除“来向”之外的其他方向继续探索；若该通道块的四周 4 个方块均“不可通”，则应从“当前路径”上删除该通道块。假设以栈 S 记录“当前路径”，则栈顶中存放的是“当前路径上最后一个通道块”。由此，“纳入路径”的操作即为“当前位置压入”，“从当前路径上删除前一通道块”的操作即为“弹出”。

在此尚需说明的一点是，所谓当前位置可通，指的是未曾走到过的通道块，即要求该方块位置不仅是通道块，而且既不在当前路径上（否则所求路径就不是简单路径），也不是曾经纳入过路径的通道块（否则只能在死胡同内转圈）。

1.9.2　迷宫问题求解程序

迷宫问题求解程序如下。

迷宫问题示例代码：

```
#include <malloc.h>
#include <stdio.h>
//迷宫坐标位置类型
typedef struct
{
    int x;                                    //行值
    int y;                                    //列值
}PosType;
#define MAXLENGTH 25                          //设迷宫的最大行列为 25
typedef int MazeType[MAXLENGTH][MAXLENGTH];   //迷宫数组[行][列]
typedef struct                                //栈的元素类型
{
    int ord;                                  //通道块在路径上的"序号"
    PosType seat;                             //通道块在迷宫中的"坐标位置"
    int di;                  //从此通道块走向下一通道块的"方向"(0~3 表示东、南、西、北)
}SElemType;
//全局变量
MazeType m;                                   //迷宫数组
int curstep=1;                                //当前足迹,初值为 1
#define STACK_INIT_SIZE 10                    //存储空间初始分配量
#define STACKINCREMENT 2                      //存储空间分配增量
//栈的顺序存储表示
typedef struct SqStack
{
    SElemType *base;                      //在栈构造之前和销毁之后,base 的值为 NULL
    SElemType *top;                           //栈顶指针
    int stacksize;                            //当前已分配的存储空间,以元素为单位
}SqStack;                                     //顺序栈
/****************实现************************/
//构造一个空栈 S
int InitStack(SqStack *S)
{                                             //为栈底分配一个指定大小的存储空间
    (*S).base = (SElemType *)malloc(STACK_INIT_SIZE * sizeof
    (SElemType));
    if(!(*S).base)
        return 0;
    (*S).top = (*S).base;                     //栈底与栈顶相同表示一个空栈
    (*S).stacksize = STACK_INIT_SIZE;
```

```
        return 1;
}
//若栈 S 为空栈(栈顶与栈底相同的),则返回 1,否则返回 0
int StackEmpty(SqStack S)
{
    if(S.top == S.base)
        return 1;
    else
        return 0;
}
//插入元素 e 为新的栈顶元素
int Push(SqStack * S, SElemType e)
{
    if(( * S).top - ( * S).base >= ( * S).stacksize)   //栈满,追加存储空间
    {
        ( * S).base = (SElemType * )realloc(( * S).base ,
            (( * S).stacksize + STACKINCREMENT) * sizeof(SElemType));
        if( !( * S).base )
            return 0;
                ( * S).top = ( * S).base+ ( * S).stacksize;
        ( * S).stacksize += STACKINCREMENT;
    }
    * (( * S).top)++=e;
    //这个等式中的++ 和 * 优先级相同,但是它们的运算方式是自右向左
        return 1;
}
//若栈不空,则删除 S 的栈顶元素,用 e 返回其值,并返回 1;否则返回 0
int Pop(SqStack * S,SElemType * e)
{
    if(( * S).top == ( * S).base)
        return 0;
    * e = * --( * S).top;
    //这个等式中的++ 和 * 优先级相同,但是它们的运算方式是自右向左
        return 1;
}
//定义墙元素值为 0,可通过路径为 1,不能通过路径为-1,通过路径为足迹
//当迷宫 m 的 b 点的序号为 1(可通过路径),返回 1; 否则返回 0
int Pass(PosType b)
{
    if(m[b.x][b.y]==1)
        return 1;
    else
        return 0;
}
//使迷宫 m 的 a 点的序号变为足迹(curstep),表示经过
void FootPrint(PosType a)
{
    m[a.x][a.y]=curstep;
}
//根据当前位置及移动方向,返回下一位置
PosType NextPos(PosType c,int di)
{
    PosType direc[4]={{0,1},{1,0},{0,-1},{-1,0}};     //{行增量,列增量}
```

```
    //移动方向,依次为东南西北
    c.x+=direc[di].x;
    c.y+=direc[di].y;
    return c;
}
//使迷宫 m 的 b 点的序号变为-1(不能通过的路径)
void MarkPrint(PosType b)
{
    m[b.x][b.y]=-1;
}
//算法
//若迷宫 maze 中存在从入口 start 到出口 end 的通道,则求得一条
//存放在栈中(从栈底到栈顶),并返回 1;否则返回 0
int MazePath(PosType start,PosType end)
{
    SqStack S;
    PosType curpos;
    SElemType e;

    InitStack(&S);
    curpos=start;
    do
    {
        if(Pass(curpos))
        {
            //当前位置可以通过,即是未曾走到过的通道块
            FootPrint(curpos);                            //留下足迹
            e.ord=curstep;
            e.seat.x=curpos.x;
            e.seat.y=curpos.y;
            e.di=0;
            Push(&S,e);                                   //入栈当前位置及状态
            curstep++;                                    //足迹加 1
            if(curpos.x==end.x&&curpos.y==end.y) //到达终点(出口)
                return 1;
            curpos=NextPos(curpos,e.di);
        }
        else
        {
            //当前位置不能通过
            if(!StackEmpty(S))
            {
                Pop(&S,&e);                               //退栈到前一位置
                curstep--;
                //前一位置处于最后一个方向(北)
                while(e.di==3&&!StackEmpty(S))
                {
                    MarkPrint(e.seat);                    //留下不能通过的标记(-1)
                    Pop(&S,&e);                           //退回一步
                    curstep--;
                }
                if(e.di<3)                                //没到最后一个方向(北)
                {
```

```
                    e.di++;              //换下一个方向探索
                    Push(&S,e);
                    curstep++;
                    //设定当前位置是该新方向上的相邻块
                    curpos=NextPos(e.seat,e.di);
                }
            }
        }
    }while(!StackEmpty(S));

    return 0;
}
//输出迷宫的结构
void Print(int x,int y)
{
    int i,j;
    for(i=0;i<x;i++)
    {
        for(j=0;j<y;j++)
            printf("%3d",m[i][j]);
        printf("\n");
    }
}
int main()
{
    PosType begin,end;
    int i,j,x,y,x1,y1;
    printf("请输入迷宫的行数,列数(包括外墙):(空格隔开)");
    scanf("%d%d", &x, &y);
    for(i=0;i<x;i++) //定义周边值为0(同墙)
    {
        m[0][i]=0;                           //迷宫上面行的周边即上边墙
        m[x-1][i]=0;                         //迷宫下面行的周边即下边墙
    }
    for(j=1;j<y-1;j++)
    {
        m[j][0]=0;                           //迷宫左边列的周边即左边墙
        m[j][y-1]=0;                         //迷宫右边列的周边即右边墙
    }
    for(i=1;i<x-1;i++)
        for(j=1;j<y-1;j++)
            m[i][j]=1;                       //定义通道初值为1
    printf("请输入迷宫内墙单元数:");
    scanf("%d",&j);
    printf("请依次输入迷宫内墙每个单元的行数,列数:(空格隔开)\n");
        for(i=1;i<=j;i++)
    {
        scanf("%d%d",&x1,&y1);
        m[x1][y1]=0;                         //定义墙的值为0
    }
    printf("迷宫结构如下:\n");
    Print(x,y);
    printf("请输入起点的行数,列数:(空格隔开)");
```

```
    scanf("%d%d",&begin.x,&begin.y);
    printf("请输入终点的行数,列数:(空格隔开)");
    scanf("%d%d",&end.x,&end.y);
    if(MazePath(begin,end))              //求得一条通路
    {
        printf("此迷宫从入口到出口的一条路径如下:\n");
        Print(x,y);                      //输出此通路
    }
    else
        printf("此迷宫没有从入口到出口的路径\n");
    return 0;
}

/*
输出效果:
请输入迷宫的行数,列数(包括外墙):(空格隔开)5 5
请输入迷宫内墙单元数:2
请依次输入迷宫内墙每个单元的行数,列数:(空格隔开)
1 2
3 2
迷宫结构如下:
  0  0  0  0  0
  0  1  0  1  0
  0  1  1  1  0
  0  1  0  1  0
  0  0  0  0  0
请输入起点的行数,列数:(空格隔开)1 1
请输入终点的行数,列数:(空格隔开)3 3
此迷宫从入口到出口的一条路径如下:
  0  0  0  0  0
  0  1  0  1  0
  0  2  3  4  0
  0  1  0  5  0
  0  0  0  0  0
请按任意键继续...
*/
/*
输出效果:
请输入迷宫的行数,列数(包括外墙):(空格隔开)6 6
请输入迷宫内墙单元数:4
请依次输入迷宫内墙每个单元的行数,列数:(空格隔开)
1 2
3 2
4 2
4 3
迷宫结构如下:
  0  0  0  0  0  0
  0  1  0  1  1  0
  0  1  1  1  1  0
  0  1  0  0  1  0
  0  0  0  0  0  0
请输入起点的行数,列数:(空格隔开)1 1
请输入终点的行数,列数:(空格隔开)4 4
```

```
此迷宫从入口到出口的一条路径如下:
  0  0  0  0  0  0
  0  1  0  1  1  0
  0  2  3  4  5  0
  0  1  0  1  6  0
  0  0  0  0  7  0
  0  0  0  0  0  0
请按任意键继续...
```

1.10 阿克曼函数算法的求解与阅读

1.10.1 阿克曼函数概述

阿克曼函数定义如下。

$$\operatorname{ack}(m,n)=\begin{cases}n+1 & (m=0)\\ \operatorname{ack}(m-1,1) & (m>0,n=0)\\ \operatorname{ack}(m-1,\operatorname{ack}(m,n-1)) & (m>0,n>0)\end{cases}$$

阿克曼函数需要两个自然数 m 和 n 作为输入,输出由 $\operatorname{ack}(m,n)$计算得到一个自然数。阿克曼函数即 $\operatorname{ack}(m,n)$的输出值的增长速度非常快,如 $m=3,n>0$ 时,$\operatorname{ack}(3,8)=2045=2^{11}-3$,$\operatorname{ack}(3,9)=4093=2^{12}-3$,因此有:$\operatorname{ack}(m,n)=2^{3+n}-3$。可见,阿克曼函数是以 2 的幂指数快速增长的。

1.10.2 阿克曼函数的递归算法

由于阿克曼函数的计算过程属于多层自身调用自身的调用过程,因此,运用递归算法来实现其过程显得结构清晰,编程简单。但是阿克曼函数有一个最大的弊端,即阅读其程序非常烦琐,仅一层递归阅读起来就显得非常复杂,针对两层或者多层递归程序,阅读起来就更麻烦,下面给出一个简单的新阅读方法。

阿克曼多层递归阅读新方法

1.10.3 阿克曼函数对应程序与阅读方法

1. 阿克曼函数对应程序

```
#include"stdio.h"
int ack(int m,int n)
{ int z;
  if(m==0)
  z=n+1;                              //出口
  else if(n==0)
  z=ack(m-1,1);                       //对形参 m 降阶①
  else
  z=ack(m-1,ack(m, n-1));             //对形参 m、n 降阶
  return z;
}
int main()
{ int m,n;
printf("请输入 m,n:");
```

```
    scanf("%d,%d",&m,&n);                              //第一次输入 m=0,n=1
    printf("Ack(%d,%d)=%d\n", m, n,ack(m, n));         //阿克曼递归调用 ack(0,1)
      return 0; }                                      //递归调用返回地址
```

2. 阿克曼函数程序的阅读方法

递归程序执行时需要借助栈来完成，为方便起见，将这个特殊栈叫作地址栈。地址栈存放的内容是：递归返回语句地址与递归的参数（如 m，n）、计算的中间结果或最终结果等。

（1）主程序调用过程时，要将过程语句的下一个语句编号 Δ0 作为过程的返回地址。

（2）递归调用时：①保存当前语句调用的下一个语句地址到地址栈中；②用实参取代形参。

（3）递归返回时：①从地址栈弹出下一次操作的地址与参数；②按照地址栈参数执行语句。

（4）多层递归时：按照计算机编译程序对算术表达式的处理方法，先括号内后括号外等方法；例如，其中的 z=ack(m－1,ack(m，n－1))的执行顺序是：先执行最内层括号的递归 ack(m，n－1)后，再执行其对应外层括号的递归，即 ack(m－1,ack(m，n－1))的递归过程。

3. 阅读阿克曼函数程序的递归全部过程

按照递归程序的约定，阅读阿克曼函数程序的递归全部过程如图 1.84 所示。

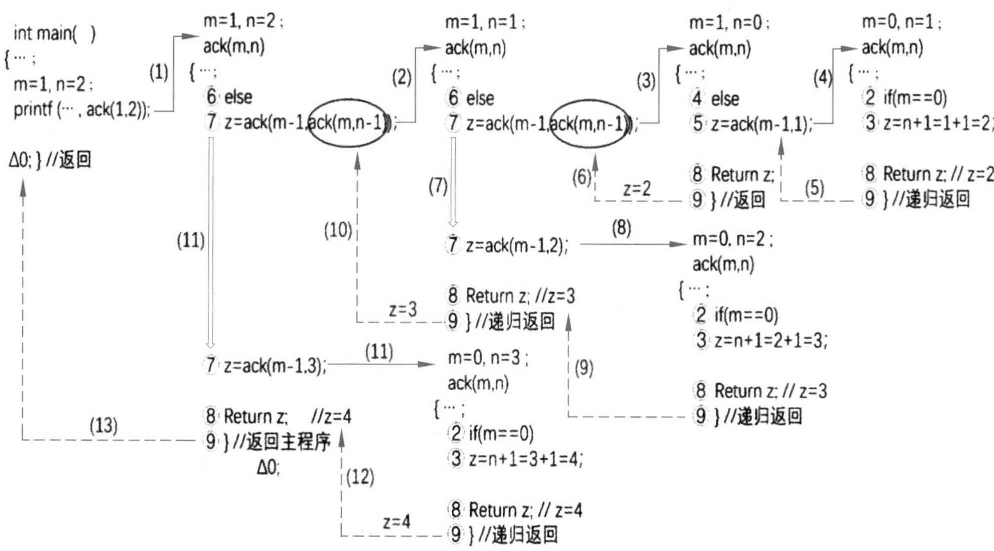

图 1.84　阅读阿克曼函数程序的递归全部过程

因此，按照图 1.84 阅读阿克曼函数程序的递归全部过程即递归程序结束后，显示结果是：ack(1,2)＝4。

读者可以根据需要运用这种阅读方法，再进行 m，n 的增量的变化，可以方便地阅读多层递归这个函数的计算结果。

小　结

本章重点介绍了常用的算法模型(最小生成树、求最大流问题、有向无环图及其应用、网页排序、求最短路径、图的遍历、汉诺塔问题的求解、迷宫问题求解以及阿克曼函数)的求解方法、程序运行结果及模拟过程,主要目的是让学者通过浅显的例子来深刻理解其各自程序设计方法和实现的逻辑步骤,只有掌握和理解这些易懂和易读的方法,才能学好大数据专业的后续课程。

习　题

1. 选择题

(1) 若让元素 1,2,3,4,5 依次进栈,则出栈次序不可能出现(　　)情况。

A. 5,4,3,2,1　　　　B. 2,1,5,4,3

C. 4,3,1,2,5　　　　D. 2,3,5,4,1

(2) 栈在(　　)中有所应用。

A. 递归调用　　　　B. 函数调用

C. 表达式求值　　　　D. 前三个选项都有

(3) 为解决计算机主机与打印机之间速度不匹配问题,通常设一个打印数据缓冲区。主机将要输出的数据依次写入该缓冲区,而打印机则依次从该缓冲区中取出数据。该缓冲区的逻辑结构应该是(　　)。

A. 队列　　　　B. 栈　　　　C. 线性表　　　　D. 有序表

(4) 设栈 S 和队列 Q 的初始状态为空,元素 e1、e2、e3、e4、e5 和 e6 依次进入栈 S,一个元素出栈后即进入 Q,若 6 个元素出队的序列是 e2、e4、e3、e6、e5 和 e1,则栈 S 的容量至少应该是(　　)。

A. 2　　　　B. 3　　　　C. 4　　　　D. 6

(5) 若一个栈以向量 $V[1..n]$存储,初始栈顶指针 top 设为 $n+1$,则元素 x 进栈的正确操作是(　　)。

A. top++; $V[\text{top}]=x$　　　　B. $V[\text{top}]=x$; top++

C. top--; $V[\text{top}]=x$　　　　D. $V[\text{top}]=x$; top--

(6) 一个递归算法必须包括(　　)。

A. 递归部分　　　　B. 终止条件和递归部分

C. 迭代部分　　　　D. 终止条件和迭代部分

2. 算法设计题

(1) 将编号为 0 和 1 的两个栈存放于一个数组空间 $V[m]$中,栈底分别处于数组的两端。当第 0 号栈的栈顶指针 top[0]等于 −1 时该栈为空,当第 1 号栈的栈顶指针 top[1]等于 m 时该栈为空。两个栈均从两端向中间增长。试编写双栈初始化,判断栈空、栈满,进栈和出栈等算法的函数。双栈数据结构的定义如下。

```
Typedef struct
{ int top[2],bot[2];            //栈顶和栈底指针
  SElemType * V;                //栈数组
  int m;                        //栈最大可容纳元素个数
}DblStack
```

[题目分析]　两栈共享向量空间,将两栈栈底设在向量两端,初始时,左栈顶指针为－1,右栈顶为 m。两栈顶指针相邻时为栈满。两栈顶相向、迎面增长,栈顶指针指向栈顶元素。

(2) 回文是指正读反读均相同的字符序列,如"abba"和"abdba"均是回文,但"good"不是回文。试写一个算法判定给定的字符向量是否为回文。(提示:将一半字符入栈。)

[题目分析]　将字符串前一半入栈,然后,栈中元素和字符串后一半进行比较。即将第一个出栈元素和后一半串中第一个字符比较,若相等,则再出栈一个元素与后一个字符比较,……,直至栈空,结论为字符序列是回文。在出栈元素与串中字符比较不等时,结论为字符序列不是回文。

3. 已知如图 1.85 所示的有向图,请给出该图的每个顶点的入/出度、邻接矩阵、邻接表、逆邻接表。

4. 分别使用 Prim(普里姆)算法和 Kruskal(克鲁斯卡尔)算法对图 1.86 的无向带权图求其最小生成树(MST)。

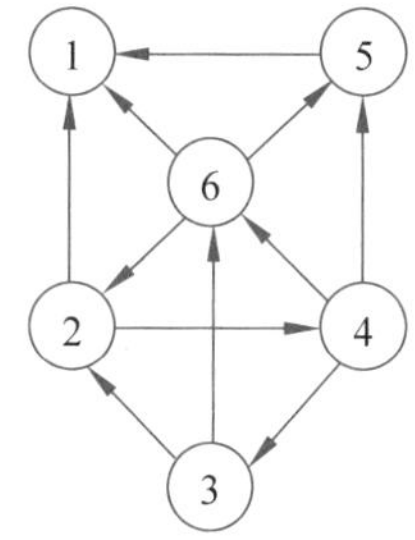

图 1.85　有向图

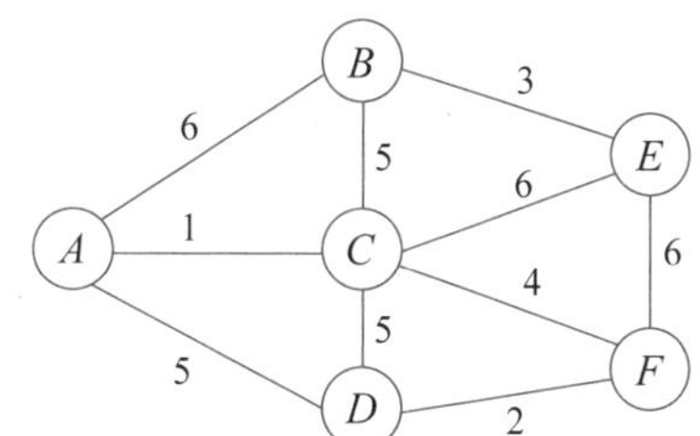

图 1.86　无向带权图的例子

5. 请写出阅读递归的主要步骤。

6. 请说出树的递归与图的递归算法有什么异同。

第2章

预 测 模 型

【内容提要】 本章介绍了预测模型的基本概念及分类，详细描述了典型的回归分析、时间序列、生长曲线及组合预测模型的算法原理及流程，并给出了相应的应用实例。

【学习要求】 读者在学习本章内容后，能够理解各种预测方法的典型的回归分析、时间序列、生长曲线及组合预测模型的算法原理及流程，并能够将这些预测算法应用于实际问题中。

2.1 预测模型介绍

预测是指人们利用已经掌握的知识和手段，预先推知和判断事物未来发展状况的一种活动。具体说来，就是人们根据事物过去发展变化的客观过程和某些规律性，以及事物目前运动和变化的状态，运用各种定性和定量分析方法，对事物未来可能出现的趋势和可能达到的水平所进行的科学推测。例如，当我们知道了某地过去10年的降雨量，就可以找寻其规律，来预估第11年的降雨量。而这里的“规律”可以用预测模型来大致获得。预测模型是在预测时建立的数学模型，它是指用数学语言或公式所描述的事物间的数量关系。它在一定程度上揭示了事物间的内在规律性，预测时把它作为计算预测值的直接依据。因此，它对预测准确度有极大的影响。任何一种具体的预测方法都是以其特定的数学模型为特征。预测方法的种类很多，均有相应的预测模型。

预测模型也作为大数据模型系统中最常用模型之一。预测模型系统主要分两大类：定量分析的预测模型和定性分析的预测模型，见图2.1和图2.2。

下面将介绍定量预测模型的常用模型的计算过程及结果分析。

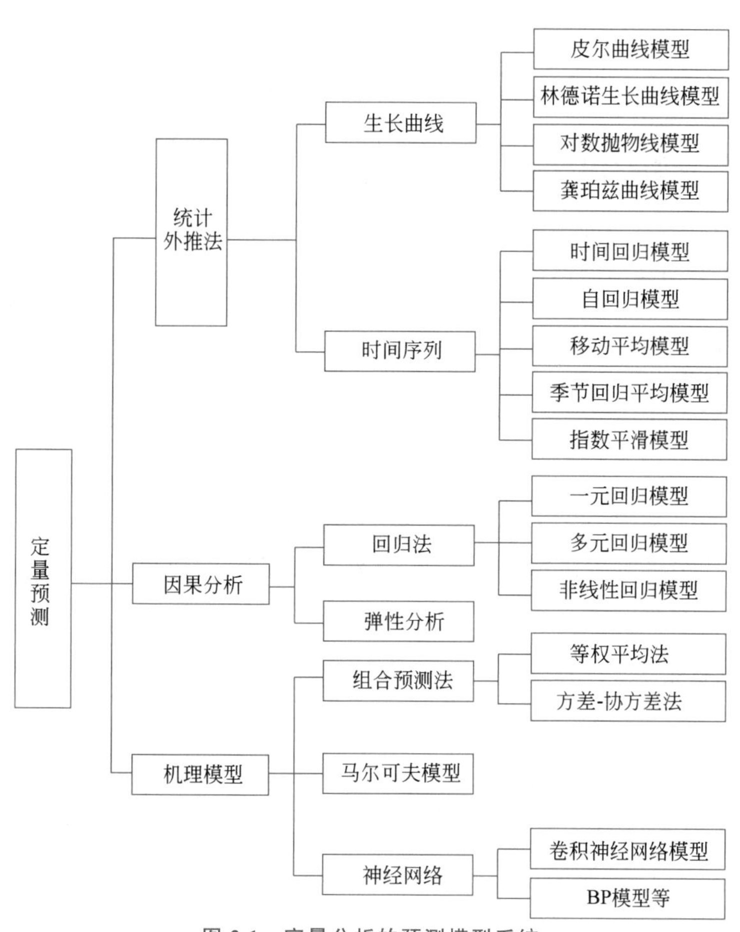

图 2.1　定量分析的预测模型系统

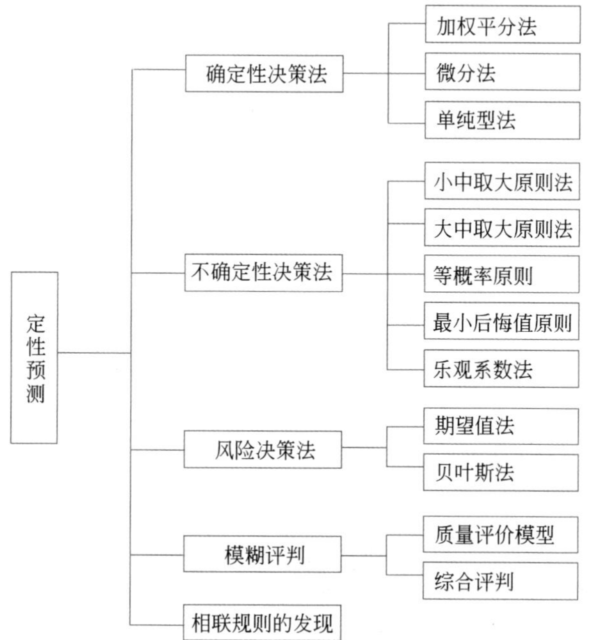

图 2.2　定性分析的预测模型系统

一元线性回归预测模型解析

2.2 回归分析预测模型

2.2.1 一元线性回归预测模型

一元线性回归分析是处理两个变量 x(自变量)和 y(因变量)之间关系的最简单模型，研究的是这两个变量之间的线性相关关系。通过该模型的讨论，不仅可以掌握有关一元线性回归的理论知识，而且可以从中了解回归分析方法的数学模型、基本思想、方法及应用。

1. 数学模型

1) 一元回归公式

以影响预测的各因素作为自变量或解释变量 x 和因变量或被解释变量 y 的关系如式(2-1)所示。

$$y_i = a + bx_i + u_i \quad i = 1, 2, \cdots, n \tag{2-1}$$

式(2-1)称为一元线性回归模型(One Variable Linear Regression Model)，其中，u 是一个随机变量，称为随机项；a，b 是两个常数，称为回归系数(参数)；i 表示变量的第 i 个观察值，共有 n 组样本观察值。

2) 建立模型与相关检验

(1) 参数的最小二乘估计。

y_i 的估计值为 $\hat{y}_i = \hat{a} + \hat{b}x_i$，$\hat{y}_i$ 与 y_i 之差称为估计误差或残差，以 ℓ_i 表示，$\ell_i = y_i - \hat{y}_i$。显然，误差 ℓ_i 的大小是衡量估计量 $\hat{a}$，$\hat{b}$ 好坏的重要标志。以误差平方和最小作为衡量总误差最小的准则，并依据这一准则对参数 a，b 做出估计。令式(2-2)的形式为：

$$Q = \sum_{i=1}^{n}(y_i - \hat{y}_i)^2 = \sum_{i=1}^{n}\ell_i^2 = \sum_{i=1}^{n}(y_i - \hat{a} - \hat{b}x_i)^2 \tag{2-2}$$

使 Q 达到最小以估计出 $\hat{a}$，$\hat{b}$ 的方法称为最小二乘法(Method of Least-Squares)。由多元微分学可知，使 Q 达到最小的参数的 $\hat{a}$，$\hat{b}$ 的最小二乘估计量(Least-Squares Estimator of Regression Coefficient)必须满足式(2-3)的条件：

$$\begin{cases} \dfrac{\partial Q}{\partial \hat{a}} = -2\sum\limits_{i=1}^{n}(y_i - \hat{a} - \hat{b}x_i) = 0 \\ \dfrac{\partial Q}{\partial \hat{b}} = -2\sum\limits_{i=1}^{n}(y_i - \hat{a} - \hat{b}x_i)x_i = 0 \end{cases} \quad (i = 1, 2, \cdots, n) \tag{2-3}$$

解上述方程组得式(2-4)：

$$\begin{cases} \hat{b} = \dfrac{\sum\limits_{i=1}^{n}x_iy_i - \bar{x}\sum\limits_{i=1}^{n}y_i}{\sum\limits_{i=1}^{n}x_i^2 - \bar{x}\sum\limits_{i=1}^{n}x_i} = \dfrac{\sum\limits_{i=1}^{n}x_iy_i - n\,\overline{xy}}{\sum\limits_{i=1}^{n}(x_i - \bar{x})^2} \\ \hat{a} = \bar{y} - \hat{b}\bar{x} \end{cases} \tag{2-4}$$

式中，

$$\bar{x} = \frac{1}{n}\sum_{i=1}^{n}x_i ; \bar{y} = \frac{1}{n}\sum_{i=1}^{n}y_i 。$$

若令 $l_{xx} = \sum\limits_{i=1}^{n}(x_i - \bar{x})^2$，$l_{yy} = \sum\limits_{i=1}^{n}(y_i - \bar{y})^2$，$l_{xy} = \sum\limits_{i=1}^{n}(x_i - \bar{x})(y_i - \bar{y})$，

则式(2-4)可以写成 $\begin{cases}\hat{a}=\bar{y}-\hat{b}\bar{x}\\ \hat{b}=\dfrac{l_{xy}}{l_{xx}}\end{cases}$。

(2) 相关性检验。

一般情况下,在一元线性回归时,用相关性检验较好,相关系数 R(Sample Correlation Coefficient)是描述变量 x 与 y 之间线性关系密切程度的一个数量指标,如式(2-5)所示。

$$R=\frac{\sum_{i=1}^{n}x_iy_i-n\bar{x}\bar{y}}{\sqrt{\sum_{i=1}^{n}x_i^2-n\bar{x}^2}\sqrt{\sum_{i=1}^{n}y_i^2-n\bar{y}^2}}=\frac{l_{xy}}{\sqrt{l_{xx}l_{yy}}}(-1\leqslant R\leqslant 1) \tag{2-5}$$

查相关系数临界值表,若 $R>R\alpha(n-2)$,则线性相关关系显著,通过检验,可以进行预测;反之,没有通过检验,该一元回归方程不可以作为预测模型。

3) 应用回归方程进行预测

(1) 预测值的点估计。

当方程通过检验后,由已经求出的回归方程和给定的某一个解释变量 x_0,可以求出此条件下的点预测值,输入 x_0 的值,则预测值为 $\hat{y}_0=\hat{a}+\hat{b}x_0$。

(2) 区间估计。

为估计预测风险和给出置信水平(Confidence Level),应继续做区间估计(Interval Estimation),也就是在一定的显著性水平下,求出置信区间(Confidence Region),即求出一个正实数 δ,使得实测值 y_0 以 $1-\alpha$ 的概率落在区间$(\hat{y}_0-\delta,\hat{y}_0+\delta)$内,满足 $P(\hat{y}_0-\delta,\hat{y}_0+\delta)=1-\alpha$。由于预测值和实际值都服从正态分布,从而预测误差 $y_0-\hat{y}_0$ 也服从正态分布,$\delta=t_{\frac{\alpha}{2}}(n-2)\times\sigma\times\sqrt{1+\frac{1}{n}+\frac{(x_0-\bar{x})^2}{l_{xx}}}$,$\sigma=\sqrt{\frac{l_{yy}-b\times l_{xy}}{n}-2}$,求出 δ 后将得出结论:在 $1-\alpha$ 的概率下,预测范围为$(\hat{y}_0-\delta,\hat{y}_0+\delta)$。

一元线性回归算法流程图如图 2.3 所示。

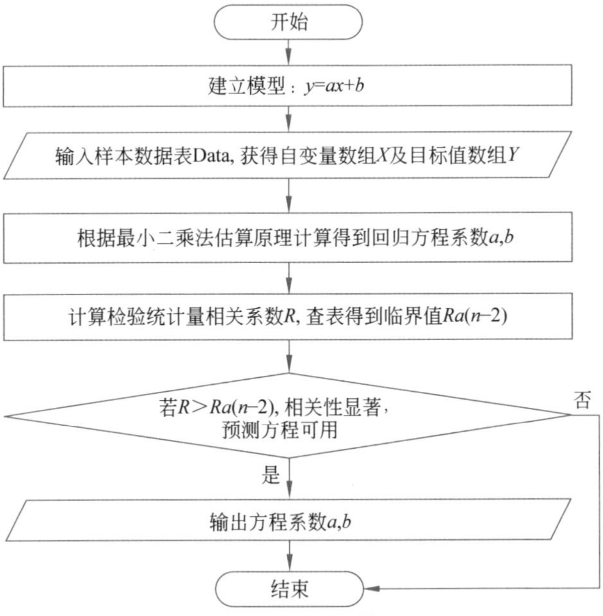

开始

建立模型:$y=ax+b$

输入样本数据表Data, 获得自变量数组X及目标值数组Y

根据最小二乘法估算原理计算得到回归方程系数a,b

计算检验统计量相关系数R, 查表得到临界值$Ra(n-2)$

若$R>Ra(n-2)$, 相关性显著,预测方程可用

是

否

输出方程系数a,b

结束

图 2.3　一元线性回归算法流程图

2. 应用一元线性回归模型进行货物吞吐量预测的实例

例 2.1 表 2.1 给出的是 2000—2011 年某市沿海及航空港口货物吞吐量，本章将根据此表数据建立预测模型并对 2012 年以后的货物吞吐量进行预测。

表 2.1 2000—2011 年某市沿海及航空港口货物吞吐量

序号 x_i	年份	货物吞吐量 y_i
1	2000	9699.00
2	2001	10 519.00
3	2002	11 188.00
4	2003	12 602.00
5	2004	14 516.00
6	2005	17 085.20
7	2006	20 046.00
8	2007	22 286.00
9	2008	24 588.00
10	2009	27 203.00
11	2010	31 399.00
12	2011	33 690.80

一元线性回归模型的具体过程如下，其中在计算过程中所用到的中间数据均列入表 2.2。

1）计算 $\bar{x}$，$\bar{y}$

$$\bar{x}=\frac{1}{n}\sum_{i=1}^{n}x_i=\frac{1}{12}\times(1+2+3+4+5+6+7+8+9+10+11+12)=6.5$$

$$\bar{y}=\frac{1}{n}\sum_{i=1}^{n}y_i=\frac{1}{12}\times(9699.00+10\ 519.00+11\ 188.00+12\ 602.00+14\ 516.00+$$
$$17\ 085.00+20\ 046.00+22\ 286.00+24\ 588.00+27\ 203.00+31\ 399.00+33\ 690.80)$$
$$=19\ 568.50$$

2）分别计算 l_{xx}，l_{yy}，l_{xy}

$$l_{xx}=\sum_{i=1}^{n}(x_i-\bar{x})^2=30.25+20.25+12.25+6.25+2.25+0.25+0.25+$$
$$6.25+12.25+20.25+30.25=143.00$$

$$l_{yy}=\sum_{i=1}^{n}(y_i-\bar{y})^2=97\ 407\ 030.25+81\ 893\ 450.25+70\ 232\ 780.25+70\ 232\ 780.25+$$
$$48\ 532\ 122.25+25\ 527\ 756.25+6\ 167\ 772.25+228\ 006.25+7\ 384\ 806.25+$$
$$25\ 195\ 380.25+58\ 285\ 590.25+139\ 960\ 730.25+199\ 445\ 006.25$$
$$=760\ 260\ 431.0$$

$$l_{xy}=\sum_{i=1}^{n}(x_i-\bar{x})(y_i-\bar{y})$$

$=(-5.5)\times(-9869.50)+(-4.5)\times(-9049.50)+(-3.5)\times(-8380.50)+$
$(-2.5)\times(-6966.50)+(-1.5)\times(-5052.50)+(-0.5)\times(-2483.50)+$
$0.5\times 477.50+1.5\times 2717.50+2.5\times 5019.50+3.5\times 7634.50+4.5\times$
$11\ 830.50+5.5\times 14\ 122.50$
$=325\ 069.0$

3）计算系数 $\hat{a},\hat{b}$

$$\hat{b}=\frac{l_{xy}}{l_{xx}}=\frac{325\ 069\ .0}{143.00}=2273.21$$

$$\hat{a}=\bar{y}-\hat{b}\bar{x}=19\ 568.50-2273.21\times 6.5=4792.64$$

所以此预测模型如式(2-6)所示。

$$\hat{y}=\hat{a}+\hat{b}x=4792.64+2273.21x \tag{2-6}$$

表 2.2　2000—2011 年某市沿海及航空港口货物吞吐量一元回归计算过程

序号 x_i	年份	$\bar{x}$	$x_i-\bar{x}$	$(x_i-\bar{x})^2$	货物吞吐量 y_i	$\bar{y}$	$y_i-\bar{y}$	$(y_i-\bar{y})^2$
1	2000	6.5	−5.5	30.25	9699.00	19 568.50	−9869.50	97 407 030.25
2	2001	6.5	−4.5	20.25	10 519.00	19 568.50	−9049.50	81 893 450.25
3	2002	6.5	−3.5	12.25	11 188.00	19 568.50	−8380.50	70 232 780.25
4	2003	6.5	−2.5	6.25	12 602.00	19 568.50	−6966.50	48 532 122.25
5	2004	6.5	−1.5	2.25	14 516.00	19 568.50	−5052.50	25 527 756.25
6	2005	6.5	−0.5	0.25	17 085.20	19 568.50	−2483.50	6 167 772.25
7	2006	6.5	0.5	0.25	20 046.00	19 568.50	477.50	228 006.25
8	2007	6.5	1.5	2.25	22 286.00	19 568.50	2717.50	7 384 806.25
9	2008	6.5	2.5	6.25	24 588.00	19 568.50	5019.50	25 195 380.25
10	2009	6.5	3.5	12.25	27 203.00	19 568.50	7634.50	58 285 590.25
11	2010	6.5	4.5	20.25	31 399.00	19 568.50	11 830.50	139 960 730.25
12	2011	6.5	5.5	30.25	33 690.80	19 568.50	14 122.50	199 445 006.25

表 2.3 给出了预测对象的线性模型预测值和相对误差序列的计算值。

表 2.3　预测对象的线性模型预测值和相对误差序列(2000—2011 年)

年份	$V_{\text{pc}}=\frac{1}{n}\sum_{j=1}^{n}\sum_{l=1}^{k}\tau_{lj}^{2}$	$V_{\text{xie}}=\frac{\frac{1}{n}\sum_{l=1}^{k}\sum_{j=1}^{n}\tau_{lj}^{m}\Vert c_l-x_j\Vert^2}{\min_{p\neq l}\Vert c_l-c_p\Vert^2}$
2000	7065.85	27.15%
2001	9339.06	11.22%
2002	11 612.27	3.79%

续表

年份	$V_{pc}=\frac{1}{n}\sum_{j=1}^{n}\sum_{l=1}^{k}\tau_{lj}^2$	$V_{xie}=\frac{\frac{1}{n}\sum_{l=1}^{k}\sum_{j=1}^{n}\tau_{lj}^m\Vert c_l-x_j\Vert^2}{\min_{p\neq l}\Vert c_l-c_p\Vert^2}$
2003	13 885.48	10.18%
2004	16 158.69	11.32%
2005	18 431.90	7.88%
2006	20 705.10	3.29%
2007	22 978.31	3.11%
2008	25 251.52	2.70%
2009	27 524.73	1.18%
2010	29 797.94	5.10%
2011	32 071.15	4.81%
$F_k=\frac{\frac{1}{k-1}\sum_{l=1}^{k}q_l\sum_{i=1}^{m}(c_{li}-\bar{x}_i)^2}{\frac{1}{n-1}\sum_{l=1}^{k}\sum_{j=1}^{q_l}\sum_{i=1}^{m}(x_{ji}-c_{li})^2}$ (%)		7.64%

4)一元线性回归方程的相关性检验

相关系数 $R=\frac{l_{xy}}{\sqrt{l_{xx}l_{yy}}}=\frac{325\ 069.0}{\sqrt{143\times 760\ 260\ 431.0}}=0.99$。

因为相关系数 $R=0.99$,$R>0$,属于正相关。通过查表,在显著水平为 0.01 的情况下 $R_{0.01}(10)=0.7079$,显然 $R>R_{0.01}(10)$,所以可以认为 x 和 y 之间存在显著的线性关系,式(2-6)可以作为预测模型。

5)预测分析

根据上面所求的一元线性预测模型 $y=4792.64+2273.21x$,如果要预测 2013 年吞吐量的点估计值和区间估计值,将 $x=14$ 代入式(2-6),得

$y_{2013}=4792.64+2273.21\times 14=36\ 617.57$(四舍五入结果)

y_{2013}的 95%的估计区间:

$$\sigma=\sqrt{(l_{yy}-b\times l_{xy})/(n-2)}=\sqrt{(760\ 260\ 431.0-2273.21\times 325\ 069.0)/(12-2)}$$
$$=1459.81$$

$$\delta=t_{\frac{\alpha}{2}}(n-2)\times\sigma\times\sqrt{1+\frac{1}{n}+\frac{(x_0-\bar{x})^2}{l_{xx}}}$$
$$=t_{0.025}(10)\times 1459.80\times\sqrt{1+\frac{1}{12}+\frac{(14-6.5)^2}{143.0}}$$
$$=2.228\times 1459.81\times 1.22=3968.00$$

所以 y_{2013} 的 95%的估计区间为(36 617.57−3968.00,36 617.51+3968.00)=(32 649.57,

40 585.57)。

实现本实例的 Python 示例代码如下。

Python 示例代码：

```
import pandas as pd
import math
import matplotlib.pyplot as plt
filename = "./货物吞吐量.csv"                              #数据文件名
handling_capacity = pd.read_csv(filename,header=0) #读取数据
x=handling_capacity["序号"]                               #读取序号 x
year=handling_capacity["年份"]                            #读取年度标签 year
y=handling_capacity["货物吞吐量"]                          #读取货物吞吐量 y
x_mean=x.mean()                                           #求 x 的均值
y_mean=y.mean()                                           #求 y 的均值
lxx=sum([i**2 for i in x-x_mean])                         #求 x 的方差
lyy=sum([i**2 for i in y-y_mean])                         #求 y 的方差
lxy=sum([x * y for x,y in zip(x-x_mean,y-y_mean)])   #求 xy 协方差
b=lxy/lxx                                                 #求参数 b
a=y_mean-b * x_mean                                       #求参数 a
y_pred=a+b * x                                            #求 12 条数据的预测值 y_pred
r=lxy/math.sqrt(lxx * lyy)                                #求相关系数
print("回归方程为:y="+str(a)+"+("+str(b)+") * x")
print("相关系数 R 为:"+str(r))
y_2012 = a + b * 13                                       #求 2012 年测试点
y_2013 = a + b * 14                                       #求 2013 年测试点
#显示拟合效果
plt.rcParams['font.family']='SimHei'                      #中文显示
plt.plot(year,y,marker='D')                               #显示实际值
plt.plot(year,y_pred,marker="o")                          #显示预测值
plt.plot(2012,y_2012,2013,y_2013,marker="^")    #显示测试点
plt.xlim(1999,2014,1)
plt.legend(["实际值","预测值","2012、2013 年预测点"])
plt.gca().xaxis.set_major_locator(plt.MultipleLocator(1))
plt.show()
```

运行结果如图 2.4 所示。

回归方程为：y=4792.636363636364+2273.2097902097903*x
相关系数R为：0.985885190201557

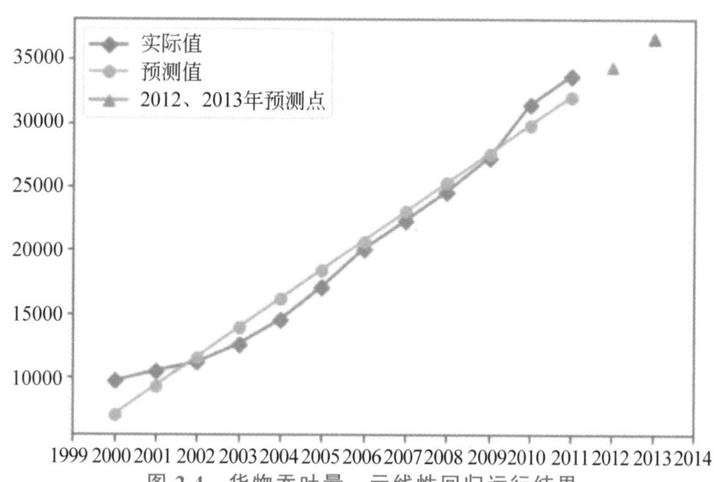

图 2.4　货物吞吐量一元线性回归运行结果

多元线性回归预测模型解析

2.2.2 多元线性回归预测模型

对多元线性回归模型(Multivariate Linear Regression Model)的基本假设是在对一元线性回归模型的基本假设基础之上,还要求所有自变量彼此线性无关,这样随机抽取 n 组样本观察值就可以进行参数估计。

1. 数学模型

1) 多元回归公式

多元回归公式的数学模型如式(2-7)所示。

$$y_i = b_0 + b_1 x_1 + b_2 x_2 + \cdots + b_k x_k + u_i \quad i = 1, 2, \cdots, n \tag{2-7}$$

2) 建立模型与相关检验

(1) 参数的最小二乘法估计。

式(2-7)对应的样本回归模型为 $\hat{y}_i = \hat{b}_0 + \hat{b}_1 x_{1i} + \hat{b}_2 x_{2i} + \cdots + \hat{b}_k x_{ki} (i=1,2,\cdots,n)$。利用最小二乘法求参数估计量 $\hat{b}_0, \hat{b}_1, \hat{b}_2, \cdots, \hat{b}_k$。设残差平方和为 Q,则 $Q = \sum_{i=1}^{n} (y_i - (\hat{b}_0 + \hat{b}_1 x_{1i} + \hat{b}_2 x_{2i} + \cdots + \hat{b}_k x_{ki}))^2$ 要达到最小。

由式(2-8)可知:

$$\begin{cases} \dfrac{\partial Q}{\partial \hat{b}_0} = -2\sum_{i=1}^{n} (y_i - (\hat{b}_0 + \hat{b}_1 x_{1i} + \hat{b}_2 x_{2i} + \cdots + \hat{b}_k x_{ki})) = 0 \\ \dfrac{\partial Q}{\partial \hat{b}_k} = -2\sum_{i=1}^{n} (y_i - (\hat{b}_0 + \hat{b}_1 x_{1i} + \hat{b}_2 x_{2i} + \cdots + \hat{b}_k x_{ki})) x_{ki} = 0 \end{cases} \tag{2-8}$$

经整理,写成矩阵形式,得到式(2-9):

$$\boldsymbol{x}\hat{\boldsymbol{B}} = \boldsymbol{y} \Rightarrow (\boldsymbol{x}^{\mathrm{T}}\boldsymbol{x})\hat{\boldsymbol{B}} = \boldsymbol{x}^{\mathrm{T}}\boldsymbol{y} \Rightarrow \hat{\boldsymbol{B}} = (\boldsymbol{x}^{\mathrm{T}}\boldsymbol{x})^{-1}(\boldsymbol{x}^{\mathrm{T}}\boldsymbol{y}) \tag{2-9}$$

式中,$\boldsymbol{x} = \begin{pmatrix} 1 & x_{11} & x_{21} \cdots x_{k1} \\ 1 & x_{12} & x_{22} \cdots x_{k2} \\ \cdots & & \\ 1 & x_{1n} & x_{2n} \cdots x_{kn} \end{pmatrix}$,$\boldsymbol{x}^{\mathrm{T}}$ 为 $\boldsymbol{x}$ 的转置矩阵;

$\boldsymbol{y} = \begin{pmatrix} y_1 \\ y_2 \\ \vdots \\ y_n \end{pmatrix}$;

$\hat{\boldsymbol{B}} = \begin{pmatrix} \hat{b}_0 \\ \hat{b}_1 \\ \vdots \\ \hat{b}_k \end{pmatrix}$。

(2) 多元线性回归模型的检验。

$\mathrm{TSS} = \sum_{i=1}^{n} (y_i - \bar{y})^2$ 表示观察值 y_i 与其平均值的总离差平方和。

$ESS=\sum_{i=1}^{n}(\hat{y}_i-\bar{y})^2$表示由回归方程中 x 的变化而引起的，称为回归平方和。

$RSS=TSS-ESS=\sum_{i=1}^{n}(y_i-\hat{y}_i)^2$表示不能用回归方程解释的部分，是由其他未能控制的随机干扰因素引起的残差平方和。

① 拟合优度检验。

拟合优度 R^2(Goodness of Fit)：$R^2=\frac{ESS}{TSS}$，$(0\leqslant R^2\leqslant 1)$。拟合优度是衡量回归平方和在总离差平方和中所占的比重大小。比重越大，线性回归效果越好，也就是 R^2 越接近 1，回归直线与样本观察值拟合得越好。拟合优度也称为决定系数或判定系数。

拟合优度的修正值 $\bar{R}^2=1-(1-R^2)\frac{n-1}{n-m-1}$，其中，$n$ 为样本总数，m 为自变量个数，$n-m-1$ 为 RSS 的自由度，$n-1$ 为 TSS 的自由度。

② F 检验。

在多元线性回归模型中，所得回归方程的显著性检验(F 检验)是指回归系数总体的回归显著性。F 检验的步骤如下。

(a) 假设 H_0：$b_1=b_2=\cdots=b_k=0$，备择假设 H_1：b_j 不全为零($j=1,2,\cdots,k$)。

(b) 计算构造统计量 $F=\dfrac{\frac{ESS}{k}}{\frac{RSS}{n-k-1}}$ (n 为样本总数，k 为自变量个数)。

(c) 给定显著性水平 α，确定临界值 $F_\alpha(k,n-k-1)$。

(d) 把 F 与 $F_\alpha(k,n-k-1)$相比较，若 $F>F_\alpha(k,n-k-1)$，则认为回归方程有显著意义；否则，判定回归方程预测不显著。

③ t 检验。

对引入回归方程的自变量逐个地进行显著性检验的过程，称为回归系数的显著性检验(t-test 或 Student-Test)。t 检验的步骤如下。

(a) 假设 H_0：$b_i=0$，备择假设 H_1：$b_i\neq 0(i=1,2,\cdots,n)$。

(b) 计算统计量$|T_i|$，见式(2-10)：

$$|T_i|=\frac{\hat{b}_i}{\sqrt{\frac{1}{n-k-1}\sum_{i=1}^{n}(y_i-\hat{y}_i)^2(\boldsymbol{x}^{\mathrm{T}}\boldsymbol{x})_{ii}^{-1}}}\tag{2-10}$$

(c) 给定显著性水平 α，确定临界值 $t_{\frac{\alpha}{2}}(n-k-1)$。

(d) $|T_i|$与 $t_{\frac{\alpha}{2}}(n-k-1)$比较，也就是统计量与临界值比较。若$|T_i|>t_{\frac{\alpha}{2}}(n-k-1)$，则认为回归系数 $\hat{b}_i$ 与零有显著差异，必须保留 x_i 在原回归方程中；否则，应去掉 x_i 重新建立回归方程。

3) 应用回归方程进行预测

(1) 预测值的点估计。

当方程通过检验后，由已经求出的回归方程和给定的解释变量 $X_0=(x_{01},x_{02},\cdots,$

x_{0k}),可以求出此条件下的点预测值,输入 X_0 的值,则预测值 $\hat{y}_i=\hat{b}_0+\hat{b}_1x_{01}+\hat{b}_2x_{02}+\cdots+\hat{b}_kx_{0k}$。

(2) 区间估计。

为估计预测风险和给出置信水平,应继续做区间估计,也就是在一定的显著性水平下,求出置信区间,即求出一个正实数 δ,使得实测值 y_0 以 $1-\alpha$ 的概率落在区间 $(\hat{y}_0-\delta,\hat{y}_0+\delta)$ 内,满足:

$$P(\hat{y}_0-\delta,\hat{y}_0+\delta)=1-\alpha$$

其中,$\delta=t_{\frac{\alpha}{2}}(n-m-1)\times\sigma\times\sqrt{1+X_0(\boldsymbol{X}^{\mathrm{T}}\boldsymbol{X})^{-1}\boldsymbol{X}_0^{\mathrm{T}}}$, $\sigma=\sqrt{\dfrac{\mathrm{RSS}}{n-m-1}}$。

2. 应用多元回归方程进行客运量预测的实例

例 2.2 为了简明,下面以仅含两个自变量(人口数及城市 GDP)建立某城市水路客运量的二元回归预测模型问题为例,具体数据如表 2.4 所示。

表 2.4 2001—2012 年某市的水路客运量,人口数及城市 GDP

序号	年份	水路客运量 y_i	市人口数 x_{1i}	城市 GDP x_{2i}
1	2001	342	520	211.9
2	2002	466	522.9	244.6
3	2003	492	527.1	325.1
4	2004	483	531.5	528.1
5	2005	530	534.7	645.1
6	2006	553	537.4	733.1
7	2007	581.5	540.4	829.7
8	2008	634.8	543.2	926.3
9	2009	656.1	545.3	1003.1
10	2010	664.4	551.5	1110.8
11	2011	688.3	554.6	1235.6
12	2012	684.4	557.93	1406

从表 2.4 中的数据出发,在 x_1,x_2 和 y 之间建立回归方程:$\hat{y}=\hat{b}_0+\hat{b}_1x_1+\hat{b}_2x_2$,其中,回归系数的估计仍用最小二乘法解得 $\hat{b}_0=\bar{y}-\hat{b}_1\bar{x}_1-\hat{b}_2\bar{x}_2$,并且满足下述方程组,见式(2-11):

$$\begin{cases} l_{11}\hat{b}_1+l_{12}\hat{b}_2=l_{1y} \\ l_{21}\hat{b}_1+l_{22}\hat{b}_2=l_{2y} \end{cases} \tag{2-11}$$

其中,$\bar{y}=\dfrac{1}{n}\sum\limits_{i=1}^{n}y_i$,$\bar{x}_1=\dfrac{1}{n}\sum\limits_{i=1}^{n}x_{1i}$,$\bar{x}_2=\dfrac{1}{n}\sum\limits_{i=1}^{n}x_{2i}$。

令 $l_{11}=\sum\limits_{j=1}^{n}(x_{1j}-\bar{x}_1)^2$,$l_{22}=\sum\limits_{j=1}^{n}(x_{2j}-\bar{x}_2)^2$,$l_{12}=l_{21}=\sum\limits_{j=1}^{n}(x_{1j}-\bar{x}_1)(x_{2j}-\bar{x}_2)$,$l_{1y}=$

$\sum_{j=1}^{n}(x_{1j}-\bar{x}_1)(y_j-\bar{y})$，$l_{2y}=\sum_{j=1}^{n}(x_{2j}-\bar{x}_2)(y_j-\bar{y})$，$l_{yy}=\sum_{j=1}^{n}(y_j-\bar{y})^2$。

联立解方程组(2-11)，得到 $\hat{b}_1=\frac{l_{1y}l_{22}-l_{2y}l_{12}}{l_{11}l_{22}-l_{12}l_{21}}$，$\hat{b}_2=\frac{l_{2y}l_{11}-l_{1y}l_{21}}{l_{11}l_{22}-l_{12}l_{21}}$。

1）计算 $\bar{x}_1$，$\bar{x}_2$，$\bar{y}$

$$\bar{x}_1=\frac{1}{n}\sum_{i=1}^{n}x_{1i}=\frac{1}{12}(520+522.9+527.1+531.5+534.7+537.4+540.4+543.2+545.3+551.5+554.6+557.93)=538.88$$

$$\bar{x}_2=\frac{1}{n}\sum_{i=1}^{n}x_{2i}=\frac{1}{12}(211.9+244.6+325.1+528.1+645.1+733.1+829.7+926.3+1003.1+1110.8+1235.6+1406)=766.62$$

$$\bar{y}=\frac{1}{n}\sum_{i=1}^{n}y_i=\frac{1}{12}(342+466+492+483+530+553+581.5+634.8+656.1+664.4+688.3+684.4)=564.625$$

2）分别计算 l_{yy}，l_{11}，l_{22}，l_{12}，l_{21}，l_{1y}，l_{2y}

$$l_{yy}=\sum_{j=1}^{n}(y_j-\bar{y})^2=125733.4$$

$$l_{11}=\sum_{j=1}^{n}(x_{1j}-\bar{x}_1)^2=1656.185$$

$$l_{22}=\sum_{j=1}^{n}(x_{2j}-\bar{x}_2)^2=1680550$$

$$l_{12}=l_{21}=\sum_{j=1}^{n}(x_{1j}-\bar{x}_1)(x_{2j}-\bar{x}_2)=52533.95$$

$$l_{1y}=\sum_{j=1}^{n}(x_{1j}-\bar{x}_1)(y_j-\bar{y})=13800.16$$

$$l_{2y}=\sum_{j=1}^{n}(x_{2j}-\bar{x}_2)(y_j-\bar{y})=433936.1$$

3）计算系数 $\hat{b}_0$，$\hat{b}_1$，$\hat{b}_2$

将数据代入式(2-11)，得

$$\hat{b}_1=\frac{l_{1y}l_{22}-l_{2y}l_{12}}{l_{11}l_{22}-l_{12}l_{21}}=\frac{13800.16\times1680550-433936.1\times52533.95}{1656.185\times1680550-52533.95^2}=16.839$$

$$\hat{b}_2=\frac{l_{2y}l_{11}-l_{1y}l_{21}}{l_{11}l_{22}-l_{12}l_{21}}=\frac{433936.1\times1656.185-13800.16\times52533.95}{1656.185\times1680550-52533.95^2}=-0.268$$

$$\hat{b}_0=\bar{y}-\hat{b}_1\bar{x}_1-\hat{b}_2\bar{x}_2=564.625-16.839\times538.88+0.268\times766.62=-8304.12$$

因此，所确定的二元回归方程为 $y=-8304.12+16.839x_1-0.268x_2$。

在计算过程中所用到的中间数据均列入表 2.5。

表 2.5　2001—2012 年某市水路客运量预测的二元回归模型计算过程

年份	x_{1i}	$\bar{x}_1$	$(x_{1i}-\bar{x}_1)$	x_{2i}	$\bar{x}_2$	$(x_{2i}-\bar{x}_2)$	y_i	$\bar{y}$	$(y_i-\bar{y})$
2001	520	538.88	−18.88	211.9	766.62	−554.72	342	564.625	−222.625
2002	522.9	538.88	−15.98	244.6	766.62	−522.02	466	564.625	−98.625
2003	527.1	538.88	−11.78	325.1	766.62	−441.52	492	564.625	−72.625
2004	531.5	538.88	−7.38	528.1	766.62	−238.52	483	564.625	−81.625
2005	534.7	538.88	−4.18	645.1	766.62	−121.52	530	564.625	−34.625
2006	537.4	538.88	−1.48	733.1	766.62	−33.52	553	564.625	−11.625
2007	540.4	538.88	1.52	829.7	766.62	63.08	581.5	564.625	16.875
2008	543.2	538.88	4.32	926.3	766.62	159.68	634.8	564.625	70.175
2009	545.3	538.88	6.42	1003.1	766.62	236.48	656.1	564.625	91.475
2010	551.5	538.88	12.62	1110.8	766.62	344.18	664.4	564.625	99.775
2011	554.6	538.88	15.72	1235.6	766.62	468.98	688.3	564.625	123.675
2012	557.93	538.88	19.05	1406	766.62	639.38	684.4	564.625	119.775

4）回归方程的显著性检验

根据二元回归方程为 $y=-8304.12+16.839x_1-0.268x_2$ 进行计算，回归方程的显著性检验计算过程所需数据均列入表 2.6 中。

表 2.6　2001—2012 年某市水路客运量二元回归模型检验计算过程

年份	x_{1i}	x_{2i}	$\hat{y}_i$	y_i	$\bar{y}$	$(y_i-\bar{y})$	$(\hat{y}_i-\bar{y})$	$(y_i-\hat{y}_i)$
2001	520	211.9	395.371	342	564.625	−222.625	−169.254	−53.371
2002	522.9	244.6	435.440	466	564.625	−98.625	−129.185	30.560
2003	527.1	325.1	484.590	492	564.625	−72.625	−80.035	7.410
2004	531.5	528.1	504.278	483	564.625	−81.625	−60.347	−21.278
2005	534.7	645.1	526.806	530	564.625	−34.625	−37.819	3.194
2006	537.4	733.1	548.688	553	564.625	−11.625	−15.937	4.312
2007	540.4	829.7	573.316	581.5	564.625	16.875	8.691	8.184
2008	543.2	926.3	594.576	634.8	564.625	70.175	29.951	40.224
2009	545.3	1003.1	609.356	656.1	564.625	91.475	44.731	46.744
2010	551.5	1110.8	684.894	664.4	564.625	99.775	120.269	−20.494
2011	554.6	1235.6	703.649	688.3	564.625	123.675	139.024	−15.349
2012	557.93	1406	714.055	684.4	564.625	119.775	149.430	−29.655

$$TSS=\sum_{i=1}^{n}(y_i-\bar{y})^2=125733.422$$

$$ESS=\sum_{i=1}^{n}(\hat{y}_i-\bar{y})^2=116009.766$$

$$RSS=TSS-ESS=9723.656$$

(1) 拟合优度检验。

将表 2.5 中的数据代入模型检验参数中，得

$$拟合优度\ R^2=ESS/TSS=116009.766/125733.422=0.9226$$

$$拟合优度修正值\ \bar{R}^2=1-(1-R^2)\frac{12-1}{12-2-1}=0.9054$$

(2) F 检验。

$$F=\frac{\dfrac{ESS}{2}}{\dfrac{RSS}{12-2-1}}=\frac{\dfrac{116009.766}{2}}{\dfrac{9723.656}{9}}=53.688$$

给定显著性水平 $\alpha=0.05$，$F_\alpha(2,12-2-1)=4.256$，$F>F_\alpha(k,n-k-1)$ 则回归方程有显著意义。

(3) t 检验。

给定显著性水平 $\alpha=0.05$，临界值 $t_{\frac{\alpha}{2}}(n-k-1)=2.262$。

$$s_y=\sqrt{\frac{RSS}{n-m-1}}=\sqrt{\frac{9723.656}{12-2-1}}=32.869$$

由公式 $|T_i|=\dfrac{\hat{b}_i}{\sqrt{\dfrac{1}{n-k-1}\sum\limits_{i=1}^{n}(y_i-\hat{y}_i)^2(\boldsymbol{x}^{\mathrm{T}}\boldsymbol{x})_{ii}^{-1}}}$ 计算得 $|T_1|>t_{\frac{\alpha}{2}}(n-k-1)$ 并且 $|T_2|>t_{\frac{\alpha}{2}}(n-k-1)$，认为回归系数 $\hat{b}_1$ 和 $\hat{b}_2$ 与零有显著差异，保留 x_1 和 x_2 在原回归方程中。

5) 预测分析

根据上面所求的多元线性回归预测模型 $y=-8304.12+16.839x_1-0.268x_2$，预测 2013 年的客运量，将 $x_1=560$，$x_2=1546$ 代入上式，分别得到点估计值和区间估计值。

$$y_{2013}=-8304.12+16.839\times560-0.268\times1546=711.294$$

y_{2013} 的 95% 的估计区间为(711.294−110.198，711.294+110.198)=(601.096，821.492)

上述多元回归预测模型完整过程的 Python 编程实现如下。(注：由于手算过程截取小数点后三位，部分结果可能产生一定误差。)

Python 示例代码：

```
#导入需要的包
import pandas as pd
import matplotlib.pyplot as plt
#读取数据
data=pd.read_csv("水路客运量.csv",header=0) #读取数据源数据
y=data["水路客运量"]                          #读取水路客运量为 y
x1=data["市人口数"]                           #读取城市人口数为 x1
x2=data["城市 GDP"]                           #读取城市 GDP 为 x2
```

```
year=data["年份"]                                        #读取年份作为绘图时的分类标签 year
#计算平均值
x1_mean=x1.mean()                                        #计算 x1 的平均值
x2_mean=x2.mean()                                        #计算 x2 的平均值
y_mean=y.mean()                                          #计算 y 的平均值
#计算方差及协方差
lyy=sum([i**2 for i in y-y_mean])                        #计算 y 的方差
l11=sum([i**2 for i in x1-x1_mean])                      #计算 x1 的方差
l22=sum([i**2 for i in x2-x2_mean])                      #计算 x2 的方差
l12=l21=sum([i*j for i,j in zip(x1-x1_mean,x2-x2_mean)])  #计算 x1,x2 的方差
l1y=sum([i*j for i,j in zip(x1-x1_mean,y-y_mean)])       #计算 y,x1 的方差
l2y=sum([i*j for i,j in zip(x2-x2_mean,y-y_mean)])       #计算 y,x2 的方差
#计算参数值
b1=(l1y*l22-l2y*l12)/(l11*l22-l12*l21)
b2=(l2y*l11-l1y*l21)/(l11*l22-l12*l21)
b0=y_mean-b1*x1_mean-b2*x2_mean
print("参数 b0,b1,b2 的值分别为",b0,b1,b2)
print("回归方程为:y="+str(b0)+"+("+str(b1)+")*x1"+"+("+str(b2)+")*x2")
y_pred=b0+b1*x1+b2*x2                                    #预测值计算
#显著性检验
TSS=sum([i**2 for i in y-y_mean])
ESS=sum([i**2 for i in y_pred-y_mean])
RSS=TSS-ESS
print("TSS,ESS,RSS 的值分别为",b0,b1,b2)
R2=ESS/TSS
print("拟合优度 R2 的值为",R2)
R2_=1-(1-R2)*(12-1)/(12-2-1)
print("拟合优度修正值为",R2_)
F=(ESS/2)/(RSS/(12-2-1))
print("F 值为",F)
#预测 2013 年取值
x1_2013=560
x2_2013=1546
y_2013=b0+b1*x1_2013+b2*x2_2013
print("预测 2013 年的水路客运量为",y_2013)
#绘图显示拟合效果
plt.rcParams['font.family']='SimHei'                     #中文显示
plt.plot(year,y,marker='D')                              #显示实际值
plt.plot(year,y_pred,marker="o")                         #显示预测值
plt.plot(2013,y_2013,marker="^")                         #显示测试点
plt.xlim(2000,2014,1)                                    #设置轴的取值范围
plt.legend(["实际值","预测值","2014 年预测点"])
plt.gca().xaxis.set_major_locator(plt.MultipleLocator(1))  #设置轴的间隔
plt.show()
```

基于客运量的多元回归预测模型运行结果如图 2.5 所示。

```
参数b0,b1,b2的值分别为 -8304.08697632359 16.839275546983796 -0.2681845323558137
回归方程为：y=-8304.08697632359+(16.839275546983796)*x1+(-0.2681845323558137)*x2
TSS,ESS,RSS的值分别为 -8304.08697632359 16.839275546983796 -0.2681845323558137
拟合优度R2的值为 0.9226645056586403
拟合优度修正值为 0.9054788402494494
F值为 53.6880291620941З
预测2013年的水路客运量为 711.2940429652483
```

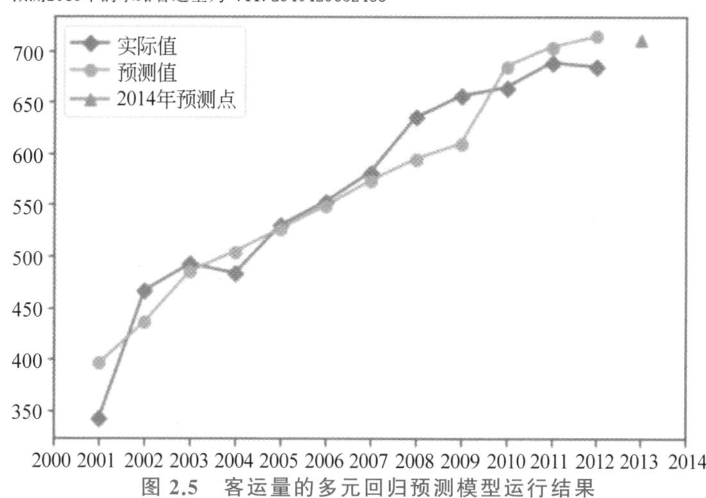

图 2.5　客运量的多元回归预测模型运行结果

2.2.3　非线性回归预测模型

非线性回归预测模型解析

1. 数学模型

在许多实际问题中，不少经济变量之间的关系为非线性的，可以通过变量代换把本来应该用非线性回归处理的问题近似转换为线性回归问题，再进行分析预测。表 2.7 中列举的是五种常见的非线性模型及线性变换的方式，这些非线性模型都可转换为一元或多元线性模型，利用前面介绍过的一元和多元线性回归模型的最小二乘法求出参数估计、模型的拟合优度和显著性检验及评价预测模型的预测精度等。

表 2.7　五种常见的非线性模型及线性变换的方式

幂函数形式	$y=ax^b$	$y'=\log(y)$ $x'=\log(x)$ $a'=\log(a)$	$y'=a'+bx'$
双曲线形式	$\frac{1}{y}=a+b\left(\frac{1}{x}\right)$	$y'=\frac{1}{y}$ $x'=\frac{1}{x}$	$y'=a+bx'$
对数函数形式	$y=a+b\log(x)$	$x'=\log(x)$	$y=a+bx'$
指数函数形式	$y=ae^{bx}$	$y'=\ln(y)$ $a'=\ln(a)$	$y'=a'+bx$
多项式曲线形式	$y=b_0+b_1x+b_2x^2+\cdots+b_kx^k$	$x_1=x,x_2=x^2,\cdots,x_k=x^k$	$y=b_0+b_1x_1+b_2x_2+\cdots+b_kx_k$

2. 应用非线性模型进行客运量预测的实例

例 2.3 根据某省交通统计汇编材料得到表 2.8 中所列数据，包括某省 2001—2012 年全社会客运量、旅客周转量、公路客运量和公路旅客周转量。

表 2.8 某省全社会客运量

编号 x_i	年 份	客运量 y_i/万人
1	2001	21697
2	2002	23904
3	2003	25003.7
4	2004	29863
5	2005	32962.2
6	2006	33704
7	2007	39984.4
8	2008	38879.6
9	2009	35156
10	2010	38902
11	2011	41079
12	2012	43844

运行非线性回归中的多项式预测模型，以 2 次多项式为例，得到如表 2.9 所示的数据。

表 2.9 2001—2012 年某省全社会客运量预测的 2 次多项式回归模型计算过程

年份	x_i	$\bar{x}_1$	$(x_{1i}-\bar{x}_1)$	x_i^2	$\bar{x}^2$	$(x_i^2-\bar{x}^2)$	y_i	$\bar{y}$	$(y_i-\bar{y})$
2001	1	6.5	−5.5	1	54.167	−53.167	21697	33748.242	−12051.242
2002	2	6.5	−4.5	4	54.167	−50.167	23904	33748.242	−9844.242
2003	3	6.5	−3.5	9	54.167	−45.167	25003.7	33748.242	−8744.542
2004	4	6.5	−2.5	16	54.167	−38.167	29863	33748.242	−3885.242
2005	5	6.5	−1.5	25	54.167	−29.167	32962.2	33748.242	−786.042
2006	6	6.5	−0.5	36	54.167	−18.167	33704	33748.242	−44.242
2007	7	6.5	0.5	49	54.167	−5.167	39984.4	33748.242	6236.158
2008	8	6.5	1.5	64	54.167	9.833	38879.6	33748.242	5131.358
2009	9	6.5	2.5	81	54.167	26.833	35156	33748.242	1407.758
2010	10	6.5	3.5	100	54.167	45.833	38902	33748.242	5153.758
2011	11	6.5	4.5	121	54.167	66.833	41079	33748.242	7330.758
2012	12	6.5	5.5	144	54.167	89.833	43844	33748.242	10095.758

将表 2.9 代入式(2-4)得到以下结果，具体计算过程与多元线性回归类似。

$$l_{yy}=\sum_{j=1}^{n}(y_j-\bar{y})^2=583\ 751\ 321.949$$

$$l_{11}=\sum_{j=1}^{n}(x_{1j}-\bar{x}_1)^2=143$$

$$l_{22}=\sum_{j=1}^{n}(x_{2j}-\bar{x}_2)^2=25\ 501.667$$

$$l_{12}=l_{21}=\sum_{j=1}^{n}(x_{1j}-\bar{x}_1)(x_{2j}-\bar{x}_2)=1859$$

$$l_{1y}=\sum_{j=1}^{n}(x_{1j}-\bar{x}_1)(y_j-\bar{y})=272\ 988.850$$

$$l_{2y}=\sum_{j=1}^{n}(x_{2j}-\bar{x}_2)(y_j-\bar{y})=3\ 390\ 657.217$$

$$\hat{b}_1=\frac{l_{1y}l_{22}-l_{2y}l_{12}}{l_{11}l_{22}-l_{12}l_{21}}=3449.90$$

$$\hat{b}_2=\frac{l_{2y}l_{11}-l_{1y}l_{21}}{l_{11}l_{22}-l_{12}l_{21}}=-118.530$$

$$\hat{b}_0=\bar{y}-\hat{b}_1\bar{x}_1-\hat{b}_2\bar{x}_2=17\ 744.252$$

因此，所确定的多项式回归方程为 $y=17\ 744.252+3\ 449.90x-118.530x^2$。

Python 示例代码：

```
#导入需要的包
import pandas as pd
import numpy as np
import matplotlib.pyplot as plt
#读取数据
data=pd.read_csv("全客运量.csv",header=0)  #读取数据源数据
y=data["客运量"]                            #读取全客运量为 y
x=data["编号"]                              #读取编号为 x
year=data["年份"]                           #读取年份作为绘图时的分类标签 year
#构建多项式
x1=x                                        #构建 x1 为回归方程中的 x
x2=x**2                                     #构建 x2 为回归方程中的 x 的平方
#计算平均值
x1_mean=x1.mean()                           #计算 x1 的平均值
x2_mean=x2.mean()                           #计算 x2 的平均值
y_mean=y.mean()                             #计算 y 的平均值
#计算方差及协方差
lyy=sum([i**2 for i in y-y_mean])           #计算 y 的方差
l11=sum([i**2 for i in x1-x1_mean])         #计算 x1 的方差
l22=sum([i**2 for i in x2-x2_mean])         #计算 x2 的方差
l12=l21=sum([i*j for i,j in zip(x1-x1_mean,x2-x2_mean)])
                                            #计算 x1,x2 的方差
l1y=sum([i*j for i,j in zip(x1-x1_mean,y-y_mean)])    #计算 y,x1 的方差
l2y=sum([i*j for i,j in zip(x2-x2_mean,y-y_mean)])    #计算 y,x2 的方差
#计算参数值
b1=(l1y*l22-l2y*l12)/(l11*l22-l12*l21)
b2=(l2y*l11-l1y*l21)/(l11*l22-l12*l21)
b0=y_mean-b1*x1_mean-b2*x2_mean
print("参数 b0,b1,b2 的值分别为",b0,b1,b2)
print("回归方程为:y="+str(b0)+"+("+str(b1)+")*x1"+"+("+str(b2)+")*x2")
```

```
#预测模型
y_pred=b0+b1 * x1+b2 * x2
#显著性检验
TSS=sum([i**2 for i in y-y_mean])
ESS=sum([i**2 for i in y_pred-y_mean])
RSS=TSS-ESS
print("TSS,ESS,RSS 的值分别为",b0,b1,b2)
R2=ESS/TSS
print("拟合优度 R2 的值为",R2)
R2_=1-(1-R2) * (12-1)/(12-2-1)
print("拟合优度修正值为",R2_)
F=(ESS/2)/(RSS/(12-2-1))
print("F 值为",F)
#预测 2013 年的全客运量
x1_2013=13
x2_2013=x1_2013**2
y_2013=b0+b1 * x1_2013+b2 * x2_2013
print("预测 2013 年的全客运量为",y_2013)
#绘图显示拟合效果
plt.rcParams['font.family']='SimHei'      #中文显示
plt.plot(year,y,marker='D')               #显示实际值
plt.plot(year,y_pred,marker="o")          #显示预测值
plt.plot(2013,y_2013,marker="^")          #显示测试点
plt.xlim(2000,2014,1)                     #设置轴的取值范围
plt.legend(["实际值","预测值","2013 年预测点"])
plt.gca().xaxis.set_major_locator(plt.MultipleLocator(1))#设置轴的间隔
plt.show()
```

运行结果如图 2.6 所示。

```
参数b0,b1,b2的值分别为 17744.252272727274 3449.9009240759224 -118.52984515484488
回归方程为：y=17744.252272727274+(3449.9009240759224)*x1+(-118.52984515484488)*x2
TSS,ESS,RSS的值分别为 17744.252272727274 3449.9009240759224 -118.52984515484488
拟合优度R2的值为 0.9248637060213469
拟合优度修正值为 0.9081667518038685
F值为 55.39116260217056
预测2013年的全客运量为 42561.42045454548
```

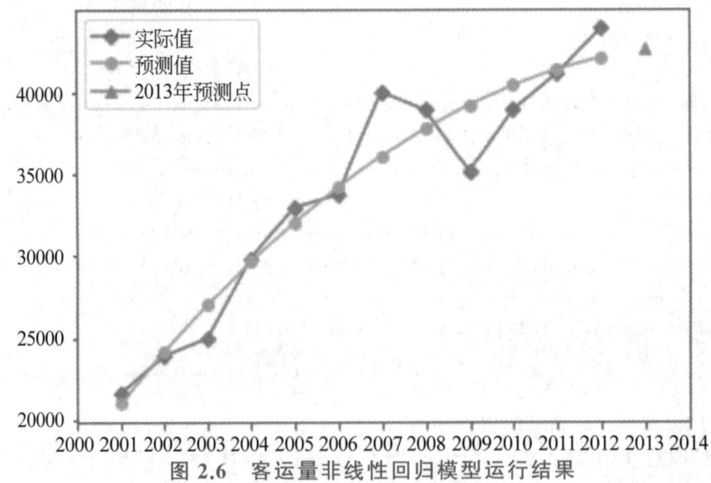

图 2.6 客运量非线性回归模型运行结果

通过对表 2.8 中的客运量数据分别进行运算，得到非线性回归曲线方程如表 2.10 所示。

表 2.10　各种非线性预测模型的曲线方程

函数形式	客运量 Y
幂函数形式	$Y=20139.248X^{0.272}$
双曲线形式	$\frac{1}{Y}=0.00003+\frac{1}{X}$
对数函数形式	$Y=18330.605+8506.681\ln X$
指数函数形式	$Y=21798.595\mathrm{e}^{(0.056X)}$
多项式形式	$Y=17744.252+3449.901X-118.530X^2$

本节主要讲解了回归分析预测模型中的线性回归模型和非线性回归模型。线性回归模型是用来确定两种或两种以上变量间相互依赖的定量关系的一种统计分析方法，应用十分广泛。只有一个自变量的情况称为一元线性回归，多于一个自变量情况的叫作多元线性回归。非线性回归模型是指在因变量与一系列自变量之间建立非线性模型，非线性模型可以转换为一元或多元线性模型来进行求解。值得注意的是，虽然对于线性回归模型可采用多项式的形式来优化以提高其预测准确率，并且次方越高，准确率往往越好，但这也会导致过拟合的情况产生，因此在优化的过程中尽量不要超过 3 次方。

 2.3　时间序列预测模型

时间序列预测模型解析

2.3.1　移动平均模型

1. 数学模型

移动平均方法实际上是对既往的数据采取限定记忆——每次只用到最近的 n 个周期的数据、等权平均的办法进行预测，计算过程中仅保留近期的 n 个数据，没有充分利用全部的样本数据，这种方法虽然简便但并不很理想。一般认为，越近期的数据越能反映当前情况，对考虑今后的发展越有直接的意义。对历史的数据不应同等看待，对近期的数据应给以较高的加权，采取具有逐步衰减性质的加权处理才更符合实际。指数平滑法就是采用渐消记忆的方式，利用逐步衰减的不等权平均办法进行数据处理的一种预测方法。

1）一次移动平均法

在算术平均法的基础上加以改进，得出的一次移动平均法，其基本思想是每次取一定数量周期的数据平均，并按照时间顺序逐次推进。其中，每推进一个周期，舍去前一个周期的数据，再增加一个新周期的数据，并再进行平均。一次移动平均法通常只应用于一个时期后的预测(即预测第 $t+1$ 期)。

一次移动平均法预测模型如式(2-12)所示。

$$\hat{Y}_{t+1}=M_t^{(1)} \tag{2-12}$$

其中，一次移动平均数 $M_t^{(1)}=\dfrac{y_t+y_{t-1}+\cdots+y_{t-N+1}}{N}$，$M_t^{(1)}$ 代表第 t 期一次移动平均

值,N 代表计算移动平均值时所选定的数据个数。一般情况下,N 越大,修匀的程度越强,波动也越小;N 越小,对变化趋势反应越灵敏,但修匀的程度越差。实际预测中可以利用试算法,即选择几个 N 值进行计算,比较它们的预测误差,从中选择使误差较小的 N 值。

2）二次移动平均法

当序列具有线性增长的发展趋势时,用一次移动平均预测会出现滞后偏差,表现为对于线性增长的时间序列预测值偏低。这时,可进行二次移动平均计算,二次移动平均就是将一次移动平均再进行一次移动平均来建立线性趋势模型。

二次移动平均法的线性趋势预测模型如式(2-13)所示。

$$\hat{y}_{t+\tau} = \hat{a}_t + \hat{b}_t \tau \tag{2-13}$$

其中,截距为 $\hat{a}_t = 2M_t^{(1)} - M_t^{(2)}$,斜率为 $\hat{b}_t = \frac{2}{N-1}(M_t^{(1)} - M_t^{(2)})$,$\tau$ 为预测超前期。$M_t{}^{(1)}$ 为一次移动平均数,$M_t{}^{(2)}$ 代表第 t 期二次移动平均值二次移动平均数,计算公式为 $M_t^{(2)} = \frac{M^{(1)}{}_t + M^{(1)}{}_{t-1} + \cdots + M^{(1)}{}_{t-N+1}}{N}$,$N$ 代表计算移动平均值时所选定的数据个数。

二次移动平均法有多期预测能力,短期预测效果较好,操作简单,但不能应付突发事件。

确定计算期数 N 的多少对这种预测的影响很大。计算期的多少应根据未来趋势与过去的关系确定。移动平均预测模型中移动平均数 N 的选择为:期数越多,修匀的作用越大,趋势就越平滑;反之则反映波动灵敏。一般来说,当时间序列的变化趋势较为稳定时,N 可以取大些;当时间序列波动较大,变化明显时,N 可以取小些。从理论上说,它应与循环变动或季节变动周期吻合,这样可以消除循环变动和季节变动的影响。实际预测中可以利用试算法,即选择几个 N 值进行计算,比较它们的预测误差,从中选择使误差较小的 N 值。

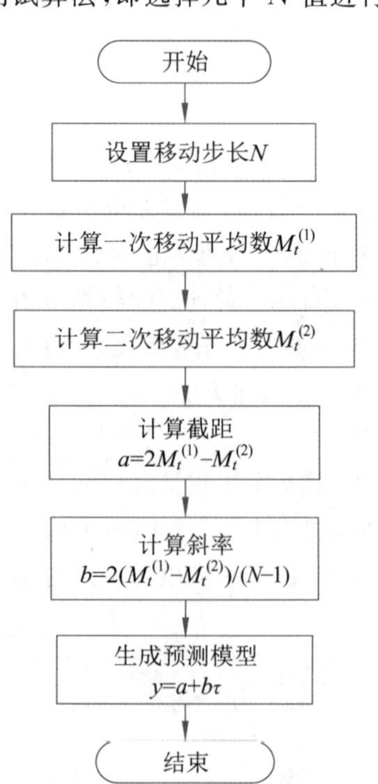

图 2.7 移动平均算法流程图

移动平均算法流程图如图 2.7 所示。

2. 应用移动平均进行货物吞吐量预测的实例

例 2.4 本案例将根据表 2.1 数据建立移动平均预测模型并对 2012 年以后的货物吞吐量进行预测。根据表 2.1 某市沿海及航空港口货物吞吐量数据,从吞吐量的观察值判断,该时间序列近似值呈直线上升趋势,可用二次移动平均法预测。为了提高灵敏度,N 取 3。根据式(2-12)计算一次移动平均值如表 2.11 的第三栏;根据式(2-13)计算的二次移动平均值如表 2.11 的第四栏。参数 $\hat{a}_t$,$\hat{b}_t$ 的计算如下:

$$\hat{a}_t = 2M_t^{(1)} - M_t^{(2)} = 2 \times 30764.27 - 27728.87 = 33799.67$$

$$\hat{b}_t = \frac{2}{N-1}(M_t^{(1)} - M_t^{(2)}) = \frac{2}{3-1} \times (30764.27 - 27728.87)$$
$$= 3035.40$$

根据 $\hat{y}_{t+\tau} = \hat{a}_t + \hat{b}_t \tau$ 模型,预测式(2-14)为

$$\hat{y}_{t+\tau} = 33799.67 + 3035.40\tau \tag{2-14}$$

设 2012 年 $\tau = 1$,2013 年 $\tau = 2$,则预测值为

$$\hat{y}_{2012} = 33799.67 + 3035.40 \times 1 = 36835.07$$

$$\hat{y}_{2013} = 33799.67 + 3035.40 \times 2 = 39870.47$$

表 2.11　2000—2011 年某市沿海及航空港口货物吞吐量和一次、二次移动平均值($N=3$)

年份	吞吐量	一次移动平均值 $M_t^{(1)}$	二次移动平均值 $M_t^{(2)}$	预测吞吐量
2000	9699.00	—	—	—
2001	10519.00	—	—	—
2002	11188.00	10468.67	—	—
2003	12602.00	11436.33	—	—
2004	14516.00	12768.67	11557.89	12551.67
2005	17085.20	14734.40	12979.80	15587.11
2006	20046.00	17215.73	14906.27	18622.56
2007	22286.00	19805.73	17251.96	21658.00
2008	24588.00	22306.67	19776.04	24693.44
2009	27203.00	24692.33	22268.24	27728.89
2010	31399.00	27730.00	24909.67	30764.33
2011	33690.80	30764.27	27728.87	33799.78

表 2.12 给出了预测对象的移动平均模型预测值和相对误差序列的计算结果。

表 2.12　预测对象的移动平均模型预测值和相对误差序列(2000—2011 年)

年份	$V_{\mathrm{pc}} = \frac{1}{n}\sum_{j=1}^{n}\sum_{l=1}^{k}\tau_{lj}^{2}$	$V_{\mathrm{xie}} = \frac{\frac{1}{n}\sum_{l=1}^{k}\sum_{j=1}^{n}\tau_{lj}^{m}\parallel c_l - x_j \parallel^2}{\min\limits_{p\neq l}\parallel c_l - c_p \parallel^2}$
2000	9699.00	0.00%
2001	10519.00	0.00%
2002	11188.00	0.00%
2003	12602.00	0.00%
2004	12551.67	13.53%
2005	15587.11	8.77%
2006	18622.56	7.10%
2007	21658.00	2.81%
2008	24693.44	0.43%
2009	27728.89	1.93%
2010	30764.33	2.02%
2011	33799.78	0.32%

续表

年份	$V_{pc}=\frac{1}{n}\sum_{j=1}^{n}\sum_{l=1}^{k}\tau_{lj}^{2}$	$V_{xie}=\frac{\frac{1}{n}\sum_{l=1}^{k}\sum_{j=1}^{n}\tau_{lj}^{m}\parallel c_l-x_j\parallel^2}{\min\limits_{p\neq l}\parallel c_l-c_p\parallel^2}$
$F_k=\frac{\frac{1}{k-1}\sum_{l=1}^{k}q_l\sum_{i=1}^{m}(c_{li}-\bar{x}_i)^2}{\frac{1}{n-1}\sum_{l=1}^{k}\sum_{j=1}^{q_l}\sum_{i=1}^{m}(x_{ji}-c_{li})^2}(\%)$		3.94%

一次移动平均、二次移动平均预测模型的 Python 建模过程和运行结果如下。

Python 示例代码：

```
#导入相关包
import pandas as pd
import numpy as np
import matplotlib.pyplot as plt
#读取数据
filename = "./货物吞吐量.csv"                          #数据文件名
handling_capacity = pd.read_csv(filename,header=0) #读取数据
x=handling_capacity["序号"].values                 #读取序号 x
year=handling_capacity["年份"].values              #读取年度标签 year
y=handling_capacity["货物吞吐量"].values            #读取货物吞吐量 y
n = 3                                              #设置移动步长
m1=[]                                              #初始化一次移动平均数列表
m2=[]                                              #初始化二次移动平均数列表
#计算一次移动平均数,不足步长部分使用实际值填充
for t in range(len(y)):
    if t<n-1:
        m1.append(y[t])
    else:
        m1.append((y[t]+y[t-1]+y[t-n+1])/3)
#计算二次移动平均数,不足步长部分使用实际值填充
for t in range(len(y)):
    if t<2*n-2:
        m2.append(y[t])
    else:
        m2.append((m1[t]+m1[t-1]+m1[t-n+1])/3)
a1 = 2*y[-1]-m1[-1]                                #计算一次移动平均参数 a
b1=2/(n-1)*(y[-1]-m1[-1])                          #计算一次移动平均参数 b
print("一次移动平均参数 a、b 的值分别为:",a1,b1)
print("一次移动回归方程为:y="+str(a1)+"+"+str(b1)+"*t")
a2 = 2*m1[-1]-m2[-1]                               #计算二次移动平均参数 a
b2=2/(n-1)*(m1[-1]-m2[-1])                         #计算二次移动平均参数 b
print("二次移动平均参数 a、b 的值分别为:",a2,b2)
print("二次移动回归方程为:y="+str(a2)+"+"+str(b2)+"*t")
t=np.array(range(-11,1))                           #构建预测自变量
y1_pred=a1+b1*t                                    #计算一次移动平均预测值
y2_pred=a2+b2*t                                    #计算二次移动平均预测值
y2_2012=a2+b2*1                                    #求二次移动平均 2012 年测试点
y2_2013=a2+b2*2                                    #求二次移动平均 2013 年测试点
print("二次移动平均预测 2012、2013 年的货物吞吐量为",y2_2012,y2_2013)
#显示拟合效果
plt.rcParams['font.family']='SimHei'               #中文显示
```

```
plt.plot(year,y,marker='D')                           #显示实际值
plt.plot(year,y1_pred,marker="+")                     #显示预测值
plt.plot(year,y2_pred,marker="s")                     #显示预测值
plt.plot(2012,y2_2012,2013,y2_2013,marker="^")  #显示测试点
plt.xlim(1999,2014,1)
plt.legend(["实际值","一次移动平均","二次移动平均","2012、2013 年预测点"])
plt.gca().xaxis.set_major_locator(plt.MultipleLocator(1))
plt.show()
```

基于货物吞吐量移动平均模型运行结果如图 2.8 所示。

```
一次移动平均参数a、b的值分别为： 36617.66666666667 2926.666666666668
一次移动回归方程为：y=36617.66666666667+2926.666666666668*t
二次移动平均参数a、b的值分别为： 33799.77777777778 3035.4444444444453
二次移动回归方程为：y=33799.77777777778+3035.4444444444453*t
二次移动平均预测2012、2013年的货物吞吐量为 36835.222222222226 39870.66666666667
```

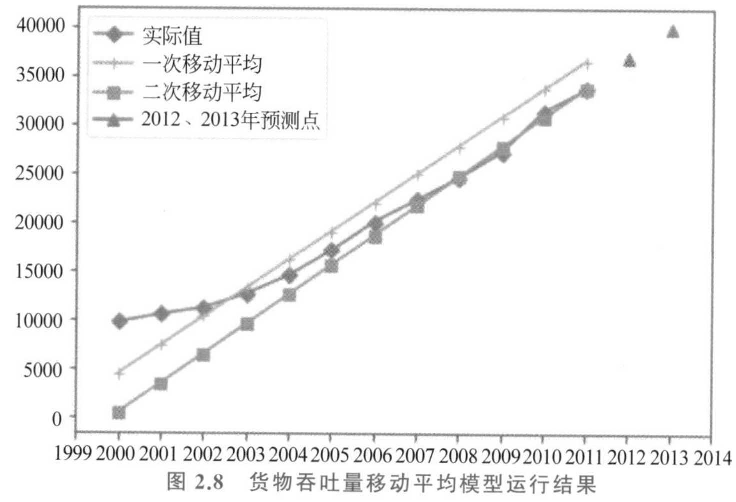

图 2.8　货物吞吐量移动平均模型运行结果

2.3.2　指数平滑模型

1. 数学模型

指数平滑预测法，是在加权平均法的基础上发展起来的，也是移动平均法的改进。移动平均法和指数平滑法对于不同时间的数据所认为的重要程度是不同的，如图 2.9 所示。

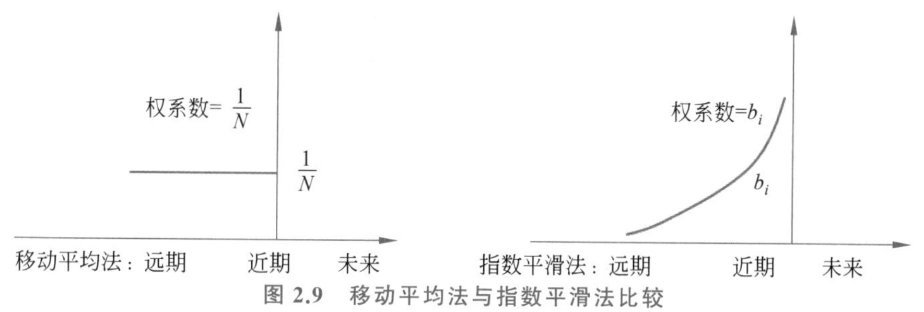

图 2.9　移动平均法与指数平滑法比较

指数平滑法是用过去时间数列值的加权平均数作为预测值，它是加权移动平均法的一种特殊情形。根据平滑次数不同，指数平滑法分为一次指数平滑法、二次指数平滑法和三次

指数平滑法等。但它们的基本思想都是：预测值是以前观测值的加权和，对不同的数据给予不同的权，新数据给较大的权，旧数据给较小的权。

1) 一次指数平滑法

设时间序列为 $y_1, y_2, \cdots, y_t$，则一次指数平滑见式(2-15)：

$$S_t^{(1)} = \alpha y_t + (1-\alpha) S_{t-1}^{(1)} \tag{2-15}$$

式中：$S_t^{(1)}$ 为第 t 周期的一次指数平滑值；

α 为加权系数，$0<\alpha<1$。

为了弄清指数平滑的实质，将上述公式依次展开，可得式(2-16)：

$$S_t^{(1)} = \alpha \sum_{j=0}^{t-1} (1-\alpha)^j y_{t-j} + (1-\alpha)^t S_0^{(1)} \tag{2-16}$$

由于 $0<\alpha<1$，当 $t \to \infty$ 时，$(1-\alpha) \to 0$，于是上述公式变为式(2-17)：

$$S_t^{(1)} = \alpha \sum_{j=0}^{\infty} (1-\alpha)^j y_{t-j} \tag{2-17}$$

以第 t 周期的一次指数平滑值作为第 $t+1$ 期的预测值，见式(2-18)：

$$\hat{y}_{t+1} = S_t^{(1)} = \alpha y_t + (1-\alpha) \hat{y}_t \tag{2-18}$$

2) 二次指数平滑法

当时间序列没有明显的趋势变动时，使用第 t 周期一次指数平滑就能直接预测第 $t+1$ 期的值。但当时间序列的变动出现直线趋势时，用一次指数平滑法来预测存在着明显的滞后偏差。修正的方法是在一次指数平滑的基础上再做二次指数平滑，利用滞后偏差的规律找出曲线的发展方向和发展趋势，然后建立直线趋势预测模型，即二次指数平滑法。

设一次指数平滑为 $S_t^{(1)}$，则二次指数平滑 $S_t^{(2)}$ 的计算如式(2-19)所示：

$$S_t^{(2)} = \alpha S_t^{(1)} + (1-\alpha) S_{t-1}^{(2)} \tag{2-19}$$

若时间序列 $y_1, y_2, \cdots, y_t$ 从某时期开始具有直线趋势，且认为未来时期也按此直线趋势变化，则与趋势移动平均类似，可用式(2-20)的直线趋势模型来进行预测：

$$\hat{y}_{t+T} = a_t + b_t T, (T = 1, 2, \cdots, t) \tag{2-20}$$

式中：t 为当前时期数；

T 为由当前时期数 t 到预测期的时期数；

$\hat{y}_{t+T}$ 为第 $t+T$ 期的预测值；

a_t 为截距，b_t 为斜率，其计算公式 $a_t = 2S_t^{(1)} - S_t^{(2)}$，$b_t = \frac{\alpha}{1-\alpha}(S_t^{(1)} - S_t^{(2)})$。

二次指数平滑算法流程图如图 2.10 所示。

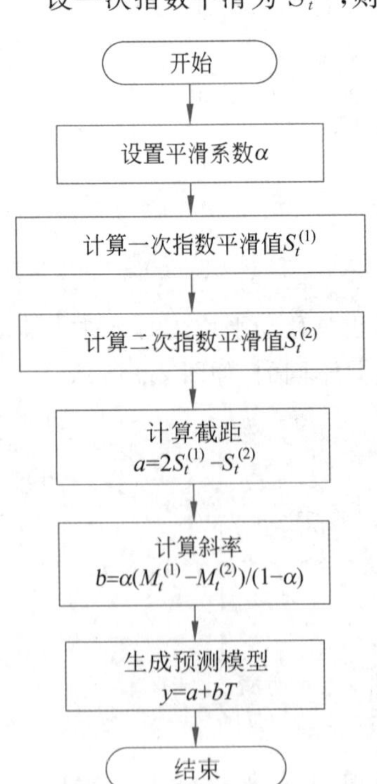

图 2.10 二次指数平滑算法流程图

3) 三次指数平滑法

若时间序列的变动呈现出二次曲线趋势，则需要用三次指数平滑法。三次指数平滑是在二次指数平滑的基础上再进行一次平滑，其计算模型如式(2-21)所示：

$$S_t^{(3)} = \alpha S_t^{(2)} + (1-\alpha) S_{t-1}^{(3)} \tag{2-21}$$

三次指数平滑法的预测模型如式(2-22)所示：

$$\hat{y}_{t+T} = a_t + b_t T + c_t T^2 \tag{2-22}$$

式中：$a_t = 3S_t^{(1)} - 3S_t^{(2)} + S_t^{(3)}$；

$$b_t = \frac{\alpha}{2(1-\alpha)^2}[(6-5\alpha)S_t^{(1)} - 2(5-4\alpha)S_t^{(2)} + (4-3\alpha)S_t^{(3)}]；$$

$$c_t = \frac{\alpha}{2(1-\alpha)^2}[S_t^{(1)} - 2S_t^{(2)} + S_t^{(3)}]。$$

下面针对这两种指数平滑(线性趋势平滑以及二次曲线趋势)进行实例预测，以某地历年港口吞吐量为样本数据，并预测下一序号的外贸出口量(和移动平均采用相同的样本数据)。

2. 应用二次指数平滑进行货物吞吐量预测的实例

例 2.5　根据表 2.1 某市沿海港口货物吞吐量数据，因观察值期数较少，初始值用最初两期观察值平均为 10109 万吨代替。取 $\alpha=0.4$，按式(2-18)计算一次指数平滑值，如表 2.13 第四栏。

$S_1^{(1)} = 0.4 \times 10519 + (1-0.4) \times 10109.00 = 10273.00$，

$S_8^{(1)} = 0.4 \times 24588 + (1-0.4) \times 18920.47 = 21187.48$，其他略。

按式(2-19)，根据一次指数平滑资料 $S_1^{(1)}$ 做二次指数平滑，平滑值如表 2.13 中第五栏。

如 $S_1^{(2)} = 0.4 \times 10273.00 + (1-0.4) \times 10109.00 = 10174.60$，

$S_8^{(2)} = 0.4 \times 21187.48 + (1-0.4) \times 16140.38 = 18159.22$，其他略。

预测模型参数：

$$a_t = 2S_t^{(1)} - S_t^{(2)} = 2 \times 29505.81 - 25534.00 = 33477.61$$

$$b_t = \frac{\alpha}{1-\alpha}(S_t^{(1)} - S_t^{(2)}) = \frac{0.4}{1-0.4}(29505.81 - 25534.00) = 2647.87$$

按建立的预测方程计算预测值(理论趋势值)即预测结果如下。

$$\hat{Y}_{2011} = \hat{Y}_{11+0} = 33477.61 + 2647.87 \times 0 = 33477.61$$

$$\hat{Y}_{2010} = \hat{Y}_{11-1} = 33477.61 + 2647.87 \times (-1) = 30829.74$$

运用预测模型预测未来期的货物吞吐量的计算结果如下。

$$\hat{Y}_{2012} = \hat{Y}_{11+1} = 33477.61 + 2647.87 \times 1 = 36125.49$$

$$\hat{Y}_{2013} = \hat{Y}_{11+2} = 33477.61 + 2647.87 \times 2 = 38773.36$$

表 2.13　2000—2011 年某市沿海港口货物吞吐量资料和预测过程

年份	t	吞吐量 Y_t	$S_t^{(1)}(\alpha=0.4)$	$S_t^{(2)}(\alpha=0.4)$	预测值 $\hat{Y}_t$
2000	0	9699	10109.00	10109.00	4351.03
2001	1	10519	10273.00	10174.60	6998.90
2002	2	11188	10639.00	10360.36	9646.77
2003	3	12602	11424.20	10785.90	12294.65
2004	4	14516	12660.92	11535.91	14942.52
2005	5	17085.2	14430.63	12693.80	17590.39
2006	6	20046	16676.78	14286.99	20238.26

续表

年份	t	吞吐量 Y_t	$S_t^{(1)}(\alpha=0.4)$	$S_t^{(2)}(\alpha=0.4)$	预测值 $\hat{Y}_t$
2007	7	22286	18920.47	16140.38	22886.13
2008	8	24588	21187.48	18159.22	25534.00
2009	9	27203	23593.69	20333.01	28181.87
2010	10	31399	26715.81	22886.13	30829.74
2011	11	33690.8	29505.81	25534.00	33477.61

一次指数平滑、二次指数平滑预测模型的 Python 建模过程和运行结果如下。

Python 示例代码:

```
#导入相关包
import pandas as pd
import numpy as np
import matplotlib.pyplot as plt
#读取数据
filename = "./货物吞吐量.csv"                              #数据文件名
handling_capacity = pd.read_csv(filename,header=0)    #读取数据
x=handling_capacity["序号"].values                     #读取序号 x
year=handling_capacity["年份"].values                  #读取年度标签 year
y=handling_capacity["货物吞吐量"].values               #读取货物吞吐量 y
alpha = 0.4                                           #设置平滑系数
s1=[]                                                 #初始化一次指数平滑列表
s2=[]                                                 #初始化二次指数平滑列表
#计算一次指数平滑,不足步长部分使用平均值填充
for t in range(len(y)):
    if t<1:
        s1.append((y[0]+y[1])/2)
    else:
        s1.append(alpha * y[t]+(1-alpha) * s1[t-1])
#计算二次指数平滑,不足步长部分使用平均值填充
for t in range(len(y)):
    if t<1:
        s2.append((y[0]+y[1])/2)
    else:
        s2.append(alpha * s1[t]+(1-alpha) * s2[t-1])
a1 = 2 * y[-1]-s1[-1]                                 #计算一次指数平滑参数 a
b1=alpha/(1-alpha) * (y[-1]-s1[-1])                   #计算一次指数平滑参数 b
print("一次指数平滑参数 a、b 的值分别为:",a1,b1)
print("一次指数平滑回归方程为:y="+str(a1)+"+"+str(b1)+" * t")
a2 = 2 * s1[-1]-s2[-1]                                #计算二次指数平滑参数 a
b2=alpha/(1-alpha) * (s1[-1]-s2[-1])                  #计算二次指数平滑参数 b
print("二次指数平滑参数 a、b 的值分别为:",a2,b2)
print("二次指数平滑回归方程为:y="+str(a2)+"+"+str(b2)+" * t")
t=np.array(range(-11,1))                              #构建预测自变量
y1_pred=a1+b1 * t                                     #计算一次指数平滑预测值
y2_pred=a2+b2 * t                                     #计算二次指数平滑预测值
y_2012=a2+b2 * 1                                      #求二次指数平滑 2012 年测试点
y_2013=a2+b2 * 2                                      #求二次指数平滑 2013 年测试点
print("预测 2012、2013 年的货物吞吐量为",y_2012,y_2013)
```

```
#显示拟合效果
plt.rcParams['font.family']='SimHei'          #中文显示
plt.plot(year,y,marker='D')                   #显示实际值
plt.plot(year,y1_pred,marker="+")             #显示一次平滑
plt.plot(year,y2_pred,marker="s")             #显示二次平滑
plt.plot(2012,y_2012,2013,y_2013,marker="^")  #显示测试点
plt.xlim(1999,2014,1)
plt.legend(["实际值","一次平滑","二次平滑","2012、2013年预测点"])
plt.gca().xaxis.set_major_locator(plt.MultipleLocator(1))
plt.show()
```

运行结果如图 2.11 所示。(注：手算结果只保留小数点后两位，因此与程序计算结果可能存在一定误差。)

```
一次指数平滑参数a、b的值分别为： 37876.115941888 2790.077294591999
一次指数平滑回归方程为：y=37876.115941888+2790.077294591999*t
二次指数平滑参数a、b的值分别为： 33477.74557210624 2647.9076759961613
二次指数平滑回归方程为：y=33477.74557210624+2647.9076759961613*t
预测2012、2013年的货物吞吐量为 36125.653248102404 38773.560924098565
```

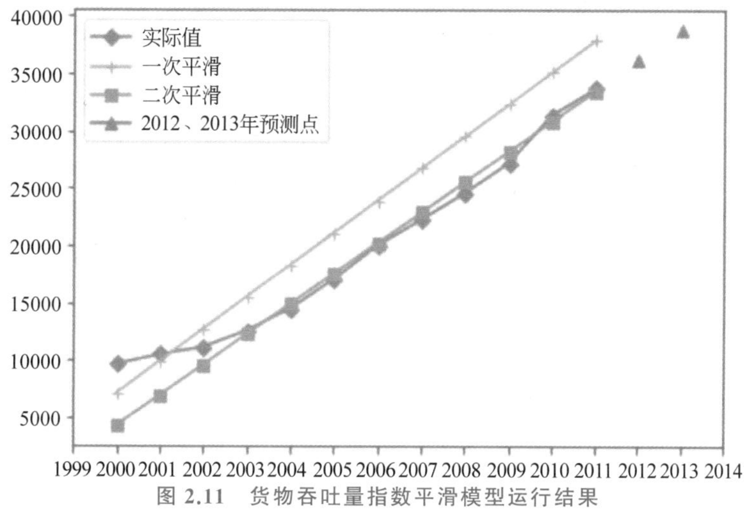

图 2.11　货物吞吐量指数平滑模型运行结果

采用一次指数平滑和二次指数平滑分别预测(数据为表 2.13 中的数据)，$\hat{X}_{31}$ 为一次指数平滑预测值，$\hat{X}_{32}$ 为二次指数平滑预测值，预测结果对比如表 2.14 所示。

表 2.14　利用指数平滑法预测某市港口的货物吞吐量对比结果(α 取 0.4)

年份	实际吞吐量	$\hat{X}_{31}$ 预测值	$\hat{X}_{32}$ 预测值
2000	9699	10109.00	4351.03
2001	10519	10109.00	6998.90
2002	11188	10273.00	9646.77
2003	12602	10639.00	12294.65
2004	14516	11424.20	14942.52
2005	17085.2	12660.92	17590.39

续表

年份	实际吞吐量	$\hat{X}_{31}$预测值	$\hat{X}_{32}$预测值
2006	20046	14430.63	20238.26
2007	22286	16676.78	22886.13
2008	24588	18920.47	25534.00
2009	27203	21187.48	28181.87
2010	31399	23593.69	30829.74
2011	33690.8	26715.81	33477.61
2012	37426.2	29505.81	36125.49

可以明显发现,采用二次指数平滑预测方法进行拟合要优于一次指数平滑。

采用指数平滑法进行预测时,α 的取值是成功关键。新预测值中 α 的取值决定了原预测值和新数据所占的比值。α 越大,原预测值所占比值越小,新数据的比值相应就越大,反之同理。指数平滑值同每个数据都存在联系,权重衰减,距离现在越远的数据权重系数越小。α 的取值又决定着权重衰减的速度,α 的值越小,衰减速度越慢;α 的值越大,衰减速度越快。

二次指数平滑预测中,α 的不同取值对预测效果的影响,如表 2.15 所示。

表 2.15 α 不同取值时的二次指数平滑预测结果比较

年份	实际吞吐量	$\alpha=0.4$		$\alpha=0.6$		$\alpha=0.8$	
		预测值	相对误差	预测值	相对误差	预测值	相对误差
2000	9699	4351.03	55.14%	1811.093	81.33%	2886.405	70.24%
2001	10519	6998.90	33.46%	4716.675	55.16%	5691.302	45.90%
2002	11188	9646.77	13.78%	7622.257	31.87%	8496.2	24.06%
2003	12602	12294.65	2.44%	10527.84	16.46%	11301.1	10.32%
2004	14516	14942.52	2.94%	13433.42	7.46%	14105.99	2.82%
2005	17085.2	17590.39	2.96%	16339	4.37%	16910.89	1.02%
2006	20046	20238.26	0.96%	19244.59	4.00%	19715.79	1.65%
2007	22286	22886.13	2.69%	22150.17	0.61%	22520.69	1.05%
2008	24588	25534.00	3.85%	25055.75	1.90%	25325.58	3.00%
2009	27203	28181.87	3.60%	27961.33	2.79%	28130.48	3.41%
2010	31399	30829.74	1.81%	30866.91	1.69%	30935.38	1.48%
2011	33690.8	33477.61	0.63%	33772.5	0.24%	33740.28	0.15%
平均相对误差		9.83%		16.14%		12.88%	

加权系数 α 取值分别为 0.4、0.6 和 0.8 时,应用二次指数平滑对吞吐量年度数据的相对误差序列建立的图形分析如图 2.12 所示。

可以看出,α 取 0.4 时预测能够得到较好效果。所以,在指数平滑法使用中,针对每个预测对象,可通过取不同的 α 值,对比相对原序列的平均相对误差值以及图形的拟合结果,

确定 α 在预测模型中的取值。

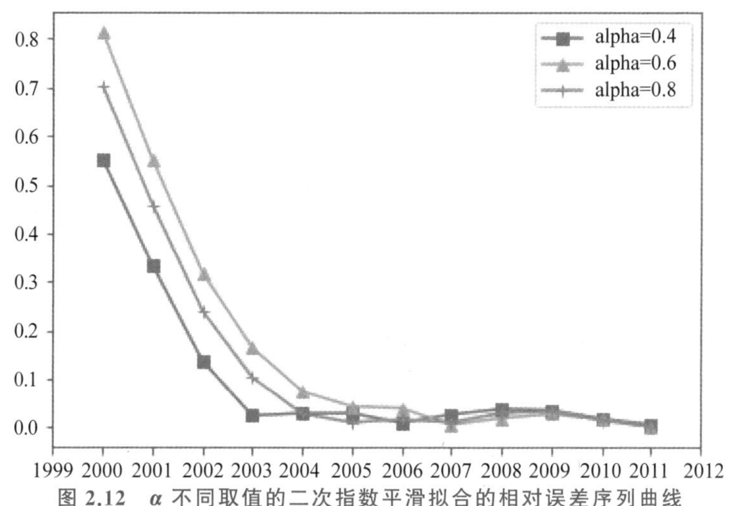

图 2.12　**α 不同取值的二次指数平滑拟合的相对误差序列曲线**

2.4　生长曲线预测模型

皮尔模型解析

2.4.1　皮尔模型

1. 数学模型

皮尔(Raymond Pearl，1870—1940)是美国生物学家和人口统计学家,他曾对生物繁殖和人口增长进行过集中研究,发现它们都符合 S 型曲线的规律。Pearl 曲线能较好地描述技术增长和新技术扩散过程。例如,某种耐用消费品的普及过程、流行商品的累计销售额以及被置于孤岛上的动植物增长现象等。

皮尔曲线的数学模型为式(2-23):

$$y=\frac{L}{1+a\mathrm{e}^{-bt}} \tag{2-23}$$

式中:$a>0,b>0,t$ 为时间,L 为渐进线值(极限值)。

皮尔曲线参数的求解方法如下:首先利用三次样条插值法来实现非等时距沉降时间序列的等时距变换,然后将等时间序列的样本分为 3 段:第 1 段为 $t=1,2,3,\cdots,r$,第 2 段为 $t=r+1,r+2,r+3,\cdots,2r$,第 3 段为 $t=2r+1,2r+2,2r+3,\cdots,3r$。设 S_1,S_2,S_3 分别为这 3 个段内各项数值的倒数之和,则有式(2-24):

$$\begin{cases}S_1=\sum\limits_{t=1}^{r}\dfrac{1}{y(t)}\\S_2=\sum\limits_{t=r+1}^{2r}\dfrac{1}{y(t)}\\S_3=\sum\limits_{t=2r+1}^{3r}\dfrac{1}{y(t)}\end{cases} \tag{2-24}$$

将皮尔模型改写为倒数形式,即式(2-25):

$$\frac{1}{y(t)}=\frac{1}{L}+\frac{a\mathrm{e}^{-bt}}{L} \tag{2-25}$$

将式(2-24)代入式(2-25),则有式(2-26):

$$\begin{cases} S_1=\sum_{t=1}^{r}\frac{1}{y(t)}=\frac{r}{L}+\frac{a}{L}\sum_{t=1}^{r}\mathrm{e}^{-bt}=\frac{r}{L}+\frac{a\mathrm{e}^{-b}(1-\mathrm{e}^{-rb})}{L(1-\mathrm{e}^{-b})} \\ S_2=\sum_{t=r+1}^{2r}\frac{1}{y(t)}=\frac{r}{L}+\frac{a\mathrm{e}^{-(r+1)b}(1-\mathrm{e}^{-rb})}{L(1-\mathrm{e}^{-b})} \\ S_3=\sum_{t=2r+1}^{3r}\frac{1}{y(t)}=\frac{r}{L}+\frac{a\mathrm{e}^{-(2r+1)b}(1-\mathrm{e}^{-rb})}{L(1-\mathrm{e}^{-b})} \end{cases} \tag{2-26}$$

经过整理后,分别有式(2-27)和式(2-28):

$$S_1-S_2=\frac{a(\mathrm{e}^{-b}-\mathrm{e}^{-(r+1)b})(1-\mathrm{e}^{-rb})}{L(1-\mathrm{e}^{-b})} \tag{2-27}$$

$$S_2-S_3=\frac{a\mathrm{e}^{-rb}(\mathrm{e}^{-b}-\mathrm{e}^{-(r+1)b})(1-\mathrm{e}^{-rb})}{L(1-\mathrm{e}^{-b})} \tag{2-28}$$

将式(2-27)和式(2-28)进行相除,得到式(2-29):

$$\frac{S_1-S_2}{S_2-S_3}=\mathrm{e}^{rb} \tag{2-29}$$

于是参数 b 的计算公式为式(2-30):

$$b=\frac{\ln\frac{S_1-S_2}{S_2-S_3}}{r} \tag{2-30}$$

接下来计算参数 L 的值公式分别为式(2-31)和式(2-32):

$$S_1-\frac{r}{L}=\frac{a}{L}\sum_{t=1}^{r}\mathrm{e}^{-bt} \tag{2-31}$$

$$S_2-\frac{r}{L}=\frac{a}{L}\sum_{t=r+1}^{2r}\mathrm{e}^{-bt} \tag{2-32}$$

将式(2-31)与式(2-32)相除,得到式(2-33):

$$\frac{S_1-\frac{r}{L}}{S_2-\frac{r}{L}}=\mathrm{e}^{br} \tag{2-33}$$

将参数 b 代入式(2-33),计算整理后得到式(2-34):

$$\frac{S_1-\frac{r}{L}}{S_2-\frac{r}{L}}=\mathrm{e}^{\frac{\ln\frac{S_1-S_2}{S_2-S_3}}{r}r}=\frac{S_1-S_2}{S_2-S_3} \tag{2-34}$$

则参数 L 的值为式(2-35):

$$L=\frac{r}{S_1-\frac{(S_1-S_2)^2}{(S_1-S_2)-(S_2-S_3)}} \tag{2-35}$$

再将参数 b 和 L 代入式(2-27)和式(2-28),得到参数 a 的计算公式为:

$$a=\frac{(S_1-S_2)^2(1-\mathrm{e}^{-b})L}{[(S_1-S_2)-(S_2-S_3)]\mathrm{e}^{-b}(1-\mathrm{e}^{-b})} \tag{2-36}$$

因此,参数 a、b、L 的计算公式如下:

$$\begin{cases} b=\dfrac{\ln\dfrac{S_1-S_2}{S_2-S_3}}{r} \\ L=\dfrac{r}{S_1-\dfrac{(S_1-S_2)^2}{(S_1-S_2)-(S_2-S_3)}} \\ a=\dfrac{(S_1-S_2)^2(1-\mathrm{e}^{-b})L}{[(S_1-S_2)-(S_2-S_3)]\mathrm{e}^{-b}(1-\mathrm{e}^{-b})} \end{cases}$$

皮尔曲线算法流程图如图 2.13 所示。

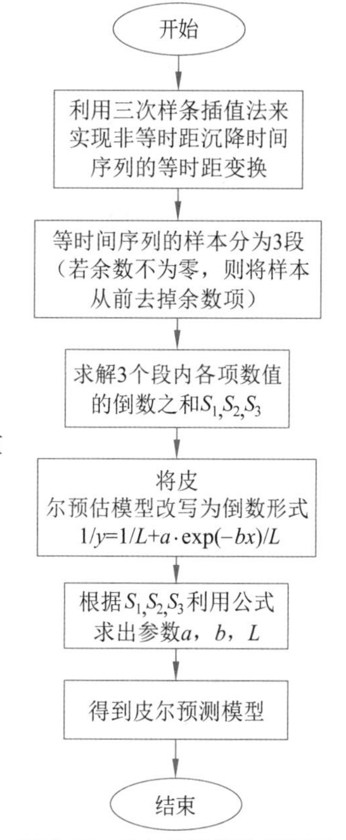

图 2.13　皮尔曲线算法流程图

2. 应用皮尔模型对货物吞吐量预测的实例

例 2.6　根据表 2.1 某市沿海及航空港口货物吞吐量数据,取 2000—2011 年数据做模型预测,具体计算过程如下。

1) 令 $r=4$,计算 S_1, S_2, S_3

$$S_1=\sum_{t=1}^{r}\frac{1}{y(t)}=\frac{1}{9699}+\frac{1}{10519}+\frac{1}{11188}+\frac{1}{12602}$$
$$=3.67\times10^{-4}$$

$$S_2=\sum_{t=r+1}^{2r}\frac{1}{y(t)}=\frac{1}{14516}+\frac{1}{17085.2}+\frac{1}{20046}+\frac{1}{22286}$$
$$=2.22\times10^{-4}$$

$$S_3=\sum_{t=2r+1}^{3r}\frac{1}{y(t)}=\frac{1}{24588}+\frac{1}{27203}+\frac{1}{31399}+\frac{1}{33690.8}$$
$$=1.39\times10^{-4}$$

2) 计算 b,L

$$b=\frac{\ln\dfrac{S_1-S_2}{S_2-S_3}}{r}=\frac{\ln\dfrac{3.67\times10^{-4}-2.22\times10^{-4}}{2.22\times10^{-4}-1.39\times10^{-4}}}{4}=0.14$$

$$L=\frac{r}{S_1-\dfrac{(S_1-S_2)^2}{(S_1-S_2)-(S_2-S_3)}}$$

$$=\frac{4}{3.67\times10^{-4}-\dfrac{(3.67\times10^{-4}-2.22\times10^{-4})^2}{(3.67\times10^{-4}-2.22\times10^{-4})-(2.22\times10^{-4}-1.39\times10^{-4})}}$$

$$=151607.67$$

3) 计算 a

$$a=\frac{(S_1-S_2)^2(1-\mathrm{e}^{-b})L}{[(S_1-S_2)-(S_2-S_3)]\mathrm{e}^{-b}(1-\mathrm{e}^{-rb})}$$

$$=\frac{(3.67\times10^{-4}-2.22\times10^{-4})^2\times(1-\mathrm{e}^{-0.14})\times157607.67}{[(3.67\times10^{-4}-2.22\times10^{-4})-(2.22\times10^{-4}-1.39\times10^{-4})]\times\mathrm{e}^{-0.14}\times(1-\mathrm{e}^{-0.14\times4})}$$

$$=18.02$$

通过对吞吐量时间序列数据进行运算,得到对应的皮尔预测模型参数和曲线方程如表 2.16 所示。

表 2.16 皮尔预测模型参数和曲线方程

预测对象	参数和方程			
	L	a	b	皮尔曲线方程
吞吐量 X	151607.67	18.02	0.14	$X_1(t)=151607.67/(1+18.02\times e^{-0.14t})$

利用表 2.16 所列的预测模型,通过计算得出预测对象的预测值序列 $\cos\theta_{ij}=\frac{(x_i,x_j)}{\sqrt{(x_i,x_i)}\times\sqrt{(x_j,x_j)}}$(参见表 2.17),同时列出预测序列对原数据序列的相对误差值$(x_i,x_j)=\sum_{k=1}^{p}x_{ik}x_{jk}$ 和各自的平均相对误差 $r_{ij}=\frac{(x_i-\bar{x}_i,x_j-\bar{x}_j)}{\sqrt{(x_i-\bar{x}_i,x_i-\bar{x}_i)}\times\sqrt{(x_j-\bar{x}_j,x_j-\bar{x}_j)}}$ $\left(\bar{x}_i=\frac{1}{p}\sum_{k=1}^{p}x_{ik}\right)$。

表 2.17 预测对象的皮尔模型预测值和相对误差序列(2000—2011 年)

年份	$V_{pc}=\frac{1}{n}\sum_{j=1}^{n}\sum_{l=1}^{k}\tau_{lj}^{2}$	$V_{xie}=\frac{\frac{1}{n}\sum_{l=1}^{k}\sum_{j=1}^{n}\tau_{lj}^{m}\Vert c_l-x_j\Vert^2}{\min_{p\neq l}\Vert c_l-c_p\Vert^2}$
2000	9081.22	6.37%
2001	10336.84	1.73%
2002	11751.75	5.04%
2003	13342.05	5.87%
2004	15124.29	4.19%
2005	17115.12	0.18%
2006	19330.89	3.57%
2007	21787.06	2.24%
2008	24497.50	0.37%
2009	27473.79	1.00%
2010	30724.26	2.15%
2011	34253.19	1.67%
$F_k=\frac{\frac{1}{k-1}\sum_{l=1}^{k}q_l\sum_{i=1}^{m}(c_{li}-\bar{x}_i)^2}{\frac{1}{n-1}\sum_{l=1}^{k}\sum_{j=1}^{q_l}\sum_{i=1}^{m}(x_{ji}-c_{li})^2}$ (%)		2.77%

皮尔生长曲线模型的 Python 建模过程和运行结果如下。

Python 示例代码：

```
#导入相关包
import pandas as pd
import math
import matplotlib.pyplot as plt
handling_capacity = pd.read_csv('货物吞吐量.csv',header=0)
x=handling_capacity["序号"].values                  #读取序号 x
year=handling_capacity["年份"].values               #读取年度标签 year
y=handling_capacity["货物吞吐量"].values            #读取货物吞吐量 y
r=4                                   #利用三次样条插值法,12 条数据,因此令 r 为 4
s1=s2=s3=0.0                                        #初始化各段内倒数之和 s1、s2、s3
for t in range(r):
    s1+=1/y[t]                                      #计算 s1
for t in range(r,2*r):
    s2+=1/y[t]                                      #计算 s2
for t in range(2*r,3*r):
    s3+=1/y[t]                                      #计算 s3
b = math.log((s1-s2)/(s2-s3))/r                     #计算参数 b
L = r/(s1-(s1-s2)**2/((s1-s2)-(s2-s3)))             #计算参数 L
a = ((s1-s2)**2*(1-math.exp(-b))*L)/(((s1-s2)-(s2-s3))*math.exp(-b)
*(1-math.exp(-r*b)))                                #计算参数 a
print("参数 L、a、b 的值分别为:",L,a,b)
print("皮尔曲线回归方程为:y="+str(L)+"/(1+"+str(a)+"*exp(-("+str(b)+")
*t)")
y_pred =[L/(1+a*math.exp(-b*t)) for t in x]         #计算预测值
y_2012 =L/(1+a*math.exp(-b*13))                     #求 2012 年测试点
y_2013 = L/(1+a*math.exp(-b*14))                    #求 2013 年测试点
#显示拟合效果
plt.rcParams['font.family']='SimHei'                #中文显示
plt.plot(year,y,marker='D')                         #显示实际值
plt.plot(year,y_pred,marker="o")                    #显示预测值
plt.plot(2012,y_2012,2013,y_2013,marker="^")        #显示测试点
plt.xlim(1999,2014,1)
plt.legend(["实际值","预测值","2012、2013 年预测点"])
plt.gca().xaxis.set_major_locator(plt.MultipleLocator(1))
plt.show()
```

运行结果如图 2.14 所示。(注：手算结果只保留小数点后两位，因此与编码计算结果可能存在一定误差。)

2.4.2 龚珀兹模型

1. 数学模型

龚珀兹(Benjamin Gompertz，1779—1865)是英国统计学家和数学家，他在研究控制死亡率问题时提出了一种曲线，被人们称作龚珀兹曲线，可以用于技术增长和技术扩散预测，式(2-37)给出了其对应模型。

$$Y(t)=k\cdot a^{b^t} \tag{2-37}$$

通常 $0<a<1$ 且 $0<b<1$，其中，$Y(t)$ 为函数值，t 为时间；k 为渐进线值(极限值)。对龚珀兹模型两边同时取对数，可以得到式(2-38)：

```
参数L、a、b的值分别为： 151638.34583887376 18.027225494942854 0.13835078756723831
皮尔曲线回归方程为：y=151638.34583887376/(1+18.027225494942854*exp(-(0.1383507875672383
1)*t)
```

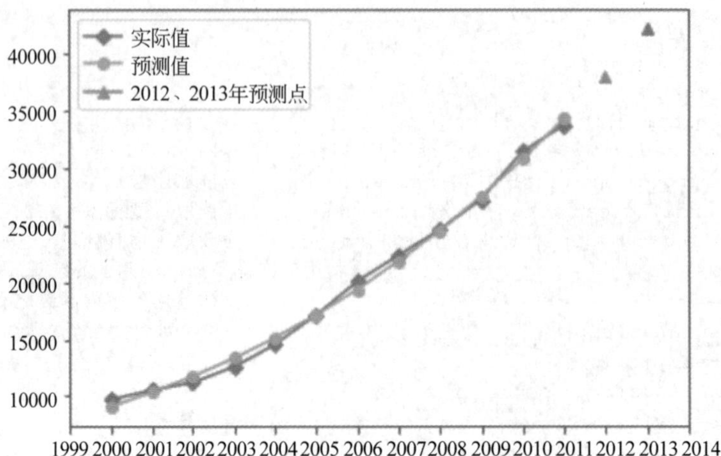

图 2.14　货物吞吐量皮尔模型运行结果

$$\ln Y(t) = \ln k + b^t \ln a \tag{2-38}$$

其中，a，b，k 为待定参数。

龚珀兹模型的求解方法如下：首先利用三次样条插值法来实现非等时距沉降时间序列的等时距变换，然后将等时间序列的样本分为 3 段：第 1 段为 $t=1,2,3,\cdots,r$，第 2 段为 $t=r+1,r+2,r+3,\cdots,2r$，第 3 段为 $t=2r+1,\ 2r+2,\ 2r+3,\cdots,3r$。设 S_1，S_2，S_3 分别为这 3 个段内各项数值的对数之和，则有式(2-39)：

$$\begin{cases} S_1 = \sum_{t=1}^{r} \ln Y(t) \\ S_2 = \sum_{t=r+1}^{2r} \ln Y(t) \\ S_3 = \sum_{t=2r+1}^{3r} \ln Y(t) \end{cases} \tag{2-39}$$

分别将式(2-38)代入式(2-39)，则有式(2-40)：

$$\begin{cases} S_1 = r\ln k + \ln a \sum_{t=1}^{r} b^t \\ S_2 = r\ln k + \ln a \sum_{t=r+1}^{2r} b^t \\ S_3 = r\ln k + \ln a \sum_{t=2r+1}^{3r} b^t \end{cases} \tag{2-40}$$

于是有 S_1-S_2 的公式是式(2-41)，S_2-S_3 的公式是式(2-42)：

$$S_1 - S_2 = \ln a\left(\sum_{t=1}^{r} b^t - \sum_{t=r+1}^{2r} b^t\right) \tag{2-41}$$

$$S_2 - S_3 = \ln a\left(\sum_{t=r+1}^{2r} b^t - \sum_{t=2r+1}^{3r} b^t\right) \tag{2-42}$$

再将式(2-41)和式(2-42)进行相除，得到式(2-43)：

$$\frac{S_1 - S_2}{S_2 - S_3} = b^{-r} \tag{2-43}$$

于是参数 b 的计算公式为式(2-44)：

$$b = \sqrt[r]{\frac{S_2 - S_3}{S_1 - S_2}} \tag{2-44}$$

接下来计算参数 k 的值的公式分别是式(2-45)和式(2-46)：

$$S_1 - r\ln k = \ln a \sum_{t=1}^{r} b^t \tag{2-45}$$

$$S_2 - r\ln k = \ln a \sum_{t=r+1}^{2r} b^t \tag{2-46}$$

将式(2-45)与式(2-46)相除，得到式(2-47)：

$$\frac{S_1 - r\ln k}{S_2 - r\ln k} = b^{-r} = \frac{S_1 - S_2}{S_2 - S_3} \tag{2-47}$$

则参数 k 的值为式(2-48)：

$$\ln k = \frac{1}{r}\left(S_1 - \frac{(S_1 - S_2)^2}{(S_1 - S_2) - (S_2 - S_3)}\right) \tag{2-48}$$

将参数 b 和 k 代入式(2-45)和式(2-46)，得到参数 a 的计算公式为式(2-49)：

$$\ln a = \frac{b - 1}{b\,(b^r - 1)^2}(S_2 - S_1) \tag{2-49}$$

因此，参数 a、b、k 的计算公式如下：

$$\begin{cases} b = \sqrt[r]{\dfrac{S_2 - S_3}{S_1 - S_2}} \\ k = \mathrm{e}^{\frac{1}{r}\left(S_1 - \frac{(S_1 - S_2)^2}{(S_1 - S_2) - (S_2 - S_3)}\right)} \\ a = \mathrm{e}^{\frac{b-1}{b(b^r - 1)^2}(S_2 - S_1)} \end{cases}$$

最后求出参数 k、a、b，代入公式即可求出龚珀兹预测模型。

龚珀兹模型算法流程图如图 2.15 所示。

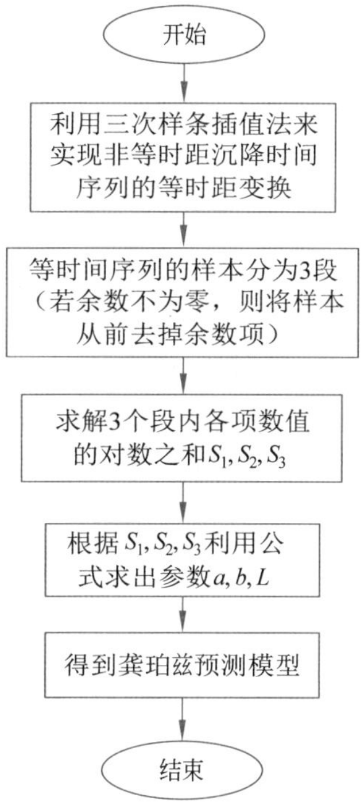

开始

利用三次样条插值法来实现非等时距沉降时间序列的等时距变换

等时间序列的样本分为3段（若余数不为零，则将样本从前去掉余数项）

求解3个段内各项数值的对数之和S_1, S_2, S_3

根据S_1, S_2, S_3利用公式求出参数a, b, L

得到龚珀兹预测模型

结束

图 2.15　龚珀兹模型算法流程图

2. 应用龚珀兹模型进行货物吞吐量预测的实例

例 2.7　根据表 2.18 某市沿海及航空港口货物吞吐量数据，取 2000—2011 年数据做模型预测，具体计算过程如下。

表 2.18　2000—2011 年某市沿海及航空港口货物吞吐量

序号 t	年份	货物吞吐量 y_t	$\ln(y_t)$
1	2000	9699.00	9.179778
2	2001	10519.00	9.260938
3	2002	11188.00	9.322597
4	2003	12602.00	9.441611
5	2004	14516.00	9.583007

续表

序号 t	年份	货物吞吐量 y_t	$\ln(y_t)$
6	2005	17085.20	9.746956
7	2006	20046.00	9.905785
8	2007	22286.00	10.011714
9	2008	24588.00	10.110014
10	2009	27203.00	10.211083
11	2010	31399.00	10.354531
12	2011	33690.80	10.424986

1) 令 $r=4$,计算 S_1, S_2, S_3

$$S_1=\sum_{t=1}^{4}\ln y_t=9.179778+9.260938+9.322597+9.441611=37.2049$$

$$S_2=\sum_{t=5}^{8}\ln y_t=9.583007+9.746956+9.905785+10.011714=39.2465$$

$$S_3=\sum_{t=9}^{12}\ln y_t=10.110014+10.211083+10.354531+10.424986=41.1006$$

2) 计算 k,b

$$b=\sqrt[4]{\frac{S_2-S_3}{S_1-S_2}}=\sqrt[4]{\frac{39.2465-41.1006}{37.2049-39.2465}}=0.9762$$

$$\ln k=\frac{1}{4}\left(S_1-\frac{(S_1-S_2)^2}{(S_1-S_2)-(S_2-S_3)}\right)$$

$$=0.25\times\left(37.20-\frac{(37.2049-39.2465)^2}{(37.2049-39.2465)-(39.2465-41.1006)}\right)=14.8618$$

$$k=\mathrm{e}^{14.8618}=2847043.3783$$

3) 计算 a

$$\ln a=\frac{b-1}{b\,(b^4-1)^2}(S_2-S_1)=\frac{39.24-37.20}{0.98\times(0.98^4-1)^2}\times(0.98-1)=-5.9033$$

$$a=\mathrm{e}^{-5.9033}=0.0027$$

通过对吞吐量时间序列数据进行运算,得到对应的龚珀兹预测模型参数和曲线方程如表 2.19 所示。

表 2.19 龚珀兹预测模型参数和曲线方程

预测对象	参数和方程			
	k	a	b	龚珀兹曲线方程
吞吐量 Y	2847043.3783	0.0027	0.9762	$Y(t)=2847043.3783\times0.0027$^(0.9762^$t$)

利用表 2.19 所列的预测模型,龚珀兹模型预测序列对原数据序列的相对误差值如表 2.20 所示。

表 2.20　预测对象的龚珀兹模型预测值和相对误差序列(2000—2011 年)

年份	货物吞吐量 y_t	$V_{pc}=\frac{1}{n}\sum_{j=1}^{n}\sum_{l=1}^{k}\tau_{lj}^{2}$	$V_{xie}=\frac{\frac{1}{n}\sum_{l=1}^{k}\sum_{j=1}^{n}\tau_{lj}^{m}\Vert c_l-x_j\Vert^{2}}{\min_{p\neq l}\Vert c_l-c_p\Vert^{2}}$
2000	9699.00	8945.40	7.77%
2001	10519.00	10259.36	2.47%
2002	11188.00	11728.03	4.83%
2003	12602.00	13364.36	6.05%
2004	14516.00	15181.77	4.59%
2005	17085.20	17194.11	0.64%
2006	20046.00	19415.63	3.14%
2007	22286.00	21860.91	1.91%
2008	24588.00	24544.81	0.18%
2009	27203.00	27482.44	1.03%
2010	31399.00	30689.04	2.26%
2011	33690.80	34179.95	1.45%
	$F_k=\frac{\frac{1}{k-1}\sum_{l=1}^{k}q_l\sum_{i=1}^{m}(c_{li}-\bar{x}_i)^2}{\frac{1}{n-1}\sum_{l=1}^{k}\sum_{j=1}^{q_l}\sum_{i=1}^{m}(x_{ji}-c_{li})^2}$ (%)		3.03%

龚珀兹预测模型的 Python 建模过程和运行结果如下。

Python 示例代码：

```
#导入相关包
import pandas as pd
import math
import matplotlib.pyplot as plt
handling_capacity = pd.read_csv('货物吞吐量.csv',header=0)
x=handling_capacity["序号"].values                          #读取序号 x
year=handling_capacity["年份"].values                       #读取年度标签 year
y=handling_capacity["货物吞吐量"].values                    #读取货物吞吐量 y
r=4                                      #利用三次样条插值法,12 条数据,因此令 r 为 4
s1=s2=s3=0.0                                        #初始化各段内对数之和 s1、s2、s3
for t in range(r):
    s1+=math.log(y[t])                                      #计算 s1
for t in range(r,2*r):
    s2+=math.log(y[t])                                      #计算 s2
for t in range(2*r,3*r):
    s3+=math.log(y[t])                                      #计算 s3
b = ((s2-s3)/(s1-s2))**(1/r)                                #计算参数 b
k = math.exp((1/r)*(s1-(s1-s2)**2/((s1-s2)-(s2-s3)))) #计算参数 k
a = math.exp((b-1)*(s2-s1)/(b*(b**r-1)**2))               #计算参数 a
```

```
print("参数 k、a、b 的值分别为:",k,a,b)
print("龚珀兹回归方程为:y="+str(k)+"*"+str(a)+"^("+str(b)+"^t)")
y_pred=[k*a**(b**t) for t in x]                       #计算预测值
y_2012 = k*a**(b**13)                                  #求 2012 年测试点
y_2013 = k*a**(b**14)                                  #求 2013 年测试点
#显示拟合效果
plt.rcParams['font.family']='SimHei'                   #中文显示
plt.plot(year,y,marker='D')                            #显示实际值
plt.plot(year,y_pred,marker="o")                       #显示预测值
plt.plot(2012,y_2012,2013,y_2013,marker="^")           #显示测试点
plt.xlim(1999,2014,1)
plt.legend(["实际值","预测值","2012、2013 年预测点"])
plt.gca().xaxis.set_major_locator(plt.MultipleLocator(1))
plt.show()
```

运行结果如图 2.16 所示。(注:手算结果只保留小数点后两位,因此与编码计算结果可能存在一定误差。)

```
参数k、a、b的值分别为: 2847043.378329448 0.0027304562059183098 0.976218399448134
龚珀兹回归方程为: y=2847043.378329448*0.0027304562059183098^(0.976218399448134^t)
```

图 2.16 货物吞吐量龚珀兹模型运行结果

2.4.3 林德诺模型

1. 数学模型

林德诺生长曲线模型常用于新技术发展和新产品销售的预测。林德诺生长曲线模型是基于下述假设条件建立的:新产品的推广或熟悉新产品的人数的增长率与已熟悉新产品的人数和未熟悉新产品的人数的乘积成正比。

其数学模型的一般形式为式(2-50):

$$N(t)=\frac{L}{1+\left(\frac{L}{N_0}-1\right)\mathrm{e}^{-at}}(t\geqslant t_0,a>0) \tag{2-50}$$

式中:$N(t)$为 t 时的预测量;

N_0 为 $t=t_0$ 时的量;

a 为校正系数；

L 为 $N(t)$ 的极限值。

林德诺曲线参数的求解方法思路是：首先利用三次样条插值法来实现非等时距沉降时间序列的等时距变换，然后将等时间序列的样本分为 3 段：第 1 段为 $t=1, 2, 3, \cdots, r$，第 2 段为 $t=r+1, r+2, r+3, \cdots, 2r$，第 3 段为 $t=2r+1, 2r+2, 2r+3, \cdots, 3r$。设 S_1, S_2, S_3 分别为这 3 个段内各项数值的倒数之和，则有式(2-51)：

$$\begin{cases} S_1 = \sum_{t=1}^{r} \frac{1}{N(t)} \\ S_2 = \sum_{t=r+1}^{2r} \frac{1}{N(t)} \\ S_3 = \sum_{t=2r+1}^{3r} \frac{1}{N(t)} \end{cases} \tag{2-51}$$

将林德诺模型改写为倒数形式，即式(2-52)：

$$\frac{1}{N(t)} = \frac{1}{L} + \left(\frac{1}{N_0} - \frac{1}{L}\right) e^{-at} \tag{2-52}$$

林德诺模型与皮尔模型的求解过程类似，此处推导求解过程可参考皮尔模型，于是参数 a、L 的计算模型分别为式(2-53)和式(2-54)：

$$a = \frac{\ln \frac{S_1 - S_2}{S_2 - S_3}}{r} \tag{2-53}$$

$$L = \frac{r}{S_1 - \frac{(S_1 - S_2)^2}{(S_1 - S_2) - (S_2 - S_3)}} \tag{2-54}$$

林德诺曲线算法流程图如图 2.17 所示。

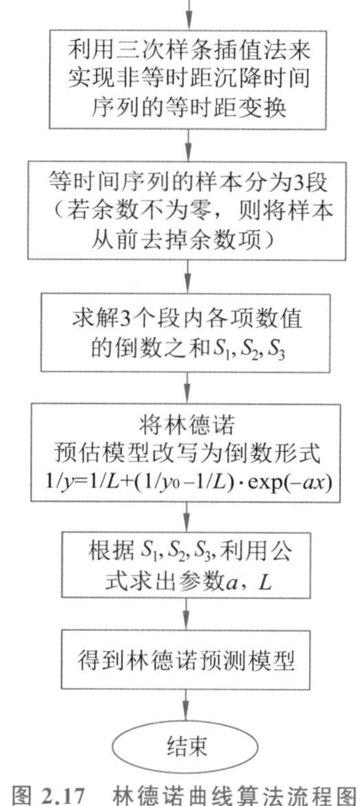

图 2.17　林德诺曲线算法流程图

2. 应用林德诺模型对货物吞吐量预测的实例

例 2.8　根据表 2.1 某市沿海及航空港口货物吞吐量数据，取 2000—2011 年数据进行模型预测，具体计算过程如下。

1）令 $r=4$，计算 S_1, S_2, S_3

$$S_1 = \sum_{t=1}^{r} \frac{1}{y(t)} = \frac{1}{9699} + \frac{1}{10519} + \frac{1}{11188} + \frac{1}{12602} = 3.67 \times 10^{-4}$$

$$S_2 = \sum_{t=r+1}^{2r} \frac{1}{y(t)} = \frac{1}{14516} + \frac{1}{17085.2} + \frac{1}{20046} + \frac{1}{22286} = 2.22 \times 10^{-4}$$

$$S_3 = \sum_{t=2r+1}^{3r} \frac{1}{y(t)} = \frac{1}{24588} + \frac{1}{27203} + \frac{1}{31399} + \frac{1}{33690.8} = 1.39 \times 10^{-4}$$

2）计算 a, L

$$a = \frac{\ln \frac{S_1 - S_2}{S_2 - S_3}}{r} = \frac{\ln \frac{3.67 \times 10^{-4} - 2.22 \times 10^{-4}}{2.22 \times 10^{-4} - 1.39 \times 10^{-4}}}{4} = 0.14$$

$$L=\frac{r}{S_1-\frac{(S_1-S_2)^2}{(S_1-S_2)-(S_2-S_3)}}$$

$$=\frac{4}{3.67\times10^{-4}-\frac{(3.67\times10^{-4}-2.22\times10^{-4})^2}{(3.67\times10^{-4}-2.22\times10^{-4})-(2.22\times10^{-4}-1.39\times10^{-4})}}$$

$$=151607.67$$

通过对吞吐量时间序列数据进行运算,得到对应的林德诺预测模型参数和曲线方程如表 2.21 所示。

表 2.21 林德诺预测模型参数和曲线方程

预测对象	参数和方程		
	L	a	林德诺曲线方程
吞吐量	151607.67	0.14	$N(t)=151607.67/(1+16.63\mathrm{e}^{-0.14t})$

利用表 2.21 所列的预测模型,通过计算得出预测对象的预测值和相对误差序列如表 2.22 所示。

表 2.22 预测对象的林德诺模型预测值和相对误差序列(2000—2011 年)

年份	$V_{\mathrm{pc}}=\frac{1}{n}\sum_{j=1}^{n}\sum_{l=1}^{k}\tau_{lj}^{2}$	$V_{\mathrm{xie}}=\frac{\frac{1}{n}\sum_{l=1}^{k}\sum_{j=1}^{n}\tau_{lj}^{m}\lVert c_l-x_j\rVert^2}{\min\limits_{p\neq l}\lVert c_l-c_p\rVert^2}$
2000	9699.00	0.00%
2001	11033.41	4.89%
2002	12535.20	12.04%
2003	14220.72	12.84%
2004	16106.64	10.96%
2005	18209.53	6.58%
2006	20545.35	2.49%
2007	23128.86	3.78%
2008	25972.87	5.63%
2009	29087.44	6.93%
2010	32478.97	3.44%
2011	36149.29	7.29%
$F_k=\frac{\frac{1}{k-1}\sum_{l=1}^{k}q_l\sum_{i=1}^{m}(c_{li}-\bar{x}_i)^2}{\frac{1}{n-1}\sum_{l=1}^{k}\sum_{j=1}^{q_l}\sum_{i=1}^{m}(x_{ji}-c_{li})^2}$ (%)		6.41%

林德诺生长曲线模型的 Python 建模过程和运行结果如下。

Python 示例代码:

```
#导入相关包
import pandas as pd
import math
import matplotlib.pyplot as plt
handling_capacity = pd.read_csv('货物吞吐量.csv',header=0)
x=handling_capacity["序号"].values                    #读取序号 x
year=handling_capacity["年份"].values                 #读取年度标签 year
y=handling_capacity["货物吞吐量"].values              #读取货物吞吐量 y
r=4                                 #利用三次样条插值法,12 条数据,因此令 r 为 4
s1=s2=s3=0.0                                          #初始化各段内倒数之和 s1、s2、s3
for t in range(r):
    s1+=1/y[t]                                        #计算 s1
for t in range(r,2*r):
    s2+=1/y[t]                                        #计算 s2
for t in range(2*r,3*r):
    s3+=1/y[t]                                        #计算 s3
a = math.log((s1-s2)/(s2-s3))/r                       #计算参数 a
L = r/(s1-(s1-s2)**2/((s1-s2)-(s2-s3)))               #计算参数 L
print("参数 L、a 的值分别为:",L,a)
print("林德诺曲线回归方程为:N="+str(L)+"/(1+"+str(L/y[0]-1)+"*exp(-("+str(a)+")*t)")
y_pred = [L/(1+(L/y[0]-1)*math.exp(-a*t)) for t in range(12)]
                                                      #计算预测值
y_2012 =L/(1+(L/y[0]-1)*math.exp(-a*13))             #求 2012 年测试点
y_2013 = L/(1+(L/y[0]-1)*math.exp(-a*14))            #求 2013 年测试点
#显示拟合效果
plt.rcParams['font.family']='SimHei'                  #中文显示
plt.plot(year,y,marker='D')                           #显示实际值
plt.plot(year,y_pred,marker="o")                      #显示预测值
plt.plot(2012,y_2012,2013,y_2013,marker="^")          #显示测试点
plt.xlim(1999,2014,1)
plt.legend(["实际值","预测值","2012、2013 年预测点"])
plt.gca().xaxis.set_major_locator(plt.MultipleLocator(1))
plt.show()
```

运行结果如图 2.18 所示。(注：手算结果只保留小数点后两位,因此与编码计算结果可能存在一定误差。)

```
参数L、a的值分别为： 151638.34583887376 0.13835078756723831
林德诺曲线回归方程为：N=151638.34583887376/(1+14.634430955652517*exp(-(0.13835078756723
831)*t)
```

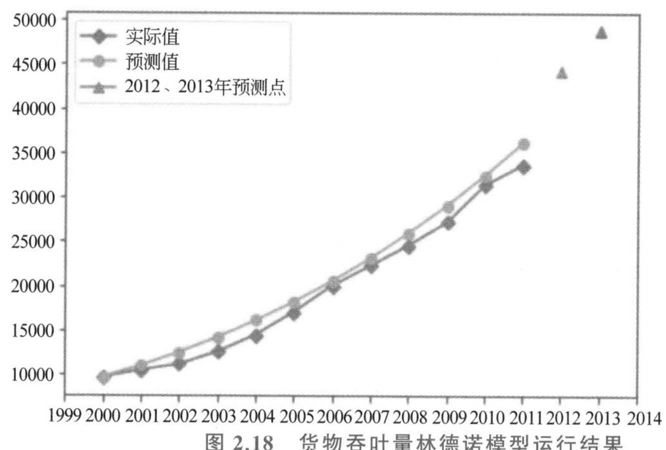

图 2.18　货物吞吐量林德诺模型运行结果

组合模型解析

2.5 组合模型

组合预测是提高预测精度的最佳方法之一。如何求得加权平均数才能使模型的预测精度得到更有效的提高,是组合预测法的关键问题。权重系数的确定主要有方差倒数法、等权平均法、均方差倒数方法等,这里选择方差倒数法来确定权重系数 l_i,即式(2-55):

$$l_i=\frac{E_{ii}^{-1}}{\sum_{i=1}^{m}E_{ii}^{-1}},\quad i=1,2,\cdots,m \tag{2-55}$$

显然 $\sum_{i=1}^{m}l_i=1,l_i\geqslant 0$,其中,$E_{ii}$ 为第 i 种单项预测模型的预测误差平方和。

通过以上分析能够得到组合预测的模型为式(2-56):

$$y(t)=l_1y_1(t)+l_2y_2(t)+l_3y_3(t)+l_4y_4(t) \tag{2-56}$$

式中:$y(t)$为组合预测的结果;

$y_1(t)$为一元线性回归模型预测的结果;

$y_2(t)$为皮尔曲线数学模型得出的预测结果;

$y_3(t)$为移动平均法预测结果;

$y_4(t)$为指数平滑预测结果;

t 为时间。

2.5.1 沿海港口货物吞吐量组合预测计算

例 2.9 下面根据上述四种预测模型的预测结果(见表 2.23)计算权重系数。

表 2.23 四种模型训练预测值及组合模型的参数

年份	时间 t	吞吐量 y	y_1	y_2	y_3	y_4	组合预测值	误差
2000	1	9699	7065.89	9081.22	9699.00	4351.03	8813.64	9.13%
2001	2	10519	9339.09	10336.84	10519.00	6998.90	10132.29	3.68%
2002	3	11188	11612.30	11751.75	11188.00	9646.77	11518.05	2.95%
2003	4	12602	13885.50	13342.05	12602.00	12294.65	13182.17	4.60%
2004	5	14516	16158.70	15124.29	12551.67	14942.52	14639.43	0.85%
2005	6	17085.2	18431.90	17115.12	15587.11	17590.39	16921.29	0.96%
2006	7	20046	20705.10	19330.89	18622.56	20238.26	19345.77	3.49%
2007	8	22286	22978.30	21787.06	21658.00	22886.13	21922.66	1.63%
2008	9	24588	25251.50	24497.50	24693.44	25534.00	24660.79	0.30%
2009	10	27203	27524.70	27473.79	27728.89	28181.87	27567.48	1.34%
2010	11	31399	29797.91	30724.26	30764.33	30829.74	30648.03	2.39%
2011	12	33690.8	32071.11	34253.19	33799.78	33477.61	33905.15	0.64%
		$1/E_i$	4.69E−08	3.06E−07	1.08E−07	2.15E−08		2.66%
		l_i	0.0971	0.6340	0.2244	0.0445		

根据权重系数，之后可以获得组合预测结果，如表 2.24 所示。

表 2.24　组合模型的预测值

年份	时间 t	y_1	y_2	y_3	y_4	组合预测值
2012	13	34344.31	38059.84	36835.07	36125.49	37338.12
2013	14	36617.51	42137.62	39870.47	38773.36	40943.14

组合预测模型数据与原始数据比较结果如图 2.19 所示。

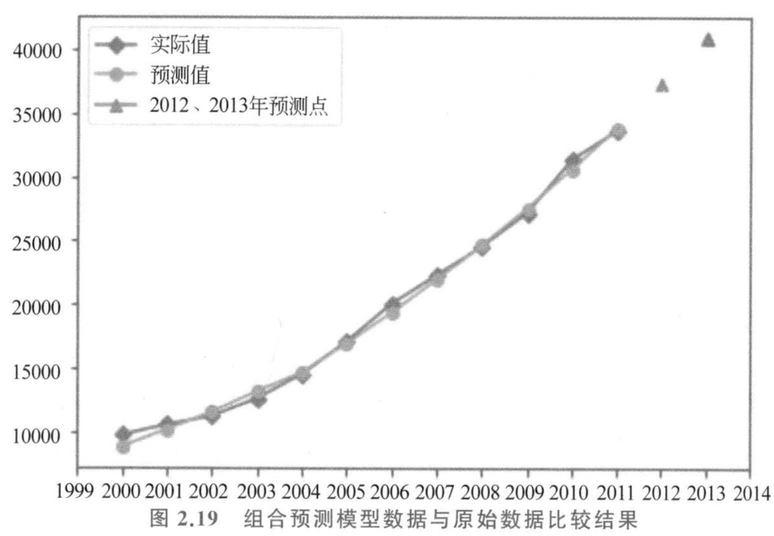

图 2.19　组合预测模型数据与原始数据比较结果

2.5.2　沿海港口货物吞吐量对比分析

五种预测模型具体对比结果如图 2.20 所示。

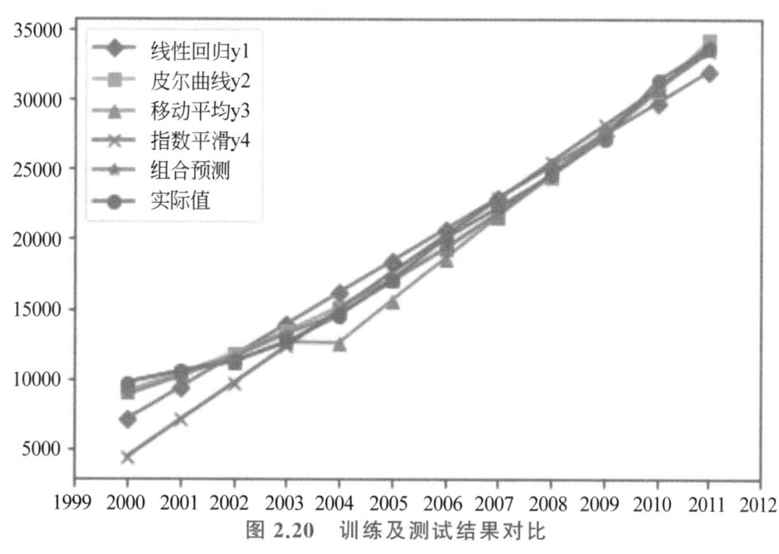

图 2.20　训练及测试结果对比

五种预测模型误差对比对应的数据如表 2.25 所示。

表 2.25　五种预测模型误差对比

年份	y_1 线性回归	y_2 皮尔	y_3 移动平均	y_4 指数平滑	组合预测
2000	27.15%	6.37%	0.00%	55.14%	9.13%
2001	11.22%	1.73%	0.00%	33.46%	3.68%
2002	3.79%	5.04%	0.00%	13.78%	2.95%
2003	10.18%	5.87%	0.00%	2.44%	4.60%
2004	11.32%	4.19%	13.53%	2.94%	0.85%
2005	7.88%	0.18%	8.77%	2.96%	0.96%
2006	3.29%	3.57%	7.10%	0.96%	3.49%
2007	3.11%	2.24%	2.81%	2.69%	1.63%
2008	2.70%	0.37%	0.43%	3.85%	0.30%
2009	1.18%	1.00%	1.93%	3.60%	1.34%
2010	5.10%	2.15%	2.02%	1.81%	2.39%
2011	4.81%	1.67%	0.32%	0.63%	0.64%
平均误差	7.69%	2.77%	3.94%	9.83%	2.66%

从对比结果中可以看出,一元线性回归模型针对该港口货物吞吐量数据的预测结果与测试值的变化趋势大体一致,2006—2009 年精度较高,与 2012 年测试值的上升趋势存在一定偏差;皮尔曲线模型较为符合该港口货物吞吐量数据的上升幅度,通过分析表 2.25 所列的平均相对误差,可见皮尔模型对吞吐量预测的效果比较好;一次移动平均法的预测结果与测试值的偏差较大,根据货物吞吐量的观察值判断,该时间序列近似值呈直线上升趋势,则利用二次移动平均法进行预测,得到的结果存在一定偏差;指数平滑预测结果受到 α 阈值的影响,针对该港口货物吞吐量数据可以看出,α 取 0.4 时的预测效果较好,与原始序列的平均相对误差为 9.83%,能够达到较高的精度;组合预测结果采取数学方法,选取最优组合,从对比结果中可以看出组合预测方法可以提高预测的精确度。另外,随着时间的推移,可以看到预测值与实际值的误差有明显的减弱趋势。

五种预测方法的相对误差如图 2.21 所示。

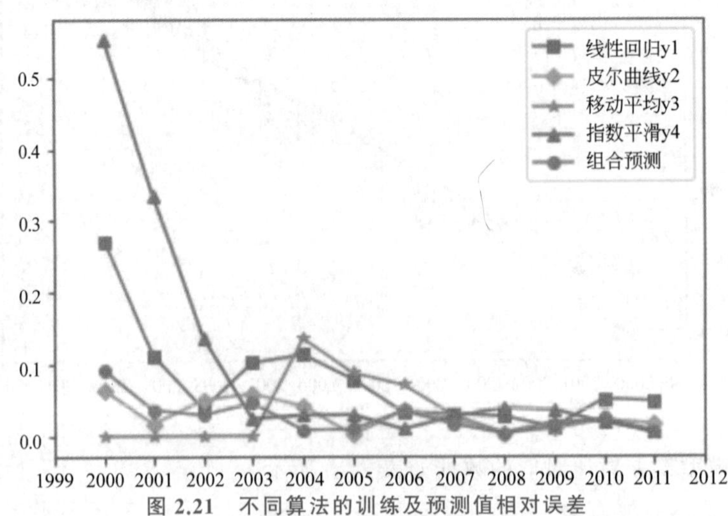

图 2.21　不同算法的训练及预测值相对误差

根据图 2.20 的相对误差的结果对比，可知对于港口货物吞吐量数据的预测，组合预测结果比其他四种模型的算法稳定性更高一些，与测试值的相对误差较小而且精度也比单一算法更高。

2.6　马尔可夫预测模型

马尔可夫(1856—1922)是俄国著名数学家。本预测方法因马尔可夫提出而命名。马尔可夫预测法是现代预测方法中的一种，它具有较高的科学性、准确性和适应性，在现代预测方法中占有重要地位。在国外，它不仅广泛应用在自然科学领域，还应用在经济领域。在我国，马尔可夫预测模型主要应用于水文、气象、地震等自然科学技术领域的预测，近年来，在产品市场占有率预测和经济决策中也有所应用。

马尔可夫预测模型是将时间序列看作一个过程，通过对事物不同状态的初始概率与状态之间转移概率的研究，确定状态变化趋势，预测事物的未来。当我们需要知道一个事物(如市场占有率、设备更新等)经过一段时间后的未来状态，或由其一种状态转移到另一种状态的概率时就可以运用马尔可夫预测模型。

马尔可夫模型常用于对市场占有率的预测。市场占有率是企业经营水平的标志，其大小直接体现企业经济效益的好坏和综合竞争能力的高低。企业要生存和发展，就必须最大限度地提高市场占有率，争得更多的市场份额(运量或客户)，扩大市场的覆盖面。而市场风云又是瞬息万变的，即市场占有率始终处于一个动态的变化过程中，企业只有根据已有的信息，对市场占有率(运量或客户占有率)做出较准确的预测并采取相应的对策，从而不断调整经营策略，才能在激烈的市场竞争中立于不败之地。马尔可夫预测与决策理论是用近期资料进行预测与决策的，对于某些问题，其得到的结果具有较高的可信度或准确度，在分析市场占有率方面有着较大的应用价值。

1. 数学模型

转移概率矩阵模型的适用条件：转移概率矩阵逐期不变；状态个数保持不变；状态的转移只受前一期的影响，而与前一期以前的状态无关。

在此条件下，若系统状态的变化可能产生的状态数有 k 个，即系统状态有 $S_1,S_2,\cdots,S_k$。将系统现在处于 S_i 状态，下一步转移到 S_j 状态的条件概率记为 $P(k)_{ij}$，则系统状态总的转移情况可用以下矩阵表示：

$$\boldsymbol{P}_{ij}^{(k)}=\begin{pmatrix} p_{11} & p_{12} & \cdots & p_{1k} \\ p_{21} & p_{22} & \cdots & p_{2k} \\ \cdots & \cdots & \ddots & \cdots \\ p_{k1} & p_{k2} & \cdots & p_{kk} \end{pmatrix}$$

并且满足式(2-57)：

$$\sum_{j=1}^{k} p_{ij}=p_{i1}+p_{i2}+\cdots+p_{ik}=1,(i=1,2,\cdots,k) \tag{2-57}$$

根据本期和转移状态，可以预测下期情况或下几期的情况：设事物的前状态为 $S(n-1)$，后状态为 $S(n)$，转移状态矩阵为 $\boldsymbol{P}$，则三者的关系为 $S(n)=S(n-1)\cdot\boldsymbol{P}$。计算矩阵的平衡状态：只要转移矩阵不变，不管占有率如何改变，系统最后总会达到平衡状态(稳定状态),即 $S(n) \cdot \boldsymbol{P}=S(n)$。

2. 应用马尔可夫模型对市场占有率预测的实例

例 2.10 运输市场占有率主要是指运输企业运输某种货物量占该市场同货物总量的百分比。假设现有甲、乙、丙三家运输公司运输同一种货物,第一期甲公司该货物运量约占全部市场的 45%,乙公司约占 35%,丙公司约占 20%。但第二期,丙公司积极开拓市场,采取各种有效措施,使该公司的货物运量上升,而甲、乙公司由于方法不当,不仅未能进一步占领市场,反而丢弃了部分市场。假定该种货物的总运量不变,均为 6000t。第一期甲公司运量为 2700t,乙公司运量为 2100t,丙公司运量为 1200t,第二期三家公司货物运量的变化情况如表 2.26 所示。

表 2.26 第二期三家公司货物运量的变化情况

公司名称	第二期货物运量变动情况			
	甲	乙	丙	总计
甲	1500	200	100	2700
乙	200	1600	300	2100
丙	100	100	1000	1200
总计	1800	1900	1400	6000

(1) 求出初始状态概率向量。用 $a_1(0)$、$a_2(0)$、$a_3(0)$分别表示甲、乙、丙公司第一期的状态概率,有:$a_1(0)=2700/6000=0.45$,$a_2(0)=2100/6000=0.35$,$a_3(0)=1200/6000=0.20$。

(2) 计算一次转移概率,并用转移矩阵 $\boldsymbol{P}$ 表示。

$$\boldsymbol{P}=\begin{pmatrix}\frac{1500}{2700} & \frac{200}{2700} & \frac{1000}{2700} \\ \frac{200}{2100} & \frac{1600}{2100} & \frac{300}{2100} \\ \frac{100}{1200} & \frac{100}{1200} & \frac{1000}{1200}\end{pmatrix}=\begin{pmatrix}0.56 & 0.07 & 0.37 \\ 0.10 & 0.76 & 0.14 \\ 0.08 & 0.08 & 0.84\end{pmatrix}$$

(3) 根据初始状态概率向量和转移矩阵,对以后各期的市场占有率情况做分析预测。

第二期的市场占有率预测为:

$$a=(0.45 \quad 0.35 \quad 0.20)\begin{pmatrix}0.56 & 0.07 & 0.37 \\ 0.10 & 0.76 & 0.14 \\ 0.08 & 0.08 & 0.84\end{pmatrix}=(0.303 \quad 0.314 \quad 0.384)$$

以后各期的市场占有率就以前一期所得的状态概率向量与转移矩阵相乘得到。

(4) 对稳定状态下的市场占有率分析。

从上面的计算结果看,如果三家公司无大的竞争措施出台,市场占有率将逐渐趋于稳定,这种现象称为市场占有率平衡状态。这是由于市场占有率经过多次转移概率变化,其变化幅度逐渐减小的结果。

$$(a_1 \quad a_2 \quad a_3)\begin{pmatrix} 0.56 & 0.07 & 0.37 \\ 0.10 & 0.76 & 0.14 \\ 0.08 & 0.08 & 0.84 \end{pmatrix} = (a_1 \quad a_2 \quad a_3),(a_1+a_2+a_3=1)$$

求解得到市场平衡状态下，甲公司的市场占有率为 16.3%，乙公司为 24.5%，丙公司为 59.2%。

(5) 采取措施改变状态转移矩阵来改变企业的市场占有率。

分析结果提出相应对策。甲、乙两公司应意识到自己的市场占有率在逐渐减小，为了提高经济效益和竞争能力，扭转不利局面，甲、乙两公司需积极寻求新的突破点，扩大市场占有率。假设甲、乙两公司分别从丙公司赢得 20% 和 15% 的市场占有率，则新的状态转移概率为：

$$\begin{pmatrix} 0.56 & 0.07 & 0.37 \\ 0.10 & 0.76 & 0.14 \\ 0.20 & 0.15 & 0.65 \end{pmatrix}$$

从该状态转移概率矩阵计算稳定状态下的市场占有率：甲公司为 26.1%，乙公司为 33.1%，丙公司为 40.8%。表明甲、乙公司的市场占有状况有了一定程度的改善。

通过改变转移矩阵的结构，可以提高市场占有率。在激烈的市场竞争中，为获得更多的市场份额，吸引更多的货主(客户)和货运量，各运输企业都会采取措施，如在运价、收费上采取允许的优惠政策，同时必须考虑竞争对手方面的因素，做出各种谋略，在保证现有市场份额的基础上从竞争对手那里抢占阵地。

利用马尔可夫预测模型，还可以进行客户占有率的预测和各种运输方式，如铁路、公路、水路，对同种货物运输各自所占比例的预测分析。在得知货物运价和运输企业的运输成本后也可以对运输企业的营利情况做出预测，在得到实际的状态向量和转移矩阵后可应用马尔可夫预测模型求出占有率、营利额和市场份额等预测目标。

小　　结

本章重点介绍了常用的和经典的预测模型：回归预测模型、时间序列预测模型等。为使读者深入了解和掌握这些预测模型的学习方法，采用了由浅入深的学习理念和方法，首先给出某预测模型的小样本手算的详细过程，然后给出基于 Python 环境下适合大样本的计算过程。这种做法，非常适合一边学习模型，一边模拟实例计算；也非常适合实验和分析的学习过程。最后，让读者深入了解预测模型的知识点及其应用。由于本章重点介绍的是定量预测模型，重点介绍掌握预测模型的学习和实践的学习方法。所以，在此基础上，读者可以根据定性预测模型的计算公式，通过某实际数据(问题对应的数据)来进行定性预测分析，能够达到举一反三的学习效果。

习　　题

1. 选择题

(1) (　　)是指人们利用已经掌握的知识和手段，预先推知和判断事物未来发展状况的一种活动。

A. 模型　　B. 预测　　C. 算法　　D. 预测模型

(2)(　　)是在预测时建立的数学模型,它是指用数学语言或公式所描述的事物间的数量关系。

A. 模型　　B. 预测　　C. 算法　　D. 预测模型

(3) 预测模型作为大数据模型系统中最常用的模型之一,预测模型系统主要分为哪两大类?(　　)

A. 定量分析的预测模型　　B. 关联规则的预测模型

C. 因果分析的预测模型　　D. 定性分析的预测模型

(4) 以下哪个不属于回归分析预测模型?(　　)

A. 一元线性回归模型　　B. 多元线性回归模型

C. 非线性回归模型　　D. 皮尔模型

(5) 以下哪个不属于生长曲线预测模型?(　　)

A. 龚珀兹模型　　B. 林德诺模型　　C. 移动平均模型　　D. 皮尔模型

2. 表 2.27 给出的是 2011—2020 年某市沿海及航空港口集装箱吞吐量,请根据此表数据建立以下预测模型并对 2020 年以后的集装箱吞吐量进行预测,同时综合分析各模型效果。

表 2.27　2011—2020 年某市沿海及航空港口集装箱吞吐量

序号 x_i	年　份	集装箱吞吐量 y_i
1	2011	121.70
2	2012	135.20
3	2013	167.00
4	2014	221.10
5	2015	268.78
6	2016	321.16
7	2017	381.00
8	2018	453.00
9	2019	458.00
10	2020	526.00

(1) 线性回归模型。

(2) 皮尔曲线模型。

(3) 移动平均模型。

(4) 指数平滑模型。

(5) 组合模型。

3. 表 2.28 给出的是 1995—2012 年某市沿海及航空港口旅客吞吐量,请根据此表数据建立以下预测模型并对 2012 年以后的旅客吞吐量进行预测,并进行各模型的对比分析。

表 2.28　1995—2012 年某市沿海及航空港口旅客吞吐量

序号 x_i	年　份	旅客吞吐量 y_i
1	1995	156.60
2	1996	175.78
3	1997	193.96
4	1998	211.67
5	1999	236.22
6	2000	275.16
7	2001	306.42
8	2002	333.50
9	2003	342.03
10	2004	461.41
11	2005	540.75
12	2006	635.11
13	2007	728.00
14	2008	821.00
15	2009	955.00
16	2010	1070.00
17	2011	1201.20
18	2012	1333.70

(1) 线性回归模型。

(2) 皮尔曲线模型。

(3) 移动平均模型。

(4) 指数平滑模型。

(5) 组合模型。

4. 请画出皮尔曲线算法求解的流程图。

第3章

关联规则模型与应用

【内容提要】 关联规则模型算法作为快速知识发现的重要算法之一，最早流行于大型数据库中快速发现知识的应用中，后来在多个领域得到应用和拓宽研究。本章重点描述的内容是：①关联规则形成的相关理论，如候选项集、项集、强项集、支持度、可信度、规则产生式；②关联分析算法的逻辑步骤；③关联规则的应用。

【学习要求】 了解Apriori(即快速发现知识)算法的核心内容，能够通过一个实际小样本应用例子的手算过程，来掌握产生规则的全部模拟过程。同时，通过对关联分析算法的应用，密切关注关联规则的创新应用。

3.1 关联规则的解释、理论与相关术语

关联规则(Association Rules)的含义是指在大型的数据库系统中，迅速找出各事物之间潜在的、有价值的关联，用规则表示出来，经过推理、积累形成知识后，得出重要的相关联的结论，从而为当前市场经济提供准确的决策手段。

关联规则的应用已经比较广泛，早在20世纪90年代率先应用于条形码中，使大型零售商品的合理组织的复杂问题成为现实，也在决策领域到通信报警等系统得到应用；到了21世纪初，关联分析普遍用于医疗中的病因分析和诊断；在交通运输领域中用于安全运输的相关因素分析、道路交通安全的路段事故成因和风险分析；2010年至今，专家们还将研究和应用的重点集中在大数据的分析的应用研究中，如基于并行计算环境的词频统计、基于Hadoop环境下的并行关联分析算法的应用、交通肇事逃逸案的关联分析、传染病或疑难病因的关联分析等相关分析及应用研究，目前关联规则的应用研究已经渗透到多个研究领域。

3.1.1 关联规则的解释

关联规则的研究和应用是数据挖掘中最活跃和比较深入的分支，目前，已经提出了许多关联规则挖掘的理论和算法。最为著名的是R.Agrawal等学者提出的Apriori及其改进算法。

在Apriori算法中提到：为了发现有意义的关联规则，需要给定两个阈值：最小支持度(Minimum Support，min-sup)和最小可信度(Minimum Confidence，min-conf)。min-sup和min-conf的解释是：①挖掘出的关联规则必须满足用户

规定的最小支持度，它表示了一组项目关联在一起需要满足的最低联系程度；②挖掘出的关联规则也必须满足用户规定的最小可信度，它反映了一个关联规则的最低可靠度。因此，求关联规则的最终目的在于：可以快速从大型数据库中挖掘出同时满足最小支持度和最小可信度的关联规则即知识。另外，规则作为知识的最直接的、最简单的表达形式，这也是多数科学研究者选用关联规则挖掘知识的原因。

3.1.2 关联规则的理论及相关术语

关联规则的基础理论与方法概括如下。

(1) 项目集格空间理论。

(2) 模糊理论。

(3) 快速查询。

(4) 散列存储。

(5) 层次树的数据结构。

(6) 规则的表示与形成、知识的产生与描述方法。

1. 项集或候选项集

项集是 Item Set 的统称，一般简称为 Items；候选项集是 Candidate Item Set 的统称，一般简称为 C。

项集 Items={Item1, Item2,…, Item$m$}；TR 是事物的集合，TR⊂Items，并且 TR 是一个{0,1}属性的集合。

例如，表 3.1 给出了一个事务数据库例子。

其中，表 3.1 中的 item1，item2，…，item5 分别代表事务 1，事务 2，……，事务 5。也就是说，表 3.1 中的“行”代表数据库中的一条记录(在数据结构中也叫作数据元素，它是数据的基本单位)；表 3.1 中的“列”代表数据库的属性(数据库即二维表中的列)或者叫作字段(在数据结构中也叫作数据项，它是数据的最小单位，即不能再分割的数据)。

表 3.1　事务数据库(DB)例子

Tid	Item1	Item2	Item3	Item4	Item5
1	1	1	0	0	1
2	0	1	0	1	0
3	0	1	1	0	0
4	1	1	0	1	0
5	1	0	1	0	0
6	0	1	1	0	0
7	1	0	1	0	0
8	1	1	1	0	1
9	1	1	1	0	0

方便起见，约定将表 3.1 中的事务 1(项集 1 即 item1)简称为 I_1，将表 3.1 中的事务 2

(项集 2 即 item2)简称为 I_2,……,将表 3.1 中的事务 5(项集 5 即 item5)简称为 I_5。如果将表 3.1 增加 1 列,其单元格内容存放每行包含的项集总数,例如,第一行中含有三个 1,即第 1 行的第 1 列即 I_1,第 1 行的第 2 列即 I_2,第 1 行的第 5 列即 I_5,因此,该行的项集总数是 $\{I_1,I_2,I_5\}$,共三个项集。其他行按照该计算方法得出结果如表 3.2 所示。

表 3.2 事务数据库例子对应的项集总数的例子

Tid	事务 1 I_1 Item1	事务 2 I_2 Item2	事务 3 I_3 Item3	事务 4 I_4 Item4	事务 5 I_5 Item5	(每行包含的项集总数) Items
1	1	1	0	0	1	$\{I_1,I_2,I_5\}$
2	0	1	0	1	0	$\{I_2,I_4\}$
3	0	1	1	0	0	$\{I_2,I_3\}$
4	1	1	0	1	0	$\{I_1,I_2,I_4\}$
5	1	0	1	0	0	$\{I_1,I_3\}$
6	0	1	1	0	0	$\{I_2,I_3\}$
7	1	0	1	0	0	$\{I_1,I_3\}$
8	1	1	1	0	1	$\{I_1,I_2,I_3,I_5\}$
9	1	1	1	0	0	$\{I_1,I_2,I_3\}$

集合 k_Item={Item1, Item2,…, Item$k$}称为 k 项集,或者 k 项候选项集。

例如,表 3.2 的第 5 行及行编号 Tid-5,对应的项集总数为 Items=$\{I_1,I_3\}$,即 $k=2$,属于长度为 2 的项集,可以表示为 2_Item={Item$i$, Item$j$ },其中,$k \geqslant i,j \geqslant 1$。

假设 DB 包含 m 个属性(A, B,…, M);1 项集即长度为 1 的项集 1_Item=$\{\{A\},\{B\},\cdots,\{M\}\}$,共有 m 个候选项集;2 项集即长度为 2 的项集 2_Item=$\{\{A, B\}, \{A, C\},\cdots,\{A, M\}, \{B, C\},\cdots, \{B, M\}, \{C, D\},\cdots, \{L, M\}\}$,共有$[m\times(m-1)/2]$个项集;以此类推,$m$ 项集 m_Item=$\{A,B,C,\cdots,M\}$,只有 1 个项集。

2. 支持度

支持度 sup 指的是某条规则的前件或后件对应的支持数与记录总数的百分比。

假设 A 的支持度是 sup(A),$\text{sup}(A)=|\{\text{TR}\,|\,\text{TR}\supseteq A\}|/|n|$;$A\Rightarrow B$ 的支持度 $\text{sup}(A\Rightarrow B)=\text{sup}(A\cup B)=|\{TR\,|\,TR\supseteq A\cup B\}|/|n|$,其中,$n$ 是 DB 中的总的记录数目。

3. 可信度

规则 $A\Rightarrow B$ 具有可信度 conf($A\Rightarrow B$)表示 DB 中包含 A 的事物同时也包含 B 的百分比,是 $A\cup B$ 的支持度 sup($A\cup B$)与前件 A 的支持度 sup(A)的百分比。

$$\text{conf}(A\Rightarrow B)=\text{sup}(A\cup B)/\text{sup}(A)$$

4. 强项集和非频繁项集

如果某 k 项候选项集的支持度大于或等于所设定的最小支持度阈值,则称该 k 项候选项集为 k 项强项集(**Large k-itemset**)或者 k 项频繁项集(Frequent k-itemset)。

同时,对于支持度小于最小支持度的 k 项候选项集称为 k 项非频繁项集。

定理(频繁项集的反单调性)：设 A,B 是数据集 DB 中的项集，若 A 包含 B，则 A 的支持度大于 B 的支持度；若 A 包含于 B，且 A 是非频繁项集，则 B 也是非频繁项集；若 A 包含于 B，且 B 是频繁项集，则 A 也是频繁项集。

5. 产生关联规则

若 A,B 为项集，$A \subset \text{Item}$，$B \subset \text{Item}$ 并且 $A \cap B = \varnothing$，一个关联规则是形如 $A \Rightarrow B$ 的蕴含式。

(1) 当前关联规则算法普遍基于 Support-Confidence 模型。

支持度是项集中包含 A 和 B 的记录数与所有记录数之比，描述了 A 和 B 这两个物品集的并集 C 在所有的事务中出现的概率，能够说明规则的有用性。

(2) 规则 $A \Rightarrow B$ 在项集中的可信度，是指在出现了物品集 A 的事务 T 中，物品集 B 也同时出现的概率，能够说明规则的确定性。产生关联规则，即是从强项集中产生关联规则。

在最小可信度的条件门槛下，若强项集的可信度满足最小可信度，称此 k 项强项集为关联规则。

例如，若$\{A,B\}$为 2 项强项集，同时 $\text{conf}(A \Rightarrow B)$大于或等于最小可信度，即 $\text{sup}(A \cup B) \geqslant \text{min\_sup}$ 且 $\text{conf}(A \Rightarrow B) \geqslant \text{min\_conf}$，则称 $A \Rightarrow B$ 为关联规则。

3.1.3 Apriori 算法介绍

R.Agrawal 等学者在 1993 年设计了一个 Apriori 算法，它是一种最有影响力的挖掘布尔关联规则频繁项集的算法。其核心是基于两阶段的频集思想的递推算法。该关联规则在分类上属于单维、单层、布尔关联规则。该算法将关联规则挖掘分解为两个子问题：①找出存在于事务数据库中所有的频繁项目集，即那些支持度大于用户给定支持度阈值的项目集；②在找出的频繁项目集的基础上产生强关联规则，即产生那些支持度和可信度分别大于或等于用户给定的支持度和可信度阈值的关联规则。

在上述两步中，第二步相对容易些，因为它只需要在已经找出的频繁项目集的基础上列出所有可能的关联规则，同时，满足支持度和可信度阈值要求的规则被认为是有趣的关联规则。但由于所有的关联规则都是在频繁项目集的基础上产生的，已经满足了支持度阈值的要求，只需要考虑可信度阈值的要求，只有那些大于用户给定的最小可信度的规则才被留下来。第一个步骤是挖掘关联规则的关键步骤，挖掘关联规则的总体性能由第一个步骤决定，因此，所有挖掘关联规则的算法都是着重于研究第一个步骤。

Apriori 算法在寻找频繁项集时，利用了频繁项集的向下封闭性(反单调性)，即频繁项集的子集必须是频繁项集，采用逐层搜索的迭代方法，由候选项集生成频繁项集，最终由频繁项集得到关联规则，这些操作主要是由连接和剪枝来完成。下面是 Apriori 算法的伪代码。

```
Begin
  //算法的初始化(为各个参与运算的参数赋初值等描述)
  L1 = {Large 1-itemsets}          //扫描所有事务，计算每项出现次数，产生频繁项集长度为
                                   //1 的项集集合即 1-项集集合 L1
for  (k=2; Lk-1≠∅; k++)  do       //进行迭代循环，根据前一次的 Lk-1 得到频繁 k-项集集合 Lk
```

```
begin
 Ck'=join(Lkm,Lkn)            //join对每两个有k-1个共同项目的长度为k的模式Lkm和Lkn进行连接
 Ck=prune(Ck')                //prune根据频繁项集的反单调性,对Ck'进行剪枝,得到Ck
 Ck= apriori-gen(Lk-1)        //产生k项候选项集Ck
   for all transactions t∈D do  //扫描数据库一遍
     begin
       Ct=subset(Ck,t)        //确定每个事务t所含k-候选项集的subset(Ck,t)
     for all candidates c∈ Ct do
         c.count++            //对候选项集的计数存放在hash表中
     end
   Lk={c∈Ct| c.count≥ min_sup}  //删除候选项集中小于最小支持度的,得到k-频繁项集Lk
end
 for all subset s⊆Lk          //对于每个频繁项集Lk,产生Lk的所有非空子集s
   If conf(s⇒ Lk-s )>=min_conf  //可信度大于最小可信度的强项集为关联规则
     Then Output ( s⇒ Lk-s)   //由频繁项集产生关联规则
end
end                           //得到所有的关联规则
```

Apriori算法最大的问题是产生大量的候选项集,可能需要频繁重复扫描大型数据库,非常浪费扫描数据库的时间和大量候选项的存储空间,因此为候选项集合理分配内存,实现对大型数据库系统快速扫描的技术和方法是提高管理规则效率的重要途径。面向大型数据库,从海量数据中高效提取关联规则是非常重要的。

3.2 关联规则举例

例3.1 Apriori关联规则方法的实例。

通过关联规则分析受过高等教育与性别、工资收入、职业、年龄等之间的潜在关联。给出一个简单的数据库的例子,如表3.3所示。

表3.3 一个简单的数据库的例子

记录号	性别	年龄	学历	职业	收入
100	男	46	博士	高校教师	7500
200	女	32	硕士	高校教师	6500
300	男	35	学士	技术员	4900
400	男	40	硕士	高校教师	6000
500	男	37	博士	高校教师	7000
600	男	25	学士	技术员	4000

1. 将实际的DBS问题转换成对应的逻辑值

对性别二元化(1: 男,2: 女);对年龄离散化(若年龄≥40,3: 40岁以上;若年龄<40,

4：40 岁以下）；对是否受过研究生教育学历离散化（若学历为博士或者硕士，5：高学历；若学历为本科和本科以下，6：低学历）；对职业进行二元化处理（7：高校教师，8：技术员）；对收入进行二元化处理（若每月平均收入大于 5000 元，9：收入 5000 元以上；若每月平均收入小于 5000 元，10：收入 5000 元以下）。通过以上的数据规约，表 3.4 给出了与表 3.3 相对应的逻辑表格。

表 3.4　数据库对应的逻辑库

记录号	性别		年龄		学历		职业		收入	
	1	2	3	4	5	6	7	8	9	10
100	1	0	1	0	1	0	1	0	1	0
200	0	1	0	1	1	0	1	0	1	0
300	1	0	0	1	0	1	0	1	0	1
400	1	0	1	0	1	0	1	0	1	0
500	1	0	0	1	1	0	1	0	1	0
600	1	0	0	1	0	1	0	1	0	1

用关联规则算法找出表 3.4 中各属性之间有价值的、潜在的关联的信息即规则，希望最终可以获得高等教育与工资、性别与职业、职务与工资等属性之间的关联。经过检索逻辑库（参见表 3.4）得到每条记录中各个 Item 的取值，如表 3.5 所示。

表 3.5　数据库中记录的属性项取值集合

记　录　号	项　　集
100	1，3，5，7，9
200	2，4，5，7，9
300	1，4，6，8，10
400	1，3，5，7，9
500	1，4，5，7，9
600	1，4，6，8，10

2. 设最小支持度 min_sup＝0.5，最小置信度 min_conf＝0.7，求得关联规则

通过数据库查询（参见表 3.5）得到 k 项候选集和 k 项强项集（L_k）及关联规则。

（1）求 1 项集和 1 项强项集，如表 3.6 所示。

表 3.6　1 项集和 1 项强项集

Item	Sum	sup(I)	L_1
{1}	5	5/6	√
{2}	1	1/6	
{3}	2	2/6	

续表

Item	Sum	sup(I)	L_1
{4}	4	4/6	√
{5}	4	4/6	√
{6}	2	2/6	
{7}	4	4/6	√
{8}	2	2/6	
{9}	4	4/6	√
{10}	2	2/6	

所以,1 项强项集 L_1={{1},{4},{5},{7},{9}}。

(2) 通过 1 项强项集得到 2 项候选集,再计算 2 项集的支持度得到 2 项强项集,如表 3.7 所示。

表 3.7 2 项集和 2 项强项集

Items	Sum	sup($I_m \cup I_n$)	L_2
{1, 4}	3	3/6	√
{1, 5}	3	3/6	√
{1, 7}	3	3/6	√
{1, 9}	3	3/6	√
{4, 5}	2	2/6	
{4, 7}	2	2/6	
{4, 9}	2	2/6	
{5, 7}	4	4/6	√
{5, 9}	4	4/6	√
{7, 9}	4	4/6	√

所以,2 项强项集 L_2={{1, 4},{1, 5},{1, 7},{1, 9},{5, 7},{5, 9},{7, 9}}。

(3) 通过 1 项(即长度为 $k=1$)强项集的支持度 sup(A),来计算 2 项(即长度为 $k=2$)强项集的可信度 $\text{conf}(I_m \Rightarrow I_n) = \text{sup}(I_m \cup I_n)/\text{sup}(I_m)$,得到 2 项(即规则长度为 $k=2$)关联规则,如表 3.8 所示。

表 3.8 2 项强项集的可信度和 2 项关联规则

Items	I_m(前件)	I_n(后件)	sup($I_m \cup I_n$)	sup(I_m)	conf($I_m \Rightarrow I_n$)	2 项关联规则
{1, 4}	1	4	3/6	5/6	3/5	
	4	1	3/6	4/6	3/4	√

续表

Items	I_m(前件)	I_n(后件)	$\sup(I_m \cup I_n)$	$\sup(I_m)$	$\mathrm{conf}(I_m \Rightarrow I_n)$	2 项关联规则
{1, 5}	1	5	3/6	5/6	3/5	
	5	1	3/6	4/6	3/4	√
{1, 7}	1	7	3/6	5/6	3/5	
	7	1	3/6	4/6	3/4	√
{1, 9}	1	9	3/6	5/6	3/5	
	9	1	3/6	4/6	3/4	√
{5, 7}	5	7	4/6	4/6	1	√
	7	5	4/6	4/6	1	√
{5, 9}	5	9	4/6	4/6	1	√
	9	5	4/6	4/6	1	√
{7, 9}	7	9	4/6	4/6	1	√
	9	7	4/6	4/6	1	√

产生的 2 项关联规则为 $I(4)\Rightarrow I(1)$，$I(5)\Rightarrow I(1)$，$I(7)\Rightarrow I(1)$，$I(9)\Rightarrow I(1)$，$I(5)\Rightarrow I(7)$，$I(7)\Rightarrow I(5)$，$I(5)\Rightarrow I(9)$，$I(9)\Rightarrow I(5)$，$I(7)\Rightarrow I(9)$，$I(9)\Rightarrow I(7)$。

(4) 通过 2 项强项集得到 3 项候选集，再计算 3 项集的支持度得到 3 项强项集，如表 3.9 所示。

表 3.9　3 项集和 3 项强项集

Items	Sum	$\sup(I_m \cup I_n \cup I_p)$	L_3
{1, 4, 5}	1	1/6	
{1, 4, 7}	1	1/6	
{1, 4, 9}	1	1/6	
{1, 5, 7}	3	3/6	√
{1, 5, 9}	3	3/6	√
{1, 7, 9}	3	3/6	√
{5, 7, 9}	4	4/6	√

所以，3 项强项集 $L_3=\{\{1,5,7\},\{1,5,9\},\{1,7,9\},\{5,7,9\}\}$。

(5) 计算 3 项强项集的可信度，得到 3 项关联规则，如表 3.10 所示。

表 3.10　3 项强项集的可信度和 3 项关联规则

Items	I_m(前件)	I_n(后件)	$\sup(I_m)$	$\mathrm{conf}(I_m \Rightarrow I_n)$	3 项关联规则
{1, 5, 7} $\sup(I_m \cup I_n)=3/6$	1	5, 7	5/6	3/5	
	5	1, 7	4/6	3/4	√

续表

Items	I_m(前件)	I_n(后件)	sup(I_m)	conf($I_m \Rightarrow I_n$)	3 项关联规则
{1, 5, 7} sup($I_m \cup I_n$)=3/6	7	1, 5	4/6	3/4	√
	1, 5	7	3/6	1	√
	1, 7	5	3/6	1	√
	5, 7	1	4/6	3/4	√
{1, 5, 9} sup($I_m \cup I_n$)=3/6	1	5, 9	5/6	3/5	
	5	1, 9	4/6	3/4	√
	9	1, 5	4/6	3/4	√
	1, 5	9	3/6	1	√
	1, 9	5	3/6	1	√
	5, 9	1	4/6	3/4	√
{1, 7, 9} sup($I_m \cup I_n$)=3/6	1	7, 9	5/6	3/5	
	7	1, 9	4/6	3/4	√
	9	1, 7	4/6	3/4	√
	1, 7	9	3/6	1	√
	1, 9	7	3/6	1	√
	7, 9	1	4/6	3/4	√
{5, 7, 9} sup($I_m \cup I_n$)=4/6	5	7, 9	4/6	1	√
	7	5, 9	4/6	1	√
	9	5, 7	4/6	1	√
	5, 7	9	4/6	1	√
	5, 9	7	4/6	1	√
	7, 9	5	4/6	1	√

产生的 3 项关联规则(即长度为 3 的关联规则)为 $I(5) \Rightarrow I(1,7)$,$I(7) \Rightarrow I(1,5)$,$I(1,5) \Rightarrow I(7)$,$I(1,7) \Rightarrow I(5)$,$I(5,7) \Rightarrow I(1)$,$I(5) \Rightarrow I(1,9)$,$I(9) \Rightarrow I(1,5)$,$I(1,5) \Rightarrow I(9)$,$I(1,9) \Rightarrow I(5)$,$I(5,9) \Rightarrow I(1)$,$I(7) \Rightarrow I(1,9)$,$I(9) \Rightarrow I(1,7)$,$I(1,7) \Rightarrow I(9)$,$I(1,9) \Rightarrow I(7)$,$I(7,9) \Rightarrow I(1)$,$I(5) \Rightarrow I(7,9)$,$I(7) \Rightarrow I(5,9)$,$I(9) \Rightarrow I(5,7)$,$I(5,7) \Rightarrow I(9)$,$I(5,9) \Rightarrow I(7)$,$I(7,9) \Rightarrow I(5)$。

(6) 通过 3 项强项集 $L_3=\{\{1,5,7\},\{1,5,9\},\{1,7,9\},\{5,7,9\}\}$,来计算长度为 4 的关联规则即 4 项集,4 项集只有一个{1,5,7,9},如表 3.11 所示。

表 3.11　4 项集和 4 项强项集

Items	Sum	sup($I_m \cup I_n \cup I_p$)	L_4
{1, 5, 7, 9}	3	3/6	√

(7) 计算 4 项强项集的可信度，得到 4 项关联规则，如表 3.12 所示。

表 3.12　计算 4 项强项集的可信度和 4 项关联规则

Items	I_m（前件）	I_n（后件）	sup(I_m)	conf($I_m \Rightarrow I_n$)	4 项关联规则
{1，5，7，9} sup($I_m \cup I_n$)=3/6	1	5，7，9	5/6	3/5	
	5	1，7，9	4/6	3/4	√
	7	1，5，9	4/6	3/4	√
	9	1，5，7	4/6	3/4	√
	1，5	7，9	3/6	1	√
	1，7	5，9	3/6	1	√
	1，9	5，7	3/6	1	√
	5，7	1，9	4/6	3/4	√
	5，9	1，7	4/6	3/4	√
	7，9	1，5	4/6	3/4	√
	1，5，7	9	4/6	3/4	√
	1，5，9	7	3/6	1	√
	1，7，9	5	3/6	1	√
	5，7，9	1	4/6	3/4	√

产生的 4 项关联规则为 $I(5)\Rightarrow I(1,7,9)$，$I(7)\Rightarrow I(1,5,9)$，$I(9)\Rightarrow I(1,5,7)$，$I(1,5)\Rightarrow I(7,9)$，$I(1,7)\Rightarrow I(5,9)$，$I(1,9)\Rightarrow I(5,7)$，$I(5,7)\Rightarrow I(1,9)$，$I(5,9)\Rightarrow I(1,7)$，$I(7,9)\Rightarrow I(1,5)$，$I(1,5,7)\Rightarrow I(9)$，$I(1,5,9)\Rightarrow I(7)$，$I(1,7,9)\Rightarrow I(5)$，$I(5,7,9)\Rightarrow I(1)$。

(8) 对获得的关联规则进行解释和可视化处理。

也就是将已经规约离散化的数据返回到原始的含义，进行有含义的解释，使得使用关联规则的用户知道以上计算过程所得到的结论代表的实际含义。下面对得到的部分关联规则的含义加以说明。

(1) $I(7)\Rightarrow I(9)$表示：在最小支持度为 0.5 和最小可信度为 0.7 的水平下，一名高校教师⇒月收入大于 5000 元。

(2) $I(5)\Rightarrow I(1,7)$表示：在最小支持度为 0.5 和最小可信度为 0.7 的水平下，有博士和硕士学位的⇒性别为男士并且可以成为一名高校教师。

(3) $I(1, 5, 7)\Rightarrow I(9)$表示：在最小支持度为 0.5 和最小可信度为 0.7 的水平下，性别为男士并且有博士和硕士学位的并且是一名高校教师⇒月收入大于 5000 元。

从上述结果得出，高等教育与性别、高等教育与工资、大学教师与性别、职业与工资、高工资与教育、高等教育与年龄等的潜在关联。

若将上例的最小支持度改为 0.3，候选项集、强项集以及关联规则会否发生变化呢？我们通过以下计算加以说明。

3. 设最小支持度 min_sup=0.3，最小置信度 min_conf=0.7，求得关联规则

(1) 求 1 项集和 1 项强项集，如表 3.13 所示。

表 3.13　1 项集和 1 项强项集

Item	Sum	sup(I)	L_1
{1}	5	5/6	√
{2}	1	1/6	
{3}	2	2/6	√
{4}	4	4/6	√
{5}	4	4/6	√
{6}	2	2/6	√
{7}	4	4/6	√
{8}	2	2/6	√
{9}	4	4/6	√
{10}	2	2/6	√

所以,1 项强项集 L_1={{1},{3},{4},{5},{6},{7},{8},{9},{10}}。

(2) 通过 1 项强项集得到 2 项候选集,再计算 2 项集的支持度得到 2 项强项集,如表 3.14 所示。

表 3.14　2 项集和 2 项强项集

Items	Sum	sup($I_m \cup I_n$)	L_2	Items	Sum	sup($I_m \cup I_n$)	L_2
{1, 3}	2	2/6	√	{3, 10}	0	0/6	
{1, 4}	3	3/6	√	{4, 5}	2	2/6	√
{1, 5}	3	3/6	√	{4, 6}	2	2/6	√
{1, 6}	2	2/6	√	{4, 7}	2	2/6	√
{1, 7}	3	3/6	√	{4, 8}	2	2/6	√
{1, 8}	2	2/6	√	{4, 9}	2	2/6	√
{1, 9}	3	3/6	√	{4, 10}	2	2/6	√
{1, 10}	2	2/6	√	{5, 6}	0	0/6	
{3, 4}	0	0/6		{5, 7}	4	4/6	√
{3, 5}	2	2/6	√	{5, 8}	0	0/6	
{3, 6}	0	0/6		{5, 9}	4	4/6	√
{3, 7}	2	2/6	√	{5, 10}	0	0/6	
{3, 8}	0	0/6		{6, 7}	0	0/6	
{3, 9}	2	2/6	√	{6, 8}	2	2/6	√
{6, 9}	0	0/6		{7, 10}	0	0/6	
{6, 10}	2	2/6	√	{8, 9}	0	0/6	

续表

Items	Sum	$sup(I_m \cup I_n)$	L_2	Items	Sum	$sup(I_m \cup I_n)$	L_2
{7, 8}	0	0/6		{8, 10}	2	2/6	√
{7, 9}	4	4/6	√	{9, 10}	0	0/6	

所以，2 项强项集 L_2＝{{1,3}，{1,4}，{1,5}，{1,6}，{1,7}，{1,8}，{1,9}，{1,10}，{3,5}，{3,7}，{3,9}，{4,5}，{4,6}，{4,7}，{4,8}，{4,9}，{4,10}，{5,7}，{5,9}，{6,8}，{6,10}，{7,9}，{8,10}}。

(3) 计算 2 项强项集的可信度，得到 2 项关联规则，如表 3.15 所示。

表 3.15　2 项强项集的可信度和 2 项关联规则

Items	$sup(I_m \cup I_n)$	$sup(I_m)$	$sup(I_n)$	$conf(I_m \Rightarrow I_n)$	2 项关联规则
{1, 3}	2/6	5/6	2/6	2/5	
{1, 4}	3/6	5/6	4/6	3/5	
{1, 5}	3/6	5/6	4/6	3/5	
{1, 6}	2/6	5/6	2/6	2/5	
{1, 7}	3/6	5/6	4/6	3/5	
{1, 8}	2/6	5/6	2/6	2/5	
{1, 9}	3/6	5/6	4/6	3/5	
{1, 10}	2/6	5/6	2/6	2/5	
{3, 5}	2/6	2/6	4/6	1	√
{3, 7}	2/6	2/6	4/6	1	√
{3, 9}	2/6	2/6	4/6	1	√
{4, 5}	2/6	4/6	4/6	1/2	
{4, 6}	2/6	4/6	2/6	1/2	
{4, 7}	2/6	4/6	4/6	1/2	
{4, 8}	2/6	4/6	2/6	1/2	
{4, 9}	2/6	4/6	4/6	1/2	
{4, 10}	2/6	4/6	2/6	1/2	
{5, 7}	4/6	4/6	4/6	1	√
{5, 9}	4/6	4/6	4/6	1	√
{6, 8}	2/6	2/6	2/6	1	√
{6, 10}	2/6	2/6	2/6	1	√
{7, 9}	4/6	4/6	4/6	1	√
{8, 10}	2/6	2/6	2/6	1	√

产生的关联规则为 $I(3)\Rightarrow I(5)$，$I(3)\Rightarrow I(7)$，$I(3)\Rightarrow I(9)$，$I(5)\Rightarrow I(7)$，$I(5)\Rightarrow I(9)$，$I(6)\Rightarrow I(8)$，$I(6)\Rightarrow I(10)$，$I(7)\Rightarrow I(9)$，$I(8)\Rightarrow I(10)$。

同理，按照上述算法，可以求出 3 项、4 项候选集、强项集和关联规则等，在此不再做详细计算。通过这两个例子可以发现，设定不同的最小支持度，相应求出的强项集也会发生变化，产生的关联规则也将有差异。

4. 使用 Python 语言实现关联规则算法

当最小支持度 min_sup＝0.5，最小置信度 min_conf＝0.7 时，实现本实例的 Python 示例代码如下。

Python 示例代码：

```
#加载数据
def loadDataSet():
    return [["男", "40岁以上", "高学历","高校教师", "收入5000以上"],
            ["女", "40岁以下", "高学历", "高校教师", "收入5000以上"],
            ["男", "40岁以下", "低学历", "非高校教师", "收入5000以下"],
            ["男", "40岁以上", "高学历", "高校教师", "收入5000以上"],
            ["男", "40岁以下", "高学历", "高校教师", "收入5000以上"],
            ["男", "40岁以下", "低学历", "非高校教师", "收入5000以下"]]
#生成候选集
def createC1(dataSet):
    C1=[]
    for transaction in dataSet:
        for item in transaction:
            if not [item] in C1:
                C1.append([item])
    C1.sort()
    return list(map(frozenset,C1))
#扫描数据,返回频繁项集和支持度
def scanD(D,CK,minSupport):
    ssCnt = {}
    for tid in D:
        for can in CK:
            if can.issubset(tid):
                if not can in ssCnt:ssCnt[can]=1
                else:ssCnt[can]+=1
    numItems = float(len(D))
    retList = []
    supportData={}
    for key in ssCnt:
        support = ssCnt[key]/numItems
        if support>=minSupport:
            retList.insert(0,key)
        supportData[key]=support
    return retList,supportData
#频繁项集两两组合
```

```
def aprioriGen(Lk,k):
    retList=[]
    lenLk = len(Lk)
    for i in range(lenLk):
        for j in range(i+1,lenLk):
            L1=list(Lk[i])[:k-2];L2=list(Lk[j])[:k-2]
            L1.sort();L2.sort()
            if L1==L2:
                retList.append(Lk[i]|Lk[j])
    return retList
#生成频繁项集主函数,返回频繁项集和支持度
def apriori(dataSet,minSupport):
    C1=createC1(dataSet)
    D=list(map(set,dataSet))
    L1,supportData =scanD(D,C1,minSupport)
    L=[L1]
    k=2
    while(len(L[k-2])>0):
        CK = aprioriGen(L[k-2],k)
        Lk,supK = scanD(D,CK,minSupport)
        supportData.update(supK)
        L.append(Lk)
        k+=1
    return L,supportData
#规则计算的主函数
def generateRules(L,supportData,minConf):
    bigRuleList = [] #关联规则
    for i in range(1,len(L)):
        for freqSet in L[i]:
            H1 = [frozenset([item]) for item in freqSet]
            if(i>1):
                rulesFromConseq(freqSet,H1,supportData,bigRuleList,minConf)
                                                    #如果有频繁 2 项集以上,计算规则
            else:
                calcConf(freqSet,H1,supportData,bigRuleList,minConf)
                                              #如果只有频繁 1 项集,直接计算最小置信度
    return bigRuleList
#大于最小支持度的规则进行输出
def calcConf(freqSet,H,supportData,brl,minConf):
    prunedH=[]
    for conseq in H:
        conf = supportData[freqSet]/supportData[freqSet-conseq]
        if conf>=minConf:
            print (freqSet-conseq,'--->',conseq,'置信度:',conf)
            brl.append((freqSet-conseq,conseq,conf))
            prunedH.append(conseq)
```

```
    return prunedH
#生成规则
def rulesFromConseq(freqSet,H,supportData,brl,minConf):
    m = len(H[0])
    if (len(freqSet)>(m+1)):
        Hmp1 = aprioriGen(H,m+1)
        Hmp1 = calcConf(freqSet,Hmp1,supportData,brl,minConf)
        if(len(Hmp1)>1):
            rulesFromConseq(freqSet,Hmp1,supportData,brl,minConf)
#主函数
if __name__=='__main__':
    dataSet=loadDataSet()
    L,supportData=apriori(dataSet,minSupport=0.5)
    rules = generateRules(L,supportData,minConf=0.7)
```

运行结果如下：

```
frozenset({'40岁以下'}) ---> frozenset({'男'}) 置信度: 0.75
frozenset({'收入5000以上'}) ---> frozenset({'男'}) 置信度: 0.75
frozenset({'收入5000以上'}) ---> frozenset({'高学历'}) 置信度: 1.0
frozenset({'高学历'}) ---> frozenset({'收入5000以上'}) 置信度: 1.0
frozenset({'高学历'}) ---> frozenset({'男'}) 置信度: 0.75
frozenset({'收入5000以上'}) ---> frozenset({'高校教师'}) 置信度: 1.0
frozenset({'高校教师'}) ---> frozenset({'收入5000以上'}) 置信度: 1.0
frozenset({'高校教师'}) ---> frozenset({'男'}) 置信度: 0.75
frozenset({'高学历'}) ---> frozenset({'高校教师'}) 置信度: 1.0
frozenset({'高校教师'}) ---> frozenset({'高学历'}) 置信度: 1.0
frozenset({'高学历'}) ---> frozenset({'高校教师', '男'}) 置信度: 0.75
frozenset({'高校教师'}) ---> frozenset({'高学历', '男'}) 置信度: 0.75
frozenset({'收入5000以上'}) ---> frozenset({'高校教师', '高学历'}) 置信度: 1.0
frozenset({'高学历'}) ---> frozenset({'高校教师', '收入5000以上'}) 置信度: 1.0
frozenset({'高校教师'}) ---> frozenset({'高学历', '收入5000以上'}) 置信度: 1.0
frozenset({'收入5000以上'}) ---> frozenset({'高校教师', '男'}) 置信度: 0.75
frozenset({'高校教师'}) ---> frozenset({'收入5000以上', '男'}) 置信度: 0.75
frozenset({'收入5000以上'}) ---> frozenset({'高学历', '男'}) 置信度: 0.75
frozenset({'高学历'}) ---> frozenset({'收入5000以上', '男'}) 置信度: 0.75
frozenset({'高学历', '收入5000以上'}) ---> frozenset({'高校教师', '男'}) 置信度:
0.75
frozenset({'高学历', '男'}) ---> frozenset({'高校教师', '收入5000以上'}) 置信度:
1.0
frozenset({'收入5000以上', '男'}) ---> frozenset({'高校教师', '高学历'}) 置信度:
1.0
frozenset({'高校教师', '高学历'}) ---> frozenset({'收入5000以上', '男'}) 置信度:
0.75
frozenset({'高校教师', '收入5000以上'}) ---> frozenset({'高学历', '男'}) 置信度:
0.75
frozenset({'高校教师', '男'}) ---> frozenset({'高学历', '收入5000以上'}) 置信度:
1.0
frozenset({'高学历'}) ---> frozenset({'高校教师', '收入5000以上', '男'}) 置信度:
0.75
frozenset({'收入5000以上'}) ---> frozenset({'高校教师', '高学历', '男'}) 置信度:
0.75
```

```
frozenset({'高校教师'}) ---> frozenset({'收入 5000 以上', '高学历', '男'}) 置信度:
0.75
```

代码运行结果如上,其中,frozenset 为 Python 语言中的"冻结集合"数据类型,冻结集合中的元素代表相应项集。例如,"frozenset({'40 岁以下'}) ———> frozenset({'男'}) 置信度: 0.75"代表年龄<40,在置信度为 75%的情况下可以推出其性别为男性;"frozenset({'高校教师', '高学历'}) ———> frozenset({'收入 5000 以上', '男'}) 置信度: 0.5"代表学历为博士或者硕士,同时为高校教师,在置信度为 75%的情况下可以推出在其性别为男性,同时工资在 5000 元以上。

例 3.2　Apriori 算法举例。

表 3.16 给出了每个客户(记录 ID 编号)交易各类商品的记录情况。

表 3.16　每个客户交易各类商品的记录情况

交易 ID	商品 *A*	商品 *B*	商品 *C*	商品 *D*	商品 *E*	商品 *F*
1000	*A*		*C*			
2000	*A*	*B*	*C*			
4000	*A*			*D*		
5000		*B*			*E*	*F*

假设表 3.16 交易商品对应的项集、满足最小支持度与最小可信度为 50%的频繁项集分别如表 3.17 和表 3.18 所示。

表 3.17　购买商品(对应的项集)

交易 ID	购买商品(对应的项集)
1000	*A*,*C*
2000	*A*,*B*,*C*
4000	*A*,*D*
5000	*B*,*E*,*F*

表 3.18　频繁项集和支持度

频繁项集	支持度
{A}	sup(*A*)=3/4=75%
{B}	sup(*B*)=2/4=50%
{C}	sup(*C*)=2/4=50%
{A,C}	sup(*A*,*C*)=2/4=50%

对表 3.17 的解释如下。

(1) 由于交易总的记录为 4,因此 $n=4$。

(2) 由于在"购买商品"属性中,*A* 商品有 3 次,*B* 和 *C* 商品分别有 2 次,{*A*,*C*}即同时

购买 A,C 商品也是 2 次，因此，$\{A\}$ 的支持度 $=3/4=0.75=75\%$，$\{B\}$ 的支持度 $=2/4=0.5=50\%\cdots$。

(3) 由于事先已经(假设)定义好其支持数为 2，即用 2 除以(总的记录数)4 得 50%为最小支持度，后面的计算规则中只有满足其最小支持度才有可能产生规则即知识。

对于 A,C 而言，$\text{sup}(\{A,C\})=2/4=50\%$。

因此，$\text{conf}(\{A,C\})=\text{sup}(\{A,C\})/\text{sup}(A)=50\%/75\%=66.66\%$。

例 3.3 现有 A,B,C,D,E 五种商品的交易记录表如表 3.19 所示，试找出三种商品关联销售情况($K=3$)，假设最小支持度 $\geqslant 50\%$。

表 3.19 五种商品的交易记录表对应的项集

交易 ID	商品代码(对应的项集)
100	A,C,D
200	A,C,E
300	A,B,C,E
400	B,E

解答：该问题的实质是要求我们运用表 3.19 中的已知数据，求出其长度为 3 的强项集即 L_3。

可以根据表 3.19 的已知条件，分别计算其 $K=1(L_1)$，$K=2(L_2)$ 和 $K=3(L_3)$ 的结果。

当 $K=1$ 时，对应的项集与候选项集如表 3.20 所示。

表 3.20 当 $K=1$ 时，对应的项集与候选项集

$K=1$(长度为 1 的候选项集)	候选项集	支 持 度
C1	$\{A\}$	2/4=0.5=50%
C1	$\{B\}$	3/4=0.75
C1	$\{C\}$	3/4=0.75
C1	$\{D\}$	1/4=0.25==25% 因支持度<50%，将其剔除
C1	$\{E\}$	3/4=0.75

通过表 3.20 满足条件的结果，再求出当 $K=1$ 时，其支持度 $\geqslant 50\%$ 对应的强项集，如表 3.21 所示。

表 3.21 当 $K=1$ 时，其支持度 $\geqslant 50\%$ 对应的强项集

$K=1$(长度为 1 的候选项集)	候选项集	支 持 度
C1	$\{A\}$	2/4=0.5=50%
C1	$\{B\}$	3/4=0.75
C1	$\{C\}$	3/4=0.75
C1	$\{E\}$	3/4=0.75

再根据表 3.21 的结果作为计算 $K=2$ 的基础条件，求出 $K=2$ 对应的支持度，如表 3.22 所示。

表 3.22　当 $K=2$ 时，其候选项集对应的支持度

$K=2$（长度为 2 的候选项集）	候选项集	支持度
C2	{A,B}--1	1/4=0.25=25%
C2	{A,C}--2	2/4=0.5=50%
C2	{A,D}--1	1/4=0.25=25%
C2	{B,C}--2	2/4=0.5=50%
C2	{B,E}--3	3/4=0.75=75%
C2	{C,D}--1	1/4=0.25=25%
C2	{C,E}--2	2/4=0.5=50%

将表 3.22 中不满足最小支持度<50%的候选项集剔除，如表 3.23 所示。

表 3.23　将不满足最小支持度的候选项集剔除

$K=2$（长度为 2 的候选项集）	候选项集	支持度
C2	{A,B}--1	1/4=0.25=25% 因支持度<50%，将其剔除
C2	{A,C}--2	2/4=0.5=50%
C2	{A,D}--1	1/4=0.25=25% 因支持度<50%，将其剔除
C2	{B,C}--2	2/4=0.5=50%
C2	{B,E}--3	3/4=0.75=75%
C2	{C,D}--1	1/4=0.25=25% 因支持度<50%，将其剔除
C2	{C,E}--2	2/4=0.5=50%

剔除不满足最小支持度后的情况如表 3.24 所示。

表 3.24　剔除不满足最小支持度后的情况

$K=2$（长度为 2 的项集）	项集	支　持　度
C2	{A,C}--2	2/4=0.5=50%
C2	{B,C}--2	2/4=0.5=50%
C2	{B,E}--3	3/4=0.75=75%
C2	{C,E}--2	2/4=0.5=50%

因此，根据表 3.24 计算 $K=2$ 对应的强项集 L_2 结果如表 3.25 所示。

表 3.25　$K=2$ 对应的强项集 L_2

$K=2$（长度为 2 的强项集 L_2）	强项集	支　持　度
L_2	{A,C}--2	2/4=0.5=50%
L_2	{B,C}--2	2/4=0.5=50%

续表

$K=2$(长度为 2 的强项集 L_2)	强项集	支 持 度
L_2	$\{B,E\}$--3	3/4=0.75=75%
L_2	$\{C,E\}$--2	2/4=0.5=50%

即将表 3.25 缩写成 L_2 的表示形式,如表 3.26 所示。

表 3.26 将表 3.25 缩写成 L_2 的表示形式

L_2	$\{A,C\}$	50%
	$\{B,C\}$	50%
	$\{B,E\}$	75%
	$\{C,E\}$	50%

再按照表 3.26 计算 $K=3$ 的强项集,如表 3.27 所示。

表 3.27 $K=3$ 对应的强项集 L_3

$K=3$(长度为 3 的强项集)	强项集	支 持 度
C3	$\{A,B,C\}$--1	sup(A,B,C)=1/4=0.25=25%
C3	$\{A,C,E\}$--1	sup(A,B,C)=1/4=0.25=25%
C3	$\{B,C,E\}$--2	sup(A,B,C)=2/4=0.5=50% **满足 $K=3$ 的强项集条件

表 3.27 缩写成 L_3 的表示形式,如表 3.28 所示。

表 3.28 长度为 3 的强项集 L_3

L_3	$\{B,C,E\}$	50%

归纳起来,求解表 3.19 的三种关联销售情况(即求 $K=3$ 的强项集)的整个计算过程,可以用图 3.1 表示。

五种商品的交易记录表

交易ID	商品代码A	商品代码B	商品代码C	商品代码D	商品代码E
100	A		C	D	
200		B	C		E
300	A	B	C		E
400		B			E

C_3	$\{A,B,C\}$	sup(A,B,C)=1/4=0.25=25%
	$\{A,C,E\}$	sup(A,C,E)=1/4=0.25=25%
	$\{B,C,E\}$	sup(B,C,E)=2/4=0.5=50%

L_3	$\{B,C,E\}$	50%

根据已知的五种商品的交易记录表,求出所有满足K=3的候选项集,计算如下:

(1) (A,C) + (B,C) → (A,B,C) 仅存在1项

(2) (A,C) + (B,E) → 超过3项,不满足K=3的条件

(3) (A,C) + (C,E) → (A,C,E) 仅存在1项

(4) (B,C) + (B,E) → (B,C,E) 存在2项

(5) (B,C) + (C,E) → (B,C,E) 存在2项

(6) (B,E) + (C,E) → (B,C,E) 存在2项

图 3.1 按照表 3.19 计算 $K=3$ 的强项集 L_3 的图示

3.3　关联规则的创新应用研究

3.3.1　基于 Hadoop 环境下 Map-Reduce 流程的应用

Hadoop 环境下执行 Map-Reduce 流程的一个例子，如图 3.2 所示。

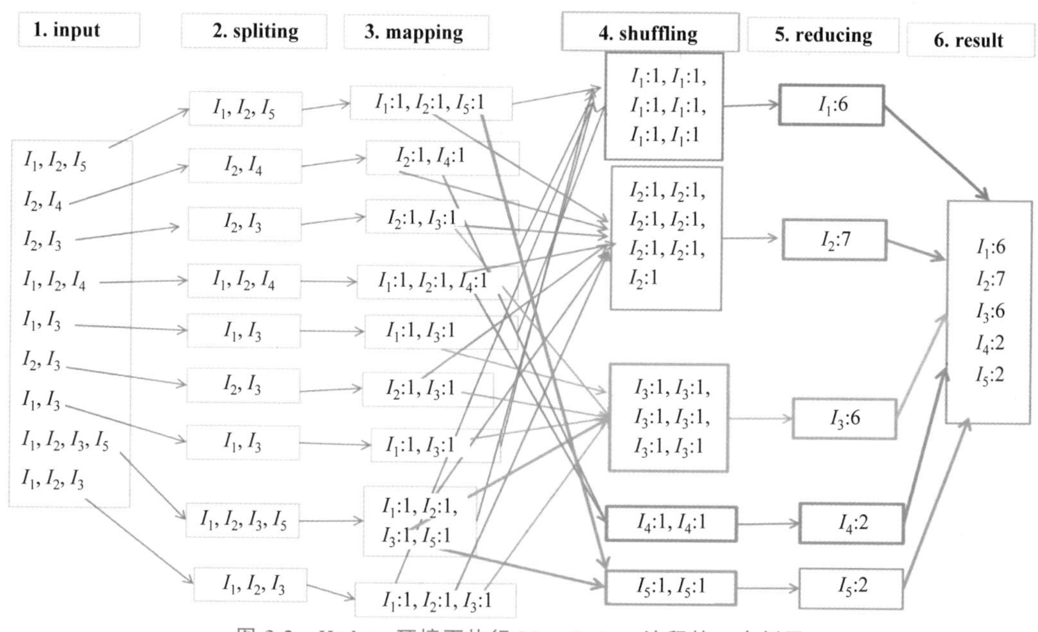

图 3.2　Hadoop 环境下执行 Map-Reduce 流程的一个例子

在图 3.2 的机制下，可以完成基于 Hadoop 环境下的并行词频统计，例如，可以将 I_1 到 I_5 称为一个文本，假设是由英语单词构成的文本(语句或词组，或英语词组等内容)，英语文本内容是 I_1＝“traffic”，I_2＝“big”，I_3＝“data”，I_4＝“text”，I_5＝“mining”；经过 Hadoop 环境下 Map-Reduce 处理流程(统计单词)后，其输出结果分别为：I_1＝“traffic”(总数为 6)，I_2＝“big”(总数为 7)，I_3＝“data”(总数为 6)，I_4＝“text”(总数为 2)，I_5＝“mining”(总数为 2)。

通过 Hadoop 机制下的词频统计例子，可以得知：Map-Reduce 是目前处理并行计算的非常优秀的解决方法。也可以运用这种机制来解决其他相关领域的并行统计机制的算法，例如，通过对网络环境下的某领域的热点词和热点话题内容的统计与分析，来判断物流企业的管理与决策领域关注的重点业务需求如何；通过某大型超市商品种类的新需求来决定并及时调整进货的数量。

3.3.2　基于 FP-tree 的频繁项集的挖掘方法

韩家伟等学者在 2000 年提出了分而治之策略的 FP-tree 递归增长频繁项集。具体的方法是：①对每个项(item)生成其条件模式库，再作为其条件 FP-tree；②对每个新生成的条件 FP-tree，重复执行其步骤；③如果 FP-tree 为空，或者仅含有一个路径(此路径对应的每个子路径都是频繁项集)则结束。

下面通过表 3.29 的举例来解释构造 FP-tree 的过程。

表 3.29　一个事务数据库的例子

Tid	事务 1 I_1 Item1	事务 2 I_2 Item2	事务 3 I_3 Item3	事务 4 I_4 Item4	事务 5 I_5 Item5
1	1	1	0	0	1
2	0	1	0	1	0
3	0	1	1	0	0
4	1	1	0	1	0
5	1	0	1	0	0
6	0	1	1	0	0
7	1	0	1	0	0
8	1	1	1	0	1
9	1	1	1	0	0

在表 3.29 中再加上一个属性即 Items(DB 对应的项集 Items),如表 3.30 所示。

表 3.30　一个事务数据库的属性拓宽例子

Tid	事务 1 I_1 Item1	事务 2 I_2 Item2	事务 3 I_3 Item3	事务 4 I_4 Item4	事务 5 I_5 Item5	Items
1	1	1	0	0	1	$\{I_1,I_2,I_5\}$
2	0	1	0	1	0	$\{I_2,I_4\}$
3	0	1	1	0	0	$\{I_2,I_3\}$
4	1	1	0	1	0	$\{I_1,I_2,I_4\}$
5	1	0	1	0	0	$\{I_1,I_3\}$
6	0	1	1	0	0	$\{I_2,I_3\}$
7	1	0	1	0	0	$\{I_1,I_3\}$
8	1	1	1	0	1	$\{I_1,I_2,I_3,I_5\}$
9	1	1	1	0	0	$\{I_1,I_2,I_3\}$

根据表 3.30 内容提取的事务数据库例子对应的项集如表 3.31 所示。

表 3.31　数据库例子对应的项集

Tid	Items
1	$\{I_1,I_2,I_5\}$
2	$\{I_2,I_4\}$
3	$\{I_2,I_3\}$

续表

Tid	Items
4	$\{I_1, I_2, I_4\}$
5	$\{I_1, I_3\}$
6	$\{I_2, I_3\}$
7	$\{I_1, I_3\}$
8	$\{I_1, I_2, I_3, I_5\}$
9	$\{I_1, I_2, I_3\}$

下面给出构造 FP-tree 的全过程。

第一步：构造 FP-tree。

扫描事务数据库(每一列)列得到 $K=1$ 即长度为 1 的频繁项集 F，如表 3.32 所示。

表 3.32　构造 FP-tree

I_1	I_2	I_3	I_4	I_5
6	7	6	2	2

假设 min_sup=20%，即最小支持数为 2；重新排列项集 F，将其中的项集按照支持数递减排序，如表 3.33 所示。

表 3.33　重新排序后的结果

I_2	I_1	I_3	I_4	I_5
7	6	6	2	2

重新调整事务数据库后的结果如表 3.34 所示。

表 3.34　重新调整事务数据库后的结果

Tid	Items
1	$\{I_2, I_1, I_5\}$
2	$\{I_2, I_4\}$
3	$\{I_2, I_3\}$
4	$\{I_2, I_1, I_4\}$
5	$\{I_1, I_3\}$
6	$\{I_2, I_3\}$
7	$\{I_1, I_3\}$
8	$\{I_2, I_1, I_3, I_5\}$
9	$\{I_2, I_1, I_3\}$

创建根结点结果如图 3.3 所示。

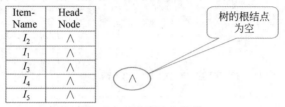

Item-Name	Head-Node
I_2	∧
I_1	∧
I_3	∧
I_4	∧
I_5	∧

树的根结点为空

∧

图 3.3　创建根结点结果

(1) 加入第一个事务 I_2, I_1, I_5 的结果如图 3.4 所示。

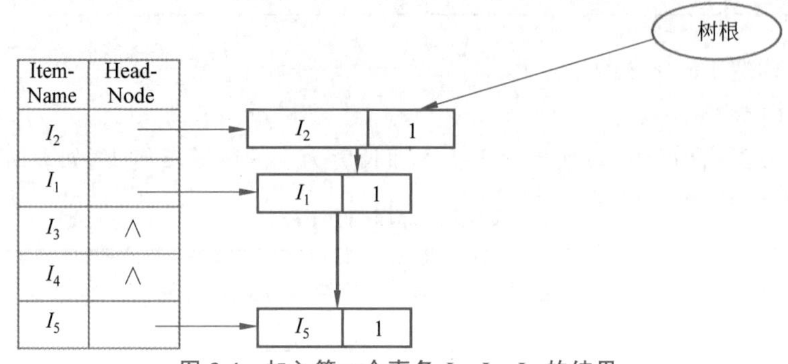

图 3.4　加入第一个事务 I_2, I_1, I_5 的结果

(2) 加入第二个事务 I_2, I_4 的结果如图 3.5 所示。

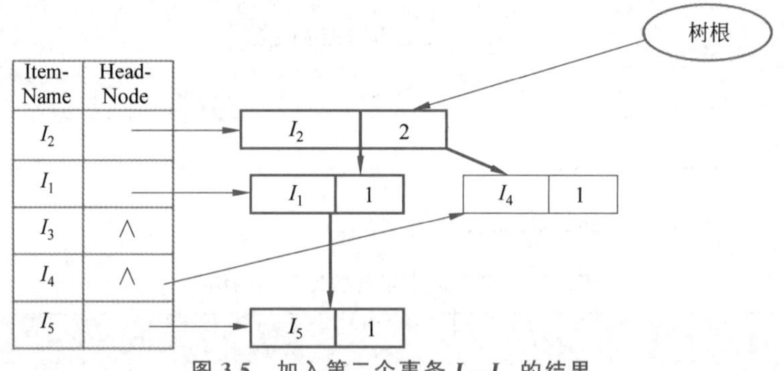

图 3.5　加入第二个事务 I_2, I_4 的结果

(3) 加入第三个事务 I_2, I_3 的结果如图 3.6 所示。

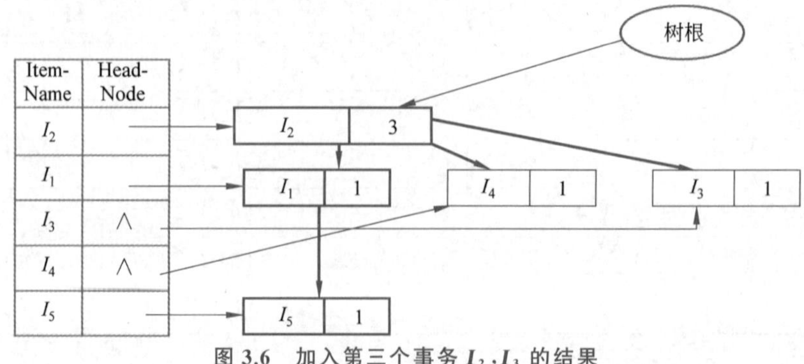

图 3.6　加入第三个事务 I_2, I_3 的结果

（4）加入第四个事务 I_2, I_1, I_4 后结果如图 3.7 所示。

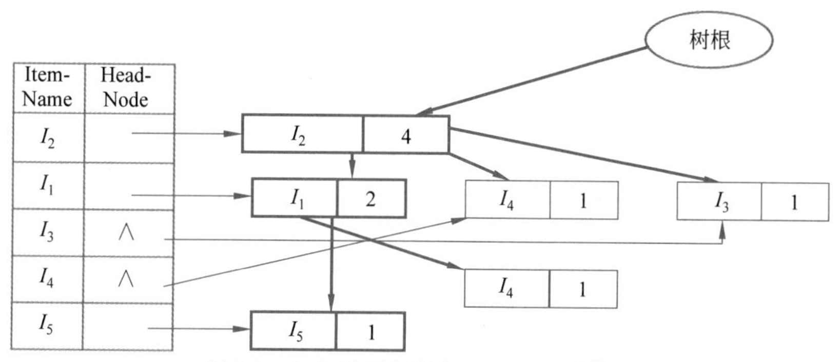

图 3.7　加入第四个事务 I_2, I_1, I_4 后结果

（5）加入第五个事务 I_1, I_3 后的结果如图 3.8 所示。

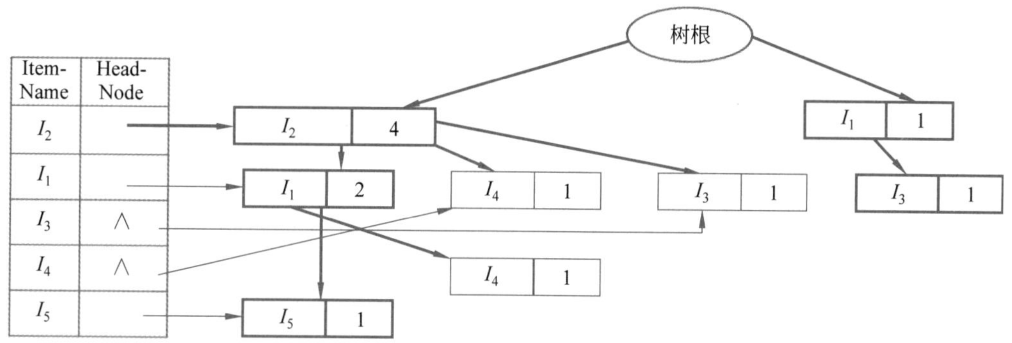

图 3.8　加入第五个事务 I_1, I_3 后的结果

（6）加入第六个事务 I_2, I_3 后的结果如图 3.9 所示。

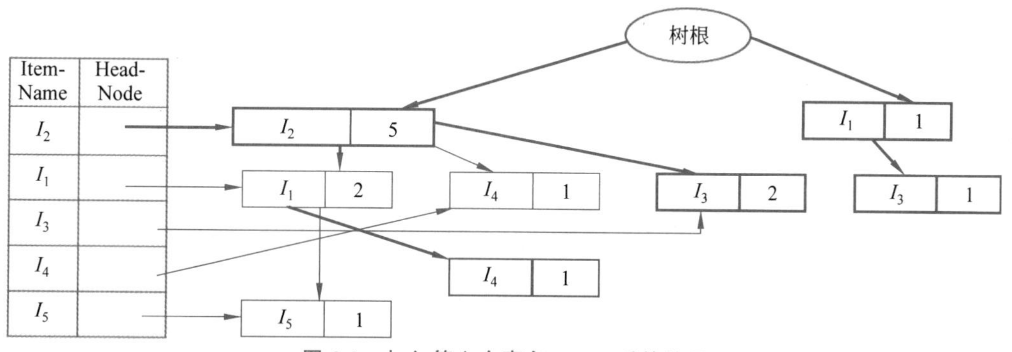

图 3.9　加入第六个事务 I_2, I_3 后的结果

（7）加入第七个事务 I_1, I_3 后的结果如图 3.10 所示。

（8）加入第八个事务 I_2, I_1, I_3, I_5 后的结果如图 3.11 所示。

（9）加入第九个事务 I_2, I_1, I_3 后的结果如图 3.12 所示。

第二步：建立 FP-growh（将图 **3.11** 作为建立 **FP-growh** 过程的初始状态）

（1）考虑 I_5，得到条件模式基为＜I_2, I_1＞；＜I_2, I_1, I_3＞，根据图 3.11 的结果建立 FP-growh 过程如图 3.13 所示。

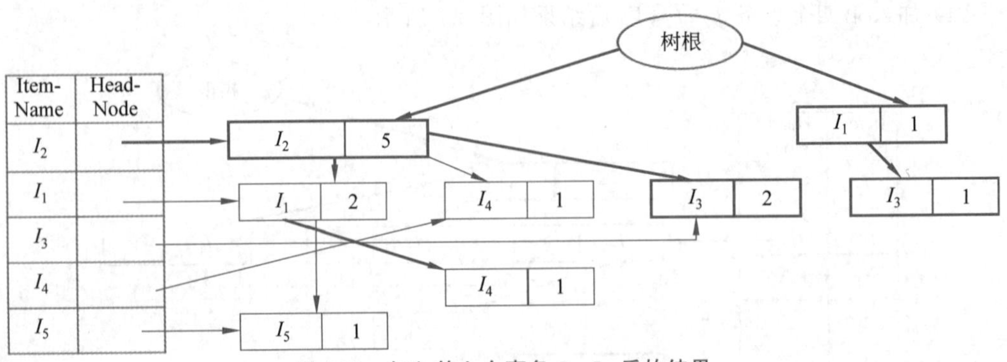

图 3.10 加入第七个事务 I_1,I_3 后的结果

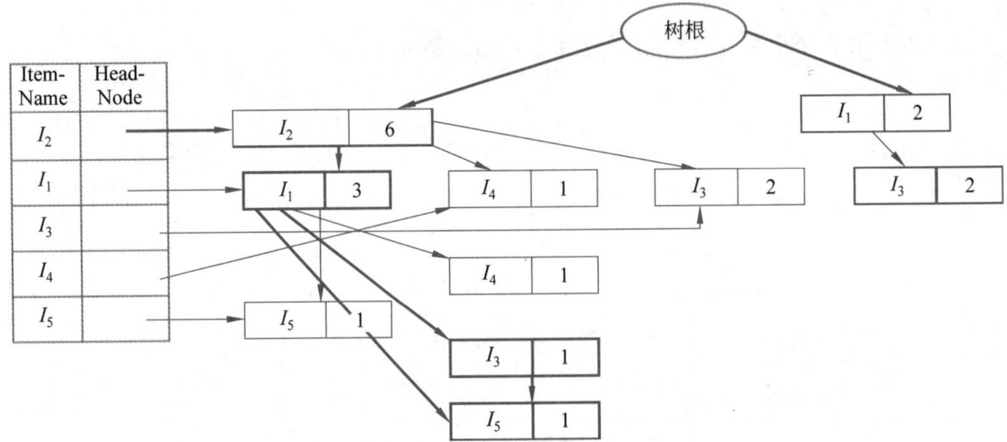

图 3.11 加入第八个事务 I_2,I_1,I_3,I_5 后的结果

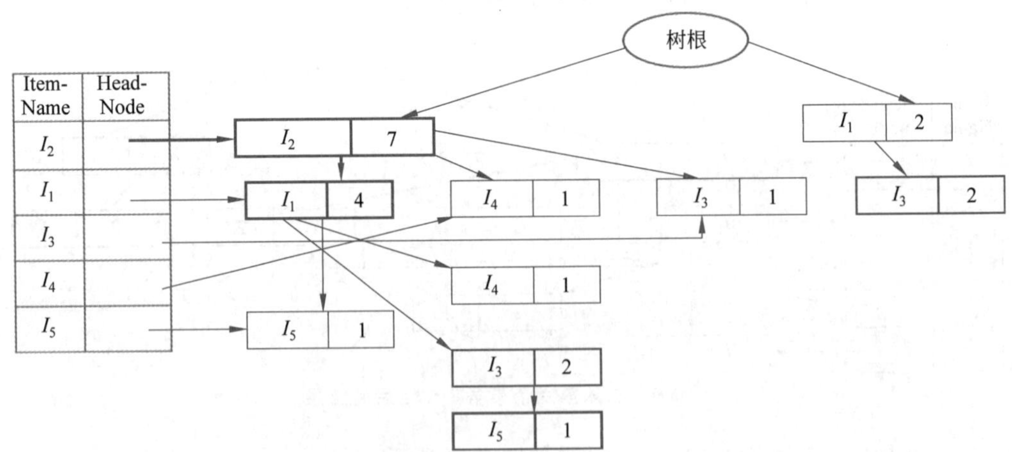

图 3.12 加入第九个事务 I_2,I_1,I_3 后的结果

图 3.13 的显示结果：I_5 的频繁项集为$\{I_2,I_5:2\}$，$\{I_1,I_5:2\}$，$\{I_2,I_1,I_5:2\}$。

(2) 考虑 I_4，得到条件模式基为$<I_2,I_1:1>$；$<I_2:1>$，如图 3.14 所示。

由图 3.13 得到 I_4 的频繁项集为$\{I_2,I_4:2\}$，如图 3.15 所示。

(3) 考虑 I_3，得到条件模式基为$<I_2,I_1:2>$；$<I_2:2>$，$<I_1:2>$，如图 3.16 所示。

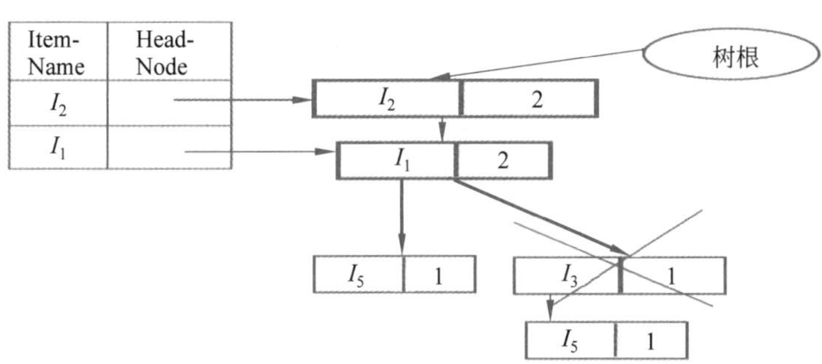

图 3.13　考虑 I_5,得到条件模式基的情况

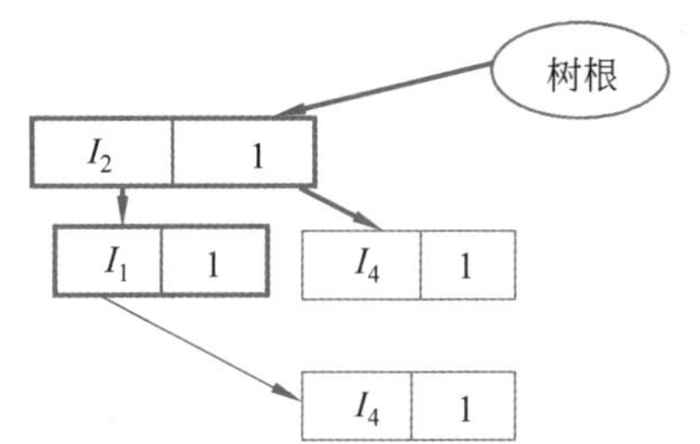

图 3.14　考虑 I_4,得到条件模式基的情况

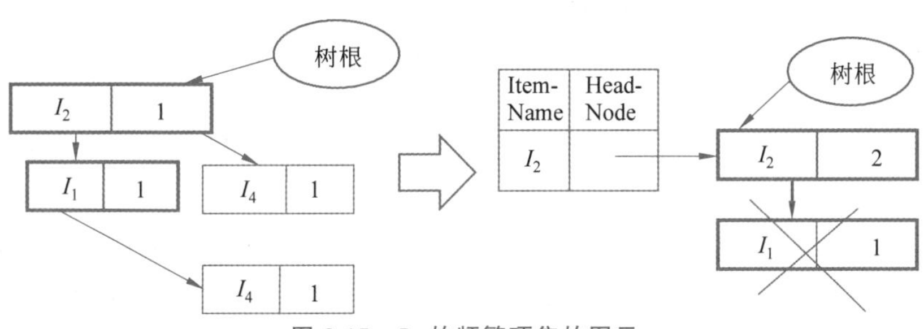

图 3.15　I_4 的频繁项集的图示

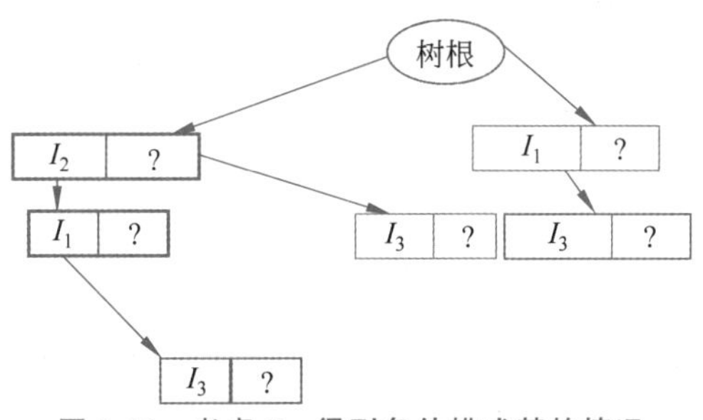

图 3.16　考虑 I_3,得到条件模式基的情况

根据 I_3 得到条件模式基<I_2,I_1 : 2>;<I_2 : 2>,可以得出图 3.17 的结果。

由于图 3.17 的树不是单一路径,所以需要递归挖掘 I_3,得到 I_3 频繁项集为<I_2,I_3 : 4>;<I_1,I_3 : 4>;<I_2,I_1,I_3 : 4>。

也就是说,递归考虑 I_3,得到 I_1 条件模式基为<I_2 : 2>,即 I_1、I_3 的条件模式基为<I_2 : 2>。构造条件 FP-tree,从树根到 I_3 的路径的图示如图 3.18 所示。

因此,得到 I_3 频繁项集为<I_2,I_3 : 4>; <I_1,I_3 : 4>; <I_2,I_1,I_3 : 4>。

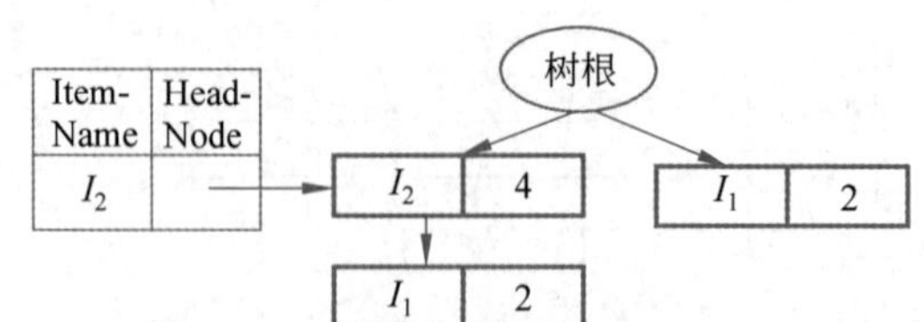

图 3.17 根据 I_3 条件模式基得到的 FP-tree 的构造结果

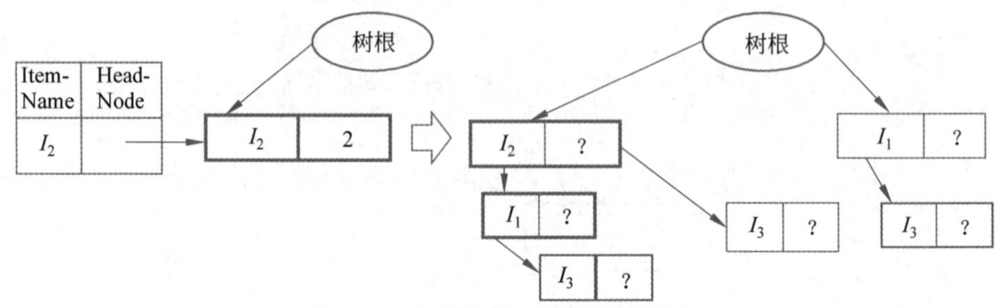

图 3.18 从树根到 I_3 的路径的图示

(4) 考虑 I_1,得到 I_1 条件模式基为<I_2 : 4>,构造条件 FP-tree 如图 3.19 所示。

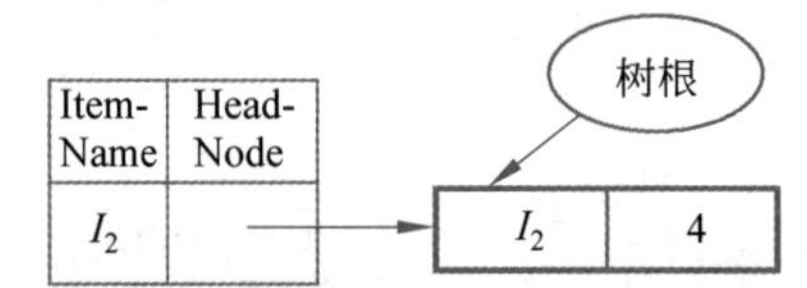

图 3.19 根据 I_1 条件模式基构造的条件 FP-tree

由图 3.19 得到 I_1 频繁项集为<I_2,I_1 : 4>。

小结:上述介绍的构造 FP-tree 的特点是:①方法简单并且容易阅读;②只要熟悉数据结构中的哈希树与哈希函数的建立方法,编程就非常简单;③在实际应用中,为了减少对树的递归操作,还可以将递归调用算法采用递推算法(利用栈来完成操作)。但是,这种算法仅仅是单机操作和运算的,也存在运行速度的瓶颈问题。目前,解决运行速度的最好方案是:选用并行计算的机制来完成,如前面提到的运用 Hadoop 系统的 Map/Reduce 进行并行计算,将是较好的计算模式。

小　　结

关联规则是快速发现知识和数据挖掘的重要方法之一,它可以用来得到有价值的规则即知识。本章首先重点介绍关联规则的定义与解释、关联规则算法,并给出了 Apriori 算法(求关联规则的算法即在大型数据库中快速发现知识的研究方法)的具体计算过程的示例;然后,给出了构造 FP-tree 和 FP-growth 的建立逻辑过程的例子,从而让读者在深入了解关联分析算法的基础上,进一步深入了解快速发现知识的新方法及其应用领域。

习　　题

1. 解释关联规则的相关知识点(项集、候选项集、强项集、支持度和可信度)。
2. 理解关联规则算法计算过程。
3. 判断一个好的算法标准有哪些因素?
4. 请说出 FP-tree 中的条件路径的内涵。

第4章

分类分析模型及应用

【内容提要】 本章重点介绍常用的分类模型：决策树（ID3算法）、贝叶斯模型（朴素贝叶斯分类模型）、逻辑回归、K-近邻算法和支持向量机的原理、计算过程以及应用分析和代码实现。

【学习要求】 理解评估分类模型的性能度量与模型选择方法；掌握决策树分类模型的原理与Python实现，理解决策树分类模型的剪枝处理、连续值与缺失值处理以及多变量处理；掌握贝叶斯分类模型、逻辑回归分类模型和K-近邻（KNN）分类模型的算法原理、示例分析过程以及Python实现。

分类模型概述

 4.1 分类模型概述

4.1.1 分类模型概念与相关术语

1. 分类与分类模型的概念

对有限个可能的客观世界事物种类进行区分即分类问题。分类的目的是：确认客观世界中的数据属于哪个类别，换句话说，样本具体有哪些类别是已知的。分类是一种有监督的学习。

虽然多数人都不喜欢被别人作为监督的对象而被分类和被贴标签，但数据研究的基础要从给数据“贴标签”进行分类开始，而且类别分得越精准，得到的结果就越有价值。

既然分类是一个有监督的学习过程，那么其目标数据库中有哪些类别都应该是已知的，分类过程需要做的就是把每一条记录归到对应的类别之中。分类在数据挖掘中是一项非常重要的任务。掌握分类学习的基本知识和基础应该是：要学会一个分类函数或分类模型（也常称作分类器），该分类模型能把数据库中的数据项（属性）映射到给定类别中的某一个类别中。分类常见的应用场景有：通过多种类别的邮件数据判断邮件是否为垃圾邮件？通过多种类别的网络在线交易数据判断在线交易是否存在潜在风险？通过多种类别的医疗大数据中的患者肿瘤数据判断肿瘤为良性还是恶性的病因分类；等等。

2. 分类模型的简单划分

分类模型有很多，图4.1给出了分类模型的简单划分。

本章分别介绍图4.1中常见的分类模型：决策树（ID3算法）、贝叶斯（朴素贝

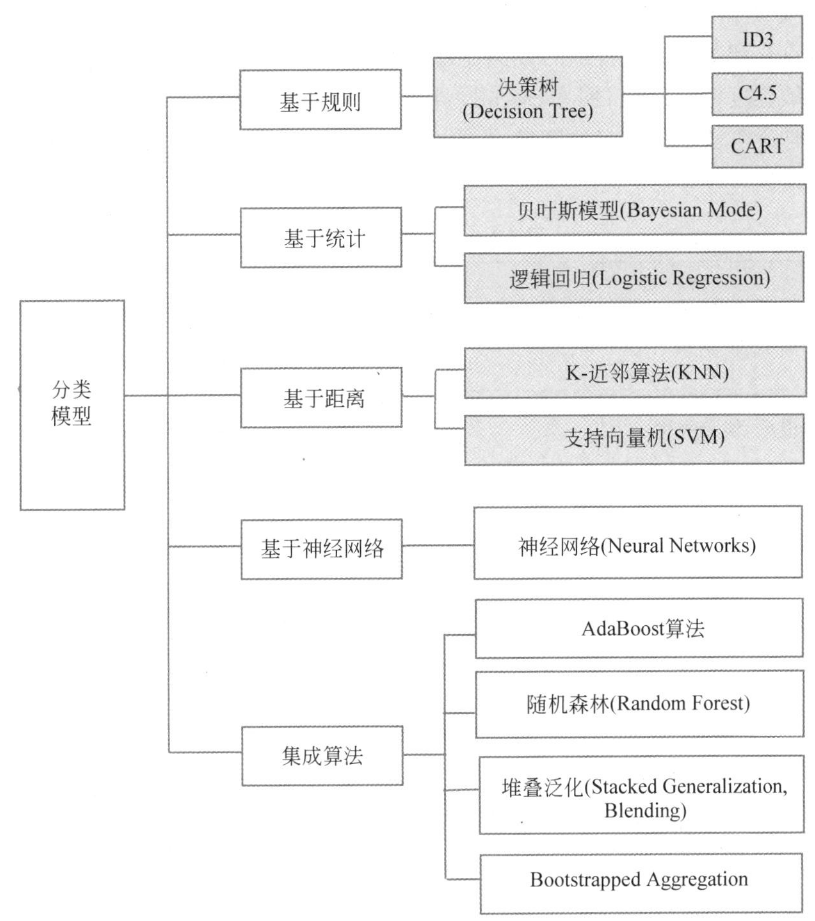

图 4.1　分类模型的简单划分

叶斯分类)、逻辑回归、K-近邻算法和支持向量机的原理,并详细介绍这些算法的计算过程、算法对应程序的运行过程及运行结果的分析。

下面先来了解分类模型的性能度量和评估选择的相关知识。

4.1.2　分类模型评估与选择

如果已经建立了分类模型,读者的脑海中就可能浮现许多问题。例如,假设使用前面介绍的"销售数据训练分类器和预测顾客的购物行为"的话,我们就会希望评估该分类器预测未来顾客购物行为(即未经过训练的未来顾客数据)的准确率。甚至我们尝试了不同的方法和建立了多个分类器时,可能会通过计算和比较它们的准确率而得出重要的结果。那么,什么是准确率?如何估计它?分类器"准确率"的某些性能度量比其他度量更合适吗?如何得到可靠的准确率估计?本节将重点介绍这些相关知识。

1. 评估分类模型的性能度量内容与方法

本节重点介绍常用的评估分类模型的性能度量方法,以用来评估分类器预测元组类标号的性能或"准确率"。我们将考虑各类元组大致均匀分布的情况,也考虑类不平衡的情况(例如,在医学化验中,感兴趣的重要类稀少)。

1) 评估分类模型的性能度量内容

下面重点介绍如表 4.1 所示的分类器评估度量。表 4.1 包括的内容有：准确率(又称为“识别率”)、敏感度(或称为召回率，recall)、特效性、精度(precision)、F_1 和 F_β。特别要注意的是：尽管准确率是一个特定的度量，但是“准确率”一词也是经常用于谈论分类器预测能力的通用术语。

表 4.1 分类模型评估度量

度 量	公 式
准确率、识别率	$\frac{\mathrm{TP}+\mathrm{TN}}{P+N}$
错误率、误分类率	$\frac{\mathrm{FP}+\mathrm{FN}}{P+N}$
敏感度、真正例率、召回率	$\frac{\mathrm{TP}}{P}$
特效性、真负例率	$\frac{\mathrm{TN}}{N}$
精度	$\frac{\mathrm{TP}}{\mathrm{TP}+\mathrm{FP}}$
F、F_1、F 分数 精度和召回率的调和均值	$\frac{2\times \mathrm{precision}\times \mathrm{recall}}{\mathrm{precision}+\mathrm{recall}}$
F_β，其中 β 是非负实数	$\frac{(1+\beta^2)\times \mathrm{precision}\times \mathrm{recall}}{\beta^2\times \mathrm{precision}+\mathrm{recall}}$

还要注意的是：当某些度量有多个名称时(如 TP，TN，FP，FN，P，N 分别表示真正例、真负例、假正例、假负例、正样本数和负样本数)需要厘清各自的作用。

2) 用于计算多个评估度量的“构件”

在表 4.1 中，有 4 个必须要知道的术语，这些术语是用于计算多个评估度量的“构件”，理解它们有助于领会各种度量的含义。

(1) 真正例/真阳性(True Positive，TP)：是指被分类器正确分类的正元组。令 TP 为真正例的个数。

(2) 真负例/真阴性(True Negative，TN)：是指被分类器正确分类的负元组。令 TN 为真负例的个数。

(3) 假正例/假阳性(False Positive，FP)：是指被错误地标记为正元组的负元组(例如，类 buys_computer＝no 的元组，被分类器预测为 buys_computer＝yes)。令 FP 为假正例的个数。

(4) 假负例/假阴性(False Negative，FN)：是指被错误地标记为负元组的正元组(例如，类 buys_computer＝yes 的元组，被分类器预测为 buys_computer＝no)。令 FN 为假负例的个数。

这 4 个术语相关内容与解释如表 4.2 所示。

表 4.2　一个混合矩阵展示的正元组和负元组的合计的示例

		预测的类		合计
		YES	NO	
实际的类	YES	TP	FN	P
	NO	FP	TN	N
合计		P'	N'	$P+N$

混淆矩阵是分析分类器识别不同类元组的一种有用工具。TP 和 TN 告诉我们分类器何时分类正确，而 FP 和 FN 告诉我们分类器何时分类错误。

给定 m 个类($m \geqslant 2$)，混淆矩阵(Confusion Matrix)是一个至少为 $m \times m$ 的表。前 m 行和 m 列中的表目 $CM_{i,j}$ 指出类 i 的元组被分类器标记为类 j 的个数。理想地，对于具有高准确率的分类器，大部分元组应该被混淆矩阵从 $CM_{1,1}$ 到 $CM_{m,m}$ 的对角线上的表目表示，而其他表目为 0 或者接近 0。也就是说，FP 和 FN 接近 0。

该表可能有附加的行和列，提供合计。例如，在表 4.2 的混淆矩阵中，显示了 P 和 N。此外，P' 是被分类器标记为正的元组数(TP+FP)，N' 是被标记为负的元组数(TN+FN)。元组的总数为 TP+TN+FP+PN，或 $P+N$，或 $P'+N'$。注意，尽管所显示的混淆矩阵针对的是二元分类问题，但是很容易用类似的方法给出多分类问题的混淆矩阵。

2. 关于度量的计算模式

1) 准确率的计算公式

现在，从准确率开始，考察评估度量。分类器在给定检验集上的准确率(accuracy)是被该分类器正确分类的元组所占的百分比，即式(4-1)。

$$\text{accuracy} = \frac{\text{TP} + \text{TN}}{P + N} \tag{4-1}$$

在模式识别文献中，准确率又称为分类器的总体识别率；即它反映分类器对各类元组的识别情况。

将表 4.2 所示的两个类 buys_computer=yes(正类)和 buys_computer=no(负类)的混淆矩阵例子显示在表 4.3 中。表 4.3 中显示了合计，以及每类和总体识别率。从混淆矩阵中很容易看出相应的分类器是否混淆了两个类。

表 4.3　类 buys_computer=yes 和 buys_computer=no 的混淆矩阵

类		预测的类		合计	识别率/%
		buys_computer=yes	buys_computer=no		
实际的类	buys_computer=yes	6954	46	7000	99.34
	buys_computer=no	412	2588	3000	86.27
合计		7366	2634	10000	95.42

其中，第 i 行和第 j 列的表目显示类 i 的元组被分类器标记为类 j 的个数。理想地，非对角线上的表目应当为 0 或接近 0。

例如，我们看到 412 个“no”元组被误标记为“yes”。当类分布相对平衡时，准确率最有效。

2) 错误率的计算

也可以说分类器 M 的错误率或误分类率,是 $1-\text{accuracy}(M)$,其中,$\text{accuracy}(M)$是 M 的准确率。可以用式(4-2)计算:

$$\text{error\_rate}=\frac{\text{FP}+\text{FN}}{P+N} \tag{4-2}$$

如果想使用训练集(而不是检验集)来估计模型的错误率,则该量称为再代入误差(Resubstitution Error)。这种错误估计是实际错误率的乐观估计(类似地,对应的准确率估计也是乐观的),因为并未在没有见过的任何样本上对模型进行检验。

现在考虑类不平衡问题,其中感兴趣的主类是稀少的。也就是说,数据集的分布反映负类显著地占多数,而正类占少数。例如,在欺诈检测应用中,感兴趣的类(或正类)"fraud"(欺诈),它的出现远不及负类"nonfraudulant"(非欺诈)频繁。在医疗数据中可能也有稀有类,如"cancer"(癌症)。假设已经训练了一个分类器,对医疗数据元组分类,其中,类标号属性是"cancer",而可能的类值是"yes"和"no"。97%的准确率使得分类器看上去相当准确,但是,如果实际只有3%的训练元组是癌症,怎么样?显然,97%的准确率可能不是可接受的。例如,该分类器可能只是正确地标记非癌症元组,而错误地分类所有癌症元组。因此,需要其他的度量,评估分类器正确地识别正元组("cancer=yes")的情况和正确地识别负元组("cancer=no")的情况。

3) 灵敏性和特效性度量的计算

综上所述,可以分别使用灵敏性(sensitivity)和特效性(specificity)度量。灵敏性也称真正例(识别)率(即正确识别的正元组的百分比),而特效性是真负例率(即正确识别负元组的百分比)。这些度量定义如式(4-3)和式(4-4)所示。

$$\text{sensitivity}=\frac{\text{TP}}{P} \tag{4-3}$$

$$\text{specificity}=\frac{\text{TN}}{N} \tag{4-4}$$

可以证明准确率是灵敏性和特效性度量的函数,如式(4-5)所示。

$$\text{accuracy}=\frac{\text{TP}+\text{TN}}{P+N}=\text{sensitivity}\ \frac{P}{P+N}+\text{specificity}\ \frac{N}{P+N} \tag{4-5}$$

例 4.1 计算表 4.4 中数据的灵敏性和特效性。

表 4.4 类 cancer=yes 和 cancer=no 的混淆矩阵

类		预测的类		合计	识别率/%
		cancer=yes	cancer=no		
实际的类	cancer=yes	90	210	300	30.00
	cancer=no	140	9560	9700	98.56
合计		230	9770	10000	97.40

表 4.4 显示了医疗数据的混淆矩阵,其中,类标号属性 cancer 的类值为 yes 和 no。该分

类器的灵敏度为$\frac{90}{300}\times100\%=30.00\%$，特效性为$\frac{9560}{9700}\times100\%=98.56\%$。该分类器的总体准确率为$\frac{9740}{10000}\times100\%=97.40\%$。这样，我们注意到，尽管该分类器具有很高的准确率，但是考虑到它很低的灵敏度，它正确标记正类（稀有类）的能力还是很差。处理类别失衡的数据集可以使用过采样、欠采样、阈值移动等技术，感兴趣的读者可以深入研究关于如何提高类不平衡数据的分类准确率的相关技术。

4）关于精度与召回率的计算

由于精度和召回率度量也在分类中被广泛使用，因此，该计算模型也常常被学者与专家们使用。精度（precision）可以看作精确性的度量（即混淆矩阵记为正类的元组实际为正类所占的百分比），而召回率（recall）是完全性的度量（即正元组标记为正的百分比）。召回率看上去很熟悉，因为它就是灵敏度（或真正例率）。度量计算公式如式（4-6）和式（4-7）所示。

$$\text{precision}=\frac{\text{TP}}{\text{TP}+\text{FP}} \tag{4-6}$$

$$\text{recall}=\frac{\text{TP}}{\text{TP}+\text{FN}}=\frac{\text{TP}}{P} \tag{4-7}$$

例 4.2　表 4.4 中的精度与召回率的计算示例。

解答：根据表 4.4 已知条件关于 cancer＝yes 类，将表 4.4 中分类器的精度计算为$\frac{90}{230}\times100\%=39.13\%$。召回率为$\frac{90}{300}\times100\%=30.00\%$，本计算结果与例 4.1 所计算的灵敏度相同。

进一步的解释：当类 C 的精度为满分 1.0 时，就意味着其分类器标记为类 C 的每个元组都确实属于类 C。然而，对于被分类器错误分类的类 C 的元组数，它什么也没告诉我们。类 C 的召回率为满分 1.0 意味着类的每个元组都标记为类 C，但是并未告诉我们有多少其他元组被不正确地标记属于类 C。精度与召回率之间趋向于呈现逆关系，有可能以降低一个为代价而提高另一个。例如，通过标记所有以肯定方式出现的癌症元组为 yes，医疗数据分类器可能获得高精度，但是，如果它误标记许多其他癌症元组，则它可能具有很低的召回率。精度和召回率通常一起使用，用固定的召回率值比较精度，或用固定的精度比较召回率。例如，可以在 0.75 的召回率水平比较精度。

另一种使用精度和召回率的方法是把它们组合到一个度量中。这就是 F 度量（又称为 F_1 分数或 F 分数）和 F_β 度量的方法。它们的定义如式（4-8）和式（4-9）所示。

$$F=\frac{2\times\text{precision}\times\text{recall}}{\text{precision}+\text{recall}} \tag{4-8}$$

$$F_\beta=\frac{(1+\beta^2)\times\text{precision}\times\text{recall}}{\beta^2\times\text{precision}+\text{recall}} \tag{4-9}$$

其中，F 度量是精度和召回率的调和均值，它赋予精度和召回率相等的权重；式（4-9）中的 β 是非负实数，F_β 度量是精度和召回率加权度量，它赋予召回率权重是赋予精度的 β 倍。通常使用的 F_β 是 F_2（它赋予召回率权重是精度的 2 倍）和 $F_{0.5}$（它赋予精度的权重是召回率的 2 倍）。

“还有其他准确率可能不合适的情况吗?”在分类问题中,通常假定所有的元组都是唯一可分类的,即每个训练元组都只能属于一个类。然而,由于大型数据库中的数据非常多样化,假定所有的对象都唯一可分类并非总是合理的。假定每个元组可以属于多个类是更可行的。这样,如何度量大型数据库上分类器的准确率呢?准确率度量是不合适的,因为它没考虑元组属于多个类的可能性。

不是返回类标号,而是返回类分布概率是有用的。这样,准确率度量可以采用二次猜测试探:一个类预测被断定是正确的,如果它与最可能的或次可能的类一致。尽管这在某种程度上确实考虑了元组的非唯一分类,但它不是完全解。

3. 其他比较分类器的度量

除了上述基于准确率的度量外,还可以根据如下几个方面来比较分类器。

(1) **速度**:涉及产生和使用分类器的计算开销。

(2) **鲁棒性**:反映了假定数据有噪声或有缺失值时分类器做出正确预测的能力。通常鲁棒性用噪声和缺失值渐增的一系列合成数据集来评估。

(3) **可伸缩性**:涉及给定大量数据,有效地构造分类器的能力。通常,可伸缩性用规模渐增的一系列数据集评估。

(4) **可解释性**:涉及分类器或预测器提供的理解和洞察水平。可解释性是主观的,因而很难评估。决策树和分类规则可能容易解释,但随着它们变得更复杂,它们的解释性也随之消失。

概括地说,当数据类比较均衡地分布时,准确率效果最好。其他度量,如灵敏度(或召回率)、特效性、精度、F 和 F_β 更适合类不平衡问题,主要感兴趣的类是稀少的。

4. 用保持方法估计准确率和随机二次抽样

下面将讨论如何获得可靠的分类器准确率估计和随机二次抽样。

保持(holdout)方法是迄今为止讨论准确率时暗指的方法。在这种方法中,给定数据随机地划分成两个独立的集合:训练集和检验集。通常,2/3 的数据分配到训练集,其余 1/3 分配到检验集。使用训练集导出模型,其准确率用检验集估计(见图 4.2)。估计是悲观的,因为只有一部分初始数据用于导出模型。

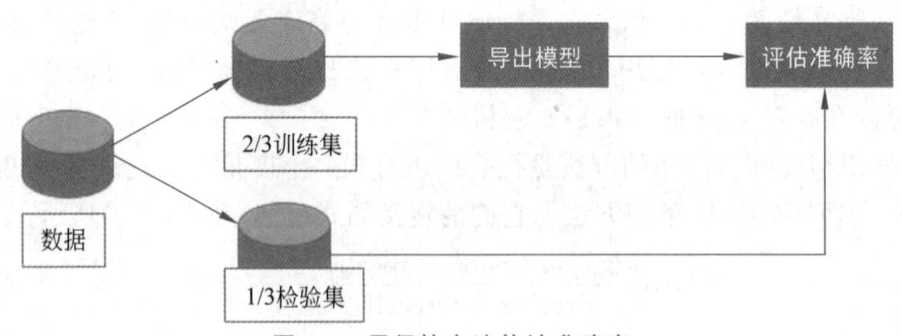

图 4.2 用保持方法估计准确率

随机二次抽样是保持方法的一种变形,它将保持方法重复 k 次。总准确率估计取每次迭代准确率的平均值。

5. 交叉验证

在 k 折交叉验证中,初始数据随机地划分成 k 个互不相交的子集或“折”$D_1, D_2, \cdots,$

D_k，每个折的大小大致相等。训练和检验进行 k 次。在第 i 次迭代，分区 D_i 用作检验集，其余的分区一起用作训练模型。也就是说，在第一次迭代，子集 $D_2,\cdots,D_k$ 一起作为训练集，得到第一个模型，并在 D_1 上检验；第二次迭代在子集 $D_1,D_3,\cdots,D_k$；上训练，并在 D_2 上检验；如此下去。与上面的保持和随机二次抽样不同，这里的元组总数除以初始数据中的元组总数。解样本用于训练的次数相同，并且用于检验一次。对于分类，准确率估计是 k 次迭代正确分类的元组总数除以初始数据中的元组总数。

留一是 k 折交叉验证的特殊情况，设置 k 为初始元组数。也就是每次只给检验集“留出”一个样本。在**分层交叉验证**中，折被分层，使得每个折中样本的类分布与在初始数据中的大致相同。

一般地，建议使用分层 10 折交叉验证估计准确率(即使计算能力允许使用更多的折)，因为它具有相对较低的偏倚和方差。

6. 自助法

与上面提到的准确率估计方法不同，自助法(bootstrap)从给定训练元组中有放回的均抽样。也就是说，每当选中一个元组，这个元组同样也可能被再次选中并被再次添加到训练集中。例如，想象一台从训练集中随机选择元组的机器。在有放回的抽样中，允许机器多选择同一个元组。

有多种自助方法，最常用的一种是**.632 自助法**。**.632 自助法**假设给定的数据集包含 d 个元组。该数据集有放回地抽样 d 次，产生 d 个样本的自助样本集或训练集。原数据元组的某些元组很可能在该样本集中出现多次。没有进入该训练集的数据元组最终形成检验假设进行多次这样的抽样。其结果是，在平均情况下，63.2%原数据元组将出现在自助样本中，而其余 36.8%的元组将形成检验集(因此称为**.632 自助法**)。

“数字 63.2%从何而来?”每个元组被选中的概率是 $1/d$，因此未被选中的概率是$(1-1/d)$。需要挑选 d 次，因此一个元组在 d 次挑选中都未被选中的概率是$(1-1/d)^d$。如果 d 很大，该概率近似为 $\mathrm{e}^{-1}=0.368$。因此 36.8%的元组未被选为训练元组而留在检验集中，其余的 63.2%的元组将形成训练集。

可以重复抽样过程 k 次，其中，在每次迭代中，使用当前的检验集得到从当前自助样本得的模型的准确率估计。模型的总体准确率则用式(4-10)进行估计：

$$\mathrm{Acc}(M)=\sum_{i=1}^{k}(0.632\times\mathrm{Acc}(M_i)_{\mathrm{test\_set}}+0.368\times\mathrm{Acc}(M_i)_{\mathrm{train\_set}})\tag{4-10}$$

其中，$\mathrm{Acc}(M_i)_{\mathrm{test_set}}$是自助样本 i 得到的模型用于检验集 i 的准确率；$\mathrm{Acc}(M_i)_{\mathrm{train_set}}$是自助样本 i 得到的模型用于原数据元组集的准确率。结论：对于小数据集，自助法效果很好。

7. 使用统计显著性检验选择模型

假设已经由数据产生了两个分类模型 M_1 和 M_2。已经进行 10 折交叉验证，得到了每个平均错误率。“如何确定哪个模型最好?”直观地，可以选择具有最低错误率的模型。然而，平均错误率只是对未来数据真实总体上的错误估计。10 折交叉验证实验的错误率之间可能存在相当大的方差。尽管由 M_1 和 M_2得到的平均错误率看上去可能不同，但是差可能不是统计显著的。如果两者之间的差别可能只是偶然的，出现了这种偶然情况怎么办呢?这正是下面要讨论的问题。

为了确定两个模型的平均错误率是否存在“真正的”差别，需要使用统计显著性检验。

此外,希望得到平均错误率的置信界,使得我们可以做出这样的陈述:“对于未来样本的95%,观测到的均值将不会偏离正、负两个标准差”或者“一个模型比另一个好,误差幅度为±4%。”

为了进行统计检验,需要做什么?假设对于每个模型,我们做了10次10折交叉验证,每次使用数据的不同的10折划分。每个划分都独立地抽取。可以分别对M_1和M_2得到的10个错误率取平均值,得到每个模型的平均错误率。对于一个给定的模型,在交叉验证中计算的每个错误率都可以看作来自一种概率分布的不同的独立样本。一般地,它们服从具有$k-1$个自由度的t分布,其中,$k=10$(该分布看上去很像正态或高斯分布,尽管定义两个分布的函数很不相同。两个分布都是单峰的、对称的和钟形的)。这使得我们可以做假设检验,其中所使用的显著性检验是t-检验(t-test),或研究者的t-检验(student's t-test)。假设这两个模型相同,则两者的平均错误率的差为0。如果能够拒绝该假设(称为原假设),则可以断言两个模型之间的差是统计显著的。在此情况下,可以选择具有较低错误率的模型。

在数据挖掘实践中,通常使用单个检验集,即可能对M_1和M_2使用相同的检验集。在这种情况下,对于10折交叉验证的每一轮,逐对比较每个模型。也就是说,对于10折交叉验证的第i轮,使用相同的交叉验证划分得到M_1的错误率和M_2的错误率。设$\mathrm{err}(M_1)_i$(或$\mathrm{err}(M_2)_i$)是模型M_1(或M_2)在第i轮的错误率。对M_1的错误率取平均值得到M_1平均错误率,记为$\overline{\mathrm{err}}(M_1)$。类似地,可以得到$\overline{\mathrm{err}}(M_2)$。两个模型差的方差记为$\mathrm{var}(M_1-M_2)$。$t$-检验计算$k$个样本具有$k-1$自由度的$t$-统计量。在我们的例子中$k=10$,因为这里的$k$个样本是从每个模型的10折交叉验证得到的错误率。逐对比较的t-统计量按式(4-11)计算:

$$t=\frac{\overline{\mathrm{err}}(M_1)-\overline{\mathrm{err}}(M_2)}{\sqrt{\mathrm{var}(M_1-M_2)/k}} \tag{4-11}$$

其中:

$$\mathrm{var}(M_1-M_2)=\frac{1}{k}\sum_{i=1}^{k}\left[\mathrm{err}(M_1)_i-\mathrm{err}(M_2)_i-(\overline{\mathrm{err}}(M_1)-\overline{\mathrm{err}}(M_2))\right]^2$$

为了确定M_1和M_2是否显著不同,计算t并选择**显著水平**sig。在实践中,通常使用5%或1%的显著水平。然后,在标准的统计学教科书中查找t-分布表。通常,该表以自由度为行,以显著水平为例。假定要确定M_1和M_2之间的差对总体的95%(即sig=5%或0.05)是否显著不同,需要从该表查找对应于$k-1$个自由度(对于我们的例子,自由度为9)的t分布值。然而,由于t-分布是对称的,通常只显示分布上部的百分点。因此,找$z=\frac{\mathrm{sig}}{2}=0.025$的表值,其中,$z$也称为置信界。如果$t>z$或$t<-z$,则值落在拒斥域,在分布的尾部。这意味着可以拒绝$M_1$和$M_2$的均值相同的原假设,并断言两个模量之间存在统计显著的差别。否则,如果不能拒绝原假设,于是断言M_1和M_2之间的差可能是随机的。

如果有两个检验集而不是单个检验集,则使用t-检验的非逐对版本,其中两个模型的均值之间的方差估计为式(4-12):

$$\mathrm{var}(M_1-M_2)=\sqrt{\frac{\mathrm{var}(M_1)}{k_1}+\frac{\mathrm{var}(M_2)}{k_2}} \tag{4-12}$$

其中,k_1和k_2分别是用于M_1和M_2的交叉验证样本数(在我们的情况下,即10折交叉验证的轮)。这也称为**两个样本的 t-检验**。在查找 t-分布表时,自由度取两个模型中的最小自由度。

8. 基于成本效益和 ROC 曲线比较分类器

真负例、假正例和假负例也可以用于评估与分类模型相关联的成本效益(或风险增益)。与假负例(如错误地预测癌症患者未患癌症)相关联的代价比与假正例(不正确的,但保守地将非癌症患者分类为癌症患者)相关联的代价大得多。在这些情况下,通过赋予每种错误不同的代价,可以使一种类型的错误比另一种更重要。这些代价可以看作对病人的危害,导致治疗的费用和其他医院开销。类似地,与真正例决策相关联的效益也可能不同于真负例。到目前为止,为计算分类器的准确率,一直假定相等的代价,并用真正例和真负例之和除以检验元组总数。

作为选择,通过计算每种决策的平均成本(或效益),可以考虑成本效益。涉及成本效益的其他应用包括贷款申请决策和目标营销广告邮寄。例如,贷款给一个拖欠者的代价远超拒绝贷款给一个非拖欠者导致的商机损失的代价。类似地,在试图识别响应促销邮寄广告家庭的应用中,向大量不理睬的家庭邮寄广告的代价可能比不向本来可能响应的家庭邮寄广告导致的商机损失的代价更重要。在总体分析中考虑的其他代价包括收集数据和开发分类工具的开销。

接收者操作特征(Receiver Operating Characteristic,ROC)曲线是一种比较两个分类模有用的可视化工具。ROC 曲线源于信号检测理论,是第二次世界大战期间为雷达图像分析开发的。ROC 曲线显示了给定模型的真正例率(TPR)和假正例率(FPR)之间的权衡。给定一个检验集和模型,TPR 是该模型正确标记的正(或"yes")元组的比例;而 FPR 是该模型错误标记为正的负(或"no")元组的比例。假定 TP、FP、P 和 N 分别是真正例、假正例、正和负元组数,我们知道 $\mathrm{TPR}=\dfrac{\mathrm{TP}}{P}$,这是灵敏度。此外,$\mathrm{FPR}=\dfrac{\mathrm{FP}}{N}$,它是 1-specificity。

对于二类问题,ROC 曲线使得我们可以对检验集的不同部分,观察模型正确地识别正实例的比例与模型错误地把负实例识别成正实例的比例之间的权衡。**TPR** 的增加以 **FPR** 的增加为代价。ROC 曲线下方的面积是模型准确率的度量。

为了绘制给定分类模型 $\boldsymbol{M}$ 的 ROC 曲线,模型必须能够返回每个检验元组的类预测概率。使用这些信息,对检验元组定秩和排序,使得最可能属于正类或"yes"类的元组出现在表的顶部,而最不可能属于正类的元组放在该表的底部。朴素贝叶斯和后向传播分类器都返回每个预测的类概率分布,因而是合适的。而其他分类器,如决策树分类器,可以很容易地修改,以便返回类概率预测。

对于给定的元组 $\boldsymbol{X}$,设概率分类器返回的值为 $f(\boldsymbol{X})\to[0,1]$。对于二类问题,通常选择阈值 t,使得 $f(\boldsymbol{X})\geqslant t$ 的元组 $\boldsymbol{X}$ 视为正的,而其他元组视为负的。注意,真正例数和假正例数都是 t 的函数,因此可以把它们表示成 TP(t)和 FP(t)。二者都是单调减函数。

下面将要介绍的例 4.3 的步骤是:首先介绍绘制 ROC 曲线的一般思想,然后给出一个例子。

1) 绘制 ROC 曲线的一般思想

ROC 曲线的垂直轴表示 TPR,水平轴表示 FPR。为了绘制 M 的 ROC 曲线,从左下角开始(这里,TPR=FPR=0),检查表顶部元组的实际类标号。如果它是真正例元组(即正确地分类的正元组),则 TP 增加,从而 TPR 增加。在图中,向上移动,并绘制一个点。如果模型把一个负元组分类为正,则有一个假正例,因而 FP 和 FPR 都增加。在图中,向右移动并绘制一个点。该过程对排序的每个检验元组重复,每次都对真正例在图中向上移动,而对假正例向右移动。

2) 绘制 ROC 曲线例子

例 4.3 绘制 ROC 曲线。

表 4.5 显示一个概率分类器对 10 个检验元组返回的概率值(第 3 列),按概率的递减序排序。列 1 只是元组的标识号,方便解释。列 2 是元组的实际类标号。有 5 个正元组和 5 个负元组,因此 $P=5, N=5$。随着我们考察每个元组的已知类标号,可以确定其他列 TP、FP、TN、FN、TPR 和 FPR 的值。

从元组 1 开始,该元组具有最高的概率得分,取该得分为阈值,即 $t=0.9$。这样,分类器认为元组 1 为正,而其他所有元组为负。由于元组 1 的实际类标号为正,所以有一个真正例,因此 TP=1,而 FP=0。在其余 9 个元组中,它们都被分类为负,5 个实际为负(因此 TN=5),其余 4 个实际为正,因此 FN=4。可以计算 $\text{TPR}=\frac{\text{TP}}{P}=\frac{1}{5}=0.2$,而 $\text{FPR}=\frac{\text{FP}}{N}=0$。这样,有 ROC 曲线的一个点(0.2,0)。

表 4.5　元组按递减得分排序

元组编号	类	概率	TP	FP	TN	FN	TPR	FPR
1	P	0.90	1	0	5	4	0.2	0
2	P	0.80	2	0	5	3	0.4	0
3	N	0.70	2	1	4	3	0.4	0.2
4	P	0.60	3	1	4	2	0.6	0.2
5	P	0.55	4	1	4	1	0.8	0.2
6	N	0.54	4	2	3	1	0.8	0.4
7	N	0.53	4	3	2	1	0.8	0.6
8	N	0.51	4	4	1	1	0.8	0.8
9	P	0.50	5	4	1	0	1.0	0.8
10	N	0.40	5	5	0	0	1.0	1.0

注:其中得分是概率分类器返回的值。

然后,设置阈值 t 为元组 2 的概率值 0.8,因而该元组现在也被视为正的,而元组 3~10 都被看作负的。元组 2 的实际类标号为正,因而现在 TP=2。该行剩下的都容易计算,产生点(0.4,0)。接下来,考察元组 3 的类标号并令 $t=0.7$,分类器为该元组返回的概率值。因此,元组 3 被看作是正的,但它的实际类标号为负,因而它是一个假正例。因此,TP 不变,FP 递增值,所以 FP=1。该行的其他值也容易计算,产生点(0.4,0.2)。通过考察每个元组,结果 ROC 曲线是一个锯齿线,如图 4.3 所示。

有许多方法可以从这些点得到一条曲线,最常用的是凸包。该图还显示了一条对角线,对模型的每个真正例元组,好像都恰好遇到一个假正例。为了比较,这条直线代表随机猜测。

图 4.4 显示两个分类模型的 ROC 曲线，并显示了一条对角线，代表随机猜测。

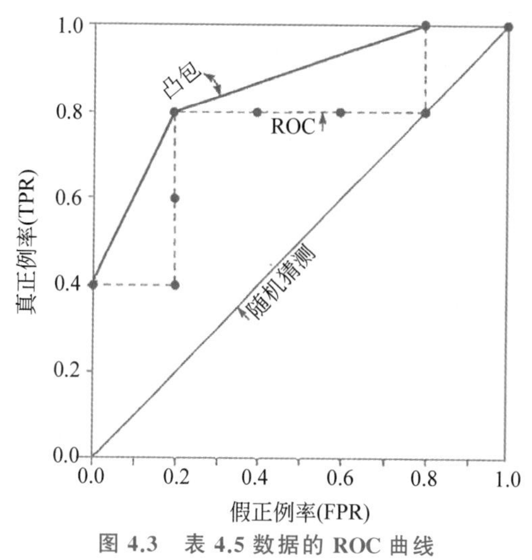

图 4.3　表 4.5 数据的 ROC 曲线

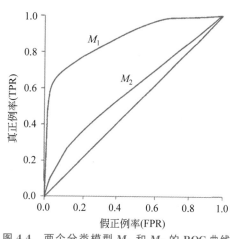

图 4.4　两个分类模型 M_1 和 M_2 的 ROC 曲线

(1) 图 4.4 中的对角线的含义是：对于每个真正例，都等可能地遇到一个假正例。ROC 曲线越接近该对角线，模型越不准确。因此，图 4.4 中的 M_1 更准确。

(2) 对图 4.4 的解释是：模型的 ROC 曲线离对角线越近，模型的准确率越低。如果模型真的很好，则随着有序列表下移，开始可能会遇到真正例元组。这样，曲线将陡峭地从 0 开始上升。后来，遇到的真正例元组越来越少，假正例元组越来越多，曲线平缓并变得更加水平。

(3) 为了评估模型的准确率，可以测量曲线下方的面积。有一些软件包可以用来进行这些计算。面积越接近 0.5，对应模型的准确率越低。完全正确的模型面积为 1.0。

4.2　决策树分类模型

决策树(Decision Tree)模型是一种基本的分类与回归方法，本节重点讨论决策树分类模型。决策树模型中的数据呈现出树形结构的数据模型。在分类问题中，表示基于特征对数据进行分类的过程。可以认为它是 if-then 规则的集合。每个内部结点表示在属性上的一个测试，每个分支代表一个测试输出，每个叶结点代表一种类别。

4.2.1　决策树分类模型与算法流程

决策树分类模型概述

1. 决策树分类算法的概念

1) 决策树分类模型的基本概念

决策树是一类常用的机器学习算法，它是基于树结构原理来进行决策的。决策树是一种类似于流程图的树结构，其中，每个内部结点(非树叶结点)表示在一个属性上的测试，树中的每个分支代表该测试的一个输出，而树的最底层即每个叶结点(终端结点)存放了一个类标签，树的最顶层结点是树的根结点。

在决策树中,一般习惯用矩形表示内部结点,而用椭圆表示叶子结点。有些决策树算法只产生二叉树(其中,每个内部结点正好分叉出两个其他结点),而另一些决策树算法可能产生非二叉的树。叶子结点就对应树的决策结果,其他的根结点和内部结点就对应于一个属性测试。学习决策树的目的就是为了产生一棵泛化能力强,即处理未见事例能力强的决策树。

图 4.5 给出了西瓜判定决策树的范例,该范例描述了判断一个西瓜是否为好瓜的决策全过程。

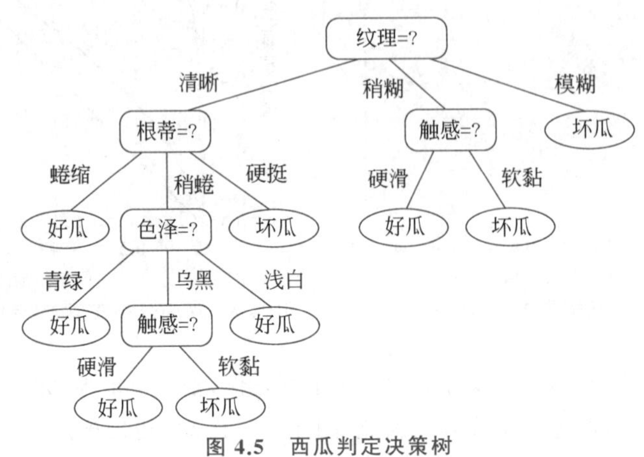

图 4.5 西瓜判定决策树

通过图 4.5 这棵西瓜判定决策树,也给出了判定西瓜是否为好瓜的一系列判定经验(规则即满足某设定条件的知识)——路径,这些规则(知识)可以为我们买瓜时挑选西瓜提供一个有价值的参考知识。因此,从这棵西瓜判定决策树的结果可以得知:好瓜的路径是从根结点出发到稍糊的选择后再到硬滑的路径,其好瓜的特征是:根结点的属性是有纹理的,且纹理为稍糊的。其下一层的结点是通过触感,感觉是硬滑的叶子结点才属于好瓜的实际现状,即好瓜的知识。

以此类推的方法是:下一个结点的属性是触感,触感为软黏的瓜,判断为坏瓜(纹理为稍糊且触感为软黏的瓜);触感为硬滑的瓜,判定为好瓜(纹理为稍糊且触感为硬滑的瓜)。纹理为模糊的,直接判定为坏瓜;纹理为清晰的情形较为复杂。纹理为清晰的:再下一个结点属性为根蒂,对于根蒂为硬挺的,判断为坏瓜(纹理为清晰且根蒂为硬挺的瓜),根蒂为蜷缩的,判断为好瓜(纹理为清晰且根蒂为蜷缩的瓜)。根蒂为稍蜷的,再下一个结点的属性是色泽,对于色泽为青绿的,判断为好瓜(纹理为清晰,根蒂为稍蜷且色泽为青绿的瓜),对于色泽为浅白的,判断为好瓜(纹理为清晰,根蒂为稍蜷且色泽为浅白的瓜);对于色泽为乌黑的,下一个结点属性是触感,对于触感为软黏的,判定为坏瓜(纹理为清晰,根蒂为稍蜷,色泽为乌黑且触感为软黏的瓜),对于触感为硬滑的,判定为好瓜(纹理为清晰,根蒂为稍蜷,色泽为乌黑且触感为硬滑的瓜)。

2) 决策树分类模型的算法基本流程的伪代码

(1) 算法的基本流程的伪代码。

决策树分类模型基本流程遵循简单且直观的“分而治之”策略,具体的算法流程的伪代码如下。

输入：训练集 $D=\{(\boldsymbol{x}_1,y_1),(\boldsymbol{x}_2,y_2),\cdots,(\boldsymbol{x}_m,y_m)\}$；

属性集 $A=\{a_1,a_2,\cdots,a_d\}$

过程：函数 TreeGenerate(D, A)

1：生成结点 node；
2：**if** D 中样本全属于同一类别 C **then**：
3：　将 node 标记为 C 类叶结点；**return**
4：**end if**
5：**if** $A=\varnothing$ or D 中样本在 A 上取值相同 **then**
6：　将 node 标记为叶结点，其类别标记为 D 中样本数最多的类；**return**
7：**end if**
8：从 A 中选择最优划分属性 a_*；
9：**for** a_* 的每一个值 a_*^v **do**
10：　为 node 生成一个分支；令 D_v 表示 D 中在 a_* 上取值为 a_*^v 的样本子集；
11：　**if** D_v 为空 **then**
12：　　将分支结点标记为叶结点，其类别标记为 D 中样本最多的类；**return**
13：　**else**
14：　　以 TreeGenerate(D_v, $A\backslash\{a_*\}$)为分支
15：　**end if**
16：**end for**

输出：以 node 为根结点的一棵决策树

可以看出，在构造决策树的过程中，需要重点解决以下三个主要问题。

问题一：选择哪个属性作为根结点。

问题二：选择哪些属性作为子结点。

问题三：什么时候停止并得到目标状态，即叶结点。

对于问题三，在决策树基本算法中，就有三种情形会导致递归返回：①当前结点包含的样本全属于同一类别，无须划分；②当前属性集为空，或是所有样本在所有属性上取值相同，无法划分；③当前结点包含的样本集合为空，不能划分。

在第②种情形下，我们把当前结点标记为叶结点，并将其类别设定为该结点所含样本最多的类别；在第③种情形下，同样把当前结点标记为叶结点，但将其类别设定为其父结点所含样本最多的类别，注意这两种情形的处理实质不同：情形②是在利用当前结点的后验分布，而情形③则是把父结点的样本分布作为当前结点的先验分布。

对于第一个问题和第二个问题，选择什么样的结点作为根结点和叶子结点，实质上是如何最优划分属性的问题。下面将详细说明决策树分类模型中属性的划分和选择。

(2) 决策树算法的属性划分选择。

由决策树分类模型算法的基本流程可以看出决策树学习的关键是第 8 行，即如何选择最优划分属性。一般而言，随着划分过程不断进行，我们希望决策树的分支结点所包含的样本尽可能属于同一类别，即结点的“纯度”越来越高。

① **纯度(purity)**：可以把决策树的构造过程理解成为寻找纯净划分的过程。数学上，可以用纯度来表示，纯度换一种方式来解释就是让目标变量的分歧最小。

例 4.4 纯度。

下面举个例子帮助理解纯度的概念,假设有 3 个不同的事件集合。

- 集合 1：6 次都去打篮球。
- 集合 2：4 次去打篮球,2 次不去打篮球。
- 集合 3：3 次去打篮球,3 次不去打篮球。

按照纯度指标来说,因为集合 1 的分歧最小,集合 3 的分歧最大,因此有集合 1 的纯度>集合 2>集合 3。

那么用什么来衡量结点的“纯度”呢？可以借助于信息论中的“信息熵”概念。所以在学习具体的决策树算法之前,需要先简单了解这一部分涉及的几个重要的基础概念,因为熵、信息熵、信息增益、信息增益率和基尼系数这几个概念和决策树生成紧密相关,接下来,将对这几个重要的概念进行更加详细的介绍。

② 熵和信息熵。

熵(**entropy**)：指某个体系的混乱程度,在不同的学科中也有引申出的更为具体的定义,是各领域十分重要的参量。

信息熵(**information entropy**)：信息论中,为了衡量信息的不确定性,信息学之父香农引入了信息熵的概念。信息熵是度量样本集合纯度最常用的一种指标。信息熵度量了事物的不确定性,越不确定的事物,它的信息熵就越大。

假定当前样本集合 D 中第 k 类样本所占的比例为 $p_k(k=1,2,\cdots,|y|)$,则 D 的信息熵定义为式(4-13)：

$$\mathrm{Ent}(D)=-\sum_{k=1}^{|y|}p_k\log_2 p_k \tag{4-13}$$

信息熵 $\mathrm{Ent}(D)$能反映出这个信息的不确定度。当不确定性越大时,也就是纯度越低时,它所包含的信息量也就越大,信息熵也就越高。相反地,信息熵的值越小,它所包含的信息量就越小,不确定性越低,D 的纯度就越高。

例 4.5 信息熵的计算举例。

假设有两个集合,集合 a：5 次去打篮球,1 次不去打篮球；集合 b：3 次去打篮球,3 次不去打篮球。在集合 a 中,有 6 次决策,其中,打篮球是 5 次,不打篮球是 1 次。那么假设类别 1 为“打篮球”,即次数为 5；类别 2 为“不打篮球”,即次数为 1。

解答：按照已知条件,结点划分为类别 1 的概率是 5/6,类别 2 的概率是 1/6,代入上述信息熵式(4-13)可以计算得出：

$$\mathrm{Ent}(a)=-\sum_{k=1}^{|y|}p_k\log_2 p_k=-\frac{5}{6}\log_2\frac{5}{6}-\frac{1}{6}\log_2\frac{1}{6}=0.65$$

同理,集合 b 中,也是一共 6 次决策,其中,类别 1 中“打篮球”的次数是 3,类别 2“不打篮球”的次数也是 3,那么信息熵的计算如下。

$$\mathrm{Ent}(b)=-\sum_{k=1}^{|y|}p_k\log_2 p_k=-\frac{3}{6}\log_2\frac{3}{6}-\frac{3}{6}\log_2\frac{3}{6}=1$$

从上面的计算结果中可以看出,信息熵越大,纯度越低。当集合中的所有样本均匀混合时,不确定性最大,包含的信息量最大,对应的信息熵最大,纯度最低,如图 4.6 所示。

结论：在构造决策树的时候,就是基于纯度来构建的,而经典的“不纯度”的指标主要有

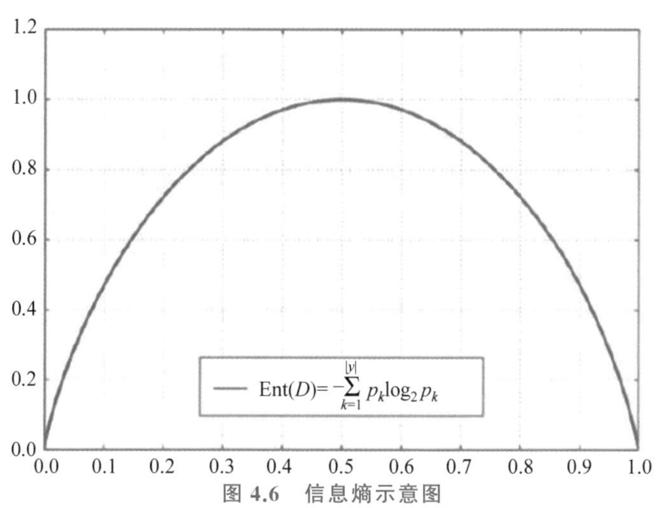

图 4.6　信息熵示意图

三种，分别是信息增益、信息增益率以及基尼指数。

根据这三种指标，对应的三个经典的决策树算法分别为：ID3 算法，即基于信息增益构建决策树；C4.5 算法，即基于信息增益率构建决策树；Cart 算法，基于基尼指数构建决策树。

接下来分别介绍这三种"不纯度"的指标。

③ 信息增益。

信息增益(information gain)指的是：在划分数据集前后信息熵发生的变化。信息增益越大，表明数据"纯度"提升越大。

前面介绍了信息熵的概念，信息熵的大小代表信息的不确定性。信息熵越大，信息不确定性越高；信息熵越小，不确定性越小。

这里就可以用这个概念来决定在构造决策树时，如何选择根结点这个关键性问题。使用哪个结点作为根结点最好呢？

还是以要不要去打篮球的判定过程为例，具体思路如下。

首先根据已有的数据算出是否去打篮球的整体信息熵。

然后加入一个条件，例如天气，计算出不同天气下的信息熵，然后用之前计算好的整体的信息熵减去加入了天气这个属性(条件)之后得到的信息熵，计算得出的差值的意义是：天气这个属性(条件)的引入带来的信息混乱程度变化的大小。

这里需要思考一下，首选的根结点肯定希望是这样的：根据这个根结点划分之后，能够非常明显地区分开是打篮球还是不打篮球，而非常明显地区分开也就是区分开之后信息熵(信息的不确定性)需要变小，那么就需要寻找目前这几个属性中对信息混乱程度影响最大的那一个属性，作为根结点。而这个加入属性划分前后信息熵的差值就叫作信息增益。我们的目标其实就是找到信息增益最大的那一个属性，用来作为决策树的根结点。

假定离散属性 a 有 V 个可能的取值$\{a^1,a^2,\cdots,a^V\}$，若使用 a 来对样本集 D 进行划分，则会产生 V 个分支结点，其中，第 v 个分支结点包含 D 中所有在属性 a 上取值为 a^v 的样本，记为 D^v。可根据式(4-13)计算出 D^v 的信息熵，再考虑不同的分支结点所包含的样本数不同，给分支结点赋予权重$\frac{|D^v|}{|D|}$，即样本数越多的分支结点的影响越大，于是可计算出

用属性 a 对样本集 D 进行划分所获得的"信息增益"模型,如式(4-14)所示。

$$\mathrm{Gain}(D,a)=\mathrm{Ent}(D)-\sum_{v=1}^{V}\frac{|D^v|}{|D|}\mathrm{Ent}(D^v) \tag{4-14}$$

一般而言,信息增益越大,则意味着使用属性 a 来进行划分所获得的"纯度提升"越大,因此,可以用信息增益来进行决策树的划分属性选择,即在决策树分类模型算法的基本流程的伪代码中的第 8 行选择属性 $a_*=\arg\max_{a\in A}\mathrm{Gain}(D,a)$。著名的 ID3 决策树学习算法[Quinlan,1986] 就是以信息增益为准则来选择划分属性。

例 4.6 信息增益的计算。

问题:以是否去打篮球这个例子来进行详细说明如何计算信息增益以及进行结点的属性划分过程,数据集 D 如表 4.6 所示。

表 4.6 是否打篮球数集

编号	天气	温度	湿度	刮风	是否打篮球
1	晴天	高	中	否	否
2	晴天	高	中	是	否
3	阴天	高	高	否	是
4	小雨	高	高	否	是
5	小雨	低	高	否	否
6	晴天	中	中	是	是
7	阴天	中	高	是	否

解答:根据表 4.6 的已知条件,数据集共包括 7 条数据,其中 3 条是打篮球的数据,4 条是不打篮球的数据,所以根据信息熵式(4-13)得到整体信息熵为:

$$\mathrm{Ent}(D)=-\sum_{k=1}^{|y|}p_k\log_2 p_k=-\left(\frac{4}{7}\log_2\frac{4}{7}+\frac{3}{7}\log_2\frac{3}{7}\right)=0.985$$

结果的解释是:如果将天气作为属性的划分(即满足天气作为属性的划分的条件成立),则产生的结果是:有三个分支结点,分别记为 D^1,D^2 和 D^3,分别对应晴天、阴天和小雨。用+代表去打篮球,-代表不去打篮球。那么第一条记录,晴天不去打篮球,可以记为 1-,于是可以用下面的方式来表示 D^1,D^2 和 D^3。

$$D^1(\text{天气}=\text{晴天})=\{1-,2-,6+\}$$

$$D^2(\text{天气}=\text{阴天})=\{3+,7-\}$$

$$D^3(\text{天气}=\text{小雨})=\{4+,5-\}$$

先分别计算这三个分支结点(D^1,D^2,D^3)的信息熵:

$$\mathrm{Ent}(D^1)=-\left(\frac{1}{3}\log_2\frac{1}{3}+\frac{2}{3}\log_2\frac{2}{3}\right)=0.918$$

$$\mathrm{Ent}(D^2)=-\left(\frac{1}{2}\log_2\frac{1}{2}+\frac{1}{2}\log_2\frac{1}{2}\right)=1$$

$$\mathrm{Ent}(D^3)=-\left(\frac{1}{2}\log_2\frac{1}{2}+\frac{1}{2}\log_2\frac{1}{2}\right)=1$$

因为 D^1 有 3 条记录，D^2 有 2 条记录，D^3 有 2 条记录，所以 D 中的记录一共是 3+2+2=7，即总数为 7。所以 D^1 在 D(父结点)中的概率是 $\frac{3}{7}$，D^2 在父结点中的概率是 $\frac{2}{7}$，D^3 在父结点中的概率是 $\frac{2}{7}$。那么以天气属性划分后，得到的所有分支结点的信息熵之和为：$\frac{3}{7}\times 0.918+\frac{2}{7}\times 1.0+\frac{2}{7}\times 1.0=0.965$。根据信息增益计算式(4-14)，可以得到以天气作为划分属性对应的信息增益为：

$$\begin{aligned}
\text{Gain}(D,\text{天气}) &= \text{Ent}(D) - \sum_{v=1}^{V}\frac{|D^v|}{|D|}\text{Ent}(D^v)\\
&= \text{Ent}(D) - \left(\frac{|D^1|}{|D|}\text{Ent}(D^1) + \frac{|D^2|}{|D|}\text{Ent}(D^2) + \frac{|D^3|}{|D|}\text{Ent}(D^3)\right)\\
&= 0.985 - \left(\frac{3}{7}\times 0.918 + \frac{2}{7}\times 1.0 + \frac{2}{7}\times 1.0\right)\\
&= 0.985 - 0.965 = 0.020
\end{aligned}$$

根据上面的分析思路，需要找到信息增益最大的属性，作为属性划分的结点，因此还需要分别计算出所有其他属性(温度、湿度、刮风)对应的信息增益。

用同样的计算方法，计算出其他属性作为根结点的信息增益，分别为：

$$\text{Gain}(D,\text{温度}) = 0.128$$
$$\text{Gain}(D,\text{湿度}) = 0.020$$
$$\text{Gain}(D,\text{刮风}) = 0.020$$

很容易看出，温度作为属性划分结点的信息增益最大，因此选择温度这个属性作为此次划分的分支结点。

④ **信息增益率。**

信息增益率(information gain ratio)的含义是：在信息增益的基础上，解决过拟合问题的方法。

在上面的介绍中，有意忽略了表 4.6 中的“编号”这一列。若把“编号”也作为一个候选划分属性，则根据式(4-14)可计算出它的信息增益为 0.985，远大于其他候选划分属性。这很容易理解“编号”将产生 7 个分支，每个分支结点仅包含一个样本，这些分支结点的纯度已达最大，即用“编号”这个属性划分之后，信息熵降为 0，信息增益即为 0.985。然而，显然这样的决策树不具有泛化能力，无法对新样本进行有效预测。

实际上，信息增益准则对可取值数目较多的属性有所偏好，为减少这种偏好可能带来的不利影响，著名的 C4.5 决策树算法[Quinlan，1993]不直接使用信息增益，而是使用“增益率”(gain ratio)来选择最优划分属性。采用与式(4-14) 相同的符号表示，增益率定义为式(4-15)和式(4-16)：

$$\text{Gain\_ratio}(D,a) = \frac{\text{Gain}(D,a)}{\text{IV}(a)} \tag{4-15}$$

其中：

$$\text{IV}(a) = -\sum_{v=1}^{V}\frac{|D^v|}{|D|}\log_2\frac{|D^v|}{|D|} \tag{4-16}$$

IV(a)称为属性的“固有值”[Quinlan, 1993]。属性的可能取值数目越多(即 V 越大),则 IV(a)的值通常会越大。

例 4.7 信息增益率的计算。

对表 4.6 中的是否打篮球数据集,计算各个属性的“固有值”。先以天气属性为例,来看如何计算“固有值”,进而求出天气这个属性的信息增益率。

天气属性一共有 3 个不同取值:晴天、阴天和小雨,即 $V=3$,因此可以记为 3 个分支(D^1,D^2 和 D^3),分别对应了 3 条、2 条、2 条记录,根据式(4-16),可以得到属性天气的“固有值”为:

$$\text{IV}(\text{天气})=-\left(\frac{3}{7}\log_2\frac{3}{7}+\frac{2}{7}\log_2\frac{2}{7}+\frac{2}{7}\log_2\frac{2}{7}\right)=1.5566(\text{属性天气的 } V=3)$$

同理,得到其余属性的“固有值”,分别为:

$$\text{IV}(\text{温度})=-\left(\frac{4}{7}\log_2\frac{4}{7}+\frac{2}{7}\log_2\frac{2}{7}+\frac{1}{7}\log_2\frac{1}{7}\right)=1.3788(\text{属性温度的 } V=3)$$

$$\text{IV}(\text{湿度})=-\left(\frac{4}{7}\log_2\frac{4}{7}+\frac{3}{7}\log_2\frac{3}{7}\right)=0.9852(\text{属性湿度的 } V=2)$$

$$\text{IV}(\text{刮风})=-\left(\frac{3}{7}\log_2\frac{3}{7}+\frac{4}{7}\log_2\frac{4}{7}\right)=0.9852(\text{属性刮风的 } V=2)$$

$$\text{IV}(\text{编号})=-\left(7\times\frac{1}{7}\log_2\frac{1}{7}\right)=2.8074(\text{属性编号的 } V=7)$$

从而根据式(4-15),得到属性天气的信息增益率为:

$$\text{Gain\_ratio}(D,\text{天气})=\frac{\text{Gain}(D,\text{天气})}{\text{IV}(\text{天气})}=\frac{0.020}{1.5566}=0.01285$$

同样的方法,得到其余属性的信息增益率,分别为:

$$\text{Gain\_ratio}(D,\text{温度})=\frac{\text{Gain}(D,\text{温度})}{\text{IV}(\text{温度})}=\frac{0.128}{1.3788}=0.0928$$

$$\text{Gain\_ratio}(D,\text{湿度})=\frac{\text{Gain}(D,\text{湿度})}{\text{IV}(\text{湿度})}=\frac{0.020}{0.9852}=0.0203$$

$$\text{Gain\_ratio}(D,\text{刮风})=\frac{\text{Gain}(D,\text{刮风})}{\text{IV}(\text{刮风})}=\frac{0.020}{0.9852}=0.0203$$

$$\text{Gain\_ratio}(D,\text{编号})=\frac{\text{Gain}(D,\text{编号})}{\text{IV}(\text{编号})}=\frac{0.985}{2.8074}=0.3509$$

需要注意的是,增益率准则对可取值数目较少的属性有所偏好。因此 C4.5 算法并不是直接选择信息增益率最大的候选划分属性,而是使用了一个启发式[Quinlan, 1993]:先从候选划分属性中找出信息增益高于平均水平的属性,再从中选择增益率最高的。

⑤ **基尼指数(Gini index)**:CART 决策树划分属性的指标,数据集的纯度可以用基尼值来度量,基尼值越小,数据集的纯度越高。

基尼指数的解释:CART 决策树 [Breiman et al., 1984] 使用“基尼指数”来选择划分使用的属性。采用与式(4-14)相同的符号,数据集 D 的纯度可用基尼值来度量,如式(4-17)所示。

$$\begin{aligned}\mathrm{Gini}(D) &= \sum_{k=1}^{|y|}\sum_{k'\neq k} p_k p_{k'} \frac{|D^v|}{|D|}\log_2\frac{|D^v|}{|D|} \\ &= 1-\sum_{k=1}^{|y|} p_k{}^2\end{aligned} \tag{4-17}$$

直观地说,Gini(D)反映了从数据集中随机抽取两个样本,其类别标记不一致的概率。因此,Gini(D)越小,则数据集 D 的纯度越高。

采用与式(4-15)相同的符号表示,属性 a 的基尼指数定义为式(4-18):

$$\mathrm{Gini\_index}(D,a)=\sum_{v=1}^{V}\frac{|D^v|}{|D|}\mathrm{Gini}(D^v) \tag{4-18}$$

于是,在候选属性集合 A 中,选择那个使得划分之后,基尼指数最小的属性作为最优划分属性,即 $a_* = \underset{a\in A}{\arg\min}\ \mathrm{Gini\_index}(D,a)$。

2. 决策树分类模型基本算法原理

通过上面的分析,总结一下决策树分类模型中典型的 3 类算法的原理。

1) ID3 算法的原理与基本流程

ID3 算法的核心是在决策树各个结点上应用信息增益准则选择最优划分属性,递归构建决策树的具体步骤如下。

(1) 首先,从根结点开始,对结点计算所有可能的特征的信息增益,选择信息增益最大的特征作为结点的特征。

(2) 然后,由该特征的不同取值建立子结点。再对子结点递归地调用以上方法,构建决策树,直到所有特征的信息增益均很小或没有特征可以选择为止。

(3) 最后得到一棵决策树。

ID3 相当于用极大似然法进行概率模型的选择。

ID3 算法基本流程的伪代码如下。

输入:训练集 $D=\{(\boldsymbol{x}_1,y_1),(\boldsymbol{x}_2,y_2),\cdots,(\boldsymbol{x}_m,y_m)\}$;

属性集 $A=\{a_1,a_2,\cdots,a_d\}$,阈值 ε

过程:函数 ID3(D,A,ε)

(1) 若 D 中所有实例属于同一类 C_k,则 T 为单结点树,并将类 C_k 作为该结点的类标记,返回 T。

(2) 若 $A=\varnothing$,则 T 为单结点树,并将 D 中实例数最大的类 C_k 作为该结点的类标记,返回 T。

(3) 否则,根据式(4-14)计算 A 中各特征对 D 的信息增益,选择信息增益最大的特征 A_g。

(4) 如果 A_g 的信息增益小于阈值 ε,则置 T 为单结点树,并将 D 中实例数最大的类 C_k 作为该结点的类标记,返回 T。

(5) 否则,对 A_g 的每一个可能值 a_i,依据 $A_g=a_i$,将 D 分割为若干非空子集 D_i,将 D_i 中实例数最大的类作为标记,构建子结点,所有结点及其子结点构成树 T,返回 T。

(6) 对第 i 个子结点,以 D_i 为训练集,以 $A-\{A_g\}$为特征集,递归地调用步骤(1)~(5),得到子树 T_i。

输出:决策树 T。

ID3 算法画成流程图如图 4.7 所示。

ID3 算法只有树的生成,所以该算法生成的树容易产生过拟合。

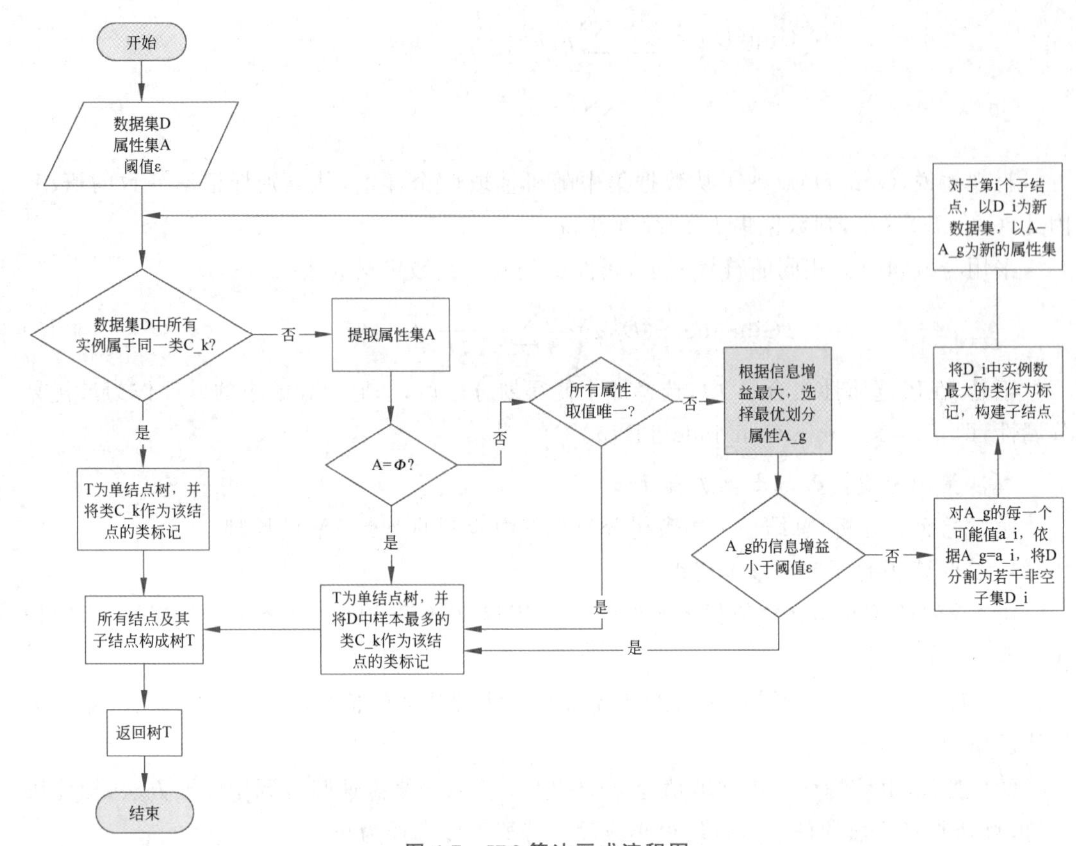

图 4.7 ID3 算法画成流程图

2）C4.5 算法的基本流程

C4.5 算法基本流程的伪代码如下。

输入： 训练集 $D=\{(x_1,y_1),(x_2,y_2),\cdots,(x_m,y_m)\}$；

属性集 $A=\{a_1,a_2,\cdots,a_d\}$，阈值 ε

过程： 函数 C4.5(D, A, ε)

(1) 若 D 中所有实例属于同一类 C_k，则 T 为单结点树，并将类 C_k 作为该结点的类标记，返回 T。

(2) 若 $A=\varnothing$，则 T 为单结点树，并将 D 中实例数最大的类 C_k 作为该结点的类标记，返回 T。

(3) 否则，根据式(4-15)计算 A 中各特征对 D 的信息增益率，选择信息增益率最大的特征 A_g。

(4) 如果 A_g 的信息增益小于阈值 ε，则置 T 为单结点树，并将 D 中实例数最大的类 C_k 作为该结点的类标记，返回 T。

(5) 否则，对 A_g 的每一个可能值 a_i，依据 $A_g=a_i$，将 D 分割为若干非空子集 D_i，将 D_i 中实例数最大的类作为标记，构建子结点，所有结点及其子结点构成树 T，返回 T。

(6) 对第 i 个子结点，以 D_i 为训练集，以 $A-\{A_g\}$为特征集，递归地调用步骤(1)～(5)，得到子树 T_i。

输出： 决策树 T。

C4.5 算法对 ID3 算法进行了改进。C4.5 在生成的过程中，用信息增益比来最优划分属性。

C4.5 算法基本流程图如图 4.8 所示。

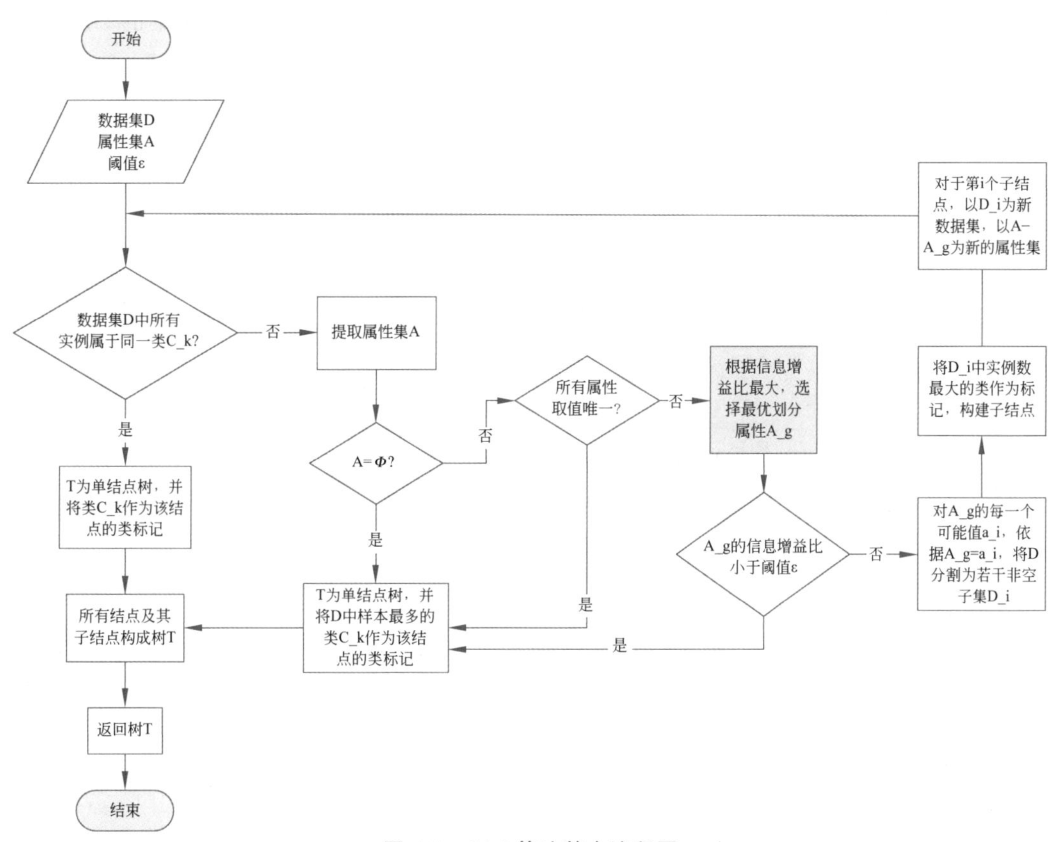

图 4.8　C4.5 算法基本流程图

3) CART 算法的基本流程

CART 决策树的生成是一个递归地构建二叉决策树的过程。CART 决策树既可以用于分类也可以用于回归。本教材仅讨论用于分类的 CART。对分类树而言,CART 用 Gini 系数最小化准则来进行特征选择,生成二叉树。

CART 算法的基本流程的伪代码如下。

输入：训练集 $D=\{(x_1,y_1),(x_2,y_2),\cdots,(x_m,y_m)\}$；

　　　属性集 $A=\{a_1,a_2,\cdots,a_d\}$，阈值 ε

过程：函数 CART(D, A, ε)

(1) 对于当前结点的数据集为 D,如果样本个数小于阈值或没有特征,则返回决策子树,当前结点停止递归。

(2) 计算样本集 D 的基尼指数,如果基尼指数小于阈值,则返回决策树子树,当前结点停止递归。

(3) 计算当前结点现有的各个特征的各个特征值对数据集 D 的基尼指数。

(4) 在计算出来的各个特征的各个特征值对数据集 D 的基尼指数中,选择基尼指数最小的特征 A 和对应的特征值 a,根据这个最优特征和最优特征值,把数据集划分成两部分 D_1 和 D_2,同时建立当前结点的左右结点,左结点的数据集 D 为 D_1,右结点的数据集 D 为 D_2。

(5) 对左右的子结点递归调用(1)～(4)步,生成决策树。

输出：CART 决策树 T。

CART 算法停止计算的条件是结点中的样本个数小于预定阈值,或样本集的 Gini 系数小于预定阈值(样本基本属于同一类),或者没有更多特征。

CART 算法画成流程图如图 4.9 所示。

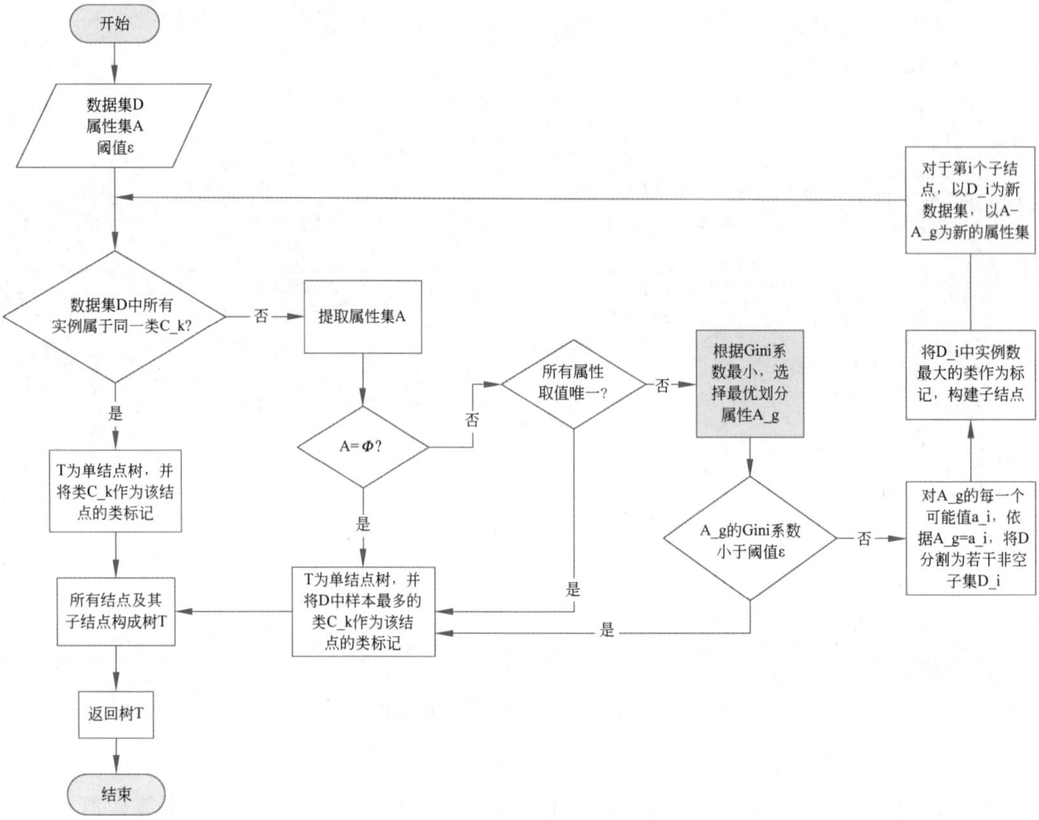

图 4.9　CART 算法画成流程图

决策树分类模型示例

4.2.2　决策树分类模型示例

本节将以基于决策树分类模型(ID3 算法)实现西瓜数据集分类为例,来说明基于 ID3 算法的决策树分类模型的具体计算过程。

以表 4.7 中的西瓜数据集 2.0 为例,该数据集包含 17 个训练样例,用以学习一棵能预测没剖开的西瓜是不是一个好瓜的决策树。用$|y|$表示在决策树学习开始时,根结点包含 D 中的所有样例,用 p_1 表示正例(是好瓜),用 p_2 表示反例(是坏瓜)。

表 4.7　西瓜数据集 2.0

编号	色泽	根蒂	敲声	纹理	脐部	触感	好瓜
1	青绿	蜷缩	浊响	清晰	凹陷	硬滑	是
2	乌黑	蜷缩	沉闷	清晰	凹陷	硬滑	是
3	乌黑	蜷缩	浊响	清晰	凹陷	硬滑	是
4	青绿	蜷缩	沉闷	清晰	凹陷	硬滑	是

续表

编号	色泽	根蒂	敲声	纹理	脐部	触感	好瓜
5	浅白	蜷缩	浊响	清晰	凹陷	硬滑	是
6	青绿	稍蜷	浊响	清晰	稍凹	软黏	是
7	乌黑	稍蜷	浊响	稍糊	稍凹	软黏	是
8	乌黑	稍蜷	浊响	清晰	稍凹	硬滑	是
9	乌黑	稍蜷	沉闷	稍糊	稍凹	硬滑	否
10	青绿	硬挺	清脆	清晰	平坦	软黏	否
11	浅白	硬挺	清脆	模糊	平坦	硬滑	否
12	浅白	蜷缩	浊响	模糊	平坦	软黏	否
13	青绿	稍蜷	浊响	稍糊	凹陷	硬滑	否
14	浅白	稍蜷	沉闷	稍糊	凹陷	硬滑	否
15	乌黑	稍蜷	浊响	清晰	稍凹	软黏	否
16	浅白	蜷缩	浊响	模糊	平坦	硬滑	否
17	青绿	蜷缩	沉闷	稍糊	稍凹	硬滑	否

显然可以得到，正例 $p_1=\frac{8}{17}$，反例 $p_2=\frac{9}{17}$，根据式(4-13) 可计算出根结点的信息熵：

$$\mathrm{Ent}(D)=-\sum_{k=1}^{2}p_k\log_2 p_k=-\left(\frac{8}{17}\log_2\frac{8}{17}+\frac{9}{17}\log_2\frac{9}{17}\right)=0.998$$

然后，计算出当前属性集合{色泽，根蒂，敲声，纹理，脐部，触感}中每个属性的信息增益。以属性“色泽”为例，它有 3 个可能的取值：{青绿，乌黑，浅白}。若使用该属性对数据进行划分，则可得到 3 个子集，分别记为 D^1(色泽=青绿)，D^2(色泽=乌黑)，D^3(色泽=浅白)。

子集 D^1 包含数据编号为{1,4,6,10,13,17}的 6 个样例，其中，正例占 $p_1=\frac{3}{6}$，反例占 $p_2=\frac{3}{6}$；D^2 包含数据编号为{2,3,7,8,9,15}的 6 个样例，其中，正、反例分别占 $p_1=\frac{4}{6}$，$p_2=\frac{2}{6}$；D^3 包含数据编号为{5,11,12,14,16}的 5 个样例，其中，正、反例分别占 $p_1=\frac{1}{5}$，$p_2=\frac{4}{5}$。根据式(4-13)可计算出用“色泽”划分之后所获得的 3 个分支结点的信息熵为：

$$\mathrm{Ent}(D^1)=-\left(\frac{3}{6}\log_2\frac{3}{6}+\frac{3}{6}\log_2\frac{3}{6}\right)=1.000$$

$$\mathrm{Ent}(D^2)=-\left(\frac{4}{6}\log_2\frac{4}{6}+\frac{2}{6}\log_2\frac{2}{6}\right)=0.918$$

$$\mathrm{Ent}(D^3)=-\left(\frac{1}{5}\log_2\frac{1}{5}+\frac{4}{5}\log_2\frac{4}{5}\right)=0.772$$

于是，根据式(4-14)可以计算出属性“色泽”计算的信息增益为：

$$\mathrm{Gain}(D,\text{色泽})=\mathrm{Ent}(D)-\sum_{v=1}^{V}\frac{|D^v|}{|D|}\mathrm{Ent}(D^v)$$

$$= \text{Ent}(D) - \left(\frac{|D^1|}{|D|}\text{Ent}(D^1) + \frac{|D^2|}{|D|}\text{Ent}(D^2) + \frac{|D^3|}{|D|}\text{Ent}(D^3)\right)$$

$$= 0.998 - \left(\frac{6}{17} \times 1.000 + \frac{6}{17} \times 0.918 + \frac{5}{17} \times 0.772\right)$$

$$= 0.109$$

运用类似的方法,可计算出其他属性的信息增益,计算过程如下。

$$\text{Gain}(D,\text{根蒂}) = 0.143$$

$$\text{Gain}(D,\text{敲声}) = 0.141$$

$$\text{Gain}(D,\text{纹理}) = 0.381$$

$$\text{Gain}(D,\text{脐部}) = 0.289$$

$$\text{Gain}(D,\text{触感}) = 0.006$$

显然,属性"纹理"的信息增益最大,于是它被选为划分属性。图 4.10 给出了基于"纹理"对根结点进行划分的结果,各分支结点所包含的样例子集显示在结点中。

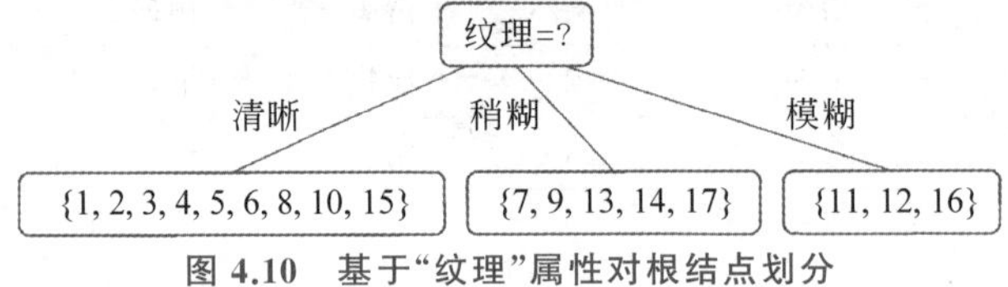

图 4.10 基于"纹理"属性对根结点划分

然后,决策树学习算法将对每个分支结点做进一步划分。以图 4.11 中第一个分支结点("纹理=清晰")为例,该结点包含的样例集合中有编号为{1,2,3,4,5,6,8,10,15}的 9 个样例,可用属性集合为{色泽,根蒂,敲声,脐部,触感},而"纹理"作为划分的根结点已经被划分了,所以不再作为候选的划分属性。计算出各属性的信息增益:

$$\text{Gain}(D^1,\text{色泽}) = 0.043$$

$$\text{Gain}(D^1,\text{根蒂}) = 0.458$$

$$\text{Gain}(D^1,\text{敲声}) = 0.331$$

$$\text{Gain}(D^1,\text{脐部}) = 0.458$$

$$\text{Gain}(D^1,\text{触感}) = 0.458$$

"根蒂""脐部""触感"3 个属性均取得了最大的信息增益,可任选其中之一作为划分属性。类似地,对每个分支结点进行上述操作,最终得到的决策树如图 4.11 所示。

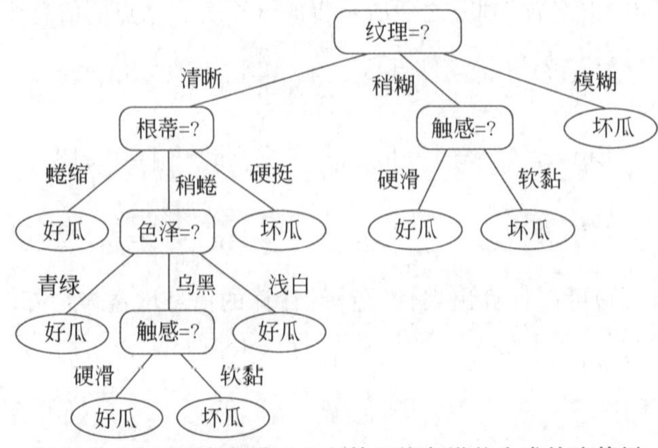

图 4.11 在西瓜数据集 2.0 上基于信息增益生成的决策树

4.2.3 运用 Python 实现决策树分类模型(ID3 算法)的运行程序

Python 实现决策树分类模型(运用 ID3 算法)示例的运行程序(代码清单)如下。

Python 示例代码:

```
import copy
from math import log
import operator
from matplotlib.font_manager import FontProperties
import matplotlib.pyplot as plt
#解决中文显示问题
plt.rcParams['font.sans-serif']=['SimHei']
plt.rcParams['axes.unicode_minus'] = False
"""
函数说明:计算给定数据集的经验熵(香农熵)
Parameters:
    dataSet:数据集
Returns:
  shannonEnt:经验熵
Modify:
    2021-08-31
"""
def calcShannonEnt(dataSet):
  #返回数据集行数
  numEntries=len(dataSet)
  #保存每个标签(label)出现次数的字典
  labelCounts={}
  #对每组特征向量进行统计
  for featVec in dataSet:
      currentLabel=featVec[-1]                          #提取标签信息
      if currentLabel not in labelCounts.keys():
                                            #如果标签没有放入统计次数的字典,添加进去
        labelCounts[currentLabel]=0
      labelCounts[currentLabel]+=1                      #label 计数
  shannonEnt=0.0                                        #经验熵
  #计算经验熵
  for key in labelCounts:
      prob=float(labelCounts[key])/numEntries           #选择该标签的概率
      shannonEnt-=prob * log(prob,2)                    #利用公式计算
  return shannonEnt                                     #返回经验熵

"""
函数说明:读取数据文件
Parameters:
  fileName:文件名称
Returns:
  dataSet:数据集
Modify:
2021-08-31
"""
#预处理数据
def loadDataSet(fileName):
```

```
    dataSet = []
    fr = open(fileName,encoding = 'utf-8')
    for line in fr.readlines():
      curLine = line.strip().split(',')
      #print(curLine)
      #fltLine = list(map(float, curLine))
      dataSet.append(curLine)
    return dataSet

"""
函数说明:创建测试数据集
Parameters:无
Returns:
  dataSet:数据集
  labels:分类属性
Modify:
    2021-08-31

"""
def createDataSet():
    #数据集
    dataSet = loadDataSet('xigua3.txt')
    labels = ['色泽', '根蒂', '敲声', '纹理','脐部','触感']
    #返回数据集和分类属性
    return dataSet,labels

"""
函数说明:按照给定特征划分数据集

Parameters:
    dataSet:待划分的数据集
    axis:划分数据集的特征
  value:需要返回的特征值
Returns:
    无
Modify:
    2021-08-31

"""
def splitDataSet(dataSet,axis,value):
  #创建返回的数据集列表
  retDataSet=[]
  #遍历数据集
  for featVec in dataSet:
        if featVec[axis]==value:
            #去掉 axis 特征
            reduceFeatVec=featVec[:axis]
            #将符合条件的添加到返回的数据集
            reduceFeatVec.extend(featVec[axis+1:])
            retDataSet.append(reduceFeatVec)
    #返回划分后的数据集
    return retDataSet

```

```
"""
函数说明:计算给定数据集的经验熵(香农熵)
Parameters:
    dataSet:数据集
Returns:
    shannonEnt:信息增益最大特征的索引值
Modify:
    2021-08-31
"""

def chooseBestFeatureToSplit(dataSet):
    #特征数量
    numFeatures = len(dataSet[0]) - 1
    #计数数据集的香农熵
    baseEntropy = calcShannonEnt(dataSet)
    #信息增益
    bestInfoGain = 0.0
    #最优特征的索引值
    bestFeature = -1
    #遍历所有特征
    for i in range(numFeatures):
        #获取 dataSet 的第 i 个所有特征
        featList = [example[i] for example in dataSet]
        #创建 set 集合{},元素不可重复
        uniqueVals = set(featList)
        #经验条件熵
        newEntropy = 0.0
        #计算信息增益
        for value in uniqueVals:
            #subDataSet 划分后的子集
            subDataSet = splitDataSet(dataSet, i, value)
            #计算子集的概率
            prob = len(subDataSet) / float(len(dataSet))
            #根据公式计算经验条件熵
            newEntropy += prob * calcShannonEnt((subDataSet))
        #信息增益
        infoGain = baseEntropy - newEntropy
        #打印每个特征的信息增益
        print("第%d个特征的增益为%.3f" % (i, infoGain))
        #计算信息增益
        if (infoGain > bestInfoGain):
            #更新信息增益,找到最大的信息增益
            bestInfoGain = infoGain
            #记录信息增益最大的特征的索引值
            bestFeature = i
            #返回信息增益最大特征的索引值
    return bestFeature

"""
函数说明:统计 classList 中出现次数最多的元素(类标签)
Parameters:
    classList:类标签列表
Returns:
```

```
    sortedClassCount[0][0]:出现次数最多的元素(类标签)
Modify:
    2021-08-31

"""
def majorityCnt(classList):
    classCount={}
    #统计 classList 中每个元素出现的次数
    for vote in classList:
        if vote not in classCount.keys():
            classCount[vote]=0
        classCount[vote]+=1
    #根据字典的值降序排列
    print(classCount)
    sortedClassCount=sorted(classCount.items(),key=operator.itemgetter
    (1),reverse=True)
    print(sortedClassCount)
    return sortedClassCount[0][0]

"""
函数说明:创建决策树

Parameters:
  dataSet:训练数据集
  labels:分类属性标签
    featLabels:存储选择的最优特征标签
Returns:
    myTree:决策树
Modify:
    2021-08-31

"""
count =0
def createTree(dataSet,labels,featLabels):
    global  count
    count+=1
    print("第%d轮迭代:"%count,dataSet,labels,featLabels)
    #取分类标签(是否放贷:yes or no)
    classList=[example[-1] for example in dataSet]
    #如果类别完全相同,则停止继续划分
    if classList.count(classList[0])==len(classList):
        return classList[0]
    #遍历完所有特征时返回出现次数最多的类标签
    if len(dataSet[0])==1:
        return majorityCnt(classList)
    #选择最优特征
    bestFeat=chooseBestFeatureToSplit(dataSet)
    #最优特征的标签
    bestFeatLabel=labels[bestFeat]
    featLabels.append(bestFeatLabel)
    #根据最优特征的标签生成树
    myTree={bestFeatLabel:{}}
    #删除已经使用的特征标签
```

```
    del(labels[bestFeat])
    #得到训练集中所有最优特征的属性值
    featValues=[example[bestFeat] for example in dataSet]
    #去掉重复的属性值
    uniqueVls=set(featValues)
    #遍历特征,创建决策树
    for value in uniqueVls:
        labels2 = copy.deepcopy(labels)
        print("现在进行的是 %s 下面的 %s" % (bestFeatLabel, value))
        print("现在的标签长度为:", len(labels2))
        myTree[bestFeatLabel][value]=createTree(splitDataSet(dataSet,
        bestFeat,value),
                      labels2,featLabels)
    return myTree
"""
函数说明:获取决策树叶子结点的数目

Parameters:
    myTree:决策树
Returns:
    numLeafs:决策树的叶子结点的数目
Modify:
    2021-08-31

"""

def getNumLeafs(myTree):
    numLeafs=0
    firstStr=next(iter(myTree))
    secondDict=myTree[firstStr]
    for key in secondDict.keys():
        if type(secondDict[key]).__name__=='dict':
            numLeafs+=getNumLeafs(secondDict[key])
        else: numLeafs+=1
    return numLeafs

"""
函数说明:获取决策树的层数

Parameters:
    myTree:决策树
Returns:
    maxDepth:决策树的层数

Modify:
    2021-08-31
"""
def getTreeDepth(myTree):
    maxDepth = 0                              #初始化决策树深度
    firstStr = next(iter(myTree))
    #python3 中 myTree.keys()返回的是 dict_keys,不再是 list,
    #所以不能使用 myTree.keys()[0]的方法获取结点属性,可以使用 list(myTree.
    #keys())[0]
```

```
    secondDict = myTree[firstStr]                             #获取下一个字典
    for key in secondDict.keys():
        #测试该结点是否为字典,如果不是字典,代表此结点为叶子结点
        if type(secondDict[key]).__name__=='dict':
            thisDepth = 1 + getTreeDepth(secondDict[key])
        else:   thisDepth = 1
        if thisDepth > maxDepth: maxDepth = thisDepth     #更新层数
    return maxDepth

"""
函数说明:绘制结点

Parameters:
    nodeTxt - 结点名
    centerPt - 文本位置
    parentPt - 标注的箭头位置
    nodeType - 结点格式
Returns:
    无
Modify:
    2021-08-31
"""
def plotNode(nodeTxt, centerPt, parentPt, nodeType):
    arrow_args = dict(arrowstyle="<-")                        #定义箭头格式
    font = FontProperties(fname=r"c:\windows\fonts\simsun.ttc", size=14)
                                                              #设置中文字体
    createPlot.ax1.annotate(nodeTxt, xy=parentPt,  xycoords='axes
    fraction',
                                                              #绘制结点
            xytext=centerPt, textcoords='axes fraction', va="center",
                ha =" center ", bbox = nodeType, arrowprops = arrow _ args,
                FontProperties=font)

"""
函数说明:标注有向边属性值

Parameters:
    cntrPt、parentPt - 用于计算标注位置
    txtString - 标注的内容
Returns:
    无
Modify:
    2021-08-31
"""
def plotMidText(cntrPt, parentPt, txtString):
    xMid = (parentPt[0]-cntrPt[0])/2.0 + cntrPt[0]         #计算标注位置
    yMid = (parentPt[1]-cntrPt[1])/2.0 + cntrPt[1]
    createPlot.ax1.text(xMid, yMid, txtString, va="center", ha="center",
    rotation=30)

"""
函数说明:绘制决策树
Parameters:
```

```
    myTree - 决策树(字典)
    parentPt - 标注的内容
    nodeTxt - 结点名
Returns:
    无
Modify:
    2021-08-31
"""
def plotTree(myTree, parentPt, nodeTxt):
    decisionNode = dict(boxstyle="sawtooth", fc="0.8")
                                                        #设置结点格式
    leafNode = dict(boxstyle="round4", fc="0.8")        #设置叶结点格式
    numLeafs = getNumLeafs(myTree)                      #获取决策树叶结点数目,决
                                                        #定了树的宽度
    depth = getTreeDepth(myTree)                        #获取决策树层数
    firstStr = next(iter(myTree))                       #下个字典
    cntrPt = (plotTree.xOff + (1.0 + float(numLeafs))/2.0/plotTree.
    totalW, plotTree.yOff)                              #中心位置
    plotMidText(cntrPt, parentPt, nodeTxt)              #标注有向边属性值
    plotNode(firstStr, cntrPt, parentPt, decisionNode)      #绘制结点
    secondDict = myTree[firstStr]                   #下一个字典,也就是继续绘制子结点
    plotTree.yOff = plotTree.yOff - 1.0/plotTree.totalD     #y 偏移
    for key in secondDict.keys():
        if type(secondDict[key]).__name__=='dict':
                        #测试该结点是否为字典,如果不是字典代表此(325)结点为叶子结点
            plotTree(secondDict[key],cntrPt,str(key))
                                                    #不是叶结点,递归调用继续绘制
        else:                           #如果是叶结点,绘制叶结点,并标注有向边属性值
            plotTree.xOff = plotTree.xOff + 1.0/plotTree.totalW
            plotNode(secondDict[key], (plotTree.xOff, plotTree.yOff),
            cntrPt, leafNode)
            plotMidText((plotTree.xOff, plotTree.yOff), cntrPt, str(key))
    plotTree.yOff = plotTree.yOff + 1.0/plotTree.totalD

"""
函数说明:创建绘制面板
Parameters:
    inTree - 决策树(字典)
Returns:
    无
Modify:
    2021-08-31
"""
def createPlot(inTree):
    fig = plt.figure(1, facecolor='white')             #创建 fig
    fig.clf()                                           #清空 fig
    axprops = dict(xticks=[], yticks=[])
    createPlot.ax1 = plt.subplot(111, frameon=False, **axprops)
                                                        #去掉 x、y 轴
    plotTree.totalW = float(getNumLeafs(inTree))       #获取决策树叶结点数目
    plotTree.totalD = float(getTreeDepth(inTree))      #获取决策树层数
    plotTree.xOff = -0.5/plotTree.totalW; plotTree.yOff = 1.0
                                                        #x 偏移
```

```
    plotTree(inTree, (0.5,1.0), '')                     #绘制决策树
    plt.show()                                          #显示绘制结果

if __name__ == '__main__':
    dataSet, labels = createDataSet()
    featLabels = []
    myTree = createTree(dataSet, labels, featLabels)
    print(myTree)
    createPlot(myTree)
```

运行结果如图 4.12～图 4.14 所示。(注：迭代次数较多，只显示部分打印结果和最后决策树的图。)

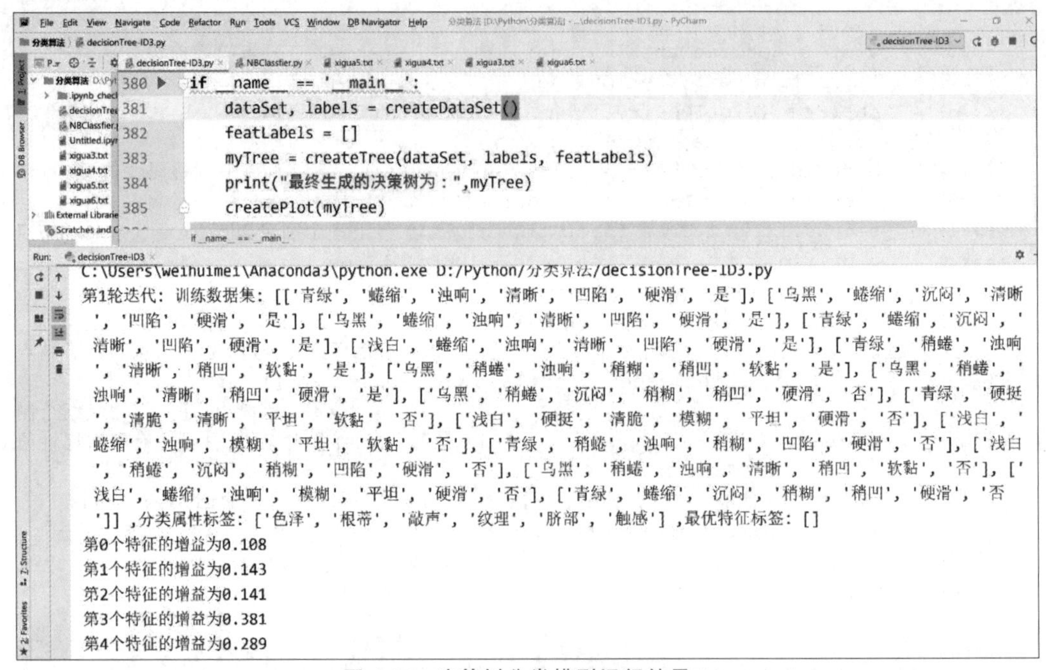

图 4.12　决策树分类模型运行结果-1

运行程序对表 4.7 的西瓜数据集进行基于 ID3 算法的决策树分类。通过 13 轮迭代之后，得到了最终分类结果，对得到的分类规则结果进行可视化得到一棵如图 4.14 所示的可视化决策树。通过该决策树，可以看到最终的结果，以纹理这个特征为树的根结点，根据纹理的不同取值产生不同的分支；当纹理为模糊则判定为坏瓜；如果纹理清晰的话再看根蒂的情况，如果根蒂为硬挺，则此瓜判定为坏瓜，如果为蜷缩则判定为好瓜，如果为稍蜷，则继续看色泽；如果色泽为青绿则为好瓜，如果为乌黑再继续看触感；触感硬滑为好瓜，软黏的为坏瓜。纹理为稍糊的情况下，需要再根据触感判断；如果触感为硬滑则为坏瓜，如果为软黏则可判定为好瓜。因此根据可视化的决策树很容易得到西瓜判定的规则，进而为未知的西瓜进行分类预测。

4.2.4　决策树分类模型的剪枝处理

剪枝(pruning)是决策树学习算法解决“过拟合”问题的主要手段。在决策树学习中，为

```
if __name__ == '__main__':
    dataSet, labels = createDataSet()
    featLabels = []
    myTree = createTree(dataSet, labels, featLabels)
    print("最终生成的决策树为：",myTree)
    createPlot(myTree)
```

```
第1个特征的增益为0.073
第2个特征的增益为0.322
第3个特征的增益为0.171
第4个特征的增益为0.722
现在进行的是 触感 下面的 硬滑
现在的标签长度为： 4
第12轮迭代：训练数据集：[['乌黑', '稍蜷', '沉闷', '稍凹', '否'], ['青绿', '稍蜷', '浊响', '凹陷', '否'], ['浅白', '稍蜷', '沉闷', '凹陷', '否'], ['青绿', '蜷缩', '沉闷', '稍凹', '否']] ,分类属性标签：['色泽', '根蒂', '敲声', '脐部'] ,最优特征标签：['纹理', '根蒂', '色泽', '触感', '触感']
现在进行的是 触感 下面的 软黏
现在的标签长度为： 4
第13轮迭代：训练数据集：[['乌黑', '稍蜷', '浊响', '稍凹', '是']] ,分类属性标签：['色泽', '根蒂', '敲声', '脐部'] ,最优特征标签：['纹理', '根蒂', '色泽', '触感', '触感']
最终生成的决策树为： {'纹理': {'清晰': {'根蒂': {'稍蜷': {'色泽': {'乌黑': {'触感': {'硬滑': '是', '软黏': '否'}}, '青绿': '是'}}, '硬挺': '否', '蜷缩': '是'}}, '模糊': '否', '稍糊': {'触感': {'硬滑': '否', '软黏': '是'}}}}
```

图 4.13 决策树分类模型运行结果-2

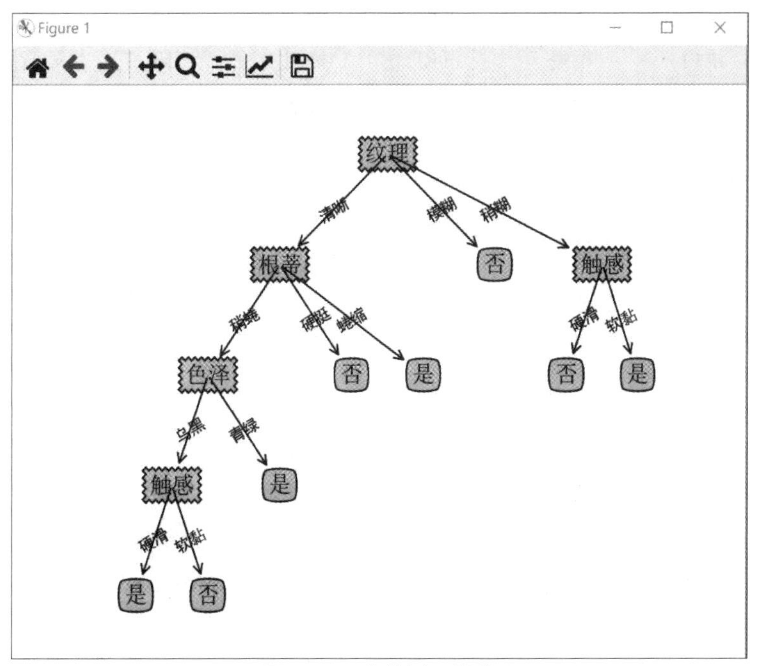

图 4.14 决策树可视化

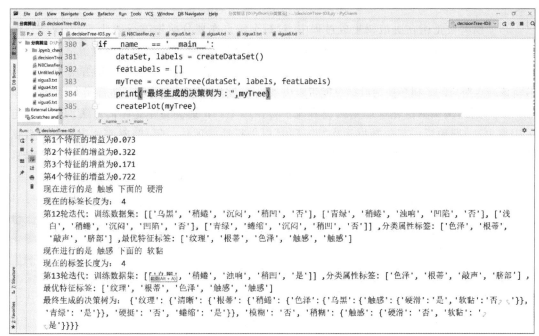

了尽可能正确分类训练样本，结点划分过程将不断重复，有时会造成决策树分支过多，这时就可能因训练样本学得“太好”了，以至于把训练集自身的一些特点当作所有数据都具有的一般性质而导致过拟合。因此，可通过主动去掉一些分支来降低过拟合的风险。

决策树剪枝的基本策略有“预剪枝”(prepruning)和“后剪枝”(post pruning)［Quinlan，

1993]。

(1) 预剪枝是指在决策树生成过程中,对每个结点在划分前先进行估计,若当前结点的划分不能带来决策树泛化性能提升,则停止划分,并将当前结点标记为叶结点。

(2) 后剪枝,是先从训练集生成一棵完整的决策树;然后自底向上地对非叶结点进行考查,若将该结点对应的子树替换为叶结点能带来决策树泛化性能提升,则将该子树替换为叶结点。

如何判断决策树泛化性能是否提升呢?可使用 4.1 节介绍的性能评估方法。本节假定采用留出法,即预留一部分数据用作“验证集”以进行性能评估。例如,对表 4.7 的西瓜数据集 2.0,将其随机划分为两部分,如表 4.8 所示,其中,样例组成训练集的编号分别为{1,2,3,6,7,10,14,15,16,17},样例组成验证集的编号分别为{4,5,8,9,11,12,13}。

表 4.8 西瓜数据集 2.0 划分出的训练集(双线上部)与验证集(双线下部)

编号	色泽	根蒂	敲声	纹理	脐部	触感	好瓜
1	青绿	蜷缩	浊响	清晰	凹陷	硬滑	是
2	乌黑	蜷缩	沉闷	清晰	凹陷	硬滑	是
3	乌黑	蜷缩	浊响	清晰	凹陷	硬滑	是
6	青绿	稍蜷	浊响	清晰	稍凹	软黏	是
7	乌黑	稍蜷	浊响	稍糊	稍凹	软黏	是
10	青绿	硬挺	清脆	清晰	平坦	软黏	否
14	浅白	稍蜷	沉闷	稍糊	凹陷	硬滑	否
15	乌黑	稍蜷	浊响	清晰	稍凹	软黏	否
16	浅白	蜷缩	浊响	模糊	平坦	硬滑	否
17	青绿	蜷缩	沉闷	稍糊	稍凹	硬滑	否
编号	色泽	根蒂	敲声	纹理	脐部	触感	好瓜
4	青绿	蜷缩	沉闷	清晰	凹陷	硬滑	是
5	浅白	蜷缩	浊响	清晰	凹陷	硬滑	是
8	乌黑	稍蜷	浊响	清晰	稍凹	硬滑	是
9	乌黑	稍蜷	沉闷	稍糊	稍凹	硬滑	否
11	浅白	硬挺	清脆	模糊	平坦	硬滑	否
12	浅白	蜷缩	浊响	模糊	平坦	软黏	否
13	青绿	稍蜷	浊响	稍糊	凹陷	硬滑	否

假定采用 4.2.1 节的信息增益准则来进行划分属性选择,则从表 4.8 训练集将会生成一棵如图 4.15 所示的决策树。为便于讨论,我们对圈中的部分结点做了编号。

1. 预剪枝

先讨论预剪枝。我们基于信息增益准则选取属性“脐部”来对训练集进行划分,并产生 3 个分支,如图 4.16 所示。问题是:是否应该进行这个划分呢?答案是:预剪枝要对划分前后的泛化性能进行估计。

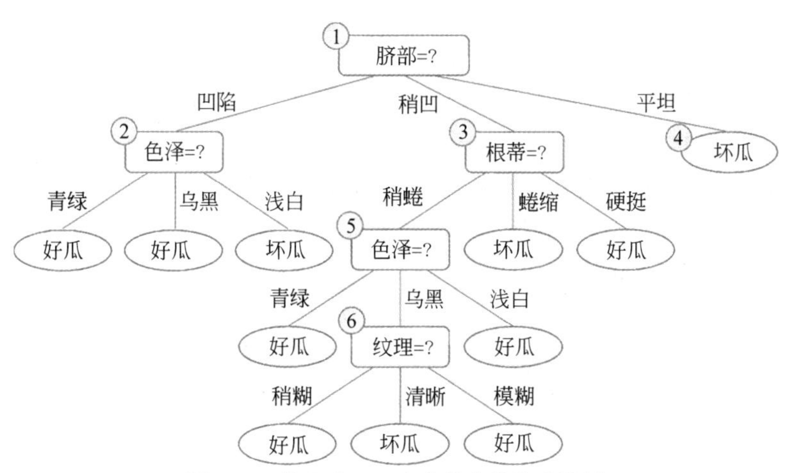

图 4.15 基于表 4.8 生成的未剪枝决策树

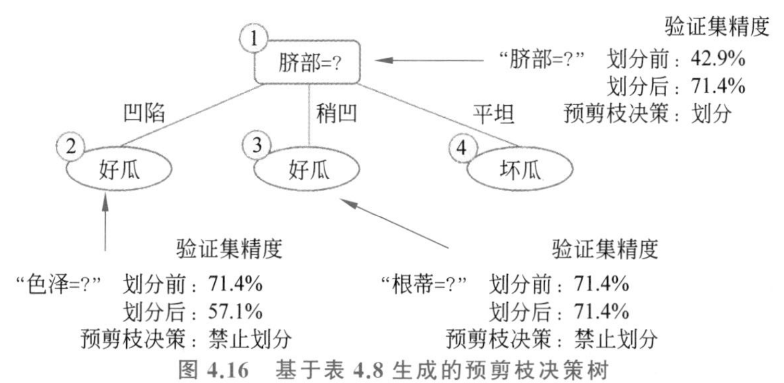

图 4.16 基于表 4.8 生成的预剪枝决策树

在划分之前，所有样例集中在根结点。若不进行划分，则根据 4.2.1 节中决策树分类模型的算法基本流程的伪代码第 6 行，该结点将被标记为叶结点，其类别标记为训练样例数最多的类别，假设这个叶结点标记为“好瓜”。用表 4.8 的验证集对这个单结点决策树进行评判，则编号为{4，5，8}的样例被分类正确，另外 4 个样例分类错误，于是，验证集精度为$\frac{3}{7}\times 100\%=42.9\%$。

在用属性“脐部”划分之后，图 4.15 中的结点②、③、④分别包含编号为{1，2，3，14}、{6，7，15，17}、{10，16}的训练样例，因此这 3 个结点分别被标记为叶结点“好瓜”“好瓜”“坏瓜”。此时，验证集中编号为{4，5，8，11，12}的样例被分类正确，验证集精度为$\frac{5}{7}\times 100\%=71.4\%>42.9\%$，于是，用“脐部”进行划分得以确定。

然后，决策树算法应该对结点②进行划分，基于信息增益准则将挑选出划分属性“色泽”，然而，在使用“色泽”划分后，编号为{5}的验证集样本分类结果会由正确转为错误，使得验证集精度下降为 57.1%。于是，预剪枝策略将禁止结点②被划分。

对结点③，最优划分属性为“根蒂”，划分后验证集精度仍为 71.4%。这个划分不能提升验证集精度，于是，预剪枝策略禁止结点③被划分。

对结点④，其所含训练样例已属于同一类，不再进行划分。

于是基于预剪枝策略从表 4.8 数据所生成的决策树如图 4.16 所示,其验证集精度为 71.4%。这是一棵仅有一层划分的决策树,也称为"决策树桩"。

对比图 4.15 和图 4.16 可看出,预剪枝使得决策树的很多分支都没有"展开",这不仅降低了过拟合的风险,还显著减少了决策树的训练时间开销和测试时间开销。但另一方面,有些分支的当前划分虽不能提升泛化性能、甚至可能导致泛化性能暂时下降,但在其基础上进行的后续划分却有可能导致性能显著提高;预剪枝基于"贪心"本质禁止这些分支展开,给预剪枝决策树带来了欠拟合的风险。

2. 后剪枝

后剪枝先从训练集生成一棵完整决策树。例如,基于表 4.8 的数据得到如图 4.15 所示的决策树,该决策树的验证集精度 42.9%作为已知的条件。

后剪枝首先考察图 4.15 中的结点⑥。若将其领衔的分支剪除,则相当于把⑥替换为叶结点。替换后的叶结点包含编号为{7,15}的训练样本,于是该叶结点的类别标记为"好瓜",此时决策树的验证集精度提高至 57.1%。于是,后剪枝策略决定剪枝效果的优势,如图 4.17 所示。

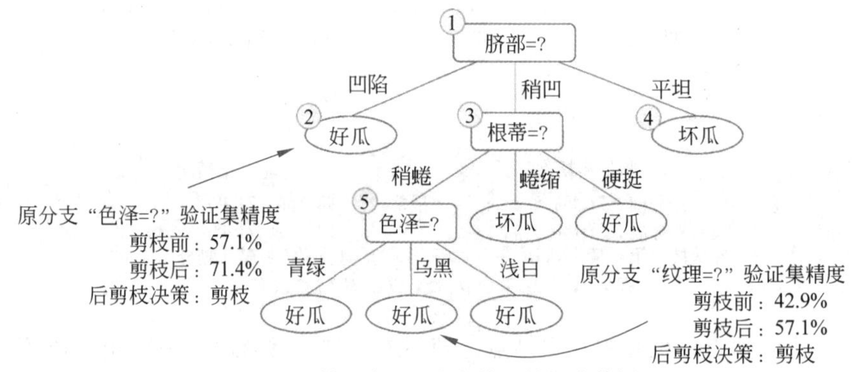

图 4.17 基于表 4.8 生成的后剪枝决策树

然后再考察结点⑤,若将其领衔的子树替换为叶结点,则替换后的叶结点包含编号为{6,7,15}的训练样例,叶结点类别标记为"好瓜"。此时决策树验证集精度仍为 57.1%,像这种情况可以不进行剪枝。尽管此种情况下验证集精度没有提高,但是根据奥卡姆剃刀准则,其剪枝后的模型更好。因此,实际的决策树算法在此种情况下通常要进行剪枝。特别要提示的是:本书为绘图的方便,采取了不剪枝的保守策略。

对结点②,若将其领衔的子树替换为叶结点,则替换后的叶结点包含编号{1,2,3, 14}的训练样例,叶结点标记为"好瓜",此时决策树的验证集精度提高至 71.4%。于是,得到的结论是:后剪枝策略决定剪枝的效果。

对结点③和①,若将其领衔的子树替换为叶结点,则所得决策树的验证集精度分别为 71.4%和 42.9%,均未得到提高,于是它们被保留。

最终,基于后剪枝策略从表 4.8 数据所生成的决策树如图 4.17 所示,其验证集精度是 71.4%。

对比图 4.17 和图 4.16 可看出,后剪枝决策树通常比预剪枝决策树保留了更多的分支。一般情形下,后剪枝决策树的欠拟合风险很小,泛化性能往往优于预剪枝决策树。但后剪枝过程是在生成完全决策树之后进行的，并且要自底向上对树中的所有非叶结点进行逐层考察，因此其训练时间开销比未剪枝决策树和预剪枝决策树都要大得多。

4.2.5　决策树分类模型中的连续与缺失值处理

1. 连续值处理

目前为止仅讨论了基于离散属性来生成决策树。现实学习任务中常会遇到连续属性，有必要讨论如何在决策树学习中使用连续属性。

由于连续属性的可取值数目不再有限，因此，不能直接根据连续属性的取值来对树中的结点进行划分。此时，连续属性离散化技术可派上用场。最简单的策略是采用二分法对连续属性进行处理，这正是以下将要介绍的 C4.5 决策树算法采用的机制[Quinlan，1993]。

给定样本集 D 和连续属 a，假定 a 在 D 上出现 n 个不同的取值，将这些值从小到大进行排序，记为$\{a^1, a^2, \cdots, a^n\}$。基于划分点 t 可将 D 分为子集 D_t^- 和 D_t^+，其中，D_t^- 包含那些在属性 a 上取值不大于 t 样本，而 D_t^+ 则包含那些在属 a 上取值大于 t 的样本。显然，对相邻的属性取值 a^i 与 a^{i+1}来说，t 在区间$[a^i, a^{i+1})$中取任意值所产生的划分结果相同。因此，对连续属性 a 可考察包含 $n-1$ 个元素的候选划分点集合：

$$T_a = \left\{ \frac{a^i + a^{i+1}}{2} \middle| 1 \leqslant i \leqslant n-1 \right\}$$

首先，将区间$[a^i, a^{i+1})$的中位点$\frac{a^i + a^{i+1}}{2}$作为候选划分点。然后，将这些候选划分点作为离散属性值一样来考察这些划分点后，再选取最优的划分点进行样本集合的划分。例如，可对式(4-14)稍加改造后，成为式(4-19)的形式：

$$\begin{aligned} \text{Gain}(D, a) &= \max_{t \in T_a} \text{Gain}(D, a, t) \\ &= \max_{t \in T_a} \text{Ent}(D) - \sum_{\lambda \in \{-,+\}}^{V} \frac{|D_t^\lambda|}{|D|} \text{Ent}(D_t^\lambda) \end{aligned} \tag{4-19}$$

其中，$\text{Gain}(D, a, t)$是样本集 D 基于划分点 t 二分后的信息增益。通过计算，就可选择使 $\text{Gain}(D, a, t)$最大化的划分点。

另一个例子是：在表 4.7 的西瓜数据集 2.0 上增加两个连续属性“密度”和“含糖率”，得到如表 4.9 所示的西瓜数据集 3.0。下面用这个数据集来生成一棵决策树。

表 4.9　西瓜数据集 3.0

编号	色泽	根蒂	敲声	纹理	脐部	触感	密度	含糖率	好瓜
1	青绿	蜷缩	浊响	清晰	凹陷	硬滑	0.697	0.460	是
2	乌黑	蜷缩	沉闷	清晰	凹陷	硬滑	0.774	0.376	是
3	乌黑	蜷缩	浊响	清晰	凹陷	硬滑	0.634	0.264	是
4	青绿	蜷缩	沉闷	清晰	凹陷	硬滑	0.608	0.318	是
5	浅白	蜷缩	浊响	清晰	凹陷	硬滑	0.556	0.215	是
6	青绿	稍蜷	浊响	清晰	稍凹	软黏	0.403	0.237	是
7	乌黑	稍蜷	浊响	稍糊	稍凹	软黏	0.481	0.149	是

续表

编号	色泽	根蒂	敲声	纹理	脐部	触感	密度	含糖率	好瓜
8	乌黑	稍蜷	浊响	清晰	稍凹	硬滑	0.437	0.211	是
9	乌黑	稍蜷	沉闷	稍糊	稍凹	硬滑	0.666	0.091	否
10	青绿	硬挺	清脆	清晰	平坦	软黏	0.243	0.267	否
11	浅白	硬挺	清脆	模糊	平坦	硬滑	0.245	0.057	否
12	浅白	蜷缩	浊响	模糊	平坦	软黏	0.343	0.099	否
13	青绿	稍蜷	浊响	稍糊	凹陷	硬滑	0.639	0.161	否
14	浅白	稍蜷	沉闷	稍糊	凹陷	硬滑	0.657	0.198	否
15	乌黑	稍蜷	浊响	清晰	稍凹	软黏	0.360	0.370	否
16	浅白	蜷缩	浊响	模糊	平坦	硬滑	0.593	0.042	否
17	青绿	蜷缩	沉闷	稍糊	稍凹	硬滑	0.719	0.103	否

对于属性“密度”,在决策树学习开始时,根结点包含的 17 个训练样本在该属性上取值均不同。根据式(4-19),该属性的候选划分点集合包含 16 个候选值:$T_{密度}$={0.244,0.294,0.351,0.381,0.420,0.459,0.518,0.574,0.600,0.621,0.636,0.648,0.661,0.681,0.708,0.746}。由式(4-14)可计算出属性“密度”的信息增益为 0.262,对应于划分点 0.381。

对于属性“含糖率”,其候选划分点集合也包含 16 个候选值:$T_{含糖率}$={0.049,0.074,0.095,0.101,0.126,0.155,0.179,0.204,0.213,0.226,0.250,0.265,0.292,0.344,0.373,0.418}。类似地,根据式(4-14)可计算出其信息增益为 0.349,对应于划分点 0.126。

再由 4.2.1 节可知,表 4.9 的数据上各属性的信息增益为:

Gain(D,色泽)=0.109;Gain(D,根蒂)=0.143;

Gain(D,敲声)=0.141;Gain(D,纹理)=0.381;

Gain(D,脐部)=0.289;Gain(D,触感)=0.006;

Gain(D,密度)=0.262;Gain(D,含糖率)=0.349。

于是,“纹理”被选作根结点划分属性,此后结点划分过程递归进行,最终生成如图 4.18 所示的决策树。

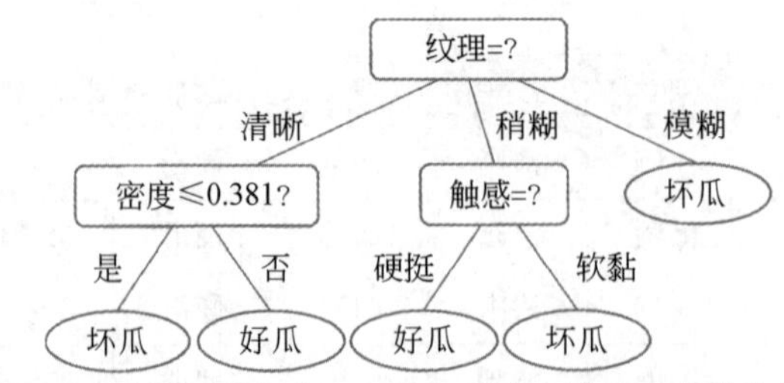

图 4.18 在西瓜数据集 3.0 上基于信息增益生成的决策树

需要注意的是,与离散属性不同,若当前结点划分属性为连续属性,该属性还可作为其后代(下一层子树)结点的划分属性。

2. 缺失值处理

现实任务中常会遇到不完整的样本数据,即样本的某些属性值缺失。例如,由于诊测成本、隐私保护等因素,患者的医疗数据在某些属性上的取值(如 HIV 测试结果)是未知的,尤其是在属性数目较多的情况下,往往会有大量样本(值或数据)出现缺失值。如果简单地放弃不完整样本数据的话,仅使用无缺失值的样本数据来进行学习,显然是对数据信息极大的浪费。例如,表 4.10 是表 4.7 中的西瓜数据集 2.0 出现缺失值的版本,如果放弃不完整样本,则仅有编号{4,7,14,16}的样本能被使用。显然,有必要考虑利用有缺失属性值的训练样例来进行学习。

表 4.10 西瓜数据集 2.0α

编号	色泽	根蒂	敲声	纹理	脐部	触感	好瓜
1	—	蜷缩	浊响	清晰	凹陷	硬滑	是
2	乌黑	蜷缩	沉闷	清晰	凹陷	—	是
3	乌黑	蜷缩	—	清晰	凹陷	硬滑	是
4	青绿	蜷缩	沉闷	清晰	凹陷	硬滑	是
5	—	蜷缩	浊响	清晰	凹陷	硬滑	是
6	青绿	稍蜷	浊响	清晰	—	软黏	是
7	乌黑	稍蜷	浊响	稍糊	稍凹	软黏	是
8	乌黑	稍蜷	浊响	—	稍凹	硬滑	是
9	乌黑	—	沉闷	稍糊	稍凹	硬滑	否
10	青绿	硬挺	清脆	—	平坦	软黏	否
11	浅白	硬挺	清脆	模糊	平坦	—	否
12	浅白	蜷缩	—	模糊	平坦	软黏	否
13	—	稍蜷	浊响	稍糊	凹陷	硬滑	否
14	浅白	稍蜷	沉闷	稍糊	凹陷	硬滑	否
15	乌黑	稍蜷	浊响	清晰	—	软黏	否
16	浅白	蜷缩	浊响	模糊	平坦	硬滑	否
17	青绿	—	沉闷	稍糊	稍凹	硬滑	否

针对缺失值的处理,需解决两个问题:①如何在属性值缺失的情况下进行划分属性选择?②给定划分属性,若样本在该属性上的值缺失,如何对样本进行划分?

1)在属性值缺失的情况下进行划分属性选择的实现方法

具体的描述是:给定训练集 D 和属性 a,令 $\widetilde{D}$ 表示 D 中在属性 a 上没有缺失值的样本子集。对问题①,显然仅可根据 $\widetilde{D}$ 来判断属性 a 的优劣。假定属性 a 有 V 个可取值$\{a^1,a^2,\cdots,a^V\}$,令 $\widetilde{D}^v$ 表示 $\widetilde{D}$ 中在属性 a 上取值为 a^v 的样本子集,$\widetilde{D}_k$ 表示 $\widetilde{D}$ 中属于第 k 类($k=1,2,\cdots,|y|$)的样本子集,则显然有 $\widetilde{D}=\bigcup_{k=1}^{|y|}\widetilde{D}_k$,$\widetilde{D}=\bigcup_{v=1}^{V}\widetilde{D}^v$。假定为每个样本 $\boldsymbol{x}$ 赋予

一个权重 $\boldsymbol{\omega}_x$,并定义,分别如式(4-20)、式(4-21)和式(4-22)所示。

$$\rho=\frac{\sum_{x\in\tilde{D}}\omega_x}{\sum_{x\in D}\omega_x} \tag{4-20}$$

$$\tilde{p}_k=\frac{\sum_{x\in\tilde{D}_k}\omega_x}{\sum_{x\in\tilde{D}}\omega_x}\quad(1\leqslant k\leqslant|y|) \tag{4-21}$$

$$\tilde{r}_v=\frac{\sum_{x\in\tilde{D}^v}\omega_x}{\sum_{x\in\tilde{D}}\omega_x}\quad(1\leqslant v\leqslant V) \tag{4-22}$$

直观地看,对属性 a,ρ 表示无缺失值样本所占的比例,$\tilde{p}_k$ 表示无缺失值样本中第 k 类所占的比例,$\tilde{r}_v$ 则表示无缺失值样本中在属性 a 上取值 a^v 的样本所占的比例。显然,$\sum_{k=1}^{|y|}\tilde{p}_k=1$,$\sum_{v=1}^{V}\tilde{r}_v=1$。

基于上述定义,可将信息增益的计算式(4-14)推广为式(4-23):

$$\begin{aligned}\text{Gain}(D,a)&=\rho\times\text{Gain}(\tilde{D},a)\\&=\rho\times\left(\text{Ent}(\tilde{D})-\sum_{v=1}^{V}\tilde{r}_v\text{Ent}(\tilde{D}^v)\right)\end{aligned} \tag{4-23}$$

其中:

$$\text{Ent}(\tilde{D})=-\sum_{k=1}^{|y|}\tilde{p}_k\log_2\tilde{p}_k$$

2) 若样本在该属性上的值缺失,对样本进行划分和处理的方法

针对缺失值的处理的第二个问题是:若样本 $\boldsymbol{x}$ 在划分属性 a 上的取值已知,则将 $\boldsymbol{x}$ 划入与其取值对应的子结点,且样本权值在子结点中保持为 ω_x。若样本 $\boldsymbol{x}$ 在划分属性上的取值未知,则将 $\boldsymbol{x}$ 同时划入所有子结点,且样本权值在与属性值 a^v 对应的子结点中调整为 $\tilde{r}_v\cdot\omega_x$。直观地看,这就是让同一个样本以不同的概率划入到不同的子结点中去。

C4.5 算法使用了上述解决方案[Quinlan,1993]。下面以表 4.10 的数据集为例来生成一棵决策树,如图 4.19 所示。

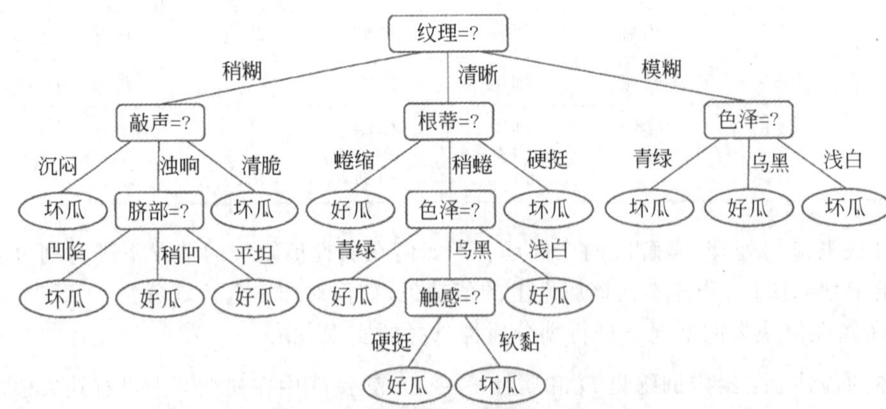

图 4.19 西瓜数据集 2.0α 上基于信息增益生成的决策树

开始时,根结点包含样本集 D 中的全部 17 个样例,各样例的权值均为 1。以属性"色泽"为例,该属性上无缺失值的样例子集 $\tilde{D}$ 包含编号为{2,10,11,12,14,15,16,17}的 14 个

样例。显然，$\tilde{D}$ 的信息熵为：

$$\begin{aligned}\mathrm{Ent}(\tilde{D}) &= -\sum_{k=1}^{2}\tilde{p}_k \log_2 \tilde{p}_k \\ &= -\left(\frac{6}{14}\log_2\frac{6}{14}+\frac{8}{14}\log_2\frac{8}{14}\right)=0.985\end{aligned}$$

令 $\tilde{D}^1$，$\tilde{D}^2$ 与 $\tilde{D}^3$ 分别表示在属性“色泽”上取值为“青绿”“乌黑”以及“浅白”的样本子集，有：

$$\mathrm{Ent}(\tilde{D}^1) = -\left(\frac{2}{4}\log_2\frac{2}{4}+\frac{2}{4}\log_2\frac{2}{4}\right)=1.000$$

$$\mathrm{Ent}(\tilde{D}^2) = -\left(\frac{4}{6}\log_2\frac{4}{6}+\frac{2}{6}\log_2\frac{2}{6}\right)=0.918$$

$$\mathrm{Ent}(\tilde{D}^3) = -\left(\frac{0}{4}\log_2\frac{0}{4}+\frac{4}{4}\log_2\frac{4}{4}\right)=0.000$$

因此，样本子集 $\tilde{D}$ 上属性“色泽”的信息增益为：

$$\begin{aligned}\mathrm{Gain}(\tilde{D},色泽) &= \mathrm{Ent}(\tilde{D}) - \sum_{v=1}^{V}\tilde{r}_v \mathrm{Ent}(\tilde{D}^v) \\ &= 0.985-\left(\frac{4}{14}\times 1.000+\frac{6}{14}\times 0.918+\frac{4}{14}\times 0.000\right) \\ &= 0.306\end{aligned}$$

样本集 D 上属性“色泽”的信息增益为：

$$\mathrm{Gain}(D,色泽)=\rho\times\mathrm{Gain}(\tilde{D},色泽)=\frac{14}{17}\times 0.306=0.252$$

类似地，可计算出所有属性在 D 上的信息增益：

$$\mathrm{Gain}(D,色泽)=0.252;\mathrm{Gain}(D,根蒂)=0.171;$$
$$\mathrm{Gain}(D,敲声)=0.145;\mathrm{Gain}(D,纹理)=0.424;$$
$$\mathrm{Gain}(D,脐部)=0.289;\mathrm{Gain}(D,触感)=0.006。$$

“纹理”在所有属性中取得了最大的信息增益，被用于对根结点进行划分。划分结果是使编号为{1,2,3,4,5,6,15}的样本进入“纹理=清晰”分支，编号{7,9,13,14,17}的样本进入“纹理=稍糊”分支，而编号为{11,12,16}的样本进入“纹理=模糊”分支，且样本在各子结点中的权重保持为 1。需要注意的是，编号为{8}的样本在属性“纹理”上出现了缺失值，因此它将同时进入三个分支中，但权重在三个子结点中分别调整为$\frac{7}{15}$，$\frac{5}{15}$和$\frac{3}{15}$。编号为{10}的样本有类似划分结果。

上述结点划分执行递归过程，最终生成的决策树是如图 4.19 所示的决策树。

4.2.6 多变量决策树

我们把每个属性视为坐标空间中的一个坐标轴，则 d 个属性描述的样本就对应了 d 维空间中的一个数据点，对样本分类则意味着在这个坐标空间中寻找不同类样本之间的分类边界。决策树所形成的分类边界有一个明显的特点：轴平行(axis-parallel)，即它的分类边界由若干个与坐标轴平行的分段组成。

以表 4.11 中的西瓜数据集 3.0α 为例将它作为训练集可生成如图 4.20 所示的决策树，这棵树所对应的分类边界如图 4.21 所示。

表 4.11 西瓜数据集 3.0α

编号	密度	含糖率	好瓜
1	0.697	0.460	是
2	0.774	0.376	是
3	0.634	0.264	是
4	0.608	0.318	是
5	0.556	0.215	是
6	0.403	0.237	是
7	0.481	0.149	是
8	0.437	0.211	是
9	0.666	0.091	否
10	0.243	0.267	否
11	0.245	0.057	否
12	0.343	0.099	否
13	0.639	0.161	否
14	0.657	0.198	否
15	0.360	0.370	否
16	0.593	0.042	否
17	0.719	0.103	否

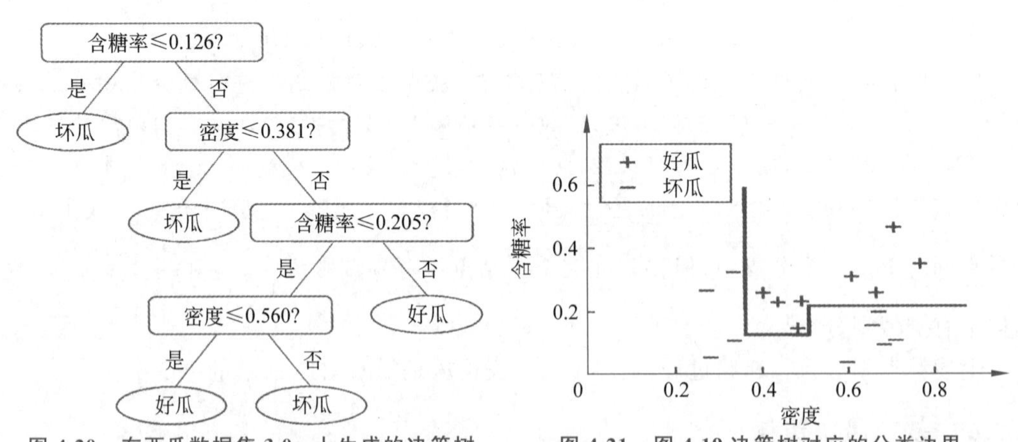

图 4.20 在西瓜数据集 3.0α 上生成的决策树

图 4.21 图 4.19 决策树对应的分类边界

图 4.22 给出了决策树对复杂分类边界的分段近似的表示，可见，其对应的决策树会相当复杂，由于要进行大量的属性测试，预测时间和开销也很大。

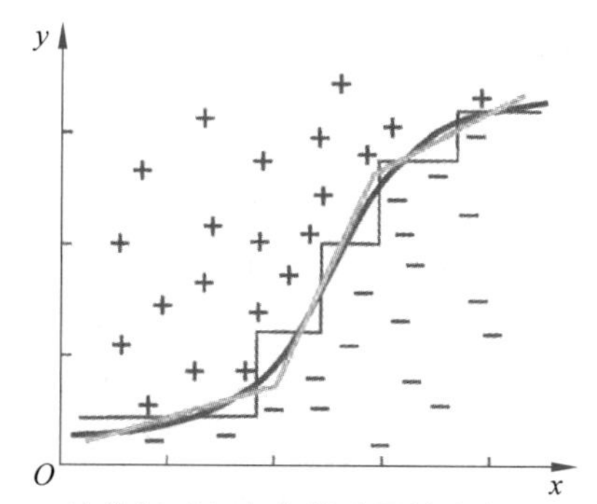

图 4.22　决策树对复杂分类边界的分段近似的表示

该表示方法的优点在于：能够使得决策树模型大为简化。“多变量决策树”(multivariate decision tree)，即能实现这样的“斜划分”甚至更复杂划分的决策树。以实现斜划分的多变量决策树为例，在此类决策树中，非叶结点不再是仅对某个属性，而是对属性的线性组合进行测试；换言之，每个非叶结点是一个形如 $\sum_{i=1}^{d}\omega_i a_i = t$ 的线性分类器，其中，ω_i 是属性 a_i 的权重，ω_i 和 t 可在该结点所含的样本集和属性集上学得。于是，与传统的“单变量决策树”(univariate decision tree) 不同，在多变量决策树的学习过程中，不是为每个非叶结点寻找一个最优划分属性，而是试图建立一个合适的线性分类器。

例如，对西瓜数据集 3.0α，可运用图 4.23 这样的多变量决策树，对其进行分类边界，如图 4.24 所示。

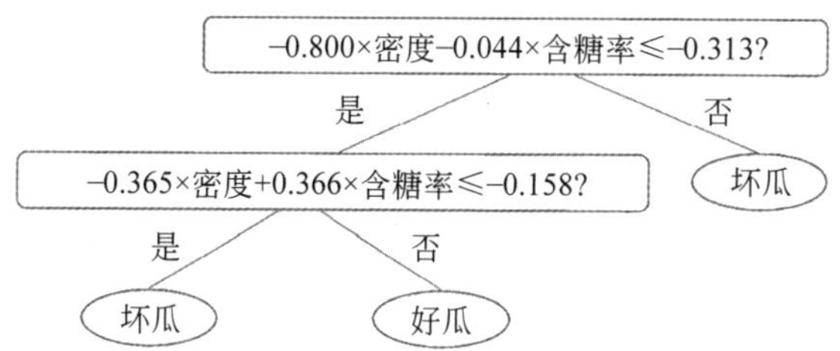

图 4.23　西瓜数据集 3.0α 上生成的多变量决策树

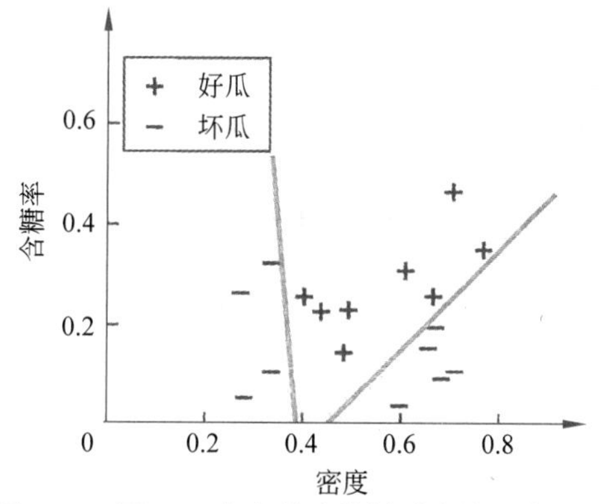

图 4.24　图 4.23 多变量决策树对应的分类边界

4.2.7 决策树分类模型的特性

决策树分类模型是一种启发式模型,核心是在决策树的各个结点上应用信息增益等准则来选取最优的划分属性,进而递归地构造决策树。决策树模型在分类上的优点归纳如下:简单而直观;快速处理缺失值;对 m 个样本数,时间复杂度为 $O(\log_2 m)$;既可以处理离散值也可以处理连续值;可以处理多维度输出的分类问题;决策树在逻辑上可以起到白箱的作用;运用交叉验证的剪枝方法来选择模型的方法,可以提高数据泛化能力;数据异常点的容错能力好且健壮性高。

当然,决策树模型在分类时也有一定的局限性,例如,决策树算法非常容易过拟合,导致泛化能力不强;决策树会因为样本发生一点点的改动,就会导致树结构的剧烈改变;寻找最优的决策树是一个 NP 难的问题,一般是通过启发式方法,容易陷入局部最优;有些比较复杂的关系,决策树很难学习,如异或;如果某些特征的样本比例过大,生成决策树容易偏向于这些特征。但是,每种局限性都有其解决的方法,这也是多数专家与学者多年来选择决策树模型作为分类的重要原因。

朴素贝叶斯分类模型

4.3 贝叶斯分类模型

贝叶斯分类模型是一个统计分类模型,它是一类利用概率统计知识进行分类的模型。它能够预测所属类别的概率。例如,一个数据对象属于某个类别的概率。贝叶斯分类器是基于贝叶斯定理而构造出来的,其原理是:利用贝叶斯公式根据某特征的先验概率计算出其后验概率,然后选择具有最大后验概率的类作为该特征所属的类。

朴素贝叶斯分类器是贝叶斯分类器中最简单的一种,之所以称其“朴素”,是因为朴素贝叶斯只做最原始、最简单的假设,即假设一个指定类别中各属性的取值是相互统计独立的。这一假设也被称为:类别条件独立,它可以帮助有效减少在构造贝叶斯分类器时所需要进行的计算。

对分类方法进行比较的有关研究结果表明:朴素贝叶斯分类器在分类性能上与决策树和神经网络都是可比的。在处理大规模数据库时,贝叶斯分类器已表现出较高的分类准确性和运算性能。

贝叶斯分类模型经常应用于推荐系统、决策预测、文本分类、垃圾文本过滤、情感判别等实际应用场景中。本节将重点介绍朴素贝叶斯分类模型。

4.3.1 朴素贝叶斯分类模型的算法原理

贝叶斯分类模型是基于贝叶斯定理和贝叶斯决策论的分类模型,先来回顾一下贝叶斯定理及其预备知识——贝叶斯决策论。

1. 贝叶斯定理

贝叶斯定理由英国数学家贝叶斯(Thomas Bayes,1702—1761)提出,用来描述两个条件概率之间的关系。

通常,事件 A 在事件 B(发生)的条件下的概率,与事件 B 在事件 A 的条件下的概率是不一样的;然而,这两者是有确定的关系的,贝叶斯法则就是这种关系的陈述。

为了更好地理解贝叶斯定理，首先给出概率公式。

1) 条件概率

设 A 和 B 为实验 E 的两个事件，且 $P(A)>0$，称$\frac{P(AB)}{P(A)}$为在事件 A 已经发生的条件下，事件 B 发生的条件概率，记为 $P(B|A)$，如式(4-24)所示。

$$P(B \mid A)=\frac{P(AB)}{P(A)} \tag{4-24}$$

条件概率就是在附加了一定的条件之下所计算的概率，当我们说到"条件概率"时，总是指另外附加的条件，其形式可归结为"已知某事已经发生了"。

2) 乘法公式

由条件概率公式可得，对于任意两个事件 A 和 B，如果 $P(A)>0, P(B)>0$，则有式(4-25)：

$$P(AB)=P(A)P(B \mid A)=P(B)P(A \mid B) \tag{4-25}$$

更一般地推广到任意多个事件的情况：假设 $A_1, A_2, A_3, \cdots, A_n$ 是同一实验的事件，且 $P(A_1, A_2, A_3, \cdots, A_n)>0$，则有式(4-26)。

$$P(A_1, A_2, A_3, \cdots, A_n)=P(A_1)P(A_2 \mid A_1)P(A_3 \mid A_1, A_2)\cdots P(A_n \mid A_1, A_2, \cdots, A_{n-1}) \tag{4-26}$$

乘法公式也可以理解为：求"几个事件同时发生"的概率。

3) 全概率公式

在计算随机事件的概率时，为了求出较复杂事件的概率，通常将它分解成若干个互不相容的简单事件之和，通过分别计算这些简单事件的概率，再利用概率的可加性得到所求结果。

设事件 $A_1, A_2, A_3, \cdots, A_n$ 为样本空间 Ω 的一个(有限)完备事件组或分割。

如果 $P(A_i)>0(i=1,2,\cdots,n)$，则对任意事件 B，有式(4-27)：

$$B=B\Omega=B\left(\bigcup_{i=1}^{n} A_i\right)=\bigcup_{i=1}^{n}(A_iB) \tag{4-27}$$

这里$(A_iB)\cap(A_jB)=\varnothing(i\neq j, i, j=1,2,\cdots,n)$。由概率的有限可加性得式(4-28)：

$$P(B)=P\left(\bigcup_{i=1}^{n}(A_iB)\right)=\sum_{i=1}^{n}P(A_iB) \tag{4-28}$$

根据乘法公式得式(4-29)：

$$P(B)=\sum_{i=1}^{n}P(A_iB)=\sum_{i=1}^{n}P(A_i)P(B \mid A_i) \tag{4-29}$$

这个公式就是全概率公式。

4) 贝叶斯公式

全概率公式给出一个计算某些事件发生概率的公式。如果事件 B 是由于两个互不相容的事件 $A_1, A_2, A_3, \cdots, A_n$ 中某一个发生而发生，并且知道各个事件 A_i 发生的概率 $P(A_i)$，以及在事件 A_i 已经发生的条件下事件 B 发生的条件概率$P(B|A_i)(i=1,2,\cdots,n)$，则由全概率公式可以算得 B 发生的概率 $P(B)$。我们把事件 $A_1, A_2, A_3, \cdots, A_n$ 看作是导致事件 B 发生的原因，$P(A_i)$称为先验概率，它反映出各种原因发生的可能性大小，一般可以从以往经验得到，在实验之前就已经知道。现在做一次实验，事件 B 发生了，这一信息将

有助于探讨事件 B 发生的原因。条件概率 $P(A_i|B)$ 称为后验概率,它使得我们在实验后对各种原因发生的可能性大小有进一步的了解。

设实验 E 的基本空间为 Ω,事件 $A_1,A_2,A_3,\cdots,A_n$ 是 Ω 的一个分割,且 $P(A_i)>0(i=1,2,\cdots,n)$,对于任意一个事件 B,如果 $P(B)>0$,由乘法公式可得式(4-30):

$$P(A_jB)=P(A_j)P(B \mid A_j)=P(B)P(A_j \mid B) \tag{4-30}$$

由此得式(4-31):

$$P(A_j \mid B)=\frac{P(A_j)P(B \mid A_j)}{P(B)} \tag{4-31}$$

再利用全概率公式,得式(4-32):

$$P(A_j \mid B)=\frac{P(A_j)P(B \mid A_j)}{\sum_{i=1}^{n}P(A_i)P(B \mid A_i)}, j=1,2,\cdots,n \tag{4-32}$$

这个公式称为贝叶斯(Bayes)公式(或逆概率公式)。归纳起来说,贝叶斯定理是关于随机事件 A 和事件 B 的条件概率和边缘概率的描述。其中,$P(A|B)$是在 B 发生的情况下 A 发生的可能性。基本空间为 Ω,事件 $A_1,A_2,A_3,\cdots,A_n$ 是 Ω 的一个分割,且 $P(A_i)>0(i=1,2,\cdots,n)$,$P(B)>0$。

在贝叶斯定理中,每个名词都有约定俗成的名称(术语):

$P(A)$是 A 的先验概率或边缘概率。之所以称为"先验",是因为它不考虑任何 B 方面的因素。

$P(A|B)$是已知 B 发生后 A 的条件概率,也由于得自 B 的取值而被称作 A 的后验概率。

$P(B|A)$是已知 A 发生后 B 的条件概率,也由于得自 A 的取值而被称作 B 的后验概率。

$P(B)$是 B 的先验概率或边缘概率,也称作标准化常量(normalized constant)。

按上述贝叶斯定理这些术语的含义,贝叶斯定理又可表述为:

后验概率=(似然度×先验概率)/标准化常量。也就是说,后验概率与先验概率和似然度的乘积成正比。另外,比例 $P(B|A)/ P(B)$也有时被称作标准似然度(Standardised Likelihood),贝叶斯定理则可表述为:后验概率=标准似然度×先验概率。

2. 贝叶斯决策论

贝叶斯决策论是概率框架下实施决策的基本方法。对分类任务来说,在所有相关概率都已知的理想情形下,贝叶斯决策论考虑如何基于这些概率和误判损失来选择最优的类别标记。下面以多分类任务为例来解释其基本原理。

假设有 N 种可能的类别标记,即 $y=\{c_1,c_2,\cdots,c_N\}$,λ_{ij} 是将一个真实标记为 c_j 的样本误分类为 c_i 所产生的损失。基于后验概率 $P(c_i|\boldsymbol{x})$可获得将样本 $\boldsymbol{x}$ 分类为 c_i 所产生的期望损失,决策论中将"期望损失"称为"风险",即在样本 $\boldsymbol{x}$ 上的"条件风险"如式(4-33)所示。

$$R(c_i \mid \boldsymbol{x})=\sum_{j=1}^{N}\lambda_{ij} \cdot P(c_j \mid \boldsymbol{x}) \tag{4-33}$$

我们的任务是寻找一个判定准则 $h:\chi \to y$ 以最小化总体风险,见式(4-34)。

$$R(h)=E_x[R(h(\boldsymbol{x}) \mid \boldsymbol{x})] \tag{4-34}$$

显然，对每个样本 $\boldsymbol{x}$，若 h 能最小化条件风险 $R(h(\boldsymbol{x})|\boldsymbol{x})$，则总体风险 $R(h)$ 将被最小化。这就产生了贝叶斯判定准则：为最小化总体风险，只需在每个样本上选择那个能使条件风险 $R(c|\boldsymbol{x})$ 最小的类别标记，即式(4-35)。

$$h^*(\boldsymbol{x}) = \arg\min_{c \in y} R(c \mid \boldsymbol{x}) \tag{4-35}$$

此时，$h^*(\boldsymbol{x})$ 称为贝叶斯最优分类器，与之对应的总体风险 $R(h^*)$ 称为贝叶斯风险。1-$R(h^*)$ 反映了分类器所能达到的最好性能，即通过机器学习所能产生的模型精度的理论上限。

具体来说，若目标是最小化分类错误率，则误判损失 λ_{ij} 可写为式(4-36)的形式。

$$\lambda_{ij} = \begin{cases} 0, & i = j \\ 1, & 其他 \end{cases} \tag{4-36}$$

此时条件风险为式(4-37)的形式。

$$R(c \mid \boldsymbol{x}) = 1 - P(c \mid \boldsymbol{x}) \tag{4-37}$$

于是，最小化分类错误率的贝叶斯最优分类器为式(4-38)的形式。

$$h^*(\boldsymbol{x}) = \arg\max_{c \in y} P(c \mid \boldsymbol{x}) \tag{4-38}$$

即对每个样本 $\boldsymbol{x}$，选择能使后验概率 $P(c|\boldsymbol{x})$ 最大的类别标记。

不难看出，欲使用贝叶斯判定准则来最小化决策风险，首先要获得后验概率 $P(c|\boldsymbol{x})$。然而，在现实任务中这通常难以直接获得。从这个角度来看，机器学习所要实现的是基于有限的训练样本集尽可能准确地估计出后验概率 $P(c|\boldsymbol{x})$。大体来说，主要有两种策略：给定 $\boldsymbol{x}$，可通过直接建模 $P(c|\boldsymbol{x})$ 预测 c，这样得到的是“判别式模型”；也可先对联合概率分布 $P(\boldsymbol{x},\boldsymbol{c})$ 建模，然后再由此获得 $P(c|\boldsymbol{x})$，这样得到的是“生成式模型”。显然，前面介绍的决策树可归入判别式模型的范畴。对生成式模型来说，必然考虑如式(4-39)所示。

$$P(c \mid \boldsymbol{x}) = \frac{P(\boldsymbol{x}, c)}{P(\boldsymbol{x})} \tag{4-39}$$

基于贝叶斯定理 $P(c|\boldsymbol{x})$ 可写为式(4-40)的形式：

$$P(c \mid \boldsymbol{x}) = \frac{P(c)P(\boldsymbol{x} \mid c)}{P(\boldsymbol{x})} \tag{4-40}$$

为便于讨论，假设所有属性均为离散型，对于连续属性，可将概率质量函数 $P(\cdot)$ 换成概率密度函数 $p(\cdot)$。其中，$P(c)$ 是类“先验”概率；$P(\boldsymbol{x}|c)$ 是样本 $\boldsymbol{x}$ 相对于类标记 c 的类条件概率，或称为“似然”；$P(\boldsymbol{x})$ 用于归一化的“证据”因子。对给定样本 $\boldsymbol{x}$，证据因子 $P(\boldsymbol{x})$ 与类标记无关，因此估计 $P(c|\boldsymbol{x})$ 的问题就转换为如何基于训练数据 D 来估计先验 $P(c)$ 和似然 $P(\boldsymbol{x}|c)$。

类先验概率 $P(c)$ 表达了样本空间中各类样本所占的比例，根据大数定律，当训练集包含充足的独立同分布样本时，$P(c)$ 可通过各类样本出现的频率来进行估计。

对类条件概率 $P(\boldsymbol{x}|c)$ 来说，由于它涉及关于所有属性的联合概率，直接根据样本出现的频率来估计将会遇到严重的困难。例如，假设样本的 d 个属性都是二值的，则样本空间将有 2^d 种可能的取值，在现实应用中，这个值往往远大于训练样本数 m。也就是说，很多样本取值在训练集中根本没有出现，直接使用频率来估计 $P(\boldsymbol{x}|c)$ 显然不可行，因为“未被观测到”与“出现概率为零”通常是不同的。

3. 朴素贝叶斯分类模型原理

不难发现,基于贝叶斯式(4-40)来估计后验概率 $P(c|\boldsymbol{x})$的主要困难在于:类条件概率 $P(\boldsymbol{x}|c)$是所有属性上的联合概率,难以从有限的训练样本直接估计而得。为避开这个障碍,朴素贝叶斯分类器(Naive Bayes Classifier)采用了"属性条件独立性假设":对已知类别,假设所有属性相互独立。换言之,假设每个属性独立地对分类结果发生影响。

基于属性条件独立性假设,式(4-40) 可重写为式(4-41)的形式:

$$P(c \mid \boldsymbol{x})=\frac{P(c)P(\boldsymbol{x} \mid c)}{P(\boldsymbol{x})}=\frac{P(c)}{P(\boldsymbol{x})}\prod_{i=1}^{d}P(x_i \mid c) \tag{4-41}$$

其中,d 为属性数目,x_i 为 $\boldsymbol{x}$ 在第 $\boldsymbol{i}$ 个属性上的取值。

x_i 实际上是一个"属性-值"对,例如,"色泽=青绿"。为便于讨论,在上下文明确时,有时用 x_i 表示第 $\boldsymbol{i}$ 个属性对应的变量(如"色泽"),有时直接用其指代 $\boldsymbol{x}$ 在第 i 个属性上的取值(如"青绿")。

由于对所有类别来说,$P(\boldsymbol{x})$相同,因此基于式(4-38)的贝叶斯判定准则有式(4-42),这就是朴素贝叶斯分类器的表达式,见式(4-42):

$$h_{nb}(\boldsymbol{x})=\arg\max_{c\in y}P(c)\cdot\prod_{i=1}^{d}P(x_i \mid c) \tag{4-42}$$

显然,朴素贝叶斯分类器的训练过程就是基于训练集 D 来估计类先验概率 $P(c)$,并为每个属性估计条件概率 $P(x_i|c)$。

令 D_c 表示训练集 D 中第 c 类样本组成的集合,若有充足的独立同分布样本,则可容易地估计出类先验概率,如式(4-43)所示:

$$P(c)=\frac{|D_c|}{|D|} \tag{4-43}$$

对离散属性而言,令 D_{c,x_i} 表示 D_c 中在第 i 个属性上取值为 x_i 的样本组成的集合,则条件概率 $P(x_i|c)$估计计算运用式(4-44)进行计算。

$$P(x_i \mid c)=\frac{|D_{c,x_i}|}{|D_c|} \tag{4-44}$$

对连续属性可考虑概率密度函数,假定 $p(x_i|c)\sim N(\mu_{c,i},\sigma_{c,i}^2)$,其中,$\mu_{c,i}$和 $\sigma_{c,i}^2$ 分别是第 c 类样本在第 i 个属性上取值的均值和方差,则有式(4-45):

$$p(x_i \mid c)=\frac{1}{\sqrt{2\pi}\sigma_{c,i}}\exp\left(-\frac{(x_i-\mu_{c,i})^2}{2\sigma_{c,i}^2}\right) \tag{4-45}$$

4. 朴素贝叶斯算法的分类

根据数据的特征分布情况,朴素贝叶斯可以分为 3 类常见的分类算法,分别是高斯朴素贝叶斯(GaussianNB)、多项式朴素贝叶斯(MultinomialNB)和伯努利朴素贝叶斯(BernoulliNB)分类。

1) 高斯朴素贝叶斯

高斯朴素贝叶斯就是先验为高斯分布(正态分布)的朴素贝叶斯,假设每个标签的数据都服从简单正态分布,如式(4-46)所示。

$$P(X_j=x_j \mid Y=C_k)=\frac{1}{\sqrt{2\pi}\sigma_k}\exp\left(-\frac{(x_j-\mu_k)^2}{2\sigma_k^2}\right) \tag{4-46}$$

其中，C_k 表示的是 Y 为第 k 类的类别，μ_k 和 σ_k^2 表示需要从训练集估计的均值和方差。

2）多项式朴素贝叶斯

多项式朴素贝叶斯就是先验为多项式的朴素贝叶斯。它假设特征是由一个多项式分布生成的。多项式可以描述各种类型样本出现次数的概率，因此多项式朴素贝叶斯非常适合用于描述出现次数或者出现次数比例的特征。该模型常用于文本分类，此时特征表示的是次数，例如，某个词语的出现次数。

多项式分布概率如式(4-47)所示：

$$P(X_j=x_{jl} \mid Y=C_k)=\frac{x_{jl}+\lambda}{m_k+n\lambda} \tag{4-47}$$

其中，$P(X_j=x_{jl}|Y=C_k)$表示第 k 类类别的第 j 维特征的第 l 个取值的条件概率；m_k 是训练集中类别为第 k 类的样本个数；λ 为一个大于 0 的修正常数，常常取为 1，也可以取其他修正值，当 λ 取为 1 时即为拉普拉斯平滑，将在 4.3.2 节详细说明；n 表示训练集在第 i 个属性可能的取值数。

3）伯努利朴素贝叶斯

伯努利朴素贝叶斯就是先验为伯努利分布的朴素贝叶斯。它假设特征的先验概率为二元伯努利分布，公式为：

$$P(X_j=x_{jl}|Y=C_k)=P(j|Y=C_k)x_{jl}+(1-P(j|Y=C_k))(1-x_{jl}) \tag{4-48}$$

此时，x_{jl} 只有两种取值，x_{jl} 只能取值 0 或者 1。

在伯努利模型中，每个特征的取值是布尔型的，即 true 和 false，或者 1 和 0。在文本分类中，就是判断一个特征是否在一个文档中出现。

综上，一般来说，如果样本特征的分布大部分是连续型的，则使用高斯朴素贝叶斯会比较好；如果样本特征的分布大部分是多元离散值，则使用多项式朴素贝叶斯；而如果是二元离散值或者很稀疏的多元离散值，则使用伯努利朴素贝叶斯效果较好。

4.3.2　朴素贝叶斯分类模型示例

本节将通过运用表 4.12 西瓜数据集 3.0 训练出一个朴素贝叶斯分类器，然后对测试用例中编号为“测 1”进行分类作为示例，来说明朴素贝叶斯分类模型实现数据分类的具体过程。

1. 示例的数据集与模拟演示过程

朴素贝叶斯分类模型示例的数据集如表 4.12 所示。

表 4.12　西瓜数据集 3.0

编号	色泽	根蒂	敲声	纹理	脐部	触感	密度	含糖率	好瓜
1	青绿	蜷缩	浊响	清晰	凹陷	硬滑	0.697	0.460	是
2	乌黑	蜷缩	沉闷	清晰	凹陷	硬滑	0.774	0.376	是
3	乌黑	蜷缩	浊响	清晰	凹陷	硬滑	0.634	0.264	是
4	青绿	蜷缩	沉闷	清晰	凹陷	硬滑	0.608	0.318	是
5	浅白	蜷缩	浊响	清晰	凹陷	硬滑	0.556	0.215	是

续表

编号	色泽	根蒂	敲声	纹理	脐部	触感	密度	含糖率	好瓜
6	青绿	稍蜷	浊响	清晰	稍凹	软黏	0.403	0.237	是
7	乌黑	稍蜷	浊响	稍糊	稍凹	软黏	0.481	0.149	是
8	乌黑	稍蜷	浊响	清晰	稍凹	硬滑	0.437	0.211	是
9	乌黑	稍蜷	沉闷	稍糊	稍凹	硬滑	0.666	0.091	否
10	青绿	硬挺	清脆	清晰	平坦	软黏	0.243	0.267	否
11	浅白	硬挺	清脆	模糊	平坦	硬滑	0.245	0.057	否
12	浅白	蜷缩	浊响	模糊	平坦	软黏	0.343	0.099	否
13	青绿	稍蜷	浊响	稍糊	凹陷	硬滑	0.639	0.161	否
14	浅白	稍蜷	沉闷	稍糊	凹陷	硬滑	0.657	0.198	否
15	乌黑	稍蜷	浊响	清晰	稍凹	软黏	0.360	0.370	否
16	浅白	蜷缩	浊响	模糊	平坦	硬滑	0.593	0.042	否
17	青绿	蜷缩	沉闷	稍糊	稍凹	硬滑	0.719	0.103	否

测试的样本编号为“测 1”,如表 4.13 所示。

表 4.13 测 1

编号	色泽	根蒂	敲声	纹理	脐部	触感	密度	含糖率	好瓜
测 1	青绿	蜷缩	浊响	清晰	凹陷	硬滑	0.697	0.460	?

首先估计类先验概率 $P(c)$,显然有如下的计算结果:

$$P(\text{好瓜}=\text{是})=\frac{8}{17}\approx 0.471$$

$$P(\text{好瓜}=\text{否})=\frac{9}{17}\approx 0.529$$

然后,为每个属性估计条件概率 $P(x_i|c)$。注意,当样本数目足够多时才能进行有意义的概率估计,本书仅是以西瓜数据集 3.0 对估计过程做一个模拟演示过程。

$$P_{\text{青绿}|\text{是}}=P(\text{色泽}=\text{青绿}\mid\text{好瓜}=\text{是})=\frac{3}{8}\approx 0.375$$

$$P_{\text{青绿}|\text{否}}=P(\text{色泽}=\text{青绿}\mid\text{好瓜}=\text{否})=\frac{3}{9}\approx 0.333$$

$$P_{\text{蜷缩}|\text{是}}=P(\text{根蒂}=\text{蜷缩}\mid\text{好瓜}=\text{是})=\frac{5}{8}\approx 0.625$$

$$P_{\text{蜷缩}|\text{否}}=P(\text{根蒂}=\text{蜷缩}\mid\text{好瓜}=\text{否})=\frac{3}{9}\approx 0.333$$

$$P_{\text{浊响}|\text{是}}=P(\text{敲声}=\text{浊响}\mid\text{好瓜}=\text{是})=\frac{6}{8}\approx 0.750$$

$$P_{浊响|否}=P(敲声=浊响 \mid 好瓜=否)=\frac{4}{9}\approx 0.444$$

$$P_{清晰|是}=P(纹理=清晰 \mid 好瓜=是)=\frac{7}{8}\approx 0.875$$

$$P_{清晰|否}=P(纹理=清晰 \mid 好瓜=否)=\frac{2}{9}\approx 0.222$$

$$P_{凹陷|是}=P(脐部=凹陷 \mid 好瓜=是)=\frac{5}{8}\approx 0.625$$

$$P_{凹陷|否}=P(脐部=凹陷 \mid 好瓜=否)=\frac{2}{9}\approx 0.222$$

$$P_{硬滑|是}=P(触感=硬滑 \mid 好瓜=是)=\frac{6}{8}\approx 0.750$$

$$P_{硬滑|否}=P(触感=硬滑 \mid 好瓜=否)=\frac{6}{9}\approx 0.667$$

$$\begin{aligned}P_{密度:0.697|是}&=P(密度=0.697 \mid 好瓜=是)\\&=\frac{1}{\sqrt{2\pi}\times 0.129}\exp\left(-\frac{(0.697-0.574)^2}{2\times 0.129^2}\right)\approx 1.959\end{aligned}$$

$$\begin{aligned}P_{密度:0.697|否}&=P(密度=0.697 \mid 好瓜=否)\\&=\frac{1}{\sqrt{2\pi}\times 0.195}\exp\left(-\frac{(0.697-0.496)^2}{2\times 0.195^2}\right)\approx 1.203\end{aligned}$$

$$\begin{aligned}P_{含糖率:0.460|是}&=P(含糖率=0.460 \mid 好瓜=是)\\&=\frac{1}{\sqrt{2\pi}\times 0.101}\exp\left(-\frac{(0.697-0.279)^2}{2\times 0.101^2}\right)\approx 0.788\end{aligned}$$

$$\begin{aligned}P_{含糖率:0.460|否}&=P(含糖率=0.460 \mid 好瓜=否)\\&=\frac{1}{\sqrt{2\pi}\times 0.108}\exp\left(-\frac{(0.697-0.154)^2}{2\times 0.108^2}\right)\approx 0.066\end{aligned}$$

根据式(4-42)的朴素贝叶斯分类器的表达式分为以下两步计算。

第一步：先计算 $P(c)\cdot\prod_{i=1}^{d}P(x_i \mid c)$，结果如下。

$$P(好瓜=是)\times P_{青绿|是}\times P_{蜷缩|是}\times P_{浊响|是}\times P_{清晰|是}\times P_{凹陷|是}\times P_{硬滑|是}\times P_{密度:0.697|是}\times P_{含糖率:0.460|是}\approx 0.052$$

$$P(好瓜=否)\times P_{青绿|否}\times P_{蜷缩|否}\times P_{浊响|否}\times P_{清晰|否}\times P_{凹陷|否}\times P_{硬滑|否}\times P_{密度:0.697|否}\times P_{含糖率:0.460|否}\approx 6.80\times 10^{-5}=0.000\,068$$

第二步：再根据朴素贝叶斯分类器表达式(4-42)进行计算，由于第一步中的计算结果 P(好瓜=是)的结果是 0.052，而 P(好瓜=否)的结果是 0.000 068，因 0.052>0.000 068，所以，将测试样本“测 1” 判别为“好瓜”。

2. 拉普拉斯修正

需要注意的是，若某个属性值在训练集中没有与某个类同时出现过，如果直接基于式(4-44)进行概率估计，再根据式(4-42)进行判别将出现问题。

例如，在使用西瓜数据集 3.0 训练朴素贝叶斯分类器时，对一个“敲声=清脆”的测试

例,有:

$$P_{\text{清脆}|\text{是}}=P(\text{敲声}=\text{清脆}|\text{好瓜}=\text{是})=\frac{0}{8}\approx 0$$

由于式(4-42)的连乘式计算出的概率值为零,因此,无论该样本的其他属性是什么,哪怕在其他属性上明显像好瓜,分类的结果都将是"好瓜=否",这显然不太合理。

为了避免其他属性携带的信息被训练集中未出现的属性值"抹去",在估计概率值时通常要进行"平滑",常用"拉普拉斯修正"。

具体来说,令 N 表示训练集 D 中可能的类别,N_i 表示第 i 个属性可能的取值数,则式(4-43)和式(4-44) 分别修正为式(4-49)和式(4-50):

$$\hat{P}(c)=\frac{|D_c|+1}{|D|+N} \tag{4-49}$$

$$\hat{P}(x_i \mid c)=\frac{|D_{c,x_i}|+1}{|D_c|+N_i} \tag{4-50}$$

例如,在本节的例子中 ,类先验概率可估计为:

$$\hat{P}(\text{好瓜}=\text{是})=\frac{8+1}{17+2}\approx 0.474$$

$$\hat{P}(\text{好瓜}=\text{否})=\frac{9+1}{17+2}\approx 0.526$$

类似地,$P_{\text{青绿}|\text{是}}$ 和 $P_{\text{青绿}|\text{否}}$ 可估计为:

$$\hat{P}_{\text{青绿}|\text{是}}=\hat{P}(\text{色泽}=\text{青绿} \mid \text{好瓜}=\text{是})=\frac{3+1}{8+3}\approx 0.364$$

$$\hat{P}_{\text{青绿}|\text{否}}=\hat{P}(\text{色泽}=\text{青绿} \mid \text{好瓜}=\text{否})=\frac{3+1}{9+3}\approx 0.333$$

同时,上文提到的概率 $P_{\text{清脆}|\text{是}}$ 可估计为:

$$\hat{P}_{\text{清脆}|\text{是}}=\hat{P}(\text{敲声}=\text{清脆} \mid \text{好瓜}=\text{是})=\frac{0+1}{8+3}\approx 0.091$$

显然,拉普拉斯修正避免了因训练集样本不充分而导致概率估值为零的问题。拉普拉斯修正实质上假设了属性值与类别均匀分布,这是在朴素贝叶斯学习过程中额外引入的关于数据的先验。在训练集变大时,修正过程所引入的先验(prior)的影响也会逐渐变得可忽略,使得估值渐趋向于实际概率值。

在现实任务中,朴素贝叶斯分类器有多种使用方式。例如,若任务对预测速度要求较高,则对给定训练集,可将朴素贝叶斯分类器涉及的所有概率估值事先计算好存储起来,这样在进行预测时只需"查表"即可进行判别;若任务数据更替频繁,则可采用"懒惰学习"方式,先不进行任何训练,待收到预测请求时再根据当前数据集进行概率估值;若数据不断增加,则可在现有估值基础上,仅对新增样本的属性值所涉及的概率估值进行计数修正即可实现增量学习。

4.3.3 运用 Python 实现朴素贝叶斯分类模型的运行程序

Python 实现朴素贝叶斯分类模型示例代码清单如下。

Python 示例代码:

```
import pandas as pd
from sklearn.datasets import load_iris
from collections import defaultdict
from sklearn.model_selection import train_test_split
import numpy as np
"""
函数说明:读取数据文件
Parameters:
  fileName:文件名称
Returns:
  dataSet:数据集
Modify:
    2021-08-31

"""
#预处理数据
def loadDataSet(fileName):
    dataSet = []
    targetSet = []
    fr = open(fileName,encoding = 'utf-8')
    for line in fr.readlines():
        curLine = line.strip().split(',')
        #print(curLine)
        #fltLine = list(map(float, curLine))
        dataSet.append(curLine[:-1])
        targetSet.append(curLine[-1])
    return np.array(dataSet),np.array(targetSet)

class NBClassifier(object):
    def __init__(self):
        self.y = [] #标签集合
        self.x = [] #每个属性的数值集合
        self.py = defaultdict(float) #标签的概率分布
        self.pxy = defaultdict(dict) #每个标签下的每个属性的概率分布,离散
                                    #为条件概率,连续为条件概率密度函数中的均值与方差

    def prob(self,element,arr):        #对于离散的特征,计算条件概率
        '''
        计算元素在列表中出现的频率
        '''
        prob = 0.0
        for a in arr:
            if element == a:
                prob += 1/len(arr)
        if prob == 0.0:
            prob = 0.001
        return prob

    def meanStd(self,element,arr):    #对于连续的特征,计算此特征的均值、方差
        '''
        计算元素在列表中出现的频率
        '''
        prob = 0.0
```

```
        for a in arr:
            if element == a:
                prob += 1/len(arr)
        if prob == 0.0:
            prob = 0.001
        return prob

    def get_set(self,x,y):
        self.y = list(set(y))
        for i in range(x.shape[1]):
            self.x.append(list(set(x[:,i]))) #记录下每一列的数值集

    def fit(self,x,y):
        '''
        训练模型
        '''
        #x = self.preprocess(x)
        self.get_set(x,y)
        #print(self.x)
        #print(self.y)
        #1. 获取 p(y)
        for yi in self.y:
            self.py[yi] = self.prob(yi,y)
        #2. 获取 p(x|y)
        for yi in self.y:
            for i in range(x.shape[1]):
                sample = x[y==yi,i] #标签 yi 下的样本
                #print("sample:",type(sample))
                #print(sample)
                try:
                    #如果是连续的,则获取该列的均值、方差
                    newSample = np.array([float(item) for item in sample])
                    pxy = [newSample.mean(),np.sum((newSample - newSample.mean()) ** 2) /(len(newSample) - 1)]
                except:
                    #如果是离散的,则获取该列的概率分布
                    pxy = [self.prob(xi,sample) for xi in self.x[i]]
                #print(pxy)
                self.pxy[yi][i] = pxy
        #print(self.pxy)
        print("train score",self.score(x,y))

    def predict_one(self,x):
        '''
        预测单个样本
        '''
        max_prob = 0.0
        max_yi = self.y[0]
        for yi in self.y:
            prob_y = self.py[yi]
            #print("原来的 prob_y:",prob_y)
            for i in range(len(x)):
                try:
```

```
                    #如果是连续的特征,则计算正态分布的概率密度函数
                    #print(x[i])
                    #print(type(x[i]))
                    prob_x_y = np.exp(-1 * (float(x[i])-(self.pxy[yi][i][0]))**2/(2 * self.pxy[yi][i][1]))/(np.sqrt(2 * np.pi * self.pxy[yi][i][1]))
                except:
                #如果是离散的特征,则计算条件概率 p(xi|y)
                    prob_x_y = self.pxy[yi][i][self.x[i].index(x[i])]#p(xi|y)
                #print("prob_x_y:",prob_x_y)
                prob_y *= prob_x_y#计算 p(y)p(x1|y)p(x2|y)...p(xn|y)p(y)
            #print("计算之后的 prob_y:",prob_y)
            if prob_y > max_prob:
                max_prob = prob_y
                max_yi = yi
            #print(max_yi)
        return max_yi

    def predict(self,samples):
        '''
        预测函数
        '''
        #samples = self.preprocess(samples)
        y_list = []
        for m in range(samples.shape[0]):
            yi = self.predict_one(samples[m,:])
            y_list.append(yi)
        return np.array(y_list)

    def score(self,x,y):
        y_test = self.predict(x)
        score = 0.0
        for i in range(len(y)):
            if y_test[i] == y[i]:
                score += 1/len(y)
        return score

if __name__ == "__main__":
    dataSet,targetSet = loadDataSet("xigua6.txt")
    #print(dataSet)
    nbc = NBClassifier()
    nbc.fit(dataSet, targetSet)
    test = np.array([['青绿','蜷缩','浊响','清晰','凹陷','硬滑',0.697,0.460]])
    result = nbc.predict(test)
    print("预测结果为:", result)
```

运行结果如图 4.25 所示。(迭代次数较多,只显示部分打印结果和最后决策树的图。)

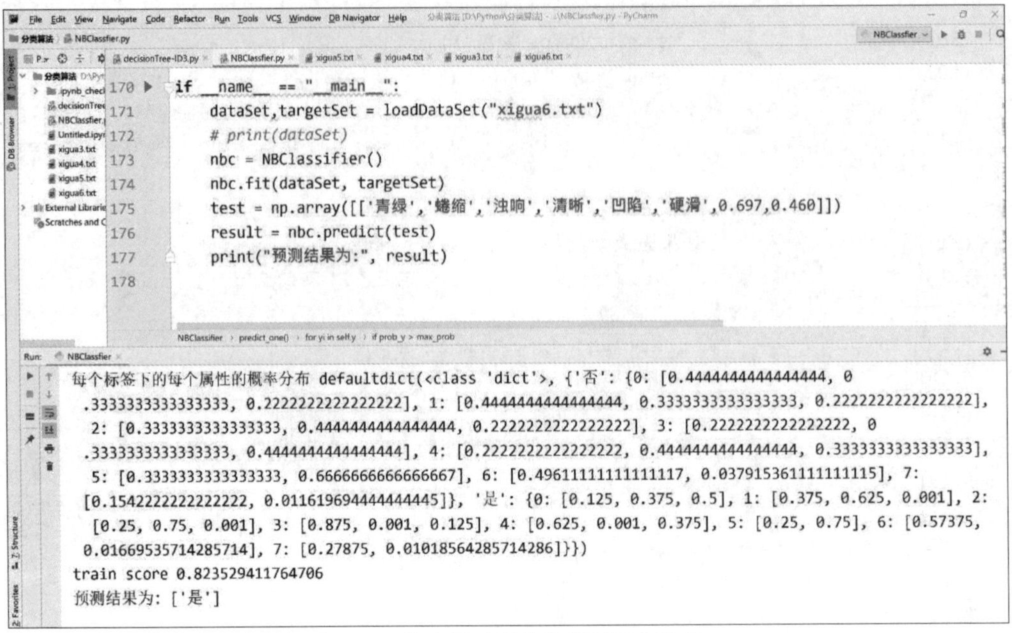

```
if __name__ == "__main__":
    dataSet,targetSet = loadDataSet("xigua6.txt")
    # print(dataSet)
    nbc = NBClassifier()
    nbc.fit(dataSet, targetSet)
    test = np.array([['青绿','蜷缩','浊响','清晰','凹陷','硬滑',0.697,0.460]])
    result = nbc.predict(test)
    print("预测结果为:", result)
```

```
每个标签下的每个属性的概率分布 defaultdict(<class 'dict'>, {'否': {0: [0.4444444444444444, 0.3333333333333333, 0.2222222222222222], 1: [0.4444444444444444, 0.3333333333333333, 0.2222222222222222], 2: [0.3333333333333333, 0.4444444444444444, 0.2222222222222222], 3: [0.2222222222222222, 0.3333333333333333, 0.4444444444444444], 4: [0.2222222222222222, 0.4444444444444444, 0.3333333333333333], 5: [0.3333333333333333, 0.6666666666666667], 6: [0.49611111111111117, 0.037915361111111115], 7: [0.1542222222222222, 0.011619694444444445]}, '是': {0: [0.125, 0.375, 0.5], 1: [0.375, 0.625, 0.001], 2: [0.25, 0.75, 0.001], 3: [0.875, 0.001, 0.125], 4: [0.625, 0.001, 0.375], 5: [0.25, 0.75], 6: [0.57375, 0.01669535714285714], 7: [0.27875, 0.01018564285714286]}})
train score 0.823529411764706
预测结果为: ['是']
```

图 4.25 朴素贝叶斯分类模型运行结果

通过以上代码的运行结果,对于预测样本["青绿","蜷缩","浊响","清晰","凹陷","硬滑",0.697,0.460],最终的预测结果为"好瓜",可以看出与 4.3.2 节手算的结果一致。

4.3.4 贝叶斯分类模型小结

贝叶斯分类器的分类原理是利用各个类别的先验概率,再利用贝叶斯公式及独立性假设计算出属性的类别概率以及对象的后验概率,即该对象属于某一类的概率,选择具有最大后验概率的类作为该对象所属的类别。

贝叶斯分类模型具有的优点是:①数学基础坚实,分类效率稳定,容易解释;②所需估计的参数很少,对缺失数据不太敏感;③无须复杂的迭代求解框架,适用于规模巨大的数据集。

同时,也可以很容易看出在应用贝叶斯分类模型时存在的局限性:①属性之间的独立性假设往往不成立(可考虑用聚类算法先将相关性较大的属性进行聚类);②需要知道先验概率,分类决策存在错误率。

4.4 逻辑回归分类模型

逻辑回归(Logistic Regression,LR)其实是一个很有误导性的概念,虽然它的名字中带有"回归"两个字,但是它最擅长处理的却是分类问题。LR 分类器适用于各项广义上的分类任务,例如,评论信息的正负情感分析(二分类)、用户点击率(二分类)、用户违约信息预测(二分类)、垃圾邮件检测(二分类)、疾病预测(二分类)、用户等级分类(多分类)等场景。逻辑回归分类模型示意图如图 4.26 所示。

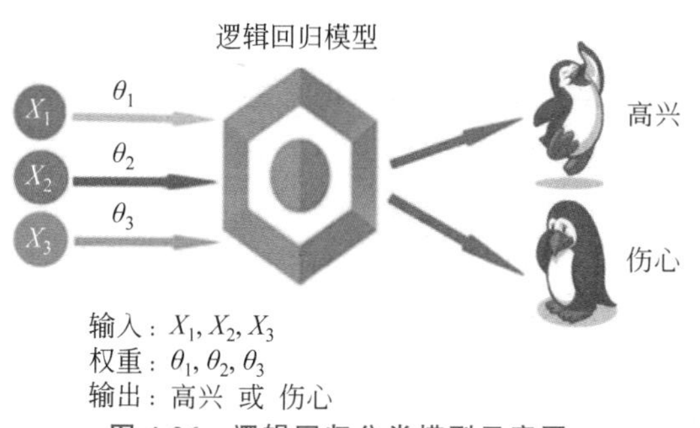

图 4.26　逻辑回归分类模型示意图

本节主要讨论的是二分类问题。

4.4.1　回归理论模型与逻辑回归分类模型的算法原理

1. 回归概念与理论模型

1）线性回归

提到逻辑回归不得不提一下线性回归，逻辑回归和线性回归同属于广义线性模型，逻辑回归就是用线性回归模型的预测值去拟合真实标签的对数几率$\left(\right.$一个事件的几率是指该事件发生的概率与不发生的概率之比，如果该事件发生的概率是 P，那么该事件的几率是 $\frac{P}{1-P}$，对数几率就是 $\log\frac{P}{1-P}\left.\right)$。

逻辑回归和线性回归本质上都是得到一条直线，不同的是，线性回归的直线是尽可能去拟合输入变量 X 的分布，使得训练集中所有样本点到直线的距离最短；而逻辑回归的直线是尽可能去拟合决策边界，使得训练集样本中的样本点尽可能分离开。因此，两者的目的是不同的。

线性回归方程如式(4-51)所示：

$$y=\omega x+b \tag{4-51}$$

此处，y 为因变量，x 为自变量。在机器学习中，y 是标签，x 是特征。

2）Sigmoid 函数

我们想要的函数应该是，能接受所有的输入然后预测出类别。例如，在二分类的情况下，函数能输出 0 或 1。那拥有这类性质的函数称为海维赛德阶跃函数（Heaviside step function），又称为单位阶跃函数，如图 4.27 所示。

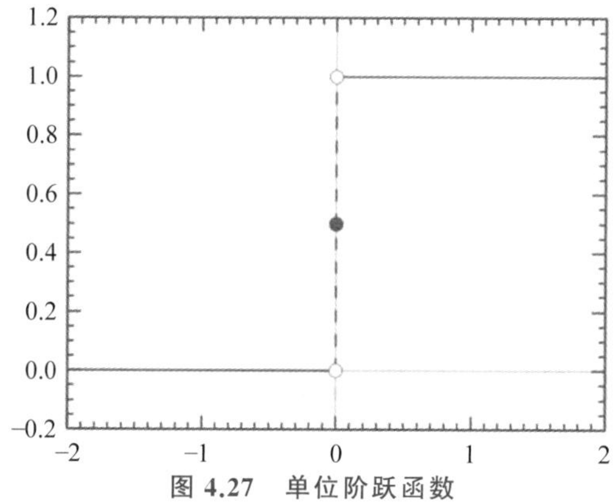

图 4.27　单位阶跃函数

单位阶跃函数的问题在于：在0点位置该函数从0瞬间跳跃到1,这个瞬间跳跃过程很难处理(不好求导)。幸运的是,Sigmoid函数也有类似的性质,且数学上更容易求导。

Sigmoid函数如式(4-52)所示。

$$f(x)=\frac{1}{1+e^{-(x)}} \tag{4-52}$$

图4.28给出了Sigmoid函数在不同坐标尺度下的两条曲线。当x为0时,Sigmoid函数值为0.5。随着x的增大,对应的函数值将逼近于1;而随着x的减小,函数值逼近于0。所以Sigmoid函数值域为(0,1),注意这是开区间,它仅无限接近0和1。如果横坐标刻度足够大,Sigmoid函数看起来就很像一个阶跃函数了。

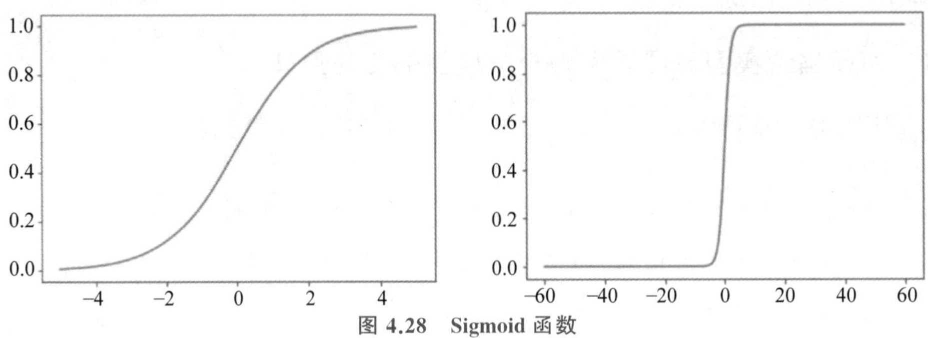

图4.28 Sigmoid函数

3) 逻辑回归

通过将线性模型和Sigmoid函数结合,可以得到逻辑回归的公式,如式(4-53)所示。

$$y=\frac{1}{1+e^{-(\omega x+b)}} \tag{4-53}$$

这样y就是(0,1)的取值。对该式进行变换,可得式(4-54)：

$$\log\frac{y}{1-y}=\omega x+b \tag{4-54}$$

式(4-54)实质上就是一个对数几率公式。

二项Logistic回归如式(4-55)所示。

$$\begin{cases} P(y=0\mid x)=\dfrac{1}{1+e^{\omega x}} \\ P(y=1\mid x)=\dfrac{e^{\omega x}}{1+e^{\omega x}} \end{cases} \tag{4-55}$$

多项Logistic回归如式(4-56)所示。

$$\begin{cases} P(y=k\mid x)=\dfrac{e^{\omega_k \cdot x}}{1+\sum\limits_{k=1}^{K-1} e^{\omega_k \cdot x}} \\ P(y=K\mid x)=\dfrac{1}{1+\sum\limits_{k=1}^{K-1} e^{\omega_k \cdot x}} \end{cases} \tag{4-56}$$

逻辑回归和线性回归是两类模型——逻辑回归是分类模型,而线性回归是回归模型。

4）LR 的损失函数

损失函数，通俗地讲，就是衡量真实值和预测值之间差距的函数。所以，损失函数越小，模型就越好。在这里，最小损失是 0。

LR 损失函数如式(4-57)所示。

$$\begin{cases}-\log(x), & y=1 \\ -\log(1-x), & y=0\end{cases} \tag{4-57}$$

把这两个损失函数综合起来，如式(4-58)所示。

$$-[y\log(x)+(1-y)\log(1-x)] \tag{4-58}$$

y 就是标签，分别取 0，1。

对于 m 个样本，总的损失函数如式(4-59)所示。

$$J(\theta)=-\frac{1}{m}\sum_{i=1}^{m}[y_i\log(p(x_i))+(1-y_i)\log(1-p(x_i))] \tag{4-59}$$

在式(4-59)中，m 是样本数，y 是标签，取值 0 或 1，i 表示第 i 个样本，$p(x)$表示预测的输出。

不过当损失过于小的时候，也就是模型能够拟合绝大部分的数据，这时候就容易出现过拟合。为了防止过拟合，会引入正则化。

5）LR 正则化

（1）L1 正则化。

Lasso 回归，相当于为模型添加了这样一个先验条件：服从零均值拉普拉斯分布。拉普拉斯分布函数如式(4-60)所示。

$$f(\omega \mid u,b)=\frac{1}{2b}\exp\left(-\frac{|\omega-u|}{b}\right) \tag{4-60}$$

其中，u，b 为常数，且 $u>0$。

下面证明这一点，由于引入了先验条件，所以似然函数如式(4-61)所示。

$$L(\omega)=P(y \mid \omega,x)P(\omega)=\prod_{i=1}^{N}p(x_i)^{y_i}(1-p(x_i))^{1-y_i}\prod_{j=1}^{d}\frac{1}{2b}\exp\left(-\frac{|\omega_j|}{b}\right) \tag{4-61}$$

取 log 再取负，得到目标函数如式(4-62)所示。

$$-\log L(\omega)=-\sum_{i}[y_i\log(p(x_i))+(1-y_i)\log(1-p(x_i))]+\frac{1}{2b^2}\sum_{j}|\omega_j| \tag{4-62}$$

等价于原始的 cross-entropy 后面加上了 L1 正则，因此 L1 正则的本质其实是为模型增加了“**模型参数服从零均值拉普拉斯分布**”这一先验条件。

（2）L2 正则化。

Ridge 回归，相当于为模型添加了这样一个先验条件：服从零均值正态分布。

正态分布函数如式(4-63)所示。

$$f(\omega \mid u,\sigma)=\frac{1}{\sqrt{2\pi}\sigma}\exp\left(-\frac{(\omega-u)^2}{2\sigma^2}\right) \tag{4-63}$$

下面证明这一点，由于引入了先验条件，所以似然函数如式(4-64)所示。

$$L(\omega)=P(y\mid\omega,x)P(\omega)=\prod_{i=1}^{N}p(x_i)^{y_i}(1-p(x_i))^{1-y_i}\prod_{j=1}^{d}\frac{1}{\sqrt{2\pi}\sigma}\exp\left(-\frac{\omega_j^{\,2}}{2\sigma^2}\right)$$

$$=\prod_{i=1}^{N}p(x_i)^{y_i}(1-p(x_i))^{1-y_i}\ \frac{1}{\sqrt{2\pi}\sigma}\left(-\frac{\omega^{\mathrm{T}}\omega}{2\sigma^2}\right) \tag{4-64}$$

取 log 再取负,得到目标函数如式(4-65)所示。

$$-\log L(\omega)=-\sum_i[y_i\log(p(x_i))+(1-y_i)\log(1-p(x_i))]+\frac{\omega^{\mathrm{T}}\omega}{2\sigma^2}+\text{const} \tag{4-65}$$

由于在等价于原始的 cross-entropy 后面加上了 L2 正则,因此 L2 正则的本质其实是为模型增加了**“模型参数服从零均值正态分布”**这一先验条件。

(3) L1 正则化和 L2 正则化的区别。

① 两者引入的关于模型参数的先验条件不一样,L1 是拉普拉斯分布,L2 是正态分布。

② L1 偏向于使模型参数变得稀疏(但实际上并不那么容易),L2 偏向于使模型每一个参数都很小,但是更加稠密,从而防止过拟合。

为什么 L1 偏向于稀疏,L2 偏向于稠密呢?

看下面两张图,每一个圆表示 loss 的等高线,即在该圆上 loss 都是相同的,可以看到,L1 更容易在坐标轴上达到,而 L2 则容易在象限里达到,如图 4.29 所示。

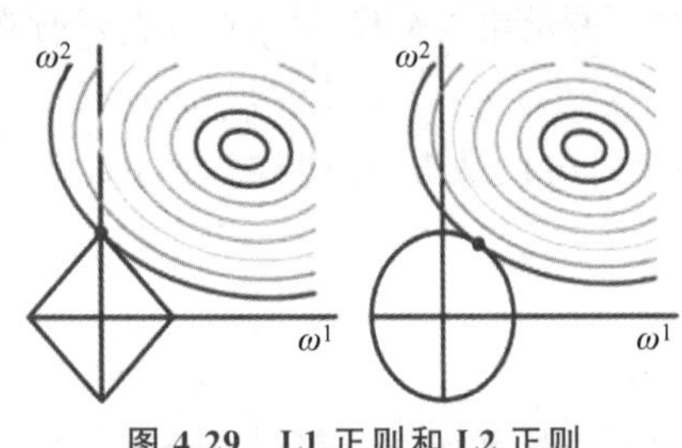

图 4.29 L1 正则和 L2 正则

2. 回归理论模型的求解

1) 基于对数似然损失函数

对数似然损失函数如式(4-66)所示。

$$L(Y,P(Y\mid X))=-\log P(Y\mid X) \tag{4-66}$$

对于 LR 来说,单个样本的对数似然损失函数可以写成式(4-67)的形式:

$$L(y_i,p(y_i\mid x_i))=\begin{cases}-\log\dfrac{\exp(\omega\cdot x)}{1+\exp(\omega\cdot x)}=\log(1+\mathrm{e}^{-\omega\cdot x})=\log(1+\mathrm{e}^{-\hat{y}_i}), & y_i=1\\[2ex] -\log\dfrac{1}{1+\exp(\omega\cdot x)}=\log(1+\mathrm{e}^{\omega\cdot x})=\log(1+\mathrm{e}^{\hat{y}_i}), & y_i=0\end{cases} \tag{4-67}$$

综合起来,写成同一个式子,如式(4-68)所示。

$$L(y_i,p(y_i\mid x_i))=y_i\log(1+\mathrm{e}^{-\omega\cdot x})+(1-y_i)\log(1+\mathrm{e}^{\omega\cdot x}) \tag{4-68}$$

于是对整个训练样本集而言,对数似然损失函数如式(4-69)所示。

$$J(\omega)=\frac{1}{N}\sum_{i=1}^{N}\{y_i\log(1+\mathrm{e}^{-\omega\cdot x})+(1-y_i)\log(1+\mathrm{e}^{\omega\cdot x})\} \tag{4-69}$$

2) 基于极大似然估计

设:$p(y=1|x)=p(x)=\dfrac{\mathrm{e}^{\omega\cdot x}}{1+\mathrm{e}^{\omega\cdot x}}$

$p(y=0|x)=1-p(x)=\dfrac{1}{1+\mathrm{e}^{\omega\cdot x}}$

假设样本是独立同分布生成的,它们的似然函数就是各样本数据后验概率的连乘,如式(4-70)

所示。

$$L(\omega)=P(y \mid \omega,x)=\prod_{i=1}^{N} p(x_i)^{y_i}[1-p(x_i)]^{1-y_i} \tag{4-70}$$

为了防止数据下溢，分别写成对数似然函数，如式(4-71)和式(4-72)所示的形式。

$$\log L(\omega)=\sum_{i=1}^{N}[y_i\log(p(x_i))+(1-y_i)\log(1-p(x_i))] \tag{4-71}$$

$$-\log L(\omega)=-\sum_{i=1}^{N}[y_i(\omega \cdot x_i)-\log(1+\mathrm{e}^{\omega\cdot x_i})] \tag{4-72}$$

可以看出，实际上 $J(\omega)=-\frac{1}{N}\log L(\omega)$，$J(\omega)$要最小化，而 $\log L(\omega)$要最大化，实际上是等价的。

讨论：

(1) 损失函数为什么是 log 损失函数(交叉熵)，而不是 MSE？

假设目标函数是 MSE 而不是交叉熵，如式(4-73)和式(4-74)所示。

$$L=\frac{(y-\hat{y})^2}{2} \tag{4-73}$$

$$\frac{\partial L}{\partial \omega}=(\hat{y}-y)\sigma'(\omega \cdot x)x \tag{4-74}$$

Sigmoid 的导数项如式(4-75)所示。

$$\sigma'(\omega \cdot x)=\omega \cdot x(1-\omega \cdot x) \tag{4-75}$$

根据 ω 的初始化，导数值可能很小(想象一下 Sigmoid 函数在输入较大时的梯度)而导致收敛变慢，而训练途中也可能因为该值过小而提早终止训练。

(2) log loss 的梯度如下：当模型输出概率偏离于真实概率时，梯度较大，加快训练速度，当拟合值接近于真实概率时训练速度变缓慢，没有 MSE 的问题，如式(4-76)所示。

$$g=\sum_{i=1}^{N}x_i(y_i-p(x_i)) \tag{4-76}$$

4.4.2 梯度下降法

由于极大似然函数无法直接求解，所以在机器学习算法中，在最小化损失函数时，可以通过梯度下降法来一步步地迭代求解，得到最小化的损失函数和模型参数值。

1. 梯度

在微积分里面，对多元函数的参数求∂偏导数，把求得的各个参数的偏导数以向量的形式写出来，就是梯度。例如函数 $f(x,y)$，分别对 x,y 求偏导数，求得的梯度向量就是 $\left(\frac{\partial f}{\partial x},\frac{\partial f}{\partial y}\right)^{\mathrm{T}}$，简称 grad $f(x,y)$ 或者 $\nabla f(x,y)$。在点 (x_0,y_0) 的具体梯度向量就是 $\left(\frac{\partial f}{\partial x_0},\frac{\partial f}{\partial y_0}\right)^{\mathrm{T}}$ 或者$\nabla f(x_0,y_0)$，如果是 3 个参数的向量梯度，就是$\left(\frac{\partial f}{\partial x},\frac{\partial f}{\partial y},\frac{\partial f}{\partial z}\right)^{\mathrm{T}}$，以此类推。

那么这个梯度向量求出来有什么意义呢？

从几何意义上讲，它就是函数变化增加最快的地方。具体来说，对于函数 $f(x,y)$在点 (x_0,y_0)，沿着梯度向量的方向就是$\left(\frac{\partial f}{\partial x_0},\frac{\partial f}{\partial y_0}\right)^{\mathrm{T}}$ 的方向是 $f(x,y)$增加最快的地方。或者

说,沿着梯度向量的方向,更加容易找到函数的最大值。反过来说,沿着梯度向量相反的方向,也就是$-\left(\frac{\partial f}{\partial x_0},\frac{\partial f}{\partial y_0}\right)^{\mathrm{T}}$的方向,梯度减少最快,就更加容易找到函数的最小值。

2. 梯度下降的直观解释

首先来看看梯度下降的一个直观的解释。例如,我们在一座大山上的某处位置,由于不知道怎么下山,于是决定走一步算一步,也就是在每走到一个位置的时候,求解当前位置的梯度,沿着梯度的负方向,也就是当前最陡峭的位置向下走一步,然后继续求解当前位置梯度,向这一步所在位置沿着最陡峭、最易下山的位置走一步。这样一步步地走下去,一直走到觉得已经到了山脚。当然这样走下去,有可能不能走到山脚,而是到了某一个局部的山峰低处,即局部最优,不一定是全局最优。

从上面的解释可以看出,梯度下降不一定能够找到全局的最优解,有可能是一个局部最优解。当然,如果损失函数是凸函数,梯度下降法得到的解就一定是全局最优解。梯度下降图示法如图 4.30 所示。

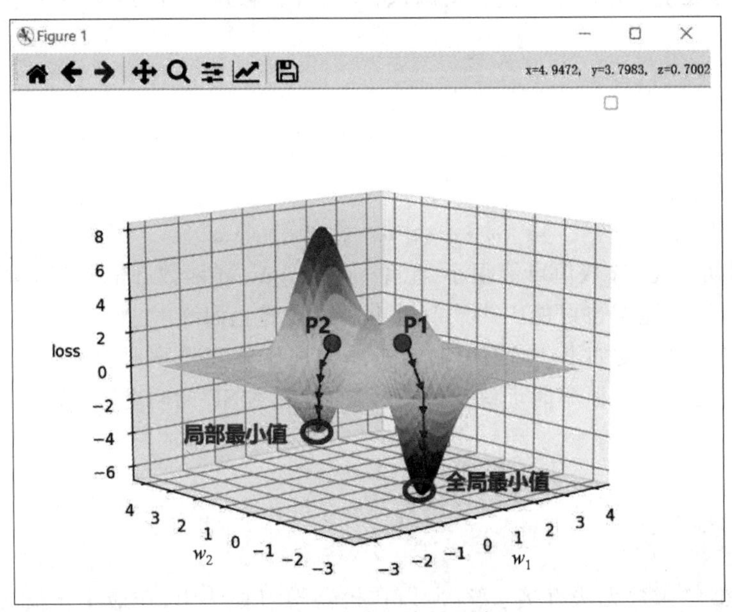

图 4.30 梯度下降图示法

3. 梯度下降的详细算法

梯度下降法的算法可以有代数法和矩阵法(也称向量法)两种表示方法,如果对矩阵分析不熟悉,则代数法更加容易理解。不过矩阵法更加简洁,且由于使用了矩阵,实现逻辑更加一目了然。这里先介绍代数法,后介绍矩阵法。

1) 梯度下降法的代数方式描述

(1) 先决条件:确认优化模型的假设函数和损失函数。

例如对于线性回归,假设函数表示为$h_\theta(x_1,x_2,\cdots,x_n)=\theta_0+\theta_1x_1+\cdots+\theta_nx_n$,其中,$\theta_i(i=1,2,\cdots,n)$为模型参数,$x_i(i=1,2,\cdots,n)$为每个样本的$n$个特征值。这个表示可以简化,增加一个特征$x_0=1$,这样$h_\theta(x_0,x_1,x_2,\cdots,x_n)=\sum_{I=0}^{n}\theta_Ix_I$。同样是线性回归,对应于

上面的假设函数,损失函数如式(4-77)所示。

$$J(\theta_0,\theta_1,\cdots,\theta_n)=\frac{1}{2m}\sum_{j=0}^{m}(h_\theta(x_0^{(j)},x_1^{(j)},\cdots,x_n^{(j)})-y_j)^2 \tag{4-77}$$

此处在损失函数之前加上$\frac{1}{2m}$,主要是为了修正 SSE 让计算公式结果更加美观,实际上,损失函数取 MSE 或 SSE 均可,二者对于一个给定样本而言只相差一个固定数值。

(2) 算法相关参数初始化。

主要是初始化$\theta_0,\theta_1,\cdots,\theta_n$,算法终止距离$\varepsilon$以及步长$\alpha$。在没有任何先验知识的时候,我们比较倾向于将所有的θ初始化为 0,将步长初始化为 1。在调优的时候再进行优化。

(3) 算法过程。

① 确定当前位置的损失函数的梯度,对于θ_i,其梯度表达式如式(4-78)所示。

$$\frac{\partial}{\partial\theta_i}J(\theta_0,\theta_1,\cdots,\theta_n) \tag{4-78}$$

② 用步长乘以损失函数的梯度,得到当前位置下降的距离,即$\alpha\frac{\partial}{\partial\theta_i}J(\theta_0,\theta_1,\cdots,\theta_n)$,对应于前面登山例子中的某一步。

③ 确定是否所有的θ_i梯度下降的距离都小于ε,如果小于ε则算法终止,当前所有的$\theta_i(i=1,2,\cdots,n)$即为最终结果。否则进入步骤④。

④ 更新所有的θ,对于θ_i,其更新表达式如下。更新完毕后继续转入步骤①,见式(4-79)。

$$\theta_i=\theta_i-\alpha\frac{\partial}{\partial\theta_i}J(\theta_0,\theta_1,\cdots,\theta_n) \tag{4-79}$$

下面用线性回归的例子来具体描述梯度下降。假设样本数据是:

$$(x_0^{(0)},x_1^{(0)},\cdots,x_n^{(0)},y_0),(x_0^{(1)},x_1^{(1)},\cdots,x_n^{(1)},y_1),\cdots,(x_0^{(m)},x_1^{(m)},\cdots,x_n^{(m)},y_m)$$

损失函数如前面先决条件所述,见式(4-80):

$$J(\theta_0,\theta_1,\cdots,\theta_n)=\frac{1}{2m}\sum_{j=0}^{m}(h_\theta(x_0^{(j)},x_1^{(j)},\cdots,x_n^{(j)})-y_j)^2 \tag{4-80}$$

则在算法过程步骤①中对于偏导数的计算公式如式(4-81)所示。

$$\frac{\partial}{\partial\theta_i}J(\theta_0,\theta_1,\cdots,\theta_n)=\frac{1}{m}\sum_{j=0}^{m}(h_\theta(x_0^{(j)},x_1^{(j)},\cdots,x_n^{(j)})-y_j)x_i^{(j)} \tag{4-81}$$

由于样本中没有x_0,式(4-81)中令所有的$x_0^{(j)}$为 1,步骤④中θ_i的更新表达式如式(4-82)所示。

$$\theta_i=\theta_i-\alpha\frac{1}{m}\sum_{j=0}^{m}(h_\theta(x_0^{(j)},x_1^{(j)},\cdots,x_n^{(j)})-y_j)x_i^{(j)} \tag{4-82}$$

从这个例子可以看出,当前点的梯度方向是由所有的样本决定的,加$\frac{1}{m}$是为了好理解。由于步长也为常数,它们的乘积也为常数,所以这里$\alpha\frac{1}{m}$可以用一个常数表示。这里采用的是所有样本,在下面会详细讲到梯度下降法的变种,它们主要的区别就是对样本的采用方法不同。

2) 梯度下降法的矩阵方式描述

这一部分主要讲解梯度下降法的矩阵方式表述,相对于上面的代数法,要求有一定的矩阵分析的基础知识,尤其是矩阵求导的知识。

(1) 先决条件:需要确认优化模型的假设函数和损失函数。

对于线性回归,假设函数 $h_\theta(x_1,x_2,\cdots,x_n)=\theta_0+\theta_1x_1+\cdots+\theta_nx_n$ 的矩阵表达方式如式(4-83)所示。

$$h_\theta(\boldsymbol{X})=\boldsymbol{X}\theta \tag{4-83}$$

其中,假设函数 $\boldsymbol{h_\theta}(\boldsymbol{X})$ 为 $m\times1$ 的向量,$\boldsymbol{\theta}$ 为 $(n+1)\times1$ 的向量,里面有 n 个代数法的模型参数。$\boldsymbol{X}$ 为 $m(n+1)$ 维的矩阵。m 代表样本的个数,$n+1$ 代表样本的特征数。损失函数的表达式如式(4-84)所示。

$$J(\boldsymbol{\theta})=\frac{1}{2m}(\boldsymbol{X\theta}-\boldsymbol{Y})^{\mathrm{T}}(\boldsymbol{X\theta}-\boldsymbol{Y}) \tag{4-84}$$

其中,$\boldsymbol{Y}$ 是样本的输出向量,维度为 $m\times1$。

(2) 算法相关参数初始化:向量可以初始化为默认值,或者调优后的值。算法终止距离 ε、步长 α 和前面相比没有变化。

(3) 算法步骤与过程。

① 确定当前位置的损失函数的梯度,对于 $\boldsymbol{\theta}$ 向量,其梯度表达式如式(4-85)所示。

$$\frac{\partial}{\partial\boldsymbol{\theta}}J(\boldsymbol{\theta}) \tag{4-85}$$

② 用步长乘以损失函数的梯度,得到当前位置下降的距离,即 $\alpha\frac{\partial}{\partial\boldsymbol{\theta}}J(\boldsymbol{\theta})$ 对应于前面登山例子中的某一步。

③ 确定 $\boldsymbol{\theta}$ 向量里面的每个值,梯度下降的距离都小于 ε,如果小于 ε 则算法终止,当前 $\boldsymbol{\theta}$ 向量即为最终结果。否则进入步骤④。

④ 更新 $\boldsymbol{\theta}$ 向量,其更新表达式如式(4-86)所示。更新完毕后继续转入步骤①。

$$\boldsymbol{\theta}=\boldsymbol{\theta}-\alpha\frac{\partial}{\partial\boldsymbol{\theta}}J(\boldsymbol{\theta}) \tag{4-86}$$

还是用线性回归的例子来描述具体的算法过程。损失函数对于向量的偏导数计算见式(4-87):

$$\frac{\partial}{\partial\boldsymbol{\theta}}J(\boldsymbol{\theta})=\frac{1}{m}\boldsymbol{X}^{\mathrm{T}}(\boldsymbol{X\theta}-\boldsymbol{Y}) \tag{4-87}$$

步骤④中 $\boldsymbol{\theta}$ 向量的更新表达式如式(4-88)所示。

$$\boldsymbol{\theta}=\boldsymbol{\theta}-\alpha\boldsymbol{X}^{\mathrm{T}}(\boldsymbol{X\theta}-\boldsymbol{Y})/m \tag{4-88}$$

可以看到矩阵法要简洁很多。

这里面用到了矩阵求导链式法则,以及两个矩阵求导的公式 1 和公式 2。

公式 1:$\frac{\partial}{\partial\boldsymbol{X}}(\boldsymbol{XX}^{\mathrm{T}})=2\boldsymbol{X}$

公式 2:$\frac{\partial}{\partial\boldsymbol{\theta}}(\boldsymbol{X\theta})=\boldsymbol{X}^{\mathrm{T}}$

4. 梯度下降的种类

1) 批量梯度下降法

批量梯度下降法(Batch Gradient Descent,BGD)是梯度下降法最常用的形式,具体做法也就是在更新参数时使用所有的样本来进行更新，见式(4-89)和式(4-90)。

$$\boldsymbol{\theta}_i=\boldsymbol{\theta}_i-\alpha\frac{1}{m}\sum_{j=0}^{m}(h_{\boldsymbol{\theta}}(x_0^{(j)},x_1^{(j)},\cdots,x_n^{(j)})-y_j)x_i^{(j)} \tag{4-89}$$

$$\boldsymbol{\theta}=\boldsymbol{\theta}-\alpha\boldsymbol{X}^{\mathrm{T}}(\boldsymbol{X\theta}-\boldsymbol{Y})/m \tag{4-90}$$

由于有 m 个样本，这里求梯度的时候就用了所有样本的梯度数据。

2）随机梯度下降法

随机梯度下降法(SGD)，其实和批量梯度下降法原理类似，区别在于求梯度时没有用所有的 m 个样本的数据，而是仅选取一个样本 j 来求梯度。对应的更新如式(4-91)所示。

$$\boldsymbol{\theta}_i=\boldsymbol{\theta}_i-\alpha(h_{\theta}(x_0^{(j)},x_1^{(j)},\cdots,x_n^{(j)})-y_j)x_i^{(j)} \tag{4-91}$$

随机梯度下降法和批量梯度下降法是两个极端，一个采用所有数据来梯度下降，另一个用一个样本来梯度下降。各自的优缺点都非常突出。对于训练速度来说，随机梯度下降法由于每次仅采用一个样本来迭代，训练速度很快；而批量梯度下降法在样本量很大的时候，训练速度不能让人满意。对于准确度来说，随机梯度下降法用于仅用一个样本决定梯度方向，导致解很有可能不是最优。对于收敛速度来说，由于随机梯度下降法一次迭代一个样本，导致迭代方向变化很大，不能很快收敛到局部最优解。但值得一提的是，随机梯度下降法在处理非凸函数优化的过程当中有非常好的表现，由于其下降方向具有一定随机性，因此能很好地绕开局部最优解，从而逼近全局最优解。

那么，有没有一个中庸的办法能够结合两种方法的优点呢？有！这就是下面的小批量梯度下降法。

3）小批量梯度下降法

小批量梯度下降法(MBGD)是批量梯度下降法和随机梯度下降法的折中，也就是对于 m 个样本，采用 x 个子样本来迭代，$1<x<m$。一般可以取 $x=10$，当然根据样本的数据，可以调整 x 的值。对应的更新公式为式(4-92)。

$$\boldsymbol{\theta}_i=\boldsymbol{\theta}_i-\alpha\frac{1}{x}\sum_{j=t}^{t+x-1}(h_{\boldsymbol{\theta}}(x_0^{(j)},x_1^{(j)},\cdots,x_n^{(j)})-y_j)x_i^{(j)} \tag{4-92}$$

总结：

BGD 会获得全局最优解，缺点是在更新每个参数的时候需要遍历所有的数据，计算量会很大，并且会有很多的冗余计算，导致的结果是当数据量大的时候，每个参数的更新都会很慢。SGD 以高方差频繁更新，优点是使得 SGD 会跳到新的和潜在更好的局部最优解，缺点是使得收敛到局部最优解的过程更加复杂。MBGD 结合了 BGD 和 SGD 的优点，每次更新的时候使用 x 个样本。减少了参数更新的次数，可以达到更加稳定的收敛结果，一般在深度学习当中可以采用这种方法，将数据一批一批地送进去训练。

不过在使用上述三种方法时以下两个问题是不可避免的。

(1) 如何选择合适的学习率。自始至终保持同样的学习率显然是不太合适的，开始学习参数的时候，距离最优解比较远，需要一个较大的学习率能够快速地逼近最优解。当参数接近最优解时，继续保持最初的学习率，容易越过最优点，在最优点附近震荡。

(2) 如何给参数选择合适的学习率。对每个参数都保持同样的学习率也是很不合理的。有些参数更新频繁，那么学习率可以适当小一点。有些参数更新缓慢，那么学习率就应该大一点。针对以上问题，就提出了诸如 Adam、动量法等优化方法，感兴趣的读者可以自行研究。

5. 梯度下降的算法调优

1) 算法的步长选择

步长的选择实际上取值取决于数据样本,可以多取一些值,从大到小,分别运行算法,看看迭代效果,如果损失函数在变小,说明取值有效,否则要增大步长。前面说了,步长太大,会导致迭代过快,甚至有可能错过最优解;步长太小,迭代速度太慢,很长时间算法都不能结束。所以算法的步长需要多次运行后才能得到一个较优的值。

2) 算法参数的初始值选择

初始值不同,获得的最小值也有可能不同,因此梯度下降求得的只是局部最小值;当然如果损失函数是凸函数,则一定是最优解。由于有局部最优解的风险,需要多次用不同初始值运行算法,关键损失函数的最小值,选择损失函数最小化的初值。

由于样本不同特征的取值范围不一样,可能导致迭代很慢,为了减少特征取值的影响,可以对特征数据标准化,也就是对于每个特征 X,求出它的期望 $\bar{X}$ 和标准差 $\mathrm{std}(X)$,然后转换为式(4-93):

$$\frac{X-\bar{X}}{\mathrm{std}(X)} \tag{4-93}$$

这样特征的新期望为 0,新方差为 1,收敛速度可以大大加快。

4.4.3 逻辑回归分类模型示例

本节将以数据集 testSet2 为例,来说明基于梯度下降法求解的逻辑回归分类模型实现数据集分类的具体过程。testSet2 数据集中一共有 100 个数据点,其中每个点包含两个数值型特征:$\boldsymbol{X}_1$ 和 $\boldsymbol{X}_2$。因此可以将数据在一个二维平面上展示出来。可以将第一列数据($\boldsymbol{X}_1$)看作 x 轴上的值,第二列数据($\boldsymbol{X}_2$)看作 y 轴上的值,而最后一列数据即为分类标签。根据标签的不同,对这些点进行分类。

为了便于说明,以此数据集中前 5 个数据为作为手算的例子,具体说明如何通过批量梯度下降法和随机梯度下降法找到最佳回归系数,并实现逻辑回归分类。

testSet2 数据集中前 5 个数据如表 4.14 所示。

表 4.14 testSet2 数据集中前 5 个数据

序　号	X_1	X_2	label
0	−0.017 612	14.053 064	0
1	−1.395 634	4.662 541	1
2	−0.752 157	6.538 620	0
3	−1.322 371	7.152 853	0
4	0.423 363	11.054 677	0

即假设此例子中的特征向量 $\boldsymbol{X}$,则有:

$$\boldsymbol{X}=\begin{bmatrix}-0.017612 & 14.053064\\-1.395634 & 4.662541\\-0.752157 & 6.538620\\-1.322371 & 7.152853\\0.423363 & 11.054677\end{bmatrix}$$

其中，特征向量 $\boldsymbol{X}$ 有两个特征分量，分别记为 $\boldsymbol{X}_1$ 和 $\boldsymbol{X}_2$：

$$\boldsymbol{X}_1=\begin{bmatrix}-0.017612\\-1.395634\\-0.752157\\-1.322371\\0.423363\end{bmatrix}\quad \boldsymbol{X}_2=\begin{bmatrix}14.053064\\4.662541\\6.538620\\7.152853\\11.054677\end{bmatrix}$$

而标签向量记为 $\boldsymbol{Y}$，有：

$$\boldsymbol{Y}=\begin{bmatrix}0\\1\\0\\0\\0\end{bmatrix}$$

1. 使用 BGD 求解逻辑回归

根据前面的介绍，作为最常见的梯度下降法的批量梯度下降法（Batch Gradient Descent，BGD），具体做法也就是在更新参数时使用所有的样本来进行更新。

根据 BGD 的参数更新的式(4-89)（＊前面给出的公式）：

$$\boldsymbol{\theta}_i=\boldsymbol{\theta}_i-\alpha\frac{1}{m}\sum_{j=0}^{m}(h_{\boldsymbol{\theta}}(x_0^{(j)},x_1^{(j)},\cdots,x_n^{(j)})-y_j)x_i^{(j)}$$

向量形式的式(4-90)（＊前面给出的公式）为：

$$\boldsymbol{\theta}=\boldsymbol{\theta}-\alpha\boldsymbol{X}^{\mathrm{T}}(\boldsymbol{X\theta}-\boldsymbol{Y})/m$$

由于有 5 个样本，这里求梯度的时候就用了所有 5 个样本的梯度数据。

为了说明具体的手算过程，需要再做一些简单的假设：

学习率为：$\alpha=0.01$

样本数为：$m=5$

因为数据源有两个特征 $\boldsymbol{X}_1$ 和 $\boldsymbol{X}_2$，所以初始化 $\boldsymbol{\theta}_0=[0,0]$，假设最大迭代次数为 5 轮，即迭代达到 5 轮之后，算法停止。

首先对特征数据标准化，也就是对于每个特征 $\boldsymbol{X}_i$，求出它的期望 $\bar{\boldsymbol{X}}_i$ 和标准差 std$(\boldsymbol{X}_i)$，代入标准化式(4-93)：

$$\frac{\boldsymbol{X}_i-\bar{\boldsymbol{X}}_i}{\mathrm{std}(\boldsymbol{X}_i)}$$

对于第一个特征：

$$\boldsymbol{X}_1=\begin{bmatrix}-0.017612\\-1.395634\\-0.752157\\-1.322371\\0.423363\end{bmatrix}$$

计算得到第一个特征 $\boldsymbol{X}_1$ 的数学期望为 $\bar{\boldsymbol{X}}_1=-0.6128822$，标准差为 $\text{std}(\boldsymbol{X}_1)=0.71604789$，因此可以计算得到 $\boldsymbol{X}_1$ 标准化之后：

$$\boldsymbol{X}_1=\begin{bmatrix}0.83132735\\-1.09315565\\-0.19450487\\-0.99083987\\1.44717303\end{bmatrix}$$

对于第二个特征：

$$\boldsymbol{X}_2=\begin{bmatrix}14.053064\\4.662541\\6.538620\\7.152853\\11.054677\end{bmatrix}$$

计算得到第一个特征 $\boldsymbol{X}_2$ 的数学期望为 $\bar{\boldsymbol{X}}_2=8.692351$，标准差为 $\text{std}(\boldsymbol{X}_2)=3.393105$，因此可以计算得到 $\boldsymbol{X}_2$ 标准化之后：

$$\boldsymbol{X}_2=\begin{bmatrix}1.5798842\\-1.18764671\\-0.6347375\\-0.45371363\\0.69621364\end{bmatrix}$$

最终得到标准化后的 $\boldsymbol{X}$ 特征为：

$$\boldsymbol{X}=\begin{bmatrix}0.83132735 & 1.5798842\\-1.09315565 & -1.18764671\\-0.19450487 & -0.6347375\\-0.99083987 & -0.45371363\\1.44717303 & 0.69621364\end{bmatrix}$$

根据 BGD 的参数更新的公式的向量表达式(4-90)，可以得到以下各个迭代过程。

第一轮迭代：

$$\begin{aligned}\boldsymbol{\theta}_1&=\boldsymbol{\theta}_0-\frac{\alpha\boldsymbol{X}^{\mathrm{T}}(\boldsymbol{X}\boldsymbol{\theta}_0-\boldsymbol{Y})}{m}\\&=\begin{bmatrix}0\\0\end{bmatrix}-0.01\times\\&\quad\begin{bmatrix}0.83132735 & -1.09315565 & -0.19450487 & -0.99083987 & 1.44717303\\1.5798842 & -1.18764671 & -0.6347375 & -0.45371363 & 0.69621364\end{bmatrix}\times\\&\quad\left(\begin{bmatrix}0.83132735 & 1.5798842\\-1.09315565 & -1.18764671\\-0.19450487 & -0.6347375\\-0.99083987 & -0.45371363\\1.44717303 & 0.69621364\end{bmatrix}\begin{bmatrix}0\\0\end{bmatrix}-\begin{bmatrix}0\\1\\0\\0\\0\end{bmatrix}\right)\Bigg/5\end{aligned}$$

$$
=\begin{bmatrix}0\\0\end{bmatrix}-0.01\times
\begin{bmatrix}0.83132735 & -1.09315565 & -0.19450487 & -0.99083987 & 1.44717303\\ 1.5798842 & -1.18764671 & -0.6347375 & -0.45371363 & 0.69621364\end{bmatrix}\times
\begin{bmatrix}0\\-1\\0\\0\\0\end{bmatrix}\Bigg/5
$$

$$
=\begin{bmatrix}0.00218631\\0.00237529\end{bmatrix}
$$

第二轮迭代：

$$
\boldsymbol{\theta}_2=\boldsymbol{\theta}_1-\frac{\alpha\boldsymbol{X}^{\mathrm{T}}(\boldsymbol{X}\boldsymbol{\theta}_1-\boldsymbol{Y})}{m}
$$

$$
=\begin{bmatrix}0.00218631\\0.00237529\end{bmatrix}-0.01\times
\begin{bmatrix}0.83132735 & -1.09315565 & -0.19450487 & -0.99083987 & 1.44717303\\ 1.5798842 & -1.18764671 & -0.6347375 & -0.45371363 & 0.69621364\end{bmatrix}\times
\left(\begin{bmatrix}0.83132735 & 1.5798842\\ -1.09315565 & -1.18764671\\ -0.19450487 & -0.6347375\\ -0.99083987 & -0.45371363\\ 1.44717303 & 0.69621364\end{bmatrix}\begin{bmatrix}0.00218631\\0.00237529\end{bmatrix}-\begin{bmatrix}0\\1\\0\\0\\0\end{bmatrix}\right)\Bigg/5
$$

$$
=\begin{bmatrix}-0.00433084\\-0.0047085\end{bmatrix}
$$

第三轮迭代：

$$
\boldsymbol{\theta}_2=\boldsymbol{\theta}_1-\frac{\alpha\boldsymbol{X}^{\mathrm{T}}(\boldsymbol{X}\boldsymbol{\theta}_1-\boldsymbol{Y})}{m}
$$

$$
=\begin{bmatrix}-0.00433084\\-0.0047085\end{bmatrix}-0.01\times
\begin{bmatrix}0.83132735 & -1.09315565 & -0.19450487 & -0.99083987 & 1.44717303\\ 1.5798842 & -1.18764671 & -0.6347375 & -0.45371363 & 0.69621364\end{bmatrix}\times
\left(\begin{bmatrix}0.83132735 & 1.5798842\\ -1.09315565 & -1.18764671\\ -0.19450487 & -0.6347375\\ -0.99083987 & -0.45371363\\ 1.44717303 & 0.69621364\end{bmatrix}\begin{bmatrix}-0.00433084\\-0.0047085\end{bmatrix}-\begin{bmatrix}0\\1\\0\\0\\0\end{bmatrix}\right)\Bigg/5
$$

$$
=\begin{bmatrix}-0.00643437\\-0.0070004\end{bmatrix}
$$

第四轮迭代：

$$
\begin{aligned}
\boldsymbol{\theta}_3 &= \boldsymbol{\theta}_2 - \frac{\alpha \boldsymbol{X}^{\mathrm{T}}(\boldsymbol{X}\boldsymbol{\theta}_2 - \boldsymbol{Y})}{m} \\
&= \begin{bmatrix} -0.00643437 \\ -0.0070004 \end{bmatrix} - 0.01 \times \\
&\quad \begin{bmatrix} 0.83132735 & -1.09315565 & -0.19450487 & -0.99083987 & 1.44717303 \\ 1.5798842 & -1.18764671 & -0.6347375 & -0.45371363 & 0.69621364 \end{bmatrix} \times \\
&\quad \left(\begin{bmatrix} 0.83132735 & 1.5798842 \\ -1.09315565 & -1.18764671 \\ -0.19450487 & -0.6347375 \\ -0.99083987 & -0.45371363 \\ 1.44717303 & 0.69621364 \end{bmatrix} \begin{bmatrix} -0.00643437 \\ -0.0070004 \end{bmatrix} - \begin{bmatrix} 0 \\ 1 \\ 0 \\ 0 \\ 0 \end{bmatrix} \right) \Big/ 5 \\
&= \begin{bmatrix} 0.00849764 \\ 0.00925174 \end{bmatrix}
\end{aligned}
$$

第五轮迭代：

$$
\begin{aligned}
\boldsymbol{\theta}_4 &= \boldsymbol{\theta}_3 - \frac{\alpha \boldsymbol{X}^{\mathrm{T}}(\boldsymbol{X}\boldsymbol{\theta}_3 - \boldsymbol{Y})}{m} \\
&= \begin{bmatrix} 0.00849764 \\ 0.00925174 \end{bmatrix} - 0.01 \times \\
&\quad \begin{bmatrix} 0.83132735 & -1.09315565 & -0.19450487 & -0.99083987 & 1.44717303 \\ 1.5798842 & -1.18764671 & -0.6347375 & -0.45371363 & 0.69621364 \end{bmatrix} \times \\
&\quad \left(\begin{bmatrix} 0.83132735 & 1.5798842 \\ -1.09315565 & -1.18764671 \\ -0.19450487 & -0.6347375 \\ -0.99083987 & -0.45371363 \\ 1.44717303 & 0.69621364 \end{bmatrix} \begin{bmatrix} 0.00849764 \\ 0.00925174 \end{bmatrix} - \begin{bmatrix} 0 \\ 1 \\ 0 \\ 0 \\ 0 \end{bmatrix} \right) \Big/ 5 \\
&= \begin{bmatrix} -0.01052141 \\ -0.01146327 \end{bmatrix}
\end{aligned}
$$

至此达到最大迭代 5，得到最终的回归系数为：

$$\boldsymbol{\theta} = \begin{bmatrix} -0.01052141 \\ -0.01146327 \end{bmatrix}$$

根据 Sigmoid 公式：

$$\mathrm{Sigmoid}(x) = \frac{1}{1+\mathrm{e}^{-x}}$$

把 $\boldsymbol{X}\theta$ 代入 Sigmoid 函数中，得到：

$$
\mathrm{Sigmoid}(\boldsymbol{X}\boldsymbol{\theta}) = \frac{1}{1+\mathrm{e}^{-\boldsymbol{X}\boldsymbol{\theta}}}
= \begin{bmatrix} 0.49328606 \\ 0.50627863 \\ 0.50233064 \\ 0.50390644 \\ 0.49419847 \end{bmatrix}
$$

根据逻辑回归二分类的判定规则，当 Sigmoid($\boldsymbol{X\theta}$)>0.5 时，$\boldsymbol{Y}$ 预测为 1，否则预测为 0，因此最终的预测结果为：

$$\boldsymbol{Y}'=\begin{bmatrix}0\\1\\1\\1\\0\end{bmatrix}$$

和真实的标签对比：

$$\boldsymbol{Y}=\begin{bmatrix}0\\1\\0\\0\\0\end{bmatrix}$$

可得到在学习率为 0.01、在最大迭代次数为 5 的情况下，使用 BGD 求解参数的逻辑回归模型的预测准确率为 0.6。

2. 使用 SGD 求解逻辑回归

随机梯度下降法(SGD)，其实和批量梯度下降法(BGD)原理类似，区别在于求梯度时没有用所有的 m 个样本的数据，而是仅选取一个样本 j 来求梯度。对应更新式(4-91)：

$$\boldsymbol{\theta}_i=\boldsymbol{\theta}_i-\alpha(h_{\boldsymbol{\theta}}(x_0^{(j)},x_1^{(j)},\cdots,x_n^{(j)})-y_j)x_i^{(j)}$$

SGD 的参数更新公式同 BGD 一样，也可以写成向量形式，为：

$$\boldsymbol{\theta}_i=\boldsymbol{\theta}_i-\alpha\boldsymbol{X}_j^{\mathrm{T}}(\boldsymbol{X}_j\boldsymbol{\theta}_i-\boldsymbol{Y}_j)$$

其中，$\boldsymbol{X}_j$,$\boldsymbol{Y}_j$ 分别表示第 j 个样本和第 j 个样本对应的标签。

由于有 5 个样本，这里求梯度的时候就用了 5 个样本中的一个样本的梯度数据。

为了说明具体的手算过程，仍然需要再做一些简单的假设：

学习率为：$\alpha=0.01$

样本数为：$m=5$

因为数据源有两个特征 $\boldsymbol{X}_1$ 和 $\boldsymbol{X}_2$，所以初始化 $\boldsymbol{\theta}_0=[0,0]$，假设最大迭代次数为 5 轮，即迭代达到 5 轮之后，算法停止。

首先对特征数据标准化，也就是对于每个特征 $\boldsymbol{X}_i$，求出它的期望 $\bar{\boldsymbol{X}}_i$ 和标准差 std($\boldsymbol{X}_i$)，然后根据标准化式(4-93)进行标准化：

$$\frac{\boldsymbol{X}_i-\bar{\boldsymbol{X}}_i}{\mathrm{std}(\boldsymbol{X}_i)}$$

对于第一个特征：

$$\boldsymbol{X}_1=\begin{bmatrix}-0.017612\\-1.395634\\-0.752157\\-1.322371\\0.423363\end{bmatrix}$$

计算得到第一个特征 $\boldsymbol{X}_1$ 的数学期望为 $\bar{\boldsymbol{X}}_1=-0.6128822$，标准差为 $\mathrm{std}(\boldsymbol{X}_1)=0.71604789$，因此可以计算得到 $\boldsymbol{X}_1$ 标准化之后：

$$\boldsymbol{X}_1=\begin{bmatrix}0.83132735\\-1.09315565\\-0.19450487\\-0.99083987\\1.44717303\end{bmatrix}$$

对于第二个特征：

$$\boldsymbol{X}_2=\begin{bmatrix}14.053064\\4.662541\\6.538620\\7.152853\\11.054677\end{bmatrix}$$

计算得到第一个特征 $\boldsymbol{X}_2$ 的数学期望为 $\bar{\boldsymbol{X}}_2=8.692351$，标准差为 $\mathrm{std}(\boldsymbol{X}_2)=3.393105$，因此可以计算得到 $\boldsymbol{X}_2$ 标准化之后：

$$\boldsymbol{X}_2=\begin{bmatrix}1.5798842\\-1.18764671\\-0.6347375\\-0.45371363\\0.69621364\end{bmatrix}$$

最终得到标准化后的特征为：

$$\boldsymbol{X}=\begin{bmatrix}0.83132735 & 1.5798842\\-1.09315565 & -1.18764671\\-0.19450487 & -0.6347375\\-0.99083987 & -0.45371363\\1.44717303 & 0.69621364\end{bmatrix}$$

根据 BGD 的参数更新的公式的向量表达公式，可以得到以下各个迭代过程。

第一轮迭代：

选取第 1 个样本点，即 $\boldsymbol{X}_0=[0.83132735\quad 1.5798842]$，$\boldsymbol{Y}_0=0$，代入公式可得：

$$\begin{aligned}\boldsymbol{\theta}_1&=\boldsymbol{\theta}_0-\alpha\boldsymbol{X}_0^{\mathrm{T}}(\boldsymbol{X}_0\boldsymbol{\theta}_0-\boldsymbol{Y}_0)\\&=\begin{bmatrix}0\\0\end{bmatrix}-0.01\times\begin{bmatrix}0.83132735\\1.5798842\end{bmatrix}\left([0.83132735\quad 1.5798842]\begin{bmatrix}0\\0\end{bmatrix}-0\right)\\&=\begin{bmatrix}0\\0\end{bmatrix}\end{aligned}$$

第二轮迭代：

选取第 2 个样本点，即 $\boldsymbol{X}_1=[-1.09315565\quad -1.18764671]$，$\boldsymbol{Y}_1=1$，代入公式可得：

$$\begin{aligned}\boldsymbol{\theta}_2&=\boldsymbol{\theta}_1-\alpha\boldsymbol{X}_1^{\mathrm{T}}(\boldsymbol{X}_1\boldsymbol{\theta}_1-\boldsymbol{Y}_1)\\&=\begin{bmatrix}0\\0\end{bmatrix}-0.01\times\begin{bmatrix}-1.09315565\\-1.18764671\end{bmatrix}\left([-1.09315565\quad -1.18764671]\begin{bmatrix}0\\0\end{bmatrix}-1\right)\end{aligned}$$

$$=\begin{bmatrix}-0.01093156\\-0.01187647\end{bmatrix}$$

第三轮迭代：

选取第 3 个样本点，即 $\boldsymbol{X}_2=[-0.19450487\quad -0.6347375]$，$\boldsymbol{Y}_2=0$，代入公式可得：

$$\begin{aligned}\boldsymbol{\theta}_3&=\boldsymbol{\theta}_2-\alpha\boldsymbol{X}_2^{\mathrm{T}}(\boldsymbol{X}_2\boldsymbol{\theta}_2-\boldsymbol{Y}_2)\\&=\begin{bmatrix}-0.01093156\\-0.01187647\end{bmatrix}-0.01\times\begin{bmatrix}-0.19450487\\-0.63473751\end{bmatrix}\\&\left([-0.19450487\quad -0.6347375]\begin{bmatrix}-0.01093156\\-0.01187647\end{bmatrix}-0\right)\\&=\begin{bmatrix}-0.01091276\\-0.01181512\end{bmatrix}\end{aligned}$$

第四轮迭代：

选取第 4 个样本点，即 $\boldsymbol{X}_3=[-0.99083987\quad -0.45371363]$，$\boldsymbol{Y}_3=0$，代入公式可得：

$$\begin{aligned}\boldsymbol{\theta}_4&=\boldsymbol{\theta}_3-\alpha\boldsymbol{X}_3^{\mathrm{T}}(\boldsymbol{X}_3\boldsymbol{\theta}_3-\boldsymbol{Y}_3)\\&=\begin{bmatrix}-0.01091276\\-0.01181512\end{bmatrix}-0.01\times\begin{bmatrix}-0.99083987\\-0.45371363\end{bmatrix}\\&\left([-0.99083987\quad -0.45371363]\begin{bmatrix}-0.01091276\\-0.01181512\end{bmatrix}-0\right)\\&=\begin{bmatrix}-0.01075251\\-0.01174174\end{bmatrix}\end{aligned}$$

第五轮迭代：

选取第 5 个样本点，即 $\boldsymbol{X}_4=[1.44717303\quad 0.69621364]$，$\boldsymbol{Y}_4=0$，代入公式可得：

$$\begin{aligned}\boldsymbol{\theta}_5&=\boldsymbol{\theta}_4-\alpha\boldsymbol{X}_4^{\mathrm{T}}(\boldsymbol{X}_4\boldsymbol{\theta}_4-Y_4)\\&=\begin{bmatrix}-0.01075251\\-0.01174174\end{bmatrix}-0.01\times\begin{bmatrix}1.44717303\\0.69621364\end{bmatrix}\\&\left([1.44717303\quad 0.69621364]\begin{bmatrix}-0.01075251\\-0.01174174\end{bmatrix}-0\right)\\&=\begin{bmatrix}-0.01040901\\-0.01157649\end{bmatrix}\end{aligned}$$

至此达到最大迭代 5，得到最终的回归系数为：

$$\boldsymbol{\theta}=\begin{bmatrix}-0.01040901\\-0.01157649\end{bmatrix}$$

根据 Sigmoid 公式：

$$\mathrm{Sigmoid}(x)=\frac{1}{1+\mathrm{e}^{-x}}$$

把 $\boldsymbol{X\theta}$ 代入 Sigmoid 函数中，得到：

$$\mathrm{Sigmoid}(\boldsymbol{X\theta})=\frac{1}{1+\mathrm{e}^{-\boldsymbol{X\theta}}}$$

$$=\begin{bmatrix}0.4932647\\0.50628153\\0.50234314\\0.50389144\\0.49421942\end{bmatrix}$$

根据逻辑回归二分类的判定规则，当 Sigmoid($\boldsymbol{X\theta}$)>0.5 时，$\boldsymbol{Y}$ 预测为 1，否则预测为 0，因此最终的预测结果为：

$$\boldsymbol{Y}'=\begin{bmatrix}0\\1\\1\\1\\0\end{bmatrix}$$

和真实的标签对比：

$$\boldsymbol{Y}=\begin{bmatrix}0\\1\\0\\0\\0\end{bmatrix}$$

可得到在学习率为 0.01、最大迭代次数为 5 的情况下，使用 SGD 求解参数的逻辑回归模型的预测准确率为 0.6。

4.4.4 Python 实现逻辑回归分类模型

1. 逻辑回归分类模型的伪代码

1）批量梯度下降法的伪代码

```
每个回归系数初始化为 0
重复下面步骤直至收敛：
    计算整个数据集的梯度
    使用 alpha×gradient 更新回归系数的向量
返回回归系数
```

2）随机梯度下降法的伪代码

```
每个回归系数初始化为 0
对数据集中每个样本：
    计算该样本的梯度
    使用 alpha×gradient 更新回归系数值
返回回归系数值
```

2. 逻辑回归分类模型的 Python 代码

testSet2 数据集中一共有 100 个点，每个点包含两个数值型特征：$\boldsymbol{X}_1$ 和 $\boldsymbol{X}_2$。因此可以将数据在一个二维平面上展示出来。可以将第一列数据($\boldsymbol{X}_1$)看作 x 轴上的值，第二列数据($\boldsymbol{X}_2$)看作 y 轴上的值。而最后一列数据即为分类标签。根据标签的不同，对这些点进行分类。

数据源可视化如图 4.31 所示。

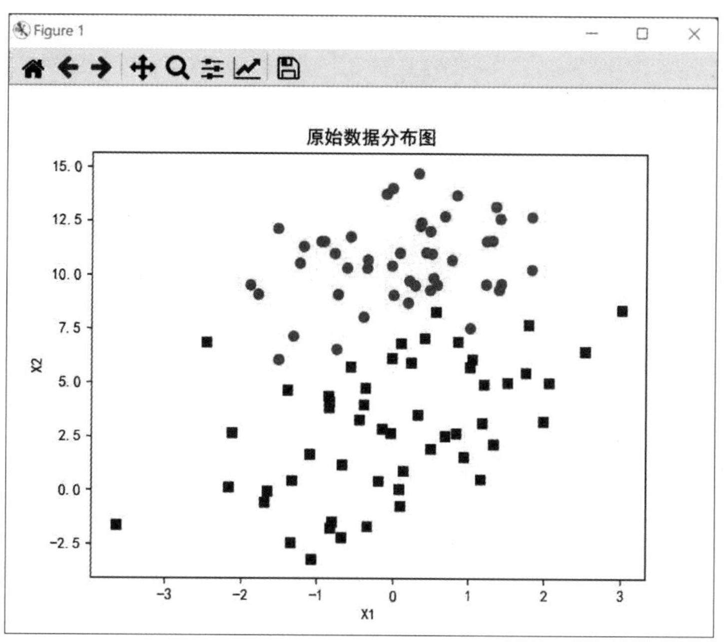

图 4.31　原始数据分布图

在此数据集上，将通过批量梯度下降法和随机梯度下降法找到最佳回归系数，并对数据集进行类别预测，最后计算相应的模型准确率。

Python 实现逻辑回归分类模型示例代码清单如下。

Python 示例代码：

```
import numpy as np
import pandas as pd
import math
import matplotlib.pyplot as plt

#解决中文显示问题
plt.rcParams['font.sans-serif']=['SimHei']
0plt.rcParams['axes.unicode_minus'] = False
#定义辅助函数
#sigmoid 函数
"""
函数功能:计算 sigmoid 函数值
参数说明:
    inX:数值型数据
返回:
    s:经过 sigmoid 函数计算后的函数值
```

```
"""
def sigmoid(inX):
    s = 1/(1+np.exp(-inX))
    return s

#标准化函数
"""
函数功能:标准化(期望为 0,方差为 1)
参数说明:
    xMat:特征矩阵
返回:
    inMat:标准化之后的特征矩阵
"""
def regularize(xMat):
    inMat = xMat.copy()
    inMeans = np.mean(inMat,axis = 0)
    inVar = np.std(inMat,axis = 0)
    inMat = (inMat - inMeans)/inVar
    return inMat

#BGD算法 Python 实现
"""
函数功能:使用 BGD 求解逻辑回归
参数说明:
    dataSet:DF 数据集
    alpha:步长
    maxCycles:最大迭代次数
返回:
    weights:各特征权重值
"""
def BGD_LR(dataSet,alpha=0.001,maxCycles=500):
    xMat = np.mat(dataSet.iloc[:,:-1].values)
    yMat = np.mat(dataSet.iloc[:,-1].values).T
    xMat = regularize(xMat)
    m,n = xMat.shape
    weights = np.zeros((n,1))
    for i in range(maxCycles):
        grad = xMat.T * (xMat * weights-yMat)/m
        weights = weights -alpha * grad
    return xMat,yMat,weights

#SGD算法 Python 实现
""""
函数功能:使用 SGD 求解逻辑回归
参数说明:
    dataSet:DF 数据集
    alpha:步长
    maxCycles:最大迭代次数
返回:
    weights:各特征权重值
"""
def SGD_LR(dataSet,alpha=0.001,maxCycles=500):
    dataSet = dataSet.sample(maxCycles, replace=True)
```

```
    dataSet.index = range(dataSet.shape[0])
    xMat = np.mat(dataSet.iloc[:, :-1].values)
    yMat = np.mat(dataSet.iloc[:, -1].values).T
    xMat = regularize(xMat)
    m, n = xMat.shape
    weights = np.zeros((n,1))
    for i in range(m):
        grad = xMat[i].T * (xMat[i] * weights - yMat[i])
        weights = weights - alpha * grad
    return xMat,yMat,weights

"""
函数功能:计算准确率
参数说明:
    dataSet:DF 数据集
    method:计算权重函数
    alpha:步长
    maxCycles:最大迭代次数
返回:
    trainAcc:模型预测准确率
"""
def logisticAcc(dataSet, method, alpha=0.01, maxCycles=500):
    xMat,yMat,weights = method(dataSet,alpha=alpha,maxCycles=maxCycles)
    p = sigmoid(xMat * weights).A.flatten()
    for i, j in enumerate(p):
        if j < 0.5:
            p[i] = 0
        else:
            p[i] = 1
    train_error = (np.fabs(yMat.A.flatten() - p)).sum()
    trainAcc = 1 - train_error / yMat.shape[0]
    return trainAcc

if __name__ == '__main__':
    #导入数据集
    dataSet = pd.read_table('testSet2.txt', header=None)
    dataSet.columns = ['X1', 'X2', 'labels']
    #可视化数据
    plt.figure()
    plt.scatter(dataSet[dataSet['labels'] == 0]['X1'], dataSet[dataSet
    ['labels'] == 0]['X2'], c='red')
    plt.scatter(dataSet[dataSet['labels'] == 1]['X1'], dataSet[dataSet
    ['labels'] == 1]['X2'], c='blue')
    plt.title("原始数据分布图")
    plt.xlabel('X1')
    plt.ylabel('X2')
    plt.show()
    #分别调用 BGD_LR,SGD_LR,查看准确率
    print("BGD_LR 的准确率: ",logisticAcc(dataSet, method=BGD_LR, alpha=
    0.01, maxCycles=500))
    print("SGD_LR 的准确率: ",logisticAcc(dataSet, method=SGD_LR, alpha=
    0.01, maxCycles=500))
```

运行结果如图 4.32 所示。

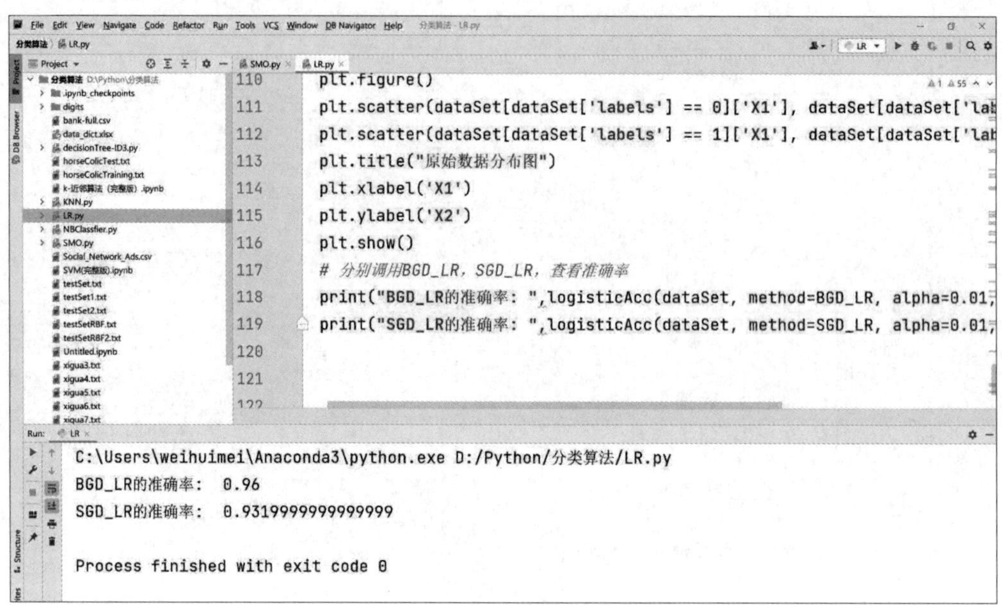

图 4.32 决策树分类模型运行结果

通过上述运行结果可以看出,不管是运用 BGD 算法还是 SGD 算法得到的逻辑回归分类模型预测的准确率基本维持在 90%以上,预测结果较好。

4.4.5 逻辑回归分类模型小结

本节介绍了一种二项逻辑(logistic)回归模型,这是一种分类模型,它由条件概率分布 $P(Y|X)$表示,形式为参数化的逻辑(logistic)分布。这里随机变量 X 取值为实数,随机变量 Y 取值为 1 或 0。可以通过有监督的方法来估计模型参数。

逻辑回归分类模型具有以下优点。

(1) 形式简单,模型的可解释性非常好。从特征的权重可以看到不同的特征对最后结果的影响,某个特征的权重值比较高,那么这个特征最后对结果的影响会比较大。

(2) 逻辑回归的对率函数是任意阶可导函数,数学性质好,易于优化。

(3) 逻辑回归不仅可以预测类别,还可以得到近似的概率预测。

(4) 模型效果不错。在工程上是可以接受的(作为 baseline),如果特征工程做得好,效果不会太差,并且特征工程可以大家并行开发,大大加快开发的速度。

(5) 训练速度较快。分类的时候,计算量只和特征的数目相关。并且逻辑回归的分布式优化 SGD 发展比较成熟,训练的速度可以通过堆机器进一步提高,这样可以在短时间内迭代好几个版本的模型。

(6) 方便输出结果调整。逻辑回归可以很方便地得到最后的分类结果,因为输出的是每个样本的概率分数,可以很容易地对这些概率分数进行 cutoff,也就是划分阈值(大于某个阈值的是一类,小于某个阈值的是一类)。

逻辑回归分类模型的局限性体现在如下几个方面。

(1) 准确率并不是很高。因为形式非常简单(非常类似线性模型),很难去拟合数据的真实分布。

(2) 很难处理数据不平衡的问题。例如,如果我们对于一个正负样本非常不平衡的问题比如正负样本比为 10000∶1,把所有样本都预测为正也能使损失函数的值比较小。但是作为一个分类器,它对正负样本的区分能力不会很好。

(3) 处理非线性数据较麻烦。逻辑回归在不引入其他方法的情况下,只能处理线性可分的数据。

(4) 逻辑回归本身无法筛选特征。有时候,会用 GBDT 来筛选特征,然后再用逻辑回归进行分类。

4.5　K-近邻(KNN)分类模型

KNN 分类模型

K-近邻(K-Nearest Neighbor,KNN)是一种常用的监督学习方法的分类模型。KNN 工作机制非常简单:给定测试样本,基于某种距离度量找出训练集中与其最靠近的 k 个训练样本,然后基于这 k 个"邻居"的信息来进行预测。通常,在分类任务中可使用"投票法",即选择这 k 个样本中出现最多的类别标记作为预测结果;在回归任务中时使用"平均法",即将 k 个样本的实值输出标记平均值作为预测结果;还可基于距离远近进行加权平均或加权投票,距离越近的样本权重越大。

4.5.1　KNN 分类模型的算法原理

1. KNN 分类模型的基本原理

与前面介绍的学习方法相比,KNN 分类模型有一个明显的不同之处:它似乎没有显式的训练过程,事实上,它是"懒惰学习"(lazy learning)的著名代表,此类学习技术在训练阶段仅仅是把样本保存起来,训练时间开销为零,待收到测试样本后再进行处理。相应地,那些在训练阶段就对样本进行学习处理的方法,称为"急切学习"(eager learning)。即 KNN 分类方法是通过测量不同特征值之间的距离进行分类的。

具体思路是:如果一个样本在特征空间中的 k 个最邻近的样本中的大多数属于某一个类别,则该样本也划分为这个类别。KNN 分类模型中,所选择的邻居都是已经正确分类的对象。该方法在定类决策上只依据最邻近的一个或者几个样本的类别来决定待分样本所属的类别。

为了更加直观,可以通过图 4.33 帮助读者理解 KNN 分类模型相关内容。

图 4.33 中有三角形和方框两种类别,现在需要确定圆点属于哪种类别(三角形或者方框),要做的就是选出距离目标点距离最近的 k 个点,看这 k 个点的大多数是什么类型。当 k 取 3 的时候,可以看出距离最近的三个,就是实线圆圈圈起来的三个点,分别是三角形、三角形和方框。根据 K-近邻分类模型的原理,因为三角形出现的次数(出现两次)多于方框(出现一次),因此可以预测目标点为三角形。而如果 k 取 5 的时候,可以看到距离最近的五个点分别为方框、方框、方框、三角形、三角形,因此预测目标点为方框。

综上,KNN 分类模型的算法描述如下。

(1) 计算测试数据与各个训练数据之间的距离。

(2) 按照距离的递增关系进行排序。

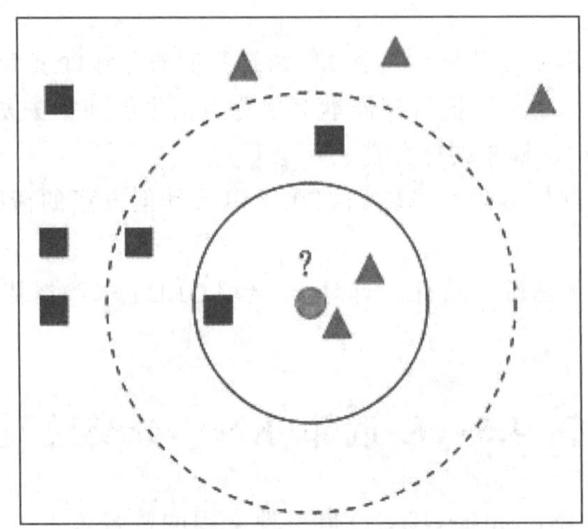

图 4.33 K-近邻分类模型示意图

(3) 选取距离最小的 k 个点。

(4) 确定前 k 个点所在类别的出现频率。

(5) 返回前 k 个点中出现频率最高的类别作为测试数据的预测分类。

通过图 4.33 给出的 KNN 分类模型的示意图和对应的分析,一方面,k 是一个非常重要的参数,当 k 取不同值时,分类结果会有显著不同。另一方面,若采用不同的"最近邻"的度量方式,则找出的"近邻"可能也有显著差别,从而也会导致分类结果有显著不同。接下来简单讨论一下在 KNN 分类模型中 k 的取值和"最近邻"度量常用的方法。

2. 关于 k 的取值

k:临近数,即在预测目标点时取几个临近的点来作为预测依据。通过上面的分析知道,k 值的选取非常重要,原因如下。

(1) k 值过小,容易受到异常点的影响。

如果选择的 k 值较小,就相当于用较小的领域中的训练实例进行预测,"学习"近似误差会减小,只有与输入实例较近或相似的训练实例才会对预测结果起作用,与此同时带来的问题是"学习"的估计误差会增大,换句话说,k 值的减小就意味着整体模型变得复杂,容易发生过拟合。

(2) k 值过大,受到样本均衡的影响。

如果选择较大的 k 值,就相当于用较大领域中的训练实例进行预测,其优点是可以减少学习的估计误差,但缺点是学习的近似误差会增大。这时候,与输入实例较远(不相似)的训练实例也会对预测产生作用,使预测发生错误,且 k 值的增大就意味着整体的模型变得简单。

(3) $k=N$(N 位样本个数) 则完全不足取。

因为此时无论输入实例是什么,都只是简单地预测它属于在训练实例中最多的类,模型过于简单,忽略了训练实例中的大量有用信息。

k 的取值尽量要取奇数,以保证在计算结果最后会产生一个较多的类别,如果取偶数可能会产生相等的情况,不利于预测。

在实际应用中,k 值一般取一个比较小的数值,例如,采用交叉验证法(简单来说,就是把训练数据再分成两组：训练集和验证集）来选择最优的 k 值。常用的方法是从 $k=1$ 开始，使用检验集估计分类器的误差率。重复该过程，每次 k 增值 1，允许增加一个近邻。选取产生最小误差率的 k。

一般 k 的取值不超过 20，上限是 n（测试数据集的样本个数）的开方，随着数据集的增大，k 的值也要增大。

3. 关于"最邻近"的度量

关于"最邻近"的度量方法，常用的有：欧氏距离（Euclidean Distance，也称欧几里得度量）、余弦值（cos）、相关度（correlation）、曼哈顿距离（Manhattan distance）等。

K-近邻分类模型中，最常使用的是欧氏距离。

欧氏距离定义为式(4-94)（针对两个 n 维向量的情况）：

$$\text{dist}_{\text{ed}}(x_i, x_j) = \| x_i - x_j \|_2 = \sqrt{\sum_{u=1}^{n} | x_{iu} - x_{ju} |^2} \tag{4-94}$$

如果是二维空间上的两个点 $P_1=(x_1, y_1)$ 和 $P_2=(x_2, y_2)$，则它们表示的就是平面上两个点之间的直线距离，如图 4.34 所示。

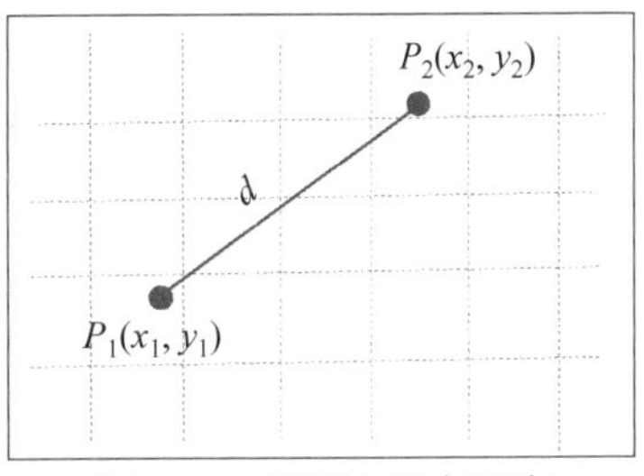

图 4.34 平面上两点距离

图 4.34 平面上两个点之间的直线距离的计算如式(4-95)所示。

$$\begin{aligned}\text{dist}_{\text{ed}}(P_1, P_2) &= \| P_1 - P_2 \|_2 \\ &= \sqrt{| x_1 - x_2 |^2 + | y_1 - y_2 |^2}\end{aligned} \tag{4-95}$$

如果是三维空间上的两个点，点 $P_1=(x_1, y_1, z_1)$ 和点 $P_2=(x_2, y_2, z_2)$，则三维空间中两个点之间的欧氏距离如式(4-96)所示。

$$\text{dist}_{\text{ed}}(P_1, P_2) = \| P_1 - P_2 \|_2 = \sqrt{| x_1 - x_2 |^2 + | y_1 - y_2 |^2 + | z_1 - z_2 |^2} \tag{4-96}$$

4.5.2 KNN 分类模型示例

初学者实现 KNN 分类模型其实并不难，主要有以下三个步骤。

(1) 算距离：给定待分类样本，计算它与已分类样本中的每个样本的距离。

(2) 找邻居：圈定与待分类样本距离最近的 k 个已分类样本，作为待分类样本的近邻。

(3) 做分类：根据 KNN 分类模型的大部分样本所属的类别来决定待分类样本该属于哪个分类。

接下来将用 KNN 分类模型来分类一个电影是爱情片还是动作片为例，详细讲解一下 K-近邻分类模型的原理和步骤。

众所周知，电影可以按照题材分类，然而题材本身是如何定义的呢？由谁来判定某部电影属于哪个题材呢？也就是说，同一题材的电影具有哪些公共特征？这些都是在进行电影分类时必须要考虑的问题。没有哪个电影人会说自己制作的电影和以前的某部电影类似，但我们确实知道每部电影在风格上的确有可能会和同题材的电影相近。那么动作片具有哪些共有特征，使得动作片之间非常类似，而与爱情片存在着明显的差别呢？动作片中也会存在接吻镜头,爱情片中也会存在打斗场景,不能单纯依靠是否存在打斗或者亲吻来判断影片的类型。但是爱情片中的亲吻镜头更多,动作片中的打斗场景也更频繁,基于此类场景在某部电影中出现的次数可以进行电影分类。本节将基于电影中出现的亲吻、打斗出现的次数,使用K-近邻分类模型来划分电影的题材类型。

假设有人曾经统计过很多电影中的打斗镜头和接吻镜头,表4.15中显示了6部电影的打斗和接吻镜头数。

表4.15 电影数据

电影名称	打斗镜头	接吻镜头	电影类型
无问西东	1	101	爱情片
后来的我们	5	89	爱情片
前任3	12	97	爱情片
红海行动	108	5	动作片
唐人街探案	112	9	动作片
战狼2	115	8	动作片

假如有一部未看过的电影如表4.16所示,如何确定它是爱情片还是动作片呢?

表4.16 未看过的电影

电影名称	打斗镜头	接吻镜头	电影类型
新电影	24	67	?

可以使用K-近邻分类模型来解决这个问题。

首先,需要知道表4.16中这个未知电影存在多少打斗镜头和接吻镜头。

然后,再根据表4.15中每部电影的打斗镜头数和电影进行分类(**打斗和接吻镜头数量为虚构)。

其中,表4.15就是已有的数据集即训练样本集。这个数据集有两个特征——打斗镜头数和接吻镜头数。除此之外,我们也知道每部电影的所属类型,即分类标签。粗略看来,接吻镜头多的就是爱情片,打斗镜头多的就是动作片。以多年的经验来看,这个分类还算合理。如果现在给我们一部新的电影,告诉我们电影中的打斗镜头和接吻镜头分别是多少,那么就可以根据给出的信息判断这部电影是属于爱情片还是动作片。而KNN分类模型也可以做到这一点。但是,这仅仅是两个特征,如果把特征扩大到N个呢?人类还能凭经验"一眼看出"电影的所属类别吗?想想就知道这是一个非常困难的事情,但K-近邻分类模型可以,这就是算法的魅力所在。

我们已经知道KNN分类模型的工作原理,根据特征比较,然后提取样本集中特征最相似数据(最近邻)的分类标签。那么该如何进行比较呢?

例如,根据表中4.15的数据,给我们一个新出的电影,该如何判断它所属的电影类别呢?图4.35给出了已知电影和未知电影出现的镜头图像化展示,其中,"?"(问号)表示未知电影。

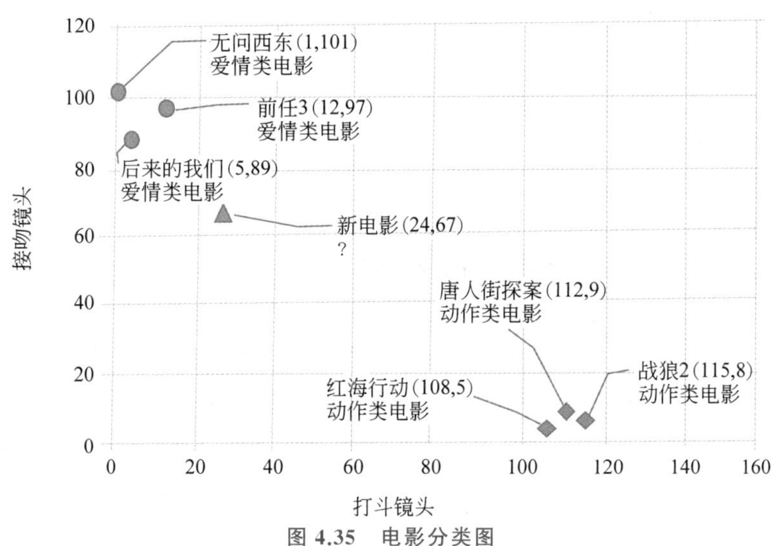

图 4.35　电影分类图

我们可以从散点图中大致推断，这个未知电影有可能是爱情片，因为看起来距离已知的三个爱情片更近一点。

K-近邻分类模型是用什么方法进行判断呢？没错，就是距离度量。这个电影分类例子中有两个特征，也就是在二维平面中计算两点之间的距离点 $A(x_1,y_1)$ 和点 $B(x_2,y_2)$，就可以用欧氏距离计算，如式(4-97)所示。

$$\text{dist}_{\text{ed}}(A,B)=\|A-B\|_2=\sqrt{|x_1-x_2|^2+|y_1-y_2|^2} \tag{4-97}$$

如果是多个特征扩展到 N 维空间，怎么计算？没错，仍然可以使用欧氏距离，假设 N 维空间中的点 $A(x_1,x_2,\cdots,x_n)$ 和点 $B(y_1,y_2,\cdots,y_n)$，如式(4-98)所示。

$$\begin{aligned}\text{dist}_{\text{ed}}(A,B)&=\|A-B\|_2=\sqrt{|x_1-y_1|^2+|x_2-y_2|^2+\cdots+|x_n-y_n|^2}\\&=\sqrt{\sum_{i=1}^{n}|x_i-y_i|^2}\end{aligned} \tag{4-98}$$

通过计算可以得到训练集所有电影与未知电影的距离，计算结果如表 4.17 所示。

表 4.17　与未知电影的距离计算结果

电 影 名 称	与未知电影的距离
无问西东	41.0
后来的我们	29.1
前任 3	32.3
红海行动	104.4
唐人街探案	105.4
战狼 2	108.5

通过表 4.17 与未知电影的距离计算结果，可以知道绿色点标记的未知电影到爱情片《后来的我们》距离最近为 29.1。如果仅根据这个结果，判定绿点电影的类别为爱情片，这个

算法叫作最近邻算法,而非K-近邻算法。

K-近邻算法步骤如下。

(1) 计算已知类别数据集中的点与当前点之间的距离。

(2) 按照距离递增次序排序。

(3) 选取与当前点距离最小的 k 个点。

(4) 确定前 k 个点所在类别的出现频率。

(5) 返回前 k 个点出现频率最高的类别作为当前点的预测类别。

例如,现在 $k=4$,那么在这个电影例子中,把距离按照升序排列,距离绿点电影最近的前4个电影分别是《后来的我们》《前任3》《无问西东》和《红海行动》,通过这4部电影的类别,可以统计出,爱情片和动作片的占比情况为:爱情片∶动作片=3∶1,出现频率最高的类别为爱情片,所以在 $k=4$ 时,绿点电影的类别被判定为爱情片,这个判别过程就是K-近邻算法。

4.5.3 Python 实现 KNN 分类模型

对西瓜数据集 **xigua5** 进行K-近邻分类。数据集中一共有17条数据,其中前16条用来训练,最后1条数据用来预测。

数据集 **xigua5** 如表4.18所示。

表 4.18 西瓜数据集 5

序号	密度	甜度	是否是好瓜
1	0.697	0.460	是
2	0.774	0.376	是
3	0.634	0.264	是
4	0.608	0.318	是
5	0.556	0.215	是
6	0.403	0.237	是
7	0.481	0.149	是
8	0.437	0.211	是
9	0.666	0.091	否
10	0.243	0.267	否
11	0.245	0.057	否
12	0.343	0.099	否
13	0.639	0.161	否
14	0.657	0.198	否
15	0.360	0.370	否
16	0.593	0.042	否
17	0.719	0.103	?

Python 实现 KNN 分类模型示例代码清单如下。

Python 示例代码：

```
import pandas as pd                        #导入 pandas 库

"""
函数说明:读取数据文件
Parameters:
    fileName:文件名称
Returns:
    dataSet:数据集
Modify:
    2021-08-31

"""
#预处理数据
def loadDataSet(fileName):
    dataSet = []
    fr = open(fileName,encoding = 'utf-8')
    for line in fr.readlines():
        curLine = line.strip().split(',')
        fltLine = list(map(float, curLine[:-1]))
        fltLine.append(curLine[-1])
        dataSet.append(fltLine)
    return dataSet

dataSet = pd.DataFrame(loadDataSet("xigua5.txt"))   #读取西瓜数据集
train_dataSet = dataSet[:-1]       #选取前 n-1 个为训练数据集
new_data = [dataSet.iloc[-1,0],dataSet.iloc[-1,1]]
                                   #选最后一个为测试数据集

"""
函数功能:KNN 分类器
参数说明:
    inX:需要预测分类的数据集
    dataSet:已知分类标签的数据集(训练集)
    k:K-近邻算法参数,选择距离最小的 k 个点
返回:
    result:分类结果
"""

def KNN(trainDataSet,testDataSet,k=5):
  result=[]
    #计算测试点与各数据点的距离
    dist = list((((trainDataSet.iloc[:, :2]-testDataSet)**2).sum(1))**0.5)
    print("测试点与各训练数据点的距离为:\n",dist)
    #将距离升序排列,然后选取距离最小的 k 个点
    dist_l = pd.DataFrame({'dist': dist, 'labels': (trainDataSet.iloc[:,
    -1])})                         #把距离和标签组装成 DataFrame
    dr = dist_l.sort_values(by = 'dist')[: k]
                                   #升序,取前 k 个,即取到距离最近的 k 个点
  print("升序后的前%d 个点:\n"%k,dr)
    re = dr.loc[:,'labels'].value_counts() #确定前 k 个点所在类别的出现频率
```

```
        print("距离最近的前%d个点所在类别的出现频率:\n"%k,re)
        result.append(re.index[0]) #取前 k 个点所在类别频率最高的索引为分类结果
        return result

if __name__ == "__main__":
        res = KNN(train_dataSet,new_data,k=9)
    print("KNN 预测结果为:",res)
```

运行结果如图 4.36 和图 4.37 所示。

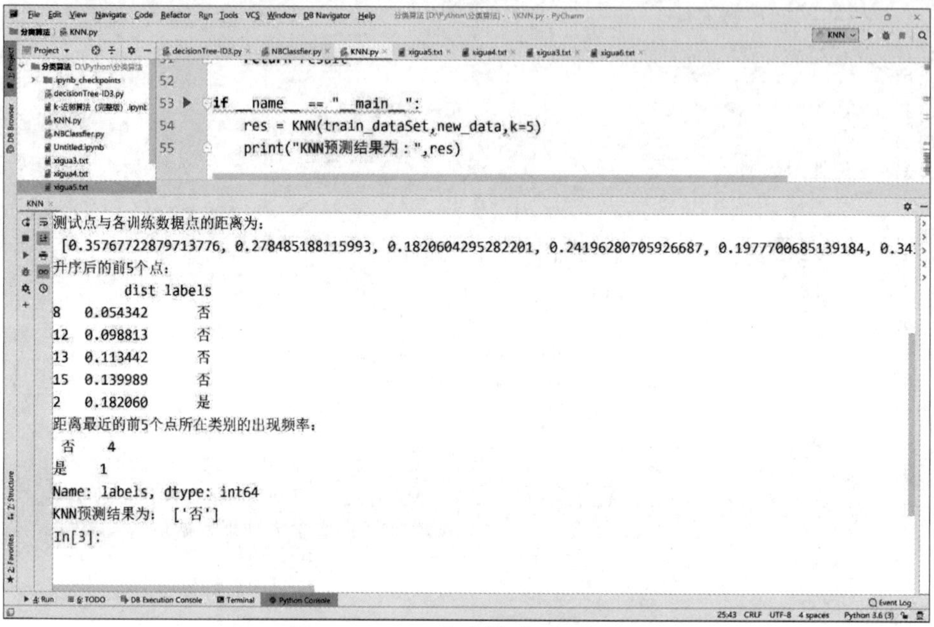

图 4.36　KNN 分类模型运行结果 1

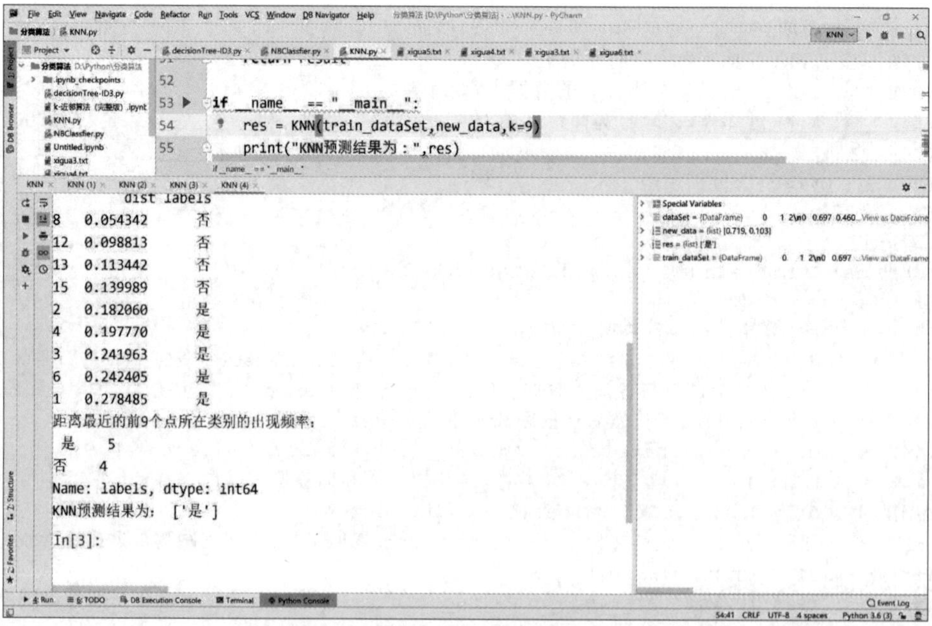

图 4.37　KNN 分类模型运行结果 2

通过上面的运行结果，可以看出：当 $k=5$ 时，结果为“否”；当 $k=9$ 时，结果为“是”。可见，K-近邻分类模型与 K 值的选择密切相关。

4.5.4　KNN 分类模型小结

KNN 分类模型是一种惰性分类模型，从训练集中找出 K 个最接近测试对象的训练对象，再从这 K 个训练对象中找出居于主导的类别，将其类别赋给测试对象。

KNN 分类模型具有以下优点。

(1) 简单有效，容易理解和实现。

(2) 重新训练的代价较低（类别体系的变化和训练集的变化）。

(3) 计算时间和空间线性于训练集的规模。

(4) 错误率渐进收敛于贝叶斯错误率，可作为贝叶斯的近似。

(5) 适合处理多模分类和多标签分类问题。

(6) 对于类域的交叉或重叠较多的待分类样本集较为适合。

而 KNN 分类模型的局限也表现在如下方面。

(1) 是懒散学习方法，比一些积极学习的算法要慢。

(2) 计算量比较大，需对样本点进行剪辑。

(3) 对于样本不平衡的数据集效果不佳，可采用加权投票法改进。

(4) K 值的选择对分类效果有很大影响，较小的话对噪声敏感，需估计最佳 K 值。

(5) 可解释性不强，计算量大。

4.6　支持向量机分类模型

支持向量机（Support Vector Machine，SVM）是一类按监督学习（supervised learning）方式对数据进行二元分类的广义线性分类器（generalized linear classifier），其决策边界是对学习样本求解的最大边距超平面（maximum-margin hyperplane）。SVM 是一个非常优雅的算法，具有完善的数学理论，于 1964 年被提出，在 20 世纪 90 年代后得到快速发展并衍生出一系列改进和扩展算法，在人像识别、文本分类等模式识别（pattern recognition）问题中得到应用。

4.6.1　SVM 分类模型的算法原理

SVM 算法思想

1. SVM 的基本概念

SVM 是用于分类的一种算法，也属于有监督学习的范畴。

为了更容易理解，先从一个大侠与反派的故事开始吧。

在很久以前，大侠的心上人被反派囚禁，大侠想要去救出他的心上人，于是便去和反派谈判。反派说：只要你能顺利通过三关，我就放了你的心上人。

现在大侠的闯关正式开始。

第一关：反派在桌子上似乎有规律地放了两种形状的球，说：你用一根棍子分离开它们，要求是尽量再放更多的球之后，仍然适用。**大侠与反派小故事中不同形状的小球——原始分布**见图 4.38。

大侠很干净利索地放了一根棍子进行隔开的情形，如图 4.39 所示。

图 4.38　大侠与反派小故事中不同形状的小球——原始分布

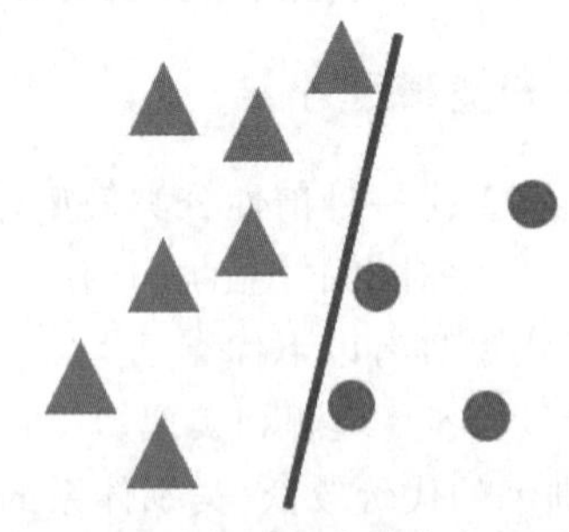

图 4.39　大侠与反派小故事中不同形状的小球——用根棍子隔开

第二关：反派在桌子放上了更多的球，似乎有一个红球站错了阵营，如图 4.40 所示。

SVM 就是试图把棍放在最佳位置，好让在棍的两边有尽可能大的间隙，见图 4.41。

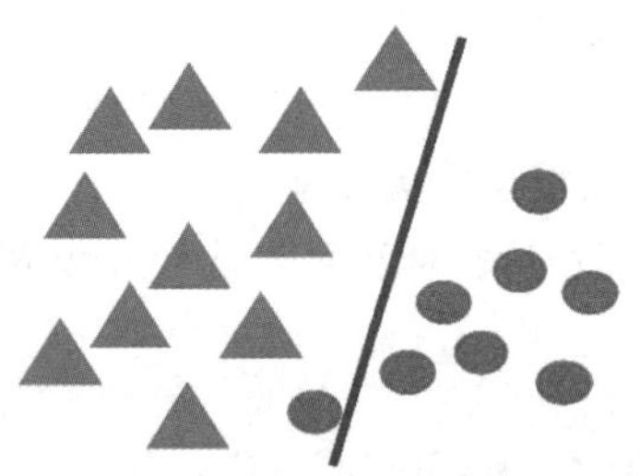

图 4.40　大侠与反派小故事中不同形状的小球——更多的小球

图 4.41　大侠与反派小故事中不同形状的小球——调整用于分隔的棍子

结论：现在即使在图 4.42 中反派放入更多的球，棍子仍然是一个很好的分界线。

于是大侠将棍子调整后分隔小球的情形如图 4.42 所示。

其实在 SVM 工具箱里还有另一个更加重要的关键点。反派看到大侠已经学会了一个关键点，于是心生一计，给大侠更难的一个挑战。

第三关：反派将球散乱地放在桌子上，如图 4.43 所示。

图 4.42　大侠与反派小故事中不同形状的小球——调整后分隔小球

图 4.43　大侠与反派小故事中不同形状的小球——散乱分布于桌子上

现在大侠已经没有方法用一根棍子将这些球分开了，怎么办呢？大侠灵机一动，使出三成内力拍向桌子，然后桌子上的球就被震到空中，说时迟那时快，大侠瞬间抓起一张纸，插到了两种球的中间，见图 4.44。

现在从反派的角度看这些球，这些球像是被一条曲线分开了，见图 4.45。最后，反派乖乖地放了大侠的心上人。

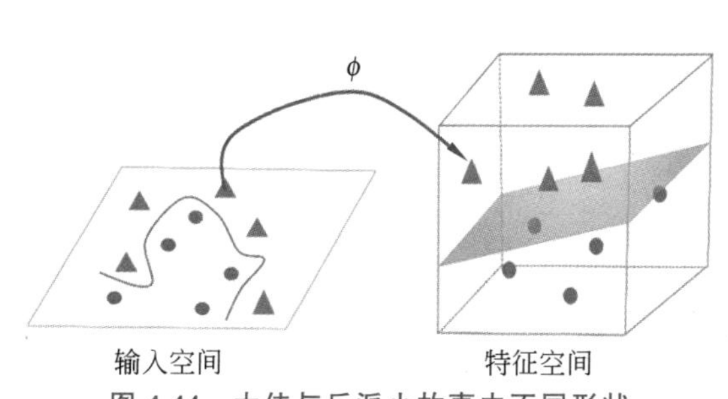

图 4.44　大侠与反派小故事中不同形状的小球——将小球震到空中分隔

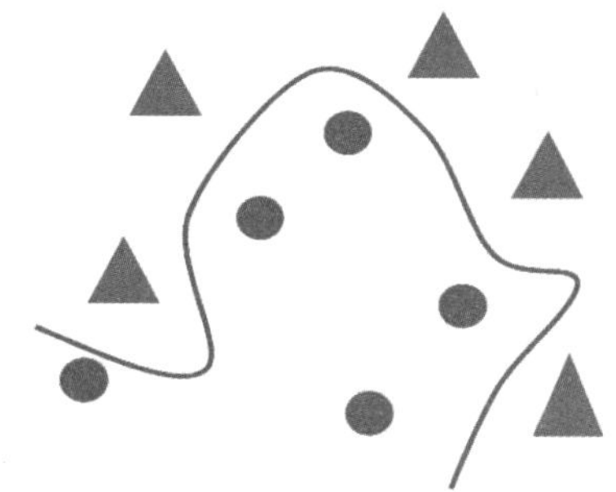

图 4.45　大侠与反派小故事中不同形状的小球——用曲线成功分开

从此之后，江湖人便给这些分别起了名字，把这些球叫作数据（data），把棍子叫作分类器（classifier），最大间隙叫作优化（optimization），拍桌子叫作核化（kerneling），那张纸叫作超平面（hyperplane）。

下面概述一下上述小故事。

当一个分类问题，如果数据是线性可分（linearly separable）的，也就是用一根棍子就可以将两种小球分开的时候，只要将棍的位置放在让小球距离棍的距离最大化的位置即可，寻找这个最大间隔的过程，就叫作最优化。但是，现实往往是很残酷的，一般的数据是线性不可分的，也就是找不到一个棍将两种小球很好地分类。这个时候，就需要像大侠一样，将小球拍起，用一张纸代替小棍将小球进行分类。想要让数据飞起，需要的东西就是核函数（kernel），用于切分小球的纸，就是超平面（hyperplane）。如果数据集是 N 维的，那么超平面就是 $N-1$ 维的，如图 4.46 所示。

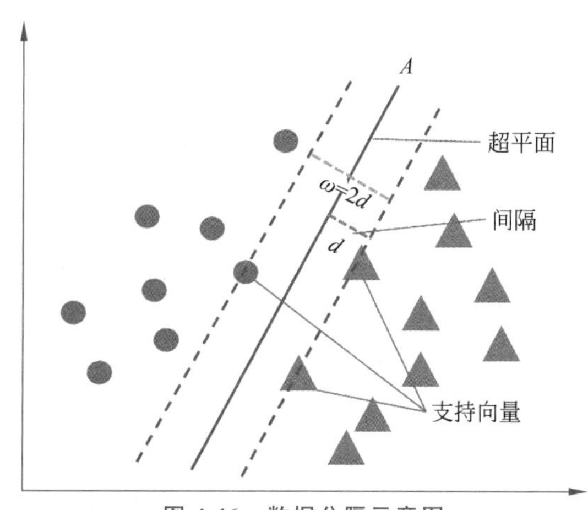

图 4.46　数据分隔示意图

将一个数据集正确分开的超平面可能有多个，如图 4.47 所示，而那个具有"最大间隔"

的超平面就是SVM要寻找的最优解。而这个真正的最优解对应的两侧虚线所穿过的样本点,就是SVM中的支持样本点,被称为“支持向量(support vector)”。支持向量到超平面的距离被称为间隔(margin)。

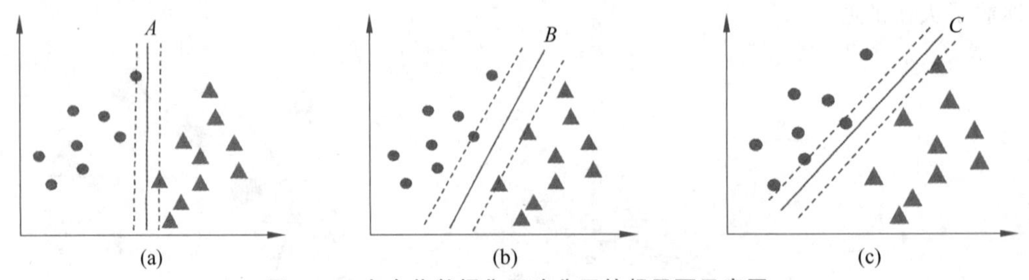

图4.47 多个将数据集正确分开的超平面示意图

相信通过以上这个有趣的小故事,读者对SVM的一些基本概念有了一个大致的认识,接下来以更加严谨的角度来分析SVM算法。

1) 线性可分

首先来了解下什么是线性可分,见图4.48。

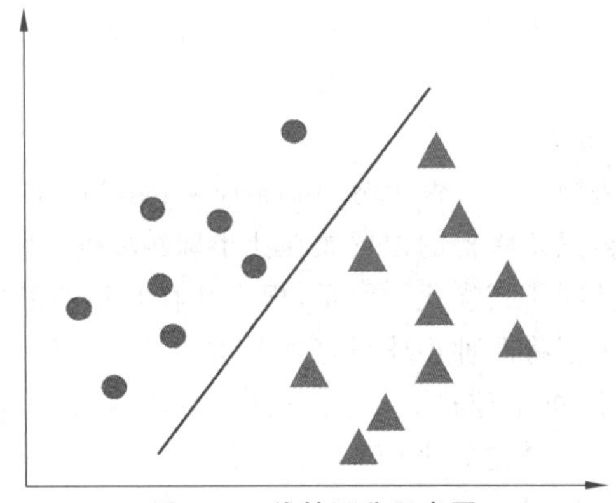
图4.48 线性可分示意图

在二维空间上,两类点被一条直线完全分开叫作线性可分。

严格的数学定义是:D_0 和 D_1 是 n 维欧氏空间中的两个点集。如果存在 n 维向量 $\boldsymbol{\omega}$ 和实数 b,使得所有属于 D_0 的点 x_i 都有 $\boldsymbol{\omega}x_i+b>0$,而对于所有属于 D_1 的点 x_j 则有 $\boldsymbol{\omega}x_j+b<0$,则称 D_0 和 D_1 线性可分。

2) 最大间隔超平面

从二维扩展到多维空间中时,将 D_0 和 D_1 完全正确地划分开的 $\boldsymbol{\omega}x+b=0$ 就成了一个超平面。为了使这个超平面更具鲁棒性,我们会去找最佳超平面,即以最大间隔把两类样本分开的超平面,也称之为最大间隔超平面。两类样本分别分隔在该超平面的两侧;两侧距离超平面最近的样本点到超平面的距离被最大化了。

3) 支持向量

样本中距离超平面最近的一些点,叫作支持向量,也可以称为支撑向量。图4.49给出了支持向量示意图。

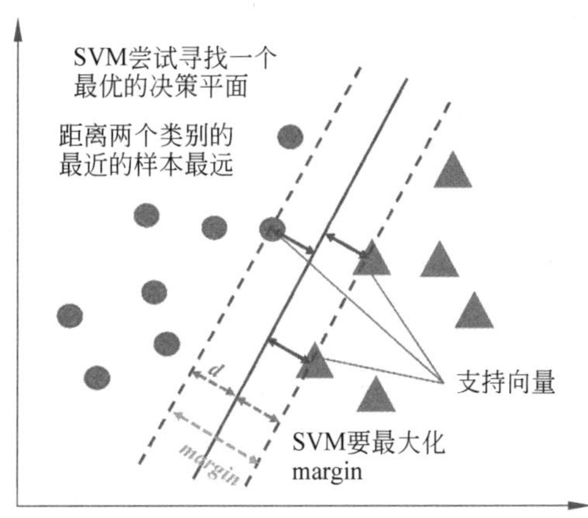

图 4.49 支持向量示意图

4）SVM 最优化问题

一个最优化问题通常有如下两个最基本的因素。

(1) 目标函数，也就是希望什么东西的什么指标达到最好。

(2) 优化对象，期望通过改变哪些因素来使得目标函数达到最优。

在 SVM 算法中，目标函数显然就是那个“间隔”，而优化对象则是超平面。

SVM 想要的就是找到各类样本点到超平面的距离最远，也就是找到最大间隔超平面。

任意超平面可以用式(4-99)对这个线性方程来描述：

$$\boldsymbol{\omega}^{\mathrm{T}}x+b=0 \tag{4-99}$$

二维空间点(x,y)到直线$Ax+By+C=0$的距离计算如式(4-100)所示。

$$d=\frac{|Ax+By+C|}{\sqrt{A^2+B^2}} \tag{4-100}$$

扩展到 n 维空间后，点 $x=(x_1,x_2,\cdots,x_n)$ 到直线 $\boldsymbol{\omega}^{\mathrm{T}}x+b=0$ 的距离如式(4-101)所示。

$$d=\frac{|\boldsymbol{\omega}^{\mathrm{T}}x+b|}{\|\omega\|} \tag{4-101}$$

其中，$\|\boldsymbol{\omega}\|=\sqrt{\omega_1^2+\omega_2^2+\cdots+\omega_n^2}$。$\boldsymbol{\omega},b$ 就是超平面方程的参数。我们的目标是找出一个分类效果好的超平面作为分类器。分类器的好坏评定依据是分类间隔 margin$=2d$，即分类间隔 margin 越大，认为这个超平面的分类效果越好。而追求分类间隔的最大化也就是寻找 d 的最大化。

看起来我们已经找到了目标函数的数学形式。但问题当然不会这么简单，还需要面对一连串令人头疼的麻烦，就是超平面方程的参数。

虽然找到了目标函数，但是展现在我们面前的问题有以下三个。

第一：如何判断一条直线能够将所有的样本点都正确分类？

第二：超平面的位置应该是在间隔区域的中轴线上，所以确定超平面位置的 b 参数也不能随意取值。

第三：对于一个给定的超平面，如何找到对应的支持向量，来计算距离 d？

上述三个问题的实质就是“约束条件”，也就是说，要优化的变量的取值范围受到了约束和限制。既然约束确实存在,那么就不得不用数学语言对它们进行描述。这里需要说明的是,SVM 可以通过一些小技巧,将这些约束条件糅合成一个不等式。请看下面的糅合过程。

以图 4.50 为例,在平面空间中有两种点,对其分别标记为:五角星为正样本,标记为+1;圆形为负样本,标记为−1。

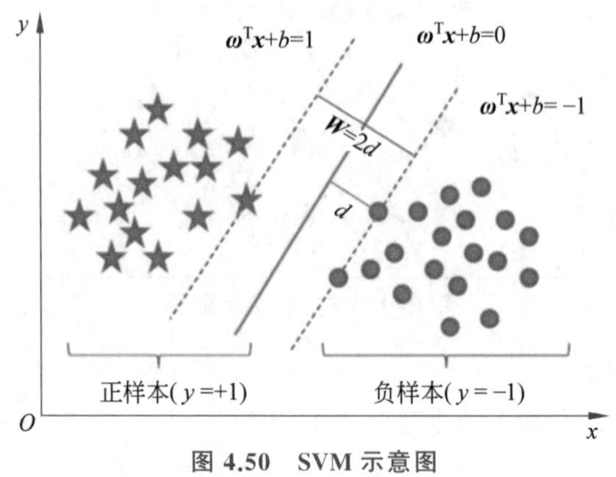

图 4.50 SVM 示意图

图 4.50 的解释如下:对每个样本点 x_i 加上类别标签 y_i,则有

$$y_i=\begin{cases}+1, & \text{五角星}\\ -1, & \text{圆形}\end{cases}$$

如果我们的超平面能够完全将两种样本点分离开,那么则有式(4-102):

$$\begin{cases}\boldsymbol{\omega}^{\mathrm{T}}x+b>0, & y_i=1\\ \boldsymbol{\omega}^{\mathrm{T}}x+b<0, & y_i=-1\end{cases} \tag{4-102}$$

如果要求再高一点,假设超平面正好处于间隔区域的中轴线上,并且相应支持向量到超平面的距离为 d,则公式可进一步写为式(4-103):

$$\begin{cases}\dfrac{\boldsymbol{\omega}^{\mathrm{T}}x+b}{\|\boldsymbol{\omega}\|}\geqslant d, & \forall y_i=+1\\ \dfrac{\boldsymbol{\omega}^{\mathrm{T}}x+b}{\|\boldsymbol{\omega}\|}\leqslant -d, & \forall y_i=-1\end{cases} \tag{4-103}$$

其中,符号 ∀ 是“对于所有满足条件的” 的缩写,也就是“任意一个”的意思。

对公式两边同时除以 d,可得式(4-104):

$$\begin{cases}\dfrac{\boldsymbol{\omega}_d^{\mathrm{T}}x+b_d}{\|\boldsymbol{\omega}_d\|}\geqslant 1, & \forall y_i=+1\\ \dfrac{\boldsymbol{\omega}_d^{\mathrm{T}}x+b_d}{\|\boldsymbol{\omega}_d\|}\leqslant -1, & \forall y_i=-1\end{cases} \tag{4-104}$$

其中,

$$\boldsymbol{\omega}_d=\frac{\boldsymbol{\omega}}{\|\boldsymbol{\omega}\|d},\quad b_d=\frac{b}{\|\boldsymbol{\omega}\|d}$$

因为 $\|\boldsymbol{\omega}\|$ 和 d 都是标量。所以上述公式中的两个矢量,依然描述一条直线的法向量和截距。所以下面两个公式,都是描述一条直线,数学模型代表的意义是一样的,见式(4-105)和式(4-106)。

$$\boldsymbol{\omega}_d^{\mathrm{T}}\boldsymbol{x}+b_d=0 \tag{4-105}$$

$$\boldsymbol{\omega}^{\mathrm{T}}\boldsymbol{x}+b=0 \tag{4-106}$$

现在，给 $\boldsymbol{\omega}_d$ 和 b_d 重新起个名字，就叫它们 $\boldsymbol{\omega}$ 和 b，可得到式(4-107)。

$$\begin{cases}\boldsymbol{\omega}^{\mathrm{T}}\boldsymbol{x}+b\geqslant 1, & y=1\\ \boldsymbol{\omega}^{\mathrm{T}}\boldsymbol{x}+b\leqslant -1, & y=-1\end{cases} \tag{4-107}$$

这个方程就是 SVM 最优化问题的约束条件。由于我们将标签定义为 1 和 −1，所以此处可以将上述方程糅合成一个约束方程，见式(4-108)。

$$y(\boldsymbol{\omega}^{\mathrm{T}}\boldsymbol{x}+b)\geqslant 1 \tag{4-108}$$

至此就可以得到最大间隔超平面的上下两个超平面。SVM 与间隔的示意图如图 4.51 所示。

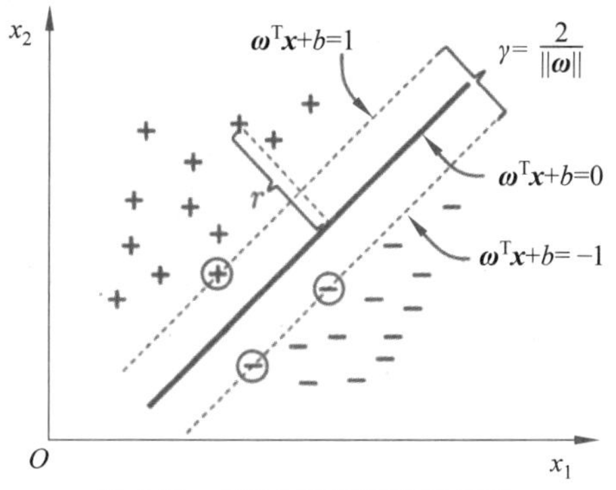

图 4.51　SVM 与间隔的示意图

对于公式 $\boldsymbol{\omega}^{\mathrm{T}}\boldsymbol{x}+b=1$ 或 $\boldsymbol{\omega}^{\mathrm{T}}\boldsymbol{x}+b=-1$，什么时候会发生呢？参考上面的公式就会知道，只有当 $\boldsymbol{x}$ 是超平面的支持向量时，等于 1 或者 −1 的情况才会出现。

每个向量到超平面的距离可以写为式(4-109)。

$$d=\frac{|\boldsymbol{\omega}^{\mathrm{T}}\boldsymbol{x}+b|}{\|\boldsymbol{\omega}\|} \tag{4-109}$$

由上述 $\boldsymbol{y}(\boldsymbol{\omega}^{\mathrm{T}}\boldsymbol{x}+b)\geqslant 1>0$ 可以得到 $\boldsymbol{y}(\boldsymbol{\omega}^{\mathrm{T}}\boldsymbol{x}+b)=|\boldsymbol{\omega}^{\mathrm{T}}\boldsymbol{x}+b|$，所以得到式(4-110)。

$$d=\frac{y(\boldsymbol{\omega}^{\mathrm{T}}\boldsymbol{x}+b)}{\|\boldsymbol{\omega}\|} \tag{4-110}$$

最大化这个距离计算见式(4-111)：

$$\max 2\times\frac{y(\boldsymbol{\omega}^{\mathrm{T}}\boldsymbol{x}+b)}{\|\boldsymbol{\omega}\|} \tag{4-111}$$

在式(4-111)这里乘上 2 倍也是为了后面推导，对目标函数没有影响。刚刚得到支持向量 $y(\boldsymbol{\omega}^{\mathrm{T}}\boldsymbol{x}+b)=1$，所以得到式(4-112)：

$$\max\frac{2}{\|\boldsymbol{\omega}\|} \tag{4-112}$$

再做一个转换，见式(4-113)：

$$\min\frac{1}{2}\|\boldsymbol{\omega}\| \tag{4-113}$$

为了方便计算(去除 $\|\boldsymbol{\omega}\|$ 的根号)，有式(4-114)：

$$\min\frac{1}{2}\|\boldsymbol{\omega}\|^2 \tag{4-114}$$

原来的任务是找到一组参数($\boldsymbol{\omega}$,b)使得分类间隔 margin=$2d$ 最大化，就可以转变为 $\|\boldsymbol{\omega}\|$ 的最小化问题，也等效于$\frac{1}{2}\|\boldsymbol{\omega}\|^2$ 的最小化问题。之所以要在 $\|\boldsymbol{\omega}\|$ 上加上平方和1/2 的系数，是为了以后进行最优化的过程中对目标函数求导时比较方便，但这绝不影响最优化问题最后的解。所以，线性 SVM 最优化问题的数学描述如式(4-115)所示。

$$\min \frac{1}{2}\|\boldsymbol{\omega}\|^2 \tag{4-115}$$

$$\text{s.t. } y_i(\boldsymbol{\omega}^{\mathrm{T}}x_i+b)\geqslant 1,\quad i=1,2,\cdots,n$$

这就是支持向量机(Support Vector Machine,SVM)的基本型。

上述式(4-115)描述的是一个典型的不等式约束条件下的二次型函数优化问题，同时也是支持向量机的基本数学模型。这里 n 是样本点的总个数，缩写 s. t.表示“Subject to”，是“服从某某条件”的意思。

我们希望求解上式来得到大间隔划分超平面所对应的模型，如式(4-116)所示。

$$f(x)=\boldsymbol{\omega}^{\mathrm{T}}\boldsymbol{x}+b \tag{4-116}$$

其中，$\boldsymbol{\omega}$ 和 b 是模型参数。注意到这个对应的超平面模型本身是一个凸二次规划(convex quadratic programming)问题，能直接用现成的优化计算包求解，但可以有更高效的办法。

下面介绍最优化问题如何求解及相关知识点。

SVM 分类模型的对偶问题

2. SVM 最优化问题求解

通常需要求解的 SVM 最优化问题有如下几类。

(1) 无约束优化问题，如式(4-117)所示。

$$\min f(x) \tag{4-117}$$

(2) 有等式约束的优化问题，可以写为如式(4-118)所示。

$$\min f(x) \tag{4-118}$$

$$\text{s.t. } h_i(x)=0, i=1,2,\cdots,n$$

(3) 有不等式约束的优化问题，可以写为如式(4-119)所示的形式。

$$\min f(x) \tag{4-119}$$

$$\begin{aligned}\text{s.t.}\quad & g_i(x)\leqslant 0,\quad i=1,2,\cdots,n\\ & h_j(x)=0,\quad j=1,2,\cdots,m\end{aligned}$$

对于第(1)类的优化问题，尝试使用的方法就是费马大定理(Fermat)，即使用求取函数 $f(x)$的导数，然后令其为零，可以求得候选最优值，再在这些候选值中验证；如果是凸函数，可以保证是最优解。这也就是高中经常使用的求函数的极值的方法。

对于第(2)类的优化问题，常常使用的方法就是拉格朗日乘子法(Lagrange Multiplier)，即把等式约束用一个系数与 $f(x)$写为一个式子，称为拉格朗日函数，而系数称为拉格朗日乘子。通过拉格朗日函数对各个变量求导，令其为零，可以求得候选值集合，然后验证求得最优值。

对于第(3)类的优化问题，常常使用的方法就是 KKT 条件(Karush-Kuhn-Tucker conditions)。同样地，我们把所有的等式、不等式约束与 $f(x)$ 写为一个式子，也叫拉格朗日函数，系数也称为拉格朗日乘子，通过一些条件，可以求出最优值的必要条件，这个条件称为 KKT 条件。

解决线性 SVM 最优化问题模型如式(4-120)所示。

$$\min \frac{1}{2}\|\boldsymbol{\omega}\|^2 \tag{4-120}$$

$$\text{s.t. } y(\boldsymbol{\omega}^{\mathrm{T}}\boldsymbol{x}+b)\geqslant 1,\quad i=1,2,\cdots,n$$

显然,它属于第(3)类的优化问题。那么在求解这类优化问题之前,还需要了解几个概念——对偶问题、拉格朗日函数和 KKT 条件。

接下来将补充学习一下 SVM 最优化问题求解当中需要用到的拉格朗日对偶问题、拉格朗日乘子法和 KKT 条件等重要概念。

1) 拉格朗日对偶问题

首先,要从宏观的视野上了解一下拉格朗日对偶问题出现的原因和背景。

我们要求解的是最小化问题,所以一个直观的想法是如果能够构造一个函数,使得该函数在可行解区域内与原目标函数完全一致,而在可行解区域外的数值非常大,甚至是无穷大,那么这个没有约束条件的新目标函数的优化问题就与原来有约束条件的原始目标函数的优化问题是等价的问题。这就是使用拉格朗日方程的目的,它将约束条件放到目标函数中,从而将有约束优化问题转换为无约束优化问题。但是对于拉格朗日函数,直接使用求导的方式求解仍然很困难,所以便有了拉格朗日对偶的诞生。

所以,显而易见的是,在拉格朗日优化问题这个道路上,需要进行下面两个步骤。

(1) 将有约束的原始目标函数转换为无约束的新构造的拉格朗日目标函数。

(2) 使用拉格朗日对偶性,将不易求解的优化问题转换为易求解的优化问题。

2) 拉格朗日乘子法

(1) 等式约束优化问题。

高等数学中的拉格朗日乘子法是等式约束优化问题,见式(4-121)。

$$\min f(x_1,x_2,\cdots,x_n) \tag{4-121}$$

$$\text{s.t. } h_k(x_1,x_2,\cdots,x_n)=0,k=1,2,\cdots,l$$

令 $L(x,\lambda)=f(x)+\sum_{k=1}^{l}\lambda_k h_k(x)$,函数 $L(x,\lambda)$ 称为 Lagrange 函数,参数 λ 称为 Lagrange 乘子,没有非负要求。

利用必要条件找到可能的极值点的计算见式(4-122)。

$$\begin{cases}\dfrac{\partial L}{\partial x_i}=0, & i=1,2,\cdots,n\\[2mm] \dfrac{\partial L}{\partial \lambda_k}=0, & k=1,2,\cdots,l\end{cases} \tag{4-122}$$

具体是否为极值点需根据问题本身的具体情况检验。这个方程组称为等式约束的极值必要条件。

等式约束下的 Lagrange 乘数法引入了 l 个 Lagrange 乘子,我们将 x_i 与 λ_k 一视同仁,把 λ_k 也看作优化变量,共有 $(n+l)$ 个优化变量。

(2) 不等式约束优化问题。

而我们现在面对的是不等式优化问题,针对这种情况其主要思想是将不等式约束条件转变为等式约束条件,引入松弛变量,将松弛变量也视为优化变量,见图 4.52。

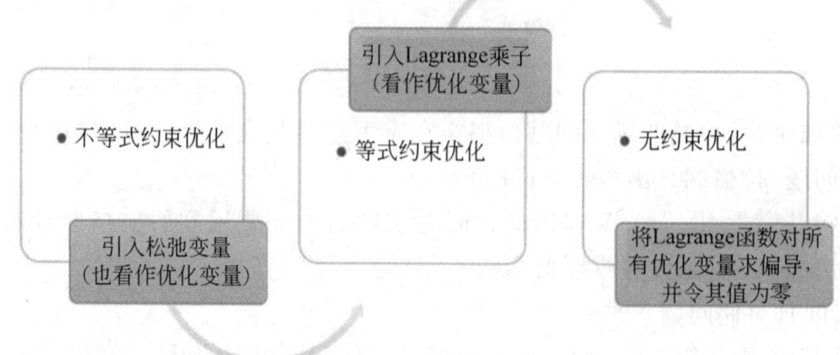

图 4.52 不等式约束优化

以式(4-123)为例:

$$\min f(\boldsymbol{\omega})=\min \frac{1}{2}\|\boldsymbol{\omega}\|^{2} \tag{4-123}$$

$$\text{s.t. } g_i(\boldsymbol{\omega})=1-y(\boldsymbol{\omega}^{\mathrm{T}}\boldsymbol{x}+b)\leqslant 0$$

引入松弛变量 a_i^2,得到 $h_i(\boldsymbol{\omega},a_i)=g_i(\boldsymbol{\omega})+a_i^2$。这里加平方主要为了不再引入新的约束条件,如果只引入 a_i,那必须要保证 $a_i\geqslant 0$ 才能保证 $h_i(\boldsymbol{\omega},a_i)=0$,这不符合我们的意愿。

由此将不等式约束转换为等式约束,并得到 Lagrange 函数,见式(4-124):

$$\begin{aligned}L(\boldsymbol{\omega},\boldsymbol{\lambda},\boldsymbol{a})&=f(\boldsymbol{\omega})+\sum_{i=1}^{n}\lambda_i h_i(\boldsymbol{\omega},a_i)\\&=f(\boldsymbol{\omega})+\sum_{i=1}^{n}\lambda_i[g_i(\boldsymbol{\omega})+a_i^2],\lambda_i\geqslant 0\end{aligned} \tag{4-124}$$

由等式约束优化问题极值的必要条件对其求解,联立方程,见式(4-125)。

$$\begin{cases}\dfrac{\partial L}{\partial \omega_i}=\dfrac{\partial f}{\partial \omega_i}+\displaystyle\sum_{i=0}^{n}\lambda_i\dfrac{\partial g_i}{\partial \omega_i}=0\\ \dfrac{\partial L}{\partial a_i}=2\lambda_i a_i=0\\ \dfrac{\partial L}{\partial \lambda_i}=g_i(\omega)+a_i^2=0\\ \lambda_i\geqslant 0\end{cases} \tag{4-125}$$

为什么 $\lambda_i\geqslant 0$ 可以通过几何性质来解释?感兴趣的读者可以查阅 KKT 的证明。

针对 $\lambda_i a_i=0$ 有以下两种情况。

情形一:$\lambda_i=0$,$a_i\neq 0$。

由于 $\lambda_i=0$,约束条件 $g_i(\omega)$不起作用,且 $g_i(\omega)<0$。

情形二:$\lambda_i\neq 0$,$a_i=0$。

此时 $g_i(\omega)=0$ 且 $\lambda_i>0$,可以理解为约束条件 $g_i(\omega)$起作用了,且 $g_i(\omega)=0$。

综合可得:$\lambda_i g_i(\boldsymbol{\omega})=0$,且在约束条件起作用时,$\lambda_i>0$,$g_i(\boldsymbol{\omega})=0$;约束不起作用时,$\lambda_i=0$,$g_i(\boldsymbol{\omega})<0$。

由此方程组转换为式(4-126)：

$$\begin{cases}\dfrac{\partial L}{\partial \omega_i}=\dfrac{\partial f}{\partial \omega_i}+\sum\limits_{i=0}^{n}\lambda_i\dfrac{\partial g_i}{\partial \omega_i}=0\\ \lambda_i g_i(\boldsymbol{\omega})=0\\ g_i(\boldsymbol{\omega})\leqslant 0\\ \lambda_i\geqslant 0\end{cases}\tag{4-126}$$

以上便是不等式约束优化问题的 **KKT**(Karush-Kuhn-Tucker)条件，λ_i 称为 **KKT** 乘子。这个式子告诉了我们什么呢？

直观来讲就是，支持向量 $g_i(\boldsymbol{\omega})=0$，所以 $\lambda_i>0$ 即可。而其他向量 $g_i(\boldsymbol{\omega})<0,\lambda_i=0$。我们原本问题是要求 $\min\frac{1}{2}\|\boldsymbol{\omega}\|^2$，即求 $\min L(\boldsymbol{\omega},\boldsymbol{\lambda},\boldsymbol{a})$，见式(4-127)：

$$\begin{aligned}L(\boldsymbol{\omega},\boldsymbol{\lambda},\boldsymbol{a})&=f(\boldsymbol{\omega})+\sum_{i=1}^{n}\lambda_i[g_i(\boldsymbol{\omega})+a_i^2]\\&=f(\boldsymbol{\omega})+\sum_{i=1}^{n}\lambda_i g_i(\boldsymbol{\omega})+\sum_{i=1}^{n}\lambda_i a_i^2\end{aligned}\tag{4-127}$$

由于 $\sum\limits_{i=1}^{n}\lambda_i a_i^2\geqslant 0$，故将问题转换为 $\min L(\boldsymbol{\omega},\boldsymbol{\lambda})$ 的计算函数，见式(4-128)：

$$L(\boldsymbol{\omega},\boldsymbol{\lambda})=f(\boldsymbol{\omega})+\sum_{i=1}^{n}\lambda_i g_i(\boldsymbol{\omega})\tag{4-128}$$

假设找到了最佳参数使得目标函数取得了最小值 p，即 $\frac{1}{2}\|\boldsymbol{\omega}\|^2=p$。而根据 $\lambda_i\geqslant 0$，可知 $\sum\limits_{i=1}^{n}\lambda_i g_i(\boldsymbol{\omega})\leqslant 0$，因此 $L(\boldsymbol{\omega},\boldsymbol{\lambda})\leqslant p$，为了找到最优的参数 λ，使得 $L(\omega,\lambda)$ 接近 p，故问题转换为 $\max\limits_{\lambda} L(\omega,\lambda)$。

故最优化问题转换为式(4-129)：

$$\min_{\omega}\max_{\lambda}L(\boldsymbol{\omega},\boldsymbol{\lambda})\tag{4-129}$$
$$\text{s.t. } \lambda_i\geqslant 0$$

除了上面的理解方式，还可以有另一种理解方式的计算，见式(4-130)：

$$\max_{\lambda}L(\boldsymbol{\omega},\boldsymbol{\lambda})=\begin{cases}\infty, & g_i(\boldsymbol{\omega})\geqslant 0\\ \dfrac{1}{2}\|\boldsymbol{\omega}\|^2, & g_i(\boldsymbol{\omega})\leqslant 0\end{cases}\tag{4-130}$$

由于 $\lambda_i\geqslant 0$，所以 $\min\left(\infty,\frac{1}{2}\|\boldsymbol{\omega}\|^2\right)=\frac{1}{2}\|\boldsymbol{\omega}\|^2$，所以转换后的式子和原来的式子也是一样的。

3) 强对偶性

对偶问题其实就是将式(4-131)：

$$\min_{\omega}\max_{\lambda}L(\boldsymbol{\omega},\boldsymbol{\lambda})\tag{4-131}$$
$$\text{s.t. } \lambda_i\geqslant 0$$

转换为式(4-132)：

$$\max_{\lambda}\min_{\omega} L(\boldsymbol{\omega},\boldsymbol{\lambda}) \tag{4-132}$$

$$\text{s.t. } \lambda_i \geqslant 0$$

假设有个函数 f,我们有式(4-133):

$$\min\max f \geqslant \max\min f \tag{4-133}$$

也就是说,最大的里面挑出来的最小的也要比最小的里面挑出来的最大的要大。这个关系实际上就是弱对偶关系,而强对偶关系是当等号成立时,得出式(4-134):

$$\min\max f = \max\min f \tag{4-134}$$

如果 f 是凸优化问题,强对偶性成立。而之前求的 **KKT** 条件是强对偶性的**充要条件**。

3. SVM 优化问题求解

我们已知 SVM 优化的主问题计算如式(4-135)所示。

$$\min \frac{1}{2}\|\boldsymbol{\omega}\|^2 \tag{4-135}$$

$$\text{s.t. } g_i(\boldsymbol{\omega}) = 1 - y_i(\boldsymbol{\omega}^{\mathrm{T}} x_i + b) \leqslant 0, i = 1,2,\cdots,n$$

那么求解线性可分的 SVM 的步骤如下。

步骤 1:构造拉格朗日函数。

将有约束的原始目标函数转换为无约束的新构造的拉格朗日目标函数。

原始目标函数如式(4-136)所示。

$$\min \frac{1}{2}\|\boldsymbol{\omega}\|^2 \tag{4-136}$$

$$\text{s.t. } g_i(\boldsymbol{\omega}) = 1 - y_i(\boldsymbol{\omega}^{\mathrm{T}} x_i + b) \leqslant 0, i = 1,2,\cdots,n$$

新构造的目标函数如式(4-137)所示。

$$L(\boldsymbol{\omega},b,\boldsymbol{\lambda}) = \frac{1}{2}\|\boldsymbol{\omega}\|^2 + \sum_{i=1}^{n}\lambda_i[1 - y_i(\boldsymbol{\omega}^{\mathrm{T}} x_i + b)] \tag{4-137}$$

其中,λ_i 是拉格朗日乘子,且 $\lambda_i \geqslant 0$,是人为设定的参数。

我们的目标是追求$\frac{1}{2}\|\boldsymbol{\omega}\|^2$ 的最小化,又因为:

$$\begin{aligned}
&\lambda_i \geqslant 0\\
&y_i(\boldsymbol{\omega}^{\mathrm{T}} x_i + b) \geqslant 1\\
&1 - y_i(\boldsymbol{\omega}^{\mathrm{T}} x_i + b) \leqslant 0\\
&\sum_{i=1}^{n}\lambda_i[1 - y_i(\boldsymbol{\omega}^{\mathrm{T}} x_i + b)] \leqslant 0
\end{aligned}$$

所以新目标函数如式(4-138)所示。

$$\min_{\omega,b}\max_{\lambda:\lambda_i\geqslant 0} L(\boldsymbol{\omega},\boldsymbol{b},\boldsymbol{\lambda}) = \min_{\omega,b}\max_{\lambda:\lambda_i\geqslant 0}\left(\frac{1}{2}\|\boldsymbol{\omega}\|^2 + \sum_{i=1}^{n}\lambda_i[1 - y_i(\boldsymbol{\omega}^{\mathrm{T}} x_i + b)]\right) \tag{4-138}$$

步骤 2:利用强对偶性转换,对偶后的目标函数如式(4-139)所示。

$$\max_{\lambda:\lambda_i\geqslant 0}[\min_{\omega,b} L(\boldsymbol{\omega},\boldsymbol{b},\boldsymbol{\lambda})] \tag{4-139}$$

接下来,就可以求解拉格朗日对偶函数了,求解出来的值就是最优化问题的结果,也就是可以得到最大间隔。

可以先求$\min\limits_{\omega,b} L(\boldsymbol{\omega},b,\boldsymbol{\lambda})$,如式(4-140)所示。

$$\min_{\omega,b} L(\boldsymbol{\omega},\boldsymbol{b},\boldsymbol{\lambda})=\min_{\omega,b}\left(\frac{1}{2}\|\boldsymbol{\omega}\|^2+\sum_{i=1}^{n}\lambda_i[1-y_i(\boldsymbol{\omega}^{\mathrm{T}}x_i+b)]\right) \tag{4-140}$$

分别令函数 $L(\omega,b,\lambda)$ 对 $\boldsymbol{\omega},b$ 求偏导，并使其等于 0：

$$\frac{\partial L}{\partial \boldsymbol{\omega}}=\boldsymbol{\omega}-\sum_{i=0}^{n}\lambda_i x_i y_i=0$$

$$\frac{\partial L}{\partial b}=\sum_{i=1}^{n}\lambda_i y_i=0$$

得到式(4-141)和式(4-142)：

$$\sum_{i=1}^{n}\lambda_i y_i \boldsymbol{x}_i=\boldsymbol{\omega} \tag{4-141}$$

$$\sum_{i=1}^{n}\lambda_i y_i=0 \tag{4-142}$$

将这个结果带回到函数中可得式(4-143)：

$$\begin{aligned}
L(\boldsymbol{\omega},b,\boldsymbol{\lambda})&=\frac{1}{2}\|\boldsymbol{\omega}\|^2+\sum_{i=1}^{n}\lambda_i[1-y_i(\boldsymbol{\omega}^{\mathrm{T}}\boldsymbol{x}_i+b)]\\
&=\frac{1}{2}\boldsymbol{\omega}^{\mathrm{T}}\boldsymbol{\omega}+\sum_{i=1}^{n}\lambda_i-\omega^{\mathrm{T}}\sum_{i=1}^{n}\lambda_i y_i \boldsymbol{x}_i-b\sum_{i=1}^{n}\lambda_i y_i\\
&=\frac{1}{2}\omega^{\mathrm{T}}\sum_{i=1}^{n}\lambda_i y_i \boldsymbol{x}_i+\sum_{i=1}^{n}\lambda_i-\omega^{\mathrm{T}}\sum_{i=1}^{n}\lambda_i y_i \boldsymbol{x}_i-b\times 0\\
&=\sum_{i=1}^{n}\lambda_i-\frac{1}{2}\omega^{\mathrm{T}}\sum_{i=1}^{n}\lambda_i y_i \boldsymbol{x}_i\\
&=\sum_{i=1}^{n}\lambda_i-\frac{1}{2}\left(\sum_{i=1}^{n}\lambda_i y_i \boldsymbol{x}_i\right)^{\mathrm{T}}\sum_{i=1}^{n}\lambda_i y_i \boldsymbol{x}_i\\
&=\sum_{i=1}^{n}\lambda_i-\frac{1}{2}\sum_{i=1}^{n}\sum_{j=1}^{n}\lambda_i\lambda_j y_i y_j \boldsymbol{x}_i^{\mathrm{T}}\boldsymbol{x}_j
\end{aligned} \tag{4-143}$$

从式(4-143)可以看出，此时的 $L(\omega,b,\lambda)$ 函数只含有一个变量，即 λ。

步骤 3：由步骤 2 得内侧的最小值求解完成，再求解外侧的最大值，从上面的式子得到式(4-144)：

$$\max_{\lambda:\lambda_i\geqslant 0}[\min_{\omega,b} L(\omega,b,\lambda)]=\max_{\lambda}\left[\sum_{i=1}^{n}\lambda_i-\frac{1}{2}\sum_{i=1}^{n}\sum_{j=1}^{n}\lambda_i\lambda_j y_i y_j \boldsymbol{x}_i^{\mathrm{T}}\boldsymbol{x}_j\right] \tag{4-144}$$

$$\text{s.t.}\ \sum_{i=1}^{n}\lambda_i y_i=0,\lambda_i\geqslant 0,i=1,2,\cdots,n$$

那么如何求解呢？不难发现这是一个二次规划问题，可使用通用的二次规划算法来求解；然而，该问题的规模正比于训练样本数，这会在实际任务中造成很大的开销。为了避开这个障碍，人们通过利用问题本身的特性，提出了很多高效算法，SMO (Sequential Minimal Optimization) 是其中一个著名的代表［Platt，1998］。

这也是我们为什么要费这么大劲把优化问题转换成上述公式的原因，实际上，就是为了能够使用高效优化算法——SMO 算法。

具体的 SMO 算法将在稍后的 SMO 算法部分详细介绍，通过 SMO 算法求得最优解 λ^*。

步骤 4：求偏导数得到式(4-145)。

$$\boldsymbol{\omega}=\sum_{i=1}^{n}\lambda_i y_i x_i \tag{4-145}$$

由式(4-145)可求得 $\boldsymbol{\omega}$。

如何确定偏移项 b 呢？我们知道所有 $\lambda_i>0$ 对应的点都是支持向量，对任意支持向量 $(\boldsymbol{x}_s,y_s)$ 都有 $y_s(\boldsymbol{\omega x}_s+b)=1$，可以随便找个支持向量，然后代入 $y_s(\boldsymbol{\omega x}_s+b)=1$，求出 b 即可，两边同乘 y_s，得出式(4-146)。

$$y_s^2(\boldsymbol{\omega x}_s+b)=y_s \tag{4-146}$$

再根据 $y_s^2=1$，代入式(4-146)中，求解方程式后，得出 $b=y_s-\boldsymbol{\omega x}_s$。

其中，$S=\{i\,|\,\lambda_i>0,i=1,2,\cdots,m\}$ 为所有支持向量的下标集。理论上，可选取任意支持向量并通过求解获得 b，但现实任务中常采用一种更鲁棒的做法：使用所有支持向量求解的平均值，得出式(4-147)。

$$b=\frac{1}{|S|}\sum_{s\in S}(y_s-\boldsymbol{\omega x}_s) \tag{4-147}$$

步骤 5：$\boldsymbol{\omega}$ 和 b 都求出来了，就能得到模型，见式(4-148)。

$$\begin{aligned} f(\boldsymbol{x})&=\boldsymbol{\omega}^{\mathrm{T}}\boldsymbol{x}+b \\ &=\sum_{i=1}^{n}\lambda_i y_i \boldsymbol{x}_i^{\mathrm{T}}\boldsymbol{x}+b \end{aligned} \tag{4-148}$$

对偶问题式(4-144)解出的是式(4-137)中的拉格朗日乘子，它恰对应着训练样本 (x_i, y_i)，注意到式(4-115)中有不等式约束，因此上述过程需满足 **KKT(Karush-Kuhn-Tucker)** 条件，即求解式(4-149)：

$$\begin{cases}\lambda_i\geqslant 0\\ y_i f(\boldsymbol{x}_i)-1\geqslant 0\\ \lambda_i(y_i f(\boldsymbol{x}_i)-1)=0\end{cases} \tag{4-149}$$

于是，对任意训练样本 $(\boldsymbol{x}_i,y_i)$，总有 $\lambda_i=0$ 或 $y_i f(\boldsymbol{x}_i)=1$。若 $\lambda_i=0$，则该样本将不会在式(4-148) 的求和中出现，也就不会对 $y_i f(\boldsymbol{x})$ 有任何影响；若 $\lambda_i>0$，则必有 $y_i f(\boldsymbol{x}_i)=1$，所对应的样本点位于最大间隔边界上，是一个支持向量。这显示出支持向量机的一个重要性质：训练完成后，大部分的训练样本都不需保留，最终模型仅与支持向量有关。

分类决策函数，见式(4-150)：

$$f(x)=\mathrm{sign}(\omega^{\mathrm{T}}x+b) \tag{4-150}$$

其中，sign(·)为阶跃函数，见式(4-151)：

$$\mathrm{sign}(x)=\begin{cases}-1, & x<0\\ 0, & x=0\\ 1, & x>0\end{cases} \tag{4-151}$$

将新样本点导入到决策函数中即可得到样本的分类。

至此，一切都很完美，但是这里有个假设：数据必须100%线性可分。但是目前为止，我们知道几乎所有数据都不那么“干净”。这时就可以通过引入所谓的松弛变量 C，来允许有些数据点可以处于超平面的错误的一侧，即软间隔问题。

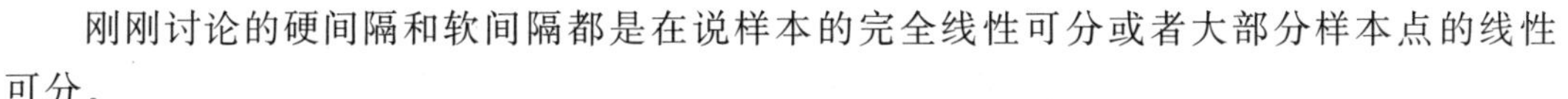

SVM 分类模型中的核函数

4. 核函数

1）线性不可分

刚刚讨论的硬间隔和软间隔都是在说样本的完全线性可分或者大部分样本点的线性可分。

现实生活中的分类问题可能很多都是非线性的，然而非线性问题往往不好求解，所以希望能够用解决线性问题的方法来解决非线性问题，常采用的方法是非线性变换，就是将非线性问题转换为线性问题，这样就好求解了。这个过程通常分为以下两步。

步骤 1：使用一个变换将原空间的数据映射到新空间。

步骤 2：在新空间中用线性分类学习方法从训练数据中学习分类模型。

核技巧(kernel trick)就属于这样的方法。

核技巧的应用范围很广，通常情况下，只要需要进行高维转换并且需要计算点积，那么都可以使用核技巧来简化运算。此外，核技巧非常简单，它就是用低维空间的内积来求解高维空间的内积，省去了先做变换再做内积的过程，使计算变得简洁。

例如，图 4.53 的异或问题与非线性映射，其中的“异或”问题就不是线性可分的。

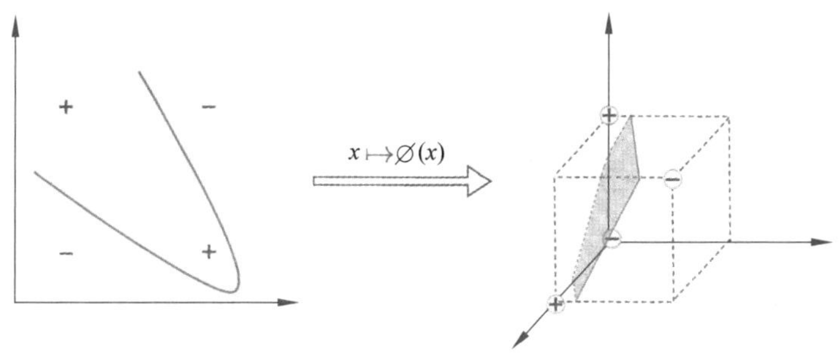

图 4.53　异或问题与非线性映射

对这样的问题，将样本从原始空间映射到一个更高维的特征空间，使得样本在这个特征空间内线性可分。例如在图 4.53 中，若将原始的二维映射一个合适的三维空间，就能找到一个合适的划分超平面。幸运的是，如果原始空间是有限维，即属性数有限，那么一定存在一个高维特征空间使样本可分。

对于在有限维度向量空间中线性不可分的样本，将其映射到更高维度的向量空间里，再通过间隔最大化的方式，学习得到支持向量机，就是非线性 SVM。

用 $\boldsymbol{x}$ 表示原来的样本点，用$\varnothing(\boldsymbol{x})$表示 $\boldsymbol{x}$ 映射到新的特征空间后到新向量。于是，在特征空间中划分超平面所对应的模型可表示为式(4-152)：

$$f(\boldsymbol{x})=\boldsymbol{\omega}^{\mathrm{T}}\varnothing(\boldsymbol{x})+b \tag{4-152}$$

对于非线性 SVM 的对偶问题就变成了式(4-153)：

$$\min_{\lambda}\left[\frac{1}{2}\sum_{i=1}^{n}\sum_{j=1}^{n}\lambda_i\lambda_j y_i y_j(\varnothing(\boldsymbol{x}_i)^{\mathrm{T}}\varnothing(\boldsymbol{x}_j))-\sum_{i=1}^{n}\lambda_i\right] \tag{4-153}$$

$$\text{s.t.}\ \sum_{i=1}^{n}\lambda_i y_i=0,\lambda_i\geqslant 0,C-\lambda_i-u_i=0$$

可以看到与线性 SVM 唯一的不同就是：之前的 $\boldsymbol{x}_i^{\mathrm{T}}\boldsymbol{x}_j$ 变成了$\varnothing(\boldsymbol{x}_i)^{\mathrm{T}}\varnothing(\boldsymbol{x}_j)$。

2）核函数的作用

求解式(4-153)涉及计算$\varnothing(x_i)^{\mathrm{T}}\varnothing(x_j)$，这是样本$\boldsymbol{x}_i$与$\boldsymbol{x}_j$映射到特征空间之后的内积。我们不禁有个疑问：只是做个内积运算，为什么要有核函数呢？

这是由于特征空间维数可能很高，甚至可能是无穷维，因此直接计算$\varnothing(x_i)^{\mathrm{T}}\varnothing(x_j)$通常是困难的。为了避开这个障碍，可以设想这样一个函数，见式(4-154)。

$$k(\boldsymbol{x}_i,\boldsymbol{x}_j)=<\varnothing(\boldsymbol{x}_i),\varnothing(\boldsymbol{x}_j)>=\varnothing(\boldsymbol{x}_i)^{\mathrm{T}}\varnothing(\boldsymbol{x}_j) \tag{4-154}$$

即x_i与x_j在特征空间的内积等于它们在原始样本空间中通过函数$k(\boldsymbol{x}_i,\boldsymbol{x}_j)$计算的结果。有了这样的函数，就不必直接去计算高维甚至无穷维特征空间中的内积，于是SVM的优化式可重写为式(4-155)的形式。

$$\min_{\lambda}\left[\frac{1}{2}\sum_{i=1}^{n}\sum_{j=1}^{n}\lambda_i\lambda_j y_i y_j k(\boldsymbol{x}_i,\boldsymbol{x}_j)-\sum_{i=1}^{n}\lambda_i\right] \tag{4-155}$$

$$\text{s.t.}\ \sum_{i=1}^{n}\lambda_i y_i=0,\lambda_i\geqslant 0,C-\lambda_i-u_i=0$$

求解后即可得到式(4-156)。

$$\begin{aligned}f(\boldsymbol{x})&=\boldsymbol{\omega}^{\mathrm{T}}\varnothing(\boldsymbol{x})+b\\&=\sum_{i=1}^{n}\lambda_i y_i\varnothing(\boldsymbol{x}_i)^{\mathrm{T}}\varnothing(\boldsymbol{x})+b\\&=\sum_{i=1}^{n}\lambda_i y_i k(\boldsymbol{x},\boldsymbol{x}_i)+b\end{aligned} \tag{4-156}$$

这里的函数$k(\boldsymbol{x},\boldsymbol{x}_i)$就是“核函数”(kernel function)。式(4-156)显示出模型最优解可通过训练样本的核函数展开，这一展开式也称为“支持向量展开式”(support vector expansion)。

例 4.8 假设有一个多项式核函数：

$$k(x,y)=(x\cdot y+1)^2$$

带进样本点后：

$$k(x,y)=\left(\sum_{i=1}^{n}(x_i\cdot y_i)+1\right)^2$$

而它的展开项是：

$$\sum_{i=1}^{n}x_i^2y_i^2+\sum_{i=2}^{n}\sum_{j=1}^{i-1}(\sqrt{2}x_ix_j)(\sqrt{2}y_iy_j)+\sum_{i=1}^{n}(\sqrt{2}x_i)(\sqrt{2}y_i)+1$$

如果没有核函数，则需要把向量映射成：

$$x'=(x_1^2,\cdots,x_n^2,\sqrt{2}x_1,\cdots,\sqrt{2}x_n,1)$$

然后再进行内积计算，才能与多项式核函数达到相同的效果。

再观察一下这个核函数，会发现，这个核函数其实是在低维空间中计算的，这就是核函数的价值：它虽然也是将特征进行从低维到高维的转换，但是它的计算却是在低维空间进行的，并且将实质上的分类效果(利用了内积)表现在了高维空间中，这样既避免了直接在高维空间中的复杂计算，还解决了线性不可分的问题。

可见核函数的引入一方面减少了计算量，另一方面也减少了存储数据的内存使用量。

3）常见核函数

显然，若已知适合映射$\varnothing(\cdot)$的具体形式，则可写出核函数$k(\cdot,\cdot)$。但在现实任务中通常不知道$\varnothing(\cdot)$是什么形式，那么，合适的核函数是否一定存在呢？什么样的函数能作核函数呢？有下面的定理：

定理4.1（核函数）：令χ为输入空间，$k(\cdot,\cdot)$是定义在$\chi\times\chi$上的对称函数，则k是核函数当且仅当对于任意数据$D=\{x_1,x_2,\cdots,x_n\}$，“核矩阵”（kernel matrix）$\boldsymbol{K}$总是半正定的：

$$\boldsymbol{K}=\begin{bmatrix} k(\boldsymbol{x}_1,\boldsymbol{x}_1) & \cdots & k(\boldsymbol{x}_1,\boldsymbol{x}_j) & \cdots & k(\boldsymbol{x}_1,\boldsymbol{x}_n) \\ \vdots & \ddots & \vdots & \ddots & \vdots \\ k(\boldsymbol{x}_i,\boldsymbol{x}_1) & \cdots & k(\boldsymbol{x}_i,\boldsymbol{x}_j) & \cdots & k(\boldsymbol{x}_i,\boldsymbol{x}_n) \\ \vdots & \ddots & \vdots & \ddots & \vdots \\ k(\boldsymbol{x}_n,\boldsymbol{x}_1) & \cdots & k(\boldsymbol{x}_n,\boldsymbol{x}_j) & \cdots & k(\boldsymbol{x}_n,\boldsymbol{x}_n) \end{bmatrix}$$

定理4.1表明，只要一个对称函数所对应的核矩阵半正定，它就能作为核函数使用。事实上，对于一个半正定核矩阵，总能找到一个与之对应的映射$\varnothing$。换言之，任何一个核函数都隐式地定义了一个称为“再生核希尔伯特空间”（Reproducing Kernel Hilbert Space，RKHS）的特征空间。

通过前面的讨论可知，我们希望样本在特征空间内线性可分，因此特征空间的好坏对支持向量机的性能至关重要。需要注意的是，在不知道特征映射的形式时，我们并不知道什么样的核函数是合适的，而核函数也仅是隐式地定义了这个特征空间。于是，“核函数选择”成为支持向量机的最大变数。若核函数选择不合适，则意味着将样本映射到了一个不合适的特征空间，很可能导致性能不佳。

常用核函数如下。

（1）**线性核函数（Linear Kernel）**：是最简单的核函数，它直接计算两个输入特征向量的内积，见式(4-157)：

$$k(x_i,x_j)=x_i^{\mathrm{T}}x_j \tag{4-157}$$

优点：简单高效，结果易解释，总能生成一个最简洁的线性分隔超平面。

缺点：只适用线性可分的数据集。

（2）**多项式核函数（Polynomial Kernel）**：是通过多项式作为特征映射函数，见式(4-158)：

$$k(x_i,x_j)=(x_i^{\mathrm{T}}x_j)^d \tag{4-158}$$

$$d\geqslant 1\text{ 为多项式的次数}$$

优点：可以拟合出复杂的分隔超平面。

缺点：参数太多，选择起来比较困难；另外，多项式的阶数不宜太高，否则会给模型求解带来困难。

（3）**高斯核函数（Gaussian Kernel）**：在SVM中也称为径向基核函数（Radial Basis Function，RBF），SKlearn中的libsvm默认的核函数就是它。表达式为式(4-159)：

$$k(\boldsymbol{x}_i,\boldsymbol{x}_j)=\exp\left(-\frac{\|x_i-x_j\|^2}{2\delta^2}\right) \tag{4-159}$$

其中，$\delta>0$为高斯核的带宽。

优点：可以把特征映射到无限多维，并且没有多项式计算那么困难，参数也比较好选择。

缺点：不容易解释，计算速度比较慢，容易过拟合。

(4) 拉普拉斯核函数：见式(4-160)

$$k(\boldsymbol{x}_i,\boldsymbol{x}_j)=\exp\left(-\frac{\|\boldsymbol{x}_i-\boldsymbol{x}_j\|}{\delta}\right) \tag{4-160}$$

$$\delta>0$$

(5) **Sigmoid** 核函数(**Sigmoid Kernel**)：也是非线性 SVM 中常用的核函数之一，表达式见式(4-161)：

$$k(\boldsymbol{x}_i,\boldsymbol{x}_j)=\tanh(\beta\boldsymbol{x}_i^{\mathrm{T}}\boldsymbol{x}_j+\theta) \tag{4-161}$$

其中，tanh 为双曲正切函数，自定义参数 $\beta>0,\theta<0$。

此外，还可通过函数组合得到，例如：

(6) 若 k_1 和 k_2 为核函数，则对于任意正数 γ_1 和 γ_2，其线性组合见式(4-162)：

$$\gamma_1 k_1+\gamma_2 k_2 \tag{4-162}$$

也是核函数。

(7) 若 k_1 和 k_2 为核函数，则核函数的直积见式(4-163)：

$$k_1\otimes k_2(\boldsymbol{x},z)=k_1(\boldsymbol{x},z)k_2(\boldsymbol{x},z) \tag{4-163}$$

也是核函数。

(8) 若 k_1 为核函数，则对于任意函数 $g(\boldsymbol{x})$，见式(4-164)：

$$k(\boldsymbol{x},z)=g(\boldsymbol{x})k_1(\boldsymbol{x},z)g(z) \tag{4-164}$$

也是核函数。

SVM 分类模型中的软间隔

5. 软间隔

1) 解决问题

在前面的讨论中，一直假定训练样本在样本空间或特征空间中是线性可分的，即存在一个超平面能将不同类的样本完全划分开，然而，在现实任务中往往很难实现。

缓解该问题的一个办法是允许支持向量机在一些样本上出错，为此，要引入“软间隔”(soft margin)的概念。图 **4.54** 给出了软间隔示意图，实心圆圈圈出了一些不满足约束的样本的示例。

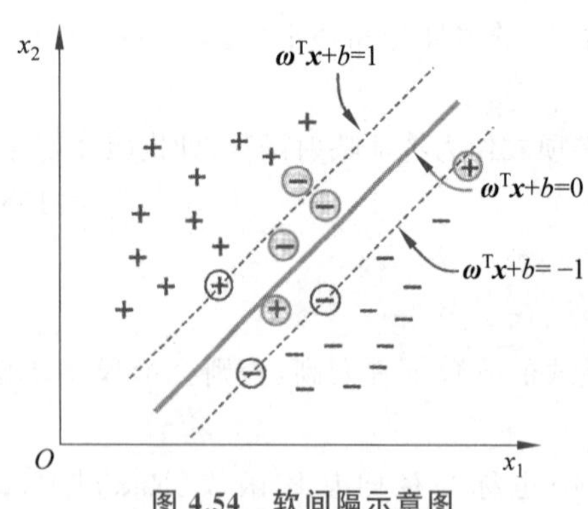

图 4.54 软间隔示意图

具体来说，前面介绍的支持向量机形式是要求所有样本均满足约束条件，所有样本都必须划分正确，这称为“硬间隔”(hard margin)；相比于硬间隔的苛刻条件，允许个别样本点出现在间隔带里面，即“软间隔”。

允许部分样本点不满足约束条件，见式(4-165)：

$$y_i(\boldsymbol{\omega}^{\mathrm{T}}\boldsymbol{x}_i+b)\geqslant 1 \tag{4-165}$$

当然，在最大化间隔的同时，不满足约束的样本应尽可能少。于是，优化目标可写为式(4-166)：

$$\min_{\boldsymbol{\omega},b}\frac{1}{2}\|\boldsymbol{\omega}\|^2+C\sum_{i=1}^{n}l_{0/1}(y_i(\boldsymbol{\omega}^{\mathrm{T}}x_i+b)-1) \tag{4-166}$$

其中，$C>0$ 是一个常数，$l_{0/1}$ 是“0/1 损失函数”，式(4-167)：

$$l_{0/1}(z)=\begin{cases}1, & z<0\\0, & \text{其他}\end{cases} \tag{4-167}$$

显然，当 C 为无穷大时，式(4-166)迫使所有样本均满足约束(4-165)，于是式(4-166)等价于式(4-115)；C 取有限值时，式(4-166)允许一些样本不满足约束。

然而，$l_{0/1}$ 非凸、非连续，数学性质不太好，使得式(4-166)不易直接求解。于是，人们通常用其他一些函数来代替 $l_{0/1}$，称为“替代损失”(surrogate loss)。替代损失函数一般具有较好的数学性质，如它们通常是凸的连续函数且是 $l_{0/1}$ 的上界。图 4.55 给出了三种常用的替代损失函数，见式(4-168)～式(4-170)。

$$\text{hinge 损失：} l_{\text{hinge}}(z)=\max(0,1-z) \tag{4-168}$$

$$\text{指数损失(exponential loss)：} l_{\exp}(z)=\exp(-z) \tag{4-169}$$

$$\text{对率损失(logistic loss)：} l_{\log}(z)=\log(1+\exp(-z)) \tag{4-170}$$

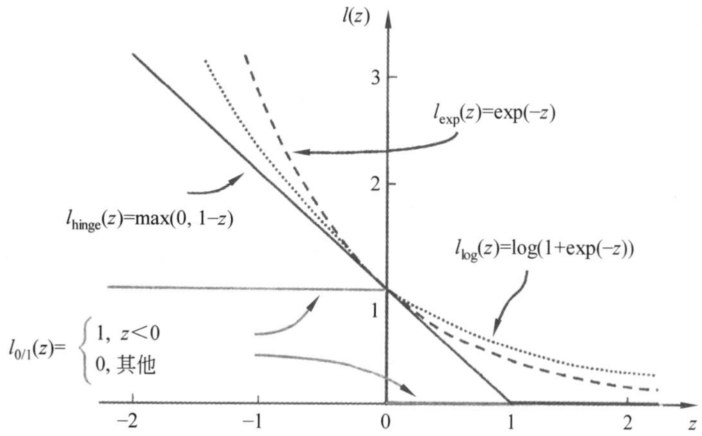

图 4.55　三种常见的替代损失函数：hinge 损失、指数损失、对率损失

若采用 hinge 损失，则式(4-166)变成式(4-171)：

$$\min_{\omega,b}\frac{1}{2}\|\boldsymbol{\omega}\|^2+C\sum_{i=1}^{n}\max(0,1-y_i(\boldsymbol{\omega}^{\mathrm{T}}\boldsymbol{x}_i+b)) \tag{4-171}$$

引入“松弛变量”(slack variables)$\xi_i\geqslant 0$，可将式(4-171)重写为式(4-172)的形式：

$$\min_{\boldsymbol{\omega},b,\xi_i}\frac{1}{2}\|\boldsymbol{\omega}\|^2+C\sum_{i=1}^{m}\xi_i \tag{4-172}$$

$$\text{s.t. } g_i(\boldsymbol{\omega})=1-y_i(\boldsymbol{\omega}^{\mathrm{T}}\boldsymbol{x}_i+b)-\xi_i\leqslant 0,\xi_i\geqslant 0,i=1,2,\cdots,n$$

这就是常用的“软间隔支持向量机”。

2）优化目标及求解

根据前面的内容得知，我们将得到增加软间隔后的优化目标变成了式(4-173)的形式。

$$\min_{\boldsymbol{\omega},b,\xi_i}\frac{1}{2}\|\boldsymbol{\omega}\|^2+C\sum_{i=1}^{m}\xi_i \tag{4-173}$$

$$\text{s.t. } g_i(\boldsymbol{\omega})=1-y_i(\boldsymbol{\omega}^{\mathrm{T}}\boldsymbol{x}_i+b)-\xi_i\leqslant 0,\xi_i\geqslant 0,i=1,2,\cdots,n$$

其中，将 C 认为是一个大于 0 的常数，也可以理解为错误样本的惩罚程度，若 C 为无穷大，ξ_i 必然无穷小，如此一来，线性 SVM 就又变成了线性可分 SVM；当 C 为有限值的时候，才会允许部分样本不遵循约束条件。

显然,式(4-173)中每个样本都有一个对应的松弛变量,用以表征该样本不满足约束式(4-165)的程度。但是,与式(4-115)相似,这仍是一个二次规划问题。于是,类似式(4-137),通过拉格朗日乘子法可得到式(4-173)的拉格朗日函数。

下面将针对新的优化目标求解最优化问题,具体的求解步骤如下。

步骤 1:构造拉格朗日函数,见式(4-174)。

$$\min_{\omega,b,\xi}\max_{\lambda,u} L(\boldsymbol{\omega},b,\xi,\boldsymbol{\lambda},\boldsymbol{u})=\frac{1}{2}\|\boldsymbol{\omega}\|^2+C\sum_{i=1}^{m}\xi_i+\sum_{i=1}^{n}\lambda_i[1-y_i(\omega^{\mathrm{T}}x_i+b)-\xi_i]-\sum_{i=1}^{m}u_i\xi_i \tag{4-174}$$

$$\text{s.t. } \lambda_i\geqslant 0, u_i\geqslant 0$$

其中,λ_i 和 u_i 是拉格朗日乘子,$\boldsymbol{\omega}$、b 和 ξ_i 是主问题参数。

根据强对偶性,将对偶问题转换为式(4-175):

$$\max_{\lambda,u}\min_{\omega,b,\xi} L(\boldsymbol{\omega},b,\xi,\boldsymbol{\lambda},\boldsymbol{u}) \tag{4-175}$$

步骤 2:可以先求 $\min\limits_{\omega,b,\xi} L(\boldsymbol{\omega},\boldsymbol{b},\boldsymbol{\xi},\boldsymbol{\lambda},\boldsymbol{u})$,见式(4-176)。

$$\begin{aligned}&\min_{\omega,b,\xi} L(\boldsymbol{\omega},\boldsymbol{b},\boldsymbol{\xi},\boldsymbol{\lambda},\boldsymbol{u})\\&=\min_{\omega,b,\xi}\left(\frac{1}{2}\|\boldsymbol{\omega}\|^2+C\sum_{i=1}^{m}\xi_i+\sum_{i=1}^{n}\lambda_i[1-y_i(\boldsymbol{\omega}^{\mathrm{T}}\boldsymbol{x}_i+b)-\xi_i]-\sum_{i=1}^{m}u_i\xi_i\right)\end{aligned} \tag{4-176}$$

分别令 $L(\boldsymbol{\omega},\boldsymbol{b},\boldsymbol{\xi},\boldsymbol{\lambda},\boldsymbol{u})$ 对主问题参数 $\boldsymbol{\omega}$、$\boldsymbol{b}$ 和 ξ_i 求偏导数,并令偏导数为 0,得出如下关系式,见式(4-177)~式(4-179)。

$$\sum_{i=1}^{m}\lambda_i x_i y_i=\boldsymbol{\omega} \tag{4-177}$$

$$\sum_{i=1}^{m}\lambda_i y_i=0 \tag{4-178}$$

$$\lambda_i+u_i=C \tag{4-179}$$

将这些关系代入拉格朗日函数中,得到式(4-180)。

$$\min_{\omega,b,\xi} L(\boldsymbol{\omega},b,\xi,\boldsymbol{\lambda},\boldsymbol{u})=\min_{\omega,b,\xi}\left[\sum_{i=1}^{n}\lambda_i-\frac{1}{2}\sum_{i=1}^{n}\sum_{j=1}^{n}\lambda_i\lambda_j y_i y_j \boldsymbol{x}_i^{\mathrm{T}}\boldsymbol{x}_j\right] \tag{4-180}$$

最小化结果只有 $\boldsymbol{\lambda}$ 而没有 $\boldsymbol{u}$,所以现在只需要最大化 $\boldsymbol{\lambda}$ 就好,见式(4-181)。

$$\max_{\lambda}\left[\sum_{i=1}^{n}\lambda_i-\frac{1}{2}\sum_{i=1}^{n}\sum_{j=1}^{n}\lambda_i\lambda_j y_i y_j(\boldsymbol{x}_i^{\mathrm{T}}\boldsymbol{x}_j)\right] \tag{4-181}$$

$$\text{s.t. } \sum_{i=1}^{n}\lambda_i y_i=0, C\geqslant\lambda_i\geqslant 0, C-\lambda_i-u_i=0, i=1,2,\cdots,n$$

将式(4-181)与硬间隔下的对偶问题式(4-144)对比可看出,两者唯一的差别就在于对偶变量的约束不同,前者是 $C\geqslant\lambda_i\geqslant 0$,后者是 $\lambda_i\geqslant 0$。于是,可采用前面同样的算法求解式(4-181)。也同样可以利用 SMO 算法求解得到拉格朗日乘子 λ^*,在下面的 SMO 算法部分将详细介绍求解的原理和步骤。而在引入核函数后能得到与式(4-156)同样的 SVM 展式。

类似式(4-149),对软间隔支持向量机,KKT 条件要求为式(4-182):

$$\begin{cases}\lambda_i \geqslant 0, u_i \geqslant 0 \\ y_i f(\boldsymbol{x}_i) - 1 + \xi_i \geqslant 0 \\ \lambda_i (y_i f(\boldsymbol{x}_i) - 1 + \xi_i) = 0 \\ \xi_i \geqslant 0, u_i \xi_i = 0\end{cases} \tag{4-182}$$

于是,对任意训练样本$(\boldsymbol{x}_i, y_i)$,总有 $\lambda_i = 0$ 或 $y_i f(\boldsymbol{x}_i) = 1 - \xi_i$。若 $\lambda_i = 0$,则该样本不会对 $f(x)$有任何影响;若 $\lambda_i > 0$,则必有 $y_i f(\boldsymbol{x}_i) = 1 - \xi_i$,即该样本是 SVM:由式(4-179),若 $\lambda_i < C$,则 $u_i > 0$,进而有 $\xi_i = 0$,即该样本恰在最大间隔边界上;若 $\lambda_i = C$,则有 $u_i = 0$,此时若 $\xi_i \leqslant 1$,则该样本落在最大间隔内部,若 $\xi_i > 1$,则该样本被错误分类。由此可看出,软间隔 SVM 的最终模型仅与支持向量有关,即通过采用 hinge 损失函数仍保持了稀疏性。

那么,能否对式(4-166)使用其他的替代损失函数呢?

可以发现,如果使用对率损失函数 $l_{\log}$ 来替代式(4-166)中的 0/1 损失函数,则几乎就得到了对率回归模型。实际上,支持向量机与对率回归的优化目标相近,通常情形下它们的性能也相当。对率回归的优势主要在于其输出具有自然的概率意义,即在给出预测标记的同时也给出了概率,而支持向量机的输出不具有概率意义,欲得到概率输出需要进行特殊处理[Platt,2000]。此外,对率回归能直接用于多分类任务,支持向量机为此则需进行推广[Hsu, Lin,2002]。另外,从图 4.55 可看出,hinge 损失有一块"平坦"的零区域,这使得 SVM 的解具有稀疏性,而对率损失是光滑的单调递减函数,不能导出类似支持向量的概念,因此对率回归的解依赖于更多的训练样本,其预测开销更大。

还可以把式(4-166) 中的 0/1 损失函数换成别的替代损失函数以得到其他学习模型,这些模型的性质与所用的替代函数直接相关,但它们具有一个共性:优化目标中的第一项用来描述划分超平面的"间隔"大小,另一项 $\sum_{i=1}^{n} l(f(x_i), y_i)$ 用来表述训练集上的误差,可写为更一般的形式,见式(4-183):

$$\min_{f} \Omega(f) + C\sum_{i=1}^{n} l(f(\boldsymbol{x}_i), y_i) \tag{4-183}$$

其中,$\Omega(f)$ 称为"结构风险"(structural risk),用于描述模型 f 的某些性质;第二项 $\sum_{i=1}^{n} l(f(x_i), y_i)$ 称为"经验风险"(empirical risk),用于描述模型与训练数据的契合程度;C 用于对二者进行折中。从经验风险最小化的角度来看,$\Omega(f)$ 表述了我们希望获得具有何种性质的模型(例如,希望获得复杂度较小的模型),这为引入领域知识和用户意图提供了途径。另一方面,该信息有助于削减假设空间,从而降低了最小化训练误差的过拟合风险。从这个角度来说,式(4-183) 为"正则化"(regularization) 问题,$\Omega(f)$ 称为正则化项,C 则称为正则化常数。L_p 范数(norm)是常用的正则化项,其中,L_2 范数 $\|\boldsymbol{\omega}\|_2$ 倾向于 $\boldsymbol{\omega}$ 的分量取值尽量均衡,即非零分量个数尽量稠密,而 L_0 范数 $\|\boldsymbol{\omega}\|_0$ 和范数 L_1 范数 $\|\boldsymbol{\omega}\|_1$ 则倾向于 ω 的分量尽量稀疏,即非零分量个数尽量少。

步骤 3:先运用式(4-184)和式(4-185)计算:

$$\boldsymbol{\omega} = \sum_{i=1}^{m} \lambda_i y_i x_i \tag{4-184}$$

$$b = \frac{1}{|S|}\sum_{s \in S}(y_s - \boldsymbol{\omega}\boldsymbol{x}_s) \tag{4-185}$$

接着,再通过上面两个式子求出 $\boldsymbol{\omega}$ 和 b,最终求得超平面公式,计算公式见式(4-186):

$$\boldsymbol{\omega}^{\mathrm{T}}x+b=0 \tag{4-186}$$

这边要注意一个问题,在间隔内的那部分样本点是不是支持向量?

可以由求参数 $\boldsymbol{\omega}$ 的那个式子看出,只要 $\lambda_i>0$ 的点都能够影响超平面,因此都是支持向量。

6. SMO 算法

SMO 算法就是序列最小优化(Sequential Minimal Optimization),它是由 John Platt 于 1996 年发布的专门用于训练 SVM 的一个强大算法。SMO 算法的目的是将大优化问题分解为多个小优化问题来求解。这些小优化问题往往很容易求解,并且对它们进行顺序求解的结果与将它们作为整体来求解的结果完全一致。在结果完全相同的同时,SMO 算法的求解时间短很多。通过上面的分析,可以看出,解决 SVM 的优化问题,可以使用 SMO 算法。

SMO 算法核心思想非常简单:每次只优化一个参数,其他参数先固定住,仅求当前这个优化参数的极值。

SMO 的基本思路是:先固定 λ_i 之外的所有参数,然后求 λ_i 上的极值。由于存在约束 $\sum_{i=1}^{n}\lambda_i y_i=0$,若固定 λ_i 之外的其他变量,则 λ_i 可由其他变量导出。于是,SMO 每次选择两个变量 λ_i 和 λ_j,并固定其他参数。这样,在参数初始化后,SMO 不断执行如下两个步骤直至收敛。

(1) 选取一对需要更新的 λ_i 和 λ_j。

(2) 固定 λ_i 和 λ_j 以外的参数,求解式(4-144)获得更新后的 λ_i 和 λ_j。

特别要注意的是,只需选取 λ_i 和 λ_j 中有一个不满足 KKT 条件式(4-149),目标函数就会在迭代后减小[Osuna et al., 1997]。直观来看,KKT 条件违背的程度越大,则变量更新后可能导致的目标函数值减幅越大。于是,SMO 先选取违背 KKT 条件程度最大的变量。第二个变量应选择一个使目标函数值减小最快的变量,但由于比较各变量所对应的目标函数值减幅的复杂度过高,因此 SMO 采用了一个启发式方法:使选取的两个变量所对应样本之间的间隔最大。一种直观的解释是,这样的两个变量有很大的差别,与对两个相似的变量进行更新相比,对它们进行更新会带给目标函数值更大的变化。

SMO 算法之所以高效,恰由于在固定其他参数后仅优化两个参数的过程能做到非常高效。具体来说,仅考虑 λ_i 和 λ_j 时,式(4-144) 中的约束可重写为式(4-187):

$$\lambda_i y_i+\lambda_j y_j=c,\lambda_i\geqslant 0,\lambda_j\geqslant 0 \tag{4-187}$$

其中,式(4-188)

$$c=-\sum_{k\neq i,j}\lambda_k y_k \tag{4-188}$$

是使 $\sum_{i=1}^{n}\lambda_i y_i=0$ 成立的常数。

由 $\lambda_i y_i+\lambda_j y_j=c$,可以得出 $\lambda_j=\dfrac{c-\lambda_i y_i}{y_j}$,也就是说,可以用 λ_i 的表达式代替 λ_j。这样就相当于把目标问题转换了仅有一个约束条件的最优化问题,即得到一个关于 λ_i 的单变量二次规划问题,仅有的约束是 $\lambda_i\geqslant 0$。不难发现,这样的二次规划问题具有闭式解,于是不必调用数值优化算法即可高效地计算出更新后的 λ_i 和 λ_j。我们完全可以在 $\lambda_i \geqslant 0$ 上对优化目标求偏导，令导数为零，从而求出变量值 $\lambda_{i_{new}}$，然后根据 $\lambda_{i_{new}}$ 求出 $\lambda_{j_{new}}$。

SMO 算法的目标是求出一系列 λ 和 b，一旦求出了这些参数 λ，就很容易计算出权重向量 $\boldsymbol{\omega}$ 并得到分隔超平面。

关于 SMO 算法流程这一块内容，李航的《统计学习方法》中介绍得比较详细，感兴趣的读者可自行翻阅。这里就不再赘述一系列的推导过程，仅给出 SMO 算法实施的 8 个步骤。

步骤 1：计算误差公式，如式(4-189)所示。

$$E_i = f(\boldsymbol{x}_i) - y_i = \left(\sum_{j=1}^{n} \lambda_j y_j \boldsymbol{x}_i^{\mathrm{T}} \boldsymbol{x}_j + b\right) - y_i \tag{4-189}$$

步骤 2：计算上下界 H 和 L，如式(4-190)所示。

$$\begin{cases} L = \max(0, \lambda_j^{\text{old}} - \lambda_i^{\text{old}}), H = \min(C, C + \lambda_j^{\text{old}} - \lambda_i^{\text{old}}), & y_i \neq y_j \\ L = \max(0, \lambda_j^{\text{old}} + \lambda_i^{\text{old}} - C), H = \min(C, C + \lambda_j^{\text{old}} + \lambda_i^{\text{old}}), & y_i = y_j \end{cases} \tag{4-190}$$

步骤 3：计算学习率，如式(4-191)所示。

$$\eta = \boldsymbol{x}_i^{\mathrm{T}} \boldsymbol{x}_i + \boldsymbol{x}_j^{\mathrm{T}} \boldsymbol{x}_j - 2\boldsymbol{x}_i^{\mathrm{T}} \boldsymbol{x}_j \tag{4-191}$$

步骤 4：更新 λ_j，如式(4-192)所示。

$$\lambda_j^{\text{new}} = \lambda_j^{\text{old}} + \frac{y_j (E_i - E_j)}{\eta} \tag{4-192}$$

步骤 5：根据取值范围修剪 λ_j，如式(4-193)所示。

$$\lambda_j^{\text{new,clipped}} = \begin{cases} H, & \lambda_j^{\text{new}} \geqslant H \\ \lambda_j^{\text{new}}, & L \leqslant \lambda_j^{\text{new}} \leqslant H \\ L, & \lambda_j^{\text{new}} \leqslant L \end{cases} \tag{4-193}$$

步骤 6：更新 λ_i，如式(4-194)所示。

$$\lambda_i^{\text{new}} = \lambda_i^{\text{old}} + y_i y_j (\lambda_j^{\text{old}} - \lambda_j^{\text{new,clipped}}) \tag{4-194}$$

步骤 7：更新 b_1 和 b_2，如式(4-195)和式(4-196)所示。

$$b_1^{\text{new}} = b^{\text{old}} - E_i - y_i (\lambda_i^{\text{new}} - \lambda_i^{\text{old}}) x_i^{\mathrm{T}} x_i - y_j (\lambda_j^{\text{new}} - \lambda_j^{\text{old}}) x_j^{\mathrm{T}} x_i \tag{4-195}$$

$$b_2^{\text{new}} = b^{\text{old}} - E_j - y_i (\lambda_i^{\text{new}} - \lambda_i^{\text{old}}) x_i^{\mathrm{T}} x_j - y_j (\lambda_j^{\text{new}} - \lambda_j^{\text{old}}) x_j^{\mathrm{T}} x_j \tag{4-196}$$

步骤 8：根据 b_1 和 b_2 更新 b，如式(4-197)所示。

$$b = \begin{cases} b_1, & 0 < \lambda_1^{\text{new}} < C \\ b_2, & 0 < \lambda_2^{\text{new}} < C \\ \dfrac{1}{2}(b_1 + b_2), & \text{其他} \end{cases} \tag{4-197}$$

根据求解出来的参数 λ^*，根据式(4-184)可计算原始问题的最优解 $\boldsymbol{\omega}^*$：

$$\boldsymbol{\omega}^* = \sum_{i=1}^{n} \lambda_i^* y_i x_i$$

选择 λ^* 的一个分量 λ_i^* 满足条件 $0 < \lambda_i^* < C$，根据式(4-185)计算原始问题的最优解 b^*：

$$b^* = y_j - \sum_{i=1}^{n} \lambda_i^* y_i (x_i \cdot x_j)$$

求解出原始最优化问题的解 ω^* 和 b^*，根据式(4-186)，得到线性支持向量机，其分离超

平面为:

$$\boldsymbol{\omega}^* \boldsymbol{x} + b^* = 0$$

$$\Leftrightarrow \sum_{i=1}^{n} \lambda_i^* y_i (x_i \cdot x) + b^* = 0$$

分类决策函数为:

$$f(x) = \text{sign}(\omega^{\mathrm{T}} \boldsymbol{x} + b)$$

$$\Leftrightarrow f(x) = \text{sign}\left(\sum_{i=1}^{n} \lambda_i^* y_i (x_i \cdot x) + b^*\right)$$

将新样本点导入到决策函数中即可得到样本的分类,如果代入分类决策函数结果大于0,那么样本点为正类,即为+1;否则为负类,为-1。

这里需要说明的是,线性支持向量机的解 $\boldsymbol{\omega}^*$ 是唯一的,但 b^* 不一定唯一。因为对于 λ^* 任意的一个分量 λ_i^*,若满足条件 $0<\lambda_i^*<C$,都可以求出 b^*。从理论上讲,原始问题对 b 的解可能不唯一,但是在实际应用中,往往只会出现算法叙述的情况。

SVM 分类模型中的 SMO 算法示例

4.6.2 SMO 算法示例

本节将以实验数据集为例,详细分析如何应用简化版 SMO 算法实现一个支持向量机(SVM)分类模型。这里使用 SMO 算法的简化版本进行演示,主要是为了方便我们理解这个算法的工作流程,在实际应用中,一般会对这个简化版的 SMO 算法进行优化,加快它的运行速度,提高计算效率。

为了方便起见,仅模拟 5 个简单的实验数据集,进行 SMO 算法详细步骤的演示,实验数据集如表 4.19 所示。

表 4.19 SMO 实验数据集

序　号	特　征　1	特　征　2	类　别
1	4	2	−1
2	3	2	−1
3	8	−2	1
4	2	0	−1
5	8	1	1

数据的原始分布如图 4.56 所示。

根据 4.6.1 节关于 SMO 算法的步骤,先做一些必要的假设和参数初始化。

松弛变量:$C=0.6$

容错率:toler=0.001

最大迭代次数:maxIter=3

参数初始化:$b=0$

$\boldsymbol{\lambda}=[0,0,0,0,0]$　# 对每一输入数据都有一个拉格朗日参数 λ

算法迭代的核心是:每轮迭代过程中对每一个数据进行参数 λ 的优化搜索,如果可以优化(不满足 KKT 条件),则按照 SMO 算法进行优化,直至所有的 λ 在每轮迭代过程中均

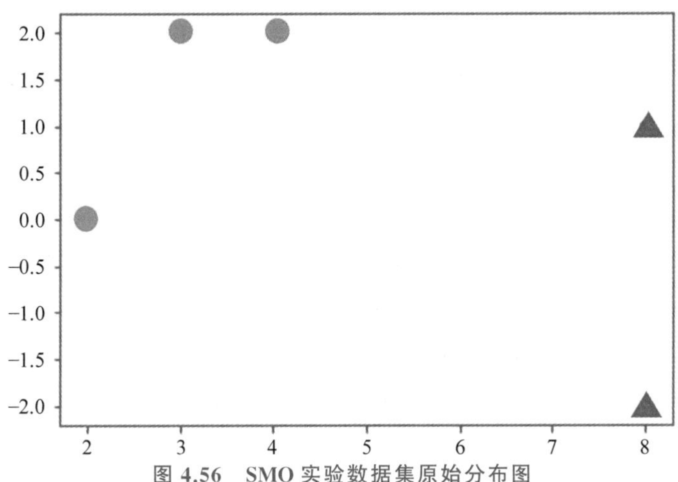

图 4.56 SMO 实验数据集原始分布图

无更新为止。

第一轮迭代第 1 个数据点：

选取第一个数据(4,2,−1)，即 $\boldsymbol{x}_1=(4,2)$，$y_1=-1$。

(1) 计算第 1 个数据的误差。

根据误差计算式(4-189)：

$$E_i=f(x_i)-y_i=\left(\sum_{j=1}^{n}\lambda_j y_j x_i^{\mathrm{T}} x_j+b\right)-y_i$$

因此第 1 个数据点的误差为：

$$\begin{aligned}E_1&=f(x_1)-y_1=\left(\sum_{j=1}^{5}\lambda_j y_j x_1^{\mathrm{T}} x_j+b\right)-y_1\\&=(\lambda_1 y_1 x_1^{\mathrm{T}} x_1+\lambda_2 y_2 x_1^{\mathrm{T}} x_2+\lambda_3 y_3 x_1^{\mathrm{T}} x_3+\lambda_4 y_4 x_1^{\mathrm{T}} x_4+\lambda_5 y_5 x_1^{\mathrm{T}} x_5+b)-y_1\\&=1 \quad \# \text{ 因为此时 } \lambda=0, b=0, y_1=-1\end{aligned}$$

(2) 判断是否需要优化。

根据是否不满足 KKT 条件，如果不满足，则此数据对应的 $\lambda[i]$参数需要进行优化。

判断条件为：

$$(y_i * E_i < -\text{toler and } \lambda[i] < C)$$

或者：

$$(y_i * E_i > \text{toler and } \lambda[i] > 0)$$

因为此时：$y_1 * E_1=-1<-0.001$ 并且 $\lambda[1]<0.6$。

满足上述判断条件，所以第 1 个数据需要进行参数 λ 的优化。

(3) 选择成对优化的 λ_j。

根据 SMO 算法的参数优化方法，有多种方法选择成对优化的 λ_j，比如可以选择内循环启发方式进行 λ_j 的选择进而优化 SMO 算法。这里为了简化流程方便说明，选择最简单的随机选择方式，即简化版的 SMO 算法，随机选择一个与 λ_i 成对优化的 λ_j，关于完整版的 SMO 算法，可以在课后的思考题中进一步优化探讨。

假设选择的是第 4 个数据点(2,0,−1)，即 $\boldsymbol{x}_4=(2,0)$，$y_4=-1$。

计算第 4 个数据点的误差 E_4:

$$\begin{aligned}E_4&=f(x_4)-y_4=\Big(\sum_{j=1}^{5}\lambda_j y_j x_4^{\mathrm{T}}x_j+b\Big)-y_4\\&=(\lambda_1 y_1 x_4^{\mathrm{T}}x_1+\lambda_2 y_2 x_4^{\mathrm{T}}x_2+\lambda_3 y_3 x_4^{\mathrm{T}}x_3+\lambda_4 y_4 x_4^{\mathrm{T}}x_4+\lambda_5 y_5 x_4^{\mathrm{T}}x_5+b)-y_1\\&=1 \qquad \text{\# 因为此时 } \lambda=0,b=0\end{aligned}$$

(4) 计算上下界 H 和 L。

根据式(4-190):

$$\begin{cases}L=\max(0,\lambda_j^{\text{old}}-\lambda_i^{\text{old}}),H=\min(C,C+\lambda_j^{\text{old}}-\lambda_i^{\text{old}}), & y_i\neq y_j\\L=\max(0,\lambda_j^{\text{old}}+\lambda_i^{\text{old}}-C),H=\min(C,C+\lambda_j^{\text{old}}+\lambda_i^{\text{old}}), & y_i=y_j\end{cases}$$

对于第 1 个数据和第 4 个数据,$y_1=y_4$,因此:

$$L=\max(0,\lambda_j^{\text{old}}+\lambda_i^{\text{old}}-C)=\max(0,\lambda_4^{\text{old}}+\lambda_1^{\text{old}}-C)=\max(0,0+0-0.6)=0$$

$$H=\min(C,C+\lambda_j^{\text{old}}+\lambda_i^{\text{old}})=\min(C,C+\lambda_4^{\text{old}}+\lambda_1^{\text{old}})=\min(0.6,0+0+0.6)=0.6$$

(5) 计算学习率。

根据学习率的计算式(4-191):

$$\eta=x_i^{\mathrm{T}}x_i+x_j^{\mathrm{T}}x_j-2x_i^{\mathrm{T}}x_j$$

对于第 1 个数据和第 4 个数据:

$$\begin{aligned}\eta&=x_1^{\mathrm{T}}x_1+x_4^{\mathrm{T}}x_4-2x_1^{\mathrm{T}}x_4\\&=(4,2)^{\mathrm{T}}(4,2)+(2,0)^{\mathrm{T}}(2,0)-2\times(4,2)^{\mathrm{T}}(2,0)\\&=8\end{aligned}$$

(6) 更新 λ_j。

根据式(4-192):

$$\lambda_j^{\text{new}}=\lambda_j^{\text{old}}+\frac{y_j(E_i-E_j)}{\eta}$$

对于第 1 个数据和第 4 个数据的计算如下。

$$\lambda_4^{\text{new}}=\lambda_4^{\text{old}}+\frac{y_4(E_1-E_4)}{\eta}=0+\frac{-1\times(1-1)}{8}=0$$

(7) 修剪 λ_j。

根据式(4-193):

$$\lambda_j^{\text{new,clipped}}=\begin{cases}H, & \lambda_j^{\text{new}}\geqslant H\\\lambda_j^{\text{new}}, & L\leqslant\lambda_j^{\text{new}}\leqslant H\\L, & \lambda_j^{\text{new}}\leqslant L\end{cases}$$

对于第 1 个数据和第 4 个数据的计算如下。

$$\lambda_4^{\text{new,clipped}}=0 \quad \text{\# 因为 } 0\leqslant\lambda_4^{\text{new}}\leqslant 0.6$$

因为 $\lambda_4^{\text{new}}-\lambda_4^{\text{old}}=0$,变化为 0,即调整幅度过小,所以不再往下更新,退出,进入下一个数据点的搜索优化。

第一轮迭代第 2 个数据点:

选取第 2 个数据(3,2,−1),即 $\boldsymbol{x}_2=(3,2)$,$y_2=-1$。

(1) 计算第 2 个数据的误差。

根据误差计算式(4-189):

$$E_i = f(x_i) - y_i = \left(\sum_{j=1}^{n} \lambda_j y_j x_i^{\mathrm{T}} x_j + b\right) - y_i$$

因此第 2 个数据点的误差的计算如下。

$$\begin{aligned} E_2 &= f(x_2) - y_2 = \left(\sum_{j=1}^{5} \lambda_j y_j x_2^{\mathrm{T}} x_j + b\right) - y_2 \\ &= (\lambda_1 y_1 x_2^{\mathrm{T}} x_1 + \lambda_2 y_2 x_2^{\mathrm{T}} x_2 + \lambda_3 y_3 x_2^{\mathrm{T}} x_3 + \lambda_4 y_4 x_2^{\mathrm{T}} x_4 + \lambda_5 y_5 x_2^{\mathrm{T}} x_5 + b) - y_2 \\ &= 1 \quad \text{\# 因为此时 } \lambda = 0, b = 0,\ y_2 = -1 \end{aligned}$$

(2) 判断是否需要优化。

根据是否不满足 KKT 条件,如果不满足,则此数据对应的 $\lambda[i]$参数需要进行优化。

判断条件为:

$$(y_i * E_i < -\text{toler and } \lambda[i] < C)$$

或者:

$$(y_i * E_i > \text{toler and } \lambda[i] > 0)$$

因为此时:$y_2 * E_2 = -1 < -0.001\ \lambda[1] < 0.6$。

满足上述判断条件,所以第 2 个数据需要进行参数 λ 的优化。

(3) 选择成对优化的 λ_j。

假设选择的是第 1 个数据点(4,2,−1),即 $\boldsymbol{x}_1 = (4,2), y_1 = -1$。

即此时 $i=2, j=1$。

计算 E_j,即第 1 个数据点的误差 E_1:

$$\begin{aligned} E_1 &= f(\boldsymbol{x}_1) - y_1 = \left(\sum_{j=1}^{5} \lambda_j y_j \boldsymbol{x}_1^{\mathrm{T}} x_j + b\right) - y_1 \\ &= (\lambda_1 y_1 x_1^{\mathrm{T}} x_1 + \lambda_2 y_2 x_1^{\mathrm{T}} x_2 + \lambda_3 y_3 x_1^{\mathrm{T}} x_3 + \lambda_4 y_4 x_1^{\mathrm{T}} x_4 + \lambda_5 y_5 x_1^{\mathrm{T}} x_5 + b) - y_1 \\ &= 1 \quad \text{\# 因为此时 } \lambda = 0, b = 0,\ y_1 = -1 \end{aligned}$$

(4) 计算上下界 H 和 L。

根据式(4-190):

$$\begin{cases} L = \max(0, \lambda_j^{\text{old}} - \lambda_i^{\text{old}}), H = \min(C, C + \lambda_j^{\text{old}} - \lambda_i^{\text{old}}), & y_i \neq y_j \\ L = \max(0, \lambda_j^{\text{old}} + \lambda_i^{\text{old}} - C), H = \min(C, C + \lambda_j^{\text{old}} + \lambda_i^{\text{old}}), & y_i = y_j \end{cases}$$

对于第 2 个数据和第 1 个数据,因为 $y_2 = y_1$,因此对于第 2 个数据和第 1 个数据的 L 和 H 计算如下。

$$L = \max(0, \lambda_j^{\text{old}} + \lambda_i^{\text{old}} - C) = \max(0, \lambda_1^{\text{old}} + \lambda_2^{\text{old}} - C) = \max(0, 0 + 0 - 0.6) = 0$$

$$H = \min(C, C + \lambda_j^{\text{old}} + \lambda_i^{\text{old}}) = \min(C, C + \lambda_1^{\text{old}} + \lambda_2^{\text{old}}) = \min(0.6, 0 + 0 + 0.6) = 0.6$$

(5) 计算学习率。

根据学习率的计算式(4-191):

$$\eta = \boldsymbol{x}_i^{\mathrm{T}} x_i + x_j^{\mathrm{T}} x_j - 2 x_i^{\mathrm{T}} x_j$$

对于第 2 个数据和第 1 个数据的学习率计算如下。

$$\begin{aligned} \eta &= x_2^{\mathrm{T}} x_2 + x_1^{\mathrm{T}} x_1 - 2 x_2^{\mathrm{T}} x_1 \\ &= (3,2)^{\mathrm{T}}(3,2) + (4,2)^{\mathrm{T}}(4,2) - 2 \times (3,2)^{\mathrm{T}}(4,2) \\ &= 1 \end{aligned}$$

(6) 更新 λ_j。

根据式(4-192)：

$$\lambda_j^{\text{new}}=\lambda_j^{\text{old}}+\frac{y_j(E_i-E_j)}{\eta}$$

对于第 2 个数据和第 1 个数据的计算如下。

$$\lambda_1^{\text{new}}=\lambda_1^{\text{old}}+\frac{y_1(E_2-E_1)}{\eta}=0+\frac{-1\times(1-1)}{1}=0$$

(7) 修剪 λ_j。

根据式(4-193)：

$$\lambda_j^{\text{new,clipped}}=\begin{cases}H, & \lambda_j^{\text{new}}\geqslant H\\ \lambda_j^{\text{new}}, & L\leqslant\lambda_j^{\text{new}}\leqslant H\\ L, & \lambda_j^{\text{new}}\leqslant L\end{cases}$$

对于第 2 个数据和第 1 个数据的计算如下。

$$\lambda_1^{\text{new,clipped}}=0\ \#\ 因为\ 0\leqslant\lambda_1^{\text{new}}\leqslant 0.6$$

因为 $\lambda_1^{\text{new}}-\lambda_1^{\text{old}}=0$,变化为 0,即调整幅度过小,所以不再往下更新,退出当前循环,进入下一个数据点的搜索优化。

第一轮迭代第 3 个数据点：

选取第 3 个数据(8,−2,1),即 $\boldsymbol{x}_3=(8,-2)$,$y_3=1$。

(1) 计算第 3 个数据的误差。

根据误差计算式(4-189)：

$$E_i=f(x_i)-y_i=\Big(\sum_{j=1}^{n}\lambda_j y_j x_i^{\mathrm{T}}x_j+b\Big)-y_i$$

因此第 3 个数据点的误差为：

$$\begin{aligned}E_3&=f(x_3)-y_3=\Big(\sum_{j=1}^{5}\lambda_j y_j x_3^{\mathrm{T}}x_j+b\Big)-y_3\\&=(\lambda_1y_1x_3^{\mathrm{T}}x_1+\lambda_2y_2x_3^{\mathrm{T}}x_2+\lambda_3y_3x_3^{\mathrm{T}}x_3+\lambda_4y_4x_3^{\mathrm{T}}x_4+\lambda_5y_5x_3^{\mathrm{T}}x_5+b)-y_3\\&=-1\qquad \#\ 因为此时\ \lambda=0,b=0,y_3=1\end{aligned}$$

(2) 判断是否需要优化。

根据是否不满足 KKT 条件,如果不满足,则此数据对应的 $\lambda[i]$参数需要进行优化。

判断条件为：

$$(y_i * E_i < -\text{toler and } \lambda[i] < C)$$

或者：

$$(y_i * E_i > \text{toler and } \lambda[i] > 0)$$

因为此时：$y_3 * E_3=-1<-0.001\ \lambda[3]<0.6$。

满足上述判断条件,所以第 3 个数据需要进行参数 λ 的优化。

(3) 选择成对优化的 λ_j。

假设选择的是第 1 个数据点(4,2,−1),即 $x_1=(4,2)$,$y_1=-1$。

此时 $i=2,j=1$。

计算 E_j,即第 1 个数据点的误差 E_1：

$$E_1 = f(x_1) - y_1 = \left(\sum_{j=1}^{5}\lambda_j y_j x_1^{\mathrm T} x_j + b\right) - y_1$$
$$= (\lambda_1 y_1 x_1^{\mathrm T} x_1 + \lambda_2 y_2 x_1^{\mathrm T} x_2 + \lambda_3 y_3 x_1^{\mathrm T} x_3 + \lambda_4 y_4 x_1^{\mathrm T} x_4 + \lambda_5 y_5 x_1^{\mathrm T} x_5 + b) - y_1$$
$$= 1 \quad \text{\# 因为此时 } \lambda = 0, b = 0, y_1 = -1$$

(4) 计算上下界 H 和 L。

根据式(4-190)：

$$\begin{cases} L = \max(0, \lambda_j^{\text{old}} - \lambda_i^{\text{old}}), H = \min(C, C + \lambda_j^{\text{old}} - \lambda_i^{\text{old}}), & y_i \neq y_j \\ L = \max(0, \lambda_j^{\text{old}} + \lambda_i^{\text{old}} - C), H = \min(C, C + \lambda_j^{\text{old}} + \lambda_i^{\text{old}}), & y_i = y_j \end{cases}$$

对于第 3 个数据和第 1 个数据，$y_3 \neq y_1$，因此第 3 个数据和第 1 个数据的 L 和 H 计算如下。

$$L = \max(0, \lambda_j^{\text{old}} - \lambda_i^{\text{old}}) = \max(0, \lambda_1^{\text{old}} - \lambda_3^{\text{old}}) = \max(0, 0 - 0) = 0$$
$$H = \min(C, C + \lambda_j^{\text{old}} - \lambda_i^{\text{old}}) = \min(C, C + \lambda_1^{\text{old}} - \lambda_3^{\text{old}}) = \min(0.6, 0.6 + 0 - 0) = 0.6$$

(5) 计算学习率。

根据学习率的计算式(4-191)：

$$\eta = x_i^{\mathrm T} x_i + x_j^{\mathrm T} x_j - 2 x_i^{\mathrm T} x_j$$

对于第 3 个数据和第 1 个数据的学习率计算如下。

$$\eta = x_3^{\mathrm T} x_3 + x_1^{\mathrm T} x_1 - 2 x_3^{\mathrm T} x_1$$
$$= (8, -2)^{\mathrm T}(8, -2) + (4, 2)^{\mathrm T}(4, 2) - 2 \times (8, -2)^{\mathrm T}(4, 2)$$
$$= 32$$

(6) 更新 λ_j。

根据式(4-192)：

$$\lambda_j^{\text{new}} = \lambda_j^{\text{old}} + \frac{y_j(E_i - E_j)}{\eta}$$

对于第 3 个数据和第 1 个数据计算如下。

$$\lambda_1^{\text{new}} = \lambda_1^{\text{old}} + \frac{y_1(E_3 - E_1)}{\eta} = 0 + \frac{-1 \times (-1 - 1)}{32} = 0.0625$$

(7) 修剪 λ_j。

根据式(4-193)：

$$\lambda_j^{\text{new, clipped}} = \begin{cases} H, & \lambda_j^{\text{new}} \geqslant H \\ \lambda_j^{\text{new}}, & L \leqslant \lambda_j^{\text{new}} \leqslant H \\ L, & \lambda_j^{\text{new}} \leqslant L \end{cases}$$

对于第 2 个数据和第 1 个数据的计算如下。

$$\lambda_1^{\text{new, clipped}} = 0.0625 \quad \text{\# 因为 } 0 \leqslant \lambda_1^{\text{new}} \leqslant 0.6$$

(8) 更新 λ_i。

根据式(4-194)：

$$\lambda_i^{\text{new}} = \lambda_i^{\text{old}} + y_i y_j (\lambda_j^{\text{old}} - \lambda_j^{\text{new, clipped}})$$

对于第 3 个数据和第 1 个数据进行如下的计算。

$$\lambda_3^{\text{new}} = \lambda_3^{\text{old}} + y_3 y_1 (\lambda_1^{\text{old}} - \lambda_1^{\text{new, clipped}}) = 0 + (1) \times (-1)(0 - 0.0625) = 0.0625$$

(9) 更新 b_1 和 b_2。

根据式(4-195)和式(4-196)：

$$b_1^{new}=b^{old}-E_i-y_i(\lambda_i^{new}-\lambda_i^{old})x_i^Tx_i-y_j(\lambda_j^{new}-\lambda_j^{old})x_j^Tx_i$$

$$b_2^{new}=b^{old}-E_j-y_i(\lambda_i^{new}-\lambda_i^{old})x_i^Tx_j-y_j(\lambda_j^{new}-\lambda_j^{old})x_j^Tx_j$$

对于第 3 个数据和第 1 个数据的计算如下。

$$\begin{aligned}b_1^{new}&=b^{old}-E_i-y_i(\lambda_i^{new}-\lambda_i^{old})x_i^Tx_i-y_j(\lambda_j^{new}-\lambda_j^{old})x_j^Tx_i\\&=b^{old}-E_3-y_3(\lambda_3^{new}-\lambda_3^{old})x_3^Tx_3-y_1(\lambda_1^{new}-\lambda_1^{old})x_1^Tx_3\\&=0-(-1)-1\times(0.0625-0)(8,-2)^T(8,-2)-(-1)\times\\&\quad(0.0625-0)(4,2)^T(8,-2)\\&=-1.5\end{aligned}$$

$$\begin{aligned}b_2^{new}&=b^{old}-E_j-y_i(\lambda_i^{new}-\lambda_i^{old})x_i^Tx_j-y_j(\lambda_j^{new}-\lambda_j^{old})x_j^Tx_j\\&=b^{old}-E_1-y_3(\lambda_3^{new}-\lambda_3^{old})x_3^Tx_1-y_1(\lambda_1^{new}-\lambda_1^{old})x_1^Tx_1\\&=0-(-1)-1\times(0.0625-0)(8,-2)^T(4,2)-(-1)\times\\&\quad(0.0625-0)(4,2)^T(4,2)\\&=0.5\end{aligned}$$

(10) 根据 b_1 和 b_2 更新 b。

根据式(4-197):

$$b=\begin{cases}b_1, & 0<\lambda_i^{new}<C\\ b_2, & 0<\lambda_j^{new}<C\\ \frac{1}{2}(b_1+b_2), & 其他\end{cases}$$

因为 $0<\lambda_3^{new}<0.6$,所以有:

$$b=b_1=-1.5$$

第一轮迭代第 4 个数据点:

选取第 4 个数据(2,0,−1),即 $\boldsymbol{x}_4=(2,0)$,$y_4=-1$。

(1) 计算第 4 个数据的误差。

根据误差计算式(4-189):

$$E_i=f(x_i)-y_i=\Big(\sum_{j=1}^{n}\lambda_jy_jx_i^Tx_j+b\Big)-y_i$$

因此第 4 个数据点的误差计算为:

$$\begin{aligned}E_4&=f(x_4)-y_4=\Big(\sum_{j=1}^{5}\lambda_jy_jx_4^Tx_j+b\Big)-y_4\\&=(\lambda_1y_1x_4^Tx_1+\lambda_2y_2x_4^Tx_2+\lambda_3y_3x_4^Tx_3+\lambda_4y_4x_4^Tx_4+\lambda_5y_5x_4^Tx_5+b)-y_4\\&=0.0625\times(-1)\times(2,0)^T(4,2)+0.0625\times(1)\times(2,0)^T(8,-2)+\\&\quad(-1.5)-(-1)\\&=0\quad \# 因为此时\ \lambda_2=\lambda_4=\lambda_5=0,b=-1.5,y_4=-1\end{aligned}$$

(2) 判断是否需要优化。

根据是否不满足 KKT 条件,如果不满足,则此数据对应的 λ[i]参数需要进行优化。判断条件为:

$$(y_i * E_i <- \text{toler and } \lambda[i] < C)$$

或者:

$$(y_i * E_i > \text{toler and } \lambda[i] > 0)$$

因为此时：$y_4 * E_4 = 0$，不满足上述判断条件，所以第 4 个数据不需要进行参数 λ 的优化。退出当前循环，进入下一个数据点的搜索优化。

第一轮迭代第 5 个数据点：

选取第 5 个数据(8,1,1)，即 $\boldsymbol{x}_5 = (8,1)$，$y_3 = 1$。

(1) 计算第 5 个数据的误差。

根据误差计算式(4-189)：

$$E_i = f(x_i) - y_i = \left(\sum_{j=1}^{n} \lambda_j y_j x_i^{\mathrm{T}} x_j + b\right) - y_i$$

因此第 5 个数据点的误差为：

$$\begin{aligned} E_5 &= f(x_5) - y_5 = \left(\sum_{j=1}^{5} \lambda_j y_j x_5^{\mathrm{T}} x_j + b\right) - y_5 \\ &= (\lambda_1 y_1 x_5^{\mathrm{T}} x_1 + \lambda_2 y_2 x_5^{\mathrm{T}} x_2 + \lambda_3 y_3 x_5^{\mathrm{T}} x_3 + \lambda_4 y_4 x_5^{\mathrm{T}} x_4 + \lambda_5 y_5 x_5^{\mathrm{T}} x_5 + b) - y_5 \\ &= 0.0625 \times (-1) \times (8,1)^{\mathrm{T}}(4,2) + 0.0625 \times (1) \times (8,1)^{\mathrm{T}}(8,-2) + (-1.5) - 1 \\ &= -0.75 \quad \# \lambda_2 = \lambda_4 = \lambda_5 = 0, b = -1.5, y_5 = 1 \end{aligned}$$

(2) 判断是否需要优化。

根据是否不满足 KKT 条件，如果不满足，则此数据对应的 $\lambda[i]$参数需要进行优化。

判断条件为：

$$(y_i * E_i < -\text{toler and } \lambda[i] < C)$$

或者：

$$(y_i * E_i > \text{toler and } \lambda[i] > 0)$$

因为此时：$y_5 * E_5 = -0.75 < -0.001\ \lambda[5] < 0.6$。

满足上述判断条件，所以第 5 个数据需要进行参数 λ 的优化。

(3) 选择成对优化的 λ_j。

假设随机选择的是第 4 个数据点(2,0,−1)，即 $x_4 = (2,0)$，$y_4 = -1$。

此时 $i = 5$，$j = 4$。

计算 E_j，即第 4 个数据点的误差 E_4：

$$\begin{aligned} E_4 &= f(x_4) - y_4 = \left(\sum_{j=1}^{5} \lambda_j y_j x_4^{\mathrm{T}} x_j + b\right) - y_4 \\ &= (\lambda_1 y_1 x_4^{\mathrm{T}} x_1 + \lambda_2 y_2 x_4^{\mathrm{T}} x_2 + \lambda_3 y_3 x_4^{\mathrm{T}} x_3 + \lambda_4 y_4 x_4^{\mathrm{T}} x_4 + \lambda_5 y_5 x_4^{\mathrm{T}} x_5 + b) - y_4 \\ &= 0.0625 \times (-1) \times (2,0)^{\mathrm{T}}(4,2) + 0.0625 \times (1) \times (2,0)^{\mathrm{T}}(8,-2) + (-1.5) - (-1) \\ &= 0 \quad \# \lambda_2 = \lambda_4 = \lambda_5 = 0, b = -1.5, y_4 = -1 \end{aligned}$$

(4) 计算上下界 H 和 L。

根据式(4-190)：

$$\begin{cases} L = \max(0, \lambda_j^{\text{old}} - \lambda_i^{\text{old}}), H = \min(C, C + \lambda_j^{\text{old}} - \lambda_i^{\text{old}}), & y_i \neq y_j \\ L = \max(0, \lambda_j^{\text{old}} + \lambda_i^{\text{old}} - C), H = \min(C, C + \lambda_j^{\text{old}} + \lambda_i^{\text{old}}), & y_i = y_j \end{cases}$$

根据第 5 个数据和第 4 个数据得知：$y_5 \neq y_4$，所以对于第 5 个数据和第 4 个数据的 L 和 H 计算如下。

$$L = \max(0, \lambda_j^{\text{old}} - \lambda_i^{\text{old}}) = \max(0, \lambda_4^{\text{old}} - \lambda_5^{\text{old}}) = \max(0, 0 - 0) = 0$$

$$H=\min(C,C+\lambda_j^{old}-\lambda_i^{old})=\min(C,C+\lambda_4^{old}-\lambda_5^{old})=\min(0.6,0.6+0-0)=0.6$$

(5) 计算学习率。

根据学习率的计算式(4-191):

$$\eta=x_i^Tx_i+x_j^Tx_j-2x_i^Tx_j$$

对于第 5 个数据和第 3 个数据学习率的计算如下。

$$\begin{aligned}\eta&=x_5^Tx_5+x_4^Tx_4-2x_5^Tx_4\\&=(8,1)^T(8,1)+(2,0)^T(2,0)-2\times(8,1)^T(2,0)\\&=37\end{aligned}$$

(6) 更新 λ_j。

根据式(4-192):

$$\lambda_j^{new}=\lambda_j^{old}+\frac{y_j(E_i-E_j)}{\eta}$$

对于第 5 个数据和第 4 个数据的计算如下。

$$\lambda_4^{new}=\lambda_4^{old}+\frac{y_4(E_5-E_4)}{\eta}=0+\frac{-1\times(-0.75-0)}{37}=0.020\ 270\ 27$$

(7) 修剪 λ_j。

根据式(4-193):

$$\lambda_j^{new,clipped}=\begin{cases}H, & \lambda_j^{new}\geqslant H\\ \lambda_j^{new}, & L\leqslant\lambda_j^{new}\leqslant H\\ L, & \lambda_j^{new}\leqslant L\end{cases}$$

对于第 5 个数据和第 4 个数据:

$$\lambda_4^{new,clipped}=0.020\ 270\ 27 \text{ \# 因为 } 0\leqslant\lambda_4^{new}\leqslant 0.6$$

(8) 更新 λ_i。

根据式(4-194):

$$\lambda_i^{new}=\lambda_i^{old}+y_iy_j(\lambda_j^{old}-\lambda_j^{new,clipped})$$

对于第 5 个数据和第 4 个数据的计算如下。

$$\lambda_5^{new}=\lambda_5^{old}+y_5y_4(\lambda_4^{old}-\lambda_4^{new,clipped})=0+(1)\times(-1)(0-0.020\ 270\ 27)=0.020\ 270\ 27$$

(9) 更新 b_1 和 b_2。

根据式(4-195)和式(4-196):

$$b_1^{new}=b^{old}-E_i-y_i(\lambda_i^{new}-\lambda_i^{old})x_i^Tx_i-y_j(\lambda_j^{new}-\lambda_j^{old})x_j^Tx_i$$

$$b_2^{new}=b^{old}-E_j-y_i(\lambda_i^{new}-\lambda_i^{old})x_i^Tx_j-y_j(\lambda_j^{new}-\lambda_j^{old})x_j^Tx_j$$

对于第 5 个数据和第 4 个数据的计算如下。

$$\begin{aligned}b_1^{new}&=b^{old}-E_i-y_i(\lambda_i^{new}-\lambda_i^{old})x_i^Tx_i-y_j(\lambda_j^{new}-\lambda_j^{old})x_j^Tx_i\\&=b^{old}-E_5-y_5(\lambda_5^{new}-\lambda_5^{old})x_5^Tx_5-y_4(\lambda_4^{new}-\lambda_4^{old})x_4^Tx_5\\&=-1.5-(-0.75)-1\times(0.020\ 270\ 27-0)(8,1)^T(8,1)-(-1)\times\\&\quad(0.020\ 270\ 27-0)(2,0)^T(8,1)\\&=-1.743\ 243\ 24\end{aligned}$$

$$\begin{aligned} b_2^{\text{new}} &= b^{\text{old}} - E_j - y_i(\lambda_i^{\text{new}} - \lambda_i^{\text{old}}) x_i^{\mathrm{T}} x_j - y_j(\lambda_j^{\text{new}} - \lambda_j^{\text{old}}) x_j^{\mathrm{T}} x_j \\ &= b^{\text{old}} - E_4 - y_5(\lambda_5^{\text{new}} - \lambda_5^{\text{old}}) x_5^{\mathrm{T}} x_4 - y_4(\lambda_4^{\text{new}} - \lambda_4^{\text{old}}) x_4^{\mathrm{T}} x_4 \\ &= -1.5 - 0 - 1 \times (0.020\ 270\ 27 - 0)(8,1)^{\mathrm{T}}(2,0) - (-1) \times \\ &\quad (0.020\ 270\ 27 - 0)(2,0)^{\mathrm{T}}(2,0) \\ &= -1.251\ 567\ 6 \end{aligned}$$

(10) 根据 b_1 和 b_2 更新 b。

根据式(4-197)：

$$b = \begin{cases} b_1, & 0 < \lambda_i^{\text{new}} < C \\ b_2, & 0 < \lambda_j^{\text{new}} < C \\ \dfrac{1}{2}(b_1 + b_2), & \text{其他} \end{cases}$$

因为 $0 < \lambda_5^{\text{new}} < 0.6$，所以有：$b = b_1 = -1.743\ 243\ 24$。

至此，这一轮所有的数据都进行了对应 λ 参数的搜索判断更新，一共有两个数据点(数据点 3 和数据点 5)进行了对应的 $\boldsymbol{\lambda}$ 参数的更新，此时的参数 λ 为：

$$\boldsymbol{\lambda} = [0.0625, 0, 0.0625, 0.020\ 270\ 27, 0.020\ 270\ 27]$$

此时的参数 b 被更新为：

$$b = -1.743\ 243\ 24$$

根据 SMO 算法原理，只要参数 λ 有更新，则继续进行迭代，直到收敛，每次迭代均不再进行任何更新则停止，得到最终的参数 $\boldsymbol{\lambda}$ 和 b。

所有的迭代过程均相似，由于步骤繁多且计算量较大，不再进行一步一步的演示，通过程序辅助计算，得到相应的结果，将中间过程列成表格，如表 4.20 所示。

此时，外层达到设定的最大迭代轮数 maxIter=3，结束所有循环，得到的最终结果为：

$$\boldsymbol{\lambda} = [0.117\ 647\ 059, -2.168\ 404\ 34\text{e}-19, 0.0, 0.0, 0.117\ 647\ 059]$$

$$b = -2.647\ 058\ 82$$

通过 SMO 算法，得到参数 λ 和 b 之后，根据求 ω 的公式可得：

$$\begin{aligned} \boldsymbol{\omega} &= \sum_{i=1}^{n} \lambda_i y_i x_i \\ &= \lambda_1 y_1 x_1 + \lambda_2 y_2 x_2 + \lambda_3 y_3 x_3 + \lambda_4 y_4 x_4 + \lambda_5 y_5 x_5 \\ &= 0.117\ 647\ 059 \times (-1) \times (4,2) + (-2.168\ 404\ 34\text{e}-19) \times (-1) \times \\ &\quad (3,2) + 0.117\ 647\ 059 \times (1) \times (8,1) \\ &= (0.470\ 588\ 24, -0.117\ 647\ 06) \end{aligned}$$

得到超平面：$f(\boldsymbol{x}) = \boldsymbol{\omega}^{\mathrm{T}} \boldsymbol{x} + b$，决策函数为 $\text{sign}(\omega^{\mathrm{T}} \boldsymbol{x} + b)$，将新样本点导入到决策函数中即可得到样本的分类。例如，有未知分类标签的样本点 $\boldsymbol{x} = (8.117\ 032, 0.623\ 493)$，代入决策函数可得：

$$\begin{aligned} &(0.470\ 588\ 24, -0.117\ 647\ 06)^{\mathrm{T}} \times (8.117\ 032, 0.623\ 493) + (-2.647\ 058\ 82) \\ &= 1.099\ 368\ 865 > 0 \end{aligned}$$

因此样本点属于正类，即为 1。

表 4.20　简化版 SMO 算法详细步骤

迭代轮数	数据编号 i	误差 E_i	该点是否需要优化	成对优化数据点 j	误差 E_j	学习率 η	优化后的 λ_j^{new}	优化后的 λ_i^{new}	此轮迭代后的参数 λ	此轮迭代后的参数 b	备注
第1轮	1	1.0	需要	4	1.0	8	变化太小	—	[0.062 5, 0, 0.062 5, 0.020 270 27, 0.020 270 27]	−1.743 243 24	λ 有更新继续迭代
	2	1.0	需要	1	1.0	1	变化太小	—			
	3	−1	需要	1	1.0	32	0.062 5	0.062 5			
	4	0	不需要	—	—	—	—	—			
	5	−0.75	需要	4	0.0	37	0.020 270 27	0.020 270 27			
第2轮	1	0.283 783 78	需要	2	−0.087 837 84	1	变化太小	—	[0.062 5, 0.017 827 44, 0.045 270 27, 0.003 040 54, 0.038 097 71]	−1.645 945 95	λ 有更新继续迭代
	2	−0.087 837 84	不需要	—	—	—	—	—			
	3	0.689 189 19	需要	4	0	40	0.003 040 54	0.045 270 27			
	4	2.220 446 05e−16	不需要	—	—	—	—	—			
	5	−0.585 810 81	需要	2	−0.122 297 3	26	0.017 827 44	0.038 097 71			
第3轮	1	0.357 380 46	需要	3	0.639 293 14	32	0.036 460 5	0.053 690 23	[5.369 02e−02, 2.595 95e−02, 0.0, 3.469 4e−18, 7.964 977e−02]	−1.676 819 13	λ 有更新继续迭代
	2	−0.322 141 37	需要	5	−0.533 575 88	26	0.046 229 81	0.025 959 54			
	3	0.557 972 17	需要	5	−2.220 446e−16	9	0.108 226 72	−0.025 536 4			
	4	−0.176 811 13	需要	5	−8.881 784e−16	37	0.105 186 18	3.469 4e−18			
	5	0.064 311 13	需要	3	0.073 432 75	9	0.0	0.079 649 77			

续表

迭代轮数	数据编号 i	误差 E_i	该点是否需要优化	成对优化数据点 j	误差 E_j	学习率 η	优化后的 λ_j^{new}	优化后的 λ_i^{new}	此轮迭代后的参数 λ	此轮迭代后的参数 b	备注
第 4 轮	1	0.542 115 78	需要	2	0.197 557 17	1	0.0	0.079 649 77	[0.079 649 77，0.063 719 81，0.0，0.063 719 81，0.079 649 77]	−0.831 944 67	λ 有更新继续迭代
	2	−0.318 599 07	不需要	—	—	—	—	—			
	3	−0.407 004 64	需要	5	−0.645 953 94	9	0.106 199 69	−0.026 549 9			
	4	0.088 405 57	需要	2	0.407 004 64	5	0.063 719 81	−0.063 719 8			
	5	−0.598 164 08	需要	3	−0.215 845 19	9	0.0	0.079 649 77			
第 5 轮	1	0.773 393 57	需要	4	0.677 813 85	8	0.0	0.015 929 95	[0.015 929 95，0.064 056 58，0.0，0.0，0.079 986 53]	−1.992 035 02	λ 有更新继续迭代
	2	−0.382 318 89	需要	5	−0.391 074 68	26	0.079 986 53	0.064 056 58			
	3	0.239 959 59	不需要	—	—	—	—	—			
	4	−0.224 029 64	不需要	—	—	—	—	—			
	5	0.0	不需要	—	—	—	—	—			
第 6 轮	1	0.384 002 69	需要	2	0.0	1	0.0	0.079 986 53	[0.079 986 53，0.0，0.0，0.0，0.079 986 53]	−2.119 811 41	λ 有更新继续迭代
	2	−0.319 946 12	不需要	—	—	—	—	—			
	3	−0.400 269 41	需要	4	−0.479 919 18	40	变化太小	—			
	4	−0.479 919 18	不需要	—	—	—	—	—			
	5	−0.640 229	需要	3	−0.400 269 41	9	变化太小	—			

续表

迭代轮数	数据编号 i	误差 E_i	该点是否需要优化	成对优化数据点 j	误差 E_j	学习率 η	优化后的 λ_j^{new}	优化后的 λ_i^{new}	此轮迭代后的参数 λ	此轮迭代后的参数 b	备注
第7轮	1	−4.440 892 1e−16	不需要	—	—	—	—	—	[0.092 494 95, 0.000 772 34, 0.012 508 42, 0.0, 0.080 758 87]	−1.859 939 38	λ 有更新继续迭代
	2	−0.319 946 12	不需要	—	—	—	—	—			
	3	−0.400 269 41	需要	1	−4.440 892e−16	32	0.092 494 95	0.012 508 42			
	4	−0.479 919 18	不需要	—	—	—	—	—			
	5	−0.390 060 62	需要	2	−0.369 979 79	26	0.000 772 34	0.080 758 87			
第8轮	1	0.373 841 49	需要	3	0.392 377 64	32	0.011 929 16	0.091 915 69	[9.191 57e−02, 2.168 404e−19, 0.0, 0.0, 9.191 57e−02]	−1.849 386 52	λ 有更新继续迭代
	2	−0.371 524 47	需要	3	0.0	41	0.011 156 83	−2.168e−19			
	3	0.0	不需要	—	—	—	—	—			
	4	−0.456 749	不需要	—	—	—	—				
	5	−0.376 158 51	需要	3	0.0	9	0.0	0.091 915 69			
第9轮	1	0.437 433 2	需要	5	−8.881 784e−16	17	0.117 647 06	0.117 647 06	[1.176 47e−01, 2.168 404e−19, 0.0, 0.0, 1.176 471e−01]	−2.647 058 82	λ 有更新继续迭代
	2	−0.470 588 24	不需要	—	—	—	—	—			
	3	0.352 941 18	不需要	—	—	—	—	—			
	4	−0.705 882 35	不需要	—	—	—	—	—			
	5	0.0	不需要	—	—	—	—	—			

续表

迭代轮数	数据编号 i	误差 E_i	该点是否需要优化	成对优化数据点 j	误差 E_j	学习率 η	优化后的 λ_j^{new}	优化后的 λ_i^{new}	此轮迭代后的参数 λ	此轮迭代后的参数 b	备注
第10轮	1	0.0	不需要	—	—	—	—	—	[1.176 47e−01, 2.168 404e−19, 0.0, 0.0, 1.176 471e−01]	−2.647 058 82	λ 没有更新，外层轮+1
	2	−0.470 588 24	不需要	—	—	—	—	—			
	3	0.352 941 18	不需要	—	—	—	—	—			
	4	−0.705 882 35	不需要	—	—	—	—	—			
	5	0.0	不需要	—	—	—	—	—			
第11轮	1	0.0	不需要	—	—	—	—	—	[1.176 47e−01, 2.168 404e−19, 0.0, 0.0, 1.176 471e−01]	−2.647 058 82	λ 没有更新，外层轮+1
	2	−0.470 588 24	不需要	—	—	—	—	—			
	3	0.352 941 18	不需要	—	—	—	—	—			
	4	−0.705 882 35	不需要	—	—	—	—	—			
	5	0.0	需要	—	—	—	—	—			
第12轮	1	0.0	需要	—	—	—	—	—	[1.176 47e−01, 2.168 404e−19, 0.0, 0.0, 1.176 471e−01]	−2.647 058 82	λ 没有更新，外层轮+1
	2	−0.470 588 24	需要	—	—	—	—	—			
	3	0.352 941 18	需要	—	—	—	—	—			
	4	−0.705 882 35	不需要	—	—	—	—	—			
	5	0.0	需要	—	—	—	—	—			

4.6.3 Python 实现支持向量机分类模型

1. 支持向量机分类模型中使用的 SMO 算法流程

SVM 分类模型中使用 SMO 算法的流程如图 4.57 所示。

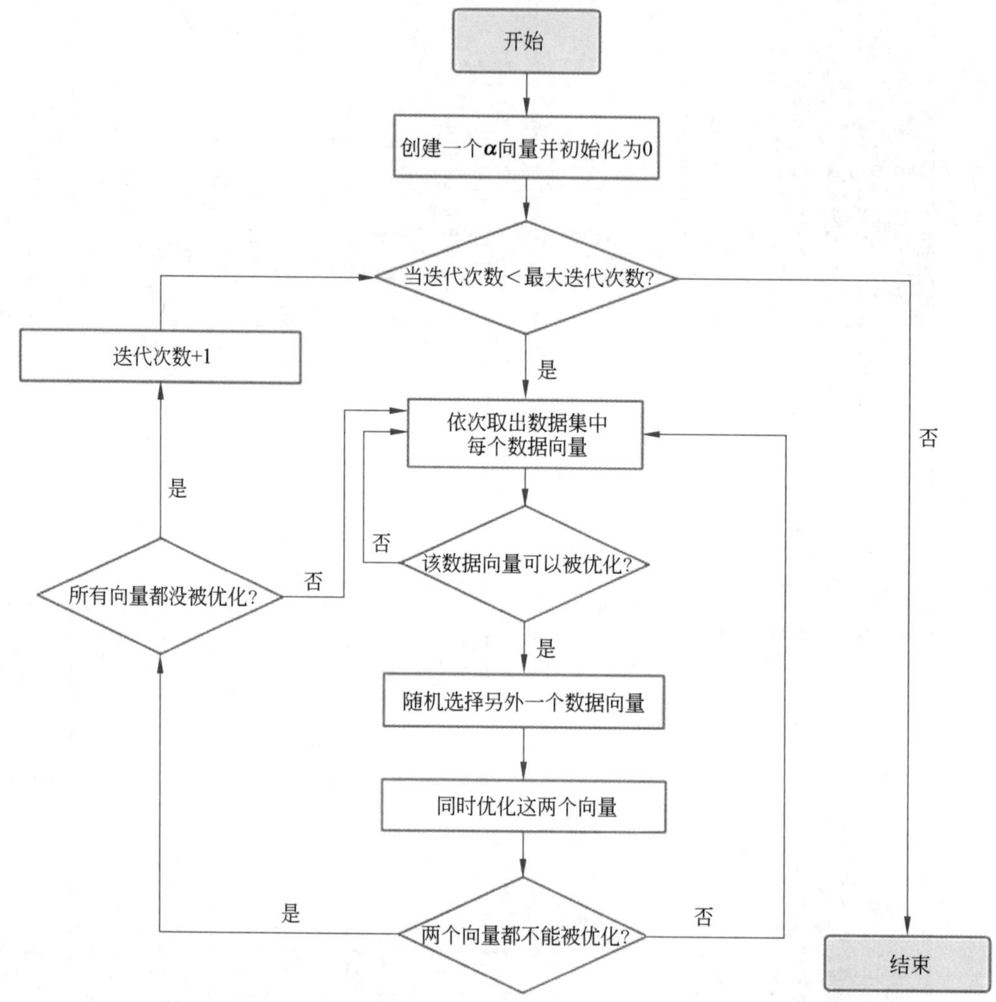

图 4.57 SMO 算法流程图(**这里的参数 α 即为 4.6.2 节中的参数 λ)

简化版 SMO 算法的伪代码:

(1) 创建一个 $\boldsymbol{\alpha}$ 向量并初始化为 **0**

(2) 当迭代次数<最大迭代次数时(外循环):

(3) 　对数据集中每个数据向量(内循环):

(4) 　　如果该数据向量可以被优化:

(5) 　　　随机选择另外一个数据向量

(6) 　　　同时优化这两个向量

(7) 　　　如果两个向量都不能被优化,则退出内循环

(8) 　如果所有向量都没被优化,迭代次数+1,继续下一次循环

2. 支持向量机分类模型的 Python 代码

这里以使用简化版的 SMO 算法实现支持向量机(SVM)分类模型作为示例演示。因为简化版的 SMO 算法效率不高,在实际应用中需要对简化版 SMO 算法的代码进行优化。在这两个版本中,实现 $\boldsymbol{\alpha}$ 的更改和代数运算的环节是一样的,在优化过程中唯一不同的是,选择 $\boldsymbol{\alpha}$ 的方式。优化版的 SMO 算法应用了一些能够提速的启发式选择 $\boldsymbol{\alpha}$ 方法,感兴趣的读者可以参考配套资源中详细的优化版 SMO 算法代码。

数据源的原始分布如图 4.58 所示。

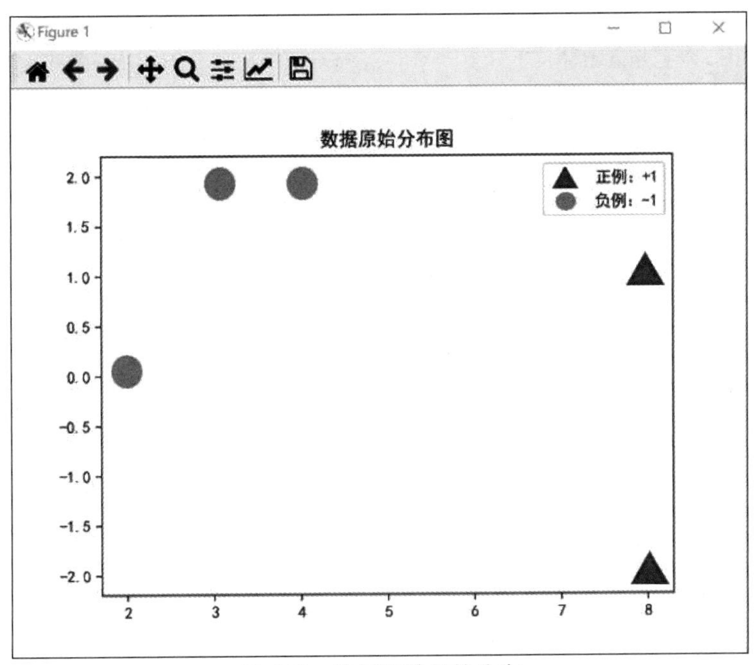

图 4.58　数据源的原始分布

Python 实现支持向量机(SVM)分类模型示例代码清单如下。

Python 示例代码:

```
#构建辅助函数
#生成特征向量和标签向量
import numpy as np
import pandas as pd
import matplotlib.pyplot as plt
#解决中文显示问题
plt.rcParams['font.sans-serif']=['SimHei']
plt.rcParams['axes.unicode_minus'] = False
"""
函数功能:创建特征向量和标签向量
参数说明:
file:原始文件路径
返回:
xMat:特征向量
yMat:标签向量
"""
```

```
def loadDataSet(file):
  dataSet= pd.read_table(file,header = None)
  xMat=np.mat(dataSet.iloc[:,:-1].values)
  yMat=np.mat(dataSet.iloc[:,-1].values).T
  return xMat,yMat

#数据集可视化
import matplotlib.pyplot as plt
def showDataSet(xMat, yMat):
    data_p = []                                       #正样本
    data_n = []                                       #负样本
  m = xMat.shape[0]                                   #样本总数
    for i in range(m):
        if yMat[i] > 0:
            data_p.append(xMat[i])
        else:
            data_n.append(xMat[i])
    data_p_ = np.array(data_p)                        #转换为 numpy 矩阵
    data_n_ = np.array(data_n)                        #转换为 numpy 矩阵
    plt.scatter(data_p_.T[0], data_p_.T[1])           #正样本散点图
    plt.scatter(data_n_.T[0], data_n_.T[1])           #负样本散点图
    plt.title("数据原始分布图")
    plt.legend(['正例:+1',"负例:-1"])
    plt.show()

#随机选择 alpha 对:
import random
"""
函数功能:随机选择一个索引
参数说明:
i:第一个 alpha 索引
m:数据集总行数
返回:
j:随机选择的不与 i 相等的值
"""
def selectJrand(i,m):
    j=i
    while (j==i):
      j=int(random.uniform(0,m))
    return j

#修剪 alpha_j
"""
函数功能:修剪 alpha_j
"""
def clipAlpha(aj,H,L):
    if aj>H:
        aj=H
    if L>aj:
        aj=L
    return aj

"""
```

```
函数功能:
参数说明:
  xMat:特征向量
  yMat:标签向量
  C:常数
  toler:容错率
  maxIter:最大迭代次数
返回:
    b、alpha
"""
def smoSimple(xMat, yMat, C, toler, maxIter):
    b = 0                                    #初始化 b 参数
    m, n = xMat.shape                        #m 为数据集的总行数,n 为特征的数量
    alpha = np.mat(np.zeros((m, 1)))         #初始化 alpha 参数,为 mx1 维度的矩阵,设
                                             #为 0,对每一输入数据都有一个
拉格朗日参数 alpha
    iters = 0                                #记录外层循环,初始化迭代次数
    while (iters < maxIter):                 #当超过最大迭代次数,退出
        alpha_ = 0                 #记录 alpha 参数是否优化,初始化 alpha 优化次数
        for i in range(m):
            print("i: ", i)
            #步骤 1:计算误差 Ei
            #计算 alpha[i]的预测值与误差值
            #将负责的问题转换为二阶问题,抽取 alpha[i],alpha[j]进行优化,将大问
            #题转为小问题
            fXi = np.multiply(alpha, yMat).T * (xMat * xMat[i, :].T) + b
            print('fXi', fXi)
            Ei = fXi - yMat[i]
            print('Ei', Ei)

            """kkt 详解
            #约束条件 (KKT 条件是解决最优化问题时用到的一种方法。这里提到的最
            #优化问题通常是指对于给定的某一函数,求其在指定作用域上的全局最小值)
            #0<=alphas[i]<=C,但由于 0 和 C 是边界值无法进行优化,因为需要增加
            #一个 alphas 和降低一个 alphas
            #表示发生错误的概率:yMat[i] * Ei 如果超出了 toler,才需要优化。至于
            #正负号,我们考虑绝对值就对了

            #检验训练样本(xi, yi)是否满足 KKT 条件
            yi * f(i) >= 1 and alpha = 0 (outside the boundary)
            yi * f(i) == 1 and 0<alpha< C (on the boundary)
            yi * f(i) <= 1 and alpha = C (between the boundary)
            """
            #不满足 KKT 条件进行优化
            #优化 alpha,设定容错率
            print('yMat[i] * Ei: ', yMat[i] * Ei)
            print('alpha[i]: ', alpha[i])
            if ((yMat[i] * Ei < -toler) and (alpha[i] < C)) or ((yMat[i] *
            Ei > toler) and (alpha[i] > 0)):
                print('需要进行优化')

                #随机选择一个与 alpha_i 成对优化的 alpha_j
                j = selectJrand(i, m)
                print('i:{} j:{}'.format(i, j))
```

```

        #步骤 1:计算误差 Ej,计算 alphas j 的预测值与误差值
        fXj = np.multiply(alpha, yMat).T * (xMat * xMat[j, :].T) + b    #样本 j 的预测类别
        print('fXj', fXj)
        Ej = fXj - yMat[j]                       #误差
        #记录未优化前的 alpha[i] 与 alpha[j] 值
        alphaIold = alpha[i].copy()              #复制,分配新的内存
        alphaJold = alpha[j].copy()
        print('alphaIold: ', alphaIold)
        print('alphaJold: ', alphaJold)

        #二变量优化问题
        #步骤 2:计算上下界 H 和 L
        if (yMat[i] != yMat[j]):
            #\sum ai * yi = k
            #如果是异侧,相减 ai-aj=k,那么定义域为 [k, C + k]
            L = max(0, alpha[j] - alpha[i])
            H = min(C, C + alpha[j] - alpha[i])
        else:
            #同侧,相加 ai + aj=k,那么定义域为 [k-c, k]
            L = max(0, alpha[j] + alpha[i] - C)
            H = min(C, C + alpha[j] + alpha[i])

        #定义与确定就没有优化空间了,跳出循环
        if L == H:
            #print('L==H')
            print("没有优化空间 定义域确定")
            continue

        #对 alphas[j] 进行优化

        #步骤 3:计算学习率 eta(eta 是 alpha_j 的最优修改量)
        #首先计算其 eta 值 eta=2 * ab - a^2 - b^2,如果 eta>=0,那么跳出#循环,是正确的
        eta = 2 * xMat[i, :] * xMat[j, :].T - xMat[i, :] * xMat[i, :].T - xMat[j, :] * xMat[j, :].T
        if eta >= 0:
            print('eta>=0')
            continue

        #步骤 4:更新 alpha_j, 计算出一个新的 alpha[j]值
        print('eta', eta)
        print('Ei', Ei)
        print('Ej', Ej)

        print('yMat[j] * (Ei - Ej)/eta: ', yMat[j] * (Ei - Ej) / eta)

        #优化新 aj 值 aj = yj * (ei-ej)/eta
        alpha[j] -= yMat[j] * (Ei - Ej) / eta
        print('优化后的 alpha[j]: ', alpha[j])

        #步骤 5:修剪 alpha_j,使用辅助函数调整 alphas[j],aj 在定义域中
```

```
            alpha[j] = clipAlpha(alpha[j], H, L)
            print('修剪后的优化的 alpha[j]: ', alpha[j])

            #检查 alphaJ 调整幅度对比,比较小就退出
            if abs(alpha[j] - alphaJold) < 0.00001:
                print('alpha_j 变化太小')
                continue

            #步骤 6:更新 alpha_i, 同时优化 alpha[i],优化了 aj,那么同样优化
            #ai += yj * yi(aJ_old - aj)
            alpha[i] += yMat[j] * yMat[i] * (alphaJold - alpha[j])
            print('优化的 alpha[i]: ', alpha[i])

            #步骤 7:更新 b_1 和 b_2,分别计算模型的常量值
            #bi = b - Ei - yi * (ai - ai_old) * xi * xi.T - yj(aj-aj_old) *
            #xi * xj.T
            #bj = b - Ej - yi * (ai - ai_old) * xi * xj.T - yj(aj-aj_old) *
            #xj * xj.T
            b1 = b - Ei - yMat[i] * (alpha[i] - alphaIold) * xMat[i, :]
            * xMat[i, :].T - yMat[j] * (
                    alpha[j] - alphaJold) * xMat[i, :] * xMat[j, :].T
            b2 = b - Ej - yMat[i] * (alpha[i] - alphaIold) * xMat[i, :]
            * xMat[j, :].T - yMat[j] * (
                    alpha[j] - alphaJold) * xMat[j, :] * xMat[j, :].T

            #步骤 8:根据 b_1 和 b_2 更新 b#,判断哪个模型常量值符合定义域规
            #则,不满足就暂时赋予 b = (bi+bj)/2.0
            if (0 < alpha[i]) and (C > alpha[i]):
                b = b1
            elif (0 < alpha[j]) and (C > alpha[j]):
                b = b2
            else:
                b = (b1 + b2) / 2

            #说明 alpha 已经发生改变,统计优化次数
            alpha_ += 1
            print(f'第{iters}次迭代样本{i},alpha 优化次数:{alpha_}')
        else:
            print('不需要优化')

    #更新迭代次数:如果没有更新,那么继续迭代;如果有更新,那么迭代次数归 0,继
    #续优化
    #在 for 循环外,检查 alpha 值是否做了更新,如果有更新,则将 iter 设为 0 后继
    #续运行程序
    #直到更新完毕后,iter 次循环均无变化,才退出循环
    print('此轮迭代,alpha 优化总次数: ', alpha_)
    if alpha_ == 0:
        iters += 1
    else:
        iters = 0
```

```
            print(f'此时的迭代次数为:{iters}')
            print(f'此时的为 alpha:{alpha}, 此时的 b 为:{b}')

    #只有当某次优化更新达到了最大迭代次数,这个时候才返回优化之后的 alpha 和 b
    return b, alpha

"""
函数功能:提取出支持向量,用于后面画图
"""
def get_sv(xMat,yMat,alpha):
    m=xMat.shape[0]
    sv_x=[]
    sv_y=[]
    for i in range(m):
        if alpha[i]>0:
            sv_x.append(xMat[i])
            sv_y.append(yMat[i])
    sv_x1 =np.array(sv_x).T
    sv_y1 = np.array(sv_y).T
    return sv_x1,sv_y1

def showPlot(xMat, yMat,alpha,b):
    data_p = []                                              #正样本
    data_n = []                                              #负样本
    m = xMat.shape[0]                                        #样本总数
    for i in range(m):
        if yMat[i] > 0:
            data_p.append(xMat[i])
        else:
            data_n.append(xMat[i])
    data_p_ = np.array(data_p)                               #转换为 numpy 矩阵
    data_n_ = np.array(data_n)                               #转换为 numpy 矩阵
    #样本散点图
    plt.scatter(data_p_.T[0], data_p_.T[1])                  #正样本散点图
    plt.scatter(data_n_.T[0], data_n_.T[1])                  #负样本散点图
    #绘制支持向量
    sv_x,sv_y=get_sv(xMat,yMat,alpha)
    plt.scatter(sv_x[0], sv_x[1], s=150, c='none', alpha=0.7, linewidth=
   1.5,edgecolor='red')
    #绘制超平面
    w = np.dot((np.tile(np.array(yMat).reshape(1, -1).T, (1, 2)) * np.
    array(xMat)).T,np.array(alpha))
    a1, a2 = w
    x1 = max(xMat[:,0])[0,0]
    x2 = min(xMat[:,0])[0,0]
    b = float(b)
    a1 = float(a1[0])
    a2 = float(a2[0])
    y1, y2 = (-b- a1 * x1)/a2, (-b - a1 * x2)/a2
    plt.plot([x1, x2], [y1, y2])
    plt.title("支持向量可视化图")
    plt.show()

```

```
"""
函数功能:计算 w
参数说明:
xMat: 特征矩阵
yMat: 标签矩阵
alpha:alpha 值
返回:
w:计算得到的 w
"""
def calcWs(alpha,xMat,yMat):
    m,n = xMat.shape
    w = np.zeros((n,1))
    for i in range(m):
        w += np.multiply(alpha[i] * yMat[i],xMat[i,:].T) #w 的计算公式
    return w

"""
函数功能:计算模型准确率
参数说明:
xMat:特征矩阵
yMat:标签矩阵
w:权重
b:截距
返回:
acc:模型预测准确率
"""
def calcAcc(xMat,yMat,w,b):
    yhat=[]
    re=0
    m,n = xMat.shape
    for i in range(m):
        result=xMat[i] * np.mat(w)+b #超平面计算公式
        if result<0:
            yhat.append(-1)
        else:
            yhat.append(1)
        if yhat[i]==yMat[i]:
          re +=1
    acc = re/m
    print(f'模型预测准确率为{acc}')
    return acc

if __name__ == '__main__':
    #导入数据集
    file = 'testSet1.txt'
    xMat, yMat = loadDataSet(file)
    #运行函数,查看数据分布
    showDataSet(xMat, yMat)
    #调用简化版 SMO 算法,并保留返回结果
    b, alpha = smoSimple(xMat, yMat, 0.6, 0.001, 3)
    print("SMO 算法得到的参数 alpha 为:",alpha)
    print("SMO 算法得到的参数 b 为:", b)
    #运行提取支持向量的函数,并可视化支持向量
```

```
sv_x1, sv_y1 = get_sv(xMat, yMat, alpha)
print('支持向量为:',(sv_x1, sv_y1))
showPlot(xMat, yMat, alpha, b)
#计算 W
w = calcWs(alpha, xMat, yMat)
#计算模型准确率
acc = calcAcc(xMat, yMat, w, b)
print("模型的准确率为:",acc)
```

运行结果如图 4.59 所示。(注:为了便于说明,这里使用的是简化版 SMO 算法实现支持向量机分类模型。)

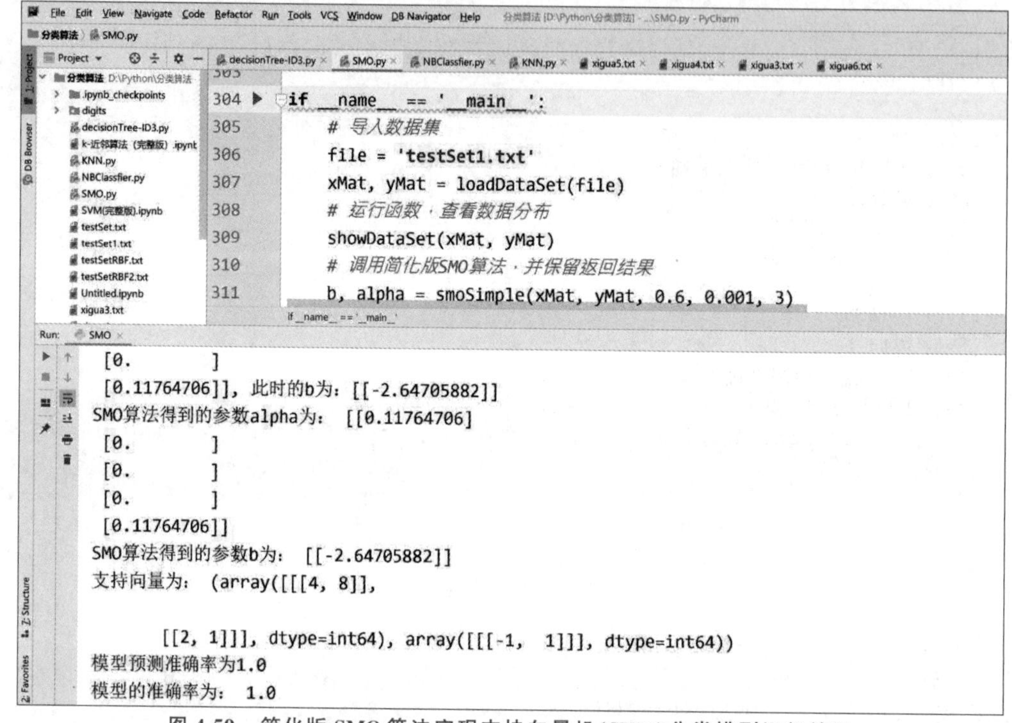

图 4.59 简化版 SMO 算法实现支持向量机(SVM)分类模型运行结果

可以看到代码运行的结果和 4.6.2 节中手算的结果一致,模型的预测结果不错,再将模型的支持向量可视化,结果如图 4.60 所示。

4.6.4 支持向量机分类模型小结

对于两类线性可分学习任务,SVM 找到一个间隔最大的超平面将两类样本分开,最大间隔能够保证该超平面具有最好的泛化能力。支持向量机是一个非常强大的分类方法。在集成学习和神经网络之类的算法没有表现出优越性能前,SVM 基本占据了分类模型的统治地位。目前在大数据背景下,SVM 由于其在大样本时的超级计算量,热度有所下降,但仍然是一个常用的机器学习算法。

SVM 支持向量机分类模型的优点体现在:

(1) 有严格的数学理论支持,可解释性强,不依靠统计方法,从而简化了通常的分类和回归问题。

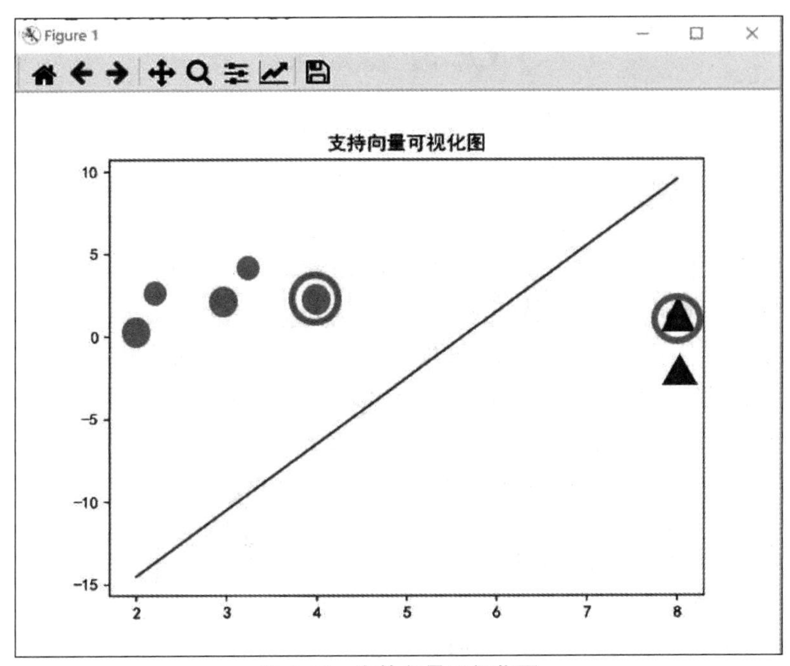

图 4.60　支持向量可视化图

(2) 能找出对任务至关重要的关键样本(即支持向量)。

(3) 采用核技巧之后,可以处理非线性分类/回归任务。

(4) 最终决策函数只由少数的支持向量所确定,计算的复杂性取决于支持向量的数目,而不是样本空间的维数,这在某种意义上避免了“维数灾难”。

(5) 可以避免神经网络结构选择和局部极小点问题。

参数 C 和 g 的选择对分类性能的影响: C 是惩罚系数,C 越大,交叉 validation 高,容易过学习;g 是核函数到达 0 的速率,g 越小,函数下降快,交叉 validation 高,也容易造成过学习。

同时我们也看到 SVM 支持向量机分类模型的局限性有:

(1) 训练时间长。当采用 SMO 算法时,由于每次都需要挑选一对参数,因此时间复杂度为 $O(N^2)$,其中,N 为训练样本的数量。

(2) 当采用核技巧时,如果需要存储核矩阵,则空间复杂度为 $O(N^2)$。

(3) 模型预测时,预测时间与支持向量的个数成正比。当支持向量的数量较大时,预测计算复杂度较高。

(4) 模型的训练效果非常依赖于惩罚因子 C 的选择。

(5) 非线性问题的核函数的选择没有通用标准,难以选择一个合适的核函数。

(6) SVM 对缺失值比较敏感。

因此 SVM 对大数据计算而言,目前只适合小批量样本的任务,无法适应百万甚至上亿样本的计算任务。

习　题

1. 选择题

(1) 坐标轴中有两点 $A(2,-2)$ 和 $B(-1,2)$,这两点的曼哈顿距离(L_1)是(　　)。

A. 5　　B. 1　　C. 7　　D. 6

(2) SVM 中的核技巧(Kernal trick)的作用包括以下(　　)项。

A. 特征升维　　B. 特征降维　　C. 防止过拟合　　D. 防止欠拟合

(3) 在数据预处理阶段,常常对数值特征进行归一化或标准化(standardization, normalization)处理。这种处理方式理论上不会对下列哪个模型产生很大影响?(　　)

A. K-Means　　B. KNN　　C. 决策树

(4) 下面哪个情形不适合作为 K-Means 迭代终止的条件?(　　)

A. 前后两次迭代中,每个聚类中的成员不变

B. 前后两次迭代中,每个聚类中样本的个数不变

C. 前后两次迭代中,每个聚类的中心点不变

(5) 关于欠拟合(under-fitting),下面哪个说法是正确的?(　　)

A. 训练误差较大,测试误差较小

B. 训练误差较小,测试误差较大

C. 训练误差较大,测试误差较大

2. 计算题

使用朴素贝叶斯分类预测未知样本的分类。

数据样本用属性"天气""温度""湿度""风力"来描述。目标分类属性"是否适合打网球"具有两个不同类别(即"Y"和"N")。

10 个训练样本如表 4.21 所示。

表 4.21　10 个训练样本

序号	天气	温度	湿度	风力	是否适合打网球
1	晴	热	高	无	否
2	晴	热	高	有	否
3	多云	热	高	无	是
4	雨	适中	高	无	是
5	雨	冷	正常	无	是
6	雨	冷	正常	有	否
7	多云	冷	正常	有	是
8	晴	适中	高	无	否
9	晴	冷	正常	无	是
10	雨	适中	正常	无	是

预测样本如表 4.22 所示。

表 4.22　预测样本

序号	天气	温度	湿度	风力	是否适合打网球
1	晴	适中	正常	有	?
2	多云	适中	高	有	?
3	多云	热	正常	无	?
4	雨	适中	高	有	?

写出预测分类过程，并根据预测结果，假设预测样本的实际结果标签分别为[是，是，是，否]，计算 Precision，Recall，ACC，F1-Score。

3. 推导朴素贝叶斯分类器的预测函数。

4. 什么是预剪枝？什么是后剪枝？

5. 决策树中 ID3 用什么指标作为分裂的评价指标？

6. 解释决策树训练时寻找最佳分裂的原理。

7. 简述 K-近邻算法的预测算法的原理。

8. 解释核函数的原理，列举常用的核函数。

9. 解释 SMO 算法的原理。

10. SMO 算法如何挑选子问题的优化变量？

11. 在教材中 SMO 简化版的基础上，设计通过启发式选择参数对的方式提高算法效率，并用 Python 编程语言设计实现优化后的完整版 SMO 的算法程序。

第5章

聚类分析模型及应用

【本章内容】 本章首先给出聚类分析的概念和分类，然后详细描述聚类算法的性能度量，最后给出聚类中常用的K-Means算法、DBSCAN算法、AGNES算法、高斯混合聚类算法、LVQ、CLIQUE网格聚类的算法原理、计算流程、实例分析和Python实现。

【学习要求】 理解聚类分析的概念和分类；理解聚类算法的性能度量；掌握聚类中常用的K-Means算法、DBSCAN算法、AGNES算法、高斯混合聚类算法、LVQ、CLIQUE网格聚类的算法原理、计算流程、实例分析和Python实现。

聚类与分类的区别

5.1 聚类概述

5.1.1 聚类的定义和分类

1. 聚类的概念、目标与定义的解释

俗话说："物以类聚，人以群分"，这就是聚类的概念。研究和学习聚类的目标在于：把相似的东西聚在一起；换句话说，聚类的目标就是在相似的基础上收集数据来分类，以形成不同的类或者簇。聚类算法与分析模型及应用是大数据的重要研究内容。

那么什么是聚类的定义呢？在自然科学和社会科学中，存在着大量的聚类定义问题。在"无监督学习"(unsupervised learning)中，训练样本的标记信息是未知的，目标是通过对无标记训练样本的学习来揭示数据的内在性质及规律，为进一步的数据分析提供基础。此类学习任务中研究最多、应用最广的就是"聚类"(clustering)。聚类试图将数据集中的样本划分为若干个通常是不相交的子集，每个子集称为一个"簇"(cluster)。通过这样的划分，每个簇可能对应于一些潜在的概念(类别)，如"浅色瓜""深色瓜""有籽瓜""无籽瓜"，甚至"本地瓜""外地瓜"等。

聚类分析起源于分类学，在古老的分类学中，人们主要依靠经验和专业知识来实现分类，很少利用数学工具进行定量的分类。随着人类科学技术的发展，人们对分类的要求越来越高，以致有时仅凭经验和专业知识难以确切地进行分类，于是人们逐渐地把数学工具引用到了分类学中，形成了数值分类学，之后又将多元分析的技术引入数值分类学形成了聚类分析。

自Everitt给出聚类定义以来，不少学者投身于聚类分析的研究当中，提出了不少聚类分析的原理和算法。聚类分析作为热门的研究领域，涉及数据挖掘、模式识别、机器学习、数据分析等众多学科，Everitt 于 1974 年对聚类分析定义如下：旨在将样本按其自身的属性聚成若干类，以保证类内的样本相似度尽可能高，而类间的样本相似度尽可能低。也有学者将聚类分析称为无监督的分类，因为其在进行聚类之前没有任何的先验信息可以使用，并且聚类将样本聚成几类也是未知的。从定义上讲，聚类就是针对大量数据或者样品，根据数据本身的特性研究分类方法，并遵循这个分类方法对数据进行合理的分类，最终将相似数据分为一组，也就是"同类相同、异类相异"。图 5.1 给出了聚类示意图。

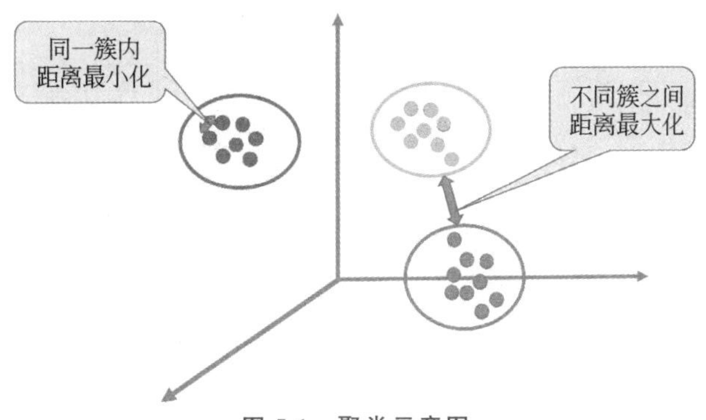

图 5.1　聚类示意图

按照聚类的目标得知：在聚类过程中，通过无标记训练样本的学习来揭示数据的内在性质及规律，是无监督学习过程。在无监督学习中，训练样本标记信息是未知的，聚类试图将数据集中的样本划分为若干个通常不相交的子集，每个子集称为一个"簇"，每个簇可能对应于一些潜在的类别，这些类别概念对聚类算法而言事先是未知的，聚类过程仅能自动形成簇结构，簇所对应的概念语义需要由使用者来把握和命名。

2. 典型的聚类分析应用内容的解释

典型的聚类分析应用内容：① 如果把人和其他动物放在一起比较，可以很轻松地找到一些判断特征，如肢体、嘴巴、耳朵、皮毛等，根据判断指标之间的差距大小划分出某一类为人，某一类为狗，某一类为鱼等，这就是聚类。② 通过对特定运营目的和商业目的所挑选出的指标变量进行聚类分析，把目标群体划分成几个具有明显特征区别的细分群体，把付费用户按照几个特定维度，如利润贡献、用户年龄、续费次数等聚类分析后得到不同特征的群体，将客户分为高价值成熟客户、活跃型老客户、非活跃型高价值老客户等细分客户群体，从而可以在运营活动中为这些细分群体采取精细化、个性化的运营和服务，最终提升运营的效率和商业效果。③ 学生网课学习产生的线上学习数据，通过对学生的视频观看时长、讨论数、访问数等学习特征进行聚类，能够将学生聚成具有不同特征的学生类群，将学生分为积极主动型、被动学习型、按部就班型等学生群体，这样就可以根据学生的学习情况，进行教学预警或者针对性的层次性教学，进而以学生为中心提升教学质量。

目前，聚类分析内容非常丰富，聚类分析算法的分类可以分为以下几大类：分裂法(Partitioning Methods)、基于密度(Density-Based Methods)的方法、层次法(Hierarchical Methods)、基于网格(Grid-Based Methods)的方法和基于模型(Model-Based Methods)的方法等。

3. 聚类算法分类体系结构

没有任何一种聚类技术(聚类算法)可以普遍适用于揭示各种多维数据集所呈现出来的多种多样的结构。根据数据在聚类中的积聚规则以及应用这些规则的方法,有多种聚类算法。聚类算法分类体系结构如图 5.2 所示。

图 5.2　聚类算法分类体系结构

依据图 5.2,其基于划分聚类的思想是:每一个分组至少包含一个数据记录;每一个数据记录属于且仅属于一个分组(注意:这个要求在某些模糊聚类算法中可以放宽);对于给定的 K,算法首先给出一个初始的分组方法,以后通过反复迭代的方法改变分组,使得每一次改进之后的分组方案都较前一次好。使用这个基本思想的算法有:K-Means 算法、K-Medoids 算法、CLARANS 算法。基于密度的方法与其他方法的一个根本区别是:它不是基于各种各样的距离的,而是基于密度的,这样就能克服基于距离的算法只能发现"类圆形"的聚类的缺点。这个方法的指导思想就是,只要一个区域中的点的密度大过某个阈值,就把它加到与之相近的聚类中去。代表算法有:DBSCAN 算法、OPITICS 算法、DENCLUE 算法等。层次聚类对给定的数据集进行层次的分解,直到某种条件满足为止。具体又可分为"自底向上"和"自顶向下"两种方案。例如,在"自底向上"方案中,初始时每一个数据记录都组成一个单独的组,在接下来的迭代中,把那些相互邻近的组合并成一个组,直到所有的记录组成一个分组或者某个条件满足为止。代表算法有:AGNES 算法、BIRCH 算法、CURE 算法、CHAMELEON 算法等。基于网格的方法(Grid-Based Methods)首先将数据空间划分成有限个单元(Cell)的网格结构,所有的处理都是以单个单元为对象的。这样处理的一个突出的优点就是处理速度很快,通常与目标数据库中的记录的个数无关,它只与把数据空间分为多少个单元有关。代表算法有：STING 算法、CLIQUE 算法、WAVE-CLUSTER 算法,既是基于密度的又是基于网格的。基于模型的方法给每一个聚类假定一个模型,然后去寻找能够很好地满足这个模型的数据集。这样一个模型可能是数据点在空间中的密度分布函数或者其他。它的一个潜在的假定就是：目标数据集是由一系列的概率分布所决定的。通常有两种尝试方向：统计的方案和神经网络的方案。

聚类算法的用户不但需要深刻地了解所用的特殊技术,而且还要知道数据收集过程的细节及拥有应用领域的专家知识。用户对手头数据了解得越多,用户越能成功的评估它的真实结构。聚类分析就是研究如何在没有训练的条件下把对象划分为若干类。

需要说明的是,这些算法本身无所谓优劣,而最终运用于数据的效果却存在好坏差异,这在很大程度上取决于数据使用者对于算法的选择是否得当。

本章重点介绍的主要内容是：由 Lloyd、J.B.MacQueen 等人基于划分思想提出的 K-Means 聚类算法、基于密度聚类的典型算法 DBSCAN 算法、基于层次聚类的 AGNES 算法、基于概率统计模型的高斯混合聚类算法、基于神经网络模型的 LVQ 聚类算法,以及基于网格的 CLIQUE 聚类算法。后文中将详细介绍这六类具有代表性的聚类分析算法的原理和 Python 代码实现。

5.1.2　聚类分析中的相关概念

1. 簇

聚类是把各不相同的个体分割为有更多相似性子集合的工作。它试图将数据集中的样本划分为若干个子集——通常是不相交的子集,而每个子集称为一个"簇"(Cluster),也可以称之为类或类别。聚类生成的子集,合称为簇、簇识别(Cluster Identification),一般用 C_i 来表示第 i 个簇。假定有一些数据,现在将相似数据归到一起,簇识别会告诉我们这些数据到底都是什么数据。

下面以表 5.1 中的西瓜样本数据集 4.0 为例,来说明聚类分析中的概念以及聚类分析算法的过程和性能度量。通过对这一批西瓜进行聚类分析,分析出西瓜的聚类情况,进而对西瓜的类别判断提供参考。

本数据集选取了 30 条西瓜特征的数据,包含两个特征,分别是西瓜的密度和西瓜的含糖率。为了方便说明,将编号为 i 的样本称为 $\boldsymbol{x}_i$。

表 5.1　西瓜样本数据集 4.0

编号	密度	含糖率	编号	密度	含糖率
1	0.697	0.460	8	0.437	0.211
2	0.774	0.376	9	0.666	0.091
3	0.634	0.264	10	0.243	0.267
4	0.608	0.318	11	0.245	0.057
5	0.556	0.215	12	0.343	0.099
6	0.403	0.237	13	0.639	0.161
7	0.481	0.149	14	0.657	0.198

续表

编号	密度	含糖率	编号	密度	含糖率
15	0.360	0.370	23	0.483	0.312
16	0.593	0.042	24	0.478	0.437
17	0.719	0.103	25	0.525	0.369
18	0.359	0.188	26	0.751	0.489
19	0.339	0.241	27	0.532	0.472
20	0.282	0.257	28	0.473	0.376
21	0.748	0.232	29	0.725	0.445
22	0.714	0.346	30	0.446	0.459

(＊注：表 5.1 数据集来源于周志华《机器学习》教材，在本章的 K-Means、DBSCAN、AGNES、高斯混合聚类、LVQ 聚类以及 CLIQUE 等聚类算法中都将使用此数据集作为示例数据集进行算法演示。)

例如，将上述西瓜数据集中 30 个样例数据聚为 3 类，假设聚类分析之后将序号为 1,6,15,21,22,24,25,28,29 的聚为第一类，序号为 9,10,11,13,16,20,26 的聚为第二类，而剩余的序号为 2,3,4,5,7,8,12,14,17,18,19,23,27,30 的聚为第三类，那么这个例子中一共有三个簇，分别命名为 C_1、C_2 和 C_3，具体内容如下。

$$C_1=\{\boldsymbol{x}_1,\boldsymbol{x}_6,\boldsymbol{x}_{15},\boldsymbol{x}_{21},\boldsymbol{x}_{22},\boldsymbol{x}_{24},\boldsymbol{x}_{25},\boldsymbol{x}_{28},\boldsymbol{x}_{29}\}$$

$$C_2=\{\boldsymbol{x}_9,\boldsymbol{x}_{10},\boldsymbol{x}_{11},\boldsymbol{x}_{13},\boldsymbol{x}_{16},\boldsymbol{x}_{20},\boldsymbol{x}_{26}\}$$

$$C_3=\{\boldsymbol{x}_2,\boldsymbol{x}_3,\boldsymbol{x}_4,\boldsymbol{x}_5,\boldsymbol{x}_7,\boldsymbol{x}_8,\boldsymbol{x}_{12},\boldsymbol{x}_{14},\boldsymbol{x}_{17},\boldsymbol{x}_{18},\boldsymbol{x}_{19},\boldsymbol{x}_{23},\boldsymbol{x}_{27},\boldsymbol{x}_{30}\}$$

通过这样的划分，每个簇 C_i 可能对应于一些潜在的概念(类别)，如“好瓜”“中等瓜”“坏瓜”等。需要说明的是，这些概念对聚类算法而言事先是未知的，聚类过程仅能自动形成簇结构，簇所对应的概念语义需由使用者来把握和命名。

2. 相似度、相异度

聚类分析的实质是：以相似性为基础的无监督学习，它将相似的对象归类到同一个簇中，将不相似的对象归到不同簇中。它在一个聚类中的模式之间比不在同一聚类中的模式之间具有更多的相似性。而相似这一概念取决于所选择的相似度计算方法。

例如，学生在线学习数据被聚成 5 类之后，生成的簇内部的任意两个对象之间具有较高的相似度，属于不同簇的两个对象间具有较高的相异度。

对于不同数据类型，具有不同的相异度计算方法。聚类算法的基本出发点在于根据对象间相似度将对象划分为不同的类。对于 n 个数据对象，其可能具有 m 个属性变量，其中，属性变量可能是区间标度变量、二元变量、标称变量、序数型变量、比例标度变量等，对于不同类型的属性变量以及由各种类型变量组成的混合类型变量的相似度计算，需要采用特定的方法。这部分内容比较多，关于相似度和距离的概念及相关内容(知识)，运用图 5.3 来详细描述相似度/相异度计算所涉及的术语。

具体解释：假定样本集 $D=\{\boldsymbol{x}_1,\boldsymbol{x}_2,\cdots,\boldsymbol{x}_m\}$包含 m 个无标记样本，每个样本 $\boldsymbol{x}_i=(\boldsymbol{x}_{i1},\boldsymbol{x}_{i2},\cdots,\boldsymbol{x}_{in})$是一个 n 维特征向量，则聚类算法将样本集 D 划分为 k 个不相交的簇$\{C_l \mid l=1,2,\cdots,k\}$，其中，$C_{l'}\bigcap\limits_{l'\neq l}C_l=\varnothing$ 且 $D=\bigcup\limits_{l=1}^{k}C_l$。相应地，用 $\lambda_j\in\{1,2,\cdots,k\}$表示样本 $\boldsymbol{x}_j$ 的

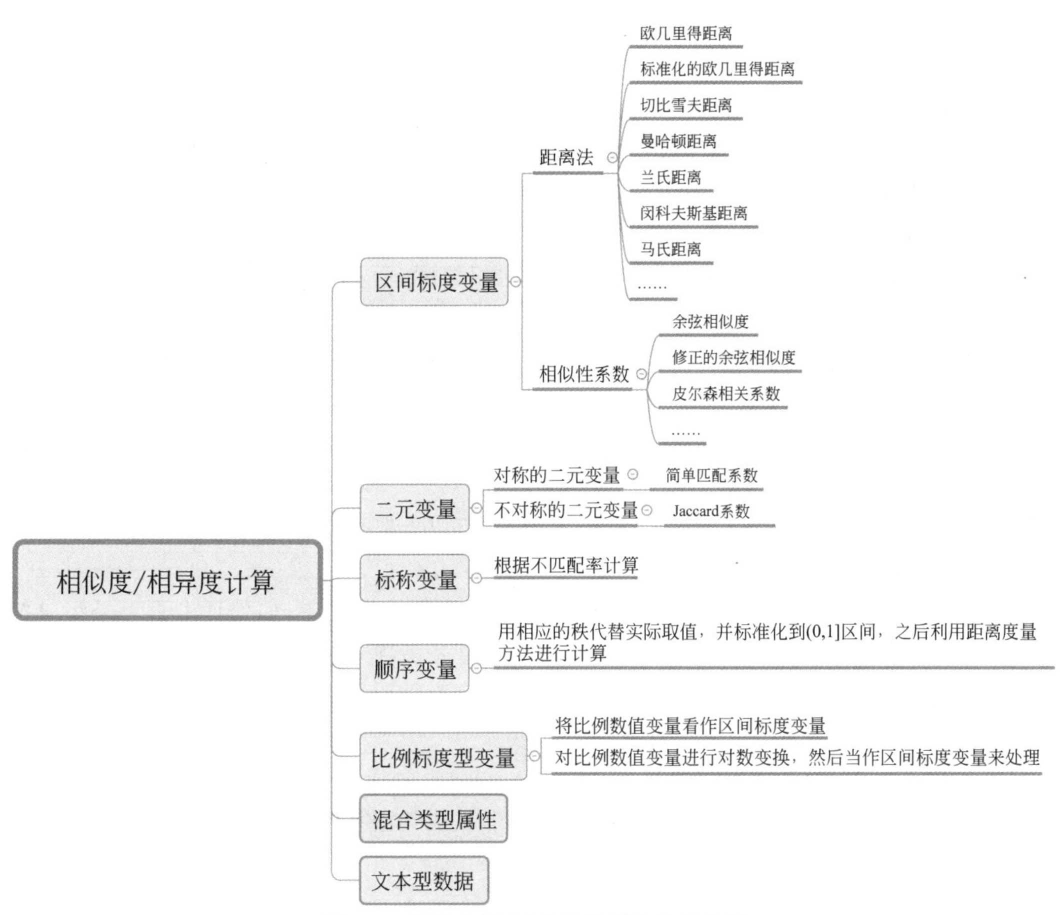

图 5.3　相似度/相异度计算所涉及的术语

“簇标记”(cluster label)，即 $\boldsymbol{x}_j \in C_{\lambda_j}$，于是，聚类的结果可用包含 m 个元素的簇标记向量 $\boldsymbol{\lambda}=(\lambda_1,\lambda_2,\cdots,\lambda_m)$表示。

聚类既能作为一个单独过程，用于找寻数据内在的分布结构，也可作为分类等其他学习任务的前驱过程。例如，在一些商业应用中需要对新用户的类型进行判别，但定义“用户类型”对商家来说却可能不太容易，此时往往可先对用户数据进行聚类，根据聚类结果将每个簇定义为一个类，然后再基于这些类训练分类模型，用于判别新用户的类型。

基于不同的学习策略，人们设计出多种类型的聚类算法，本章后半部分将对其中最常用的 K-Means 均值聚类、DBSCAN 密度聚类、AGNES 层次聚类、高斯混合聚类、LVQ 神经网络模型聚类、CLIQUE 网格聚类等典型的聚类算法进行重点介绍，同时在此之前，还将在 5.1.4 节讨论聚类算法涉及的两个基本问题——性能度量和距离计算。

5.1.3　聚类分析的应用

聚类分析源于许多研究领域，包括数据挖掘、统计学、生物学，以及机器学习。聚类的用途很广，在商业上，聚类可以帮助市场分析人员从消费者数据库中区分出不同的消费群体来，并且概括出每一类消费者的消费模式或者说习惯。它作为数据挖掘中的一个模块，可以作为一个单独的工具以发现数据库中分布的一些深层的信息，并且概括出每一类的特点，或者把注意力放在某一个特定的类上以做进一步的分析;并且,聚类分析也可以作为数据挖掘算法中其他分析算法的一个预处理步骤。

例如,为了满足某些数据挖掘算法(如关联规则)的需要,需要对连续的数据进行离散化处理,使条件属性和决策属性值简约化、规范化。这时就需要对数据进行聚类处理,下面就详细介绍一下聚类处理。

上述提到的聚类(Clustering)应用的重要任务是:将数据对象分组成为多个类或簇(Cluster),在同一个簇中的对象之间具有较高的相似度,而不同簇中的对象差别较大。相似度是根据描述对象的属性值来计算的。聚类是经常采用的度量方式。

聚类分析是一个具有很强挑战性的领域,还存在一些潜在的应用,如客户价值分析、文本分类、基因识别、空间数据处理、卫星图片分析等。数据分析、统计学、机器学习、空间数据库技术、生物学和市场学这些潜在的应用也推动了聚类分析研究领域的进展和拓宽了应用领域。

一些应用还对分析算法提出了特别的要求,具有以下典型的特征。

(1) 伸缩性。

这里的可伸缩性是指算法要能够处理大数据量的数据库对象,如处理上百万条记录的数据库。这就要求算法的时间复杂度不能太高,最好是多项式时间的算法。值得注意的是,当算法不能处理大数据量时,用抽样的方法来弥补也不是一个好主意,因为抽样的方法通常会导致歪曲的结果。

(2) 处理不同字段类型的能力。

算法不仅要能处理数值性的字段,还要有处理其他类型字段的能力,例如,布尔型、枚举型、序数型及混合型等。

(3) 发现具有任意形状的聚类的能力。

很多聚类分析算法采用基于欧几里得距离的相似性度量方法,这一类算法发现的聚类通常是一些球状的、大小和密度相近的类;但可以想象,显示数据库中的聚类可能是任意形状的,甚至是具有分层树的形状,故要求算法有发现任意形状的聚类的能力。

(4) 输入参数对领域知识的依赖性。

很多聚类算法都要求用户输入一些参数,例如,需要发现的聚类数、结果的支持度及置信度等。聚类分析的结果通常都对这些参数很敏感,但另一方面,对于高维数据,这些参数又是相当难以确定的。这样就加重了用户使用这个工具的负担,使得分析的结果很难控制。一个好的聚类算法应当针对这个问题,给出一个好的解决方法。

(5) 能够处理异常数据。

现实数据库中常常包含异常数据,例如,数据不完整、缺乏某些字段的值,甚至是包含错误数据现象。有一些数据算法可能会对这些数据很敏感,从而导致错误的分析结果。

(6) 结果对输入记录顺序的无关性。

有些分析算法对记录的输入顺序是敏感的,也即对同一个数据集,将它以不同的顺序输入到分析算法,得到的结果会不同,这是我们不希望的。

(7) 处理高维数据的能力。

一个数据库或者数据仓库都有很多的字段或者说明,一些分析算法对处理维数较少的数据集时表现不错,例如,二维、三维的数据。人的理解能力也可以对二维、三维数据的聚类分析结果的质量做出较好的判别，但对于高维数据就没有那么直观了。所以对于高维数据的聚类分析是很具有挑战性的，特别是考虑到在高维空间中，数据的分布是极其稀疏的，而且形状也可能是极其不规则的。

(8) 增加限制条件后的聚类分析能力。

现实的应用中总会出现各种其他限制，我们希望聚类算法可以在考虑这些限制的情况下，仍旧有很好的表现。

(9) 结果的可解释性和可用性。

聚类的结果最终都是要面向用户的，所以结果应该是容易解释和理解的，并且是可应用的。这就要求聚类算法必须与一定的语义环境及语义解释相关联。领域知识如何影响聚类分析算法的设计是很重要的一个研究方面。

5.1.4 聚类性能度量

聚类性能度量也称为聚类“有效性指数”(validity index)，与监督学习中的性能作用相似，对于聚类结果，一方面需通过某种性能度量来评估其好坏；另一方面，若明确了最终将使用的性能度量，则可直接将其作为聚类过程的优化目标，从而更好地得到符合要求的聚类结果。

聚类是将样本集 D 划分为若干互不相交的子集，即样本簇。那么什么样的聚类结果比较好呢？直观上看，我们希望“物以类聚”，即同一簇的样本尽可能彼此相似，不同簇的样本尽可能不同。换言之，聚类结果的“簇内相似度”(intra-cluster similarity)高且“簇间相似度”(inter-cluster similarity)低。

1. 距离计算

在计算聚类的性能指标时需要用到距离计算，这一部分将首先介绍和聚类性能指标相关的距离概念及相应计算。

对于函数 dist(·，·)，若它是一个“距离度量”(distance measure)，则需要满足如下一些基本性质。

非负性，如式(5-1)所示。

$$\mathrm{dist}(\boldsymbol{x}_i,\boldsymbol{x}_j)\geqslant 0; \tag{5-1}$$

同一性，如式(5-2)所示。

$$\mathrm{dist}(\boldsymbol{x}_i,\boldsymbol{x}_j)=0 \quad \text{当且仅当 } \boldsymbol{x}_i=\boldsymbol{x}_j \tag{5-2}$$

对称性，如式(5-3)所示。

$$\mathrm{dist}(\boldsymbol{x}_i,\boldsymbol{x}_j)=\mathrm{dist}(\boldsymbol{x}_j,\boldsymbol{x}_i) \tag{5-3}$$

直通性，如式(5-4)所示。

$$\mathrm{dist}(\boldsymbol{x}_i,\boldsymbol{x}_j)\leqslant \mathrm{dist}(\boldsymbol{x}_i,\boldsymbol{x}_k)+\mathrm{dist}(\boldsymbol{x}_k,\boldsymbol{x}_j) \tag{5-4}$$

给定样本 $\boldsymbol{x}_i=(x_{i1},x_{i2},\cdots,x_{in})$ 与 $\boldsymbol{x}_j=(x_{j1},x_{j2},\cdots,x_{jn})$，最常用的距离是“闵可夫斯基距离”(Minkowski distance)，如式(5-5)所示。

$$\mathrm{dist}_{\mathrm{mk}}(\boldsymbol{x}_i,\boldsymbol{x}_j)=\left(\sum_{u=1}^{n}\mid x_{iu}-x_{ju}\mid^{p}\right)^{\frac{1}{p}} \tag{5-5}$$

当 $p\geqslant 1$ 时，式(5-5)显然满足式(5-1)～式(5-4)距离度量的基本性质。

当 $p=2$ 时，闵可夫斯基距离即欧氏距离(Euclidean distance)，如式(5-6)所示。

$$\mathrm{dist_{ed}}(\boldsymbol{x}_i,\boldsymbol{x}_j)=\|\boldsymbol{x}_i,\boldsymbol{x}_j\|_2=\sqrt{\sum_{u=1}^{n}|x_{iu}-x_{ju}|^2} \tag{5-6}$$

当 $p=1$ 时,闵可夫斯基距离即曼哈顿距离(Manhattan distance),如式(5-7)所示。

$$\mathrm{dist_{man}}(\boldsymbol{x}_i,\boldsymbol{x}_j)=\|\boldsymbol{x}_i,\boldsymbol{x}_j\|_1=\sum_{u=1}^{n}|x_{iu}-x_{ju}| \tag{5-7}$$

我们常将属性划分为“连续属性”(continuous attribute)和“离散属性”(categorical attribute),前者在定义域上有无穷多个可能的取值,后者在定义域上是有限个取值。然而,在讨论距离计算时,属性上是否定义了“序”关系更为重要。例如,定义域为{1,2,3}的离散属性与连续属性的性质更接近一些,能直接在属性值上计算距离:“1”与“2”比较接近、与“3”比较远,这样的属性称为“有序属性”(ordinal attribute);而定义域为{飞机,火车,轮船}这样的离散属性则不能直接在属性值上计算距离,称为“无序属性”(non-ordinal attribute)。显然,闵可夫斯基距离可用于有序属性。

对无序属性可采用 VDM (Value Difference Metric)[Stanfill, Waltz,1986]。令 $m_{u,a}$ 表示在属性 u 上取值为 a 的样本数,$m_{u,a,i}$ 表示在第 i 个样本簇中在属性 u 上取值为 a 的样本数,k 为样本簇数,则属性 u 上两个离散值 a 与 b 之间的 VDM 距离为式(5-8):

$$\mathrm{VDM}_p(a,b)=\sum_{i=1}^{k}\left|\frac{m_{u,a,i}}{m_{u,a}}-\frac{m_{u,b,i}}{m_{u,b}}\right|^p \tag{5-8}$$

于是,将闵可夫斯基距离和 VDM 结合即可处理混合属性。假定有 n_c 个有序属性、$n-n_c$ 个无序属性,不失一般性,令有序属性排列在无序属性之前,则有式(5-9):

$$\mathrm{MinkovDM}_p(\boldsymbol{x}_i,\boldsymbol{x}_j)=\left(\sum_{u=1}^{n_c}|x_{iu}-x_{ju}|^p+\sum_{u=u_c+1}^{n}\mathrm{VDM}_p(x_{iu},x_{ju})\right)^{\frac{1}{p}} \tag{5-9}$$

当样本空间中不同属性的重要性不同时,可使用“加权距离”(weighted distance)。以加权闵可夫斯基距离为例,见式(5-10):

$$\mathrm{dist_{wmk}}(\boldsymbol{x}_i,\boldsymbol{x}_j)=(w_1\cdot|x_{i1}-x_{j1}|^p+\cdots+w_n\cdot|x_{in}-x_{jn}|^p)^{\frac{1}{p}} \tag{5-10}$$

其中,权重 $w_i\geqslant 0(i=1,2,\cdots,n)$ 表征不同属性的重要性,通常 $\sum_{i=1}^{n}w_i=1$。

需要注意的是,通常我们是基于某种形式的距离来定义“相似度度量”(similarity measure),距离越大,相似度越小。然而,用于相似度度量的距离未必一定要满足距离度量的所有基本性质尤其是直通性。例如,在某些任务中可能希望有这样的相似度度量:“人”和“马”分别与“人马”相似,但“人”与“马”很不相似;要达到这个目的,可以令“人”“马”与“人马”之间的距离都比较小,但“人”与“马”之间的距离很大。此时该距离不再满足直通性;这样的距离称为“非度量距离”(non-metric distance)。

此外,本节介绍的距离计算式都是事先定义好的,但在不少现实任务中,有必要基于数据样本来确定合适的距离计算式,这可通过“距离度量学习”(distance metric learning)来实现。

综上对于变量,或者属性,大致可以分为两类:第一类,定量变量即通常所说的连续型变量;第二类,定性变量即这些量并非真有数量上的变化,而只有性质上的差异。这些量又可以分为两种,一种是有序变量,另一种是名义变量。

(1) 对于连续型变量,常用的相似性度量用的是距离,典型的距离定义有如表 5.2 所示的表示形式。

表 5.2　典型的距离定义的表示形式

距　离	定　义　式	说　明
绝对值距离	$d_{ij}(1)=\sum_{k=1}^{p}\lvert x_{ik}-x_{jk}\rvert$	绝对值距离是在一维空间下进行的距离计算
欧氏距离	$d_{ij}(2)=\sqrt{\sum_{k=1}^{p}(x_{ik}-x_{jk})^2}$	欧氏距离是在二维空间下进行的距离计算
闵可夫斯基距离	$d_{ij}(q)=\left[\sum_{k=1}^{p}(x_{ik}-x_{jk})^q\right]^{1/q},q>0$	闵可夫斯基距离是在 q 维空间下进行的距离计算
切比雪夫距离	$d_{ij}(\infty)=\max\limits_{1\leqslant k\leqslant p}\lvert x_{ik}-x_{jk}\rvert$	切比雪夫距离是 q 取正无穷大时的闵可夫斯基距离，即切比雪夫距离是在 $+\infty$ 维空间下进行的距离计算
Lance 距离	$d_{ij}(L)=\sum_{k=1}^{p}\frac{\lvert x_{ik}-x_{jk}\rvert}{x_{ik}+x_{jk}}$	减弱极端值的影响能力
归一化距离	$d_{ij}=\sum_{k=1}^{p}\frac{\lvert x_{ik}-x_{jk}\rvert}{\max(x_k)-\min(x_k)}$	自动消除不同变量间的量纲影响，其中每个变量 k 的距离取值均是[0,1]

(2) 对于离散型变量，常见的相似性度量有相似系数。

两个仅包含二元属性的对象之间的相似性度量也称相似系数。

假设两个对象的比较有四种情况：$f_{00}=x$ 取 0 并且 y 取 0 的属性个数；$f_{01}=x$ 取 0 并且 y 取 1 的属性个数；$f_{10}=x$ 取 1 并且 y 取 0 的属性个数；$f_{11}=x$ 取 1 并且 y 取 1 的属性个数。

则有如下简单匹配系数(SMC)和杰卡德系数(Jaccard,JC)定义。

① 简单匹配系数。

$$\begin{aligned}\text{SMC}&=\text{值匹配的属性个数}/\text{属性总个数}\\&=(f_{11}+f_{00})/(f_{01}+f_{10}+f_{11}+f_{00})\end{aligned}$$

② Jaccard(杰卡德) 系数。

$$\begin{aligned}\text{JC}&=\text{值为 1 匹配的个数}/\text{不涉及 0-0 匹配的属性个数}\\&=(f_{11})/(f_{01}+f_{10}+f_{11})\end{aligned}$$

例 5.1　简单匹配系数和 Jaccard 系数的计算。

假设有两个二元向量，分别为 $\boldsymbol{x}$ 和 $\boldsymbol{y}$：

$$\boldsymbol{x}=(1,0,0,0,0,0,0,0,0,0)$$

$$\boldsymbol{y}=(0,0,0,0,0,0,1,0,0,1)$$

则有：

$f_{00}=7$　(x 取 0 并且 y 取 0 的属性个数)

$f_{01}=2$　(x 取 0 并且 y 取 1 的属性个数)

$f_{10}=1$　(x 取 1 并且 y 取 0 的属性个数)

$f_{11}=0$　(x 取 1 并且 y 取 1 的属性个数)

根据匹配系数和 Jaccard 系数的计算公式容易得到：

简单匹配系数 $SMC=(f_{11}+f_{00})/(f_{01}+f_{10}+f_{11}+f_{00})=\frac{0+7}{2+1+0+7}=0.7$

Jaccard 系数 $JC=(f_{11})/(f_{01}+f_{10}+f_{11})=\frac{0}{2+1+0}=0$

2. 余弦相似度

在计算聚类的性能指数时也常常会用到余弦相似度,又称为余弦相似性,是通过计算两个向量的夹角余弦值来评估它们的相似度。余弦相似度将向量根据坐标值绘制到向量空间中,如最常见的二维空间。

余弦相似性通过测量两个向量的夹角的余弦值来度量它们之间的相似性。0°角的余弦值是1,而其他任何角度的余弦值都不大于1;并且其最小值是-1。从而两个向量之间的角度的余弦值确定两个向量是否大致指向相同的方向。两个向量有相同的指向时,余弦相似度的值为1;两个向量夹角为90°时,余弦相似度的值为0;两个向量指向完全相反的方向时,余弦相似度的值为-1。这个结果是与向量的长度无关的,仅与向量的指向方向相关。余弦相似度通常用于正空间,因此给出的值为-1~1。余弦值的范围为[-1,1],值越趋近1,代表两个向量的方向越接近;越趋近-1,方向越相反;接近0,表示两个向量近乎正交。

注意上下界对任何维度的向量空间中都适用,而且余弦相似性最常用于高维正空间。例如,在信息检索中,每个词项被赋予不同的维度,而一个维度由一个向量表示,其各个维度上的值对应于该词项在文档中出现的频率。余弦相似度因此可以给出两篇文档在其主题方面的相似度。最常见的应用就是计算文本相似度。例如,在大数据的文本挖掘与统计分析中,经常遇到的问题是:将两个文本根据特征词,建立两个向量,计算这两个向量的余弦值,就可以知道两个文本在统计学方法中的相似度情况。实践证明,这是一个非常有效的和非常适用于非结构化数据分析的方法。

另外,它通常用于文本挖掘中的文件比较。此外,在数据挖掘领域中,会用它来度量集群内部的凝聚力。

两个向量间的余弦值可以通过使用欧几里得点积公式求出,见式(5-11):

$$\boldsymbol{A}\cdot\boldsymbol{B}=\|\boldsymbol{A}\|\ \|\boldsymbol{B}\|\cos\theta \tag{5-11}$$

给定两个属性向量 $\boldsymbol{A}$ 和 $\boldsymbol{B}$,其余弦相似性由点积和向量长度给出,如式(5-12)所示。

$$\text{Similarity}=\cos\theta=\frac{\boldsymbol{A}\cdot\boldsymbol{B}}{\|\boldsymbol{A}\|\ \|\boldsymbol{B}\|}\ \frac{\sum_{i=1}^{n}A_i\times B_i}{\sqrt{\sum_{i=1}^{n}(A_i)^2}\times\sqrt{\sum_{i=1}^{n}(B_i)^2}} \tag{5-12}$$

这里的 A_i,B_i 分别代表向量 $\boldsymbol{A}$ 和 $\boldsymbol{B}$ 的各分量。其中,$\boldsymbol{A}\cdot\boldsymbol{B}$ 表示向量的点积(内积),$\|\boldsymbol{A}\|$ 表示向量的范数。

给出的相似性范围为-1~1,其中,-1意味着两个向量指向的方向正好截然相反,1表示它们的指向是完全相同的,0通常表示它们之间是独立的,而在这之间的值则表示中间的相似性或相异性。

对于文本匹配,属性向量 $\boldsymbol{A}$ 和 $\boldsymbol{B}$ 通常对应着文档中的词频向量。余弦相似性,可以被看作是在比较过程中把文件长度正规化的方法。

在信息检索中,由于一个词的频率(TF-IDF 权)不能为负数,所以这两个文档的余弦相似性范围为 0～1,并且,两个词的频率向量之间的角度不能大于 90°。

例 5.2　假设有两个向量 $\boldsymbol{x}_1$ 和 $\boldsymbol{x}_2$：

$$\boldsymbol{x}_1=(3,2,0,5,2,0,0)$$

$$\boldsymbol{x}_2=(1,0,0,0,1,0,2)$$

请计算其对应的聚类性能——余弦相似系数。

解答：根据两个向量的余弦相似系数的计算式(5-12),有如下计算结果。

$$\cos(\boldsymbol{x}_1,\boldsymbol{x}_2)=\frac{\sum_{i=1}^{n}A_i\times B_i}{\sqrt{\sum_{i=1}^{n}(A_i)^2}\times\sqrt{\sum_{i=1}^{n}(B_i)^2}}$$

$$=\frac{3\times1+2\times0+0\times0+5\times0+2\times1+0\times0+0\times2}{\sqrt{3^2+2^2+0^2+5^2+2^2+0^2+0^2}\times\sqrt{1^2+0^2+0^2+0^2+1^2+0^2+2^2}}$$

$$=\frac{5}{\sqrt{42}\times\sqrt{8}}=\frac{5}{6.481\times2.449}=0.3150$$

例 5.3　聚类性能——文档间余弦相似系数的计算范例。

给出三篇文档,我们的任务是求出文档间的相似性度量：余弦相似系数(如计算文档间相似系数)。假设这三篇文档的内容分别如下。

文档 1：team team team play play play play play score score game game game game game game lost lost season season

文档 2：coach coach coach coach coach coach coach ball ball score lost lost lost

文档 3：coach score game game win win timeout timeout timeout

问题：请计算三篇文档的内容之间的余弦相似系数。

答：(1)首先对三个文档进行词频统计,统计结果如表 5.3 所示。

表 5.3　文档词汇统计

	team	coach	play	ball	score	game	win	lost	timeout	season
文档 1	3	0	5	0	2	6	0	2	0	2
文档 2	0	7	0	2	1	0	0	3	0	0
文档 3	0	1	0	0	1	2	2	0	3	0

(2) 再计算三个文档两两间余弦相似系数。

$$\cos(\boldsymbol{x}_1,\boldsymbol{x}_2)=8/(9.055\times7.937)=0.1113$$

$$\cos(\boldsymbol{x}_1,\boldsymbol{x}_3)=14/(9.055\times4.359)=0.3547$$

$$\cos(\boldsymbol{x}_2,\boldsymbol{x}_3)=8/(7.937\times4.359)=0.2312$$

(3) 计算结果分析。

通过上述计算出的余弦相似性系数可以得出：文档 1 和文档 3 的余弦相似系数最大,其次是文档 2 和文档 3 的余弦相似系数,最小的是文档 1 和文档 2 的余弦相似系数,因此文档 1 与文档 3 的相似性高于文档 2 与文档 3 的相似性,文档 2 与文档 3 的相似性高于文档 1 和文档 2 的相似性。

3. 聚类性能度量

聚类性能度量大致有两类。一类是将聚类结果与某个“参考模型”(reference model)进行比较,称为“外部指数”(external index);另一类是直接考察聚类结果而不利用任何参考模型,称为“内部指数”(internal index)。

1) 外部指数

对于数据集 $D=\{\boldsymbol{x}_1,\boldsymbol{x}_2,\cdots,\boldsymbol{x}_m\}$,假定通过聚类给出的簇划分为 $C=\{C_1,C_2,\cdots,C_k\}$,参考模型给出的簇划分为 $C^*=\{C_1^*,C_2^*,\cdots,C_s^*\}$。

令 λ 与 λ^* 分别表示与 C 和 C^* 对应的簇标记向量。将样本两两配对考虑,a,b,c,d 对应的模型如式(5-13)~式(5-16)所示。

$$a=|\mathrm{SS}|,\mathrm{SS}=\{(\boldsymbol{x}_i,\boldsymbol{x}_j)\mid\lambda_i=\lambda_j,\lambda_i^*=\lambda_j^*,i<j\} \tag{5-13}$$

$$b=|\mathrm{SD}|,\mathrm{SD}=\{(\boldsymbol{x}_i,\boldsymbol{x}_j)\mid\lambda_i=\lambda_j,\lambda_i^*\neq\lambda_j^*,i<j\} \tag{5-14}$$

$$c=|\mathrm{DS}|,\mathrm{DS}=\{(\boldsymbol{x}_i,\boldsymbol{x}_j)\mid\lambda_i\neq\lambda_j,\lambda_i^*=\lambda_j^*,i<j\} \tag{5-15}$$

$$d=|\mathrm{DD}|,\mathrm{DD}=\{(\boldsymbol{x}_i,\boldsymbol{x}_j)\mid\lambda_i\neq\lambda_j,\lambda_i^*\neq\lambda_j^*,i<j\} \tag{5-16}$$

其中,SS 集合包含在 C 中属于相同簇且在 C^* 中也属于相同簇的样本对。集合 SD 包含在 C 中属于相同簇,但在 C^* 中属于不同簇的样本对。集合 DS 包含在 C 中属于不相同簇,且在 C 中属于相同簇的样本对。集合 DD 包含在 C 中属于不相同簇,在 C^* 中也属于不同簇的样本对。

由于每个样本(x_i,x_j)仅能出现在一个集合中,因此对于 m 样本元素有:

$$a+b+c+d=m(m-1)/2$$

基于式(5-13)~式(5-16)可导出下面这些常用的聚类性能度量的外部指标。

(1) Jaccard 系数(Jaccard Coefficient,JC)计算模型,如式(5-17)所示。

$$\mathrm{JC}=\frac{a}{a+b+c} \tag{5-17}$$

JC 的含义为样本集合交集大小与样本集合并集大小的比值,刻画了在聚类结果和参考模型中隶属于同一簇的样本对所占比例。

(2) FMI 指数(Fowlkes and Mallows Index)计算模型,如式(5-18)所示。

$$\mathrm{FMI}=\sqrt{\frac{a}{a+b}\cdot\frac{a}{a+c}} \tag{5-18}$$

FMI 的含义为在聚类结果中属于同一簇的样本对中,同时属于参考模型的样本对的比例为 $p_1=\dfrac{a}{a+b}$;在参考模型中属于同一簇的样本对中,同时属于聚类结果的样本对的比例为 $p_2=\dfrac{a}{a+c}$。FMI 就是 p_1 和 p_2 的几何平均值。

(3) Rand 指数(Rand Index,RI)计算模型,如式(5-19)所示。

$$\mathrm{RI}=\frac{2(a+d)}{m(m-1)} \tag{5-19}$$

RI 刻画了隶属于聚类结果中同一簇,且隶属于参考模型中同一簇的样本对和既不隶属于聚类结果中同一簇,又不隶属于参考模型中同一簇的样本对之和占所有样本对的比例。

以上三种外部指标的取值范围均为[0,1],显然,其值越大越好。

例 5.4　计算表 5.4 中数据的聚类性能——外部指标 Jaccard 系数、FMI 指数和 Rand 指数。

假设有聚类结果 C 和参考模型 C^* 如表 5.4 所示(数据点个数 $m=5$)。

表 5.4　聚类性能——外部指标的计算数据

数据点	x_1	x_2	x_3	x_4	x_5
聚类结果 C	C_1	C_1	C_1	C_2	C_2
参考模型 C^*	C_1^*	C_1^*	C_2^*	C_1^*	C_2^*

根据聚类性能中外部指标的定义式(5-13)～式(5-16),其中,a 表示在聚类结果 C 里属于同一簇,在参考模型 C^* 中也是同一簇的样本对个数;b 表示在聚类结果 C 里属于同一簇,在参考模型 C^* 中属于不同簇的样本对个数;c 表示在聚类结果 C 里属于不同簇,在参考模型 C^* 中属于同一簇的样本对个数;d 表示在聚类结果 C 里属于不同簇,在参考模型 C^* 中也属于不同簇的样本对个数。

不难得出以下结果。

$$a=|\mathrm{SS}|=|\{(\boldsymbol{x}_1,\boldsymbol{x}_2)\}|=1$$

$$b=|\mathrm{SD}|=|\{(\boldsymbol{x}_1,\boldsymbol{x}_3),(\boldsymbol{x}_2,\boldsymbol{x}_3),(\boldsymbol{x}_4,\boldsymbol{x}_5)\}|=3$$

$$c=|\mathrm{DS}|=|\{(\boldsymbol{x}_1,\boldsymbol{x}_4),(\boldsymbol{x}_2,\boldsymbol{x}_4),(\boldsymbol{x}_3,\boldsymbol{x}_5)\}|=3$$

$$d=|\mathrm{DD}|=|\{(\boldsymbol{x}_1,\boldsymbol{x}_5),(\boldsymbol{x}_2,\boldsymbol{x}_5),(\boldsymbol{x}_3,\boldsymbol{x}_4)\}|=3$$

根据式(5-17)～式(5-19)求出外部指标如下。

(1) Jaccard 系数(JC):

$$\mathrm{JC}=\frac{a}{a+b+c}=\frac{1}{1+3+3}=\frac{1}{7}$$

(2) FMI 指数(FMI):

$$\mathrm{FMI}=\sqrt{\frac{a}{a+b}\cdot\frac{a}{a+c}}=\sqrt{\frac{1}{1+3}\cdot\frac{1}{1+3}}=0.25$$

(3) Rand 指数(RI):

$$\mathrm{RI}=\frac{2(a+d)}{m(m-1)}=\frac{2\times(1+3)}{5\times(5-1)}=\frac{2}{5}=0.4$$

2) 内部指标

考虑聚类结果的簇划分 $C=\{C_1,C_2,\cdots,C_k\}$ 定义模型分别如式(5-20)～式(5-23)所示。

$$\mathrm{avg}(C)=\frac{2}{|C|(|C|-1)}\sum_{1\leqslant i\leqslant j\leqslant|C|}\mathrm{dist}(\boldsymbol{x}_i,\boldsymbol{x}_j)\tag{5-20}$$

$$\mathrm{diam}(C)=\max_{1\leqslant i\leqslant j\leqslant|C|}\mathrm{dist}(\boldsymbol{x}_i,\boldsymbol{x}_j)\tag{5-21}$$

$$d_{\min}(C_i,C_j)=\min_{x_i\in C_i,x_j\in C_j}\mathrm{dist}(\boldsymbol{x}_i,\boldsymbol{x}_j)\tag{5-22}$$

$$d_{\mathrm{cen}}(C_i,C_j)=\mathrm{dist}(\boldsymbol{u}_i,\boldsymbol{u}_j)\tag{5-23}$$

其中,dist(·,·)表示两个样本之间的距离,$\boldsymbol{u}$ 代表簇 C 的中心点 $u=\frac{1}{|C|}\sum_{1\leqslant i\leqslant|c|}\boldsymbol{x}_i$。显

然，avg(C)对应于簇 C 内样本间的平均距离，diam(C)对应于簇 C 内样本间的最远距离，$d_{\min}(C_i>C_j)$对应于簇 C_i 与簇 C_j 最近样本间的距离，$d_{\text{cen}}(C_i,C_j)$对应于簇 C_i 与簇 C_j 中心点之间的距离。

基于式(5-20)～式(5-23)可推导出以下常用的聚类性能度量的内部指标。

(1) DB 指数(Davies-Bouldin Index,DBI)，如式(5-24)所示。

$$\text{DBI}=\frac{1}{k}\sum_{i=1}^{k}\max_{j\neq i}\left(\frac{\text{avg}(C_i)+\text{avg}(C_j)}{d_{\text{cen}}(C_i,C_j)}\right) \tag{5-24}$$

avg(C_i)计算的是类内数据到簇中心的平均距离，代表了簇类 i 中各时间序列的分散程度，$d_{\text{cen}}(C_i,C_j)$定义的是簇类 i 与簇类 j 的距离。

DBI 公式表达的意思是：对每一个簇类 i 计算与其他类的最大相似度值，也就是取出最差结果，然后对所有类的最大相似度取均值就得到了 DBI。DBI 越小，意味着类内距离越小，同时类间距离越大。

(2) Dunn 指数(Dunn Index,DI)如式(5-25)所示。

$$\text{DI}=\min_{1\leqslant i\leqslant k}\left\{\min_{j\neq i}\left(\frac{d_{\min}(C_i,C_j)}{\max\limits_{1\leqslant l\leqslant k}\text{diam}(C_l)}\right)\right\} \tag{5-25}$$

DI 计算的是任意两个簇元素的最短距离(类间)除以任意簇中的最大距离(类内)，因此 DI 越大，意味着类间距离越大，同时类内距离越小。

内部指标的含义分析：显然根据聚类的目标是“让簇间距离最大化，簇内距离最小化”原则，再根据聚类内部指标定义公式可以看出，DBI 值表示的是簇内样本的距离与簇间距离的比值，因此 DBI 的值越小越好；而 DI 的值表示的是最小簇间距离与最大簇内距离的比值，因此与 DBI 相反，DI 的值越大越好。在后续的典型聚类算法介绍之后，将会对每个算法的内部性能指标和外部性能指标进行计算，以度量每种聚类算法的聚类效果。

例 5.5 计算表 5.5 中数据的聚类性能——内部指标 DBI 和 DI。

假设有聚类性能-内部指标的计算数据，如表 5.5 所示。

表 5.5 聚类性能-内部指标的计算数据

样本点	x_1	x_2	x_3	x_4	x_5	x_6	x_7
样本值	1	2	3	4	5	6	7
聚类结果	C_1	C_1	C_1	C_2	C_2	C_3	C_3

在这个实例中，样本点 $\boldsymbol{x}_i$ 只是一个方向的一维数据，可以将它们画在一条直线上。表 5.5 中的数据形成了图 5.4 的图示范例。

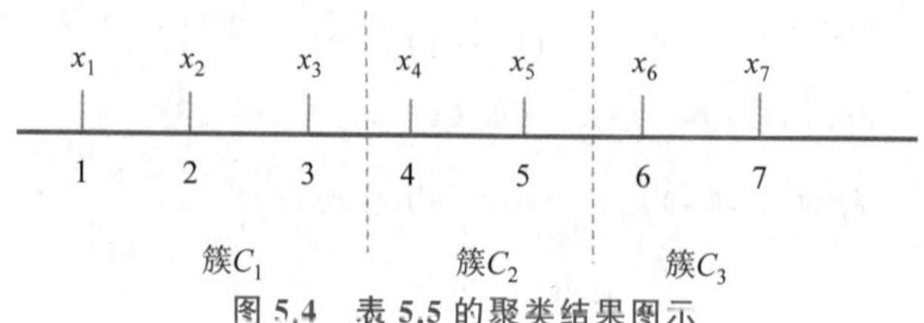

图 5.4 表 5.5 的聚类结果图示

表 5.5 的聚类结果只有三类，$k=3$，$C=\{C_1,C_2,C_3\}$，即有：

$$C_1=\{\boldsymbol{x}_1,\boldsymbol{x}_2,\boldsymbol{x}_3\},C_2=\{\boldsymbol{x}_4,\boldsymbol{x}_5\},C_3=\{\boldsymbol{x}_6,\boldsymbol{x}_7\}$$

$$|C_1|=3,\ |C_2|=2,\ |C_3|=2$$

(1) 根据式(5-20)可以求得每个簇内的平均距离。

$$\begin{aligned}\operatorname{avg}(C_1)&=\frac{2}{|C_1|(|C_1|-1)}\sum_{1\leqslant i<j\leqslant |C_1|}\operatorname{dist}(\boldsymbol{x}_i,\boldsymbol{x}_j)\\&=\frac{2}{3\times(3-1)}(|\boldsymbol{x}_1-\boldsymbol{x}_2|+|\boldsymbol{x}_1-\boldsymbol{x}_3|+|\boldsymbol{x}_2-\boldsymbol{x}_3|)\\&=\frac{2}{3\times(3-1)}(1+2+1)=\frac{4}{3}\end{aligned}$$

$$\begin{aligned}\operatorname{avg}(C_2)&=\frac{2}{|C_2|(|C_2|-1)}\sum_{1\leqslant i<j\leqslant |C_2|}\operatorname{dist}(\boldsymbol{x}_i,\boldsymbol{x}_j)\\&=\frac{2}{2\times(2-1)}(|\boldsymbol{x}_4-\boldsymbol{x}_5|)=\frac{2}{2\times(2-1)}\times 1=1\end{aligned}$$

$$\begin{aligned}\operatorname{avg}(C_3)&=\frac{2}{|C_3|(|C_3|-1)}\sum_{1\leqslant i<j\leqslant |C_3|}\operatorname{dist}(\boldsymbol{x}_i,\boldsymbol{x}_j)\\&=\frac{2}{2\times(2-1)}(|\boldsymbol{x}_6-\boldsymbol{x}_7|)=\frac{2}{2\times(2-1)}\times 1=1\end{aligned}$$

(2) 根据式(5-21)可以求得每个簇内的样本最大距离。

$$\begin{aligned}\operatorname{diam}(C_1)&=\max_{1\leqslant i<j\leqslant |C_1|}\operatorname{dist}(\boldsymbol{x}_i,\boldsymbol{x}_j)\\&=\max(\operatorname{dist}(\boldsymbol{x}_1,\boldsymbol{x}_2),\operatorname{dist}(\boldsymbol{x}_1,\boldsymbol{x}_3),\operatorname{dist}(\boldsymbol{x}_2,\boldsymbol{x}_3))=\operatorname{dist}(\boldsymbol{x}_1,\boldsymbol{x}_3)\\&=|\boldsymbol{x}_1-\boldsymbol{x}_3|=2\end{aligned}$$

$$\operatorname{diam}(C_2)=\max_{1\leqslant i<j\leqslant |C_2|}\operatorname{dist}(\boldsymbol{x}_i,\boldsymbol{x}_j)=\max(\operatorname{dist}(\boldsymbol{x}_4,\boldsymbol{x}_5))=\operatorname{dist}(\boldsymbol{x}_4,\boldsymbol{x}_5)=|\boldsymbol{x}_4-\boldsymbol{x}_5|=1$$

$$\operatorname{diam}(C_3)=\max_{1\leqslant i<j\leqslant |C_3|}\operatorname{dist}(\boldsymbol{x}_i,\boldsymbol{x}_j)=\max(\operatorname{dist}(\boldsymbol{x}_6,\boldsymbol{x}_7))=\operatorname{dist}(\boldsymbol{x}_6,\boldsymbol{x}_7)=|\boldsymbol{x}_6-\boldsymbol{x}_7|=1$$

(3) 再根据式(5-22)可以求得各个簇间的样本最小距离。

$$\begin{aligned}d_{\min}(C_1,C_2)&=\min\nolimits_{\boldsymbol{x}_i\in C_1,\boldsymbol{x}_j\in C_2}\operatorname{dist}(\boldsymbol{x}_i,\boldsymbol{x}_j)\\&=\min(\operatorname{dist}(\boldsymbol{x}_1,\boldsymbol{x}_4),\operatorname{dist}(\boldsymbol{x}_1,\boldsymbol{x}_5),\operatorname{dist}(\boldsymbol{x}_2,\boldsymbol{x}_4),\operatorname{dist}(\boldsymbol{x}_2,\boldsymbol{x}_5),\\&\quad\operatorname{dist}(\boldsymbol{x}_3,\boldsymbol{x}_4),\operatorname{dist}(\boldsymbol{x}_3,\boldsymbol{x}_5))\\&=\operatorname{dist}(\boldsymbol{x}_3,\boldsymbol{x}_4)=1\end{aligned}$$

$$\begin{aligned}d_{\min}(C_1,C_3)&=\min\nolimits_{\boldsymbol{x}_i\in C_1,\boldsymbol{x}_j\in C_3}\operatorname{dist}(\boldsymbol{x}_i,\boldsymbol{x}_j)\\&=\min(\operatorname{dist}(\boldsymbol{x}_1,\boldsymbol{x}_6),\operatorname{dist}(\boldsymbol{x}_1,\boldsymbol{x}_7),\operatorname{dist}(\boldsymbol{x}_2,\boldsymbol{x}_6),\operatorname{dist}(\boldsymbol{x}_2,\boldsymbol{x}_7),\\&\quad\operatorname{dist}(\boldsymbol{x}_3,\boldsymbol{x}_6),\operatorname{dist}(\boldsymbol{x}_3,\boldsymbol{x}_7))\\&=\operatorname{dist}(\boldsymbol{x}_3,\boldsymbol{x}_6)=3\end{aligned}$$

$$\begin{aligned}d_{\min}(C_2,C_3)&=\min\nolimits_{\boldsymbol{x}_i\in C_2,\boldsymbol{x}_j\in C_3}\operatorname{dist}(\boldsymbol{x}_i,\boldsymbol{x}_j)\\&=\min(\operatorname{dist}(\boldsymbol{x}_4,\boldsymbol{x}_6),\operatorname{dist}(\boldsymbol{x}_4,\boldsymbol{x}_7),\operatorname{dist}(\boldsymbol{x}_5,\boldsymbol{x}_6),\operatorname{dist}(\boldsymbol{x}_5,\boldsymbol{x}_7))\\&=\operatorname{dist}(\boldsymbol{x}_5,\boldsymbol{x}_6)=1\end{aligned}$$

(4) 继而，根据式(5-23)可以求得各个簇中心间距离。

首先根据簇中心公式 $u_i=\frac{1}{|C_i|}\sum_{x\in C_i}x$ 可得各个簇相应的簇中心分别为：

$$u_1=\frac{1}{|C_1|}\sum_{x\in C_1}x=\frac{x_1+x_2+x_3}{3}=\frac{1+2+3}{3}=2$$

$$u_2=\frac{1}{|C_2|}\sum_{x\in C_2}x=\frac{x_4+x_5}{2}=\frac{4+5}{2}=\frac{9}{2}$$

$$u_3=\frac{1}{|C_3|}\sum_{x\in C_3}x=\frac{x_6+x_7}{2}=\frac{6+7}{2}=\frac{13}{2}$$

(5) 可以根据式(5-23)求得各簇中心间距离为:

$$d_{\text{cen}}(C_1,C_2)=\text{dist}(u_1,u_2)=|u_1-u_2|=\left|2-\frac{9}{2}\right|=\frac{5}{2}$$

$$d_{\text{cen}}(C_1,C_3)=\text{dist}(u_1,u_3)=|u_1-u_3|=\left|2-\frac{13}{2}\right|=\frac{9}{2}$$

$$d_{\text{cen}}(C_2,C_3)=\text{dist}(u_2,u_3)=|u_2-u_3|=\left|\frac{9}{2}-\frac{13}{2}\right|=2$$

(6) 将上述计算的结果代入式(5-24)和式(5-25)后,就可以得到内部指标 DB 指数和 Dunn 指数。根据式(5-24),计算 DB 指数如下。

$$\begin{aligned}\text{DBI}&=\frac{1}{k}\sum_{i=1}^{k}\max_{j\neq i}\left(\frac{\text{avg}(C_i)+\text{avg}(C_j)}{d_{\text{cen}}(C_i,C_j)}\right)\\&=\frac{1}{3}\left(\max\left(\frac{\text{avg}(C_1)+\text{avg}(C_2)}{d_{\text{cen}}(C_1,C_2)},\frac{\text{avg}(C_1)+\text{avg}(C_3)}{d_{\text{cen}}(C_1,C_3)}\right)+\right.\\&\quad\max\left(\frac{\text{avg}(C_2)+\text{avg}(C_1)}{d_{\text{cen}}(C_2,C_1)},\frac{\text{avg}(C_2)+\text{avg}(C_3)}{d_{\text{cen}}(C_2,C_3)}\right)+\\&\quad\left.\max\left(\frac{\text{avg}(C_3)+\text{avg}(C_1)}{d_{\text{cen}}(C_3,C_1)},\frac{\text{avg}(C_3)+\text{avg}(C_2)}{d_{\text{cen}}(C_3,C_2)}\right)\right)\\&=\frac{1}{3}\left(\max\left(\frac{\frac{4}{3}+1}{\frac{5}{2}},\frac{\frac{4}{3}+1}{\frac{9}{2}}\right)+\max\left(\frac{1+\frac{4}{3}}{\frac{5}{2}},\frac{1+1}{2}\right)+\max\left(\frac{1+\frac{4}{3}}{\frac{9}{2}},\frac{1+1}{2}\right)\right)\\&=\frac{1}{3}\times\left(\frac{14}{15}+1+1\right)=\frac{44}{45}\end{aligned}$$

再根据式(5-25),计算 DI 指数如下。

$$\text{DI}=\min_{1\leqslant i\leqslant k}\left\{\min_{j\neq i}\left(\frac{d_{\min}(C_i,C_j)}{\max\limits_{1\leqslant l\leqslant k}\text{diam}(C_l)}\right)\right\}$$

先计算其中的分母:

$$\max_{1\leqslant l\leqslant k}\text{diam}(C_l)=\max(\text{diam}(C_1),\text{diam}(C_2),\text{diam}(C_3))=\max(2,1,1)=2$$

所以有:

$$\begin{aligned}\text{DI}&=\min\left(\min\left(\frac{d_{\min}(C_1,C_2)}{2},\frac{d_{\min}(C_1,C_3)}{2}\right),\min\left(\frac{d_{\min}(C_2,C_1)}{2},\frac{d_{\min}(C_2,C_3)}{2}\right),\right.\\&\quad\left.\min\left(\frac{d_{\min}(C_3,C_1)}{2},\frac{d_{\min}(C_3,C_2)}{2}\right)\right)\\&=\min\left(\min\left(\frac{1}{2},\frac{3}{2}\right),\min\left(\frac{1}{2},\frac{1}{2}\right),\min\left(\frac{3}{2},\frac{1}{2}\right)\right)=\min\left(\frac{1}{2},\frac{1}{2},\frac{1}{2}\right)=\frac{1}{2}\end{aligned}$$

K-Means 聚类模型概述

5.2　K-Means 聚类算法

5.2.1　K-Means 聚类算法思想

K-Means 聚类算法是一种基于距离的聚类算法，这类聚类算法以距离来度量对象间的相似性，两样本对象间距离越大，相似性越小。关于 K-Means 算法，有一个非常经典的故事：有 4 个牧师去郊区村庄授课，刚开始，4 个牧师在村庄里分别随机选了一个位置，然后将位置公布给全村村民，村民收到消息后，纷纷选择到最近的一个牧师那里去听课。牧师授课时，众多村民反馈路途太远，于是牧师记录了来听自己授课的所有村民的居住地址，第二次授课时，牧师选择自己记录的村民的中心位置作为新的授课位置，然后将位置公布给全村村民，村民收到 4 位牧师新的授课位置后，同样根据距离选择最近的牧师去听课。之后 4 位牧师的每一次授课都根据来听自己讲课的村民登记的居住地址来更新下一次授课的位置，而村民也根据 4 位牧师更新的位置来选择授课牧师，直到村民的选择不再发生变化，则牧师授课的位置也彻底稳定下来。

K-Means 算法思想与上面故事中牧师选位所表现出来的原理是十分相似的，最终的目的都是实现所有样本数据(村民)到聚类中心(牧师)的距离之和最小化。针对每个点，计算这个点距离所有中心点最近的那个中心点，然后将这个点归为这个中心点代表的簇。一次迭代结束之后，针对每个簇类，重新计算中心点，然后针对每个点，重新寻找距离自己最近的中心点。如此循环，直到前后两次迭代的簇类没有变化。

5.2.2　K-Means 聚类算法过程

下面通过一个简单的例子，说明 K-Means 算法的过程。如图 5.5 所示的算法过程例子的解释是：目标是将样本点聚类成 3 个类别。

1. K-Means 聚类算法的核心概念

1) 聚类个数 k

k 值就是我们希望将数据划分的簇的个数或者称为类别个数，k 值为几，就聚成几类，有几簇，对应的就有几个质心。例如，将 30 个西瓜聚为 3 类，那么 k 就为 3。

选择最优 k 值没有固定的公式或方法，需要人工来指定。选择较大的 k 值可以降低数据的误差，但同时也会增加过拟合的风险。

2) 聚类中心、簇中心或质心

聚类中心，也称为簇中心或质心，是在聚类分析中的一个特殊样本，通常是簇中所有点的中心，用来代表某一类，其他样本通过与它计算距离来决定是否属于该类，一般用 $\boldsymbol{u}_i$ 来表示。

假如对 30 个西瓜数据进行聚 3 类之后，每一个簇就可以用其聚类中心来代表。例如，第一类西瓜的聚类中心为 $\boldsymbol{u}_1=(0.493,0.207)$，那么这个类中心就能在一定程度上代表这类西瓜在密度和含糖率这两个特征上的分布情况。

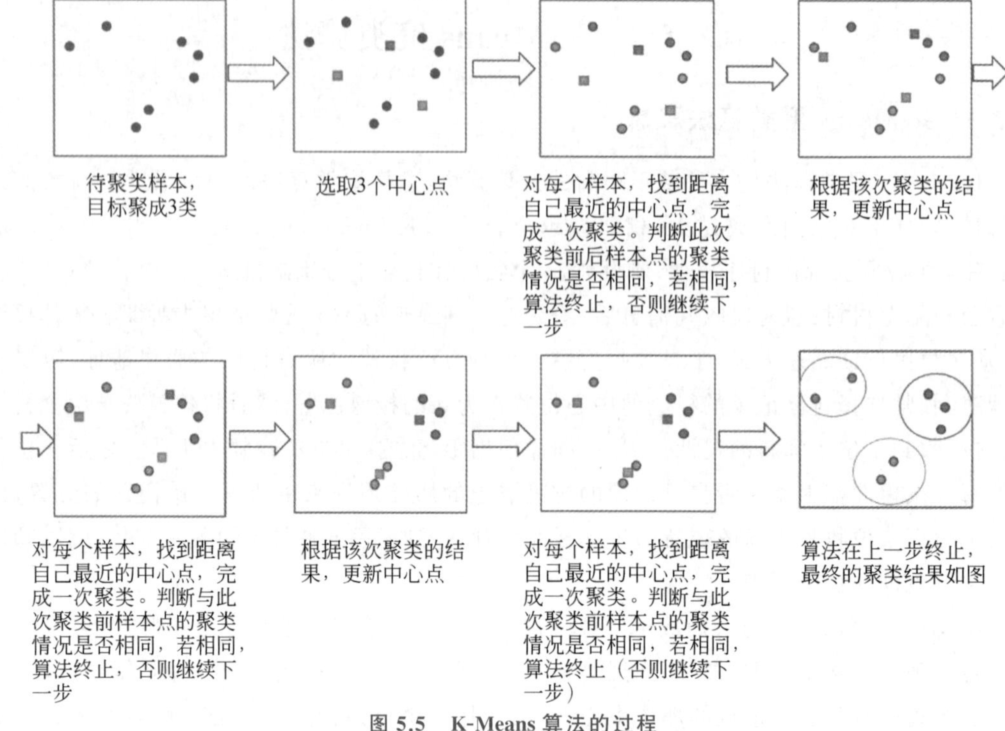

图 5.5 K-Means 算法的过程

2. K-Means 算法步骤和流程

1) K-Means 算法步骤

K-Means 算法步骤如下。

输入：数据集 $D=\{\boldsymbol{x}_1,\boldsymbol{x}_2,\cdots,\boldsymbol{x}_n\}$，聚类个数 k。

输出：聚类结果类簇。

(1) 随机初始化 k 个样本作为聚类中心 $\{\boldsymbol{u}_1,\boldsymbol{u}_2,\cdots,\boldsymbol{u}_k\}$。

(2) 计算数据集中所有样本 x_i 到各个聚类中心 $\boldsymbol{u}_j$ 的距离 $\text{dist}(\boldsymbol{x}_i,\boldsymbol{u}_j)$，并将 x_i 划分到距离最小的聚类中心所在类簇中。

(3) 对于每一个类簇，求各类的样本的均值，作为新的类中心更新其聚类中心：$\boldsymbol{u}_i=\frac{1}{|C_i|}\sum_{x\in C_i}\boldsymbol{x}$。

(4) 重复(2)(3)步骤，直到聚类中心不再有明显变化或满足迭代次数。

综上所述，K-Means 算法整个流程可总结为一个优化问题，通过不断迭代使得目标函数收敛，K-Means 算法目标函数如式(5-26)所示。

$$J=\sum_{j=1}^{k}\sum_{i=1}^{n}\text{dist}(\boldsymbol{x}_i,\boldsymbol{u}_j) \tag{5-26}$$

K-Means 算法实现步骤的关键两点是：①找出距离点最近的中心点；②更新中心点，并且从 K-Means 算法目标函数中可以看出，有两个因素对聚类结果有着至关重要的影响：k 值、距离度量方式。

对于 k 值，这是 K-Means 算法一个绕不开的问题，直接影响着最终聚类结果的准确性，

在如何确定 k 值问题上，传统的 K-Means 算法在对数据分布未知的情况下只能通过多次尝试不同的 k 值来探索最优取值。值得一提的是，众多专家学者针对 K-Means 算法中如何确定 k 值、甚至避开 k 值的问题对 K-Means 算法进行优化改进，设计了许多改进的 K-Means 算法。

因此 K-Means 聚类算法是一种迭代求解的聚类分析算法，其步骤主要是选取 k 个对象作为初始聚类中心，然后计算每个对象与各个种子聚类中心的距离，把每个对象分配给距离它最近的聚类中心。聚类中心以及分配给它们的对象就代表一个聚类。每分配一个样本，聚类的聚类中心就会根据聚类中现有的对象被重新计算。这个过程不断地重复，直到满足某一个结束条件。结束条件可以是没有对象被重新分配给不同的聚类，聚类中心不再发生变化，误差平方和局部最小。

K-Means 是发现给定数据集的 k 个簇的算法。簇个数 k 是用户给定的，每一个簇通过质心(Centroid)，即簇中所有点的中心来描述。

2) K-Means 算法流程

K-Means 算法流程如图 5.6 所示。

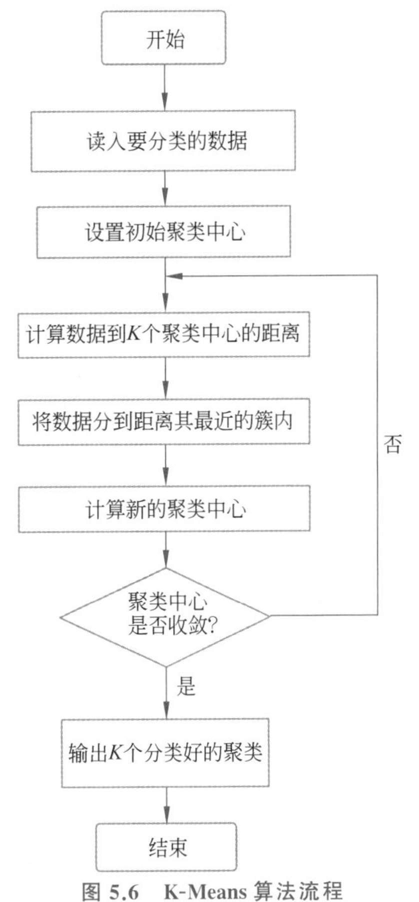

图 5.6　K-Means 算法流程

K-Means 聚类算法示例

5.2.3　K-Means 聚类算法示例

本节将以表 5.1 西瓜样本数据集 4.0 为例，来具体说明 K-Means 聚类算法的详细过程以及聚类结果的性能指标。

1. 基于 K-Means 聚类算法实现西瓜样本数据聚类

本实例将通过对表 5.1 西瓜样本数据集 4.0 进行 K-Means 聚类分析，寻找出西瓜品质的特征规律，帮助我们进行西瓜品质预测。

1) 确定算法步骤

K-Means 聚类算法步骤：

(1) 随机选取 k 个样本作为类中心。

(2) 计算各样本与各类中心的距离(这里选用的是欧氏距离)。

(3) 将各样本归于最近的类中心点。

(4) 求各类样本的均值，作为新的类中心。

(5) 判定：若类中心不再发生变动或达到迭代次数，算法结束，否则回到第(2)步。

2) 确定给出的问题

给定的问题是：将 30 个西瓜数据聚成 3 类，即聚类簇数 $k=3$。

3) 算法的描述

(1) 根据算法的初始条件选取初始类中心。

算法的初始条件是随机选取三个样本数据作为初始类中心,假设选取三个样本数据为 $\boldsymbol{x}_6,\boldsymbol{x}_{12},\boldsymbol{x}_{24}$ 作为初始类中心,即初始类中心为:

$$\boldsymbol{u}_1=(0.403,0.237)$$

$$\boldsymbol{u}_2=(0.343,0.099)$$

$$\boldsymbol{u}_3=(0.478,0.437)$$

(2) 计算数据点与当前类中心的距离。

将数据点 $\boldsymbol{x}_i$ 与当前类中心 $\boldsymbol{u}_j$ 的距离记为 d_{ij},首先考察样本数据 $\boldsymbol{x}_1=(0.697,0.460)$,它与当前类中心的距离分别为:

$$\begin{aligned} d_{11} &= \|\boldsymbol{x}_1-\boldsymbol{u}_1\|_2=\sqrt{|x_{11}-u_{11}|^2+|x_{12}-u_{12}|^2} \\ &=\sqrt{|0.697-0.403|^2+|0.460-0.237|^2}=0.369 \\ d_{12} &= \|\boldsymbol{x}_1-\boldsymbol{u}_2\|_2=\sqrt{|x_{11}-u_{21}|^2+|x_{12}-u_{22}|^2} \\ &=\sqrt{|0.697-0.343|^2+|0.460-0.099|^2}=0.506 \\ d_{13} &= \|\boldsymbol{x}_1-\boldsymbol{u}_3\|_2=\sqrt{|x_{11}-u_{31}|^2+|x_{12}-u_{32}|^2} \\ &=\sqrt{|0.697-0.478|^2+|0.460-0.437|^2}=0.220 \end{aligned}$$

因为在三个距离中 d_{13} 最小,即数据点 $\boldsymbol{x}_1$ 离第一个类中心点 $\boldsymbol{u}_3$ 最近,因此将 $\boldsymbol{x}_1$ 划入离得最近的类中心点 $\boldsymbol{u}_3$ 所代表的簇 C_3 中。类似地,对所有数据样本进行相同的操作,全部考查之后,可以得到第一轮的簇划分结果为:

$$C_1=\{\boldsymbol{x}_3,\boldsymbol{x}_5,\boldsymbol{x}_6,\boldsymbol{x}_7,\boldsymbol{x}_8,\boldsymbol{x}_{10},\boldsymbol{x}_{13},\boldsymbol{x}_{14},\boldsymbol{x}_{17},\boldsymbol{x}_{18},\boldsymbol{x}_{19},\boldsymbol{x}_{20},\boldsymbol{x}_{23}\}$$

$$C_2=\{\boldsymbol{x}_{11},\boldsymbol{x}_{12},\boldsymbol{x}_{16}\}$$

$$C_3=\{\boldsymbol{x}_1,\boldsymbol{x}_2,\boldsymbol{x}_4,\boldsymbol{x}_{15},\boldsymbol{x}_{21},\boldsymbol{x}_{22},\boldsymbol{x}_{24},\boldsymbol{x}_{25},\boldsymbol{x}_{26},\boldsymbol{x}_{27},\boldsymbol{x}_{28},\boldsymbol{x}_{29},\boldsymbol{x}_{30}\}$$

于是可以分别求出新的类中心为:

$$\boldsymbol{u}'_1=(0.493,0.207)$$

$$\boldsymbol{u}'_2=(0.394,0.066)$$

$$\boldsymbol{u}'_3=(0.602,0.396)$$

4) 完整的聚类迭代过程

综上可见,类中心发生了变化,更新当前类中心为新类中心,以上为第一轮迭代过程描述。根据 K-Means 算法原理,类中心发生变化,更新类中心,重新计算各点到新类中心的距离,即重复上述过程,完整的聚类迭代过程如表 5.6 所示。

(1) 第一轮迭代结果如表 5.6 所示。

表 5.6 第一轮迭代结果

数据点	距 u_1 距离 d_{i1}	距 u_2 距离 d_{i2}	距 u_3 距离 d_{i3}	数据点	距 u_1 距离 d_{i1}	距 u_2 距离 d_{i2}	距 u_3 距离 d_{i3}	数据点	距 u_1 距离 d_{i1}	距 u_2 距离 d_{i2}	距 u_3 距离 d_{i3}
$\boldsymbol{x}_1$	0.3690	0.5056	0.2202	$\boldsymbol{x}_4$	0.2204	0.3438	0.1762	$\boldsymbol{x}_7$	0.1176	0.1468	0.2880
$\boldsymbol{x}_2$	0.3962	0.5123	0.3022	$\boldsymbol{x}_5$	0.1546	0.2425	0.2353	$\boldsymbol{x}_8$	0.0428	0.1462	0.2297
$\boldsymbol{x}_3$	0.2326	0.3345	0.2329	$\boldsymbol{x}_6$	0.0	0.1505	0.2136	$\boldsymbol{x}_9$	0.3008	0.3231	0.3938

续表

数据点	距 u_1 距离 d_{i1}	距 u_2 距离 d_{i2}	距 u_3 距离 d_{i3}	数据点	距 u_1 距离 d_{i1}	距 u_2 距离 d_{i2}	距 u_3 距离 d_{i3}	数据点	距 u_1 距离 d_{i1}	距 u_2 距离 d_{i2}	距 u_3 距离 d_{i3}
$\boldsymbol{x}_{10}$	0.1628	0.1955	0.2900	$\boldsymbol{x}_{17}$	0.3432	0.3760	0.4119	$\boldsymbol{x}_{24}$	0.2136	0.3640	0.0
$\boldsymbol{x}_{11}$	0.2395	0.1066	0.4457	$\boldsymbol{x}_{18}$	0.0659	0.0904	0.2760	$\boldsymbol{x}_{25}$	0.1797	0.3256	0.0827
$\boldsymbol{x}_{12}$	0.1505	0.0	0.3640	$\boldsymbol{x}_{19}$	0.0641	0.1421	0.2403	$\boldsymbol{x}_{26}$	0.4297	0.5644	0.2779
$\boldsymbol{x}_{13}$	0.2479	0.3024	0.3195	$\boldsymbol{x}_{20}$	0.1226	0.1694	0.2661	$\boldsymbol{x}_{27}$	0.2680	0.4182	0.0644
$\boldsymbol{x}_{14}$	0.2570	0.3292	0.2986	$\boldsymbol{x}_{21}$	0.3450	0.4263	0.3390	$\boldsymbol{x}_{28}$	0.1556	0.3060	0.0612
$\boldsymbol{x}_{15}$	0.1398	0.2715	0.1357	$\boldsymbol{x}_{22}$	0.3296	0.4457	0.2529	$\boldsymbol{x}_{29}$	0.3833	0.5154	0.2471
$\boldsymbol{x}_{16}$	0.2723	0.2564	0.4114	$\boldsymbol{x}_{23}$	0.1097	0.2549	0.1251	$\boldsymbol{x}_{30}$	0.2261	0.3744	0.0388

通过计算，求得各个样本归属最近类中心为该样本所属簇，第一轮簇划分结果：

$$C_1=\{\boldsymbol{x}_3,\boldsymbol{x}_5,\boldsymbol{x}_6,\boldsymbol{x}_7,\boldsymbol{x}_8,\boldsymbol{x}_9,\boldsymbol{x}_{10},\boldsymbol{x}_{13},\boldsymbol{x}_{14},\boldsymbol{x}_{17},\boldsymbol{x}_{18},\boldsymbol{x}_{19},\boldsymbol{x}_{20},\boldsymbol{x}_{23}\}$$

$$C_2=\{\boldsymbol{x}_{11},\boldsymbol{x}_{12},\boldsymbol{x}_{16}\}$$

$$C_3=\{\boldsymbol{x}_1,\boldsymbol{x}_2,\boldsymbol{x}_4,\boldsymbol{x}_{15},\boldsymbol{x}_{21},\boldsymbol{x}_{22},\boldsymbol{x}_{24},\boldsymbol{x}_{25},\boldsymbol{x}_{26},\boldsymbol{x}_{27},\boldsymbol{x}_{28},\boldsymbol{x}_{29},\boldsymbol{x}_{30}\}$$

新类中心为：

$$\boldsymbol{u}'_1=\frac{1}{|C_1|}\sum_{x\in C_1}\boldsymbol{x}=\Big(\frac{1}{14}(0.634+0.556+0.403+0.481+0.437+0.666+0.243+0.639+0.657+0.719+0.359+0.339+0.282+0.483),\frac{1}{14}(0.264+0.215+0.237+0.149+0.211+0.091+0.267+0.161+0.198+0.103+0.188+0.241+0.257+0.312)\Big)$$

$$=(0.493,0.207)$$

$$\boldsymbol{u}'_2=\frac{1}{|C_2|}\sum_{x\in C_2}\boldsymbol{x}=\left(\frac{1}{3}(0.245+0.343+0.593),\frac{1}{3}(0.057+0.099+0.042)\right)$$

$$=(0.394,0.066)$$

$$\boldsymbol{u}'_3=\frac{1}{|C_3|}\sum_{x\in C_3}\boldsymbol{x}=\Big(\frac{1}{13}(0.697+0.774+0.608+0.360+0.748+0.714+0.478+0.525+0.751+0.532+0.473+0.725+0.446),\frac{1}{13}(0.460+0.376+0.318+0.370+0.232+0.346+0.437+0.369+0.489+0.472+0.376+0.445+0.459)\Big)$$

$$=(0.602,0.396)$$

聚类中心发生了变化，需要返回第二步重新计算各样本与各类中心的距离，进行第二轮迭代。

(2) 第二轮迭代结果如表 5.7 所示。

表 5.7 第二轮迭代结果

数据点	距 u_1 距离 d_{i1}	距 u_2 距离 d_{i2}	距 u_3 距离 d_{i3}	数据点	距 u_1 距离 d_{i1}	距 u_2 距离 d_{i2}	距 u_3 距离 d_{i3}	数据点	距 u_1 距离 d_{i1}	距 u_2 距离 d_{i2}	距 u_3 距离 d_{i3}
$\boldsymbol{x}_1$	0.3250	0.4970	0.1145	$\boldsymbol{x}_{11}$	0.2898	0.1493	0.4923	$\boldsymbol{x}_{21}$	0.2562	0.3910	0.2196
$\boldsymbol{x}_2$	0.3279	0.4904	0.1732	$\boldsymbol{x}_{12}$	0.1848	0.0607	0.3941	$\boldsymbol{x}_{22}$	0.2611	0.4252	0.1227
$\boldsymbol{x}_3$	0.1521	0.3111	0.1358	$\boldsymbol{x}_{13}$	0.1531	0.2628	0.2379	$\boldsymbol{x}_{23}$	0.1055	0.2616	0.1456
$\boldsymbol{x}_4$	0.1598	0.3306	0.0782	$\boldsymbol{x}_{14}$	0.1642	0.2943	0.2055	$\boldsymbol{x}_{24}$	0.2304	0.3804	0.1306
$\boldsymbol{x}_5$	0.0635	0.2201	0.1868	$\boldsymbol{x}_{15}$	0.2104	0.3059	0.2434	$\boldsymbol{x}_{25}$	0.1651	0.3301	0.0816
$\boldsymbol{x}_6$	0.0949	0.1712	0.2547	$\boldsymbol{x}_{16}$	0.1929	0.2004	0.3541	$\boldsymbol{x}_{26}$	0.3822	0.5535	0.1756
$\boldsymbol{x}_7$	0.0592	0.1202	0.2750	$\boldsymbol{x}_{17}$	0.2487	0.3271	0.3155	$\boldsymbol{x}_{27}$	0.2678	0.4288	0.1033
$\boldsymbol{x}_8$	0.0561	0.1512	0.2479	$\boldsymbol{x}_{18}$	0.1353	0.1269	0.3199	$\boldsymbol{x}_{28}$	0.1702	0.3199	0.1305
$\boldsymbol{x}_9$	0.2083	0.2731	0.3116	$\boldsymbol{x}_{19}$	0.1577	0.1834	0.3053	$\boldsymbol{x}_{29}$	0.3324	0.5032	0.1324
$\boldsymbol{x}_{10}$	0.2571	0.2514	0.3815	$\boldsymbol{x}_{20}$	0.2168	0.2214	0.3488	$\boldsymbol{x}_{30}$	0.2563	0.3964	0.1682

通过计算,求得各个样本归属最近类中心为该样本所属簇,第二轮簇划分结果:

$$C_1=\{\boldsymbol{x}_5,\boldsymbol{x}_6,\boldsymbol{x}_7,\boldsymbol{x}_8,\boldsymbol{x}_9,\boldsymbol{x}_{10},\boldsymbol{x}_{13},\boldsymbol{x}_{14},\boldsymbol{x}_{15},\boldsymbol{x}_{16},\boldsymbol{x}_{17},\boldsymbol{x}_{19},\boldsymbol{x}_{20},\boldsymbol{x}_{23}\}$$

$$C_2=\{\boldsymbol{x}_{11},\boldsymbol{x}_{12},\boldsymbol{x}_{18}\}$$

$$C_3=\{\boldsymbol{x}_1,\boldsymbol{x}_2,\boldsymbol{x}_3,\boldsymbol{x}_4,\boldsymbol{x}_{21},\boldsymbol{x}_{22},\boldsymbol{x}_{24},\boldsymbol{x}_{25},\boldsymbol{x}_{26},\boldsymbol{x}_{27},\boldsymbol{x}_{28},\boldsymbol{x}_{29},\boldsymbol{x}_{30}\}$$

计算新类中心为:

$$\boldsymbol{u}'_1=\frac{1}{|C_1|}\sum_{x\in C_1}x=(0.509,0.199)$$

$$\boldsymbol{u}'_2=\frac{1}{|C_2|}\sum_{x\in C_2}x=(0.298,0.153)$$

$$\boldsymbol{u}'_3=\frac{1}{|C_3|}\sum_{x\in C_3}x=(0.623,0.388)$$

聚类中心发生了变化,需要返回第二步重新计算各样本与各类中心的距离,进行第三轮迭代。

(3) 第三轮迭代结果如表 5.8 所示。

表 5.8 第三轮迭代结果

数据点	距 u_1 距离 d_{i1}	距 u_2 距离 d_{i2}	距 u_3 距离 d_{i3}	数据点	距 u_1 距离 d_{i1}	距 u_2 距离 d_{i2}	距 u_3 距离 d_{i3}	数据点	距 u_1 距离 d_{i1}	距 u_2 距离 d_{i2}	距 u_3 距离 d_{i3}
$\boldsymbol{x}_1$	0.3217	0.5034	0.1032	$\boldsymbol{x}_6$	0.1126	0.1345	0.2668	$\boldsymbol{x}_{11}$	0.2998	0.1097	0.5024
$\boldsymbol{x}_2$	0.3187	0.5256	0.1515	$\boldsymbol{x}_7$	0.0573	0.1830	0.2780	$\boldsymbol{x}_{12}$	0.1938	0.0703	0.4024
$\boldsymbol{x}_3$	0.1409	0.3539	0.1245	$\boldsymbol{x}_8$	0.0730	0.1506	0.2568	$\boldsymbol{x}_{13}$	0.1354	0.3411	0.2276
$\boldsymbol{x}_4$	0.1548	0.3512	0.0716	$\boldsymbol{x}_9$	0.1906	0.3732	0.3001	$\boldsymbol{x}_{14}$	0.1480	0.3618	0.1930
$\boldsymbol{x}_5$	0.0496	0.2653	0.1855	$\boldsymbol{x}_{10}$	0.2746	0.1266	0.3988	$\boldsymbol{x}_{15}$	0.2268	0.2257	0.2636

续表

数据点	距 u_1 距离 d_{i1}	距 u_2 距离 d_{i2}	距 u_3 距离 d_{i3}	数据点	距 u_1 距离 d_{i1}	距 u_2 距离 d_{i2}	距 u_3 距离 d_{i3}	数据点	距 u_1 距离 d_{i1}	距 u_2 距离 d_{i2}	距 u_3 距离 d_{i3}
$\boldsymbol{x}_{16}$	0.1781	0.3152	0.3473	$\boldsymbol{x}_{21}$	0.2413	0.4569	0.1999	$\boldsymbol{x}_{26}$	0.3777	0.5640	0.1630
$\boldsymbol{x}_{17}$	0.2309	0.4240	0.3307	$\boldsymbol{x}_{22}$	0.2523	0.4586	0.1002	$\boldsymbol{x}_{27}$	0.2740	0.3956	0.1238
$\boldsymbol{x}_{18}$	0.1504	0.0703	0.3312	$\boldsymbol{x}_{23}$	0.1160	0.2439	0.1593	$\boldsymbol{x}_{28}$	0.1806	0.2835	0.1504
$\boldsymbol{x}_{19}$	0.1751	0.0971	0.3198	$\boldsymbol{x}_{24}$	0.2400	0.3362	0.1531	$\boldsymbol{x}_{29}$	0.3273	0.5173	0.1168
$\boldsymbol{x}_{20}$	0.2343	0.1052	0.3653	$\boldsymbol{x}_{25}$	0.1708	0.3133	0.0998	$\boldsymbol{x}_{30}$	0.2675	0.3399	0.1907

通过计算,求得各个样本归属最近类中心为该样本所属簇,第三轮簇划分结果:

$$C_1=\{\boldsymbol{x}_5,\boldsymbol{x}_6,\boldsymbol{x}_7,\boldsymbol{x}_8,\boldsymbol{x}_9,\boldsymbol{x}_{13},\boldsymbol{x}_{14},\boldsymbol{x}_{16},\boldsymbol{x}_{17},\boldsymbol{x}_{20},\boldsymbol{x}_{23}\}$$

$$C_2=\{\boldsymbol{x}_{10},\boldsymbol{x}_{11},\boldsymbol{x}_{12},\boldsymbol{x}_{15},\boldsymbol{x}_{18},\boldsymbol{x}_{19}\}$$

$$C_3=\{\boldsymbol{x}_1,\boldsymbol{x}_2,\boldsymbol{x}_3,\boldsymbol{x}_4,\boldsymbol{x}_{21},\boldsymbol{x}_{22},\boldsymbol{x}_{24},\boldsymbol{x}_{25},\boldsymbol{x}_{26},\boldsymbol{x}_{27},\boldsymbol{x}_{28},\boldsymbol{x}_{29},\boldsymbol{x}_{30}\}$$

计算新类中心为:

$$\boldsymbol{u}'_1=\frac{1}{|C_1|}\sum_{x\in C_1}x=(0.563,0.172)$$

$$\boldsymbol{u}'_2=\frac{1}{|C_2|}\sum_{x\in C_2}x=(0.310,0.211)$$

$$\boldsymbol{u}'_3=\frac{1}{|C_3|}\sum_{x\in C_3}x=(0.623,0.388)$$

聚类中心发生了变化,需要返回第二步重新计算各样本与各类中心的距离,进行第四轮迭代。

(4) 第四轮迭代结果如表 5.9 所示。

表 5.9　第四轮迭代结果

数据点	距 u_1 距离 d_{i1}	距 u_2 距离 d_{i2}	距 u_3 距离 d_{i3}	数据点	距 u_1 距离 d_{i1}	距 u_2 距离 d_{i2}	距 u_3 距离 d_{i3}	数据点	距 u_1 距离 d_{i1}	距 u_2 距离 d_{i2}	距 u_3 距离 d_{i3}
$\boldsymbol{x}_1$	0.3176	0.4602	0.1032	$\boldsymbol{x}_{11}$	0.3382	0.1672	0.5024	$\boldsymbol{x}_{21}$	0.1945	0.4385	0.1999
$\boldsymbol{x}_2$	0.2935	0.4925	0.1515	$\boldsymbol{x}_{12}$	0.2318	0.1168	0.4024	$\boldsymbol{x}_{22}$	0.2304	0.4260	0.1002
$\boldsymbol{x}_3$	0.1162	0.3283	0.1245	$\boldsymbol{x}_{13}$	0.0768	0.3328	0.2276	$\boldsymbol{x}_{23}$	0.1612	0.2003	0.1593
$\boldsymbol{x}_4$	0.1528	0.3166	0.0716	$\boldsymbol{x}_{14}$	0.0975	0.3472	0.1930	$\boldsymbol{x}_{24}$	0.2783	0.2816	0.1531
$\boldsymbol{x}_5$	0.0436	0.2460	0.1855	$\boldsymbol{x}_{15}$	0.2836	0.1667	0.2636	$\boldsymbol{x}_{25}$	0.2006	0.2668	0.0998
$\boldsymbol{x}_6$	0.1727	0.0966	0.2668	$\boldsymbol{x}_{16}$	0.1334	0.3296	0.3473	$\boldsymbol{x}_{26}$	0.3686	0.5213	0.1630
$\boldsymbol{x}_7$	0.0851	0.1819	0.2780	$\boldsymbol{x}_{17}$	0.1706	0.4230	0.3007	$\boldsymbol{x}_{27}$	0.3016	0.3426	0.1538
$\boldsymbol{x}_8$	0.1318	0.127	0.2567	$\boldsymbol{x}_{18}$	0.2046	0.0541	0.3312	$\boldsymbol{x}_{28}$	0.2230	0.2319	0.1505
$\boldsymbol{x}_9$	0.1310	0.3756	0.3001	$\boldsymbol{x}_{19}$	0.2344	0.0417	0.3198	$\boldsymbol{x}_{29}$	0.3174	0.4764	0.1168
$\boldsymbol{x}_{10}$	0.3338	0.0873	0.3988	$\boldsymbol{x}_{20}$	0.2936	0.0539	0.3653	$\boldsymbol{x}_{30}$	0.3099	0.2828	0.1907

通过计算,求得各个样本归属最近类中心为该样本所属簇,第四轮簇划分结果:

$$C_1=\{\boldsymbol{x}_3,\boldsymbol{x}_5,\boldsymbol{x}_7,\boldsymbol{x}_9,\boldsymbol{x}_{13},\boldsymbol{x}_{14},\boldsymbol{x}_{16},\boldsymbol{x}_{17},\boldsymbol{x}_{21}\}$$

$$C_2=\{\boldsymbol{x}_6,\boldsymbol{x}_8,\boldsymbol{x}_{10},\boldsymbol{x}_{11},\boldsymbol{x}_{12},\boldsymbol{x}_{15},\boldsymbol{x}_{18},\boldsymbol{x}_{19},\boldsymbol{x}_{20}\}$$

$$C_3=\{\boldsymbol{x}_1,\boldsymbol{x}_2,\boldsymbol{x}_4,\boldsymbol{x}_{22},\boldsymbol{x}_{23},\boldsymbol{x}_{24},\boldsymbol{x}_{25},\boldsymbol{x}_{26},\boldsymbol{x}_{27},\boldsymbol{x}_{28},\boldsymbol{x}_{29},\boldsymbol{x}_{30}\}$$

计算新类中心为:

$$\boldsymbol{u}'_1=\frac{1}{|C_1|}\sum_{x\in C_1}x=(0.633,0.162)$$

$$\boldsymbol{u}'_2=\frac{1}{|C_2|}\sum_{x\in C_2}x=(0.335,0.214)$$

$$\boldsymbol{u}'_3=\frac{1}{|C_3|}\sum_{x\in C_3}x=(0.601,0.405)$$

聚类中心发生了变化,需要返回第二步重新计算各样本与各类中心的距离,进行第五轮迭代。

(5) 第五轮迭代结果如表 5.10 所示。

表 5.10 第五轮迭代结果

数据点	距 $\boldsymbol{u}_1$ 距离 d_{i1}	距 $\boldsymbol{u}_2$ 距离 d_{i2}	距 $\boldsymbol{u}_3$ 距离 d_{i3}	数据点	距 $\boldsymbol{u}_1$ 距离 d_{i1}	距 $\boldsymbol{u}_2$ 距离 d_{i2}	距 $\boldsymbol{u}_3$ 距离 d_{i3}	数据点	距 $\boldsymbol{u}_1$ 距离 d_{i1}	距 $\boldsymbol{u}_2$ 距离 d_{i2}	距 $\boldsymbol{u}_3$ 距离 d_{i3}
$\boldsymbol{x}_1$	0.3052	0.4380	0.1111	$\boldsymbol{x}_{11}$	0.4014	0.1808	0.4974	$\boldsymbol{x}_{21}$	0.1352	0.4138	0.2273
$\boldsymbol{x}_2$	0.2568	0.4683	0.1759	$\boldsymbol{x}_{12}$	0.2963	0.154	0.3999	$\boldsymbol{x}_{22}$	0.2015	0.4017	0.1279
$\boldsymbol{x}_3$	0.1023	0.3035	0.1448	$\boldsymbol{x}_{13}$	0.0065	0.3090	0.2469	$\boldsymbol{x}_{23}$	0.2121	0.1778	0.1498
$\boldsymbol{x}_4$	0.1582	0.2925	0.0872	$\boldsymbol{x}_{14}$	0.0438	0.3228	0.2145	$\boldsymbol{x}_{24}$	0.3157	0.2651	0.1266
$\boldsymbol{x}_5$	0.0933	0.2214	0.1950	$\boldsymbol{x}_{15}$	0.3431	0.1580	0.2430	$\boldsymbol{x}_{25}$	0.2336	0.2455	0.0836
$\boldsymbol{x}_6$	0.2416	0.0721	0.2592	$\boldsymbol{x}_{16}$	0.1260	0.3105	0.3630	$\boldsymbol{x}_{26}$	0.3481	0.4990	0.1724
$\boldsymbol{x}_7$	0.1521	0.1603	0.2824	$\boldsymbol{x}_{17}$	0.1045	0.4002	0.3243	$\boldsymbol{x}_{27}$	0.3262	0.3248	0.0959
$\boldsymbol{x}_8$	0.2017	0.1025	0.2536	$\boldsymbol{x}_{18}$	0.2748	0.0358	0.3246	$\boldsymbol{x}_{28}$	0.2672	0.2130	0.1307
$\boldsymbol{x}_9$	0.0782	0.3536	0.3207	$\boldsymbol{x}_{19}$	0.3041	0.0273	0.3086	$\boldsymbol{x}_{29}$	0.2980	0.4536	0.1308
$\boldsymbol{x}_{10}$	0.4035	0.1057	0.3832	$\boldsymbol{x}_{20}$	0.3633	0.0678	0.3512	$\boldsymbol{x}_{30}$	0.3510	0.2691	0.1637

通过计算,求得各个样本归属最近类中心为该样本所属簇,第五轮簇划分结果:

$$C_1=\{\boldsymbol{x}_3,\boldsymbol{x}_5,\boldsymbol{x}_7,\boldsymbol{x}_9,\boldsymbol{x}_{13},\boldsymbol{x}_{14},\boldsymbol{x}_{16},\boldsymbol{x}_{17},\boldsymbol{x}_{21}\}$$

$$C_2=\{\boldsymbol{x}_6,\boldsymbol{x}_8,\boldsymbol{x}_{10},\boldsymbol{x}_{11},\boldsymbol{x}_{12},\boldsymbol{x}_{15},\boldsymbol{x}_{18},\boldsymbol{x}_{19},\boldsymbol{x}_{20}\}$$

$$C_3=\{\boldsymbol{x}_1,\boldsymbol{x}_2,\boldsymbol{x}_4,\boldsymbol{x}_{22},\boldsymbol{x}_{23},\boldsymbol{x}_{24},\boldsymbol{x}_{25},\boldsymbol{x}_{26},\boldsymbol{x}_{27},\boldsymbol{x}_{28},\boldsymbol{x}_{29},\boldsymbol{x}_{30}\}$$

类中心不变,仍然为:

$$\boldsymbol{u}'_1=\frac{1}{|C_1|}\sum_{x\in C_1}x=(0.633,0.162)$$

$$\boldsymbol{u}'_2=\frac{1}{|C_2|}\sum_{x\in C_2}x=(0.335,0.214)$$

$$\boldsymbol{u}'_3=\frac{1}{|C_3|}\sum_{x\in C_3}x=(0.601,0.405)$$

此时，可以看到经过五轮迭代之后，发现第五轮和第四轮迭代结果相同，类中心不再发生变化，于是停止迭代，得到最终的聚类簇划分为：

$$C_1=\{\boldsymbol{x}_3,\boldsymbol{x}_5,\boldsymbol{x}_7,\boldsymbol{x}_9,\boldsymbol{x}_{13},\boldsymbol{x}_{14},\boldsymbol{x}_{16},\boldsymbol{x}_{17},\boldsymbol{x}_{21}\}$$

$$C_2=\{\boldsymbol{x}_6,\boldsymbol{x}_8,\boldsymbol{x}_{10},\boldsymbol{x}_{11},\boldsymbol{x}_{12},\boldsymbol{x}_{15},\boldsymbol{x}_{18},\boldsymbol{x}_{19},\boldsymbol{x}_{20}\}$$

$$C_3=\{\boldsymbol{x}_1,\boldsymbol{x}_2,\boldsymbol{x}_4,\boldsymbol{x}_{22},\boldsymbol{x}_{23},\boldsymbol{x}_{24},\boldsymbol{x}_{25},\boldsymbol{x}_{26},\boldsymbol{x}_{27},\boldsymbol{x}_{28},\boldsymbol{x}_{29},\boldsymbol{x}_{30}\}$$

2. K-Means 聚类结果性能度量

1）外部指标

对于西瓜样本数据集 4.0，$D=\{\boldsymbol{x}_1,\boldsymbol{x}_2,\cdots,\boldsymbol{x}_{30}\}$，通过上面的 K-Means 聚类得到的簇划分结果为 $C=\{C_1,C_2,C_3\}$，其中：

$$C_1=\{\boldsymbol{x}_3,\boldsymbol{x}_5,\boldsymbol{x}_7,\boldsymbol{x}_9,\boldsymbol{x}_{13},\boldsymbol{x}_{14},\boldsymbol{x}_{16},\boldsymbol{x}_{17},\boldsymbol{x}_{21}\}$$

$$C_2=\{\boldsymbol{x}_6,\boldsymbol{x}_8,\boldsymbol{x}_{10},\boldsymbol{x}_{11},\boldsymbol{x}_{12},\boldsymbol{x}_{15},\boldsymbol{x}_{18},\boldsymbol{x}_{19},\boldsymbol{x}_{20}\}$$

$$C_3=\{\boldsymbol{x}_1,\boldsymbol{x}_2,\boldsymbol{x}_4,\boldsymbol{x}_{22},\boldsymbol{x}_{23},\boldsymbol{x}_{24},\boldsymbol{x}_{25},\boldsymbol{x}_{26},\boldsymbol{x}_{27},\boldsymbol{x}_{28},\boldsymbol{x}_{29},\boldsymbol{x}_{30}\}$$

假设参考模型给出的簇划分为 $C^*=\{C_1^*,C_2^*\}$，C_1^* 代表好瓜，C_2^* 代表非好瓜：

$$C_1^*=\{\boldsymbol{x}_1,\boldsymbol{x}_2,\boldsymbol{x}_3,\boldsymbol{x}_4,\boldsymbol{x}_5,\boldsymbol{x}_6,\boldsymbol{x}_7,\boldsymbol{x}_8,\boldsymbol{x}_{22},\boldsymbol{x}_{23},\boldsymbol{x}_{24},\boldsymbol{x}_{25},\boldsymbol{x}_{26},\boldsymbol{x}_{27},\boldsymbol{x}_{28},\boldsymbol{x}_{29},\boldsymbol{x}_{30}\}$$

$$C_2^*=\{\boldsymbol{x}_9,\boldsymbol{x}_{10},\boldsymbol{x}_{11},\boldsymbol{x}_{12},\boldsymbol{x}_{13},\boldsymbol{x}_{14},\boldsymbol{x}_{15},\boldsymbol{x}_{16},\boldsymbol{x}_{17},\boldsymbol{x}_{18},\boldsymbol{x}_{19},\boldsymbol{x}_{20},\boldsymbol{x}_{21}\}$$

首先，根据聚类结果与参考模型得出表 5.11。

表 5.11　K-Means 聚类结果与参考模型

样本编号	1	2	3	4	5	6	7	8	9	10	11	12	13	14	15
实际参考模型类别	C_1^*	C_1^*	C_1^*	C_1^*	C_1^*	C_1^*	C_1^*	C_1^*	C_2^*	C_2^*	C_2^*	C_2^*	C_2^*	C_2^*	C_2^*
聚类结果	C_3	C_3	C_1	C_3	C_1	C_2	C_1	C_2	C_1	C_2	C_2	C_2	C_1	C_1	C_2
样本编号	16	17	18	19	20	21	22	23	24	25	26	27	28	29	30
实际参考模型类别	C_2^*	C_2^*	C_2^*	C_2^*	C_2^*	C_2^*	C_1^*	C_1^*	C_1^*	C_1^*	C_1^*	C_1^*	C_1^*	C_1^*	C_1^*
聚类结果	C_1	C_1	C_2	C_2	C_2	C_1	C_3	C_3	C_3	C_3	C_3	C_3	C_3	C_3	C_3

然后，再根据式(5-13)～式(5-16)，不难求出对西瓜数据集进行此次 K-Means 聚类分簇结果对应的 SS,SD,DS,DD,从而得到以下结果(由于该数据量太大，因此不一一列出全部对应的元素，通过编写函数，获取结果，这里只给出元素个数，用于下一步计算外部指标)。

$$a=|\mathrm{SS}|=106$$

$$b=|\mathrm{SD}|=32$$

$$c=|\mathrm{DS}|=108$$

$$d=|\mathrm{DD}|=189$$

同时，m 等于数据点个数 30，从而根据式(5-17)～式(5-19)可以求出此次 K-Means 聚类结果的外部指标。

(1) Jaccard 系数的计算结果为：

$$\text{JC}=\frac{a}{a+b+c}=\frac{106}{106+32+108}=0.43$$

(2) FMI 指数的计算结果为：

$$\text{FMI}=\sqrt{\frac{a}{a+b}\cdot\frac{a}{a+c}}=\sqrt{\frac{106}{106+32}\times\frac{106}{106+108}}=0.62$$

(3) Rand 指数的计算结果为：

$$\text{RI}=\frac{2(a+d)}{m(m-1)}=\frac{2\times(106+189)}{30\times(30-1)}=0.68$$

结果分析：根据 5.1.4 节中介绍的聚类性能度量指标部分，上述聚类外部性能度量指标值反映的是聚类结果与参考模型给出的簇划分结果一致的比例，取值范围为[0,1]，比例越大，说明聚类效果越好。因此聚类性能度量指标 JC、FMI 和 RI 的值越大越好。

2) 内部指标(这里的距离用的是欧氏距离)

此次 K-Means 聚类结果有 3 类，即 $k=3, C=\{C_1, C_2, C_3\}$，共有数据点 $m=30$。

$$C_1=\{\boldsymbol{x}_3, \boldsymbol{x}_5, \boldsymbol{x}_7, \boldsymbol{x}_9, \boldsymbol{x}_{13}, \boldsymbol{x}_{14}, \boldsymbol{x}_{16}, \boldsymbol{x}_{17}, \boldsymbol{x}_{21}\}$$

$$C_2=\{\boldsymbol{x}_6, \boldsymbol{x}_8, \boldsymbol{x}_{10}, \boldsymbol{x}_{11}, \boldsymbol{x}_{12}, \boldsymbol{x}_{15}, \boldsymbol{x}_{18}, \boldsymbol{x}_{19}, \boldsymbol{x}_{20}\}$$

$$C_3=\{\boldsymbol{x}_1, \boldsymbol{x}_2, \boldsymbol{x}_4, \boldsymbol{x}_{22}, \boldsymbol{x}_{23}, \boldsymbol{x}_{24}, \boldsymbol{x}_{25}, \boldsymbol{x}_{26}, \boldsymbol{x}_{27}, \boldsymbol{x}_{28}, \boldsymbol{x}_{29}, \boldsymbol{x}_{30}\}$$

$$|C_1|=9,\ |C_2|=9,\ |C_3|=12$$

(1) 根据式(5-20)，可以求得每个簇内的平均距离。

$$\text{avg}(C_1)=\frac{2}{|C_1|(|C_1|-1)}\sum_{1\leqslant i<j\leqslant |C_1|}\text{dist}(\boldsymbol{x}_i, \boldsymbol{x}_j)=0.144088$$

$$\text{avg}(C_2)=\frac{2}{|C_2|(|C_2|-1)}\sum_{1\leqslant i<j\leqslant |C_2|}\text{dist}(\boldsymbol{x}_i, \boldsymbol{x}_j)=0.147562$$

$$\text{avg}(C_3)=\frac{2}{|C_3|(|C_3|-1)}\sum_{1\leqslant i<j\leqslant |C_3|}\text{dist}(\boldsymbol{x}_i, \boldsymbol{x}_j)=0.177622$$

(2) 根据式(5-21)，可以求得每个簇内的样本最大距离。

$$\text{diam}(C_1)=\max_{1\leqslant i<j\leqslant |C_1|}\text{dist}(\boldsymbol{x}_i, \boldsymbol{x}_j)=0.279603$$

$$\text{diam}(C_2)=\max_{1\leqslant i<j\leqslant |C_2|}\text{dist}(\boldsymbol{x}_i, \boldsymbol{x}_j)=0.333458$$

$$\text{diam}(C_3)=\max_{1\leqslant i<j\leqslant |C_3|}\text{dist}(\boldsymbol{x}_i, \boldsymbol{x}_j)=0.338339$$

(3) 根据式(5-22)，可以求得各个簇间的样本最小距离。

$$d_{\min}(C_1, C_2)=\min_{x_i\in C_1, x_j\in C_2}\text{dist}(\boldsymbol{x}_i, \boldsymbol{x}_j)=0.076026$$

$$d_{\min}(C_1, C_3)=\min_{x_i\in C_1, x_j\in C_3}\text{dist}(\boldsymbol{x}_i, \boldsymbol{x}_j)=0.059933$$

$$d_{\min}(C_2, C_3)=\min_{x_i\in C_2, x_j\in C_3}\text{dist}(\boldsymbol{x}_i, \boldsymbol{x}_j)=0.109659$$

(4) 根据式(5-23)，可以求得各个簇中心间距离。

首先根据簇中心计算公式 $\boldsymbol{u}_i=\frac{1}{|C_i|}\sum_{x\in C_i}\boldsymbol{x}$，计算各个簇相应的簇中心分别为：

$$\boldsymbol{u}_1=\frac{1}{|C_1|}\sum_{x\in C_1}\boldsymbol{x}=\frac{x_3+x_5+x_7+x_9+x_{13}+x_{14}+x_{16}+x_{17}+x_{21}}{9}=(0.6326, 0.1617)$$

$$u_2=\frac{1}{|C_2|}\sum_{x\in C_2}x=\frac{x_6+x_8+x_{10}+x_{11}+x_{12}+x_{15}+x_{18}+x_{19}+x_{20}}{9}=(0.3346,0.2141)$$

$$u_3=\frac{1}{|C_3|}\sum_{x\in C_3}x=\frac{x_1+x_2+x_4+x_{22}+x_{23}+x_{24}+x_{25}+x_{26}+x_{27}+x_{28}+x_{29}+x_{30}}{12}$$

$$=(0.6005,0.4049)$$

进而求得各簇中心间距离为：

$$d_{\text{cen}}(C_1,C_2)=\text{dist}(u_1,u_2)=\|u_1-u_2\|_2=\sqrt{|u_{11}-u_{21}|^2+|u_{12}-u_{22}|^2}=0.30258$$

$$d_{\text{cen}}(C_1,C_3)=\text{dist}(u_1,u_3)=\|u_1-u_3\|_2=\sqrt{|u_{11}-u_{31}|^2+|u_{12}-u_{32}|^2}=0.24535$$

$$d_{\text{cen}}(C_2,C_3)=\text{dist}(u_2,u_3)=\|u_2-u_3\|_2=\sqrt{|u_{21}-u_{31}|^2+|u_{22}-u_{32}|^2}=3.34556$$

计算得出以上结果之后，再根据式(5-24)和式(5-25)得到聚类结果性能度量-内部指标 DB 指数和 Dunn 指数。

(5) 计算 DB 指数。

运用式(5-24)计算 DBI，即

$$\text{DBI}=\frac{1}{k}\sum_{i=1}^{k}\max_{j\neq i}\left(\frac{\text{avg}(C_i)+\text{avg}(C_j)}{d_{\text{cen}}(C_i,C_j)}\right)$$

$$=\frac{1}{3}\left(\max\left(\frac{\text{avg}(C_1)+\text{avg}(C_2)}{d_{\text{cen}}(C_1,C_2)},\frac{\text{avg}(C_1)+\text{avg}(C_3)}{d_{\text{cen}}(C_1,C_3)}\right)+\max\left(\frac{\text{avg}(C_2)+\text{avg}(C_1)}{d_{\text{cen}}(C_2,C_1)},\frac{\text{avg}(C_2)+\text{avg}(C_3)}{d_{\text{cen}}(C_2,C_3)}\right)+\max\left(\frac{\text{avg}(C_3)+\text{avg}(C_1)}{d_{\text{cen}}(C_3,C_1)},\frac{\text{avg}(C_3)+\text{avg}(C_2)}{d_{\text{cen}}(C_3,C_2)}\right)\right)$$

$$=\frac{1}{3}\left(\max\left(\frac{0.144088+0.147562}{0.30258},\frac{0.144088+0.177622}{0.24535}\right)+\max\left(\frac{0.147562+0.144088}{0.30258},\frac{0.147562+0.177622}{3.34556}\right)+\max\left(\frac{0.177622+0.144088}{0.24535},\frac{0.177622+0.147562}{3.34556}\right)\right)$$

$$=\frac{1}{3}\times\left(\frac{0.32171}{0.24535}+\frac{0.29165}{0.30258}+\frac{0.32171}{0.24535}\right)=1.11377$$

运用 Dunn 指数计算公式，计算如下。

运用式(5-25)计算如下。

$$\text{DI}=\min_{1\leqslant i\leqslant k}\left\{\min_{j\neq i}\left(\frac{d_{\min}(C_i,C_j)}{\max\limits_{1\leqslant l\leqslant k}\text{diam}(C_l)}\right)\right\}$$

其中，先计算分母：

$$\max_{1\leqslant l\leqslant k}\text{diam}(C_l)=\max(\text{diam}(C_1),\text{diam}(C_2),\text{diam}(C_3))$$

$$=\max(0.279602,0.333458,0.338339)=0.338339$$

所以有：

$$\text{DI}=\min\left(\min\left(\frac{d_{\min}(C_1,C_2)}{0.338339},\frac{d_{\min}(C_1,C_3)}{0.338339}\right),\min\left(\frac{d_{\min}(C_2,C_1)}{0.338339},\frac{d_{\min}(C_2,C_3)}{0.338339}\right),\right.$$

$$\min\left(\frac{d_{\min}(C_3,C_1)}{0.338339},\frac{d_{\min}(C_3,C_2)}{0.338339}\right)\Bigg)$$

$$=\min\left(\min\left(\frac{0.076026}{0.338339},\frac{0.059933}{0.338339}\right),\min\left(\frac{0.076026}{0.338339},\frac{0.109659}{0.338339}\right),\min\left(\frac{0.059933}{0.338339},\frac{0.109659}{0.338339}\right)\right)$$

$$=\min\left(\frac{0.059933}{0.338339},\frac{0.076026}{0.338339},\frac{0.059933}{0.338339}\right)=\frac{0.059933}{0.338339}=0.177139$$

DBI 表示的是类内距离与类间距离的比值,DBI 值越小意味着类内的距离越小,同时类间距离越大,即聚类的效果越好,因此 DBI 的值越小越好。而 DI 值表示的是类间距离与类内距离的比值,因此 DI 值越大越好。

5.2.4 Python 实现 K-Means 聚类算法

1. K-Means 聚类算法实现过程的描述

K-Means 聚类算法实现过程流程图如图 5.7 所示。

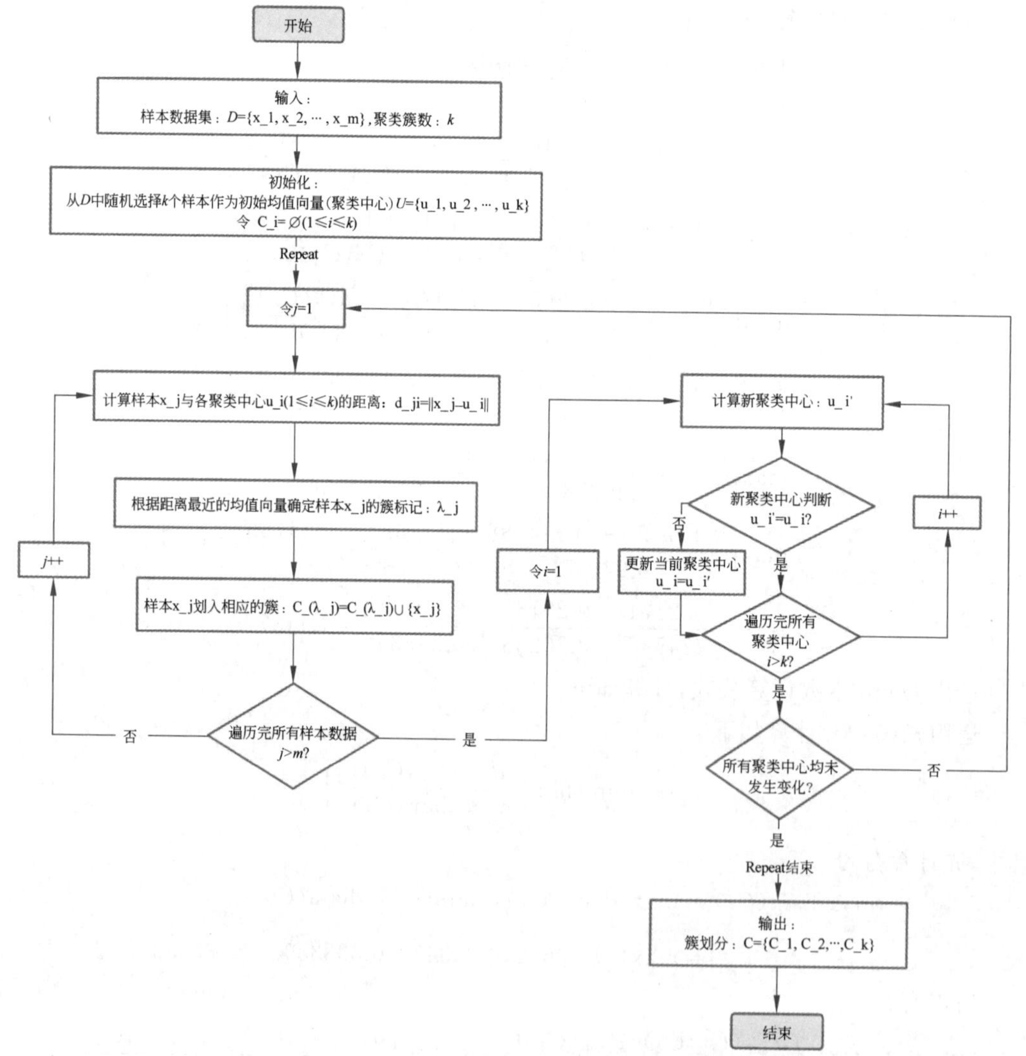

图 5.7 K-Means 聚类算法实现过程流程图

K-Means 算法流程图对应伪代码实现过程描述如下。

输入： 样本数据集 $\boldsymbol{D}=\{\boldsymbol{x}_1,\boldsymbol{x}_2,\cdots,\boldsymbol{x}_m\}$

　　聚类簇数 k

过程：

(1)　从 $\boldsymbol{D}$ 中随机选择 k 个样本作为初始均值向量 $\boldsymbol{u}=\{\boldsymbol{u}_1,\boldsymbol{u}_2,\cdots,\boldsymbol{u}_k\}$；

(2)　令 $C_i=\varnothing(1\leqslant i\leqslant k)$

(3)　**repeat**

(4)　　**for** $j=1,2,\cdots,m$ **do**

(5)　　　begin｛ 计算样本 x_j 与各均值向量 $\boldsymbol{u}_i(1\leqslant i\leqslant k)$的距离：$d_{ji}=\|\boldsymbol{x}_j-\boldsymbol{u}_i\|_2$；

(6)　　　根据距离最近的均值向量确定 $\boldsymbol{x}_j$ 的簇标记：$\lambda_j=\arg\min\limits_{i\in\{1,2,\cdots,k\}} d_{ji}$；

(7)　　　将样本 x_j 划入相应的簇：$C_{\lambda_j}=C_{\lambda_j}\cup\{\boldsymbol{x}_j\}$；｝

(8)　　**end for**

(9)　　**for**　$i=1,2,\cdots,k$　**do**

(10)　　　**begin**｛ 计算新均值向量：$\boldsymbol{u}'_i=\dfrac{1}{|C_i|}\sum\limits_{x\in C_i}\boldsymbol{x}$；

(11)　　　**if**　$\boldsymbol{u}'_i\neq\boldsymbol{u}_i$ **then**

(12)　　　　将当前均值向 $\boldsymbol{u}_i$ 更新为 $\boldsymbol{u}'_i$

(13)　　　**else**

(14)　　　　保持当前均值向量不变

(15)　　　**end if**　｝

(16)　　**end for**

(17)　：**until** 满足当前均值向量均未更新，即跳出 repeat，转去执行(19)输出；不满足条件则继续循环转去执行(4)

(18)　**end　repeat**

(19)　**输出：** 簇划分 $C=\{C_1,C_2,\cdots,C_k\}$

---

* 注：其中第 1 行对均值向量进行初始化；在第 4～8 行与第 9～16 行以此对当前簇划分及均值向量迭代更新，若迭代更新后聚类结果保持不变，则在第 18 行将当前簇划分结果返回。上面提到"最近"质心的说法，意味着需要进行某种距离的计算。可以使用任意距离度量方法。数据集上 K-Means 算法的性能会受到所选距离计算方法的影响。为避免运行时间过长，通常设置一个最大运行迭代轮数或最小调整幅度阈值，若达到最大轮数或调整幅度小于阈值，则停止运行。

2. K-Means 算法的 Python 代码实现

以下算法实现将运用 Python 代码实现。这个代码实现是以欧氏距离进行计算的 K-Means算法。算法实现步骤是：首先创建一个名为 kMeans.py 的文件，然后将下面程序清单中的代码添加到文件中。

程序清单 5.1　K-Means 聚类支持函数（用来辅助实现数据导入、计算欧氏距离和生成随机类中心）

```
from numpy import *
#导入数据,生成数据列表
```

```
def loadDataSet(filename):
    dataSet = []
    fr = open(filename)
    for line in fr.readlines():
        curLine = line.strip().split('\t')
        fltLine = map(float, curLine)
        dataSet.append(list(fltLine))
    return dataset
#计算两个向量的欧氏距离
def distEclud(vecA, vecB):
    return sqrt(sum(power(vecA - vecB, 2)))
#生成随机类中心
def randCent(dataSet, k):
    n = shape(dataSet)[1]                  #计算列数
    centroids = mat(zeros((k,n)))          #初始化 k 行 n 列的类中心聚类
    for j in range(n):                     #构建簇质心
        minJ = min(dataSet[:,j])           #取每列最小值
        rangeJ = float(max(dataSet[:,j]) - minJ)
        centroids[:,j] = minJ + rangeJ * random.rand(k,1)
    return centroids
```

程序清单 5.1 中的代码包含几个 K-Means 算法中要用到的辅助函数。第一个函数 loadDataSet(),它将文本文件导入一个列表中。文本文件每一行为 tab 分隔的浮点数。每一个列表会被添加到 dataSet 中,最后返回 dataSet。该返回值是一个包含许多其他列表的列表,即嵌套列表。这种格式可以很容易将很多值封装到矩阵中。

本实例的下一个函数 distEclud()计算两个向量的欧氏距离。这是本章最先使用的距离函数,也可以使用其他距离函数。

最后一个函数 randCent()为给定数据集构建一个包含 k 个随机质心的集合。随机质心必须要在整个数据集的边界之内,这可以通过找到数据集每一维的最小值和最大值完成。然后生成 0～1.0 的随机数并通过取值范围和最小值,确保随机点在数据的边界之内。接下来看一下这三个函数的实际效果。保存 kMeans.py 文件,然后在 Python 提示符下输入:

```
>>> import kMeans
>>> from numpy import *
```

要从文本文件中构建矩阵,输入下面的命令。

```
>>>datMat = mat (kMeans.loadDataSet ('testSet.txt' ))
```

文本文件 testSet 中存储的是 30 个包含西瓜密度和西瓜含糖率的西瓜样本数据集 4.0,读入之后生成一个二维矩阵,后面将使用该矩阵来测试完整的 K-Means 算法。

下面看看 randCent ()函数是否正常运行。

首先,看一下矩阵中的最小值与最大值。

维度 0 上即西瓜密度的最小值和最大值为:

```
>>>min(datMat [:,0])
matrix([[-5.379713]])
>>> max (datMat[:,0])
matrix([[ 4.838138]])
```

维度 1 上即西瓜含糖率的最小值和最大值为：

```
>>>min(datMat [:,1])
matrix([[-4.232586]])
>>> max (datMat [:,1])
matrix([[ 5.1904]])
```

然后，看看 randCent()函数能否随机生成 min～max 的值作为随机初始类中心使用。

```
>>> kMeans.randCent(datMat, 2)
matrix([[-3,24278889,-0.04213842],
        [-0.92437171,3.19524231]])
```

从上面的结果可以看到，函数 randCent()确实能够生成 min～max 中随机的值作为初始类中心使用。上述结果表明，这些函数都能够按照预想的方式运行。最后测试一下距离计算方法。

以第一个数据点与第二个数据点之间的距离为例，计算这两个点之间的欧氏距离为：

```
>>>kmeans.distEclud (datMat [0],datMat [1 ])
5.184632816681332
```

所有支持函数正常运行之后，就可以准备实现完整的 K-Means 算法了。该算法会创建 k 个质心，然后将每个点分配到最近的质心，再重新计算质心。这个过程重复数次，直到数据点的簇分配结果不再改变为止。打开 kMeans.py 文件，输入下面程序清单中的代码。

程序清单 5.2 K-Means 聚类算法

```
def kMeans(dataSet, k, distMeas=distEclud, createCent=randCent):
    m = shape (dataSet) [0]                             #行数
    #建立簇分配结果矩阵，第一列存索引，第二列存误差
    clusterAssment = mat(zeros((m,2)))
    centroids = createCent (dataSet, k)                 #初始化聚类中心点
    clusterChanged = True                               #聚类中心是否变化的 tag
    #计算每个数据点离每个类中心的距离，并将其分配到离得最近的中心点
    while clusterChanged:
        clusterChanged = False
        for i in range(m):
            minDist = inf                               #初始化，无穷大
            minIndex = -1                               #初始化，-1
            for j  in range (k):                        #寻找最近的质心
                #计算各点与新聚类中心各个类中心点的距离
                distJI = distMeas(centroids[j,:], dataSet [i, :])
                if distJI  <  minDist:
                    minDist = distJI                    #存储最小值
                    minIndex = j                        #存储最小值所在位置
            if clusterAssment[i,0] != minIndex: clusterChanged=True
            clusterAssment [i,:]  =  minIndex, minDist**2
        print(centroids)
        for cent in range (k): #更新质心的位置
            #nonzeros(a==k)返回数组 a 中值为 k 的元素下标
            ptsInClust=dataSet[nonzero(clusterAssment\ [:,0].A==cent)[0]]
            #沿矩阵列方向进行均值计算，重新计算质心
            centroids[cent,:]= mean(ptsInClust, axis=0)
    return centroids, clusterAssment
```

程序清单 5.2 给出了 K-Means 算法(函数)的实现代码。其中的 kMeans()函数接收 4 个输入参数。只有数据集及簇的数目是必选参数,而用来计算距离和创建初始质心的函数都是可选的。kMeans()函数一开始确定数据集中数据点的总数,然后创建一个矩阵来存储每个点的簇分配结果。簇分配结果矩阵 clusterAssment 包含两列:第一列记录簇索引值,第二列存储误差。这里的误差是指当前点到簇质心的距离,可以使用该误差来评价聚类的效果。

按照上述方式(即计算质心-分配-重新计算)反复迭代,直到所有数据点的簇分配结果不再改变为止。程序中可以创建一个标志变量 clusterChanged,如果该值为 True,则继续迭代。上述迭代使用 while 循环来实现。接下来遍历所有数据找到距离每个点最近的质心,这可以通过对每个点遍历所有质心并计算点到每个质心的距离来完成。计算距离是使用 distMeas 参数给出的距离函数,默认距离函数是 distEclud(),该函数的实现已经在程序清单 5.1 中给出。如果任意一点的簇分配结果发生改变,则更新 clusterChanged 标志。

最后,遍历所有质心并更新它们的取值。具体实现步骤如下:首先通过数组过滤来获得给定簇的所有点;然后计算所有点的均值,选项 axis=0 表示沿矩阵的列方向进行均值计算;最后,程序返回所有的类质心与点分配结果。

接下来看看程序清单 5.2 的运行效果。保存 kMeans.py 文件后,在 Python 提示符下输入:

```
>>> reload(kMeans)
<module'kMeans' from 'kMeans.pyc'>
```

如果没有将前面例子中的 datMat 数据复制过来,则可以输入下面的命令(记住要导入 NumPy)。

```
>>>datMat=mat(kMeans.loadDataSet('testSet.txt'))
```

现在就可以对 datMat 中的数据点进行聚类处理。从图像中可以大概预先知道最后的结果应该有 4 个簇,所以可以输入如下命令。

```
>>>myCentroids,clustAssing=kMeans.kMeans(datMat,4)
 [[ 1.22004401 -2.55549566]
  [ 1.50358815  1.19022581]
  [-2.02383934 -2.10656865]
  [-2.67310426 -2.73162105]]
 [[ 2.66260011 -3.01538247]
  [ 0.59472245  2.87273261]
  [-3.3577204   1.0886864 ]
  [-3.59385056 -2.94282822]]
 [[ 2.65077367 -2.79019029]
  [ 1.83609472  3.13825044]
  [-2.84017553  2.6309902 ]
  [-3.53973889 -2.89384326]]
 [[ 2.65077367 -2.79019029]
  [ 2.6265299   3.10868015]
  [-2.46154315  2.78737555]
  [-3.53973889  -2.89384326]]
```

对程序运行迭代过程进行可视化,结果如图 5.8 所示。

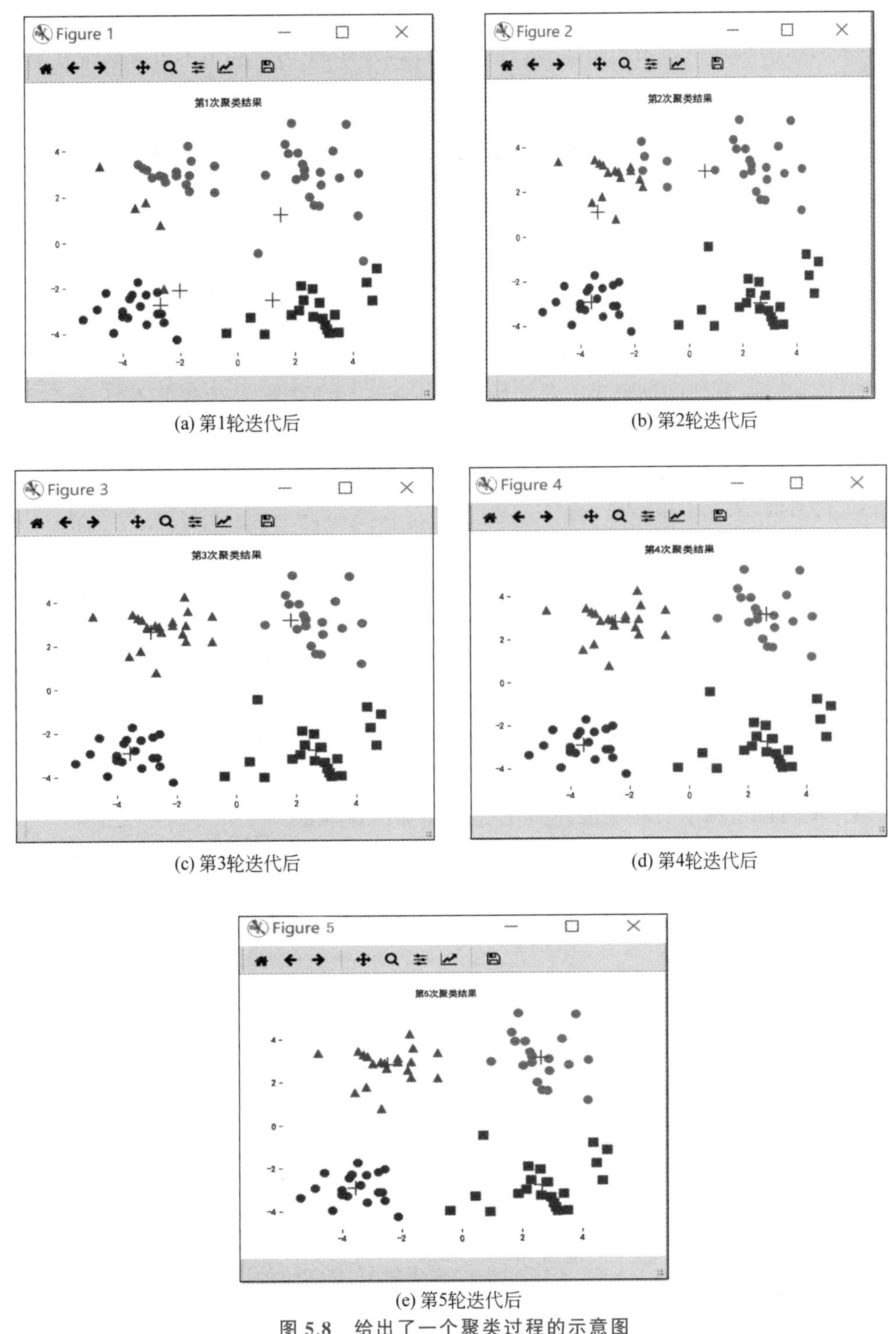

(a) 第1轮迭代后　(b) 第2轮迭代后

(c) 第3轮迭代后　(d) 第4轮迭代后

(e) 第5轮迭代后

图 5.8　给出了一个聚类过程的示意图

上面的结果给出了聚类结果为 4 个质心，图中数据集在 4 次迭代之后 K-Means 算法收敛，第 5 轮迭代产生的结果与第 4 轮迭代相同，于是算法停止，得到最终的簇划分。形状相似的数据点被分到同样的簇中，簇中心使用＋字来表示。这 4 个质心以及原始数据的散点图在图 5.8(e)中给出。

因为每次随机选取的是初始质心,所以运行过程中产生的中间结果可能会略有不同,收敛所需要的迭代次数也可能不同。

5.2.5 K-Means 聚类算法小结

K-Means 聚类算法具有以下一些优良特性。

(1) 理论清晰,算法简单,易于理解,很有实用价值的示例学习算法。

(2) 算法收敛速度很快。

(3) 该算法适用于发现球形聚类簇。

但同时我们也看到 K-Means 聚类算法的一些局限性,例如:

(1) K-Means 算法的结果很依赖初始中心的选取,如果算法初值选取不当,会陷入局部最优解。

(2) 不能处理非球形簇、不同尺寸和不同密度的簇。

(3) 对离群点、噪声很敏感。

5.3 DBSCAN 聚类算法

DBSCAN(Density-Based Spatial Clustering of Applications with Noise,具有噪声的基于密度的聚类方法)是最著名的基于密度的聚类算法之一,由 Ester 等人于 1996 年首次提出。由于该算法在理论和应用上的重要性,因此,它作为 2014 年 KDD 会议上荣获"时间测试奖"的三种算法之一。和 K-Means、BIRCH 这些一般只适用于凸样本集的聚类相比,DBSCAN 既可以适用于凸样本集,也可以适用于非凸样本集。

尽管 K-Means 聚类算法在实践中易于理解和实现,但该算法没有离群值的概念,因此,所有点都被分配给了某一个聚类,即使它们不属于任何一个。在异常检测领域,这会引起问题,因为会将异常点分配给与"正常"数据点相同的群集。异常点将群集质心拉向它们,因此很难将它们归类为异常点。

与基于 K 值的基于质心的聚类相比,基于密度的聚类通过识别点的"密集"聚类来工作,从而可以学习任意形状的聚类并识别数据中的离群值。本节将详细介绍密度聚类算法中的经典算法,即 DBSCAN 算法。

5.3.1 密度聚类算法思想

在讲解 DBSCAN 聚类算法之前,先来了解一下基于密度的聚类算法思想。密度聚类也称为"基于密度的聚类",此类算法的假设是:聚类结构能通过样本分布的紧密程度确定。通常情形下,密度聚类算法从样本密度的角度来考察样本之间的可连接性,并基于可连接样本不断扩展聚类簇以获得最终的聚类结果。

1. ε-邻域

在学习基于密度的聚类算法之前,首先需要掌握一个重要的概念:ε-邻域。

ε-邻域背后的一般思想是给定一个数据点,我们希望能够推理出其周围空间中的数据点。形式上,对于某些实值 $\varepsilon > 0$ 和某个点 p,p 的ε-邻域定义为与点 p 的最大距离为 ε 的所有样本点的集合。

回想一下几何，所有点都与中心点等距离的形状就是圆或者球体。在 2D 空间中，点 p 的 ε-邻域是包含以 p 为中心、半径为 ε 圆内的所有样本点的集合。在 3D 空间中，ε-邻域就是包含在以 p 为中心、半径为 ε 的球体中的所有样本点的集合。

例 5.6　ε-邻域的理解。

假如在二维空间中，其中一个维度的刻度范围为[2,4]，另一个维度的刻度范围为[1,3]，并且在一个单位刻度范围内可以有若干个点。如图 5.9 所示密度聚类示意图，假设在其中散布了 100 个数据点，选择点坐标为(3,2)的点作为计算点，记为点 p。

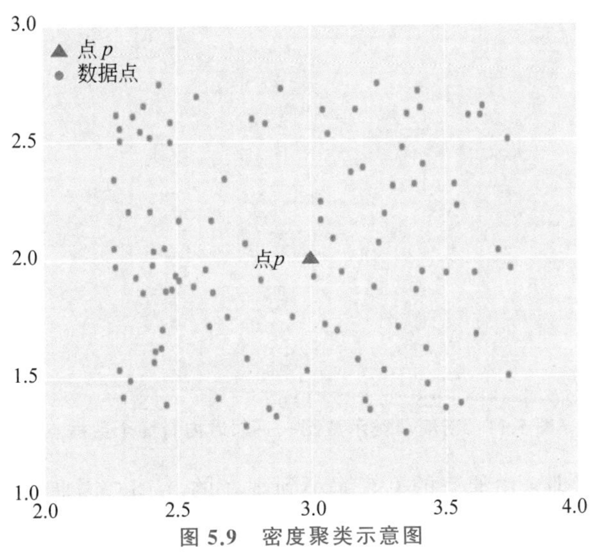

图 5.9　密度聚类示意图

首先，考虑半径为 0.5(ε=0.5)的 p 的邻域，即与 p 距离小于 0.5 的点集的圆圈，其圆圈密度聚类示意图——邻域内共有 31 个数据点，如图 5.10 所示。

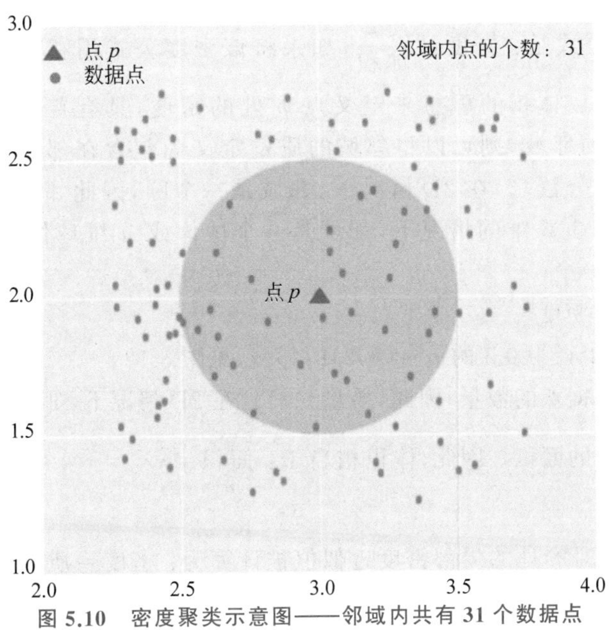

图 5.10　密度聚类示意图——邻域内共有 31 个数据点

不透明的椭圆形代表邻域,该邻域有 31 个数据点。由于分散了 100 个数据点,而 31 个分散在附近,这意味着不到三分之一的数据点包含在半径为 0.5 的 p 附近。

现在,将半径更改为 0.15($\varepsilon=0.15$),并考虑由此产生的较小邻域,见图 5.11。

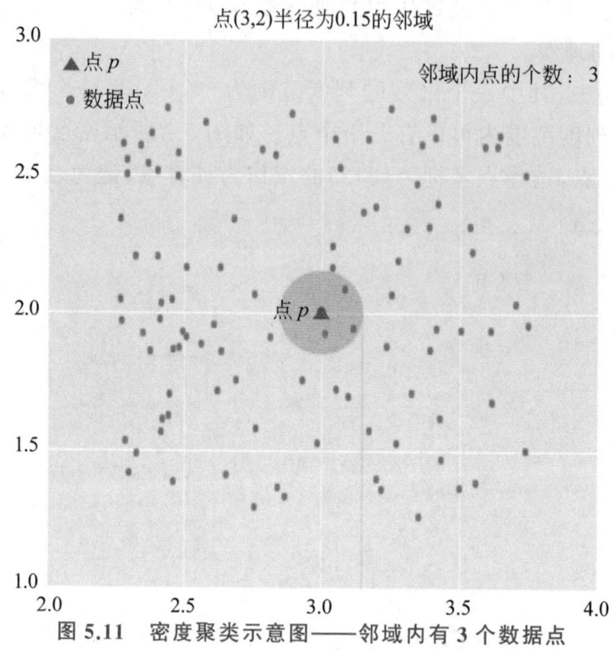

图 5.11 密度聚类示意图——邻域内有 3 个数据点

由于缩小了邻域(即 ε 由原来的 0.5 缩小到现在的 0.15),因此现在的邻域中仅包含 3 个数据点。换句话说,通过将 ε 从原来的半径为 0.5 减少到 0.15(减少 70%),我们将邻域的点数从 31 减少到 3(减少 90%)。

2. 邻域的"密度"

在理解了"邻域"的含义的基础上,再介绍一个重要概念即邻域的"密度"概念。

物理中的密度公式是:密度$=\dfrac{质量}{体积}$,如果将该密度公式用在邻域的"密度"上也是可以的,即用质量除以体积的思想来定义点 p 处的密度,具有普适性。如果考虑某个点 p 及其半径为 ε 的邻域,则可以将邻域的质量定义为包含在邻域内的数据点的数量(或者称为数据点的分数)。在 2D 情况下,邻域是一个圆,因此邻域的"体积"只是所得圆的面积。在 3D 和更高维的情况下,邻域是一个球体或 n 维球体,因此可以计算此形状的体积。

例 5.7 邻域的"密度"。

例如,再次考虑半径为 0.5 的 $p=(3,2)$的邻域,见图 5.12。

质量是邻域中数据点的数量,因此,质量=31。在 2D 情况下,邻域是一个圆,因此邻域的体积相当于所得圆的面积。因此,体积相当于:面积$=\pi r^2=\pi\times 0.5^2=\dfrac{\pi}{4}$($r$ 表示半径,即 $\varepsilon=0.5$)。

因此,在 * $p=(3,2)$处的局部密度近似值被计算为:密度=质量/体积$=31/(\pi/4)=124/\pi\approx 39.5$。

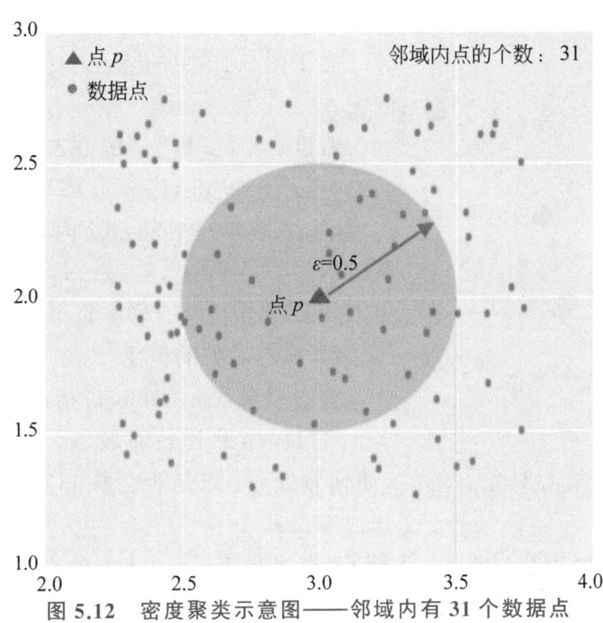

图 5.12　密度聚类示意图——邻域内有 31 个数据点

该局部密度近似值本身是没有意义的，但是如果为数据集中的所有点计算局部密度近似值，则可以通过说出附近（包含在同一邻域中）且具有相似局部密度近似值的点属于该点来将数据点聚为同一集群。

上述结果说明：如果减小 ε 的值，则可以构造较小的邻域（较小的体积），该邻域也将包含较少的数据点。理想情况下，我们要确定高度密集的区域，其中大多数数据点都包含在这些区域中，但是每个区域的数量相对较小。这种邻域被称为 ε-邻域。

尽管这与 DBSCAN 或"级别集树"算法均不完全一样，但它形成了基于密度的聚类背后的一般理念。

以上讨论了 ε-邻域以及它们如何使我们对特定点周围的空间进行推断。然后，我们为特定邻域定义了特定点处的密度概念。接下来将讨论以 ε-邻域作为定义聚类的基本工具的 DBSCAN 算法。

5.3.2　DBSCAN 算法原理

DBSCAN 聚类算法概述

DBSCAN 基于一组"邻域"参数（ε，MinPts）来刻画样本分布的紧密程度，其中，ε 描述了某一样本的邻域距离阈值，MinPts 描述了某一样本的距离为 ε 的邻域中样本个数的阈值，表示希望在邻域中定义集群的数据点的最少个数。与 K-Means 不同，DBSCAN 不需要将簇数作为参数，而是根据数据推断聚类的数量，并且可以发现任意形状的聚类（为了进行比较，K 均值通常发现球形聚类）。

1. DBSCAN 的核心概念

1）ε-邻域的概念

给定数据集 $D=\{x_1,x_2,\cdots,x_m\}$，定义下面这几个 DBSCAN 的核心概念。

ε-邻域：对 $x_j \in D$，其 ε-邻域包含样本集 D 中与 x_j 的距离不大于 ε 的子样本集，即 $N_\in(x_j)=\{x_i \in D \mid \mathrm{dist}(x_i,x_j) \leqslant \varepsilon\}$；样本集的个数记为 $|N_\in(x_j)|$，图 5.13 给出了 ε-邻域

的示意图。

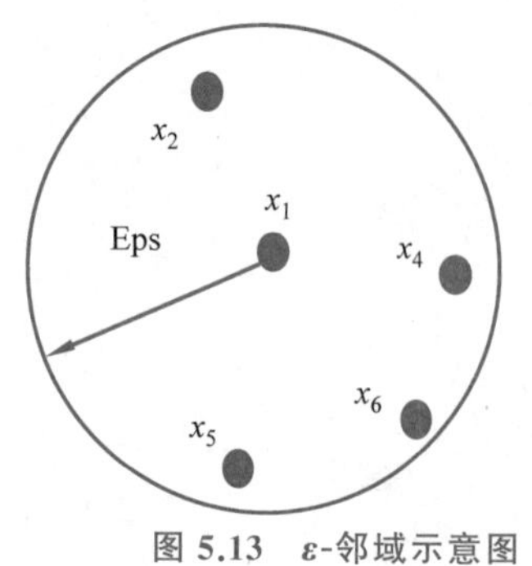

图 5.13 ε-邻域示意图

对于图 5.13 中的点 x_1，它的 ε-邻域是如何获得的呢？

假设 ε=0.2，则 x_1 的 0.2-邻域可以表示为：$N_{0.2}(x_1)=\{x_i \in D \mid \mathrm{dist}(x_i,x_1)\leqslant 0.2\}$，如图 5.1.3 假设以 x_1 为圆心，在半径 Eps=0.2 内，有点 x_1,x_2,x_4,x_5,x_6，所以 $N_{0.2}(x_1)=\{x_1,x_2,x_4,x_5,x_6\}$(包含 x_1 本身)，则 x_1 的 0.2-邻域内共有样本集个数 $|N_{0.2}(x_1)|=5$。

2) 核心对象的概念

核心对象(core object)指的是：对于任意一个样本 $x_j \in D$，如果其 ε-邻域 $N_\in(x_j)$ 至少包含 MinPts 个样本，则 x_j 为一个核心对象。例如，如何判断 x_1 点是否为核心对象呢？假设设置参数 MinPts=4，ε=0.2。

如图 5.13 所示，因为在以点 x_1 为圆心，在半径 Eps=0.2 内的点有 $\{x_1,x_2,x_4,x_5,x_6\}$(包含 x_1 本身)，样本个数为 $|N_{0.2}(x_1)|=5$，大于设定的参数 MinPts，所以 x_1 为核心对象。

3) 密度直达、密度可达与密度相连的概念

密度直达(directly density-reachable)：指的是若 x_j 位于 x_i 的 ε-邻域中，且 x_i 是核心对象，则称 x_j 由 x_i 密度直达。例如，在图 5.13 中，假设 x_1 为核心对象，且 x_2 位于 x_1 的 0.2-邻域中，因此可以称 x_2 由 x_1 密度直达。

密度可达(density-reachable)：对 x_i 与 x_j，若存在样本序列 $p_1,p_2,p_3,\cdots,p_n$，其中，$p_1=x_i$，$p_n=x_j$，并且 p_{i+1} 由 p_i 密度直达，则称 x_j 由 x_i 密度可达。例如，在图 5.14(a)中，点 p 和点 q，存在点 m，满足密度可达条件：m 可以由核心点 p 密度直达，q 可以由核心点 m 密度直达，因此 q 可以由 p 密度可达。

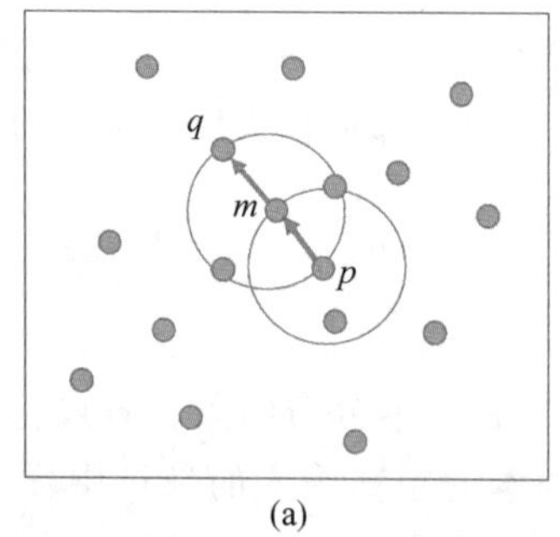

(a)

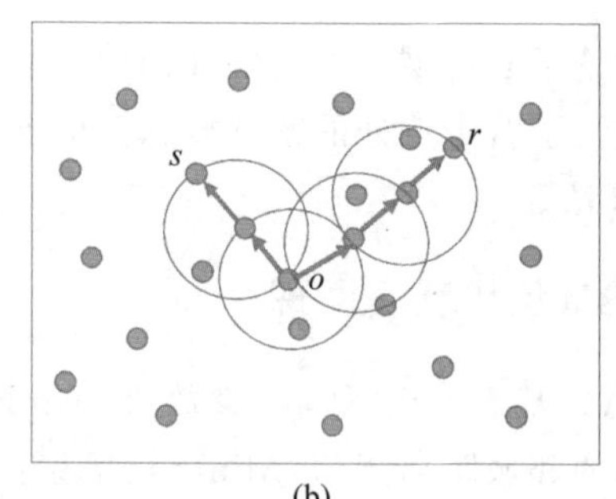

(b)

图 5.14 密度可达和密度相连示意图

密度相连(density-connected)：对 x_i 与 x_j，若存在 x_k 使得 x_i 与 x_j 均由 x_k 密度可达，则称 x_j 由 x_i 密度相连。例如，在图 5.14(b)中，点 s 和点 r，满足条件：存在核心点 o，点 s 可以由点 o 密度可达，点 r 也可以由点 o 密度可达，因此 s 和 r 密度相连。

4) DBSCAN 算法的三大类数据点

基于以上概念，DBSCAN 算法将数据点分为三大类：第一类，核心点(核心对象)；第二类，边界点(非核心对象)；第三类，噪声点(离群值)。具体解释如下。

(1) 核心点(核心对象)：在半径 Eps=ε 内有超过 MinPts 数目的点。即如果点 p 的邻域 $N_\epsilon(p)$ 至少包含 MinPts 个点，$|N_\epsilon(p)| \geqslant$ MinPts，则数据点 p 为核心点，核心点是密度聚类的基础，密度聚类基于密度近似值。我们使用相同的 ε 计算每个点的邻域，因此所有邻域的体积相同。但是，每个邻域中其他点的数量有所不同。回想一下，可以将邻域中数据点的数量视为其质量。每个邻域的体积是恒定的，邻域的质量是可变的，因此通过在作为核心点的最小质量上设置阈值，实际上是在设置最小密度阈值。因此，核心点是满足最小密度要求的数据点。我们的集群是围绕核心点构建的(因此是核心部分)。因此，通过调整 MinPts 参数，可以微调集群核心的密度。

(2) 边界点(非核心对象)：在半径 Eps 内点的数量小于 MinPts，但是落在核心点的邻域内的点。即如果 q 的邻域 $N_\epsilon(q)$ 包含小于 MinPts 个数据点，并且 q 可以从某个核心点 p 可达，则数据点 q 为边界点。边界点是集群中不是核心点的点。在上面关于边界点的定义中，使用了术语密度可达。让我们重新看一下图 5.15 中的 ε=0.15 的邻域示例(考虑在点 p 的邻域之外的点 r(方框)的情况)。

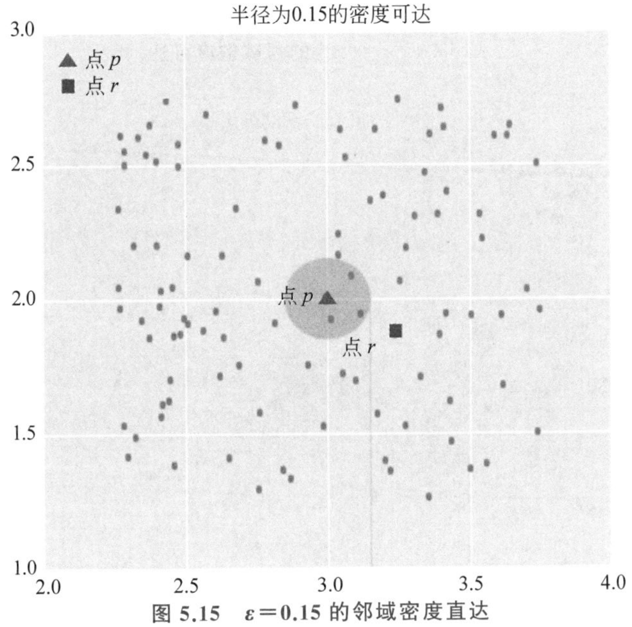

图 5.15　ε=0.15 的邻域密度直达

p 点邻域的所有点都可以从 p 密度直达。现在来探究图 5.16 从 p 密度直达的点 q 的邻域的情形。右边的圆圈代表 q 的邻域，见图 5.16。

从图 5.16 中 p 密度、q 邻域情况可见：尽管目标点 r 不在起点 p 的邻域里，但它包含在点 q 的邻域中。这背后就是密度可达的概念：如果可以通过从邻域跳到邻域(从点 p 开始)到达点 r，则称点 r 从点 p 是密度可达的。

图 5.17 给出了 ε=0.15 的邻域密度可达点的图示。

作为类比，可以将密度可达点视为“朋友的朋友”。如果核心点 p 的直接可达点是其“朋友”，则 p 的“朋友”附近的密度可达点就是“其朋友的朋友”。可能不清楚的一件事是密度可达到的点不仅限于两个相邻的邻域跳跃。只要是从核心点 p 开始执行“邻域跳跃”可以到达的点，该点就可以称为从 p 点密度可达，即可以密度可达点也包括“朋友的朋友……

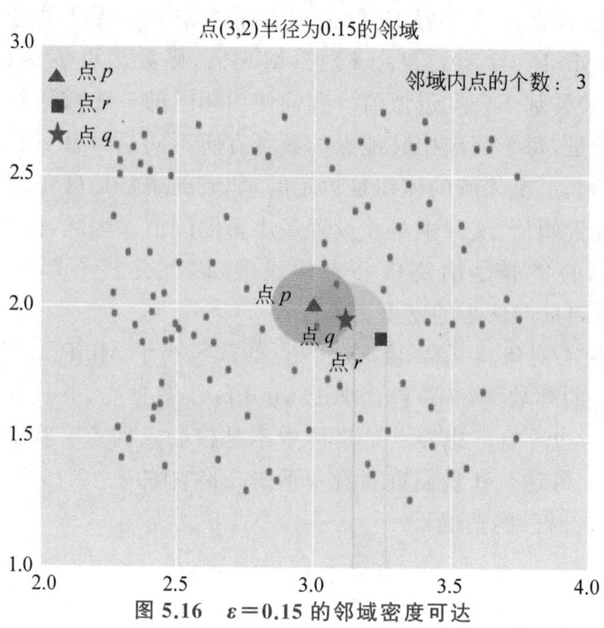

图 5.16 $\varepsilon=0.15$ 的邻域密度可达

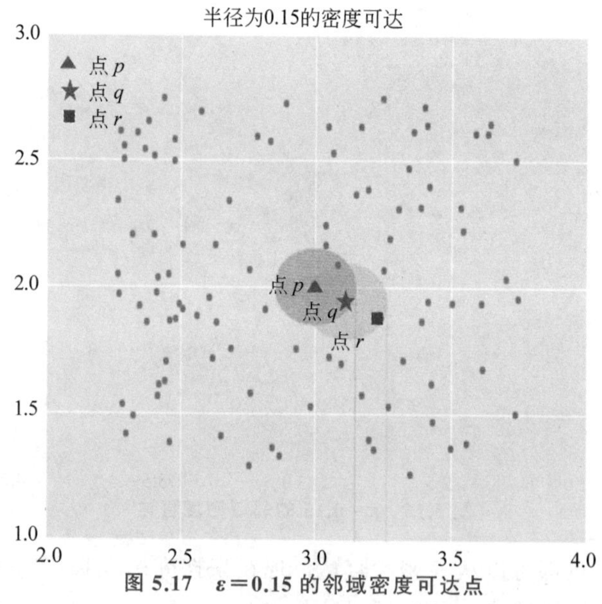

图 5.17 $\varepsilon=0.15$ 的邻域密度可达点

朋友的朋友”。

重要的是，这种密度可达的思想取决于我们给出的 ε 值。通过选择更大的 ε 值，更多的点变得密度可达；而通过选择较小的 ε 值，更少的点变得密度可达。

(3) 噪声点(离群值)：既不是核心点也不是边界点的点。即如果某个点不是核心点，也不是边界点，本质上，它属于“其他”类，那么数据点∅就是一个“异常”，称为噪声点(noise)或离群值、异常(anomaly)点。

离群点既不是核心点，也不是足够接近聚类的点，不能从核心点密度可达。离群值未分配给任何聚类，视情况可以将其视为异常点。

例 5.8　DBSCAN 算法中三类不同数据点的理解示例。本例通过一个图来帮助读者理解 DBSCAN 算法中三类不同数据点——核心点、边界点和噪声点的概念，其密度可达示意图如图 5.18 所示。

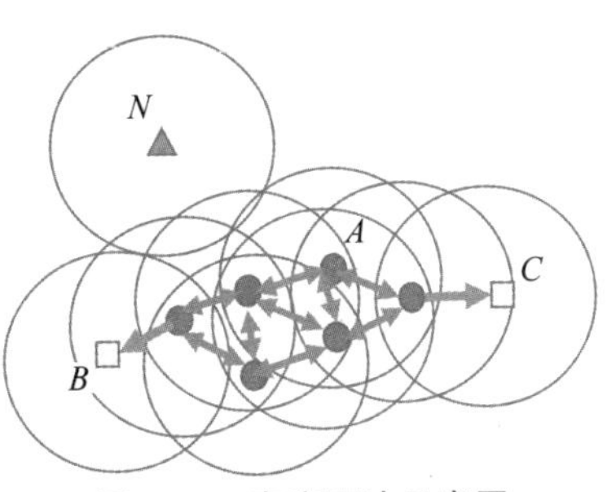

图 5.18　密度可达示意图

根据图 5.18，可以很容易理解 DBSCAN 算法中三类不同数据点——核心点、边界点和噪声点的定义。图 5.18 中 MinPts=4，其中，圆圈代表核心点，因为其邻域至少有 4 个样本（包括自己）。所有核心点密度直达的样本在以圆圈代表的核心点为中心的超球体（n 维）内，如果不在超球体内，则不能密度直达。图中用双向箭头连接起来的核心点组成了密度可达样本序列。由于这些密度可达的样本序列的 ε-邻域内所有样本都是密度相连的，所以它们形成了一个聚类。虽然方框点 B 与 C 不是核心点，但是它们可以通过其他核心点密度可达，所以也属于同一聚类。而点 N 是噪声点，因为它既不是核心点，也不能通过核心点密度可达。

2. DBSCAN 聚类原理及算法步骤

在了解了上述概念基础之后，再基于 DBSCAN 算法原理，将“簇”定义为：由密度可达关系导出的最大密度相连的样本集合，即为最终聚类的一个类别，或者说一个簇。形式化地说，给定邻域参数（ε，MinPt），簇 $C\subseteq D$ 是满足以下性质的非空样本子集。

连接性（connectivity）：$\boldsymbol{x}_i\in C,\boldsymbol{x}_j\in C\Rightarrow\boldsymbol{x}_i$ 与 $\boldsymbol{x}_j$ 密度相连

最大性（maximality）：$\boldsymbol{x}_i\in C$，$\boldsymbol{x}_j$ 由 $\boldsymbol{x}_i$ 密度可达$\Rightarrow\boldsymbol{x}_j\in C$

那么如何从数据集 D 中找出满足以上性质的聚类簇呢？若 $\boldsymbol{x}$ 为核心对象，由 $\boldsymbol{x}$ 出发密度可达的所有样本组成的集合记为 $X=\{\boldsymbol{x}'\in D\mid\boldsymbol{x}'$ 由 x 密度可达$\}$，则不难证明，X 即为满足连接性与最大性的簇。

于是，DBSCAN 算法先任选数据集中的一个核心对象为“种子”（seed），再由此出发确定相应的聚类簇，算法流程图如图 5.19 所示。

5.3.3　DBSCAN 聚类算法示例

DBSCAN 聚类算法示例

本节仍然以西瓜样本数据集 4.0 为例，来具体说明 DBSCAN 聚类算法实现西瓜数据密度聚类的具体过程和算法的聚类性能指标结果。

1. 基于 DBSCAN 聚类算法实现西瓜数据密度聚类

本实例将通过对表 5.1 西瓜样本数据集 4.0 进行 DBSCAN 聚类分析，寻找出西瓜品质的特征规律，帮助进行西瓜品质预测。

1）DBSCAN 聚类分析算法的初始化

根据 DBSCAN 聚类原理及算法步骤，首先需要找出各样本的 ε-邻域，并生成核心对象集合 Ω。

输入： 数据集 $D=\{\boldsymbol{x}_1,\boldsymbol{x}_2,\boldsymbol{x}_3,\cdots,\boldsymbol{x}_{30}\}$，邻域参数（ε，MinPts），假定设置 ε＝0.11，MinPts＝5。

为了便于说明，通过计算数据集中两两数据点的距离，形成表 5.12。

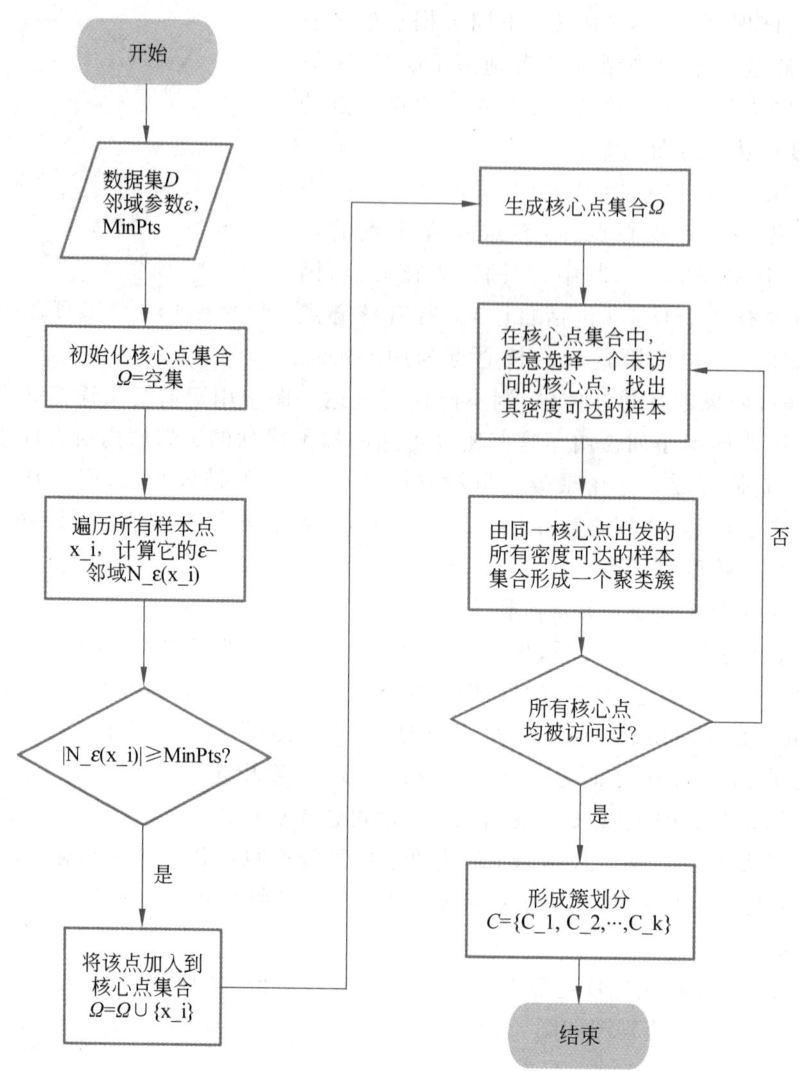

图 5.19 DBSCAN 算法流程图

表 5.12 西瓜样本数据集 4.0 两两数据点距离

	x_1	x_2	x_3	x_4	x_5	x_6	x_7	x_8	x_9	x_{10}	x_{11}	x_{12}	x_{13}	x_{14}	x_{15}
x_1	**0.00**	0.114	0.206	0.168	0.283	0.369	0.379	0.36	0.37	0.493	0.606	0.506	0.305	0.265	0.349
x_2	0.114	**0.00**	0.179	0.176	0.271	0.396	0.371	0.375	0.305	0.542	0.618	0.512	0.254	0.213	0.414
x_3	0.206	0.179	**0.00**	**0.06**	**0.092**	0.233	0.191	0.204	0.176	0.391	0.441	0.335	**0.103**	**0.07**	0.294
x_4	0.168	0.176	**0.06**	**0.00**	0.115	0.22	0.211	0.202	0.234	0.369	0.447	0.344	0.16	0.13	0.253
x_5	0.283	0.271	**0.092**	0.115	**0.00**	0.155	**0.1**	0.119	0.166	0.317	0.349	0.243	**0.099**	**0.102**	0.25
x_6	0.369	0.396	0.233	0.22	0.155	**0.00**	0.118	**0.043**	0.301	0.163	0.24	0.15	0.248	0.257	0.14
x_7	0.379	0.381	0.191	0.211	**0.1**	0.118	**0.00**	**0.076**	0.194	0.266	0.253	0.147	0.158	0.183	0.252
x_8	0.36	0.375	0.204	0.202	0.119	**0.043**	**0.076**	**0.00**	0.259	0.202	0.246	0.146	0.208	0.22	0.177

续表

	x_1	x_2	x_3	x_4	x_5	x_6	x_7	x_8	x_9	x_{10}	x_{11}	x_{12}	x_{13}	x_{14}	x_{15}
x_9	0.37	0.305	0.176	0.234	0.166	0.301	0.194	0.259	**0.00**	0.458	0.422	0.323	**0.075**	**0.107**	0.414
x_{10}	0.493	0.542	0.391	0.369	0.317	0.163	0.266	0.202	0.458	**0.00**	0.21	0.196	0.41	0.42	0.156
x_{11}	0.606	0.618	0.441	0.447	0.349	0.24	0.253	0.246	0.422	0.21	**0.00**	**0.107**	0.407	0.435	0.333
x_{12}	0.506	0.512	0.335	0.344	0.243	0.15	0.147	0.146	0.323	0.196	**0.107**	**0.00**	0.302	0.329	0.272
x_{13}	0.305	0.254	**0.103**	0.16	**0.099**	0.248	0.158	0.208	**0.075**	0.41	0.407	0.302	**0.00**	**0.041**	0.349
x_{14}	0.265	0.213	**0.07**	0.13	**0.102**	0.257	0.183	0.22	**0.107**	0.42	0.435	0.329	**0.041**	**0.00**	0.343
x_{15}	0.349	0.414	0.294	0.253	0.25	0.14	0.252	0.177	0.414	0.156	0.333	0.272	0.349	0.343	**0.00**
x_{16}	0.431	0.38	0.226	0.276	0.177	0.272	0.155	0.23	**0.088**	0.416	0.348	0.256	0.128	0.169	0.402
x_{17}	0.358	0.278	0.182	0.242	0.198	0.343	0.242	0.302	**0.054**	0.503	0.476	0.376	**0.099**	0.113	0.447
x_{18}	0.434	0.456	0.285	0.281	0.199	**0.066**	0.128	**0.081**	0.322	0.14	0.174	**0.09**	0.281	0.298	0.182
x_{19}	0.42	0.455	0.296	0.28	0.219	**0.064**	0.169	**0.102**	0.36	**0.099**	0.207	0.142	0.31	0.321	0.131
x_{20}	0.462	0.506	0.352	0.332	0.277	0.123	0.226	0.162	0.418	**0.04**	0.203	0.169	0.37	0.38	0.137
x_{21}	0.234	0.146	0.118	0.164	0.193	0.345	0.28	0.312	0.163	0.506	0.533	0.426	0.13	**0.097**	0.412
x_{22}	0.115	**0.067**	0.115	**0.109**	0.205	0.33	0.305	0.308	0.259	0.478	0.551	0.446	0.2	0.159	0.355
x_{23}	0.26	0.298	0.158	0.125	0.121	**0.109**	0.163	0.111	0.287	0.244	0.349	0.255	0.217	0.208	0.136
x_{24}	0.22	0.302	0.233	0.176	0.235	0.214	0.288	0.23	0.394	0.29	0.446	0.364	0.32	0.299	0.136
x_{25}	0.195	0.249	0.151	**0.097**	0.157	0.18	0.224	0.181	0.312	0.3	0.419	0.326	0.237	0.216	0.165
x_{26}	**0.061**	0115	0.254	0.223	0.336	0.43	0.434	0.419	0.407	0.554	0.665	0.564	0.347	0.306	0.409
x_{27}	0.165	0.26	0.232	0.172	0.258	0.268	0.327	0.278	0.404	0.354	0.505	0.418	0.329	0.301	0.2
x_{28}	0.239	0.301	0.196	0.147	0.181	0.156	0.227	0.169	0.344	0.255	0.392	0.306	0.272	0.256	0.113
x_{29}	**0.032**	**0.085**	0.203	0.173	0.285	0.383	0.384	0.371	0.359	0.514	0.617	0.515	0.297	0.256	0.373
x_{30}	0.251	0.338	0.271	0.215	0.268	0.226	0.312	0.248	0.429	0.279	0.449	0.374	0.355	0.336	0.124

	x_{16}	x_{17}	x_{18}	x_{19}	x_{20}	x_{21}	x_{22}	x_{23}	x_{24}	x_{25}	x_{26}	x_{27}	x_{28}	x_{29}	x_{30}
x_1	0.431	0.358	0.434	0.42	0.462	0.234	0.115	0.26	0.22	0.195	**0.061**	0.165	0.239	**0.032**	0.251
x_2	0.38	0.278	0.456	0.455	0.506	0.146	**0.067**	0.298	0.302	0.249	0.115	0.26	0.301	**0.085**	0.338
x_3	0.226	0.182	0.285	0.296	0.352	0.118	0.115	0.158	0.233	0.151	0.254	0.232	0.196	0.203	0.271
x_4	0.276	0.242	0.281	0.28	0.332	0.164	**0.109**	0.125	0.176	**0.097**	0.223	0.172	0.147	0.173	0.215
x_5	0.177	0.198	0.199	0.219	0.277	0.193	0.205	0.121	0.235	0.157	0.336	0.258	0.181	0.285	0.268
x_6	0.272	0.343	**0.066**	**0.064**	0.123	0.345	0.33	**0.109**	0.214	0.18	0.43	0.268	0.156	0.383	0.226
x_7	0.155	0.242	0.128	0.169	0.226	0.28	0.305	0.163	0.288	0.224	0.434	0.327	0.227	0.384	0.312
x_8	0.23	0.302	**0.081**	**0.102**	**0.162**	0.312	0.308	0.111	0.23	0.181	0.419	0.278	0.169	0.371	0.248

续表

	x_{16}	x_{17}	x_{18}	x_{19}	x_{20}	x_{21}	x_{22}	x_{23}	x_{24}	x_{25}	x_{26}	x_{27}	x_{28}	x_{29}	x_{30}
x_9	**0.088**	**0.054**	0.322	0.36	0.418	0.163	0.259	0.287	0.394	0.312	0.407	0.404	0.344	0.359	0.429
x_{10}	0.416	0.503	0.14	**0.099**	**0.04**	0.506	0.478	0.244	0.29	0.3	0.554	0.354	0.255	0.514	0.279
x_{11}	0.348	0.476	0.174	0.207	0.203	0.533	0.551	0.349	0.446	0.419	0.665	0.505	0.392	0.617	0.449
x_{12}	0.256	0.376	**0.09**	0.142	0.169	0.426	0.446	0.255	0.364	0.326	0.564	0.418	0.306	0.515	0.374
x_{13}	0.128	**0.099**	0.281	0.31	0.37	0.13	0.2	0.217	0.32	0.237	0.347	0.329	0.272	0.297	0.355
x_{14}	0.169	0.113	0.298	0.321	0.38	**0.097**	0.159	0.208	0.299	0.216	0.306	0.301	0.256	0.256	0.336
x_{15}	0.402	0.447	0.182	0.131	0.137	0.412	0.355	0.136	0.136	0.165	0.409	0.2	0.113	0.373	0.124
x_{16}	**0.00**	0.14	0.276	0.323	0.378	0.245	0.327	0.292	0.411	0.334	0.474	0.434	0.355	0.424	0.442
x_{17}	0.14	**0.00**	0.37	0.404	0.463	0.132	0.243	0.315	0.412	0.329	0.387	0.414	0.367	0.342	0.449
x_{18}	0.276	0.37	**0.00**	**0.057**	**0.103**	0.391	0.389	0.175	0.276	0.246	0.494	0333.	0.22	0.447	0.285
x_{19}	0.323	0.404	**0.057**	**0.00**	**0.059**	0.409	0.389	0.161	0.24	0.226	0.481	0.301	0.19	0.437	0.243
x_{20}	0.378	0.463	**0.103**	**0.059**	**0.00**	0.467	0.441	0.208	0.266	0.268	0.523	0.33	0.225	0.481	0.26
x_{21}	0.245	0.132	0.391	0.409	0.467	**0.00**	0.119	0.277	0.339	0.262	0.257	0.323	0.31	0.214	0.378
x_{22}	0.327	0.243	0.389	0.389	0.441	0.119	**0.00**	0.233	0.253	0.19	0.148	0.221	0.243	**0.1**	0.291
x_{23}	0.292	0.315	0.175	0.161	0.208	0.277	0.233	**0.00**	0.125	**0.071**	0.321	0.167	**0.065**	0.276	0.152
x_{24}	0.411	0.412	0.276	0.24	0.266	0.339	0.253	0.125	**0.00**	**0.083**	0.278	**0.064**	**0.061**	0.247	**0.039**
x_{25}	0.334	0.329	0.246	0.226	0.268	0.262	0.19	**0.071**	**0.083**	**0.00**	0.256	**0.103**	**0.052**	0.214	0.12
x_{26}	0.474	0.387	0.494	0.481	0.523	0.257	0.148	0.321	0.278	0.256	**0.00**	0.22	0.3	0.051	0.306
x_{27}	0.434	0.414	0.333	0.301	0.33	0.323	0.221	0.167	**0.064**	**0.103**	0.22	**0.00**	0.113	0.195	**0.087**
x_{28}	0.355	0.367	0.22	0.19	0.225	0.31	0.243	**0.065**	**0.061**	**0.052**	0.3	0.113	**0.00**	0.261	**0.087**
x_{29}	0.424	0.343	0.447	0.437	0.481	0.214	**0.1**	0.276	0.247	0.214	**0.051**	0.195	0.261	**0.00**	0.279
x_{30}	0.442	0.449	0.285	0.243	0.26	0.378	0.291	0.152	**0.039**	0.12	0.306	**0.087**	**0.087**	0.279	**0.00**

表中距离小于设置 $\varepsilon=0.11$ 的距离用加粗标注突出。

2）计算各个数据点的 ε-邻域

根据表 5.12，还可以求得各个数据点的 ε-邻域，计算结果如表 5.13 所示。

表 5.13　西瓜样本数据集 4.0ε＝0.11 邻域

数据	ε-邻域	ε-邻域数据点个数	是否为核心对象	数据	ε-邻域	ε-邻域数据点个数	是否为核心对象
$\boldsymbol{x}_1$	$\{\boldsymbol{x}_1,\boldsymbol{x}_{26},\boldsymbol{x}_{29}\}$	3	否	$\boldsymbol{x}_4$	$\{\boldsymbol{x}_3,\boldsymbol{x}_4,\boldsymbol{x}_{22},\boldsymbol{x}_{25}\}$	4	否
$\boldsymbol{x}_2$	$\{\boldsymbol{x}_2,\boldsymbol{x}_{22},\boldsymbol{x}_{29}\}$	3	否	$\boldsymbol{x}_5$	$\{\boldsymbol{x}_3,\boldsymbol{x}_5,\boldsymbol{x}_7,\boldsymbol{x}_{13},\boldsymbol{x}_{14}\}$	5	是
$\boldsymbol{x}_3$	$\{\boldsymbol{x}_3,\boldsymbol{x}_4,\boldsymbol{x}_5,\boldsymbol{x}_{13},\boldsymbol{x}_{14}\}$	5	是	$\boldsymbol{x}_6$	$\{\boldsymbol{x}_6,\boldsymbol{x}_8,\boldsymbol{x}_{18},\boldsymbol{x}_{19},\boldsymbol{x}_{23}\}$	5	是

续表

数据	ε-邻域	ε-邻域数据点个数	是否为核心对象	数据	ε-邻域	ε-邻域数据点个数	是否为核心对象
$\boldsymbol{x}_7$	$\{\boldsymbol{x}_5,\boldsymbol{x}_7,\boldsymbol{x}_8\}$	3	否	$\boldsymbol{x}_{19}$	$\{\boldsymbol{x}_6,\boldsymbol{x}_8,\boldsymbol{x}_{10},\boldsymbol{x}_{18},\boldsymbol{x}_{19},\boldsymbol{x}_{20}\}$	6	是
$\boldsymbol{x}_8$	$\{\boldsymbol{x}_6,\boldsymbol{x}_7,\boldsymbol{x}_8,\boldsymbol{x}_{18},\boldsymbol{x}_{19}\}$	5	是	$\boldsymbol{x}_{20}$	$\{\boldsymbol{x}_{10},\boldsymbol{x}_{18},\boldsymbol{x}_{19},\boldsymbol{x}_{20}\}$	4	否
$\boldsymbol{x}_9$	$\{\boldsymbol{x}_9,\boldsymbol{x}_{13},\boldsymbol{x}_{14},\boldsymbol{x}_{16},\boldsymbol{x}_{17}\}$	5	是	$\boldsymbol{x}_{21}$	$\{\boldsymbol{x}_{14},\boldsymbol{x}_{21}\}$	2	否
$\boldsymbol{x}_{10}$	$\{\boldsymbol{x}_{10},\boldsymbol{x}_{19},\boldsymbol{x}_{20}\}$	3	否	$\boldsymbol{x}_{22}$	$\{\boldsymbol{x}_2,\boldsymbol{x}_4,\boldsymbol{x}_{22},\boldsymbol{x}_{29}\}$	4	否
$\boldsymbol{x}_{11}$	$\{\boldsymbol{x}_{11},\boldsymbol{x}_{12}\}$	2	否	$\boldsymbol{x}_{23}$	$\{\boldsymbol{x}_6,\boldsymbol{x}_{23},\boldsymbol{x}_{25},\boldsymbol{x}_{28}\}$	4	否
$\boldsymbol{x}_{12}$	$\{\boldsymbol{x}_{11},\boldsymbol{x}_{12},\boldsymbol{x}_{18}\}$	3	否	$\boldsymbol{x}_{24}$	$\{\boldsymbol{x}_{24},\boldsymbol{x}_{25},\boldsymbol{x}_{27},\boldsymbol{x}_{28},\boldsymbol{x}_{30}\}$	5	是
$\boldsymbol{x}_{13}$	$\{\boldsymbol{x}_3,\boldsymbol{x}_5,\boldsymbol{x}_9,\boldsymbol{x}_{13},\boldsymbol{x}_{14},\boldsymbol{x}_{17}\}$	6	是	$\boldsymbol{x}_{25}$	$\{\boldsymbol{x}_4,\boldsymbol{x}_{23},\boldsymbol{x}_{24},\boldsymbol{x}_{25},\boldsymbol{x}_{27},\boldsymbol{x}_{28}\}$	6	是
$\boldsymbol{x}_{14}$	$\{\boldsymbol{x}_3,\boldsymbol{x}_5,\boldsymbol{x}_9,\boldsymbol{x}_{13},\boldsymbol{x}_{14},\boldsymbol{x}_{21}\}$	6	是	$\boldsymbol{x}_{26}$	$\{\boldsymbol{x}_1,\boldsymbol{x}_{26}\}$	2	否
$\boldsymbol{x}_{15}$	$\{\boldsymbol{x}_{15}\}$	1	否	$\boldsymbol{x}_{27}$	$\{\boldsymbol{x}_{24},\boldsymbol{x}_{25},\boldsymbol{x}_{27},\boldsymbol{x}_{30}\}$	4	否
$\boldsymbol{x}_{16}$	$\{\boldsymbol{x}_9,\boldsymbol{x}_{16}\}$	2	否	$\boldsymbol{x}_{28}$	$\{\boldsymbol{x}_{23},\boldsymbol{x}_{24},\boldsymbol{x}_{25},\boldsymbol{x}_{28},\boldsymbol{x}_{30}\}$	5	是
$\boldsymbol{x}_{17}$	$\{\boldsymbol{x}_9,\boldsymbol{x}_{13},\boldsymbol{x}_{17}\}$	3	否	$\boldsymbol{x}_{29}$	$\{\boldsymbol{x}_1,\boldsymbol{x}_2,\boldsymbol{x}_{22},\boldsymbol{x}_{26},\boldsymbol{x}_{29}\}$	5	是
$\boldsymbol{x}_{18}$	$\{\boldsymbol{x}_6,\boldsymbol{x}_8,\boldsymbol{x}_{12},\boldsymbol{x}_{18},\boldsymbol{x}_{19},\boldsymbol{x}_{20}\}$	6	是	$\boldsymbol{x}_{30}$	$\{\boldsymbol{x}_{24},\boldsymbol{x}_{27},\boldsymbol{x}_{28},\boldsymbol{x}_{30}\}$	4	否

3）核心对象的计算

核心对象的计算步骤如下。

第一步：根据核心点定义即对于任意一个样本 $\boldsymbol{x}_j \in D$，如果其 ε-邻域 $N_\in(\boldsymbol{x}_j)$ 至少包含 MinPts 个样本，即 $N_\in(\boldsymbol{x}_j) \geqslant \text{MinPts}$，则 $\boldsymbol{x}_j$ 为一个核心对象。设置的 $\varepsilon=0.11$，MinPts=5，因为 $|N_{0.11}(\boldsymbol{x}_3)|=5$，满足核心点条件，所以 $\boldsymbol{x}_3$ 是核心对象。同理，可以求出所有核心对象，形成核心对象集合 $\Omega=\{\boldsymbol{x}_3,\boldsymbol{x}_5,\boldsymbol{x}_6,\boldsymbol{x}_8,\boldsymbol{x}_9,\boldsymbol{x}_{13},\boldsymbol{x}_{14},\boldsymbol{x}_{18},\boldsymbol{x}_{19},\boldsymbol{x}_{24},\boldsymbol{x}_{25},\boldsymbol{x}_{28},\boldsymbol{x}_{29}\}$。再设定未访问样本集合 Γ，初始化 $\Gamma=D$。

第二步：从 Ω 中随机选出一个核心对象作为“种子”，找出由它密度可达的所有样本，构成一个聚类簇 C_1。然后 DBSCAN 将 C_1 中包含的核心对象从 Ω 中去除；Γ 去除 C_1 中的对象。再从更新的 Ω 中随机选择一个核心对象作为“种子”，在更新的 Γ 范围内生成下一个聚类簇。这个过程不断迭代，直至 Ω 为空。

第三步：迭代循环。

4）每一轮迭代的详细说明

第一轮迭代循环：

不失一般性，首先选择核心对象 $\boldsymbol{x}_8$ 作为第一轮迭代的“种子”，那么对于核心对象 $\boldsymbol{x}_8$，找出由 $\boldsymbol{x}_8$ 出发的密度可达的对象，形成聚类簇 C_1。因为 $\boldsymbol{x}_8$ 的 ε-邻域为 $\{\boldsymbol{x}_6,\boldsymbol{x}_7,\boldsymbol{x}_8,\boldsymbol{x}_{18},\boldsymbol{x}_{19}\}$，因此由 $\boldsymbol{x}_8$ 出发密度直达的点有 $\{\boldsymbol{x}_6,\boldsymbol{x}_7,\boldsymbol{x}_8,\boldsymbol{x}_{18},\boldsymbol{x}_{19}\}$，继续搜寻由 $\boldsymbol{x}_8$ 出发密度可达的点。根据密度可达的定义，必须由核心对象连接，即需要再对其邻域范围内对其他核心点继续求密度直达点。再分别看这三个核心对象点 $\boldsymbol{x}_6,\boldsymbol{x}_{18},\boldsymbol{x}_{19}$ 的 ε-邻域。其中，$\boldsymbol{x}_6$ 的 ε-邻域为

$\{\boldsymbol{x}_6,\boldsymbol{x}_8,\boldsymbol{x}_{18},\boldsymbol{x}_{19},\boldsymbol{x}_{23}\}$,$\boldsymbol{x}_{18}$的 ε-邻域为$\{\boldsymbol{x}_6,\boldsymbol{x}_8,\boldsymbol{x}_{12},\boldsymbol{x}_{18},\boldsymbol{x}_{19},\boldsymbol{x}_{20}\}$,$\boldsymbol{x}_{19}$的 ε-邻域为$\{\boldsymbol{x}_6,\boldsymbol{x}_8,\boldsymbol{x}_{10},\boldsymbol{x}_{18},\boldsymbol{x}_{19},\boldsymbol{x}_{20}\}$。至此没有再能发展"新下线"的未归类的核心点了。最后将这些集合求并集操作,并与未分组对象集合 Γ 求交集,最后得出聚类簇 C_1。

$$\begin{aligned}C_1&=(\{\boldsymbol{x}_6,\boldsymbol{x}_7,\boldsymbol{x}_8,\boldsymbol{x}_{18},\boldsymbol{x}_{19}\}\cup\{\boldsymbol{x}_6,\boldsymbol{x}_8,\boldsymbol{x}_{18},\boldsymbol{x}_{19},\boldsymbol{x}_{23}\}\cup\{\boldsymbol{x}_6,\boldsymbol{x}_8,\boldsymbol{x}_{12},\boldsymbol{x}_{18},\boldsymbol{x}_{19},\boldsymbol{x}_{20}\}\\&\quad\cup\{\boldsymbol{x}_6,\boldsymbol{x}_8,\boldsymbol{x}_{10},\boldsymbol{x}_{18},\boldsymbol{x}_{19},\boldsymbol{x}_{20}\})\cap\Gamma\\&=\{\boldsymbol{x}_6,\boldsymbol{x}_7,\boldsymbol{x}_8,\boldsymbol{x}_{10},\boldsymbol{x}_{12},\boldsymbol{x}_{18},\boldsymbol{x}_{19},\boldsymbol{x}_{20},\boldsymbol{x}_{23}\}\end{aligned}$$

更新未归类的核心对象集合 $\Omega=\{\boldsymbol{x}_3,\boldsymbol{x}_5,\boldsymbol{x}_9,\boldsymbol{x}_{13},\boldsymbol{x}_{14},\boldsymbol{x}_{24},\boldsymbol{x}_{25},\boldsymbol{x}_{28},\boldsymbol{x}_{29}\}$,更新未分组对象集合 $\Gamma=\{\boldsymbol{x}_1,\boldsymbol{x}_2,\boldsymbol{x}_3,\boldsymbol{x}_4,\boldsymbol{x}_5,\boldsymbol{x}_9,\boldsymbol{x}_{11},\boldsymbol{x}_{13},\boldsymbol{x}_{14},\boldsymbol{x}_{15},\boldsymbol{x}_{16},\boldsymbol{x}_{17},\boldsymbol{x}_{21},\boldsymbol{x}_{22},\boldsymbol{x}_{24},\boldsymbol{x}_{25},\boldsymbol{x}_{26},\boldsymbol{x}_{27},\boldsymbol{x}_{28},\boldsymbol{x}_{29},\boldsymbol{x}_{30}\}$。

第二轮迭代循环:

第二轮选择更新后的核心对象里的 $\boldsymbol{x}_5$ 作为迭代"种子",$\boldsymbol{x}_5$ 的 ε-邻域为$\{\boldsymbol{x}_3,\boldsymbol{x}_5,\boldsymbol{x}_7,\boldsymbol{x}_{13},\boldsymbol{x}_{14}\}$,因此由 $\boldsymbol{x}_5$ 出发密度直达的有$\{\boldsymbol{x}_3,\boldsymbol{x}_5,\boldsymbol{x}_7,\boldsymbol{x}_{13},\boldsymbol{x}_{14}\}$,继续搜索由 $\boldsymbol{x}_5$ 密度可达的点。同第一轮迭代的逻辑,在其邻域范围内从未归类的核心点,再继续求密度直达点。即需要查看$\boldsymbol{x}_3,\boldsymbol{x}_7,\boldsymbol{x}_{13},\boldsymbol{x}_{14}$。$\boldsymbol{x}_3$ 的 ε-邻域为$\{\boldsymbol{x}_3,\boldsymbol{x}_4,\boldsymbol{x}_5,\boldsymbol{x}_{13},\boldsymbol{x}_{14}\}$,$\boldsymbol{x}_{13}$的 ε-邻域为$\{\boldsymbol{x}_3,\boldsymbol{x}_5,\boldsymbol{x}_9,\boldsymbol{x}_{13},\boldsymbol{x}_{14},\boldsymbol{x}_{17}\}$,$\boldsymbol{x}_{14}$的 ε-邻域为$\{\boldsymbol{x}_3,\boldsymbol{x}_5,\boldsymbol{x}_9,\boldsymbol{x}_{13},\boldsymbol{x}_{14},\boldsymbol{x}_{21}\}$。继续对 $\boldsymbol{x}_{13}$的 ε-邻域里未归类的核心对象 $\boldsymbol{x}_9$ 搜寻密度可达点。$\boldsymbol{x}_9$ 的 ε-邻域为$\{\boldsymbol{x}_9,\boldsymbol{x}_{13},\boldsymbol{x}_{14},\boldsymbol{x}_{16},\boldsymbol{x}_{17}\}$。至此没有再能发展"新下线"的未归类的核心点了。将这些集合求并集,并与更新后的未分组对象集合求交集,得到聚类簇 C_2。

$$\begin{aligned}C_2&=(\{\boldsymbol{x}_3,\boldsymbol{x}_5,\boldsymbol{x}_7,\boldsymbol{x}_{13},\boldsymbol{x}_{14}\}\cup\{\boldsymbol{x}_3,\boldsymbol{x}_4,\boldsymbol{x}_5,\boldsymbol{x}_{13},\boldsymbol{x}_{14}\}\cup\{\boldsymbol{x}_3,\boldsymbol{x}_5,\boldsymbol{x}_9,\boldsymbol{x}_{13},\boldsymbol{x}_{14},\boldsymbol{x}_{17}\}\cup\\&\quad\{\boldsymbol{x}_9,\boldsymbol{x}_{13},\boldsymbol{x}_{14},\boldsymbol{x}_{16},\boldsymbol{x}_{17}\}\cup\{\boldsymbol{x}_3,\boldsymbol{x}_5,\boldsymbol{x}_9,\boldsymbol{x}_{13},\boldsymbol{x}_{14},\boldsymbol{x}_{21}\})\cap\Gamma\\&=\{\boldsymbol{x}_3,\boldsymbol{x}_4,\boldsymbol{x}_5,\boldsymbol{x}_9,\boldsymbol{x}_{13},\boldsymbol{x}_{14},\boldsymbol{x}_{16},\boldsymbol{x}_{17},\boldsymbol{x}_{21}\}\end{aligned}$$

更新未归类的核心对象集合 $\Omega=\{\boldsymbol{x}_{24},\boldsymbol{x}_{25},\boldsymbol{x}_{28},\boldsymbol{x}_{29}\}$,更新未分组对象集合 $\Gamma=\{\boldsymbol{x}_1,\boldsymbol{x}_2,\boldsymbol{x}_{11},\boldsymbol{x}_{15},\boldsymbol{x}_{22},\boldsymbol{x}_{24},\boldsymbol{x}_{25},\boldsymbol{x}_{26},\boldsymbol{x}_{27},\boldsymbol{x}_{28},\boldsymbol{x}_{29},\boldsymbol{x}_{30}\}$。

第三轮迭代循环:

选择更新后核心对象里的 $\boldsymbol{x}_{29}$作为迭代"种子"。$\boldsymbol{x}_{29}$的 ε-邻域为$\{\boldsymbol{x}_1,\boldsymbol{x}_2,\boldsymbol{x}_{22},\boldsymbol{x}_{26},\boldsymbol{x}_{29}\}$,由 $\boldsymbol{x}_{29}$出发的密度直达点为 $\boldsymbol{x}_1,\boldsymbol{x}_2,\boldsymbol{x}_{22},\boldsymbol{x}_{26}$,这些点里没有核心对象了,因此与更新后的未分组对象集合求交集之后,得到聚类簇 C_3。

$$\begin{aligned}C_3&=\{\boldsymbol{x}_1,\boldsymbol{x}_2,\boldsymbol{x}_{22},\boldsymbol{x}_{26},\boldsymbol{x}_{29}\}\cap\{\boldsymbol{x}_1,\boldsymbol{x}_2,\boldsymbol{x}_{11},\boldsymbol{x}_{15},\boldsymbol{x}_{22},\boldsymbol{x}_{24},\boldsymbol{x}_{25},\boldsymbol{x}_{26},\boldsymbol{x}_{27},\boldsymbol{x}_{28},\boldsymbol{x}_{29},\boldsymbol{x}_{30}\}\\&=\{\boldsymbol{x}_1,\boldsymbol{x}_2,\boldsymbol{x}_{22},\boldsymbol{x}_{26},\boldsymbol{x}_{29}\}\end{aligned}$$

更新未归类的核心对象集合 $\Omega=\{\boldsymbol{x}_{24},\boldsymbol{x}_{25},\boldsymbol{x}_{28}\}$,更新未分组对象集合 $\Gamma=\{\boldsymbol{x}_{11},\boldsymbol{x}_{15},\boldsymbol{x}_{24},\boldsymbol{x}_{25},\boldsymbol{x}_{27},\boldsymbol{x}_{28},\boldsymbol{x}_{30}\}$。

第四轮迭代循环:

选择 $\boldsymbol{x}_{25}$作为迭代"种子"。$\boldsymbol{x}_{25}$的 ε-邻域为$\{\boldsymbol{x}_{23},\boldsymbol{x}_{24},\boldsymbol{x}_{25},\boldsymbol{x}_{27},\boldsymbol{x}_{28}\}$,由 $\boldsymbol{x}_{25}$出发的密度直达点为 $\boldsymbol{x}_{23},\boldsymbol{x}_{24},\boldsymbol{x}_{27},\boldsymbol{x}_{28}$。在这些密度直达点里还有两个未归类的核心对象:$\boldsymbol{x}_{24},\boldsymbol{x}_{28}$,因此继续搜寻密度可达点。$\boldsymbol{x}_{24}$的 ε-邻域为$\{\boldsymbol{x}_{24},\boldsymbol{x}_{25},\boldsymbol{x}_{27},\boldsymbol{x}_{28},\boldsymbol{x}_{30}\}$,$\boldsymbol{x}_{28}$的 ε-邻域为$\{\boldsymbol{x}_{23},\boldsymbol{x}_{24},\boldsymbol{x}_{25},\boldsymbol{x}_{28},\boldsymbol{x}_{30}\}$。至此没有再能发展"新下线"的未归类的核心点了。将这些集合求并集,并与更新后的未分组对象集合求交集,得到聚类簇 C_4。

$$\begin{aligned}C_4&=(\{\boldsymbol{x}_{23},\boldsymbol{x}_{24},\boldsymbol{x}_{25},\boldsymbol{x}_{27},\boldsymbol{x}_{28}\}\cup\{\boldsymbol{x}_{24},\boldsymbol{x}_{25},\boldsymbol{x}_{27},\boldsymbol{x}_{28},\boldsymbol{x}_{30}\}\cup\{\boldsymbol{x}_{23},\boldsymbol{x}_{24},\boldsymbol{x}_{25},\boldsymbol{x}_{28},\boldsymbol{x}_{30}\})\\&\quad\cap\{\boldsymbol{x}_{11},\boldsymbol{x}_{15},\boldsymbol{x}_{24},\boldsymbol{x}_{25},\boldsymbol{x}_{27},\boldsymbol{x}_{28},\boldsymbol{x}_{30}\}\end{aligned}$$

$$=\{\boldsymbol{x}_{24},\boldsymbol{x}_{25},\boldsymbol{x}_{27},\boldsymbol{x}_{28},\boldsymbol{x}_{30}\}$$

更新未归类的核心对象集合 $\Omega=\{\}$，更新未分组对象集合 $\Gamma=\{\boldsymbol{x}_{11},\boldsymbol{x}_{15}\}$。

至此，核心对象均被访问过，都归到相应的分类簇中，迭代结束，得到最终的 DBSCAN 聚类结果。

$$C_1=\{\boldsymbol{x}_6,\boldsymbol{x}_7,\boldsymbol{x}_8,\boldsymbol{x}_{10},\boldsymbol{x}_{12},\boldsymbol{x}_{18},\boldsymbol{x}_{19},\boldsymbol{x}_{20},\boldsymbol{x}_{23}\}$$
$$C_2=\{\boldsymbol{x}_3,\boldsymbol{x}_4,\boldsymbol{x}_5,\boldsymbol{x}_9,\boldsymbol{x}_{13},\boldsymbol{x}_{14},\boldsymbol{x}_{16},\boldsymbol{x}_{17},\boldsymbol{x}_{21}\}$$
$$C_3=\{\boldsymbol{x}_1,\boldsymbol{x}_2,\boldsymbol{x}_{22},\boldsymbol{x}_{26},\boldsymbol{x}_{29}\}$$
$$C_4=\{\boldsymbol{x}_{24},\boldsymbol{x}_{25},\boldsymbol{x}_{27},\boldsymbol{x}_{28},\boldsymbol{x}_{30}\}$$

另外，检测出 $\boldsymbol{x}_{11},\boldsymbol{x}_{15}$ 两个点未被划分到任何簇中，属于异常点。

2. DBSCAN 聚类结果性能度量

1）外部指标

对数据集 $D=\{\boldsymbol{x}_1,\boldsymbol{x}_2,\cdots,\boldsymbol{x}_{30}\}$，通过上一步骤的 DBSCAN 聚类给出的簇划分结果为 $C=\{C_1,C_2,C_3,C_4\}$，其中：

$$C_1=\{\boldsymbol{x}_6,\boldsymbol{x}_7,\boldsymbol{x}_8,\boldsymbol{x}_{10},\boldsymbol{x}_{12},\boldsymbol{x}_{18},\boldsymbol{x}_{19},\boldsymbol{x}_{20},\boldsymbol{x}_{23}\}$$
$$C_2=\{\boldsymbol{x}_3,\boldsymbol{x}_4,\boldsymbol{x}_5,\boldsymbol{x}_9,\boldsymbol{x}_{13},\boldsymbol{x}_{14},\boldsymbol{x}_{16},\boldsymbol{x}_{17},\boldsymbol{x}_{21}\}$$
$$C_3=\{\boldsymbol{x}_1,\boldsymbol{x}_2,\boldsymbol{x}_{22},\boldsymbol{x}_{26},\boldsymbol{x}_{29}\}$$
$$C_4=\{\boldsymbol{x}_{24},\boldsymbol{x}_{25},\boldsymbol{x}_{27},\boldsymbol{x}_{28},\boldsymbol{x}_{30}\}$$
$$\text{异常点}=\{\boldsymbol{x}_{11},\boldsymbol{x}_{15}\}$$

参考模型给出的簇划分为 $C^*=\{C_1^*,C_2^*\}$，C_1^* 代表好瓜，C_2^* 代表非好瓜：

$$C_1^*=\{\boldsymbol{x}_1,\boldsymbol{x}_2,\boldsymbol{x}_3,\boldsymbol{x}_4,\boldsymbol{x}_5,\boldsymbol{x}_6,\boldsymbol{x}_7,\boldsymbol{x}_8,\boldsymbol{x}_{22},\boldsymbol{x}_{23},\boldsymbol{x}_{24},\boldsymbol{x}_{25},\boldsymbol{x}_{26},\boldsymbol{x}_{27},\boldsymbol{x}_{28},\boldsymbol{x}_{29},\boldsymbol{x}_{30}\}$$
$$C_2^*=\{\boldsymbol{x}_9,\boldsymbol{x}_{10},\boldsymbol{x}_{11},\boldsymbol{x}_{12},\boldsymbol{x}_{13},\boldsymbol{x}_{14},\boldsymbol{x}_{15},\boldsymbol{x}_{16},\boldsymbol{x}_{17},\boldsymbol{x}_{18},\boldsymbol{x}_{19},\boldsymbol{x}_{20},\boldsymbol{x}_{21}\}$$

根据聚类结果与参考模型得出表 5.14。

表 5.14 聚类结果与参考模型对应内容

样本编号	1	2	3	4	5	6	7	8	9	10	11	12	13	14	15
实际参考模型类别	C_1^*	C_1^*	C_1^*	C_1^*	C_1^*	C_1^*	C_1^*	C_1^*	C_2^*	C_2^*	C_2^*	C_2^*	C_2^*	C_2^*	C_2^*
聚类结果	C_3	C_3	C_2	C_2	C_2	C_1	C_1	C_1	C_2	C_1	异常点	C_1	C_2	C_2	异常点
样本编号	16	17	18	19	20	21	22	23	24	25	26	27	28	29	30
实际参考模型类别	C_2^*	C_2^*	C_2^*	C_2^*	C_2^*	C_2^*	C_1^*	C_1^*	C_1^*	C_1^*	C_1^*	C_1^*	C_1^*	C_1^*	C_1^*
聚类结果	C_2	C_2	C_1	C_1	C_1	C_2	C_3	C_1	C_4	C_4	C_3	C_4	C_4	C_3	C_4

根据定义，不难求出对西瓜数据集进行此次 DBSCAN 聚类分簇结果对应的 SS,SD,DS,DD，从而得到以下结果（由于数据量太大，因此不一一列出对应的元素，通过编写函数代码，获取结果，这里只给出元素个数用来计算外部指标）：

$$a=|\mathrm{SS}|=55$$
$$b=|\mathrm{SD}|=38$$
$$c=|\mathrm{DS}|=159$$

$$d=|\text{DD}|=183$$

同时,m 等于数据点个数 30,从而根据式(5-17)～式(5-19)可以求出此次聚类结果的外部指数。

- **Jaccard 系数为**:

$$\text{JC}=\frac{a}{a+b+c}=\frac{55}{55+38+159}=0.218$$

- **FMI 指数为**:

$$\text{FMI}=\sqrt{\frac{a}{a+b}\cdot\frac{a}{a+c}}=\sqrt{\frac{55}{55+38}\times\frac{55}{55+159}}=0.3899$$

- **Rand 指数为**:

$$\text{RI}=\frac{2(a+d)}{m(m-1)}=\frac{2\times(55+183)}{30\times(30-1)}=0.547$$

运行结果分析:上述度量指标值反映的是聚类结果与参考模型给出的簇划分结果一致的比例,取值范围为[0,1],比例越大,说明聚类效果越好。因此,聚类性能度量指标 JC、FMI 和 RI 的值越大越好。

2) 内部指标(这里的距离用的是欧氏距离)

此次聚类结果共有 4 类,即 $k=3$,$C=\{C_1,C_2,C_3,C_4\}$,共有数据点 $m=30$。

$$C_1=\{\boldsymbol{x}_6,\boldsymbol{x}_7,\boldsymbol{x}_8,\boldsymbol{x}_{10},\boldsymbol{x}_{12},\boldsymbol{x}_{18},\boldsymbol{x}_{19},\boldsymbol{x}_{20},\boldsymbol{x}_{23}\}$$

$$C_2=\{\boldsymbol{x}_3,\boldsymbol{x}_4,\boldsymbol{x}_5,\boldsymbol{x}_9,\boldsymbol{x}_{13},\boldsymbol{x}_{14},\boldsymbol{x}_{16},\boldsymbol{x}_{17},\boldsymbol{x}_{21}\}$$

$$C_3=\{\boldsymbol{x}_1,\boldsymbol{x}_2,\boldsymbol{x}_{22},\boldsymbol{x}_{26},\boldsymbol{x}_{29}\}$$

$$C_4=\{\boldsymbol{x}_{24},\boldsymbol{x}_{25},\boldsymbol{x}_{27},\boldsymbol{x}_{28},\boldsymbol{x}_{30}\}$$

$$|C_1|=9,\ |C_2|=9,\ |C_3|=5,\ |C_4|=5$$

根据式(5-20)可以求得每个簇内的平均距离。

$$\text{avg}(C_1)=\frac{2}{|C_1|(|C_1|-1)}\sum_{1\leqslant i<j\leqslant|C_1|}\text{dist}(\boldsymbol{x}_i,\boldsymbol{x}_j)=0.137660$$

$$\text{avg}(C_2)=\frac{2}{|C_2|(|C_2|-1)}\sum_{1\leqslant i<j\leqslant|C_2|}\text{dist}(\boldsymbol{x}_i,\boldsymbol{x}_j)=0.140719$$

$$\text{avg}(C_3)=\frac{2}{|C_3|(|C_3|-1)}\sum_{1\leqslant i<j\leqslant|C_3|}\text{dist}(\boldsymbol{x}_i,\boldsymbol{x}_j)=0.088773$$

$$\text{avg}(C_4)=\frac{2}{|C_4|(|C_4|-1)}\sum_{1\leqslant i<j\leqslant|C_4|}\text{dist}(\boldsymbol{x}_i,\boldsymbol{x}_j)=0.080945$$

再根据式(5-21)可以求得每个簇内的样本最大距离。

$$\text{diam}(C_1)=\max_{1\leqslant i<j\leqslant|C_1|}\text{dist}(\boldsymbol{x}_i,\boldsymbol{x}_j)=0.265646$$

$$\text{diam}(C_2)=\max_{1\leqslant i<j\leqslant|C_2|}\text{dist}(\boldsymbol{x}_i,\boldsymbol{x}_j)=0.276407$$

$$\text{diam}(C_3)=\max_{1\leqslant i<j\leqslant|C_3|}\text{dist}(\boldsymbol{x}_i,\boldsymbol{x}_j)=0.147709$$

$$\text{diam}(C_4)=\max_{1\leqslant i<j\leqslant|C_4|}\text{dist}(\boldsymbol{x}_i,\boldsymbol{x}_j)=0.119754$$

根据式(5-22)可以求得各个簇间的样本最小距离。

$$d_{\min}(C_1,C_2)=\min_{x_i\in C_1,x_j\in C_2}\operatorname{dist}(\boldsymbol{x}_i,\boldsymbol{x}_j)=0.099905$$

$$d_{\min}(C_1,C_3)=\min_{x_i\in C_1,x_j\in C_3}\operatorname{dist}(\boldsymbol{x}_i,\boldsymbol{x}_j)=0.233489$$

$$d_{\min}(C_1,C_4)=\min_{x_i\in C_1,x_j\in C_4}\operatorname{dist}(\boldsymbol{x}_i,\boldsymbol{x}_j)=0.064777$$

$$d_{\min}(C_2,C_3)=\min_{x_i\in C_2,x_j\in C_3}\operatorname{dist}(\boldsymbol{x}_i,\boldsymbol{x}_j)=0.109636$$

$$d_{\min}(C_2,C_4)=\min_{x_i\in C_2,x_j\in C_4}\operatorname{dist}(\boldsymbol{x}_i,\boldsymbol{x}_j)=0.097417$$

$$d_{\min}(C_3,C_4)=\min_{x_i\in C_3,x_j\in C_4}\operatorname{dist}(\boldsymbol{x}_i,\boldsymbol{x}_j)=0.165436$$

根据式(5-23)可以求得各个簇中心间距离。

根据簇中心计算公式：$\boldsymbol{u}_i=\frac{1}{|C_i|}\sum_{x\in C_i}\boldsymbol{x}$，可得各个簇相应的簇中心分别为：

$$\boldsymbol{u}_1=\frac{1}{|C_1|}\sum_{x\in C_1}\boldsymbol{x}=\frac{\boldsymbol{x}_6+\boldsymbol{x}_7+\boldsymbol{x}_8+\boldsymbol{x}_{10}+\boldsymbol{x}_{12}+\boldsymbol{x}_{18}+\boldsymbol{x}_{19}+\boldsymbol{x}_{20}+\boldsymbol{x}_{23}}{9}=(0.3744,0.2179)$$

$$\boldsymbol{u}_2=\frac{1}{|C_2|}\sum_{x\in C_2}\boldsymbol{x}=\frac{\boldsymbol{x}_3+\boldsymbol{x}_4+\boldsymbol{x}_5+\boldsymbol{x}_9+\boldsymbol{x}_{13}+\boldsymbol{x}_{14}+\boldsymbol{x}_{16}+\boldsymbol{x}_{17}+\boldsymbol{x}_{21}}{9}=(0.6467,0.1804)$$

$$\boldsymbol{u}_3=\frac{1}{|C_3|}\sum_{x\in C_3}\boldsymbol{x}=\frac{\boldsymbol{x}_1+\boldsymbol{x}_2+\boldsymbol{x}_{22}+\boldsymbol{x}_{26}+\boldsymbol{x}_{29}}{5}=(0.7322,0.4232)$$

$$\boldsymbol{u}_4=\frac{1}{|C_4|}\sum_{x\in C_4}\boldsymbol{x}=\frac{\boldsymbol{x}_{24}+\boldsymbol{x}_{25}+\boldsymbol{x}_{27}+\boldsymbol{x}_{28}+\boldsymbol{x}_{30}}{5}=(0.4908,0.4226)$$

进而求得各簇中心间距离为：

$$d_{\text{cen}}(C_1,C_2)=\operatorname{dist}(\boldsymbol{u}_1,\boldsymbol{u}_2)=\|\boldsymbol{u}_1-\boldsymbol{u}_2\|_2=\sqrt{|u_{11}-u_{21}|^2+|u_{12}-u_{22}|^2}=0.27479$$

$$d_{\text{cen}}(C_1,C_3)=\operatorname{dist}(\boldsymbol{u}_1,\boldsymbol{u}_3)=\|\boldsymbol{u}_1-\boldsymbol{u}_3\|_2=\sqrt{|u_{11}-u_{31}|^2+|u_{12}-u_{32}|^2}=0.41248$$

$$d_{\text{cen}}(C_1,C_4)=\operatorname{dist}(\boldsymbol{u}_1,\boldsymbol{u}_4)=\|\boldsymbol{u}_1-\boldsymbol{u}_4\|_2=\sqrt{|u_{11}-u_{41}|^2+|u_{12}-u_{42}|^2}=0.23547$$

$$d_{\text{cen}}(C_2,C_3)=\operatorname{dist}(\boldsymbol{u}_2,\boldsymbol{u}_3)=\|\boldsymbol{u}_2-\boldsymbol{u}_3\|_2=\sqrt{|u_{21}-u_{31}|^2+|u_{22}-u_{32}|^2}=0.25738$$

$$d_{\text{cen}}(C_2,C_4)=\operatorname{dist}(\boldsymbol{u}_2,\boldsymbol{u}_4)=\|\boldsymbol{u}_2-\boldsymbol{u}_4\|_2=\sqrt{|u_{21}-u_{41}|^2+|u_{22}-u_{42}|^2}=0.28798$$

$$d_{\text{cen}}(C_3,C_4)=\operatorname{dist}(\boldsymbol{u}_3,\boldsymbol{u}_4)=\|\boldsymbol{u}_3-\boldsymbol{u}_4\|_2=\sqrt{|u_{31}-u_{41}|^2+|u_{32}-u_{42}|^2}=0.24140$$

算出以上数据之后，可以根据式(5-24)和式(5-25)得到内部指标 DB 指数和 Dunn 指数。

(1) DB 指数的计算示例。

根据式(5-24)，并代入计算参数，计算 DBI 如下。

$$\begin{aligned}\text{DBI}&=\frac{1}{k}\sum_{i=1}^{k}\max_{j\neq i}\left(\frac{\operatorname{avg}(C_i)+\operatorname{avg}(C_j)}{d_{\text{cen}}(C_i,C_j)}\right)\\&=\frac{1}{4}\left(\max\left(\frac{\operatorname{avg}(C_1)+\operatorname{avg}(C_2)}{d_{\text{cen}}(C_1,C_2)},\frac{\operatorname{avg}(C_1)+\operatorname{avg}(C_3)}{d_{\text{cen}}(C_1,C_3)},\frac{\operatorname{avg}(C_1)+\operatorname{avg}(C_4)}{d_{\text{cen}}(C_1,C_4)}\right)+\right.\\&\quad\max\left(\frac{\operatorname{avg}(C_2)+\operatorname{avg}(C_1)}{d_{\text{cen}}(C_2,C_1)},\frac{\operatorname{avg}(C_2)+\operatorname{avg}(C_3)}{d_{\text{cen}}(C_2,C_3)},\frac{\operatorname{avg}(C_2)+\operatorname{avg}(C_4)}{d_{\text{cen}}(C_2,C_4)}\right)+\end{aligned}$$

$$\max\left(\frac{\mathrm{avg}(C_3)+\mathrm{avg}(C_1)}{d_{\mathrm{cen}}(C_3,C_1)},\frac{\mathrm{avg}(C_3)+\mathrm{avg}(C_2)}{d_{\mathrm{cen}}(C_3,C_2)},\frac{\mathrm{avg}(C_3)+\mathrm{avg}(C_4)}{d_{\mathrm{cen}}(C_3,C_4)}\right)+$$

$$\left.\max\left(\frac{\mathrm{avg}(C_4)+\mathrm{avg}(C_1)}{d_{\mathrm{cen}}(C_4,C_1)},\frac{\mathrm{avg}(C_4)+\mathrm{avg}(C_2)}{d_{\mathrm{cen}}(C_4,C_2)},\frac{\mathrm{avg}(C_4)+\mathrm{avg}(C_3)}{d_{\mathrm{cen}}(C_4,C_3)}\right)\right)$$

$$=\frac{1}{4}\left(\max\left(\frac{0.137660+0.140719}{0.27479},\frac{0.137660+0.088773}{0.41248},\frac{0.137660+0.080945}{0.23547}\right)+\right.$$

$$\max\left(\frac{0.140719+0.137660}{0.27479},\frac{0.140719+0.088773}{0.25738},\frac{0.140719+0.080945}{0.28798}\right)+$$

$$\max\left(\frac{0.088773+0.137660}{0.41248},\frac{0.088773+0.140719}{0.25738},\frac{0.088773+0.080945}{0.24140}\right)+$$

$$\left.\max\left(\frac{0.080945+0.137660}{0.23547},\frac{0.080945+0.140719}{0.28798},\frac{0.080945+0.088773}{0.24140}\right)\right)$$

$$=\frac{1}{4}\times\left(\frac{0.278379}{0.27479}+\frac{0.278379}{0.27479}+\frac{0.229492}{0.25738}+\frac{0.218605}{0.23547}\right)=0.961536$$

(2) Dunn 指数的计算示例。

根据式(5-25),代入计算参数,计算示例如下。

$$\mathrm{DI}=\min_{1\leqslant i\leqslant k}\left\{\min_{j\neq i}\left(\frac{d_{\min}(C_i,C_j)}{\max\limits_{1\leqslant l\leqslant k}\mathrm{diam}(C_l)}\right)\right\}$$

其中分母:

$$\max_{1\leqslant l\leqslant k}\mathrm{diam}(C_l)=\max(\mathrm{diam}(C_1),\mathrm{diam}(C_2),\mathrm{diam}(C_3),\mathrm{diam}(C_4))$$

$$=\max(0.265646,0.276407,0.147709,0.119754)=0.276407$$

所以有:

$$\mathrm{DI}=\min\left(\min\left(\frac{d_{\min}(C_1,C_2)}{0.276407},\frac{d_{\min}(C_1,C_3)}{0.276407},\frac{d_{\min}(C_1,C_4)}{0.276407}\right),\right.$$

$$\min\left(\frac{d_{\min}(C_2,C_1)}{0.276407},\frac{d_{\min}(C_2,C_3)}{0.276407},\frac{d_{\min}(C_2,C_4)}{0.276407}\right),$$

$$\min\left(\frac{d_{\min}(C_3,C_1)}{0.276407},\frac{d_{\min}(C_3,C_2)}{0.276407},\frac{d_{\min}(C_3,C_4)}{0.276407}\right),$$

$$\left.\min\left(\frac{d_{\min}(C_4,C_1)}{0.276407},\frac{d_{\min}(C_4,C_2)}{0.276407},\frac{d_{\min}(C_4,C_3)}{0.276407}\right)\right)$$

$$=\min\left(\min\left(\frac{0.099905}{0.276407},\frac{0.233489}{0.276407},\frac{0.064777}{0.276407}\right),\min\left(\frac{0.099905}{0.276407},\frac{0.109636}{0.276407},\frac{0.097417}{0.276407}\right),\right.$$

$$\left.\min\left(\frac{0.233489}{0.276407},\frac{0.109636}{0.276407},\frac{0.165436}{0.276407}\right),\min\left(\frac{0.064777}{0.276407},\frac{0.097417}{0.276407},\frac{0.165436}{0.276407}\right)\right)$$

$$=\min\left(\frac{0.064777}{0.276407},\frac{0.097417}{0.276407},\frac{0.109636}{0.276407},\frac{0.064777}{0.276407}\right)=\frac{0.064777}{0.276407}=0.234354$$

DBI 表示的是类内距离与类间距离的比值,DBI 值越小意味着类内的距离越小,同时类间距离越大,即聚类的效果越好,因此 DBI 的值越小越好。而 DI 值表示的是类间距离与类内距离的比值,因此 DI 值越大越好。

5.3.4 Python 实现 DBSCAN 聚类算法

1. DBSCAN 聚类算法的伪代码

输入：样本集 $D=\{x_1,x_2,\cdots,x_m\}$；

邻域参数(ϵ,MinPts).

过程：

1：初始化核心对象集合：$\Omega=\varnothing$

2：**for** $j=1,2,\cdots,m$ **do**

3：　确定样本 $\boldsymbol{x}_j$ 的 ϵ-邻域 $N_\epsilon(\boldsymbol{x}_i)$，

4：　　**if** $|N_\epsilon(\boldsymbol{x}_i)|\geqslant MinPts$ **then**

5：　　　将样本 $\boldsymbol{x}_j$ 加入核心对象集合：$\Omega=\Omega U\{\boldsymbol{x}_j\}$

6：　　**end if**

7：**end for**

8：初始化聚类簇数：$k=0$

9：初始化未访问样本集合：$\Gamma=D$

10：**while** $\boldsymbol{\Omega}\neq\varnothing$ **do**

11：　记录当前未访问样本集合：$\Gamma_{old}=\Gamma$；

12：　随机选取一个核心对象 $o\in\Omega$，初始化队列 $Q=\langle o\rangle$；

13：　$\Gamma=\Gamma\backslash\{o\}$；

14：　**while** $Q\neq\varnothing$ **do**

15：　　取出队列 Q 中的首个样本 q；

16：　　**if** $|N_\epsilon(q)|\geqslant MinPts$ **then**

17：　　　令 $\Delta=N_\epsilon(q)\cap\Gamma$；

18：　　　将 Δ 中的样本加入队列 Q；

19：　　　$\Gamma=\Gamma\backslash\Delta$；

20：　　**end if**

21：　**end while**

22：　$k=k+1$，生成聚类簇 $C_k=\Gamma_{old}\backslash\Gamma$；

23：　$\Omega=\Omega\backslash C_k$

24：**end while**

输出：簇划分 $C=\{C_1,C_2,\cdots,C_k\}$

注：其中第 1～7 行中，算法先根据给定的邻域参数找出所有核心对象，形成核心对象集合；然后在第 10～24 行中，以任一核心对象出发，找出其密度可达的样本生成聚类簇，直到所有核心对象均被访问过划分到相应的簇中为止；最后将当前簇划分结果返回。

2. 以欧氏距离计算的 DBSCAN 聚类算法——Python 程序代码实现全过程

创建一个名为 DBSCAN.py 的文件，然后将下面程序清单中的代码添加到文件中。

程序清单 5.3　DBSCAN 聚类支持函数

```
#首先导入必要的包
import matplotlib.pyplot as plt
```

```
import numpy as np
import numpy.random as random
from numpy.core.fromnumeric import *
#导入数据,生成数据列表
def loadDataSet(filename):
    dataSet = []
    fr = open(filename)
    for line in fr.readlines():
        curLine = line.strip().split('\t')
        fltLine = map(float, curLine)
        dataSet.append(list(fltLine))
    return dataSet
#计算两个向量的欧氏距离
def distEclud(vecA, vecB):
    return sqrt(sum(power(vecA - vecB, 2)))
#获取一个点的ε-邻域(记录的是索引)
def getNeibor(data , dataSet , e):
    res = []
    for i in range(shape(dataSet)[0]):
      if calDist(data , dataSet[i])<e:
          res.append(i)
    return res
#可视化:给定参数簇分类结果、数据源、核心点和次数,可视化画出图,不同簇不同颜
#色,且核心点大一些;非被归类的点用 X 表示
def drawCluster(C,dataSet,coreObjectKeys,count):
    color = ['r', 'y', 'g', 'b', 'c', 'k', 'm']
    marker_list = ['o', 'D', '^', 's','*']
    n_samples = 30
    #标记点序号
    ax = plt.gca()
    for i in range(n_samples):
        ax.text(pd.DataFrame(dataSet).iloc[i, 0] + 0.01,
        pd.DataFrame(dataSet).iloc[i, 1] + 0.01, i + 1,
        fontsize=12,fontweight='bold')
    notCluster = list(range(dataSet.shape[0]))
    plt.figure(figsize=(12,8))
    for i in C.keys():
        CoreX = []
        CoreY = []
        NotCoreX = []
        NotCoreY = []
        datas = C[i]
        notCluster = [val for val in notCluster if val not in datas]
                                                              #扣除被归类的点
        coreDatas = [val for val in C[i] if val in coreObjectKeys]
        notCoreDatas = [val for val in C[i] if val not in coreObjectKeys]
        for j in range(len(coreDatas)):
            CoreX.append(dataSet[coreDatas[j]].A[0][0])
            CoreY.append(dataSet[coreDatas[j]].A[0][1])
        plt.plot(CoreX, CoreY, marker= marker_list [i %
                    len(marker_list)], markerfacecolor=color[i %
                    len(color)], markeredgecolor='k',markersize=24,
                    linewidth=0,label="第"+str(i)+'簇核心点')
```

```
            #此簇的核心点画图——颜色为此类的颜色,大小大一些
            for j in range(len(notCoreDatas)):
                NotCoreX.append(dataSet[notCoreDatas[j]].A[0][0])
                NotCoreY.append(dataSet[notCoreDatas[j]].A[0][1])
            plt.plot(NotCoreX, NotCoreY, marker= marker_list [i %
                    len(marker_list)], markerfacecolor=color[i %
                    len(color)], markeredgecolor='k', arkersize=15,
                    linewidth=0, label="第"+str(i)+'簇非核心点')
        #对所有未归类的点画图——颜色为 m
        notClusterX = []
        notClusterY = []
        for j in range(len(notCluster)):
            notClusterX.append(dataSet[notCluster[j]].A[0][0])
            notClusterY.append(dataSet[notCluster[j]].A[0][1])
        plt.plot(notClusterX, notClusterY, marker='x',
                markerfacecolor='m',markeredgecolor='k', markersize=15,
                linewidth=0, label='未归类')
        plt.title("第%d 次迭代 DBSCAN 聚类结果"%count,fontsize=26,
                 fontweight='bold',pad=25)
        plt.xlabel("密度",fontsize=20, fontweight='bold')
        plt.ylabel("含糖率",fontsize=20, fontweight='bold')
        plt.legend(loc='upper left',fontsize=14,markerscale=0.6)
        plt.xticks(size=15)
        plt.yticks(size=15)
        plt.show()
```

程序清单 5.3 中的代码包含几个 DBSCAN 算法中要用到的辅助函数。第一个函数 loadDataSet()与前面提到的文件导入功能一样,就是将文本文件导入一个列表中。文本文件每一行为 tab 分隔的浮点数。每一个列表会被添加到 dataSet 中,最后返回 dataSet。该返回值是一个包含许多其他列表的列表,即嵌套列表。这种格式可以很容易地将很多值封装到矩阵中。

下一个函数 distEclud()计算两个向量的欧氏距离。这是本章最先使用的欧氏距离函数,也可以使用其他距离函数。

最后一个函数 getNeibor (data, dataset, ε)获取在 dataSet 数据集中给定数据点 data 的 ε-邻域,返回的是数据的索引值。ε-邻域内的点必须满足 data 的距离小于或等于 ε。即如果 dataSet 里面的某一点满足给定数据点 data 的欧氏距离小于或等于ε,则把这个点的索引值加入返回的结果列表 res 中。接下来看一下这三个函数的实际效果。保存 DBSCAN.py 文件,然后在 Python 提示符下输入内容如下。

```
>>> import DBSCAN
>>> from numpy import *
```

要从文本文件中构建矩阵,输入下面的命令。

```
>>>datMat = mat (DBSCAN .loadDataSet ('xigua.txt' ))
```

文本文件 xigua.txt 中存储的是 30 个包含西瓜密度和西瓜含糖率的西瓜样本数据集 4.0,读入之后生成一个二维矩阵,后面将使用该矩阵来测试完整的 DBSCAN 算法。

运用下面的命令,测试距离计算方法:

```
>>>DBSCAN.distEclud (datMat [0],datMat [1 ])
0.113951744172698
```

最后测试一下获取一个点的 ε-邻域的 getNeibor()函数功能，例如，求第一个数据点的 ε-邻域，假设 ε=0.11：

```
>>>DBSCAN.getNeibor (datMat [0], datMat, 0.11)
[0, 25, 28]
```

支持函数正常运行之后，就可以准备实现完整的DBSCAN 聚类算法了。该算法会首先通过计算每个数据点的 ε-邻域，判断 ε-邻域内点的个数是否满足大于或等于 MinPts，得到核心点集合，然后随机取出其中一个核心点出发，找出由此核心点密度可达的样本生成聚类簇，这个过程重复数次，直到所有核心对象均被访问过划分到相应的簇中为止。打开 DBSCAN.py 文件输入下面程序清单中的代码。

程序代码清单 5.4　DBSCAN 聚类算法

```
#DBSCAN 密度聚类算法
def DBSCAN(dataSet , e , minPts):
    coreObjs = {} #初始化核心对象集合
    C = {}
    n = shape(dataSet)[0]
    #找出所有核心对象,key 是核心对象的 index,value 是 ε-邻域中对象的 index
    for i in range(n):
        neibor = getNeibor(dataSet[i] , dataSet , e)
        if len(neibor)>=minPts:
            coreObjs[i] = neibor
    oldCoreObjs = coreObjs.copy()
    k = 0 #初始化聚类簇数
    count = 1 #初始化迭代次数计数器
    notAccess = list(range(n))#初始化未访问样本集合(索引)
    while len(coreObjs)>0:
        OldNotAccess = []
        OldNotAccess.extend(notAccess)
        cores = coreObjs.keys()
        #随机选取一个核心对象
        randNum = random.randint(0,len(cores))
        cores=list(cores)
        core = cores[randNum]
        queue = []
        queue.append(core)
        notAccess.remove(core)
        while len(queue)>0:
            q = queue[0]
            del queue[0]
            if q in oldCoreObjs.keys():
                delte = [val for val in oldCoreObjs[q] if val in notAccess] #Δ = N(q)∩Γ
                queue.extend(delte) #将 Δ 中的样本加入队列 Q
                notAccess = [val for val in notAccess if val not in delte] #Γ= Γ\Δ
    k += 1
    C[k] = [val for val in OldNotAccess if val not in notAccess]
```

```
        for x in C[k]:
            if x in coreObjs.keys():
                del coreObjs[x]
        drawCluster(C, dataSet, oldCoreObjs.keys(), count)
        count += 1
    return C
```

上述程序代码清单给出了 DBSCAN 聚类算法。DBSCAN (dataSet, e, minPts)函数接受 3 个输入参数,分别是需要进行 DBSCAN 聚类的数据集 dataSet,DBSCAN 聚类的 ε-邻域参数 e,minPts。DBSCAN()函数一开始确定数据集中数据点的总数,然后通过 getNeibor()函数求得数据集中每个数据点的 ε -邻域,通过判断 ε -邻域内样本点个数是否满足大于或等于 minPts,求得核心对象集合。

创建一个字典来存储每个点的簇分配结果。簇分配结果字典 C,C 的键 key 为类簇的标号 k,值为属于这个簇的数据点索引的集合。

按照上述方式(随机选取核心点→求得由此核心点出发的所有未被归类的密度可达点→聚类→更新核心点集合,更新未被归类的数据点)反复迭代,直到所有核心点都被归类为止。上述迭代使用 while 循环来实现。最后,程序返回所有的分配结果。

接下来看看程序代码清单 5.4 的运行效果。保存 DBSCAN.py 文件后,在 Python 提示符下输入:

```
>>> reload(DBSCAN)
<module'DBSCAN' from 'DBSCAN.pyc'>
```

如果没有将前面例子中的 datMat 数据复制过来,则可以输入下面的命令(记住要导入 NumPy):

```
>>>datMat=mat(DBSCAN.loadDataSet('xigua.txt'))
```

现在就可以对 datMat 中的数据点进行 DBSCAN 聚类处理。设置邻域参数(ε,MinPts),假定设置 ε=0.11,MinPts=5,所以可以输入如下命令:

```
>>>clusters=DBSCAN.DBSCAN(dataMat,0.11,5)
    {1: [5, 6, 7, 9, 11, 17, 18, 19, 22],
     2: [2, 3, 4, 8, 12, 13, 15, 16, 20],
     3: [0, 1, 21, 25, 28],
     4: [23, 24, 26, 27, 29]}
```

需要注意到的是,由于选择核心点是随机的,每次聚类的结果略有不同,本结果是依次选择这四个核心点$\{x_8, x_5, x_{29}, x_{25}\}$生成的结果。

一个聚类过程的可视化结果如图 5.20 所示。

上面的可视化结果是经过四轮迭代之后,所有的核心对象均被归类到相应的簇中,于是算法停止,得到最终的簇划分。密度相连的数据点被分到同样的簇中,每一簇中的核心对象用较大的点表示,非核心对象用同色系的较小点表示。此外有两个数据点 $\boldsymbol{x}_{11}$,$\boldsymbol{x}_{15}$未被归类到任何簇中,属于异常点,在图中用“×”标注。

5.3.5 DBSCAN 聚类算法小结

作为密度聚类的典型算法,DBSCAN 聚类具有以下优良特性。

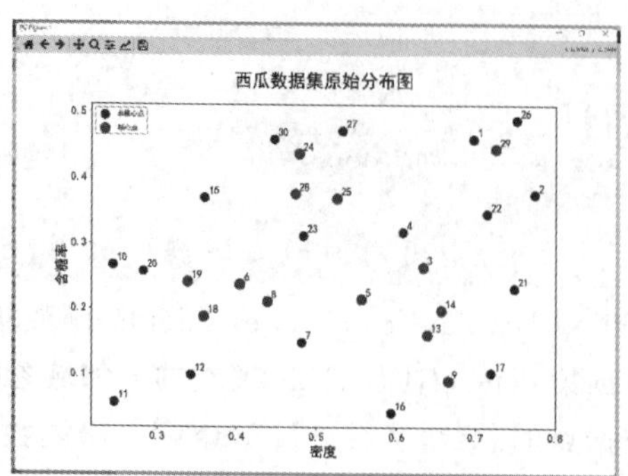

(a) 西瓜数据集原始分布图

此时:

初始核心对象: 3, 5, 6, 8, 9, 13, 14, 18, 19, 24, 25, 28, 29

未归类的核心对象: 3, 5, 6, 8, 9, 13, 14, 18, 19, 20, 25, 28, 29

未被分类的对象: 整个数据集

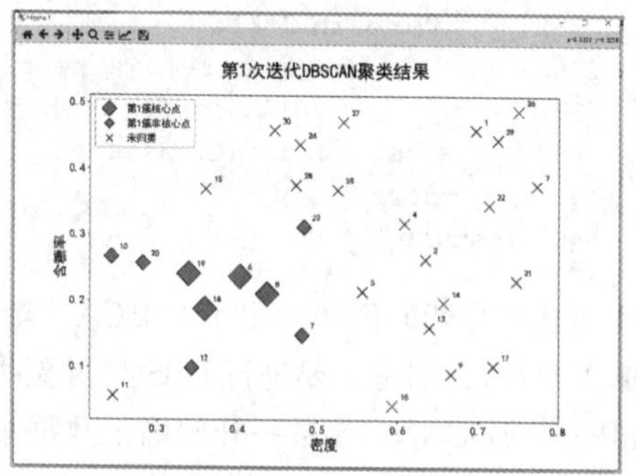

(b) 第 1 轮迭代之后

未归类的核心对象: 3, 5, 9, 13, 14, 24, 25, 28, 29

得到第 1 簇: 6, 7, 8, 10, 12, 18, 19, 20, 23

未被分类的对象: 1,2,3,4,5,9,11, 13,14,15,16,17, 21,22, 24,25,26,27,28,29,30

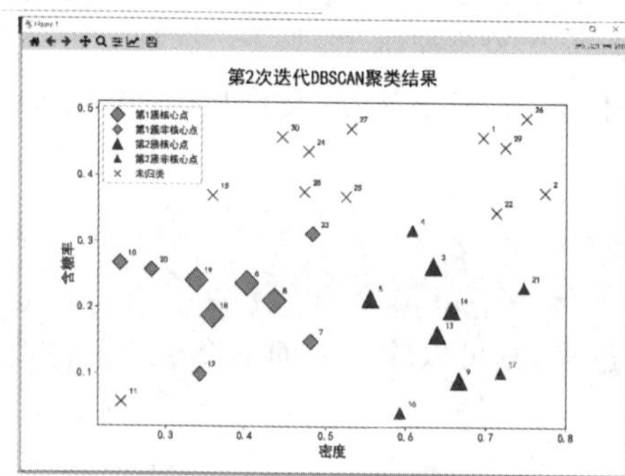

(c) 第 2 轮迭代之后

未归类的核心对象: 24, 25, 28, 29

得到第 2 簇: 3, 4, 5, 9, 13, 14, 16, 17, 21

未被分类的对象: 1,2, 11, 15, 22, 24,25,26,27,28,29,30

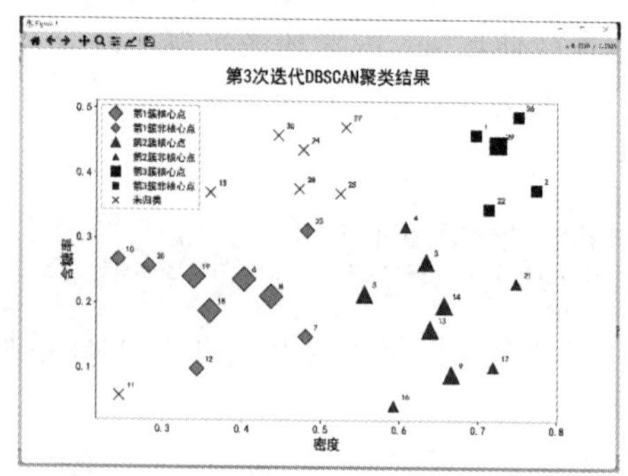

(d) 第 3 轮迭代之后

未归类的核心对象: 24, 25, 28

得到第 3 簇: 1, 2, 22, 26, 29

未被分类的对象: 11, 15, 24,25, 27,28,30

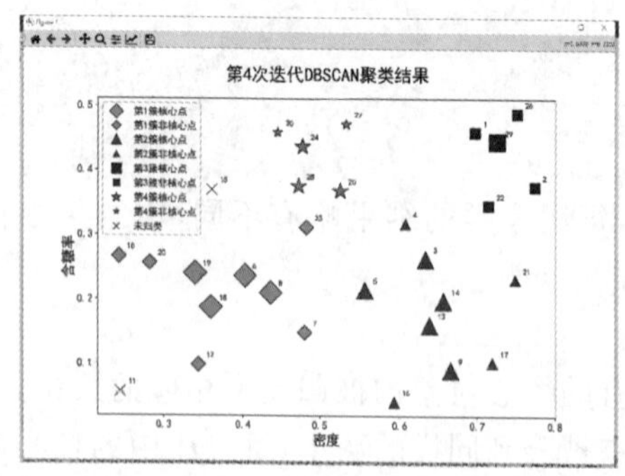

(e) 第 4 轮迭代之后

未归类的核心对象: 空

得到第 4 簇: 24, 25, 27, 28, 30

未被分类的对象: 11, 15

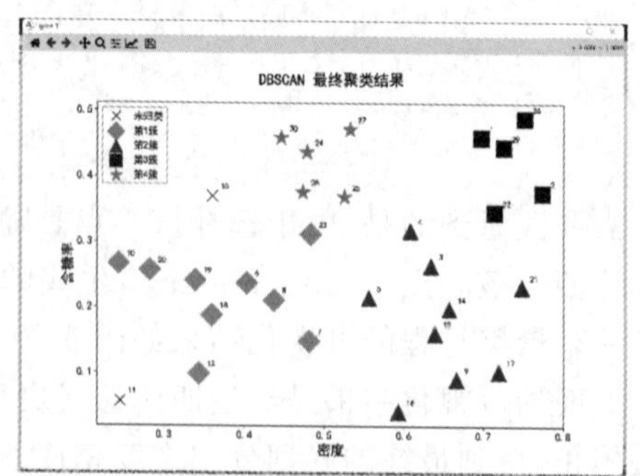

(f) 最终 DBSCAN 聚类结果

此时已经没有了未归类的核心对象，停止迭代，得到最终聚类结果。未被归类到任何簇的点被识别成异常点。此结果与 5.3.3 节手算结果一致

图 5.20 给出了一个聚类过程的可视化结果示意图

(1) 与 K-Means 方法相比,DBSCAN 不需要事先知道要形成的簇类的数量。

(2) 可以对任意形状的稠密数据集进行聚类,相对地,K-Means 之类的聚类算法一般只适用于凸数据集。

(3) 可以在聚类的同时发现异常点,对数据集中的异常点不敏感。

(4) 聚类的结果没有偏倚,相对地,K-Means 之类的聚类算法初始值对结果有很大影响。

(5) DBSCAN 对于数据集中样本的顺序不敏感,即 Pattern 的输入顺序对结果的影响不大。但是,对于处于簇类之间的边界样本,可能会根据哪个簇类优先被探测到而其归属有所摆动。

但同时也看到 DBSCAN 聚类算法有一些局限性,例如:

(1) 如果样本集的密度不均匀,聚类间距差相差很大时,聚类质量较差,这时用 DBSCAN 聚类一般不适合。

(2) 如果样本集较大,聚类收敛时间较长。

(3) 调参相对于传统的 K-Means 之类的聚类算法稍复杂,主要需要对距离阈值 ε、邻域样本数阈值 MinPts 联合调参,不同的参数组合对最后的聚类效果有较大影响。

5.4　AGNES 聚类算法

AGNES 聚类算法的思想是采用层次聚类思想进行应用研究。本节重点介绍层次聚类的相关知识点。

5.4.1　层次聚类思想

层次聚类(hierarchical clustering)试图在不同层次对数据集进行划分,从而形成树形的聚类结构,数据集的划分既可采用“自底向上”的聚合(Agglomerative)策略,也可采用“自顶向下”的分拆(Divisive)策略。

“自底向上”的层次凝聚算法的代表有 AGNES(Agglomerative NESting),“自顶向下”的层次分裂算法的代表有 DIANA 算法。

1. 凝聚的层次聚类

凝聚的层次聚类是一种自底向上的策略,它从每个对象形成自己单独的一个簇开始,通过迭代把簇合并成越来越大的簇,直到所有的对象都在一个簇中,或者满足某个终止条件,例如,达到预设的分类簇的簇个数。在合并步骤,它找出距离最近的两个簇进行合并,形成一个簇。因为每次迭代合并两个簇,其中每个簇至少包含一个对象,因此凝聚聚类方法最多需要迭代 $n-1$ 次。凝聚层次聚类的算法过程如图 5.21 所示(从左往右)。

2. 分裂的层次聚类

分裂的层次聚类与凝聚的层次聚类相反,采用自顶向下的策略。它从把所有对象置于一个簇中开始,该簇是层次结果的根。然后,它把根上的簇划分成多个较小的簇,并且递归地把这些簇划分成更小的簇,划分过程继续,直到最底层的簇都足够凝聚或者仅包含一个对象,或者簇内的对象都充分相似。

分裂的层次聚类的过程如图 5.21 所示(从右往左),可以用一棵层次树来解释。

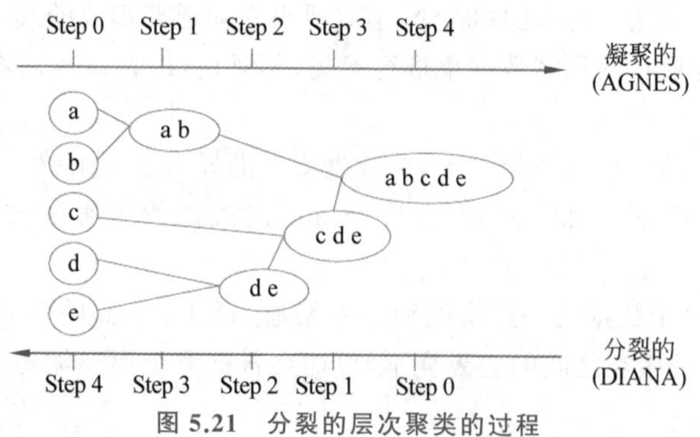

图 5.21　分裂的层次聚类的过程

层次树是层次聚类法独有的聚类结果图,因为树形图的横坐标会将每一个样本都标出来,并展示聚类的过程。

1) 层次树建立的基本步骤

层次树的形成比较简洁,只要短短 3 步:计算每两个观测之间的距离,将最近的两个观测聚为一类,将其看作一个整体计算与其他观测(类)之间的距离,一直重复上述过程,直至所有的观测被聚为一类。

建立层次树的三个步骤虽然简洁,但其实也有令人迷惑的地方,所以为了更好地从整体上去理解聚类过程而不是囿于细节,这里先直接放一个聚类过程图和对应的层次树。凝聚层次聚类的算法过程图如图 5.22 所示。

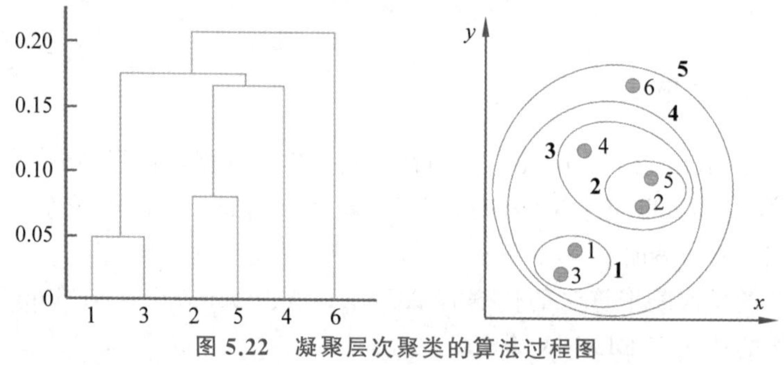

图 5.22　凝聚层次聚类的算法过程图

2) 从层次树中看出聚类过程

如何从层次树中看出聚类过程?这一个简短的问题中其实暗含不少门道,第一:当两个点被分为一类时,是从横坐标出发向上延伸,后形成一条横杠;当两个类被分为一类时,是横杠中点向上延伸。在这第一点中,横杠的数量就表示当所有的点都被圈为一类的时候经过了多少次聚类。图 5.23 给出了层次树中看出聚类过程的图示法。

同样,横杠距离横坐标轴的高度也有玄机,毕竟每生成一个横杠就表示又有一次聚类了,所以可以通过横杠的高度判断聚类的顺序,结合图 5.22 右半部分的圆圈和数字标号也可以看出其聚类的过程,即层次树中运用横杠高度由低到高的顺序看出聚类过程,如图 5.24 所示。

图 5.24 的聚类顺序如下。

第一,聚类次数被聚为一类的点。

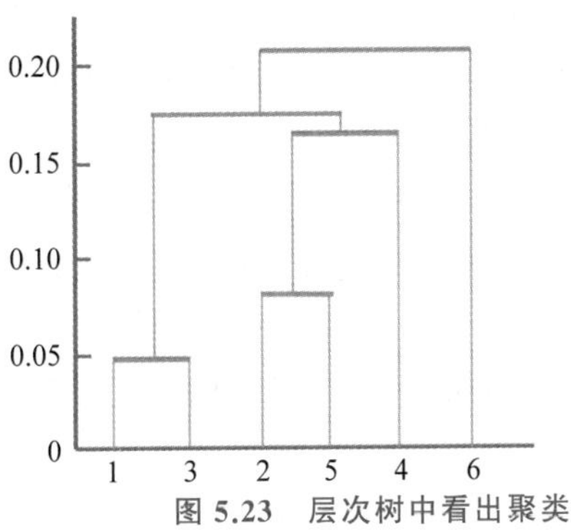

5条横杠，
表示当所有的点都被归为一类时，经历了 5 个聚类步骤（可以通俗地理解成这个过程画了5个圈）

图 5.23　层次树中看出聚类过程的图示法

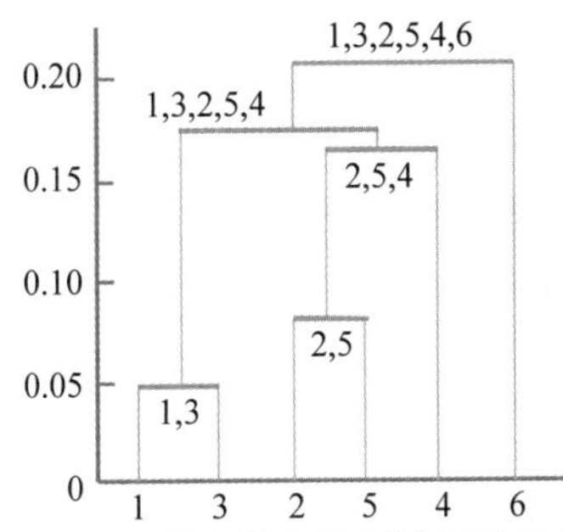

横杠由低到高的顺序分别为：

杠1,3＜杠2,5＜杠2,5,4＜杠1,3,2,5,4＜杠1,3,2,5,4,6

图 5.24　层次树中运用横杠高度由低到高的顺序看出聚类过程

第 1 次 1 和 3→1,3

第 2 次 2 和 5→2,5

第 3 次 2,5 和 4→2,5,4

第 4 次 2,5,4 和 1,3→1,3,2,5,4

第 5 次 1,3,2,5,4 和 6→1,3,2,5,4,6(所有点被聚为一类)

第二,整棵层次树是由一棵棵子树组成,每棵子树代表了一个类,子树的高度即是两个点或两个类之间的距离(用 d 表示),所以两个点之间的距离 d 越近,这棵子树就越矮小,如图 5.25(a)所示,这种表示方法类似于图书编目的表示方法。另外,还可以运用嵌套圆圈方法来表示其层次树各个子树之间的递归关系,如图 5.25(b)所示。

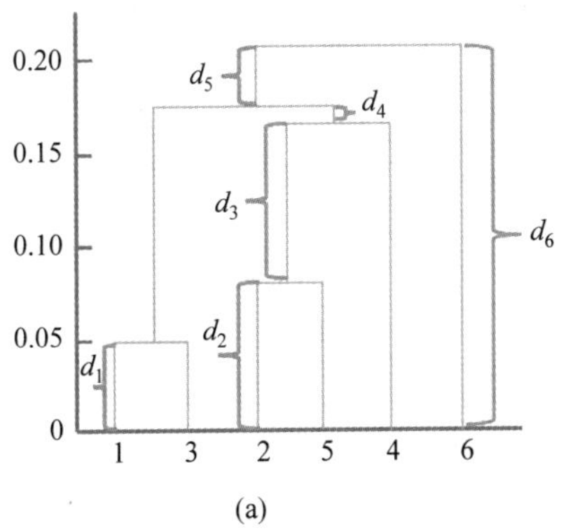

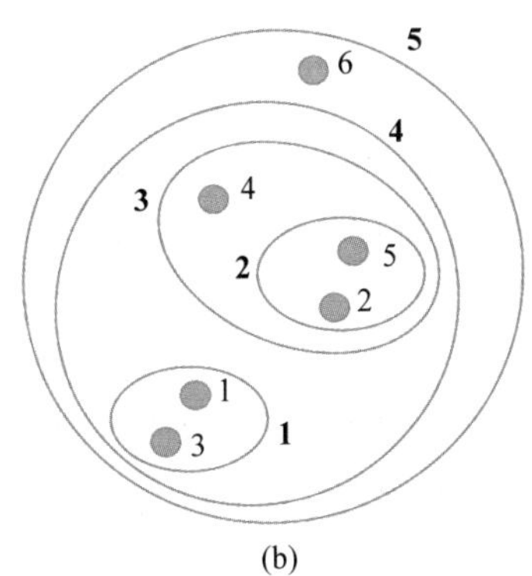

图 5.25　运用嵌套圆圈方法来表示其层次树各个子树之间的递归关系的聚类过程

如果对下面这一段仔细阅读的话,那么对理解点与点、类与类、点与类之间的距离的相关知识点,以及理解它们如何在层次树上的作用,是很有帮助的。先从最矮的高度只有 d_1 的小树说起,这就是类 1,3 中两个孤立的点 1 和 3 之间的距离;同理,d_2 为类 2,5 中点 2 和 5 之间的距离。而至于 d_3,d_4,d_5 这三个距离,它们并不像 d_1 和 d_2 那般表示的是一棵完整的树的高度,而更像是“生长的枝干”,因为从第一点中的“当两个类被分为一类时,是横杠中点向上延伸”可以看出,d_3 是从类 2,5 横杠的中点往上延伸的,所以它的表示会与另外的类聚成一起并形成一棵更大的树,从图 5.23 层次树中看出聚类过程 3 中类 2,5 和点 4 被聚成一个新的类 2,5,4。

同理,d_4 表示类 2,5,4 与类 1,3 聚成新类 1,3,2,5,4。

d_5 表示类 1,3,2,5,4 与点 6 聚成类 1,3,2,5,4,6。

第三,从层次树中看出聚类结果。

通过纵轴分界线可决定这些数据到底分成多少类,如图 5.26 所示。

综上所述,只要定好分界线,仅需要看距离这条线横杠和单独的竖线即可,参见图 5.26 中距离虚线的横杠有两条(给出的结论是:分别表示类 1,3 和类 2,5),单独的竖线也有两条(从横坐标轴 4 和 6 上各延伸出一条)。同理,按照虚线分界线,在层次树中可以看出聚类过程,如图 5.27 所示。

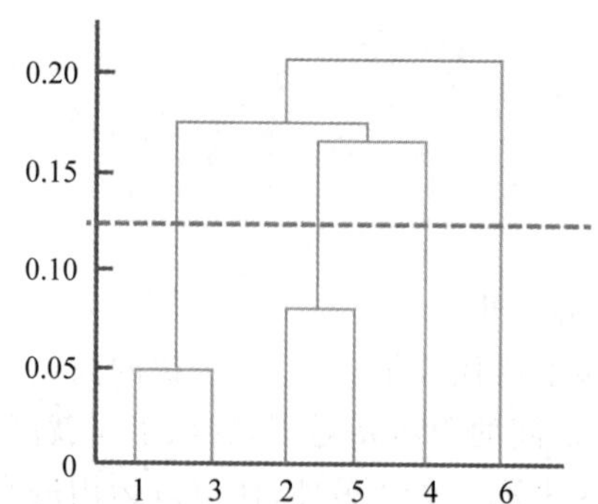

图 5.26　通过纵轴分界线可决定这些数据到底分成多少类的聚类过程

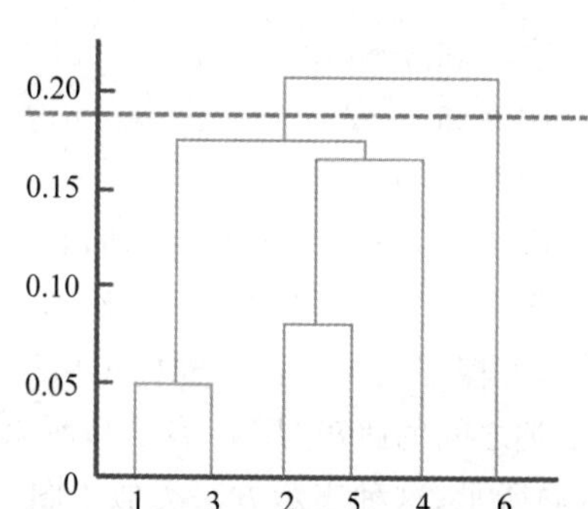

图 5.27　按照虚线分界线在层次树中看出聚类过程

为什么给出的结论是:分别表示类 1,2 和类 2,5,而不是类 1,3 和类 2,5?

答案是:最好不要分成 3 组:1、3,2、5、4,6。

为什么呢?

因为树的高度表示两个点之间的距离,所以 4 到类 2、5 的距离只比到类 1、3 的距离要大如图 5.27 所示的一点点,所以硬是把 4 跟 2、5 分成一类就有点牵强了,正因为这种牵强的分类方式可能会让我们忽略 4 这个点单独的价值,所以不如直接将 4 看成单独的一类。具体的解释如图 5.28 所示。

综上,本节先介绍了层次聚类的基本原理和大致分类、层次聚类的结果图层次树,然后详细介绍自底向上的聚合层次聚类算法的典型代表算法之一——AGNES 算法的基本原

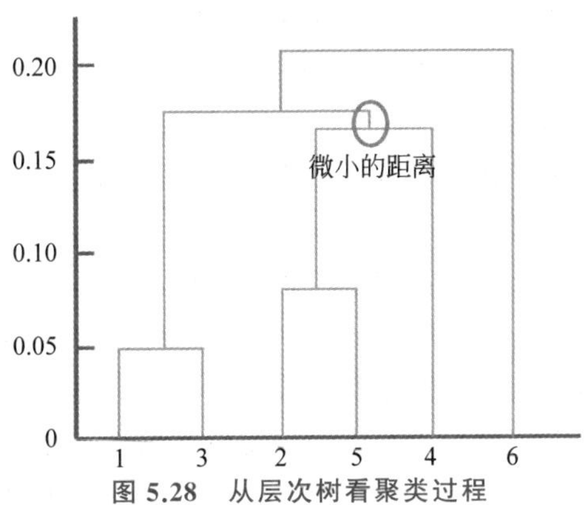

图 5.28　从层次树看聚类过程

理、性能度量和 Python 代码实现。

5.4.2　AGNES 算法原理

AGNES 聚类算法概述

1. AGNES 算法相关知识

AGNES 是 1990 年由 Kaufmann 和 Rousseeuw 提出的一种采用自底向上聚合策略的层次聚类算法，它先将数据集中的每个样本看作一个初始聚类簇，然后在算法运行的每一步中找出距离最近的两个聚类簇进行合并，该过程不断重复，直至达到预设的聚类簇个数。

这里的关键是如何计算聚类簇之间的距离。实际上，每个簇是一个样本集合，因此，只需采用关于集合的某种距离即可。计算两个聚类簇间距离的方法有很多，这里介绍常见的三种：最小距离、最大距离、组间平均距离。

例如，给定聚类簇 C_i 与 C_j，可通过式(5-27)、式(5-28)和式(5-29)来计算它们之间的三种距离。

$$\text{最小距离：} d_{\min}(C_i, C_j) = \min_{x \in C_i, z \in C_j} \text{dist}(x, z) \tag{5-27}$$

$$\text{最大距离：} d_{\max}(C_i, C_j) = \max_{x \in C_i, z \in C_j} \text{dist}(x, z) \tag{5-28}$$

$$\text{组间平均距离：} d_{\text{avg}}(C_i, C_j) = \frac{1}{|C_i||C_j|} \sum_{x \in C_i} \sum_{z \in C_j} \text{dist}(x, z) \tag{5-29}$$

这三种距离的图示法如图 5.29 所示。

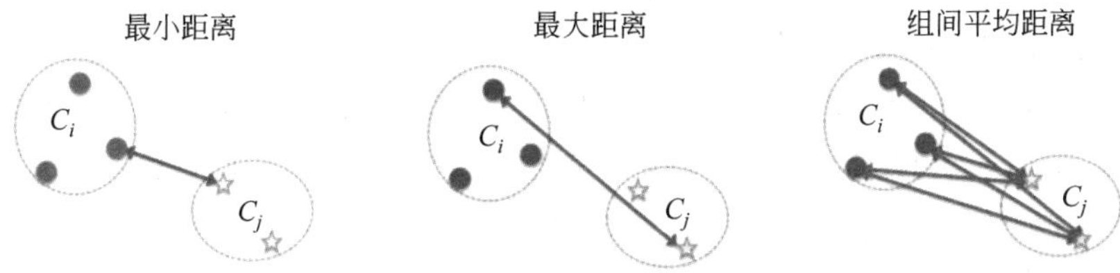

图 5.29　最小距离、最大距离、组间平均距离

显然，最小距离由两个簇的最近样本决定，最大距离由两个簇的最远样本决定，而组间平均距离则由两个簇的所有样本共同决定。

当聚类簇距离由 $d_{\min}$、$d_{\max}$或 d_{avg}计算时,AGNES 算法被相应地称为“单链接”(Single Linkage)、“全链接”(Complete Linkage)或“均链接”(Average Linkage)算法。

这三种算法有各自的优缺点。

- 单链接:方法是将两个组合数据点中距离最近的两个数据点间的距离作为这两个组合数据点的距离。这种方法容易受到极端值的影响。两个不相似的组合数据点可能由于其中的某个极端的数据点距离较近而组合在一起。
- 全链接:计算方法与单链接相反,将两个组合数据点中距离最远的两个数据点间的距离作为这两个组合数据点的距离。全链接的问题也与 Single Linkage 相反,两个很相似的组合数据点可能由于其中的极端值距离较远而无法组合在一起。
- 均链接:计算方法是计算两个组合数据点中的每个数据点与其他所有数据点的距离。将所有距离的均值作为两个组合数据点间的距离。这种方法计算量比较大,但结果比前两种方法更合理。

2. AGNES 算法的逻辑步骤

基于上述思想和概念,AGNES 聚类算法步骤如下。

输入:数据集 $D=\{\boldsymbol{x}_1,\boldsymbol{x}_2,\boldsymbol{x}_3,\cdots,\boldsymbol{x}_m\}$,聚类簇距离度量函数 d,聚类簇数 k

输出:簇划分 $C=\{C_1,C_2,\cdots,C_k\}$

算法步骤:

(1) 将数据集中每个样本聚成一个初始聚类簇:$C=\{\{\boldsymbol{x}_1\},\{\boldsymbol{x}_2\},\cdots,\{\boldsymbol{x}_m\}\}$

(2) 迭代:判定当前类别数是否达到预设的聚类簇个数 k,如果没有,则通过传入的聚类簇距离度量函数 d 来计算聚类簇之间的距离,将距离最近的两个簇合并为一个大簇,这个过程不断重复,直至达到预设的聚类簇个数。

(3) 输出:聚类簇划分结果 C。

AGNES 聚类算法示例

5.4.3 AGNES 聚类算法示例

本节将以西瓜样本数据集 4.0 为例,来具体说明 AGNES 聚类算法的详细过程以及聚类结果的性能指标。

1. 基于 AGNES 聚类算法实现西瓜数据层次聚类的迭代过程与计算结果的解释

本示例将通过对表 5.1 西瓜样本数据集 4.0 进行 AGNES 层析聚类分析,寻找出西瓜品质的特征规律,帮助进行西瓜品质预测。

输入:数据集 $D=\{\boldsymbol{x}_1,\boldsymbol{x}_2,\boldsymbol{x}_3,\cdots,\boldsymbol{x}_{30}\}$,聚类簇的距离度量函数为 $d_{\min}$,聚类簇数为 7。

根据 AGNES 聚类原理及算法步骤:首先需要将各样本分别单独聚成一类。即第一轮聚类的结果为 $C=\{\{\boldsymbol{x}_1\},\{\boldsymbol{x}_2\},\cdots,\{\boldsymbol{x}_{30}\}\}$,聚类簇数为 30。

第一轮迭代聚类迭代过程与计算结果的解释:

此时聚类簇数为 30,大于预设的结果聚类簇数 7,因此通过传入的聚类簇距离度量函数 $d_{\max}$来计算聚类簇之间的距离,然后将距离最近的两个簇合并为一个大簇。此时聚类簇只有一个数据点,因此基于数据集中的两两数据点的距离矩阵如表 5.15 所示。

表 5.15　西瓜样本数据集 4.0 两两数据点距离

	x_1	x_2	x_3	x_4	x_5	x_6	x_7	x_8	x_9	x_{10}	x_{11}	x_{12}	x_{13}	x_{14}	x_{15}
x_1	0.00	0.114	0.206	0.168	0.283	0.369	0.379	0.36	0.37	0.493	0.606	0.506	0.305	0.265	0.349
x_2	0.114	0.00	0.179	0.176	0.271	0.396	0.371	0.375	0.305	0.542	0.618	0.512	0.254	0.213	0.414
x_3	0.206	0.179	0.00	0.06	0.092	0.233	0.191	0.204	0.176	0.391	0.441	0.335	0.103	0.07	0.294
x_4	0.168	0.176	0.06	0.00	0.115	0.22	0.211	0.202	0.234	0.369	0.447	0.344	0.16	0.13	0.253
x_5	0.283	0.271	0.092	0.115	0.00	0.155	0.1	0.119	0.166	0.317	0.349	0.243	0.099	0.102	0.25
x_6	0.369	0.396	0.233	0.22	0.155	0.00	0.118	0.043	0.301	0.163	0.24	0.15	0.248	0.257	0.14
x_7	0.379	0.381	0.191	0.211	0.1	0.118	0.00	0.076	0.194	0.266	0.253	0.147	0.158	0.183	0.252
x_8	0.36	0.375	0.204	0.202	0.119	0.043	0.076	0.00	0.259	0.202	0.246	0.146	0.208	0.22	0.177
x_9	0.37	0.305	0.176	0.234	0.166	0.301	0.194	0.259	0.00	0.458	0.422	0.323	0.075	0.107	0.414
x_{10}	0.493	0.542	0.391	0.369	0.317	0.163	0.266	0.202	0.458	0.00	0.21	0.196	0.41	0.42	0.156
x_{11}	0.606	0.618	0.441	0.447	0.349	0.24	0.253	0.246	0.422	0.21	0.00	0.107	0.407	0.435	0.333
x_{12}	0.506	0.512	0.335	0.344	0.243	0.15	0.147	0.146	0.323	0.196	0.107	0.00	0.302	0.329	0.272
x_{13}	0.305	0.254	0.103	0.16	0.099	0.248	0.158	0.208	0.075	0.41	0.407	0.302	0.00	0.041	0.349
x_{14}	0.265	0.213	0.07	0.13	0.102	0.257	0.183	0.22	0.107	0.42	0.435	0.329	0.041	0.00	0.343
x_{15}	0.349	0.414	0.294	0.253	0.25	0.14	0.252	0.177	0.414	0.156	0.333	0.272	0.349	0.343	0.00
x_{16}	0.431	0.38	0.226	0.276	0.177	0.272	0.155	0.23	0.088	0.416	0.348	0.256	0.128	0.169	0.402
x_{17}	0.358	0.278	0.182	0.242	0.198	0.343	0.242	0.302	0.054	0.503	0.476	0.376	0.099	0.113	0.447
x_{18}	0.434	0.456	0.285	0.281	0.199	0.066	0.128	0.081	0.322	0.14	0.174	0.09	0.281	0.298	0.182
x_{19}	0.42	0.455	0.296	0.28	0.219	0.064	0.169	0.102	0.36	0.099	0.207	0.142	0.31	0.321	0.131
x_{20}	0.462	0.506	0.352	0.332	0.277	0.123	0.226	0.162	0.418	0.04	0.203	0.169	0.37	0.38	0.137
x_{21}	0.234	0.146	0.118	0.164	0.193	0.345	0.28	0.312	0.163	0.506	0.533	0.426	0.13	0.097	0.412
x_{22}	0.115	0.067	0.115	0.109	0.205	0.33	0.305	0.308	0.259	0.478	0.551	0.446	0.2	0.159	0.355
x_{23}	0.26	0.298	0.158	0.125	0.121	0.109	0.163	0.111	0.287	0.244	0.349	0.255	0.217	0.208	0.136
x_{24}	0.22	0.302	0.233	0.176	0.235	0.214	0.288	0.23	0.394	0.29	0.446	0.364	0.32	0.299	0.136
x_{25}	0.195	0.249	0.151	0.097	0.157	0.18	0.224	0.181	0.312	0.3	0.419	0.326	0.237	0.216	0.165
x_{26}	0.061	0115	0.254	0.223	0.336	0.43	0.434	0.419	0.407	0.554	0.665	0.564	0.347	0.306	0.409
x_{27}	0.165	0.26	0.232	0.172	0.258	0.268	0.327	0.278	0.404	0.354	0.505	0.418	0.329	0.301	0.2
x_{28}	0.239	0.301	0.196	0.147	0.181	0.156	0.227	0.169	0.344	0.255	0.392	0.306	0.272	0.256	0.113
x_{29}	0.032	0.085	0.203	0.173	0.285	0.383	0.384	0.371	0.359	0.514	0.617	0.515	0.297	0.256	0.373
x_{30}	0.251	0.338	0.271	0.215	0.268	0.226	0.312	0.248	0.429	0.279	0.449	0.374	0.355	0.336	0.124

续表

	x_{16}	x_{17}	x_{18}	x_{19}	x_{20}	x_{21}	x_{22}	x_{23}	x_{24}	x_{25}	x_{26}	x_{27}	x_{28}	x_{29}	x_{30}
x_1	0.431	0.358	0.434	0.42	0.462	0.234	0.115	0.26	0.22	0.195	0.061	0.165	0.239	0.032	0.251
x_2	0. 38	0.278	0.456	0.455	0.506	0.146	0.067	0.298	0.302	0.249	0.115	0.26	0.301	0.085	0.338
x_3	0. 226	0.182	0.285	0.296	0.352	0.118	0.115	0.158	0.233	0.151	0.254	0.232	0.196	0.203	0.271
x_4	0. 276	0.242	0.281	0.28	0.332	0.164	0.109	0.125	0.176	0.097	0.223	0.172	0.147	0.173	0.215
x_5	0.177	0.198	0.199	0.219	0.277	0.193	0.205	0.121	0.235	0.157	0.336	0.258	0.181	0.285	0.268
x_6	0.272	0.343	0.066	0.064	0.123	0.345	0.33	0.109	0.214	0.18	0.43	0.268	0.156	0.383	0.226
x_7	0.155	0.242	0.128	0.169	0.226	0.28	0.305	0.163	0.288	0.224	0.434	0.327	0.227	0.384	0.312
x_8	0.23	0.302	0.081	0.102	0.162	0.312	0.308	0.111	0.23	0.181	0.419	0.278	0.169	0.371	0.248
x_9	0.088	0.054	0.322	0.36	0.418	0.163	0.259	0.287	0.394	0.312	0.407	0.404	0.344	0.359	0.429
x_{10}	0.416	0.503	0.14	0.099	0.04	0.506	0.478	0.244	0.29	0.3	0.554	0.354	0.255	0.514	0.279
x_{11}	0.348	0.476	0.174	0.207	0.203	0.533	0.551	0.349	0.446	0.419	0.665	0.505	0.392	0.617	0.449
x_{12}	0.256	0.376	0.09	0.142	0.169	0.426	0.446	0.255	0.364	0.326	0.564	0.418	0.306	0.515	0.374
x_{13}	0.128	0.099	0.281	0.31	0.37	0.13	0.2	0.217	0.32	0.237	0.347	0.329	0.272	0.297	0.355
x_{14}	0.169	0.113	0.298	0.321	0.38	0.097	0.159	0.208	0.299	0.216	0.306	0.301	0.256	0.256	0.336
x_{15}	0.402	0.447	0.182	0.131	0.137	0.412	0.355	0.136	0.136	0.165	0.409	0.2	0.113	0.373	0.124
x_{16}	0.00	0.14	0.276	0.323	0.378	0.245	0.327	0.292	0.411	0.334	0.474	0.434	0.355	0.424	0.442
x_{17}	0.14	0.00	0.37	0.404	0.463	0.132	0.243	0.315	0.412	0.329	0.387	0.414	0.367	0.342	0.449
x_{18}	0.276	0.37	0.00	0.057	0.103	0.391	0.389	0.175	0.276	0.246	0.494	0.333	0.22	0.447	0.285
x_{19}	0.323	0.404	0. 057	0.00	0.059	0.409	0.389	0.161	0.24	0.226	0.481	0.301	0.19	0.437	0.243
x_{20}	0.378	0.463	0.103	0.059	0.00	0.467	0.441	0.208	0.266	0.268	0.523	0.33	0.225	0.481	0.26
x_{21}	0.245	0.132	0.391	0. 409	0.467	0.00	0.119	0.277	0.339	0.262	0.257	0.323	0.31	0.214	0.378
x_{22}	0.327	0.243	0.389	0.389	0.441	0.119	0.00	0.233	0.253	0.19	0.148	0.221	0.243	0.1	0.291
x_{23}	0.292	0.315	0.175	0.161	0.208	0.277	0.233	0.00	0.125	0.071	0.321	0.167	0.065	0.276	0.152
x_{24}	0.411	0.412	0.276	0.24	0.266	0.339	0.253	0.125	0.00	0.083	0.278	0.064	0.061	0.247	0.039
x_{25}	0.334	0.329	0.246	0.226	0.268	0.262	0.19	0.071	0.083	0.00	0.256	0.103	0.052	0.214	0.12
x_{26}	0.474	0.387	0.494	0.481	0.523	0.257	0.148	0.321	0.278	0.256	0.00	0.22	0.3	0.051	0.306
x_{27}	0.434	0.414	0.333	0.301	0.33	0.323	0.221	0.167	0.064	0.103	0.22	0.00	0.113	0.195	0.087
x_{28}	0.355	0.367	0.22	0.19	0.225	0.31	0.243	0.065	0.061	0.052	0.3	0.113	0.00	0.261	0.087
x_{29}	0.424	0.343	0.447	0.437	0.481	0.214	0.1	0.276	0.247	0.214	0.051	0.195	0.261	0.00	0.279
x_{30}	0.442	0.449	0.285	0.243	0.26	0.378	0.291	0.152	0.039	0.12	0.306	0.087	0.087	0.279	0.00

可以得出距离最近的两个点是 $\boldsymbol{x}_1,\boldsymbol{x}_{29}$，最小距离是 0.032(保留 3 位小数，表中用带阴影的小框标注突出)，因此将 x_1,x_{29} 聚为一类，即第一轮迭代聚类的结果为 $C=\{\{\boldsymbol{x}_1,\boldsymbol{x}_{29}\},\{\boldsymbol{x}_2\},\cdots,\{\boldsymbol{x}_{30}\}\}$，聚类簇数为 29。此时结果是：聚类簇数为 29，大于预设聚类簇数 7，因此需要重新迭代计算。

第二轮聚类迭代过程与计算结果的解释：

通过聚类簇距离度量函数 $d_{\max}$ 来计算聚类簇之间的距离。对于簇 $\{x_1,x_{29}\}$ 与其他簇(单个数据点)的距离，应该为 x_1 和 x_{29} 与各个数据点聚类中的最大值，例如，求 $\{x_1,x_{29}\}$ 与 $\{x_2\}$ 之间的簇间距离为 max(dist($\boldsymbol{x}_1,\boldsymbol{x}_2$), dist($\boldsymbol{x}_{29},\boldsymbol{x}_2$))，max(0.114，0.085)，因此 $\{\boldsymbol{x}_1,\boldsymbol{x}_{29}\}$ 与 $\{x_2\}$ 之间的簇间距离为 0.114。同理，可以求出其余各个聚类簇之间的距离，进而生成更新后的聚类簇之间的距离矩阵如表 5.16 所示。

表 5.16　其余各个聚类簇之间的距离

	x_1,x_{29}	x_2	x_3	x_4	x_5	x_6	x_7	x_8	x_9	x_{10}	x_{11}	x_{12}	x_{13}	x_{14}	x_{15}
$\boldsymbol{x}_1,\boldsymbol{x}_{29}$	0.032	0.114	0.206	0.173	0.285	0.383	0.384	0.371	0.370	0.514	0.617	0.515	0.305	0.265	0.372
$\boldsymbol{x}_2$	0.114	0.00	0.179	0.176	0.271	0.396	0.371	0.375	0.305	0.542	0.618	0.512	0.254	0.213	0.414
$\boldsymbol{x}_3$	0.206	0.179	0.00	0.06	0.092	0.233	0.191	0.204	0.176	0.391	0.441	0.335	0.103	0.07	0.294
$\boldsymbol{x}_4$	0.173	0.176	0.06	0.00	0.115	0.22	0.211	0.202	0.234	0.369	0.447	0.344	0.16	0.13	0.253
$\boldsymbol{x}_5$	0.285	0.271	0.092	0.115	0.00	0.155	0.1	0.119	0.166	0.317	0.349	0.243	0.099	0.102	0.25
$\boldsymbol{x}_6$	0.383	0.396	0.233	0.22	0.155	0.00	0.118	0.043	0.301	0.163	0.24	0.15	0.248	0.257	0.14
$\boldsymbol{x}_7$	0.384	0.381	0.191	0.211	0.1	0.118	0.00	0.076	0.194	0.266	0.253	0.147	0.158	0.183	0.252
$\boldsymbol{x}_8$	0.371	0.375	0.204	0.202	0.119	0.043	0.076	0.00	0.259	0.202	0.246	0.146	0.208	0.22	0.177
$\boldsymbol{x}_9$	0.370	0.305	0.176	0.234	0.166	0.301	0.194	0.259	0.00	0.458	0.422	0.323	0.075	0.107	0.414
$\boldsymbol{x}_{10}$	0.514	0.542	0.391	0.369	0.317	0.163	0.266	0.202	0.458	0.00	0.21	0.196	0.41	0.42	0.156
$\boldsymbol{x}_{11}$	0.617	0.618	0.441	0.447	0.349	0.24	0.253	0.246	0.422	0.21	0.00	0.107	0.407	0.435	0.333
$\boldsymbol{x}_{12}$	0.515	0.512	0.335	0.344	0.243	0.15	0.147	0.146	0.323	0.196	0.107	0.00	0.302	0.329	0.272
$\boldsymbol{x}_{13}$	0.305	0.254	0.103	0.16	0.099	0.248	0.158	0.208	0.075	0.41	0.407	0.302	0.00	0.041	0.349
$\boldsymbol{x}_{14}$	0.265	0.213	0.07	0.13	0.102	0.257	0.183	0.22	0.107	0.42	0.435	0.329	0.041	0.00	0.343
$\boldsymbol{x}_{15}$	0.372	0.414	0.294	0.253	0.25	0.14	0.252	0.177	0.414	0.156	0.333	0.272	0.349	0.343	0.00
$\boldsymbol{x}_{16}$	0.431	0.38	0.226	0.276	0.177	0.272	0.155	0.23	0.088	0.416	0.348	0.256	0.128	0.169	0.402
$\boldsymbol{x}_{17}$	0.358	0.278	0.182	0.242	0.198	0.343	0.242	0.302	0.054	0.503	0.476	0.376	0.099	0.113	0.447
$\boldsymbol{x}_{18}$	0.447	0.456	0.285	0.281	0.199	0.066	0.128	0.081	0.322	0.14	0.174	0.09	0.281	0.298	0.182
$\boldsymbol{x}_{19}$	0.437	0.455	0.296	0.28	0.219	0.064	0.169	0.102	0.36	0.099	0.207	0.142	0.31	0.321	0.131
$\boldsymbol{x}_{20}$	0.481	0.506	0.352	0.332	0.277	0.123	0.226	0.162	0.418	0.04	0.203	0.169	0.37	0.38	0.137
$\boldsymbol{x}_{21}$	0.234	0.146	0.118	0.164	0.193	0.345	0.28	0.312	0.163	0.506	0.533	0.426	0.13	0.097	0.412
$\boldsymbol{x}_{22}$	0.115	0.067	0.115	0.109	0.205	0.33	0.305	0.308	0.259	0.478	0.551	0.446	0.2	0.159	0.355

续表

	x_1,x_{29}	x_2	x_3	x_4	x_5	x_6	x_7	x_8	x_9	x_{10}	x_{11}	x_{12}	x_{13}	x_{14}	x_{15}
x_{23}	0.276	0.298	0.158	0.125	0.121	0.109	0.163	0.111	0.287	0.244	0.349	0.255	0.217	0.208	0.136
x_{24}	0.247	0.302	0.233	0.176	0.235	0.214	0.288	0.23	0.394	0.29	0.446	0.364	0.32	0.299	0.136
x_{25}	0.214	0.249	0.151	0.097	0.157	0.18	0.224	0.181	0.312	0.3	0.419	0.326	0.237	0.216	0.165
x_{26}	0.061	0.115	0.254	0.223	0.336	0.43	0.434	0.419	0.407	0.554	0.665	0.564	0.347	0.306	0.409
x_{27}	0.195	0.26	0.232	0.172	0.258	0.268	0.327	0.278	0.404	0.354	0.505	0.418	0.329	0.301	0.2
x_{28}	0.261	0.301	0.196	0.147	0.181	0.156	0.227	0.169	0.344	0.255	0.392	0.306	0.272	0.256	0.113
x_{30}	0.279	0.338	0.271	0.215	0.268	0.226	0.312	0.248	0.429	0.279	0.449	0.374	0.355	0.336	0.124

	x_{16}	x_{17}	x_{18}	x_{19}	x_{20}	x_{21}	x_{22}	x_{23}	x_{24}	x_{25}	x_{26}	x_{27}	x_{28}	x_{30}
x_1, x_{29}	0.431	0.358	0.447	0.437	0.481	0.234	0.115	0.276	0.247	0.214	0.061	0.195	0.261	0.279
x_2	0.38	0.278	0.456	0.455	0.506	0.146	0.067	0.298	0.302	0.249	0.115	0.26	0.301	0.338
x_3	0.226	0.182	0.285	0.296	0.352	0.118	0.115	0.158	0.233	0.151	0.254	0.232	0.196	0.271
x_4	0.276	0.242	0.281	0.28	0.332	0.164	0.109	0.125	0.176	0.097	0.223	0.172	0.147	0.215
x_5	0.177	0.198	0.199	0.219	0.277	0.193	0.205	0.121	0.235	0.157	0.336	0.258	0.181	0.268
x_6	0.272	0.343	0.066	0.064	0.123	0.345	0.33	0.109	0.214	0.18	0.43	0.268	0.156	0.226
x_7	0.155	0.242	0.128	0.169	0.226	0.28	0.305	0.163	0.288	0.224	0.434	0.327	0.227	0.312
x_8	0.23	0.302	0.081	0.102	0.162	0.312	0.308	0.111	0.23	0.181	0.419	0.278	0.169	0.248
x_9	0.088	0.054	0.322	0.36	0.418	0.163	0.259	0.287	0.394	0.312	0.407	0.404	0.344	0.429
x_{10}	0.416	0.503	0.14	0.099	0.04	0.506	0.478	0.244	0.29	0.3	0.554	0.354	0.255	0.279
x_{11}	0.348	0.476	0.174	0.207	0.203	0.533	0.551	0.349	0.446	0.419	0.665	0.505	0.392	0.449
x_{12}	0.256	0.376	0.09	0.142	0.169	0.426	0.446	0.255	0.364	0.326	0.564	0.418	0.306	0.374
x_{13}	0.128	0.099	0.281	0.31	0.37	0.13	0.2	0.217	0.32	0.237	0.347	0.329	0.272	0.355
x_{14}	0.169	0.113	0.298	0.321	0.38	0.097	0.159	0.208	0.299	0.216	0.306	0.301	0.256	0.336
x_{15}	0.402	0.447	0.182	0.131	0.137	0.412	0.355	0.136	0.136	0.165	0.409	0.2	0.113	0.124
x_{16}	0.00	0.14	0.276	0.323	0.378	0.245	0.327	0.292	0.411	0.334	0.474	0.434	0.355	0.442
x_{17}	0.14	0.00	0.37	0.404	0.463	0.132	0.243	0.315	0.412	0.329	0.387	0.414	0.367	0.449
x_{18}	0.276	0.37	0.00	0.057	0.103	0.391	0.389	0.175	0.276	0.246	0.494	0.333	0.22	0.285
x_{19}	0.323	0.404	0.057	0.00	0.059	0.409	0.389	0.161	0.24	0.226	0.481	0.301	0.19	0.243
x_{20}	0.378	0.463	0.103	0.059	0.00	0.467	0.441	0.208	0.266	0.268	0.523	0.33	0.225	0.26
x_{21}	0.245	0.132	0.391	0.409	0.467	0.00	0.119	0.277	0.339	0.262	0.257	0.323	0.31	0.378
x_{22}	0.327	0.243	0.389	0.389	0.441	0.119	0.00	0.233	0.253	0.19	0.148	0.221	0.243	0.291
x_{23}	0.292	0.315	0.175	0.161	0.208	0.277	0.233	0.00	0.125	0.071	0.321	0.167	0.065	0.152

续表

	x_{16}	x_{17}	x_{18}	x_{19}	x_{20}	x_{21}	x_{22}	x_{23}	x_{24}	x_{25}	x_{26}	x_{27}	x_{28}	x_{30}
$\boldsymbol{x}_{24}$	0.411	0.412	0.276	0.24	0.266	0.339	0.253	0.125	0.00	0.083	0.278	0.064	0.061	0.039
$\boldsymbol{x}_{25}$	0.334	0.329	0.246	0.226	0.268	0.262	0.19	0.071	0.083	0.00	0.256	0.103	0.052	0.12
$\boldsymbol{x}_{26}$	0.474	0.387	0.494	0.481	0.523	0.257	0.148	0.321	0.278	0.256	0.00	0.22	0.3	0.306
$\boldsymbol{x}_{27}$	0.434	0.414	0.333	0.301	0.33	0.323	0.221	0.167	0.064	0.103	0.22	0.00	0.113	0.087
$\boldsymbol{x}_{28}$	0.355	0.367	0.22	0.19	0.225	0.31	0.243	0.065	0.061	0.052	0.3	0.113	0.00	0.087
$\boldsymbol{x}_{30}$	0.442	0.449	0.285	0.243	0.26	0.378	0.291	0.152	0.039	0.12	0.306	0.087	0.087	0.00

然后在距离矩阵中，可以找出离得最近的两个聚类簇，即距离最小的两个簇为$\{\boldsymbol{x}_{24}\}$，$\{\boldsymbol{x}_{30}\}$，最小距离是 0.039(保留 3 位小数，表中带阴影的标注突出)，将它们聚为一类$\{\boldsymbol{x}_{24},\boldsymbol{x}_{30}\}$，因此可以得出第二轮聚类后结果为$C=\{\{\boldsymbol{x}_1,\boldsymbol{x}_{29}\},\{\boldsymbol{x}_2\},\cdots,\{\boldsymbol{x}_{24},\boldsymbol{x}_{30}\},\{\boldsymbol{x}_{25}\},\{\boldsymbol{x}_{26}\},\{\boldsymbol{x}_{27}\},\{\boldsymbol{x}_{28}\},\{\boldsymbol{x}_{29}\}\}$，聚类簇数为 28。此时结果是：聚类簇数为 28，大于预设聚类簇数 7，因此继续重新迭代计算。

同理，继续进行迭代聚类，在计算聚类簇距离时用的是最大距离度量函数 $d_{\max}$。如果是多个点的聚类簇与另一个多点聚类簇距离，则通过分别求得簇间两两点之间的距离之后，取得最大距离作为这两个聚类簇的距离。在求得所有簇间距离后即可形成两两距离簇间的距离矩阵。每次聚类，将距离最近的两个簇聚成一个更大的簇，簇数减 1，因此经过了 23 轮聚类之后，聚类结果簇的个数为 7，此时达到了聚类簇个数的要求，停止迭代，得到最终的 AGNES 聚类结果：

$$C_1=\{\boldsymbol{x}_1,\boldsymbol{x}_{26},\boldsymbol{x}_{29}\}$$
$$C_2=\{\boldsymbol{x}_2,\boldsymbol{x}_3,\boldsymbol{x}_4,\boldsymbol{x}_{21},\boldsymbol{x}_{22}\}$$
$$C_3=\{\boldsymbol{x}_{23},\boldsymbol{x}_{24},\boldsymbol{x}_{25},\boldsymbol{x}_{27},\boldsymbol{x}_{28},\boldsymbol{x}_{30}\}$$
$$C_4=\{\boldsymbol{x}_5,\boldsymbol{x}_7\}$$
$$C_5=\{\boldsymbol{x}_9,\boldsymbol{x}_{13},\boldsymbol{x}_{14},\boldsymbol{x}_{16},\boldsymbol{x}_{17}\}$$
$$C_6=\{\boldsymbol{x}_6,\boldsymbol{x}_8,\boldsymbol{x}_{10},\boldsymbol{x}_{15},\boldsymbol{x}_{18},\boldsymbol{x}_{19},\boldsymbol{x}_{20}\}$$
$$C_7=\{\boldsymbol{x}_{11},\boldsymbol{x}_{12}\}$$

那么聚类的结果到底代表什么含义呢?

直观来说，可以通过它们的聚类中心的特征来探究。

根据簇中心计算公式 $\boldsymbol{u}_i=\frac{1}{|C_i|}\sum_{x\in C_i}\boldsymbol{x}$，可得各个簇相应的簇中心分别为：

$$\boldsymbol{u}_1=\frac{1}{|C_1|}\sum_{x\in C_1}\boldsymbol{x}=\frac{\boldsymbol{x}_1+\boldsymbol{x}_{26}+\boldsymbol{x}_{29}}{3}=(0.7243,0.4647)$$

$$\boldsymbol{u}_2=\frac{1}{|C_2|}\sum_{x\in C_2}\boldsymbol{x}=\frac{\boldsymbol{x}_2+\boldsymbol{x}_3+\boldsymbol{x}_4+\boldsymbol{x}_{21}+\boldsymbol{x}_{22}}{5}=(0.6956,0.3072)$$

$$\boldsymbol{u}_3=\frac{1}{|C_3|}\sum_{x\in C_3}\boldsymbol{x}=\frac{\boldsymbol{x}_{23}+\boldsymbol{x}_{24}+\boldsymbol{x}_{25}+\boldsymbol{x}_{27}+\boldsymbol{x}_{28}+\boldsymbol{x}_{30}}{6}=(0.4895,0.4042)$$

$$u_4=\frac{1}{|C_4|}\sum_{x\in C_4}x=\frac{x_5+x_7}{2}=(0.5185,0.1820)$$

$$u_5=\frac{1}{|C_5|}\sum_{x\in C_5}x=\frac{x_9+x_{13}+x_{14}+x_{16}+x_{17}}{5}=(0.6548,0.1190)$$

$$u_6=\frac{1}{|C_6|}\sum_{x\in C_6}x=\frac{x_6+x_8+x_{10}+x_{15}+x_{18}+x_{19}+x_{20}}{7}=(0.3461,0.2530)$$

$$u_7=\frac{1}{|C_7|}\sum_{x\in C_7}x=\frac{x_{11}+x_{12}}{2}=(0.2940,0.0780)$$

在这 7 个结果簇中,可以看出,簇 C_1 的密度均值最大为 0.7243,含糖率均值也最大为 0.4647;而簇 C_7 的密度均值和含糖率均值都是最小的,分别为 0.2940 和 0.0780。通过这些聚类结果的信息,再结合样本的已知标签信息(是否是好瓜),对于我们未来判断一个新的样本西瓜是否为好瓜具有一定的参考价值。例如,可能的判断规则有密度较大并且含糖率较高的是好瓜的概率比较大(这只是一种假设,实际情况需要加入更多的样本特征才有实际的参考价值)。

更一般的情况,对于聚类的效果如何,可以通过聚类结果的性能指标进行度量结合实际的业务知识,接下来将详细计算此次聚类结果的性能度量。

2. 聚类结果性能度量

1) 外部指标

对数据集 $D=\{x_1,x_2,\cdots,x_{30}\}$,通过上一步骤的 AGNES 聚类给出的簇划分结果为 $C=\{C_1,C_2,C_3,C_4,C_5,C_6,C_7\}$,即

$$C_1=\{x_1,x_{26},x_{29}\}$$
$$C_2=\{x_2,x_3,x_4,x_{21},x_{22}\}$$
$$C_3=\{x_{23},x_{24},x_{25},x_{27},x_{28},x_{30}\}$$
$$C_4=\{x_5,x_7\}$$
$$C_5=\{x_9,x_{13},x_{14},x_{16},x_{17}\}$$
$$C_6=\{x_6,x_8,x_{10},x_{15},x_{18},x_{19},x_{20}\}$$
$$C_7=\{x_{11},x_{12}\}$$

参考模型给出的簇划分为 $C^*=\{C_1^*,C_2^*\}$, C_1^* 代表好瓜,C_2^* 代表非好瓜,即

$$C_1^*=\{x_1,x_2,x_3,x_4,x_5,x_6,x_7,x_8,x_{22},x_{23},x_{24},x_{25},x_{26},x_{27},x_{28},x_{29},x_{30}\}$$
$$C_2^*=\{x_9,x_{10},x_{11},x_{12},x_{13},x_{14},x_{15},x_{16},x_{17},x_{18},x_{19},x_{20},x_{21}\}$$

根据上述已知条件计算得出的聚类结果与参考模型得出表 5.17。

表 5.17　聚类结果与参考模型

样本编号	1	2	3	4	5	6	7	8	9	10	11	12	13	14	15
实际参考模型类别	C_1^*	C_1^*	C_1^*	C_1^*	C_1^*	C_1^*	C_1^*	C_1^*	C_2^*	C_2^*	C_2^*	C_2^*	C_2^*	C_2^*	C_2^*
聚类结果	C_1	C_2	C_2	C_2	C_4	C_6	C_4	C_6	C_5	C_6	C_7	C_7	C_5	C_5	C_6

续表

样本编号	16	17	18	19	20	21	22	23	24	25	26	27	28	29	30
实际参考模型类别	C_2^*	C_2^*	C_2^*	C_2^*	C_2^*	C_2^*	C_1^*	C_1^*	C_1^*	C_1^*	C_1^*	C_1^*	C_1^*	C_1^*	C_1^*
聚类结果	C_5	C_5	C_6	C_6	C_6	C_2	C_2	C_3	C_3	C_3	C_1	C_3	C_3	C_1	C_3

再根据式(5-13)～式(5-16)，分别求出 a,b,c 和 d，结果分别如下。

$$a=|\mathrm{SS}|,\mathrm{SS}=\{(\boldsymbol{x}_i,\boldsymbol{x}_j)\mid\lambda_i=\lambda_j,\lambda_i^*=\lambda_j^*,i<j\}$$

$$b=|\mathrm{SD}|,\mathrm{SD}=\{(\boldsymbol{x}_i,\boldsymbol{x}_j)\mid\lambda_i=\lambda_j,\lambda_i^*\neq\lambda_j^*,i<j\}$$

$$c=|\mathrm{DS}|,\mathrm{DS}=\{(\boldsymbol{x}_i,\boldsymbol{x}_j)\mid\lambda_i\neq\lambda_j,\lambda_i^*=\lambda_j^*,i<j\}$$

$$d=|\mathrm{DD}|,\mathrm{DD}=\{(\boldsymbol{x}_i,\boldsymbol{x}_j)\mid\lambda_i\neq\lambda_j,\lambda_i^*\neq\lambda_j^*,i<j\}$$

不难求出对西瓜数据集进行此次 AGNES 聚类分簇结果对应的 SS,SD,DS,DD，从而得到以下结果（因为数据量太大，就不一一列出对应的元素，通过编写函数，获取结果，这里只给出元素个数用来计算外部指标），计算结果如下。

$$a=|\mathrm{SS}|=47$$

$$b=|\mathrm{SD}|=14$$

$$c=|\mathrm{DS}|=167$$

$$d=|\mathrm{DD}|=207$$

同时，m 等于数据点个数 30，从而根据式(5-17)～式(5-19)可以求出此次聚类结果的外部指标。

- **JC(Jaccard 系数)计算结果为：**

$$\mathrm{JC}=\frac{a}{a+b+c}=\frac{47}{47+14+167}=0.2061$$

- **FMI(FM 指数)计算结果为：**

$$\mathrm{FMI}=\sqrt{\frac{a}{a+b}\cdot\frac{a}{a+c}}=\sqrt{\frac{47}{47+14}\times\frac{47}{47+167}}=0.4114$$

- **RI(Rand 指数)计算结果为：**

$$\mathrm{RI}=\frac{2(a+d)}{m(m-1)}=\frac{2\times(47+207)}{30\times(30-1)}=0.5839$$

运行结果分析：上述度量指标值反映的是聚类结果与参考模型给出的簇划分结果一致的比例，取值范围为[0,1]，比例越大，说明聚类效果越好。因此聚类性能度量指标 JC、FMI 和 RI 的值越大越好。

2）内部指标（这里的距离用的是欧氏距离）

此次聚类有 7 类，即 $k=7,C=\{C_1,C_2,C_3,C_4,C_5,C_6,C_7\}$，共有数据点 $m=30$。

$$C_1=\{\boldsymbol{x}_1,\boldsymbol{x}_{26},\boldsymbol{x}_{29}\}$$

$$C_2=\{\boldsymbol{x}_2,\boldsymbol{x}_3,\boldsymbol{x}_4,\boldsymbol{x}_{21},\boldsymbol{x}_{22}\}$$

$$C_3=\{\boldsymbol{x}_{23},\boldsymbol{x}_{24},\boldsymbol{x}_{25},\boldsymbol{x}_{27},\boldsymbol{x}_{28},\boldsymbol{x}_{30}\}$$

$$C_4=\{\boldsymbol{x}_5,\boldsymbol{x}_7\}$$

$C_5=\{\boldsymbol{x}_9,\boldsymbol{x}_{13},\boldsymbol{x}_{14},\boldsymbol{x}_{16},\boldsymbol{x}_{17}\}$

$C_6=\{\boldsymbol{x}_6,\boldsymbol{x}_8,\boldsymbol{x}_{10},\boldsymbol{x}_{15},\boldsymbol{x}_{18},\boldsymbol{x}_{19},\boldsymbol{x}_{20}\}$

$C_7=\{\boldsymbol{x}_{11},\boldsymbol{x}_{12}\}$

$|C_1|=3,|C_2|=5,|C_3|=6,|C_4|=2,|C_5|=5,|C_6|=7,|C_7|=2$

根据式(5-20)可以求得每个簇内的平均距离。

$$\text{avg}(C_1)=\frac{2}{|C_1|(|C_1|-1)}\sum_{1\leqslant i<j\leqslant|C_1|}\text{dist}(\boldsymbol{x}_i,\boldsymbol{x}_j)=0.048056$$

$$\text{avg}(C_2)=\frac{2}{|C_2|(|C_2|-1)}\sum_{1\leqslant i<j\leqslant|C_2|}\text{dist}(\boldsymbol{x}_i,\boldsymbol{x}_j)=0.125434$$

$$\text{avg}(C_3)=\frac{2}{|C_3|(|C_3|-1)}\sum_{1\leqslant i<j\leqslant|C_3|}\text{dist}(\boldsymbol{x}_i,\boldsymbol{x}_j)=0.092603$$

$$\text{avg}(C_4)=\frac{2}{|C_4|(|C_4|-1)}\sum_{1\leqslant i<j\leqslant|C_4|}\text{dist}(\boldsymbol{x}_i,\boldsymbol{x}_j)=0.099905$$

$$\text{avg}(C_5)=\frac{2}{|C_5|(|C_5|-1)}\sum_{1\leqslant i<j\leqslant|C_5|}\text{dist}(\boldsymbol{x}_i,\boldsymbol{x}_j)=0.101426$$

$$\text{avg}(C_6)=\frac{2}{|C_6|(|C_6|-1)}\sum_{1\leqslant i<j\leqslant|C_6|}\text{dist}(\boldsymbol{x}_i,\boldsymbol{x}_j)=0.115584$$

$$\text{avg}(C_7)=\frac{2}{|C_7|(|C_7|-1)}\sum_{1\leqslant i<j\leqslant|C_7|}\text{dist}(\boldsymbol{x}_i,\boldsymbol{x}_j)=0.106621$$

根据式(5-21)可以求得每个簇内的样本最大距离。

$$\text{diam}(C_1)=\max_{1\leqslant i<j\leqslant|C_1|}\text{dist}(\boldsymbol{x}_i,\boldsymbol{x}_j)=0.061294$$

$$\text{diam}(C_2)=\max_{1\leqslant i<j\leqslant|C_2|}\text{dist}(\boldsymbol{x}_i,\boldsymbol{x}_j)=0.179287$$

$$\text{diam}(C_3)=\max_{1\leqslant i<j\leqslant|C_3|}\text{dist}(\boldsymbol{x}_i,\boldsymbol{x}_j)=0.167335$$

$$\text{diam}(C_4)=\max_{1\leqslant i<j\leqslant|C_4|}\text{dist}(\boldsymbol{x}_i,\boldsymbol{x}_j)=0.099905$$

$$\text{diam}(C_5)=\max_{1\leqslant i<j\leqslant|C_5|}\text{dist}(\boldsymbol{x}_i,\boldsymbol{x}_j)=0.168618$$

$$\text{diam}(C_6)=\max_{1\leqslant i<j\leqslant|C_6|}\text{dist}(\boldsymbol{x}_i,\boldsymbol{x}_j)=0.201921$$

$$\text{diam}(C_7)=\max_{1\leqslant i<j\leqslant|C_7|}\text{dist}(\boldsymbol{x}_i,\boldsymbol{x}_j)=0.106621$$

根据式(5-22)可以求得各个簇间的样本最小距离。

$$d_{\min}(C_1,C_2)=\min_{x_i\in C_1,x_j\in C_2}\text{dist}(\boldsymbol{x}_i,\boldsymbol{x}_j)=0.084629$$

$$d_{\min}(C_1,C_3)=\min_{x_i\in C_1,x_j\in C_3}\text{dist}(\boldsymbol{x}_i,\boldsymbol{x}_j)=0.165436$$

$$d_{\min}(C_1,C_4)=\min_{x_i\in C_1,x_j\in C_4}\text{dist}(\boldsymbol{x}_i,\boldsymbol{x}_j)=0.282676$$

$$d_{\min}(C_1,C_5)=\min_{x_i\in C_1,x_j\in C_5}\text{dist}(\boldsymbol{x}_i,\boldsymbol{x}_j)=0.256189$$

$$d_{\min}(C_1,C_6)=\min_{x_i\in C_1,x_j\in C_6}\text{dist}(\boldsymbol{x}_i,\boldsymbol{x}_j)=0.348811$$

$$d_{\min}(C_1,C_7)=\min_{x_i\in C_1,x_j\in C_7}\text{dist}(\boldsymbol{x}_i,\boldsymbol{x}_j)=0.505606$$

$$d_{\min}(C_2,C_3)=\min_{x_i\in C_2,x_j\in C_3}\text{dist}(\boldsymbol{x}_i,\boldsymbol{x}_j)=0.097417$$

$$d_{\min}(C_2,C_4)=\min_{x_i\in C_2,x_j\in C_4}\text{dist}(\boldsymbol{x}_i,\boldsymbol{x}_j)=0.092114$$

$$d_{\min}(C_2,C_5)=\min_{x_i\in C_2,x_j\in C_5}\text{dist}(\boldsymbol{x}_i,\boldsymbol{x}_j)=0.069893$$

$$d_{\min}(C_2,C_6)=\min_{x_i\in C_2,x_j\in C_6}\text{dist}(\boldsymbol{x}_i,\boldsymbol{x}_j)=0.201718$$

$$d_{\min}(C_2,C_7)=\min_{x_i\in C_2,x_j\in C_7}\text{dist}(\boldsymbol{x}_i,\boldsymbol{x}_j)=0.334524$$

$$d_{\min}(C_3,C_4)=\min_{x_i\in C_3,x_j\in C_4}\text{dist}(\boldsymbol{x}_i,\boldsymbol{x}_j)=0.121400$$

$$d_{\min}(C_3,C_5)=\min_{x_i\in C_3,x_j\in C_5}\text{dist}(\boldsymbol{x}_i,\boldsymbol{x}_j)=0.208019$$

$$d_{\min}(C_3,C_6)=\min_{x_i\in C_3,x_j\in C_6}\text{dist}(\boldsymbol{x}_i,\boldsymbol{x}_j)=0.109659$$

$$d_{\min}(C_3,C_7)=\min_{x_i\in C_3,x_j\in C_7}\text{dist}(\boldsymbol{x}_i,\boldsymbol{x}_j)=0.254890$$

$$d_{\min}(C_4,C_5)=\min_{x_i\in C_4,x_j\in C_5}\text{dist}(\boldsymbol{x}_i,\boldsymbol{x}_j)=0.099020$$

$$d_{\min}(C_4,C_6)=\min_{x_i\in C_4,x_j\in C_6}\text{dist}(\boldsymbol{x}_i,\boldsymbol{x}_j)=0.076026$$

$$d_{\min}(C_4,C_7)=\min_{x_i\in C_4,x_j\in C_7}\text{dist}(\boldsymbol{x}_i,\boldsymbol{x}_j)=0.146779$$

$$d_{\min}(C_5,C_6)=\min_{x_i\in C_5,x_j\in C_6}\text{dist}(\boldsymbol{x}_i,\boldsymbol{x}_j)=0.208096$$

$$d_{\min}(C_5,C_7)=\min_{x_i\in C_5,x_j\in C_7}\text{dist}(\boldsymbol{x}_i,\boldsymbol{x}_j)=0.256416$$

$$d_{\min}(C_6,C_7)=\min_{x_i\in C_6,x_j\in C_7}\text{dist}(\boldsymbol{x}_i,\boldsymbol{x}_j)=0.090427$$

根据式(5-23)可以求得各个簇中心间距离。

首先根据簇中心计算公式：$\boldsymbol{u}_i=\frac{1}{|C_i|}\sum_{x\in C_i}\boldsymbol{x}$，可得各个簇相应的簇中心分别为：

$$\boldsymbol{u}_1=\frac{1}{|C_1|}\sum_{\boldsymbol{x}\in C_1}\boldsymbol{x}=\frac{\boldsymbol{x}_1+\boldsymbol{x}_{26}+\boldsymbol{x}_{29}}{3}=(0.7243,0.4647)$$

$$\boldsymbol{u}_2=\frac{1}{|C_2|}\sum_{\boldsymbol{x}\in C_2}\boldsymbol{x}=\frac{\boldsymbol{x}_2+\boldsymbol{x}_3+\boldsymbol{x}_4+x_{21}+\boldsymbol{x}_{22}}{5}=(0.6956,0.3072)$$

$$\boldsymbol{u}_3=\frac{1}{|C_3|}\sum_{\boldsymbol{x}\in C_3}\boldsymbol{x}=\frac{\boldsymbol{x}_{23}+x_{24}+\boldsymbol{x}_{25}+\boldsymbol{x}_{27}+\boldsymbol{x}_{28}+\boldsymbol{x}_{30}}{6}=(0.4895,0.4042)$$

$$\boldsymbol{u}_4=\frac{1}{|C_4|}\sum_{\boldsymbol{x}\in C_4}\boldsymbol{x}=\frac{\boldsymbol{x}_5+\boldsymbol{x}_7}{2}=(0.5185,0.1820)$$

$$\boldsymbol{u}_5=\frac{1}{|C_5|}\sum_{\boldsymbol{x}\in C_5}\boldsymbol{x}=\frac{\boldsymbol{x}_9+\boldsymbol{x}_{13}+\boldsymbol{x}_{14}+x_{16}+\boldsymbol{x}_{17}}{5}=(0.6548,0.1190)$$

$$\boldsymbol{u}_6=\frac{1}{|C_6|}\sum_{\boldsymbol{x}\in C_6}\boldsymbol{x}=\frac{\boldsymbol{x}_6+x_8+\boldsymbol{x}_{10}+\boldsymbol{x}_{15}+\boldsymbol{x}_{18}+\boldsymbol{x}_{19}+\boldsymbol{x}_{20}}{7}=(0.3461,0.2530)$$

$$\boldsymbol{u}_7=\frac{1}{|C_7|}\sum_{x\in C_7}\boldsymbol{x}=\frac{\boldsymbol{x}_{11}+\boldsymbol{x}_{12}}{2}=(0.2940,0.0780)$$

进而根据式(5-23)求得各簇中心间距离为:

$$d_{\text{cen}}(C_1,C_2)=\text{dist}(\boldsymbol{u}_1,\boldsymbol{u}_2)=\|\boldsymbol{u}_1-\boldsymbol{u}_2\|_2=\sqrt{|u_{11}-u_{21}|^2+|u_{12}-u_{22}|^2}=0.160067$$

$$d_{\text{cen}}(C_1,C_3)=\text{dist}(\boldsymbol{u}_1,\boldsymbol{u}_3)=\|\boldsymbol{u}_1-\boldsymbol{u}_3\|_2=\sqrt{|u_{11}-u_{31}|^2+|u_{12}-u_{32}|^2}=0.242501$$

$$d_{\text{cen}}(C_1,C_4)=\text{dist}(\boldsymbol{u}_1,\boldsymbol{u}_4)=\|\boldsymbol{u}_1-\boldsymbol{u}_4\|_2=\sqrt{|u_{11}-u_{41}|^2+|u_{12}-u_{42}|^2}=0.349668$$

$$d_{\text{cen}}(C_1,C_5)=\text{dist}(\boldsymbol{u}_1,\boldsymbol{u}_5)=\|\boldsymbol{u}_1-\boldsymbol{u}_5\|_2=\sqrt{|u_{11}-u_{51}|^2+|u_{12}-u_{52}|^2}=0.352591$$

$$d_{\text{cen}}(C_1,C_6)=\text{dist}(\boldsymbol{u}_1,\boldsymbol{u}_6)=\|\boldsymbol{u}_1-\boldsymbol{u}_6\|_2=\sqrt{|u_{11}-u_{61}|^2+|u_{12}-u_{62}|^2}=0.433395$$

$$d_{\text{cen}}(C_1,C_7)=\text{dist}(\boldsymbol{u}_1,\boldsymbol{u}_7)=\|\boldsymbol{u}_1-\boldsymbol{u}_7\|_2=\sqrt{|u_{11}-u_{71}|^2+|u_{12}-u_{72}|^2}=0.578531$$

$$d_{\text{cen}}(C_2,C_3)=\text{dist}(\boldsymbol{u}_2,\boldsymbol{u}_3)=\|\boldsymbol{u}_2-\boldsymbol{u}_3\|_2=\sqrt{|u_{21}-u_{31}|^2+|u_{22}-u_{32}|^2}=0.227771$$

$$d_{\text{cen}}(C_2,C_4)=\text{dist}(\boldsymbol{u}_2,\boldsymbol{u}_4)=\|\boldsymbol{u}_2-\boldsymbol{u}_4\|_2=\sqrt{|u_{21}-u_{41}|^2+|u_{22}-u_{42}|^2}=0.216886$$

$$d_{\text{cen}}(C_2,C_5)=\text{dist}(\boldsymbol{u}_2,\boldsymbol{u}_5)=\|\boldsymbol{u}_2-\boldsymbol{u}_5\|_2=\sqrt{|u_{21}-u_{51}|^2+|u_{22}-u_{52}|^2}=0.192572$$

$$d_{\text{cen}}(C_2,C_6)=\text{dist}(\boldsymbol{u}_2,\boldsymbol{u}_6)=\|\boldsymbol{u}_2-\boldsymbol{u}_6\|_2=\sqrt{|u_{21}-u_{61}|^2+|u_{22}-u_{62}|^2}=0.353635$$

$$d_{\text{cen}}(C_2,C_7)=\text{dist}(\boldsymbol{u}_2,\boldsymbol{u}_7)=\|\boldsymbol{u}_2-\boldsymbol{u}_7\|_2=\sqrt{|u_{21}-u_{71}|^2+|u_{22}-u_{72}|^2}=0.462402$$

$$d_{\text{cen}}(C_3,C_4)=\text{dist}(\boldsymbol{u}_3,\boldsymbol{u}_4)=\|\boldsymbol{u}_3-\boldsymbol{u}_4\|_2=\sqrt{|u_{31}-u_{41}|^2+|u_{32}-u_{42}|^2}=0.224051$$

$$d_{\text{cen}}(C_3,C_5)=\text{dist}(\boldsymbol{u}_3,\boldsymbol{u}_5)=\|\boldsymbol{u}_3-\boldsymbol{u}_5\|_2=\sqrt{|u_{31}-u_{51}|^2+|u_{32}-u_{52}|^2}=0.329612$$

$$d_{\text{cen}}(C_3,C_6)=\text{dist}(\boldsymbol{u}_3,\boldsymbol{u}_6)=\|\boldsymbol{u}_3-\boldsymbol{u}_6\|_2=\sqrt{|u_{31}-u_{61}|^2+|u_{32}-u_{62}|^2}=0.208333$$

$$d_{\text{cen}}(C_3,C_7)=\text{dist}(\boldsymbol{u}_3,\boldsymbol{u}_7)=\|\boldsymbol{u}_3-\boldsymbol{u}_7\|_2=\sqrt{|u_{31}-u_{71}|^2+|u_{32}-u_{72}|^2}=0.380270$$

$$d_{\text{cen}}(C_4,C_5)=\text{dist}(\boldsymbol{u}_4,\boldsymbol{u}_5)=\|\boldsymbol{u}_4-\boldsymbol{u}_5\|_2=\sqrt{|u_{41}-u_{51}|^2+|u_{42}-u_{52}|^2}=0.150156$$

$$d_{\text{cen}}(C_4,C_6)=\text{dist}(\boldsymbol{u}_4,\boldsymbol{u}_6)=\|\boldsymbol{u}_4-\boldsymbol{u}_6\|_2=\sqrt{|u_{41}-u_{61}|^2+|u_{42}-u_{62}|^2}=0.186408$$

$$d_{\text{cen}}(C_4,C_7)=\text{dist}(\boldsymbol{u}_4,\boldsymbol{u}_7)=\|\boldsymbol{u}_4-\boldsymbol{u}_7\|_2=\sqrt{|u_{41}-u_{71}|^2+|u_{42}-u_{72}|^2}=0.247419$$

$$d_{\text{cen}}(C_5,C_6)=\text{dist}(\boldsymbol{u}_5,\boldsymbol{u}_6)=\|\boldsymbol{u}_5-\boldsymbol{u}_6\|_2=\sqrt{|u_{51}-u_{61}|^2+|u_{52}-u_{62}|^2}=0.336490$$

$$d_{\text{cen}}(C_5,C_7)=\text{dist}(\boldsymbol{u}_5,\boldsymbol{u}_7)=\|\boldsymbol{u}_5-\boldsymbol{u}_7\|_2=\sqrt{|u_{51}-u_{71}|^2+|u_{52}-u_{72}|^2}=0.363122$$

$$d_{\text{cen}}(C_6,C_7)=\text{dist}(\boldsymbol{u}_6,\boldsymbol{u}_7)=\|\boldsymbol{u}_6-\boldsymbol{u}_7\|_2=\sqrt{|u_{61}-u_{71}|^2+|u_{62}-u_{72}|^2}=0.182603$$

计算得出以上数据之后,可以根据式(5-24) 和式 (5-25)得到内部指标 DB 指数和 Dunn 指数。

(1) DB 指数的计算。

根据式(5-24)计算 DBI 如下:

$$\begin{aligned}\text{DBI}&=\frac{1}{k}\sum_{i=1}^{k}\max_{j\neq i}\left(\frac{\text{avg}(C_i)+\text{avg}(C_j)}{d_{\text{cen}}(C_i,C_j)}\right)\\&=\frac{1}{7}\left(\max\left(\frac{\text{avg}(C_1)+\text{avg}(C_2)}{d_{\text{cen}}(C_1,C_2)},\frac{\text{avg}(C_1)+\text{avg}(C_3)}{d_{\text{cen}}(C_1,C_3)},\frac{\text{avg}(C_1)+\text{avg}(C_4)}{d_{\text{cen}}(C_1,C_4)},\right.\right.\\&\quad\left.\frac{\text{avg}(C_1)+\text{avg}(C_5)}{d_{\text{cen}}(C_1,C_5)},\frac{\text{avg}(C_1)+\text{avg}(C_6)}{d_{\text{cen}}(C_1,C_6)},\frac{\text{avg}(C_1)+\text{avg}(C_7)}{d_{\text{cen}}(C_1,C_7)}\right)+\end{aligned}$$

$$\max\left(\frac{\text{avg}(C_2)+\text{avg}(C_1)}{d_{\text{cen}}(C_2,C_1)},\frac{\text{avg}(C_2)+\text{avg}(C_3)}{d_{\text{cen}}(C_2,C_3)},\frac{\text{avg}(C_2)+\text{avg}(C_4)}{d_{\text{cen}}(C_2,C_4)},\right.$$
$$\left.\frac{\text{avg}(C_2)+\text{avg}(C_5)}{d_{\text{cen}}(C_2,C_5)},\frac{\text{avg}(C_2)+\text{avg}(C_6)}{d_{\text{cen}}(C_2,C_6)},\frac{\text{avg}(C_2)+\text{avg}(C_7)}{d_{\text{cen}}(C_2,C_7)}\right)+$$
$$\max\left(\frac{\text{avg}(C_3)+\text{avg}(C_1)}{d_{\text{cen}}(C_3,C_1)},\frac{\text{avg}(C_3)+\text{avg}(C_2)}{d_{\text{cen}}(C_3,C_2)},\frac{\text{avg}(C_3)+\text{avg}(C_4)}{d_{\text{cen}}(C_3,C_4)},\right.$$
$$\left.\frac{\text{avg}(C_3)+\text{avg}(C_5)}{d_{\text{cen}}(C_3,C_5)},\frac{\text{avg}(C_3)+\text{avg}(C_6)}{d_{\text{cen}}(C_3,C_6)},\frac{\text{avg}(C_3)+\text{avg}(C_7)}{d_{\text{cen}}(C_3,C_7)}\right)+$$
$$\max\left(\frac{\text{avg}(C_4)+\text{avg}(C_1)}{d_{\text{cen}}(C_4,C_1)},\frac{\text{avg}(C_4)+\text{avg}(C_2)}{d_{\text{cen}}(C_4,C_2)},\frac{\text{avg}(C_4)+\text{avg}(C_3)}{d_{\text{cen}}(C_4,C_3)},\right.$$
$$\left.\frac{\text{avg}(C_4)+\text{avg}(C_5)}{d_{\text{cen}}(C_4,C_5)},\frac{\text{avg}(C_4)+\text{avg}(C_6)}{d_{\text{cen}}(C_4,C_6)},\frac{\text{avg}(C_4)+\text{avg}(C_7)}{d_{\text{cen}}(C_4,C_7)}\right)+$$
$$\max\left(\frac{\text{avg}(C_5)+\text{avg}(C_1)}{d_{\text{cen}}(C_5,C_1)},\frac{\text{avg}(C_5)+\text{avg}(C_2)}{d_{\text{cen}}(C_5,C_2)},\frac{\text{avg}(C_5)+\text{avg}(C_3)}{d_{\text{cen}}(C_5,C_3)},\right.$$
$$\left.\frac{\text{avg}(C_5)+\text{avg}(C_4)}{d_{\text{cen}}(C_5,C_4)},\frac{\text{avg}(C_5)+\text{avg}(C_6)}{d_{\text{cen}}(C_5,C_6)},\frac{\text{avg}(C_5)+\text{avg}(C_7)}{d_{\text{cen}}(C_5,C_7)}\right)+$$
$$\max\left(\frac{\text{avg}(C_6)+\text{avg}(C_1)}{d_{\text{cen}}(C_6,C_1)},\frac{\text{avg}(C_6)+\text{avg}(C_2)}{d_{\text{cen}}(C_6,C_2)},\frac{\text{avg}(C_6)+\text{avg}(C_3)}{d_{\text{cen}}(C_6,C_3)},\right.$$
$$\left.\frac{\text{avg}(C_6)+\text{avg}(C_4)}{d_{\text{cen}}(C_6,C_4)},\frac{\text{avg}(C_6)+\text{avg}(C_5)}{d_{\text{cen}}(C_6,C_5)},\frac{\text{avg}(C_6)+\text{avg}(C_7)}{d_{\text{cen}}(C_6,C_7)}\right)+$$
$$\max\left(\frac{\text{avg}(C_7)+\text{avg}(C_1)}{d_{\text{cen}}(C_7,C_1)},\frac{\text{avg}(C_7)+\text{avg}(C_2)}{d_{\text{cen}}(C_7,C_2)},\frac{\text{avg}(C_7)+\text{avg}(C_3)}{d_{\text{cen}}(C_7,C_3)},\right.$$
$$\left.\left.\frac{\text{avg}(C_7)+\text{avg}(C_4)}{d_{\text{cen}}(C_7,C_4)},\frac{\text{avg}(C_7)+\text{avg}(C_5)}{d_{\text{cen}}(C_7,C_5)},\frac{\text{avg}(C_7)+\text{avg}(C_6)}{d_{\text{cen}}(C_7,C_6)}\right)\right)$$
$$=\frac{1}{7}\left(\max\left(\frac{0.048056+0.125434}{0.160067},\frac{0.048056+0.092603}{0.242501},\frac{0.048056+0.099905}{0.349668},\right.\right.$$
$$\left.\frac{0.048056+0.101426}{0.352591},\frac{0.048056+0.115584}{0.433395},\frac{0.048056+0.106621}{0.578531}\right)+$$
$$\max\left(\frac{0.125434+0.048056}{0.160067},\frac{0.125434+0.092603}{0.227771},\frac{0.125434+0.099905}{0.216886},\right.$$
$$\left.\frac{0.125434+0.101426}{0.192572},\frac{0.125434+0.115584}{0.353635},\frac{0.125434+0.106621}{0.462402}\right)+$$
$$\max\left(\frac{0.092603+0.048056}{0.242501},\frac{0.092603+0.125434}{0.227771},\frac{0.092603+0.099905}{0.224051},\right.$$
$$\left.\frac{0.092603+0.101426}{0.329612},\frac{0.092603+0.115584}{0.208333},\frac{0.092603+0.106621}{0.380270}\right)+$$
$$\max\left(\frac{0.099905+0.048056}{0.349668},\frac{0.099905+0.125434}{0.216886},\frac{0.099905+0.092603}{0.224051},\right.$$
$$\left.\frac{0.099905+0.101426}{0.150156},\frac{0.099905+0.115584}{0.186408},\frac{0.099905+0.106621}{0.247419}\right)+$$

$$\max\left(\frac{0.101426+0.048056}{0.352591},\frac{0.101426+0.125434}{0.192572},\frac{0.101426+0.092603}{0.329612},\frac{0.101426+0.099905}{0.150156},\frac{0.101426+0.115584}{0.336490},\frac{0.101426+0.106621}{0.363122}\right)+$$

$$\max\left(\frac{0.115584+0.048056}{0.433395},\frac{0.115584+0.125434}{0.353635},\frac{0.115584+0.092603}{0.208333},\frac{0.115584+0.099905}{0.186408},\frac{0.115584+0.101426}{0.336490},\frac{0.115584+0.106621}{0.182603}\right)+$$

$$\max\left(\frac{0.106621+0.048056}{0.578531},\frac{0.106621+0.125434}{0.462402},\frac{0.106621+0.092603}{0.380270},\frac{0.106621+0.099905}{0.247419},\frac{0.106621+0.101426}{0.363122},\frac{0.106621+0.115584}{0.182603}\right)\Bigg)$$

$$=\frac{1}{7}\times(1.083859+1.178053+0.999299+1.340812+1.340812+1.216875+1.216875)$$

$$=1.196655$$

(2) 根据计算式(5-25)计算 Dunn 指数。

$$\mathrm{DI}=\min_{1\leqslant i\leqslant k}\left\{\min_{j\neq i}\left(\frac{d_{\min}(C_i,C_j)}{\max\limits_{1\leqslant l\leqslant k}\mathrm{diam}(C_l)}\right)\right\}$$

首先计算分母：

$$\begin{aligned}\max_{1\leqslant l\leqslant k}\mathrm{diam}(C_l)&=\max(\mathrm{diam}(C_1),\mathrm{diam}(C_2),\mathrm{diam}(C_3),\mathrm{diam}(C_4),\mathrm{diam}(C_5),\\&\quad\mathrm{diam}(C_6),\mathrm{diam}(C_7))\\&=\max(0.061294,0.179287,0.167335,0.099905,0.168618,0.201921,\\&\quad 0.106621)\\&=0.201921\end{aligned}$$

所以有：

$$\mathrm{DI}=\min\Bigg(\min\left(\frac{d_{\min}(C_1,C_2)}{0.201921},\frac{d_{\min}(C_1,C_3)}{0.201921},\frac{d_{\min}(C_1,C_4)}{0.201921},\frac{d_{\min}(C_1,C_5)}{0.201921},\frac{d_{\min}(C_1,C_6)}{0.201921},\frac{d_{\min}(C_1,C_7)}{0.201921}\right),$$

$$\min\left(\frac{d_{\min}(C_2,C_1)}{0.201921},\frac{d_{\min}(C_2,C_3)}{0.201921},\frac{d_{\min}(C_2,C_4)}{0.201921},\frac{d_{\min}(C_2,C_5)}{0.201921},\frac{d_{\min}(C_2,C_6)}{0.201921},\frac{d_{\min}(C_2,C_7)}{0.201921}\right),$$

$$\min\left(\frac{d_{\min}(C_3,C_1)}{0.201921},\frac{d_{\min}(C_3,C_2)}{0.201921},\frac{d_{\min}(C_3,C_4)}{0.201921},\frac{d_{\min}(C_3,C_5)}{0.201921},\frac{d_{\min}(C_3,C_6)}{0.201921},\frac{d_{\min}(C_3,C_7)}{0.201921}\right),$$

$$\min\left(\frac{d_{\min}(C_4,C_1)}{0.201921},\frac{d_{\min}(C_4,C_2)}{0.201921},\frac{d_{\min}(C_4,C_3)}{0.201921},\frac{d_{\min}(C_4,C_5)}{0.201921},\frac{d_{\min}(C_4,C_6)}{0.201921},\frac{d_{\min}(C_4,C_7)}{0.201921}\right),$$

$$\min\left(\frac{d_{\min}(C_5,C_1)}{0.201921},\frac{d_{\min}(C_5,C_2)}{0.201921},\frac{d_{\min}(C_5,C_3)}{0.201921},\frac{d_{\min}(C_5,C_4)}{0.201921},\frac{d_{\min}(C_5,C_6)}{0.201921},\frac{d_{\min}(C_5,C_7)}{0.201921}\right),$$

$$\min\left(\frac{d_{\min}(C_6,C_1)}{0.201921},\frac{d_{\min}(C_6,C_2)}{0.201921},\frac{d_{\min}(C_6,C_3)}{0.201921},\frac{d_{\min}(C_6,C_4)}{0.201921},\frac{d_{\min}(C_6,C_5)}{0.201921},\frac{d_{\min}(C_6,C_7)}{0.201921}\right),$$

$$\min\left(\frac{d_{\min}(C_7,C_1)}{0.201921},\frac{d_{\min}(C_7,C_2)}{0.201921},\frac{d_{\min}(C_7,C_3)}{0.201921},\frac{d_{\min}(C_7,C_4)}{0.201921},\frac{d_{\min}(C_7,C_5)}{0.201921},\frac{d_{\min}(C_7,C_6)}{0.201921}\right)\Bigg)$$

$$=\min\Bigg(\min\left(\frac{0.084629}{0.201921},\frac{0.165436}{0.201921},\frac{0.282676}{0.201921},\frac{0.256189}{0.201921},\frac{0.348811}{0.201921},\frac{0.505606}{0.201921}\right),$$

$$\min\left(\frac{0.084629}{0.201921},\frac{0.097417}{0.201921},\frac{0.092114}{0.201921},\frac{0.069893}{0.201921},\frac{0.201718}{0.201921},\frac{0.334524}{0.201921}\right),$$

$$\min\left(\frac{0.165436}{0.201921},\frac{0.097417}{0.201921},\frac{0.121400}{0.201921},\frac{0.208019}{0.201921},\frac{0.109659}{0.201921},\frac{0.254890}{0.201921}\right),$$

$$\min\left(\frac{0.282676}{0.201921},\frac{0.092114}{0.201921},\frac{0.121400}{0.201921},\frac{0.099020}{0.201921},\frac{0.076026}{0.201921},\frac{0.146779}{0.201921}\right),$$

$$\min\left(\frac{0.256189}{0.201921},\frac{0.069893}{0.201921},\frac{0.208019}{0.201921},\frac{0.099020}{0.201921},\frac{0.208096}{0.201921},\frac{0.256416}{0.201921}\right),$$

$$\min\left(\frac{0.348811}{0.201921},\frac{0.201718}{0.201921},\frac{0.109659}{0.201921},\frac{0.076026}{0.201921},\frac{0.208096}{0.201921},\frac{0.090427}{0.201921}\right),$$

$$\min\left(\frac{0.505606}{0.201921},\frac{0.334524}{0.201921},\frac{0.254890}{0.201921},\frac{0.146779}{0.201921},\frac{0.256416}{0.201921},\frac{0.090427}{0.201921}\right)\Bigg)$$

$$=\min\left(\frac{0.084629}{0.201921},\frac{0.069893}{0.201921},\frac{0.097417}{0.201921},\frac{0.076026}{0.201921},\frac{0.069893}{0.201921},\frac{0.076026}{0.201921},\frac{0.090427}{0.201921}\right)$$

$$=\frac{0.069893}{0.201921}=0.346140$$

DBI 表示的是类内距离与类间距离的比值，因此 DBI 的值越小越好，DBI 值越小意味着类内的距离越小，同时类间距离越大，即聚类的效果越好。而 DI 值表示的是类间距离与类内距离的比值，因此 DI 值越大越好。

5.4.4　Python 实现 AGNES 聚类算法

1. AGNES 聚类算法的伪代码

输入：样本集 $D=\{\boldsymbol{x}_1,\boldsymbol{x}_2,\cdots,\boldsymbol{x}_m\}$；

聚类簇距离度量函数 d；

聚类簇数 k

过程：

1: **for** $j=1,2,\cdots,m$ **do**
2: $C_j=\{\boldsymbol{x}_j\}$
3: **end for**
4: **for** $i=1,2,\cdots,m$ **do**
5: **for** $j=i+1,\cdots,m$ **do**
6: $M(i,j)=d(C_i,C_j)$;
7: $M(j,i)=M(i,j)$
8: **end for**
9: **end for**
10: 设置当前聚类簇个数：$q=m$
11: **while** $q>k$ **do**
12: 找出距离最近的两个聚类簇 C_{i^*} 和 C_{j^*}；
13: 合并 C_{i^*} 和 C_{j^*}：$C_{i^*}=C_{i^*}\cup C_{j^*}$；
14: **for** $j=j+1,j+2,\cdots,q$ **do**
15: 将聚类簇 C_j 重编号为 C_{j-1}
16: **end for**
17: 删除距离矩阵 M 的第 j^* 行和第 j^* 列；
18: **for** $j=1,2,\cdots,q-1$ **do**
19: $M(i^*,j)=d(C_{i^*},C_j)$；
20: $M(j,i^*)=M(i^*,j)$；
21: **end for**
22: $q=q-1$
23: **end while**

输出：簇划分 $C=\{C_1,C_2,\cdots,C_k\}$

注：其中第1～9行中，算法先对仅含有一个样本的初始聚类簇和相应的距离矩阵进行初始化；然后在第11～23行中，AGNES不断合并距离最近的聚类簇，并对合并得到的聚类簇的距离矩阵进行更新；上述过程不断重复，直至达到预设的聚类簇数。最后将当前簇划分结果返回。

2. AGNES聚类算法的Python代码清单

Python实现AGNES聚类算法的示例代码清单如下。

Python示例代码：

```
import math
import matplotlib.pyplot as plt

#解决中文显示问题
plt.rcParams['font.sans-serif']=['SimHei']
plt.rcParams['axes.unicode_minus'] = False

#导入数据函数
def loadDataSet(filename):
    dataSet = []
    fr = open(filename)
```

```
    for line in fr.readlines():
        curLine = line.strip().split('\t')
        fltLine = map(float, curLine)
        dataSet.append(list(fltLine))
    return dataset
dataset = loadDataSet('xigua.txt')    #调用导入数据函数,生成数据集

#计算欧几里得距离函数,其中参数 a,b 分别为需要计算距离的两个列表
def dist(a, b):
    return math.sqrt(math.pow(a[0]-b[0], 2)+math.pow(a[1]-b[1], 2))

#聚类簇距离度量函数 dist_min:以簇之间最近的两个点的距离为簇间距离
def dist_min(Ci, Cj):
    return min(dist(i, j) for i in Ci for j in Cj)

#聚类簇距离度量函数 dist_max:以簇之间最远的两个点的距离为簇间距离
def dist_max(Ci, Cj):
    return max(dist(i, j) for i in Ci for j in Cj)

#聚类簇距离度量函数 dist_avg:以簇之间每两个点的距离的平均距离为簇间距离
def dist_avg(Ci, Cj):
    return sum(dist(i, j) for i in Ci for j in Cj)/(len(Ci) * len(Cj))

#查找距离最小的下标函数:找出距离矩阵中最小距离的下标,并返回最小距离值
def find_Min(M):
    min = 1000
    x = 0; y = 0
    for i in range(len(M)):
        for j in range(len(M[i])):
            if i != j and M[i][j] < min:
                min = M[i][j];x = i; y = j
    return (x, y, min)

#算法模型:
def AGNES(dataset, dist, k):
    #初始化用点坐标表示的聚类结果列表 C
    C = []
    for i in dataset:
        Ci = []
        Ci.append(i)
        C.append(Ci)
    #初始化用点标号表示的聚类结果 C_set
    C_set = []
    for item in enumerate(dataset):
        C_set_item = []
        C_set_item.append(item[0]+1)
        C_set.append(C_set_item)
    #初始化距离列表 M
    M = []
    for i in C:
        Mi = []
        for j in C:
            Mi.append(dist(i, j))
```

```
            M.append(Mi)
        q = len(dataset)                        #初始化当前聚类个数 q 为数据集中数据个数
        count = 1                               #迭代计数器
        #合并更新
        while q > k:
            x, y, min = find_Min(M)             #调用查找最小距离下标函数
            print("第%d 次聚类迭代找到最小距离的簇下标是:"%count,x,y,"最小距离为%.6f:"%min,\
            "对应的点为:",C_set[x],C_set[y],"对应点的坐标为:",C[x],C[y])
                                                #打印出每次迭代的结果
            C[x].extend(C[y])                   #合并 C[x]和 C[y]
            C.remove(C[y])                      #去除 C[y]
            C_set[x].extend(C_ set [y])         #合并 C_ set [x]和 C_ set [y]
            C_ set.remove(C_ set [y])           #去除 C_ set [y]
                                                #重新计算更新后的距离矩阵
            M = []
            for i in C:
                Mi = []
                for j in C:
                    Mi.append(dist(i, j))
                M.append(Mi)
                                                #print("重新计算后的距离矩阵为:",M)
            q -= 1                              #合并之后当前聚类簇个数减 1
            Count+=1                            #迭代计数器加 1
        return C,C_set,Count

    #调用 AGNES 算法:使用的簇间距离度量函数 dist_max
    C , C_set, Count = AGNES(dataset, dist_max, 7)

    #画图
    def draw(C):
        markerList = ['o', 's', 'D', '+', 'h', 'p', '*']
                                                #不同聚类结果用不同的形状显示
        for i in range(len(C)):
            coo_X = []                          #x 坐标列表
            coo_Y = []                          #y 坐标列表
            for j in range(len(C[i])):
                coo_X.append(C[i][j][0])
            coo_Y.append(C[i][j][1])
            plt.scatter(coo_X, coo_Y, marker=markerList[i%len(markerList)], label=i,s=80)   #画图
        plt.legend(loc='upper left')            #显示图例至图片的左上角
        plt.xlabel("密度", fontsize=22, fontweight='bold')      #设置 x 坐标标签
        plt.ylabel("含糖率", fontsize=22, fontweight='bold')    #设置 y 坐标标签
        plt.title("经过%d 次迭代后的 AGNES 聚类结果"%(count-1),fontsize=26, fontweight='bold')
        plt.show()

    print(C)                                    #打印结果
    draw(C)                                     #调用画图
```

运行结果如图 5.30 所示(注：迭代次数较多，只显示部分打印结果和最后聚类图)。

程序运行中，在经过了 23 轮聚类之后，聚类结果簇的个数为 7，此时达到了聚类簇个数

的要求,则停止迭代,得到最终的 AGNES 聚类结果。

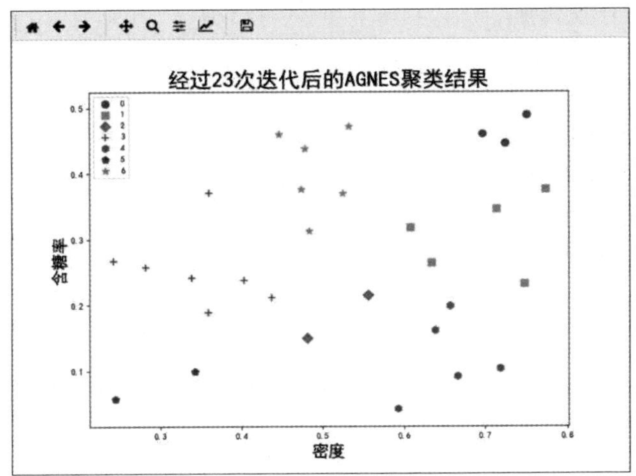

图 5.30　经过 23 次迭代后的 AGNES 聚类结果图

将层次聚类的结果画成层次树,如图 5.31 所示。可以看出,当聚类为 7 簇时,结果和之前手算结果一致。

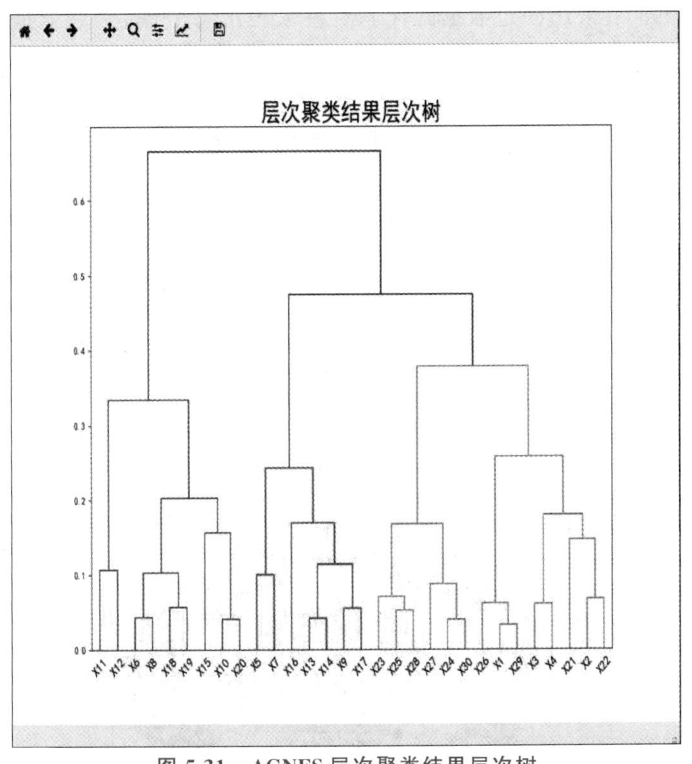

图 5.31　AGNES 层次聚类结果层次树

5.4.5　AGNES 聚类算法小结

AGNES 具有较好的聚类特性:

(1) 对噪声数据不敏感。

(2) 算法简单,容易理解。

(3) 不依赖初始值的选择。

(4) 对于类别较多的训练集分类较快。

同时我们也看到 AGNES 聚类算法的局限性,例如:

(1) 合并操作不能撤销。

(2) 需要在测试前知道类别的个数。

(3) 对于类别较少的训练集分类较慢。

(4) 只适合分布呈凸型或者球形的数据集。

(5) 对于高维数据,距离的度量并不是很好。

可以通过深入研究和改进,如通过改进层次聚类的方法,将层次聚类和其他的聚类技术集成,形成多阶段聚类。

- BIRCH(1996):使用 CF-Tree 对对象进行层次划分,然后采用其他的聚类算法对聚类结果进行求精。
- ROCK(1999):基于簇间的互联性进行合并。
- CHAMELEON(1999):使用动态模型进行层次聚类。
- CURE(1998):采用固定数据的代表对象来表示每个簇,然后依据一个指定的收缩因子向着角力中心对它们进行收缩。

5.5 高斯混合聚类算法

我们已经给出 K-Means 解决聚类问题的应用算法,该算法的突出优点是简单易用,计算量也不多。然而,往往过于简单也是一个缺点。假设聚类可以表示为单个点往往会过于粗糙,如图 5.32 所示。

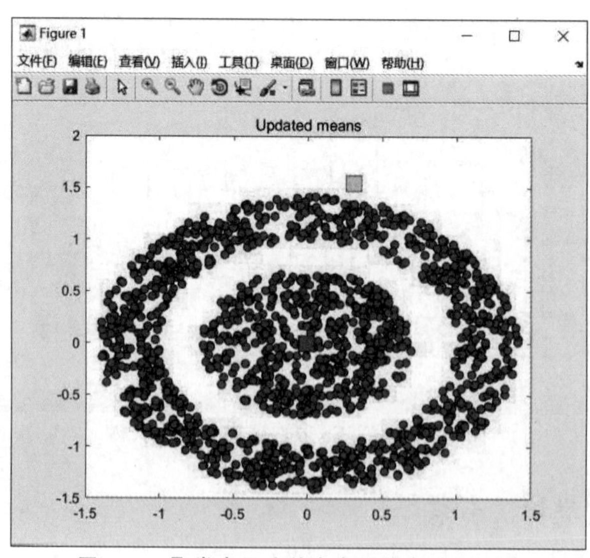

图 5.32 聚类表示为单个点往往会过于粗糙

图 5.32 例子中的数据位于同心圆。在这种情况下，标准的 K-Means 由于两个圆的均值位置相同，无法把数据划分成簇（所以上面有一个方框代表的点不知道该往哪跑，因为它没有簇）。因此，以距离模型为聚类标准的方法不一定都能成功适用。为了解决这些缺点，我们介绍一种用统计混合模型进行聚类的方法——高斯混合模型（Gaussian Mixture Model，GMM）。这种聚类方法得到的是每个样本点属于各个类的概率，而不是判定它完全属于一个类，所以有时也会被称为软聚类。

与 K-Means 聚类用向量刻画聚类结构不同，高斯混合聚类采用概率模型来表达聚类原型，属于 EM 聚类算法的一种常用算法模型。

本节的高斯混合聚类算法内容涉及多个步骤，其整体的逻辑结构如图 5.33 所示。

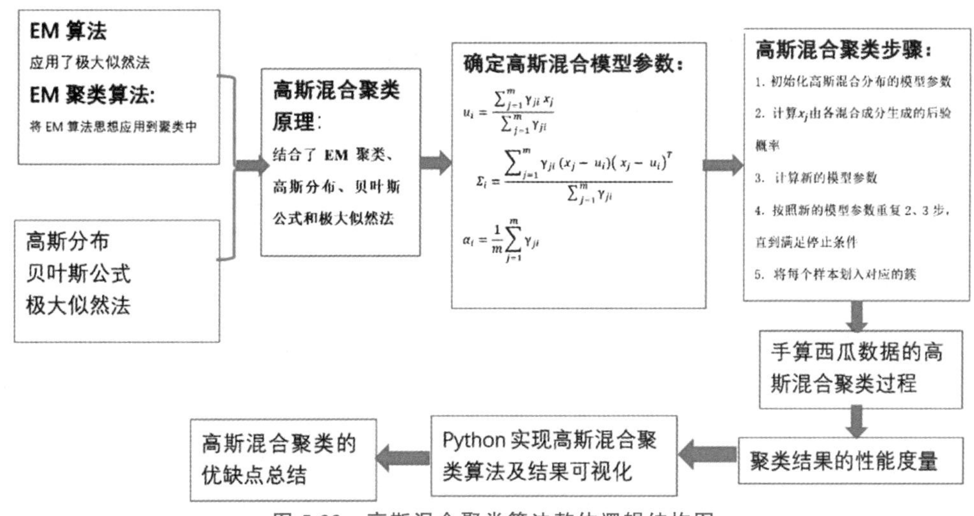

图 5.33　高斯混合聚类算法整体逻辑结构图

下面将按照此逻辑图介绍本章内容。为了让读者深入了解高斯混合聚类算法的详细内容，在介绍该算法前，先介绍高斯混合聚类算法的基础算法，即 EM 聚类算法原理。

5.5.1　EM 聚类算法原理

1. EM 算法

1）初步认识 EM 算法

提起 EM 算法（Expectation Maximization，最大期望算法），读者可能是第一次听说，但是在生活中可能不止一次用过这个思想了，正所谓算法来源于生活。让我们看看下面这个场景。

假设你炒了一份菜，想要把它平均分到两个碟子里，该怎么分？你一听平均分？总不能拿个称来称一称，计算出一半的分量进行平分吧？大部分人的方法是这样的：先分一部分到碟子 A 中，然后再把剩余的分到碟子 B 中，再来观察碟子 A 和碟子 B 里的菜是否一样多，哪个多就匀一些到少的那个碟子里，然后再观察碟子 A 和碟子 B 里的是否一样多……整个过程一直重复下去，直到分量不发生变化为止。

你是采用的哪种方法呢？如果是后者，那么恭喜你，你已经初步认识了 EM 算法，并且和它打交道不止一次了。继续往下看。

在这个例子中能看到三个主要步骤：初始化参数，观察预期和重新估计。首先是给每个碟子初始化一些菜量,然后再观察预期,这两个步骤实际上就是**期望步骤**(**Expectation**),简称 **E** 步。如果结果存在偏差就需要重新估计参数,这就是**最大化步骤**(**Maximization**),简称 **M** 步。这两个步骤加起来也就是 EM 算法的过程,见图 5.34。

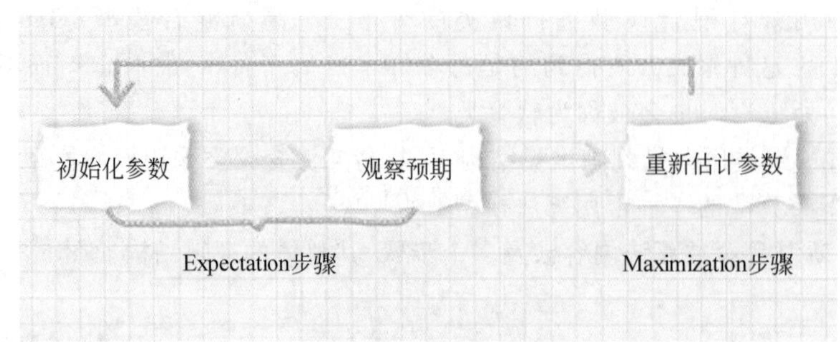

图 5.34 EM 算法过程

2)如何理解 EM 算法

说到 EM 算法,需要先来看一个概念"最大似然"(Maximum Likelihood)。Likelihood 即可能性,所以最大似然也就是最大可能性的意思。

什么是最大似然呢?

举个例子,有一男一女两个同学,现在要对他俩进行身高的比较,谁会更高呢?根据我们的经验,相同年龄下男性的平均身高比女性的高一些,所以男同学高的可能性会很大。这里运用的就是最大似然的概念。

还有一个问题:最大似然估计是什么呢?

它指的就是一件事情已经发生了,然后反推更有可能是什么因素造成的。还是用一男一女比较身高为例,假设有一个人比另一个人高,反推他可能是男性。最大似然估计是一种通过已知结果估计参数的方法。

因此通过上面的例子,可以认为 EM 算法就是一种求解最大似然估计的方法,通过观测样本,来找出样本的模型参数。

再回过来看下开头举的分菜的例子,实际上最终想要的是碟子 A 和碟子 B 中菜的分量,可以把它们理解为想要求得的模型参数。然后通过 EM 算法中的 E 步来进行观察,然后通过 M 步来调整 A 和 B 的参数,最后让碟子 A 和碟子 B 的参数不再发生变化为止。

然后,你恍然大悟,原理 EM 算法就这么简单啊,不过不要太高估自己了,实际遇到的问题,比分菜复杂得多。再看看下面这个例子。

例 5.9 通过抛硬币理解 EM 算法。假设有 A 和 B 两枚硬币,做了 5 组实验,每组实验投掷 10 次,每次只有 A 或者 B 一枚硬币。那么统计出现每组实验正面的次数,实验结果如表 5.18 所示。

表 5.18 每组实验正面次数

实 验	正面次数
1	5
2	7
3	8

续表

实　　验	正 面 次 数
4	9
5	4

问题是：如何得知 A 硬币和 B 硬币各自正面朝上的概率是多少呢？

由于每一组实验，都不知道用的是 A 或者 B 抛的，其计算方法只好选择一种假设的组合，如表 5.19 所示。

表 5.19　每组实验正面次数（假设）

实　　验	抛掷的硬币	正 面 次 数
1	A	5
2	B	7
3	B	8
4	B	9
5	A	4

进行计算如下：令 A 正面朝上的概率是 θ_A，B 正面朝上的概率是 θ_B，然后有：

$$\theta_A=\frac{5+4}{10+10}=0.45,\quad \theta_B=\frac{7+8+9}{10+10+10}=0.8$$

一开始提到这样一句话：如果使用基于最大似然估计的模型，模型中存在隐变量的时候，就要用到 EM 算法去做估计。

这里的第二列，就是隐含的数据，而 A 和 B 就是隐变量。实际中是不知道这一列的，就是开始给你的只有实验组数和正面的次数，那么该怎么办呢？

也就是说，如果不知道每一组抛的硬币是 A 还是 B 的话，那么就无法估计 θ_A 和 θ_B，而如果想知道每一组抛的硬币是 A 还是 B，就必须先知道 A 和 B 正面朝上的概率 θ_A 和 θ_B，然后利用极大似然的思想，根据每一组实验正面朝上的次数去估计出这一轮究竟用的是 A 还是 B。这很难判断其准确性。

3）EM 算法的思想与实验结果分析

（1）EM 算法思想与算法步骤。

EM 算法思想即解题思路是：随机初始化 θ_A 和 θ_B 这两个参数后，就能按照极大似然估计出每一组用的是 A 还是 B，然后基于每一组用的是 A 还是 B，又能按照极大似然反过来计算出 θ_A 和 θ_B，然后又能去估计新的用的是 A 还是 B，然后又能计算新的 θ_A 和 θ_B，这样一轮轮地计算下去，当计算出的新的 θ_A 和 θ_B 与前一轮 θ_A 和 θ_B 相同的时候，就说明这个 θ_A 和 θ_B 有可能就是真实的值了。**这就是 EM 初级版**。

我们引入上面的算法思想，给出这个解题的 EM 算法步骤如下。

第一步：初始化参数。

假设抛掷硬币 A 和硬币 B 的正面概率（随机指定）$\theta_A=0.5$，$\theta_B=0.9$。

第二步：计算期望值（这个过程实际上是通过假设的参数来估计未知参数，即“每次投掷的是哪枚硬币")。

假设实验 1 抛掷的是硬币 A,那么正面次数为 5 的概率为:

$$C_{10}^{5}\times 0.5^{5}\times 0.5^{5}=0.2460937500$$

假设实验 1 抛掷的是硬币 B,那么正面次数为 5 的概率为:

$$C_{10}^{5}\times 0.9^{5}\times 0.1^{5}=0.0148803480$$

所以实验 1 投掷的很可能是硬币 A。

然后实验 2 到实验 5,都用上面类似的方法,基于 θ_A 和 θ_B,根据正面次数,可以推理出每一轮实验用的是 A 还是 B,最后得出这 5 次实验用的硬币分别是(A,A,B,B,A),实验结果如表 5.20 所示。

表 5.20 每组实验正面次数

实 验	抛掷的硬币	正 面 次 数
1	A	5
2	A	7
3	B	8
4	B	9
5	A	4

第三步:通过得到隐藏值,就可以完善初始化的参数 θ_A 和 θ_B。

$$\theta_A=\frac{5+7+4}{10+10+10}=0.533333,\quad \theta_B=\frac{8+9}{10+10}=0.85$$

第四步:重复执行第二步和第三步,直到参数不再发生变化为止。

在 EM 算法中需要解答以下两个问题。

问题一:新估计出的 θ_A 和 θ_B 一定会更接近真实的 θ_A 和 θ_B 吗? 答案是:一定会更接近真实的 θ_A 和 θ_B。可以运用数学来证明,请感兴趣的读者参阅相关书籍或相关研究论文。

问题二:迭代一定会收敛到真实的 θ_A 和 θ_B 吗? 答案是:不一定,因为这取决于 θ_A 和 θ_B 的初始化值。

其实,上面介绍的相关概念与知识只是一个初始的版本,其原因是:因为上面第一次计算概率的时候,算出的结果是:假设实验 1 抛掷的是硬币 A,那么正面次数为 5 的概率为:

$$C_{10}^{5}\times 0.5^{5}\times 0.5^{5}=0.2460937500$$

假设实验 1 抛掷的是硬币 B,那么正面次数为 5 的概率为:

$$C_{10}^{5}\times 0.9^{5}\times 0.1^{5}=0.0148803480$$

同理算出实验 2 到实验 5 对应的概率填入表 5.21 中。

表 5.21 每组实验正面次数和是某一面的概率

实 验	正 面 次 数	是 A 的概率	是 B 的概率
1	5	0.2460937500	0.0148803480
2	7	0.1171875000	0.0573956280

续表

实　验	正面次数	是 A 的概率	是 B 的概率
3	8	0.0439453125	0.1937102445
4	9	0.0097625000	0.3874204890
5	4	0.2050781250	0.0001377810

这时候直接取得第一次用硬币 A(下面几组实验同理)。可以发现,这样做决定方法太生硬、太绝对化了。虽然 B 出现正面次数为 5 的概率比 A 的小,但是也不是 0,就是也有可能的概率出现。这时候应该考虑有这种可能的情况,即第一轮实验用 A 的概率就是 0.246/(0.246+0.015)=0.9425,用 B 的概率就是 1-0.9425=0.0575。

(2) 实验结果分析。

相比于前面的方法,按照最大似然概率,直接将第 1 轮估计为用硬币 A,此时的我们更加谨慎,我们只说,有 0.9425 的概率是硬币 A,有 0.0575 的概率是硬币 B,不再是非此即彼。这样在估计 θ_A 和 θ_B 时,就可以用上每一轮实验的数据,而不是某几轮实验的数据,显然会更好一些。

第一步:我们实际上估计的是用概率 A 或者概率 B 的一个概率分布,这步就称作 **E 步**。

这样,每一轮实验,会求出这样一个表来,分别有用 A 和 B 的概率,具体如表 5.22 所示。

表 5.22　每组实验正面次数和用某一面的概率

实　验	正面次数	用 A 的概率	用 B 的概率
1	5	0.9429815138	0.0570184862
2	7	0.6712418396	0.3287581604
3	8	0.1849117818	0.8150882182
4	9	0.0245793508	0.9754206492
5	4	0.9993286047	0.0006713953

第二步:再结合表 5.18 每组实验正面次数的统计结果,按照最大似然概率的法则重新估计新的 θ_A 和 θ_B。

以硬币 A 为例,第一轮的正面次数为 5 相当于 5 次正面,5 次反面。

$$0.9425 \times 5 = 4.7125(\text{这是正面})$$

$$0.9425 \times 5 = 4.7125(\text{这是反面})$$

那么对于硬币 A 来说,可以把 5 轮的实验结果(即表格内容)用表 5.23 的形式来表示。

表 5.23　5 轮实验结果 A、B 的正反面次数

实验	A 的正面次数	A 的反面次数	B 的正面次数	B 的反面次数
1	4.7149075690	4.7149075690	0.2850924310	0.2850924310
2	4.6986928772	2.0137255188	2.3013071228	0.9862744812

续表

实验	A 的正面次数	A 的反面次数	B 的正面次数	B 的反面次数
3	1.4792942544	0.3698235636	6.5207057456	1.6301764364
4	0.2212141572	0.0245793508	8.7787858428	0.9754206492
5	3.9973144188	5.9959716282	0.0026855812	0.0040283718

其中,A 的正面次数为:

4.7149075690+4.6986928772+1.4792942544+0.2212141572+3.9973144188=15.11142328

A 的反面次数为:

4.7149075690+2.0137255188+0.3698235636+0.0245793508+5.9959716282=13.11901

这样,新的 θ_A=15.11142328/(15.11142328+13.11901)=0.535288。改变了硬币 A 和硬币 B 的估计方法之后会发现,新估计的 θ_A 会更加接近真实的值,因为我们使用了每一轮的数据,而不是某几轮的数据。

注:上面这个表只是为了说明意思,截取过来的一个图,真实数据并不是这样的数据,看第一轮也能看出来,真实数据是上面计算的那个,按照那个计算方法,计算出每一轮的硬币 A 的时候正面和反面的数据,硬币 B 的正面和反面的数据,然后求新的 θ_A 和 θ_B 会更加准确一些。

在这一步中,我们根据 E 步求出了硬币 A 和硬币 B 在每一轮实验中的一个概率分布,依据最大似然法则结合所有的数据去估计新的 θ_A 和 θ_B,被称作 **M 步**。

这就是进阶版的 EM 算法。

2. EM 算法原理

EM 算法[Dempster et al., 1977]是常用的估计参数隐变量的利器,它是一种迭代式的方法,其基本想法是:若参数 Θ 已知,则可根据训练数据推断出最优隐变量 Z 的值(E 步);反之,若 Z 的值已知,则可方便地对参数 Θ 做极大似然估计(M 步)。

在前面的讨论中,一直假设训练的样本所有属性变量的值都已经被观测到,即训练样本是“完整”的。但在现实应用中往往会遇到“不完整”的训练样本,例如,由于西瓜的根蒂已经脱落,无法看出是“蜷缩”还是“硬挺”,则训练样本的“根蒂”属性变量未知。在这种存在“未观测”变量的情形下,是否仍然能对模型参数进行估计呢?

未观测变量的学名是“隐变量”。令 X 表示已观测变量集,Z 表示隐变量集,Θ 表示模型参数。若欲对 Θ 做极大似然估计,则应最大化对数似然如式(5-30)所示。

$$\mathrm{LL}(\Theta \mid X, Z) = \ln P(X, Z \mid \Theta) \tag{5-30}$$

然而由于 Z 是隐变量,上式无法直接求解。此时可以通过对 Z 计算期望,来最大化已观测数据的对数“边际似然”(marginal likelihood),如式(5-31)所示。

$$\mathrm{LL}(\Theta \mid X) = \ln P(X \mid \Theta) = \ln \Sigma_z P(X, Z \mid \Theta) \tag{5-31}$$

于是,以初始值 Θ^0 为起点,可迭代执行以下步骤直至收敛。

- 基于 Θ^t 推断隐变量 Z 的期望,记为 Z^t。
- 基于已观测变量 X 和 Z^t 对参数 Θ 做极大似然估计,记为 Θ^{t+1}。

这就是 EM 算法原理。

进一步，若不是取 Z 的期望，而是基于 Θ^t 计算隐变量 Z 的概率分布 $P(X,Z|\Theta^t)$，则 EM 算法的两个步骤如下。

- E 步(Expectation)：以当前 Θ^t 推断隐变量分布 $P(X|Z,\Theta^t)$，并计算对数似然 LL$(X|Z,\Theta^t)$关于 Z 的期望，见式(5-32)。

$$Q(\Theta \mid \Theta^t) = E_{z|X,\Theta^t}\,\mathrm{LL}(\Theta \mid X,Z) \tag{5-32}$$

- M 步(Maximization)：寻找参数最大化期望似然，如式(5-33)所示。

$$\Theta^{t+1} = \underset{\Theta}{\operatorname{argmax}}\, Q(\Theta \mid \Theta^t) \tag{5-33}$$

简要来说，EM 算法使用两个步骤交替计算：第一步是期望(E)步，利用当前估计的参数值来计算对数似然的期望值；第二步是最大化(M)步，寻找能使 E 步产生的似然期望最大化的参数值，然后，新得到的参数值重新被用于 E 步，……直至收敛到局部最优解。

事实上，隐变量估计问题也可通过梯度下降等优化算法求解，但由于求和的项数将随着隐变量的数目以指数级上升，会给梯度计算带来麻烦；而 EM 算法则可看作一种非梯度优化方法。

下面看看如何将 EM 算法运用到聚类中，前面介绍过 K-Means 聚类，同是聚类，有什么区别？

EM 算法一般用于聚类，它属于无监督模型，因为无监督学习没有标签(即 y 值)，EM 算法可以先给无监督学习估计一个隐状态(即标签)，有了标签，算法模型就可以转换成有监督学习，这时就可以用极大似然估计法求解出模型最优参数。其中，估计隐状态流程应为 EM 算法的 E 步，后面用的极大似然估计为 M 步。

相比于 K-Means 算法，EM 聚类更加灵活，比如下面这两种情况，K-Means 会得到如图 5.35 所示的聚类结果。

图 5.35　K-Means 的聚类效果图示例

因为 K-Means 是通过距离来区分样本之间的差别的，且每个样本在计算的时候只能属于一个分类，称为硬聚类算法。而 EM 聚类在求解的过程中，实际上每个样本都有一定的概率和每个聚类相关，叫作软聚类算法。

可以把 EM 算法理解成一个框架，在这个框架中可以采用不同的模型来用 EM 进行求解。常用的 EM 聚类有 GMM 高斯混合模型和 HMM 隐马尔可夫模型。GMM(高斯混合模型)聚类就是 EM 聚类的一种。比如图 5.35 中这两个图，可以采用 GMM 来进行聚类。

和 K-Means 一样，我们事先知道聚类的个数，但是不知道每个样本分别属于哪一类。通常，可以假设样本是符合高斯分布的(也就是正态分布)。每个高斯分布都属于这个模型的组成部分(component)，要分成 K 类就相当于是 K 个组成部分。这样可以先初始化每个组成部分的高斯分布的参数，然后再看每个样本是属于哪个组成部分。这也就是 E 步骤。

再通过得到的这些隐含变量结果,反过来求每个组成部分高斯分布的参数,即 M 步骤。反复 EM 步骤,直到每个组成部分的高斯分布参数不变为止。

这样也就相当于将样本按照 GMM 模型进行了 EM 聚类。

结论:很多 K-Means 解决不了的问题,EM 聚类是可以解决的。在 EM 框架中,将潜在类别当作隐藏变量,样本看作观察值,把聚类问题转换为参数估计问题,最终把样本进行聚类。

EM 算法相当于一个框架,可以采用不同的模型来进行聚类,如 GMM(高斯混合模型)或者 HMM(隐马尔可夫模型)来进行聚类。

- GMM 是通过概率密度来进行聚类,聚成的类符合高斯分布(正态分布)。
- 而 HMM 用到了隐马尔可夫过程,在这个过程中,通过状态转移矩阵来计算状态转移的概率。HMM 在自然语言处理和语音识别领域中有广泛的应用。

在介绍了 EM 聚类的基本原理之后,接下来将详细介绍如何通过概率密度来进行聚类,聚成的类符合高斯分布(正态分布)的典型 EM 聚类算法之一——高斯混合聚类的算法原理、性能度量和 Python 代码实现。

5.5.2 高斯混合聚类算法原理

本节介绍高斯混合聚类的算法原理,先介绍高斯混合聚类中涉及的基本概念,再介绍算法原理及相关公式的推导过程。

1. 基本概念

高斯混合聚类算法将**高斯分布**、**贝叶斯公式**、**极大似然法**和 **EM 聚类**的思路混合在这一种方法中,因此在讲解高斯混合聚类算法原理之前,先来一起回顾一下**高斯分布**、**贝叶斯公式**、**极大似然法**。

1) 高斯分布概念

高斯分布,也称"正态分布"。一般最常见最熟知的是一元(单)高斯分布。若随机变量服从高斯分布 $X \sim N(u, \sigma^2)$,则它的概率密度函数和概率密度曲线如图 5.36 所示。

$$p(x) = \frac{1}{\sqrt{2\pi}\sigma}\exp\left(-\frac{(x-u)^2}{2\sigma^2}\right)$$

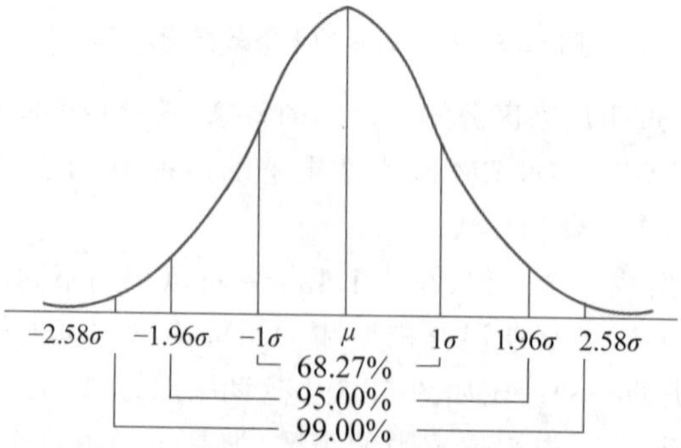

-2.58σ -1.96σ -1σ μ 1σ 1.96σ 2.58σ

68.27%

95.00%

99.00%

图 5.36 正态分布图示

从上面的公式很明显可以看出,一元高斯正态分布只有两个参数 u 和 σ,且这两个参数决定了正态曲线的"宽窄""高矮"。曲线下面积为 1。

举一个符合正态分布的例子：人群中的身高。从一个很大的人群中随机抽取一个人的身高，这个概率是服从正态分布的。因样本可近似看成无穷大，可看成是有放回的随机抽取。人群中绝大多数人的身高都在平均值附近，越靠近平均值人越多，极高和极矮的人只占人群极少数。

以上是一元高斯分布，一元高斯分布模型有其局限性，不能完全反映数据分布的特点，因此我们用多个高斯分布的线性叠加来刻画实际样本，其中一个高斯分布模型称为一个混合成分。因此我们再回顾一下(多元)高斯分布的定义。对 n 维样本空间 X 中的随机向量 $\boldsymbol{x}$，若 $\boldsymbol{x}$ 服从高斯分布，其概率密度函数如式(5-34)所示。

$$p(x)=\frac{1}{(2\pi)^{\frac{n}{2}}\mid\boldsymbol{\Sigma}\mid^{\frac{1}{2}}}\mathrm{e}^{-\frac{1}{2}(\boldsymbol{x}-\boldsymbol{u})^{\mathrm{T}}\boldsymbol{\Sigma}^{-1}(\boldsymbol{x}-\boldsymbol{u})} \tag{5-34}$$

其中，$\boldsymbol{u}$ 是 n 维均值向量，$\boldsymbol{\Sigma}$ 是 $n\times n$ 的协方差矩阵，由式(5-34)可看出，高斯分布完全由均值向量 $\boldsymbol{u}$ 和协方差矩阵 $\boldsymbol{\Sigma}$ 这两个参数确定。

理论上来说，当叠加的高斯分模型数量足够多时，可以表征任意一种分布。(这其实很好理解，类比足够多微小线段可以逼近任意一条曲线、足够多复指数信号可以描述任意信号……是一样的道理。)

2) 贝叶斯公式

由于贝叶斯公式中的分母和分子都是概率的公式，因此，首先回顾一下数理统计中概率公式的概念。

(1) 条件概率。

设 A 和 B 为实验 E 的两个事件，且 $P(A)>0$，称 $\frac{P(AB)}{P(A)}$ 为在事件 A 已经发生的条件下，事件 B 发生的条件概率，记为 $P(B|A)$，用式(5-35)来表示：

$$P(B\mid A)=\frac{P(AB)}{P(A)} \tag{5-35}$$

可以理解为：条件概率就是在附加了一定的条件之下所计算的概率，当我们说到“条件概率”时，总是指另外附加的条件，其形式可归结为“已知某事已经发生了”。

(2) 概率的乘法公式。

由条件概率公式可得，对于任意两个事件 A 与 B，如果在 $P(A)>0$，$P(B)>0$ 的条件下，则有式(5-36)：

$$P(AB)=P(A)P(B\mid A)=P(B)P(A\mid B) \tag{5-36}$$

更一般地推广到任意多个事件的情况：假设 $A_1,A_2,A_3,\cdots,A_n$ 是同一实验的事件，且 $P(A_1,A_2,A_3,\cdots,A_n)>0$，则有式(5-37)：

$$P(A_1,A_2,A_3,\cdots,A_n)=P(A_1)P(A_2\mid A_1)P(A_3\mid A_1,A_2)\cdots P(A_n\mid A_1,A_2,\cdots,A_{n-1}) \tag{5-37}$$

将式(5-37)理解为：乘法公式就是求“多个事件同时发生”的概率。

(3) 全概率公式。

设事件 $A_1,A_2,A_3,\cdots,A_n$ 为样本空间 Ω 的一个(有限)完备事件组或分割。

如果 $P(A_i)>0(i=1,2,\cdots,n)$，则对任意事件 B 有：

$$B=B\Omega=B(\bigcup_{i=1}^{n}A_i)=\bigcup_{i=1}^{n}(A_iB)$$

这里$(A_iB)\cap(A_jB)=\varnothing(i\neq j,i,j=1,2,\cdots,n)$。由概率的有限可加性得：

$$P(B)=P(\bigcup_{i=1}^{n}(A_iB))=\sum_{i=1}^{n}P(A_iB)$$

根据乘法公式得式(5-38)：

$$P(B)=\sum_{i=1}^{n}P(A_iB)=\sum_{i=1}^{n}P(A_i)P(B\mid A_i) \tag{5-38}$$

这个公式就是全概率公式。

(4) 贝叶斯(Bayes)公式。

设实验E的基本空间为Ω,事件$A_1,A_2,A_3,\cdots,A_n$是Ω的一个分割,且$P(A_i)>0$ $(i=1,2,\cdots,n)$。对于任意事件B,如果$P(B)>0$,由乘法公式可得：

$$P(A_jB)=P(A_j)P(B\mid A_j)=P(B)P(A_j\mid B))$$

由此得：

$$P(A_j\mid B)=\frac{P(A_j)P(B\mid A_j)}{P(B)}$$

再利用全概率公式,得式(5-39)：

$$P(A_j\mid B)=\frac{P(A_j)P(B\mid A_j)}{\sum_{i=1}^{n}P(A_i)P(B\mid A_i)},\quad j=1,2,\cdots,n \tag{5-39}$$

这个公式称为贝叶斯(Bayes)公式(或逆概率公式)。

有了以上的概率基础,接下来用西瓜的例子再来理解一下贝叶斯公式。在自然界无数的西瓜里,假设可分为三类瓜：坏瓜、一般瓜和好瓜。现在问题就稍微变得复杂了一点。我们的事件A是三类瓜,概率是离散的,事件B变成了连续的曲线。通常一般瓜是占大多数的,坏瓜和好瓜分别只占一小部分,并且各类瓜均符合高斯分布,即坏瓜、一般瓜、好瓜分别有自己的一个二元高斯分布曲线(例如,x轴是含糖量,y轴是密度,z轴是概率)。

事件A：随机从坏瓜、一般瓜和好瓜三类中选一类。($P(A_i)$是三个离散值,$i=1,2,3$。)

事件B：随机在一类瓜中选一个含糖量为某值、密度为某值的瓜。($P(B_j)$是二元高斯曲线,$j=1,2,3$。)

再花一点点时间回忆并理解一下刚刚三个重要的概率公式。

乘法公式告诉我们：在自然界中随机选择一个瓜(事件AB),$P(AB)=P(A)P(B|A)=P(B)P(A|B)$,操作是选一个类再在这个类里选一个瓜。或者先随机决定要选的瓜的含糖量和密度数值,再随机决定要去哪类瓜里找。

全概率公式：事先写下想要的“dream 瓜”的含糖量和密度数值(事件B),随机选一个瓜,选中瓜刚好是我的 dream 瓜的概率：$P(B)=P(A_1)P(B|A_1)+P(A_2)P(B|A_2)+P(A_3)P(B|A_3)$。将这个数值已确定的瓜是来自坏瓜、一般瓜、好瓜的概率分别相加。

贝叶斯公式：$P(A_i\mid B)=\dfrac{P(A_i)P(B\mid A_i)}{\sum_{j=1}^{n}P(A_j)P(B\mid A_j)}$,表示随机抽个瓜,假如抽到了一个含糖量为某值、密度为某值的瓜,这个瓜是来自第i类瓜的概率?在第i类中抽到这个数值的瓜的概率除以从各类中抽到这个数值的瓜的概率之和。

3）极大似然法

其实在前面的 EM 算法部分已经提及最大似然法，为了理解高斯混合聚类算法，这一部分将更加详细地介绍一下极大似然法，也称为最大似然估计法。

极大似然法比较有趣，它是在讲一件事会发生，我们已经看到了发生了这件事的这个结果，那么我们就假设可能冥冥之中这件事会发生的概率本来就很大。

如果一事件发生的概率为 p 且 p 只能取 0.1 或 0.9，现在连续两次实验中，该事件都发生了，显然认为 $p=0.9$ 是合理的。两个人共同射击一个目标，事先不知道谁的技术好，让每人各打一发，结果有一人击中，于是我们便认为击中目标比没有击中目标的技术好也是合理的。这是最大似然估计法的基本思想，即利用已知总体的概率分布和样本，根据概率最大的事件在一次实验中最可能出现的道理，求总体的概率分布（或概率密度）中所含未知参数的点估计方法。

下面仅就离散型总体和连续型总体这两种情况做进一步讨论。

（1）若总体 X 为离散型随机变量，其概率分布的形式为 $P\{X=x\}=p(x;\theta),\theta\in\Theta,\theta$ 为未知参数，Θ 为 θ 的取值范围，称为参数空间，θ 可以是向量。设 $X_1,X_2,\cdots,X_n$ 为 X 的样本，则样本的联合概率分布为：

$$P\{X_1=x_1,X_2=x_2,\cdots,X_n=x_n\}=\prod_{i=1}^{n}p(x_i;\theta)$$

在 θ 固定时，上式表示 $(X_1,X_2,\cdots,X_n)$ 取值 $(x_1,x_2,\cdots,x_n)$ 的概率；反之，当样本值 $(x_1,x_2,\cdots,x_n)$ 给定时，它可以看作 θ 的函数，记作：

$$L(\theta)=\prod_{i=1}^{n}p(x_i;\theta),\quad \theta\in\Theta$$

并称 $L(\theta)$ 为似然函数。似然函数 $L(\theta)$ 的值的大小意味着该样本值出现的可能性大小，既然已经得到样本值 $(x_1,x_2,\cdots,x_n)$，那它出现的可能性应该是大的，即似然函数值应该是大的，因而我们选择 $L(\theta)$ 达到最大的那个 $\hat{\theta}$ 作为 θ 的估计。

（2）若总体 X 为连续型随机变量，其密度函数为 $f(x;\theta)$，设 $X_1,X_2,\cdots,X_n$ 为 X 的样本，相应的样本观测值为 $(x_1,x_2,\cdots,x_n)$，则随机点 X_i 落在 x_i 的长度为 Δx_i 的邻域内概率近似等于 $f(x_i;\theta)\Delta x_i(i=1,2,\cdots,n)$，而随机点 $(X_1,X_2,\cdots,X_n)$ 落在点 $(x_1,x_2,\cdots,x_n)$ 的边长分别为 $\Delta x_1,\Delta x_2,\cdots,\Delta x_n$ 的 n 维矩形邻域内的概率近似等于 $\prod_{i=1}^{n}f(x_i;\theta)\Delta x_i$。在 θ 固定时，它是 $(X_1,X_2,\cdots,X_n)$ 在 $(x_1,x_2,\cdots,x_n)$ 处的密度，它的大小与 $(X_1,X_2,\cdots,X_n)$ 落在 $(x_1,x_2,\cdots,x_n)$ 附近的概率的大小成正比。而样本值 $(x_1,x_2,\cdots,x_n)$ 给定时，它是 θ 的函数，我们仍把它记为 $L(\theta)$，并称：

$$L(\theta)=\prod_{i=1}^{n}f(x_i;\theta)\Delta x_i,\quad \theta\in\Theta$$

为似然函数。由于 $\prod_{i=1}^{n}\Delta x_i$ 与 θ 无关，因此似然函数可取为：

$$L(\theta)=\prod_{i=1}^{n}f(x_i;\theta),\quad \theta\in\Theta$$

类似上面的讨论，我们选择使 $L(\theta)$ 达到最大值的 $\hat{\theta}$ 作为 θ 的估计。

如果 $\hat{\theta}\in\theta$ 使得：

$$L(\hat{\theta}) \geqslant L(\theta), \quad \theta \in \Theta$$

则把 $\hat{\theta}$ 叫作 θ 的最大似然估计值。这样得到的 $\hat{\theta}$ 与样本观测值 $x_1,x_2,\cdots,x_n$ 有关，记 $\hat{\theta}=\hat{\theta}(x_1,x_2,\cdots,x_n)$，如果样本观测值换成样本 $X_1,X_2,\cdots,X_n$，则得到 $\hat{\theta}=\hat{\theta}(X_1,X_2,\cdots,X_n)$，称为 θ 的最大似然估计量。这种未知参数估计量的方法叫作最大似然估计法。

求未知参数 θ 的最大似然估计值的问题，就是求似然函数 $L(\theta)$ 的极大值点的问题，当 $L(\theta)$ 可导时，要使 $L(\theta)$ 取得极大值，θ 必须满足方程：

$$\frac{\mathrm{d}L(\theta)}{\mathrm{d}\theta}=0$$

这个方程称为似然方程。在具体问题中，容易验证所求得的驻点 $\theta=\hat{\theta}$ 是否为似然函数 $L(\theta)$ 的极大值点。如果 $L(\theta)$ 有唯一驻点 $\theta=\hat{\theta}$，则一般不加讨论而认为它就是 θ 的极大值点，即取 $\hat{\theta}$ 为 θ 的最大似然估计值。由于对数函数 $\ln x$ 是单调增加函数，$L(\theta)$ 与 $\ln L(\theta)$ 在 θ 的同一值处取得极大值，因此可以由方程：

$$\frac{\mathrm{d}\ln L(\theta)}{\mathrm{d}\theta}=0$$

求得 θ 的最大似然估计值，这个方程叫作对数似然方程。

如果整体 X 的分布中含有 r 个未知参数 $\theta_1,\theta_2,\cdots,\theta_r$，则似然函数是这些未知参数的函数 $L(\theta_1,\theta_2,\cdots,\theta_r)$，求出 $L(\theta_1,\theta_2,\cdots,\theta_r)$ 或 $\ln L(\theta_1,\theta_2,\cdots,\theta_r)$ 关于 θ_k 的偏导数并令它们等于零，得方程组：

$$\frac{\partial L(\theta_1,\theta_2,\cdots,\theta_r)}{\partial\theta_k}=0, \quad k=1,2,\cdots,r$$

或

$$\frac{\partial \ln L(\theta_1,\theta_2,\cdots,\theta_r)}{\partial\theta_k}=0, \quad k=1,2,\cdots,r$$

由这两个方程组之一可解出各个未知参数 θ_k 的最大似然估计值 $\hat{\theta}_k=\hat{\theta}_k(x_1,x_2,\cdots,x_n)$ 及相应的最大似然估计量 $\hat{\theta}_k=\hat{\theta}_k(X_1,X_2,\cdots,X_n)$，$k=1,2,\cdots,r$。

另外，有时 $L(\theta)$ 不是 θ 的连续可导函数，有时参数空间是有界区域，此时不能用求解似然方程的方法，一般利用定义进行判断分析求解。

还是以西瓜数据集为例，理解最大似然法原理。根据我们已知的条件，一般瓜占三类瓜最大比例，每类中含糖量和密度整体又服从高斯分布。假设 α、u、Σ 是已知的，如果在自然界中随机抽一个瓜，那我们可以猜这个瓜是来自一般瓜类并且含糖量和密度在平均值附近的可能性最大(乘法公式)。

反过来想，假如已知 α、u、Σ，现在我们已经拿到了一个瓜，已知这个瓜的含糖量和密度数值，但不知道这个瓜来自哪个类，怎么办？我们可以将这个瓜的含糖量和密度数值分别代入三类瓜的高斯分布曲线，在哪类瓜中的概率高，即说明这个瓜来自哪类瓜的可能性最大。

现在再换一个角度想，重点来了，假如已知的是 30 个瓜的含糖量和密度数值，现在要求

α、u、Σ，即猜出自然界已有但我们不知道的西瓜规律，怎么办？

因为我们相信这 30 个瓜是冥冥之中的天选之瓜，并且随机选的第 1 个瓜和第 2 个瓜是独立事件。先假设自然界中 α、u、Σ 是存在的，那么，算出这 30 个瓜在各自的类里的概率，然后将 30 个 $P_m(x)$ 相乘，得到的结果值 $\Pi P_m(x)$ 理论上应该是最大的。

所以，假如我们在 α、u、Σ 为某值时算出了最大的结果值 $\Pi P_m(x)$，此时我们猜的西瓜规律很有可能是对的，这些天选之瓜才会随机地恰好地被我们选中，出现在我们面前。这就是我们这样设置求解限制条件和算法流程中迭代的停止条件的原因。

上述就是极大似然法做 $P_m(x)$ 乘积的最大值，先将这个式子取对数，就可以将多个数的乘法转换成加法了。接下来的变换、化简、求解就可以交给高数和计算机来解决了，这部分内容不再赘述，将在后面高斯混合聚类算法原理里详细介绍。

求出 α、u、Σ 之后，相当于我们已经掌握了自然界分类瓜的神秘规律，那么这时按照这个规律来给瓜分类并贴上分类标签，就是很简单的事情了。即把某个瓜代进三条我们求出来的高斯曲线，选出所在最大概率的曲线，就说明这个瓜来自这个类的可能性最大。这就是高斯混合聚类算法的最后一步：根据已知参数来分类。这里只是大致讲解了如何将最大似然法运用到西瓜聚类上的思想，详细的原理将在下面介绍。

2. 高斯混合聚类原理

高斯混合聚类是将 EM 算法运用到高斯混合分布模型的聚类中的一种软聚类算法。其中，在 EM 算法里用到了极大似然估计来求得模型的参数。

对 n 维样本空间 X 中的随机向量 $\boldsymbol{x}$，若 $\boldsymbol{x}$ 服从高斯分布，其概率密度函数如式(5-40)所示。

$$p(x)=\frac{1}{(2\pi)^{\frac{n}{2}}\ |\boldsymbol{\Sigma}|^{\frac{1}{2}}}\mathrm{e}^{-\frac{1}{2}(\boldsymbol{x}-\boldsymbol{u})^{\mathrm{T}}\boldsymbol{\Sigma}^{-1}(\boldsymbol{x}-\boldsymbol{u})} \tag{5-40}$$

其中，$\boldsymbol{u}$ 是 n 维均值向量，$\boldsymbol{\Sigma}$ 是 $n\times n$ 的协方差矩阵，由式(5-40)可看出，高斯分布完全由均值向量 $\boldsymbol{u}$ 和协方差矩阵 $\boldsymbol{\Sigma}$ 这两个参数确定。为了明确显示高斯分布与相应参数的依赖关系，将概率密度函数记为 $p(\boldsymbol{x}|\boldsymbol{u},\boldsymbol{\Sigma})$。我们可定义高斯混合分布，如式(5-41)所示。

$$p_M(\boldsymbol{x})=\sum_{i=1}^{k}\alpha_i p(\boldsymbol{x}\mid\boldsymbol{u}_i,\boldsymbol{\Sigma}_i) \tag{5-41}$$

该分布共由 k 个混合成分组成，每个混合成分对应一个高斯分布。其中，$\boldsymbol{u}_i$ 与 $\boldsymbol{\Sigma}_i$ 是第 i 个高斯混合成分的参数，而 $\alpha_i>0$ 为相应的“混合系数”，$\sum_{i=1}^{k}\alpha_i=1$。

假设样本的生成过程由高斯混合分布给出：首先，根据 $\alpha_1,\alpha_2,\cdots,\alpha_k$ 定义的先验分布选择高斯混合成分，其中，α_i 为选择第 i 个混合成分的概率；然后，根据被选择的混合成分的概率密度函数进行采样，从而生成相应的样本。即我们认为，手里拿到的样本就是根据这个概率分布抽取得到的(或者说“生成的”)。

例如，对于第 j 个样本 $\boldsymbol{x}_j$ 就根据 $p_M(\boldsymbol{x}_j)=\sum_{i=1}^{k}\alpha_i p(\boldsymbol{x}_j\mid\boldsymbol{u}_i,\boldsymbol{\Sigma}_i)$ 得到。

这里的 $p(\boldsymbol{x})$ 和 $p_M(\boldsymbol{x})$ 指的是概率密度函数，不是概率，在有些概率书上为了区别，用 $f(\boldsymbol{x})$ 表示，这里都用 $p(\boldsymbol{x})$ 表示，但心里要清楚其含义。所以 $p(\boldsymbol{x}\mid\boldsymbol{u}_i,\boldsymbol{\Sigma}_i)$ 不是条件概率，而是概率密度，“$\boldsymbol{u}_i,\boldsymbol{\Sigma}_i$”只是明确一下这个概率密度函数包含的参变量。实际上，它表示的

就是上面单高斯分布的 $p(\boldsymbol{x})$。$\boldsymbol{x}$ 是一条样本,但是有 n 个维度,因此是一个 n 维向量。$\alpha_i>0$ 是在生成这条样本时,选择通过第 i 个分模型来生成的概率,且 $\sum_{i=1}^{k}\alpha_i=1$(不能说成"样本来自第 i 个分模型的概率",因为这里是一个先验的情况,如果这样说就成了后验了)。$\boldsymbol{u}_i,\boldsymbol{\Sigma}_i$ 是第 i 个分模型的参数。其中,$\boldsymbol{u}_i$ 表示均值,是一个 n 维向量,$\boldsymbol{\Sigma}_i$ 表示协方差矩阵,是一个 $n\times n$ 方阵。

上面说了我们认为手里拿到的样本就是通过高斯混合模型抽取得到的,那么反过来我们要怎么把这些样本用高斯混合模型划分成不同的类别呢?

一个很直接的想法自然是按照模型的混合成分划成 k 类,一个数据最可能从哪个分模型得来就认为属于哪一类。

若训练集 $D=\{x_1,x_2,\cdots,x_m\}$ 由上述过程生成,在这里,我们要引入一个隐变量 $\boldsymbol{z}_j=\{1,2,\cdots,k\}$ 表示得到样本 $\boldsymbol{x}_j$ 的高斯分布模型,其取值未知。有的书上用一维向量来表示,即若认为样本 $\boldsymbol{x}_j$ 来自第 2 个高斯分布模型,则 $\boldsymbol{z}_j=[0,1,0,0,\cdots,0]$。这里直接用数字来表示来自第几个分布模型。显然,$\boldsymbol{z}_j$ 的先验概率 $p(\boldsymbol{z}_j=i)$ 表示是通过第 i 个分布模型生成的概率,就是高斯混合模型中的参数 $\alpha_i(i=1,2,\cdots,k)$。

前面说了,α 是一个先验概念,是从模型到样本的过程。而现在我们在已经拿到了样本 x_j 的情况下反推其来自哪个分布模型,是逆向过程,因此用 $p_M(\boldsymbol{z}_j=i\mid x_j)$ 来表示样本 $\boldsymbol{x}_j$ 来自第 i 个分布模型的后验概率。根据贝叶斯定理,$\boldsymbol{z}_j$ 的后验分布计算如式(5-42)所示。

$$
\begin{aligned}
p_M(\boldsymbol{z}_j=i\mid \boldsymbol{x}_j)&=\frac{P(\boldsymbol{z}_j=i)\cdot p_M(\boldsymbol{x}_j\mid \boldsymbol{z}_j=i)}{p_M(\boldsymbol{x}_j)}\\
&=\frac{\alpha_i\cdot p(\boldsymbol{x}_j\mid \boldsymbol{u}_i,\boldsymbol{\Sigma}_i)}{\sum_{l=1}^{k}\alpha_l\cdot p(\boldsymbol{x}_j\mid \boldsymbol{u}_l,\boldsymbol{\Sigma}_l)}
\end{aligned}
\tag{5-42}
$$

换言之,$p_M(\boldsymbol{z}_j=i\mid x_j)$ 给出了样本 $\boldsymbol{x}_j$ 由第 i 个高斯混合成分生成的后验概率。为方便叙述,将其简记为 $\gamma_{ji}(i=1,2,\cdots,k)$。其中,$p_M(\boldsymbol{x}_j\mid \boldsymbol{z}_j=i)$ 表示按照第 i 个高斯分布模型生成 $\boldsymbol{x}_j$ 的概率密度,第 i 个高斯分布模型的参数是 $\boldsymbol{u}_i,\boldsymbol{\Sigma}_i$,故而就等于 $p(\boldsymbol{x}_j\mid \boldsymbol{u}_i,\boldsymbol{\Sigma}_i)$,其中,$p_M(\boldsymbol{x}_j)$ 表示综合所有的混合成分后 $\boldsymbol{x}_j$ 总的概率密度。上述等式第一行由贝叶斯公式 $p(A\mid B)=\frac{p(A)P(B\mid A)}{p(B)}$ 得到。

$\boldsymbol{x}_j$ 来自哪个模型的概率越大,就认为属于哪一类。即当高斯混合分布已知时,高斯混合聚类将把样本集 D 划分为 k 个簇 $C=\{C_1,C_2,\cdots,C_k\}$,每个样本 $\boldsymbol{x}_j$ 的簇标记 λ_j 如式(5-43)所示。

$$
\lambda_j=\arg\max\gamma_{ji},\quad i\in\{1,2,\cdots,k\}
\tag{5-43}
$$

因此,从原型聚类的角度来看,高斯混合聚类是采用概率模型(高斯分布)对原型进行刻画,簇划分则由原型对应后验概率确定。

3. 确定高斯混合模型参数

当已知高斯混合模型时,就可以进行聚类的划分,那么如何求解这个模型,得到它的三个参数($\alpha_i,\boldsymbol{u}_i,\boldsymbol{\Sigma}_i$)呢?

这里要用到前面介绍的 EM 算法(期望最大算法),它是一种常用的用来估计参数隐变量的利器,是一种迭代式的方法。其实原理很简单:为什么我们能拿到手中的样本,而不是其他数据呢？我们认为这是由于选出这样一组样本的概率最大，所以才运气爆表，被我们拿到手。

由上文知，按照高斯混合模型选出一个样本 x_j 的概率密度：

$$p_M(\boldsymbol{x}_j)=\sum_{i=1}^{k}\alpha_i p(\boldsymbol{x}_j \mid \boldsymbol{u}_i,\boldsymbol{\Sigma}_i)$$

对于现有的 m 个样本数据，选到任意一个都是一个独立事件，最终的概率自然是全部相乘，即

$$\prod_{j=1}^{m} p_M(\boldsymbol{x}_j)$$

但是，连乘不好处理，因此一般习惯对它取对数，于是样本集 D 的最大化对数似然函数就定义如式(5-44)所示。

$$\begin{aligned}\mathrm{LL}(D)&=\ln\Big(\prod_{j=1}^{m} p_M(\boldsymbol{x}_j)\Big)\\&=\sum_{j=1}^{m}\ln(p_M(\boldsymbol{x}_j))\\&=\sum_{j=1}^{m}\ln\Big(\sum_{i=1}^{k}\alpha_i\cdot p(\boldsymbol{x}_j \mid \boldsymbol{u}_i,\boldsymbol{\Sigma}_i)\Big)\end{aligned}\tag{5-44}$$

按照式(5-44)只要能求出使 LL(D)最大的参数就可以了。

那么怎么求满足要求的参数呢？

设参数 $\theta_i=\{(\alpha_i,\boldsymbol{u}_i,\boldsymbol{\Sigma}_i)\}$能使最大化，那么 LL($D$)对每个参数的偏导数应该为 0，但是偏导数为 0 求出的参数有可能只是局部最优解(LL(D)取极大值或驻点)，而不是全局最优解(LL(D)取最大值)。

经过前一部分的推导，可以发现求出的每个参数都可以用 γ_{ji} 表示。所以，我们在求出了一组模型参数后，按照这种模型得到对应的 γ_{ji}，再用得到的 γ_{ji} 继续按照偏导数为 0 的方式求出新的参数。如此循环迭代，直到我们认为足够为止。

至于为什么每次迭代都可以使求得的参数更优，这个问题就不在本书中展开叙述了，具体可以参考 EM 算法的相关资料。

现在具体求解式(5-44)中的每个参数。

1) $\boldsymbol{u}$ 参数的计算

$$\frac{\partial \mathrm{LL}(D)}{\partial \boldsymbol{u}_i}=0$$

$$\Rightarrow \frac{\partial}{\partial \boldsymbol{u}_i}\sum_{j=1}^{m}\ln\Big(\sum_{i=1}^{k}\alpha_i\cdot p(\boldsymbol{x}_j \mid \boldsymbol{u}_i,\boldsymbol{\Sigma}_i)\Big)=0$$

$$\Rightarrow \sum_{j=1}^{m}\frac{1}{\sum_{l=1}^{k}\alpha_l\cdot p(\boldsymbol{x}_j \mid \boldsymbol{u}_l,\boldsymbol{\Sigma}_l)}\frac{\partial}{\partial \boldsymbol{u}_i}\Big[\sum_{l=1}^{k}\alpha_l\cdot p(\boldsymbol{x}_j \mid \boldsymbol{u}_l,\boldsymbol{\Sigma}_l)\Big]=0$$

这里因为对 $\boldsymbol{u}_i$ 求偏导，为了避免混淆，将求和变量写成了 l。

对于$\frac{\partial}{\partial \boldsymbol{u}_i}\Big[\sum_{l=1}^{k}\alpha_l\cdot p(\boldsymbol{x}_j \mid \boldsymbol{u}_l,\boldsymbol{\Sigma}_{il})\Big]$来说，只有当 $l=i$ 时，包含 $\boldsymbol{u}_i$ 的内容，其余对求 $\boldsymbol{u}_i$ 偏导为 0，可以舍去，则继续推导如下。

$$\Rightarrow \sum_{j=1}^{m} \frac{1}{\sum_{l=1}^{k} \alpha_l \cdot p(\boldsymbol{x}_j \mid \boldsymbol{u}_l, \boldsymbol{\Sigma}_l)} \frac{\partial}{\partial \boldsymbol{u}_i}[\alpha_i \cdot p(\boldsymbol{x}_j \mid \boldsymbol{u}_i, \boldsymbol{\Sigma}_i)] = 0$$

其中,

$$\begin{aligned}
&\frac{\partial}{\partial \boldsymbol{u}_i}[\alpha_i \cdot p(\boldsymbol{x}_j \mid \boldsymbol{u}_i, \boldsymbol{\Sigma}_i)] \\
&= \frac{\partial}{\partial \boldsymbol{u}_i}\left\{\alpha_i \cdot \frac{1}{(2\pi)^{\frac{n}{2}} \mid \boldsymbol{\Sigma}_i \mid^{\frac{1}{2}}} \mathrm{e}^{-\frac{1}{2}(\boldsymbol{x}_j-\boldsymbol{u}_i)^{\mathrm{T}}\boldsymbol{\Sigma}_i^{-1}(\boldsymbol{x}_j-\boldsymbol{u}_i)}\right\} \\
&= \alpha_i \cdot \frac{\mathrm{e}^{-\frac{1}{2}(\boldsymbol{x}_j-\boldsymbol{u}_i)^{\mathrm{T}}\boldsymbol{\Sigma}_i^{-1}(\boldsymbol{x}_j-\boldsymbol{u}_i)}}{(2\pi)^{\frac{n}{2}} \mid \boldsymbol{\Sigma}_i \mid^{\frac{1}{2}}} \frac{\partial}{\partial \boldsymbol{u}_i}\left[-\frac{1}{2}(\boldsymbol{x}_j-\boldsymbol{u}_i)^{\mathrm{T}} \boldsymbol{\Sigma}_i^{-1}(\boldsymbol{x}_j-\boldsymbol{u}_i)\right] \\
&= \alpha_i \cdot p(\boldsymbol{x}_j \mid \boldsymbol{u}_i, \boldsymbol{\Sigma}_i) \cdot (\boldsymbol{x}_j - \boldsymbol{u}_i)
\end{aligned}$$

这里是向量/矩阵对另一个向量求导,不是标量求导,具体可以参考矩阵求导相关资料。因此继续推导为式(5-45)的形式。

$$\Rightarrow \sum_{j=1}^{m} \frac{\alpha_i \cdot p(\boldsymbol{x}_j \mid \boldsymbol{u}_i, \boldsymbol{\Sigma}_i)}{\sum_{l=1}^{k} \alpha_l \cdot p(\boldsymbol{x}_j \mid \boldsymbol{u}_l, \boldsymbol{\Sigma}_l)} \cdot (\boldsymbol{x}_j - \boldsymbol{u}_i) = 0$$

$$\Rightarrow \sum_{j=1}^{m} p_M(z_j = i \mid \boldsymbol{x}_j) \cdot (\boldsymbol{x}_j - \boldsymbol{u}_i)$$

$$\Rightarrow \sum_{j=1}^{m} \gamma_{ji} \cdot (\boldsymbol{x}_j - \boldsymbol{u}_i)$$

$$\Rightarrow \sum_{j=1}^{m} \gamma_{ji} \cdot \boldsymbol{x}_j = \sum_{j=1}^{m} \gamma_{ji} \cdot \boldsymbol{u}_i$$

$$\Rightarrow \boldsymbol{u}_i = \frac{\sum_{j=1}^{m} \gamma_{ji} \boldsymbol{x}_j}{\sum_{j=1}^{m} \gamma_{ji}} \tag{5-45}$$

至此,得到参数 $\boldsymbol{u}_i$ 的迭代公式。

2) $\boldsymbol{\Sigma}$ 参数的计算

同理,由

$$\frac{\partial \mathrm{LL}(D)}{\partial \boldsymbol{\Sigma}_i} = 0$$

进行推导后,得到式(5-46)。

$$\boldsymbol{\Sigma}_i = \frac{\sum_{j=1}^{m} \gamma_{ji}(\boldsymbol{x}_j - \boldsymbol{u}_i)(\boldsymbol{x}_j - \boldsymbol{u}_i)^{\mathrm{T}}}{\sum_{j=1}^{m} \gamma_{ji}} \tag{5-46}$$

3) α 参数的计算

求 α 的过程略有不同,因为除了要使 LL(D) 最大化以外,α 还要满足它自身的条件:$\alpha_i \geqslant 0, \sum_{i=1}^{k} \alpha_i = 1$。

这是一个有条件的极值问题，我们要用拉格朗日乘数法来求解(具体可以参考拉格朗日乘数法求极值的相关资料)。考虑 LL(D)的拉格朗日形式：

$$\mathrm{LL}(D)+\lambda\left(\sum_{i=1}^{k}\alpha_i-1\right)$$

其中，λ 为拉格朗日乘子。由上式对 α_i 的导数为 0，有：

$$\sum_{j=1}^{m}\frac{p(\boldsymbol{x}_j\mid\boldsymbol{u}_i,\boldsymbol{\Sigma}_i)}{\sum_{l=1}^{k}\alpha_l\cdot p(\boldsymbol{x}_j\mid\boldsymbol{u}_l,\boldsymbol{\Sigma}_l)}+\lambda=0$$

两边同乘以 α_i，对所有混合成分求和可知 $\lambda=-m$，有式(5-47)：

$$\alpha_i=\frac{1}{m}\sum_{j=1}^{m}\gamma_{ji} \tag{5-47}$$

至此，均已给出了高斯混合模型聚类的所有参数公式。

因此即可获得高斯混合模型的 EM 算法：在每步迭代中，先根据当前参数来计算每个样本属于每个高斯成分的后验概率 γ_{ji} (E 步)；再根据上述参数计算公式更新模型参数 $\{(\alpha_i,\boldsymbol{u}_i,\boldsymbol{\Sigma}_i)\mid 1\leqslant i\leqslant k\}$ (M 步)。

之后只要不断迭代，并按照聚类算法划分方式来进行聚类划分即可。下面将给出高斯混合聚类的算法步骤。

4. 高斯混合聚类的步骤

总结高斯混合聚类的步骤，整个步骤下来，这种做法其实就是一种原型聚类：通过找到可以刻画样本的原型($\alpha_i,\boldsymbol{u}_i,\boldsymbol{\Sigma}_i$)，迭代得到 $\alpha_i,\boldsymbol{u}_i,\boldsymbol{\Sigma}_i$ 参数的最优解。

已知样本集是 $D=\{x_1,x_2,\cdots,x_m\}$，要将这些样本聚成 k 类。我们认为样本服从混合高斯分布：

$$p_M(\boldsymbol{x})=\sum_{i=1}^{k}\alpha_i p(\boldsymbol{x}\mid\boldsymbol{u}_i,\boldsymbol{\Sigma}_i)$$

其中，$p(\boldsymbol{x}\mid\boldsymbol{u}_i,\boldsymbol{\Sigma}_i)$是一个多元高斯分布，即一个混合成分；$\alpha_i$ 表示混合系数，即选择第 i 个混合成分的概率。

第一步：初始化高斯混合分布的模型参数 $\alpha_i,\boldsymbol{u}_i,\boldsymbol{\Sigma}_i$。

第二步：计算 $\boldsymbol{x}_j$ 由各混合成分生成的后验概率，即观测数据 $\boldsymbol{x}_j$ 由第 i 个分模型生成的概率 $p_M(z_j=i\mid\boldsymbol{x}_j)$，并记为 γ_{ji}，如式(5-48)所示。

$$\gamma_{ji}=\frac{\alpha_i\cdot p(\boldsymbol{x}_j\mid\boldsymbol{u}_i,\boldsymbol{\Sigma}_i)}{\sum_{l=1}^{k}\alpha_l\cdot p(\boldsymbol{x}_j\mid\boldsymbol{u}_l,\boldsymbol{\Sigma}_l)} \tag{5-48}$$

第三步：根据式(5-45)～式(5-47)，计算新的模型参数。

$$\boldsymbol{u}'_i=\frac{\sum_{j=1}^{m}\gamma_{ji}\boldsymbol{x}_j}{\sum_{j=1}^{m}\gamma_{ji}}$$

$$\boldsymbol{\Sigma}'_i=\frac{\sum_{j=1}^{m}\gamma_{ji}(\boldsymbol{x}_j-\boldsymbol{u}'_i)(\boldsymbol{x}_j-\boldsymbol{u}'_i)^{\mathrm{T}}}{\sum_{j=1}^{m}\gamma_{ji}}$$

$$\alpha'_i=\frac{1}{m}\sum_{j=1}^{m}\gamma_{ji}$$

第四步：按照新的模型参数重复第二、第三步，直到满足停止条件(例如，已达到最大迭代轮数，或似然函数 LL(D)增长很少甚至不再增长)。

第五步：将每个样本按照式(5-43)$\lambda_j=\arg\max\gamma_{ji}, i\in\{1,2,\cdots,k\}$划入对应的簇。即对每个样本来自哪个分布模型的概率大就划入哪个分布模型的簇中，最终就得到了 k 个聚类。

5.5.3 高斯混合聚类算法示例

本节将以表 5.1 西瓜样本数据集 4.0 为例，详细演示高斯混合聚类算法的原理和具体迭代过程和聚类结果的性能。

1. 基于高斯混合聚类算法实现西瓜数据聚类

令高斯混合成分的个数 $k=3$，最大迭代次数为 2(计算量较大，仅以两次迭代过程为例详细说明，其他迭代过程类似，更多迭代情况可以参考 Python 代码实现高斯混合聚类部分)。

算法开始时，假定将高斯混合分布的模型参数初始化为：

$$\alpha_1=\alpha_2=\alpha_3=\frac{1}{3}$$

$$\boldsymbol{u}_1=\boldsymbol{x}_6,\boldsymbol{u}_2=\boldsymbol{x}_{22},\boldsymbol{u}_3=\boldsymbol{x}_{27}$$

$$\boldsymbol{\Sigma}_1=\boldsymbol{\Sigma}_2=\boldsymbol{\Sigma}_3=\begin{pmatrix}0.1 & 0\\ 0 & 0.1\end{pmatrix}$$

第一轮迭代：

在第一轮迭代中，先计算样本由各混合成分生成的后验概率。以 $\boldsymbol{x}_1(0.697,0.460)$为例，由公式

$$\gamma_{ji}=\frac{\alpha_i\cdot p(\boldsymbol{x}_j\mid\boldsymbol{u}_i,\boldsymbol{\Sigma}_i)}{\sum_{l=1}^{k}\alpha_l\cdot p(\boldsymbol{x}_j\mid\boldsymbol{u}_l,\boldsymbol{\Sigma}_l)}$$

$$p(\boldsymbol{x}_j\mid\boldsymbol{u}_i,\boldsymbol{\Sigma}_i)=\frac{1}{(2\pi)^{\frac{n}{2}}\mid\boldsymbol{\Sigma}_i\mid^{\frac{1}{2}}}\mathrm{e}^{-\frac{1}{2}(\boldsymbol{x}_j-\boldsymbol{u}_i)^{\mathrm{T}}\boldsymbol{\Sigma}_i^{-1}(\boldsymbol{x}_j-\boldsymbol{u}_i)}$$

算出对应的后验概率(计算较复杂，可以用代码实现计算)：

$$\begin{aligned}\gamma_{11}&=\frac{\alpha_1\cdot p(\boldsymbol{x}_1\mid\boldsymbol{u}_1,\boldsymbol{\Sigma}_1)}{\sum_{l=1}^{3}\alpha_l\cdot p(\boldsymbol{x}_1\mid\boldsymbol{u}_l,\boldsymbol{\Sigma}_l)}\\&=\frac{\alpha_1\cdot p(\boldsymbol{x}_1\mid\boldsymbol{u}_1,\boldsymbol{\Sigma}_1)}{\alpha_1\cdot p(\boldsymbol{x}_1\mid\boldsymbol{u}_1,\boldsymbol{\Sigma}_1)+\alpha_2\cdot p(\boldsymbol{x}_1\mid\boldsymbol{u}_2,\boldsymbol{\Sigma}_2)+\alpha_3\cdot p(\boldsymbol{x}_1\mid\boldsymbol{u}_3,\boldsymbol{\Sigma}_3)}\\&=\frac{1}{3}\cdot\frac{1}{(2\pi)^{\frac{2}{2}}\left|\begin{pmatrix}0.1 & 0\\ 0 & 0.1\end{pmatrix}\right|^{\frac{1}{2}}}\mathrm{e}^{-\frac{1}{2}(\boldsymbol{x}_1-\boldsymbol{x}_6)^{\mathrm{T}}\begin{pmatrix}0.1 & 0\\ 0 & 0.1\end{pmatrix}^{-1}(\boldsymbol{x}_1-\boldsymbol{x}_6)}\Big/\\&\quad\Big[\frac{1}{3}\cdot\frac{1}{(2\pi)^{\frac{2}{2}}\left|\begin{pmatrix}0.1 & 0\\ 0 & 0.1\end{pmatrix}\right|^{\frac{1}{2}}}\mathrm{e}^{\frac{1}{2}(\boldsymbol{x}_1-\boldsymbol{x}_{22})^{\mathrm{T}}\begin{pmatrix}0.1 & 0\\ 0 & 0.1\end{pmatrix}^{1}(\boldsymbol{x}_1-\boldsymbol{x}_6)}+\end{aligned}$$

$$\frac{1}{3}\cdot\frac{1}{(2\pi)^{\frac{2}{2}}\left|\begin{pmatrix}0.1 & 0\\0 & 0.1\end{pmatrix}\right|^{\frac{1}{2}}}e^{-\frac{1}{2}(x_1-x_{22})^{\mathrm{T}}\begin{pmatrix}0.1 & 0\\0 & 0.1\end{pmatrix}^{-1}(x_1-x_{22})}+$$

$$\left.\frac{1}{3}\cdot\frac{1}{(2\pi)^{\frac{2}{2}}\left|\begin{pmatrix}0.1 & 0\\0 & 0.1\end{pmatrix}\right|^{\frac{1}{2}}}e^{-\frac{1}{2}(x_1-x_6)^{\mathrm{T}}\begin{pmatrix}0.1 & 0\\0 & 0.1\end{pmatrix}^{-1}(x_1-x_{27})}\right]$$

$$=\frac{0.26854702}{0.26854702+0.49642182+0.46266628}=0.21871496$$

类似步骤求得：$\gamma_{12}=\frac{\alpha_2\cdot p(\boldsymbol{x}_1\mid \boldsymbol{u}_2,\boldsymbol{\Sigma}_2)}{\sum_{l=1}^{3}\alpha_l\cdot p(\boldsymbol{x}_1\mid \boldsymbol{u}_l,\boldsymbol{\Sigma}_l)}=0.404372451$，$\gamma_{13}=\frac{\alpha_3\cdot p(\boldsymbol{x}_1\mid \boldsymbol{u}_3,\boldsymbol{\Sigma}_3)}{\sum_{l=1}^{3}\alpha_l\cdot p(\boldsymbol{x}_1\mid \boldsymbol{u}_l,\boldsymbol{\Sigma}_l)}=$ 0.376876053。

所有样本的后验概率计算之后，填入下面的各个数据点对应的后验概率表 5.24 中。

表 5.24　各个数据点后验概率表(第一轮)

数据点 $\boldsymbol{x}_j$	γ_{j1}	γ_{j2}	γ_{j3}
$\boldsymbol{x}_1$	0.218751496	0.404372451	0.376876053
$\boldsymbol{x}_2$	0.212533878	0.455507144	0.331958978
$\boldsymbol{x}_3$	0.309652299	0.380041346	0.310306355
$\boldsymbol{x}_4$	0.302958134	0.363734653	0.333307213
$\boldsymbol{x}_5$	0.367580223	0.335553561	0.296866217
$\boldsymbol{x}_6$	0.438761846	0.254919236	0.306318918
$\boldsymbol{x}_7$	0.434671858	0.292434701	0.272893442
$\boldsymbol{x}_8$	0.432159001	0.271288703	0.296552296
$\boldsymbol{x}_9$	0.3548334	0.398388788	0.246777812
$\boldsymbol{x}_{10}$	0.506479977	0.184855565	0.308664458
$\boldsymbol{x}_{11}$	0.60055364	0.175433835	0.224012525
$\boldsymbol{x}_{12}$	0.531362207	0.220393352	0.248244441
$\boldsymbol{x}_{13}$	0.344123224	0.383411875	0.272464901
$\boldsymbol{x}_{14}$	0.321461332	0.39437304	0.284165628
$\boldsymbol{x}_{15}$	0.401547099	0.235934644	0.362518256
$\boldsymbol{x}_{16}$	0.414540985	0.351606217	0.233852798
$\boldsymbol{x}_{17}$	0.3218171	0.431675165	0.246507735
$\boldsymbol{x}_{18}$	0.483508474	0.232248714	0.284242811
$\boldsymbol{x}_{19}$	0.470121728	0.224820354	0.305057919
$\boldsymbol{x}_{20}$	0.491746102	0.200425485	0.307828414
$\boldsymbol{x}_{21}$	0.265507536	0.448600719	0.285891745
$\boldsymbol{x}_{22}$	0.245799587	0.42306529	0.331135123
$\boldsymbol{x}_{23}$	0.366056357	0.295990483	0.337953159
$\boldsymbol{x}_{24}$	0.318185239	0.290288056	0.391526705

续表

数据点 x_j	γ_{j1}	γ_{j2}	γ_{j3}
$\boldsymbol{x}_{25}$	0.32312169	0.316815315	0.360062995
$\boldsymbol{x}_{26}$	0.191050473	0.431163621	0.377785906
$\boldsymbol{x}_{27}$	0.28141337	0.315498729	0.403087901
$\boldsymbol{x}_{28}$	0.344854062	0.28983776	0.365308178
$\boldsymbol{x}_{29}$	0.2123873	0.42138272	0.366229979
$\boldsymbol{x}_{30}$	0.323694373	0.273827892	0.402477735

根据参数$\boldsymbol{u}'$的迭代计算公式：

$$\boldsymbol{u}'_i = \frac{\sum_{j=1}^{m} \gamma_{ji} \boldsymbol{x}_j}{\sum_{j=1}^{m} \gamma_{ji}}$$

求得：

$$\boldsymbol{u}'_1 = \frac{\sum_{j=1}^{30} \gamma_{j1} \boldsymbol{x}_j}{\sum_{j=1}^{30} \gamma_{j1}}$$

$$= \frac{0.218751496 \times (0.697, 0.46) + 0.212533878 \times (0.774, 0.376) + \cdots + 0.323694373 \times (0.446, 0.459)}{0.218751496 + 0.212533878 + \cdots + 0.323694373}$$

$$= (0.49091163, 0.25101938)$$

同理可得：

$$\boldsymbol{u}'_2 = \frac{\sum_{j=1}^{30} \gamma_{j2} \boldsymbol{x}_j}{\sum_{j=1}^{30} \gamma_{j2}} = (0.57124964, 0.28132718)$$

$$\boldsymbol{u}'_3 = \frac{\sum_{j=1}^{30} \gamma_{j3} \boldsymbol{x}_j}{\sum_{j=1}^{30} \gamma_{j3}} = (0.53352035, 0.29499597)$$

根据参数$\boldsymbol{\Sigma}'$的迭代计算公式：

$$\boldsymbol{\Sigma}'_i = \frac{\sum_{j=1}^{m} \gamma_{ji} (\boldsymbol{x}_j - \boldsymbol{u}'_i)(\boldsymbol{x}_j - \boldsymbol{u}'_i)^{\mathrm{T}}}{\sum_{j=1}^{m} \gamma_{ji}}$$

求得：

$$\boldsymbol{\Sigma}'_1 = \frac{\sum_{j=1}^{m} \gamma_{j1} (\boldsymbol{x}_j - \boldsymbol{u}'_1)(\boldsymbol{x}_j - \boldsymbol{u}'_1)^{\mathrm{T}}}{\sum_{j=1}^{m} \gamma_{ji}}$$

$$
\begin{aligned}
&\quad 0.218751496\times((0.697,0.46)-(0.49091163,0.25101938))\times((0.697,0.46)-\\
&\quad (0.49091163,0.25101938))^{\mathrm{T}}+0.212533878\times((0.774,0.376)-(0.49091163,0.25101938))\times\\
&\quad ((0.774,0.376)-(0.49091163,0.25101938))^{\mathrm{T}}+0.309652299\times((0.634,0.264)-\\
&\quad (0.49091163,0.25101938))\times((0.634,0.264)-(0.49091163,0.25101938))^{\mathrm{T}}+\cdots+\\
&\quad 0.323694373\times((0.446,0.459)-(0.49091163,0.25101938))\times((0.446,0.459)-\\
&=\frac{\quad (0.49091163,0.25101938))^{\mathrm{T}}}{0.218751496+0.212533878+\cdots+0.323694373}\\
&=\begin{pmatrix}0.02530905 & 0.00413907\\ 0.00413907 & 0.01586245\end{pmatrix}
\end{aligned}
$$

同理可得：

$$
\boldsymbol{\Sigma}'_2=\frac{\sum_{j=1}^{m}\gamma_{j2}(\boldsymbol{x}_j-\boldsymbol{u}'_2)(\boldsymbol{x}_j-\boldsymbol{u}'_2)^{\mathrm{T}}}{\sum_{j=1}^{m}\gamma_{ji}}=\begin{pmatrix}0.02258977 & 0.00368009\\ 0.00368009 & 0.01736282\end{pmatrix}
$$

$$
\boldsymbol{\Sigma}'_3=\frac{\sum_{j=1}^{m}\gamma_{j3}(\boldsymbol{x}_j-\boldsymbol{u}'_3)(\boldsymbol{x}_j-\boldsymbol{u}'_3)^{\mathrm{T}}}{\sum_{j=1}^{m}\gamma_{ji}}=\begin{pmatrix}0.02430492 & 0.00470485\\ 0.00470485 & 0.01636687\end{pmatrix}
$$

根据参数 α' 的迭代计算公式：

$$
\alpha'_i=\frac{1}{m}\sum_{j=1}^{m}\gamma_{ji}
$$

求得：

$$
\begin{aligned}
\alpha'_1&=\frac{1}{30}\sum_{j=1}^{30}\gamma_{j1}=\frac{1}{30}(0.218751496+0.212533878+\cdots+0.323694373)=\frac{10.83123399}{30}\\
&=0.361041132
\end{aligned}
$$

$$
\begin{aligned}
\alpha'_2&=\frac{1}{30}\sum_{j=1}^{30}\gamma_{j2}=\frac{1}{30}(0.404372451+0.455507144+\cdots+0.273827892)=\frac{9.69788942}{30}\\
&=0.32326298
\end{aligned}
$$

$$
\begin{aligned}
\alpha'_3&=\frac{1}{30}\sum_{j=1}^{30}\gamma_{j3}=\frac{1}{30}(0.376876053+0.331958978+\cdots+0.402477735)=\frac{9.470876593}{30}\\
&=0.31569589
\end{aligned}
$$

因为参数发生了变更，且没到我们预设的迭代停止次数，进入下一轮迭代。

第二轮迭代：

在第二轮迭代中，类似第一轮迭代过程，先计算样本由各混合成分生成的后验概率。仍然以 $x_1(0.697,0.460)$ 为例，由公式：

$$
\gamma_{ji}=\frac{\alpha_i\cdot p(\boldsymbol{x}_j\mid\boldsymbol{u}_i,\boldsymbol{\Sigma}_i)}{\sum_{l=1}^{k}\alpha_l\cdot p(\boldsymbol{x}_j\mid\boldsymbol{u}_l,\boldsymbol{\Sigma}_l)}
$$

$$
p(\boldsymbol{x}_j\mid\boldsymbol{u}_i,\boldsymbol{\Sigma}_i)=\frac{1}{(2\pi)^{\frac{n}{2}}\left|\boldsymbol{\Sigma}_i\right|^{\frac{1}{2}}}\mathrm{e}^{-\frac{1}{2}(\boldsymbol{x}_j-\boldsymbol{u}_i)^{\mathrm{T}}\boldsymbol{\Sigma}_i^{-1}(\boldsymbol{x}_j-\boldsymbol{u}_i)}
$$

算出对应的后验概率(计算较复杂,可以用代码实现计算)。这一轮的参数需要更新为:

$\alpha'_1 = 0.361041132$

$\alpha'_2 = 0.32326298$

$\alpha'_3 = 0.31569589$

$\boldsymbol{u}'_1 = (0.49091163, 0.25101938)$

$\boldsymbol{u}'_2 = (0.57124964, 0.28132718)$

$\boldsymbol{u}'_3 = (0.53352035, 0.29499597)$

$$\boldsymbol{\Sigma}'_1 = \begin{pmatrix} 0.02530905 & 0.00413907 \\ 0.00413907 & 0.01586245 \end{pmatrix}$$

$$\boldsymbol{\Sigma}'_2 = \begin{pmatrix} 0.02258977 & 0.00368009 \\ 0.00368009 & 0.01736282 \end{pmatrix}$$

$$\boldsymbol{\Sigma}'_3 = \begin{pmatrix} 0.02430492 & 0.00470485 \\ 0.00470485 & 0.01636687 \end{pmatrix}$$

$$\gamma_{11} = \frac{\alpha'_1 \cdot p(\boldsymbol{x}_1 \mid \boldsymbol{u}'_1, \boldsymbol{\Sigma}'_1)}{\sum_{l=1}^{3} \alpha_l \cdot p(\boldsymbol{x}_1 \mid \boldsymbol{u}'_l, \boldsymbol{\Sigma}'_l)}$$

$$= \frac{\alpha'_1 \cdot p(\boldsymbol{x}_1 \mid \boldsymbol{u}'_1, \boldsymbol{\Sigma}'_1)}{\alpha'_1 \cdot p(\boldsymbol{x}_1 \mid \boldsymbol{u}'_1, \boldsymbol{\Sigma}'_1) + \alpha'_2 \cdot p(\boldsymbol{x}_1 \mid \boldsymbol{u}'_2, \boldsymbol{\Sigma}'_2) + \alpha'_3 \cdot p(\boldsymbol{x}_1 \mid \boldsymbol{u}'_3, \boldsymbol{\Sigma}'_3)}$$

$$= \frac{0.46058150}{0.46058150 + 0.88326705 + 0.84150969} = 0.21075789$$

类似步骤求得:$\gamma_{12} = \dfrac{\alpha'_2 \cdot p(\boldsymbol{x}_1 \mid \boldsymbol{u}'_2, \boldsymbol{\Sigma}'_2)}{\sum_{l=1}^{3} \alpha_l \cdot p(\boldsymbol{x}_1 \mid \boldsymbol{u}'_l, \boldsymbol{\Sigma}'_l)} = 0.40417495$,$\gamma_{13} = \dfrac{\alpha'_3 \cdot p(\boldsymbol{x}_1 \mid \boldsymbol{u}'_3, \boldsymbol{\Sigma}'_3)}{\sum_{l=1}^{3} \alpha_l \cdot p(\boldsymbol{x}_1 \mid \boldsymbol{u}'_l, \boldsymbol{\Sigma}'_l)} = 0.38506716$。

所有样本的后验概率计算之后,填入下面第二轮迭代中的各个数据点对应由第 i 个高斯混合成分生成的后验概率表 5.25 中。

表 5.25 各个数据点后验概率表(第二轮)

数据点 x_j	γ_{j1}	γ_{j2}	γ_{j3}	被划入簇
$\boldsymbol{x}_1$	0.21075789	0.40417495	0.38506716	C_2
$\boldsymbol{x}_2$	0.22306583	0.43190128	0.34503289	C_2
$\boldsymbol{x}_3$	0.31145459	0.37857097	0.30997444	C_2
$\boldsymbol{x}_4$	0.30155843	0.36286959	0.33557198	C_2
$\boldsymbol{x}_5$	0.36489668	0.33871867	0.29638465	C_1
$\boldsymbol{x}_6$	0.44290442	0.24661299	0.31048258	C_1
$\boldsymbol{x}_7$	0.4276232	0.29767451	0.27470228	C_1
$\boldsymbol{x}_8$	0.43237871	0.26685538	0.30076591	C_1
$\boldsymbol{x}_9$	0.34491555	0.42671563	0.22836882	C_2

续表

数据点 x_j	γ_{j1}	γ_{j2}	γ_{j3}	被划入簇
x_{10}	0.53620083	0.1592048	0.30459437	C_1
x_{11}	0.60628613	0.15569424	0.23801962	C_1
x_{12}	0.52956261	0.21223442	0.25820297	C_1
x_{13}	0.34184368	0.39459817	0.26355815	C_2
x_{14}	0.32360761	0.39859796	0.27779444	C_2
x_{15}	0.40872629	0.23458064	0.35669307	C_1
x_{16}	0.38867138	0.39274162	0.218587	C_2
x_{17}	0.32021855	0.45460869	0.22517276	C_2
x_{18}	0.48992957	0.21950811	0.29056232	C_1
x_{19}	0.48215632	0.20939195	0.30845172	C_1
x_{20}	0.51359888	0.17880149	0.30759962	C_1
x_{21}	0.2795391	0.43923479	0.28122611	C_2
x_{22}	0.25151693	0.41078573	0.33769735	C_2
x_{23}	0.36420363	0.29607466	0.33972171	C_1
x_{24}	0.30704827	0.30760263	0.38534909	C_3
x_{25}	0.31679517	0.3225979	0.36060693	C_3
x_{26}	0.18495637	0.42276085	0.39228277	C_2
x_{27}	0.26435834	0.33922345	0.39641821	C_3
x_{28}	0.33978038	0.29624561	0.36397401	C_3
x_{29}	0.20910893	0.41325829	0.37763278	C_2
x_{30}	0.31230128	0.29584669	0.39185203	C_3

根据参数 $\boldsymbol{u}'$ 的迭代计算公式：

$$\boldsymbol{u}'_i=\frac{\sum_{j=1}^{m}\gamma_{ji}\boldsymbol{x}_j}{\sum_{j=1}^{m}\gamma_{ji}}$$

求得：

$$\begin{aligned}u'_1&=\frac{\sum_{j=1}^{30}\gamma_{j1}\boldsymbol{x}_j}{\sum_{j=1}^{30}\gamma_{j1}}\\&=\frac{0.21075789\times(0.697,0.46)+0.22306583\times(0.774,0.376)+\cdots+0.31230128\times(0.446,0.459)}{0.21075789+0.22306583+\cdots+0.31230128}\end{aligned}$$

$$=(0.48924099,0.25067122)$$

同理可得:

$$\boldsymbol{u}'_2=\frac{\sum_{j=1}^{30}\gamma_{j2}\boldsymbol{x}_j}{\sum_{j=1}^{30}\gamma_{j2}}=(0.57349511,0.28069029)$$

$$\boldsymbol{u}'_3=\frac{\sum_{j=1}^{30}\gamma_{j3}\boldsymbol{x}_j}{\sum_{j=1}^{30}\gamma_{j3}}=(0.53308399,0.29605611)$$

根据参数$\boldsymbol{\Sigma}'$的迭代计算公式:

$$\boldsymbol{\Sigma}'_i=\frac{\sum_{j=1}^{m}\gamma_{ji}(\boldsymbol{x}_j-\boldsymbol{u}'_i)(\boldsymbol{x}_j-\boldsymbol{u}'_i)^{\mathrm{T}}}{\sum_{j=1}^{m}\gamma_{ji}}$$

求得:

$$\boldsymbol{\Sigma}'_1=\frac{\sum_{j=1}^{m}\gamma_{j1}(\boldsymbol{x}_j-\boldsymbol{u}'_1)(\boldsymbol{x}_j-\boldsymbol{u}'_1)^{\mathrm{T}}}{\sum_{j=1}^{m}\gamma_{ji}}$$

$$=\frac{\begin{aligned}&0.21075789\times((0.697,0.46)-(0.48924099,0.25067122))\times\\&((0.697,0.46)-(0.48924099,0.25067122))^{\mathrm{T}}+0.22306583\times\\&((0.774,0.376)-(0.48924099,0.25067122))\times((0.774,0.376)-\\&(0.48924099,0.25067122))^{\mathrm{T}}+0.31145459\times((0.634,0.264)-\\&(0.48924099,0.25067122))\times((0.634,0.264)-(0.48924099,0.25067122))^{\mathrm{T}}+\cdots+\\&0.38506716\times((0.446,0.459)-(0.48924099,0.25067122))\times\\&((0.446,0.459)-(0.48924099,0.25067122))^{\mathrm{T}}\end{aligned}}{0.21075789+0.22306583+\cdots+0.31230128}$$

$$=\begin{pmatrix}0.02568344 & 0.00418147\\0.00418147 & 0.01552403\end{pmatrix}$$

同理可得:

$$\boldsymbol{\Sigma}'_2=\frac{\sum_{j=1}^{m}\gamma_{j2}(\boldsymbol{x}_j-\boldsymbol{u}'_2)(\boldsymbol{x}_j-\boldsymbol{u}'_2)^{\mathrm{T}}}{\sum_{j=1}^{m}\gamma_{ji}}=\begin{pmatrix}0.02159775 & 0.00306733\\0.00306733 & 0.01777202\end{pmatrix}$$

$$\boldsymbol{\Sigma}'_3=\frac{\sum_{j=1}^{m}\gamma_{j3}(\boldsymbol{x}_j-\boldsymbol{u}'_3)(\boldsymbol{x}_j-\boldsymbol{u}'_3)^{\mathrm{T}}}{\sum_{j=1}^{m}\gamma_{ji}}=\begin{pmatrix}0.02454951 & 0.00524307\\0.00524307 & 0.01627877\end{pmatrix}$$

根据参数α'的迭代计算公式:

$$\alpha'_i = \frac{1}{m}\sum_{j=1}^{m}\gamma_{ji}$$

求得：

$$\alpha'_1 = \frac{1}{30}\sum_{j=1}^{30}\gamma_{j1} = \frac{1}{30}(0.21075789 + 0.22306583 + \cdots + 0.31230128) = \frac{10.82996556}{30}$$
$$= 0.360998852$$

$$\alpha'_2 = \frac{1}{30}\sum_{j=1}^{30}\gamma_{j2} = \frac{1}{30}(0.40417495 + 0.43190128 + \cdots + 0.29584669) = \frac{9.70768667}{30}$$
$$= 0.32358956$$

$$\alpha'_3 = \frac{1}{30}\sum_{j=1}^{30}\gamma_{j3} = \frac{1}{30}(0.38506716 + 0.34503289 + \cdots + 0.39185203) = \frac{9.46234776}{30}$$
$$= 0.315411592$$

因为已经达到了我们预设的迭代停止次数，停止。

最终的簇划分，通过公式 $\lambda_j = \arg\max \gamma_{ji}, i \in \{1, 2, \cdots, k\}$ 可以得到最终的划分结果：

以样本点 x_1 为例，因为 $\arg\max \gamma_{1i} = 2$，所以 x_1 被划分入 C_2 中，以此类推，最终的簇划分结果为：

$$C_1 = \{\boldsymbol{x}_5, \boldsymbol{x}_6, \boldsymbol{x}_7, \boldsymbol{x}_8, \boldsymbol{x}_{10}, \boldsymbol{x}_{11}, \boldsymbol{x}_{12}, \boldsymbol{x}_{15}, \boldsymbol{x}_{18}, \boldsymbol{x}_{19}, \boldsymbol{x}_{20}, \boldsymbol{x}_{23}\}$$
$$C_2 = \{\boldsymbol{x}_1, \boldsymbol{x}_2, \boldsymbol{x}_3, \boldsymbol{x}_4, \boldsymbol{x}_9, \boldsymbol{x}_{13}, \boldsymbol{x}_{14}, \boldsymbol{x}_{16}, \boldsymbol{x}_{17}, \boldsymbol{x}_{21}, \boldsymbol{x}_{22}, \boldsymbol{x}_{26}, \boldsymbol{x}_{29}\}$$
$$C_3 = \{\boldsymbol{x}_{24}, \boldsymbol{x}_{25}, \boldsymbol{x}_{27}, \boldsymbol{x}_{28}, \boldsymbol{x}_{30}\}$$

2. 聚类结果性能度量

1）外部指标

对数据集 $D = \{\boldsymbol{x}_1, \boldsymbol{x}_2, \cdots, \boldsymbol{x}_{30}\}$，通过上一步骤的聚类给出的簇划分结果为 $C = \{C_1, C_2, C_3\}$。

其中：

$$C_1 = \{\boldsymbol{x}_5, \boldsymbol{x}_6, \boldsymbol{x}_7, \boldsymbol{x}_8, \boldsymbol{x}_{10}, \boldsymbol{x}_{11}, \boldsymbol{x}_{12}, \boldsymbol{x}_{15}, \boldsymbol{x}_{18}, \boldsymbol{x}_{19}, \boldsymbol{x}_{20}, \boldsymbol{x}_{23}\}$$
$$C_2 = \{\boldsymbol{x}_1, \boldsymbol{x}_2, \boldsymbol{x}_3, \boldsymbol{x}_4, \boldsymbol{x}_9, \boldsymbol{x}_{13}, \boldsymbol{x}_{14}, \boldsymbol{x}_{16}, \boldsymbol{x}_{17}, \boldsymbol{x}_{21}, \boldsymbol{x}_{22}, \boldsymbol{x}_{26}, \boldsymbol{x}_{29}\}$$
$$C_3 = \{\boldsymbol{x}_{24}, \boldsymbol{x}_{25}, \boldsymbol{x}_{27}, \boldsymbol{x}_{28}, \boldsymbol{x}_{30}\}$$

参考模型给出的簇划分为 $C^* = \{C_1^*, C_2^*\}$，C_1^* 代表好瓜，C_2^* 代表非好瓜。

$$C_1^* = \{\boldsymbol{x}_1, \boldsymbol{x}_2, \boldsymbol{x}_3, \boldsymbol{x}_4, \boldsymbol{x}_5, \boldsymbol{x}_6, \boldsymbol{x}_7, \boldsymbol{x}_8, \boldsymbol{x}_{22}, \boldsymbol{x}_{23}, \boldsymbol{x}_{24}, \boldsymbol{x}_{25}, \boldsymbol{x}_{26}, \boldsymbol{x}_{27}, \boldsymbol{x}_{28}, \boldsymbol{x}_{29}, \boldsymbol{x}_{30}\}$$
$$C_2^* = \{\boldsymbol{x}_9, \boldsymbol{x}_{10}, \boldsymbol{x}_{11}, \boldsymbol{x}_{12}, \boldsymbol{x}_{13}, \boldsymbol{x}_{14}, \boldsymbol{x}_{15}, \boldsymbol{x}_{16}, \boldsymbol{x}_{17}, \boldsymbol{x}_{18}, \boldsymbol{x}_{19}, \boldsymbol{x}_{20}, \boldsymbol{x}_{21}\}$$

根据聚类结果与参考模型得出的结果如表 5.26 所示。

表 5.26　根据聚类结果与参考模型得出的结果

样本编号	1	2	3	4	5	6	7	8	9	10	11	12	13	14	15
实际参考模型类别	C_1^*	C_1^*	C_1^*	C_1^*	C_1^*	C_1^*	C_1^*	C_1^*	C_2^*	C_2^*	C_2^*	C_2^*	C_2^*	C_2^*	C_2^*
聚类结果	C_2	C_2	C_2	C_2	C_1	C_1	C_1	C_1	C_2	C_1	C_1	C_1	C_2	C_2	C_1

续表

样本编号	16	17	18	19	20	21	22	23	24	25	26	27	28	29	30
实际参考模型类别	C_2^*	C_2^*	C_2^*	C_2^*	C_2^*	C_2^*	C_1^*	C_1^*	C_1^*	C_1^*	C_1^*	C_1^*	C_1^*	C_1^*	C_1^*
聚类结果	C_2	C_2	C_1	C_1	C_1	C_2	C_2	C_1	C_3	C_3	C_2	C_3	C_3	C_2	C_3

根据定义式(5-13)～式(5-16),不难求出对西瓜数据集进行此次 K-Means 聚类分簇结果对应的 SS,SD,DS,DD,从而得到以下结果(数据量太大,不一一列出对应的元素,通过编写函数,获取结果,这里只给出元素个数用来计算外部指标):

$$a=|\mathrm{SS}|=77$$

$$b=|\mathrm{SD}|=77$$

$$c=|\mathrm{DS}|=137$$

$$d=|\mathrm{DD}|=144$$

同时,m 等于数据点个数 30,从而根据式(5-17)～式(5-19)可以求出此次聚类结果的外部指标。

- **JC** 计算结果为:

$$\mathrm{JC}=\frac{a}{a+b+c}=\frac{77}{77+77+137}=0.2646$$

- **FMI** 计算结果为:

$$\mathrm{FMI}=\sqrt{\frac{a}{a+b}\cdot\frac{a}{a+c}}=\sqrt{\frac{77}{77+77}\times\frac{77}{77+137}}=0.4242$$

- **RI** 计算结果为:

$$\mathrm{RI}=\frac{2(a+d)}{m(m-1)}=\frac{2\times(77+144)}{30\times(30-1)}=0.5080$$

运行结果分析:上述度量指标值反映的是聚类结果与参考模型给出的簇划分结果一致的比例,取值范围为[0,1],比例越大,说明聚类效果越好。因此聚类性能度量指标 JC、FMI 和 RI 的值越大越好。

2) 内部指标(这里的距离用的是欧氏距离)

此次聚类有 3 类,即 $k=3, C=\{C_1,C_2,C_3\}$,共有数据点 $m=30$。

$$C_1=\{\boldsymbol{x}_5,\boldsymbol{x}_6,\boldsymbol{x}_7,\boldsymbol{x}_8,\boldsymbol{x}_{10},\boldsymbol{x}_{11},\boldsymbol{x}_{12},\boldsymbol{x}_{15},\boldsymbol{x}_{18},\boldsymbol{x}_{19},\boldsymbol{x}_{20},\boldsymbol{x}_{23}\}$$

$$C_2=\{\boldsymbol{x}_1,\boldsymbol{x}_2,\boldsymbol{x}_3,\boldsymbol{x}_4,\boldsymbol{x}_9,\boldsymbol{x}_{13},\boldsymbol{x}_{14},\boldsymbol{x}_{16},\boldsymbol{x}_{17},\boldsymbol{x}_{21},\boldsymbol{x}_{22},\boldsymbol{x}_{26},\boldsymbol{x}_{29}\}$$

$$C_3=\{\boldsymbol{x}_{24},\boldsymbol{x}_{25},\boldsymbol{x}_{27},\boldsymbol{x}_{28},\boldsymbol{x}_{30}\}$$

$$|C_1|=12,|C_2|=13,|C_3|=5$$

根据式(5-20)可以求得每个簇内的平均距离。

$$\mathrm{avg}(C_1)=\frac{2}{|C_1|(|C_1|-1)}\sum_{1\leqslant i<j\leqslant |C_1|}\mathrm{dist}(x_i,x_j)=0.169805$$

$$\mathrm{avg}(C_2)=\frac{2}{|C_2|(|C_2|-1)}\sum_{1\leqslant i<j\leqslant |C_2|}\mathrm{dist}(x_i,x_j)=0.199119$$

$$\mathrm{avg}(C_3)=\frac{2}{|C_3|(|C_3|-1)}\sum_{1\leqslant i<j\leqslant |C_3|}\mathrm{dist}(x_i,x_j)=0.080945$$

根据式(5-21)可以求得每个簇内的样本最大距离。

$$\mathrm{diam}(C_1)=\max_{1\leqslant i<j\leqslant |C_1|}\mathrm{dist}(x_i,x_j)=0.348834$$

$$\mathrm{diam}(C_2)=\max_{1\leqslant i<j\leqslant |C_2|}\mathrm{dist}(x_i,x_j)=0.474102$$

$$\mathrm{diam}(C_3)=\max_{1\leqslant i<j\leqslant |C_3|}\mathrm{dist}(x_i,x_j)=0.119754$$

根据式(5-22)可以求得各个簇间的样本最小距离。

$$d_{\min}(C_1,C_2)=\min_{x_i\in C_1,x_j\in C_2}\mathrm{dist}(x_i,x_j)=0.092114$$

$$d_{\min}(C_1,C_3)=\min_{x_i\in C_1,x_j\in C_3}\mathrm{dist}(x_i,x_j)=0.064777$$

$$d_{\min}(C_2,C_3)=\min_{x_i\in C_2,x_j\in C_3}\mathrm{dist}(x_i,x_j)=0.097417$$

根据式(5-23)可以求得各个簇中心间距离。

根据簇中心计算公式 $\boldsymbol{u}_i=\frac{1}{|C_i|}\sum_{\boldsymbol{x}\in C_i}\boldsymbol{x}$，可得各个簇相应的簇中心分别为：

$$\boldsymbol{u}_1=\frac{1}{|C_1|}\sum_{\boldsymbol{x}\in C_1}x=\frac{\boldsymbol{x}_5+\boldsymbol{x}_6+\boldsymbol{x}_7+\boldsymbol{x}_8+\boldsymbol{x}_{10}+\boldsymbol{x}_{11}+\boldsymbol{x}_{12}+\boldsymbol{x}_{15}+\boldsymbol{x}_{18}+\boldsymbol{x}_{19}+\boldsymbol{x}_{20}+\boldsymbol{x}_{23}}{12}$$

$$=(0.3776,0.2169)$$

$$\boldsymbol{u}_2=\frac{1}{|C_2|}\sum_{\boldsymbol{x}\in C_2}\boldsymbol{x}=\frac{\boldsymbol{x}_1+\boldsymbol{x}_2+\boldsymbol{x}_3+\boldsymbol{x}_4+\boldsymbol{x}_9+\boldsymbol{x}_{13}+\boldsymbol{x}_{14}+\boldsymbol{x}_{16}+\boldsymbol{x}_{17}+\boldsymbol{x}_{21}+\boldsymbol{x}_{22}+\boldsymbol{x}_{26}+\boldsymbol{x}_{29}}{13}$$

$$=(0.6865,0.2712)$$

$$\boldsymbol{u}_3=\frac{1}{|C_3|}\sum_{\boldsymbol{x}\in C_3}\boldsymbol{x}=\frac{\boldsymbol{x}_{24}+\boldsymbol{x}_{25}+\boldsymbol{x}_{27}+\boldsymbol{x}_{28}+\boldsymbol{x}_{30}}{5}$$

$$=(0.4908,0.4226)$$

进而根据式(5-23)求得各簇中心间距离为：

$$d_{\mathrm{cen}}(C_1,C_2)=\mathrm{dist}(\boldsymbol{u}_1,\boldsymbol{u}_2)=\|\boldsymbol{u}_1-\boldsymbol{u}_2\|_2=\sqrt{|\boldsymbol{u}_{11}-\boldsymbol{u}_{21}|^2+|\boldsymbol{u}_{12}-\boldsymbol{u}_{22}|^2}=0.31368$$

$$d_{\mathrm{cen}}(C_1,C_3)=\mathrm{dist}(\boldsymbol{u}_1,\boldsymbol{u}_3)=\|\boldsymbol{u}_1-\boldsymbol{u}_3\|_2=\sqrt{|\boldsymbol{u}_{11}-\boldsymbol{u}_{31}|^2+|\boldsymbol{u}_{12}-\boldsymbol{u}_{32}|^2}=0.23478$$

$$d_{\mathrm{cen}}(C_2,C_3)=\mathrm{dist}(\boldsymbol{u}_2,\boldsymbol{u}_3)=\|\boldsymbol{u}_2-\boldsymbol{u}_3\|_2=\sqrt{|\boldsymbol{u}_{21}-\boldsymbol{u}_{31}|^2+|\boldsymbol{u}_{22}-\boldsymbol{u}_{32}|^2}=0.24749$$

算出以上数据之后，可以根据式(5-24)和式(5-25)得到内部指标 DB 指数和 Dunn 指数。

(1) DB 指数计算。

根据式(5-24)，计算如下：

$$\mathrm{DBI}=\frac{1}{k}\sum_{i=1}^{k}\max_{j\neq i}\left(\frac{\mathrm{avg}(C_i)+\mathrm{avg}(C_j)}{d_{\mathrm{cen}}(C_i,C_j)}\right)$$

$$=\frac{1}{3}\left(\max\left(\frac{\mathrm{avg}(C_1)+\mathrm{avg}(C_2)}{d_{\mathrm{cen}}(C_1,C_2)},\frac{\mathrm{avg}(C_1)+\mathrm{avg}(C_3)}{d_{\mathrm{cen}}(C_1,C_3)}\right)+\right.$$

$$\max\left(\frac{\mathrm{avg}(C_2)+\mathrm{avg}(C_1)}{d_{\mathrm{cen}}(C_2,C_1)},\frac{\mathrm{avg}(C_2)+\mathrm{avg}(C_3)}{d_{\mathrm{cen}}(C_2,C_3)}\right)+$$

$$\left.\max\left(\frac{\mathrm{avg}(C_3)+\mathrm{avg}(C_1)}{d_{\mathrm{cen}}(C_3,C_1)},\frac{\mathrm{avg}(C_3)+\mathrm{avg}(C_2)}{d_{\mathrm{cen}}(C_3,C_2)}\right)\right)$$

$$=\frac{1}{3}\left(\max\left(\frac{0.169805+0.199119}{0.31368},\frac{0.169805+0.080945}{0.23478}\right)+\max\left(\frac{0.199119+0.169805}{0.31368},\frac{0.199119+0.080945}{0.24749}\right)+\max\left(\frac{0.080945+0.169805}{0.23478},\frac{0.080945+0.199119}{0.24749}\right)\right)$$

$$=\frac{1}{3}\times(1.176116+1.176116+1.131617)=1.161283$$

(2) 根据式(5-25),计算 Dunn 指数如下。

$$\mathrm{DI}=\min_{1\leqslant i\leqslant k}\left\{\min_{j\neq i}\left(\frac{d_{\min}(C_i,C_j)}{\max\limits_{1\leqslant l\leqslant k}\mathrm{diam}(C_l)}\right)\right\}$$

先计算分母:

$$\max_{1\leqslant l\leqslant k}\mathrm{diam}(C_l)=\max(\mathrm{diam}(C_1),\mathrm{diam}(C_2),\mathrm{diam}(C_3))$$
$$=\max(0.348834,0.474102,0.119754)=0.474102$$

所以有:

$$\mathrm{DI}=\min\left(\min\left(\frac{d_{\min}(C_1,C_2)}{0.474102},\frac{d_{\min}(C_1,C_3)}{0.474102}\right),\min\left(\frac{d_{\min}(C_2,C_1)}{0.474102},\frac{d_{\min}(C_2,C_3)}{0.474102}\right),\min\left(\frac{d_{\min}(C_3,C_1)}{0.474102},\frac{d_{\min}(C_3,C_2)}{0.474102}\right)\right)$$

$$=\min\left(\min\left(\frac{0.092114}{0.338339},\frac{0.064777}{0.338339}\right),\min\left(\frac{0.092114}{0.338339},\frac{0.097417}{0.338339}\right),\min\left(\frac{0.064777}{0.338339},\frac{0.097417}{0.338339}\right)\right)$$

$$=\min\left(\frac{0.064777}{0.338339},\frac{0.092114}{0.338339},\frac{0.064777}{0.338339}\right)=\frac{0.064777}{0.338339}=0.191456$$

DBI 表示的是类内距离与类间距离的比值,因此 DBI 的值越小越好,DBI 值越小意味着类内的距离越小,同时类间距离越大,即聚类的效果越好,因此 DBI 的值越小越好。而 DI 值表示的是类间距离与类内距离的比值,因此 DI 值越大越好。

5.5.4 Python 实现高斯混合聚类算法

1. 高斯混合聚类算法的伪代码

输入:样本集 $D=\{x_1,x_2,\cdots,x_m\}$;

高斯混合成分个数 k

过程:

初始化高斯混合分布的模型参数 $\{(\alpha_i,\boldsymbol{u}_i,\boldsymbol{\Sigma}_i)\mid 1\leqslant i\leqslant k\}$

repeat

  for $j=1,2,\cdots,m$ **do**

    根据式(5-48)计算 x_j 由各混合成分生成的后验概率,即

$$\gamma_{ji}=p_M(z_j=i\mid x_j)=\frac{\alpha_i\cdot p(x_j\mid\boldsymbol{u}_i,\boldsymbol{\Sigma}_i)}{\sum\limits_{l=1}^{k}\alpha_l\cdot p(x_j\mid\boldsymbol{u}_l,\boldsymbol{\Sigma}_l)},(1\leqslant i\leqslant k)$$

5：　end for

6：　for $i=1,2,\cdots,k$ do

7：　　计算新均值向量：$\boldsymbol{u}'_i=\dfrac{\sum_{j=1}^{m}\gamma_{ji}x_j}{\sum_{j=1}^{m}\gamma_{ji}}$；

8：　　计算新协方差矩阵：$\boldsymbol{\Sigma}'_i=\dfrac{\sum_{j=1}^{m}\gamma_{ji}(x_j-u'_i)(x_j-u'_i)^{\mathrm{T}}}{\sum_{j=1}^{m}\gamma_{ji}}$；

9：　　计算新混合系数：$\alpha'_i=\dfrac{1}{m}\sum_{j=1}^{m}\gamma_{ji}$；

10：　end for

11：　将模型参数$\{(\alpha_i,\boldsymbol{u}_i,\boldsymbol{\Sigma}_i)\mid 1\leqslant i\leqslant k\}$更新为$\{(\alpha'_i,\boldsymbol{u}'_i,\boldsymbol{\Sigma}'_i)\mid 1\leqslant i\leqslant k\}$

12：until 满足停止条件

13：$C_i=\varnothing\quad(1\leqslant i\leqslant k)$

14：for $j=1,2,\cdots,m$ do

15：　根据式(5-43)确定 $\boldsymbol{x}_j$ 的簇标记λ_j；

16：　将 $\boldsymbol{x}_j$ 划入相应的簇：$C_{\lambda_j}=C_{\lambda_j}\cup\{\boldsymbol{x}_j\}$；

17：end for

输出：簇划分 $C=\{C_1,C_2,\cdots,C_k\}$

---

*注：算法第 1 行对高斯混合聚类分布的模型参数进行初始化。然后第 2～12 行基于 EM 算法对模型参数进行迭代更新。若 EM 算法的停止条件满足(例如，已达到最大迭代轮数，或似然函数 LL(D)增长很少甚至不再增长)，则在第 14～17 行根据高斯混合分布确定簇划分，最后返回最终结果。

2. 高斯混合聚类算法的 Python 代码清单

Python 实现高斯混合聚类的示例代码清单如下。

Python 示例代码：

```python
import numpy as np
import matplotlib.pyplot as plt
import random
np.seterr(divide='ignore',invalid='ignore')
import warnings
#action 参数可以设置为 ignore
warnings.filterwarnings(action='ignore')
#解决中文显示问题
plt.rcParams['font.sans-serif']=['SimHei']
plt.rcParams['axes.unicode_minus'] = False

#预处理数据
def loadDataSet(filename):
    dataSet = []
    fr = open(filename)
    for line in fr.readlines():
```

```
            curLine = line.strip().split('\t')
            fltLine = list(map(float, curLine))
            dataSet.append(fltLine)
    return dataset

#高斯分布的概率密度函数
def prob(x, mu, sigma):
    n = np.shape(x)[1]
    expOn = float(-0.5 * (x - mu) * (sigma.I) * ((x - mu).T))
    divBy = pow(2 * np.pi, n / 2) * pow(np.linalg.det(sigma), 0.5)
                                                    #np.linalg.det 计算矩阵的行列式
    return pow(np.e, expOn) / divBy

#EM算法
def EM(dataMat, maxIter=50, c=3):
    m, n = np.shape(dataMat)
    #第一步,初始化参数
    alpha = [(1 / 3) for x in range(c)]          #初始化参数 alpha1=alpha2=
                                                 #alpha3=1/3
    #mu = np.mat(random.sample(dataMat.tolist(), c))
    mu = [dataMat[5, :], dataMat[21, :], dataMat[26, :]] #初始化聚类中心 mu1
                                                          #=x6,mu2=x22,mu3=x27
    sigma = [np.mat([[0.1, 0], [0, 0.1]]) for x in range(c)]
                                                 #初始化协方差矩阵
    gamma = np.mat(np.zeros((m, c)))
    for i in range(maxIter):
        for j in range(m):
            sumAlphaMulP = 0
            for k in range(c):
                gamma[j, k] = alpha[k] * prob(dataMat[j, :], mu[k], sigma[k])
                                                 #计算混合成分生成的后验概率
                sumAlphaMulP += gamma[j, k]    #第二步,计算高斯混合分布
            for k in range(c):
                gamma[j, k] /= sumAlphaMulP    #第三步,计算后验分布
        sumGamma = np.sum(gamma, axis=0)

        for k in range(c):
            mu[k] = np.mat(np.zeros((1, n)))
            sigma[k] = np.mat(np.zeros((n, n)))
            for j in range(m):
                mu[k] += gamma[j, k] * dataMat[j, :]
            mu[k] /= sumGamma[0, k]                #第四步,计算均值向量
            for j in range(m):
                sigma[k] += gamma[j, k] * (dataMat[j, :] - mu[k]).T * (dataMat[j, :] - mu[k])
            sigma[k] /= sumGamma[0, k]             #第五步,计算协方差矩阵
            alpha[k] = sumGamma[0, k] / m          #第六步,计算混合系数

    return gamma,mu,sigma,alpha

#初始化聚类中心
def initCentroids(dataMat, k):
    numSamples, dim = dataMat.shape
```

```
    centroids = np.zeros((k, dim))
    for i in range(k):
        index = int(np.random.uniform(0, numSamples))
        centroids[i, :] = dataMat[index, :]
    return centroids

#高斯混合聚类
def gaussianCluster(dataMat,maxIter=50, k=3):
    m, n = np.shape(dataMat)
    centroids = initCentroids(dataMat, k)
    clusterAssign = np.mat(np.zeros((m, 2)))
    gamma,mu,sigma,alpha = EM(dataMat,maxIter,k)
    print("经过%d 次迭代后的参数情况:" % maxIter,"\n alpha:",alpha,"\n mu:",mu,"\n sigma:",sigma)
    for i in range(m):
        clusterAssign[i, :] = np.argmax(gamma[i, :]), np.amax(gamma[i, :])
    for j in range(k):
        if len(centroids) != 0:
            pointsInCluster = dataMat[np.nonzero(clusterAssign[:, 0].A == j)[0]]
            centroids[j, :] = np.mean(pointsInCluster, axis=0)
            #第七步,确定各均值中心,获得分类模型
    C = {}
    for index, value in enumerate(clusterAssign.tolist()):
        if (int(value[0])) not in C.keys():
            C[int(value[0])] = [index]
        else:
            C[int(value[0])].append(index)

    return centroids, clusterAssign,maxIter,C

#画聚类结果图
def showCluster(dataMat, k, centroids, clusterAssment,maxIter):
    numSamples, dim = dataMat.shape
    if dim != 2:
        print("Sorry! I can not draw because the dimension of your data is not 2!")
        return 1

    mark = ['or', 'ob', 'og', 'ok', '^r', '+r', 'sr', 'dr', '<r', 'pr']
    if k > len(mark):
        print("Sorry! Your k is too large!")
        return 1

    for i in range(numSamples):
        markIndex = int(clusterAssment[i, 0])
```

```
            plt.plot(dataMat[i, 0], dataMat[i, 1], mark[markIndex])

    mark = ['Dr', 'Db', 'Dg', 'Dk', '^b', '+b', 'sb', 'db', '<b', 'pb']

    for i in range(k):
        plt.plot(centroids[i, 0], centroids[i, 1], mark[i], markersize=12)
    plt.title("经过%d 次迭代后高斯混合聚类的结果" % maxIter, fontsize=26,
fontweight='bold')
    plt.xlabel("密度", fontsize=22, fontweight='bold')
    plt.ylabel("含糖率", fontsize=22, fontweight='bold')
    plt.show()

#主函数
if __name__ == "__main__":
    dataMat = np.mat(loadDataSet('xigua.txt'))
    centroids, clusterAssign,maxIter,C = gaussianCluster(dataMat,300,3)
    print("经过%d 次迭代后的聚类结果:" % maxIter,"\n 聚类中心:\n",
    centroids,"\n 簇划分结果:\n",C)
    showCluster(dataMat, 3, centroids, clusterAssign,maxIter)
```

运行结果如图 5.37 所示。(注：迭代次数较多,只显示部分打印结果和最后聚类图。)

截图中显示的是高斯混合聚类($k=3$)在不同轮数迭代之后的聚类结果。其中,样本簇 C_1,C_2 与 C_3 中的样本点分别用不同形状的·,◆与▲表示,各高斯混合成分的均值向量用对应颜色×表示。

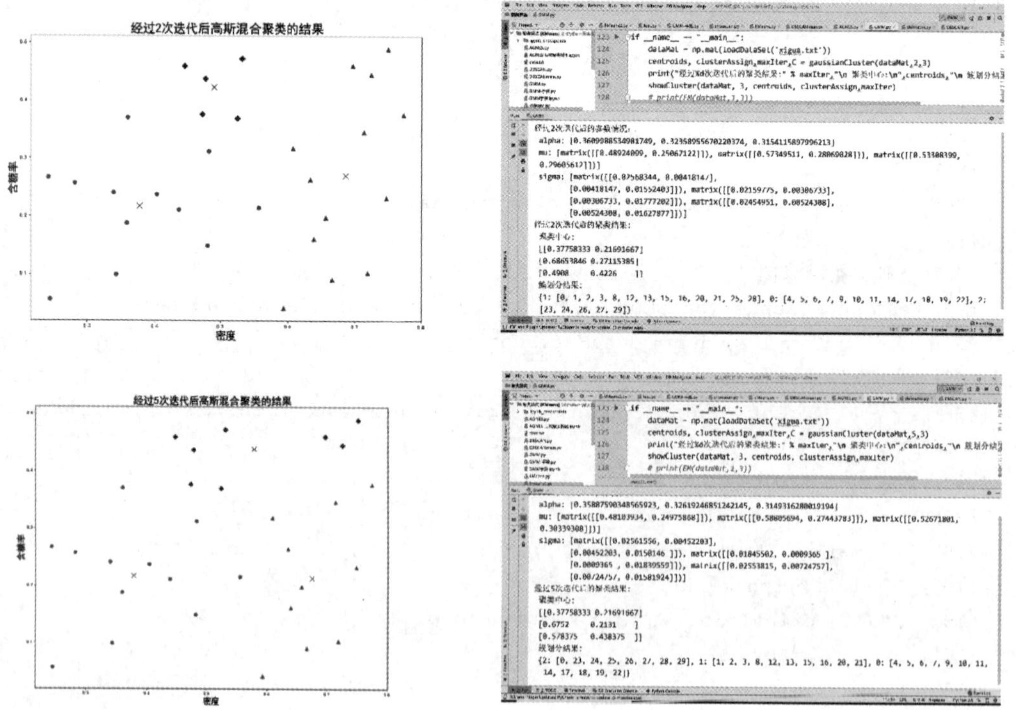

图 5.37 高斯混合聚类算法结果对比分析

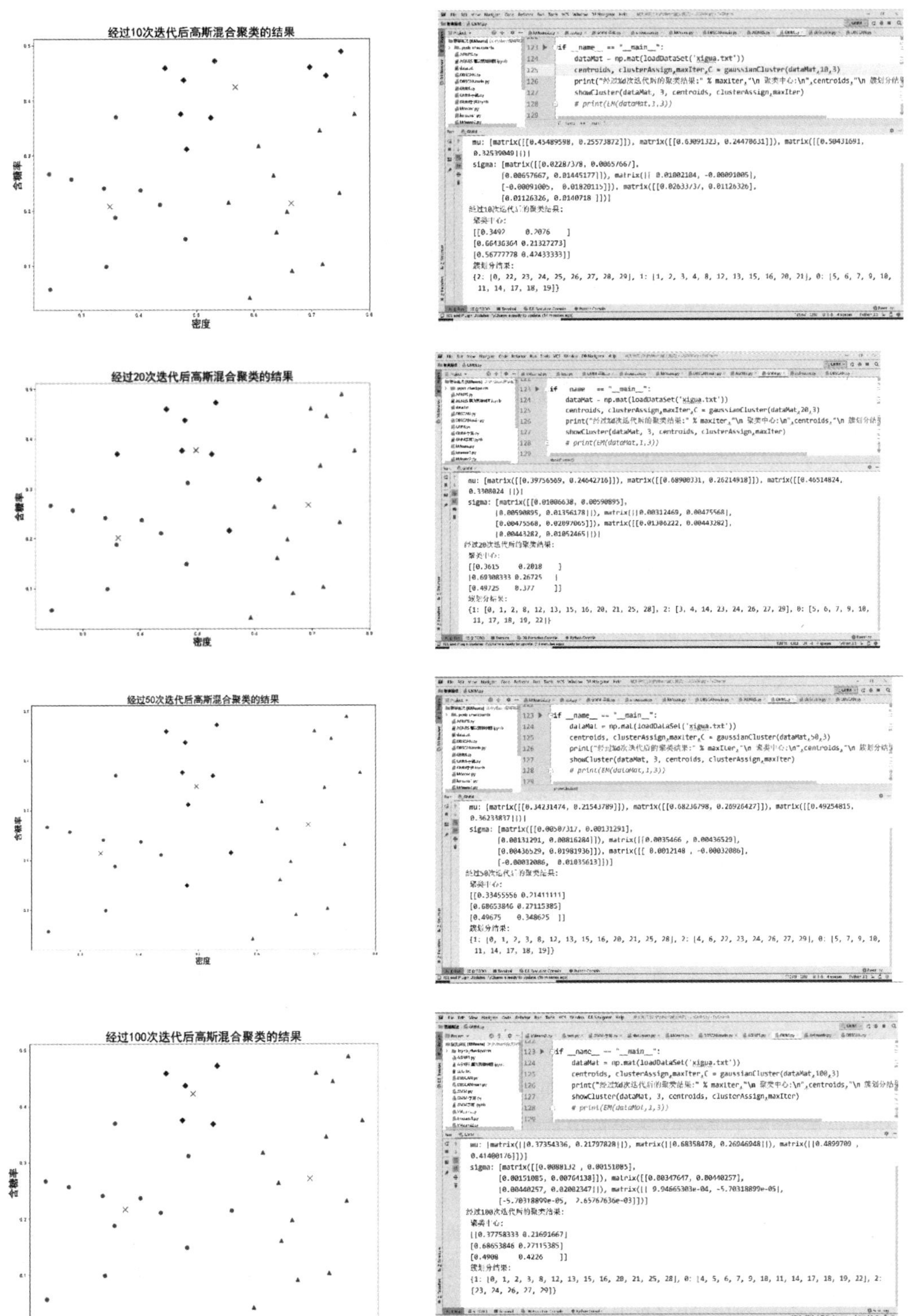
经过10次迭代后高斯混合聚类的结果
含糖率
密度
经过20次迭代后高斯混合聚类的结果
含糖率
密度
经过50次迭代后高斯混合聚类的结果
含糖率
密度
经过100次迭代后高斯混合聚类的结果
含糖率
密度

图 5.37　（续）

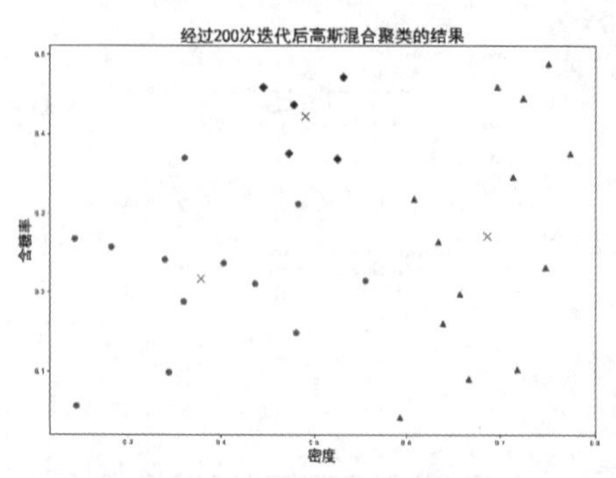

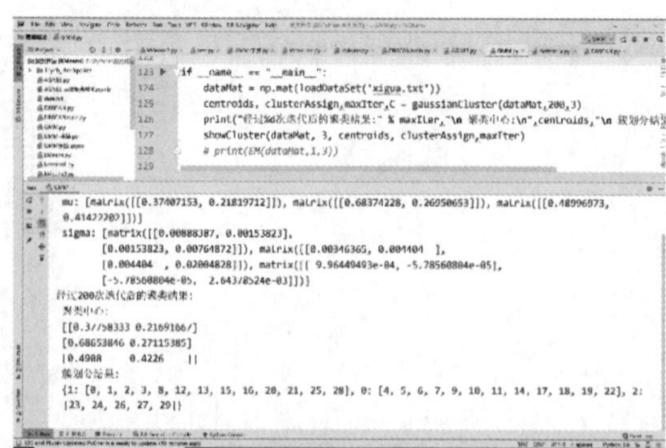

图 5.37 (续)

通过上述运行结果,可以看出随着迭代次数的增加,算法逐渐收敛,聚类结果不再发生变化。得到最终的聚类结果为:

$$C_1=\{\boldsymbol{x}_5,\boldsymbol{x}_6,\boldsymbol{x}_7,\boldsymbol{x}_8,\boldsymbol{x}_{10},\boldsymbol{x}_{11},\boldsymbol{x}_{12},\boldsymbol{x}_{15},\boldsymbol{x}_{18},\boldsymbol{x}_{19},\boldsymbol{x}_{20},\boldsymbol{x}_{23}\}$$

$$C_2=\{\boldsymbol{x}_1,\boldsymbol{x}_2,\boldsymbol{x}_3,\boldsymbol{x}_4,\boldsymbol{x}_9,\boldsymbol{x}_{13},\boldsymbol{x}_{14},\boldsymbol{x}_{16},\boldsymbol{x}_{17},\boldsymbol{x}_{21},\boldsymbol{x}_{22},\boldsymbol{x}_{26},\boldsymbol{x}_{29}\}$$

$$C_3=\{\boldsymbol{x}_{24},\boldsymbol{x}_{25},\boldsymbol{x}_{27},\boldsymbol{x}_{28},\boldsymbol{x}_{30}\}$$

可以看出代码得出的最终聚类结果和5.5.3节中的手算聚类结果一致,根据簇中心计算公式:$\boldsymbol{u}_i=\frac{1}{|C_i|}\sum_{x\in C_i}\boldsymbol{x}$,可得各个簇($C_1,C_2,C_3$)相应的簇中心分别为:

$$\boldsymbol{u}_1=\frac{1}{|C_1|}\sum_{x\in C_1}\boldsymbol{x}=\frac{\boldsymbol{x}_5+\boldsymbol{x}_6+\boldsymbol{x}_7+\boldsymbol{x}_8+\boldsymbol{x}_{10}+\boldsymbol{x}_{11}+\boldsymbol{x}_{12}+\boldsymbol{x}_{15}+\boldsymbol{x}_{18}+\boldsymbol{x}_{19}+\boldsymbol{x}_{20}+\boldsymbol{x}_{23}}{12}$$

$$=(0.3776,0.2169)$$

$$\boldsymbol{u}_2=\frac{1}{|C_2|}\sum_{x\in C_2}\boldsymbol{x}=\frac{\boldsymbol{x}_1+\boldsymbol{x}_2+\boldsymbol{x}_3+\boldsymbol{x}_4+\boldsymbol{x}_9+\boldsymbol{x}_{13}+\boldsymbol{x}_{14}+\boldsymbol{x}_{16}+\boldsymbol{x}_{17}+\boldsymbol{x}_{21}+\boldsymbol{x}_{22}+\boldsymbol{x}_{26}+\boldsymbol{x}_{29}}{13}$$

$$=(0.6865,0.2712)$$

$$\boldsymbol{u}_3=\frac{1}{|C_3|}\sum_{x\in C_3}\boldsymbol{x}=\frac{\boldsymbol{x}_{24}+\boldsymbol{x}_{25}+\boldsymbol{x}_{27}+\boldsymbol{x}_{28}+\boldsymbol{x}_{30}}{5}=(0.4908,0.4226)$$

在三个结果簇中,C_1 簇的西瓜样本的密度均值为0.3776,含糖率均值为0.2169,在三个簇中属于最低;而 C_2 簇中的西瓜样本的密度均值最大为0.6865,而含糖率均值中等为0.2712;在 C_3 簇中的西瓜样本的密度均值中等为0.4908,而含糖率均值最大为0.4226。这些聚类结果再加上这批西瓜的真实标签(即已知它们是好瓜还是坏瓜),对于我们判断西瓜是好瓜还是坏瓜有一定的参考价值。

5.5.5 高斯混合聚类算法小结

高斯混合聚类具有的优良特性包括如下四方面:①多维情况下,高斯混合模型在计算均值和方差时使用了协方差,应用了不同维度之间的相互约束关系,在各类尺寸不同、聚类间有相关关系时,GMM可能比K-Means聚类更适合;②GMM基于概率密度函数进行学习,所以除在聚类应用外,还常可以应用于密度检测;③K-Means是硬分类,要么属于这类,要么属于另一类,而GMM是软分类,如一个样本60%属于A,40%属于B;④结果用概率表示,更具有可视化效果并且可以根据这个概率在某个感兴趣的区域重新拟合预测。

但是,高斯混合聚类也具有一定局限性：①需要使用完成的样本信息进行预测；②在高维空间失去有效性；③类别个数只能靠猜测；④结果受初始值的影响；⑤可能限于局部最优解。

5.6　LVQ 聚类算法

5.6.1　LVQ 聚类算法原理

LVQ(Learning Vector Quantization,学习矢量量化)是由 Kohonen 于 1988 年提出的一类用于模式分类的有监督学习算法,它是一种结构简单、功能强大的有监督式神经网络分类方法。该算法自提出以来,已经成功应用到统计学、模式识别、机器学习等多个领域。作为一种最近邻原型分类器,LVQ 在训练过程中通过对神经元权向量(原型)的不断更新,对其学习率的不断调整,能够使不同类别权向量之间的边界逐步收敛至贝叶斯分类边界。

LVQ 算法融合竞争学习思想和有监督学习算法的特点,通过教师信号对输入样本的分配类别进行规定,从而克服自组织网络采用无监督学习算法带来的缺乏分类信息的弱点。算法中,对获胜神经元(最近邻权向量)的选取是通过计算输入样本和权向量之间欧氏距离的大小来判断的。

因为 LVQ 算法涉及神经网络、竞争学习、监督学习、向量量化等概念,在具体讲解 LVQ 网络结构和算法原理前,先对相关的基本概念进行简要说明,详细资料请参考相关资料。

1. LVQ 聚类算法的基本概念

1）神经网络模型

神经网络(neural networks) 方面的研究很早就已出现,今天“神经网络”已是一个相当大的、多学科交叉的学科领域。各相关学科对神经网络的定义多种多样,本书采用目前使用得最广泛的一种,即神经网络是由具有适应性的简单单元组成的广泛并行互连的网络,它的组织能够模拟生物神经系统对真实世界物体做出交互反应[Kohonen,1988]。我们在机器学习中谈论神经网络时指的是“神经网络学习”,或者说,是机器学习与神经网络这两个学科领域的交叉部分。

神经网络中最基本的成分是神经元(neuron)模型,即上述定义中的“简单单元”。在生物神经网络中,每个神经元与其他神经元相连,当它“兴奋”时就会向相连的神经元发送化学物质,从而改变这些神经元内的电位;如果某神经元的电位超过了一个“阈值”,那么它就会被激活,即“兴奋”起来,向其他神经元发送化学物质。

1943 年,McCulloch 和 Pitts 将上述情形抽象为如图 5.38 所示的简单模型。

如图 5.38 所示的模型图示就是一直沿用至今的“M-P 神经元模型”。在这个模型中,神经元接收到来自 n 个其他神经元传递过来的输入信号,这些输入信号通过带权重的连接进行传递,神经元接收到的总输入值将与神经元的阈值进行比较,然后通过“激活函数”处理以产生神经元的输出。

理想中的激活函数是如图 5.39(a)所示的阶跃函数。

图 5.39(a)的具体解释是：它将输入值映射为输出值“0”或“1”,显然“1”对应于神经元

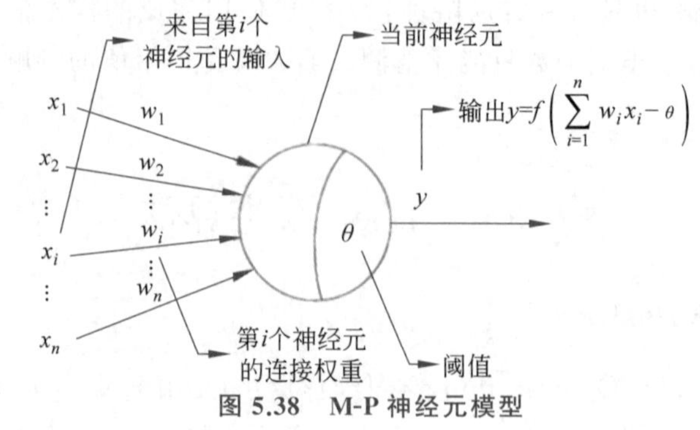

图 5.38 M-P 神经元模型

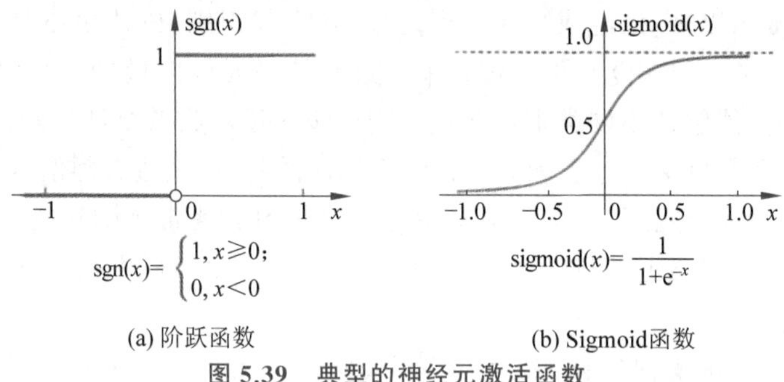

图 5.39 典型的神经元激活函数

兴奋,“0”对应于神经元抑制。然而,阶跃函数具有不连续、不光滑等不太好的性质,因此,出现了实际常用 Sigmoid 函数作为激活函数,典型的 Sigmoid 函数如图 5.39(b)所示,该函数将可能在较大范围内变化的输入值挤压到(0,1)输出值范围内,因此有时也称为“挤压函数”(squashing function)。

将许多个这样的神经元按一定的层次结构连接起来,就得到了神经网络。

事实上,从计算机科学的角度看,可以先不考虑神经网络是否真的模拟了生物神经网络,只需要将一个神经网络视为包含许多参数的数学模型,这个模型是若干个函数,例如,$y_j=f(\boldsymbol{\Sigma}_i\omega_i\chi_i-\theta_j)$相互(嵌套)代入而得。有效的神经网络学习算法大多以数学证明为支撑。

2) 竞争学习

竞争学习(Competition Learning)是人工神经网络的一种学习方式,指网络单元群体中所有单元相互竞争对外界刺激模式响应的权利。竞争取胜的单元的连接权重向着对这一刺激有利的方向变化,相对来说,竞争取胜的单元抑制了竞争失败单元对刺激模式的响应。属于自适应学习,使网络单元具有选择接受外界刺激模式的特性。竞争学习的更一般形式是不仅允许单个胜者出现,而是允许多个胜者出现,学习发生在胜者集合中各单元的连接权重上。

竞争学习原理:胜者为王。

胜者为王学习规则(Winner-Take-All):网络对输入做出响应,其中具有最大响应的神经元被激活,该神经元获得修改权重的机会,如图 5.40 所示。

将网络的某一层设置为竞争层,对于输入 $\boldsymbol{X}$ 竞争层的所有 p 个神经元均有输出响应,响应值最大的神经元在竞争中获胜,模型如式(5-49)所示。

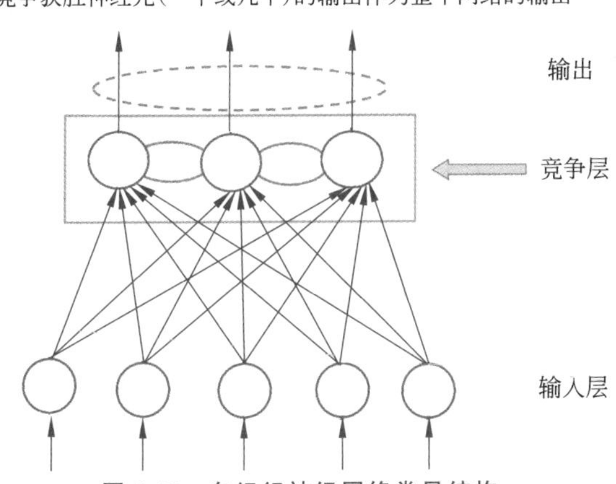

图 5.40　自组织神经网络常见结构

$$\boldsymbol{W}_m^{\mathrm{T}}\boldsymbol{X} = \max_{i=1,2,\cdots,p}(\boldsymbol{W}_m^{\mathrm{T}}\boldsymbol{X}) \tag{5-49}$$

获胜的神经元才有权调整其权向量 $\boldsymbol{W}_m$，调整量为式(5-50)的形式：

$$\Delta\boldsymbol{W}_m = \alpha(\boldsymbol{X} - \boldsymbol{W}_m) \tag{5-50}$$

其中，$\alpha \in (0,1]$，随着学习率而减小。

在竞争学习过程中，竞争层的各神经元所对应的权向量逐渐调整为输入样本空间的聚类中心。注意，“()”中的差不是网络误差(期望输出与实际输出的差值)，而是输入 $\boldsymbol{X}$ 与权重的差值。

在实际应用中，通常会定义以获胜神经元为中心的邻域。所在邻域内的所有神经元都进行权重调整。

3）监督学习

监督学习是指：利用一组已知类别的样本调整分类器的参数，使其达到所要求性能的过程，也称为监督训练或有教师学习。

监督学习是从标记的训练数据来推断一个功能的机器学习任务。训练数据包括一套训练示例。在监督学习中，每个实例都是由一个输入对象(通常为矢量)和一个期望的输出值(也称为监督信号)组成。监督学习算法是分析该训练数据，并产生一个推断的功能，其可以用于映射出新的实例。一个最佳的方案将允许该算法来正确地决定那些看不见的实例的类标签。这就要求学习算法是在一种“合理”的方式从训练数据到看不见的情况下形成。

4）向量量化

在数字信号处理领域，是指将信号的连续取值(或者大量可能的离散取值)近似为有限多个(或较少的)离散值的过程，简单来说就是将连续值进行离散化。向量量化是对标量量化的扩展，更适用于高维数据。

通常情况下，向量量化的思路是，将高维输入空间分成若干不同的区域，对每个区域确定一个中心向量作为聚类的中心，与其处于同一区域的输入向量可用该中心向量来代表，从而形成了以各中心向量为聚类中心的点集。这就是 LVQ 的中心思想。在图像处理领域常用各区域中心点(向量)的编码代替区域内的点来存储或传输，从而提出了各种基于向量量化的有损压缩技术。

在二维输入平面上表示的中心向量分布称为 Voronoi 图，如图 5.41 所示。

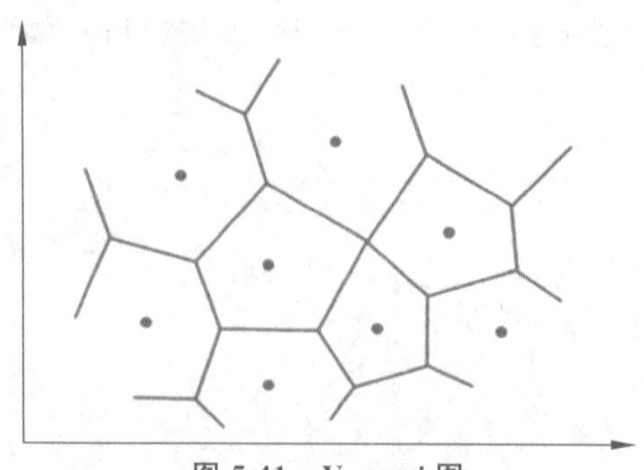

图 5.41 Voronoi 图

Voronoi 图的特点是：能用少量聚类中心表示原始数据，就能起到数据压缩的作用。

2. LVQ 神经网络结构

图 5.42 描述了 LVQ 神经网络模型，输入层是直接连接到输出层，在输出层的每个结点有一个权值向量同它连接，学习的目的就是寻找权值向量的最优值。

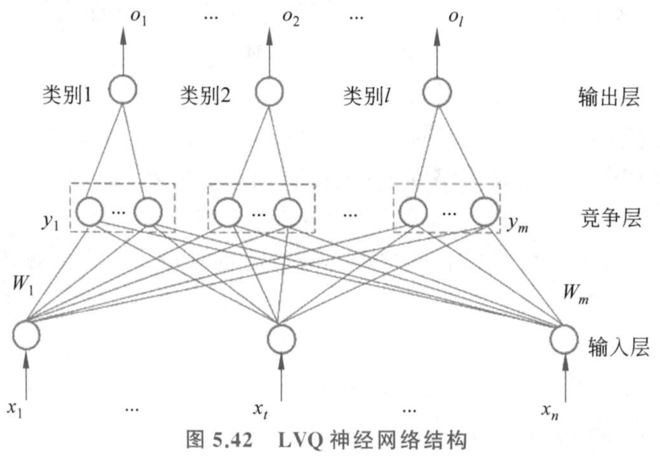

图 5.42 LVQ 神经网络结构

竞争层有 m 个神经元，输入层有 n 个神经元，两层之间完全连接。输出层每个神经元只与竞争层中的一组神经元连接，连接权重固定为 1，训练过程中输入层和竞争层之间的权值逐渐被调整为聚类中心。当一个样本输入 LVQ 网络时，竞争层的神经元通过胜者为王学习规则产生获胜神经元，容许其输出为 1，其他神经元输出为 0。与获胜神经元所在组相连的输出神经元输出为 1，而其他输出神经元为 0，从而给出当前输入样本的模式类。将竞争层学习得到的类称为子类，而将输出层学习得到的类称为目标类。

LVQ 神经网络结构的特点是：①由三层组成：输入层、竞争层和输出层；②输入层和竞争层之间是全连接的；③一组竞争层结点对应一个输出结点；④输入层到竞争层的权重可调整；⑤竞争层到输出层的权重通常为固定值 1；⑥竞争层的学习规则为胜者为王(WTA)；⑦竞争层的胜者输出为 1，其余为 0。

3. LVQ 聚类算法原理的描述

与 K-Means 算法类似，LVQ 也是试图找到一组原型向量来刻画聚类结果，但与一般的聚类算法不同的是，LVQ 算法是一种有监督的自组织神经网络算法，假设数据样本带有类别标记，学习过程利用样本的这些监督信息来辅助聚类。

给定样本集 $D=\{(\boldsymbol{x}_1,\boldsymbol{y}_1),(\boldsymbol{x}_2,\boldsymbol{y}_2),\cdots,(\boldsymbol{x}_m,\boldsymbol{y}_m)\}$，每个样本 $\boldsymbol{x}_j$ 是由 n 个属性描述的特征向量 $\{\boldsymbol{x}_{j1},\boldsymbol{x}_{j2},\cdots,\boldsymbol{x}_{jn}\}$，$y_j\in y$ 是样本 $\boldsymbol{x}_j$ 的类别标记。LVQ 的目标是学得一组 n 维原型向量 $\{p_1,p_2,\cdots,p_q\}$，每个原型向量代表一个聚类簇，簇标记 $t_i\in y$。

LVQ 训练过程的具体步骤如下。

(1) 对于一个 n 维的输入样本，初始化原型向量 $\{p_1,p_2,\cdots,p_q\}$ 及学习率 η，并给定最大迭代次数 T。

(2) 判断是否满足迭代停止条件(已达到最大迭代轮数，或原型向量增长很小甚至不再增长)：是，则停止迭代；否，则继续以下步骤。

(3) 寻找与输入样本 x_j 的最近邻为获胜原型向量 p_{i^*}，满足：$i^*=\underset{i\in\{1,2,\cdots,q\}}{\arg\min}\,d_{ji}$。

其中，d_{ji} 通常为欧氏距离的平方，其计算公式为 $d_{ji}=\|\boldsymbol{x}_j-p_i\|_2$。

(4) 对获胜的原型向量进行更新。

如果输入样本 $\boldsymbol{x}_j$ 与获胜原型向量 p_{i^*} 同类(即类别标记相同)，则 $\boldsymbol{p}'=\boldsymbol{p}_{i^*}+\eta\cdot(\boldsymbol{x}_j-\boldsymbol{p}_{i^*})$。

如果输入样本 $\boldsymbol{x}_j$ 与获胜原型向量 p_{i^*} 异类(即类别标记不同)，则 $p'=\boldsymbol{p}_{i^*}-\eta\cdot(\boldsymbol{x}_j-\boldsymbol{p}_{i^*})$。

(5) 返回步骤(2)。

直观上来看，对样本 $\boldsymbol{x}_j$，若最近的原型向量 p_{i^*} 与 x_j 的类别标记相同，则令 p_{i^*} 向 x_j 的方向靠拢，此时新原型向量如式(5-51)所示。

$$\boldsymbol{p}'=\boldsymbol{p}_{i^*}+\eta\cdot(\boldsymbol{x}_j-\boldsymbol{p}_{i^*}) \tag{5-51}$$

$\boldsymbol{p}'$与 $\boldsymbol{x}_j$ 之间的距离如式(5-52)所示。

$$\|\boldsymbol{p}'-\boldsymbol{x}_j\|_2=\|\boldsymbol{p}_{i^*}+\eta\cdot(\boldsymbol{x}_j-\boldsymbol{p}_{i^*})-\boldsymbol{x}_j\|_2=(1-\eta)\cdot\|\boldsymbol{p}_{i^*}-\boldsymbol{x}_j\|_2 \tag{5-52}$$

令学习率 $\eta\in(0,1)$，则原型向量 p_{i^*} 在更新为 p'之后将更加接近 x_j。

类似地，若 $\boldsymbol{p}_{i^*}$ 与 $\boldsymbol{x}_j$ 的类别标记不同，则更新后的原型向量与 $\boldsymbol{x}_j$ 之间的距离将增大为 $(1+\eta)\cdot\|\boldsymbol{p}_{i^*}-\boldsymbol{x}_j\|_2$，从而更加远离 $\boldsymbol{x}_j$。

实际上，可以将 LVQ 聚类算法分成两部分。第一部分，寻找获胜神经元。其实寻找获胜神经单元的过程就是在找中心向量，通过不断地训练(寻找)，中心向量会越来越明确，也就是说，竞争层中组与组之间的区分会越来越明显，最终就会形成固定的几组(可以类比成聚类)。第二部分，通过监督学习的算法来进行权重调整。这个过程通过输入样本与权重的比较，不断地更新权重和学习率等参数。这两部分结合，能够达到很好的分类效果。

在训练得到一组原型向量 $\{\boldsymbol{p}_1,\boldsymbol{p}_2,\cdots,\boldsymbol{p}_q\}$后，即可实现对样本空间 χ 的簇划分。对任意样本 x，它将被划入与其最近的原型向量所代表的簇中；换言之，每个原型向量 $\boldsymbol{p}_i$ 定义了与之相关的一个区域 R_i，该区域中的每个样本与 p_i 的距离不大于它与其他原型向量 $\boldsymbol{p}_{i'}$ $(i'\neq i)$的距离，即

$$R_i=\{\boldsymbol{x}\in\chi \mid \|\boldsymbol{x}-\boldsymbol{p}_i\|_2\leqslant\|\boldsymbol{x}-\boldsymbol{p}_{i'}\|_2, i'\neq i\}$$

由此形成了对样本空间 χ 的簇划分 $\{R_1,R_2,\cdots,R_q\}$，该划分通常称为“Voronoi 剖分”。

5.6.2 LVQ 聚类算法示例

本节以表 5.1 西瓜样本数据集 4.0 为例，来演示 LVQ 算法的学习过程。假设我们知道表 5.1 中的第 9～21 号样本的类别是“好瓜＝否”，其余样本类别是“好瓜＝是”；假定第 9～

21 号样本的标签记为 C_2,其余记为 C_1。

1. 基于 LVQ 聚类算法实现西瓜数据聚类

假定学习的目标是找到 5 个原型向量($\boldsymbol{p}_1,\boldsymbol{p}_2,\boldsymbol{p}_3,\boldsymbol{p}_4,\boldsymbol{p}_5$),即 $q=5$,并假定其对应的列表标记分别为 C_1,C_2,C_2,C_1,C_1。同时假设最大迭代次数为 2(计算量较大,仅以两次迭代过程为例详细说明,其他迭代过程类似,更多迭代情况可以参考 Python 代码实现 LVQ 聚类算法部分)。

根据样本类别标记和簇的预设类别标记对原型向量进行随机初始化。假定学习率为 $\eta=0.1$,初始化的原型向量为:

$$\boldsymbol{p}_1=\boldsymbol{x}_5,\boldsymbol{p}_2=\boldsymbol{x}_{12},\boldsymbol{p}_3=\boldsymbol{x}_{18},\boldsymbol{p}_4=\boldsymbol{x}_{23},\boldsymbol{p}_5=\boldsymbol{x}_{29}$$

第一轮迭代计算:

假定此轮随机选取的样本为 $\boldsymbol{x}_1$,计算该样本与当前原型向量的距离 $d_{ji}=\|\boldsymbol{x}_j-\boldsymbol{p}_i\|_2$,分别为:

$$d_{11}=\|\boldsymbol{x}_1-\boldsymbol{p}_1\|_2=\sqrt{(0.697-0.556)^2+(0.46-0.215)^2}=0.282676$$

$$d_{12}=\|\boldsymbol{x}_1-\boldsymbol{p}_2\|_2=\sqrt{(0.697-0.343)^2+(0.46-0.099)^2}=0.505606$$

$$d_{13}=\|\boldsymbol{x}_1-\boldsymbol{p}_3\|_2=\sqrt{(0.697-0.359)^2+(0.46-0.188)^2}=0.433853$$

$$d_{14}=\|\boldsymbol{x}_1-\boldsymbol{p}_4\|_2=\sqrt{(0.697-0.483)^2+(0.46-0.312)^2}=0.260192$$

$$d_{15}=\|\boldsymbol{x}_1-\boldsymbol{p}_5\|_2=\sqrt{(0.697-0.725)^2+(0.46-0.445)^2}=0.031765$$

根据竞争学习原理,可得与样本 $\boldsymbol{x}_1$ 最近的原型向量 $\boldsymbol{p}_5$ 为获胜原型向量。又因为 $\boldsymbol{p}_5$ 与 $\boldsymbol{x}_1$ 的标签都为 C_1,因此根据获胜的原型向量更新原则,则 LVQ 更新 $\boldsymbol{p}_5$,得到新的原型向量:

$$\begin{aligned}\boldsymbol{p}'&=\boldsymbol{p}_{i^*}+\eta\cdot(\boldsymbol{x}_j-\boldsymbol{p}_{i^*})\\&=\boldsymbol{p}_5+\eta\cdot(\boldsymbol{x}_1-\boldsymbol{p}_5)\\&=(0.725,0.445)+0.1\times((0.697,0.460)-(0.725,0.445))\\&=(0.722,0.447)\end{aligned}$$

将 $\boldsymbol{p}_5$ 更新为 $\boldsymbol{p}'$后,即原型向量更新后为:

$$\boldsymbol{p}_1=\boldsymbol{x}_5,\boldsymbol{p}_2=\boldsymbol{x}_{12},\boldsymbol{p}_3=\boldsymbol{x}_{18},\boldsymbol{p}_4=\boldsymbol{x}_{23},\boldsymbol{p}_5=(0.722,0.447)$$

因为没有达到迭代停止条件(达到最大迭代轮数,或原型向量增长很小甚至不再增长),进入第二轮迭代,继续重复上述过程。

第二轮迭代计算:

假定此轮随机选取的样本为 $\boldsymbol{x}_9$,计算该样本与当前原型向量的距离 $d_{ji}=\|\boldsymbol{x}_j-\boldsymbol{p}_i\|_2$,分别为:

$$d_{91}=\|\boldsymbol{x}_9-\boldsymbol{p}_1\|_2=\sqrt{(0.666-0.556)^2+(0.091-0.215)^2}=0.165759$$

$$d_{92}=\|\boldsymbol{x}_9-\boldsymbol{p}_2\|_2=\sqrt{(0.666-0.343)^2+(0.091-0.099)^2}=0.323099$$

$$d_{93}=\|\boldsymbol{x}_9-\boldsymbol{p}_3\|_2=\sqrt{(0.666-0.359)^2+(0.091-0.188)^2}=0.321960$$

$$d_{94}=\|\boldsymbol{x}_9-\boldsymbol{p}_4\|_2=\sqrt{(0.666-0.483)^2+(0.091-0.312)^2}=0.286932$$

$$d_{95}=\|\boldsymbol{x}_9-\boldsymbol{p}_5\|_2=\sqrt{(0.666-0.722)^2+(0.091-0.447)^2}=0.360378$$

根据竞争学习原理,可得与样本 $\boldsymbol{x}_9$ 最近的原型向量 $\boldsymbol{p}_1$ 为获胜原型向量。又因为 $\boldsymbol{p}_1$

的标签为 C_1，而 $\boldsymbol{x}_9$ 的标签为 C_2，不同，因此根据获胜的原型向量更新原则，则 LVQ 更新 $\boldsymbol{p}_1$，得到新的原型向量：

$$\begin{aligned}\boldsymbol{p}' &= \boldsymbol{p}_{i^*} - \eta \cdot (\boldsymbol{x}_j - \boldsymbol{p}_{i^*}) \\ &= \boldsymbol{p}_1 - \eta \cdot (\boldsymbol{x}_9 - \boldsymbol{p}_1) \\ &= (0.556, 0.215) - 0.1 \times ((0.666, 0.091) - (0.556, 0.215)) \\ &= (0.5450, 0.2274)\end{aligned}$$

将 $\boldsymbol{p}_1$ 更新为 $\boldsymbol{p}'$后，即原型向量更新后为：

$$\boldsymbol{p}_1 = (0.5450, 0.2274), \boldsymbol{p}_2 = \boldsymbol{x}_{12}, \boldsymbol{p}_3 = \boldsymbol{x}_{18}, \boldsymbol{p}_4 = \boldsymbol{x}_{23}, \boldsymbol{p}_5 = (0.727, 0.447)$$

因为达到了最大迭代次数 2，停止迭代。根据 LVQ 聚类算法的簇划分原则：

$$R_i = \{x \in \chi \mid \| \boldsymbol{x} - \boldsymbol{p}_i \|_2 \leqslant \| \boldsymbol{x} - \boldsymbol{p}_{i'} \|_2, i' \neq i\}$$

对于样本 $\boldsymbol{x}_1$，计算 x_1 与各个原型向量的距离，分别为：

$$d_{11} = \| \boldsymbol{x}_1 - \boldsymbol{p}_1 \|_2 = \sqrt{(0.697-0.5450)^2 + (0.46-0.2274)^2} = 0.182335$$

$$d_{12} = \| \boldsymbol{x}_1 - \boldsymbol{p}_2 \|_2 = \sqrt{(0.697-0.343)^2 + (0.46-0.099)^2} = 0.505606$$

$$d_{13} = \| \boldsymbol{x}_1 - \boldsymbol{p}_3 \|_2 = \sqrt{(0.697-0.359)^2 + (0.46-0.188)^2} = 0.433853$$

$$d_{14} = \| \boldsymbol{x}_1 - \boldsymbol{p}_4 \|_2 = \sqrt{(0.697-0.483)^2 + (0.46-0.312)^2} = 0.260192$$

$$d_{15} = \| \boldsymbol{x}_1 - \boldsymbol{p}_5 \|_2 = \sqrt{(0.697-0.727)^2 + (0.46-0.447)^2} = 0.032696$$

可以看出，与样本 $\boldsymbol{x}_1$ 最近的原型向量为 $\boldsymbol{p}_5$，因此样本 $\boldsymbol{x}_1$ 被划入以 $\boldsymbol{p}_5$ 所代表的簇 C_5 中。

同理计算其余 29 个样本，得到最终的 LVQ 聚类结果为：

$$C_1 = \{\boldsymbol{x}_3, \boldsymbol{x}_4, \boldsymbol{x}_5, \boldsymbol{x}_7, \boldsymbol{x}_9, \boldsymbol{x}_{13}, \boldsymbol{x}_{14}, \boldsymbol{x}_{16}, \boldsymbol{x}_{17}, \boldsymbol{x}_{21}\}$$

$$C_2 = \{\boldsymbol{x}_{11}, \boldsymbol{x}_{12}\}$$

$$C_3 = \{\boldsymbol{x}_6, \boldsymbol{x}_8, \boldsymbol{x}_{10}, \boldsymbol{x}_{18}, \boldsymbol{x}_{19}, \boldsymbol{x}_{20}\}$$

$$C_4 = \{\boldsymbol{x}_{15}, \boldsymbol{x}_{23}, \boldsymbol{x}_{24}, \boldsymbol{x}_{25}, \boldsymbol{x}_{27}, \boldsymbol{x}_{28}, \boldsymbol{x}_{30}\}$$

$$C_5 = \{\boldsymbol{x}_1, \boldsymbol{x}_2, \boldsymbol{x}_{22}, \boldsymbol{x}_{26}, \boldsymbol{x}_{29}\}$$

2. 聚类结果性能度量

1）外部指标

对数据集 $D = \{\boldsymbol{x}_1, \boldsymbol{x}_2, \cdots, \boldsymbol{x}_{30}\}$，通过上一步骤的聚类给出的簇划分结果为 $C = \{C_1, C_2, C_3, C_4, C_5\}$。

其中：

$$C_1 = \{\boldsymbol{x}_3, \boldsymbol{x}_4, \boldsymbol{x}_5, \boldsymbol{x}_7, \boldsymbol{x}_9, \boldsymbol{x}_{13}, \boldsymbol{x}_{14}, \boldsymbol{x}_{16}, \boldsymbol{x}_{17}, \boldsymbol{x}_{21}\}$$

$$C_2 = \{\boldsymbol{x}_{11}, \boldsymbol{x}_{12}\}$$

$$C_3 = \{\boldsymbol{x}_6, \boldsymbol{x}_8, \boldsymbol{x}_{10}, \boldsymbol{x}_{18}, \boldsymbol{x}_{19}, \boldsymbol{x}_{20}\}$$

$$C_4 = \{\boldsymbol{x}_{15}, \boldsymbol{x}_{23}, \boldsymbol{x}_{24}, \boldsymbol{x}_{25}, \boldsymbol{x}_{27}, \boldsymbol{x}_{28}, \boldsymbol{x}_{30}\}$$

$$C_5 = \{\boldsymbol{x}_1, \boldsymbol{x}_2, \boldsymbol{x}_{22}, \boldsymbol{x}_{26}, \boldsymbol{x}_{29}\}$$

参考模型给出的簇划分为 $C^* = \{C_1^*, C_2^*\}$，C_1^* 代表好瓜，C_2^* 代表非好瓜。

$$C_1^* = \{\boldsymbol{x}_1, \boldsymbol{x}_2, \boldsymbol{x}_3, \boldsymbol{x}_4, \boldsymbol{x}_5, \boldsymbol{x}_6, \boldsymbol{x}_7, \boldsymbol{x}_8, \boldsymbol{x}_{22}, \boldsymbol{x}_{23}, \boldsymbol{x}_{24}, \boldsymbol{x}_{25}, \boldsymbol{x}_{26}, \boldsymbol{x}_{27}, \boldsymbol{x}_{28}, \boldsymbol{x}_{29}, \boldsymbol{x}_{30}\}$$

$$C_2^* = \{\boldsymbol{x}_9, \boldsymbol{x}_{10}, \boldsymbol{x}_{11}, \boldsymbol{x}_{12}, \boldsymbol{x}_{13}, \boldsymbol{x}_{14}, \boldsymbol{x}_{15}, \boldsymbol{x}_{16}, \boldsymbol{x}_{17}, \boldsymbol{x}_{18}, \boldsymbol{x}_{19}, \boldsymbol{x}_{20}, \boldsymbol{x}_{21}\}$$

根据 LVQ 聚类结果与参考模型得出表 5.27。

表 5.27　根据 LVQ 聚类结果与参考模型得出的结果

样本编号	1	2	3	4	5	6	7	8	9	10	11	12	13	14	15
实际参考模型类别	C_1^*	C_1^*	C_1^*	C_1^*	C_1^*	C_1^*	C_1^*	C_1^*	C_2^*	C_2^*	C_2^*	C_2^*	C_2^*	C_2^*	C_2^*
聚类结果	C_5	C_5	C_1	C_1	C_1	C_3	C_1	C_3	C_1	C_3	C_2	C_2	C_1	C_1	C_4
样本编号	16	17	18	19	20	21	22	23	24	25	26	27	28	29	30
实际参考模型类别	C_2^*	C_2^*	C_2^*	C_2^*	C_2^*	C_2^*	C_1^*	C_1^*	C_1^*	C_1^*	C_1^*	C_1^*	C_1^*	C_1^*	C_1^*
聚类结果	C_1	C_1	C_3	C_3	C_3	C_1	C_5	C_4	C_4	C_4	C_5	C_4	C_4	C_5	C_4

根据定义式(5-13)～式(5-16),不难求出对西瓜数据集进行此次 LVQ 聚类分簇结果对应的 SS,SD,DS,DD,从而得到以下结果(数据量太大,不一一列出对应的元素,通过编写函数,获取结果,这里只给出元素个数用来计算外部指标):

$$a=|\mathrm{SS}|=54$$
$$b=|\mathrm{SD}|=38$$
$$c=|\mathrm{DS}|=160$$
$$d=|\mathrm{DD}|=183$$

同时,m 等于数据点个数 30,从而根据式(5-17)～式(5-19)可以求出此次聚类结果的外部指标。

- **JC 计算结果为:**

$$\mathrm{JC}=\frac{a}{a+b+c}=\frac{54}{54+38+160}=0.2143$$

- **FMI 计算结果为:**

$$\mathrm{FMI}=\sqrt{\frac{a}{a+b}\cdot\frac{a}{a+c}}=\sqrt{\frac{54}{54+38}\times\frac{54}{54+160}}=0.3849$$

- **RI 计算结果为:**

$$\mathrm{RI}=\frac{2(a+d)}{m(m-1)}=\frac{2\times(54+183)}{30\times(30-1)}=0.5448$$

运行结果分析:上述度量指标值反映的是聚类结果与参考模型给出的簇划分结果一致的比例,取值范围为[0,1],比例越大,说明聚类效果越好。因此聚类性能度量指标 JC、FMI 和 RI 的值越大越好。

2) 内部指标(这里的距离用的是欧氏距离)

此次 LVQ 聚类结果有 5 类,即 $k=5,C=\{C_1,C_2,C_3,C_4,C_5\}$,共有数据点 $m=30$。

$$C_1=\{\boldsymbol{x}_3,\boldsymbol{x}_4,\boldsymbol{x}_5,\boldsymbol{x}_7,\boldsymbol{x}_9,\boldsymbol{x}_{13},\boldsymbol{x}_{14},\boldsymbol{x}_{16},\boldsymbol{x}_{17},\boldsymbol{x}_{21}\}$$
$$C_2=\{\boldsymbol{x}_{11},\boldsymbol{x}_{12}\}$$
$$C_3=\{\boldsymbol{x}_6,\boldsymbol{x}_8,\boldsymbol{x}_{10},\boldsymbol{x}_{18},\boldsymbol{x}_{19},\boldsymbol{x}_{20}\}$$
$$C_4=\{\boldsymbol{x}_{15},\boldsymbol{x}_{23},\boldsymbol{x}_{24},\boldsymbol{x}_{25},\boldsymbol{x}_{27},\boldsymbol{x}_{28},\boldsymbol{x}_{30}\}$$

$$C_5=\{\boldsymbol{x}_1,\boldsymbol{x}_2,\boldsymbol{x}_{22},\boldsymbol{x}_{26},\boldsymbol{x}_{29}\}$$

$$|C_1|=10,|C_2|=2,|C_3|=6,|C_4|=7,|C_5|=5$$

根据式(5-20)可以求得每个簇内的平均距离。

$$\operatorname{avg}(C_1)=\frac{2}{|C_1|(|C_1|-1)}\sum_{1\leqslant i<j\leqslant|C_1|}\operatorname{dist}(\boldsymbol{x}_i,\boldsymbol{x}_j)=0.150678$$

$$\operatorname{avg}(C_2)=\frac{2}{|C_2|(|C_2|-1)}\sum_{1\leqslant i<j\leqslant|C_2|}\operatorname{dist}(\boldsymbol{x}_i,\boldsymbol{x}_j)=0.106621$$

$$\operatorname{avg}(C_3)=\frac{2}{|C_3|(|C_3|-1)}\sum_{1\leqslant i<j\leqslant|C_3|}\operatorname{dist}(\boldsymbol{x}_i,\boldsymbol{x}_j)=0.100329$$

$$\operatorname{avg}(C_4)=\frac{2}{|C_4|(|C_4|-1)}\sum_{1\leqslant i<j\leqslant|C_4|}\operatorname{dist}(\boldsymbol{x}_i,\boldsymbol{x}_j)=0.107744$$

$$\operatorname{avg}(C_5)=\frac{2}{|C_5|(|C_5|-1)}\sum_{1\leqslant i<j\leqslant|C_5|}\operatorname{dist}(\boldsymbol{x}_i,\boldsymbol{x}_j)=0.088773$$

根据式(5-21)可以求得每个簇内的样本最大距离。

$$\operatorname{diam}(C_1)=\max_{1\leqslant i<j\leqslant|C_1|}\operatorname{dist}(\boldsymbol{x}_i,\boldsymbol{x}_j)=0.279603$$

$$\operatorname{diam}(C_2)=\max_{1\leqslant i<j\leqslant|C_2|}\operatorname{dist}(\boldsymbol{x}_i,\boldsymbol{x}_j)=0.106621$$

$$\operatorname{diam}(C_3)=\max_{1\leqslant i<j\leqslant|C_3|}\operatorname{dist}(\boldsymbol{x}_i,\boldsymbol{x}_j)=0.201921$$

$$\operatorname{diam}(C_4)=\max_{1\leqslant i<j\leqslant|C_4|}\operatorname{dist}(\boldsymbol{x}_i,\boldsymbol{x}_j)=0.199970$$

$$\operatorname{diam}(C_5)=\max_{1\leqslant i<j\leqslant|C_5|}\operatorname{dist}(\boldsymbol{x}_i,\boldsymbol{x}_j)=0.147709$$

根据式(5-22)可以求得各个簇间的样本最小距离。

$$d_{\min}(C_1,C_2)=\min_{\boldsymbol{x}_i\in C_1,\boldsymbol{x}_j\in C_2}\operatorname{dist}(\boldsymbol{x}_i,\boldsymbol{x}_j)=0.146779$$

$$d_{\min}(C_1,C_3)=\min_{\boldsymbol{x}_i\in C_1,\boldsymbol{x}_j\in C_3}\operatorname{dist}(\boldsymbol{x}_i,\boldsymbol{x}_j)=0.076026$$

$$d_{\min}(C_1,C_4)=\min_{\boldsymbol{x}_i\in C_1,\boldsymbol{x}_j\in C_4}\operatorname{dist}(\boldsymbol{x}_i,\boldsymbol{x}_j)=0.097417$$

$$d_{\min}(C_1,C_5)=\min_{\boldsymbol{x}_i\in C_1,\boldsymbol{x}_j\in C_5}\operatorname{dist}(\boldsymbol{x}_i,\boldsymbol{x}_j)=0.109636$$

$$d_{\min}(C_2,C_3)=\min_{\boldsymbol{x}_i\in C_2,\boldsymbol{x}_j\in C_3}\operatorname{dist}(\boldsymbol{x}_i,\boldsymbol{x}_j)=0.090427$$

$$d_{\min}(C_2,C_4)=\min_{\boldsymbol{x}_i\in C_2,\boldsymbol{x}_j\in C_4}\operatorname{dist}(\boldsymbol{x}_i,\boldsymbol{x}_j)=0.254890$$

$$d_{\min}(C_2,C_5)=\min_{\boldsymbol{x}_i\in C_2,\boldsymbol{x}_j\in C_5}\operatorname{dist}(\boldsymbol{x}_i,\boldsymbol{x}_j)=0.445702$$

$$d_{\min}(C_3,C_4)=\min_{\boldsymbol{x}_i\in C_3,\boldsymbol{x}_j\in C_4}\operatorname{dist}(\boldsymbol{x}_i,\boldsymbol{x}_j)=0.109659$$

$$d_{\min}(C_3,C_5)=\min_{\boldsymbol{x}_i\in C_3,\boldsymbol{x}_j\in C_5}\operatorname{dist}(\boldsymbol{x}_i,\boldsymbol{x}_j)=0.308146$$

$$d_{\min}(C_4,C_5)=\min_{\boldsymbol{x}_i\in C_4,\boldsymbol{x}_j\in C_5}\operatorname{dist}(\boldsymbol{x}_i,\boldsymbol{x}_j)=0.165436$$

根据式(5-23)可以求得各个簇中心间距离。

根据簇中心计算公式 $\boldsymbol{u}_i=\frac{1}{|C_i|}\sum_{x\in C_i}\boldsymbol{x}$,可得各个簇相应的簇中心分别为:

$$\boldsymbol{u}_1=\frac{1}{|C_1|}\sum_{x\in C_1}\boldsymbol{x}=\frac{\boldsymbol{x}_3+\boldsymbol{x}_4+\boldsymbol{x}_5+\boldsymbol{x}_7+\boldsymbol{x}_9+\boldsymbol{x}_{13}+\boldsymbol{x}_{14}+\boldsymbol{x}_{16}+\boldsymbol{x}_{17}+\boldsymbol{x}_{21}}{10}$$

$$=(0.6301,0.1773)$$

$$\boldsymbol{u}_2=\frac{1}{|C_2|}\sum_{x\in C_2}\boldsymbol{x}=\frac{\boldsymbol{x}_{11}+\boldsymbol{x}_{12}}{2}=(0.2940,0.0780)$$

$$\boldsymbol{u}_3=\frac{1}{|C_3|}\sum_{x\in C_3}\boldsymbol{x}=\frac{\boldsymbol{x}_6+x_8+\boldsymbol{x}_{10}+\boldsymbol{x}_{18}+\boldsymbol{x}_{19}+\boldsymbol{x}_{20}}{6}=(0.3438,0.2335)$$

$$u_4=\frac{1}{|C_4|}\sum_{x\in C_4}\boldsymbol{x}=\frac{\boldsymbol{x}_{15}+x_{23}+\boldsymbol{x}_{24}+\boldsymbol{x}_{25}+x_{27}+x_{28}+\boldsymbol{x}_{30}}{7}=(0.4710,0.3993)$$

$$u_5=\frac{1}{|C_5|}\sum_{x\in C_5}\boldsymbol{x}=\frac{\boldsymbol{x}_1+\boldsymbol{x}_2+\boldsymbol{x}_{22}+\boldsymbol{x}_{26}+\boldsymbol{x}_{29}}{5}=(0.7322,0.4232)$$

进而根据式(5-23)求得各簇中心间距离为:

$$d_{\text{cen}}(C_1,C_2)=\text{dist}(\boldsymbol{u}_1,\boldsymbol{u}_2)=\|\boldsymbol{u}_1-\boldsymbol{u}_2\|_2=\sqrt{|\boldsymbol{u}_{11}-\boldsymbol{u}_{21}|^2+|\boldsymbol{u}_{12}-\boldsymbol{u}_{22}|^2}=0.35046$$

$$d_{\text{cen}}(C_1,C_3)=\text{dist}(\boldsymbol{u}_1,\boldsymbol{u}_3)=\|\boldsymbol{u}_1-\boldsymbol{u}_3\|_2=\sqrt{|\boldsymbol{u}_{11}-\boldsymbol{u}_{31}|^2+|\boldsymbol{u}_{12}-\boldsymbol{u}_{32}|^2}=0.29173$$

$$d_{\text{cen}}(C_1,C_4)=\text{dist}(\boldsymbol{u}_1,\boldsymbol{u}_4)=\|\boldsymbol{u}_1-\boldsymbol{u}_4\|_2=\sqrt{|\boldsymbol{u}_{11}-\boldsymbol{u}_{41}|^2+|\boldsymbol{u}_{12}-\boldsymbol{u}_{42}|^2}=0.27311$$

$$d_{\text{cen}}(C_1,C_5)=\text{dist}(\boldsymbol{u}_1,\boldsymbol{u}_5)=\|\boldsymbol{u}_1-\boldsymbol{u}_5\|_2=\sqrt{|\boldsymbol{u}_{11}-\boldsymbol{u}_{51}|^2+|\boldsymbol{u}_{12}-\boldsymbol{u}_{52}|^2}=0.26625$$

$$d_{\text{cen}}(C_2,C_3)=\text{dist}(\boldsymbol{u}_2,\boldsymbol{u}_3)=\|\boldsymbol{u}_2-\boldsymbol{u}_3\|_2=\sqrt{|\boldsymbol{u}_{21}-\boldsymbol{u}_{31}|^2+|\boldsymbol{u}_{22}-\boldsymbol{u}_{32}|^2}=0.16329$$

$$d_{\text{cen}}(C_2,C_4)=\text{dist}(\boldsymbol{u}_2,\boldsymbol{u}_4)=\|\boldsymbol{u}_2-\boldsymbol{u}_4\|_2=\sqrt{|\boldsymbol{u}_{21}-\boldsymbol{u}_{41}|^2+|\boldsymbol{u}_{22}-\boldsymbol{u}_{42}|^2}=0.36682$$

$$d_{\text{cen}}(C_2,C_5)=\text{dist}(\boldsymbol{u}_2,\boldsymbol{u}_5)=\|\boldsymbol{u}_2-\boldsymbol{u}_5\|_2=\sqrt{|\boldsymbol{u}_{21}-\boldsymbol{u}_{51}|^2+|\boldsymbol{u}_{22}-\boldsymbol{u}_{52}|^2}=0.55784$$

$$d_{\text{cen}}(C_3,C_4)=\text{dist}(\boldsymbol{u}_3,\boldsymbol{u}_4)=\|\boldsymbol{u}_3-\boldsymbol{u}_4\|_2=\sqrt{|\boldsymbol{u}_{31}-\boldsymbol{u}_{41}|^2+|\boldsymbol{u}_{32}-\boldsymbol{u}_{42}|^2}=0.20894$$

$$d_{\text{cen}}(C_3,C_5)=\text{dist}(\boldsymbol{u}_3,\boldsymbol{u}_5)=\|\boldsymbol{u}_3-\boldsymbol{u}_5\|_2=\sqrt{|\boldsymbol{u}_{31}-\boldsymbol{u}_{51}|^2+|\boldsymbol{u}_{32}-\boldsymbol{u}_{52}|^2}=0.43222$$

$$d_{\text{cen}}(C_4,C_5)=\text{dist}(\boldsymbol{u}_4,\boldsymbol{u}_5)=\|\boldsymbol{u}_4-\boldsymbol{u}_5\|_2=\sqrt{|\boldsymbol{u}_{41}-\boldsymbol{u}_{51}|^2+|\boldsymbol{u}_{42}-\boldsymbol{u}_{52}|^2}=0.26229$$

算出以上数据之后,可以根据式(5-24)和式(5-25)得到内部指标 DB 指数和 Dunn 指数。

(1) 根据式(5-24)来计算 DB 指数。

$$\text{DBI}=\frac{1}{k}\sum_{i=1}^{k}\max_{j\neq i}\left(\frac{\text{avg}(C_i)+\text{avg}(C_j)}{d_{\text{cen}}(C_i,C_j)}\right)$$

$$=\frac{1}{5}\left(\max\left(\frac{\text{avg}(C_1)+\text{avg}(C_2)}{d_{\text{cen}}(C_1,C_2)},\frac{\text{avg}(C_1)+\text{avg}(C_3)}{d_{\text{cen}}(C_1,C_3)},\frac{\text{avg}(C_1)+\text{avg}(C_4)}{d_{\text{cen}}(C_1,C_4)},\right.\right.$$

$$\left.\frac{\text{avg}(C_1)+\text{avg}(C_5)}{d_{\text{cen}}(C_1,C_5)}\right)+\max\left(\frac{\text{avg}(C_2)+\text{avg}(C_1)}{d_{\text{cen}}(C_2,C_1)},\frac{\text{avg}(C_2)+\text{avg}(C_3)}{d_{\text{cen}}(C_2,C_3)},\right.$$

$$\left.\frac{\text{avg}(C_2)+\text{avg}(C_4)}{d_{\text{cen}}(C_2,C_4)},\frac{\text{avg}(C_2)+\text{avg}(C_5)}{d_{\text{cen}}(C_2,C_5)}\right)+\max\left(\frac{\text{avg}(C_3)+\text{avg}(C_1)}{d_{\text{cen}}(C_3,C_1)},\right.$$

$$\left.\frac{\text{avg}(C_3)+\text{avg}(C_2)}{d_{\text{cen}}(C_3,C_2)},\frac{\text{avg}(C_3)+\text{avg}(C_4)}{d_{\text{cen}}(C_3,C_4)},\frac{\text{avg}(C_3)+\text{avg}(C_5)}{d_{\text{cen}}(C_3,C_5)}\right)+$$

$$\max\left(\frac{\text{avg}(C_4)+\text{avg}(C_1)}{d_{\text{cen}}(C_4,C_1)},\frac{\text{avg}(C_4)+\text{avg}(C_2)}{d_{\text{cen}}(C_4,C_2)},\frac{\text{avg}(C_4)+\text{avg}(C_3)}{d_{\text{cen}}(C_4,C_3)},\frac{\text{avg}(C_4)+\text{avg}(C_5)}{d_{\text{cen}}(C_4,C_5)}\right)+\max\left(\frac{\text{avg}(C_5)+\text{avg}(C_1)}{d_{\text{cen}}(C_5,C_1)},\frac{\text{avg}(C_5)+\text{avg}(C_2)}{d_{\text{cen}}(C_5,C_2)},\frac{\text{avg}(C_5)+\text{avg}(C_3)}{d_{\text{cen}}(C_5,C_3)},\frac{\text{avg}(C_5)+\text{avg}(C_4)}{d_{\text{cen}}(C_5,C_4)}\right)\Bigg)$$

$$=\frac{1}{5}\Bigg(\max\left(\frac{0.150678+0.106621}{0.35046},\frac{0.150678+0.100329}{0.29173},\frac{0.150678+0.107744}{0.27311},\frac{0.150678+0.088773}{0.26625}\right)+\max\left(\frac{0.106621+0.150678}{0.35046},\frac{0.106621+0.100329}{0.16329},\frac{0.106621+0.107744}{0.36682},\frac{0.106621+0.088773}{0.55784}\right)+\max\left(\frac{0.100329+0.150678}{0.29173},\frac{0.100329+0.106621}{0.16329},\frac{0.100329+0.107744}{0.20894},\frac{0.100329+0.088773}{0.43222}\right)+\max\left(\frac{0.107744+0.150678}{0.27311},\frac{0.107744+0.106621}{0.36682},\frac{0.107744+0.100329}{0.20894},\frac{0.107744+0.088773}{0.26229}\right)+\max\left(\frac{0.088773+0.150678}{0.26625},\frac{0.088773+0.106621}{0.55784},\frac{0.088773+0.100329}{0.43222},\frac{0.088773+0.107744}{0.26229}\right)\Bigg)$$

$$=\frac{1}{5}\times(0.946219+1.267377+1.267377+0.995850+0.899346)$$

$$=1.075234$$

(2) 根据式(5-25)来计算 Dunn 指数。

$$\text{DI}=\min_{1\leqslant i\leqslant k}\left\{\min_{j\neq i}\left(\frac{d_{\min}(C_i,C_j)}{\max\limits_{1\leqslant l\leqslant k}\text{diam}(C_l)}\right)\right\}$$

首先计算其中的分母：

$$\max_{1\leqslant l\leqslant k}\text{diam}(C_l)=\max(\text{diam}(C_1),\text{diam}(C_2),\text{diam}(C_3),\text{diam}(C_4),\text{diam}(C_5))$$

$$=\max(0.279603,0.106621,0.201921,0.199970,0.147709)=0.279603$$

所以有：

$$\text{DI}=\min\Bigg(\min\left(\frac{d_{\min}(C_1,C_2)}{0.279603},\frac{d_{\min}(C_1,C_3)}{0.279603},\frac{d_{\min}(C_1,C_4)}{0.279603},\frac{d_{\min}(C_1,C_5)}{0.279603}\right),$$
$$\min\left(\frac{d_{\min}(C_2,C_1)}{0.279603},\frac{d_{\min}(C_2,C_3)}{0.279603},\frac{d_{\min}(C_2,C_4)}{0.279603},\frac{d_{\min}(C_2,C_5)}{0.279603}\right),$$
$$\min\left(\frac{d_{\min}(C_3,C_1)}{0.279603},\frac{d_{\min}(C_3,C_2)}{0.279603},\frac{d_{\min}(C_3,C_4)}{0.279603},\frac{d_{\min}(C_3,C_5)}{0.279603}\right),$$
$$\min\left(\frac{d_{\min}(C_4,C_1)}{0.279603},\frac{d_{\min}(C_4,C_2)}{0.279603},\frac{d_{\min}(C_4,C_3)}{0.279603},\frac{d_{\min}(C_4,C_5)}{0.279603}\right),$$
$$\min\left(\frac{d_{\min}(C_5,C_1)}{0.279603},\frac{d_{\min}(C_5,C_2)}{0.279603},\frac{d_{\min}(C_5,C_3)}{0.279603},\frac{d_{\min}(C_5,C_4)}{0.279603}\right)\Bigg)$$

$$
\begin{aligned}
&=\min\left(\min\left(\frac{0.146779}{0.279603},\frac{0.076026}{0.279603},\frac{0.097417}{0.279603},\frac{0.109636}{0.279603}\right),\right.\\
&\quad\min\left(\frac{0.146779}{0.279603},\frac{0.090427}{0.279603},\frac{0.254890}{0.279603},\frac{0.445702}{0.279603}\right),\\
&\quad\min\left(\frac{0.076026}{0.279603},\frac{0.090427}{0.279603},\frac{0.109659}{0.279603},\frac{0.308146}{0.279603}\right),\\
&\quad\min\left(\frac{0.097417}{0.279603},\frac{0.254890}{0.279603},\frac{0.109659}{0.279603},\frac{0.165436}{0.279603}\right),\\
&\quad\left.\min\left(\frac{0.109636}{0.279603},\frac{0.445702}{0.279603},\frac{0.308146}{0.279603},\frac{0.165436}{0.279603}\right)\right)\\
&=\min(0.271907,0.323412,0.271907,0.348412,0.392113)\\
&=0.271907
\end{aligned}
$$

DBI 表示的是类内距离与类间距离的比值,因此 DBI 的值越小越好,DBI 值越小意味着类内的距离越小,同时类间距离越大,即聚类的效果越好。而 DI 值表示的是类间距离与类内距离的比值,因此 DI 值越大越好。

5.6.3 Python 实现 LVQ 聚类算法

1. LVQ 聚类算法的伪代码

输入:样本集 $D=\{(\boldsymbol{x}_1,y_1),(\boldsymbol{x}_2,y_2),\cdots,(\boldsymbol{x}_m,y_m)\}$;

原型向量个数 q,各原型向量预设的类别标记 $\{\boldsymbol{t}_1,\boldsymbol{t}_2,\cdots,\boldsymbol{t}_q\}$;

学习率 $\eta\in(0,1)$

过程:

1: 初始化一组原型向量 $\{\boldsymbol{p}_1,\boldsymbol{p}_2,\cdots,\boldsymbol{p}_q\}$

2: **repeat**

3: 从样本集 D 中随机选取样本 $(\boldsymbol{x}_j,y_j)$;

4: 计算样本 $\boldsymbol{x}_j$ 与 $\boldsymbol{p}_i(1\leqslant i\leqslant q)$ 的距离:$d_{ji}=\|\boldsymbol{x}_j-\boldsymbol{p}_i\|_2$;

5: 找出与 x_j 距离最近的原型向量 $\boldsymbol{p}_{i^*}$,$i^*=\underset{i\in\{1,2,\cdots,q\}}{\arg\min}\, d_{ji}$;

6: **if** $y_j=t_{i^*}$ **the**

7: $\boldsymbol{p}'=\boldsymbol{p}_{i^*}+\eta\cdot(\boldsymbol{x}_j-\boldsymbol{p}_{i^*})$

8: **else**

9: $\boldsymbol{p}'=\boldsymbol{p}_{i^*}-\boldsymbol{\eta}\cdot(\boldsymbol{x}_j-\boldsymbol{p}_{i^*})$

10: **end if**

11: 将原型向量 $\boldsymbol{p}_{i^*}$ 更新为 $\boldsymbol{p}'$

12: **until** 满足停止条件

输出:原型向量 $\{\boldsymbol{p}_1,\boldsymbol{p}_2,\cdots,\boldsymbol{p}_q\}$

注:算法第 1 行先对原型向量进行初始化,例如,对第 i 个簇可从类别标记为 t_i 的样本中随机取一个作为原型向量。算法第 2~12 行对原型向量进行迭代更新。在每一轮迭代中,算法随机选取一个有标记训练样本,找出与其距离最近的原型向量,并根据两者的类别标记是否一致来对原型向量进行相应的更新。第 12 行中,若算法的停止条件满足(例如,已

达到最大迭代轮数，或原型向量增长很小甚至不再增长），则将当前原型向量作为最终结果返回。

2. LVQ 聚类算法的 Python 代码清单

Python LVQ 聚类算法的示例代码清单如下。

Python 示例代码：

```
#-*- coding:utf-8 -*-
import random
import re
import math
import numpy as np
import pylab as pl
import matplotlib.pyplot as plt
#解决中文显示问题
plt.rcParams['font.sans-serif']=['SimHei']
plt.rcParams['axes.unicode_minus'] = False
#预处理数据
def loadDataSet(filename):
    dataSet = []
    fr = open(filename)
    for line in fr.readlines():
        curLine = line.strip().split('\t')
        fltLine = list(map(float, curLine))
        dataSet.append(fltLine)
    return dataSet
#计算欧几里得距离,a,b 分别为两个元组
def dist(a, b):
    return math.sqrt(math.pow(a[0]-b[0], 2)+math.pow(a[1]-b[1], 2))
#LVQ 算法模型
def LVQ(dataSet,p_labels, a, k, max_iter):
    set_max_iter = max_iter
    dataArray = np.array(dataSet)
    #随机产生原型向量
    P = []
    while len(set(P))<k:
        P = []
        for i in range(k):
            P.append(tuple(random.choice(dataArray[dataArray[:,-1]==p_labels[i]]).tolist()))
        print("初始化的原型为:",P)
    count = 0
    while max_iter > 0:
        count=count+1
    X = random.choice(dataSet)
    print("第%d 轮迭代随机选的 X 为:"%count, X)
    index = np.argmin([dist((X[0], X[1]), i) for i in P])
    t = P[index]
    print("第%d 轮迭代找到离 X 最近的原型向量为:"%count, t)
    if  t[2] == X[2]:
    P[index] = ((1 - a) * P[index][0] + a * X[0], (1 - a) * P[index][1] + a * X[1],t[2])
    else:
```

```
        P[index] = ((1 + a) * P[index][0] - a * X[0], (1 + a) * P[index][1] - a * X[1],t[2])
    max_iter -= 1
    print("第%d轮迭代更新后的原型向量为:"%count,P)
return P,set_max_iter
#根据原型向量进行簇划分
def lvq_cluster(dataSet, P):
    cList = []
    for data in dataSet:
        lst = []
        for item in P:
            lst.append(dist(data, item))
        cList.append(np.argmin(lst))
    print(cList)
    result = {}
    for key in set(cList):
        for index,value in enumerate(cList):
            if value==key:
                if key not in result.keys():
            result[key]=[index+1]
        else:
            result[key].append(index+1)
    return result
#画图
def draw(dataSet,C, P,set_max_iter):
    dataMat=np.mat(dataSet)
    numSamples, dim = dataMat.shape
    if dim < 2:
        print("Sorry! I can not draw because the dimension of your data is less than 2!")
        return 1
        mark = ['or', '^g', 'Dy', '<b', 'pm', 'ok', 'sr', 'dr', '<r', 'pr']
        if len(P) > len(mark):
            print("Sorry! Your P is too large!")
        return 1
    for key,item in C.items():
        for a in item:
            plt.plot(dataMat[a-1, 0], dataMat[a-1, 1], mark[key], markersize=8)
    mark = ['xr', 'xg', 'xy', 'xb', 'xm', 'Dk', 'sb', 'db', '<b', 'pb']
    for i in range(len(P)):
        plt.plot(P[i][0], P[i][1], mark[i], markersize=12)
    plt.title("经过%d次迭代后LVQ聚类结果" % set_max_iter, fontsize=26, fontweight='bold')
    plt.xlabel("密度", fontsize=22, fontweight='bold')
    plt.ylabel("含糖率", fontsize=22, fontweight='bold')
    pl.show()
#主函数
if __name__ == "__main__":
    dataSet = loadDataSet('xiguadata.txt')
    P,set_max_iter=LVQ(dataSet, [0,0,1,1,0],0.1, 5, 700)
    C=lvq_cluster(dataSet,P)
    print(C)
    draw(dataSet,C, P,set_max_iter)
```

运行结果如图 5.43 所示(注：迭代次数较多,只显示部分打印结果和最后聚类图。)

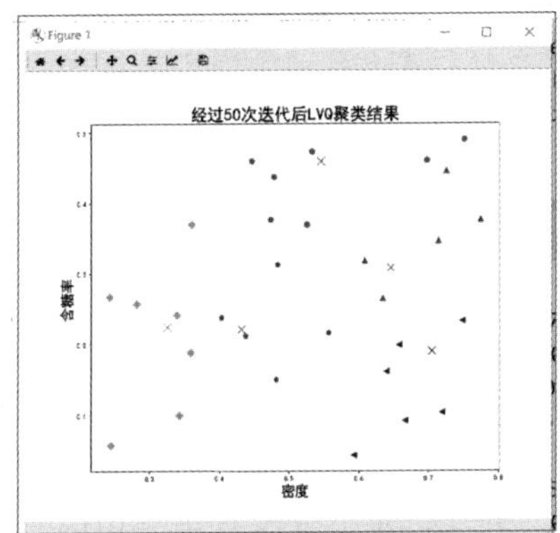

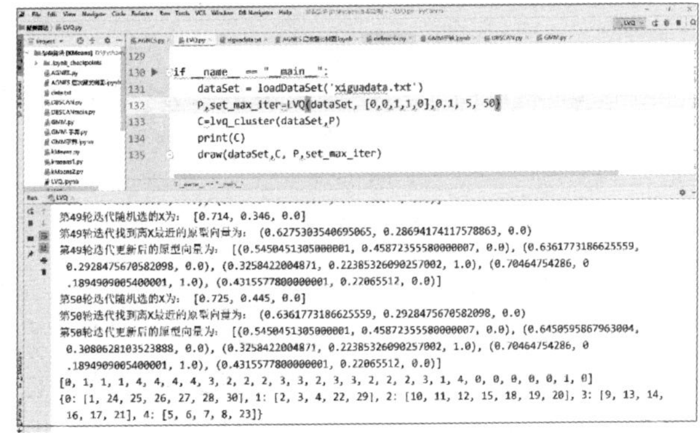

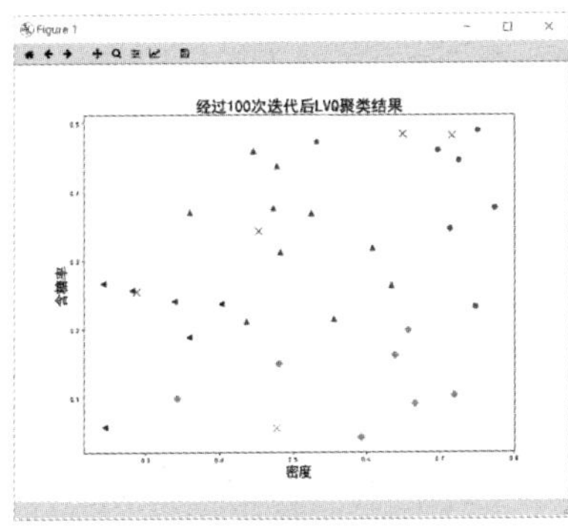

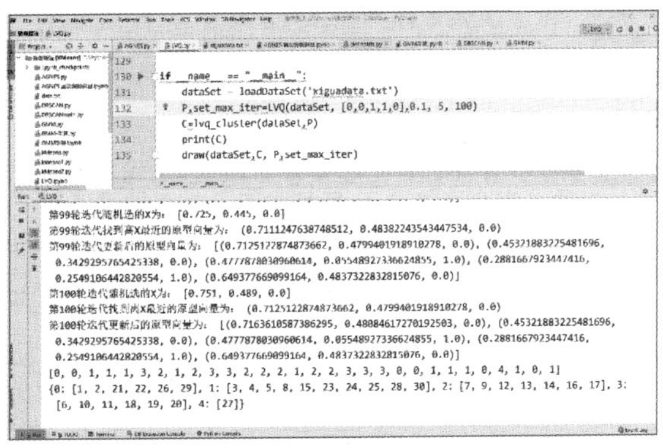

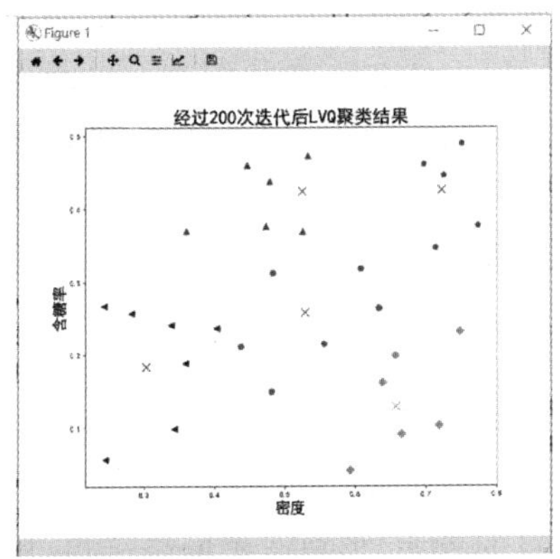

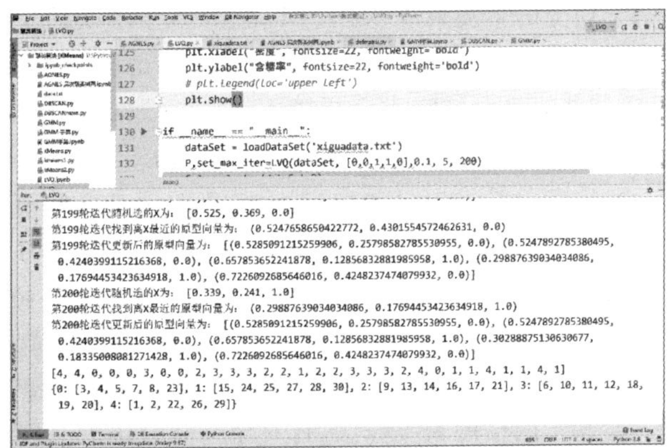

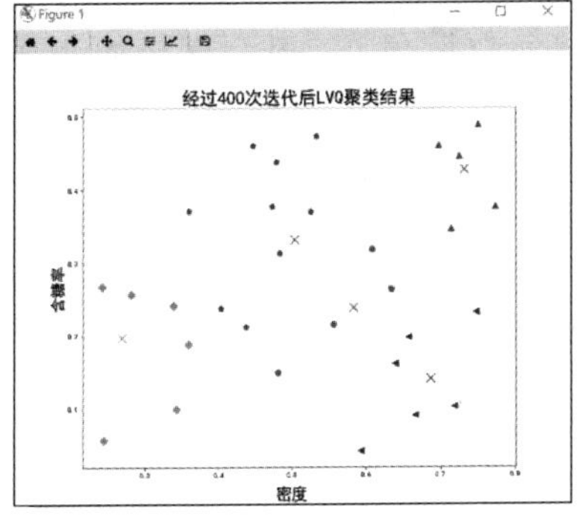


```
if __name__ == "__main__":
    dataSet = loadDataSet('xiguadata.txt')
    P,set_max_iter=LVQ(dataSet, [0,0,1,1,0],0.1, 5, 400)
    C=lvq_cluster(dataSet,P)
    print(C)
    draw(dataSet,C, P,set_max_iter)
```

第399轮迭代随机选的X为:　[0.525, 0.369, 0.0]
第400轮迭代随机选的X为:　[0.282, 0.257, 1.0]
[1, 1, 0, 0, 0, 4, 0, 4, 3, 2, 2, 2, 3, 3, 4, 3, 3, 2, 2, 2, 3, 1, 4, 4, 4, 1, 4, 4, 1, 4]
{0: [3, 4, 5, 7], 1: [1, 2, 22, 26, 29], 2: [10, 11, 12, 18, 19, 20], 3: [9, 13, 14, 16, 17, 21], 4: [6, 8, 15, 23, 24, 25, 27, 28, 30]}

图 5.43　LVQ 聚类结果分析

解释1：图5.43中的截图显示的是LVQ聚类($q=5$)在不同轮数迭代之后的聚类结果。其中，样本簇 C_1，C_2，C_4 和 C_5 中的样本点分别用不同形状的·，◆与▲表示，各原型向量用对应颜色×表示。

解释2：通过图5.43中的聚类结果分析，可以看出经过多次迭代后，得到收敛的原型向量，并得到相应的LVQ聚类结果簇。

5.6.4 LVQ聚类算法小结

虽然传统LVQ算法性能优越且应用广泛，但是仍存在着一些不足，这些不足归纳为：①训练过程中权向量可能不收敛，原因是在寻找最优贝叶斯边界时，对权向量更新的趋势没有给予充分的考虑；②对输入样本各维属性的信息利用不充分，没有体现出各维属性在分类过程中重要程度的不同。这些不足的原因是：由于在寻找获胜神经元过程中采用的是欧氏距离度量方法，没有考虑到输入样本各维属性的重要度差异，即假定各维属性对分类的“贡献”是相同的。

5.7 CLIQUE聚类算法

5.7.1 CLIQUE算法原理

1. 基于网格和密度的数据挖掘研究背景

目前，国内外专家学者提出了许多有关聚类分析的算法，主要的有：基于划分的方法、基于层次的方法、基于密度的方法、基于网格的方法和基于模型的方法等。在前面已经介绍了基于划分的聚类算法(如K-Means)、基于层次的聚类算法(如AGNES)、基于密度的聚类算法(如DBSCAN)。但是，大部分算法都是基于距离和密度，或是在此基础上加以改进的算法，这些算法只能聚类分析簇成球状的数据对象，或仅为低维空间数据设计，在处理很多实际问题时，这些聚类算法就显得力不从心，不能得到很好的聚类效果。

研究和总结发现，传统的基于距离的聚类算法有其不足之处，主要在于：一方面，只能发现球状的簇，而处理大型数据集合和高维数据集时效果不佳；另一方面，它能发现的聚类个数常常依赖用户的指定参数，这对用户来说很困难。有一种解决传统算法的不足的算法即基于密度的聚类算法，是一种只要一个区域中的数据点的个数大于某个阈值，就把它加到与之接近的簇中，所以基于密度的方法可以用于过滤“噪声”数据对象，并能发现任意形状的簇。而基于网格的聚类算法，将对象空间量化为有限数目的单元，形成一个网格结构，所有聚类过程都在这个网格结构上进行。这种方法的优点在于它的处理速度很快，处理时间独立于数据对象的个数，也就是只与量化空间中每一维的单元数目有关。基于网格的和基于密度的聚类方法分别从不同的角度弥补了传统基于距离算法的不足。

本节讨论的算法是CLIQUE算法，这种算法是基于网格和基于密度的两个聚类算法进行二合一的新算法，它满足了数据挖掘对聚类的典型要求。基于网格和密度的典型聚类算法有两种：小波变换聚类算法和聚类高维空间算法。下面重点讨论聚类高维空间的CLIQUE算法。

2. CLIQUE算法

多维空间数据分析的CLIQUE(Clustering In QUEST)算法是一种基于密度和基于网

格的、能够处理高维空间数据的聚类算法。该算法是将数据空间 R^n 分隔成若干个矩形网格单元，将落到每一个网格单元中的点数作为这个单元的数据对象密度。设定一个阈值，当某个单元格的密度(点的个数)大于该数值时，就说这个网格单元是密集的。在 CLIQUE 聚类算法中，连通的密集单元的最大集合被定义为聚类簇。

因此基于网络的方法的基本思想是：将数据空间划分为网格单元，将数据对象集映射到网格单元中，并计算每个单元的密度。根据预设的密度阈值判断每个网格单元是否为高密度单元，由邻近的稠密单元组形成"类"(簇)。

CLIQUE 聚类算法是综合了基于密度和网格聚类算法的精华，处理大型数据库中混合类型及高维的空间数据，具有很高的效率，能够得到良好的聚类结果。

CLIQUE 算法对数据对象的输入顺序不太敏感，无须假设任何一种规范化的数据分布，它随输入数据量的大小线性扩展，当数据的维数增加时，算法具有良好的伸缩性。但是由于方法过程复杂，在处理过程中，应尽可能地简化聚类步骤，这样会导致对聚类结果精确性有所影响。

在介绍 CLIQUE 算法的核心思想之前，先来了解相关的一些基本概念和预备知识。

1) CLIQUE 算法的基本概念空间划分和密集单元

定义 5.1　设 $A=\{D_1,D_2,\cdots,D_n\}$ 是 n 个有界的定义子空间，则 $S=D_1\times D_2\times\cdots\times D_n$ 就是一个 n 维的数据空间，将 $D_1,D_2,\cdots,D_n$ 看作 S 的维(属性或字段)。CLIQUE 算法的输入对象是一个 n 维空间中的数据对象点集，设为 $V=\{v_1,v_2,\cdots,v_n\}$，其中，$v_i=\{v_{i1},v_{i2},\cdots,v_{in}\}$，$v_i$ 的第 j 个分量 $v_{ij}\in D_j$。

在 CLIQUE 算法中，只要输入一个参数 ε，就可以将空间 S 的每一维分成相同的 ε 个区间，从而将整个空间分成有限(ε^n)个互不相交的矩形单元格，每一个这样的矩形单元格可以描述为 $\{u_1,u_2,\cdots,u_n\}$，其中，$u_i=[l_i,h_i)$，均为一个前闭后开的区间。通常我们认为，一个数据对象 $v=\{v_1,v_2,\cdots,v_n\}$ 落入一个单元格 $u=\{u_1,u_2,\cdots,u_n\}$，当且仅当对于每一个 u_i 都有 $l_i\leqslant v_i<h_i$ 成立。

定义 5.2　密集单元的定义为：一个单元的选择率 Selectivity(u)＝单元格中的点数/总的点数。设定一个密度阈值 ω，当 Selectivity(u)$\geqslant\omega$ 时，称数据单元是稠密的。

定义 5.3　聚类定义为：在 n 维数据空间中，由一些连通的密集单元格组成的连通分支。

两个 n 维中的单元格 u_1、u_2 称为连通的当且仅当：①这两个单元格有一个公共的面；②这两个单元格都跟另一个单元格 u_3 连通。两个单元格 $u_1=\{R_{t1},R_{t2},\cdots,R_{tk}\}$，$u_2=\{X_{t1},X_{t2},\cdots,X_{tk}\}$ 有一个公共的面是指，存在一个 $k-1$ 维度，有 $R_{tl}=X_{tl}$ 成立，并且对于第 tk 维有 $h_{tk}=l_{tk}$ 或者 $h_{tk}=x_{tk}$。

2) CLIQUE 聚类算法原理

CLIQUE 聚类算法是在 1998 年由 Rakesh Agrawal、Johannes Gehrke 等人提出的(原始文献见 *Automatic Subspace Clustering of High Dimensional Data for Data Mining Applications*)，一种子空间聚类方式，并且应用了基于网格的聚类方法。

CLIQUE 是一种简单的基于网格的聚类方法，用于发现子空间中基于密度的簇。CLIQUE 把每个维划分成不重叠的区间，从而把数据对象的整个嵌入空间划分成单元。它使用一个密度阈值识别稠密单元和稀疏单元。如果映射到它的对象数超过该密度阈值，则认为该单元是稠密的。

CLIQUE 识别候选搜索空间的主要策略是使用稠密单元关于维度的单调性。这基于频繁模式和关联规则挖掘使用的先验性质。在子空间聚类的背景下,单调性陈述如下。

一个 k 维($k>1$)单元 u 至少有 l 个点,仅当 u 的每个 $k-1$ 维投影(它是 $k-1$ 维单元)至少有 l 个点。考虑图 5.44,其中嵌入数据空间包含 3 个维:年龄,工资,假期。例如,子空间年龄和工资中的一个二维单元包含 l 个点,仅当该单元在每个维(即分别在年龄和工资上的投影都至少包含 l 个点),如图 5.44 所示。

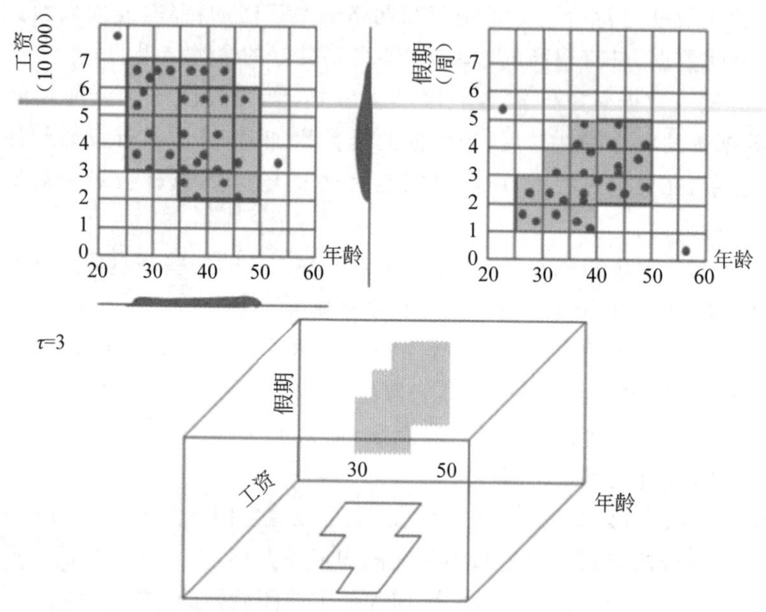

图 5.44 对工资和假期维度上发现关于年龄的稠密单元取交集从而为发现更高维度的稠密单元提供候选搜索空间的图示

(1) CLIQUE 聚类算法的核心思想。

① 处理一个多维空间数据对象的集合,数据对象在数据空间中不是均匀分布的。该算法区分空间中稀疏的和密集的区域,以发现空间数据对象集合的全局分布模式。

② 若一个单元格中包含的数据对象点数超过了某个输入的参数,该单元就被定义为密集单元。在 CLIQUE 算法中,相连的密集单元的最大集合就被定义为簇,就是聚类。

CLIQUE 聚类算法,是把数据空间分成若干个网格单元,以每个单元格中的数据对象点数作为各自单元格的密度,当某个单元的密度大于给定的阈值时,就可以说这个网格单元是稠密的,最终的聚类就是相连的密集单元格的最大连通区间。

(2) CLIQUE 是通过两个阶段进行聚类的。

第一阶段:CLIQUE 把 D-维数据空间划分为若干互不重叠的矩形单元,并且从中识别出稠密单元。CLIQUE 在所有的子空间中发现稠密单元。为了做到这一点,CLIQUE 把每个维都划分成区间,并识别至少包含 l 个点的区间,其中,l 是密度阈值。然后,CLIQUE 迭代地连接子空间,并检查其中的点数是否满足密度阈值。当没有候选产生或候选都不稠密时,迭代终止。

第二阶段:CLIQUE 使用每个子空间中的稠密单元来装配可能具有任意形状的簇。其思想是利用最小描述长度(MDL)原理,使用最大区域来覆盖连接的稠密单元,其中最大区域是一个超矩形,落入该区域中的每个单元都是稠密的,并且该区域在该子空间的任何维上都不能再扩展。一般地,找出簇的最佳描述是 NP-困难的。因此,CLIQUE 采用了一种简单的贪心方法。它从一个任意稠密单元开始,找出覆盖该单元的最大区域,然后在尚未被覆盖的剩余的稠密单元上继续这一过程。当所有稠密单元都被覆盖时,贪心方法终止。

(3) CLIQUE 算法的核心。

CLIQUE 算法核心:主要是采用关联规则挖掘中的先验性质。所谓先验性质,是指在数据空间中,若它在 k 维单元是密集的,则它在 $k-1$ 维空间上的投影也是密集的。也就是说,给定一个 k 维的候选密集单元,若能检查到它的 $k-1$ 维投影单元,发现任何一个都不是密集单元,则可判断出第 k 维的单元不可能是密集的。因此,可以从 $k-1$ 维空间中发现的密集单元,来推测 k 维空间中潜在的或者候选的密集单元,并且这样得到最终的结果要比初始空间范围小许多(类似于 Apriori 性质)。图 5.45 给出了识别子类空间(年龄-工资)聚类的图示。

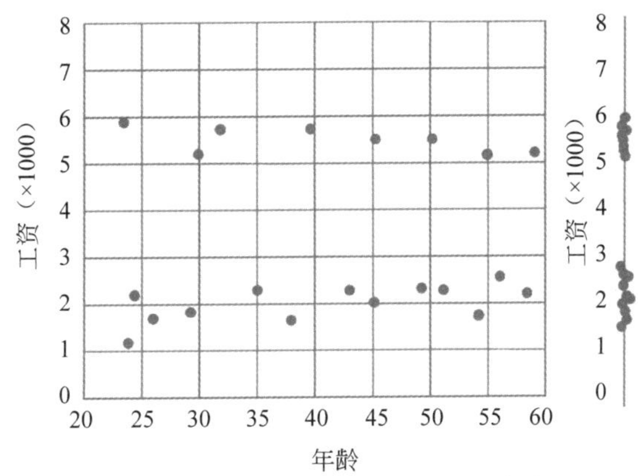

图 5.45　识别子类空间(年龄-工资)聚类的图示

图 5.45 的解释是:由年龄和工资二维构成的原始空间中,存在两个密集区域,形成两个类(1000≤工资≤3000 和 5000≤工资≤6000),而在年龄一维构成的子空间中没有密集区域,因此不形成任何聚类。

CLIQUE 算法能自动地发现空间数据集中最高维的子空间,高密度聚类存在于这些子空间中。同时,CLIQUE 算法对数据元组的输入顺序不敏感,无须考虑任何规范化的空间数据分布。它随操作对象数据空间大小线性增长,当数据对象的维数增加时,还具有良好的伸缩性。

(4) CLIQUE 聚类算法的基本步骤。

CLIQUE 聚类算法在进行对多维空间数据聚类时,一般可以分为以下三个步骤进行。

第一步:找出包含密集的子空间即对 n 维数据空间进行划分,划分为互不相交的矩形单元,同时识别其中的密集单元。

第二步:识别聚类可运用深度优先算法来发现空间中的聚类。

第三步:为每个簇生成最小的描述。对于每个簇来说,它确定覆盖相连的密集单元的最大区域,然后确定最小的覆盖区域。(* 最小描述(minimal description)是指这些簇不重复包含任意稠密网格单元。)

下面分别对上述三个步骤进行解释。

第一步的解释：对 n 维数据空间进行划分。划分为互不相交的矩形单元，同时识别其中的密集单元。识别数据对象空间中的密集单元，最简单的方法就是对所有的子空间运用每个单元包含点的数目创建直观图，这样可以简单明了地表达出来，然后根据这些直方图进行判断。显而易见的是，这种方法并不适用于高维数据集，因为子空间的数量随维度的增加呈指数级增长，这种表示方法在高维数据空间中显然是不合逻辑的。CLIQUE 算法采取的是一种“自下而上”的识别方法，这种方法的理论依据是簇评判的单调性原则。

簇评判的单调性原则：如果一个样本点集(簇)S 是 k 维空间的一个簇，那么 S 是该空间的任意 $k-1$ 维子空间中某个簇的一部分。证明如下，假设 S 是 k 维空间的一个簇，由基于网格聚类的原理可知，这个簇是由多个稠密且邻接的网格单元组成的，在任意子空间的某个对应网格中必定存在所有的这些点，因此这个子空间的网格也是稠密的，而 S 中这些稠密网格的临近性在子空间中也会得到保持。

这种算法是“逐级执行”的，就是从下往上一层一层地处理空间数据的对象。遍历空间中的所有数据对象点。它首先遍历一次原始数据集，得到 1 维稠密网格单元，当得到 $k-1$ 维稠密网格单元后，就可以通过下面生成候选 k 维稠密网格单元的伪代码所示的步骤产生候选的 k 维稠密网格单元，得到候选的 k 维稠密网格单元后，再遍历一次数据集来确定真正的 k 维稠密网格单元，重复上述操作直到不再产生候选的稠密单元为止。

以下是生成候选 k 维稠密网格单元的伪代码。

输入：D_{k-1}(所有 $k-1$ 维密集单元的集合)

输出：所有 k 维候选密集

算法：

```
insert  into C_k
select u_1·[l_1,h_1),u_1·[l_2,h_2),…,
       u_1·[l_{k-1},h_{k-1}),u_2·[l_{k-1},h_{k-1})
from   D_{k-1}u_1,D_{k-1}u_2
where  u_1·a_1=u_2·a_1,u_1·l_1=u_2·l_1,u_1·h_1=u_2·l_1,u_1·h_1=u_2·h_1,
         u_1·a_2=u_2·a_2,u_1·l_2=u_2·l_2,u_1·h_2=u_2·l_2,…,
         u_1·a_{k-2}=u_2·a_{k-2},u_1·l_{k-2}=u_2·l_{k-2},u_1·h_{k-2}=u_2·l_{k-2},
         u_1·a_{k-1}<u_2·a_{k-1}
```

CLIQUE 聚类算法的中心思想描述如下。

算法中使用候选集生成算法，候选集生成过程：有一个参数 D_{k-1}，它代表所有 $k-1$ 维下的密集单元集合。它返回一个 k 维下密集单元集合的超集 C_k。采取的方法是自连接 D_{k-1}，自连接的条件是这些单元在 $k-2$ 维下是相同的。得到 k 维候选密集，运用的是先验性质。

上述生成候选 k 维稠密网格单元的伪代码中，u_i 代表第 i 个稠密的 $k-1$ 维网格单元，$u_i \cdot a_j$ 代表单元 u_i 的第 j 维分量，$u_i \cdot h_j$ 和 $u_i \cdot l_j$ 分别表示 u_i 所在的第 j 个维的网格上界和下界，$u \cdot [l_i, h_i)$ 代表单元 u 在 i 维上的间隔。where 中的伪代码用于筛选两个相似的 $k-1$ 维稠密网格单元，它们在 $k-2$ 个维度上是相同的，然后将它们组成一个候选的 k

维稠密网格单元，在这里可以看出，为了不会产生重复的候选稠密网格单元，在筛选条件的最后一行使用的是 $u_1 \cdot a_{k-1} < u_2 \cdot a_{k-1}$，而不是 $u_1 \cdot a_{k-1}! = u_2 \cdot a_{k-1}$，要注意的是，这里的维度比较是依赖于下标的有次序的比较，而不是交叉比较。

上述步骤与 Apriori 算法产生候选频繁项集的方法类似，在重新遍历一次数据集来找到 C_k 中的真正稠密单元之前，由簇评判的单调性原则可知，在得到包含所有 k 维稠密网格单元集合的超集 C_k 后，要先删除集合中那些在任何一个 $k-1$ 维子空间中不稠密的 k 维网格单元，之后再进行数据集的遍历。

这种使用先验知识约束来缩小搜索空间的方法与 Apriori 算法中寻找频繁项集的方法类似，具有可伸缩性的特点，其时间复杂度是 $O(c^k+mk)$，c 是一个常数，k 是所有稠密单元的最大维度，m 是数据集的样本点个数，通过特定的手段可以减少遍历数据集的次数。与一般的基于密度的聚类方法相同，当评判网格稠密与否的阈值 τ 设置的过小时，维数较低的子空间将会产生更多的稠密单元，随着这些被误判为包含簇的子空间数目上升，搜索空间将会以指数级增长。为了应对这种问题，提出了一种基于“最小描述长度”原则的改进方法，这种方法通过只关注那些“有趣的”子空间来大大减小搜索空间。

依据算法先验性质：任何一个 k 维的单元区域是密集的，那么它在 $k-1$ 维空间上的投影也是密集的，就从 C_k 中去掉了那些有 $k-1$ 维的映射，使其没有包含在 C_{k-1} 中的单元。这样虽然减少了需要验证的密集单元个数，但由于子空间维数不断增加，会造成密集单元个数的飞速增长，所以处理起高维空间数据对象，还是有一定的复杂度，给研究工作带来了很强的挑战性。必须通过一种算法来保留感兴趣的密集单元，把一些不合格的候选集剪枝。

而基于 MDL(Minimal Description Length，最小描述长度)的剪枝就可以实现这个过程。MDL 方法的精髓就是把输入的数据按照某一特定的模式进行编码，尽可能地使编码最短。

在一个子空间集合$\{S_1,S_2,\cdots,S_n\}$中，剪枝方法首先将同一子空间中的密集单元分成一组，然后在每一个子空间中计算每一个密集单元所包含的记录数，见式(5-53)。

$$x_{s_j}=\sum_{u_i\in s_j}\text{count}(u_i) \tag{5-53}$$

其中，$\text{count}(u_i)$是密集单元 u_i 中包含点的个数，x_{s_j} 为子空间 s_j 的一个覆盖。覆盖大的被选中，其他的剪掉。它的基本原理就是如果 k 维空间中存在一个聚类，那么在 k 维空间的每一个子空间中都存在密集单元所有聚类内的点。算法把子空间按照覆盖进行降序排列，再把子空间分成被选择集合 R 和被剪枝集合 P 两个集合。对于每一个集合，计算该区域覆盖的平均值和集合中每一个子空间与平均值的差，两个集合的平均值见式(5-54)和式(5-55)。

$$u_I(i)=\left|\left(\sum_{I\leqslant j\leqslant i}x_{s_j}\right)/i\right| \tag{5-54}$$

$$u_P(i)=\left|\left(\sum_{i+1\leqslant j\leqslant n}x_{s_j}\right)/(n-i)\right| \tag{5-55}$$

再把计算机存储这些值需要的数位相加，就是编码的目标函数，见式(5-56)。

$$\begin{aligned}\text{CL}(i)=&\log_2(u_I(i))+\sum_{I<j<i}\log_2(|x_{s_j}-u_I(i)|)+\log_2(u_P(i))+\\&\sum_{i+1<j<n}\log_2(|x_{s_j}-u_P(i)|)\end{aligned} \tag{5-56}$$

确定一个参数 i 值，使得目标函数 $\text{CL}(i)$最小，而这个 i 值也就是进行算法分析过程中,需要找的分隔点,如图 5.46 所示。

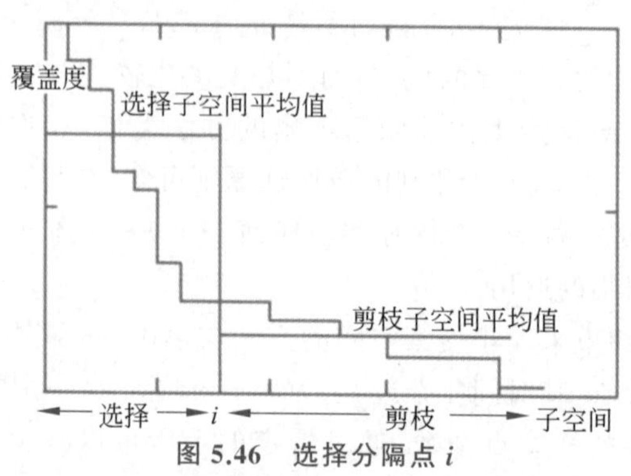

图 5.46 选择分隔点 i

第二步的解释:识别聚类。这也是聚类分析中很关键的一个过程。

可运用深度优先算法来发现空间中的聚类。算法描述如下。

输入:在同一个 k 维空间 S 中的密集单元集合 D。

输出:D 的一个分割 $D_1, D_2, \cdots, D_q$,分割中的密集单元是相互连接在一块的,或者说是连通的,同时没有任何两个不同单元 $u_i \in D_i, u_j \in D_j (i \neq j)$ 是连接的。

算法:图的深度优先算法。从 D 中的一个密集单元 u 开始,找出所有和它连通的单元,并且以序号 1 标记,注明它们是第一个被遍历过的,然后随机地选择一个没有被标记的密集单元继续进行探索,按照上一个序号升序进行编号,直到所有在 D 中的密集单元都被搜索过,都有自己的编号。

图 5.46 是图的深度优先遍历,即类似于树的先根遍历的图示,该密集单元就好比图中的一个结点。图的深度优先算法及其详细解释,可以参考 1.7.1 节图的深度优先搜索遍历相关内容。

第三步的解释:CLIQUE 聚类算法为每个簇生成最小化的描述。对于每个簇来说,它确定覆盖相连的密集单元的最大区域,然后确定最小的覆盖区域。

对于在 k 维子数据空间 S 中的一个簇 C,空间 S 中的区域集合 W 是聚类 C 覆盖的条件是,对于每一个 $R \in W$ 都包含在簇 C 中,并且簇 C 中的任何一个单元都至少包含在一个 R 中。

为了找到多维空间中的优质覆盖,这一步要分成两小步进行,先是找出最大区域的覆盖,再找到最小覆盖。

① 首先,使用贪婪算法来找最大覆盖区域,即贪婪地用最大数目的长方形来覆盖聚类。

输入:在相同的 k 维空间 S 中相连的密集单元集合 C。

输出:最大化的区域 R 的集合 W。

算法:在多维数据空间中,任意选择某一个密集单元 $u_1 \in C$,再扩展为一个最大化的区域 R_1,它覆盖 u_1,将 R_1 加入到 R 中去;然后,寻找另一个密集子单元 $u_2 \in C$,它是没有被任何一个 R 中的最大区域覆盖,同样扩展成一个最大化的区域 R_2,它覆盖 u_2;重复上述步骤直到 C 被 R 的最大区域覆盖。

在第三步过程中,将簇中的某个稠密单元作为初始区域,然后在某一个维度上,基于其(左、右)邻接单元将该区域进行延伸,延伸完成后,在另一个维度上,基于该区域中的所有稠密单元的邻接单元对该区域做进一步延伸，重复上述步骤直到遍历所有 k 个维度，然后对该簇中没有被包含到对应区域的单元继续重复上述操作，直到没有孤立的网格单元为止。需要注意的是，上述操作形成的区域是一个空间线性多边体。

例 5.10　贪心算法的工作过程。

下面举一个二维空间的实例(见图 5.47)来说明贪心算法的工作过程，假设 f_1、f_2 为该子空间的两个维度。

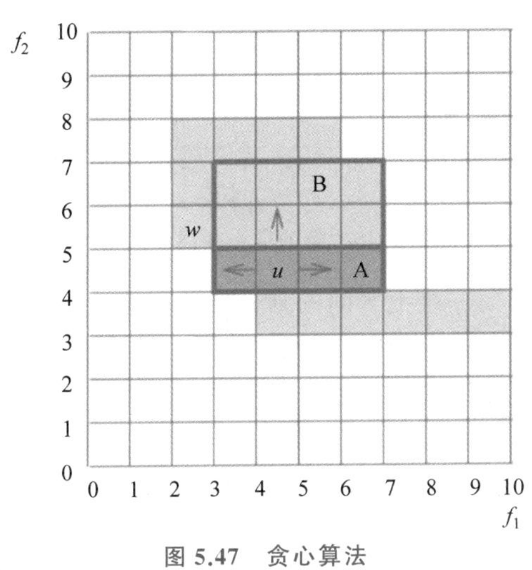

图 5.47　贪心算法

图 5.47 描述了贪心算法的工作过程。该图中密集单元用阴影表示，从单元 u_1 开始，沿着水平方向延展，发现由 4 个密集单元构成的长方形 A。然后，沿着垂直方便延展。当它不能再延展的时候，最大的长方形区域就找到了，图中表示为 B。下一步从一个没有被 B 覆盖的密集单元开始，比如图中的 w，可以看到，它直到阴影部分才被最大化的长方形覆盖的集合所覆盖。

② 接下来的工作，就是力求找到最小覆盖。

输入：每个聚类的覆盖。

输出：一个最小覆盖。

算法：从已有的最大覆盖中，移走数目最小的多余最大空间区域，直到没有多余的最大密集区域为止。

例 5.11　图 5.48 为类的最小描述示意图。我们的任务是：在该图中寻找最小覆盖。

具体的解答是：由年龄和工资构成两维空间分隔为 8×8 的网格，每一个网格代表一个单元。例如，u＝(50≤年龄≤55)∧(1≤年龄≤2)。其中，A 和 B 两个区域分别为 A＝(25≤年龄≤40)∧(2≤年龄≤5)，B＝(35≤年龄≤50)∧(3≤年龄≤6)。假设高密集区域用阴影表示，则 $A \cup B$ 形成了一个类。那么该类的最小表示为((25≤年龄≤40)∧(2≤年龄≤5))∪((35≤年龄≤50)∧(3≤年龄≤6))。这里 A 和 B 分别表示两个最大区域覆盖，最后得到的类表示即为最小覆盖。实际中则将二维扩展到 k 维即可。

综上所述，即从上述对聚类过程的分析中，可以归纳总结得到 CLIQUE 聚类算法的整个分析过程，描述如下。

第 1 步：根据 ε(根据空间数据特征来确定)的值，把原多维空间数据对象的每一维属性

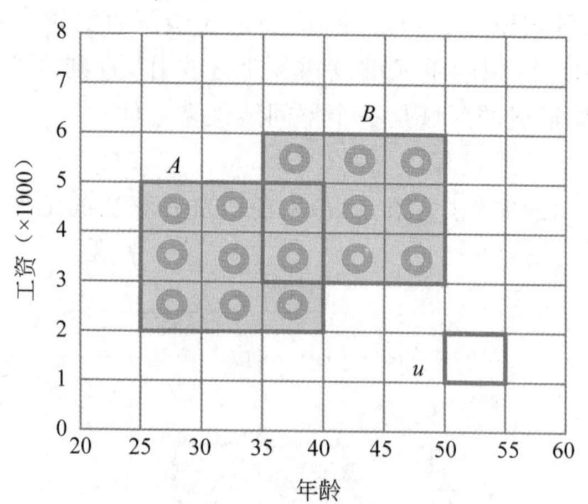

图 5.48 类的最小描述示意图

划分成相等的区间,同时将每一维上区间的划分保存下来。

第 2 步:$n=1$,经过划分得到的所有矩形单元都为候选稠密单元。

第 3 步:扫描原数据空间,找出 n 维子空间中落在每个候选稠密单元的数据对象个数,就是记录每一个单元格的密度。

第 4 步:根据设置的阈值找出 n 维子空间中的密集单元。

第 5 步:用 **MDL** 算法修剪已有的密集子空间。

第 6 步:由 n 维子空间中的稠密单元集,找出 $n+1$ 维子空间中的候选稠密单元集合,若 $n+1$ 维子空间中的候选稠密单元集不为空,则跳转到第 3 步。

第 7 步:用深度优先探索算法找出 n 维空间中的聚类(参考数据结构的知识)。

第 8 步:运用贪婪算法找到覆盖每个子聚类的最大密集(参考数据结构的知识)。

第 9 步:确定每个聚类的最小覆盖(参考数据结构的知识)。

第 10 步:将聚类信息结果保存到文件中。

5.7.2 CLIQUE 聚类算法示例

本节将以表 5.1 西瓜样本数据集 4.0 的 30 个数据点为例,详细说明 CLIQUE 聚类算法实现的具体过程以及算法的性能指标。

1. 基于 CLIQUE 聚类算法实现西瓜数据聚类

选择表 5.1 西瓜样本数据集 4.0 中的 30 个数据点,即 30 个西瓜的样本数据,将这些数据点画到图 5.49 中,其中,横坐标代表西瓜的密度,纵坐标代表西瓜含糖率。

这里运用 CLIQUE 聚类算法进行聚类分析。假定的值 ε 为 5,即对每个维度(这里是二维)进行 5 等分,得到了如图 5.49 所示的西瓜数据集的网格分布图。

图 5.49 的解释:假定算法中,设定阈值为 2,即当每个单元格中的数据对象数目不小于 2 时,就认为是密集单元。

图 5.49 对应的算法如下。

第一步:搜索密集单元格。看图容易得出,密集单元有:第一行的第 3、5 个单元格;第二行的第 3、5 个单元格;第三行的第 1 个单元;第四行的第 2、3、4 个单元格;第五行的第 1、4 个单元格。

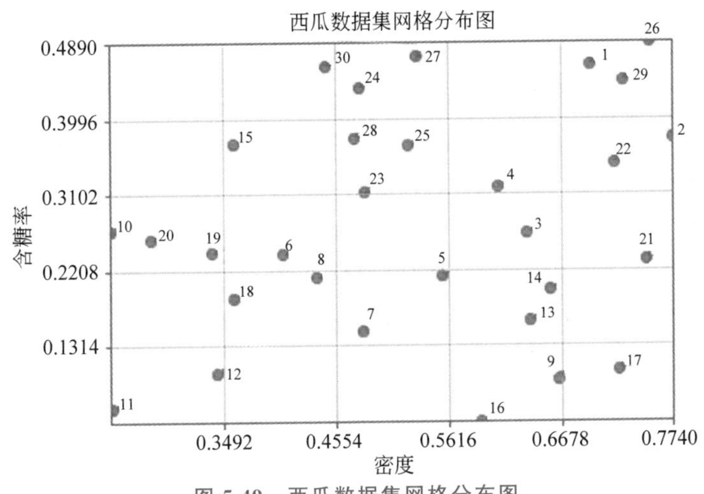

图 5.49　西瓜数据集网格分布图

第二步：根据搜索到的密集单元格，进行聚类。根据 CLIQUE 聚类算法的簇划分原则：将密集单元和邻接的密度可达的密集单元相连，直到没有可相连的密集网格单元，即聚为 1 簇。

根据图 5.49 可以很容易得出，在密集单元格中：第一行第 3 个单元格与第二行的第 3 个单元格相连，它们内部的点聚类一类，即$\{\boldsymbol{x}_{23},\boldsymbol{x}_{24},\boldsymbol{x}_{25},\boldsymbol{x}_{27},\boldsymbol{x}_{28}\}$；第一行第 5 个单元格与第二行的第 5 个单元格相连，它们内部的点聚为一类，即$\{\boldsymbol{x}_{1},\boldsymbol{x}_{2},\boldsymbol{x}_{22},\boldsymbol{x}_{26},\boldsymbol{x}_{29}\}$；没有与第三行第 1 个单元相连的密集单元格，此密集单元格内的点单独聚为一类，即$\{\boldsymbol{x}_{10},\boldsymbol{x}_{19},\boldsymbol{x}_{20}\}$；第四行的第 2、3、4 个单元格与第五行的第 4 个单元格密度可达互相相连，它们内部的点聚为一类，即$\{\boldsymbol{x}_{5},\boldsymbol{x}_{7},\boldsymbol{x}_{8},\boldsymbol{x}_{9},\boldsymbol{x}_{13},\boldsymbol{x}_{14},\boldsymbol{x}_{16},\boldsymbol{x}_{18}\}$；没有与第三行第 1 个单元相连的密集单元格，此密集单元格内的点单独聚为一类，即$\{\boldsymbol{x}_{11},\boldsymbol{x}_{12}\}$。

其他非密集单元内的点，为噪声点，噪声点有$\{\boldsymbol{x}_{3},\boldsymbol{x}_{4},\boldsymbol{x}_{6},\boldsymbol{x}_{15},\boldsymbol{x}_{17},\boldsymbol{x}_{21},\boldsymbol{x}_{30}\}$。

因此得出最终的 CLIQUE 聚类结果为：

$$C_1=\{\boldsymbol{x}_{5},\boldsymbol{x}_{7},\boldsymbol{x}_{8},\boldsymbol{x}_{9},\boldsymbol{x}_{13},\boldsymbol{x}_{14},\boldsymbol{x}_{16},\boldsymbol{x}_{18}\}$$

$$C_2=\{\boldsymbol{x}_{11},\boldsymbol{x}_{12}\}$$

$$C_3=\{\boldsymbol{x}_{10},\boldsymbol{x}_{19},\boldsymbol{x}_{20}\}$$

$$C_4=\{\boldsymbol{x}_{23},\boldsymbol{x}_{24},\boldsymbol{x}_{25},\boldsymbol{x}_{27},\boldsymbol{x}_{28}\}$$

$$C_5=\{\boldsymbol{x}_{1},\boldsymbol{x}_{2},\boldsymbol{x}_{22},\boldsymbol{x}_{26},\boldsymbol{x}_{29}\}$$

2. 聚类结果性能度量的计算

1）外部指标

对数据集 $D=\{\boldsymbol{x}_1,\boldsymbol{x}_2,\cdots,\boldsymbol{x}_{30}\}$，通过上一步骤的聚类给出的簇划分结果为 $C=\{C_1,C_2,C_3,C_4,C_5\}$。

其中：

$$C_1=\{\boldsymbol{x}_{5},\boldsymbol{x}_{7},\boldsymbol{x}_{8},\boldsymbol{x}_{9},\boldsymbol{x}_{13},\boldsymbol{x}_{14},\boldsymbol{x}_{16},\boldsymbol{x}_{18}\}$$

$$C_2=\{\boldsymbol{x}_{11},\boldsymbol{x}_{12}\}$$

$$C_3=\{\boldsymbol{x}_{10},\boldsymbol{x}_{19},\boldsymbol{x}_{20}\}$$

$C_4=\{\boldsymbol{x}_{23},\boldsymbol{x}_{24},\boldsymbol{x}_{25},\boldsymbol{x}_{27},\boldsymbol{x}_{28}\}$

$C_5=\{\boldsymbol{x}_1,\boldsymbol{x}_2,\boldsymbol{x}_{22},\boldsymbol{x}_{26},\boldsymbol{x}_{29}\}$

噪声点有$\{\boldsymbol{x}_3,\boldsymbol{x}_4,\boldsymbol{x}_6,\boldsymbol{x}_{15},\boldsymbol{x}_{17},\boldsymbol{x}_{21},\boldsymbol{x}_{30}\}$。

参考模型给出的簇划分为 $C^*=\{C_1^*,C_2^*\}$，C_1^* 代表好瓜，C_2^* 代表非好瓜。

$C_1^*=\{\boldsymbol{x}_1,\boldsymbol{x}_2,\boldsymbol{x}_3,\boldsymbol{x}_4,\boldsymbol{x}_5,\boldsymbol{x}_6,\boldsymbol{x}_7,\boldsymbol{x}_8,\boldsymbol{x}_{22},\boldsymbol{x}_{23},\boldsymbol{x}_{24},\boldsymbol{x}_{25},\boldsymbol{x}_{26},\boldsymbol{x}_{27},\boldsymbol{x}_{28},\boldsymbol{x}_{29},\boldsymbol{x}_{30}\}$

$C_2^*=\{\boldsymbol{x}_9,\boldsymbol{x}_{10},\boldsymbol{x}_{11},\boldsymbol{x}_{12},\boldsymbol{x}_{13},\boldsymbol{x}_{14},\boldsymbol{x}_{15},\boldsymbol{x}_{16},\boldsymbol{x}_{17},\boldsymbol{x}_{18},\boldsymbol{x}_{19},\boldsymbol{x}_{20},\boldsymbol{x}_{21}\}$

根据 CLIQUE 聚类结果与参考模型得出表 5.28。

表 5.28 根据 CLIQUE 聚类结果与参考模型得出的结果

样本编号	1	2	3	4	5	6	7	8	9	10	11	12	13	14	15
实际参考模型类别	C_1^*	C_1^*	C_1^*	C_1^*	C_1^*	C_1^*	C_1^*	C_1^*	C_2^*	C_2^*	C_2^*	C_2^*	C_2^*	C_2^*	C_2^*
聚类结果	C_5	C_5	噪声点	噪声点	C_1	噪声点	C_1	C_1	C_1	C_3	C_2	C_2	C_1	C_1	噪声点
样本编号	16	17	18	19	20	21	22	23	24	25	26	27	28	29	30
实际参考模型类别	C_2^*	C_2^*	C_2^*	C_2^*	C_2^*	C_2^*	C_1^*	C_1^*	C_1^*	C_1^*	C_1^*	C_1^*	C_1^*	C_1^*	C_1^*
聚类结果	C_1	噪声点	C_1	C_3	C_3	噪声点	C_5	C_4	C_4	C_4	C_5	C_4	C_4	C_5	噪声点

根据定义式(5-13)～式(5-16)，不难求出对西瓜数据集进行此次 CLIQUE 聚类分簇结果对应的 SS,SD,DS,DD，从而得到以下结果(数据量太大，不一一列出对应的元素，通过编写函数，获取结果，这里只给出元素个数用来计算外部指标)：

$$a=|\mathrm{SS}|=46$$

$$b=|\mathrm{SD}|=27$$

$$c=|\mathrm{DS}|=168$$

$$d=|\mathrm{DD}|=194$$

同时，m 等于数据点个数 30，从而根据式(5-17)～式(5-19)可以求出此次聚类结果的外部指标。

- **JC 计算结果为：**

$$\mathrm{JC}=\frac{a}{a+b+c}=\frac{46}{46+27+168}=0.1901$$

- **FMI 计算结果为：**

$$\mathrm{FMI}=\sqrt{\frac{a}{a+b}\cdot\frac{a}{a+c}}=\sqrt{\frac{46}{46+27}\times\frac{46}{46+168}}=0.3613$$

- **RI 计算结果为：**

$$\mathrm{RI}=\frac{2(a+d)}{m(m-1)}=\frac{2\times(46+194)}{30\times(30-1)}=0.5517$$

运行结果分析：上述度量指标值反映的是聚类结果与参考模型给出的簇划分结果一致的比例，取值范围为[0,1]，比例越大，说明聚类效果越好。因此聚类性能度量指标 JC、FMI

和 RI 的值越大越好。

2）内部指标（这里的距离用的是欧氏距离）

此次 CLIQUE 聚类结果有 5 类，即 $k=5, C=\{C_1, C_2, C_3, C_4, C_5\}$，共有数据点 $m=30$。

$$C_1=\{\boldsymbol{x}_5, \boldsymbol{x}_7, \boldsymbol{x}_8, \boldsymbol{x}_9, \boldsymbol{x}_{13}, \boldsymbol{x}_{14}, \boldsymbol{x}_{16}, \boldsymbol{x}_{18}\}$$

$$C_2=\{\boldsymbol{x}_{11}, \boldsymbol{x}_{12}\}$$

$$C_3=\{\boldsymbol{x}_{10}, \boldsymbol{x}_{19}, \boldsymbol{x}_{20}\}$$

$$C_4=\{\boldsymbol{x}_{23}, \boldsymbol{x}_{24}, \boldsymbol{x}_{25}, \boldsymbol{x}_{27}, \boldsymbol{x}_{28}\}$$

$$C_5=\{\boldsymbol{x}_1, \boldsymbol{x}_2, \boldsymbol{x}_{22}, \boldsymbol{x}_{26}, \boldsymbol{x}_{29}\}$$

$$|C_1|=8, |C_2|=2, |C_3|=3, |C_4|=5, |C_5|=5$$

根据式(5-20)可以求得每个簇内的平均距离。

$$\operatorname{avg}(C_1)=\frac{2}{|C_1|(|C_1|-1)}\sum_{1\leqslant i<j\leqslant|C_1|}\operatorname{dist}(\boldsymbol{x}_i, \boldsymbol{x}_j)=0.165686$$

$$\operatorname{avg}(C_2)=\frac{2}{|C_2|(|C_2|-1)}\sum_{1\leqslant i<j\leqslant|C_2|}\operatorname{dist}(\boldsymbol{x}_i, \boldsymbol{x}_j)=0.106621$$

$$\operatorname{avg}(C_3)=\frac{2}{|C_3|(|C_3|-1)}\sum_{1\leqslant i<j\leqslant|C_3|}\operatorname{dist}(\boldsymbol{x}_i, \boldsymbol{x}_j)=0.066308$$

$$\operatorname{avg}(C_4)=\frac{2}{|C_4|(|C_4|-1)}\sum_{1\leqslant i<j\leqslant|C_4|}\operatorname{dist}(\boldsymbol{x}_i, \boldsymbol{x}_j)=0.090462$$

$$\operatorname{avg}(C_5)=\frac{2}{|C_5|(|C_5|-1)}\sum_{1\leqslant i<j\leqslant|C_5|}\operatorname{dist}(\boldsymbol{x}_i, \boldsymbol{x}_j)=0.088773$$

根据式(5-21)可以求得每个簇内的样本最大距离。

$$\operatorname{diam}(C_1)=\max_{1\leqslant i<j\leqslant|C_1|}\operatorname{dist}(\boldsymbol{x}_i, \boldsymbol{x}_j)=0.321960$$

$$\operatorname{diam}(C_2)=\max_{1\leqslant i<j\leqslant|C_2|}\operatorname{dist}(\boldsymbol{x}_i, \boldsymbol{x}_j)=0.106621$$

$$\operatorname{diam}(C_3)=\max_{1\leqslant i<j\leqslant|C_3|}\operatorname{dist}(\boldsymbol{x}_i, \boldsymbol{x}_j)=0.099459$$

$$\operatorname{diam}(C_4)=\max_{1\leqslant i<j\leqslant|C_4|}\operatorname{dist}(\boldsymbol{x}_i, \boldsymbol{x}_j)=0.167335$$

$$\operatorname{diam}(C_5)=\max_{1\leqslant i<j\leqslant|C_5|}\operatorname{dist}(\boldsymbol{x}_i, \boldsymbol{x}_j)=0.147709$$

根据式(5-22)可以求得各个簇间的样本最小距离。

$$d_{\min}(C_1, C_2)=\min_{\boldsymbol{x}_i\in C_1, \boldsymbol{x}_j\in C_2}\operatorname{dist}(\boldsymbol{x}_i, \boldsymbol{x}_j)=0.090427$$

$$d_{\min}(C_1, C_3)=\min_{\boldsymbol{x}_i\in C_1, \boldsymbol{x}_j\in C_3}\operatorname{dist}(\boldsymbol{x}_i, \boldsymbol{x}_j)=0.056648$$

$$d_{\min}(C_1, C_4)=\min_{\boldsymbol{x}_i\in C_1, \boldsymbol{x}_j\in C_4}\operatorname{dist}(\boldsymbol{x}_i, \boldsymbol{x}_j)=0.110982$$

$$d_{\min}(C_1, C_5)=\min_{\boldsymbol{x}_i\in C_1, \boldsymbol{x}_j\in C_5}\operatorname{dist}(\boldsymbol{x}_i, \boldsymbol{x}_j)=0.158597$$

$$d_{\min}(C_2, C_3)=\min_{\boldsymbol{x}_i\in C_2, \boldsymbol{x}_j\in C_3}\operatorname{dist}(\boldsymbol{x}_i, \boldsymbol{x}_j)=0.142056$$

$$d_{\min}(C_2, C_4)=\min_{\boldsymbol{x}_i\in C_2, \boldsymbol{x}_j\in C_4}\operatorname{dist}(\boldsymbol{x}_i, \boldsymbol{x}_j)=0.254890$$

$$d_{\min}(C_2, C_5)=\min_{\boldsymbol{x}_i\in C_2, \boldsymbol{x}_j\in C_5}\operatorname{dist}(\boldsymbol{x}_i, \boldsymbol{x}_j)=0.445702$$

$$d_{\min}(C_3, C_4) = \min_{x_i \in C_3, x_j \in C_4} \text{dist}(\boldsymbol{x}_i, \boldsymbol{x}_j) = 0.160552$$

$$d_{\min}(C_3, C_5) = \min_{x_i \in C_3, x_j \in C_5} \text{dist}(\boldsymbol{x}_i, \boldsymbol{x}_j) = 0.389423$$

$$d_{\min}(C_4, C_5) = \min_{x_i \in C_4, x_j \in C_5} \text{dist}(\boldsymbol{x}_i, \boldsymbol{x}_j) = 0.165436$$

根据式(5-23)可以求得各个簇中心间距离。

根据簇中心计算公式 $\boldsymbol{u}_i = \frac{1}{|C_i|}\sum_{x \in C_i} \boldsymbol{x}$,可得各个簇相应的簇中心分别为:

$$u_1 = \frac{1}{|C_1|}\sum_{x \in C_1} x = \frac{\boldsymbol{x}_5 + \boldsymbol{x}_7 + \boldsymbol{x}_8 + \boldsymbol{x}_9 + \boldsymbol{x}_{13} + \boldsymbol{x}_{14} + \boldsymbol{x}_{16} + \boldsymbol{x}_{18}}{8} = (0.5485, 0.1569)$$

$$u_2 = \frac{1}{|C_2|}\sum_{x \in C_2} x = \frac{\boldsymbol{x}_{11} + \boldsymbol{x}_{12}}{2} = (0.2940, 0.0780)$$

$$u_3 = \frac{1}{|C_3|}\sum_{x \in C_3} x = \frac{\boldsymbol{x}_{10} + x_{19} + \boldsymbol{x}_{20}}{3} = (0.02880, 0.02550)$$

$$u_4 = \frac{1}{|C_4|}\sum_{x \in C_4} x = \frac{\boldsymbol{x}_{23} + \boldsymbol{x}_{24} + \boldsymbol{x}_{25} + x_{27} + \boldsymbol{x}_{28}}{5} = (0.4982, 0.3932)$$

$$u_5 = \frac{1}{|C_5|}\sum_{x \in C_5} x = \frac{\boldsymbol{x}_1 + \boldsymbol{x}_2 + \boldsymbol{x}_{22} + \boldsymbol{x}_{26} + \boldsymbol{x}_{29}}{5} = (0.7322, 0.4232)$$

进而根据式(5-23)求得各个簇中心间距离为:

$$d_{\text{cen}}(C_1, C_2) = \text{dist}(\boldsymbol{u}_1, \boldsymbol{u}_2) = \|\boldsymbol{u}_1 - \boldsymbol{u}_2\|_2 = \sqrt{|\boldsymbol{u}_{11} - \boldsymbol{u}_{21}|^2 + |\boldsymbol{u}_{12} - \boldsymbol{u}_{22}|^2} = 0.266442$$

$$d_{\text{cen}}(C_1, C_3) = \text{dist}(\boldsymbol{u}_1, \boldsymbol{u}_3) = ||\boldsymbol{u}_1 - \boldsymbol{u}_3\|_2 = \sqrt{|\boldsymbol{u}_{11} - \boldsymbol{u}_{31}|^2 + |\boldsymbol{u}_{12} - \boldsymbol{u}_{32}|^2} = 0.278368$$

$$d_{\text{cen}}(C_1, C_4) = \text{dist}(\boldsymbol{u}_1, \boldsymbol{u}_4) = ||\boldsymbol{u}_1 - \boldsymbol{u}_4\|_2 = \sqrt{|\boldsymbol{u}_{11} - \boldsymbol{u}_{41}|^2 + |\boldsymbol{u}_{12} - \boldsymbol{u}_{42}|^2} = 0.241619$$

$$d_{\text{cen}}(C_1, C_5) = \text{dist}(\boldsymbol{u}_1, \boldsymbol{u}_5) = \|\boldsymbol{u}_1 - \boldsymbol{u}_5\|_2 = \sqrt{|\boldsymbol{u}_{11} - \boldsymbol{u}_{51}|^2 + |\boldsymbol{u}_{12} - \boldsymbol{u}_{52}|^2} = 0.323535$$

$$d_{\text{cen}}(C_2, C_3) = \text{dist}(\boldsymbol{u}_2, \boldsymbol{u}_3) = \|\boldsymbol{u}_2 - \boldsymbol{u}_3\|_2 = \sqrt{|\boldsymbol{u}_{21} - \boldsymbol{u}_{31}|^2 + |\boldsymbol{u}_{22} - \boldsymbol{u}_{32}|^2} = 0.177102$$

$$d_{\text{cen}}(C_2, C_4) = \text{dist}(\boldsymbol{u}_2, \boldsymbol{u}_4) = \|\boldsymbol{u}_2 - \boldsymbol{u}_4\|_2 = \sqrt{|\boldsymbol{u}_{21} - \boldsymbol{u}_{41}|^2 + |\boldsymbol{u}_{22} - \boldsymbol{u}_{42}|^2} = 0.375564$$

$$d_{\text{cen}}(C_2, C_5) = \text{dist}(\boldsymbol{u}_2, \boldsymbol{u}_5) = \|\boldsymbol{u}_2 - \boldsymbol{u}_5\|_2 = \sqrt{|\boldsymbol{u}_{21} - \boldsymbol{u}_{51}|^2 + |\boldsymbol{u}_{22} - \boldsymbol{u}_{52}|^2} = 0.557837$$

$$d_{\text{cen}}(C_3, C_4) = \text{dist}(\boldsymbol{u}_3, \boldsymbol{u}_4) = \|\boldsymbol{u}_3 - \boldsymbol{u}_4\|_2 = \sqrt{|\boldsymbol{u}_{31} - \boldsymbol{u}_{41}|^2 + |\boldsymbol{u}_{32} - \boldsymbol{u}_{42}|^2} = 0.251562$$

$$d_{\text{cen}}(C_3, C_5) = \text{dist}(\boldsymbol{u}_3, \boldsymbol{u}_5) = \|\boldsymbol{u}_3 - \boldsymbol{u}_5\|_2 = \sqrt{|\boldsymbol{u}_{31} - \boldsymbol{u}_{51}|^2 + |\boldsymbol{u}_{32} - \boldsymbol{u}_{52}|^2} = 0.474979$$

$$d_{\text{cen}}(C_4, C_5) = \text{dist}(\boldsymbol{u}_4, \boldsymbol{u}_5) = ||\boldsymbol{u}_4 - \boldsymbol{u}_5\|_2 = \sqrt{|\boldsymbol{u}_{41} - \boldsymbol{u}_{51}|^2 + |\boldsymbol{u}_{42} - \boldsymbol{u}_{52}|^2} = 0.235915$$

算出以上数据之后,可以根据式(5-24)和式(5-25)得到内部指标 DB 指数和 Dunn 指数。

(1) 根据式(5-24)来计算 DB 指数。

$$\begin{aligned}
\text{DBI} &= \frac{1}{k}\sum_{i=1}^{k} \max_{j \neq i}\left(\frac{\text{avg}(C_i) + \text{avg}(C_j)}{d_{\text{cen}}(C_i, C_j)}\right) \\
&= \frac{1}{5}\left(\max\left(\frac{\text{avg}(C_1) + \text{avg}(C_2)}{d_{\text{cen}}(C_1, C_2)}, \frac{\text{avg}(C_1) + \text{avg}(C_3)}{d_{\text{cen}}(C_1, C_3)}, \frac{\text{avg}(C_1) + \text{avg}(C_4)}{d_{\text{cen}}(C_1, C_4)}, \frac{\text{avg}(C_1) + \text{avg}(C_5)}{d_{\text{cen}}(C_1, C_5)}\right) + \right. \\
&\quad \max\left(\frac{\text{avg}(C_2) + \text{avg}(C_1)}{d_{\text{cen}}(C_2, C_1)}, \frac{\text{avg}(C_2) + \text{avg}(C_3)}{d_{\text{cen}}(C_2, C_3)}, \frac{\text{avg}(C_2) + \text{avg}(C_4)}{d_{\text{cen}}(C_2, C_4)}, \frac{\text{avg}(C_2) + \text{avg}(C_5)}{d_{\text{cen}}(C_2, C_5)}\right) +
\end{aligned}$$

$$\max\left(\frac{\text{avg}(C_3)+\text{avg}(C_1)}{d_{\text{cen}}(C_3,C_1)},\frac{\text{avg}(C_3)+\text{avg}(C_2)}{d_{\text{cen}}(C_3,C_2)},\frac{\text{avg}(C_3)+\text{avg}(C_4)}{d_{\text{cen}}(C_3,C_4)},\frac{\text{avg}(C_3)+\text{avg}(C_5)}{d_{\text{cen}}(C_3,C_5)}\right)+$$

$$\max\left(\frac{\text{avg}(C_4)+\text{avg}(C_1)}{d_{\text{cen}}(C_4,C_1)},\frac{\text{avg}(C_4)+\text{avg}(C_2)}{d_{\text{cen}}(C_4,C_2)},\frac{\text{avg}(C_4)+\text{avg}(C_3)}{d_{\text{cen}}(C_4,C_3)},\frac{\text{avg}(C_4)+\text{avg}(C_5)}{d_{\text{cen}}(C_4,C_5)}\right)+$$

$$\max\left(\frac{\text{avg}(C_5)+\text{avg}(C_1)}{d_{\text{cen}}(C_5,C_1)},\frac{\text{avg}(C_5)+\text{avg}(C_2)}{d_{\text{cen}}(C_5,C_2)},\frac{\text{avg}(C_5)+\text{avg}(C_3)}{d_{\text{cen}}(C_5,C_3)},\frac{\text{avg}(C_5)+\text{avg}(C_4)}{d_{\text{cen}}(C_5,C_4)}\right)\Bigg)$$

$$=\frac{1}{5}\Bigg(\max\left(\frac{0.165686+0.106621}{0.266442},\frac{0.165686+0.066308}{0.278368},\frac{0.165686+0.090462}{0.241619},\frac{0.165686+0.088773}{0.323535}\right)+$$

$$\max\left(\frac{0.106621+0.165686}{0.266442},\frac{0.106621+0.066308}{0.177102},\frac{0.106621+0.090462}{0.375564},\frac{0.106621+0.088773}{0.557837}\right)+$$

$$\max\left(\frac{0.066308+0.165686}{0.278368},\frac{0.066308+0.106621}{0.177102},\frac{0.066308+0.090462}{0.251562},\frac{0.066308+0.088773}{0.474979}\right)+$$

$$\max\left(\frac{0.090462+0.165686}{0.241619},\frac{0.090462+0.106621}{0.375564},\frac{0.090462+0.066308}{0.251562},\frac{0.090462+0.088773}{0.235915}\right)+$$

$$\max\left(\frac{0.088773+0.165686}{0.323535},\frac{0.088773+0.106621}{0.557837},\frac{0.088773+0.066308}{0.474979},\frac{0.088773+0.090462}{0.235915}\right)\Bigg)$$

$$=\frac{1}{5}\times(1.060132+1.02201+0.976437+1.060132+0.786496)$$

$$=0.981041$$

(2) 根据式(5-25)来计算 Dunn 指数。

$$\text{DI}=\min_{1\leqslant i\leqslant k}\left\{\min_{j\neq i}\left(\frac{d_{\min}(C_i,C_j)}{\max\limits_{1\leqslant l\leqslant k}\text{diam}(C_l)}\right)\right\}$$

首先计算其中的分母：

$$\max_{1\leqslant l\leqslant k}\text{diam}(C_l)=\max(\text{diam}(C_1),\text{diam}(C_2),\text{diam}(C_3),\text{diam}(C_4),\text{diam}(C_5))$$

$$=\max(0.321960,0.106621,0.099459,0.167335,0.147709)=0.321960$$

所以有：

$$\text{DI}=\min\Bigg(\min\left(\frac{d_{\min}(C_1,C_2)}{0.321960},\frac{d_{\min}(C_1,C_3)}{0.321960},\frac{d_{\min}(C_1,C_4)}{0.321960},\frac{d_{\min}(C_1,C_5)}{0.321960}\right),$$

$$\min\left(\frac{d_{\min}(C_2,C_1)}{0.321960},\frac{d_{\min}(C_2,C_3)}{0.321960},\frac{d_{\min}(C_2,C_4)}{0.321960},\frac{d_{\min}(C_2,C_5)}{0.321960}\right),$$

$$\min\left(\frac{d_{\min}(C_3,C_1)}{0.321960},\frac{d_{\min}(C_3,C_2)}{0.321960},\frac{d_{\min}(C_3,C_4)}{0.321960},\frac{d_{\min}(C_3,C_5)}{0.321960}\right),$$

$$\min\left(\frac{d_{\min}(C_4,C_1)}{0.321960},\frac{d_{\min}(C_4,C_2)}{0.321960},\frac{d_{\min}(C_4,C_3)}{0.321960},\frac{d_{\min}(C_4,C_5)}{0.321960}\right),$$

$$\min\left(\frac{d_{\min}(C_5,C_1)}{0.321960},\frac{d_{\min}(C_5,C_2)}{0.321960},\frac{d_{\min}(C_5,C_3)}{0.321960},\frac{d_{\min}(C_5,C_4)}{0.321960}\right)\Bigg)$$

$$=\min\Bigg(\min\left(\frac{0.090427}{0.321960},\frac{0.056648}{0.321960},\frac{0.110982}{0.321960},\frac{0.158597}{0.321960}\right),$$

$$\min\left(\frac{0.090427}{0.321960},\frac{0.142056}{0.321960},\frac{0.254890}{0.321960},\frac{0.445702}{0.321960}\right),$$

$$\min\left(\frac{0.056648}{0.321960},\frac{0.142056}{0.321960},\frac{0.160552}{0.321960},\frac{0.389423}{0.321960}\right),$$

$$\min\left(\frac{0.110982}{0.321960},\frac{0.254890}{0.321960},\frac{0.160552}{0.321960},\frac{0.165436}{0.321960}\right),$$

$$\min\left(\frac{0.158597}{0.321960},\frac{0.445702}{0.321960},\frac{0.389423}{0.321960},\frac{0.165436}{0.321960}\right)\Bigg)$$

$$=\min\left(\frac{0.056648}{0.321960},\frac{0.090427}{0.321960},\frac{0.056648}{0.321960},\frac{0.110982}{0.321960},\frac{0.158597}{0.321960}\right)$$

$$=0.175947$$

DBI 表示的是类内距离与类间距离的比值,因此 DBI 的值越小越好,DBI 值越小意味着类内的距离越小,同时类间距离越大,即聚类的效果越好。而 DI 值表示的是类间距离与类内距离的比值,因此 DI 值越大越好。

5.7.3 Python 实现 CLIQUE 聚类算法

1. CLIQUE 聚类算法的伪代码

输入:样本集 $D=\{(\boldsymbol{x}_1,y_1),(\boldsymbol{x}_2,y_2),\cdots,(\boldsymbol{x}_m,y_m)\}$

网格步长 ε:用来定义划分网格的步长距离

密度阈值 ω:用来定义密集单元,当单元格内的数据对象大于设定的密度阈值时则为密集单元

过程:

1: 把数据空间划分为若干不重叠的矩形单元,并计算每个网格的密度,根据给定的阈值,识别稠密和非稠密网格,且置所有网格初始状态为"未处理标记"。

2: 遍历所有网格,判断当前网格是否有"未处理标记",若没有,则处理下一个网格,否则进行如下 3～7 步的处理,直到所有网格处理完成,转 8。

3: 改变网格标记为"已处理",若是非密集网格,则转 2。

4: 若是密集网格,则将其赋予新的簇标记,创建一个队列,将该密集网格置入队列。

5: 判断队列是否为空,若空,则转处理下一个网格,转 2;否则进行如下处理。

6: 取出队头的网格元素,检查其所有邻接的有"未处理标记"的网格。

7: 更改网格标记为"已处理"。

8: 若邻接网格为密集网格,则将其赋予当前簇标记,并将其加入队列。

9: 转 5。

10: 密集连通区域检查结束,标记相同的密集网格组成密度连通区域,即目标簇。

11: 修改簇标记,进行下一个簇的查找,转 2。

12: 遍历整个数据集,将数据元素标记为所在网格簇标记值。

输出:簇划分 $\{C_1,C_2,\cdots,C_k\}$ 以及噪声点。

---

2. CLIQUE 聚类算法的 Python 代码清单

Python 实现 CLIQUE 聚类算法的示例代码清单如下。

Python 示例代码:

```
#导入必要的库
import pyclustering
import os
import sys
import numpy as np
import scipy.sparse.csgraph
from sklearn import preprocessing
from sklearn import metrics
import matplotlib.pyplot as plt
import pandas as pd
from functools import reduce
import seaborn as sns
from collections import  Counter
import itertools
import plotly_express as px
from mpl_toolkits.mplot3d import Axes3D
#解决中文显示问题
plt.rcParams['font.sans-serif']=['SimHei']
plt.rcParams['axes.unicode_minus'] = False
#预处理数据西瓜数据集
#def loadDataSet(filename):
#    dataSet = []
#    fr = open(filename)
#    for line in fr.readlines():
#        curLine = line.strip().split('\t')
#        #print(curLine)
#        fltLine = list(map(float, curLine))
#        dataSet.append(fltLine)
#    return dataset
#data = loadDataSet('xigua.txt')
#data = np.array(data)
#标上点的号
#n= np.arange(30)
#ax = plt.gca()
#for i,txt in enumerate(n):
#     ax.annotate(txt+1,(pd.DataFrame(data).iloc[:,0][i],pd.DataFrame
(data).iloc[:,1][i]))
#画图:原始分布图
#plt.scatter(data[:,0],data[:,1],s=50)
#plt.title("西瓜数据集原始分布图", fontsize=26, fontweight='bold')
#plt.xlabel("密度", fontsize=22, fontweight='bold')
#plt.ylabel("含糖率", fontsize=22, fontweight='bold')
#plt.show()
#生成用于聚类的模拟数据集
from sklearn.datasets import  make_blobs
from sklearn.preprocessing import StandardScaler
n_components = 4
n_features = 3
n_samples = 30
data,truth = make_blobs(n_samples=n_samples,centers=n_components,
random_state=42,n_features=n_features)
data = preprocessing.MinMaxScaler().fit_transform(data)
#标上点的号
```

```
n= np.arange(n_samples)
if n_features  == 2:
    #画二维平原始分布图
    fig = plt.figure(figsize=(8,6))
    ax = plt.gca()
    for i,txt in enumerate(n):
        ax.annotate(txt+1,(pd.DataFrame(data).iloc[:,0][i],pd.DataFrame(data).iloc[:,1][i]))
    plt.scatter(data[:,0],data[:,1],s=50,c=truth)
    plt.title(f'{n_features} dimensions 数据原始分布图', fontsize=22, color='r')
    plt.xlabel("Feature 1", fontsize=18)
    plt.ylabel("Feature 2", fontsize=18)
    plt.show()
elif  n_features == 3:
    #画 3D 原始分布图
    fig = plt.figure(figsize=(7, 8))
    ax = Axes3D(fig)
    ax.set_xlabel("f0", fontsize=18, color='b')
    ax.set_ylabel("f1", fontsize=18, color='b')
    ax.set_zlabel("f2", fontsize=18, color='b')
    ax.set_title(f'{n_features} dimensions 数据原始分布图', fontsize=22, color='b')
    colors = ['dodgerblue', 'orange', 'green','yellow']
    colors_list = ['blue', 'green', 'red','yellow']
    marker_list = ['o', 'D', '^','s']
    data_df = pd.DataFrame(data)
    #标记点序号
    for i in range(n_samples):
        ax.text(data_df.iloc[i, 0] + 0.01, data_df.iloc[i, 1] + 0.01, data_df.iloc[i, 2] + 0.01, i + 1)
    #用不同颜色标记不同类别的点
    for i in range(n_components):
        ax.scatter(data_df.iloc[truth== i, 0], data_df.iloc[truth== i, 1], data_df.iloc[truth == i, 2],
                   c=colors[i], marker=marker_list[i], s=120, label='label' + str(i), alpha=1)
    plt.show()
else:
    print("维度大于 3,无法画图")

#创建一维的密集单元格的类
class DenseUnit1D:
    def __init__(self,dimension,bin,minBin,maxBin,points):
        self.dimension = dimension
        self.bin = bin
        self.minBin =minBin
        self.maxBin = maxBin
        self.points = points
    def distance(self,du):
        #维度不同,不能成为邻居
        if self.dimension != du.dimension:
            return -1
```

```
        return abs(self.bin-du.bin)
    def __eq__(self, other):
        #重写
        if isinstance(other,DenseUnit1D):
            return (Counter(self.dimension)==Counter(other.dimension) and
                    Counter(self.points) == Counter(other.points))
        return False
    def __hash__(self):
        return hash(str(self))
    def __str__(self):
        return (f'Dimension {self.dimension},bin {self.bin},points {len(self.points)},'+f'[{round(self.minBin,2)},{round(self.maxBin,2)}]')
#判断两个密集单元是否为邻居
def neighbour(denseUnits1,denseUnits2):
    #确认两个密集单元为邻居
    distance = 0
    for subspace in range(len(denseUnits1)):
        subspaceDistance = denseUnits1[subspace].distance(denseUnits2[subspace])
        if subspaceDistance == -1:
            return False
        distance += subspaceDistance
        if distance >1:
            return 0
    return True

#设置参数:密度阈值,网格数目
thresholdPoints = 2
nbBins = 4

#第一步:创建一维密集单元和网格
def createDenseUnitsAndGrid (data, thresholdPoints = thresholdPoints, nbBins=nbBins):
    """
    返回列表数组,每个列表里面包含一维的密集单元;
    如果是一维子空间,则每个列表仅包含一个元素
    """
    denseUnits1D = []
    grid = []                                  #为了渲染用
    for curDim in range(data.shape[1]):
        minDim = min(data[:,curDim])
        maxDim = max(data[:,curDim])
        binSize = (maxDim-minDim)/nbBins
        points = data[:,curDim]
        g = [] #当前维度的网格线
        g.append(minDim)
        for i in range(nbBins):
            endBin = minDim + binSize
            g.append(endBin)
            #检索每个维度的单元格
            if i== nbBins-1:                   #最后一个单元区,确保所有的点都被包含
             binPoints=np.where((points>=minDim)&(points<=maxDim))[0]
```

```
                    endBin = maxDim
                else:
                    binPoints=np.where((points>=minDim)&(points<endBin))[0]
                #只存储密集单元格
                if len(binPoints)> thresholdPoints:
                    denseUnits1D.append([DenseUnit1D(curDim, i, minDim,
                    endBin, binPoints)])
            minDim = endBin
        grid.append(g)
    return denseUnits1D, grid

#调用 createDenseUnitsAndGrid()函数,生成一维密集网格单元集,并生成网格数据
denseUnits1D,grid = createDenseUnitsAndGrid(data)

#查看获得的所有一维的密集网格单元情况
print("denseUnits1D:",denseUnits1D)
for denseUnit in denseUnits1D:
    for item in denseUnit:
        print("item",item.__str__())
print("grid:",grid)
#在网格上绘制原始数据集
if n_features == 2:
    #画二维网格图
    plt.scatter(data[:,0],data[:,1],c='b')
    n= np.arange(30)
    ax = plt.gca()
    #标上点的号
    for i,txt in enumerate(n):
      ax.annotate( txt+1, (pd.DataFrame(data).iloc[:,0][i],pd.DataFrame(data).iloc[:,1][i]))
    for g in grid[0]:
        plt.axvline(x=g,c='red',linestyle='--')
        plt.xlabel("密度", fontsize=22, fontweight='bold')
    for g in grid[1]:
        plt.axhline(y=g,c='red',linestyle='--')
        plt.ylabel("含糖率", fontsize=22, fontweight='bold')
    plt.title("西瓜数据集网格分布图" , fontsize=26, fontweight='bold')
    plt.show()
elif n_features == 3:
    #画 3D 原始网格分布图
    fig = plt.figure(figsize=(7, 8))
    ax = Axes3D(fig)
    n_voxels = np.zeros((nbBins, nbBins,nbBins), dtype=bool)
    for i in range(n_voxels.shape[0]):
        for j in range(n_voxels.shape[1]):
            for k in range(n_voxels.shape[2]):
                n_voxels[i][j][k] = True
    ax.set_xlim3d(min(grid[0]),max(grid[0]))
    ax.set_ylim3d(min(grid[1]),max(grid[1]))
    ax.set_zlim3d(min(grid[2]),max(grid[2]))
    n_j = complex(0, nbBins + 1)
    x, y, z = np.mgrid[np.min(grid[0]):np.max(grid[0]):n_j,
                       np.min(grid[1]):np.max(grid[1]):n_j,
```

```
                        np.min(grid[2]):np.max(grid[2]):n_j]
    ax.voxels(x, y, z, n_voxels, facecolors='lightblue', edgecolors='r', shade=False, alpha=0.2, linestyle='--')
    ax.set_xlabel("f0", fontsize=18, color='b')
    ax.set_ylabel("f1", fontsize=18, color='b')
    ax.set_zlabel("f2", fontsize=18, color='b')
    ax.set_title(f'{n_features} Dimensions 网格分布图', fontsize=22, color='b')
    colors = ['dodgerblue', 'orange', 'green', 'yellow']
    colors_list = ['blue', 'green', 'red', 'yellow']
    marker_list = ['o', 'D', '^', 's']
    data_df = pd.DataFrame(data)
    #标记点序号
    for i in range(n_samples):
        ax.text(data_df.iloc[i, 0] + 0.01, data_df.iloc[i, 1] + 0.01, data_df.iloc[i, 2] + 0.01, i + 1)
    for i in range(n_components):
        ax.scatter(data_df.iloc[truth== i, 0], data_df.iloc[truth== i, 1], data_df.iloc[truth == i, 2],
                   c=colors[i], marker=marker_list[i], s=120, label='label' + str(i), alpha=1)
    plt.show()
else:
    print("维度大于 3,无法画图")

#第二步:找出包含密集单元的子空间,即获取子空间候选密集单元
def getSubspaceCandidates(previousUnits, subspaceDimension=2):
    print("-----subspaceDimension-------:", subspaceDimension)
    import itertools
    candidates = []
    for ix in itertools.combinations(range(len(previousUnits)), subspaceDimension):
        dims = []
        candidate = []
        points = []
        for i in range(subspaceDimension):
            print(previousUnits[ix[i]])
            print(previousUnits[ix[i]][0])
            dims.append(previousUnits[ix[i]][0].dimension)
            candidate.append(previousUnits[ix[i]][0])
            points.append(previousUnits[ix[i]][0].points)
        points = reduce(np.intersect1d, points)   #检查是否有相同的点,取交集
        print("points:", points)
        print("np.unique(dims).shape[0]:", np.unique(dims).shape[0])
        print("points.shape[0]:", points.shape[0])
        if np.unique(dims).shape[0] == subspaceDimension and points.shape[0] > thresholdPoints:
            print(f'\n\n adding candidate:{len(points)}')
            for v in candidate:
                print(v)
            candidates.append(candidate)
    print("-----candidates------:", candidates)
    print(type(candidates), len(candidates))
```

```
    for item in candidates:
        print("item:", item)
        for a in item:
            print("a:", a)
    return candidates

#第三步:识别聚类,把密集单元聚成类,并为每个簇生成最小化的描述
def denseBinsToClusters(candidates,plot=False,debug=False):
    """
    这个方法输入的是子空间的候选集。子空间的候选集是一个一维
    的密集单元列表。这个方法将通过将它们投影到图表上来实现合并相邻的单元
    这样,我们可以很容易地计算相连的元素
    """
    graph = np.identity(len(candidates))
    for i in range(len(candidates)):
        for j in range(len(candidates)):
            graph[i,j] =  int(neighbour(candidates[i],candidates[j]))
    #找到相连的元素来合并相邻的单元
    nbConnectedComponents,components=
         scipy.sparse.csgraph.connected_components(graph,directed=False)
    if debug:
        print(graph)
        print(nbConnectedComponents,components)
    candidates = np.array(candidates)
    print("-----candidates------:",candidates)
    clusterAssignment = -1 * np.ones(data.shape[0])
    #对于每一个簇
    for i in range(nbConnectedComponents):
        #获取簇的密集单元
        cluster_dense_units = candidates[np.where(components==i)[0]]
        if debug:
            for v in cluster_dense_units:
                print("v:",v)
                for z in v:
                    print("z:",z)
        clusterDimensions = {}
        print("cluster_dense_units:",cluster_dense_units, len(cluster_dense_units))
        for j in range(len(cluster_dense_units)):
            print("cluster_dense_units[j]:",cluster_dense_units[j], len(cluster_dense_units[j]))
            for k in range(len(cluster_dense_units[j])):
                print("cluster_dense_units[j][k]:", cluster_dense_units[j][k])
                print("cluster_dense_units[j][k].dimension:", cluster_dense_units[j][k].dimension)
                if cluster_dense_units[j][k].dimension not in clusterDimensions:
                    clusterDimensions[cluster_dense_units[j][k].dimension=[]
                print("cluster_dense_units[j][k].points:",cluster_dense_units[j][k].points)
                clusterDimensions[cluster_dense_units[j][k].dimension].
                                        extend(cluster_dense_units[j][k].points)
                print("1、clusterDimensions.keys():",  clusterDimensions.keys())
```

```
                print("1、clusterDimensions.values():",clusterDimensions.values())
            print("2、clusterDimensions.keys():", clusterDimensions.keys())
            print("2、clusterDimensions.values():", clusterDimensions.values())
        print("3、clusterDimensions.keys():", clusterDimensions.keys())
        print("3、clusterDimensions.values():",clusterDimensions.values())
        points = reduce(np.intersect1d, list(clusterDimensions.values()))
        print("points:",points)
        clusterAssignment[points] = i
        if plot:
            pred = -1 * np.ones(data.shape[0])
            pred[points] = i
            if len(list(clusterDimensions.keys())) ==2:
                plt.title(f'In yellow, clusters in {list(clusterDimensions.
keys())} dimensions',fontsize=20)
                plt.xlabel("f"+str(list(clusterDimensions.keys())[0]),
fontsize=18)
                plt.ylabel("f"+str(list(clusterDimensions.keys())[1]),
fontsize=18)
                x=data[:,list(clusterDimensions.keys())[0]]
                y=data[:,list(clusterDimensions.keys())[1]]
                plt.scatter(x,y,c=pred)
                ax = plt.gca()
                #标记点的序号
                n = np.arange(30)
                for i, txt in enumerate(n):
                    ax.annotate(txt +1, (x[i], y[i]))
                #画网格线
                for g in grid[0]:
                    plt.axvline(x=g,c='red',linestyle='--')
                for g in grid[1]:
                    plt.axhline(y=g,c='red',linestyle='--')
                plt.show()
            elif len(list(clusterDimensions.keys())) == 3:
                x = data[:, list(clusterDimensions.keys())[0]]
                y = data[:, list(clusterDimensions.keys())[1]]
                z = data[:, list(clusterDimensions.keys())[2]]
                fig = plt.figure(figsize=(7, 8))
                ax = Axes3D(fig)
                #画网格单元
                n_voxels = np.zeros((nbBins, nbBins,nbBins), dtype=bool)
                for i in range(n_voxels.shape[0]):
                    for j in range(n_voxels.shape[1]):
                        for k in range(n_voxels.shape[2]):
                            n_voxels[i][j][k] = True
                ax.set_xlim3d(min(grid[0]),max(grid[0]))
                ax.set_ylim3d(min(grid[1]),max(grid[1]))
                ax.set_zlim3d(min(grid[2]),max(grid[2]))
                n_j = complex(0, nbBins + 1)
                x_v, y_v, z_v = np.mgrid[np.min(grid[0]):np.max(grid[0]):n_j,
 np.min(grid[1]):np.max(grid[1]):n_j, np.min(grid[2]):np.max(grid[2]):n_j]
                ax.voxels(x_v, y_v, z_v,n_voxels, facecolors='lightblue',
edgecolors='r', shade=False, alpha=0.2, linestyle='--')
                #标记点序号
```

```
            for i in range(n_samples):
                ax.text(data[i,0] + 0.01, data[i,1] + 0.01, data[i,2] + 0.01, i + 1)
            ax.set_xlabel("f" + str(list(clusterDimensions.keys())[0]), fontsize=18,color='b')
            ax.set_ylabel("f" + str(list(clusterDimensions.keys())[1]), fontsize=18,color='b')
            ax.set_zlabel("f" + str(list(clusterDimensions.keys())[2]), fontsize=18,color='b')
            ax.set_title(f'In yellow,clusters in {list(clusterDimensions.keys())} dimensions',fontsize=20,color='b')
            ax.scatter(x, y,z, c=pred,s=120,  alpha=1)
            plt.show()
        if debug:
            print(clusterDimensions.keys(),points)
        print("每一次的 clusterAssignment:",clusterAssignment)
    print("最终的 clusterAssignment:",clusterAssignment)
    return clusterAssignment

#denseBinsToClusters(denseUnits1D,plot=True,debug=True)

#从二维开始到 n 维的聚类
for subspaceDim in range(2,data.shape[1]+1):
    subspaceCandidates = getSubspaceCandidates(denseUnits1D, subspaceDimension=subspaceDim)
    pred =  denseBinsToClusters(subspaceCandidates,plot=True,debug=True)

#画聚类结果图
#print(pred)
if n_features==2:
    #二维画平面结果图
    plt.figure(figsize=(8, 6))
    plt.title(f'{n_features} Dimensions 数据 CLIQUE 聚类结果图', fontsize=22, color='b')
    plt.scatter(data[:, 0], data[:, 1], c=pred)
    #画二维网格图
    for g in grid[0]:
        plt.axvline(x=g, c='red', linestyle='--')
        plt.xlabel("Feature 0",fontsize=18)
    for g in grid[1]:
        plt.axhline(y=g, c='red', linestyle='--')
        plt.ylabel("Feature 1",fontsize=18)
    plt.show()
elif n_features==3:
    #三维画 3D 结果图
    #print("三维画 3D 结果图")
    fig = plt.figure(figsize=(7, 8))
    ax = Axes3D(fig)
    #画三维网格图
    n_voxels = np.zeros((nbBins, nbBins,nbBins), dtype=bool)
    n_voxels.shape
    for i in range(n_voxels.shape[0]):
```

```
        for j in range(n_voxels.shape[1]):
            for k in range(n_voxels.shape[2]):
                n_voxels[i][j][k] = True
    ax.set_xlim3d(min(grid[0]),max(grid[0]))
    ax.set_ylim3d(min(grid[1]),max(grid[1]))
    ax.set_zlim3d(min(grid[2]),max(grid[2]))
    n_j = complex(0, nbBins + 1)
    x, y, z = np.mgrid[np.min(grid[0]):np.max(grid[0]):n_j, np.min(grid[1]):np.max(grid[1]):n_j,
    ax.voxels(x,y,z,n_voxels, facecolors='lightblue', edgecolors='r',
            shade=False, alpha=0.2, linestyle='--')
    ax.set_xlabel("f0", fontsize=18, color='b')
    ax.set_ylabel("f1", fontsize=18, color='b')
    ax.set_zlabel("f2", fontsize=18, color='b')
    ax.set_title(f'{n_features} Dimensions 数据 CLIQUE 聚类结果图', fontsize=22, color='b')
    colors = ['dodgerblue', 'orange', 'green', 'yellow']
    colors_list = ['blue', 'green', 'red', 'yellow']
    marker_list = ['o', 'D', '^', 's']
    data_df = pd.DataFrame(data)
    #标记点的序号
    for i in range(n_samples):
        ax.text(data_df.iloc[i, 0] + 0.01, data_df.iloc[i, 1] + 0.01, data_df.iloc[i, 2] + 0.01, i + 1)
    for i in range(len(set(pred))-1):
        ax.scatter(data_df.iloc[pred==i,0], data_df.iloc[pred==i, 1],
            data_df.iloc[pred==i, 2],c=colors[i],marker=marker_list[i], s=120,  alpha=1)
    ax.scatter(data_df.iloc[pred == -1, 0], data_df.iloc[pred == -1, 1],
            data_df.iloc[pred == -1, 2], c='grey',  marker='X',  s=60, alpha=1)
    plt.show()
else:
    #高于三维度,无法画图直接显示结果
    print("维度大于 3,直接显示聚类结果:",pred)
```

注：迭代次数较多,只显示部分打印结果和最后聚类图。为了更加直观,代码中加入了较多的打印和可视化内容。

1）以二维的西瓜数据集为例说明

在二维平面中,将 30 个西瓜数据集画在二维平面中,然后根据算法,将 30 个数据点在二维平面上进行分隔。根据设置的网格分隔参数 nbBins＝5,将数据集在密度和含糖率两个维度上,分别等分为 5 份,这样就得到 25 个网格。

西瓜原始数据分布和网格分布如图 5.50 所示。

接下来再根据设定的密度阈值参数 thresholdPoints＝1,即当网格单元内包含的数据点个数大于 1 时,则认为是密集网格单元。根据网格分布图很容易得到,在二维平面中的密集网格单元,一共得到 10 个密集网格单元,分别是第一行的第 3、5 个网格单元,第二行的第 3、5 个,第 3 行的第 1 个网格单元,第 4 行的第 2、3、4 个网格单元,第 5 行的 1、4 个网格单元。

然后根据 CLIQUE 算法,将相连通的密集网格单元聚为一类,分别用三角形标记,得到在 0,1 维度上(西瓜数据集只有密度和含糖率两个维度)的聚类散点分布图,以及最终的聚

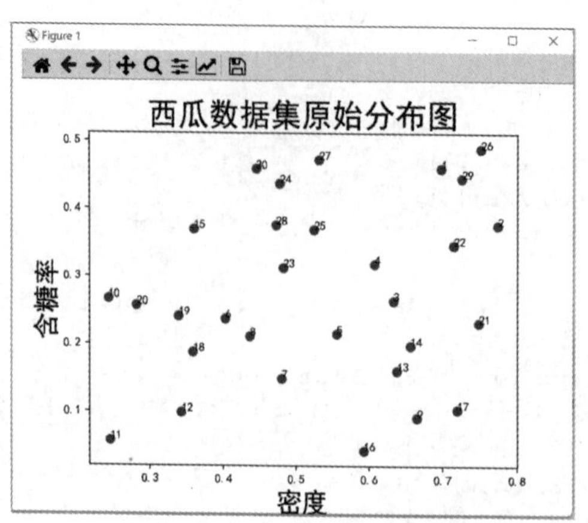

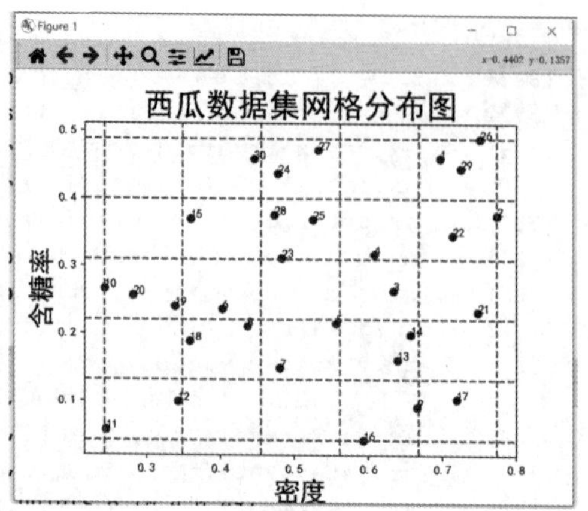

图 5.50　西瓜数据集原始分布图和网格分布图

类结果,如图 5.51 所示。

图 5.51 中显示的是对西瓜数据集使用 CLIQUE 聚类算法(网格步长为 5,密度阈值为 2)的聚类过程和聚类结果。在 2D 中,能够检索如图 5.51 所示的聚类。其中,样本簇 C_1,C_2,C_3,C_4 和 C_5 中的样本点分别用不同形状表示。被排除在聚类之外的噪声,因为它们位于稀疏的网格单元中,用 X 来表示。

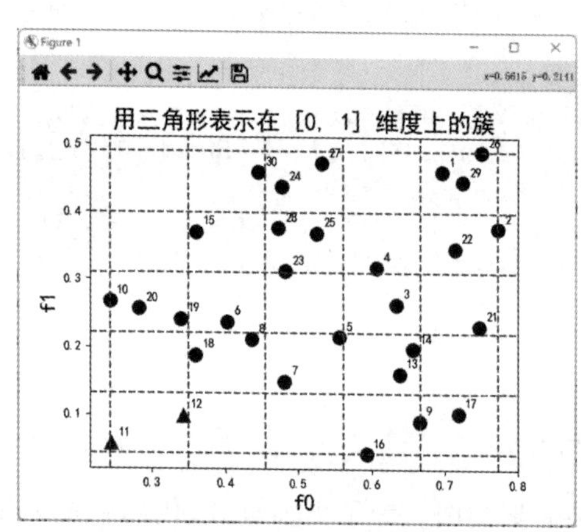

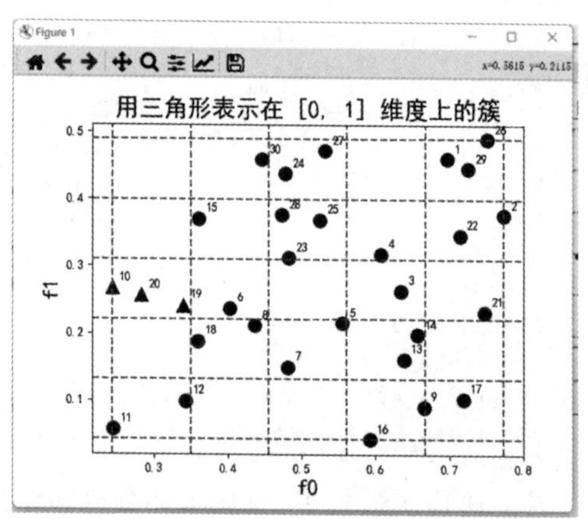

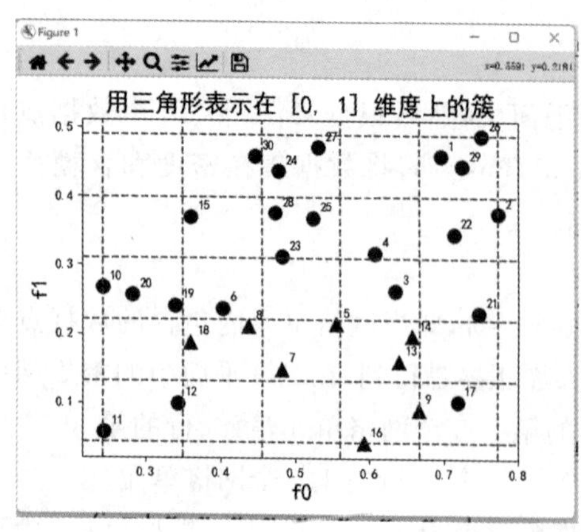

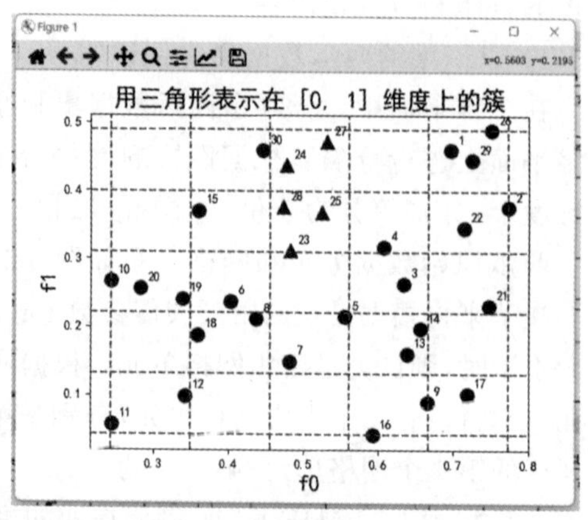

图 5.51　西瓜数据集 0,1 维度上(只有密度和含糖率两个维度)的聚类散点分布图和最终的聚类结果

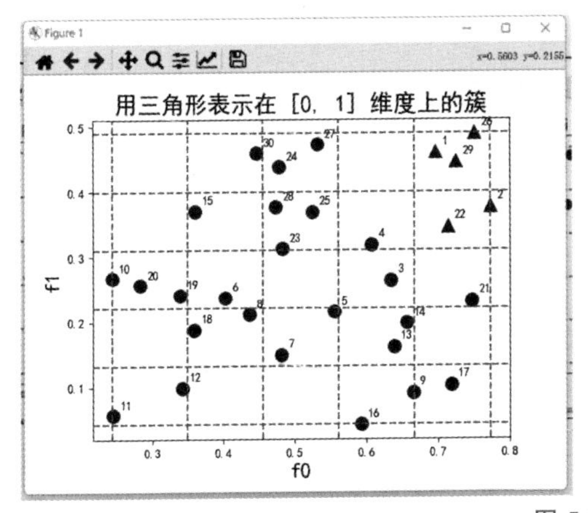

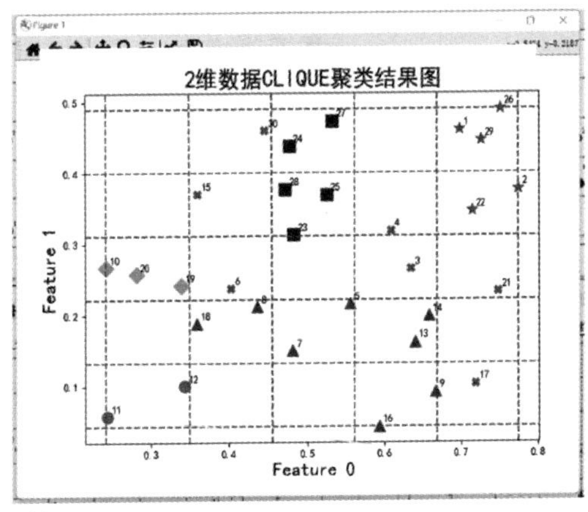

图 5.51　（续）

可以看出代码的结果和 5.7.2 节中西瓜数据集 CLIQUE 聚类的手算结果是一致的，得到最终的 CLIQUE 聚类结果为：

$$C_1=\{\boldsymbol{x}_5,\boldsymbol{x}_7,\boldsymbol{x}_8,\boldsymbol{x}_9,\boldsymbol{x}_{13},\boldsymbol{x}_{14},\boldsymbol{x}_{16},\boldsymbol{x}_{18}\}$$

$$C_2=\{\boldsymbol{x}_{11},\boldsymbol{x}_{12}\}$$

$$C_3=\{\boldsymbol{x}_{10},\boldsymbol{x}_{19},\boldsymbol{x}_{20}\}$$

$$C_4=\{\boldsymbol{x}_{23},\boldsymbol{x}_{24},\boldsymbol{x}_{25},\boldsymbol{x}_{27},\boldsymbol{x}_{28}\}$$

$$C_5=\{\boldsymbol{x}_1,\boldsymbol{x}_2,\boldsymbol{x}_{22},\boldsymbol{x}_{26},\boldsymbol{x}_{29}\}$$

噪声点有$\{\boldsymbol{x}_3,\boldsymbol{x}_4,\boldsymbol{x}_6,\boldsymbol{x}_{15},\boldsymbol{x}_{17},\boldsymbol{x}_{21},\boldsymbol{x}_{30}\}$。

2）以三维的模拟数据集为例说明 CLIQUE 算法

下面再以模拟的三维数据集为例，来查看 CLIQUE 算法的过程和结果。

数据集：原始数据是 30 个三维的 4 类别的数据，如图 5.52 所示。

设定参数：网格分隔参数 nbBins=5，在三个维度(f_0,f_1,f_2)均等分划分网格单元，得到 5×5×5 的立体网格分布图，如图 5.53 所示。

从二维开始到三维，分别对各个维度上进行网格聚类，根据设定的密度阈值 thresholdPoints=2，当网格单元内包含的数据点个数大于 2 时，此单元为密集网格单元。

先来看二维的具体聚类过程，模拟数据集是三维的，因此有三种维度为 2 的组合：(f_0，f_1)，(f_0，f_2)，(f_1，f_2)。

如图 5.54 所示的截图就是分别在(f_0，f_1)，(f_0，f_2)，(f_1，f_2)维度上的聚类情况，在对应维度上只要网格单元内包含的数据点大于密度阈值 2，即三个及三个以上，则认为是密集网格单元，密度相连的网格单元聚为一类，用三角形表示。

最后看三维的具体聚类过程和结果。

这个模拟数据集一共有三维，因此就只有一种组合情况(f_0，f_1，f_2)。在三维空间上进行网格划分，一共划分为 125 个网格单元，在三维立体的网格单元中包含的数据点数目大于密度阈值 2 的即为密集网格单元，把相连的密集网格单元归为一个簇，用黄色高亮表示。最终得到数据在三维空间内的聚集结果，如图 5.55 所示。

通过以上聚类过程，得到最终的聚类结果。

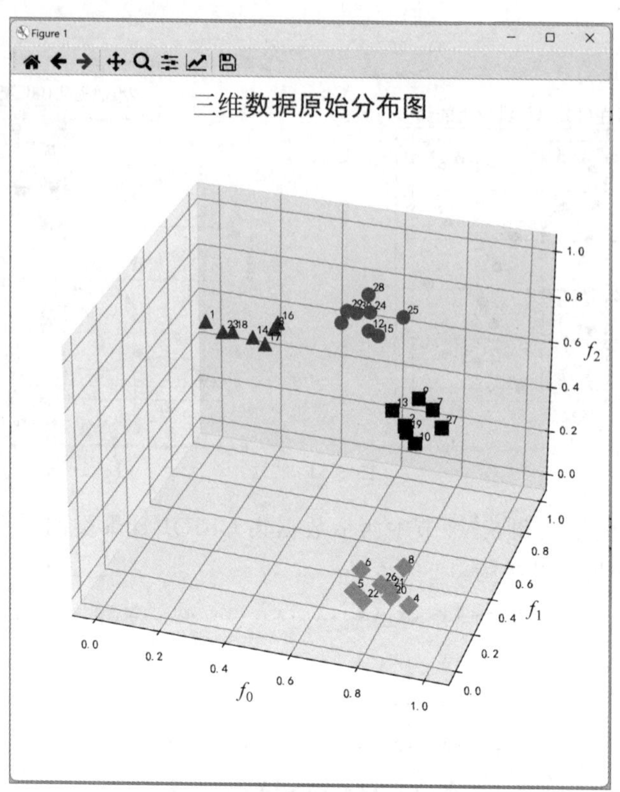

图 5.52 原始数据三维原始分布图

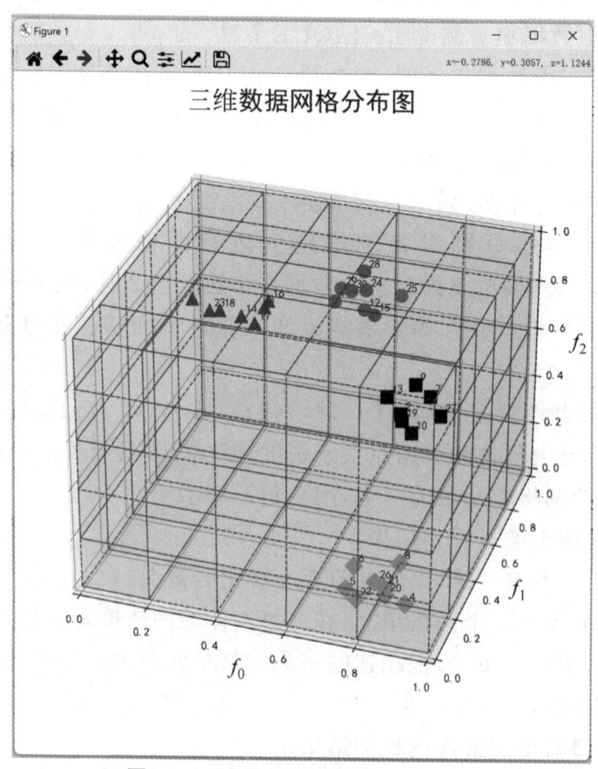

图 5.53 原始数据三维网格分布图

维度：

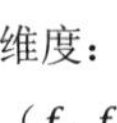

(f_0,f_1)

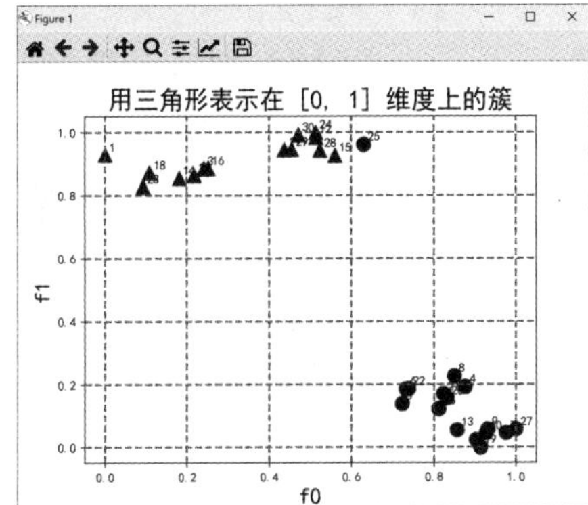

簇 1：

1, 3, 11, 12, 14, 15, 16, 17, 18, 23, 24, 28, 29, 30

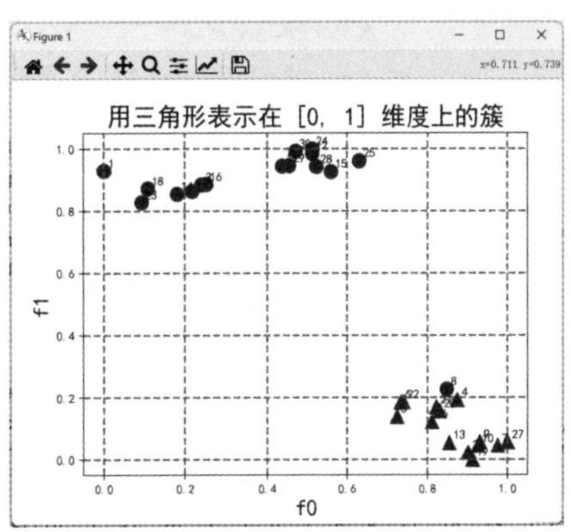

簇 2：

2, 4, 5, 6, 7, 9, 10, 13, 19, 20, 21, 22, 26, 27

维度：

(f_0,f_2)

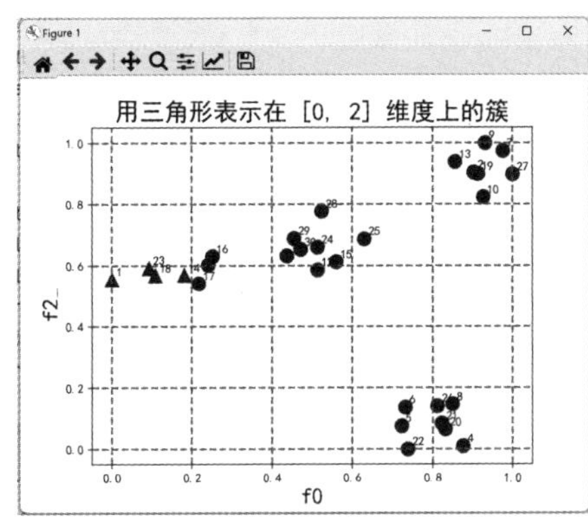

簇 1：

1, 14, 18, 23

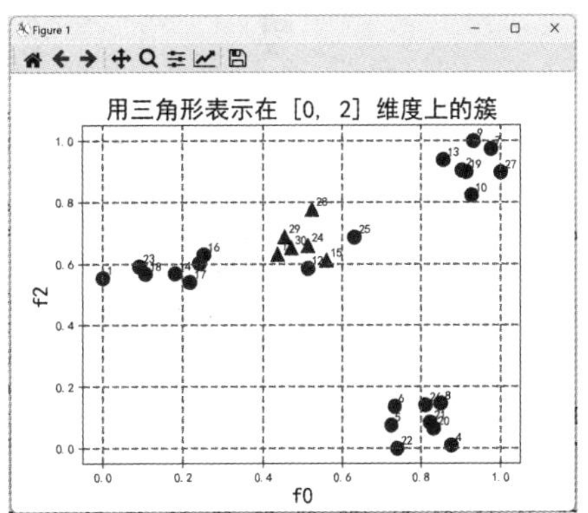

簇 2：

11, 15, 24, 28, 29, 30

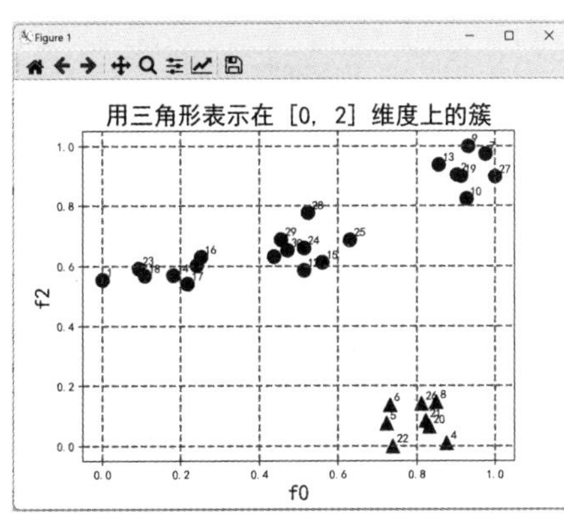

簇 3：

4, 5, 6, 8, 20, 21, 22, 26

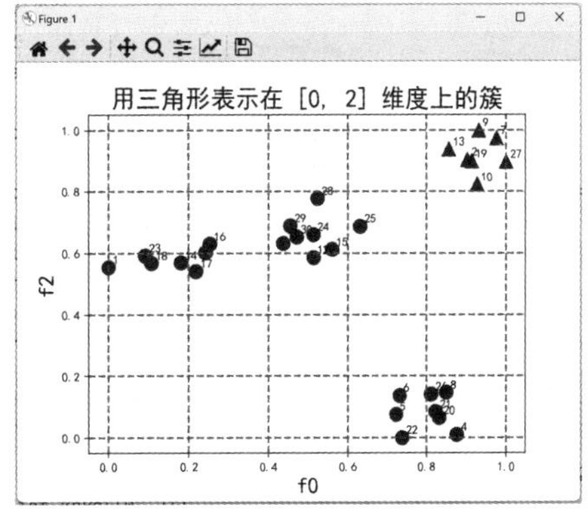

簇 4：

2, 7, 9, 10, 13, 19, 27

图 5.54　数据分别在(f_0,f_1)、(f_0,f_2)、(f_1,f_2)维度上的聚类情况分析

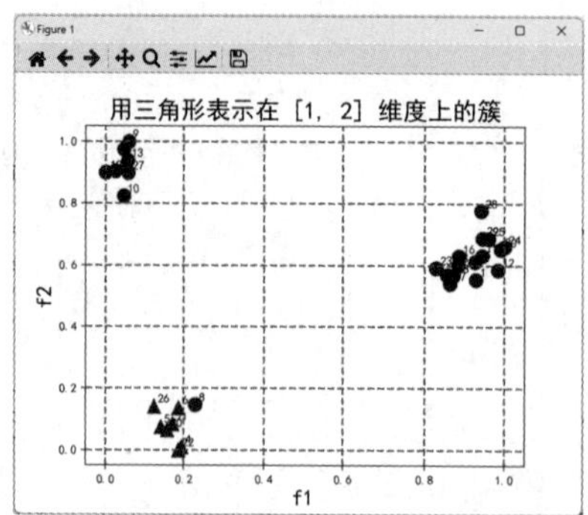

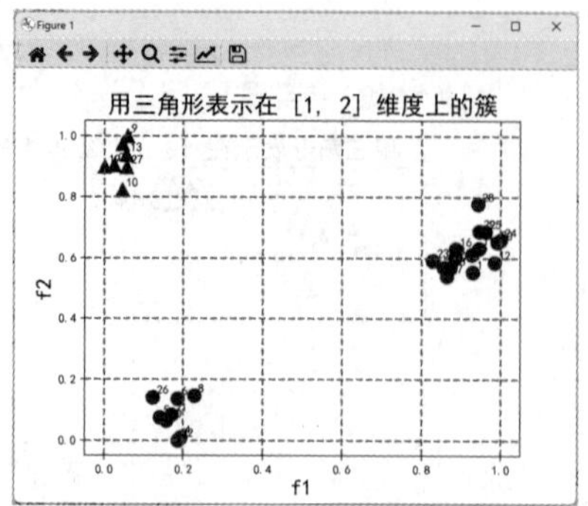

维度：

(f_1,f_2)

簇 1：

4, 5, 6, 20, 21, 22, 26

簇 2：

2, 7, 9, 10, 13, 19, 27

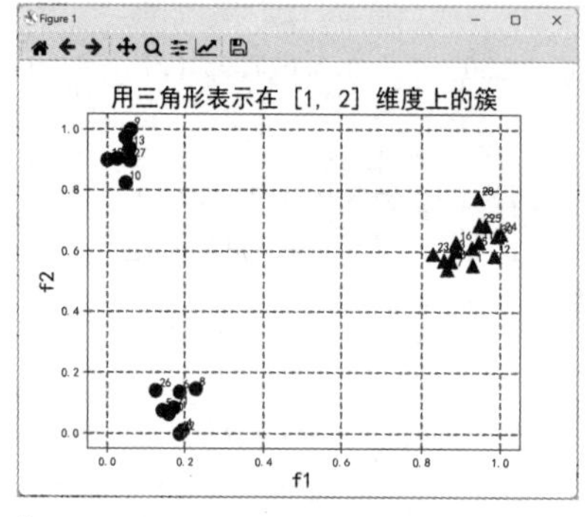

簇 3：

1, 3, 11, 12, 14, 15, 16, 17, 18，23, 24, 25，28, 29, 30

图 5.54 （续）

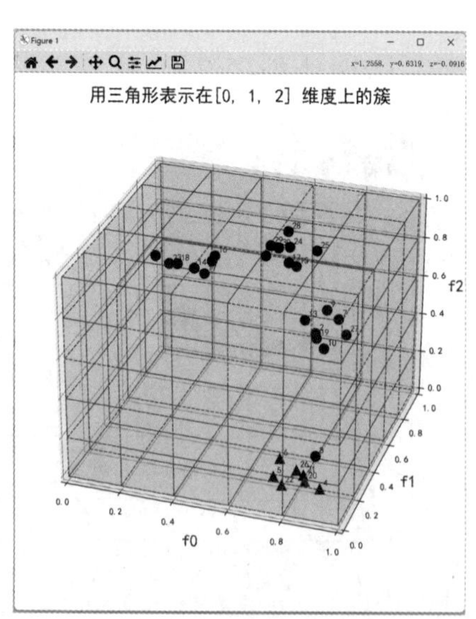

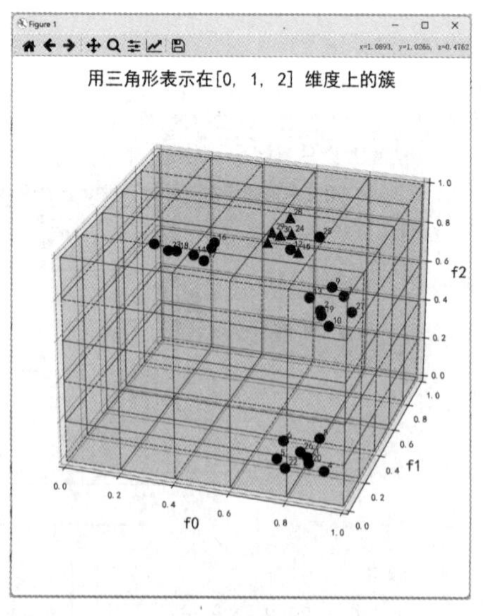

簇 1：

4, 5, 6, 20, 21, 22, 26

簇 2：

11, 15, 24, 28, 29, 30

图 5.55 数据在(f_0,f_1,f_2)维度上的聚类情况分析

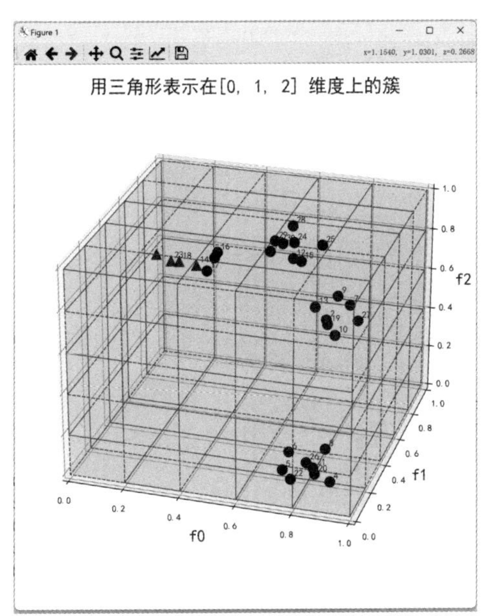

簇 3:

1, 14, 18, 23

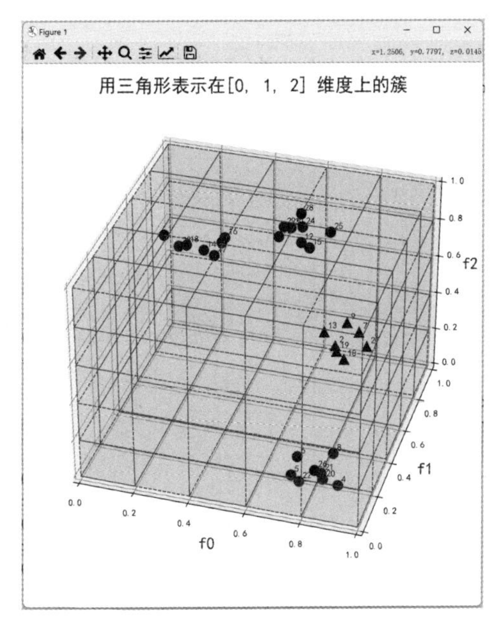

簇 4:

2, 7, 9, 10, 13, 19, 27

图 5.55 （续）

$$C_1=\{\boldsymbol{x}_1,\boldsymbol{x}_{14},\boldsymbol{x}_{18},\boldsymbol{x}_{23}\}$$

$$C_2=\{\boldsymbol{x}_{11},\boldsymbol{x}_{15},\boldsymbol{x}_{24},\boldsymbol{x}_{28},\boldsymbol{x}_{29},\boldsymbol{x}_{30}\}$$

$$C_3=\{\boldsymbol{x}_4,\boldsymbol{x}_5,\boldsymbol{x}_6,\boldsymbol{x}_{20},\boldsymbol{x}_{21},\boldsymbol{x}_{22},\boldsymbol{x}_{26}\}$$

$$C_4=\{\boldsymbol{x}_2,\boldsymbol{x}_7,\boldsymbol{x}_9,\boldsymbol{x}_{10},\boldsymbol{x}_{13},\boldsymbol{x}_{19},\boldsymbol{x}_{27}\}$$

噪声点有$\{\boldsymbol{x}_3,\boldsymbol{x}_8,\boldsymbol{x}_{12},\boldsymbol{x}_{16},\boldsymbol{x}_{17},\boldsymbol{x}_{25}\}$。

用不同形状表示各个不同的聚类簇，用×表示噪声点，得到这 30 个模拟数据的最终聚类结果，如图 5.56 所示。

5.7.4 CLIQUE 聚类算法小结

CLIQUE(Clustering In Quest)聚类算法是综合了基于密度和基于网格的一种数据挖掘算法，对于大型数据库中高维数据的聚类分析具有很高的效率，能得到较好的聚类结果。它能自动地发现高维数据中的子空间，高密度聚类存在于这些子空间中。

CLIQUE 聚类算法的优点在于：它能自动识别高维数据空间的子空间，在子空间上聚类比在原空间上效果更好；对数据对象元组的输入顺序不敏感；无须规范化任何空间数据分布；可以发现任意形状的聚类；聚类结果易读；随着输入数据的大小线性地扩展，当数据维数增加时，具有良好的可伸缩性。

当然，CLIQUE 聚类算法步骤较复杂，涉及的辅助算法较多，为了简化过程，大大减少细节，聚类结果的精确性因此受到影响。算法的局限性主要表现在以下两方面。

(1) 算法采用 MDL(最小描述长度)技术，找出“有价值”的子空间中的密集单元，为的是减少密集单元候选集的数目。在同一个子空间中的密集单元分组，找出每一个子空间中密集单元选出的数据覆盖。覆盖大的子空间将被选出，其余的将被剪枝。利用这种技术可

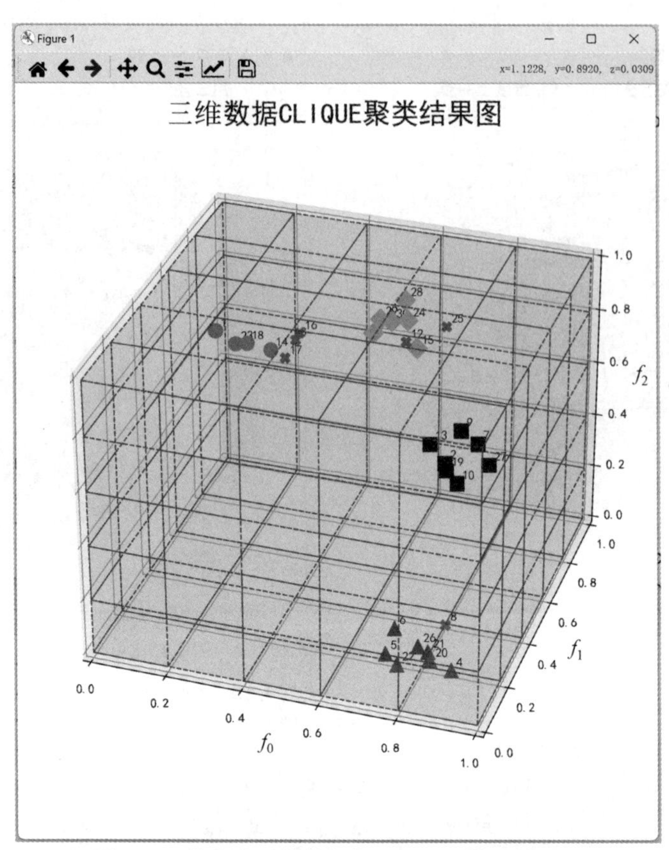

图 5.56 维度为 3 的数据集 CLIQUE 聚类结果图

能丢失一些密集,有些小的密集没被重视而被剪枝。如果一个密集存在于 k 维空间中,那么它的所有子空间映射都是密集的。在自底向上的算法中,为了发现一个 k 维的密集,所有的子空间都应该被考虑。但是,如果这些子空间在被剪掉的空间中,那么这个密集就永远不可能被发现。这样,将导致聚类质量得不到很好的保证。

(2) 算法对数据空间进行各维的网格单元等分,这一操作是根据输入的 ε 值进行的。人为的参数输入,就会导致可能有一密集区域被分隔成多个小的分区,而在后期覆盖相连密集单元时,又将其相连。结果划分单元的数目增加,在高维空间中,相邻单元的数量以指数级增长,在覆盖相连阶段将花费大量的时间,做了一些“无用功”,同时加大了系统的开销,可能会得不到较好的聚类。

CLIQUE 聚类算法有许多可以应用到的领域,有大量的研究工作值得去完成。在利用其优点的同时,要对其进行改进,弥补算法中的不足,让其应用面更广泛,前景更美好。

5.8 本章小结

5.8.1 聚类与分类的区别

通过本章的学习,可能有人会觉得聚类就是分类,而其实在严格意义上,聚类与分类并不是一回事,两者有着很大的差异。

1. 分类的内涵

分类的内涵是：按照已定的程序模式和标准进行判断划分，也就是说，在进行分类之前，事先已经有了一套数据划分标准，只需要严格按照标准进行数据分组就可以了。

2. 聚类的内涵

聚类与分类则不同，聚类的内涵是：在聚类之前，我们并不知道具体的数据划分标准，要靠算法判断数据之间的相似性，把相似的数据放在一起，也就是说，聚类最关键的工作是：探索和挖掘数据中的潜在差异和联系。进一步讲，在聚类的结论出来之前，我们完全不知道每一类有什么特点，一定要根据聚类的结果通过人的经验来分析，看看聚成的这一类大概有什么特点。

因此，聚类与分类最大的不同在于：分类的目标事先已知；而聚类则不同，我们事先并不知道目标。因为聚类产生的结果与分类类似，而只是类别没有预先定义，因此聚类也被称为无监督分类(unsupervised classification)。

3. 关于分类与聚类的例子

1）分类的例子

在总结中，我们通过一个西瓜样本集进行学习/训练过程有监督，即训练样本有明确标签。例如，西瓜样本数据集 4.0 具有特征密度和含糖率，如果在数据集已知西瓜的类别的情况下，对西瓜的数据进行预测属于什么类别的话，那么这个问题就属于分类问题。如表 5.29 所示的西瓜数据集是含有类别信息的，它对应的逻辑结构如图 5.57 所示。

表 5.29　西瓜数据集(含有类别信息)

密　度	含　糖　率	分　类
0.697	0.460	好瓜
0.774	0.376	好瓜
0.634	0.264	坏瓜
0.608	0.318	坏瓜
0.556	0.215	好瓜
0.403	0.237	坏瓜
0.481	0.149	?
0.437	0.211	?

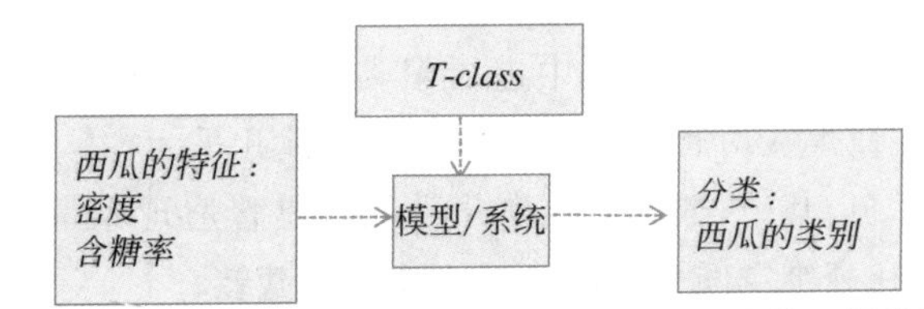

图 5.57　表 5.29 西瓜数据集(含有类别信息)对应的逻辑结构图

2）聚类的例子

在总结中，我们仍然通过一个西瓜样本集学习/训练过程无监督，样本无明确标签。对于西瓜数据集，如果在未知西瓜类别的情况下，对这批数据进行分析，那么属于聚类问题。

表 5.30 给出的西瓜数据集是不含类别信息的，它对应的逻辑结构如图 5.58 所示。

表 5.30　西瓜数据集(不含类别信息)

密　度	含糖率
0.697	0.460
0.774	0.376
0.634	0.264
0.608	0.318
0.556	0.215
0.403	0.237
0.481	0.149
0.437	0.211

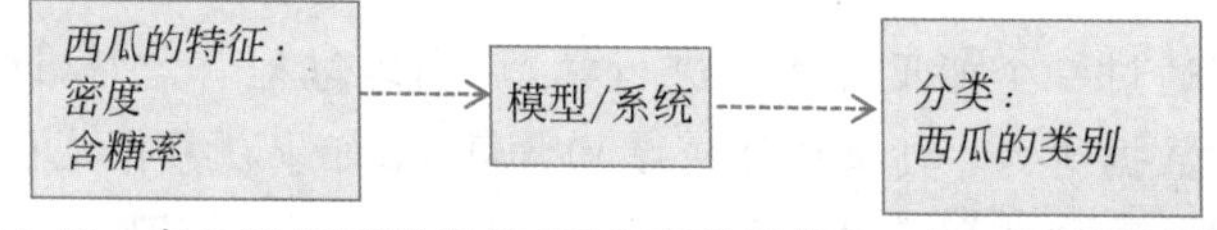

图 5.58　表 5.30 西瓜数据集(不含有类别信息)对应的逻辑结构图

5.8.2　聚类分析的新趋势和新算法

本章主要介绍的是传统的聚类分析模型。接下来再简单了解一下聚类分析的一些新的趋势和热门的研究方向。

在传统的聚类分析中，对象被互斥地指派到一个簇中。然而，在许多应用中，需要以模糊或概率方式把一个对象指派到一个或多个簇。模糊聚类和基于概率模型的聚类允许一个对象属于一个或多个簇。划分矩阵记录对象属于簇的隶属度。

基于概率模型的聚类假定每个簇是一个有参分布。使用待聚类的数据作为观测样本，可以估计簇的参数。混合模型假定观测对象是来自多个概率簇的实例的混合。从概念上讲，每个观测对象都是通过如下方法独立地产生的：首先根据簇的概率选择一个概率簇，然后根据选定簇的概率密度函数选择一个样本。

传统的聚类算法已经比较成功地解决了低维数据的聚类问题。但是由于实际应用中数据的复杂性，在处理许多问题时，现有的算法经常失效，特别是对于高维数据和大型数据的情况。因为传统聚类方法在高维数据集中进行聚类时，主要遇到两个问题：①高维数据集中存在大量无关的属性使得在所有维中存在簇的可能性几乎为零；②高维空间中数据较低维空间中数据分布要稀疏，其中，数据间距离几乎相等是普遍现象，而传统聚类方法是基于距离进行聚类的，因此在高维空间中无法基于距离来构建簇。

高维数据对聚类分析提出了一些挑战，包括如何对高维簇建模和如何搜索这样的簇。高维数据聚类方法主要有两类：子空间聚类方法和维归约方法。子空间聚类方法在原空间的子空间中搜索簇。例子包括子空间搜索方法、基于相关性的聚类方法和双聚类方法。维归约方法创建较低维的新空间，并在新空间搜索簇。

高维聚类分析已成为聚类分析的一个重要研究方向。同时，高维数据聚类也是聚类技术的难点。随着技术的进步，数据收集变得越来越容易，导致数据库规模越来越大、复杂性越来越高，如各种类型的贸易交易数据、Web 文档、基因表达数据等，它们的维度（属性）通常可以达到成百上千维，甚至更高。但是，受“维度效应”的影响，许多在低维数据空间表现良好的聚类方法运用在高维空间上往往无法获得好的聚类效果。高维数据聚类分析是聚类分析中一个非常活跃的领域，同时它也是一个具有挑战性的工作。高维数据聚类分析在市场分析、信息安全、金融、娱乐、反恐等方面都有很广泛的应用。

双聚类方法同时聚类对象和属性。双簇的类型包括具有常数值、行/列常数值、相干值、行/列相干演变值的双簇。双聚类方法的两种主要类型是基于最优化的方法和枚举方法。

谱进聚类是一种维归约方法，其一般思想是使用相似矩阵构建新维。

聚类图和网络数据有许多应用，如社会网络分析。挑战包括如何度量图中对象之间的相似性和如何为图和网络数据设计聚类方法。测地距是图中两个顶点之间的边数，它可以用来度量相似性。另外，像社会网络这样的图的相似性也可以用结构情境和随机游走度量。SimRank 是一种基于结构情境和随机游走的相似性度量。

图聚类可以建模为计算图割。最稀疏的割导致好的聚类，而模块性可以用来度量聚类质量。SCAN 是一种图聚类算法，它搜索图，识别良连通的成分作为簇。

约束可以用来表达具体应用对聚类分析的要求或背景知识。聚类约束可以分为实例、簇和相似性度量上的约束。实例上的约束可以是必须联系约束和不能联系约束。约束可以是硬性的或软性的。聚类的硬性约束可以通过在聚类指派过程严格遵守约束而强制实施。软性约束聚类可以看作一个优化问题。可以使用启发式方法加快约束聚类的速度。

此外，近年来出现了一些新的算法。例如，基于样本归属关系的基于粒度的聚类算法、模糊聚类、粗糙聚类、球壳聚类、基于熵的聚类算法；基于样本预处理技术的核聚类算法、基于概念的聚类算法；基于样本相似度的谱聚类、反射聚类、本体聚类、基于双重距离的聚类算法、基于流行聚类的迭代化聚类算法；基于样本更新策略的数据流增量聚类算法、基于生物智能的增量聚类算法等；基于样本高维性的投影寻踪聚类算法、子空间聚类算法等。还有其他一些聚类算法，如量子聚类算法、聚类集成算法、基于随机游动的聚类算法等大数据应用领域的流行算法。

感兴趣的读者还可以通过推荐算法、文本挖掘算法、深度学习算法、图数据库相关算法、自动文摘处理即自然语言识别与处理等方面展开深入的应用研究。

习　　题

1. 选择题

(1) 欧氏距离是闵可夫斯基距离阶为(　　)的特殊情况。

A. 0.5　　B. 1　　C. 2　　D. ∞

(2) 在层次聚类中(　　)。

A. 需要用户预先设定聚类的个数

B. 需要用户预先设定聚类个数的范围

C. 对于 N 个数据点，可形成 $1\sim N$ 个簇

D. 对于 N 个数据点,可形成 $1\sim N/2$ 个簇

(3) 在数据预处理阶段,我们常常对数值特征进行归一化或标准化(standardization,normalization)处理。这种处理方式理论上不会对下列哪个模型产生很大影响?(　　)

A. K-Means　　B. KNN　　C. 决策树

(4) 下面哪个情形不适合作为 K-Means 迭代终止的条件?(　　)

A. 前后两次迭代中,每个聚类中的成员不变

B. 前后两次迭代中,每个聚类中样本的个数不变

C. 前后两次迭代中,每个聚类的中心点不变

(5) DBSCAN 算法属于(　　)。

A. 划分聚类　　B. 层次聚类　　C. 密度聚类　　D. 网格聚类

(6) EM 算法的 E 和 M 指(　　)。

A. Exception-Maximum　　B. Expect-Maximum

C. Extra-Maximum　　D. Extra-Max

2. 聚类分析的目的是什么?列举常见的聚类算法类型。并简要说明这些方法分别适用什么场合。

3. 评价聚类算法的好坏可以从哪些方面入手?

4. 简要说明基于划分的聚类算法基本原理和层次聚类算法的原理。

5. 层次聚类算法的实现依赖于计算簇之间的距离,有哪些距离定义?

6. 写出 K-Means 算法的优化目标函数。

7. 写出 K-Means 算法的流程。

8. K-Means 算法的簇中心如何初始化?

9. 如何确定 K-Means 算法的 k 值?

10. 写出高斯混合模型的概率密度函数以及高斯混合模型的对数似然函数。

11. 简述 EM 算法的原理和 EM 算法的流程。

12. 简要说明密度聚类的原理。简述基于密度聚类原理的典型算法之一 DBSCAN 算法的原理。

第6章

大数据应用工具与模型及热点内容研究

6.1 概　　述

本章内容是根据作者多年的大数据相关研究项目提取的部分内容，主要包括："某省水路基础数据库建设"项目中的 Lucene 的应用、基于 Hadoop 的并行计算示例、基于引用聚类的多文档自动文摘方法研究、交通运输大数据与城市计算等应用研究。通过这些研究所使用的相关模型和掌握大数据的理论技术与方法的基础上，来达到熟练掌握大数据模型及相关工具的实施与应用，读者将对大数据模型及应用有深入的了解。

6.2 基础数据库建设项目与 Lucene 的应用

6.2.1 基础数据库建设项目与关键技术

1. 建立数据资源整合应用体系

根据某省信息化建设需求分析得知：数据资源整合应用体系的建设是信息化体系建设的关键之一，建立数据资源整合应用体系包括四个从下到上支撑层面的建设：①数据标准建设；②水路基础数据库建设；③水路数据资源整合交换体系建设；④水路数据资源整合应用体系建设。围绕数据标准建设，提出了如图 6.1 所示的信息资源整合的建设层次结构。

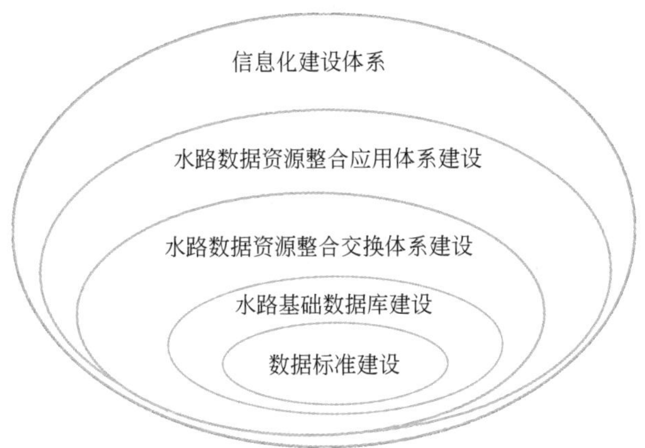

图 6.1　信息资源整合的建设层次结构

按照上级主管部门的七个《水路信息基础数据元标准》和实际的业务需求,在完成水路数据标准建设的同时,还将基础数据库建设重点放在对《水路基础数据标准》的建设上,也将数据资源整合应用体系中的应用实体作为其核心基础建设内容。

2. 基础数据建设思路和建设结构

将标准化的基础数据库作为数据整合及共享应用模式改变的核心基础,从传统的"系统与系统"转变为"系统与体系"的数据整合共享应用模式。系统交互结构模式如图 6.2 所示。

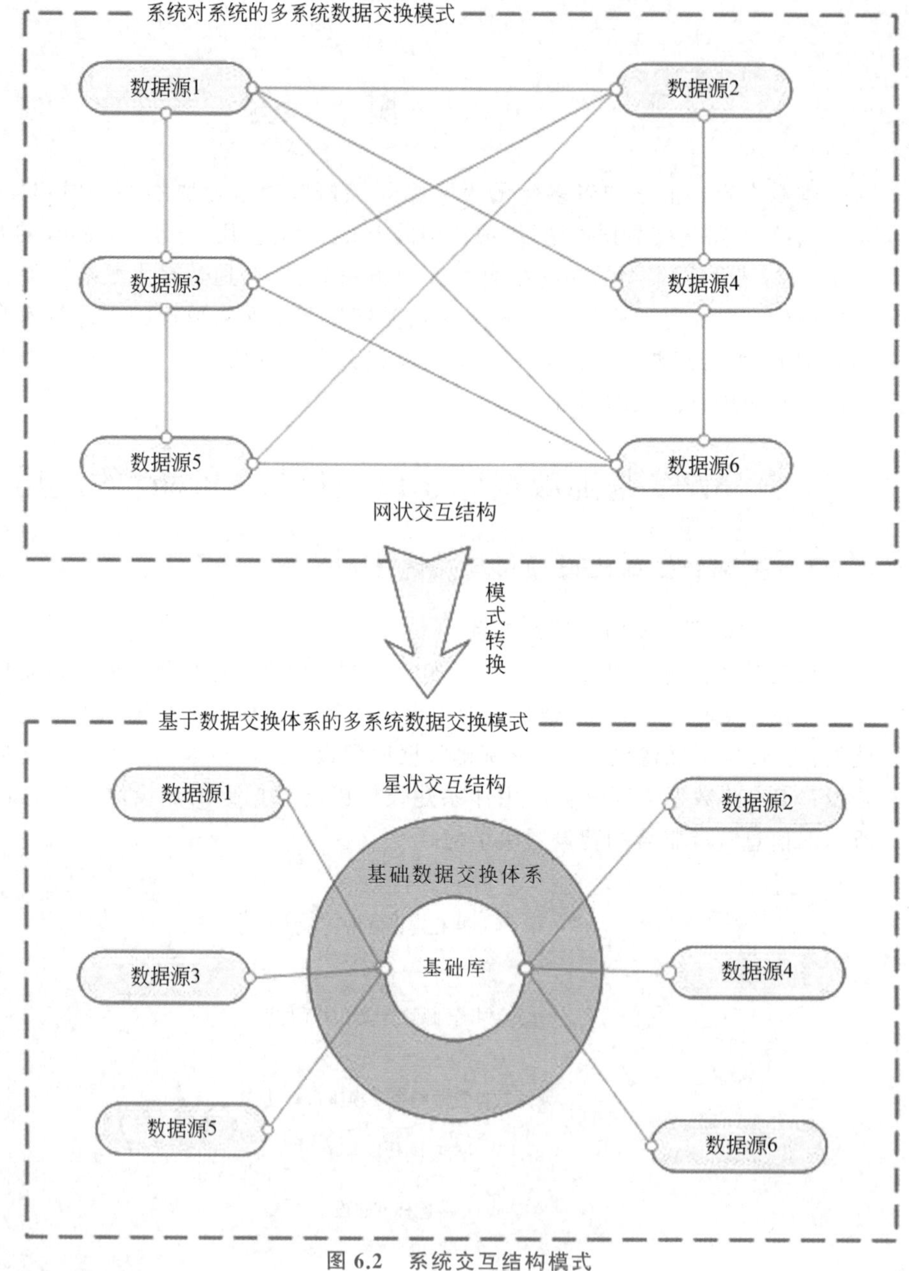

图 6.2　系统交互结构模式

水路基础数据元数据标准主要依据上级部门制定的"交通基础数据元数据标准",根据某省水路管理的特点，进行精炼、调整和扩展。两者之间的基本对应关系如图 6.3 所示。

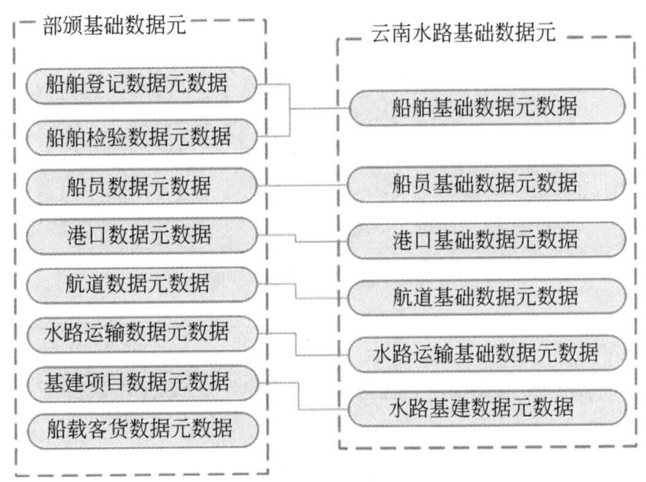

图 6.3　基础数据元标准基本对应关系

形成的基础数据库设计的建设思路如图 6.4 所示。

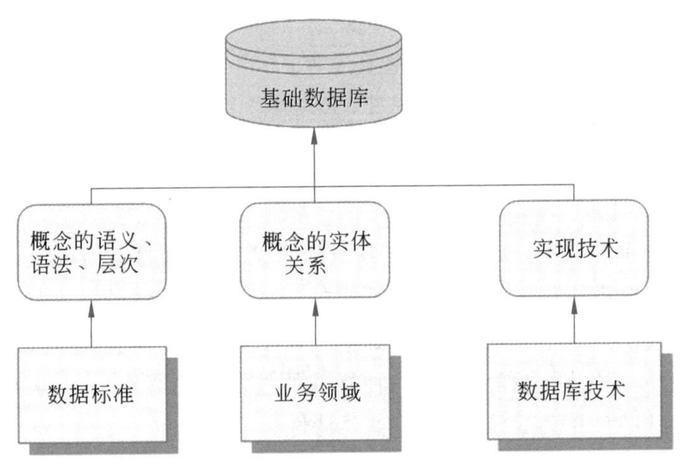

图 6.4　基础数据库设计的建设思路

基础数据库建设结构如图 6.5 所示。

某省水路基础数据库建设包括两大建设内容：①基础数据库建立；②基础数据维护管理综合系统。

3. 项目建设的关键技术

本项目建设的关键技术主要包括：XML、Web Service、数据总线与数据接口。

1) XML 技术

XML 具有良好的数据存储格式、可扩展性、高度结构化、便于网络传输的特点，决定了其卓越的性能表现。作为一种可扩展性标记语言，其自描述性使其非常适用于不同应用间的数据交换，而且这种交换不是以预先规定一组数据结构定义为前提的。XML 最大的优点在于它的数据描述和传送能力，因此具备很强的开放性。XML 的出现为数据集成提供了一种新的解决方法。由于 XML 具有针对特定的应用定义自己的标记语言，现在各行业纷纷基于 XML 建立本行业的数据标准，并基于此建立本行业的信息共享机制。现在 XML

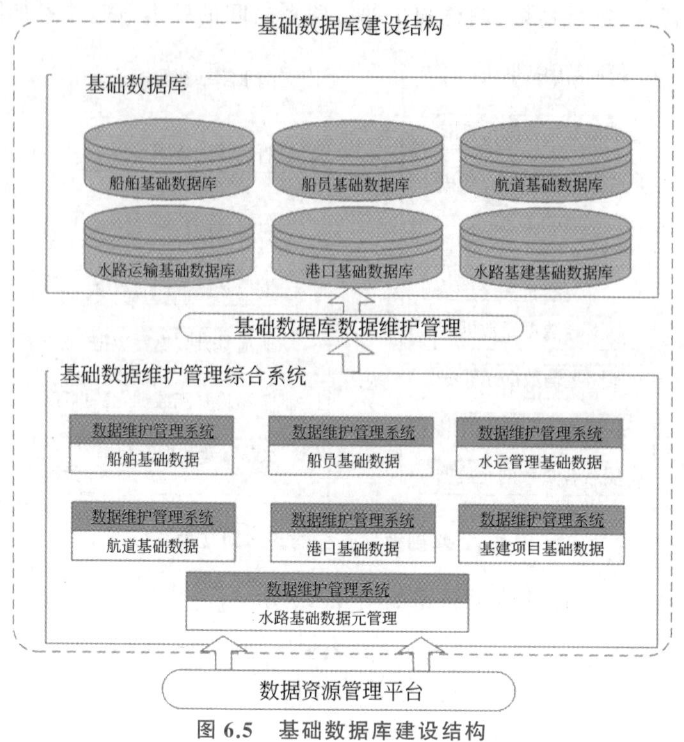

图 6.5 基础数据库建设结构

技术在电子商务、政府文档、报表、司法、出版、医药等几乎所有行业的数据标准中广泛应用。

2) Web Service 技术

Web Service 是实现 SOA 架构中的服务访问与位置透明的通信协议。Web Service 是基于网络的、分布式的模块化组件,它执行特定的任务,遵守具体的技术规范,这些规范使得 Web Service 能与其他兼容的组件进行互操作。Web Service 架构最重要的优点之一就是允许在不同平台上使用不同编程语言以一种标准的技术开发程序,来与其他应用程序通信。本项目数据交换接口使用 Web Service 的主要特性。

首先,是基于标准访问的独立功能实体满足了松耦合要求。在 Web Service 中所有的访问都通过 SOAP 访问进行,用 WSDL 定义的接口封装,通过 UDDI 进行目录查找,可以动态改变一个服务的提供方而无须影响客户端的配置,外界客户端根本不关心访问服务器端的实现。

其次,适合大数据量低频率访问符合服务大颗粒度功能。基于性能和效率平衡的要求,SOA 的服务提供的是大颗粒度的应用功能,而且跨系统边界的访问频率也不会像程序间函数调用那么频繁。通过使用 WSDL 和基于文本(Literal)的 SOAP 请求,可以实现一次性接收处理大量数据。

最后,基于标准的文本消息传递为异构系统提供通信机制。Web Service 所有的通信是通过 SOAP 进行的,而 SOAP 是基于 XML 的,XML 是结构化的文本消息。从最早的 EDI 开始,文本消息也许是异构系统间通信最好的消息格式,适用于 SOA 强调的服务对异构后天宿主系统的透明性。

3) 数据总线技术

数据总线(DataBus)是应用系统集成的重要理论基础。规范了一个大的集成应用系统中同构系统、异构系统等方面进行数据共享和交换的实现方法。

首先，业务实体数据交换。各个子系统在架构分层上都有业务实体层，数据交换机制在业务实体层建立了一层对所有应用系统透明的层。子系统之间，无论其实现的具体技术方案是什么，都可通过业务实体层进行共享和交互，这也就建立了可在子系统间进行持续集成和业务扩展的结构，从而实现一个可扩展的完整的一体化信息系统。

其次，Web Service 数据交换。这是一种 Web 服务标准，Web 服务提供在异构系统间共享和交换数据的方案，也可用于在产品集成中使用统一的接口标准进行数据共享和交换。

4）数据接口技术

数据接口技术主要使用在数据整合交换接口的建设中，主要设计以下三种接口模式。

第一种接口模式：数据库适配器模式。

数据库数据交换适配器模式是数据交换的最基本功能，在中心数据交换平台上部署各种适配器，通过适配器和用户数据库连接，根据设置，从数据库采集数据，通过交换核心，将数据送到相应的目的数据库适配器，再写入数据库。

第二种接口模式：API 模式。

这个架构是传统 EAI(企业应用集成)方式。这种方式和数据库数据交换的最大区别是，应用数据接口不是连接数据库的，而是和客户应用相连，是通过应用编程接口来实现数据的交互。数据交换接口提供所需的 API，允许客户应用，按照业务的需求，通过交换接口向目标应用传送所需的数据或文档，或者从交换接口里获取对方传过来的数据或文档。

第三种接口模式：SOA 模式。

采用 Web Service 技术，是客户端主动模式。由客户端通过交换服务向服务器端提出服务请求(SOAP request)，由服务器端解析客户端的请求信息，获取请求内容，然后执行本地应用中的服务，然后将服务结果，通过交换服务传送到请求端应用。

4. 水路基础数据库建设项目的完成内容

1）完成水路运输基础数据库设计及建立

(1) 建立 Oracle 及 SQL Server 2000 数据库设计物理模型。

* vessel(Oracle 10g).pdm 和 vessel(SQL Server 2000).pdm；

(2) 产生 Oracle 及 SQL Server 2000 数据库建库脚本。

vessel(Oracle 10g).sql 和 vessel(SQL Server 2000).sql；

(3) 编制数据库数据字典《船舶基础数据库数据字典》。

(4) 建立 Oracle 数据库实体 YH3B_VESSEL_USER。

2）完成某省水路船员基础数据库设计及建立

(1) 建立 Oracle 及 SQL Server 2000 数据库设计物理模型。

crew(Oracle 10g).pdm 和 crew(SQL Server 2000).pdm；

(2) 产生 Oracle 及 SQL Server 2000 数据库建库脚本。

crew(Oracle 10g).sql 和 crew(SQL Server 2000).sql；

(3) 编制数据库数据字典《船员基础数据库数据字典》。

(4) 建立 Oracle 数据库实体 YH3B_CREW_USER。

3) 完成某省水路航道基础数据库设计与建立

(1) 建立 Oracle 及 SQL Server 2000 数据库设计物理模型。

waterway(Oracle 10g).pdm 和 waterway(SQL Server 2000).pdm;

(2) 产生 Oracle 及 SQL Server 2000 数据库建库脚本。

waterway(Oracle 10g).sql 和 waterway(SQL Server 2000).sql;

(3) 编制数据库数据字典《航道基础数据库数据字典》。

(4) 建立 Oracle 数据库实体 YH3B_WATERWAY_USER。

4) 完成某省水路港口基础数据库设计与建立

(1) 建立 Oracle 及 SQL Server 2000 数据库设计物理模型。

port(Oracle 10g).pdm 和 port(SQL Server 2000).pdm;

(2) 产生 Oracle 及 SQL Server 2000 数据库建库脚本。

port(Oracle 10g).sql 和 port(SQL Server 2000).sql;

(3) 编制数据库数据字典《港口基础数据库数据字典》。

(4) 建立 Oracle 数据库实体 YH3B_PORT_USER。

5) 完成某省水路运输基础数据库设计与建立

(1) 建立 Oracle 及 SQL Server 2000 数据库设计物理模型。

watertrans(Oracle 10g).pdm 和 watertrans(SQL Server 2000).pdm;

(2) 产生 Oracle 及 SQL Server 2000 数据库建库脚本。

watertrans(Oracle 10g).sql 和 watertrans(SQL Server 2000).sql;

(3) 编制数据库数据字典《水路运输基础数据库数据字典》。

(4) 建立 Oracle 数据库实体 YH3B_WATERTRANS_USER。

6) 完成某省水路基建项目基础数据库设计与建立

(1) 建立 Oracle 及 SQL Server 2000 数据库设计物理模型。

infrastructure(Oracle 10g).pdm 和 infrastructure(SQL Server 2000).pdm;

(2) 产生 Oracle 及 SQL Server 2000 数据库建库脚本。

infrastructure(Oracle 10g).sql 和 infrastructure(SQL Server 2000).sql;

(3) 编制数据库数据字典《水路基建项目基础数据库数据字典》。

(4) 建立 Oracle 数据库实体 YH3B_INFRASTRUCTURE_USER。

5. 管理数据库管理系统

1) 水路运输基础数据库管理系统

开发的水路运输基础数据库管理系统如图 6.6 所示。

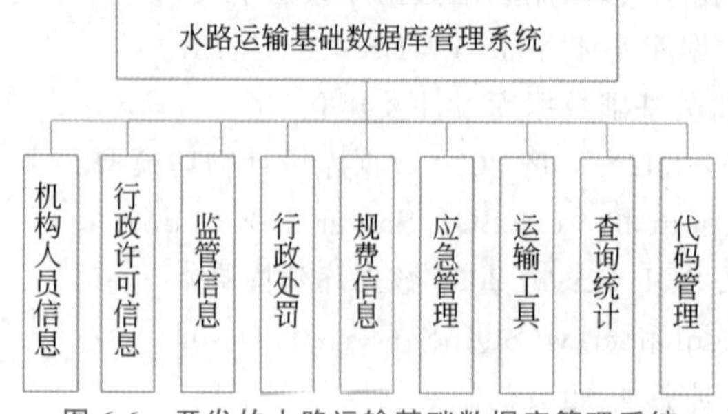

图 6.6 开发的水路运输基础数据库管理系统

2）航道基础数据库管理系统

航道基础数据库管理系统如图 6.7 所示。

3）基础数据库管理系统

基础数据库管理系统如图 6.8 所示。

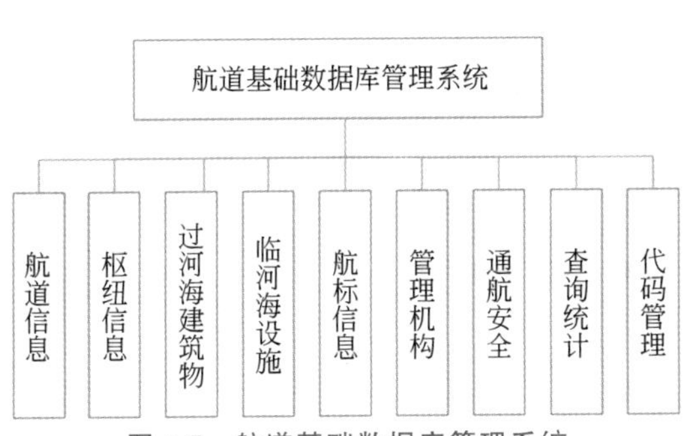

图 6.7　航道基础数据库管理系统

基础数据库管理系统
项目基础信息
项目资金信息
项目工程情况信息
项目相关单位信息
查询统计
代码管理

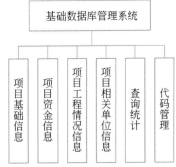

图 6.8　基础数据库管理系统

4）船舶基础数据库管理系统

船舶基础数据库管理系统如图 6.9 所示。

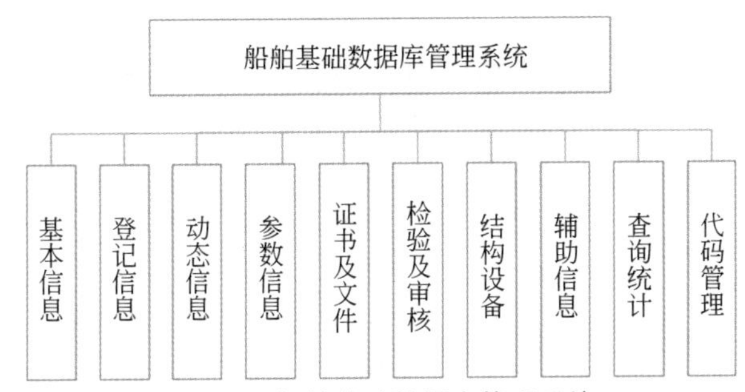

图 6.9　船舶基础数据库管理系统

5）船员基础数据库管理信息系统

船员基础数据库管理信息系统如图 6.10 所示。

6）数据统计分析系统

数据统计分析系统如图 6.11 所示。

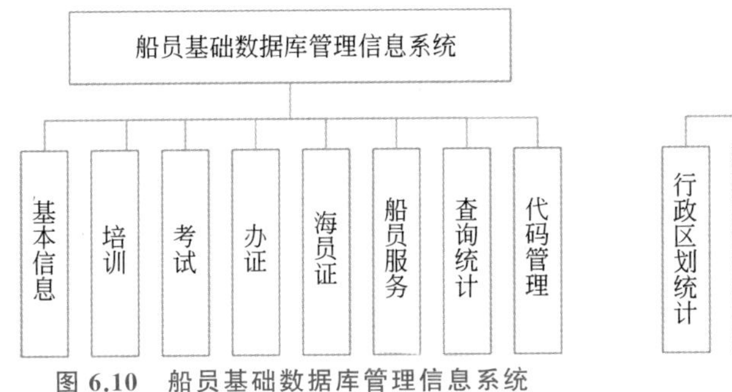

图 6.10　船员基础数据库管理信息系统

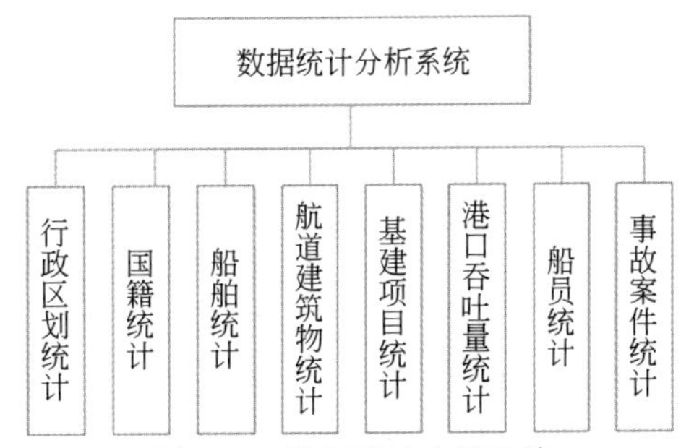

图 6.11　数据统计分析系统

7）水路运输基础数据库查询系统

水路运输基础数据库查询系统如图 6.12 所示。

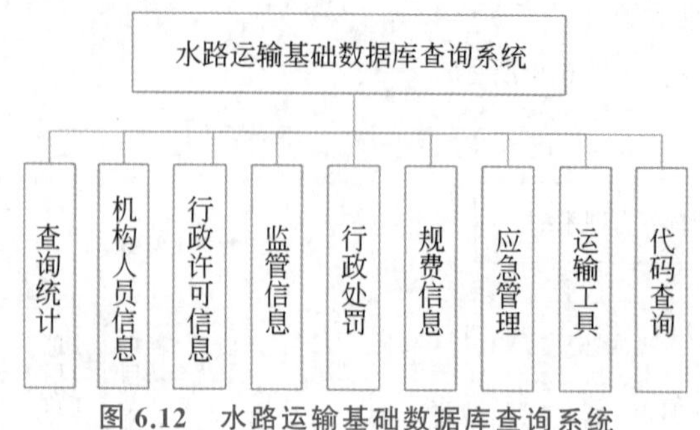

图 6.12　水路运输基础数据库查询系统

8）港口基础数据库查询系统

港口基础数据库查询系统如图 6.13 所示。

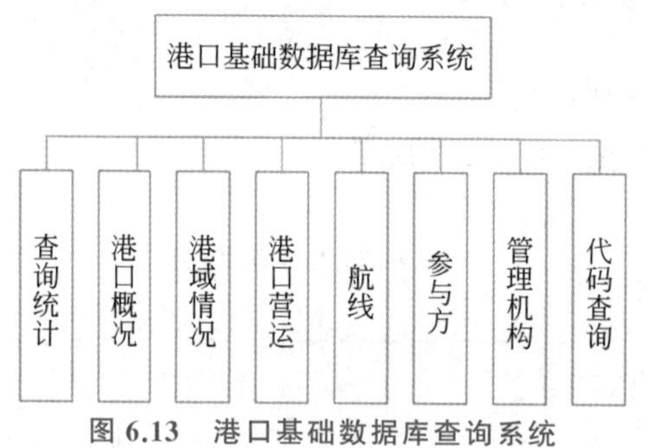

图 6.13　港口基础数据库查询系统

9）航道基础数据库查询系统

航道基础数据库查询系统如图 6.14 所示。

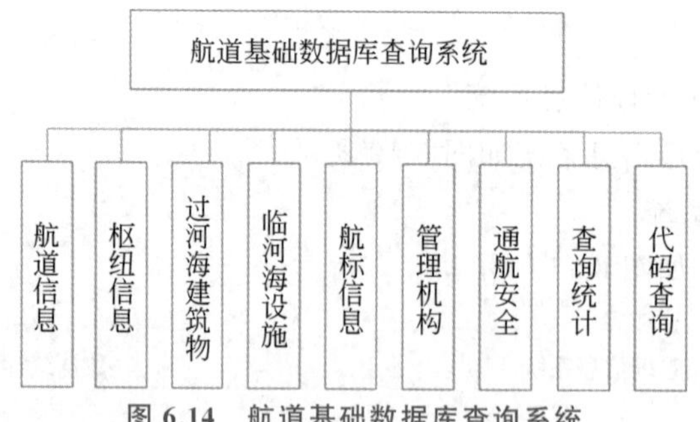

图 6.14　航道基础数据库查询系统

10）基础数据库查询信息系统

基础数据库查询信息系统如图 6.15 所示。

11）基础数据库查新信息系统

基础数据库查新信息系统如图 6.16 所示。

12）船舶基础数据库查询系统

船舶基础数据库查询系统如图 6.17 所示。

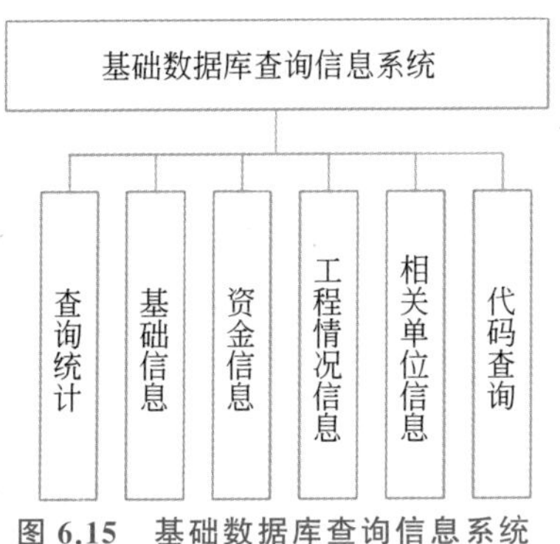

图 6.15　基础数据库查询信息系统

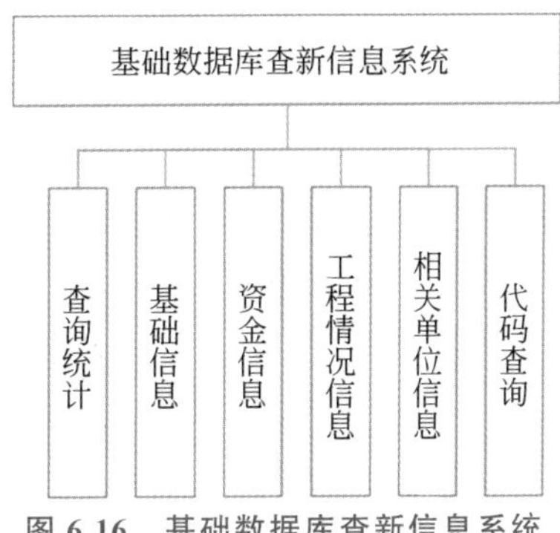

图 6.16　基础数据库查新信息系统

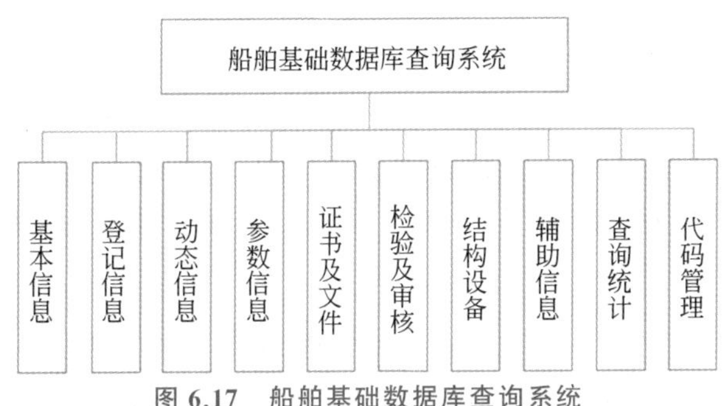

图 6.17　船舶基础数据库查询系统

13）船员基础数据库查询信息系统

船员基础数据库查询信息系统如图 6.18 所示。

14）数据元管理系统的开发

数据元管理系统的开发如图 6.19 所示。

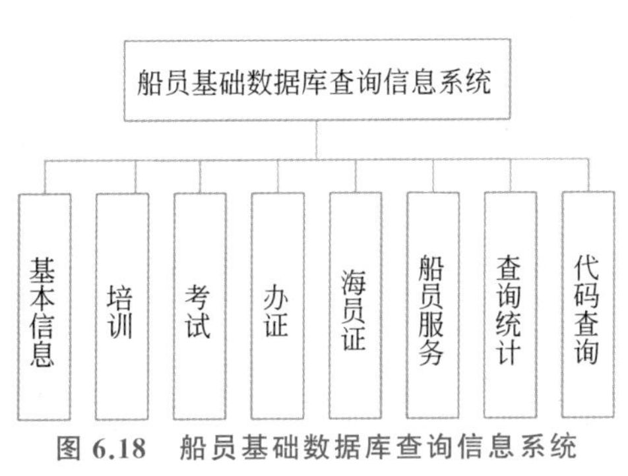

图 6.18　船员基础数据库查询信息系统

数据元管理系统

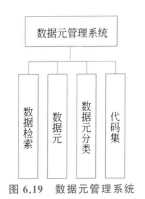

数据检索　数据元　数据元分类　代码集

图 6.19　数据元管理系统

15）基础数据库系统

基础数据库系统如图 6.20 所示。

16）全库查询系统

全库查询系统如图 6.21 所示。

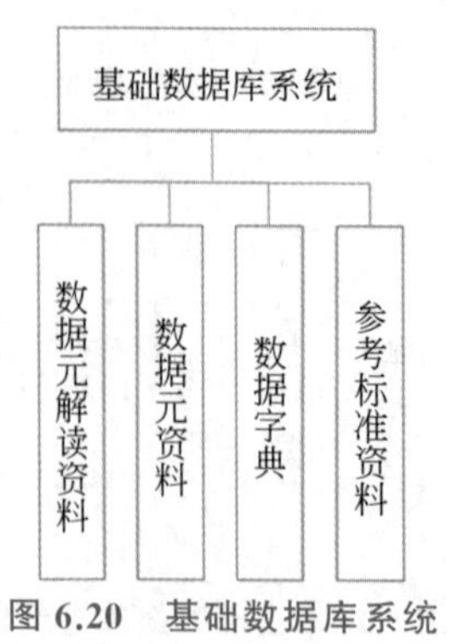

图 6.20 基础数据库系统

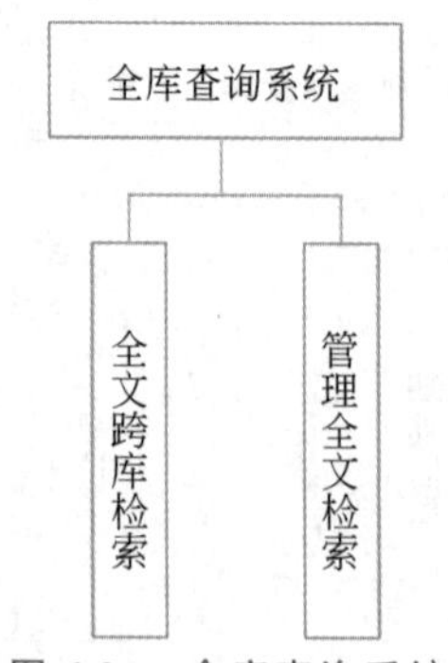

图 6.21 全库查询系统

6.2.2 Lucene 的应用

1. 概述

将 Lucene 应用在“某省水路基础数据库建设”项目的建设与实施过程,收到了非常好的应用效果。从上述基础数据库建立与查询内容可见,该项目涉及的基础数据库非常多。形成系统部署内容如表 6.1 所示。

表 6.1 系统部署内容

序号	程序名称	包名	发布名称(上下文根)
1	基础数据平台	dbplatform.war	dbplatform
2	港口系统	port.war	port
3	基建系统	infrastructure.war	infrastructure
4	水路运输系统	watertrans.war	watertrans
5	船舶系统	vessel.war	vessel
6	船员系统	crew.war	crew
7	航道系统	waterway.war	waterway
8	数据元管理系统	dataelement.war	dataelement
9	基础数据资料库系统	material.war	material
10	数据统计分析系统	retrieval.war	retrieval
11	全库查询系统	globalQuery.war	globalQuery

项目中涉及的数据与资料非常多,如基础资料库系统主要包括 5 大块业务:数据元解读资料、数据元资料、数据字典、数据库应用、参考标准资料,每大块业务下还包括相应专项业务;其中,数据元解读文件、数据元标准、数据文件、标准动态、数据库数据字典、建表文件、服务接口、国家标准、交通行业标准、规定法规规范这 10 大块业务是本基础资料库系统的基本业务,可以对这 10 种业务领域的文件进行上传、删除、查看等管理性操作。本项目建成的数据库中的数据种类繁多,查询的速度是多数据库系统的瓶颈问题,如何快速查询和分词将作为本数据库建立后运营时需重要解决的问题。

2. Lucene 软件及其应用

1）Lucene 的全文检索

（1）Lucene 检索的简单结构与全文检索的系统结构图。

本研究选用大数据流行工具即 Lucene 软件来实现多系统数据的快速检索。全文检索的简单结构如图 6.22 所示。

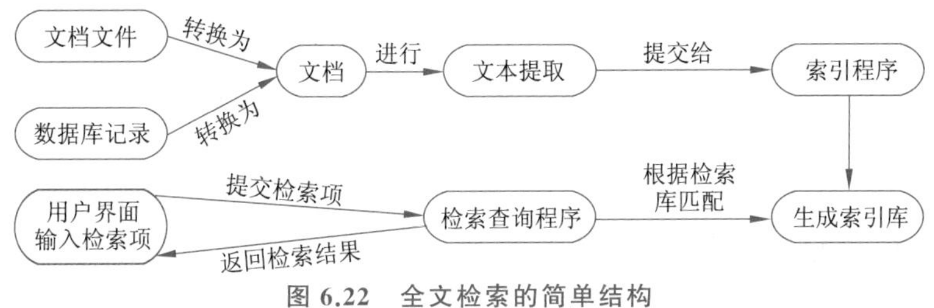

图 6.22　全文检索的简单结构

Lucene 全文检索系统结构图如图 6.23 所示。

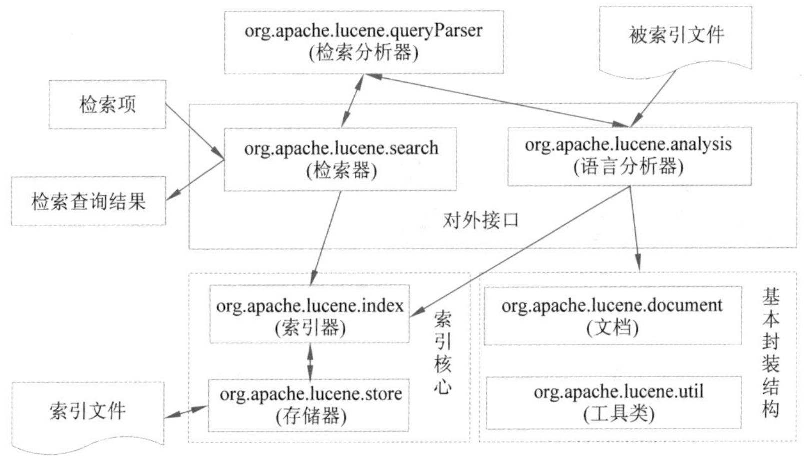

图 6.23　Lucene 全文检索系统结构图

（2）Lucene 的索引过程。

Lucene 的索引过程如图 6.24 所示。

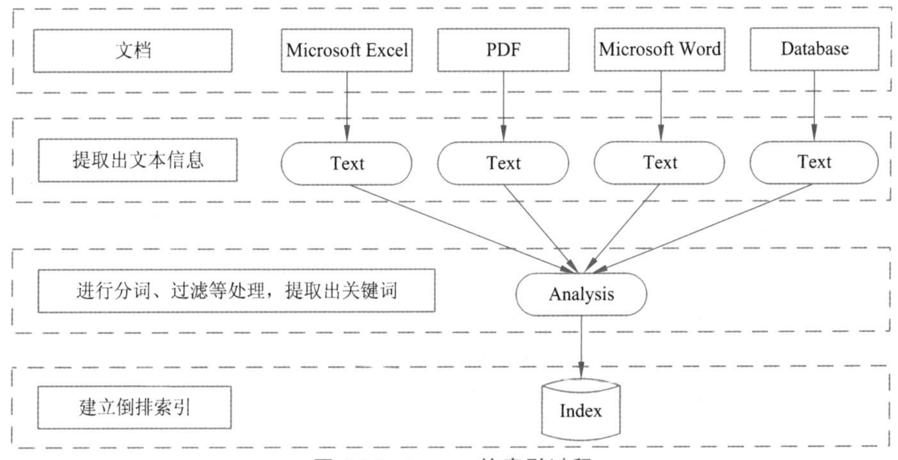

图 6.24　Lucene 的索引过程

(3) Lucene 的检索过程与检索系统。

Lucene 的检索过程如图 6.25 所示。

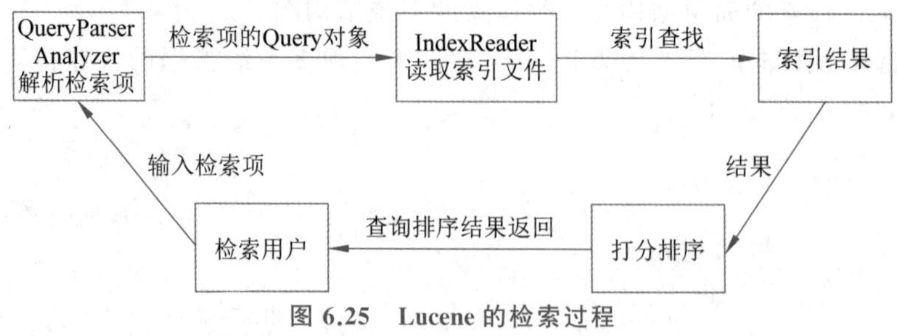

图 6.25 Lucene 的检索过程

所构造的 Lucene 的检索系统如图 6.26 所示。

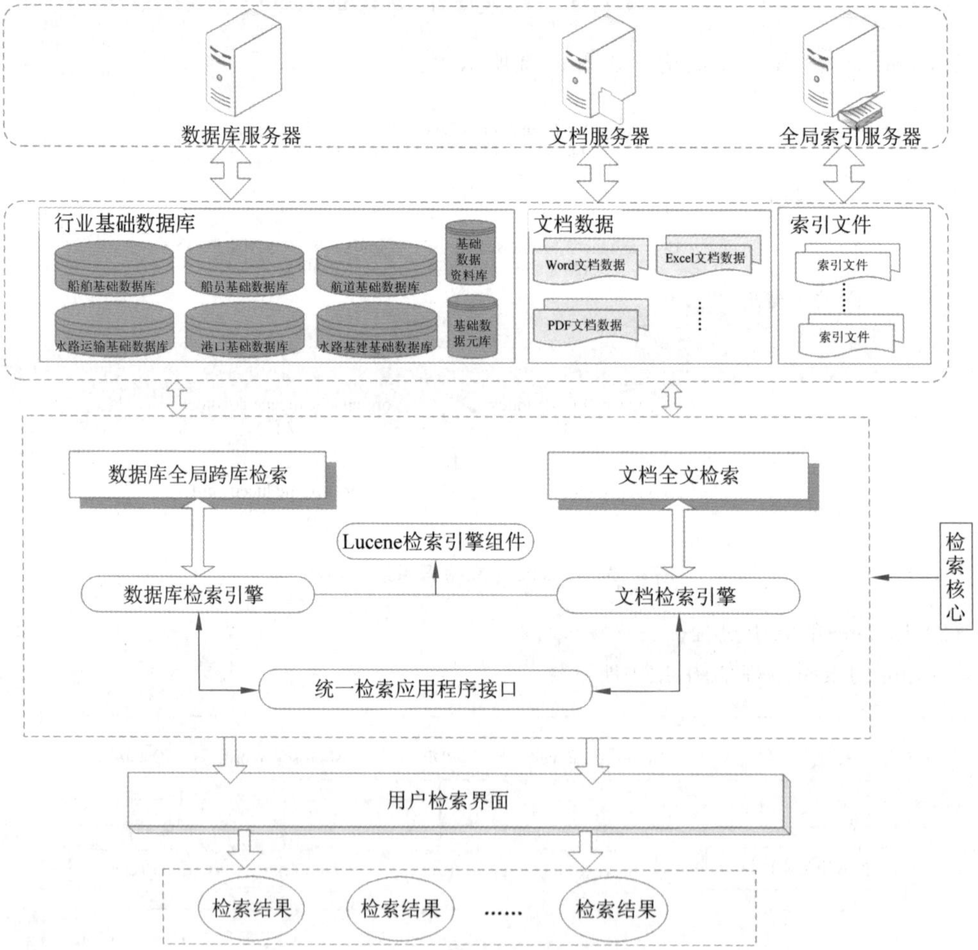

图 6.26 Lucene 的检索系统

2) Lucene 的全文检索功能模块的总体结构

基于 Lucene 的全文检索功能模型的总体结构如图 6.27 所示。

(1) 基于理解的分词方法系统的总体结构。

基于理解的分词方法系统的总体结构如图 6.28 所示。

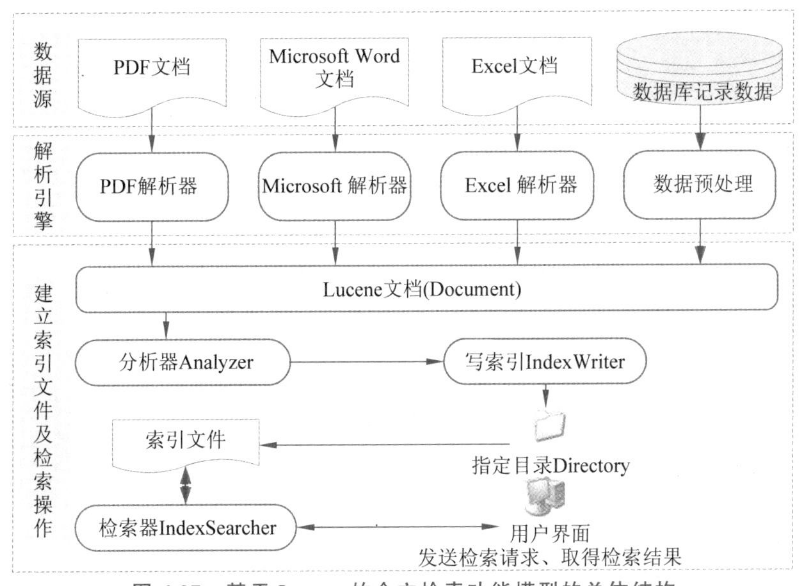

图 6.27 基于 Lucene 的全文检索功能模型的总体结构

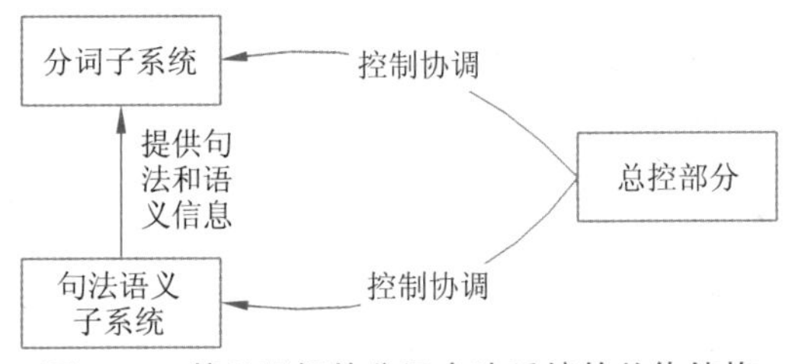

图 6.28 基于理解的分词方法系统的总体结构

(2) 常用格式文档数据提取模块。

根据业务数据情况,给出了常用格式文档数据提取模块,如图 6.29 所示。

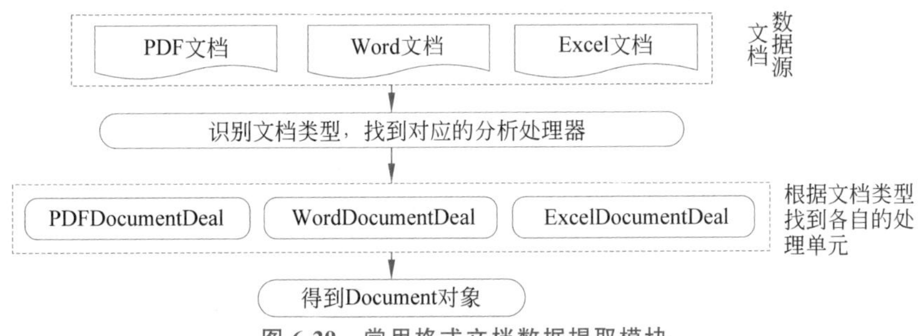

图 6.29 常用格式文档数据提取模块

针对不同类型文档进行文本内容抽取需借助工具,文本提取工具如表 6.2 所示。

表 6.2 文本提取工具

文档格式类型	可选用工具
PDF	PDFBox、Xpdf
Microsoft Word	Jacob、Jakarta POI
Microsoft Excel	Jexcel API、Jakarta POI

① PDF 格式文档数据提取模式如图 6.30 所示。

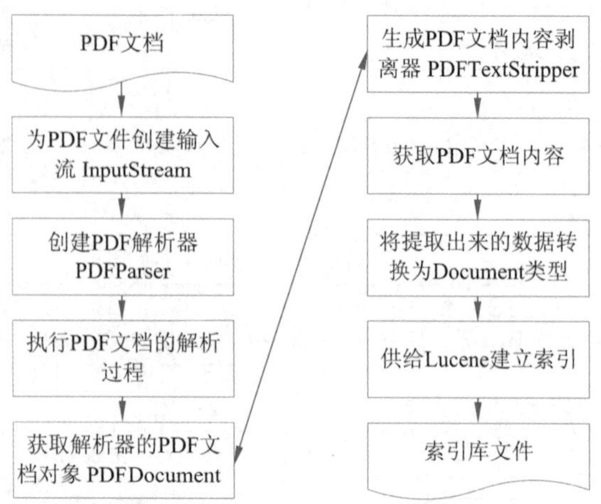

图 6.30　PDF 格式文档数据提取模式

PDF 格式文档数据提取模式实现的程序代码如下。

示例代码:

```
public class PDFDocumentDeal implements DocumentDeal{
    public Document getDocument(InputStream is){
        //创建 PDF 解析器
        PDFParser parser = new PDFParser(is);
        //执行 PDF 文档的解析过程
        parser.parser();
        //获取解析器的 PDF 文档对象
        PDDocument pdfDocument = parser.getPDDocument();
        //生成 PDF 文档内容剥离器
        PDFTextStripper stripper = new PDFTextStripper ();
        //利用剥离器获取文档
        String PDFContentText = stripper.getText(pdfDocument);
        //返回剥离后的文档字符串
        Document doc=new Document();  //创建 Document 对象
        if(text!=null){//若文本内容不为空
        //则将提取出来的数据转换为 Document 类型,供给 Lucene 建立索引
            doc.add(Field.UnStored("content", text,Field.Store.Yes,
Field.Index.ANALYZED));
        }
    }
}
```

PDF 文档文本解析提取前后效果如图 6.31 所示。

② Word 格式文档解析处理方法。

J2EE 平台下对 Word 文档格式处理解析的工具主要有两种:Apache POI 及 Jacob。

Apache POI 是用于 Java 程序语言对微软的办公文档格式进行读写等操作的开源函数库,是 Apache 软件基金会提供的。因为 POI 及 Lucene 都是由 Apache 软件基金会提供的开源项目,所以它们的可结合度很高,便于使用。POI 的结构 HWPF 提供了读写 Word 格式文档的功能。

Jacob 是使用 Java 语言编写的类库,也是一个开源项目。它的实现是通过接口调用它

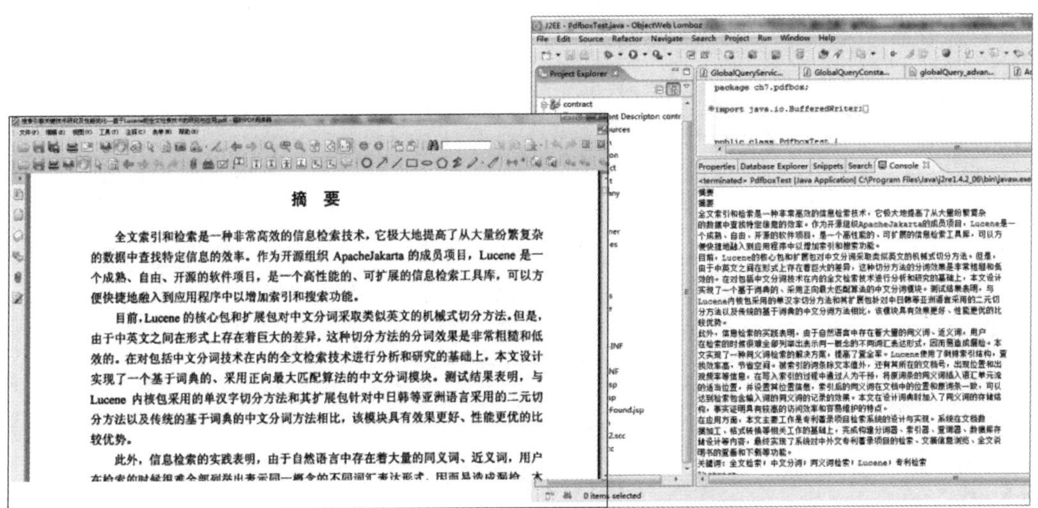

图 6.31　PDF 文档文本解析提取前后效果

内部的 COM 组件来访问操作 Word 文档的。

由于 POI 与 Lucene 之间可以实现无缝结合，所以可以实现对 Word 文档解析抽取时使用 POI。

总体设计思路：输入待索引的文档，判断文档类型，如果是 Word 类型，其文档后缀为 .doc，那么就启用 Word 文档解析器，使用 POI 的 HWPF 对 Word 文档内容进行解析提取处理。将提取处理后的内容转换为 Lucene 可以建立索引的 Document 对象类型。具体步骤如下。

步骤 1：对 Word 格式文档进行处理的接口 WordDocumentDeal 实现 DocumentDeal 多格式文档处理接口的 getDocument()方法。

步骤 2：传入待解析处理的 Word 文档，以创建输入流。

步骤 3：创建 WordExtractor 对 Word 文档进行提取。

步骤 4：将提取出来的内容封装成 Document 类型。

使用 POI 的 WordExtractor 可以对 Word 文档文件的内容进行批量提取。POI 对 Word 文档进行解析处理的解析器 WordDocumentDeal 实现 DocumentDeal 接口的 getDocument()方法。实现过程如图 6.32 所示。

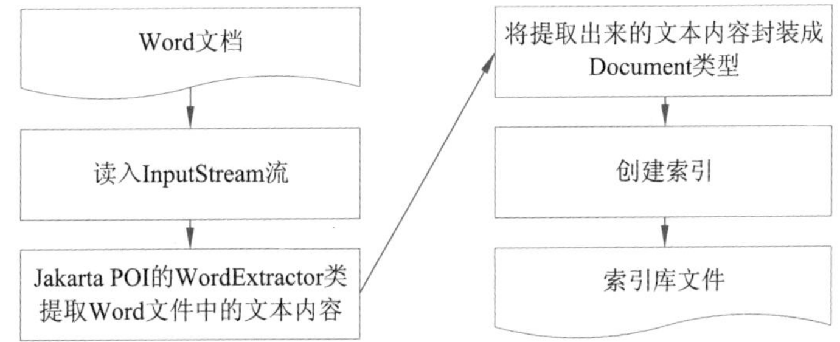

图 6.32　Word 格式文档数据提取模式

Word 格式文档数据提取模式实现的程序代码如下。

示例代码：

```
public class WordDocumentDeal implements DocumentDeal{
    public Document getDocument(InputStream is){
        WordExtractor extractor = null;
        String text = null;
        extractor = new WordExtractor(is);        //创建 WordExtractor
        text = extractor.getText();               //调用 Word 文档提取过程
        Document doc=new Document();              //获得 Document 对象
        if(text!=null)
        {//如果文本内容不为空
            //则将提取出来的数据转换为 Document 类型,供给 Lucene 建立索引
            doc.add(Field.UnStored("path", text,Field.Store.Yes,Field.
Index.ANALYZED));
            doc.add(Field.UnStored("content", text,Field.Store.Yes,
Field.Index.ANALYZED));
        }
    }
}
```

Word 文档文本解析提取前后效果如图 6.33 所示。

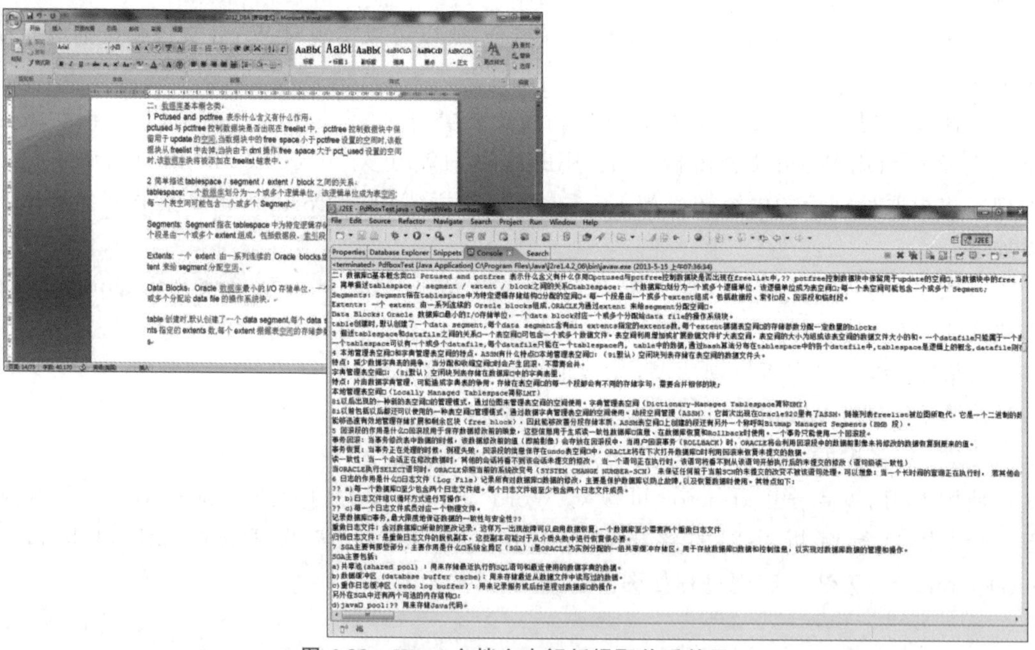

图 6.33 Word 文档文本解析提取前后效果

同理,Excel 格式文档解析处理模式,也按照上述模式进行操作。

检索模块的设计与实现模块如图 6.34 所示。

设计了初级检索和高级检索模式,基础数据子平台运行界面如图 6.35 所示。

3. 关于水路数据库平台全文检索系统效能的分析

1) 中文分词器效能比较

对 Lucene 自带的两个分词器:单字分词法分词器 ChineseAnalyzer 与二分法分词器 CJKAnalyzer,与项目设计的“基于停用词分割的自定义词典双向汇总最大匹配法”中文分词器 MyAnalyzer 相比较,对字符串“港口供船舶安全进出的枢纽”进行分析处理,结果如表 6.3 所示。

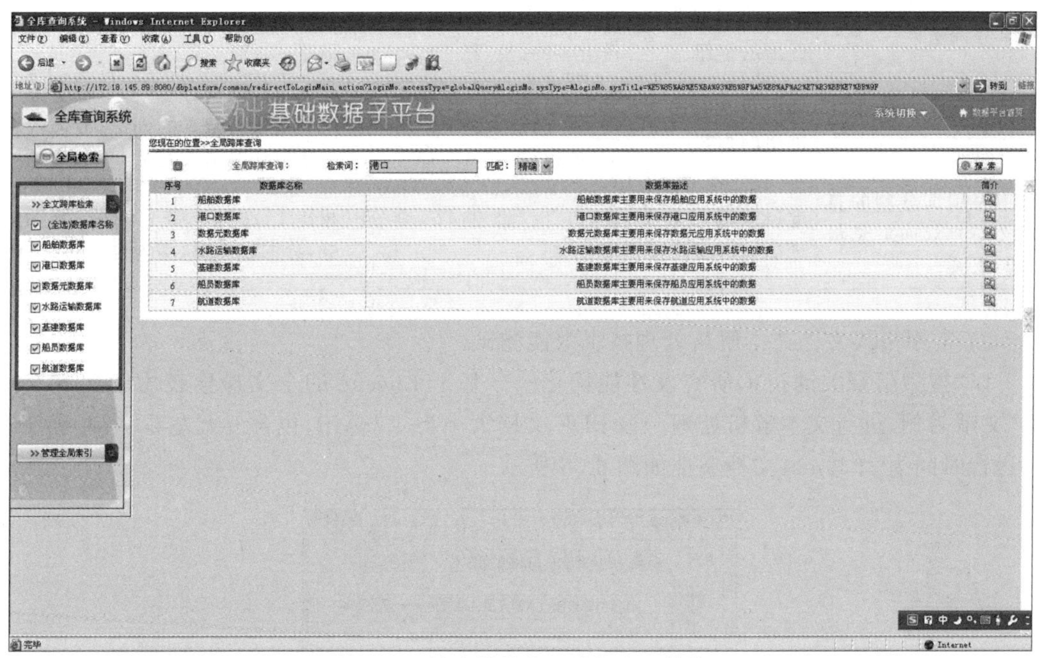

图 6.34　检索模块的设计与实现模块

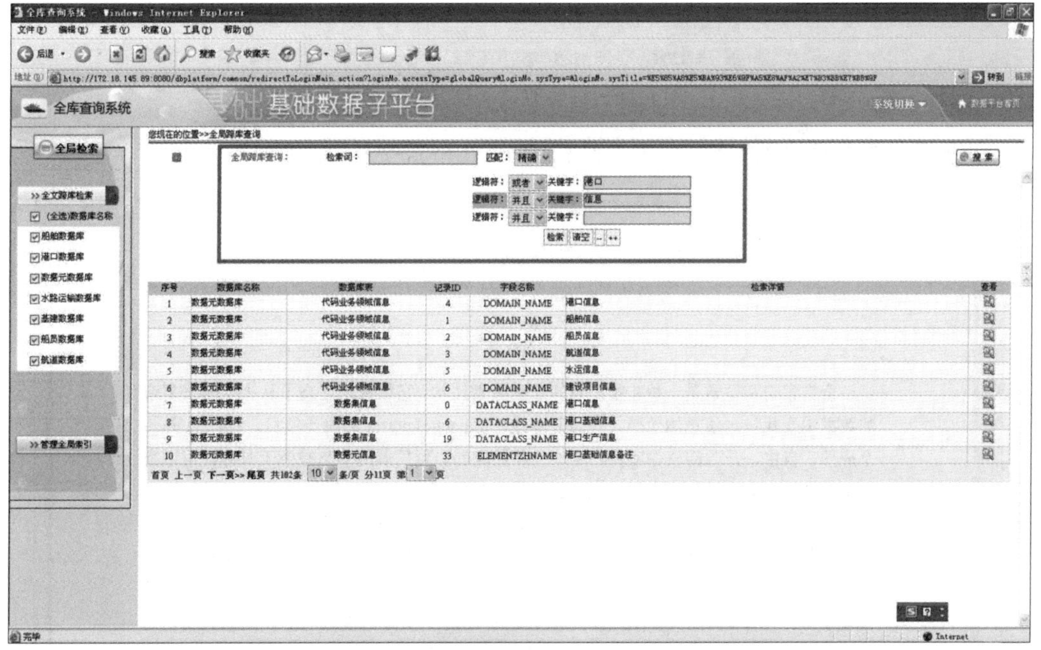

图 6.35　基础数据子平台运行界面

表 6.3 三种分词法比较

分词器名称	待分字串	分词结果	分 词 效 果
单字分词法	港口供船舶安全进出的枢纽	港/口/供/船/舶/安/全/进/出/的/枢/纽	分词结果没有使用意义,分词质量很差
二分法	港口供船舶安全进出的枢纽	港口/口供/供船/船舶/舶安/安全/全进/进出/出的/的枢/枢纽	比单字分词法好一些,但也会分解出大量没有意义的词语,分词效果不明显还会造成冗余
基于停用词分割的自定义词典双向汇总最大匹配法	港口供船舶安全进出的枢纽	港口/供/船舶/安全/进出/枢纽	相比 Lucene 自带分词器,效果良好,分词较准确,实现也相对简单

2) 常用格式文档文本解析处理技术效能测试

以“搜索引擎关键技术研究及性能优化——基于 Lucene 的全文检索技术的研究与应用”文献为例,进行文本解析处理。该 PDF 文档大小为 4.38MB,包含五万左右字符,程序总共运行时间为 3626ms,文档属性如图 6.36 所示。

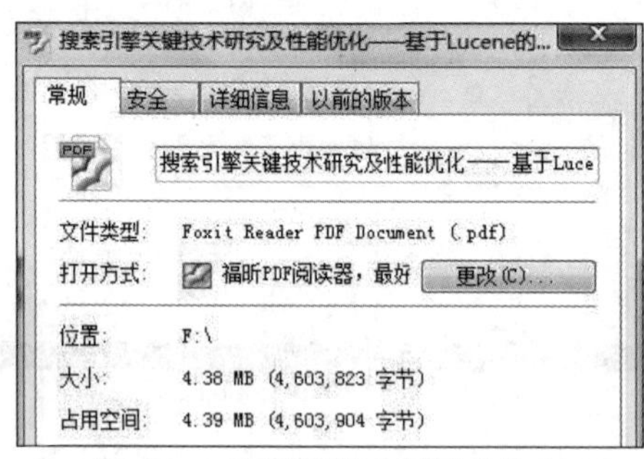

图 6.36 实验测试文档属性信息

在进行解析处理之前,该文档为有结构的 PDF 格式文档,结构如图 6.37 所示。

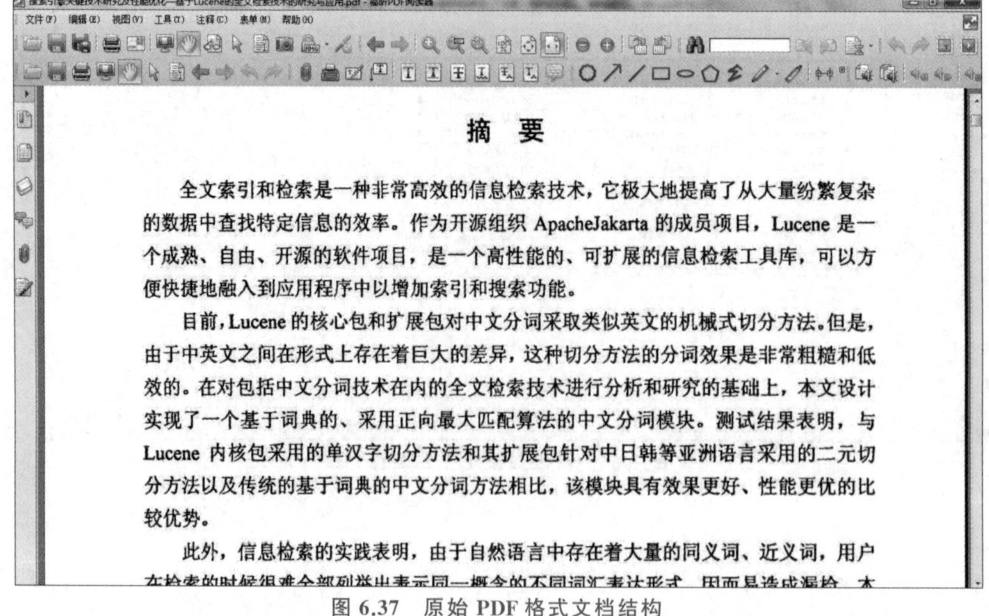

摘 要

全文索引和检索是一种非常高效的信息检索技术,它极大地提高了从大量纷繁复杂的数据中查找特定信息的效率。作为开源组织 ApacheJakarta 的成员项目,Lucene 是一个成熟、自由、开源的软件项目,是一个高性能的、可扩展的信息检索工具库,可以方便快捷地融入到应用程序中以增加索引和搜索功能。

目前,Lucene 的核心包和扩展包对中文分词采取类似英文的机械式切分方法。但是,由于中英文之间在形式上存在着巨大的差异,这种切分方法的分词效果是非常粗糙和低效的。在对包括中文分词技术在内的全文检索技术进行分析和研究的基础上,本文设计实现了一个基于词典的、采用正向最大匹配算法的中文分词模块。测试结果表明,与 Lucene 内核包采用的单汉字切分方法和其扩展包针对中日韩等亚洲语言采用的二元切分方法以及传统的基于词典的中文分词方法相比,该模块具有效果更好、性能更优的比较优势。

此外,信息检索的实践表明,由于自然语言中存在着大量的同义词、近义词,用户

图 6.37 原始 PDF 格式文档结构

使用基于 Java 的 PDFBox 架包对该 PDF 文档进行解析，该架包工具可以将目录下的所有 PDF 文档解析并转变为纯文本数据，文本格式数据结构如图 6.38 所示。

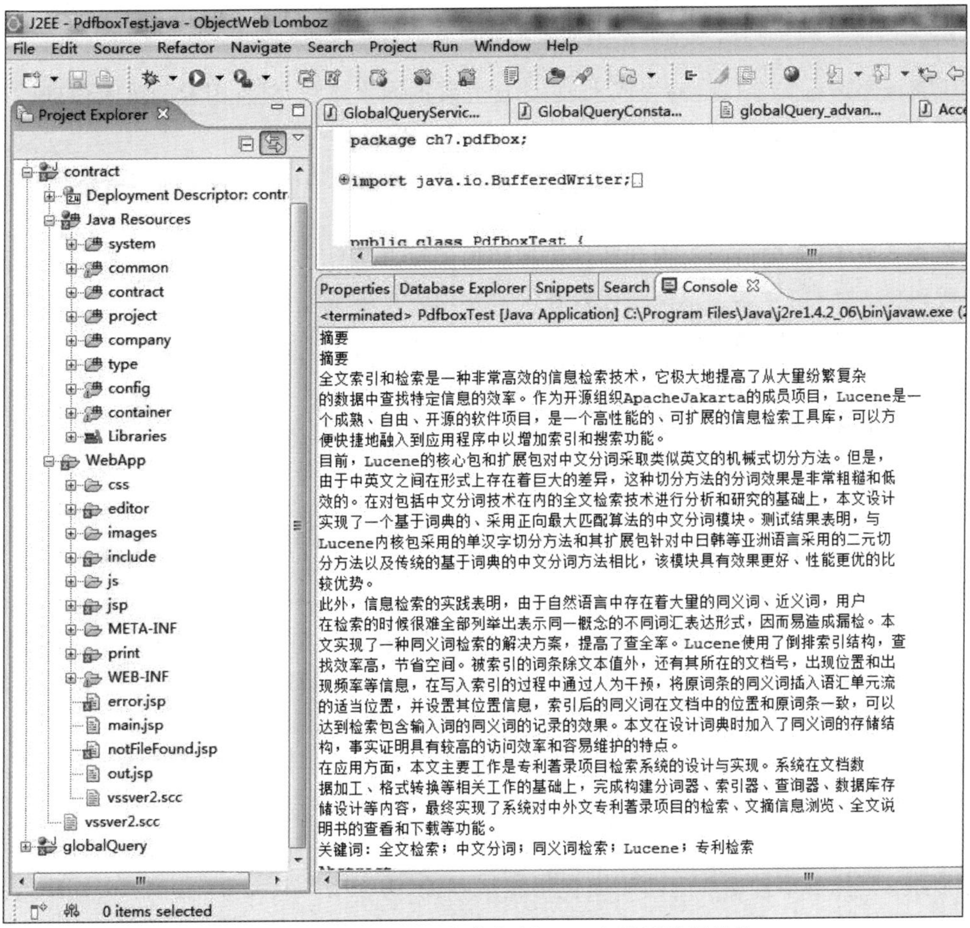

摘要
摘要
全文索引和检索是一种非常高效的信息检索技术，它极大地提高了从大量纷繁复杂的数据中查找特定信息的效率。作为开源组织ApacheJakarta的成员项目，Lucene是一个成熟、自由、开源的软件项目，是一个高性能的、可扩展的信息检索工具库，可以方便快捷地融入到应用程序中以增加索引和搜索功能。
目前，Lucene的核心包和扩展包对中文分词采取类似英文的机械式切分方法。但是，由于中英文之间在形式上存在着巨大的差异，这种切分方法的分词效果是非常粗糙和低效的。在对包括中文分词技术在内的全文检索技术进行分析和研究的基础上，本文设计实现了一个基于词典的、采用正向最大匹配算法的中文分词模块。测试结果表明，与Lucene内核包采用的单汉字切分方法和其扩展包针对中日韩等亚洲语言采用的二元切分方法以及传统的基于词典的中文分词方法相比，该模块具有效果更好、性能更优的比较优势。
此外，信息检索的实践表明，由于自然语言中存在着大量的同义词、近义词，用户在检索的时候很难全部列举出表示同一概念的不同词汇表达形式，因而易造成漏检。本文实现了一种同义词检索的解决方案，提高了查全率。Lucene使用了倒排索引结构，查找效率高，节省空间。被索引的词条除文本值外，还有其所在的文档号，出现位置和出现频率等信息，在写入索引的过程中通过人为干预，将原词条的同义词插入语汇单元流的适当位置，并设置其位置信息，索引后的同义词在文档中的位置和原词条一致，可以达到检索包含输入词的同义词的记录的效果。本文在设计词典时加入了同义词的存储结构，事实证明具有较高的访问效率和容易维护的特点。
在应用方面，本文主要工作是专利著录项目检索系统的设计与实现。系统在文档数据加工、格式转换等相关工作的基础上，完成构建分词器、索引器、查询器、数据库存储设计等内容，最终实现了系统对中外文专利著录项目的检索、文摘信息浏览、全文说明书的查看和下载等功能。
关键词：全文检索；中文分词；同义词检索；Lucene；专利检索

图 6.38　使用 PDFBox 架包解析 PDF 文档后数据结构

程序总共运行时间为：3626ms，如图 6.39 所示。

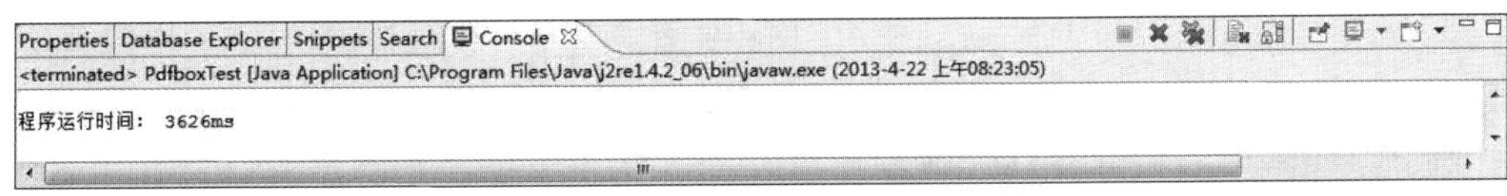

图 6.39　PDF 文本解析程序运行时间

综上，在系统中对 PDF 文档解析性能测试统计结果如表 6.4 所示。

表 6.4　PDF 文档解析模块性能测试数据

文档名称	搜索引擎关键技术研究及性能优化——基于 Lucene 的全文检索技术的研究与应用
文档类型	PDF 文档
文档大小	4.38MB
文档字符数	50 000
解析文档时间	3626ms

从解析结果上看,使用解析处理技术在效率上很好地达到了预期的效果。

6.3 基于道路交通安全的数据挖掘模型应用研究

研究道路运行安全风险的生成机理,建立完善的因素体系,对各因素的风险性进行评价和监测,是道路运行安全风险分析的首要任务。

通过对真实交通阻断数据的统计分析,系统性地归纳总结了造成道路交通阻断的各项原因(因素)。

在此基础上,借助风险管理和数据挖掘的相关技术,提出一种区域路网交通阻断成因风险指数评价方法,研究各项不确定因素在区域路网发生不同变动幅度的概率分布及其对该区域道路通行能力的影响,实现对各因素风险性的量化评估,并以此为依据,建立区域路网交通阻断的重要风险源结构及其监测指标。

以此为基础,建立道路运行安全的评价指标体系,利用模糊综合评判对道路运行的安全性进行评价,为区域路网交通阻断制定科学的安全防范和管理措施提供辅助支持。

1. 道路运行安全风险因素的识别

为了全面描述影响道路通行能力、产生道路交通阻断的各项原因(因素),本项目的研究采用系统学方法,根据《全国公路交通阻断信息报送制度》,通过对公路交通阻断信息的深入分析、梳理、总结,将诱发公路交通阻断的原因分为突发性原因和计划性原因两大类:①计划类,包括公路养护施工、改扩建施工、重大社会活动等计划性因素;②突发类,包括自然灾害(如地质灾害、恶劣天气等)、事故灾难、公共卫生事件、社会安全等因素。

施工养护和恶劣天气是造成交通阻断的两个主要原因。其中,37.7%的阻断事件是由于施工养护引起的,35.6%的阻断事件是由于雨、雪、雾等恶劣天气引起的,两者引发阻断事件之和占所有阻断事件的73.3%。

公路交通阻断事件主要阻断原因包括施工养护(占37.7%)、大雾(占17.1%)、降雪结冰(占13.0%)和交通事故(占11.2%),四个方面原因引发的阻断事件占全部阻断事件的79%。

针对每类交通事件,再逐层细化,从而得到如图6.40所示公路交通阻断成因层次结构图。道路交通运行安全风险因素分为三级:①一级因素包括突发性和计划性两大类;②二级因素中,突发类包含地质灾害、恶劣天气、事故灾难及其他突发性原因,计划类原因包括施工养护、重特大社会活动、其他计划性事件等;③三级因素中,地质灾害类包含崩塌、洪水、泥石流、地面塌陷(沉降、开裂)及其他地质原因;恶劣天气类包含海啸、降雨(积水)、高温、雾霾、降雪(积雪)、风吹雪、结冰、台风、大风(横风)、沙尘、冰雹、其他恶劣天气等,事故灾难类包括车辆交通事故、危险品泄漏、车辆故障、涉桥事故、涉隧事故、其他事故等,施工养护类包括公路施工养护、桥梁施工养护、其他施工养护等,重特大社会活动类包括重大社会活动、其他社会活动类等。

识别诱发道路交通阻断的原因,并对其进行恰当的归类,其目的是支持下一步的针对每类原因中的若干子成因的风险程度进行定性或定量的分析,从而得到阻断成因的重要度排序,为道路交通阻断预防提供辅助支持。

2. 道路运行安全风险因素的评价

采用主成分分析方法将多个影响道路运行安全的因素进行降维处理,得到评价路网中

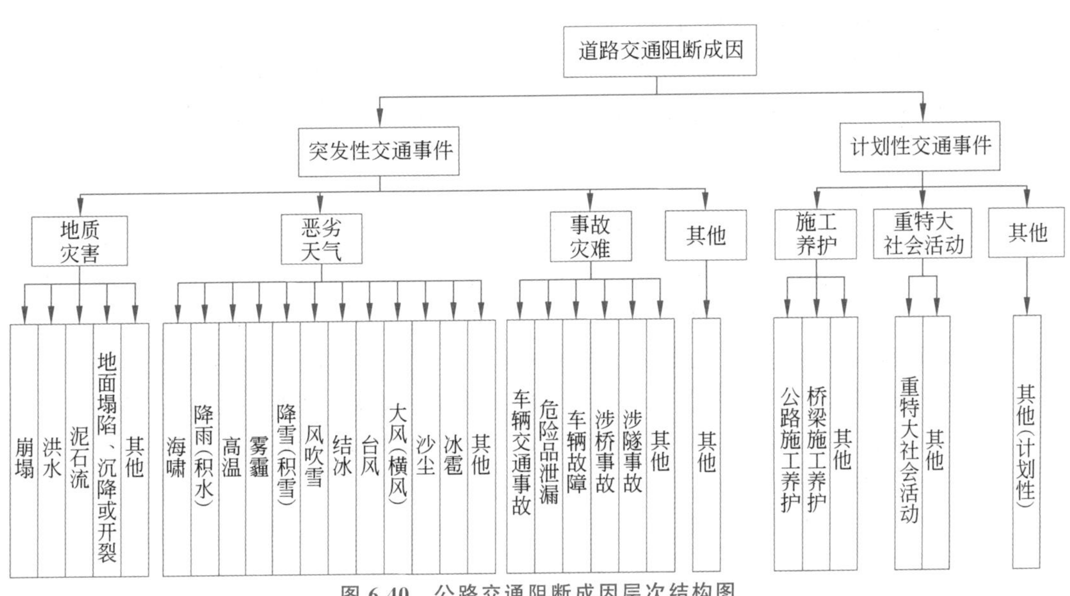

图 6.40　公路交通阻断成因层次结构图

不同路段道路运行安全的综合评价值，如图 6.41 所示。

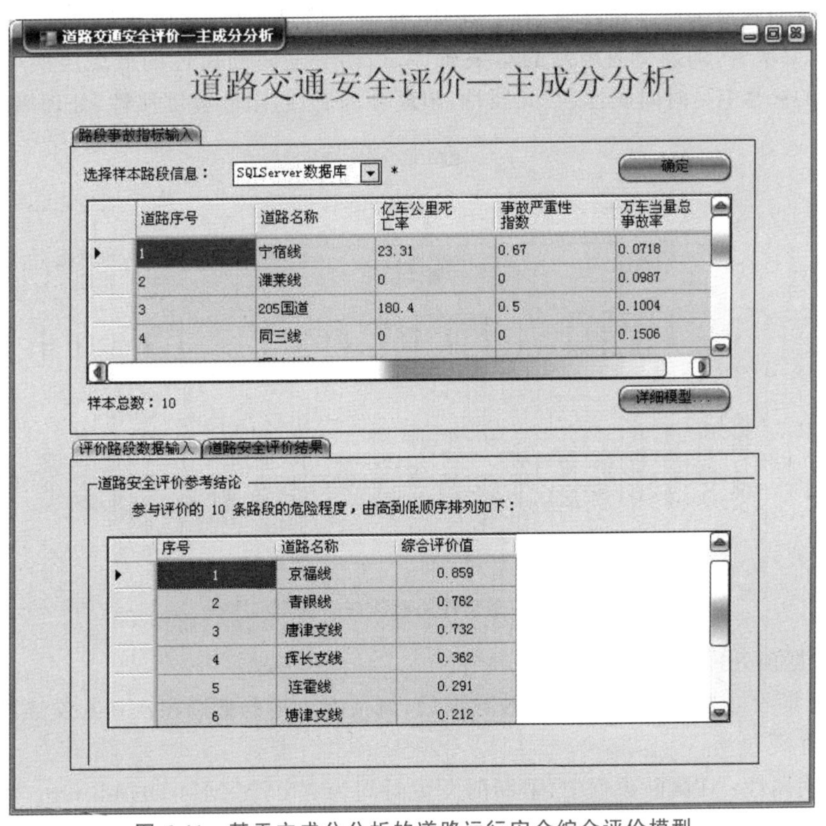

图 6.41　基于主成分分析的道路运行安全综合评价模型

3. 基于关联规则的道路交通事件成因分析

主要针对两大类交通事件(交通事故和交通阻断事件)的成因进行分析研究。

以交通事件属性为主,分析事件本身因素中的事件类型、事件主要原因、事件形态和现场与驾驶员因素、车辆因素、道路因素、天气因素和时间因素之间的联系,建立相应的聚类模型、关联规则模型,对影响路网运行安全的风险因素进行数据挖掘,为路网运行安全的风险成因分析提供辅助决策支持。

1)关联规则在道路运行安全成因分析中的研究与应用

关联规则在运行安全风险成因分析中的研究与应用,具体做法是在选定的时间区域和路网范围内,通过对事件类型、事件主要原因、事件形态和现场进行数据统计,根据统计结果进行参数设置(最小支持度和最小置信度),得出各种因素的关联规则,从而得出决策规则。并且通过得到的结果的支持度和置信度来判断规则对道路交通事件影响的程度。分析结果以"⇒"文本形式显示,力求为决策者做出决策时提供辅助参考。在"⇒"之前的内容为驾驶员因素、车辆因素、道路因素、天气因素和时间因素中的具体的一种或几种属性值,即可能导致道路交通事件发生的原因;在"⇒"之后的内容是事件类型、事件主要原因、事件形态和现场中的一种具体的属性值,即道路交通事件发生的结果。

(1)确定道路交通阻断属性的概念层次树。

根据《全国公路阻断报送制度》采集的交通阻断信息主要包括:所属道路、路段、所属行政区、公路等级、阻断的发生时间、阻断的原因、阻断的开始桩号、阻断的结束桩号、阻断的处理措施、阻断的恢复事件。这种原始结构的阻断属性信息,对算法的支持度有限。因此,首先利用概念层次树,确定交通阻断的有效属性,道路交通阻断属性的概念层次树如图6.42所示,包含的属性有:时间属性、空间属性、阻断原因属性、阻断程度属性、处理措施属性。

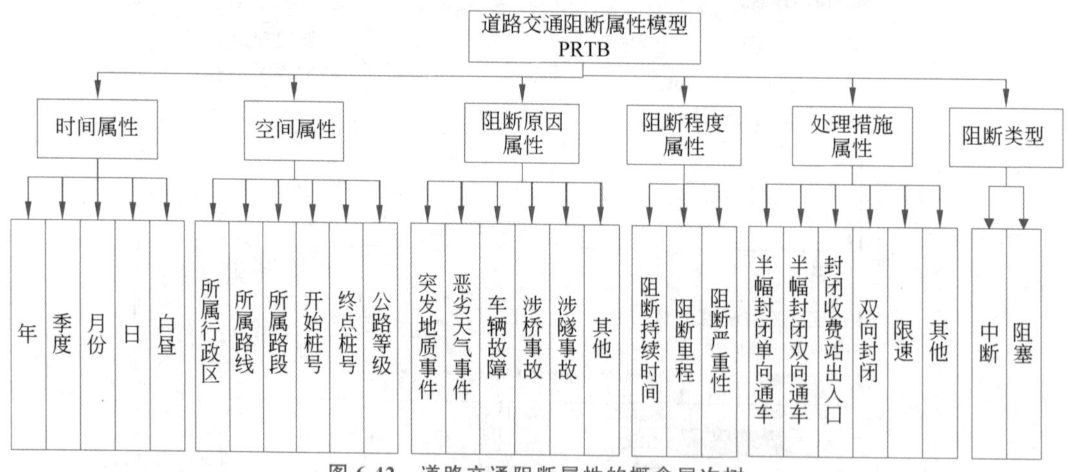

图 6.42 道路交通阻断属性的概念层次树

(2)数据预处理。

清除采集数据中存在的冗余、无效数据后,再依据上述的概念层次树对交通阻断属性进行预处理,主要包括:

- 时间属性:在阻断数据中,阻断的发生时间为YYYY-MM-DD-hh-mm,数据粒度太细,所以将阻断数据的时间维设定为年、季度、白昼;对昼夜维度进行编码为白天(10)、晚上(11)。
- 空间属性:描述阻断发生点所属的路段、公路以及所属行政区。

- 阻断持续时间属性：增加阻断持续时间属性，阻断持续时间＝阻断的恢复时间－阻断开始时间。
- 阻断里程属性：增加阻断里程属性，阻断里程＝阻断结束桩号－阻断起始桩号。
- 阻断严重性属性：增加阻断严重性属性，阻断严重性＝阻断持续时间×阻断里程。对严重度，采用硬划分，分为三类：低(0)、中(1)、高(2)，它们的范围分别是(0，100)、(100，600)、(600，无穷)。
- 阻断原因：对引发阻断的原因进行分类，采用三位编码。记录阻断原因编码规则如图 6.43 所示。

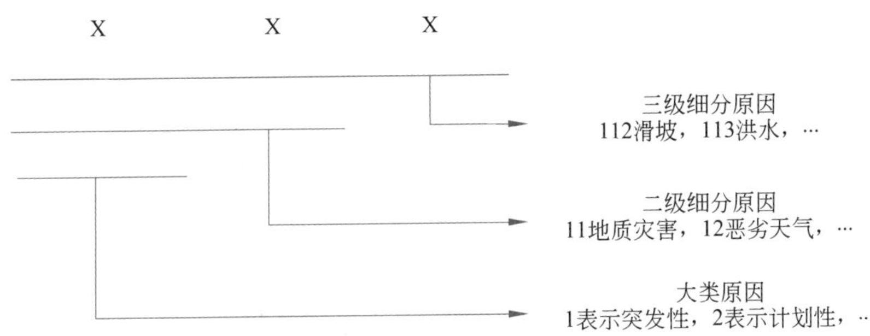

图 6.43　记录阻断原因编码规则

- 阻断类型：根据采取的处理措施不同，将交通阻断分为交通中断、交通阻塞两大类。处理措施为双向封闭和封闭收费站的归为交通中断类型；处理措施为半幅封闭单向通车、半幅封闭双向通车、限速、其他的归为交通阻塞类型。

(3) 关联规则模型的实现。

图 6.44 作为设置数据维度和范围界面，选中参加关联分析的维度(属性)，选择数据的范围，然后设置支持度和置信度，然后单击"运行"按钮。

图 6.44　Apriori 算法——设置数据维度和范围

图 6.45 给出了产生频繁项集运行的结果界面。

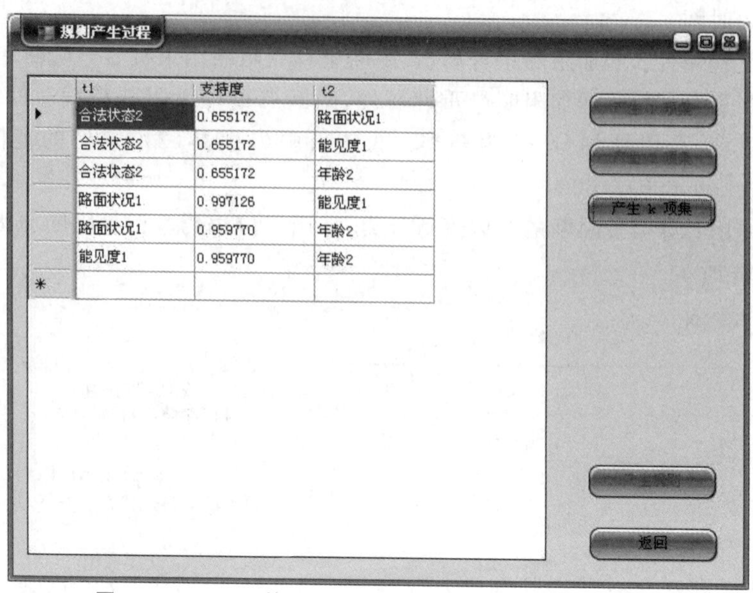

图 6.45 Apriori 算法——产生频繁项集运行的结果界面

单击“产生 1 项集”按钮将获取频繁 1 项集;单击“产生 2 项集”按钮将获取频繁 2 项集;单击“产生 k 项集”按钮将获取频繁多项集;然后单击“产生规则”按钮,则进入规则产生界面,如图 6.46 所示。

图 6.46 Apriori 算法——规则产生界面

在规则产生较多的情况下，可以选择前件、后件进行条件查询。可以选中一条规则，在界面最下端将能看到具体某一规则的含义。单击“可视化结果”按钮将可以看到具体规则的可视化显示结果界面。图 6.47 给出了 Apriori 算法——规则结果可视化显示界面，其中，图中上部分图表示规则的前件，下部分图表示规则的后件。

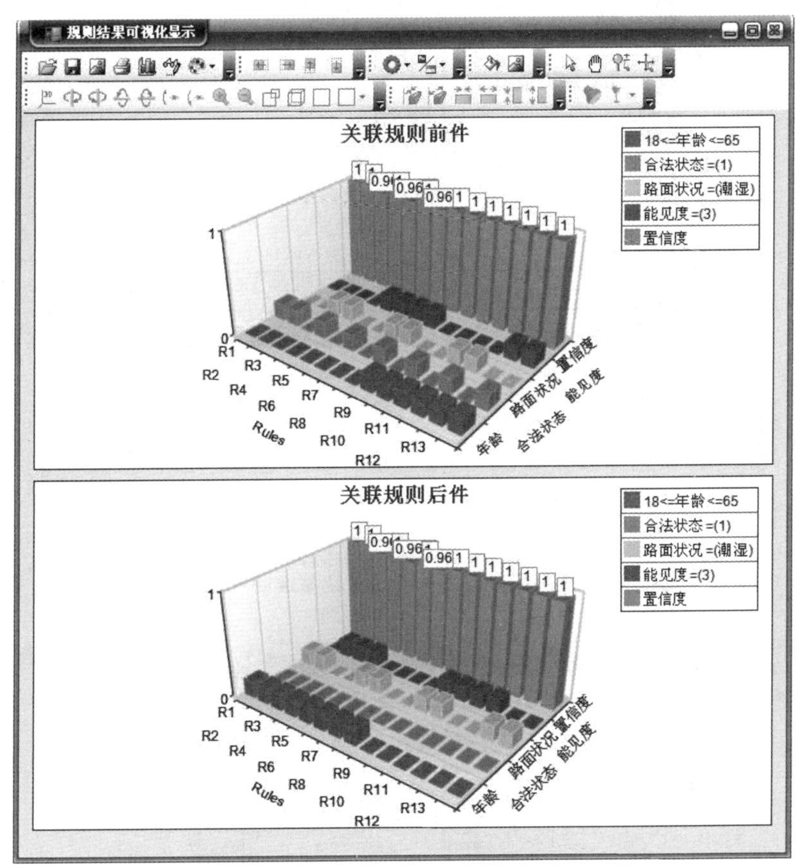

图 6.47　Apriori 算法——规则结果可视化显示界面

2）基于模糊关联规则的道路交通事故成因分析算法软件

图 6.48 给出了设置数据维度和范围界面，首先选中参加关联分析的维度（属性），选择数据的范围，然后单击“运行”按钮。

选择具体的定量属性，然后输入划分类数，单击 FCM 将采用模糊 C 均值聚类进行划分，单击“保存”按钮，将可以对下一属性进行划分，划分结果如图 6.49 所示。

选择具体的定性属性，将会显示其现有取值范围，单击“保存”按钮将按各取值对该属性进行划分，保存后将可以对下一属性进行划分，具体各类为 0 或 1，划分结果如图 6.50 所示。

图 6.50 可以查看数据设置粒度后，待进行关联规则挖掘的数据。输入支持度和置信度，单击“运行”按钮将进入模糊关联规则——设置参数的运行界面，如图 6.51 所示。

产生关联规则过程见图 6.52。

单击“产生 1 项集”按钮将获取频繁 1 项集；单击“产生 2 项集”按钮将获取频繁 2 项集；单击“产生 k 项集”按钮将获取频繁多项集；然后单击“产生规则”按钮，则进入规则产生界面，如图 6.53 所示。

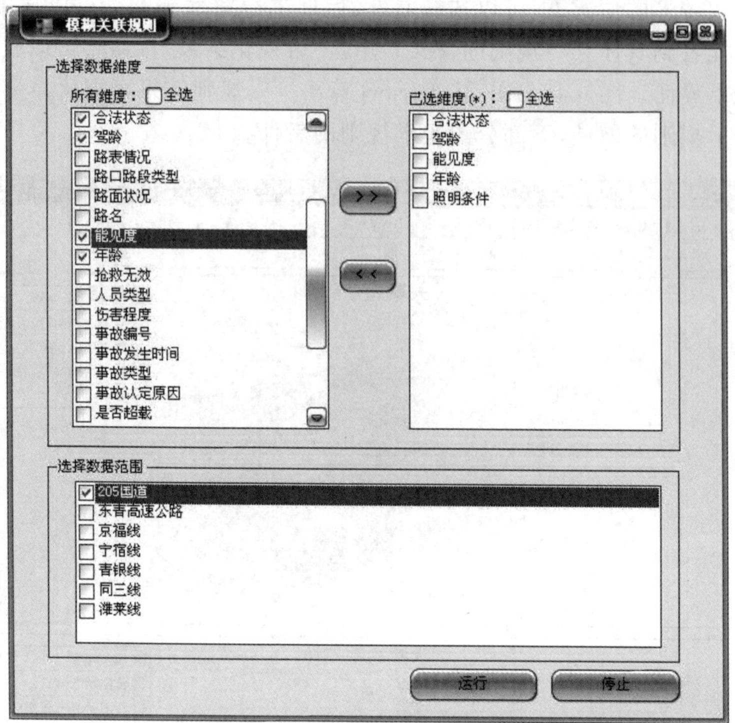

图 6.48 模糊关联规则——设置数据维度和范围界面

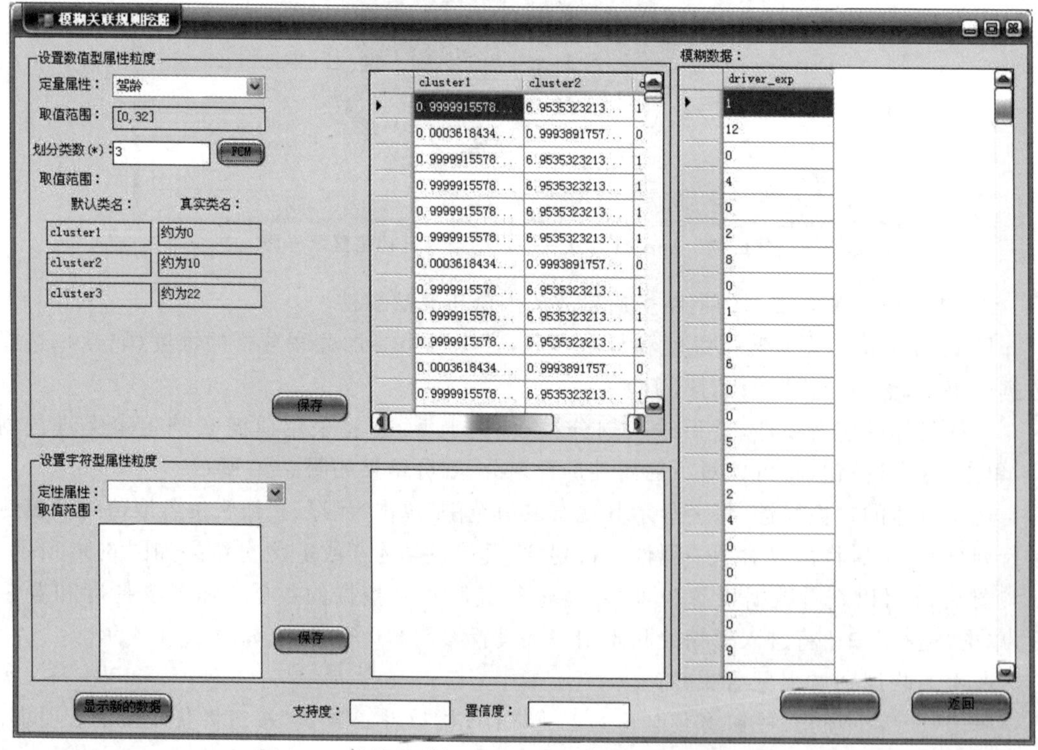

图 6.49 模糊关联规则——设置定量属性数据的划分

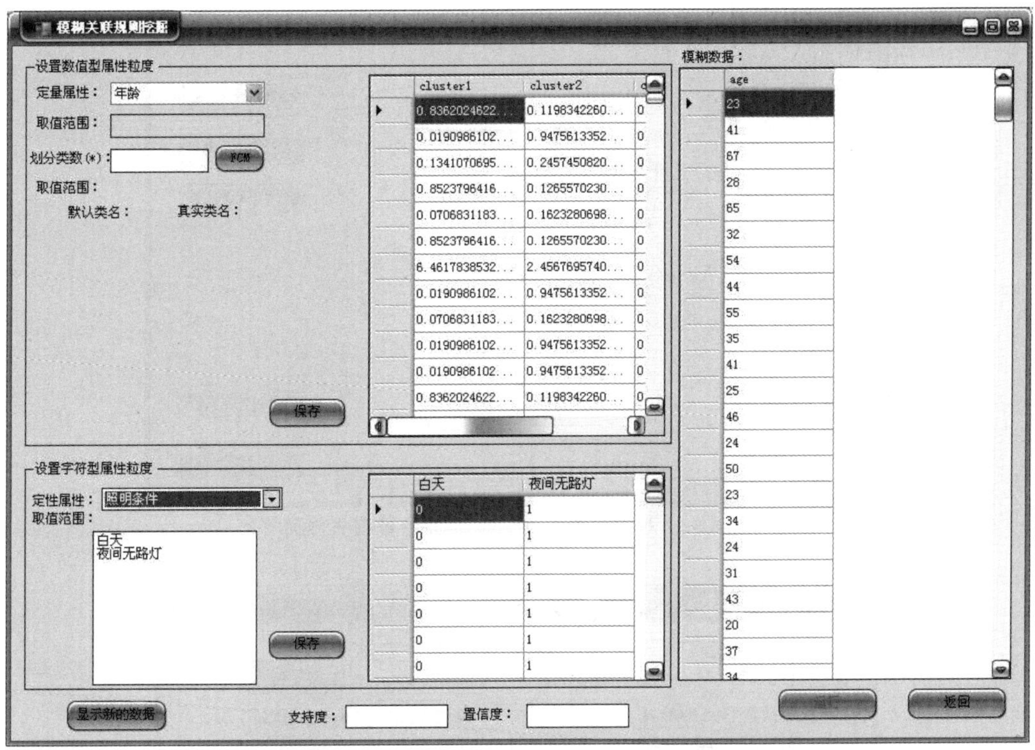

图 6.50　模糊关联规则——设置定性属性数据的划分

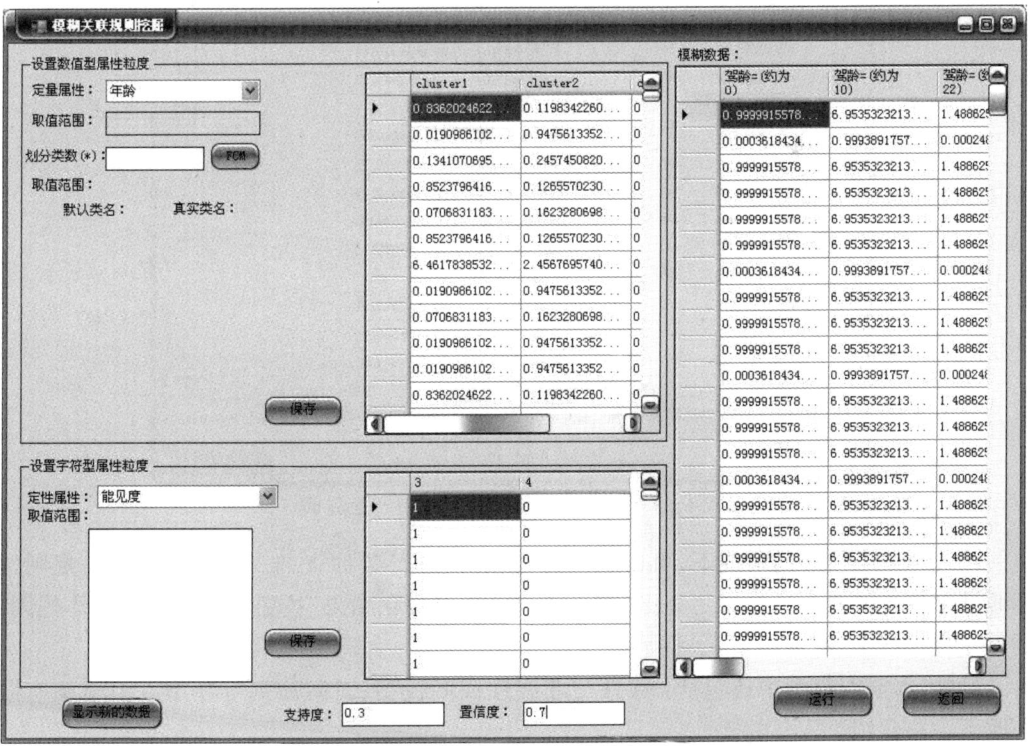

图 6.51　模糊关联规则——设置参数的运行界面

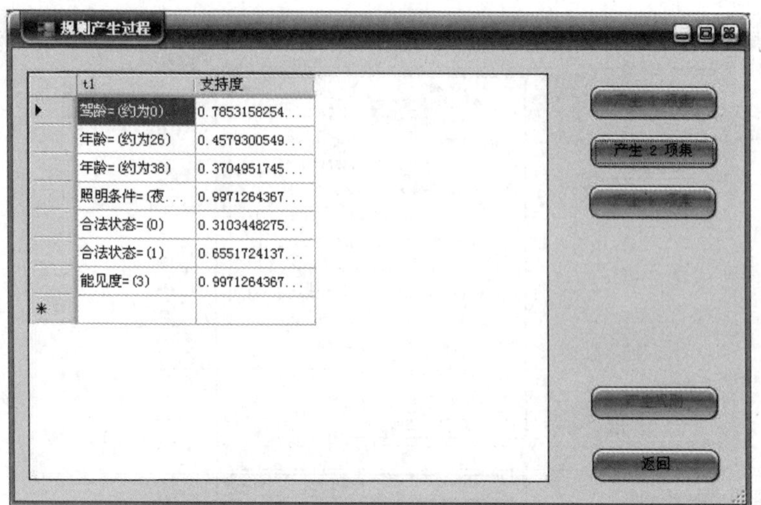

图 6.52 模糊关联规则——获取频繁项集界面

图 6.53 模糊关联规则——规则产生界面

在规则产生较多的情况下,可以选择前件、后件进行条件查询。可以选中一条规则,在界面最下端将能看到具体某一规则的含义。单击“可视化结果”按钮将可以看到具体规则的可视化显示结果界面,如图 6.54 所示。

另外,本研究模型中还包括:线性与非线性回归模型、时间序列等模型。因篇幅有限,在此不一一介绍。

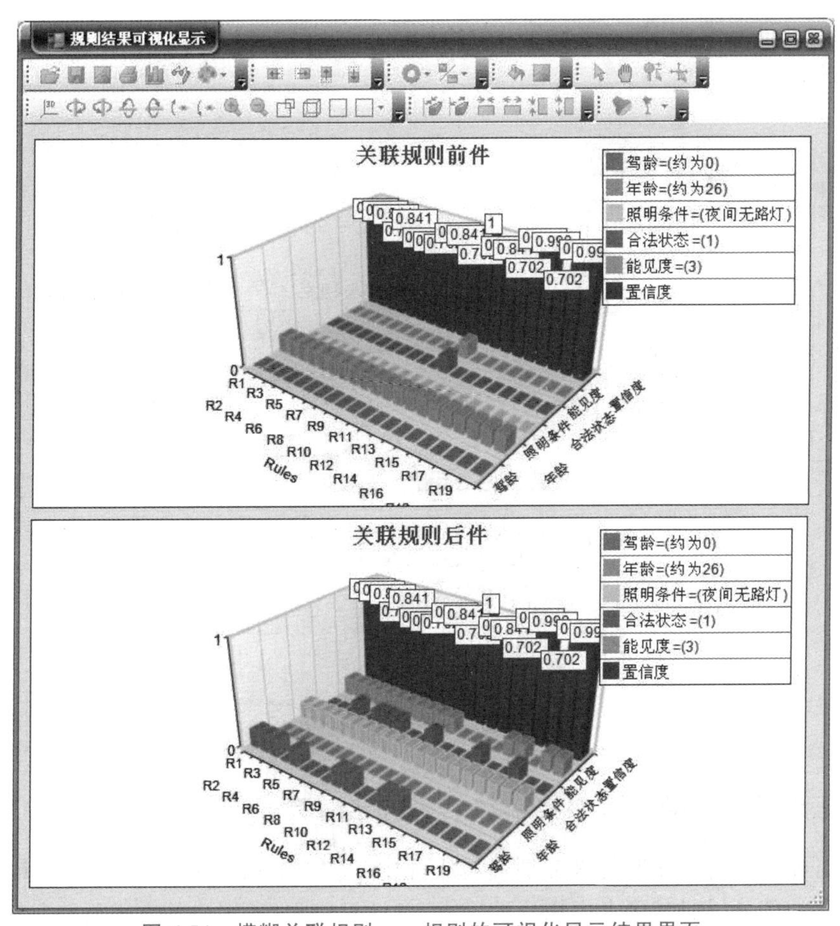

图 6.54　模糊关联规则——规则的可视化显示结果界面

6.4　大数据研究的热点内容

交通运输大数据与城市计算框架体系难点的解释

6.4.1　交通运输大数据与城市计算的框架

我们可以通过对交通运输大数据系统的应用研究，提出对其相关的应用研究，其中的城市计算就是与交通运输大数据紧密相关的应用研究。因此，提出城市感知大数据与城市计算的框架体系如图 6.55 所示。

城市计算的含义是：以城市为背景，它与城市规划、能源、道路交通、气象环境、人口分布与动态流动、城市主要设施的选址、社会学、经济学等综合、交叉学科紧密相关。

在大数据到来之际，源源不断的异构数据给城市规划与建设、人们的出行、运输与生产等日常活动带来诸多不便，如雾霾、交通与路段的阻塞、能源的大量开采与消耗、医院（如港口机场、生产加工业、物流的配送等）的选址。为解决这些棘手问题，目前最好的方法是：选用基于城市大数据的计算模型，来分门别类地对各个相关异构数据进行采集、组织、管理、分析预测及决策，以提出最好的解决方案，达到城市的良性发展。

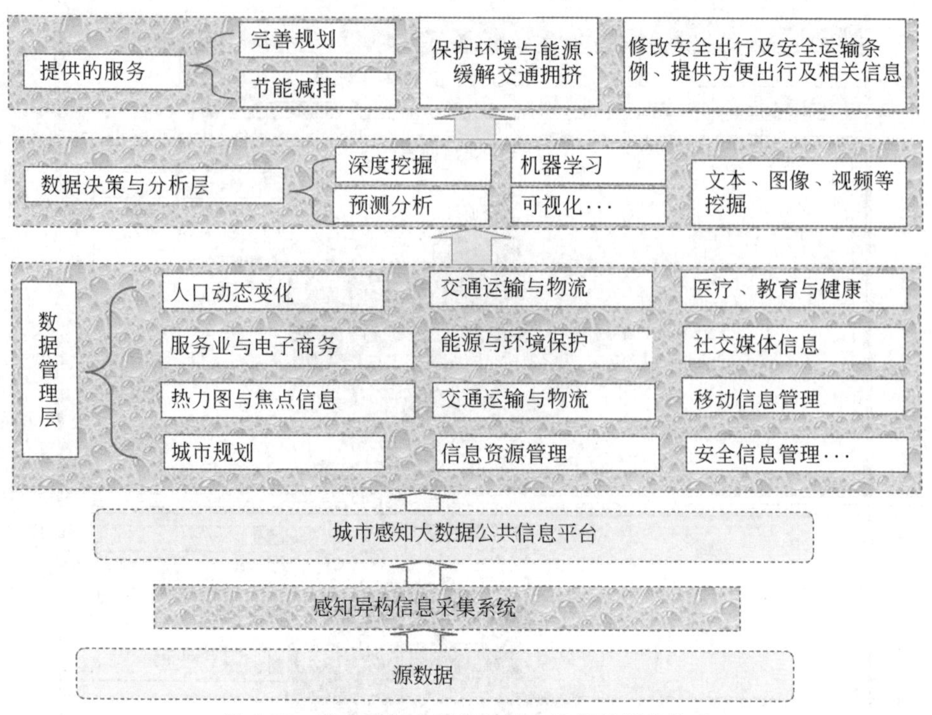

图 6.55 城市感知大数据与城市计算的框架体系

6.4.2 基于引用聚类的多文档自动文摘方法研究

由于目前多数自动文摘技术都是直接从科技文献中抽取主要部分形成文摘,所以遗漏了很多重要的部分,例如,未考虑用户的需求、多针对单文档、用户的需求可能是包含多个关键词,所以信息检索工具为用户提供的文档列表虽然都与用户需求相关,但是它们的主题可能是有差别的。

解决的思路是:将自动文摘技术,通过对多篇新闻或判决文书生成一篇简洁但信息全面的文摘来减少用户的阅读时间,避免"信息超载"的发生。具体的方法是按照图 6.56 给出的文本聚类的主要步骤来完成。

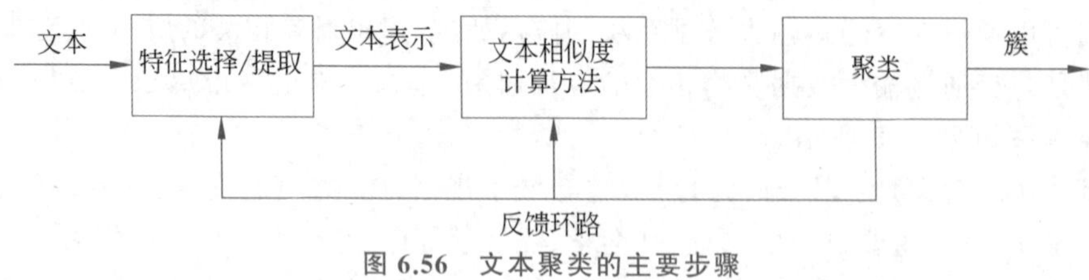

图 6.56 文本聚类的主要步骤

1. 文本表示

文本表示大致有三种情形:基于内容(摘要)的文本表示,基于引用上下文的文本表示,基于共引关联性的文本表示。

1) 基于内容(摘要)的文本表示

摘要(Abstract)指的是:文章作者对自己文章主要研究贡献的总结,它是面向作者为中心的文章表示方式(author-oriented representation)。

摘要的获取指的是：开始标志“ABSTRACT”或“Abstract”；结束标志“KEYWORD”或“Keyword”(有关键词的文章)，“INTRODUCTION”或“Introduction”(没有关键词的文章)。

我们通过正则表达式匹配这些标志来获得文章的摘要。

摘要的稀疏向量形式的表示如式(6-1)所示。

$$D=\{w_{t_1,D},d_{t_1};w_{t_2,D},d_{t_2};\cdots;w_{t_i,D},d_{t_i};\cdots;w_{t_p,D},d_{t_p}\} \tag{6-1}$$

其中，p 为当前摘要中有效特征的数量，表示词项 t_i 对应 m 维向量空间的第 d_{t_i} 维；$(i=1,2,\cdots,p)$表示 t_i 文档 D 中的权重，其计算方法用式(6-2)来表示。

$$w_{t_i,D}=\sqrt{tf_{t_i,D}}\left(1+\log\frac{N}{df_{t_i}+1}\right) \tag{6-2}$$

2) 基于引用上下文的文本表示

(1) 引用上下文(Citation Context)相关内容解释。

① 引用上下文指的是：被引用文章的有偏表示(biased representation)。

② 引用上下文围绕着引用标记(如“…[number]…”“…[number1-number2]…”等)的句子窗口。

③ 引用上下文句子窗口大小的设定对了解被引文章是非常重要的。

④ 本研究将包含被引文章引用标记的引用句、该引用句的前一个句子和后一个句子作为文章被引用的上下文。

⑤ 整合文章所有被引用的上下文来表示文章。

(2) 引用上下文的获取途径相关内容的解释。

① 可以从文本集中获得引用的引用集。

② 可以通过 StanfordCoreNLP 的 SentencesAnnotation 类将引用集中的文章划分成句子集合。

③ 也可以通过正则表达式在每一篇引用文章中匹配被引文章的引用标记，并提取包含引用标记的引用句以及该句的前后各一个句子作为文章被引用的上下文，然后整合文章每一次被引用的上下文来表示被引文章。

3) 基于共引关联性的文本表示

(1) 基于共引互信息的文本表示如式(6-3)所示。

$$\mathrm{MI}(D_i,D_j)=p(D_i,D_j)\log\frac{p(D_i,D_j)}{p(D_i)p(D_j)} \tag{6-3}$$

$$\begin{array}{cc} & \begin{array}{ccc} D'_1 & \cdots & D'_l \end{array} \\ \begin{array}{c} D_1 \\ \vdots \\ D_n \end{array} & \begin{pmatrix} \mathrm{MI}_{1,1} & \cdots & \mathrm{MI}_{1,l} \\ \vdots & \ddots & \vdots \\ \mathrm{MI}_{n,1} & \cdots & \mathrm{MI}_{n,l} \end{pmatrix} \end{array} \tag{6-4}$$

(2) 基于共引临近性得分的文本如式(6-5)所示。

$$\mathrm{avgscore}_{\mathrm{prox}}(A,B)=\frac{\sum_{i=1}^{x}[1/\log_2(\min_{i,\mathrm{prox}}(A,B)+2)]^2}{x} \tag{6-5}$$

4）文本相似度计算方法

（1）文本和查询向量分别由式(6-6)～式(6-8)表示。

$$D_i=\{w_{t_1,D_i},w_{t_2,D_i},\cdots,w_{t_m,D_i}\} \tag{6-6}$$

$$D_j=\{w_{t_1,D_j},w_{t_2,D_j},\cdots,w_{t_m,D_j}\} \tag{6-7}$$

$$Q=\{w_{t_1,Q},w_{t_2,Q},\cdots,w_{t_m,Q}\} \tag{6-8}$$

（2）基于向量空间模型的余弦相似度计算方法，如式(6-9)所示。

$$\mathrm{sim}(D_i,D_j)=\cos(D_i,D_j)=\frac{D_i\cdot D_j}{|D_i|\times|D_j|}=\frac{\sum_{p=1}^{m}w_{t_p,D_i}w_{t_p,D_j}}{\sqrt{\sum_{p=1}^{m}w_{t_p,D_i}^2\sum_{p=1}^{m}w_{t_p,D_j}^2}} \tag{6-9}$$

（3）基于查询的文本相似度计算方法，分别由式(6-10)～式(6-12)所示。

$$\mathrm{sim}(D_i,D_j\mid Q)=f(\mathrm{sim}(D_i,D_j),\mathrm{sim}(D_i,D_j,Q)) \tag{6-10}$$

$$\mathrm{sim}(D_i,D_j,Q)=\frac{\sum_{p=1}^{m}w_{t_p,C}w_{t_p,Q}}{\sqrt{\sum_{p=1}^{m}w_{t_p,C}^2\sum_{p=1}^{m}w_{t_p,Q}^2}}\quad C=D_i\cap D_j=\{w_{t_1,C},w_{t_2,C},\cdots,w_{t_m,C}\} \tag{6-11}$$

若 t_p 仅出现在 D_i 或 D_j 中，$w_{t_p,C}=0$；

若 t_p 是文章 D_i 和 D_j 的共有词汇，$w_{t_p,C}\neq0$，$w_{t_p,C}=(w_{t_p,D_i}+w_{t_p,D_j})/2$。

$$\mathrm{sim}(D_i,D_j\mid Q)=\frac{\dfrac{\sum_{p=1}^{m}w_{t_p,D_i}w_{t_p,D_j}}{\sqrt{\sum_{p=1}^{m}w_{t_p,D_i}^2\sum_{p=1}^{m}w_{t_p,D_j}^2}}+\beta\dfrac{\sum_{p=1}^{m}w_{t_p,C}w_{t_p,Q}}{\sqrt{\sum_{p=1}^{m}w_{t_p,C}^2\sum_{p=1}^{m}w_{t_p,Q}^2}}}{1+\beta} \tag{6-12}$$

5）介绍文本聚类指标

（1）常用的六种文本聚类指标如表6.5所示。

表6.5 常用的六种文本聚类指标

聚类指标	不考虑用户信息需求	考虑用户信息需求
基于摘要的相似度指标	PAS	PQAS
基于引用上下文的相似度指标	PCCS	PQCCS
基于共引关联性相似度指标	PCMI、PCPS	—

（2）聚类结果评价方法。

将测试文章的摘要作为用户的查询需求，将测试文章中引用的文档作为与用户需求相关的 n 篇文档，这些文档之间的相似度由它们在测试文章中的引用位置之间的距离决定。以人工的方式将测试文章分成章节(section)、段落(paragraph)和句子(sentence)。

规定的条件是：如果两篇引用在引用文献中的引用位置是同一个句子，它们之间的距离为0；如果引用位置是在同一个段落，它们之间的距离为1；如果是在同一个章节，距离为

2;如果是在不同的章节,距离为 5。

文章对属于同一个簇的条件是:

$$\mathrm{dis}(\mathrm{citation}_x, \mathrm{citation}_y) \leqslant \lambda\ \mathrm{AVG}_{\mathrm{dis}}$$

其中,$\mathrm{dis}(\mathrm{citation}_x, \mathrm{citation}_y)$ 是$\mathrm{citation}_x$ 和$\mathrm{citation}_y$ 之间的距离;

λ 是一个常数,设定 $\lambda=0.8$,则用$\mathrm{AVG}_{\mathrm{dis}}$来表示,见式(6-13):

$$\mathrm{AVG}_{\mathrm{dis}} = \frac{\sum_{i=1}^{m-1} \sum_{j=i+1}^{m} \mathrm{dis}(\mathrm{citation}_i, \mathrm{citation}_j)}{C_m^2} \tag{6-13}$$

对式(6-13)的解释是:$\mathrm{AVG}_{\mathrm{dis}}$是引用文献中所有候选引用之间的平均距离。

式(6-14)为准确率(precision),简称为 P:

$$P = \frac{TP}{TP + FP} \tag{6-14}$$

式(6-15)为召回率(Recall) 简称为 R:

$$R = \frac{TP}{TP + FN} \tag{6-15}$$

式(6-16)为 F-Measure,简称为 F_β:

$$F_\beta = \frac{(1+\beta^2)PR}{\beta^2 P + R} \tag{6-16}$$

式(6-17)为兰德指数(Rand Index),简称为 RI:

$$\mathrm{RI} = \frac{TP + TN}{TP + FP + FN + TN} \tag{6-17}$$

对式(6-14)~式(6-17)的参数解释如下:

TP(True-positive,真阳性)决策指的是将两篇相似文档归入同一个簇。

TN(True-negative,真阴性)决策指的是将两篇不相似文档归入不同的簇。

FP(False-positive,假阳性)决策指的是将两篇不相似文档归入同一簇。

FN(False-negative,假阴性)决策指的是将两篇相似文档归入不同簇。

另外,式(6-16)中的 β 是参数,P 是精确率(Precision),R 是召回率(Recall)。当参数 $\beta=1$ 时,就是最常见的 F1-Measure 模型公式。

2. 基于查询的多文档自动文摘生成

图 6.57 给出了多文档文摘技术生成段落的主要逻辑步骤。

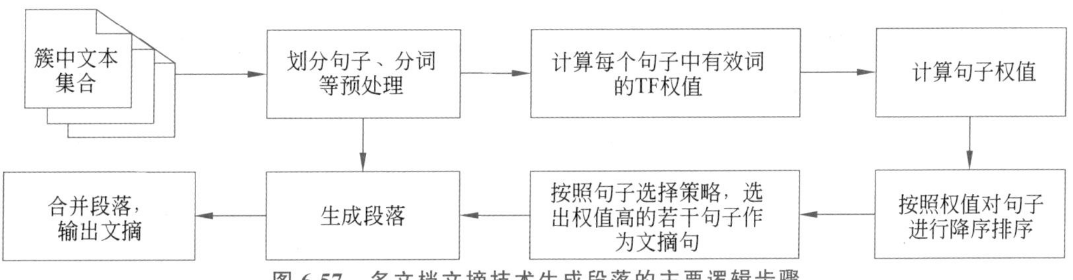

图 6.57　多文档文摘技术生成段落的主要逻辑步骤

对图 6.57 中的相关概念及内容进行解释如下。

1) LexRank 思想

如果一个句子与很多句子相连,这个句子比较重要,则与它相连的句子也相对比较重要,如式(6-18)所示。

$$\mathrm{LR}(u)=\frac{d}{N}+(1-d)\sum_{v\in \mathrm{adj}[u]}\frac{w(u,v)}{w(v,z)}\mathrm{LR}(v) \tag{6-18}$$

(1) 算法式(6-18)的解释如下: LR(u)表示句子 u 的显著度;N 是词汇网络中的句子个数,也就是结点的个数;d 是阻尼系数,$d\in[0,1]$,本文设定 $d=0.15$;adj[u]是与句子 u 相连的结点的个数;$w(u,v)$是句子 u 和句子 v 之间的相似度。因此,根据前边介绍的文本相似度的计算方法,可以得到两种多文档文摘方法即 LexRank 和 Query Sensitive LexRank 方法。

(2) LexRank 算法生成文摘的核心任务

将所有的句子建成一个词汇网络,如图 6.58 所示。

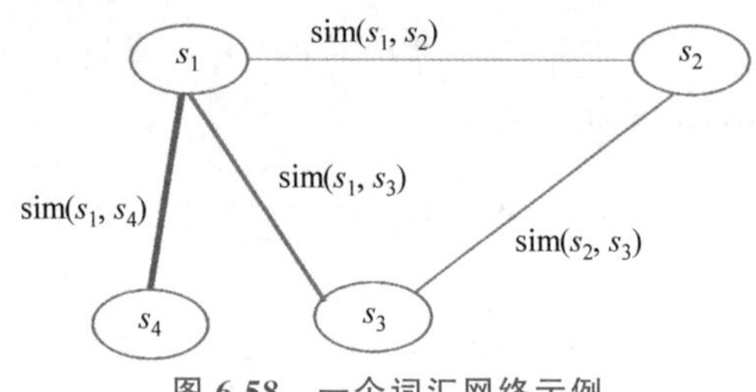

图 6.58 一个词汇网络示例

通过随机游走的方式从构建的词汇网络中选择最核心的句子形成文摘,这是 LexRank 算法生成文摘的核心任务。

2) MMR 算法思想

在抽取句子的过程中,避免抽到包含重复内容的句子,既考虑句子与用户需求的相关性,又注重句子的新颖性。

(1) MMR 算法模型的解释

MMR 算法模型如式(6-19)所示。

$$\mathrm{MMR}=\arg\max_{s_i\in s\backslash s'}[\lambda\,\mathrm{sim}(V_{s_i},V_{\mathrm{input}})-(1-\lambda)\max_{s_j\in s'}\mathrm{sim}(V_{s_i},V_{s_j})] \tag{6-19}$$

其中:λ 为两部分相似度的一个调节参数,$0\leqslant\lambda\leqslant1$。

当 $\lambda=0$ 时,MMR 在选择文摘句的时候只考虑当前句子能够为文摘增加的多样信息;当 $\lambda=1$ 时,则只考虑当前句子与用户查询需求的相关程度。

(2) MMR 算法生成文摘的主要任务与模型

MMR 主要任务是:选择与用户需求最相关的句子,也就是说,选择与用户需求相关并且与已有文摘句相似度低的句子。

LexRank MMR 算法模型如式(6-20)所示。

$$\mathrm{Score}(s)=\frac{\alpha\ \mathrm{lexrank}_{\mathrm{score}}+\mathrm{mmr}_{\mathrm{score}}}{\alpha+1} \tag{6-20}$$

其中,$\mathrm{lexrank}_{\mathrm{score}}$表示句子 s 的 LexRank 值;$\mathrm{mmr}_{\mathrm{score}}$表示句子 s 的 MMR 值;α 用于控制句子的 LexRank 值和 MMR 值之间的比例。

候选句子集选择方法有:abstract(摘要)、citation context(引文上下文)和 abstract + citation context(摘要+引文上下文)。

(3) ONE 方法。

ONE 方法的含义是：根据每一个簇中候选句子的重要性，从属于这个簇的每一篇文章中选择重要性最高的一句话形成段落。

(4) M 方法。

M 方法的含义是：生成的段落的长度为 $M \times N_{\text{paper in this duster}}$。其中，$N_{\text{paper in this duster}}$ 代表的是属于当前簇的文章数，M 为从当前簇的每篇文章中平均抽取的句子数。

(5) ALL 方法。

ALL 方法的含义是：在从每个簇的候选句子中抽取文摘句时并不限制从每篇文章中最多抽取的句子个数，但是它要求每篇文章都有句子被选为文摘句。因此，给出多文档文摘方法划分如表 6.6 所示。

表 6.6　多文档文摘方法划分

多文档文摘方法	不考虑用户信息需求	考虑用户信息需求
LexRank	√	—
Query Sensitive LexRank	—	√
MMR	—	√
LexRankMMR	—	√

3. 关于文摘质量评价方法

1) 段落评价方法

(1) PRECISION-N。

对 PRECISION-N 的解释是：它是系统生成的段落中与标准段落匹配的 n-gram 所占的比例，如式(6-21)所示。

$$\text{PRECISON-N} = \frac{\sum_{s \in \{\text{GeneratedPara}\}} \sum_{\text{n-gram} \in s} \text{Count}_{\text{match}}(\text{n-gram})}{\sum_{s \in \{\text{GeneratedPara}\}} \sum_{\text{n-gram} \in s} \text{Count}_{s}(\text{n-gram})} \tag{6-21}$$

(2) ROUGE-N。

对 ROUGE-N 的解释是：它表示了标准段落中的 n-gram 在系统生成段落中出现的比例，如式(6-22)和式(6-23)所示。

$$\text{ROUGE-N} = \frac{\sum_{s' \in \{\text{RefPara}\}} \sum_{\text{n-gram} \in s'} \text{Count}_{\text{match}}(\text{n-gram})}{\sum_{s' \in \{\text{RefPara}\}} \sum_{\text{n-gram} \in s'} \text{Count}_{s'}(\text{n-gram})} \tag{6-22}$$

$$F_{\beta} - N = \frac{(1+\beta^2)\text{PRECISION} - N \cdot \text{ROUGE} - N}{\text{ROUGE} - N + \beta^2 \cdot \text{PRECISION} - N} \tag{6-23}$$

2) 整篇文摘评价方法

整篇文摘评价方法如式(6-24)～式(6-26)所示。

$$P' = \sum_{i=1}^{k} \text{PRECISION} - N_i / k \tag{6-24}$$

$$R' = \sum_{i=1}^{k} \mathrm{ROUGE} - N_i / k \tag{6-25}$$

$$F'_{\beta} = \sum_{i=1}^{k} F_{\beta} - N_i / k \tag{6-26}$$

3) 多篇文摘评价方法

多篇文摘评价方法如式(6-27)～式(6-29)所示。

$$P = \frac{\sum_{i=1}^{N} P'}{N} \tag{6-27}$$

$$F_{\beta} = \frac{\sum_{i=1}^{N} F'_{\beta}}{N} \tag{6-28}$$

$$R = \frac{\sum_{i=1}^{N} R'}{N} \tag{6-29}$$

4. 实验数据

1) 实验数据——候选引用集(**以下的实验结果来自张琳博士的实验结果与结论)

(1) 候选引用集：从 ACM 数字图书馆中选取了 41 370 篇文章作为候选引用集，这些文章的发表时间为 1951—2011 年，主要来自于 ACM 数据库的 111 个期刊和 1442 个会议论文集或研讨会。

(2) 候选引用集中的每一篇文章都是由 PDF 转换得到的文本文件，其中，28 013 篇文章(占 67.7%)有标题、摘要和全文信息，9878 篇文章(占 23.9%)是有摘要的，3479 篇(占 8.4%)拥有标题。

2) 实验数据——测试集

(1) 从 ACM 数据库中选择了 112 篇文章，它们满足以下条件。

- 不属于引用候选集。
- 每篇文章至少有 20 篇参考文献，而且这些被引用的文献属于引用候选集。
- 每一篇文章有全文信息。
- 每篇文章至少有 50%的参考文献能够通过正则表达式匹配引用标记的方式获得它在文章中的引用位置。
- 满足上一个条件的文章的参考文献具有摘要信息。
- 满足上一个条件的文章的参考文章至少被引用候选集中的文章引用 3 次。

(2) 基于 PQAS 和 PQCCS 的实验结果。

① β 对基于 PQAS 和 PQCCS 聚类的影响

在 $k=3,4,5$ 时，随着 β 的增加，Precision，Recall，F1_Score，RI 的变化趋势大体相同，都是先上升后下降最终趋于平稳。其中：

- Recall 和 F1_Score 的变化趋势比较明显。
- Precision 和 RI 的变化趋势相对平稳。
- F1_Score 最大值：14.2>5.5($k=3$)，12.7>5.8($k=4$)，5.2=5.2($k=5$)。文本与查

询的共有相似度对基于 PQAS 的聚类影响要比基于 PQCCS 的聚类影响大，聚类实验结果如图 6.59 所示。

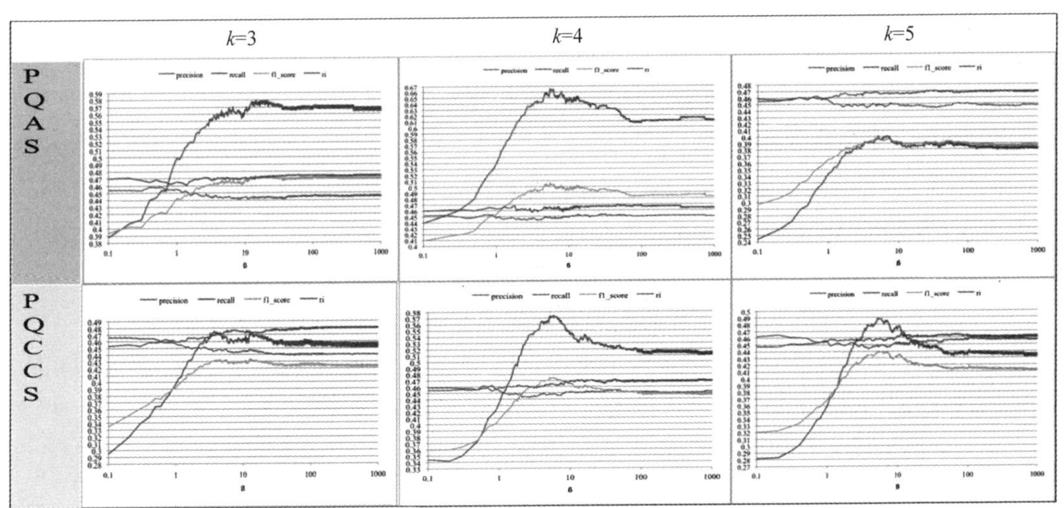

图 6.59　聚类实验结果

基于 PQAS 和 PQCCS 的实验结果分析如下。

在 $k=3,4,5$ 时，随着 β 的增加，Precision，Recall，F1_Score，RI 的变化趋势大体相同，都是先上升后下降最终趋于平稳。其中：

- Recall 和 F1_Score 的变化趋势比较明显。
- Precision 和 RI 的变化趋势相对平稳。
- F1_Score 最大值：14.2>5.5($k=3$)，12.7>5.8($k=4$)，5.2=5.2($k=5$)。文本与查询的共有相似度对基于 PQAS 的聚类影响要比基于 PQCCS 的聚类影响大。

② 基于六种聚类指标的聚类效果评价

基于六种聚类指标的聚类效果评价即基于 PQAS 和 PQCCS 的六种聚类指标的聚类效果评价，其含义是：在聚类数目 k 的取值分别为：$k=3$、$k=4$ 和 $k=5$ 时，基于六种聚类指标对测试集中每篇文献满足条件的引用，进行聚类的效果图(见图 6.60)。

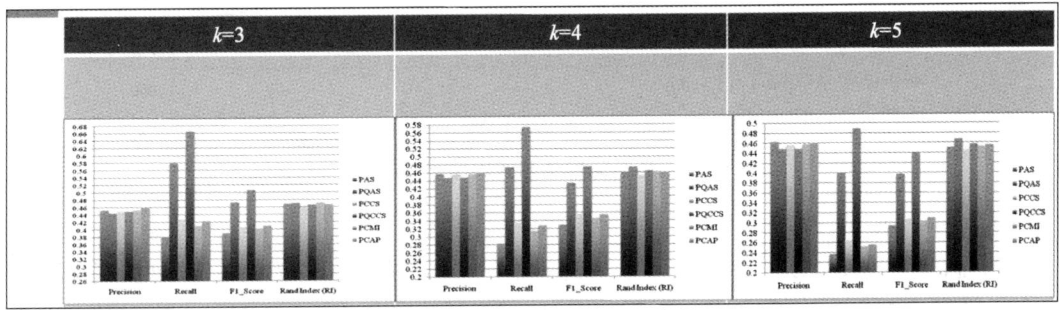

图 6.60　基于六种聚类指标的聚类效果图

对图 6.60 的分析如下：

如果以 Recall 或 F1_Score 作为聚类的评价指标时，则基于 PQCCS($k=3,4,5$)聚类效果最优；如果以 Precision 作为聚类的评价指标时，则基于 PCMI ($k=3,4$)聚类效果最优；

如果以 Rand Index 作为聚类的评价指标时,则 PQAS(k=4,5)聚类效果最优。

Recall 和 F1_Score 受聚类数目 k(k=3,4,5)和各种聚类指标的影响幅度比较大,Precision 和 Rand Index 则受影响幅度比较小。

如果不考虑文本与查询之间具有相似度的聚类指标 PAS 和 PQAS,而考虑文本查询共有相似度的聚类指标 PQAS 和 PQCCS 能够提高聚类的性能。

从图 6.60 中的柱状图可见:

PQAS>PAS、PQCCS>PCCS——与假设相符;

PQCCS>PQAS、PCCS>PAS——与假设相符。

给出的结论是:基于 PCCS 的聚类效果优于基于 PAS 的聚类效果;

基于 PQCCS 的聚类效果优于基于 PQAS 的聚类效果;

说明用文献被引用的上下文来表示文本,可以提高聚类的质量。

同理可得出的结论是:PCAP 稍优于 PCMI——与假设相符。

(3) 文摘生成实验如图 6.61 和图 6.62 所示。

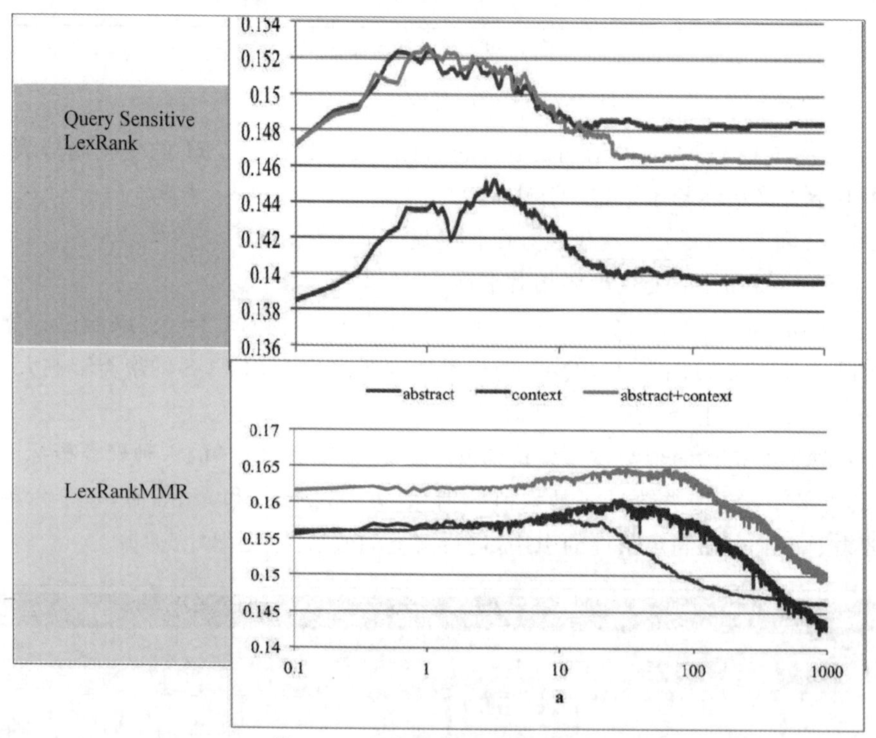

图 6.61 文摘生成实验结果图(1)

- Query Sensitive LexRank > LexRank
- 总体上说,MMR 生成的文摘质量约等于(≈)LexRankMMR 方法生成的文摘质量,同时,也高于生成的文摘质量即 MMR≈LexRankMMR>LexRank。
- 在生成篇幅较短的文摘时,例如,生成由 ONE 方法决定长度的文摘,基于引用上下文生成的文摘质量高于基于摘要生成的文摘质量——与假设相符。
- 在生成篇幅较长的文摘时,例如,生成由 M=2,3,4 和 ALL 方法决定长度的文摘

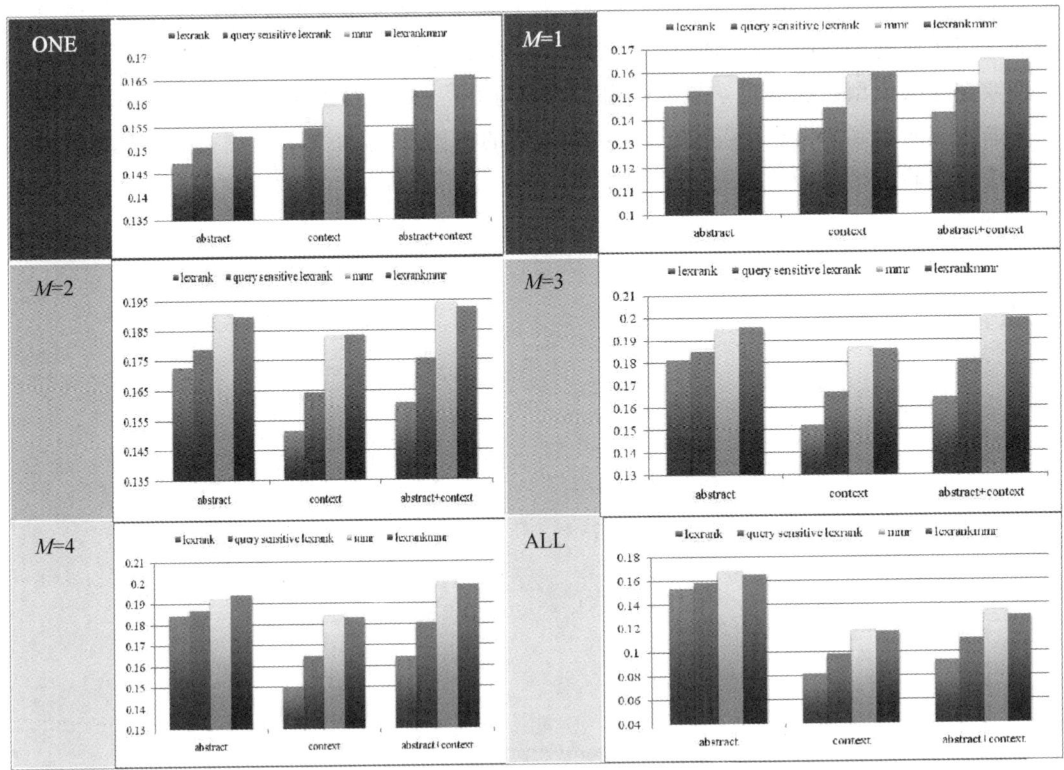

图 6.62　文摘生成实验结果图(2)

时,由于摘要是对文章的多句概括,所以无论是 $M=2,3,4$ 还是 ALL 方法,基于摘要生成的文摘的质量要高于基于引用上下文生成的文摘质量,这验证了本文的假设。

- 基于摘要和引用上下文生成的文摘质量居中。

5. 自动文摘处理在交通运输领域的应用研究

归纳起来,自动文摘处理在交通运输领域的应用研究如下。

(1) 交通领域存在海量新闻资讯,而这些新闻中许多是关于同一事件的报道。

(2) 在对物流企业信用评价时,企业所涉及的相关案件的判决结果是企业信用评价的重要方面。

(3) 交通科技文摘的快速分词、检索与处理。

(4) 交通新闻资讯以及相关运输企业法律文书量大,给用户快速阅读并提取有用信息带来一定的挑战。因此用自动文摘技术将为交通领域相关用户提供一篇简洁但信息全面的文摘。

小　　结

本章重点介绍了大数据建模中必备的理论与实际应用及相关知识点。试图通过一个实际开发的基础数据库建立与应用的研究项目,帮助读者了解大数据的基础数据库建立的技术与方法,并通过 Lucene 软件工具的应用,来了解大数据环境下的文本处理与自然语言处理的应用研究的热点内容;还通过一个基于交通运输领域的数据挖掘模型的应用研究项目,掌握数据挖掘模型系统的建立与运行相关技术与方法;最后给出了基于大数据环境下的自动文摘生成所用到的模型、实验方法和实验分析的实例,以掌握文本挖掘与处理过程中的建模方法与实验结果分析的方法。

参考文献

[1] Jiawei H，Micheline K，Jian P. 数据挖掘概念与技术[M]. 3 版. 范明，孟小峰，译.北京：机械工业出版社，2012.

[2] 严蔚敏，吴伟民. 数据结构(C 语言版)[M]. 北京：清华大学出版社，2007.

[3] 谭浩强. C 程序设计 [M]. 3 版. 北京：清华大学出版社，2005.

[4] 严蔚敏，李冬梅，吴伟民. 数据结构(C 语言版)[M]. 2 版. 北京：人民邮电出版社，2019.

[5] 黑马程序员.Python 快速编程入门[M]. 2 版. 北京：人民邮电出版社，2020.

[6] 黄红梅，张良均. Python 数据分析与应用[M]. 北京：人民邮电出版社，2018.

[7] 周志华.机器学习[M].北京：清华大学出版社，2016.

[8] 李航.统计学习方法[M]. 2 版.北京：清华大学出版社，2019.

[9] 邱锡鹏.神经网络与深度学习[M]. 北京：机械工业出版社，2021.

[10] 哈林顿.机器学习实战[M].北京：人民邮电出版社，2013.

[11] Jiawei H，Micheline K，Jian P. 数据挖掘(概念与技术)[M].范明，孟小峰，译.北京：机械工业出版社，2016.

[12] Charu C A. 数据挖掘(原理与实践)[M].王晓阳，王建勇，禹晓辉，等译.北京：机械工业出版社，2021.

[13] Cristianini N.支持向量机导论[M]. 北京：机械工业出版社，2005.

图书资源支持

感谢您一直以来对清华版图书的支持和爱护。为了配合本书的使用，本书提供配套的资源，有需求的读者请扫描下方的“书圈”微信公众号二维码，在图书专区下载，也可以拨打电话或发送电子邮件咨询。

如果您在使用本书的过程中遇到了什么问题，或者有相关图书出版计划，也请您发邮件告诉我们，以便我们更好地为您服务。

我们的联系方式：

清华大学出版社计算机与信息分社网站：https://www.shuimushuhui.com/

地　　址：北京市海淀区双清路学研大厦 A 座 714

邮　　编：100084

电　　话：010-83470236　010-83470237

客服邮箱：2301891038@qq.com

QQ：2301891038（请写明您的单位和姓名）

资源下载：关注公众号“书圈”下载配套资源。

资源下载、样书申请

书圈

图书案例

清华计算机学堂

观看课程直播